EUROPA-FACHBUCHREIHE
für Holztechnik

Peschel · Nennewitz · Nutsch · Seifert

Tabellenbuch Holztechnik

Tabellen – Formeln – Regeln – Bestimmungen

Bearbeitet von Lehrern an berufsbildenden Schulen
und von Ingenieuren

Lektorat: Peter Peschel, Oberstudiendirektor

7. Auflage 2011

VERLAG EUROPA-LEHRMITTEL · Nourney, Vollmer GmbH & Co. KG
Düsselberger Straße 23 · 42781 Haan-Gruiten

Europa-Nr.: 41814

Autoren des Tabellenbuches Holztechnik

Peschel, Peter	Oberstudiendirektor	Göttingen
Nennewitz, Ingo	Tischlermeister, Lehrmeister	Bremerhaven
Nutsch, Wolfgang	Dipl.-Ing (FH), Studiendirektor a.D.	Stuttgart
Seifert, Gerhard	Dipl.-Ing (FH), Studiendirektor a.D.	Ehingen

Lektorat

Peter Peschel

Bildbearbeitung

Verlag Europa-Lehrmittel, Bildbearbeitung, 73760 Ostfildern

Umschlaggestaltung

Michael M. Kappenstein, 60554 Frankfurt

Das vorliegende Buch wurde auf der **Grundlage der neuen amtlichen Rechtschreibregeln** erstellt.

Diesem Buch wurden die neuesten Ausgaben der DIN-Blätter sowie anderer Bestimmungen und Richtlinien zugrunde gelegt (Redaktionsschluss 31.03.2011). Verbindlich sind jedoch nur die DIN-Blätter und jene Bestimmungen selbst.

Die DIN-Blätter können von der Beuth-Verlag GmbH, Burggrafenstraße 6, 10787 Berlin, bezogen werden.

7. Auflage 2011

Druck 5 4 3 2 1

Alle Drucke derselben Auflage sind parallel einsetzbar, da sie bis auf die Behebung von Druckfehlern untereinander unverändert sind.

ISBN 978-3-8085-4187-6

Satz: rkt, 42799 Leichlingen, www.rktypo.com
Druck: B.O.S.S Druck und Medien GmbH, 47574 Goch

Vorwort

Das „Tabellenbuch Holztechnik" erweitert die bewährte Europa-Fachbuchreihe für Holzberufe. Es kann jedoch seines eigenständigen Charakters wegen sowohl alleine als auch in Verbindung mit anderen Lehrbüchern in der Aus- und Weiterbildung wie in der beruflichen Praxis verwendet werden. Es enthält sowohl Tabellen, Formeln, DIN-Normen, Regeln und Bestimmungen von Behörden und Institutionen als auch viele Stoffwerte und Konstruktionsgrößen. Die Auswahl der technologischen, mathematischen, zeichnerischen und arbeitsplanerischen Inhalte dieser Sammlung erfolgte unter weitgehender Berücksichtigung der Rahmenlehrpläne der Bundesländer für die Berufe im Berufsfeld Holztechnik und der Inhalte der bewährten Lehrbücher. Gleichfalls wurde an die Erfordernisse der Praxis und Weiterbildung gedacht.

Das „Tabellenbuch Holztechnik" eignet sich als Nachschlagewerk für Auszubildende, Schülerinnen und Schüler der Berufsschule, der Berufsfachschule, der Fachoberschule und der Berufsoberschule. Es ist darüber hinaus auch als Informationsquelle bei praktischen Ausbildungsmaßnahmen, bei der Fortbildung in Meister- und Technikerschulen und der Berufspraxis geeignet.

Für den Bereich Sägewerker sowie Möbel-, Küchen- und Umzugsservice wurden neue Inhalte in den Kapiteln 1, 2 und 5 aufgenommen. Im Kapitel 8 „Betriebsorganisation" wurden die Teilkapitel 8.1 „Tischlerei-Betrieb als Dienstleister" und 8.6 „Präsentationstechniken" ergänzt.

Das Tabellenbuch ist eingeteilt in die Abschnitte

Ein schneller Zugriff wurde durch das Daumen-Griffregister ermöglicht. Großer Wert wurde auf die Übersichtlichkeit der Darstellung gelegt. Die Teilkapitel sind auf jeder Seite durch die Kopfleiste wiederholt, Tabellen sind durch Grünraster hervorgehoben, wichtige Formeln durch Rahmen eingeschlossen und Beispiele grün abgesetzt.

Neben dem Inhaltsverzeichnis hilft ein umfangreiches Sachwortverzeichnis beim schnellen Finden einzelner Begriffe und Fakten. Das Inhaltsverzeichnis am Anfang des Tabellenbuches wird durch Teilinhaltsverzeichnisse vor dem jeweiligen Hauptkapitel ergänzt. Das Sachwortverzeichnis am Schluss ist besonders ausführlich gehalten und enthält neben den deutschen auch die wichtigsten englischen Bezeichnungen.

Die starke technische Entwicklung und die Europäisierung der Normen erforderten eine grundlegende Überarbeitung. Die wichtigsten Normen und Regelwerke sowie eine Auswahl der einschlägigen Literatur sind jeweils vor den Hauptkapiteln benannt.

Allen, die durch ihre Anregungen zur Entwicklung des Tabellenbuches beigetragen haben – insbesondere den im Quellenverzeichnis genannten Firmen, Institutionen und Verlagen – sei an dieser Stelle herzlich gedankt. Für Anregungen zur Weiterentwicklung, Verbesserungsvorschläge und Fehlerhinweise sind wir jederzeit dankbar.

Göttingen, im Herbst 2011 Autoren und Verlag

Inhaltsverzeichnis

Inhaltsverzeichnis

Inhaltsverzeichnis

In den Umschlaginnenseiten

1 Mathematische und naturwissenschaftliche Grundlagen

Inhaltsverzeichnis

Mathematik

Grad	0° … 45° sin	0° … 45° tan	⬆
0	0,0000	0,0000	90
1	0,0175	0,0175	89
2	0,0349	0,0349	88

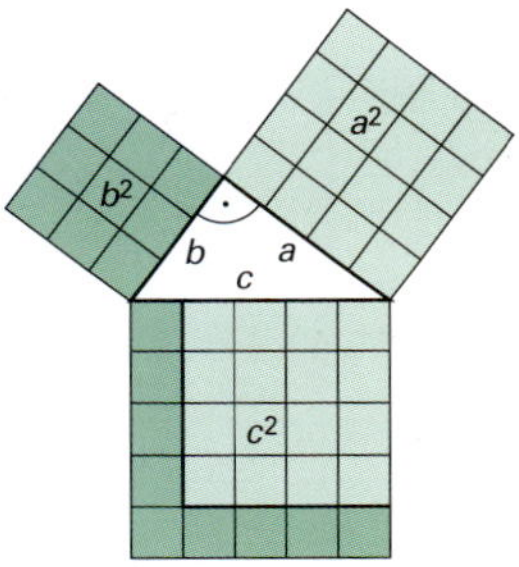

Technische Physik

Weg-Zeit-Schaubild

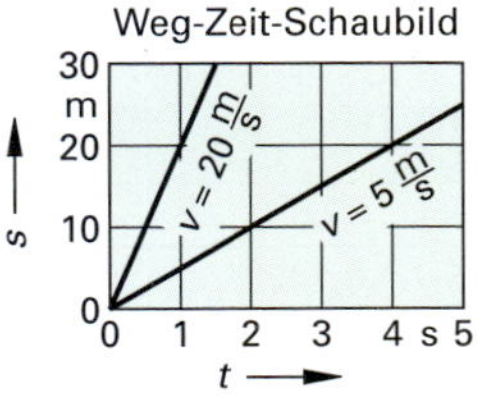

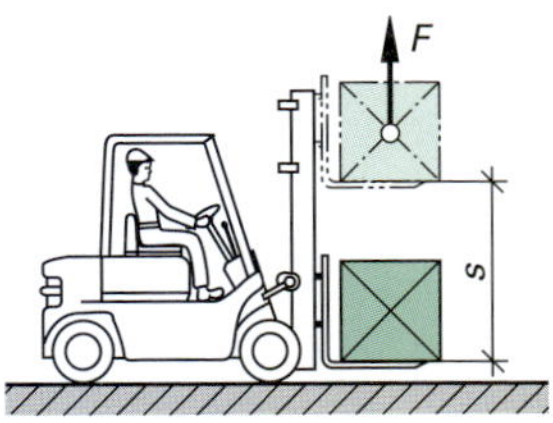

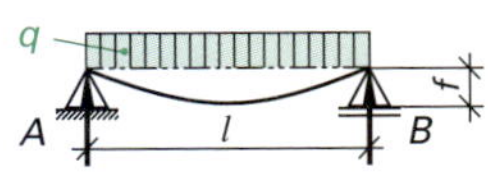

Chemie

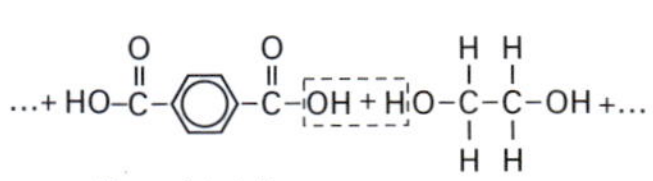

Terephtalsäure (Benzol-1,4-dicarbonsäure) Ethandiol

Technische Physik

1 Mathematische und naturwissenschaftliche Grundlagen

1.1 Größen und Einheiten

Im Internationalen Einheitensystem (SI) sind die Einheiten im Messwesen festgelegt. Von den sieben Grundeinheiten (Basiseinheiten) sind weitere Einheiten abgeleitet.

Basisgrößen und Basiseinheiten

Größe	Länge	Masse	Zeit	Elektrische Stromstärke	Temperatur	Stoffmenge	Lichtstärke
Einheit	Meter	Kilogramm	Sekunde	Ampere	Kelvin	Mol	Candela
Zeichen	m	kg	s	A	K	mol	cd

Abgeleitete Einheiten	Einheiten, die aus den Grundeinheiten mit dem Faktor 1 oder mit Potenzen abgeleitet werden, z.B. 1 N = 1 kg m/s²
Nicht abgeleitete Einheiten	Einheiten, die durch eine anderen Faktor umgerechnet wurden, z.B. 1 min = 60 s

Vorsätze

Faktor	10^{12}	10^{9}	10^{6}	10^{3}	10^{2}	10^{1}	10^{-1}	10^{-2}	10^{-3}	10^{-6}	10^{-9}	10^{-12}
Vorsatz	Tera	Giga	Mega	Kilo	Hekto	Deka	Dezi	Zenti	Milli	Mikro	Nano	Piko
Zeichen	T	G	M	k	h	da	d	c	m	µ	n	p

vergrößernd ⟵ ⟶ verkleinernd

Zehnerpotenzen

Werte über 1 mit **positiven** Exponenten, Werte unter 1 mit **negativen** Exponenten

Wert	0,001	0,01	0,1	1	10	100	1000	10 000	100 000	1 000 000
Potenz	10^{-3}	10^{-2}	10^{-1}	10^{0}	10^{1}	10^{2}	10^{3}	10^{4}	10^{5}	10^{6}

Aufrunden und Abrunden

	Vorgang	Beispiel
Aufrunden	wenn die nächste Stelle eine 5 oder größer ist	3,1415 → 3,142
Abrunden	wenn die nächste Stelle eine 4 oder kleiner ist	3,1415 → 3,14 (auf Hundertstel)

Länge, Fläche, Volumen, Winkel

Größe	Formelzeichen DIN 1304	Einheit Zeichen	Einheit Bedeutung	Beziehungen zwischen den Einheiten
Länge	l	m	Meter	1 m = 10 dm = 100 cm = 1000 mm 1 mm = 1000 µm 1 km = 1000 m 1 inch = 1 Zoll = 25,4 mm
Fläche	A, S	m² a ha	Quadratmeter Ar Hektar	1m² = 100 dm² = 10 000 cm² = 1 000 000 mm² 1 a = 100 m² (für Grundstücks- 1 ha = 100 a = 10 000 m² flächen) 1 km² = 100 ha
Volumen	V	m³ l	Kubikmeter Liter	1 m³ = 1000 dm³ = 1 000 000 cm³ 1 l = 1 dm³ 1 ml = 1 cm³
Winkel, eben	$\alpha, \beta, \gamma, \ldots$	° ′ ″ rad	Grad Minute Sekunde Radiant	1 ° = 60 ′ 1 ′ = 60 ″ 1 rad = 1 m/m = 57,2957 ° 1° = π/180 rad = 60 ′

1.1 Größen und Einheiten

Größe	Formelzeichen DIN 1304	Einheit Zeichen	Einheit Bedeutung	Beziehungen zwischen den Einheiten
Zeitgrößen				
Zeit	t	 min h d	s Minute Stunde Tag	Sekunde 1 min = 60 s 1 h = 60 min = 3600 s 1 d = 24 h
Geschwindigkeit Winkelgeschwindigkeit	v ω	m/s 1/s	Meter/Sekunde 1/Sekunde	1m/s = 60 m/min = 3,6 km/h
Beschleunigung g	a	m/s²	Meter/Sekunde²	Fallbeschleunigung $g = 9{,}81\ \text{m/s}^2$
Frequenz	f	Hz	Hertz	1 Hz = 1/s 1 Hz = 1 Schwingung/s
Drehzahl	n	1/min 1/s	1/Minute 1/Sekunde	1/min = 1 min^{-1} 1/s = 60/min = 60 min^{-1}
Mechanische Größen				
Masse	m	kg g t	Kilogramm Gramm Tonne	1 kg = 1000 g 1 g = 1000 mg 1 t = 1000 kg
Dichte	ϱ	kg/m³	Kilogramm/Meter³	1000 kg/m³ = 1 kg/dm³ = 1 t/m³
Kraft Gewichtskraft	F G, F_g	N	Newton	1 N = 1 kg m/s² = 1 J/m
Drehmoment	M	Nm	Newtonmeter	1 kNm = 100 daNm = 1000 Nm
Druck	p	Pa	Pascal	1 Pa = 1 N/m² 1 bar = 100000 Pa = 10^5 bar = 10 N/cm² 1 mbar = 1 hPa
Mechanische Spannung	σ τ	N/m²	Newton/Meter²	1 MN/m² = 1 N/mm² = 1 MPa
Trägheitsmoment	I	cm⁴	Zentimeter⁴	Flächenmoment 2. Grades
Temperatur und Wärme				
Temperatur thermodynamisch	T t, ϑ	K °C	Kelvin Grad Celsius	0 K = – 273 °C 0 °C = 273 K Temperaturdifferenz 1 K = 1 °C
Wärmemenge	Q	J	Joule	1 J = 1 Nm = 1 Ws 3600 kJ = 1 kWh
Spezifischer Heizwert	H	J/kg	Joule/Kilogramm	
Elektrische Größen				
Stromstärke Spannung Widerstand	I U R	A V Ω	Ampere Volt Ohm	 1 Ω = 1 V/A
Spezifischer Widerstand Leitfähigkeit	ϱ κ	Ωm S/m	Ohmmeter Siemens/Meter	$\varrho = 1/\kappa$
Arbeit	W	Ws	Wattsekunde	1 Ws = 1 J, 1 kWh = $3{,}6 \cdot 10^6$ Ws
Leistung	P	W	Watt	1 W = 1 Nm/s = 1 J/s = 1 VA

1.1 Größen und Einheiten

Mathematische Symbole

Zeichen	Bedeutung
=	gleich
≠	ungleich
≙	entspricht
≈	ungefähr, etwa
<	kleiner als
>	größer als
≤	kleiner oder gleich
≥	größer oder gleich
…	und so weiter bis
+	plus
−	minus
±	plus-minus
×, ·	multipliziert, mal
/, :, —	dividiert, Bruchstrich
Σ	Summe von …
π	pi = 3,141…
~	proportional
a^n	potenziert
$\sqrt{\ }$	Quadratwurzel
$\sqrt[n]{\ }$	n-te Wurzel
l	Länge
A	Fläche
V	Volumen

Zeichen	Bedeutung
$\overline{AB}$	Strecke AB
( ), [ ] { }	Klammern
∥	parallel
↑↑	gleichsinnig parallel
↑↓	gegensinnig parallel
⊥	senkrecht auf
⊾	rechter Winkel
∢	Winkel
△	Dreieck
◎	Kreis
≅	kongruent zu
Δx	Delta x (Differenz)
ln	natürlicher Logarithmus
log	Logarithmus
lg	dekadischer Logarithmus
%	Prozent, von Hundert
‰	Promille, von Tausend
sin	Sinus
cos	Kosinus
tan	Tangens
cot	Kotangens

Griechische Buchstaben

groß/klein	Name
Α, α	Alpha
Β, β	Beta
Γ, γ	Gamma
Δ, δ	Delta
Ε, ε	Epsilon
Ζ, ζ	Zeta
Η, η	Eta
Θ, θ	Theta
Ι, ι	Jota
Κ, ϰ	Kappa
Λ, λ	Lambda
Μ, μ	My
Ν, ν	Ny
Ξ, ξ	Xi
Ο, ο	Omikron
Π, π	Pi
Ρ, ϱ	Rho
Σ, σ	Sigma
Τ, τ	Tau
Υ, υ	Ypsilon
Φ, φ	Phi
Χ, χ	Chi
Ψ, ψ	Psi
Ω, ω	Omega

Zahlensysteme

Art	Basis	Zeichenvorrat
Dualzahlen	2	0 1
Dezimalzahlen	10	0 1 2 3 4 5 6 7 8 9
Hexadezimalzahlen (Sedezimalzahlen)	16	0 1 2 3 4 5 6 7 8 9 A B C D E F

Darstellung und Umwandlung der Zahlensysteme

Dezimalsystem

Dezimalzahl z_{10} 350

Stelle	$10^2 = 100$	$10^1 = 10$	$10^0 = 1$	
Wert	3 · 100	5 · 10	0 · 1	
Gesamtwert, dezimal	300 +	50 +	0 =	350

Dualsystem

Dualzahl z_2 1101

Stelle	$2^3 = 8$	$2^2 = 4$	$2^1 = 2$	$2^0 = 1$	
Wert	1 · 8 = 8	1 · 4 = 4	0 · 2 = 0	1 · 1 = 1	
Gesamtwert, dezimal	8 +	4 +	0 +	1 =	13

Hexadezimalsystem

Umwandlung in

Dezimalzahl:

B3E

Stelle	$16^2 = 256$	$16^1 = 16$	$16^0 = 1$	
Wert	11 · 256	3 · 16	14 · 1	
Gesamtwert:	2816 +	48 +	14 =	2878

Dualzahl:

B3E

Ziffernwert	11	3	14
Gruppe von 4 Bit	1011	0011	1110
Dualzahl:	1011 0011 1110		

1.2 Mathematische Grundlagen

Rechenarten

Art	Bezeichnung	Art	Bezeichnung
Addition $a + b = c$	a, b Summand c Summenwert	Potenzierung $a^b = c$	a Basis b Exponent c Potenzwert
Subtraktion $a - b = c$	a Minuend, b Subtrahend c Differenzwert	Radizierung $\sqrt[b]{a} = c$	a Radikand b Wurzelexponent c Wurzelwert
Multipikation $a \cdot b = c$	a, b Faktor c Produktwert		
Division $a : b = c$	a Dividend, b Divisor c Quotientwert	Logarithmierung $\log_b a = c$	a Logarithmand, b Basis c Logarithmuswert

Bruchrechnung

Begriffe	Bruchart	Kennzeichen	Beispiel
Brüche sind Teile eines Ganzen	Positive Brüche	> 0	3/4
	Negative Brüche	< 0	– 2/5
	Echte Brüche	< 1, Zähler < Nenner	4/15
	Unechte Brüche	> 1, Zähler > Nenner	7/3
	Gleichnamige Brüche	gleiche Nenner	3/8, 5/8, 7/8
	Ungleichnamige Brüche	ungleiche Nenner	3/12, 4/5, 2/9
	Scheinbruch	Nenner = 1	6/1

Rechen-operation	Regel	Beispiel	
Erweitern	Zähler und Nenner werden mit der gleichen Zahl multipliziert	$\frac{2}{3} = \frac{2 \cdot 2}{3 \cdot 2} = \frac{4}{6}$	$\frac{x}{y} = \frac{x \cdot z}{y \cdot z} = \frac{xz}{yz}$
Kürzen	Zähler und Nenner werden mit der gleichen Zahl dividiert	$\frac{24}{42} = \frac{12}{21}$	
Addieren, Subtrahieren	Brüche müssen gleichnamig sein	$\frac{1}{2} + \frac{3}{5} = \frac{5+6}{10} = \frac{11}{10} = 1\frac{1}{10}$	
Multiplizieren	Zähler mit Zähler und Nenner mit Nenner multiplizieren	$\frac{2}{5} \cdot \frac{3}{7} = \frac{6}{35}$	
Dividieren	Bruch mit Kehrwert des anderen Bruches multiplizieren	$\frac{2}{5} : \frac{3}{4} = \frac{2 \cdot 4}{5 \cdot 3} = \frac{8}{15}$	

Vorzeichenregel

Regel	Beispiel	Regel	Beispiel
Zwei Faktoren mit gleichen Vorzeichen ergeben ein positives Ergebnis	$3 \cdot 6 = 18$ $(-x)\,(-y) = xy$	Dividend und Divisor mit gleichen Vorzeichen ergeben einen positiven Quotienten	$10/2 = 5$ $\frac{-a}{-b} = \frac{a}{b}$
Zwei Faktoren mit ungleichen Vorzeichen ergeben ein negatives Ergebnis	$(-4) \cdot 7 = -28$ $x \cdot (-y) = -xy$	Dividend und Divisor mit ungleichen Vorzeichen ergeben einen negativen Quotienten	$16/-4 = -4$ $\frac{-a}{b} = -\frac{a}{b}$

Punktrechnungen müssen vor Strichrechnungen erfolgen

Klammerrechnung

Regel	Beispiel
Auflösen einer Klammer mit **Plus** vor der Klammer: – Klammer kann entfallen	$x + (y - z) = x + y - z$
Auflösen einer Klammer mit **Minus** vor der Klammer: – Klammer kann entfallen, Vorzeichen in der Klammer werden umgekehrt	$5 - (10 - 4) = 5 - 10 + 4 = -1$
Faktor vor einem Klammerausdruck: – jedes Glied der Klammer wird mit dem Faktor multipliziert	$4\,(x - y + z) = 4x - 4y + 4z$

1.2 Mathematische Grundlagen

Klammerrechnung (Fortsetzung)

Regel	Beispiel
Multiplizieren von Klammerausdrücken: – jedes Glied der einen Klammer wird mit jedem Glied der anderen Klammer multipliziert	$(a + b) \cdot (c - d) = ac - ad + bc - bd$
Klammerausdruck durch **Divisor:** – jedes Glied der Klammer wird durch den Divisor dividiert – Ein Bruchstrich ersetzt eine Klammer	$\frac{18\,a - 12\,b}{3} = \frac{18\,a}{3} - \frac{12\,b}{3} = 6\,a - 4\,b$
Auflösen von Klammern: – Bei Klammern von innen nach außen auflösen – Bei gemischten Punkt- und Strichrechnungen zuerst Klammer auflösen, danach Punkt- vor Strichrechnung	$6\,x - [\,x + y\,(y - a) + y^2]$ $= 6\,x - [x + y^2 - ay + y^2]$ $= 6\,x - x - 2\,y^2 + ay = 5\,x - 2\,y^2 + ay$
Gemeinsamer Faktor: – ein gemeinsamer Faktor in einem Term wird vor die Klammer gesetzt	$bx - 2\,ax + 3\,x + cx$ $= x\,(b - 2\,a + 3 + c)$

Potenzen

Regel	Beispiel
Potenzen mit dem Exponenten Null haben den Wert 1	$10^0 = 1, \quad (x + y)^0 = 1$
Multiplizieren von Potenzen mit gleicher Basis: – Exponenten werden addiert	$a^2 \cdot a^3 = a^5; \quad a^m \cdot a^n = a^{m+n}$
Dividieren von Potenzen mit gleicher Basis: – Exponenten werden subtrahiert	$\frac{a^m}{a^n} = a^{m-n}$
Potenzen mit negativen Exponenten sind gleich dem reziproken Wert der gleichen Potenz	$x^{-n} = \frac{1}{x^n}$

Wurzeln

Regel	Beispiel
Wurzeln können als Potenzen geschrieben werden.	$\sqrt{2} = 2^{\frac{1}{2}}, \quad \sqrt[3]{x} = x^{\frac{1}{3}}$
Radikant als Produkt: Wurzel kann entweder aus dem Produkt oder aus jedem Faktor gezogen werden.	$\sqrt{5 \cdot 5} = \sqrt{25} = 5$ $\sqrt{a \cdot b} = \sqrt{a}\,\sqrt{b}$
Radikand als Summe oder Differenz: (Wurzel kann nur aus dem Ergebnis gezogen werden)	$\sqrt{20 + 16} = \sqrt{36} = 6, \quad \sqrt{x - y} = \sqrt{(x - y)}$

Binomische Formeln

$(a + b)^2 = (a + b)\,(a + b) = a^2 + 2\,ab + b^2$

$(a - b)^2 = (a - b)\,(a - b) = a^2 - 2\,ab + b^2$

$(a + b)\,(a - b) = a^2 - b^2$

Höhere Potenzen

$(a \pm b)^3 = a^3 \pm 3\,a^2b + 3\,ab^2 \pm b^3$

$(a \pm b)^4 = a^4 \pm 4\,a^3b + 6\,a^2b^2 \pm 4\,ab^3 + b^4$

Sonderfälle

$a^3 + b^3 = (a + b)\,(a^2 - ab + b^2)$

$a^3 - b^3 = (a - b)\,(a^2 + ab + b^2)$

$a^4 - b^4 = (a^2 + b^2)\,(a^2 - b^2)$

Logarithmen

$\log_a b = c$, wenn $a^c = b$ für $a > 0$ und $b > 0$

Dekadischer Logaritmus	$\lg a = \log_{10} a$
Natürlicher Logaritmus	$\ln a = \log_e a$ $e = 2{,}711828\ldots$
Sonderfälle	$\lg 1 = 0, \quad \ln 1 = 0$ $\log_a 1 = 0, \quad \log_a a = 1$ $\lg 10 = 1, \quad \ln e = 1$
Gesetze	$\log (ab) = \log a + \log b$ $\log a/b = \log a - \log b$ $\log (b^n) = n \log b$ $\log \sqrt[n]{b} = \frac{1}{n} \log b$
Umrechnungen	$\ln a = \ln 10 \cdot \lg a$ $\lg a = \lg e \cdot \ln a$ $\lg e = M = 0{,}4343\ldots$ $\ln 10 = \frac{1}{M} = 2{,}3026\ldots$

1.3 Gleichungen

Gleichungsarten

Begriff	Erklärung	Beispiel
Gleichung	Verbindung von zwei gleichwertigen Termen durch ein Gleichheitszeichen	$3\ \text{m} + 4\ \text{m} = 7\ \text{m}$
Zahlengleichung	enthalten nur Zahlen	$20 - 5 = 3 \cdot 5$
Einheitengleichung	enthalten nur Einheiten	$\text{N} = \text{kg} \cdot \text{m/s}^2$
Verhältnisgleichung	Quotienten sind einander gleich	$l_1 : l_2 = 3\ \text{m} : 5\ \text{m}$
Größengleichung	enthalten Größen	$(200\ \text{g} + 100\ \text{g})/3 = 100\ \text{g}$
Bestimmungsgleichung	enthalten unbekannte Größen (Variable)	$5\ a \cdot b = c$
Ungleichung	ungleiche Terme sind durch < oder > verbunden	$2 \cdot 5 + 4 > 10$, $b < 1$
Gleichung: 1. Grades 2. Grades	 linear quadratisch	 $a + 10 = c$ $x^2 - ax = y$
Formeln	Gesetzmäßigkeiten aus Technik und Naturwissenschaften	$s = v \cdot t$

Gleichungen umstellen

Regel	Beispiel	
Gesuchter Wert allein auf linker Seite: Durch Addition bzw. Subtraktion des gleichen Wertes auf beiden Seiten	$a - 4 = 8$ $a - 4 + 4 = 8 + 4$ $a = 12$	$x + y = z$ $x + y - y = z - y$ $x = z - y$
Gesuchter Wert allein auf linker Seite: Durch Division bzw. Multiplikation des gleichen Wertes auf beiden Seiten	$4 \cdot a = 12$ $\frac{4 \cdot a}{4} = \frac{12}{4} = 3$	$\frac{a}{3} = 5\ b$ $\frac{a \cdot 3}{3} = 5\ b \cdot 3 = 15\ b$
Gesuchter Wert allein auf linker Seite: Durch Potenzieren bzw. Radizieren auf beiden Seiten.	$\sqrt{a} = 5$ $(\sqrt{a})^2 = 5^2$ $a = 25$	$c^2 = a + b$ $\sqrt{c^2} = \sqrt{a + b}$ $c = \pm\sqrt{a + b}$

Verhältnisgleichung, Proportionen

Zwei Verhältnisse mit gleichen Werten können gleichgesetzt werden und als Gleichung geschrieben werden.

Außenglieder

$a : b = 3 : 4$ oder $\frac{a}{b} = \frac{3}{4}$

Innenglieder — Bruchgleichung

Eine Verhältnisgleichung kann als Produktengleichung geschrieben werden.

$a : b = 3 : 4$

$3\ b = 4\ a$

Innenglied × Innenglied = Außenglied × Außenglied

Gleichungen 1. Grades mit zwei Unbekannten

Zur Bestimmung von zwei unbekannten Werten sind verschiedene Gleichungen notwendig. Aus ihnen stellt man bei der Auflösung eine dritte Gleichung mit nur einer Unbekannten her. Durch die Einsetzungs-, Gleichsetzungs- oder Additionsmethode wird die zweite Unbekannte ermittelt.

Gleichungen 2. Grades (quadratische Gleichungen)

rein quadratisch:	$x^2 = 16;\quad x = \sqrt{16} = \pm 4$
gemischt-quadratisch	$x^2 + ax + b = 0$
Lösungsformel:	$x = -\frac{a}{2} \pm \sqrt{\left(\frac{a}{2}\right)^2 - b}$

1.4 Dreisatzrechnen und Mischungsrechnen

Verhältnisse beim Dreisatz

Satz	direkt	indirekt
1. Aussagesatz	$x \Rightarrow y$	$x \Rightarrow y$
2. Einheitsatz	$1 \Rightarrow \frac{y}{x}$	$1 \Rightarrow y \cdot x$
3. Schlusssatz	$x_1 \Rightarrow \frac{y \cdot x_1}{x}$	$x_1 \Rightarrow \frac{y \cdot x}{x_1}$

Dreisatz mit geradem Verhältnis (direkt)

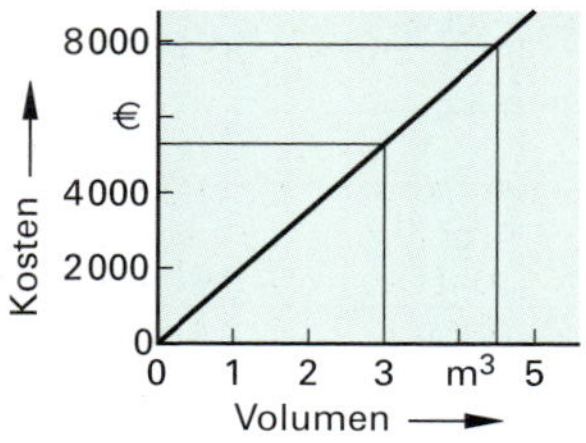

Beispiel: 4,50 m³ Eichenholz kosten 7 875,00 €. Wieviel kosten 3,00 m³?

1. 4,50 m³ Eichenholz kosten 7 875 €

2. 1,00 m³ Eichenholz kosten $\frac{7\,875{,}00\ €}{4{,}50}$

3. 3,00 m³ Eichenholz kosten $\frac{7\,875{,}00\ € \cdot 3{,}00}{4{,}50}$

= 5 250,00 €

Dreisatz mit umgekehrtem Verhältnis (indirekt)

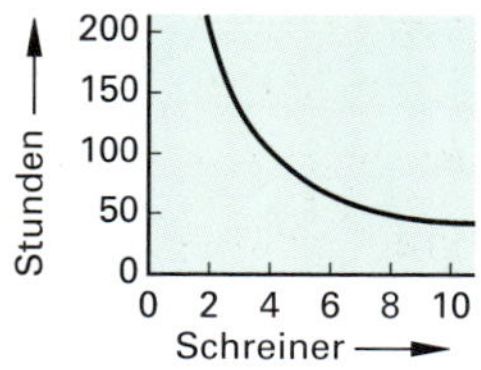

Beispiel: 5 Schreiner benötigen für eine Montagearbeit 80 Stunden. Wie lange dauert die Montage, wenn 8 Schreiner zur Verfügung stehen?

1. 5 Schreiner benötigen 80 h

2. 1 Schreiner benötigt 5 · 80 h

3. 8 Schreiner benötigen $\frac{5 \cdot 80\ h}{8}$ **= 50 h**

Zusammengesetzter (doppelter) Dreisatz

Es werden 3 Größen gegenübergestellt. Die gesuchte Größe wird stufenweise errechnet. In jeder Stufe wird nur eine Größe verändert.

Beispiel: 6 Parkettleger verlegen bei 8-stündiger Arbeitszeit pro Tag 210 m² Parkett. Wie viel m² Parkett verlegen 5 Parkettleger bei einer Arbeitszeit von 9 h/Tag?

1. Dreisatz: 6 Parkettleger verlegen in 8 h 210 m²

1 Parkettleger verlegt in 8 h $\frac{210\ m^2}{6}$

5 Parkettleger verlegen in 8 h $\frac{210\ m^2 \cdot 5}{6}$

2. Dreisatz: 5 Parkettleger verlegen in 1 h $\frac{210\ m^2 \cdot 5}{6 \cdot 8}$

5 Parkettleger verlegen in 9 h $\frac{210\ m^2 \cdot 5 \cdot 9}{6 \cdot 8}$ **= 196,875 m²**

Mischungsrechnen

Regel	nach Massenteilen	nach Raumteilen	nach Prozent
Mischungsverhältnis $= A : B : C : \ldots$ Gesamtmenge $= A + B + C + \ldots$ Grundmenge GM (Teil 1) $= \frac{\text{Gesamtmenge}}{\text{Teile}}$	**Beispiel:** 5 kg Leimpulver zu Streckmittel, wie 15 : 3. Streckmittel $= \frac{5\ kg \cdot 3}{15} = 1\ kg$ $GM = \frac{(5 + 1)\ kg}{15 + 3}$ $= 0{,}33\ kg$	**Beispiel:** 2 l Mischung aus Stoff A und B im Verhältnis 2 : 3. $GM = \frac{2\ l}{2 + 3} = 0{,}4\ l$ $A = 2 \cdot 0{,}4\ l = 0{,}8\ l$ $B = 3 \cdot 0{,}4\ l = 1{,}2\ l$	**Beispiel:** 10%ige Lösung aus Säure und 2 l Wasser. Säure: Wasser = 10 : 100 $\text{Säure} = \frac{2\ l \cdot 10}{90} = 0{,}222\ l$ $= 222\ g$

1.5 Prozentrechnen und Zinsrechnen

Prozentrechnen

Rechnen mit reinem Grundwert

- Prozent % ≙ 1/100
- Grundwert G
- Prozentwert PW
- Prozentsatz p (%)

$$G = \frac{PW \cdot 100\%}{p}$$

$$PW = \frac{G \cdot p}{100\%}$$

$$p = \frac{PW \cdot 100\%}{G}$$

Beispiel:
Eiche hat einen tangentialen Schwindverlust von 8,9%. Um wie viel mm schwindet ein Seitenbrett mit einer Breite $b = 320$ mm?

Lösung:

$$PW = \frac{320\text{ mm} \cdot 8{,}9\ \%}{100\%} = 28{,}48\text{ mm}$$

Rechnen mit vermindertem Grundwert

- Verminderter Grundwert G_{min}

Verminderter Grundwert	Prozentwert (PW)
100 % – p %	p %
100 % = Grundwert (G)	

$$G_{min} = G - PW$$

$$G = \frac{G_{min} \cdot 100\%}{100\% - p}$$

Beispiel:
Ein Kunde bezahlt wegen mangelhafter Arbeit nur 10% des Bruttopreises und überweist 16 500,00 €. Wie hoch war der Bruttopreis?

Lösung:

$$G = \frac{16\,500{,}00\ € \cdot 100\%}{100\% - 10\%}$$

$$= 18\,333{,}33\ €$$

Rechnen mit vermehrtem Grundwert

- Vermehrter Grundwert G_{mehr}

Grundwert (G)	Prozentwert (PW)
100 %	p %
100 % + p % = vermehrter Grundwert	

$$G_{mehr} = G + PW$$

$$G = \frac{G_{mehr} \cdot 100\%}{100\% + p}$$

Beispiel:
Ein Arbeiter erhält nach der Lohnerhöhung von 3,5% einen Stundenlohn von 13,40 €. Errechnen Sie den vorherigen Lohn?

Lösung:

$$G = \frac{13{,}40\ € \cdot 100\%}{100\% + 3{,}5\%} = 12{,}95\ €$$

Zinsrechnen

- Kapital K (€)
- Zinsen Z (€)
- Zinssatz p (%/Jahr)
- Laufzeit t (Jahre)
- 1 Zinsjahr 360 Tage
- 1 Zinsmonat 30 Tage

Mit dem Zinssatz werden die Zinsen für ein Jahr berechnet.

Kapitalwert (K)	(Z)

$$K = \frac{Z \cdot 100\%}{p \cdot t}$$

$$Z = \frac{K \cdot p \cdot t}{100\%}$$

$$p = \frac{Z \cdot 100\%}{K \cdot t}$$

$$t = \frac{Z \cdot 100\%}{K \cdot p}$$

Beispiel:
Ein Betrieb erhät eine Kredit über 40 000,00 € mit einem Zinssatz von 8,5%.

a) Berechnen Sie die Zinsen für 2 Jahre.
b) Wie hoch wäre der Zinssatz, wenn bei gleicher Laufzeit 7 400,00 € Zinsen anfallen würden?

Lösung:

$$Z = \frac{40\,000{,}00\ € \cdot 8{,}5\% \cdot 2}{100\%}$$

$$= 6\,800{,}00\ €$$

$$p = \frac{7\,400{,}00\ € \cdot 100\%}{40\,000{,}00\ € \cdot 2} = 9{,}25\%$$

Zinseszinsrechnung

Die Zinsen werden dem Kapital zugerechnet und mitverzinst.

- Anzahl der Jahre n

Kapital nach n Jahren:

$$K_n = K\left(1 + \frac{p}{100}\right)^n$$

Beispiel: Ein Schreiner legt bei einer Bank 5000,00 € festverzinslich an. Wie hoch ist sein Kapital nach 10 Jahren?

Lösung:

$$K_{10} = 5000{,}00\ € \cdot \left(1 + \frac{4{,}5\%}{100\%}\right)^{10} =$$

$$K_{10} = 7764{,}85\ €$$

1.6 Längen

Längenteilung

Teilen der Gesamtlänge in gleiche Abstände

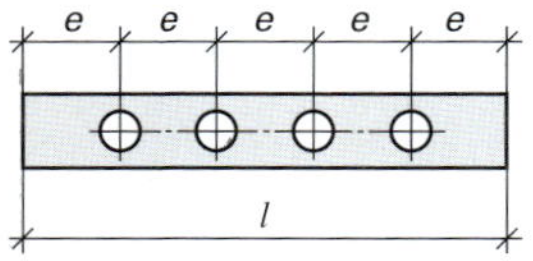

$$e = \frac{l}{n+1}$$

$$z = n + 1$$

- *l* Gesamtlänge, Teilungsstrecke
- *e* Länge der Abstände
- *n* Anzahl der Teilungselemente
- *z* Anzahl der Abstände

Teilen der Gesamtlänge in gleiche Abstände mit Randabstand

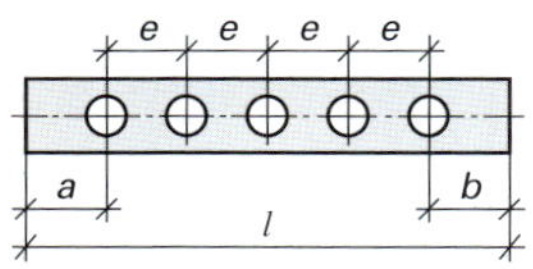

$$e = \frac{l - (a + b)}{n - 1}$$

- *a, b* Randabstände

Teilen der Gesamtlänge in gleiche Abstände mit Unterbrechungen

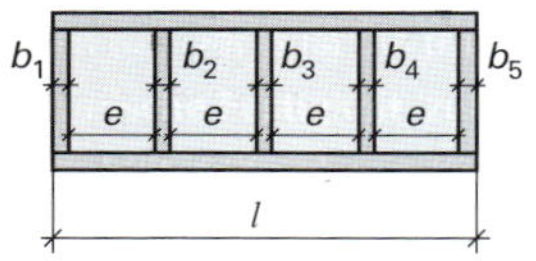

$$e = \frac{l - (b_1 + \ldots + b_n)}{n - 1}$$

- $b_1, \ldots, b_n$ Unterbrechungen
- *e* Abstand
- *n* gleiche Abstände

Goldener Schnitt

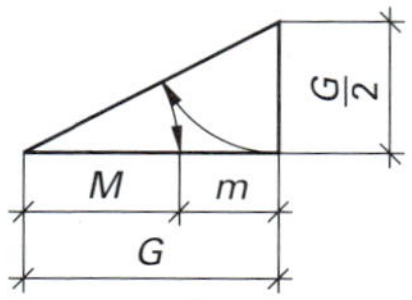

$$M = \frac{G}{2}(\sqrt{5} - 1)$$
$$= G \cdot 0{,}618$$
$$m = M \cdot 0{,}618$$
$$m = G \cdot 0{,}382$$

- *G* Gesamtstrecke
- *M* Major
- *m* minor

▶ Kapitel 4.4

Steigung

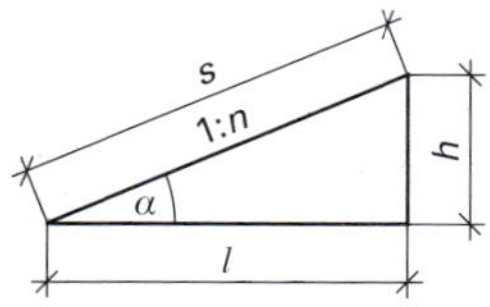

$$m = \frac{h}{l} = \tan \alpha$$

$$m\% = \frac{h \cdot 100\%}{l}$$

$$n = \frac{1}{m} = \frac{l}{h}$$

- *m* Steigungsverhältnis
- *h* Höhe
- *l* Länge
- *a* Steigungswinkel
- *m%* Steigung in Prozent
- *n* Verhältniszahl der Steigung

Strahlensätze

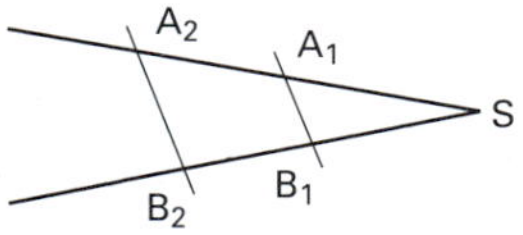

$$\frac{\overline{SA_1}}{\overline{SA_2}} = \frac{\overline{SB_1}}{\overline{SB_2}}$$

$$\frac{\overline{SA_1}}{\overline{A_1A_2}} = \frac{\overline{SB_1}}{\overline{B_1B_2}}$$

Werden zwei Strahlen von Parallelen geschnitten, so verhalten sich die Abschnitte auf dem einen Strahl wie die gleichliegenden Abschnitte auf dem anderen Strahl.

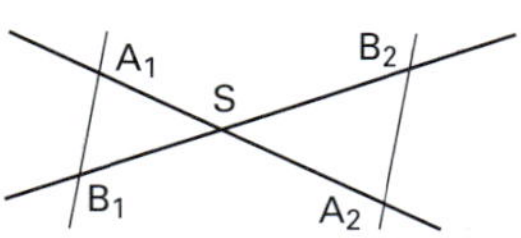

$$\frac{\overline{A_1B_1}}{\overline{A_2B_2}} = \frac{\overline{SA_1}}{\overline{SA_2}}$$

$$\frac{\overline{A_1B_1}}{\overline{A_2B_2}} = \frac{\overline{SB_1}}{\overline{SB_2}}$$

Werden zwei Strahlen von Parallelen geschnitten, so verhalten sich die Abschnitte auf den Parallelen zueinander, wie die vom Scheitel aus gemessenen zugehörenden Strahlenabschnitte.

1.7 Flächen

Quadrat 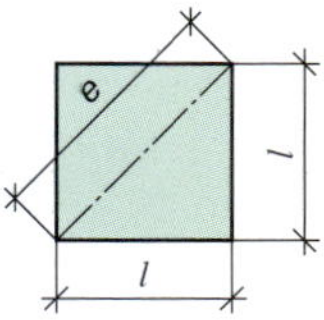	$A = l^2$ $U = 4 \cdot l$ $e = \sqrt{2} \cdot l$	A Fläche U Umfang l Seitenlänge e Diagonale **Beispiel:** $l = 75\ \text{cm}$ $A = l^2 = (75\ \text{cm})^2 = 5625\ \text{cm}$ $e = \sqrt{2} \cdot l = \sqrt{2} \cdot 75\ \text{cm} = 106{,}07\ \text{cm}$
Raute (Rhombus) 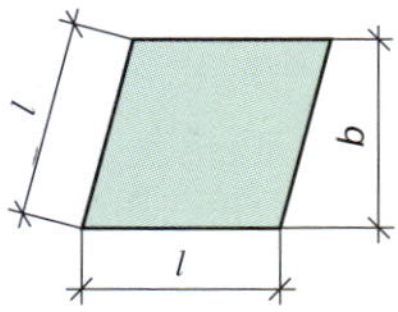	$A = l \cdot b$ $U = 4 \cdot l$	A Fläche U Umfang l Seitenlänge b Breite **Beispiel:** $l = 4{,}5\ \text{m}; \quad b = 3{,}0\ \text{m}$ $A = l \cdot b = 4{,}5\ \text{m} \cdot 3{,}0\ \text{m} = 13{,}5\ \text{m}^2$
Rechteck 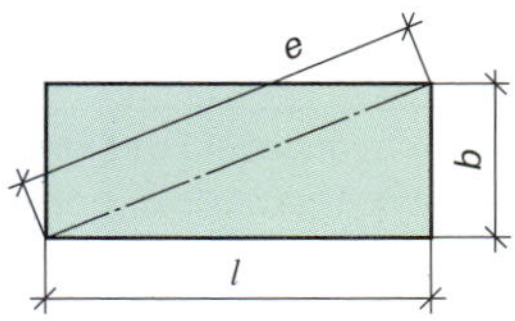	$A = l \cdot b$ $U = 2 \cdot (l + b)$ $e = \sqrt{l^2 + b^2}$	A Fläche U Umfang e Diagonale l Länge b Breite **Beispiel:** $l = 120\ \text{mm}; \quad b = 80\ \text{mm}$ $A = l \cdot b = 120\ \text{mm} \cdot 80\ \text{mm} = 9600\ \text{m}^2$ $e = \sqrt{l^2 + b^2} = \sqrt{(120\ \text{mm})^2 + (80\ \text{mm})^2}$ $= 144{,}2\ \text{mm}$
Parallelogramm (Rhomboid) 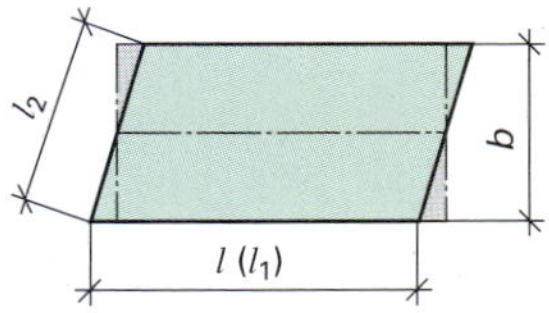	$A = l \cdot b$ $U = 2 \cdot (l_1 + l_2)$	A Fläche U Umfang $l\ (l_1)$ Länge l_2 Seitenlänge b Breite **Beispiel:** $l = 80\ \text{cm}; \quad b = 65\ \text{cm}$ $A = l \cdot b = 80\ \text{cm} \cdot 65\ \text{cm} = 5200\ \text{cm}^2$
Trapez 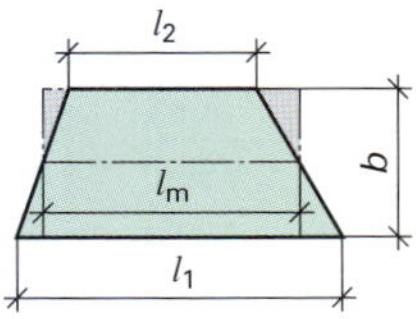	$A = \frac{l_1 + l_2}{2} \cdot b$ $U = l_1 + l_2 + l_3 + l_4$ $l_m = \frac{l_1 + l_2}{2}$	A Fläche U Umfang b Breite l_1 große Länge l_2 kleine Länge l_3, l_4 Seitenlänge **Beispiel:** $l_1 = 2{,}6\ \text{m}; \quad l_2 = 2{,}0\ \text{m}; \quad b = 1{,}8\ \text{m}$ $A = \frac{l_1 + l_2}{2} \cdot b = \frac{2{,}6\ \text{m} + 2{,}0\ \text{m}}{2} \cdot 1{,}8\ \text{m}$ $= 4{,}14\ \text{m}^2$
Dreieck 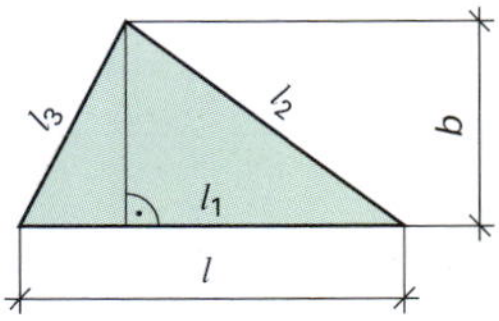	$A = \frac{l \cdot b}{2}$ $U = l_1 + l_2 + l_3$	A Fläche U Umfang l_1, l_2, l_3 Seitenlängen l Länge b Breite (Höhe) **Beispiel:** $l = 72\ \text{mm}; \quad b = 31\ \text{mm}$ $A = \frac{l \cdot b}{2} = \frac{72\ \text{mm} \cdot 31\ \text{mm}}{2} = 1116\ \text{mm}^2$ ▶ Rechtwinklige Dreiecke S. 22

1.7 Flächen

Dreieck

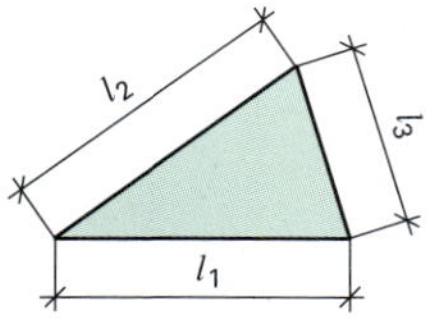

Heronische Dreiecks-Formel

$$s = \frac{1}{2}(l_1 + l_2 + l_2)$$

$$A = \sqrt{s \cdot (s - l_1) \cdot (s - l_2) \cdot (s - l_3)}$$

A	Fläche
s	halber Umfang
l_1, l_2, l_3	Seitenlängen

Unregelmäßiges Vieleck

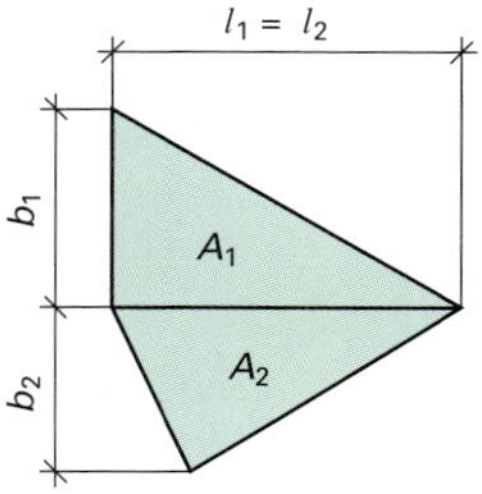

$$A = \Sigma \text{ aller Teilflächen}$$

$$A = A_1 + A_2 + \ldots + A_n$$

A	Gesamtfläche
$A_1, A_2, \ldots, A_n$	Teilflächen
$l_1, l_2 \ldots$	Länge
$b_1, b_2 \ldots$	Breite

Beispiel: $l_1 = l_2 = 110$ cm
$b_1 = 50$ cm, $b_2 = 45$ cm

$$A_1 = \frac{l_1 \cdot b_1}{2} = 2\,750 \text{ cm}^2$$

$$A_2 = \frac{l_2 \cdot b_2}{2} = 2\,475 \text{ cm}^2$$

$$A = A_1 + A_2 = 5\,225 \text{ cm}^2$$

Regelmäßiges Vieleck

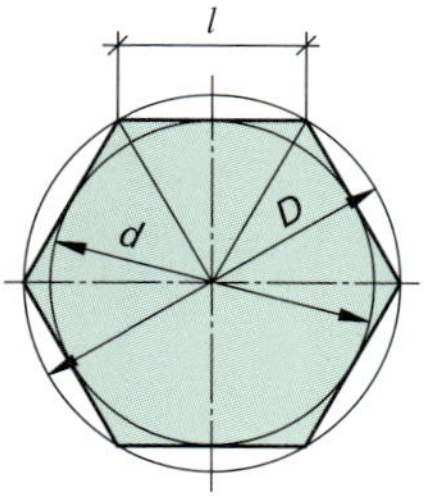

$$A = n \cdot \frac{l \cdot d}{4}$$

$$l = D \cdot \sin\left(\frac{180°}{n}\right)$$

$$d = \sqrt{D^2 - l^2}$$

A	Fläche	n	Anzahl der Ecken
l	Seitenlänge		
d	Inkreisdurchmesser		
D	Umkreisdurchmesser		

Beispiel: Achteck mit $D = 60$ cm

$$l = 60 \text{ cm} \cdot \sin\left(\frac{180°}{8}\right) = 22{,}96 \text{ cm}$$

$$d = \sqrt{(60 \text{ cm})^2 - (22{,}96 \text{ cm})^2} = 55{,}43 \text{ cm}$$

$$A = 8 \cdot \frac{22{,}96 \text{ cm} \cdot 55{,}43 \text{ cm}}{4} = 2\,545{,}3 \text{ cm}^2$$

Berechnung regelmäßiger Vielecke

Anzahl der Ecken	Fläche A			Seitenlänge l		Inkreis-durchmesser d		Umkreis-durchmesser D	
	aus l	aus d	aus D	aus d	aus D	aus l	aus D	aus l	aus d
	l^2 mal	d^2 mal	D^2 mal	d mal	D mal	l mal	D mal	l mal	d mal
3	0,433	1,299	0,325	1,732	0,867	0,578	0,500	1,154	2,000
4	1,000	1,000	0,500	1,000	0,707	1,000	0,707	1,414	1,414
5	1,721	0,908	0,595	0,727	0,588	1,376	0,809	1,702	1,236
6	2,598	0,866	0,649	0,577	0,500	1,732	0,866	2,000	1,155
8	4,828	0,829	0,707	0,414	0,383	2,414	0,924	2,614	1,082
10	7,694	0,812	0,735	0,325	0,309	3,078	0,951	3,236	1,052
12	11,196	0,804	0,750	0,268	0,259	3,732	0,966	3,864	1,035

Beispiel: Achteck mit $D = 60$ cm

$A = D^2 \cdot 0{,}707 = (60 \text{ cm})^2 \cdot 0{,}707 = 2\,545{,}2 \text{ cm}^2$, $d = D \cdot 0{,}924 = 60 \text{ cm} \cdot 0{,}924 = 55{,}44$ cm

$l = D \cdot 0{,}383 = 60 \text{ cm} \cdot 0{,}383 = 22{,}98$ cm

1.7 Flächen

Kreis 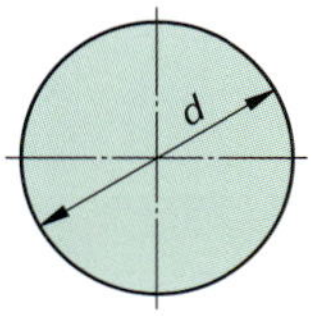	$A = \frac{\pi \cdot d^2}{4} = \pi \cdot r^2$ $U = \pi \cdot d = \pi \cdot 2 \cdot r$ $\frac{\pi}{4} = 0{,}785$	A Fläche U Umfang d Durchmesser r Radius **Beispiel:** $d = 80$ mm $A = \frac{\pi \cdot d^2}{4} = \frac{\pi \cdot (80\ \text{mm})^2}{4} = 5026{,}5\ \text{mm}^2$ $U = \pi \cdot d = \pi \cdot 80\ \text{mm} = 251{,}3\ \text{mm}$
Kreisausschnitt 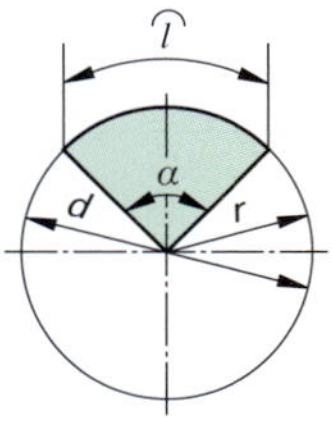	$A = \frac{\pi \cdot d^2}{4} \cdot \frac{\alpha}{360°}$ $A = \frac{\hat{l} \cdot r}{2}$ $\hat{l} = \frac{\pi \cdot d \cdot \alpha}{360°}$	A Fläche d Durchmesser α Mittelpunktswinkel r Radius $\hat{l}$ Bogenlänge **Beispiel:** $d = 52$ mm, $\alpha = 80°$ $\hat{l} = \frac{\pi \cdot d \cdot \alpha}{360°} = \frac{\pi \cdot 52\ \text{mm} \cdot 80°}{360°}$ $= 36{,}3$ mm $A = \frac{\hat{l} \cdot r}{2} = \frac{36{,}3\ \text{mm} \cdot 26\ \text{mm}}{2}$ $= 471{,}9\ \text{mm}^2$
Kreisabschnitt 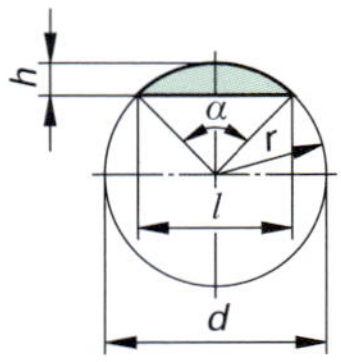	$A = \frac{\pi \cdot d^2}{4} \cdot \frac{\alpha}{360°} - \frac{l \cdot (r - h)}{2}$ **Näherungsformel:** $A \approx \frac{2}{3} \cdot l \cdot h$ $l = 2 \cdot r \cdot \sin \frac{\alpha}{2}$ $= 2 \cdot \sqrt{h\,(2 \cdot r - h)}$	A Fläche d Durchmesser α Mittelpunktswinkel r Radius l Sehnenlänge h Höhe **Beispiel:** $l = 52$ mm, $h = 15{,}1$ mm $A \approx \frac{2}{3} \cdot l \cdot h = \frac{2}{3} \cdot 52\ \text{mm} \cdot 15{,}1\ \text{mm}$ $= 523{,}5\ \text{mm}^2$
Kreisring 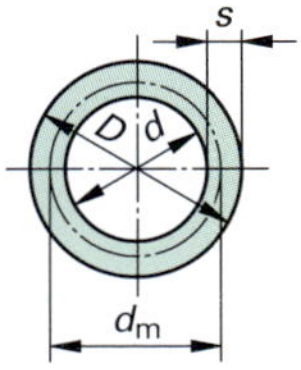	$A = \frac{\pi}{4} \cdot (D^2 - d^2)$ $A = \pi \cdot d_m \cdot s$	A Fläche D großer Durchmesser d kleiner Durchmesser d_m mittlerer Durchmesser s Breite **Beispiel:** $D = 75$ cm, $d = 20$ cm $A = \frac{\pi}{4} \cdot (D^2 - d^2) = \frac{\pi}{4} \cdot ((75\ \text{cm})^2 - (20\ \text{cm})^2)$ $= 4103{,}7\ \text{cm}^2$
Kreisringausschnitt 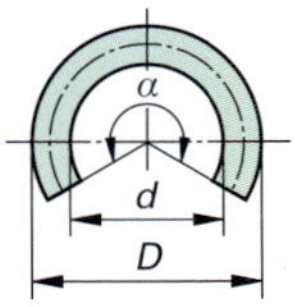	$A = \frac{\pi \cdot \alpha}{4 \cdot 360°} \cdot (D^2 - d^2)$	A Fläche D großer Durchmesser d kleiner Durchmesser α Mittelpunktswinkel
Ellipse 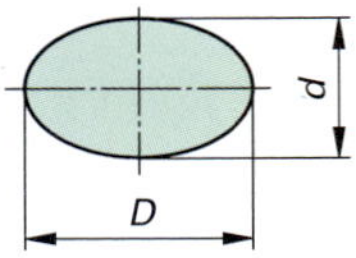	$A = \frac{\pi \cdot D \cdot d}{4}$ $U \approx \frac{\pi}{2}(D + d)$	A Fläche D großer Durchmesser d kleiner Durchmesser U Umfang **Beispiel:** $D = 65$ cm, $d = 40$ cm $A = \frac{\pi \cdot D \cdot d}{4} = \frac{\pi \cdot 65\ \text{cm} \cdot 40\ \text{cm}}{4}$ $= 2042\ \text{cm}^2$

1.7 Flächen

Flächenmomente, Widerstandsmomente

In nachfolgender Übersicht sind die Schwerpunkte *S*, die Flächen *A*, die Flächenmomente I_y, I_z, I_{yz} und die Widerstandsmomente W_y von häufig vorkommenden Flächen dargestellt.

Die allgemeine Berechnung erfolgt auf Seite 21.

Querschnitt	e	A	I_y	I_z	I_{yz}	W_y
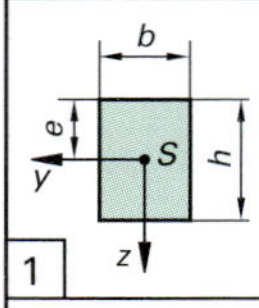 1	$\frac{h}{2}$	$b \cdot h$	$\frac{b \cdot h^3}{12}$	$\frac{h \cdot b^3}{12}$	0	$\frac{b \cdot h^2}{6}$
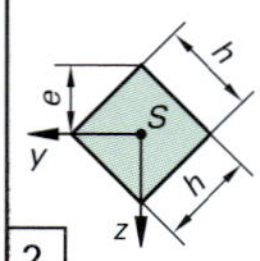 2	$\frac{\sqrt{2} \cdot h}{2}$	h^2	$\frac{h^4}{12}$	$\frac{h^4}{12}$	0	$\frac{\sqrt{2} \cdot h^3}{12}$
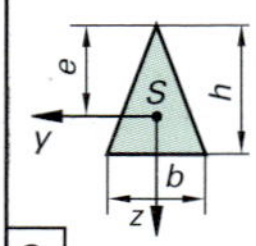 3	$\frac{2 \cdot h}{3}$	$\frac{b \cdot h}{2}$	$\frac{b \cdot h^3}{36}$	$\frac{h \cdot b^3}{48}$	0	$W_{yo} = \frac{b \cdot h^2}{24}$
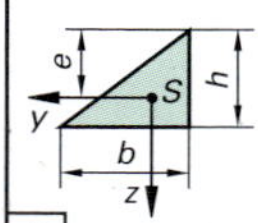 4	$\frac{2 \cdot h}{3}$	$\frac{b \cdot h}{2}$	$\frac{b \cdot h^3}{36}$	$\frac{h \cdot b^3}{36}$	$-\frac{h^2 \cdot b^2}{72}$	$W_{yu} = \frac{b \cdot h^2}{12}$
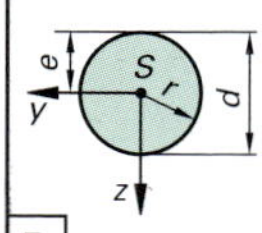 5	r $\frac{d}{2}$	$\pi \cdot r^2$ $\frac{\pi \cdot d^2}{4}$	$\frac{\pi \cdot r^4}{4}$ $\frac{\pi \cdot d^4}{64}$	$\frac{\pi \cdot r^4}{4}$ $\frac{\pi \cdot d^4}{64}$	0	$\frac{\pi \cdot r^3}{4}$ $\frac{\pi \cdot d^3}{32}$
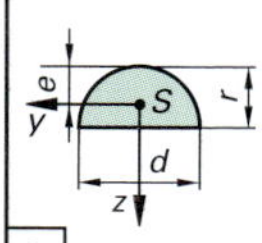 6	$\left(1 - \frac{4}{3\pi}\right) \cdot r$ $0{,}5756\, r$	$\frac{\pi \cdot r^2}{2}$ $\frac{\pi \cdot d^2}{8}$	$\left(\frac{\pi}{8} - \frac{8}{9\pi}\right) \cdot r^4$ $0{,}1098\, r^4$	$\frac{\pi \cdot r^4}{8}$ $\frac{\pi \cdot d^4}{128}$	0	$W_{yo} = 0{,}1907\, r^3$ $W_{yu} = 0{,}2586\, r^3$
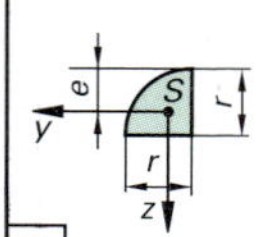 7	$\left(1 - \frac{4}{3\pi}\right) \cdot r$ $0{,}5756\, r$	$\frac{\pi \cdot r^2}{4}$ $\frac{\pi \cdot d^2}{16}$	$\left(\frac{\pi}{16} - \frac{4}{9\pi}\right) \cdot r^4$ $0{,}0549\, r^4$	$\left(\frac{\pi}{16} - \frac{4}{9\pi}\right) \cdot r^4$ $0{,}0549\, r^4$	$-\left(\frac{4}{9\pi} - \frac{1}{8}\right) \cdot r^4$ $-0{,}0165\, r^4$	$W_{yo} = 0{,}0953\, r^3$ $W_{yu} = 0{,}1293\, r^3$
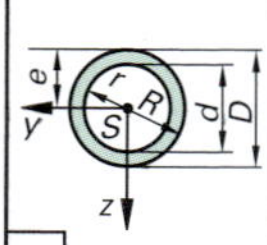 8	R $\frac{D}{2}$	$\pi \cdot (R^2 - r^2)$ $\frac{\pi}{4} \cdot (D^2 - d^2)$	$\frac{\pi}{4} \cdot (R^4 - r^4)$ $\frac{\pi}{64} \cdot (D^4 - d^4)$	$\frac{\pi}{4} \cdot (R^4 - r^4)$ $\frac{\pi}{64} \cdot (D^4 - d^4)$	0	$\frac{\pi}{4R} \cdot (R^4 - r^4)$ $\frac{\pi}{32D} \cdot (D^4 - d^4)$

1.7 Flächen

Schwerpunktabstände Trapez

Der Abstand x_s und y_s des Gesamtschwerpunktes S wird rechnerisch mit Hilfe des Momentensatzes ermittelt.

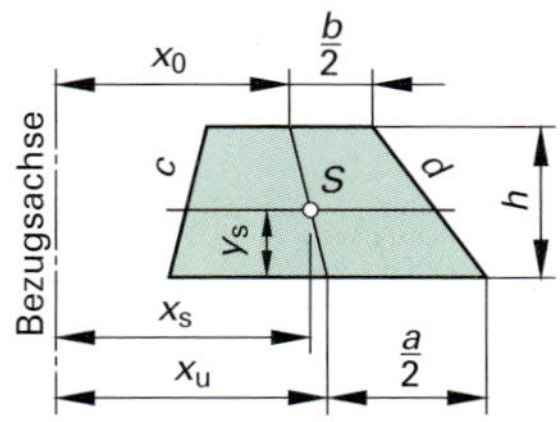

Schwerpunkt-abstände

$$y_s = \frac{h}{3} \cdot \frac{a + 2\,b}{a + b}$$

$$x_s = x_u - \frac{x_u - x_o}{3} \cdot \frac{a + 2\,b}{a + b}$$

Zeichnerisch lässt sich der Schwerpunkt des Trapezes mittels „verschränkter" Diagonalen bestimmen.

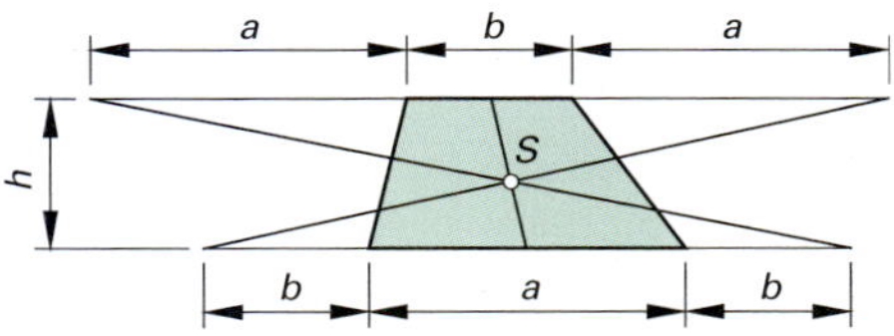

Zusammengesetzte Querschnitte

Fläche $\qquad A = \sum_{i=1}^{n} A_i$

Flächenmoment ersten Grades $\qquad S_{\bar{y}} = \sum_{i=1}^{n} A_i\,\bar{z}_{S_i}$

$$S_{\bar{z}} = \sum_{i=1}^{n} A_i\,\bar{y}_{S_i}$$

Schwerpunkt-koordinaten $\qquad \bar{y}_S = \frac{S_{\bar{z}}}{A}$

$$\bar{z}_S = \frac{S_{\bar{y}}}{A}$$

Flächenmomente zweiten Grades (Satz von Steiner) $\qquad I_y = \sum_{i=1}^{n} (I_{y_i} + A_i \cdot z_{S_i}^2)$

$$I_z = \sum_{i=1}^{n} (I_{z_i} + A_i \cdot y_{S_i}^2)$$

(Deviationsmoment) $\qquad I_{yz} = \sum_{i=1}^{n} (I_{yz_i} - A_i \cdot y_{S_i} \cdot z_{S_i})$

Mit dem Fußzeiger i werden die Einzelquerschnitte benannt. Es sind $\bar{y}_{S_i}$ und $\bar{z}_{S_i}$ die Schwerpunktkoordinaten der Einzelquerschnitte. Es gilt

$$y_{S_i} = \bar{y}_{S_i} - \bar{y}_S \quad \text{und} \quad z_{S_i} = \bar{z}_{S_i} - \bar{z}_S.$$

Beispiel: Für den dargestellten zusammengesetzten Querschnitt sind die Querschnittswerte (▶ S. 258) zu bestimmen. Abmessungen der Einzelquerschnitte i

i = 1 → b = 1,0 cm, $\quad h$ = 2,0 cm
i = 2 → b = 3,0 cm, $\quad h$ = 4,0 cm (ohne Loch)
i = 3 → r = 0,5 cm $\quad$ (Loch als negative Fläche)

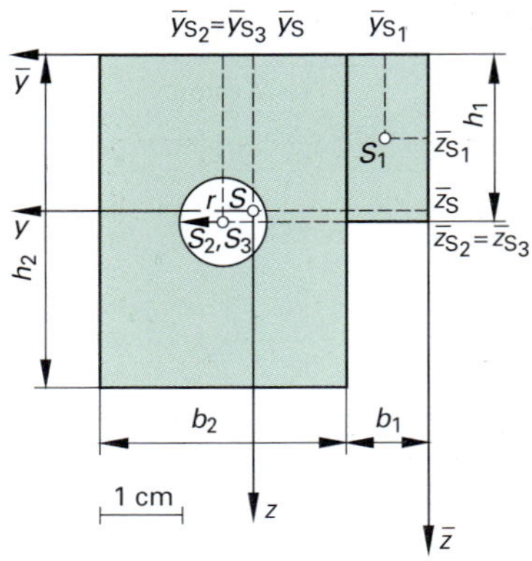

Querschnittswerte der Einzelquerschnitte i

$$I_{y1} = \frac{1{,}0\text{ cm} \cdot (2{,}0\text{ cm})^3}{12} \qquad I_{y1} = 0{,}67\text{ cm}^4$$

$$I_{z1} = \frac{2{,}0\text{ cm} \cdot (1{,}0\text{ cm})^3}{12} \qquad I_{z1} = 0{,}17\text{ cm}^4$$

$$I_{y2} = \frac{2{,}0\text{ cm} \cdot (4{,}0\text{ cm})^3}{12} \qquad I_{y2} = 16{,}00\text{ cm}^4$$

$$I_{z2} = \frac{4{,}0\text{ cm} \cdot (3{,}0\text{ cm})^3}{12} \qquad I_{z2} = 9{,}00\text{ cm}^4$$

$$I_{y3} = -\frac{\pi\,(0{,}5\text{ cm})^4}{4} \qquad I_{y3} = I_{y3} = -0{,}05\text{ cm}^4$$

i	A_i	$\bar{y}_{S_i}$	$A_i\,\bar{y}_{S_i}$	$\bar{z}_{S_i}$	$A_i\,\bar{z}_{S_i}$	y_{S_i}	z_{S_i}	$A_i\,y_{S_i}^2$	I_{z_i}	$A_i\,z_{S_i}^2$	I_{y_i}	$A_i y_{S_i} z_{S_i}$	I_{yz_i}
–	cm²	cm	cm³	cm	cm³	cm	cm	cm⁴	cm⁴	cm⁴	cm⁴	cm⁴	cm⁴
1	2,00	0,50	1,00	1,00	2,00	– 1,70	– 0,85	5,78	0,17	1,45	0,67	2,89	0
2	12,00	2,50	30,00	2,00	24,00	0,30	0,15	1,08	9,00	0,27	16,00	0,54	0
3	– 0,79	2,50	– 1,96	2,00	– 1,57	0,30	0,15	– 0,07	– 0,05	– 0,02	– 0,05	– 0,04	0
–	**13,21**	–	**29,04**	–	**24,43**	–	–	**6,79**	**9,12**	**1,70**	**16,62**	**3,39**	0

$$\bar{y}_S = \frac{\mathbf{29{,}04\ cm^3}}{\mathbf{13{,}21\ cm^2}} = \mathbf{2{,}20\ cm}, \qquad \bar{z}_S = \frac{\mathbf{24{,}43\ cm^3}}{\mathbf{13{,}21\ cm^2}} = \mathbf{1{,}85\ cm}$$

I_y = 16,62 cm⁴ + 1,70 cm⁴ = **18,32 cm⁴**, I_z = 9,12 cm⁴ + 6,79 cm⁴ = **15,91 cm⁴**,
I_{yz} = 0 – 3,39 cm⁴ = **– 3,39 cm⁴**

1.8 Dreiecksberechnung und Winkelfunktionen

Rechtwinklige Dreiecke

Bezeichnungen

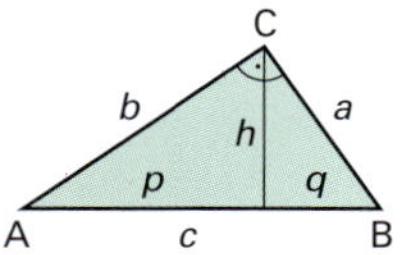

c	Hypotenuse
a, b	Katheten
h	Höhe
p, q	Hypotenusenabschnitte
A, B, C	Eckpunkte

Satz des Thales

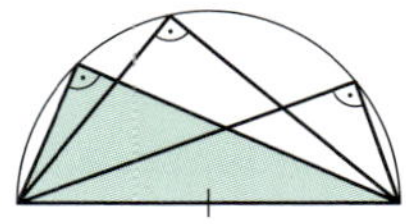

Über dem Durchmsser eines Kreise als Grundlinie ist jedes Dreieck, dessen Spitze auf dem Kreisbogen liegt, ein rechtwinkliges Dreieck.

Lehrsatz des Pythagoras

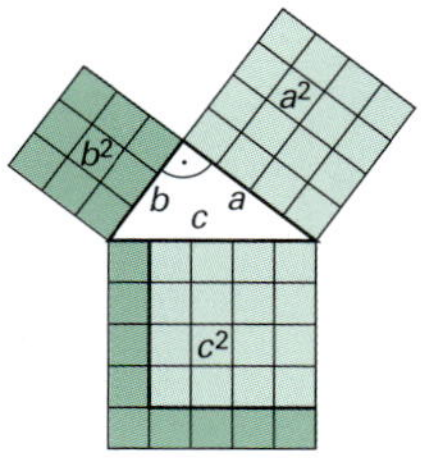

Im rechtwinkligen Dreieck ist die Summe der Flächeninhalte der beiden Kathetenquadrate gleich dem Flächeninhalt des Quadrats über der Hypotenuse.

$$\mathbf{c^2 = a^2 + b^2}$$
$$\mathbf{c = \sqrt{a^2 + b^2}}$$
$$\mathbf{a = \sqrt{c^2 - b^2}}$$
$$\mathbf{b = \sqrt{c^2 - a^2}}$$

Pythagoräische Zahlentripel
(ganzzahlige Seitenverhältnisse für rechtwinklige Dreiecke)

a	b	c
3	4	5
5	12	13
7	24	25
8	15	17

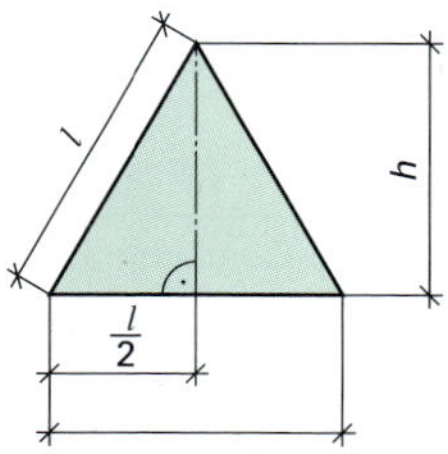

Im gleichseitigen Dreieck ergibt sich für die Höhe nach dem Lehrsatz des Pythagoras:

$$h = \frac{1}{2} \cdot \sqrt{3} \cdot l$$

$$A = \frac{1}{4} \cdot \sqrt{3} \cdot l^2$$

Beispiel:
Gleichseitiges Dreieck,
$l = 35$ cm

$h = \frac{1}{2} \cdot \sqrt{3} \cdot l = \frac{1}{2} \cdot \sqrt{3} \cdot 35$ cm
$= 30{,}3$ cm

$A = \frac{1}{4} \cdot \sqrt{3} \cdot l^2 = \frac{1}{4} \cdot \sqrt{3} \cdot (35\text{ cm})^2$
$= 530{,}4\text{ cm}^2$

Lehrsatz des Euklid (Kathetensatz)

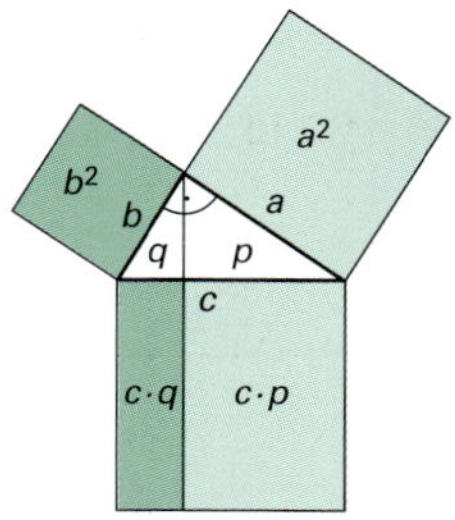

Der Flächeninhalt des Quadrats über einer Kathete ist gleich dem Flächeninhalt eines Rechteckes aus der Hypotenuse und dem anliegenden Hypotenusenabschnitt.

$$\mathbf{a^2 = c \cdot p}$$

$$\mathbf{b^2 = c \cdot q}$$

Beispiel:
Ein Quadrat mit einer Seitenlänge $a = 5$ cm soll in ein Rechteck mit $l = 7$ cm umgewandelt werden.

$b \mathrel{\widehat{=}} p = \frac{a^2}{c} = \frac{(5\text{ cm})^2}{7\text{ cm}}$
$= 3{,}57$ cm

Höhensatz (Euklid)

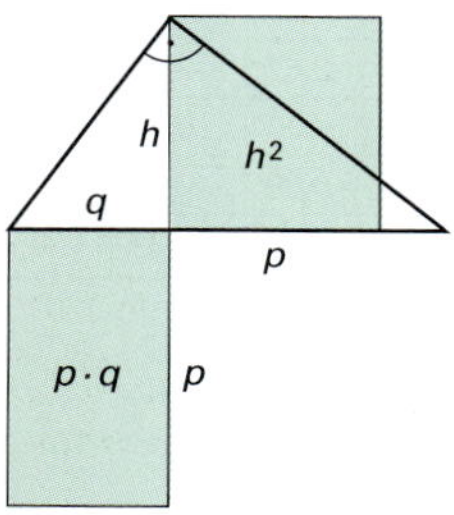

Der Flächeninhalt des Quadrats über der Höhe h ist gleich den Flächeninhalt des Rechtecks aus den Hypotenusenabschnitten p und q.

$$\mathbf{h^2 = p \cdot q}$$

$$\mathbf{h = \sqrt{p \cdot q}}$$

Beispiel:
Rechtwinkliges Dreieck mit $p = 80$ mm und $q = 30$ mm

$h = \sqrt{p \cdot q} = \sqrt{80\text{ mm} \cdot 30\text{ mm}}$

$h = 49$ mm

1.8 Dreiecksberechnung und Winkelfunktionen

Winkelfunktionen im rechtwinkligen Dreieck

Bezeichnungen

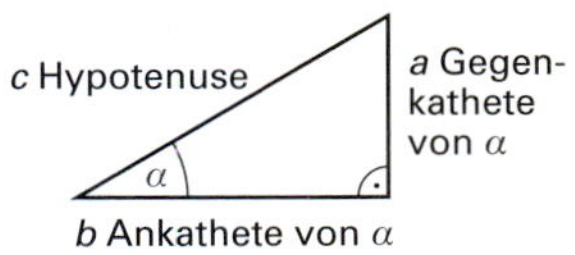

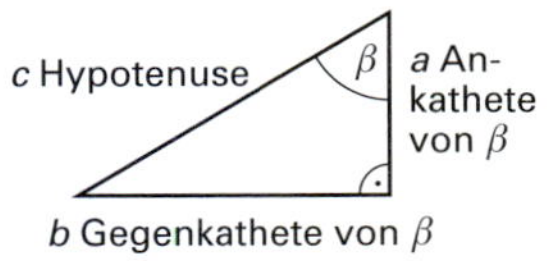

Trigonometrische Funktionen

Sinus	$= \frac{\text{Gegenkathete}}{\text{Hypotenuse}}$	$\sin\alpha = \frac{a}{c}$	$\sin\beta = \frac{b}{c}$
Cosinus	$= \frac{\text{Ankathete}}{\text{Hypotenuse}}$	$\cos\alpha = \frac{b}{c}$	$\cos\beta = \frac{a}{c}$
Tangens	$= \frac{\text{Gegenkathete}}{\text{Ankathete}}$	$\tan\alpha = \frac{a}{b}$	$\tan\beta = \frac{b}{a}$
Cotangens	$= \frac{\text{Ankathete}}{\text{Gegenkathete}}$	$\cot\alpha = \frac{b}{a}$	$\cot\beta = \frac{a}{b}$

Funktionswerte zu jedem Winkel können den Tabellen Seite 24 entnommen werden. Durch Interpolation können Zwischenwerte gebildet werden.

Winkelfunktionen am Einheitskreis

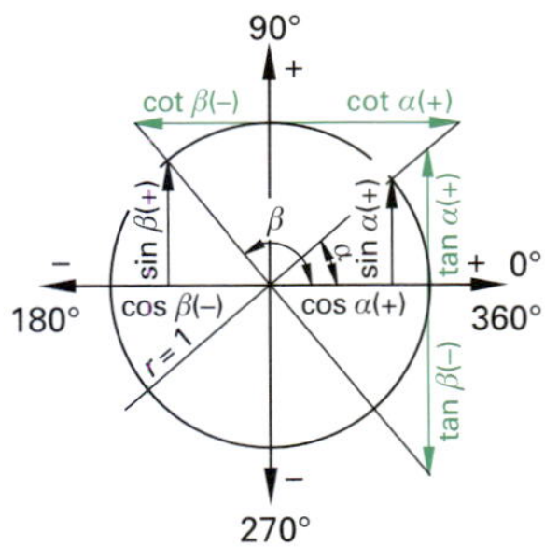

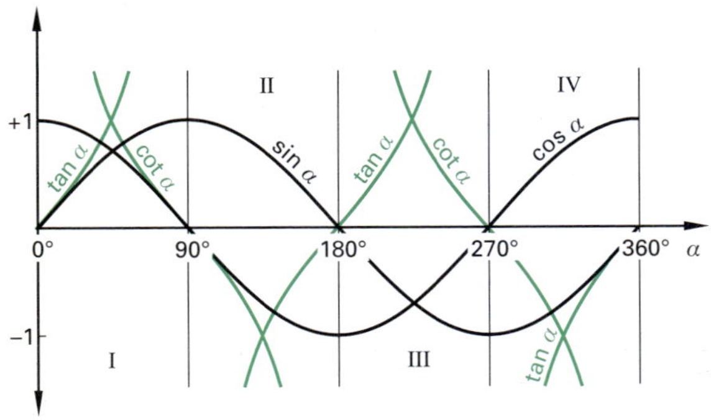

Ermittlung der Funktionswerte für Winkel über 90° nach folgendem Beispiel:
sin 140° = sin (180° – 140°) = sin 40°

Beispiel:
sin 115° 10′ = sin (180° – 115° 10′)
= sin 64° 50′
= 0,9051

Funktionswerte wichtiger Winkel

	0°	30°	45°	60°	90°	180°	270°	360°
sin	0	1/2	$1/2\sqrt{2}$	$1/2\sqrt{3}$	1	0	–1	0
cos	1	$1/2\sqrt{3}$	$1/2\sqrt{2}$	1/2	0	–1	0	1
tan	0	$1/3\sqrt{3}$	1	$\sqrt{3}$	∞	0	∞	0
cot	∞	$\sqrt{3}$	1	$1/3\sqrt{3}$	0	∞	0	∞

Beziehung zwischen den Funktionen für gleiche Winkel

$\sin^2\alpha + \cos^2\alpha = 1$	$\tan\alpha \cdot \cot\alpha = 1$	$\tan\alpha = \frac{\sin\alpha}{\cos\alpha}$	$\cot\alpha = \frac{\cos\alpha}{\sin\alpha}$
$\sin(90° - \alpha) = \cos\alpha$	$\cos(90° - \alpha) = \sin\alpha$	$\tan(90° - \alpha) = \cot\alpha$	$\cot(90° - \alpha) = \tan\alpha$

1.8 Dreiecksberechnung und Winkelfunktionen

Trigonometrische Funktionen

Grad	0° ... 45°		▲
	sin	tan	
0	0,0000	0,0000	90
1	0,0175	0,0175	89
2	0,0349	0,0349	88
3	0,0523	0,0524	87
4	0,0698	0,0699	86
5	0,0872	0,0875	85
6	0,1045	0,1051	84
7	0,1219	0,1228	83
8	01392	0,1405	82
9	0,1564	0,1584	81
10	0,1736	0,1763	80
11	0,1908	0,1944	79
12	0,2079	0,2126	78
13	0,2250	0,2309	77
14	0,2419	0,2493	76
15	0,2588	0,2679	75
16	0,2756	0,2867	74
17	0,2924	0,3057	73
18	0,3090	0,3249	72
19	0,3256	0,3443	71
20	0,3420	0,3640	70
21	0,3584	0,3839	69
22	0,3746	0,4040	68
23	0,3907	0,4245	67
24	0,4067	0,4452	66
25	0,4226	0,4663	65
26	0,4384	0,4877	64
27	0,4540	0,5095	63
28	0,4695	0,5317	62
29	0,4848	0,5543	61
30	0,5000	0,5774	60
31	0,5150	0,6009	59
32	0,5299	0,6249	58
33	0,5446	0,6494	57
34	0,5592	0,6745	56
35	0,5736	0,7002	55
36	0,5878	0,7265	54
37	0,6018	0,7536	53
38	0,6157	0,7813	53
39	0,6293	0,8098	51
40	0,6428	0,8391	50
41	0,6561	0,8693	49
42	0,6691	0,9004	48
43	0,6820	0,9325	47
44	0,6947	0,9657	46
45	0,7071	1,0000	45
▼	cos	cot	
	45° ... 90°		Grad

Grad	45° ... 90°		▲
	sin	tan	
45	0,7071	1,0000	45
46	0,7193	1,0355	44
47	0,7314	1,0724	43
48	0,7431	1,1106	42
49	0,7547	1,1504	41
50	0,7660	1,1918	40
51	0,7771	1,2349	39
52	0,7880	1,2799	38
53	0,7986	1,3270	37
54	0,8090	1,3764	36
55	0,8192	1,4281	35
56	0,8290	1,4826	34
57	0,8387	1,5399	33
58	0,8480	1,6003	32
59	0,8572	1,6643	31
60	0,8660	1,7321	30
61	0,8746	1,8041	29
62	0,8829	1,8807	28
63	0,8910	1,9626	27
64	0,8988	2,0503	26
65	0,9063	2,1445	25
66	0,9135	2,2460	24
67	0,9205	2,3559	23
68	0,9272	2,4751	22
69	0,9336	2,6051	21
70	0,9397	2,7475	20
71	0,9455	2,9042	19
72	0,9511	3,0777	18
73	0,9563	3,2709	17
74	0,9613	3,4874	16
75	0,9659	3,7321	15
76	0,9703	4,0108	14
77	0,9744	4,3315	13
78	0,9781	4,7046	12
79	0,9816	5,1446	11
80	0,9848	5,6713	10
81	0,9877	6,3138	9
82	0,9903	7,1154	8
83	0,9925	8,1444	7
84	0,9945	9,5144	6
85	0,9962	11,4301	5
86	0,9976	14,3007	4
87	0,9986	19,0811	3
88	0,9994	28,6363	2
89	0,99985	57,2900	1
90	1,0000	∞	0
▼	cos	cot	
	0° ... 45°		Grad

1.8 Dreiecksberechnung und Winkelfunktionen

Schiefwinklige Dreiecke

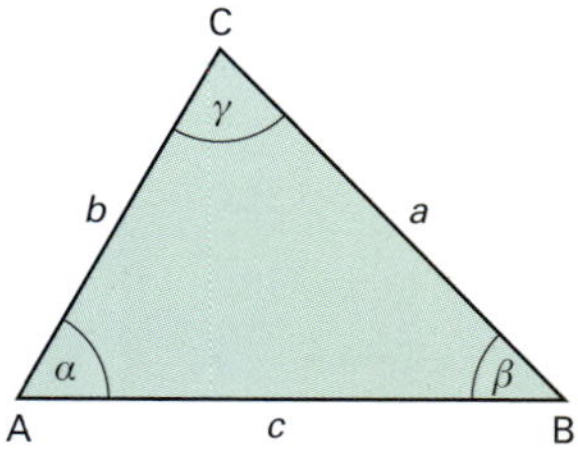

Flächenformel:

$$A = \frac{1}{2} a \cdot b \cdot \sin \gamma$$

$$A = \frac{1}{2} \cdot \frac{a^2 \cdot \sin \gamma \cdot \sin \beta}{\sin \alpha}$$

Winkelsumme:

$$\alpha + \beta + \gamma = 180°$$

a, b, c	Seiten
α, β, γ	Winkel (den Seiten a, b, c gegenüber)
A	Fläche
R	Radius des Umkreise
r	Radius des Inkreises
h_a, h_b, h_c	Höhen den Seiten zugehörend

Winkelfunktionen

Sinussatz

$$a : b : c = \sin \alpha : \sin \beta : \sin \gamma$$

$$\frac{a}{\sin \alpha} = \frac{b}{\sin \beta} = \frac{c}{\sin \gamma}$$

$$\frac{a}{b} = \frac{\sin \alpha}{\sin \beta} \; ; \; \frac{b}{c} = \frac{\sin \beta}{\sin \gamma} \; ; \; \frac{a}{c} = \frac{\sin \alpha}{\sin \gamma}$$

Cosinussatz

$$a^2 = b^2 + c^2 - 2\,bc \cdot \cos \alpha$$

$$b^2 = a^2 + c^2 - 2\,ac \cdot \cos \beta$$

$$c^2 = a^2 + b^2 - 2\,ab \cdot \cos \gamma$$

Durch die Anwendung von Sinus- und Cosinussatz können Winkel bzw. Seiten und Fläche im schiefwinkligen Dreieck berechnet werden.

Winkelhalbierende und Inkreis

Die Winkelhalbierenden eines Dreiecks schneiden sich im Mittelpunkt O des Inkreises.

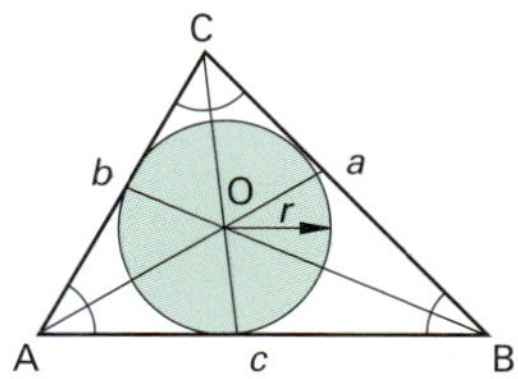

$$r = \frac{2 \cdot A}{a + b + c} = \frac{a \cdot b \cdot c}{2 \cdot R\,(a + b + c)}$$

Mittelsenkrechte und Umkreis

Die Mittelsenkrechten eines Dreiecks schneiden sich im Mittelpunkt M des Umkreises.

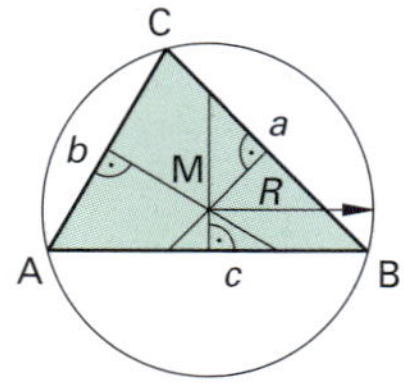

$$R = \frac{a}{2 \cdot \sin \alpha} = \frac{b}{2 \cdot \sin \beta} = \frac{c}{2 \cdot \sin \beta}$$

Seitenhalbierende

Die Seitenhalbierenden schneiden sich im Flächenschwerpunkt S. Der Schwerpunkt teilt die Seitenhalbierenden im Verhältnis 2 : 1.

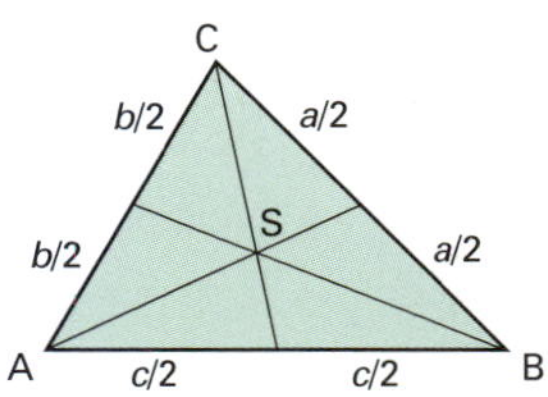

Höhen

Die Höhen schneiden sich im Höhenschnittpunkt H. Die Höhe steht senkrecht auf der Seite oder deren Verlängerung und verläuft durch den gegenüberliegenden Punkt.

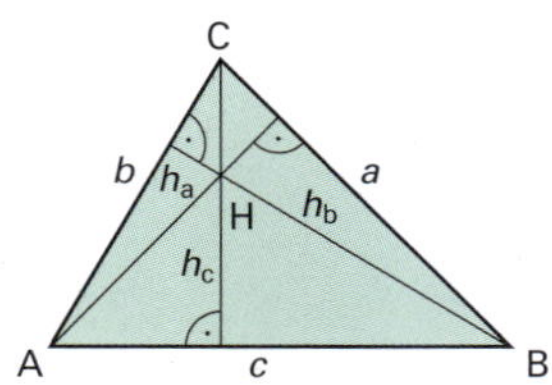

1

1.9 Körper

Würfel 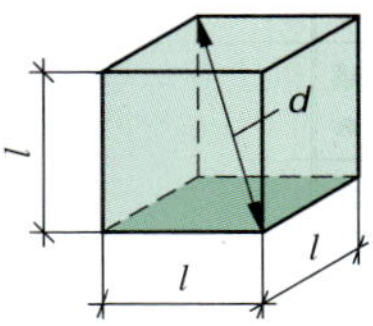	$V = l^3$ $A_0 = 6 \cdot l^2$ $d = l \cdot \sqrt{3}$	V Volumen A_0 Oberfläche l Seitenlänge d Raumdiagonale
Quader 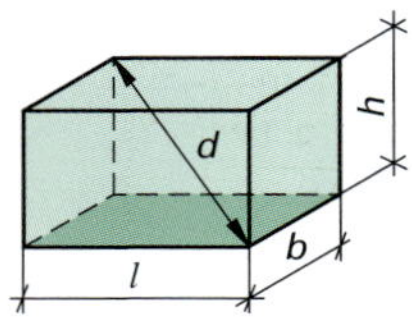	$V = l \cdot b \cdot h$ $A_0 = 2\,(l \cdot b + l \cdot h + b \cdot h)$ $d = \sqrt{l^2 + b^2 + h^2}$	V Volumen A_0 Oberfläche l Länge b Breite h Höhe d Raumdiagonale
Zylinder 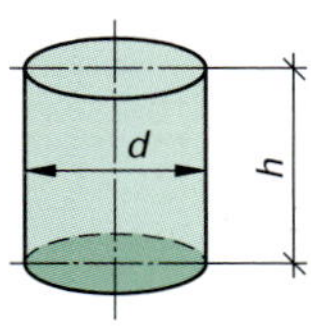	$V = \frac{\pi \cdot d^2}{4} \cdot h$ $A_0 = \pi \cdot d \cdot h + 2 \cdot \frac{\pi \cdot d^2}{4}$ $A_M = \pi \cdot d \cdot h$	V Volumen A_0 Oberfläche A_M Mantelfläche d Durchmesser h Höhe
Hohlzylinder 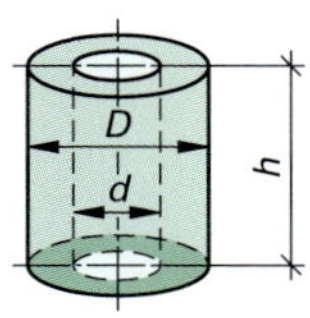	$V = \frac{\pi \cdot h}{4} \cdot (D^2 - d^2)$ $A_0 = \pi\,(D + d) \cdot \left[\frac{1}{2}\,(D - d) + h\right]$	V Volumen A_0 Oberfläche D, d Durchmesser h Höhe
Pyramide 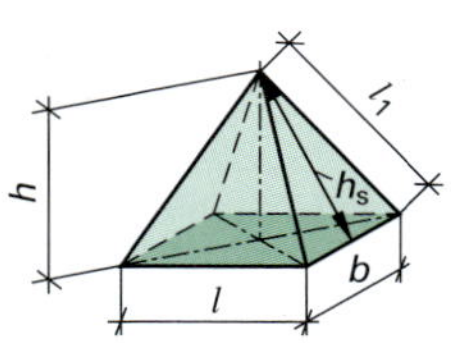	$V = \frac{l \cdot b \cdot h}{3}$ $h_s = \sqrt{h^2 + \frac{l^2}{4}}$ $l_1 = \sqrt{h_s + \frac{b^2}{4}}$	V Volumen l, b Seitenlängen h Höhe h_s Seitenhöhe l_1 Kantenlänge
Kegel 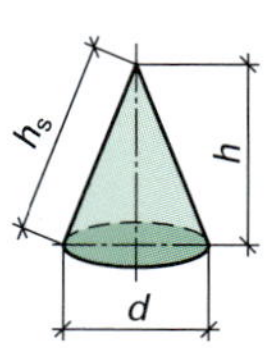	$V = \frac{\pi \cdot d^2}{4} \cdot \frac{h}{3}$ $A_M = \frac{\pi \cdot d \cdot h_s}{2}$ $h_s = \sqrt{\frac{d^2}{4} + h^2}$	V Volumen A_M Mantelfläche d Durchmesser h Höhe h_s Mantelhöhe

1.9 Körper

Pyramidenstumpf

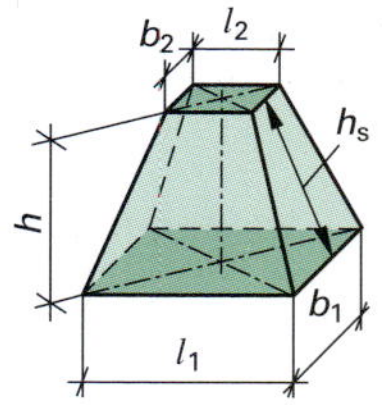

$$V = \frac{h}{3} \cdot (A_1 + A_2 + \sqrt{A_1 \cdot A_2})$$

$$V \approx \frac{h}{2} \cdot (A_1 + A_2)$$

$$h_s = \sqrt{h^2 + \left(\frac{l_1 - l_2}{2}\right)^2}$$

V	Volumen
A_1	Grundfläche
A_2	Deckfläche
h	Höhe
h_s	Mantelhöhe
l_1, l_1	Seitenlänge

Prismatoid, Keil

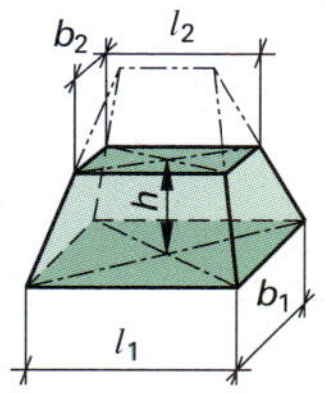

$$V = \frac{h}{6} [l_1 b_1 + l_2 b_2 + (l_1 + l_2) \cdot (b_1 + b_2)]$$

Keil:

$$V = \frac{h \cdot b_1}{6} \cdot (2 \cdot l_1 + l_2)$$

V	Volumen
l_1, b_1	Längen der Grundfläche
l_2, b_2	Längen der Deckfläche
h	Höhe

Kegelstumpf

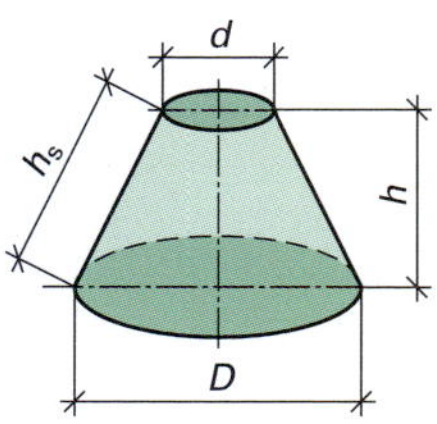

$$V = \frac{\pi \cdot h}{12} \cdot (D^2 + d^2 + D \cdot d)$$

$$A_m = \frac{\pi \cdot h_s}{2} \cdot (D + d)$$

$$h_s = \sqrt{h^2 + \left(\frac{D - d}{2}\right)^2}$$

V	Volumen
A_M	Mantelfläche
D, d	Durchmesser
h	Höhe
h_s	Mantelhöhe

Kugel

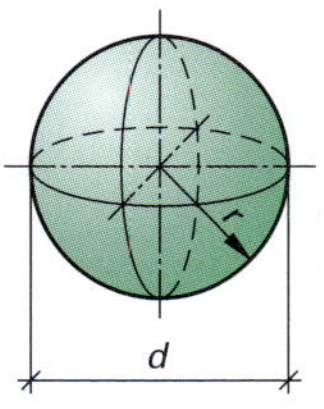

$$V = \frac{\pi \cdot d^3}{6}$$

$$A_0 = \pi \cdot d^2$$

V	Volumen
A_0	Oberfläche
d	Durchmesser

Kugelabschnitt

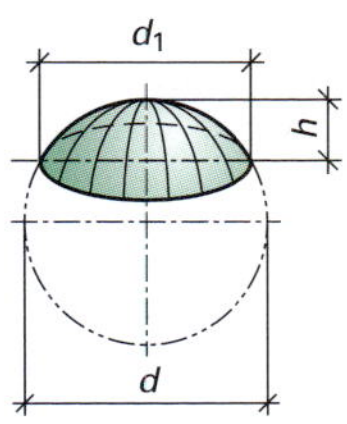

$$V = \pi \cdot h^2 \cdot \left(\frac{d}{2} - \frac{h}{3}\right)$$

$$A_0 = \pi \cdot h \cdot (2 \cdot d - h)$$

$$A_M = \pi \cdot d \cdot h$$

V	Volumen
A_M	Mantelfläche
A_0	Oberfläche
d	Durchmesser
d_1	kleiner Durchmesser
h	Höhe

1.10 Funktionen und grafische Darstellungen

Mathematische Beschreibung	Graph (Schaubild)

Definition

Funktionen sind eindeutige Zuordnungen, die jedem Element der Menge D (Definitionsmenge, Ausgangsmenge) genau ein Element der Menge W (Zielmenge, Bildmenge, Wertemenge) zuweisen.

Schreibweise und Bezeichnung

$\boldsymbol{f: x \mapsto f(x), \quad x \in D, \quad f(x) \in W}$

Variable x : Argument Urbild
$\mapsto$: Zeichen für Zuordnung
$f(x)$: Funktionswert an der Stelle x, Bild von x
$\in$: Element von; wie $\boldsymbol{f(x) \in W}$

$W = \{f(x) \mid x \in D\}$

Die Gleichung $y = f(x)$ des Schaubildes der Funktion heißt auch Funktionsgleichung.

Die Darstellung der Paarmenge

$$\{(x, y) \mid x \in G \wedge y = f(x)\}$$

in einem Koordinatensystem ist der Graph einer Funktion.

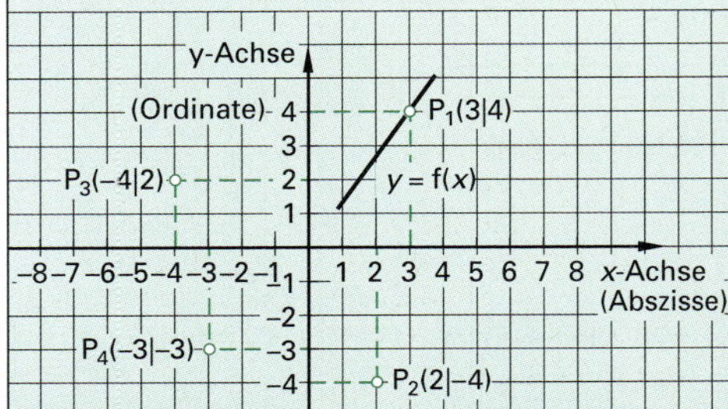

Lineare Funktion (ganzrationale Funktion 1. Grades)

$\boldsymbol{f: x \mapsto m\,x}$

Ursprungsgerade mit Steigung m

$\boldsymbol{f: x \mapsto m\,x + b}$

Gerade mit Steigung m und y-Achsenabschnitt b

Normalform der Geradengleichung:

$\boldsymbol{y = mx + b}$

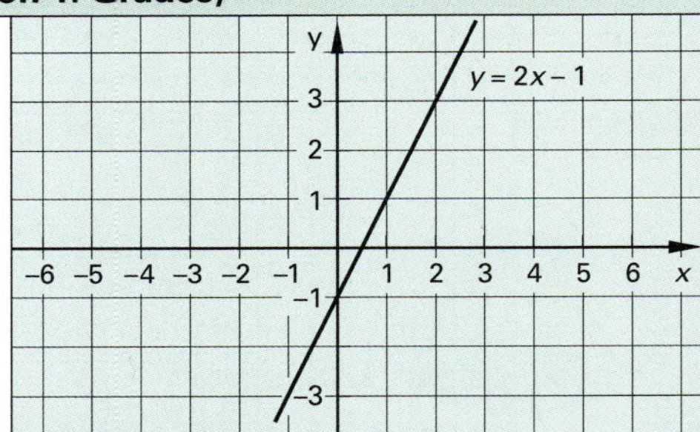

Quadratische Funktion (ganzrationale Funktion 2. Grades)

$\boldsymbol{f: x \mapsto f(x) \mid f(x) = ax^2}$ mit $\boldsymbol{D = I\!R}$

ist gegenüber der Normalparabel

gestreckt, wenn $|a| > 1$

gestaucht, wenn $|a| < 1$

nach unten geöffnet, wenn $a < 0$

Scheitelfom der Parabel:
$\boldsymbol{f(x) = a\,(x + c)^2 + b}$

$f: x \mapsto x^2 + c$	Scheitelpunkt S(0 | c)
$f: x \mapsto (x - b)^2$	Scheitelpunkt S(b | 0)
$f: x \mapsto (x - b)^2 + c$	Scheitelpunkt S(b | c)

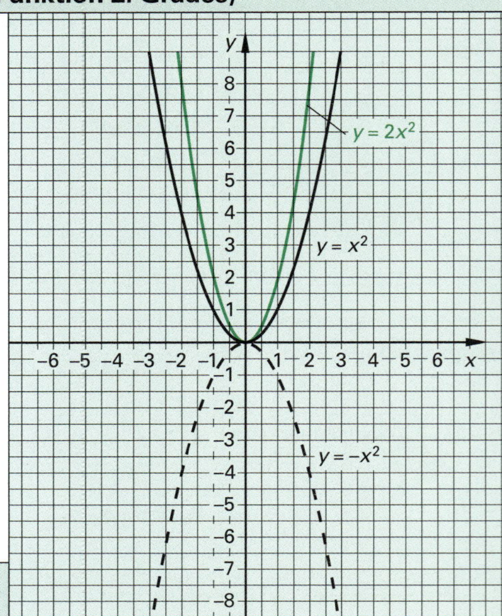

Lösungsformeln für quadratische Gleichungen vgl. Seite 13

1.10 Funktionen und grafische Darstellungen

Diagramme mit quantitativer Darstellung

- **Diagramme mit Netzlinien**
  Die Achsen erhalten eine bezifferte Teilung (Skale).
- **Skalen**
  Die Achsen werden durch von unten lesbare Zahlenwerte beziffert.
  Die negativen Werte werden mit einem Minuszeichen versehen.
  Die Zahlen bei den Netzlinien werden an den linken und an den unteren Rand außerhalb des Koordinatensystems geschrieben.
- **Größenangaben**
  Formelzeichen oder Namen der Größen sitzen am Beginn der Pfeile außerhalb des Diagramms.
  Diese sollen ohne Drehen des Diagramms gelesen werden können. Namen können an der senkrechten Achse von rechts lesbar sein.
- **Einheiten**
  Die Zeichen für die Einheiten stehen zwischen den beiden letzten Zahlen am rechten Ende der Abszisse bzw., am oberen Ende der Ordinate.
  Bei Platzmangel kann die letzte Zahl entfallen.
- **Kombinierte Angaben**
  Für Größenangaben und Einheiten können auch Brüche (Größe/Einheit) an den Pfeilanfang geschrieben werden (Beispiele: p/bar oder P/W).
  Die Einheiten können auch mit dem Zusatz „in“ an das Formelzeichen oder den Namen der Größe anschließen (Beispiele: *v* in m/s oder Holzfeuchte in %).
- **Kurvenschar**
  Sind mehrere Kurven in einem Diagramm, so wird jede Kurve mit ihrem Parameter (Formelzeichen, Beschriftung usw.) versehen.
- **Teilung der Achsen**
  Die Achsen können unterschiedlich geteilt sein, z.B. Nullpunkt und ein Teilbereich weggelassen oder das Netz unterbrochen sein.
  Bei logarithmischer Teilung müssen die Zehnerpotenzen angegeben werden. Für dazwischen liegende Werte reicht eine verkürzte Zahlenangabe.

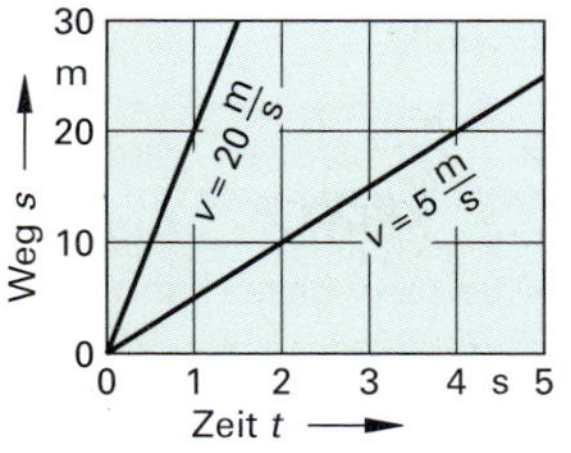

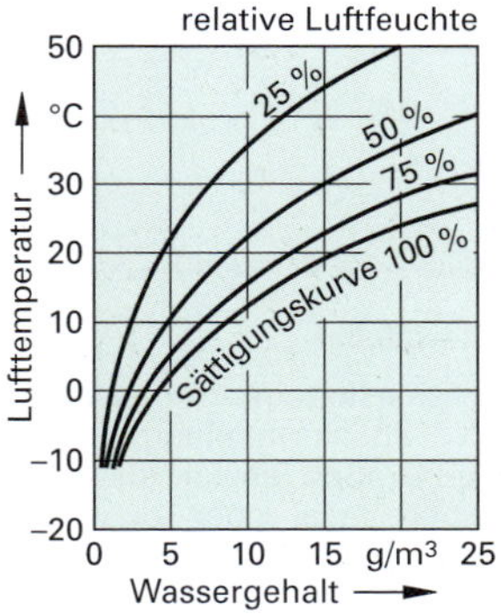

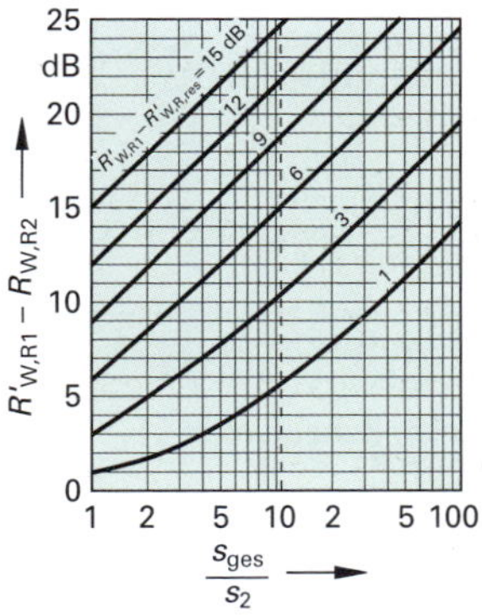

Diagramme mit qualitativer Darstellung

Übersichtsdiagramme

Sie zeigen nur den charakteristischen Verlauf voneinander abhängiger Größen.

Das Koordiantensystem erhält keine Teilung; beide Achsen müssen jedoch linear geteilt sein.

An einer Achse kann eine Veränderliche als Funktion einer anderen Veränderlichen geschrieben werden.

Bei mehreren Kurven können zur Unterscheidung Beschriftungen, verschiedene Linienarten und Farben verwendet werden.

Koordinaten wichtiger Punkte dürfen angegeben werden und durch Kreise in der Kurve gekennzeichnet sein.

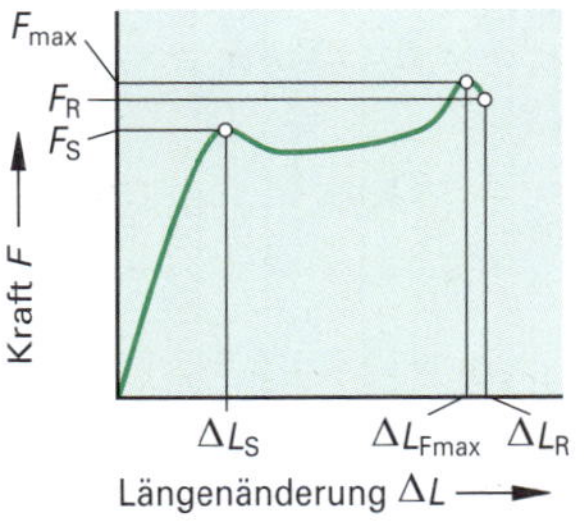

1.10 Funktionen und grafische Darstellungen

Nomogramme

Netztafeln

Der Zusammenhang von 3 und mehr Größen wird in Netztafeln dargestellt.
Bei logarithmischer Teilung von beiden Achsen führt ein proportionaler und umgekehrt proportionaler Zusammenhang zu einer geraden Linie.

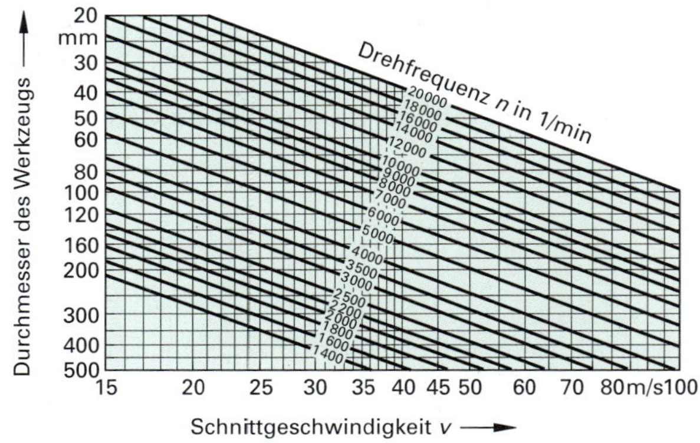

Leitertafeln

Funktionsleitern ermöglichen den Zusammenhang von zwei Größen abzulesen. Sie können linear oder logarithmisch geteilte Skalen besitzen.

Leitertafeln ermöglichen den Zusammenhang von drei Größen abzulesen.

Funktionsleitern

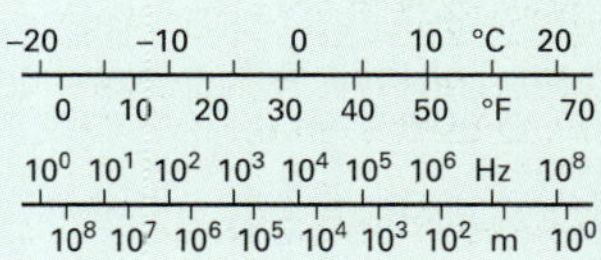

Leitertafel:
Parallele, logarithmisch geteilte Skalen in gleichem Abstand.
Zusammenhang: a = b/c

logarithmische Teilung

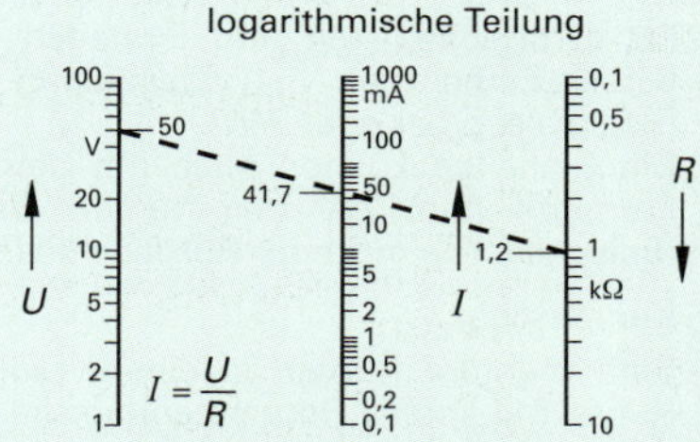

Schaubilder (Beispiele)

Säulen-Schaubilder

Rohdichte von Holzarten in kg/m³

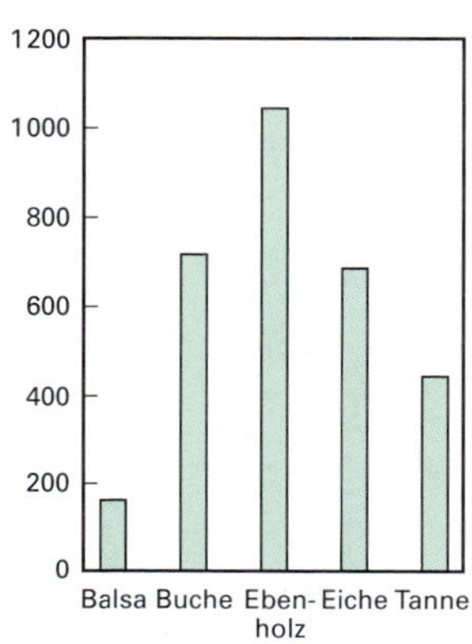

Kreis-Schaubilder

Waldflächen der Erde

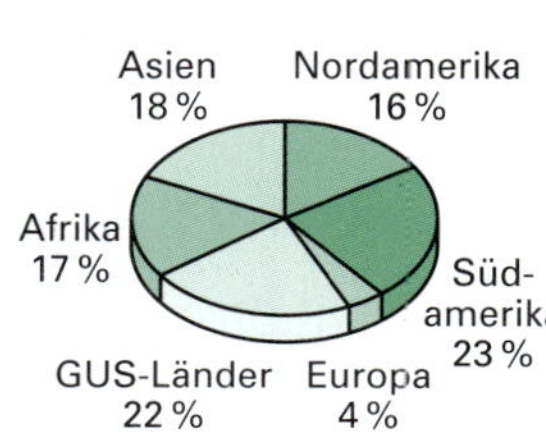

Linien-Schaubilder

Bruchfestigkeit (N/mm²)

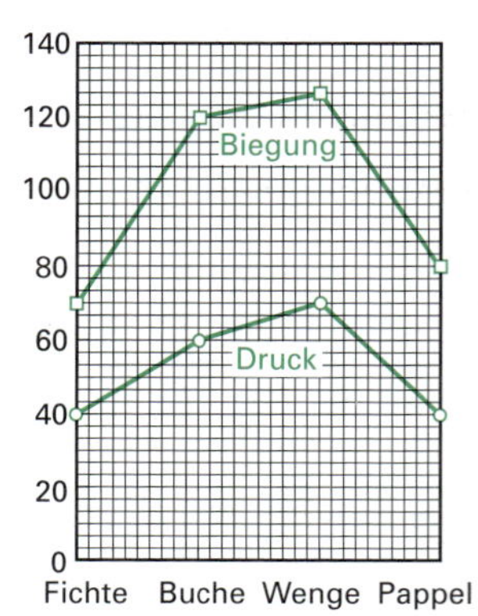

1.10 Funktionen und grafische Darstellungen

Taschenrechner

In der Holztechnik werden technisch-wissenschaftliche Rechner eingesetzt. Diese können sehr einfach sein oder ein breites Spektrum an Möglichkeiten bieten, um mathematische und statistische Berechnungen durchzuführen. Hier werden nur grundsätzliche Funktionen oder Tasten aufgezeigt.

Tastenbelegung (Auswahl)

Taste	Funktion	Taste	Funktion	Taste	Funktion
AC	Löschen	x	Multiplizieren	SIN	Sinus
CE/C	Eingabe löschen	÷	Dividieren	COS	Kosinus
2ND	Zweitfunktion	=	Ergebnis	TAN	Tangens
0 … 9	Ziffern	1/x	Kehrwert	STO	Abspeichern
π	Konstante pi	x^2	Quadrieren	RCL	Speicheraufruf
.	Dezimalkomma	$\sqrt{x}$	Quadratwurzel	SUM	Speicheraddition
+/–	Vorzeichenwechsel	y^x	Potenzieren	EXC	Speicherwechsel
( )	Klammern	%	Prozent	MODE	Modusauswahl

Besondere Bedienungselemente

AC/ON	Rechner (Solarrechner) einschalten, alle Rechenbereiche werden gelöscht
→	Letzte Ziffer der Eingabe löschen
CE/C	Letzte numerische Eingabe löschen
CE/E STO	Speicher löschen
MODE	Alternativfunktionen der Tasten einschalten
2ND	Zweitfunktion der Tasten einschalten
EXP	Zehnerpotenz, nachfolgend eingegebene Ziffer wird als Exponent gewertet
STO	Angezeigter Wert abspeichern, ein zuvor gespeicherter Wert wird gelöscht
RCL	Daten aus dem Speicher in die Anzeige aufrufen
SUM	Wert aus der Anzeige wird zum Speicherinhalt addiert
EXC	Wert aus der Anzeige wird gespeichert und gleichzeitig Daten aus dem Speicher in die Anzeige gebracht
Fehlermeldung:	**E** in der Anzeige

Berechnungsbeispiele

Prozent

Beispiel: 6% von 300 =

Eingabe	Taste	Anzeige
300	x	300
6	%	0.06
	=	18

Beispiel: 500 + 19% (MWSt) =

Eingabe	Taste	Anzeige
500	+	500
19	%	95
	=	595

Berechnungsbeispiele

Quadrat

Beispiel: $5{,}35^2$ =

Eingabe	Taste	Anzeige
5.35	x^2	28.6225

Quadratwurzel

Beispiel: $\sqrt{8.45}$ =

Eingabe	Taste	Anzeige
8.45	$\sqrt{x}$	2.906889

Allgemeine Potenz

Beispiel: $7{,}62^{-0{,}8}$ =

Eingabe	Taste	Anzeige
7.62	y^x	7.62
.8	+/–	– 0.8
	=	0.19698

Trigonometrische Funktionen

Beispiel: sin 45° = und tan 60° =

Eingabe	Taste	Anzeige
30	SIN	0.5
60	TAN	1.7321

Beispiel: Umkehrfunktionen (Arcus-)
Arcsin 0,7716 =

Eingabe	Taste	Anzeige
0.7716	SIN^{-1}	50.49779

Umwandlung in Grad/Minuten/Sekunden

50.49779	DMS	50° 29′ 52″

1.11 Kohäsion und Adhäsion

Kohäsion (Zusammenhangskraft)

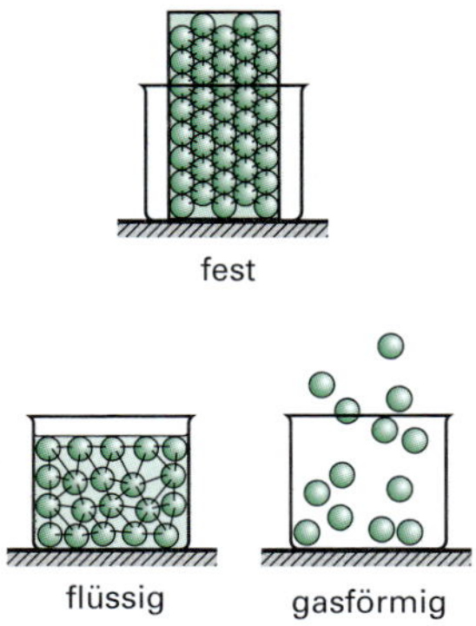

Die Anziehungskräfte zwischen den Molekülen eines Stoffes werden als Kohäsion bezeichnet. Die Größe dieser Molekularkräfte ergibt den Zusammenhang eines Stoffes oder Körpers und damit auch seine Zustandsform (Aggregatzustand). Diese lassen sich durch Energiezufuhr oder Energieentzug ineinander überführen.

Feste Stoffe:	Große Kohäsion – Moleküle befinden sich in einer bestimmten Anordnung innerhalb eines Stoffes. Durch äußere Krafteinwirkung verformen sich diese Körper oder dehnen sich bei Wärmezufuhr aus.
Flüssige Stoffe: (Flüssigkeiten)	Geringe Kohäsion – Moleküle können ihren Platz innerhalb eines Körpers ändern.
Gasförmige Stoffe: (Gase)	Keine Kohäsion Moleküle streben auseinander (Expansion)

Adhäsion (Anhangskraft)

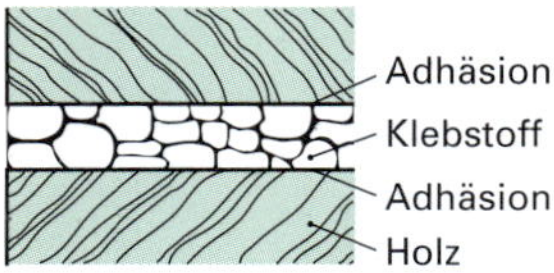

Die Anziehungskräfte der Moleküle verschiedener Stoffe wird als Adhäsion bezeichnet. Dadurch können Körper aus verschiedenen Stoffen aneinander haften.
Beispiele:
- Klebstoffe auf Fügeteile
- Lacke auf Holzoberflächen

Die Anhangskraft wirkt nicht zwischen allen Stoffen.

Oberflächenspannung

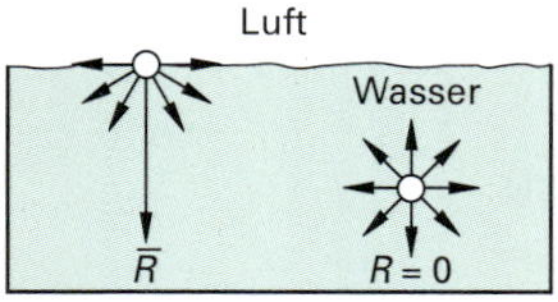

Die Kohäsionskräfte zwischen den Molekülen an der Oberfläche einer Flüssigkeit wirken verstärkt nach innen und verkleinern dadurch die Oberfläche.
Große Kohäsion einer Flüssigkeit bewirkt auch eine große Oberflächenspannung.
Die Oberflächenspannung beeinflusst die Benetzungs- und Fließfähigkeit einer Flüssigkeit, z.B. Klebstoff in Leimfuge.

Kapillarität (Haarröhrchenwirkung)

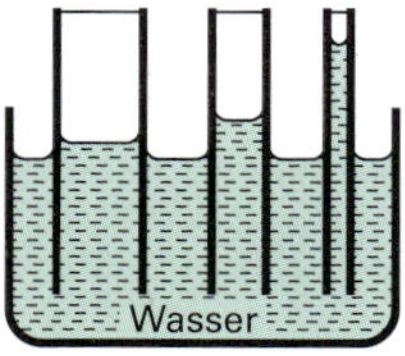

Das Verhalten von Flüssigkeiten in Kapillaren und feinen Poren von Körpern wird als Kapillarität bezeichnet.
Die kapillare Steighöhe ist von der Wechselwirkung zwischen Kohäsion der Flüssigkeit, Adhäsion der verschiedenen Stoffe und den Kapillardurchmessern bzw. Porengröße abhängig.
Die maximale Steighöhe wird erreicht, wenn die Gewichtskraft der Flüssigkeitssäule und die resultierende Kraft von Kohäsion und Adhäsion gleich groß sind.

Viskosität

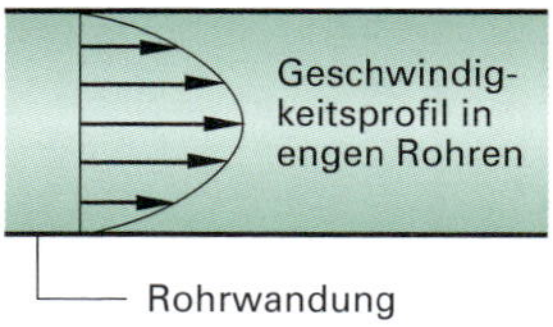

Die Viskosität (Zähigkeit) ist ein Maß für den inneren Widerstand einer Flüssigkeit. Diese Widerstandskraft entsteht durch Reibung zwischen den bewegten Molekülen und durch Kohäsionskräfte.

Flüssigkeiten mit hoher Viskosität (Klebstoffe) sind zähflüssig, mit niedriger Viskosität (Wasser) dünnflüssig.

Die Viskosität ist temperaturabhängig, mit steigender Temperatur nimmt sie ab.

1.12 Masse, Dichte, Kräfte

In entsprechenden Normen sind sämtliche Begriffe (Masse, Kraft usw.) in ihrer Bedeutung festgelegt. Das nachfolgende DIN-Muster (Auszug) definiert die Begriffe Masse, Kraft und Gewichtskraft.

	Masse, Wägekraft, Kraft, Gewichtskraft, Gewicht, Last Begriffe	DIN 1305

1 Anwendungsbreich

Diese Norm gilt für den Bereich der klassischen Physik und ihrer Anwendung in Technik und Wirtschaft.

2 Masse

Die Masse *m* beschreibt die Eigenschaft eines Körpers, die sich sowohl in Trägheitswirkungen gegenüber einer Änderung seines Bewegungszustandes als auch in der Anziehung auf andere Körper äußert.

5 Kraft

Die Kraft *F* ist das Produkt aus der Masse *m* eines Körpers und der Beschleunigung *a*, die er durch die Kraft *F* erfährt oder erfahren würde.

6 Gewichtskraft

Die Gewichtskraft F_G eines Körpers der Masse *m* ist das Produkt aus Masse *m* und Fallbeschleunigung *g*.

$g = 9{,}81\ \mathrm{m/s^2} \approx 10\ \mathrm{m/s^2}$

Dichte

$\varrho = \frac{m}{V}$	Die Dichte ϱ eines Stoffes wird aus der Masse *m* und dem Volumen *V* errechnet. Einheit: $1000\ \mathrm{kg/m^3} = 1\ \mathrm{kg/dm^3} = 1\ \mathrm{g/cm^3}$
ϱ Dichte, Reindichte	für feste porenlose Stoffe, Gase, Flüssigkeiten; z.B. Metalle, Wasser
ϱ_R Rohdichte	für feste porige Stoffe; z.B. Holz, Holzwerkstoffe, Beton
ϱ_S Schüttdichte	für Korngemenge (lose aufgeschüttete feste Stoffe); z.B. Sand, Schleifkörner

Masse

$m = V \cdot \varrho$	Die Masse *m* eines Körpers ist ortsunabhängig. Sie kann aus dem Volumen *V* und der Dichte ϱ berechnet werden. Einheit: Tonne t, Kilogramm kg, Gramm g, Milligramm mg
Beispiel:	Bohle aus Eiche $V = 0{,}12\ \mathrm{m^3}$ $\quad m = V \cdot \varrho_R = 0{,}12\ \mathrm{m^3} \cdot 800\ \mathrm{kg/m^3} = 96\ \mathrm{kg}$ $\varrho_R = 800\ \mathrm{kg/m^3}$

Kraft

$F = m \cdot a$	Wird eine Masse *m* beschleunigt oder verzögert, so ist eine Kraft *F* erforderlich. Um die Masse 1 kg in 1 s um 1 m/s zu beschleunigen, ist die Kraft von $1\ \mathrm{kgm/s^2}$ notwendig. Beschleunigung *a* in $\mathrm{m/s^2}$ Einheit: $1\ \mathrm{kgm/s^2} = 1\ \mathrm{N}$ (Newton)
Beispiel:	Bohle wird bewegt $m = 96\ \mathrm{kg}$ $\quad F = m \cdot a = 96\ \mathrm{kg} \cdot 2\ \mathrm{m/s^2} = 192\ \mathrm{kgm/s^2} = 192\ \mathrm{N}$ $a = 2\ \mathrm{m/s^3}$

Gewichtskraft

$F_G = m \cdot g$	Durch die Erdanziehung wird auf die Masse eines Körpers eine Gewichtskraft F_G hervorgerufen Fallbeschleunigung $g = 9{,}81\ \mathrm{m/s^2}$
Beispiel:	Bohle mit einer Masse $m = 96\ \mathrm{kg}$ $F_G = m \cdot g = 96\ \mathrm{kg} \cdot 9{,}81\ \mathrm{m/s^2} = 941{,}8\ \mathrm{N}$

1.12 Masse, Dichte, Kräfte

Kräfte können nur anhand ihrer Wirkung erkannt und gemessen werden. Sie sind die Ursache einer Bewegungsänderung oder Formänderung eines Körpers. Eine Kraft ist eine gerichtete Größe (Vektor). Sie wird bestimmt durch

Betrag **Richtung** **Angriffspunkt**

Kräfte werden durch Pfeile dargestellt. Der Betrag der Kraft entspricht der Länge des Pfeils multipliziert mit dem Kräftemaßstab M_K, z.B.

M_K = 100 kN/cm bzw. 1 cm ≙ 100 kN

Kräfte können auf ihrer Wirkungslinie beliebig verschoben werden.

$\vec{F}$ Kraft
F Betrag der Kraft
A Angriffspunkt
W Wirkungslinie
α Richtungswinkel

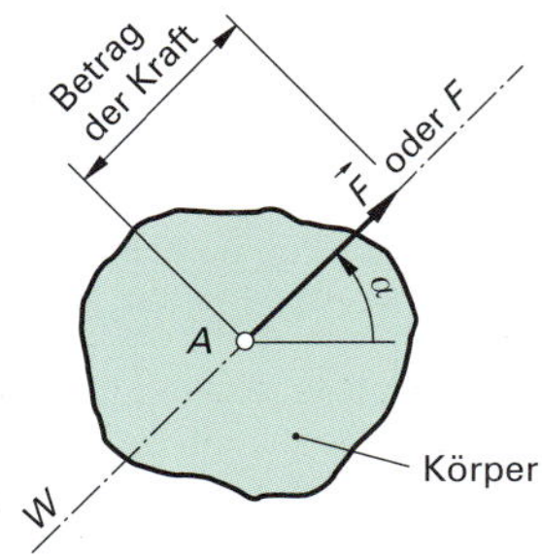

Kräfte

Axiom vom Kräfteparallelogramm

Greifen zwei Kräfte in einem Punkt an, so lassen sie sich in ihrer Wirkung durch eine statisch äquivalente Kraft ersetzten. Die Ersatzkraft heißt Resultierende und wird durch das nebenstehend dargestellte **Kräfteparallelogramm** zeichnerisch ermittelt. Die rechnerische Ermittlung erfolgt mit folgender Formel:

$$F_R = \sqrt{F_1^2 + F_2^2 + 2\,F_1 \cdot F_2 \cdot \cos\alpha}$$

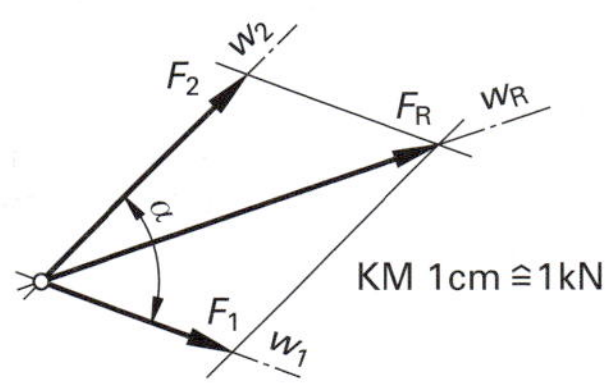

Kräfteparallelogramm

Zusammensetzen von Kräften:

- Kräfte-Addition bei gleicher Wirkungslinie

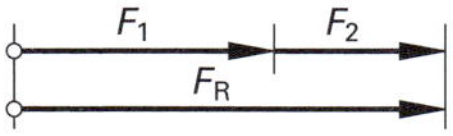

$$F_R = F_1 + F_2$$

Beispiel: $F_1 = 200\ \text{N}$; $F_2 = 120\ \text{N}$
$F_R = F_1 + F_2 = 200\ \text{N} + 120\ \text{N} = \mathbf{320\ N}$

- Kräfte-Subtraktion bei gleicher Wirkungslinie

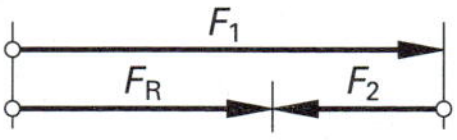

$$F_R = F_1 - F_2$$

Beispiel: $F_1 = 320\ \text{N}$; $F_2 = 120\ \text{N}$
$F_R = F_1 - F_2 = 320\ \text{N} - 120\ \text{N} = \mathbf{200\ N}$

- Teilkräfte wirken unter einem rechten Winkel

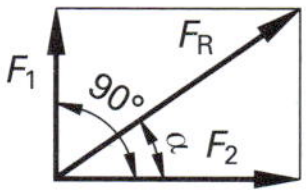

$$F_R = \sqrt{F_1^2 - F_2^2} \qquad F_1 = F_R \cdot \sin\alpha \qquad F_2 = F_R \cdot \cos\alpha$$

Beispiel: $F_1 = 250\ \text{N}$; $F_2 = 150\ \text{N}$
$F_R = \sqrt{F_1^2 + F_2^2} = \sqrt{(250\ \text{N})^2 - (150\ \text{N})^2}$
$F_R = \mathbf{291{,}5\ N}$

- Teilkräfte wirken unter beliebigem Winkel

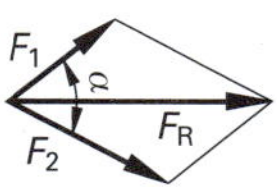

Zeichnerische Lösung

Beispiel: $F_2 = 200\ \text{N}$; $F_1 = 90\ \text{N}$; $\alpha = 60°$
$M_K = 5\ \text{N/mm}$;
Gemessen $l_R = 52\ \text{mm}$
$F_R = l_R \cdot M_K = 52\ \text{mm} \cdot 5\ \text{N/mm} = \mathbf{260\ N}$

1.12 Masse, Dichte, Kräfte

Kräfte

Zerlegen von Kräften

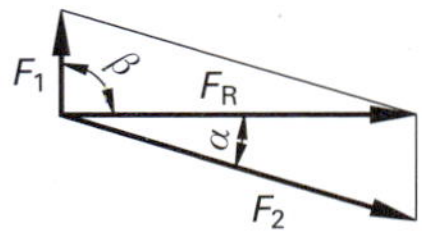

Zeichnerische Lösung

Beispiel: $F_R = 250$ N; $\alpha = 15°$; $\beta = 90°$
$M_K = 5$ N/mm;
Gemessen $l_1 = 13$ mm; $l_2 = 52$ mm
$F_1 = l_1 \cdot M_K = 13\text{ mm} \cdot 5\text{ N/mm} = \mathbf{65\ N}$
$F_2 = l_2 \cdot M_K = 52\text{ mm} \cdot 5\text{ N/mm} = \mathbf{260\ N}$

Momente

Moment einer Kraft (ebenes Kräftesystem)

Das Moment einer Kraft in Bezug auf den Drehpunkt ist gleich dem Produkt aus dem Betrag der Kraft und Hebelarm. Der Hebelarm ist der kürzeste Abstand der Wirkungslinie vom Drehpunkt.

Mit ***M*** wird das Moment einer Kraft ***F*** um den Drehpunkt ***D*** bezeichnet. Die Einheit des Momentes ist ein **Newtonmeter (1 Nm)**.

Momentensatz

Momente mehrerer Kräfte um einen gemeinsamen Drehpunkt lassen sich addieren (Vorzeichen beachten).

Moment eines Kräftspaares

Zwei gleich große, aber entgegengesetzte Kräfte auf parallelen Wirkungslinien bilden ein Kräftepaar.

Das mit **Drehkraft** bezeichnete Moment ist gleich dem Produkt aus dem Betrag einer der Kräfte und dem Abstand der Wirkungslinien. Kräftepaare mit gleichem Moment sind statisch äquivalent. Die Summe der Momente der Einzelkräfte ist für jeden Drehpunkt gleich und entspricht dem Moment des Kräftepaares.

Vorzeichenregel:
Positives Moment bei Drehwirkung der Kraft im Uhrzeigersinn.

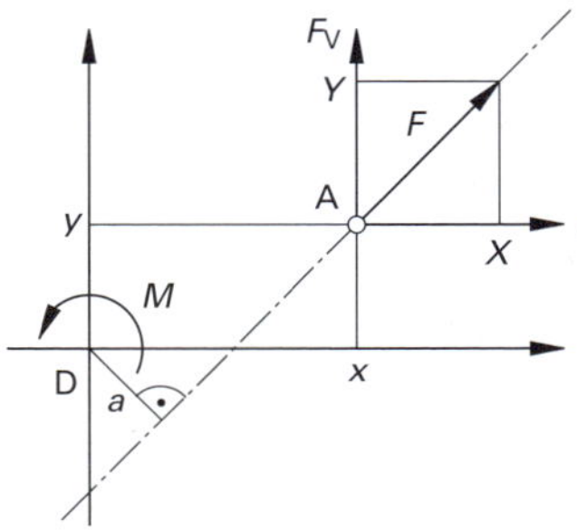

D (0,0)	Drehpunkt	A (x, y)	Angriffspunkt
M_D	Moment von $\overline{F}$ um D		
F (X, Y)	Kraft	a	Hebelarm

Moment = Hebelarm × Kraft ↻ +

$$M = \pm a \times F$$ ↺ −

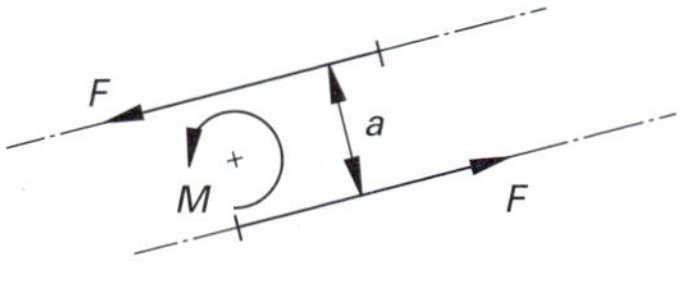

Kräftepaar mit $M = a \cdot F$

Reibung

Die Reibungskraft ist von der Normalkraft (senkrecht zur Berührungsfläche) und der Reibungszahl abhängig. Die Reibungskraft ist unabhängig von der Größe der Berührungsfläche.

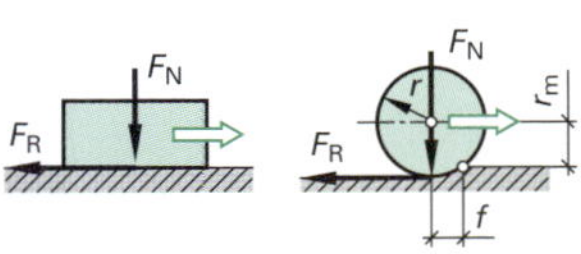

Haft- und Gleitreibung

$$F_R = \mu \cdot F_N$$

Rollreibung

$$F_R = \frac{f \cdot F_N}{r}$$

(wird meist vereinfacht mit der Formel für Gleitreibung berechnet)

F_N	Normalkraft
F_R	Reibungkraft
μ	Reibungszahl
f	Hebelarm
r	Radius in cm
r_m	Wirkradius in cm

Werkstoff-kombination	Haftreibungs-zahl μ_0	Gleitreibungs-zahl μ	Rollreibung (vereinfacht)
Stahl auf Stahl	0,2 … 0,3	0,1 … 0,2	0,01 … 0,05
Stahl auf Polyamid	0,15 … 0,3	0,3	–
Stahl auf Holz	0,5	0,25 … 0,5	0,002
Holz auf Holz	0,5 … 0,6	0,3 … 0,4	0,005
Wälzlager, geschmiert	–	0,001 … 0,003	–

Der Hebelarm f der Rollreibung ist von der Härte des Rollkörpers, seiner Unterlage und von der Rollgeschwindigkeit abhängig.

1.13 Gleichförmige und beschleunigte Bewegung

Geradlinige Bewegung

Gleichförmige Bewegung

Weg-Zeit-Schaubild

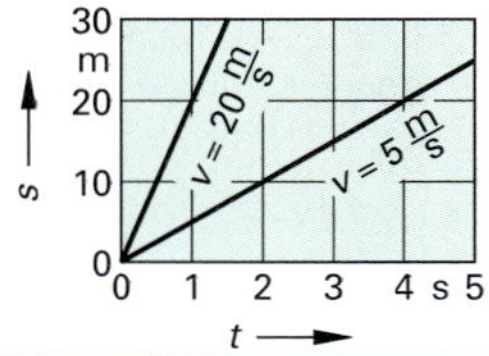

v Geschwindigkeit
s Weg
t Zeit

$$v = \frac{s}{t}$$

Beispiel:

$v = 80$ km/h, $t = 20$ min

$s = v \cdot t$

$s = 80\ \text{km/h} \cdot 20\ \text{min} \cdot \frac{1\ \text{h}}{60\ \text{min}}$

$s = 26{,}67$ km

Gleichförmige beschleunigte Bewegung

Geschwindigkeit-Zeit-Schaubild

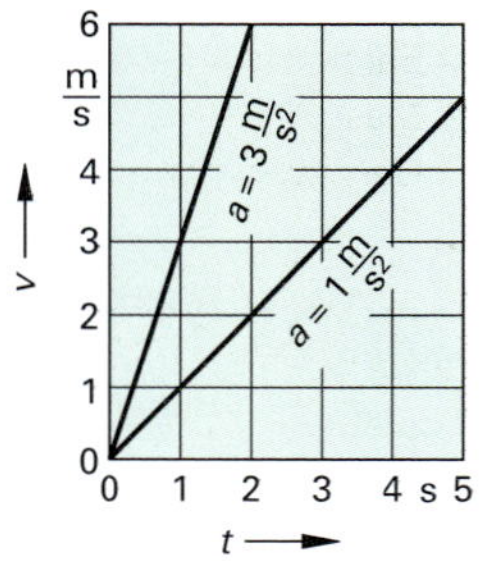

Weg-Zeit-Schaubild

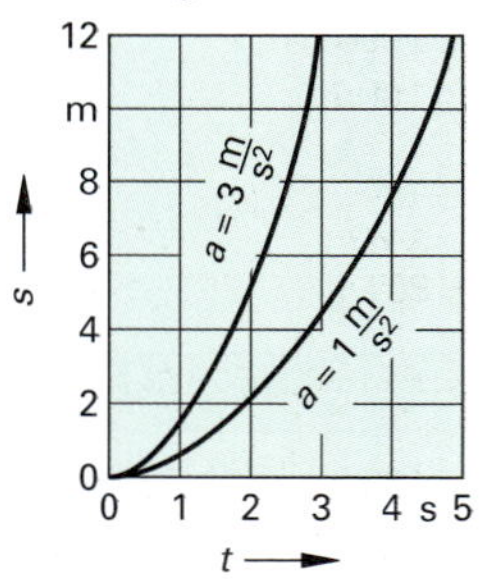

Beschleunigung ist die Zunahme der Geschwindigkeit in 1 Sekunde,
Verzögerung die Abnahme

v Endeschwindigkeit
a Beschleunigung
s Weg
t Zeit

Bei Anfangsgeschwindigkeit = 0 gilt:

$$v = a \cdot t$$
$$v = \sqrt{2 \cdot a \cdot s}$$

$$s = \frac{v}{2} \cdot t$$
$$s = \frac{a}{2} \cdot t^2$$

Für die Verzögerung gelten die gleichen Formeln, wobei *v* die Anfangsgeschwindigkeit und die Endgeschwindigkeit = 0 ist.

Freier Fall

Fallbeschleunigung
$g = 9{,}81\ \text{m/s}^2$
h Fallhöhe

$$h = \frac{g}{2} \cdot t^2$$

Beispiel:

Beschleunigung
$v = 100$ km/h, $t = 11$ s

$v = \frac{100\,000\ \text{m} \cdot 1\ \text{h}}{1\ \text{h} \cdot 3600\ \text{s}} = 27{,}78\ \frac{\text{m}}{\text{s}}$

$s = \frac{v}{2} \cdot t = \frac{27{,}78\ \text{m/s}}{2} \cdot 11\ \text{s}$

$s = 305{,}6$ m

$a = \frac{v}{t} = \frac{27{,}78\ \text{m/s}}{11\ \text{s}} = 2{,}5\ \frac{\text{m}}{\text{s}}$

Beispiel:

Verzögerung
$v = 100$ km/h, $a = 7\ \text{m/s}^2$

$v = 27{,}78$ m/s

$s = \frac{v^2}{2 \cdot a} = \frac{(27{,}78\ \text{m/s})^2}{2 \cdot 7\ \text{m/s}^2}$

$s = 55{,}1$ m

Beispiel:

Freier Fall
$g = 9{,}81\ \text{m/s}^2$, $t = 6$ s

$h = \frac{g}{2} \cdot t^2 = \frac{9{,}81\ \text{m/s}^2}{2} \cdot (6\ \text{s})^2$

$h = 176{,}6$ m

Kreisförmige Bewegung

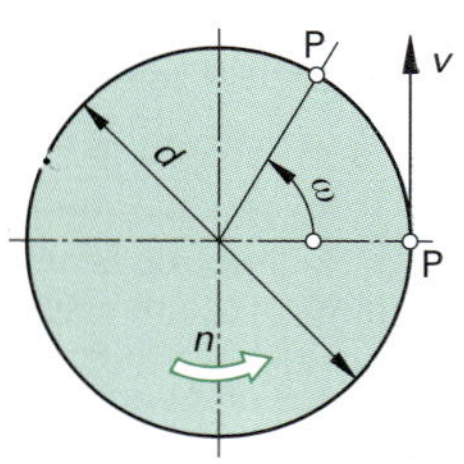

v Umfangsgeschwindigkeit
ω Winkelgeschwindigkeit
n Drehzahl
d Durchmesser

$$v = \pi \cdot d \cdot n$$
$$v = \omega \cdot \frac{d}{2}$$

$$\omega = 2 \cdot \pi \cdot n$$

Beispiel:

$v = 8000$ 1/min, $d = 210$ mm

$n = \frac{8000\ \text{min}^{-1}}{60\ \text{s}} = 133{,}3\ \text{s}^{-1}$

$v = \pi \cdot d \cdot n$

$v = \pi \cdot 0{,}12\ \text{m} \cdot 133{,}3\ \text{s}^{-1}$

$v = 50{,}2$ m/s

$\omega = 2 \cdot \pi \cdot n = 2 \cdot \pi \cdot 133{,}3\ \text{s}^{-1}$

$\omega = 837\ \text{s}^{-1}$

1.14 Arbeit, Energie, Leistung, Wirkungsgrad

Mechanische Arbeit

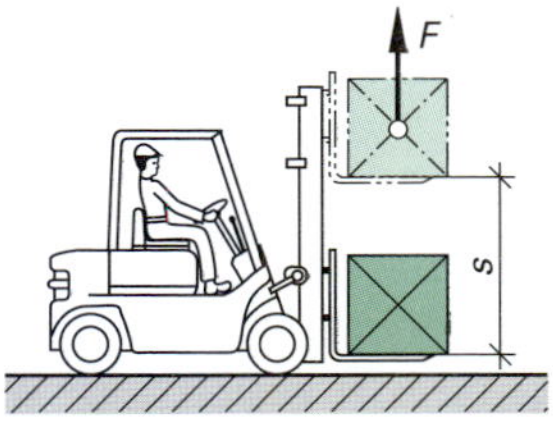

Arbeit wird verrichtet, wenn eine Kraft längs eines Weges wirkt.

W Arbeit; F Kraft
s Weg

$$W = F \cdot s$$

1 Nm = 1 J = 1 Ws

Beispiel:
F = 500 N, s = 12,5 m

$W = F \cdot s = 500\ \text{N} \cdot 12{,}5\ \text{m}$
$W = 6000\ \text{Nm}$
$W = 6000\ \text{J} = 6\ \text{kJ}$

Energie

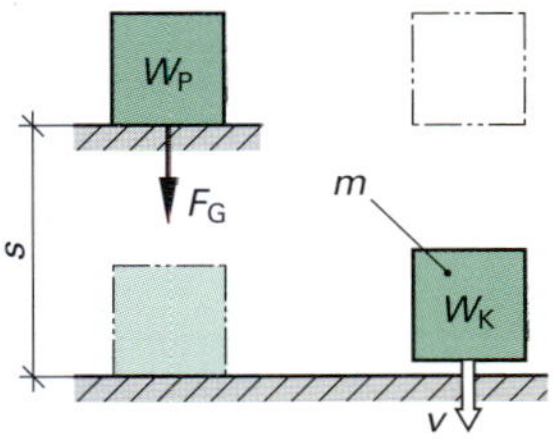

Energie ist Arbeitsvermögen
Potentielle Energie

$$W_P = F_G \cdot s$$

Kinetische Energie

$$W_K = \frac{m}{2} \cdot v^2$$

Einheiten wie bei Arbeit

W_P Energie der Lage
F_G Gewichtskraft des Körpers
s Weg (Höhenunterschied)

W_K Energie der Bewegung
m Masse
v Geschwindigkeit

Mechanische Leistung

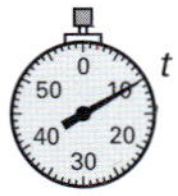

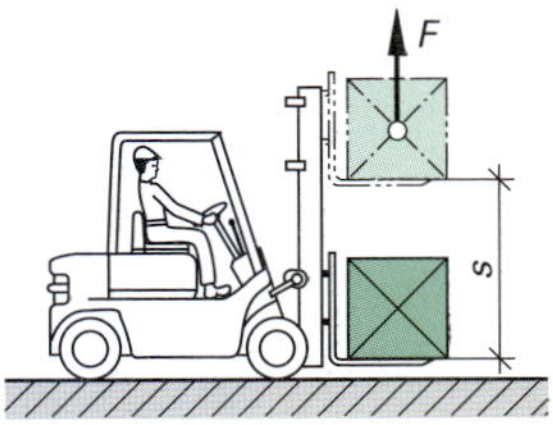

Die in einer Zeiteinheit verrichtete Arbeit wird als Leistung bezeichnet.

P Leistung

$$P = \frac{W}{t}$$

$$P = \frac{F \cdot s}{t}$$

$$P = F \cdot v$$

1 W = 1 Nm/s = 1 J/s

Beispiel:
F = 500 N, s = 80 m,
t = 40 s

$P = \frac{F \cdot s}{t} = \frac{500\ \text{N} \cdot 80\ \text{m}}{40\ \text{s}}$

$P = 1000\ \text{Nm/s}$
$P = 1000\ \text{W} = 1\text{kW}$

Beispiel:
$F = 6\ \text{kN}$,
$v = 80\ \text{km/h} = 22{,}2\ \text{m/s}$

$P = F \cdot v = 6\ \text{kN} \cdot 22{,}2\ \frac{\text{m}}{\text{s}}$

$P = 133{,}2\ \frac{\text{kNm}}{\text{s}} = 133{,}2\ \text{kW}$

Wirkungsgrad

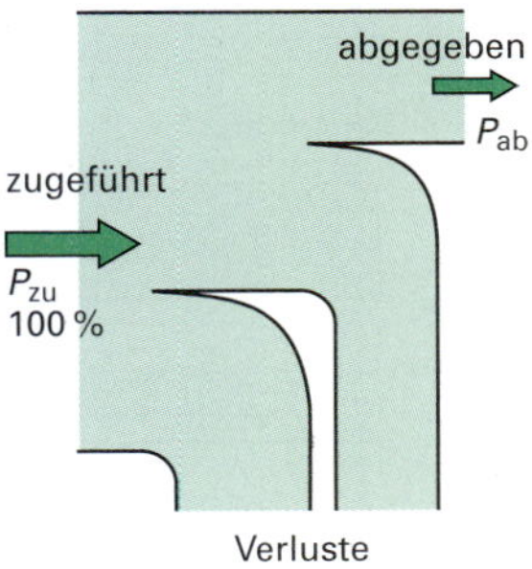

Der Wirkungsgrad ist das Verhältnis von zugeführter Leistung zu abgegebener Leistung.

η Wirkungsgrad (eta)
P_{zu} zugeführte Leistung
P_{ab} abgegebene Leistung

$$\eta = \frac{P_{ab}}{P_{zu}}$$

$\eta < 1$ bzw. $< 100\%$

Gesamtwirkungsgrad

$$\eta = \eta_1 \cdot \eta_2 \cdot \eta_3$$

$\eta_1\ \eta_2\ \eta_3$ Teilwirkungsgrade

Beispiele für Wirkungsgrade:

Ottomotor	≈ 0,27
Drehstrommotor	≈ 0,85
Dampfturbine	≈ 0,23
Hobelmaschine	≈ 0,70

1.15 Einfache Maschinen und Antriebe

Drehmoment und Hebel

Drehmoment

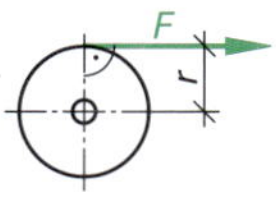

$$M = F \cdot r$$

M Drehmoment
r Hebelarm = rechtwinkliger Abstand zwischen Drehpunkt und Wirkungslinie

Einseitiger Hebel

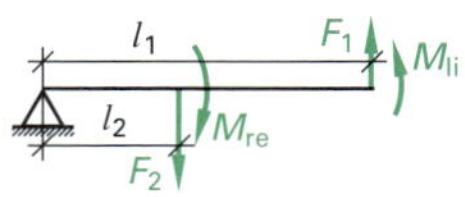

Zweiseitiger Hebel

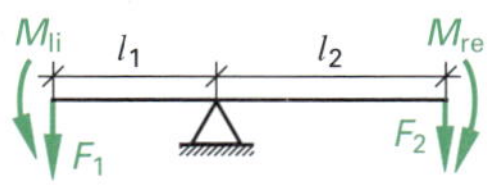

Winkelhebel

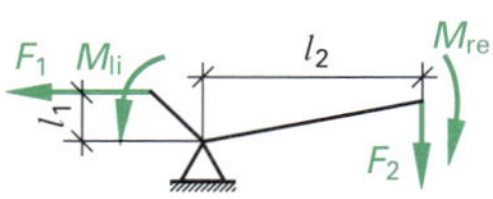

Hebelgesetz:

Ein Hebel befindet sich im Gleichgewicht, wenn die Summe der rechtsdrehenden Momente gleich der Summe der linksdrehenden Momente ist.

$$\Sigma M_{li} = \Sigma M_{re}$$

ΣM_{li} Summe aller links drehenden Momente
ΣM_{re} Summe aller rechtsdrehenden Momente

bei 2 wirksamen Kräften gilt:

$$F_1 \cdot l_1 = F_2 \cdot l_2$$

Anzahl der rechts- und linksdrehenden Momente kann beliebig sein.

Auflagerkräfte

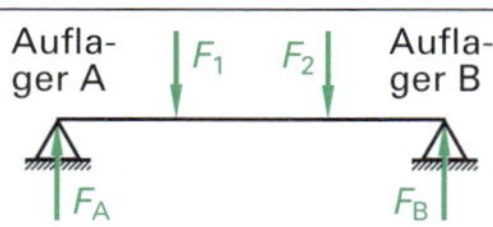

Ein Auflagerpunkt wird als Drehpunkt angenommen:

$$F_A = \frac{F_1 \cdot l_1 + F_2 \cdot l_2 \ldots}{l}$$

$$F_A + F_B = F_1 + F_2 \ldots$$

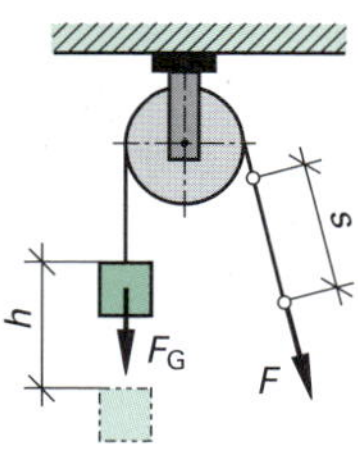

Feste Rolle

$$F = F_G$$

$$s = h$$

Richtung der Kraft wird geändert.

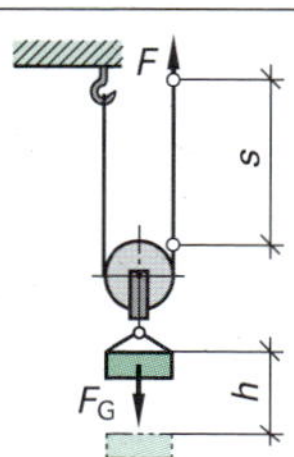

Lose Rolle

$$F = \frac{F_G}{2}$$

$$s = 2 \cdot h$$

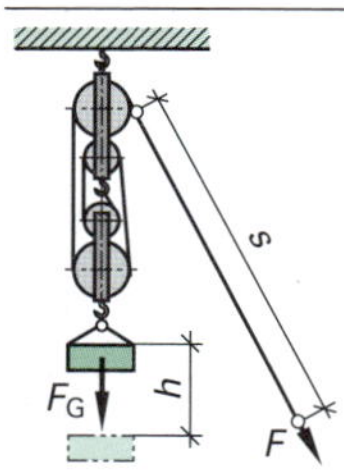

Flaschenzug

$$F = \frac{F_G}{n}$$

$$s = n \cdot h$$

n Anzahl der tragenden Seilstränge (Rollen)

Kräfte an der schiefen Ebene

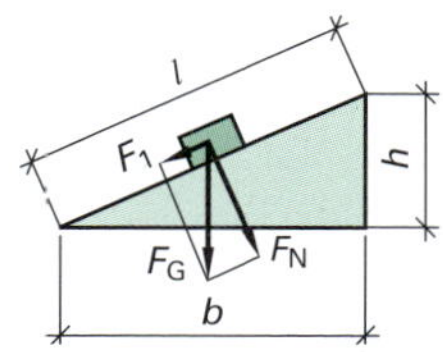

$$F_N = F_G \cdot \frac{b}{h}$$

$$F_1 = F_G \cdot \frac{h}{l}$$

Anwendungen:

Schiefe Ebene

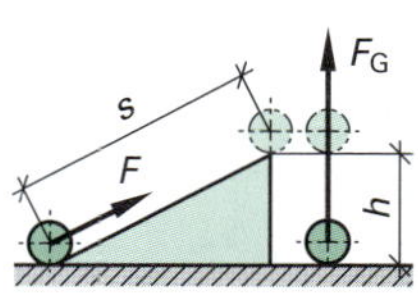

Keil

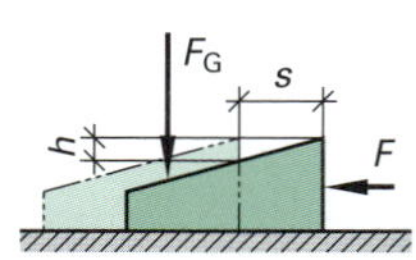

$$F \cdot s = F_G \cdot h$$

Schraube

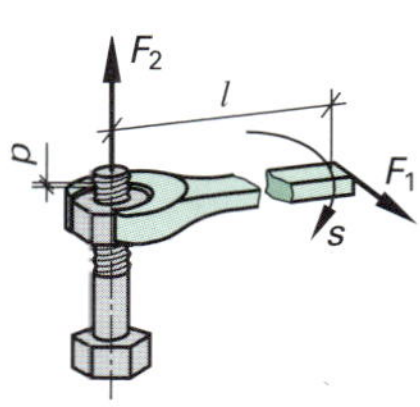

$$F_1 \cdot \pi \cdot 2 \cdot l = F_2 \cdot p$$

$$s = \pi \cdot 2 \cdot l$$

Bei allen Anwendungen gilt: **Was an Kraft gewonnen wird, geht an Weg verloren.**

1.15 Einfache Maschinen und Antriebe

Antriebe und Kraftübertragung

- indirekt
  - Riemen
  - Zahnräder
  - Ketten
- direkt
  - Motor überträgt die Drehbewegung direkt auf die Arbeitswelle

Riementriebe

Keilriemen
Normalkeilriemen weitgehend durch leistungsfähigere **Schmalkeilriemen** ersetzt.

Flachriemen
meist Mehrschichtriemen aus Leder-, Kunststoff- und Gewebeschichten

Synchronriemen (Zahnriemen)
formschlüssige Kraftübertragung, schlupflose (synchrone) Übertragung bei kleiner bis mittlerer Leistung

Schmalkeilriemen (DIN 7753)

Riemen-Profil

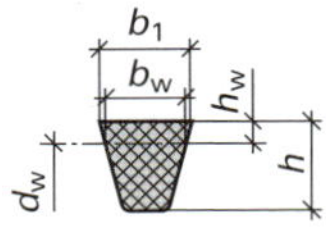

Keilriemenscheiben DIN 2211

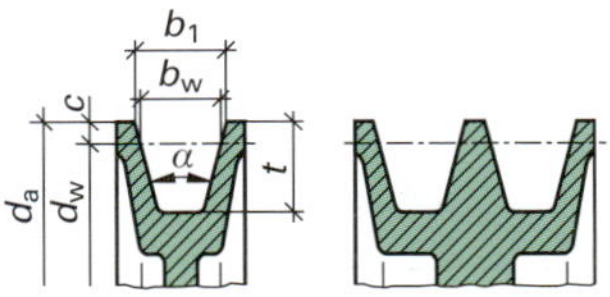

einrillig | mehrrillig

Bezeichnungen	Maße in mm für Schmalkeilriemen, Keilriemenscheiben			
Riemenprofil n. ISO	SPZ	SPA	SPB	SPC
$b_0 = b_1$	9,7	12,7	16,3	22
b_w	8,5	11	14	19
h	8	10	13	18
$h_w = c$	2	2,8	3,5	4,8
t	11	13,8	17,5	23,8
d_w (kleinstmöglich)	63	90	140	224
d_a	$d_w + 2\,c$			
α (abhängig von d_w)	34° bzw. 38°			

Zahnrädertriebe

Zahnräder übertragen Drehmomente formschlüssig und damit schlupflos bei kleinen bis sehr hohen Drehzahlen. Der Achsabstand kann gering sein und wird durch die Größe der Zahnräder begrenzt. Je nach Lage der Achsen unterscheidet man verschiedene **Zahnradarten** (Auswahl):

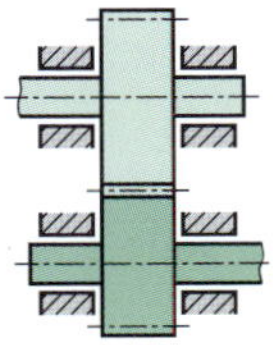

Stirnräder

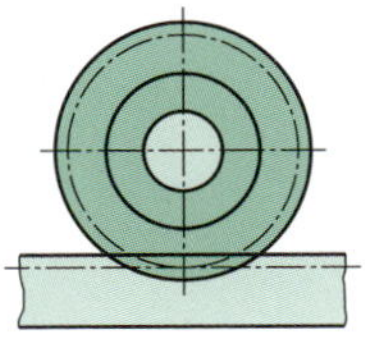

Stirnrad mit Zahnstange

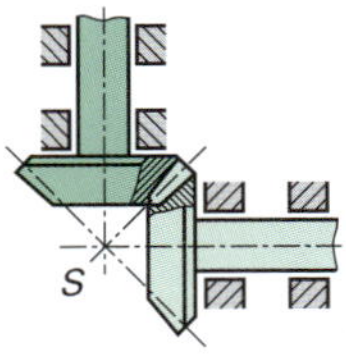

Kegelräder

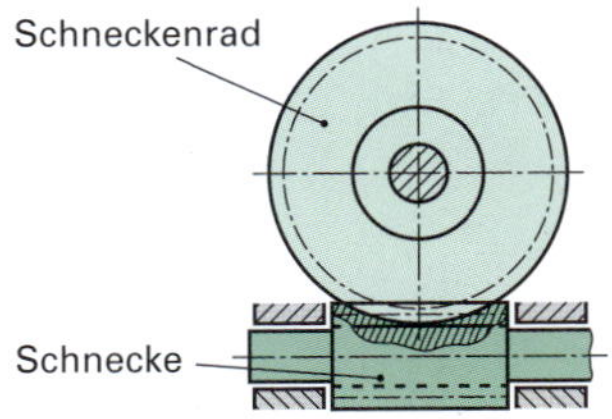

Schnecke mit Schneckenrad

Kettentriebe

Ketten übertragen Drehbewegungen formschlüssig und daher schlupflos. Sie dienen zur Kraftübertragung bei großen Achsabständen, haben geringe Reibungsverluste und eine große Laufruhe.

Meist werden Rollenketten verwendet.

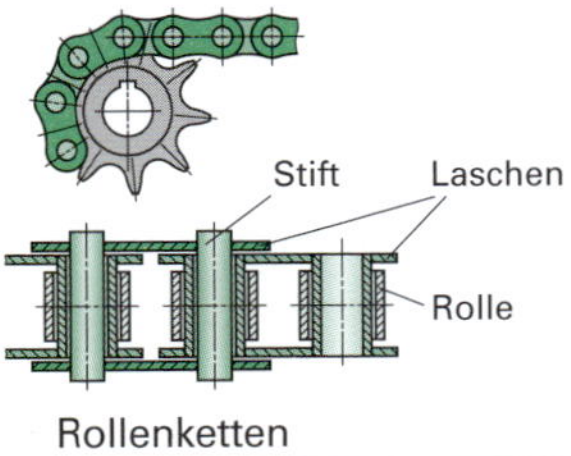

Rollenketten

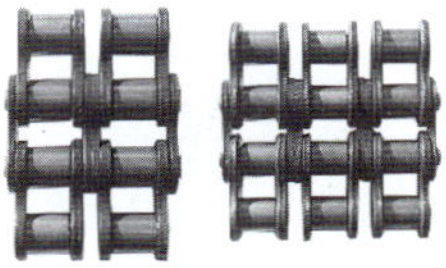

Mehrfach-Rollenketten

1.15 Einfache Maschinen und Antriebe

Riementriebe

Einfache Übersetzung

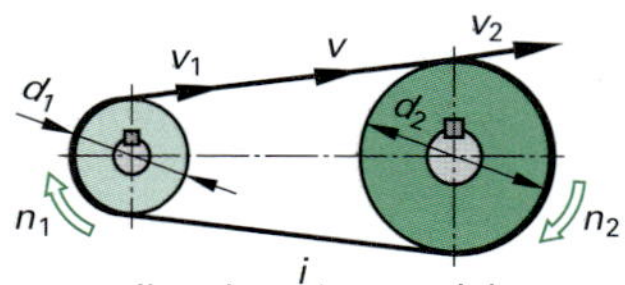

$v = v_1 = v_2$

$n_1 \cdot d_1 = n_2 \cdot d_2$

$i = \frac{n_1}{n_2} = \frac{d_2}{d_1}$

Doppelte Übersetzung

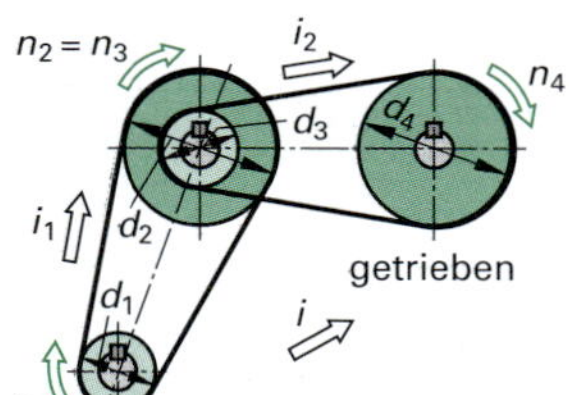

$i = i_1 \cdot i_2$

$i = \frac{n_1 \cdot n_3}{n_2 \cdot n_4} = \frac{d_2 \cdot d_4}{d_1 \cdot d_3}$

v, v_1, v_2	Umfangsgeschwindigkeit
Treibende Scheibe:	
n_1, n_3	Drehzahlen
d_1, d_3	Durchmesser
Getriebene Scheibe:	
n_2, n_4	Drehzahlen
d_2, d_4	Druchmesser
i	Übersetzungsverhältnis
i_1, i_2	Teilübersetzungsverhältnisse

Beispiel:

$n_1 = 2800\ \text{min}^{-1}$, $d_1 = 280$ mm, $n_2 = 8000\ \text{min}^{-1}$

$d_2 = \frac{n_1 \cdot d_1}{n_2} = \frac{2800\ \text{min}^{-1} \cdot 280\ \text{mm}}{8000\ \text{min}^{-1}}$

$d_2 = 98$ mm; $i = 1 : 2{,}86$

Zahnradtrieb

Einfache Übersetzung

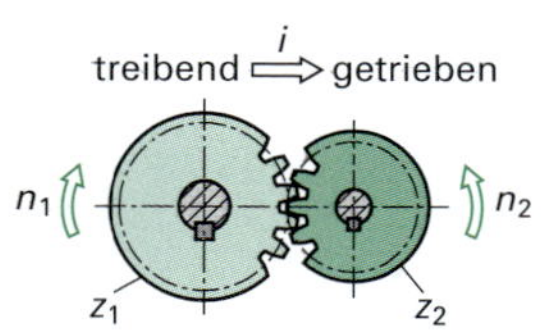

$n_1 \cdot z_1 = z_2 \cdot d_2$

$i = \frac{n_1}{n_2} = \frac{z_2}{z_1}$

Doppelte Übersetzung

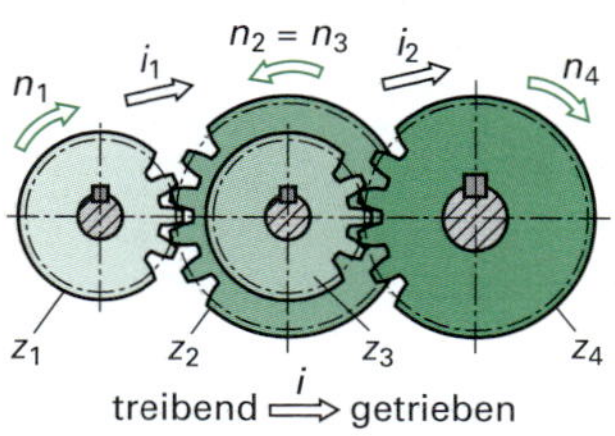

$i = i_1 \cdot i_2$

$i = \frac{n_1 \cdot n_3}{n_2 \cdot n_4} = \frac{z_2 \cdot z_4}{z_1 \cdot z_3}$

Treibende Räder:	
n_1, n_3	Drehzahlen
z_1, z_3	Zähnezahlen
Getriebene Scheibe:	
n_2, n_4	Drehzahlen
z_2, z_4	Zähnezahlen
i	Übersetzungsverhältnis
i_1, i_2	Teilübersetzungsverhältnisse

Beispiel:

$i_1 = 3{,}5 : 1$, $z_3 = 24$, $z_4 = 60$

$i_2 = \frac{z_4}{z_3} = \frac{60}{24} = 2{,}5$

$i = i_1 \cdot i_2 = 3{,}5 \cdot 2{,}5 = 8{,}75$

$\Rightarrow$ 8,75 : 1

Schneckentrieb

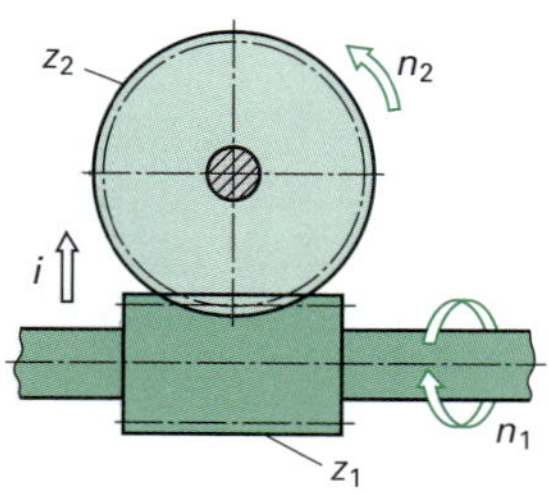

$n_1 \cdot g = n_2 \cdot z_2$

$i = \frac{n_1}{n_2} = \frac{z_2}{g}$

Schnecke:	
g	Gangzahl
n_1	Drehzahl
Schneckenrad:	
z_2	Zähnezahl
n_2	Drehzahl
i	Übersetzungsverhältnis

1.16 Grundlagen der Statik und Festigkeitslehre

Statische Systeme/Elemente der Statik

Statische Systeme stellen idealisierte tragende Konstruktionen dar und dienen zur Berechnung von Auflagerkräften, Schnittkräften und Verfomungen. Mit diesen werden in der Festigkeitslehre die Belastbarkeit (notwenige Querschnitte, zulässige Verformungen) von Bauteilen bestimmt.

Stäbe (Balken, Träger, Stützen) linienförmige Elemente, *b* und $h \ll l$

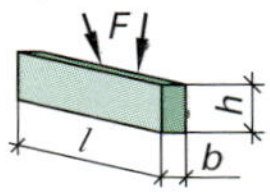

$\ll$ (viel kleiner)

Scheiben, Platten – flächenförmige Elemente, $d \ll l$ und *h* bzw. *a* und *b*

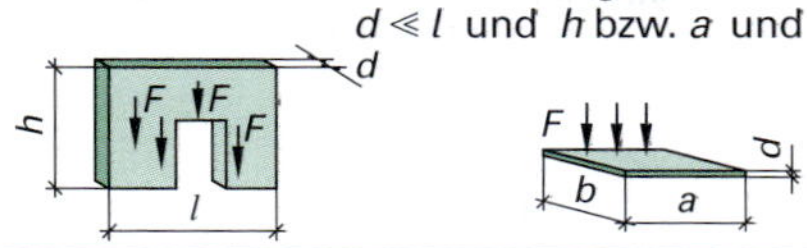

Stabwerke aus Stäben zusammengesetzt, die durch Biegung, Zug und Druck beansprucht werden

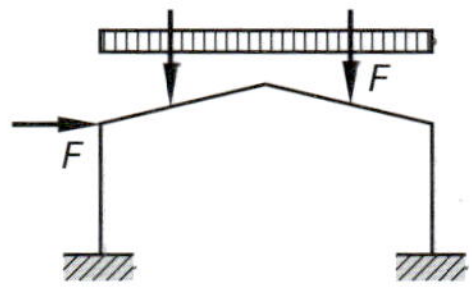

Fachwerke ebene Stabwerke, nur durch Normalkräfte beansprucht

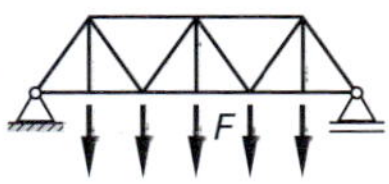

Gleichgewichtsbedingungen

Für die Statik ist das Gleichgewicht eine notwendige Bedingung.

Das **Kräftegleichgewicht** ist erfüllt, wenn die Resultierenden aller an einem Körper angreifenden Kräfte verschwindet.

Zur rechnerischen Ermittlung des Kräftegleichgewichts in der Ebene werden alle an einem Körper angreifenden Kräfte in **Vertikalkomponenten** (Y-Richtung) und **Horizontalkomponenten** (X-Richtung) zerlegt.
Verschwindet zusätzlich das resultierende Moment bezüglich eines frei gewählten Drehpunktes, so ist auch das **Momentengleichgewicht** erfüllt.

Gleichgewichtsbedingungen

$\Sigma V = 0$ oder $\Sigma F_V = 0$

$\Sigma H = 0$ oder $\Sigma F_H = 0$

(Kräftegleichgewicht)

$\Sigma M = 0$ oder $\Sigma M_D = 0$

(Momentengleichgewicht)

F, F_V	Sammelbezeichnung für Vertikalkräfte
H, F_H	Sammelbezeichnung für Horizontalkräfte
M, M_D	Sammelbezeichnung für Momente um einen Drehpunkt *D*

Aktionskräfte und Reaktionskräfte

Alle von außen auf einen Körper einwirkenden Kräfte heißen **Aktionskräfte** (z. B. **Gewichtskräfte, Lasten** oder **Einwirkungen**).

Reaktionskräfte sind Zwangskräfte, die zu einer Einschränkung der Bewegungsmöglichkeit des Körpers führen. Sie sind Kontaktkräfte an den Auflagerungspunkten des Körpers und heißen auch **Auflagerkräfte** oder **Auflagerreaktionen.**

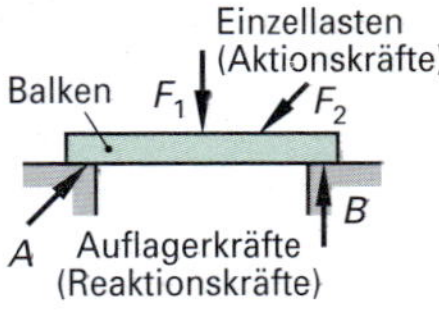

Lagerungsarten und Lagerungssymbole

Es gibt feste, bewegliche und eingespannte Lager, die durch Symbole dargestellt werden.

Lagerungsart und Bewegungsmöglichkeit	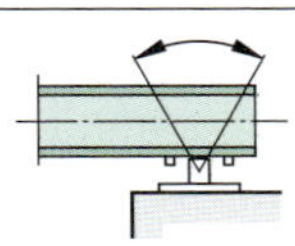 festes Auflager	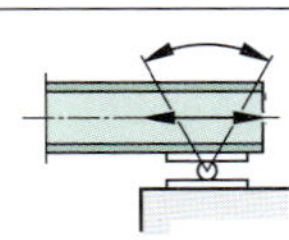 bewegliches Auflager	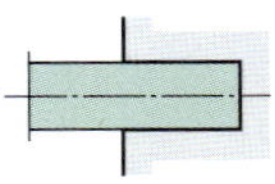 eingespanntes Auflager
Symbol und Auflagerreaktionen	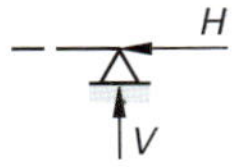	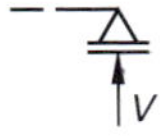	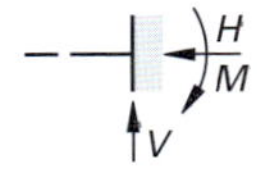

1.16 Grundlagen der Statik und Festigkeitslehre

Belastungsfälle	Auflagerkräfte	Biegemomente	Durchbiegung
Statisch bestimmte Träger			
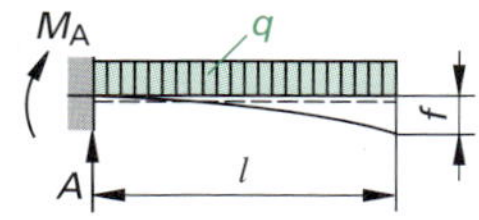	$A = q \cdot l$	$M_A = -\frac{q \cdot l^2}{2}$	$f = \frac{q \cdot l^4}{8\,E \cdot I}$ E Elastizitätsmodul I Flächenmoment 2. Grades
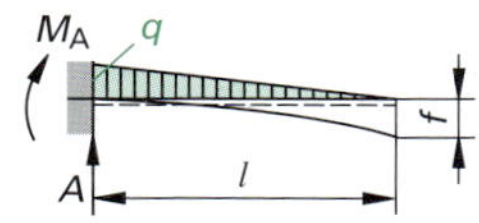	$A = \frac{q \cdot l}{2}$	$M_A = -\frac{q \cdot l^2}{6}$	$f = \frac{q \cdot l^4}{30\,E \cdot I}$
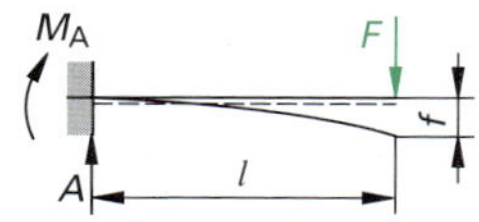	$A = F$	$M_A = -F \cdot l$	$f = \frac{F \cdot l^3}{3\,E \cdot I}$
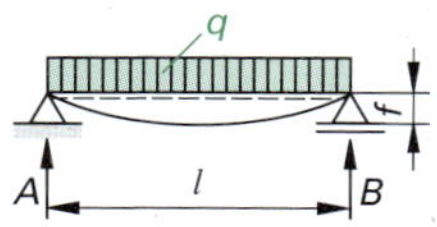	$A = B = \frac{q \cdot l}{2}$	$\max M = \frac{q \cdot l^2}{8}$ in Feldmitte	$\max f = \frac{5\,q \cdot l^4}{384\,E \cdot I}$ $\max f = \frac{M \cdot l^2}{9{,}6\,E \cdot I}$
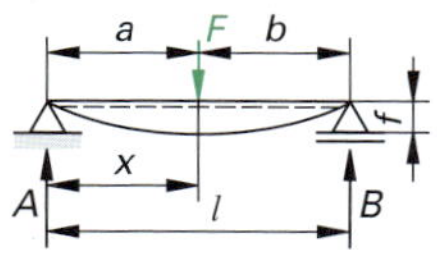	$A = \frac{F}{2}$ $B = \frac{F}{2}$ mit $a = b$	$\max M = \frac{F \cdot l}{4}$ in Feldmitte	$\max f = \frac{1}{48} \cdot \frac{F \cdot l^3}{E \cdot I}$ $\max f = \frac{1}{12} \cdot \frac{M \cdot l^2}{E \cdot I}$
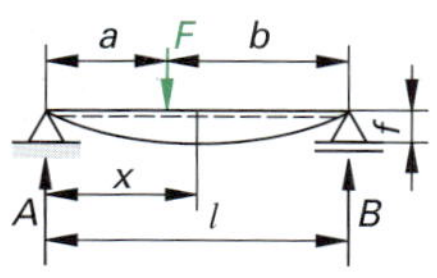	$A = F(1-\alpha)$ $B = F \cdot \alpha$ mit $\alpha = \frac{a}{l}$	$\max M = F \cdot l \cdot \alpha\,(1-\alpha)$ bei $x = a$	$\max f = \frac{F \cdot l^3}{27\,E \cdot I} \cdot$ $\cdot\, \alpha \sqrt{3\,(1-\alpha^2)^3}$ für $\alpha \leqq 0{,}5$ bei $x = \frac{1}{3}\, l \sqrt{3\,(1-\alpha^2)}$
Statisch unbestimmte Träger (beidseitig eingespannt)			
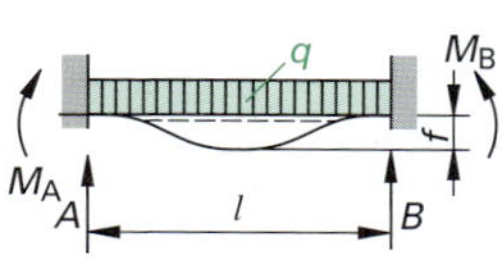	$A = B = \frac{q \cdot l}{2}$	$M_A = M_B = -\frac{q \cdot l^2}{12}$ $\max M = \frac{q \cdot l^2}{24}$ in Feldmitte	$\max f = \frac{q \cdot l^4}{384\,E \cdot I}$ in Feldmitte
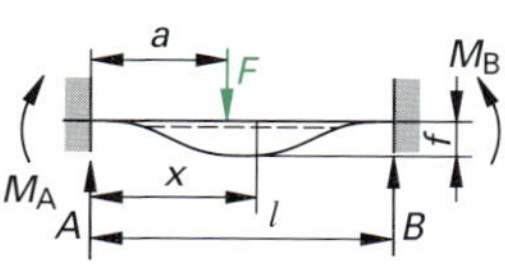	$A = F(1-\alpha)^2\,(1+2\,\alpha)$ $B = F \cdot \alpha^2\,(3-2\,\alpha)$ mit $\alpha = \frac{a}{l}$	$M_A = -F \cdot l \cdot \alpha\,(1-\alpha)^2$ $M_B = -F \cdot l \cdot \alpha^2\,(1-\alpha)$ $M_1 = 2\,F \cdot l \cdot \alpha^2\,(1-\alpha)^2$	$\max f = \frac{2\,F \cdot l^3}{3\,E \cdot I} \cdot$ $\cdot\, \frac{\alpha^2\,(1-\alpha)^3}{(3-2\,\alpha)^2}$ für $\alpha \leqq 0{,}5$ bei $x = 1/(3-2\,\alpha)$

A, B Auflagerkräfte
f Durchbiegung
M Biegemoment in Ncm
E Elastizitätsmodul in N/mm²
q Streckenlast
I Flächenmoment 2. Grades in cm⁴

1.16 Grundlagen der Statik und Festigkeitslehre

Festigkeitsbegriffe und Beanspruchungsarten

Wirkt eine Kraft auf eine Fläche, so wird der Quotient aus Kraft F pro Flächeneinheit A als **Spannung** bezeichnet, ihre Komponente senkrecht zur Angriffsfläche heißt **Normalspannung** $\boldsymbol{\sigma}$, die in der Ebene der Fläche liegende Komponente **Schubspannung** $\boldsymbol{\tau}$.

Spannung gleich Kraft durch Fläche	$\sigma = \frac{F}{A}$

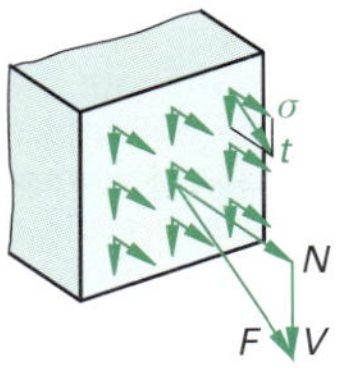

N Normalkraft
V Querkraft
σ Normalspannung
τ Schubspannung

Einheiten der Spannung
In der Praxis übliche Einheit ist N/mm^2.

$1\ \text{Pa} = 1\ \frac{\text{N}}{\text{m}^2}$ | $1\ \frac{\text{MN}}{\text{m}^2} = 1\ \frac{\text{N}}{\text{mm}^2} = 1\ \text{MPa}$ | $1\ \frac{\text{kN}}{\text{cm}^2} = 10\ \text{MPa}$

Beanspruchungsarten

Art	Zug/Druck	Biegung	Schub
	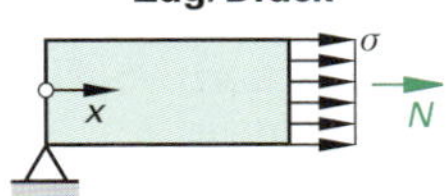 Normalspannungsverteilung σ infolge N	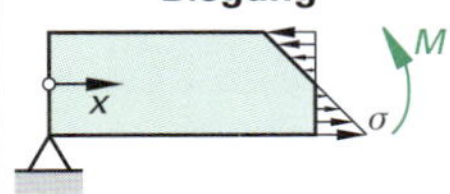 Normalspannung σ infolge M	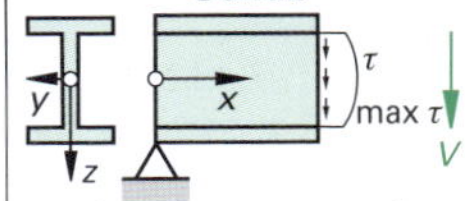 Spannungsverteilung τ im Trägerquerschnitt infolge V
Spannung	Zug-/Druckspannung $\sigma_{z/d} = N/A$ Druckspannungen sind negativ	Biegespannung $\sigma_b = M_b/W$ M_b Biegemoment W Widerstandsmoment	Schubspannung $\tau = \frac{V \cdot S_y}{I_y \cdot b}$ (Allgemeine Formel)
Formänderung E Elastizitätsmodul	Dehnung $\varepsilon = \Delta l / l$ $\sigma = E \cdot \varepsilon$ Hooke'sches Gesetz	Krümmung $\varkappa = 1/R$ Biegesteifigkeit $E \cdot I$ $M = E \cdot I \cdot \varkappa$	

Knickung von Stäben

Druckstäbe können ab einer bestimmten Last seitlich ausweichen. Diese Last heißt bei elastischen Stäben **Euler'sche Knicklast** F_k und errechnet sich aus der Biegesteifigkeit und der **Knicklänge** l_K.

Knickung	Knickspannung σ_k	Knickfestigkeit σ_{kB}	–	–	$F_{k\,zul} = \frac{\pi^2 \cdot E \cdot I}{l_k^2 \cdot \nu}$
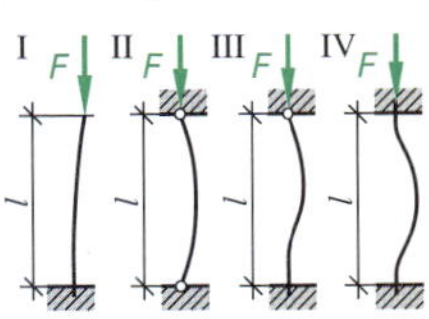	Fall I	Fall II	Fall III	Fall IV	$F_{k\,zul}$ zulässige Knickkraft
	$l_k = 2\,l$	$l_k = l$	$l_k = \frac{l}{\sqrt{2}}$	$l_k = \frac{l}{2}$	l_k freie Knicklänge vom Belastungsfall abhängig

Festigkeitswerte ausgesuchter Hölzer

Holzart	Werte in N/mm^2 parallel zur Faser, Holzfeuchtigkeit u = 10% … 15%				
	Zugfestigkeit	Druckfestigkeit	Biegefestigkeit	Schubfestigkeit	Härte
Ahorn	82	49	95	9	67
Eiche	110	52	95	11,5	69
Esche	130	50	105	13	76
Fichte	80	40	68	7,5	27
Kiefer	100	45	80	10	30
Lärche	105	48	93	9	38
Rotbuche	135	60	120	10	78
Tanne	80	40	68	7,5	34

1.16 Grundlagen der Statik und Festigkeitslehre

Zustandslinien

Schnittgrößen sind von der Lage des Schnittes und damit von der Stabkoordinate x abhängig.
Werden die Schnittgrößen getrennt nach **Querkraft, Normalkraft** und **Biegemoment** in das statische System eingetragen, so ergeben sich die **Zustandslinien.**
Positive Schnittgrößen werden auf der Seite der gestrichelten Zone angetragen und bei mehrfarbiger Darstellung durch eine grüne Linie gekennzeichnet. Negative Schnittgrößen werden gegenüberliegend angetragen und durch eine rote Linie gekennzeichnet.
Zur Bestimmung der **Auflagerreaktionen** über **Gleichgewichtsbedingungen** am statische bestimmten ebenen Stabwerk gilt:

$\Sigma H = 0 \quad \Sigma V = 0 \quad \Sigma M_D = 0$ **(*D* beliebiger Drehpunkt)**

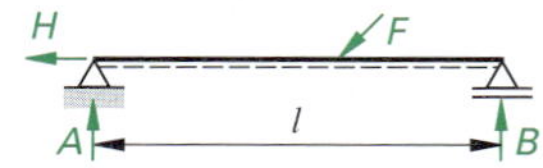

System und Belastung

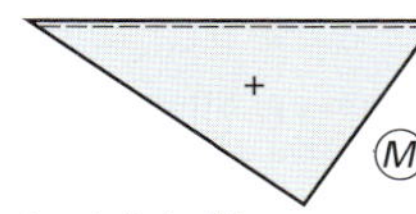

Zustandslinie ***M***

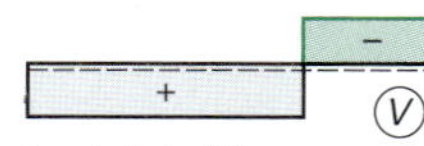

Zustandslinie ***V***

Beispiel

Der nebenstehend dargestellte Einfeldträger mit Kragarm ist durch zwei Einzelkräfte belastet. Es sind die Auflagerreaktionen zu berechnen und die Zustandslinien zu zeichnen.
$l = 6\text{ m},\ l_k = 2\text{ m},\ F_1 = 3\text{ kN},\ F_2 = 4\text{ kN}.$
Mit den Gleichgewichtsbedingungen $\Sigma M_A = 0$, $\Sigma M_B = 0$ und $\Sigma H = 0$ lassen sich die Auflagerreaktionen bestimmen.

$\Sigma H = 0 = -H_A + F_2 \qquad H_A = F_2 \qquad \mathbf{H_A = 4\ kN}$

$\Sigma M_A = 0 = l\,B - (l + l_k)\,F_1 \qquad B = \frac{l + l_k}{l} \cdot F_1$

$B = \frac{6\text{ m} + 2\text{ m}}{6\text{ m}}\,3\text{ kN} \qquad \mathbf{B = 4\ kN}$

$\Sigma M_B = 0 = -l\,A - l_k\,F_1 \qquad A = \frac{-l_k}{l}\,F_1$

$A = \frac{-2\text{ m}}{6\text{ m}}\,3\text{ kN} \qquad \mathbf{A = -1\ kN}$

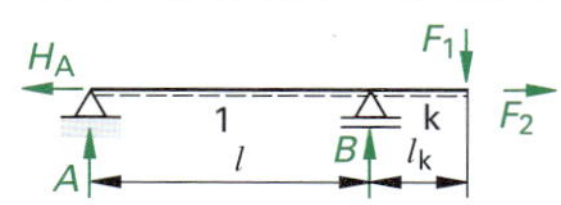

System und Belastung

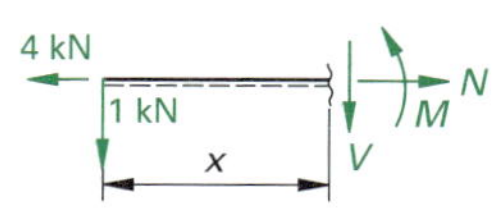

Schnittgrößen im Feld

Durch Schneiden und Freimachen lassen sich an dem Teilkörper mit den Gleichgewichtsbedingungen $\Sigma H = 0$, $\Sigma V = 0$ und $\Sigma M_x = 0$ die Schnittgrößen bestimmen.

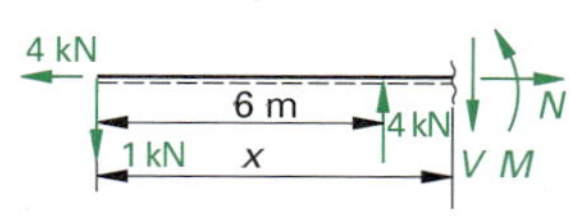

Schnittgrößen am Kragarm

- Für das **Feld 1** ergibt sich:

$\Sigma H = 0 = -H_A + N \qquad N = H_A \qquad \mathbf{N = 4\ kN}$
$\Sigma V = 0 = -A + V \qquad V = A \qquad \mathbf{V = -1\ kN}$
$\Sigma M_x = 0 = -x\,A + M \qquad M = x\,A \qquad \mathbf{M = x\,(-1\ kN)}$

- Für den **Kragarm k** ergibt sich:

$\Sigma H = 0 = -H_A + N \qquad N = H_A \qquad \mathbf{N = 4\ kN}$
$\Sigma V = 0 = -A - B + V \qquad V = A + B \qquad \mathbf{V = 3\ kN}$
$\Sigma M_x = 0 = -x\,A - (x - l)\,B + M$
$M = -l\,B + x\,(A + B) \qquad \mathbf{M = -24\ kN + x\,(3\ kN)}$

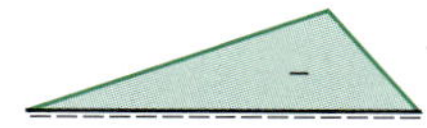

Zustandslinie ***M***

Der Verlauf der Querkraft und der Normalkraft ist im Feld 1 und im Kragarm jeweils konstant. Das Biegemoment ist jeweils linear veränderlich und hat am Auflager A ($x = 0$) und am Kragarmende ($x = 8$ m) den Wert 0 kNm. Über dem Auflager B ($x = 6$ m) hat das Biegemoment den Wert:

$M_B = (6\text{ m}) \cdot (-1\text{ kN}) = -24\text{ kNm} + (6\text{ m}) \cdot (3\text{ kN})$
$\mathbf{M_B = -6\ kNm}$

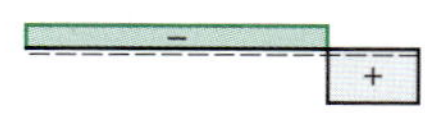

Zustandslinie ***V***

Zustandslinie ***N***

1.16 Grundlagen der Statik und Festigkeitslehre

1

Einwirkungen auf Tragwerke – DIN 1055-100
Grundlagen der Tragwerksplanung – Sicherheitskonzept – Bemessungsregeln

Die Aufgabe bei der Tragswerksplanung ist es, das Bauwerk unter Berücksichtigung aller Einwirkungen sowie einer vorgegebenen Lebensdauer ausreichend sicher und ökonomisch zu konstruieren. Dieses Ziel soll in den vorliegenden Normen durch ein **Sicherheitskonzept** für das gesamte Bauwesen in Europa erreicht werden.

Durch die neuen Ansätze ist es möglich geworden, sehr ähnliche Nachweisverfahren für alle Baustoffe zu entwickeln sowie eine Vereinheitlichung bei der Verwendung von Formelzeichen zu erreichen.

Bisher wurden bei der Bemessung von Bauteilen die vorhandene Spannung (vorh σ) mit der zulässigen Spannung (zul σ) verglichen. Mit der Einführung der DIN 1055-100 beruht das Bemessungskonzept auf den Nachweis, dass die Grenzzustände nicht überschritten werden. Es werden **Grenzzustände der Tragfähigkeit** (z. B. Tragfähigkeit $\sigma_{t,d}$), **Grenzzustände der Gebrauchstauglichkeit** (z. B. Durchbiegung u_{fin}) und die **Anforderung an die Dauerhaftigkeit** unterschieden.

Grenzzustand der Tragfähigkeit

Zustände, die mit dem Einsturz oder mit ähnlichen Arten des Tragwerksversagen verbunden sind.

Mit dem Nachweis der Tragfähigkeit ist rechnerisch zu zeigen, dass der Verlust des statischen Gleichgewichts, eine übermäßige Verformung und der Bruch des Tragwerks während der definierten Lebensdauer des Bauwerks nicht eintritt.

Es ist nachzuweisen (der Tragwiderstand wird nach baustoffspezifischen Normen festgesetzt).

$$E_d \leq R_d$$

mit E_d als Bemessungswert der Beanspruchung
mit R_d als Bemessungswert des Tragwiderstandes bzw. der Beanspruchbarkeit

Einwirkungskombinationen für die Tragfähigkeit

Ständige und vorübergehende Bemessungssituation (Grundkombination)

$$E_d = \Sigma\,(\gamma_{G,i} \cdot G_{k,i}) \oplus \gamma_p \cdot P_k \oplus \gamma_{Q,j} \cdot Q_{k,j} \oplus \Sigma\,(\gamma_{Q,i} \cdot \Psi_{0,i} \cdot Q_{k,i})$$

mit G_k wird die Größe der ständigen Einwirkung
mit P_k wird die Größe der Einwirkung der Vorspannung
mit Q_k wird die Größe der veränderlichen Einwirkung benannt

Nicht häufige Bemessungssituation

$$E_d = \Sigma\,(\gamma_{G,i} \cdot G_{k,i}) \oplus \gamma_p \cdot P_k \oplus \Psi_{1,j} \cdot Q_{k,j} \oplus \Sigma\,(\Psi_{2,i} \cdot Q_{k,i}) \oplus \Sigma\,(\gamma_A \cdot Q_{k,i})$$

γ Teilsicherheitsbeiwerte
Ψ Kombinationsbeiwerte
$\oplus$ ... in Kombination mit ...
dst instabil
stb stabil
A Auflagerkraft

Teilsicherheitsbeiwerte

Teilsicherheitsbeiwerte der DIN 1055-100
Teilsicherheitsbeiwerte für die Bemessung im Holzbau der DIN 1052

Nachweis-situation	ständige Einwirkung γ_G	veränderliche Einwirkung γ_Q	Vorspannung γ_P	Stahlbeton-fertigteile γ	Verlust der Lagesicherheit γ_G
günstig	1,0	0	1,0	1,15	0,9 (0,95)
ungünstig	1,35	1,5	1,0	1,15	1,1 (1,0)

Kombinationsbeiwerte Ψ_0, Ψ_1 und Ψ_2 Auszug (Beiwerte aus der DIN 1055-100)

Einwirkungen			Ψ_0	Ψ_1	Ψ_2
Kategorie A, B:	Wohnräume, Aufenthaltsräume, Büroräume	Nutzlast $Q_{k,1}$ auf Decken	0,7	0,5	0,3
Kategorie C, D:	Versammlungsräume, Verkaufsräume		0,7	0,7	0,6
Kategorie E:	Lagerräume		1,0	0,9	0,8
Schneelasten $Q_{k,2}$	Orte bis 1000 m ü. NN		0,5	0,2	0
	Orte über 1000 m ü. NN		0,7	0,5	0,2
Windlasten $Q_{k,3}$			0,6	0,5	0
Temperatureinwirkungen $Q_{k,4}$			0,6	0,5	0

1.16 Grundlagen der Statik und Festigkeitslehre

Grenzzustand der Gebrauchstauglichkeit

Zustände, bei deren Überschreitung die festgelegten Nutzungsanforderungen nicht mehr erfüllt sind. Mit dem Nachweis der Gebrauchstauglichkeit (z. B. der Durchbiegung) ist rechnerisch zu zeigen, dass Verformungen das Erscheinungsbild oder die beabsichtigte Nutzung des Bauwerkes (z. B. der Geschossdecke) nicht beeinträchtigt.

$E_d \leq C_d$ mit C_d wird der Nennwert des Gebrauchstauglichkeitskriteriums benannt. Die entsprechenden Werte werden in den baustoffspezifischen Normen festgesetzt.

Einwirkungskombinationen für die Gebrauchstauglichkeit

Häufige Kombinationen

$$E = \Sigma\, G_{k,i} \oplus P_k \oplus \Psi_{1,i} \cdot Q_{k,j} \oplus \Sigma\,(\Psi_{2,i} \cdot Q_{k,i})$$

Quasi-ständige Kombinationen

$$E = \Sigma\, G_{k,i} \oplus P_k \oplus \Sigma\,(\Psi_{2,i} \cdot Q_{k,i})$$

Seltene Kombinationen

$$E = \Sigma\, G_{k,i} \oplus P_k \oplus Q_{k,j} \oplus \Sigma\,(\Psi_{0,i} \cdot Q_{k,i})$$

Statische Festigkeit

Für den Nachweis der Tragfähigkeit und Gebrauchstauglichkeit eines Bauwerks ist die tragende Konstruktion auf

- **statische Festigkeit** (zulässige Spannungen, Materialversagen),
- **Stabilität** (Knickung, Kippung, Beulung) und
- **Durchbiegung** (allg. Verschiebung, Gebrauchstauglichkeit)

zu untersuchen. Der Nachweis der statischen Festigkeit ist geführt, wenn keine der in den Tragwerksteilen auftretenden Spannungen die zulässigen Spannungen überschreitet. Zulässige Spannungen bzw. Grenzzustände sind durch Normen festgelegt.

Die sich aus den Schnittgrößen und den Querschnittswerten ergebenden Spannungen (vorh σ, vorh τ) werden den vom Baustoff und vom Sicherheitskonzept abhängenden zulässigen Spannungen (zul σ, zul τ) gegenübergestellt. Die Bedingungen lauten:

vorh $\sigma \leq$ zul σ | **vorh $\tau \leq$ zul τ** | **$S_d/R_d < 1$**

Spannungen aus Biegung und Normalkraft sind zu überlagern.

$$\sigma = \frac{N}{A} + \frac{M}{I_y} \cdot z \qquad |\sigma| \leq \text{zul. } \sigma$$

für die Faser mit Koordinate z

$$\sigma = \frac{N}{A} \pm \frac{M}{W}$$

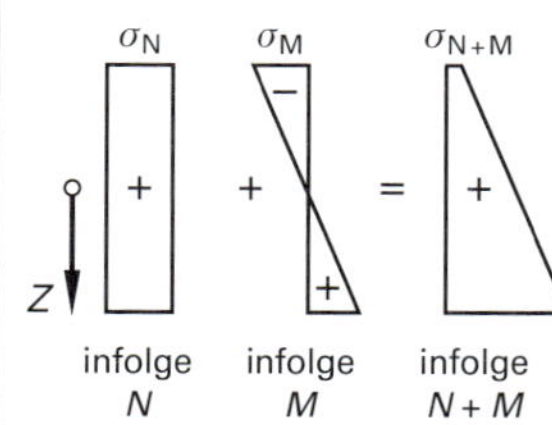

Sicherheitskonzept nach DIN 1055-100 / Bemessungskonzept der DIN 1052

Beanspruchung

charakteristischer Wert einer Einwirkung
$q_{G,k}$ $q_{Q,k}$ $F_{G,k}$ $F_{Q,k}$

Teilsicherheitsbeiwerte
γ_G γ_Q γ_A

Kombinationsbeiwerte
Ψ_0 Ψ_1 Ψ_2

Bemessungswert einer Einwirkung
$q_{G,d}$ $q_{Q,d}$ $F_{G,d}$ $F_{Q,d}$

Bemessungswert einer Beanspruchung

$$E_d = E\left\{\sum_{j\geq 1} \gamma_G \cdot G_{k,j} \oplus \gamma_{Q,1} \cdot Q_{k,1} \oplus \sum_{i>1} \gamma_{Q,i} \cdot \psi_{k,i} \cdot Q_{k,i}\right\}$$

$$\text{oder } E_d = E\left\{\sum_{j\geq 1} \gamma_G \cdot G_{k,j} \oplus 1{,}35 \cdot \sum_{i\geq 1} Q_{k,i}\right\}$$

Widerstand

charakteristischer Wert der Baustoffeigenschaft oder des Verbindungsmittels
$f_{m,k}$ $f_{c,0,k}$ $f_{v,k}$ $f_{t,k}$ R_k

Modifikationsfaktor
$k_{mod} = f(E_d)$

Teilsicherheitsbeiwert
γ_M

Bemessungswert der Baustoffeigenschaft oder des Verbindungsmittels
$f_{m,d}$ $f_{c,0,d}$ $f_{v,d}$ $f_{t,d}$ R_d

$$f_d = \frac{k_{mod} \cdot f_k}{\gamma_M} \qquad R_d = \frac{k_{mod} \cdot R_k}{\gamma_M}$$

$$E_d \leq R_d$$

1.17 Flüssigkeiten und Gase

Druck

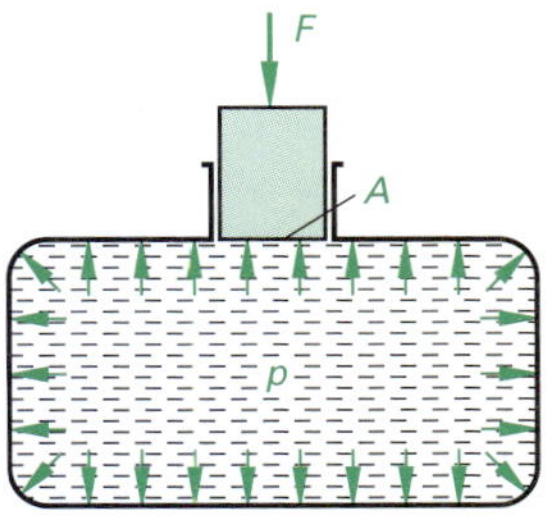

$$p = \frac{F}{A}$$

$1\ \frac{N}{m^2} = 1\ Pa = 10^{-5}\ bar$

$1\ bar = 10\ \frac{N}{cm^2}$

$1\ mbar = 1\ hPa$

p Druck
F Kraft
A Fläche

Beispiel:

$p = 8$ bar, $d = 60$ mm (Kolben-∅)

$F = p \cdot A = p \cdot \frac{\pi \cdot d^2}{4}$

$F = 8\ \frac{N}{cm^2} \cdot \frac{\pi\,(6\ cm)^2}{4} = 226{,}2\ N$

Hydrostatischer Druck

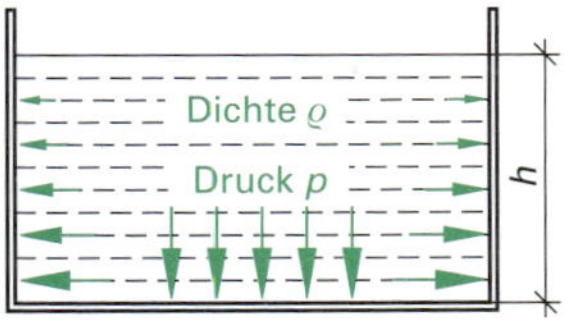

Der Druck in einer Flüssigkeit ist von ihrer Dichte und der Flüssigkeitstiefe abhängig.

$$p = g \cdot \varrho \cdot h$$

$$g = 9{,}81\ m/s^2$$

p Druck ϱ Dichte
g Fallbeschleunigung
h Flüssigkeitstiefe

Beispiel:

Wassertiefe $h = 10$ m

$p = 9{,}81\ \frac{m}{s^2} \cdot 1000\ \frac{kg}{m^3} \cdot 10\ m$

$p = 98\,100\ \frac{N}{m^2} = 0{,}981\ bar$

$p \approx 1\ bar$

Luftdruck, absoluter Druck, Überdruck

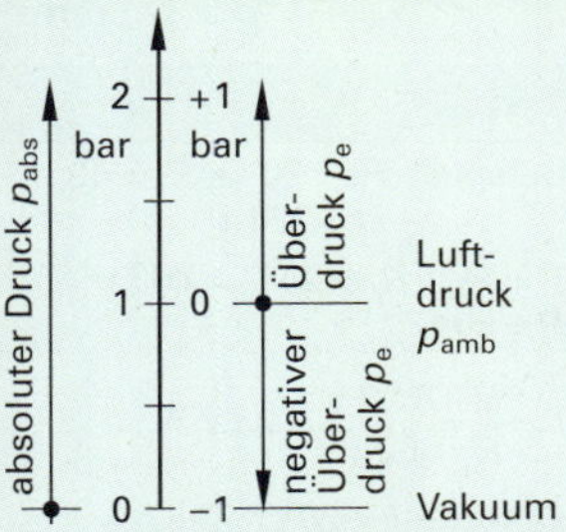

$$p_e = p_{abs} - p_{amb}$$

p_e+, wenn $p_{abs} > p_{amb}$

p_e-, wenn $p_{abs} < p_{amb}$

$p_{amb} \approx 1$ bar

p_e Überdruck
p_{abs} absoluter Druck
p_{amb} Luftdruck

Beispiel:

Pneumatik-Zylinder mit $p = 6$ bar

$p_{abs} = p_e + p_{amb} = (6 + 1)$ bar

$p_{abs} = 7$ bar

Zustandsgleichung bei Gasen

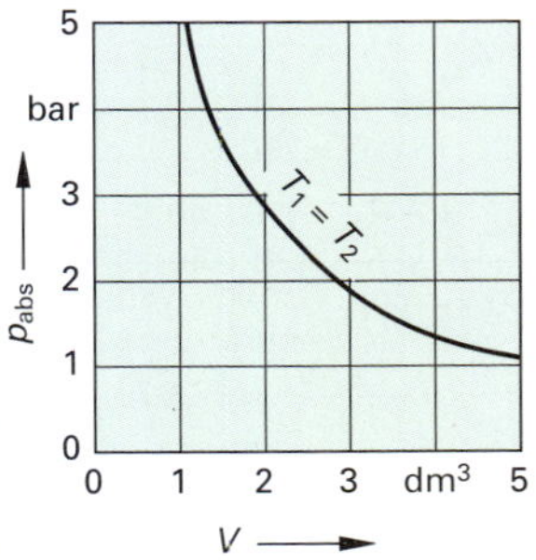

Allgemeine Gasgleichung:

$$\frac{p_1 \cdot V_1}{T_1} = \frac{p_2 \cdot V_2}{T_2}$$

Gesetz von **Boyle-Mariotte:** (Temperatur konstant)

$$p_1 \cdot V_1 = p_2 \cdot V_2$$

Das Normalvolumen V_n bei Gasen wird bei einem Druck $p_{abs} = 1{,}013$ bar und einer Temperatur $T = 273$ K angegeben.

p_1, p_2 Drücke
V_1, V_2 Volumen
T_1, T_2 absolute Temperaturen

Beispiel:

Verdichter $V_1 = 10\ m^3$, $p_1 = 1$ bar, $T_1 = 293$ K, $p_2 = 8$ bar, $T_2 = 433$ K

$V_2 = \frac{p_1 \cdot V_1 \cdot T_2}{T_1 \cdot p_2}$

$V_2 = \frac{1\ bar \cdot 10\ m^3 \cdot 433\ K}{293\ K \cdot 8\ bar}$

$V_2 = 1{,}847\ m^3$

1.18 Elektrotechnik

Stromarten

Gleichstrom DC –

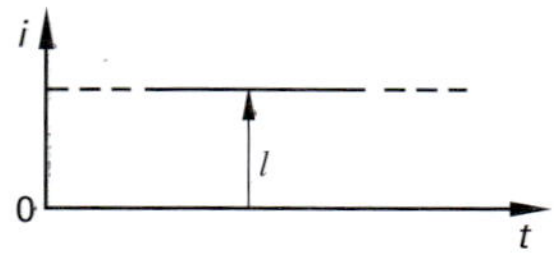

Zeitlich konstanter Strom in einer Richtung

Wechselstom AC ~
(1-Phasen-Wechselstrom)

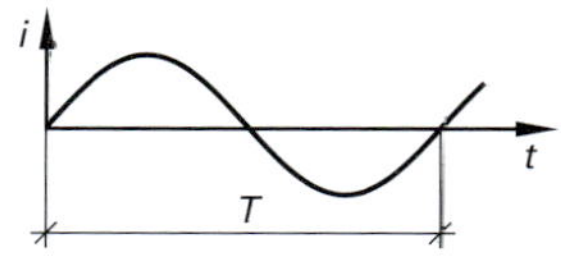

Strom ändert im periodischen Verlauf Stärke und Richtung.
$f = 50$ Hz

3-Phasen-Wechselstrom
(Drehstrom)

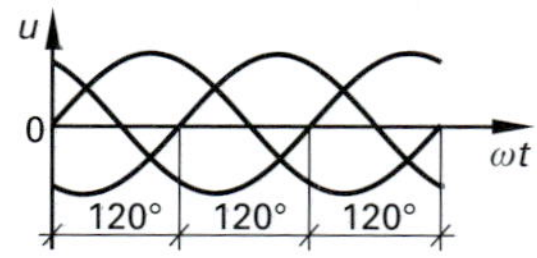

Drei 1-Phasenwechselströme sind in 3 Leitern 120° zeitlich verschoben.

Ohmsches Gesetz

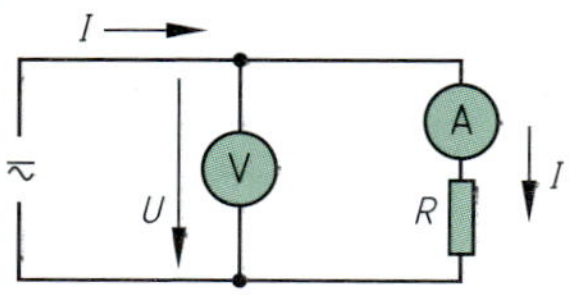

$$I = \frac{U}{R}$$

I Strom in A
U Spannung in V
R Widerstand in Ω

Beispiel: $I = 3{,}5$ A
$R = 60\ \Omega$

$U = R \cdot I = 60\ \Omega \cdot 3{,}5\ \text{A} = 210\ \text{V}$

Leiterwiderstand

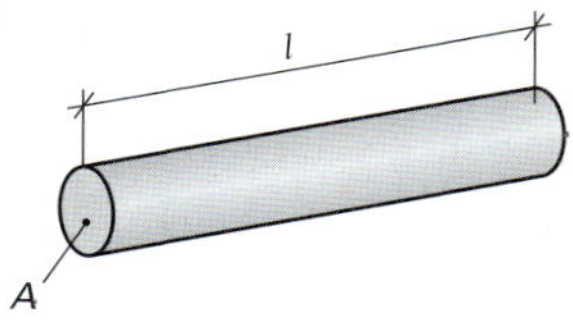

$$R = \frac{\varrho \cdot l}{A}$$

R Widerstand
ϱ spezifischerWiderstand
l Leiterlänge
A Leiterquerschnitt

Spezifischer Widerstand ϱ in $\frac{\Omega \cdot \text{mm}^2}{\text{m}}$

(Werte siehe Kapital 3.9 Seite 181)

Leitfähigkeit $\gamma = \frac{1}{\varrho}$ in $\frac{\text{m}}{\Omega \cdot \text{mm}^2}$

Reihenschaltung und Parallelschaltung von Widerständen

Reihenschaltung

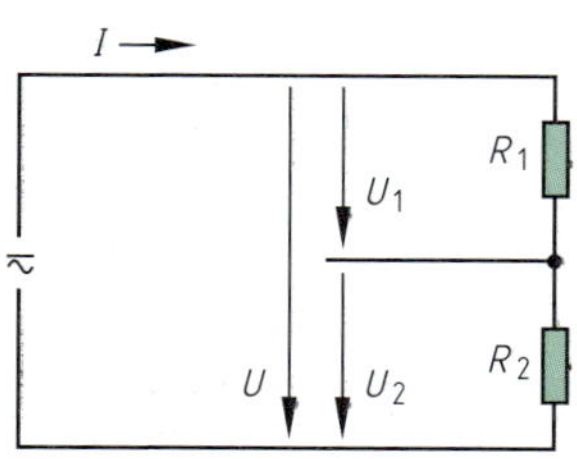

$R\ = R_1 + R_2 + \ldots$
$U\ = U_1 + U_2 + \ldots$
$\frac{U_1}{U_2} = \frac{R_1}{R_2}$

R_1, R_2 Einzelwiderstände
U_1, U_2 Teilspannung
I_1, I_2 Teilströme
R Gesamtwiderstand
U Gesamtspannung
I Gesamtstrom

Beispiel: $R_1 = 20\ \Omega$, $R_2 = 40\ \Omega$
$U = 220\ V$

$R = R_1 + R_2 = 20\ \Omega + 40\ \Omega$
$R = 60\ \Omega$

$I = \frac{U}{R} = \frac{220\ \text{V}}{60\ \Omega} = 3{,}67\ \text{A}$

$U_1 = R_1 \cdot I = 20\ \Omega \cdot 3{,}67\ \text{A}$
$U_1 = 73{,}4\ \text{V}$

$U_2 = R_2 \cdot I = 40\ \Omega \cdot 3{,}67\ \text{A}$
$U_1 = 146{,}6\ \text{V}$

Parallelschaltung

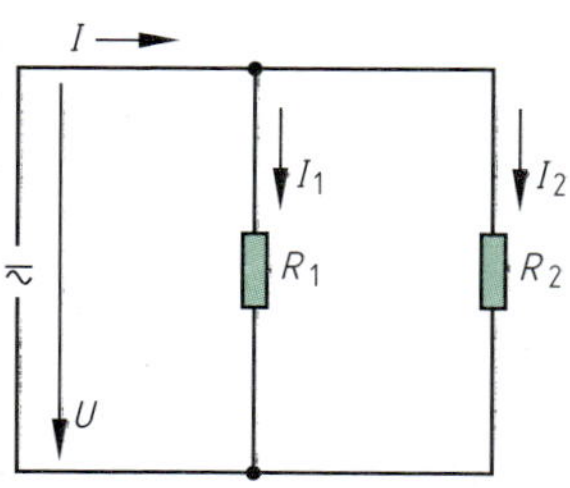

$I\ = I_1 + I_2 + \ldots$
$\frac{1}{R} = \frac{1}{R_1} + \frac{1}{R_2} + \ldots$
$\frac{I_1}{I_2} = \frac{R_2}{R_1}$

Beispiel: $R_1 = 20\ \Omega$, $R_2 = 40\ \Omega$
$U = 220\ V$

$R = \frac{R_1 \cdot R_2}{R_1 + R_2} = \frac{(20 \cdot 40)\Omega^2}{(20 + 40)\ \Omega^2}$

$R = 13{,}33\ \Omega$

$I = \frac{U}{R} = \frac{220\ \text{V}}{13{,}33\ \Omega} = 16{,}5\ \text{A}$

$I_1 = \frac{U}{R_1} = \frac{220\ \text{V}}{20\ \text{V}} = 11\ \text{A}$

$I_2 = I - I_2 = 16{,}5\text{A} - 11\ \text{A} = 5{,}5\text{A}$

1.18 Elektrotechnik

Elektrische Leistung

Gleichstrom und **Wechselstrom** (Ohmsche Verbraucher)

$$P = U \cdot I$$

$$P = I^2 \cdot R$$

$$P = \frac{U^2}{R}$$

Beispiel: $U = 230$ V, $I = 4$ A

$P = U \cdot I = 230\ \text{V} \cdot 4\ \text{A} = 920\ \text{W}$

Wechselstrom und Drehstrom

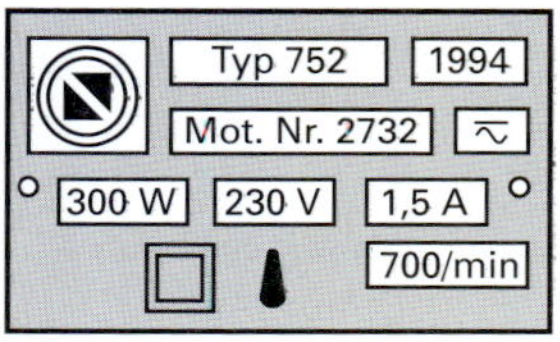

Wechselstrom

$$P = U \cdot I \cdot \cos\varphi$$

Drehstrom

$$P = \sqrt{3} \cdot U \cdot I \cdot \cos\varphi$$

$\cos\varphi$ Leistungsfaktor (<1)
$\sqrt{3}$ Verkettungsfaktor

Beispiel: Wechselstrommotor
$U = 230$ V, $I = 4$ A
$\cos\varphi = 0{,}85$

$P = U \cdot I \cdot \cos\varphi$

$P = 230\ \text{V} \cdot 4\ \text{A} \cdot 0{,}85 = 782\ \text{W}$

Beispiel: Drehstrommotor
$U = 400$ V, $I = 5{,}5$ A
$\cos\varphi = 0{,}87$

$P = \sqrt{3} \cdot U \cdot I \cdot \cos\varphi$

$P = \sqrt{3} \cdot 400\ \text{V} \cdot 5{,}5\ \text{A} \cdot 0{,}87$

$P = 3{,}315\ \text{kW}$

Elektrische Arbeit

Zähler

$$W = P \cdot t$$

1 Wh = 3600 Ws
1 kWh = 3600000 Ws

Beispiel: $P = 4$ kW, $t = 30$ min

$W = P \cdot t = 4\ \text{kW} \cdot 0{,}5\ \text{h}$

$W = 2\ \text{kWh}$

Stern-Dreieckschaltung (3-Phasen-Wechselstrom)

Sternschaltung Y

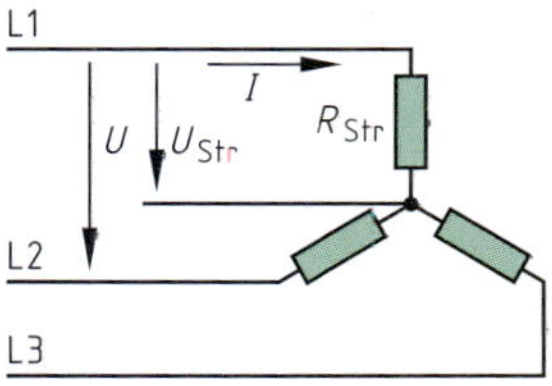

Dreieckschaltung Δ

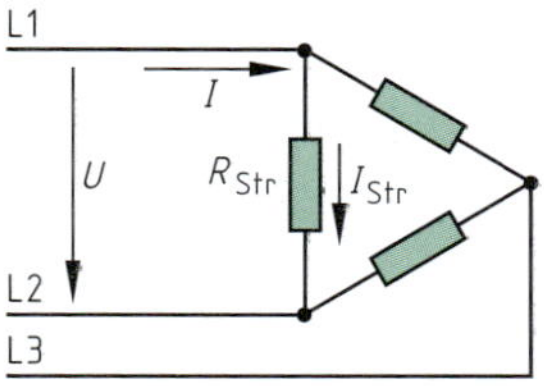

Sternschaltung

$$U = \sqrt{3} \cdot U_{Str}$$

Dreieckschaltung

$$I = \sqrt{3} \cdot I_{Str}$$

$$P_Y : P_\Delta = 1 : 3$$

Netzform (gebräuchlich) und Spannungen

TN-S-Netz

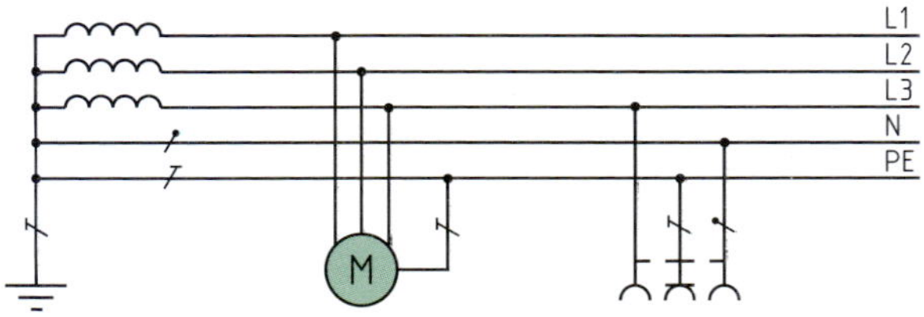

Bedeutung:

- T Direkte Erdung mindestens eines Punktes im Netz
- N Neutralleiter irgendwo mit dem Schutzleiter verbunden
- S N und PE im betreffenden Teil des Netzes getrennt

Nennspannung (DIN IEC 38):
230/400 V

1.18 Elektrotechnik

Schaltzeichen für Installationspläne
(Auswahl nach DIN 40900)

	Leitung auf Putz		Ausschalter, einpolig
	Leitung im Putz		Serienschalter
	Leitung unter Putz		Wechsel-schalter
	Leitung in Rohr		Taster
	Fernsprech-leitung		Leuchte, allgemein
	Rundfunk-leitung		Dimmer
	Leitung nach oben		Einfachsteckdose mit Schutzkontakt
	Leitung nach unten	3	Mehrfachsteck-dose, z.B. 3 Dosen
	Dose, allgemein	3/N/P	Schutzkontaktsteck-dose für Drehstrom
	Drehstrom-Haus-anschlusskasten		Leuchtenauslass, allgemein
	Verteilung	5 x 20 W	Leuchtenband, z.B. mit 5 Lampen
	Zählertafel	E	Elektrogerät, allgemein

Installationszonen
(Auszug nach DIN 18015)

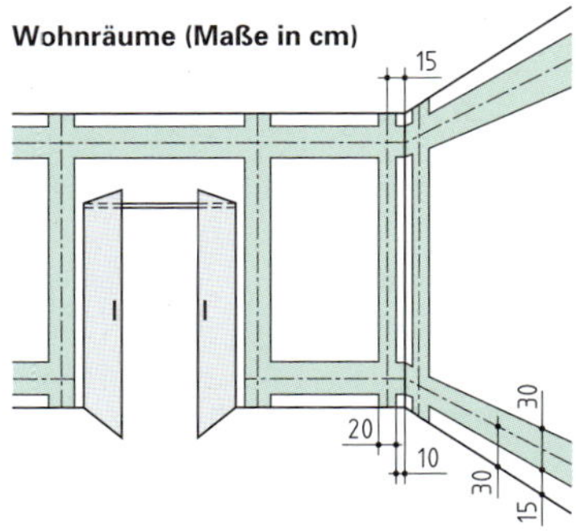

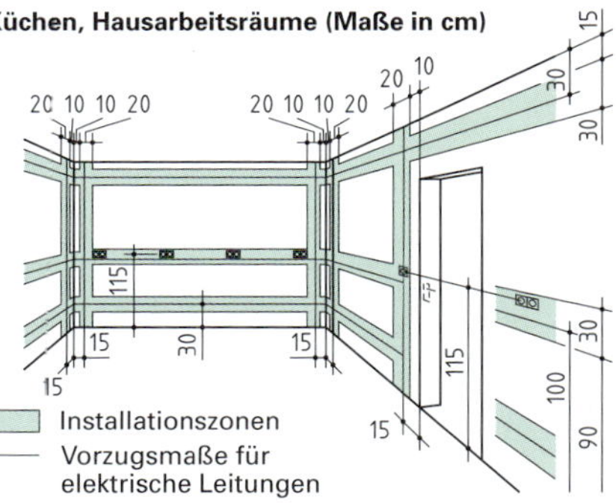

Sonderinstallation

Anwendung	Betriebsmittel	Bemerkungen
Rahmenkonstruktionen aus Holz und Holzwerkstoffen, z.B. Trennwände. Betriebsmittel ragen in Hohlräume	Kleinverteiler Verbindungs- und Gerätedosen	VDE 0606 oder Umhüllung mit 12 mm Silikat-Asbest oder Umhüllung mit 100 mm Glas- oder Steinwolle
	Installationsgeräte	Einbau in Dosen, nicht nur Krallenbefestigung
	Kabel und Leitungen	Umhüllung aus flammwidrigem Kunststoff, Stegleitung nicht zulässig, Entlastung von Zug und Schub

Kurzzeichen an elektrischen Betriebsmitteln

	„Geprüfte Sicherheit" Sicherheitszeichen zum Maschinenschutzgesetz
	VDE-Prüfzeichen
	Schutzklasse I: Schutzmaßnahme mit Schutzleiter Schutzklasse II: Schutzisolierung Schutzklasse III: Schutzkleinspannung

CEE-Steckvorrichtung (gebräuchlich)

Spannung 50 V … 750 V

Nennströme 16 A, 32 A, 63 A, 125 A

Lage des Schutzkontaktes nach Stellung des Stundenzeigers, z.B. 6 h, je nach Spannung und Frequenz

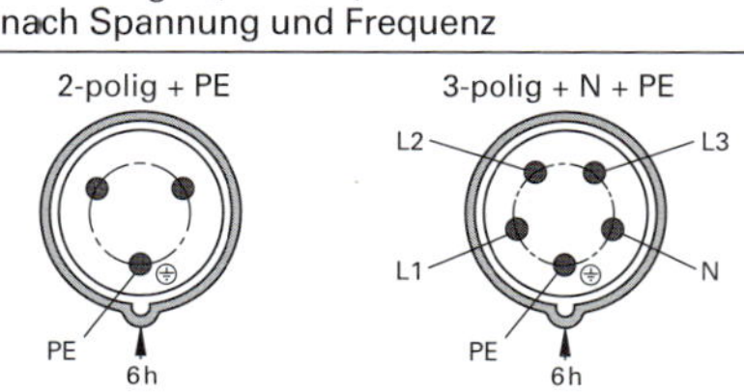

1.18 Elektrotechnik

Fehlerarten an Elektroanlagen

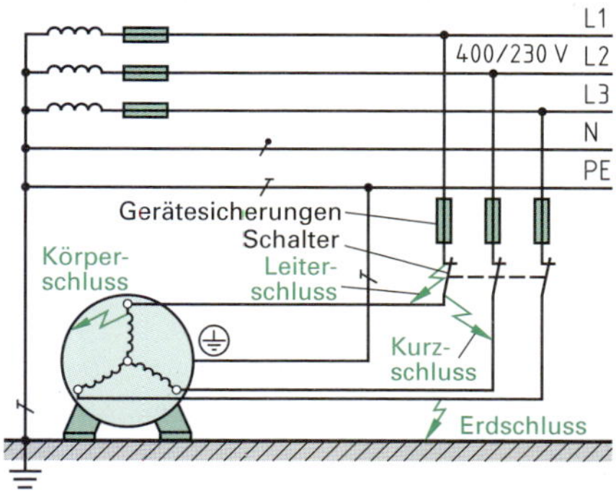

Kurzschluss, Körperschluss, Erdschluss

Physiologische Wirkungen

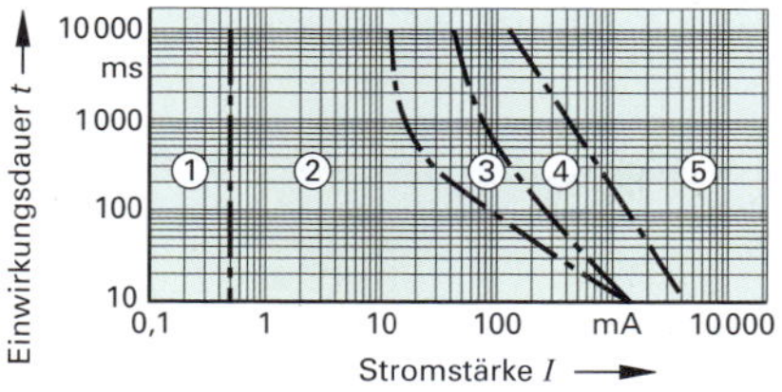

Gleichstrom ist nicht so gefährlich wie Wechselstrom

1 Nicht wahrnehmbar
2 keine schädlichen Wirkungen
3 Noch kein Herzkammerflimmern
4 Mögliches und
5 wahrscheinliches Herzkammerflimmern

Schutzmaßnahmen (nur die wichtigsten Maßnahmen)

Berührungsart	Maßnahmen	Bemerkungen
Direkt	Isolierung aktiver Teile Abstand, Abdeckung usw.	Berühren spannungsführender Teile wird verhindert. Speisung aus besonderen Stromquellen mit maximaler Spannung AC 25V oder DC 60V.
Indirekt	Basisisolierung, zusätzlich **Schutzkleinspannung**	wie bei direktem Berühren, aber AC 50V und DC 120V Schutzklasse III
	Basisisolierung und **Schutzisolierung**	zusätzliche Isolierung zur Basisisolierung Schutzklasse II
	Basisisolierung und **Schutzleiter**	Leitfähige Körper müssen an einen Schutzleiter angeschlossen werden, im Fehlerfall muss Anlage in vorgeschriebener Zeit abgeschaltet werden Schutzklasse I
Zusätzlich	**Fehlerstrom-**Schutzeinrichtung	Ergänzung von Maßnahmen gegen direktes Berühren, als alleinige Maßnahme nicht zulässig

Beispiele für Schutzmaßnahmen

TN-S-Netz (▶ Seite 49)

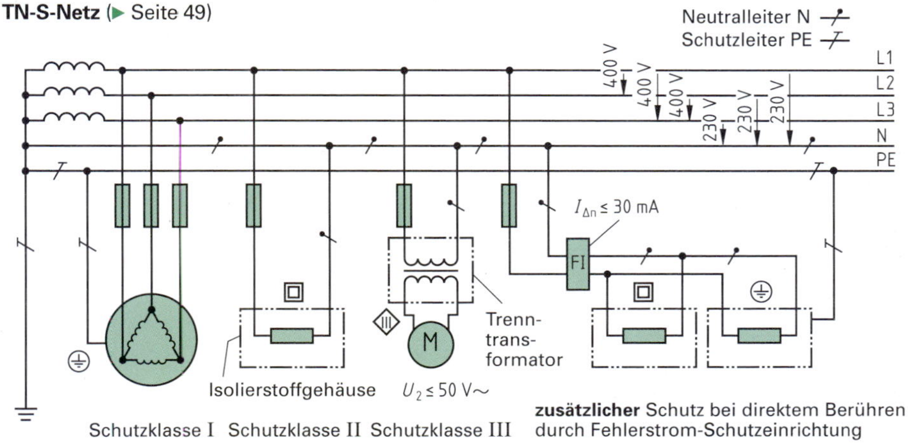

1.18 Elektrotechnik

Ausbildungsberuf **Fachkraft für Küchen-, Möbel- und Umzugsservice**

Geräteanschlussdose

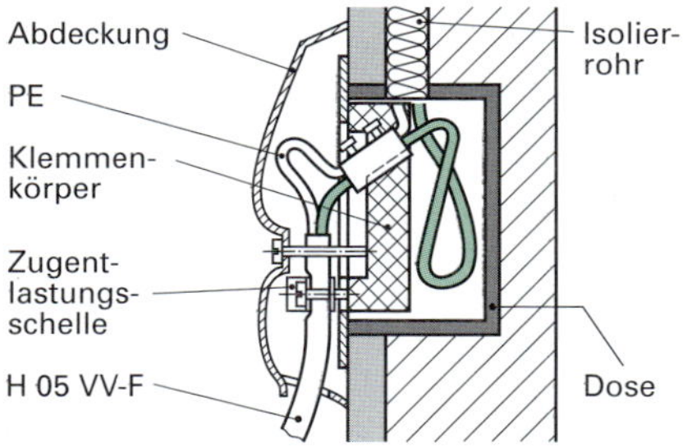

Geräteanschlussdose
(DIN 49440-5 und 49073-1)

- Geräteanschluss über flexible Kabel für ortsveränderliche Verbraucher (z.B. Elektroherde)
- Leitungen müssen eine Zugentlastung haben
- Adern nicht verlöten, Aderendhülsen verwenden
- Querschnitt nach DIN VDE 0100 bei Absicherung ≥ 16 A 2,5 mm² Cu.

Anschlüsse eines Elektroherdes

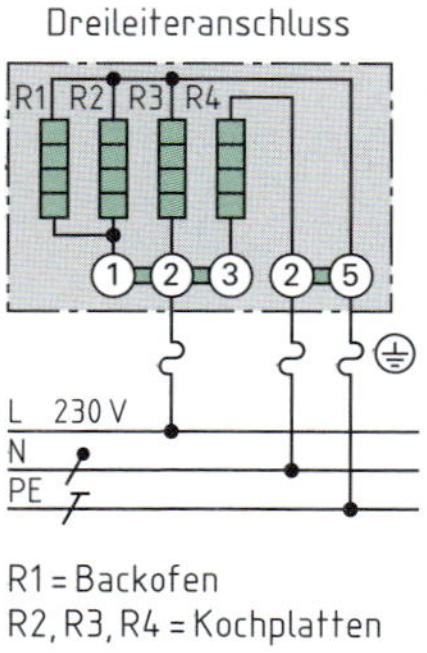

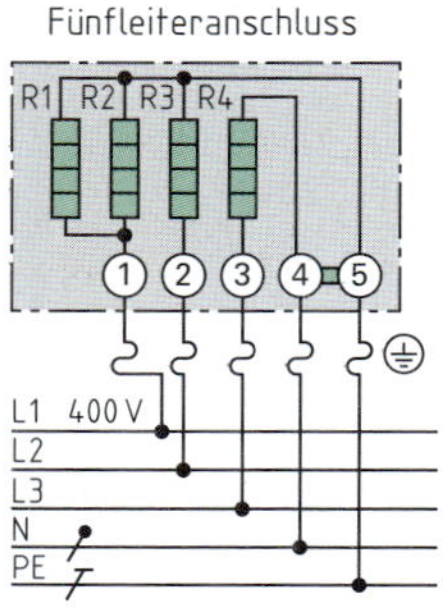

Aderfarben

für Leitungen und Kabel nach DIN VDE 0293
Für den Schutzleiter PE und den PEN-Leiter ist die Aderfarbe Grüngelb vorgeschrieben.

Aderzahl	Mit Schutzleiter	Ohne Schutzleiter
2	— —	BU BN
3	GN YE, BU, BN — — —	BU BN BK BN BK GY
4	GN YE, BU, BN, BK GN YE, —, BN, BK, GY	BU BN BK GY — — — —
5	GN YE, BU, BN, BK, GY	BU BN BK GY BK

In Drehstromkreisen werden für die drei Außenleiter L1, L2 und L3 die Adern Schwarz, Braun und Grau empfohlen.

Sicherheit elektrischer Anlagen

Für die Sicherheit elektrischer Anlagen und Betriebsmittel sind das VDE-Vorschriftenwerk und die Unfallverhütungsvorschriften der Berufsgenossenschaften BGV zu beachten.

Erstprüfungen: – Elektrische Anlagen DIN VDE 0100, Teil 610

Instandsetzung, Änderung: – Elektrische Geräte DIN VDE 0701, Teil 1

Wiederholungsprüfungen: – Elektrische Geräte DIN VDE 0702, Teil 1

Prüfungen sind durch eine Elektrofachkraft durchzuführen.

DIN VDE 0100, Teil 610

Besichtigen umfasst die Feststellung der normgerechten Errichtung bei abgeschalteter Anlage

z.B. Prüfen auf Sicherheitsanforderungen; Vorhandensein von Abdeckungen, Umhüllungen usw.; Ordnungsgemäße Leiterverbindungen

Erproben und Messen, ob Funktion erfüllt und Schutzmaßnahmen wirksam sind

z.B. Messen des Isolationswiderstandes; Messen der Schleifenimpedanz und Berechnen des Kurzschlussstromes; Prüfung der Fehlerstromschutzschaltung

1.19 Chemische Grundlagen

Chemische Grundbegriffe

Begriff	Erläuterung
Atom	Kleinstes, chemisch nicht weiter zerlegbares Teilchen eines Elements
Wertigkeit	• Zahl der Elektronen, die ein Atom beim Verbinden mit anderen Atomen aufnehmen oder abgeben kann. • Zahl der Wasserstoffatome, die ein Atom binden oder ersetzen kann.
Äquivalentgewicht	Das Äquivalentgewicht eines Stoffes wird als Molgewicht geteilt durch Wertigkeit definiert.
Element (Grundstoff)	Stoff, der sich chemisch nicht mehr zerlegen lässt. Es gibt 92 natürliche und 13 durch Atomumwandlung künstlich hergestellte Elemente.
Chemie	Die Chemie befasst sich mit der Synthese oder mit der Analyse von Stoffen und deren veränderbaren Eigenschaften.
Chemische Verbindung	Aus verschiedenen Elementen aufgebauter Stoff, der andere Eigenschaften als seine Elemente hat.
Molekül	Aus mehreren Atomen aufgebaute kleinste Einheit einer chemischen Verbindung oder Atomgruppe.
Makromolekül	Sehr große Moleküle, die aus vielen Monomeren aufgebaut sind.
Synthese	Herstellung (Aufbau) einer chemischen Verbindung
Analyse	Zerlegung einer chemischen Verbindung (auch Feststellen ihrer Zusammensetzung)
Oxidation	• Verbinden eines Stoffes mit Sauerstoff • Elektronenabgabe eines Atoms oder Ions
Reduktion	• Sauerstoffentzug • Elektronenaufnahme eines Atoms oder Ions
Gemenge	Mischung beliebiger Stoffe in beliebigen Mengenverhältnissen
Dispersion	Gemenge, bei denen die Stoffe im Lösungsmittel nicht gelöst, sondern nur verteilt sind.
Lösung	Eine Flüssigkeit, in der ein oder mehrer Stoffe in feinster Verteilung als Einzelmoleküle vorhanden sind.
Legierung	Erstarrte Lösungen von Metallen, die im geschmolzenen Zustand ineinander gelöst werden.
Säure	Verbindungen, die positive Wasserstoffionen abspeichern können.
Base (Lauge)	Verbindungen, die in Lösung Hydroxidionen bilden können. Lauge ist die Lösung einer Base in Wasser.
Salz	Verbindungen, die positive Metallionen oder NH_4-Ionen und negative Säurerest-Ionen enthalten.
pH-Wert	Der Wert gibt an, wie stark eine Lösung sauer oder basisch ist. Destilliertes Wasser hat einen pH-Wert = 7 (neutral).

DAS PERIODENSYSTEM DER ELEMENTE (PSE)

Das Periodensystem gibt Auskunft über die Wertigkeit, über die relative Atommasse und über den Aufbau der Atome.

Erklärung:

26	**Ordnungszahl** = Protonenanzahl und Elektronenanzahl
Eisen	**Bezeichnung** des Elementes
II, III	**Wertigkeit**
Fe	**Symbol des Elementes**
55, 847	**Relative Atommasse**
103 Lawren-cium Lr	Hohlschrift = künstlich hergestelltes Element

Grün umrandetes Feld: **Edelmetalle**

Periodenzahl = Anzahl der Elektronenschalen
Gruppennummer = Elektronenanzahl auf der Außenschale
Hohlschrift = künstlich hergestelltes Element

Perioden	I (Hauptgruppen)	II	III a (Nebengruppen)	IV a	V a	VI a	VII a	VIII a	VIII a	VIII a	I a	II a	III (Hauptgruppen)	IV	V	VI	VII	VIII
1.	1 Wasserstoff I **H** 1,00797																	2 Helium 0 **He** 4,0026
2.	3 Lithium I **Li** 6,941	4 Beryllium II **Be** 9,0122											5 Bor III **B** 10,81	6 Kohlenstoff ± IV, II **C** 12,01115	7 Stickstoff ± III, V, IV, II **N** 14,0067	8 Sauerstoff –II **O** 15,9994	9 Fluor –I **F** 18,9984	10 Neon 0 **Ne** 20,183
3.	11 Natrium I **Na** 22,9898	12 Magnesium II **Mg** 24,312											13 Aluminium III **Al** 26,9815	14 Silicium IV **Si** 28,086	15 Phosphor ± III, V, IV **P** 30,9738	16 Schwefel ± II, IV, VI **S** 32,064	17 Chlor ± I, III, V, VII **Cl** 35,453	18 Argon 0 **Ar** 39,948
4.	19 Kalium I **K** 39,10	20 Calcium II **Ca** 40,08	21 Scandium III **Sc** 44,96	22 Titan IV, III **Ti** 47,90	23 Vanadium V, IV, II **V** 50,942	24 Chrom VI, III, II **Cr** 51,996	25 Mangan II, III, IV, VI, VII **Mn** 54,938	26 Eisen II, III **Fe** 55,847	27 Cobalt II, III **Co** 58,933	28 Nickel II, III **Ni** 58,71	29 Kupfer II, I **Cu** 63,54	30 Zink II **Zn** 65,37	31 Gallium III **Ga** 69,72	32 Germanium IV **Ge** 72,59	33 Arsen III, V **As** 74,922	34 Selen IV, II, VI **Se** 78,96	35 Brom I, V **Br** 79,909	36 Krypton 0, II **Kr** 83,80
5.	37 Rubidium I **Rb** 85,47	38 Strontium II **Sr** 87,62	39 Yttrium III **Y** 88,905	40 Zirkonium IV **Zr** 91,22	41 Niob V, III **Nb** 92,906	42 Molybdän VI, V, IV, III, II **Mo** 95,94	43 Technetium VII Tc (98)	44 Ruthenium III, IV **Ru** 101,07	45 Rhodium II, III **Rh** 102,905	46 Palladium II, IV **Pd** 106,4	47 Silber I **Ag** 107,87	48 Cadmium II **Cd** 112,40	49 Indium III **In** 114,82	50 Zinn IV, II **Sn** 118,69	51 Antimon ± III, V **Sb** 121,75	52 Tellur –II, IV, VI **Te** 127,6	53 Iod ± I, V, VII **I** 126,9	54 Xenon 0, III **Xe** 131,3
6.	55 Cäsium I **Cs** 132,905	56 Barium II **Ba** 137,34	57 Lanthan III **La** 138,91	72 Hafnium IV **Hf** 178,49	73 Tantal V **Ta** 180,948	74 Wolfram VI, V, IV, III, II **W** 183,85	75 Rhenium VII, VI, IV, II, –I **Re** 186,2	76 Osmium IV, II, III, VI, VIII **Os** 190,2	77 Iridium IV, II, III, VI **Ir** 192,2	78 Platin IV, II **Pt** 195,09	79 Gold III, I **Au** 196,967	80 Quecksilber II, I **Hg** 200,59	81 Thallium I, III **Tl** 204,37	82 Blei **Pb** 207,19	83 Bismut III, V **Bi** 208,98	84 Polonium II, IV **Po** (210)	85 Astat ± I, III, V **At** (210)	86 Radon 0 **Rn** (222)
7.	87 Francium I **Fr** (223)	88 Radium II **Ra** (226)	89 Actinium III **Ac** (227)	104 Kurtscha-tovium IV Ku (261)	105 Hahnium V Ha (262)													

Lanthaniden-Elemente	58 Cer III, IV **Ce** 140,12	59 Praseodym III, IV **Pr** 140,907	60 Neodym III **Nd** 144,24	61 Promethium III Pm 145	62 Samarium III, II **Sm** 150,35	63 Europium III, II **Eu** 151,96	64 Gadolinium III **Gd** 157,25	65 Terbium III, IV **Tb** 158,924	66 Dysprosium III **Dy** 162,50	67 Holmium III **Ho** 164,93	68 Erbium III **Er** 167,26	69 Thulium III, II **Tm** 168,93	70 Ytterbium III, II **Yb** 173,04	71 Lutetium III **Lu** 174,970
Actiniden-Elemente	90 Thorium IV **Th** 232,04	91 Protactinium V, IV **Pa** (231)	92 Uran VI, V, IV, III **U** 238,03	93 Neptunium VI, V, IV, III Np 237	94 Plutonium IV, VI, V, III Pu 244	95 Americium III, IV, V, VI Am (243)	96 Curium III Cm (247)	97 Berkelium III, IV Bk (247)	98 Californium III Cf (251)	99 Einsteinium Es (252)	100 Fermium Fm (257)	101 Mendelevium Md (258)	102 Nobelium No (260)	103 Lawrencium Lr

1.19 Chemische Grundlagen

Atomaufbau chemischer Elemente

Atombestandteile	
Proton	Kernbaustein mit der Masse von 1,6725 · 10^{-24} g und positiver elementarer Ladung
Neutron	Kernbaustein mit der Masse von 1,6748 · 10^{-24} g und ohne elektrische Ladung
Elektron	Teilchen der Atomhülle mit der Ruhemasse von 9,1089 · 10^{-28} g und negativer Elementarladung

Atommassenzahl = Anzahl der Protonen + Neutronen

Protonenzahl = Ordnungszahl im Periodensystem

Rutherford-Bohrsches Atommodell

Beispiel: Aluminium

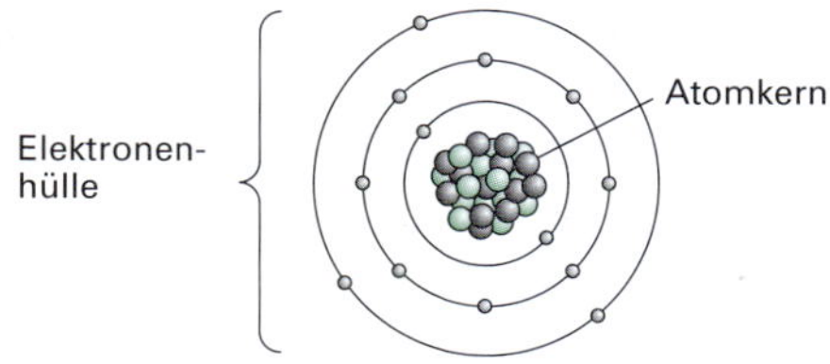

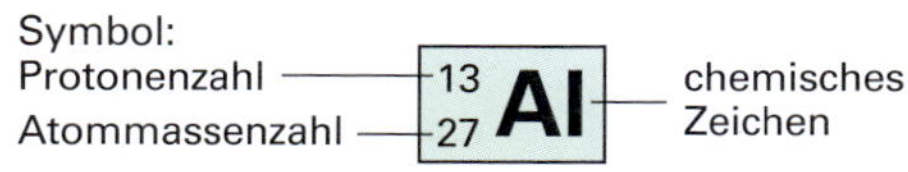

Elemente (Auswahl nach Reihenfolge der Ordnungszahl)

Wasserstoff	**H**	farbloses, geruchloses Gas	Kalium	**K**	weiches, leicht brennbares Metall
Kohlenstoff	**C**	fest: Diamant, Graphit, Ruß	Calzium	**Ca**	weiches Metall, wasserlöslich
Stickstoff	**N**	farbloses, geruchloses Gas	Titan	**Ti**	sehr hartes Leichtmetall
Sauerstoff	**O**	farbloses, geruchloses Gas	Chrom	**Cr**	korrosionsbeständiges Metall
Fluor	**F**	gelbes, sehr giftiges Gas	Eisen (Ferum)	**Fe**	sprödes Schwermetall, magnetisch
Natrium	**Na**	weiches, leicht brennbares Metall	Nickel	**Ni**	Schwermetall, korrosionsbeständig
Magnesium	**Mg**	leicht brennbares Metall	Kupfer	**Cu**	hellrotes Metall, guter Leiter
Aluminium	**Al**	leichtes, zähfestes Leichtmetall	Zink	**Zn**	bläulich-weißes Metall
Silicium	**Si**	fester, schwer brennbarer Stoff	Silber	**Ag**	Edelmetall, höchste Leitfähigkeit
Phosphor	**P**	fester, giftiger Stoff, brennbar	Zinn	**Sn**	silberweißes Metall
Schwefel	**S**	fester, gelber Stoff	Gold	**Au**	weiches, rotgelbes Metall
Chlor	**Cl**	grünes, stechend riechendes Gas	Blei	**Pb**	schweres Weißmetall

Chemische Bindungen

Elektronenpaarbindungen

Nichtmetall + Nichtmetall

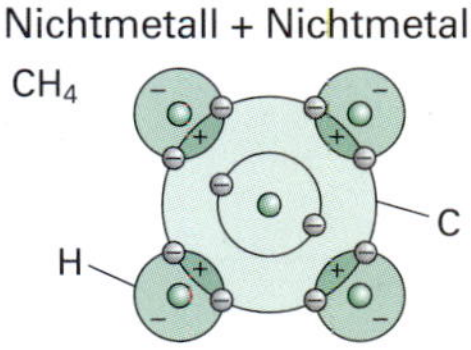

Die Bindungspartner sind auf ihrer Außenschale nicht voll mit Elektronen besetzt. Durch Überlagerung von gemeinsamen Elektronen findet ein Ausgleich und damit eine Bindung statt.

Ionenbindung

Metall + Nichtmetall

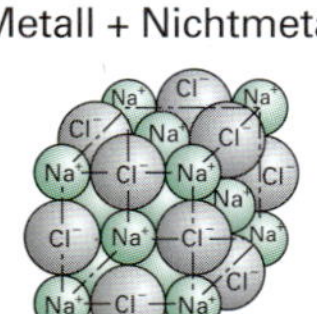

Durch Abgabe bzw. Aufnahme von Elektronen entstehen Ionen. Durch die entgegengesetzten Ladungen zwischen den Ionen bilden sich Anziehungskräfte in allen Richtungen und damit Kristalle.

Metallbindung

Metall + Metall

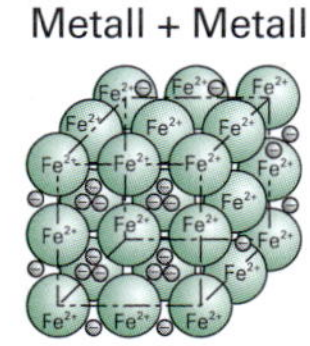

Metalle haben im festen Zustand frei bewegliche Elektronen (Elektronengas). Die Metallbindung beruht auf der Anziehung zwischen den positiven Atomrümpfen und dem Elektronengas. Es bilden sich Kristalle.

1.19 Chemische Grundlagen

Organische Verbindungen (Übersicht)

Gruppen-Name	Typische Atomanordnung/ Funktionsgruppe		Beispiele
Alkane	C−C	Einfachbindung	Ethan, Methan, Propan, Butan, Pentan; Halogenalkane: Trichlormethan, Tetrachlormethan, Trichlorethen
Alkene	C=C	Doppelbindung	Ethen, Propen, Buten, Butadien
Alkine	C≡C	Dreifachbindung	Ethin (Acetylen), Butin, Propin
Aromate		Benzolring	Benzol, Naphthalin, Toluol, Styrol, Phenol
Alkohole	−OH	Hydroxyl-gruppe	Methanol, Ethanol, Propanol, Butanol, Pentanol Spiritus (Ethanol und Zusätze)
Aldehyde	$-\mathrm{C}(=\mathrm{O})\mathrm{H}$	Aldehyd-gruppe	Methanal (Formaldehyd), Ethanal
Ketone	$-\mathrm{C}(=\mathrm{O})-$	Carbonyl-gruppe	Aceton, Butanon, Cyclohexanon
Ester	$-\mathrm{C}(=\mathrm{O})\mathrm{O}-$	Ester-gruppe	Ethansäuremethylester, Butensäuremethylester, Butansäureethylester
Ether	−O−		Diethylether, Methyl- und Butylglykol
Amine	$-NH_2$	Aminogruppe	Harnstoff, Anilin

Makromolekulare Verbindungen

Makromoleküle werden aus **Monomeren** (einzelne Moleküle) mit verschiedenen Reaktionsmechanismen verknüpft. Da diese Stoffe aus vielen Einzelmolekülen aufgebaut sind, nennt man sie **Polymere.**

Polymerisation

Ungesättigte Monomere werden unter Aufhebung der Doppelbindung zu fadenförmigen Makromolekülen – Polymerisate – verknüpft. Beispiel: Bildung von Polyethen (Polyethylen)

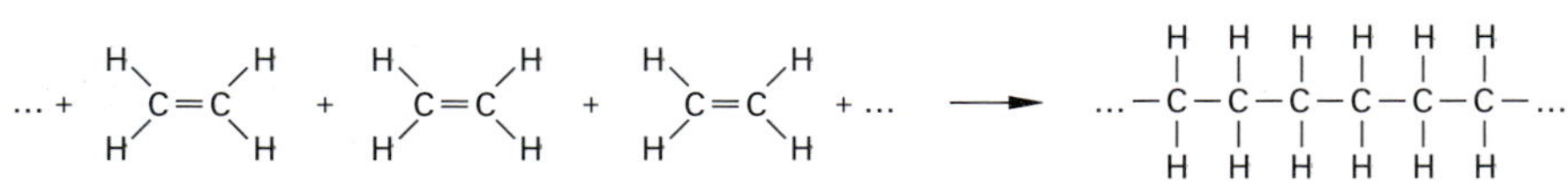

Ethen Ethen Ethen Polyethen (Polyethylen)

Polykondensation

Verschiedenartige Grundmoleküle verbinden sich unter Abspaltung eines niedermolekularen Stoffes, z.B. Wasser, zu Makromolekülen – Polykondensate – Beispiel: Bildung von Polyester

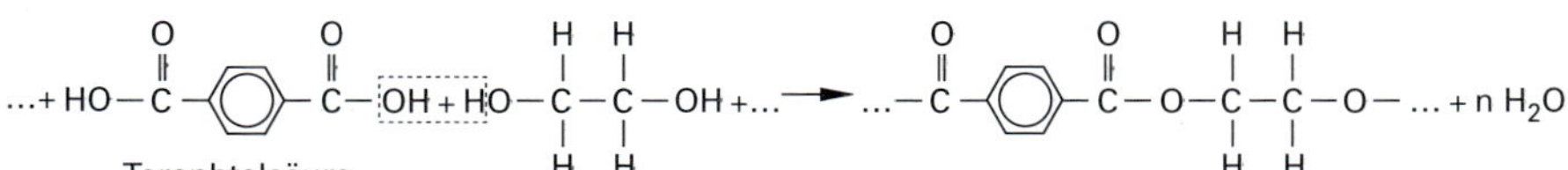

Terephtalsäure (Benzol-1,4-dicarbonsäure) Ethandiol Polyester Wasser

Polyaddition

Fadenförmige oder räumlich vernetzte Makromoleküle – Polyaddukte – entstehen aus gleichen oder verschiedenen Monomeren ohne Abspaltung von Nebenprodukten. Beispiel: Bildung von Polyurethan

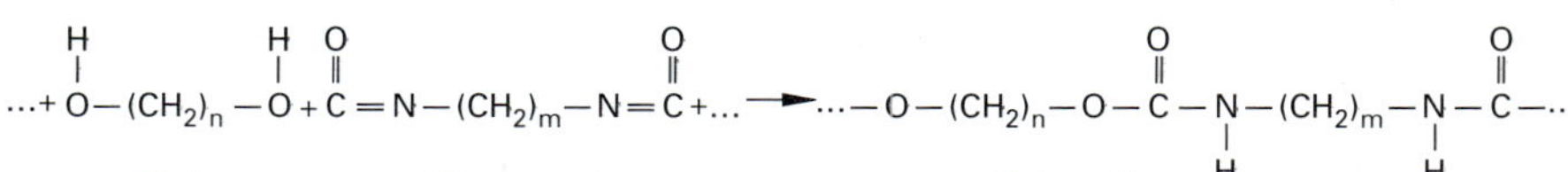

Diol Diisocyanat Polyurethan

1.19 Chemische Grundlagen

Oxide (Auswahl)

Bezeichnung	Formel	Bemerkung
Wasser	H_2O	Verbreitetste chemische Verbindung in der Natur
Wasserstoffperoxid	H_2O_2	fast farblose, leicht bläuliche Flüssigkeit, große Neigung sich zu zersetzten, konzentriertes H_2O_2 explosionsgefährlich, Lösungen als Bleichmittel
Kohlenstoffmonoxid	CO	farbloses, geruchloses und sehr giftiges Gas, brennbar
Kohlenstoffdioxid	CO_2	farbloses, geruchloses und ungiftiges Gas, unbrennbar, 1,5-mal schwerer als Luft, zu hoher Anteil in der Luft verhindert Atmung
Eisenoxid	Fe_2O_3	Vorkommen als Rost (rotbraune Substanz) und als Eisenerz (Roteisenstein)

Chemie des Wassers

In der Natur vorkommendes Wasser ist kein chemisch reines Wasser H_2O, sondern enthält eine Reihe von Inhaltsstoffen.

Chemisch reines Wasser hat eine Dichte (bei 4 °C) von $\varrho = 1$ g/cm³ und ist eine farblose, geschmack- und geruchlose Flüssigkeit.

Härtebereich[2)]

weich	**bis 1,5 mmol/l**[1)]
mittel	**1,5 mmol/l ... 2,5 mmol/l**
hart	**über 2,5 mmol/l**

Die früher gültige Härteeinheit Deutscher Härtegrad (°dH) ist nicht mehr zulässig.
1 °dH = 0,178 mol/l oder 1 mmol/l = 5,6° dH

1) Millimol Calciumcarbonat/Liter
2) Härtebereiche nach dem Wasch- und Reinigunsmittelgesetz (02/2007)

Inhaltsstoffe von Grundwasser und Oberflächenwasser

Suspendierte und kolloide Stoffe (Schwebstoffe)	Sande, Tone, Silikate Humusstoffe, Algen, Bakterien, Viren
Molekular gelöste Stoffe:	
Nichtelektrolyte	Kieselsäure, Huminstoffe CO_2, O_2, N_2
Kationen (positiv geladen)	Na^+, Mg^{2+}, Ca^{2+}, K^+, Fe^{2+}, Mn^{2+}
Anionen (negativ geladen)	HCO_3^-, CO_3^{2-}, NO_3^-, SO_4^{2-}, HPO_4^{2-}

pH-Wert

Indikation: Neutrales Lackmuspapier färbt sich durch Säure rot und durch Lauge blau.

Der pH-Wert (potentia Hydrogenii) ist ein Maß für die Stärke einer Lauge oder Säure.
Er gibt die Konzentration der H^+-Ionen in einer Lösung an. In einer neutralen Lösung (pH = 7) ist die Menge der H^+-Ionen und HO^--Ionen gleich.

Art der Lösung	zunehmend sauer ⟵							neutral	zunehmend basisch ⟶						
ph-Wert	0	1	2	3	4	5	6	7	8	9	10	11	12	13	14
Konzentration H^+ in g/l	10^0	10^{-1}	10^{-2}	10^{-3}	10^{-4}	10^{-5}	10^{-6}	10^{-7}	10^{-8}	10^{-9}	10^{-10}	10^{-11}	10^{-12}	10^{-13}	10^{-14}
	starke Säure						schwache Säure	Wasser	schwache Lauge						starke Lauge

Äquivalentmasse (Aquivalentgewicht)

Die Wasserhärte ist im Wesentlichen von den Ionen der einwertigen Elemente Natrium (Na) und Kalium (K) sowie der zweiwertigen Elemente Magnesium (Mg) und Calcium (Ca) abhängig. Um diese Tatsache qualitativ zu berücksichtigen, bedient man sich der **Äquivalentmasse**, ausgedrückt in **val** oder **eq.**

Definition	Molarität	Wertigkeit	Beispiel
Molmasse/Wertigkeit	1 Mol	einwertig	Na+ = 1 Mol/1 = 1 eq (1 val)
	1 Mol	zweiwertig	Ca++ = 1 Mol/2 = 0,5 eq (0,5 val)

1.19 Chemische Grundlagen

Säuren sind wässrige Lösungen, die Wasserstoffionen und Säurerestionen enthalten. Sie enstehen bei Lösungen von Nichtmetalloxiden und Halogenwasserstoffen in Wasser. Die Stärke einer Säure ist durch die Konzentration der Wasserstoffionen in der Lösung bestimmt (siehe Tabelle Seite 57).

Säuren in der Holztechnik		Eigenschaft und Verwendung
Essigsäure	CH_3COOH	leicht flüchtig, zum Neutralisieren von Laugenrückständen im Holz, verdünnt zum Entfernen von Kaseinleim-Durchschlägen
Gerbsäure		aus pflanzlichen Stoffen – Tannin, Pyrogallol, Brenzkatechin, Katechu – in manchen Hölzern (EI, NB) enthalten
Kleesäure		(Sauerkleesalz KHC_2O_4) giftig, zum Bleichen von Eiche, Entfernen von Glutinleim-Durchschlägen
Kohlensäure	H_2CO_3	entsteht durch Lösen von CO_2-Gas in Wasser (Luftfeuchte), sehr schwache Säure, Entfernen von Glutinleim-Durchschlägen
Oxalsäure	$(COOH)_2$	sehr giftig, in Kristallform im Handel, Bleichmittel für gerbstoffhaltige Hölzer
Salzsäure	HCl	giftig, ätzend, farblos, verdünnt zum Neutralisieren von Laugenrückständen, verdünnte und eisenfreie Säure zum Fleckentfernen, Bleichen von harzreichen Holzarten
Schwefelsäure	H_2SO_4	starke Säure, wasserklare, ölige, schwere Flüssigkeit, stark ätzend und greift die meisten Metalle an
Zitronensäure	$C_6H_8O_7$	ungiftig, Bleichen von gerbstoffhaltigen Hölzern

Laugen sind wässrige Lösungen der Metallhydroxide. Die Stärke einer Lauge ist durch den Gehalt einer Lösung an Hydroxid-Ionen bestimmt. **Basen** sind eingedampfte Laugen, also Feststoffe.

Laugen in der Holztechnik		Eigenschaft und Verwendung
Kalklauge	$Ca(OH)_2$	schwach, gibt auf gerbstoffhaltigen Hölzern dunkle Flecken
Kalilauge	KOH	(Ätzkali), gleicht in ihren Eigenschaften der Natronlauge
Natronlauge	$NaOH$	(Ätznatron), starke Lauge, zum Laugen von Eichenholz, greift die meisten Metalle und Glas an
Salmiakgeist	NH_4OH	(Ammoniakwasser), schwache Lauge, zum Räuchern von Eichenholz, Zusatz beim Bleichen

Salze bestehen aus Metallionen und einem Säurerestion. Sie entstehen durch:

- Neutralisation von einer Säure mit einer Lauge
- Verbindungen von Metall mit Säurerest
- Einwirkung einer Säure auf ein Metall oder Metalloxid
- Reaktion verschiedener Salze

In Wasser gelöste Salze bilden bei der Verdunstung Kristalle, die bei Feuchtigkeitsaufnahme ihr Volumen vergrößern. Diese Volumenvergrößerung kann in Baustoffen zu Rißbildung oder Absprengungen führen. Salzhaltige Feuchtigkeit kann an den Außenflächen von Mauerwerken durch Verdunsten des Wassers zu Ausblühungen führen. Das auskristallisierte Salz bildet einen weißen bzw. grauen, flächigen Niederschlag.

Salze	Beispiele	Salze	Beispiele
Carbonate	Calciumcarbonat $CaCO_3$ (Kalkstein), Kaliumcarbonat K_2CO_3 (Pottasche) und Natriumkarbonat Na_2CO_3 (Soda) für Nachbeizen	Nitrate	Kaliumnitrat KNO_3 (Salpeterdünger), Silbernitrat $AgNO_3$
Chloride	Calciumchlorid $CaCl_2$, Natriumchlorid NaCl (Kochsalz)	Phosphate	Calciumphosphat $Ca_3(PO_4)_2$
Chromate	Kaliumchromat K_2CrO_4 und Kaliumbichromat $K_2Cr_2O_7$ für Nachbeizen	Silikate	Aluminiumsilikat $Al_2(SiO_2)_3$
Fluoride	Calciumfluorid CaF_2 (Flussspat)	Sulfate	Kupfersulfat $CuSO_4$ (Kupfervitriol) für Nachbeizen, Calciumsulfat $CaSO_4$ (Gips)
		Sulfite	Natriumsulfit Na_2SO_3

1.20 Wärmetechnik

Wärme und Temperatur

► Kapitel 6

Wärme ist eine Energieform – Bewegungsenergie der Moleküle. Einheit: 1 J (Joule) = 1 Ws = 1 Nm

Temperatur ist der Wärmezustand eines Körpers. Einheit: 1° C (Celsius), 1 K (Kelvin)

Temperaturunterschiede werden in Kelvin angegeben, z.B. $\Delta\vartheta = \vartheta_1 - \vartheta_2 = 45\,°C - 20\,°C = 25\,K$

Normaltemperatur: $\vartheta_n = 0\,°C$; $T_n = 273{,}15\,K$

Normaldruck: $p_n = 1013\,hPa = 1{,}013\,bar$

Flammpunkt ist die Temperatur eines Stoffes, bei der er brennbare Gase entwickelt

Kritische Temperatur ist die Temperatur, oberhalb der sich ein Gas auch bei Drucksteigerung nicht mehr verflüssigen lässt

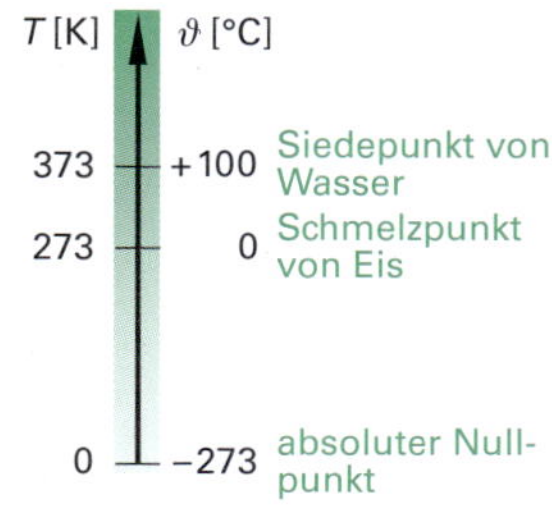

$T\,[K] = \vartheta\,[°C] + 273$

Wärmemengen

bei Temperaturänderung	beim Schmelzen und Verdampfen	durch Verbrennung
Wärmemenge $Q = c \cdot m \cdot \Delta\vartheta$	Schmelz- und Verdampfungswärme $Q = q \cdot m$ $Q = r \cdot m$	Verbrennungswärme $Q = H \cdot m$ $Q = H \cdot V$
c spezifische Wärmekapazität in kJ/kg · K	*q*, *r* spezifische Schmelzwärme bzw. Verdampfungswärme in kJ/kg	*H* spezifischer Heizwert in MJ/kg oder MJ/m³ bei Gasen
Stoffwerte von *c* in kJ/kg · K Holz (lufttrocken) 2,1 … 2,9 Heizöl 2,07 ► Kapitel 3.9 Umwelt- und Arbeitsschutz	Stoffwerte (Auswahl in kJ/kg): (*q* / *r*) Eis 332 Aluminium 356 Stahl 205 Wasser – / 2256 Benzin – / 419 Spiritus 95% – / 854	Stoffwerte (Auswahl von *H* in MJ/kg): Holz 15 MJ/kg … 17 MJ/kg Steinkohle 30 MJ/kg … 34 MJ/kg Heizöl 40 MJ/kg … 43 MJ/kg Benzin 43 MJ/kg Erdgas 34 MJ/m³ … 36 MJ/m³ Acetylen 57 MJ/m³

Längenänderung durch Wärme

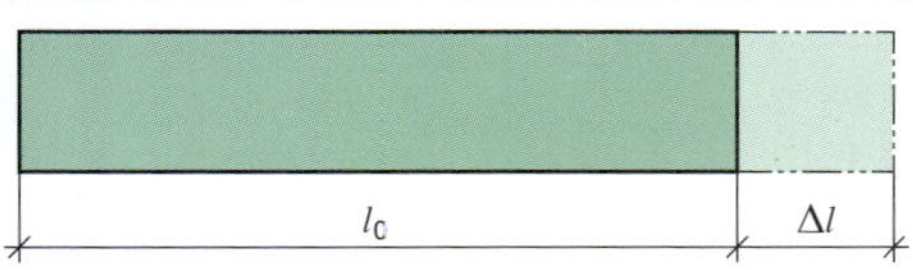

Längenausdehnung und Spannungsermittlung

$$\Delta l = l_0 \cdot \alpha_0 \cdot \Delta\vartheta$$

$$\frac{\Delta l}{l_0} = \frac{\sigma}{E}$$

$$\text{vorh } \sigma = \frac{\Delta l}{l_0} \cdot E$$

Δl Längenänderung
l_0 Ausgangslänge
α_0 Temperaturdehnzahl
$\Delta\vartheta$ Temperaturdifferenz
σ Spannung (Druck, Zug)
E Elastizitätsmodul

Bauteile oder Baukörper dehnen sich infolge einer Temperaturerhöhung aus und ziehen sich bei Abkühlung zusammen. Die nebenstehende Formel gilt für die Dimension Länge.

Beispiel: Längenausdehnung

Der Flügel eines Holzfensters wird außen mit Aluminiumprofilen verkleidet. Das Aluminiumprofil hat eine max. Länge von 2450 mm. Welche Längenänderung tritt ein, wenn das Profil bei einer Einbautemperatur von 13 °C im Winter auf –38 °C abkühlt?

Längenänderung (Schrumpfung):

$\Delta l_w = 2450\,mm \cdot 0{,}024\,mm/mK \cdot (13\,°C - (-38\,°C))$
$= 2450\,mm \cdot 0{,}024\,mm/mK \cdot (51\,°C)$
$= 3{,}00\,mm$ (Schrumpfung)

Längenausdehnungskoeffizient α_0 in 1/K oder 1/°C

(weitere ► S. 181)

Aluminium	0,0000238	Kupfer	0,0000170	Beton	0,00001
Eisen	0,000012	Silber	0,0000197	Glas	0,0000005

1

1.21 Grundlagen der Akustik

Schalltechnische Begriffe

Begriff	Erklärung		
Schall	Mechanische Schwingungen, die durch einen schwingungsfähigen Körper erzeugt werden und sich in festen Körpern, Flüssigkeiten und Gasen ausbreiten.		
Frequenz f	Anzahl der Schwingungen pro Sekunde, Einheit 1/s = 1 Hz (Hertz) Die Tonhöhe ist frequenzabhängig – hohe Frequenz ≙ hoher Ton.		
		Hörbereiche	
	Infraschall 0 Hz … 16 Hz	Normalschall 16 Hz … 16 kHz	Ultraschall > 16 kHz
Wellenlänge λ	Eine Schallschwingung, Wellenlänge λ = Ausbreitungsgeschwindigkeit/Frequenz $\lambda = c/f$ in m		
Ausbreitungsgeschwindigkeit c	Auch Schallgeschwindigkeit; ist in verschiedenen Medien unterschiedlich, z.B. in Hartholz 3400 m/s, Glas 5200 m/s, Stahl 5000 m/s, Wasser 1450 m/s, Luft 340 m/s		
Schallart Ausbreitung	**Luftschall** durch schwingende Luftmoleküle	**Körperschall** in festen Körpern	**Trittschall** beim Begehen einer Decke bzw. Fußboden
Geräusch Lärm	Schall, der sich aus veschiedenen Tönen zusammensetzt. Störendes und belästigendes Geräusch		

Schalldruck, Schallpegel

Der **Schalldruck p** ist ein durch Schwingungen erzeugter Wechseldruck, der sich dem atmosphärischen Druck der Luft überlagert.
Einheit: 1 N/m² = 10 µbar

Der **Schallpegel** ist ein Maß für die Schallintensität. Die Bezugsgröße ist die Hörschwelle des menschlichen Ohres von $p_0 = 2 \cdot 10^{-5}$ N/m² ($2 \cdot 10^{-4}$ µbar) bei einer Frequenz f von 1000 Hz.

Einheit: Dezibel (dB)

$$L = 20 \lg \frac{p}{p_0}$$

Erklärung: Ein Schallpegel von z.B. 50 dB bedeutet, dass die Schallstärke das 316-fache des Schalldrucks ist, der eine Hörempfindung hervorruft. Eine Pegelzunahme von ≈ 10 dB bewirkt eine Verdopplung der subjektiven Lautstärke.

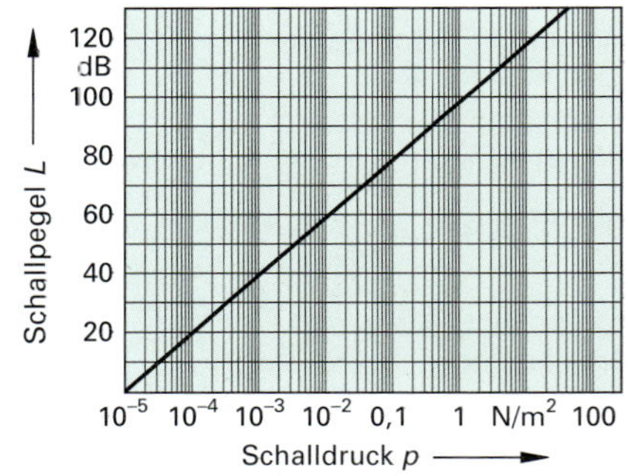

Schalldruckpegel L in Abhängigkeit vom Schalldruck

Die **Lautstärke** ist eine subjektive Größe und berücksichtigt die Eigenart des menschlichen Ohrs, die Töne in ihrer Intensität frequenzabhängig zu empfinden. **Einheit: phon**
Die genaue Messung der Lautstärke ist schwierig, daher werden Geräusche durch den **bewerteten Schallpegel (A-Schallpegel)** in **dB(A)** festgelegt. Der Schallpegel muss nach der A-Bewertungskurve (DIN 45633) korrigiert werden.

dB (A)	Schallpegelgrenzwerte/Geräusche
0 … 6	Hörschwelle
35	obere zulässige Grenze der Nachtgeräusche in Wohngebieten/leises Sprechen
45	obere zulässige Grenze der Taggeräusche in Wohngebieten/übliche Unterhaltung
65	Beginn der Schädigung des vegetativen Nervensystems/laute Straße
90	Beginn von Gehörschäden/Kreissäge
120	Schmerzschwelle/Motorflugzeug (3 m)

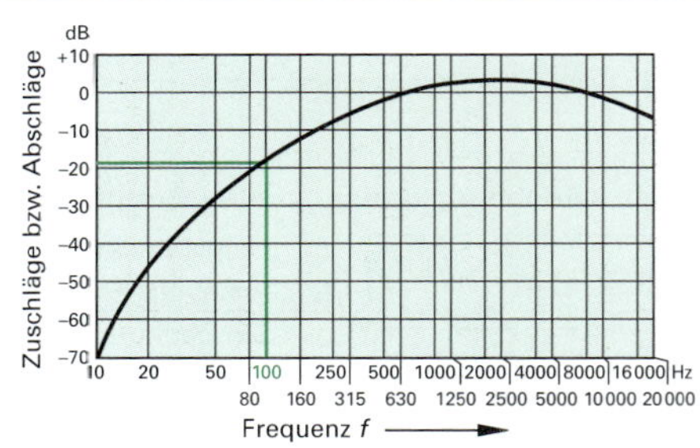

Bewertungskurve A für den bewerteten Schallpegel

Beispiel:

Schallpegel 70 dB, Frequenz 100 Hz
Korrekturwert 19 dB (aus Kurve)

A-Schallpegel: (70 – 19) dB = 51 dB(A)

2 Holz und Holzwerkstoffe

Inhaltsverzeichnis

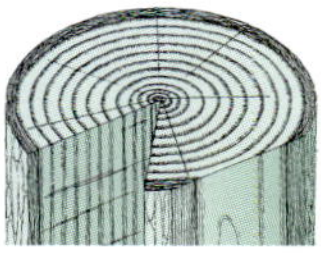

2

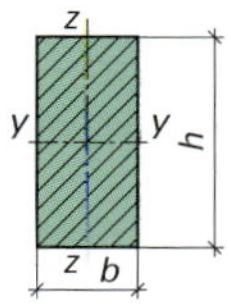

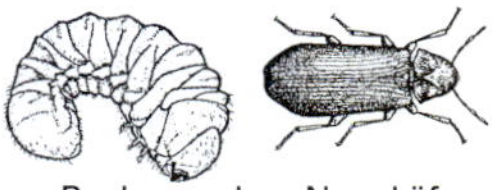

Poch- oder Nagekäfer

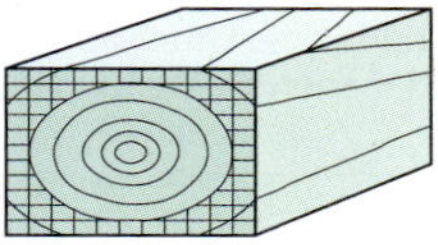

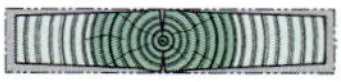

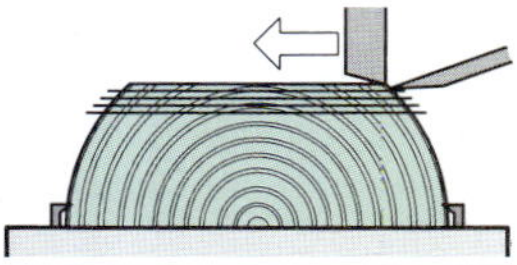

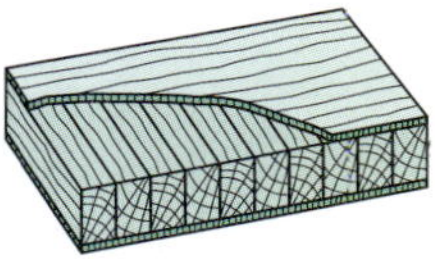

2

Firmenverzeichnis

Bundesforschungsanstalt für
Forst- und Holzwirtschaft
Leuschnerstraße
21031 Hamburg
Telefon: 040 73962-0
email: bfafh@holz.uni-hamburg.de

Universität Hamburg
Ordinariat für Holzbiologie
Leuschnerstraße
21031 Hamburg
Telefon: 040 73962-423
www.holzwirtschaft.org

Überwachungsgemeinschaft
Konstruktionsvollholz aus deutscher
Produktion e.V.
Bahnstraße 4
65051 Wiesbaden
Telefon: 0611 97706-0
email: info@kvh.de

Bundesverband Holz und Kunststoff
Littenstraße 10
10179 Berlin
Telefon: 030 308823-0
email: schreiner@tischler.org

Iwotech Ltd.
Jyllandvey 9
DK-7330 Brande
Telefon: 0045 97 1810-80
email: iwt@iwt.dk
www.iwt.dk

Universität Göttingen
Fakultät Ressourcenmanagement HAWK
Bürgerweg 1A
37077 Göttingen
Telefon: 0551 5032-0
www.hawk-hhg.de

Glunz AG
Postfach 1355 · 49716 Meppen
Telefon: 05931 405-0
www.glunz.de

Moralt Tischlerplatten GmbH & Co. KG
Lenggrieser Straße 52
83646 Bad Tölz

Verlag und Autoren danken den genannten Firmen und Institutionen für die Unterstützung der aktuellen und praxisnahen Gestaltung des Tabellenbuches.

Literatur und Normen

Peschel, Peter u.a.,Tabellenbuch Bautechnik, Europa-Lehrmittel, Auflage 2010
Lohmann, Ulf; u.a., Holzlexikon,DRW-Verlag, 4. Auflage 2003
Wileitner/Schwab; Holz-Außenverwendung im Hochbau, Verlagsanstalt Alexander Koch, 1981
Niemz, Peter; Physik des Holzes und der Holzwerkstoffe, DRW-Verlag, 1993
Forst-HKS; Handelsklassen für Rohholz, 1969; Ergänzungen durch die jeweiligen Bundesländer
TG; Tegernseer Gebräuche, 1985; Gebräuche im inländischen Handel mit Rundholz, Schnittholz
DIN 1052; 12/2008; Entwurf, Berechnung und Bemessung von Holzbauwerken
DIN 4070; 1958; Nadelholz; Querschnittsmaße und statische Werte für Schnittholz
DIN 4074-1, 5; 12/2008; Sortierung von Holz nach der Tragfähigkeit, Nadel- und Laubschnittholz
DIN 4076; 1985; Benennungen und Kurzzeichen auf dem Holzgebiet, Holzarten
DIN 18355; 2006; VOB Vergabe- und Vertragsordnung für Bauleistungen, Tischlerarbeiten
DIN 68364; 2003; Kennwerte von Holzarten – Rohdichte, Elastizitätsmodul und Festigkeiten
DIN 68283; 1991; Parkett-Rohfriesen aus Eiche und Rotbuche
DIN EN 300; 2006-09; Platten aus langen ausgerichteten Spänen (OSB)
DIN EN 309; 2005-04; Spanplattem – Definition und Klassifizierung
DIN EN 313-1; 1996-05; Sperrholz – Klassifizierung und Terminologie
DIN EN 316; 1999-12; Holzfaserplatten – Definition, Klassifizierung und Kurzzeichen
DIN EN 335; 2006; Dauerhaftigkeit von Holz und Holzprodukten
DIN EN 338; 2003; Bauholz für tragende Zwecke, Festigkeitsklassen
DIN EN 460; 1994; Dauerhaftigkeit von Holz und Holzprodukten, Gefährdungsklassen
DIN EN 622-2, 3, 5; 2004; Faserplatten, Anforderungen an harte Platten
DIN EN 636; 2003; Sperrholz, Anforderungen
DIN EN 844; 1995-1997; Rund- und Schnittholz, Begriffe
DIN EN 942; 1996; Holz in Tischlerarbeiten, Allgemeine Sortierung nach der Holzqualität
DIN EN 1313-1, 2; 1999, Rund- und Schnittholz, Nadelschnittholz und Laubschnittholz
DIN EN 1316-1; 1997; Laub-Rundholz, Qualitäts-Sortierung, Eiche und Buche
DIN EN 13329; 2006; Laminatböden, Elemente mit einer Deckschicht
DIN EN 13986; 2005-03; Holzwerkstoffe zur Verwendung im Bauwesen
DIN EN 14220; 12/2007; Holz und Holzwerkstoffe für Außenfenster, -türen und -zargen
DIN EN 14221; 01/2007; Holz und Holzwerkstoffe für Innenfenster, -türen und -zargen
DIN EN 14755; 2006-01; Strangpressplatten – Anforderungen
DIN EN 14519; 2006; Innen- und Außenbekleidungen aus massivem Nadelholz, Profilholz
DIN 68705-2; 2003-10; Sperrholz – Stab- und Stäbchensperrholz für allgemeine Zwecke

2 Holz und Holzwerkstoffe

2.1 Aufbau und Schnitte

Chemische Zusammensetzung des Holzes

Holz ist ein natürlicher, gewachsener Werkstoff. Es ist grundsätzlich inhomogen, weil es aus unterschiedlichen Zellarten aufgebaut ist. Der Werkstoff ist ausgesprochen anisotrop, da er in Faserrichtung völlig andere Eigenschaften besitzt, als quer zur Faser. Auch zwischen der Radial- und der Tangentialrichtung weichen die Eigenschaften voneinander ab.

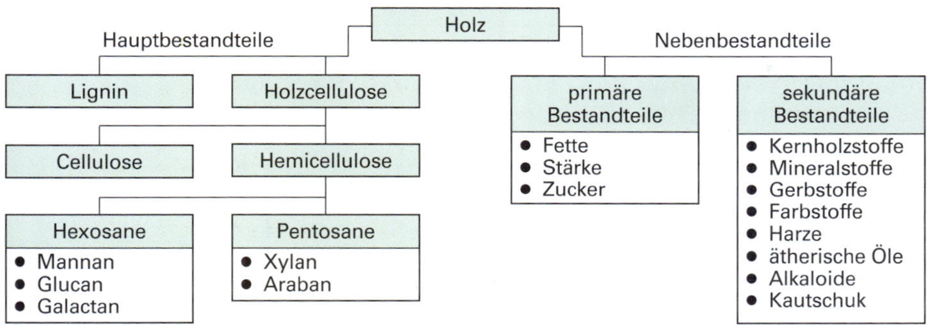

Aufbau und Schnittrichtungen des Holzes

Markröhre	①	für den Baum ohne Bedeutung
Jahrring Frühholz Spätholz	② ③ ④	Zuwachszone einer Vegetationsperiode Beginn der Holzbildung im April Ende der Holzbildung im September
Holzstrahl Primärholzstrahl Sekundärholzstrahl	⑤ ⑥	Speicherzellen beginnen an der Markröhre oder weiter im Radius und enden im Bereich des Bastes (Parenchymzellen)
Kambium	⑦	Wachstumszone, Bereich der Zellbildung
Bast	⑧	Innenrinde
Rinde	⑨	Außenrinde
Querschnitt	Ⓠ	Hirnschnitt, senkrecht zur Stammachse
Radialschnitt	Ⓡ	Spiegelschnitt, parallel zur Stammachse, in Richtung der Holzstrahlen
Tangentialschnitt	Ⓣ	Flader- oder Sehnenschnitt, parallel zur Stammachse, quer zu den Holzstrahlen

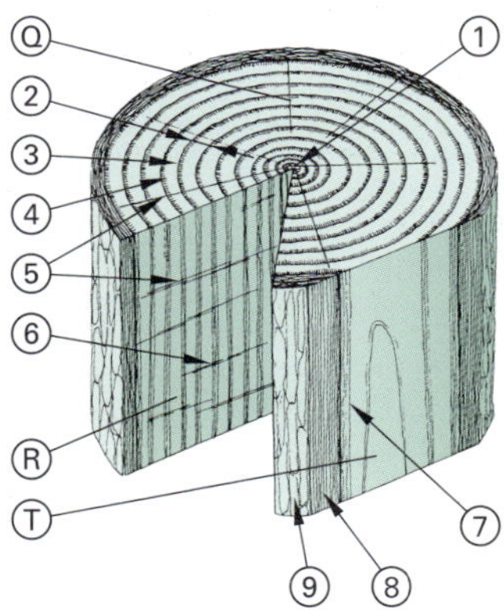

Mikroskopischer Aufbau des Holzes

Schematische Darstellung eines Fichtenholzwürfels

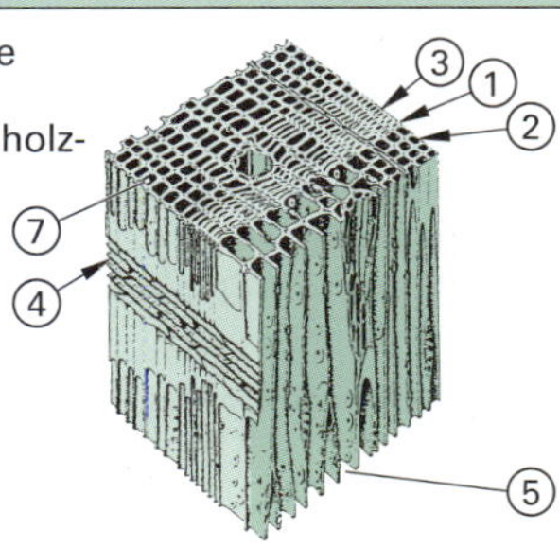

Schematische Darstellung eines Buchenholzwürfels

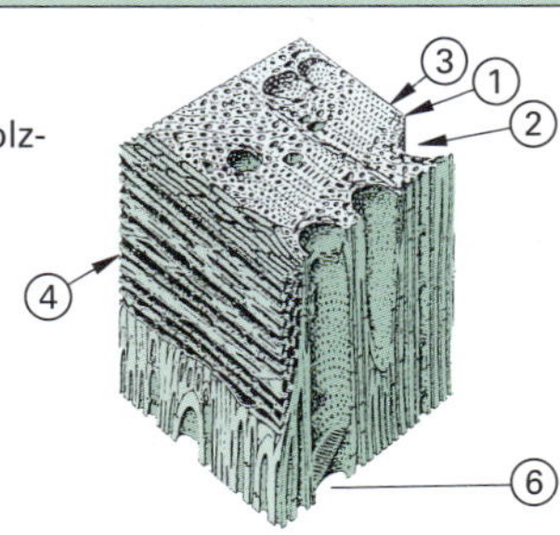

① Jahrringgrenze ② Frühholz ③ Spätholz ④ Holzstrahl ⑤ Tracheide ⑥ Gefäß/Pore/Tracheen ⑦ Holzkanäle

2

2.1 Aufbau und Schnitte

Merkmale zur Holzartenbestimmung

Eine eindeutige Beschreibung ist auf Grund seiner vielen verschiedenen Standorte nur schwer möglich. Die makroskopische Beschreibung kann daher nur von allgemeiner Art sein. Das aufgeführte Bestimmungsraster entspricht dem in den holzbe- und holzverarbeiteten Betrieben üblichen Verfahren aus Erfahrung und Vergleich. Es entspricht nicht dem wissenschaftlichen Bestimmungsverfahren.

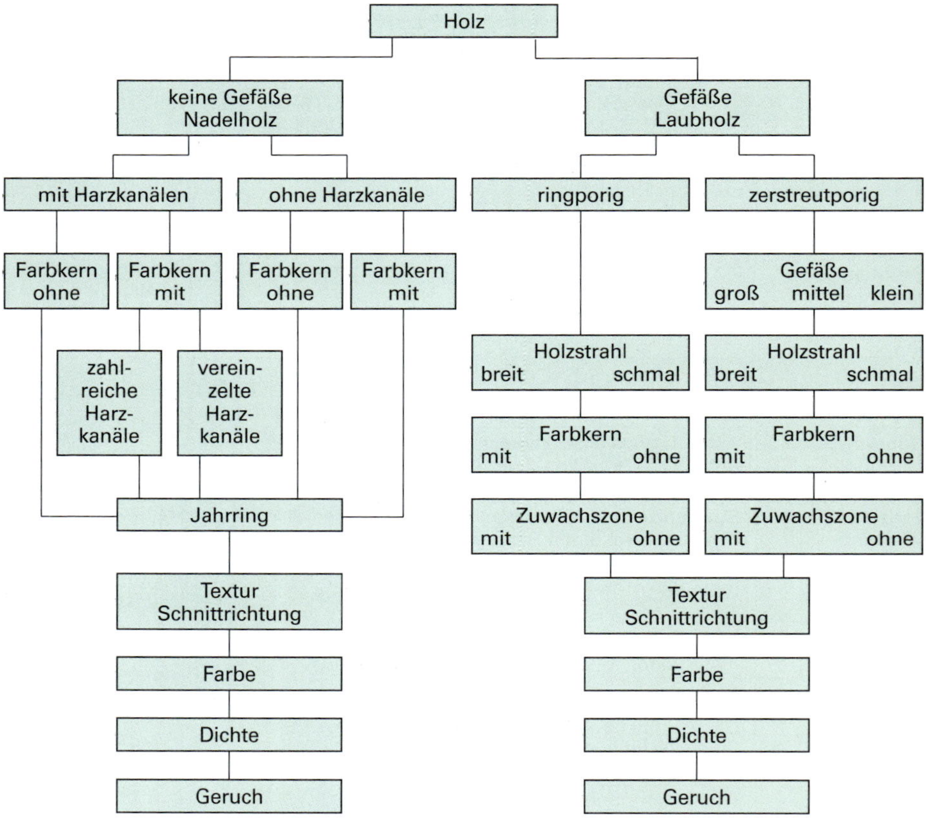

Bestimmungskriterien (Auswahl)

Farbkern	Mit der Verkernung werden die Holzzellen mit Ablagerungsstoffen gefüllt. Die damit einher gehende Farbveränderung beginnt an der Markröhre und schreitet mit der Verkernung nach außen fort. Das übrige Holz ist das Splintholz. Kernholzbaum: Kern- und Splintholz sind deutlich abgegrenzt Splintholzbaum: Holz mit gleicher Farbe und Festigkeit Reifholzbaum: verkernter Innenbereich ohne Farbunterschied
Textur	Zeichnung des Holzes bestimmt durch die Schnittrichtung, Jahrring, allgemeiner oder baumtypischer Faserverlauf wie Drehwuchs, Wechseldrehwuchs
Dichte	Masse des Holzes bezogen auf sein Volumen
Geruch	Nach der Bearbeitung bei einigen Hölzern typischer Geruch durch eingelagerte Inhaltsstoffe wie Harze, Öle usw.

2.2 Holzarten

2.2.1 Nadelholz

Die Holzarten werden nach ihrer botanischen Gattung in Nadel- oder Laubholz unterschieden. Ein weiteres Unterscheidungsmerkmal ist die Herkunft wie europäische oder außereuropäische Hölzer. Nadelholz gehört zur Gruppe der nacktsamigen Pflanzen, mit einem verhältnismäßig einfachen und regelmäßigen Aufbau.
Erklärung und Aufbau der Kurzzeichen nach DIN EN 13556 siehe Seite 68. Die alten Kurzzeichen nach DIN 4076 sind in Klammern gesetzt.

2

Nadelholz (Auswahl)

1 Holzart Kurzzeichen 2 Botanischer Name 3 weitere Namen 4 Verbreitung 5 kultiviert	Merkmale und Eigenschaften K: Kernholz S: Splintholz G: Gefäße H: Holzstrahl	Verwendung
1 DOUGLASIE (DGA) PSMN 2 **Ps**eudotsuga **menz**iesii (Mirb.) Franco 3 Douglas fir, Oregon Pine 4 Nordamerika 5 Europa	K: rötlichbraun, nachdunkelnd S: weiß – gelblich H: feine, helle Linien, unregelmäßig Harzkanäle gut zu bearbeiten Hautreizungen	Bau- und Konstruktionsholz für innen und außen, Parkett, Wand- und Deckenverkleidung
1 FICHTE (FI) PCAB 2 **Pic**ea **ab**ies (L.) Karst. 3 – 4 Europa 5 –	Reif- und Splintholz ohne farblichen Unterschied S: gelblich – weiß H: unregelmäßg, sehr feine Linien Harzkanäle im Spätholz deutlich gut zu bearbeiten	Bau- und Konstruktionsholz für innen und außen, Dachstuhl, Dielen, Unterkonstruktion, Klangholz für Musikinstrumente
1 HEMLOCK (HEM) TSHT 2 **Ts**uga **het**erophylla (Raf.) Sarg. 3 Western Hemlock 4 Nordamerika 5 Großbritannien	Kern- und Splintholz nicht zu unterscheiden S: hell bräunlichgrau keine Harzkanäle, Harzarm gut zu bearbeiten	wenig beanspruchte Konstruktion, Fenster, Profilbretter
1 KIEFER (KI) PNSY 2 **Pin**us **sy**lvestris L. 3 Föhre 4 Europa 5 –	K: rötlich weiß, stark nachdunkelnd S: gelblichweiß – rötlichweiß H: sehr fein, unregelmäßig Harzkanäle sehr zahlreich; Hautreizungen; sehr gut zu bearbeiten	Bau- und Konstruktionsholz für innen, Möbel, Dielen, Furniere, Furnierplatten
1 KIEFER, WEYMOUT-, (Strobe) (KIW) PNST 2 **Pin**us **st**robus L. 3 Strobe 4 östliches Nordamerika 5 Europa	K: hell rötlich – rötlichbraun S: weiß gelblich – rötlich H: sehr fein, unregelmäßig Harzkanäle zahlreich sehr gut zu bearbeiten	Konstruktionsholz für innen, Modellholz mit gutem Stehvermögen
1 LÄRCHE (LA) LADC 2 **La**rix **dec**idua Mill. 3 – 4 Europa, Japan 5 –	K: rötlichbraun, nachdunkelnd S: gelblichweiß – gelb H: fein, unregelmäßig Harzkanäle vorwiegend im Spätholz gut zu bearbeiten	stark beanspruchtes Bau- und Konstruktionsholz innen und außen, Möbel, Furnier
1 REDCEDAR, WESTERN- (RCW) THPL 2 **Th**uja **pl**icatta Donn. ex D.Don 3 – 4 Nordwestl. Nordamerika 5 –	K: rotbraun nachdunkelnd S: weiß – bräunlich grau H: fein, unregelmäßig keine Harzkanäle Hautreizungen leicht zu bearbeiten	Konstruktionsholz für innen und außen bei geringer Beanspruchung, Wand- und Deckenbekleidung, Schindeln
1 TANNE (TA) ABAL 2 **Ab**ies **al**ba Mill. 3 Weißtanne 4 Europa, Nordamerika 5 –	Kern- und Splintholz ohne Farbunterschied S: fast weiß – weißgrau rötlich H: fein, unregelmäßig; keine Harzkanäle; sehr gut zu bearbeiten	Bau- und Konstruktionsholz für innen, Möbel, Furnier, wird oft unter dem Begriff Fichte/Tanne gehandelt

2.2 Holzarten

2.2.2 Laubholz

Laubholz gehört zur Gruppe der bedecktsamigen Pflanzen, mit unterschiedlichem Aufbau.

Laubholz (Auswahl)

2

1 Holzart Kurzzeichen 2 Botanischer Name 3 weitere Namen 4 Verbreitung 5 kultiviert	Merkmale und Eigenschaften K: Kernholz S: Splintholz G: Gefäße H: Holzstrahl	Verwendung
1 ABACHI (ABA) TRSC 2 **Tr**iplochiton **sc**leroxylon K. Schum. 3 Samba, Wawa, Oboeche 4 Westafrika 5 –	Kern- und Splintholz fast ohne Farbunterschied S: blaßgelb – bräunlichgelb G: mittelgroß, zerstreut H: fein, hell, unregelmäßig Schleimhautreizungen sehr gut zu bearbeiten	Verkleidungen, Rahmen, Leisten, Furnier, FU-Mittellage
1 AFZELIA (AZF) AFXX 2 **Af**zelia spp. u.a. 3 Doussie 4 Westafrika 5 –	K: hellbraun – rotbraun, stark nachdunkelnd S: weißgrau – gelblichgrau G: groß, zerstreut H: sehr fein, hell; Reizungen mäßig gut zu bearbeiten, stark stumpfend	stark beanspruchtes Bau- und Konstruktionsholz innen und außen, Parkett, Fenster, Stufen, Furnier
1 AHORN (AH) ACPS 2 **Ac**er **ps**eudoplatanus L. 3 Berg-, Feld-, Spitzahorn 4 Europa 5 –	S: weiß – gelblichweiß, grauweiß nachdunkelnd G: sehr fein, zerstreut H: breit, dicht, regelmäßig leicht zu bearbeiten, bei Riegelwuchs schwierig	Tischplatten, Verkleidungen, Parkett, Möbeldeckfurnier, Drechselholz
1 AZOBE (AZO) LOAL 2 **Lo**phira **al**ata Banks ex Gaertn. f. 3 Bongossi, Ekki 4 Westafrika 5 –	K: tief rotbraun mit etwas violettem Farbton S: hell rötlichbraun – hellrotbraun G: groß, oval, zerstreut H: fein, hell, unregelmäßig Hautreizungen feuchtes Holz ist gut zu bearbeiten	hoch beanspruchtes Bau- und Konstruktionsholz, vorwiegend außen, Schwellen
1 BIRKE (BI) BTXX 2 **Bet**ula pubescens Roth u.a. 3 Gemeine Birke 4 Europa 5 –	K: kein Farbunterschied zum Splint S: weiß gelblich – rötlichweiß G: klein, oft paarweise, zerstreut H: sehr fein, hell gut zu bearbeiten	Tische, Stühle, Parkett, Furnier, FU-Platten
1 BIRNBAUM (BB) PYCM 2 **Py**rus **com**munis L. 3 Schweizer Birnbaum 4 Mittel- und Südeuropa 5 –	K: kein Farbunterschied zum Splint S: hell rötlich braun, nachdunkelnd G: sehr fein, zerstreut H: sehr fein, kaum sichtbar gut zu bearbeiten	Möbel, Furnier, Drechselholz
1 BUCHE (BU) FASY 2 **Fa**gus **sy**lvatica L. 3 Rotbuche 4 Europa 5 –	K: kein Farbunterschied zum Splint S: gelblich – rötlichbraun G: sehr fein, zerstreut H: breit und sehr fein Reizungen; gut zu bearbeiten	Möbel, Treppen, Parkett, Furnier, FU-Platten
1 EICHE (EI) QCXE 2 **Q**uer**c**us petraea (Matt) Liebl. Q. robur L. 3 Stiel-, Sommereiche 4 Europa 5 –	K: gelblich – hellbraun, stark nachdunkelnd S: gelblich – grauweiß G: sehr groß, ringporig H: sehr breit, daneben sehr feine Reizungen; gut zu bearbeiten	Bau- und Konstruktionsholz innen und außen, Möbel, Parkett, Furnier, FU-Platten

2.2 Holzarten

Laubholz (Auswahl) Fortsetzung

1 Holzart Kurzzeichen 2 Botanischer Name 3 weitere Namen 4 Verbreitung 5 kultiviert	Merkmale und Eigenschaften K: Kernholz S: Splintholz G: Gefäße H: Holzstrahl	Verwendung
1 ERLE (ER) ALGL 2 **Al**nus **gl**utinosa (L.) Gaertn. 3 Schwarzerle 4 Europa 5 –	K: kein Farbunterschied zum Splint S: rötlichgelb – rötlichbraun, nachdunkelnd G: fein, ring- und zerstreutporig H: sehr fein, deutliche Scheinstrahlen Reizungen; leicht zu bearbeiten	Schälfurnier, Blindholz, Drechsel- und Schnitzholz, Ersatzholz
1 ESCHE (ES) FXEX 2 **F**ra**x**inus **ex**elsior L. 3 Gemeine Esche 4 Europa 5 –	K: kein Farbunterschied zum Splint, Falschkern S: weiß – hellgelblich G: groß, ringporig H: fein, unregelmäßig; gut zu bearbeiten	Konstruktionsholz für starke Beanspruchung, Möbel, Furnier, Parkett, Sportgeräte
1 KHAJA MAHAGONI (MAA) KHXX 2 **Kh**aja ivorensis A. Chev., K. spp., principally, u.a. 3 Khaja, African Mahagony 4 West- und Ostafrika 5 –	K: hell - rotbraun, nachdunkelnd S: hellgrau - gelblichgrau G: groß, zerstreut H: mittel, regelmäßig Reizungen gut zu bearbeiten Wechseldrehwuchs	Innenausbau, Möbel, Furnier, Parkett, Fenster
1 KIRSCHBAUM (KB) PRAV 2 **Pr**unus **av**ium L. 3 – 4 Europa 5 –	K: gelblichbraun, rötlichbraun nachdunkelnd S: gelblich – rötlichweiß G: fein, ring- und zerstreutporig H: fein, wellig; gut zu bearbeiten	Innenausbau, Möbel, Furnier, Musikinstrumente, Drechselholz
1 KOTO (KTO) PQXX 2 **P**terygota be**q**uaertii De Wild u.a. 3 – 4 Westafrika 5 –	K: kein Farbunterschied zum Splint S: strohgelb – gelblichweiß G: groß, zerstreut H: unterschiedlich breit, wellig gut zu bearbeiten	Innenausbau, Möbel, Furnier, Drechselholz
1 LIMBA (LMB) TMSP 2 **Term**inalia **sup**erba Engl. & Diels 3 – 4 Westafrika 5 –	K: hellgelb oder dunkelbraun – olivgrau S: graugelb – grünlichgelb G: groß, zerstreut H: sehr fein, unregelmäßig gut zu bearbeiten	Innenausbau, Furnier, Rahmen, Leisten
1 MERANTI, LR (MEW) SHLR 2 **Sh**orea spp. 3 Light red Meranti 4 Südostasien 5 –	K: rot – braun S: rötlich weiß G: groß, zerstreut H: schmal unregelmäßig	Innenausbau, Furnierplatten Fenster, Türen
1 MUTENYE (MUT) GRAR 2 **G**uibou**r**tia **ar**noldia J.Léon 3 Jaspis-Nussbaum 4 Zentral- und Westafrika 5 –	K: gelbgrün – braun Farbstreifen schwarz S: deutlich heller G: groß, zerstreut H: sehr fein; gut zu bearbeiten	Innenausbau, Treppen, Parkett, Furnier
1 NUSSBAUM (NB) JGRG 2 **J**u**g**las **r**e**g**ia L. 3 European Walnut 4 Europa 5 –	K: grau – dunkelbraun, oft gestreift S: weiß – gelbgrau G: groß – mittel, zerstreut H: sehr fein, unregelmäßig gut zu bearbeiten	Innenausbau, Möbel, Furnier, Parkett, Drechselholz

2.2 Holzarten

Laubholz (Auswahl) Fortsetzung

1 Holzart Kurzzeichen 2 Botanischer Name 3 weitere Namen 4 Verbreitung 5 kultiviert	Merkmale und Eigenschaften K: Kernholz S: Splintholz G: Gefäße H: Holzstrahl	Verwendung
1 PAPPEL (PA) POCN 2 **Po**pulus x **can**escens (Ait) Sm. 3 Graupappel 4 Europa, Vorderasien 5 –	K: hell-, grau-, grünlichbraun S: weißgrau – gelblichweiß G: mittelgroß – klein, zerstreut H: fein, hell Reizungen; gut zu bearbeiten	Zeichentisch-platten, Furnier, Sperr-furnier, Möbelteile, Blindholz
1 POCKHOLZ (POH) GCXX 2 **G**uaia**c**um coulteri A. Gray G. officiale L., G. sandum L. 3 – 4 Nördliches Süd- und Mittelamerika 5 –	K: grünlichbraun – olivbraun, nachdunkelnd S: gelblich – gelb G: unterschiedlich klein, zerstreut H: sehr fein, sehr eng schwierig zu bearbeiten (unterliegt einer strengen Kontrolle nach dem Washingtoner Artenschutzabkommen)	Spezialholz für mechanisch stark beanspruchte Teile, Hobelsohlen
1 ROBINIE (ROB) ROPS 2 **Ro**binia **ps**eudoacacia L. 3 Falsche Akazie 4 Östliches Nordamerika 5 Europa	K: grünlichbraun – olivgelb, nachdunkelnd S: grünlichweiß – hellgelb G: groß, ringporig, im Spätholz zerstreut H: schmal, unregelmäßig Reizungen; gut bis mäßig zu bearbeiten	Konstruktionsholz für starke Beanspruchung, Fenster
1 ROTEICHE (EIR) QXCR 2 **Q**uercus spp. Q. ruba L. u.a. 3 Amerikanische Roteiche 4 Nordamerika 5 –	K: rosa – bräunlich, etwas nachdunkelnd S: hell – gelbrötlichgrau G: groß, ringporig H: breit, unregelmäßig gut zu bearbeiten	Konstruktionsholz für starke Beanspruchung, Möbel, Furnier
1 RÜSTER (RU) ULCR 2 **Ul**mus **car**pinifolia Gled. 3 Feldulme, Rotrüster 4 Europa 5 –	K: hellbraun – braun S: gelblich braun G: groß, ringporig H: schmal, regelmäßig befriedigend zu bearbeiten	Möbel, Furnier, Parkett
1 SAPELLI (MAS) ENCY 2 **En**tandrophragma **cy**lindricum (Sprague) Sprague 3 Sapele 4 West- und Zentralafrika 5 –	K: rötlichbraun – rotbraun, nachdunkelnd S: hellgrau – gelblichgrau G: mittelgroß, zerstreut H: schmal, unregelmäßig, befriedigend zu bearbeiten, Wechseldrehwuchs	Konstruktionsholz für mittlere Beanspruchung, Treppen, Furnier
1 SIPO, UTILE (MAU) ENUT 2 **En**tandrophragma **ut**ile (Dawe & Sprague) Sprague 3 Utile, Sipo 4 West- und Ostafrika 5 –	K: rosa – rotbraun, nachdunkelnd S: hell – rötlichgrau G: mittelgroß, zerstreut H: fein, wellig, unregelmäßig Hautreizungen; gut zu bearbeiten, Wechseldrehwuchs	Konstruktionsholz für mittlere Beanspruchung, Fenster, Treppen, Furnier, FU-Platten, Parkett, Schiffbau
1 TEAK (TEK) TEGR 2 **Te**ctona **gr**andis L. f. 3 – 4 Südasien 5 übrige Tropen	K: gelblichbraun – mittelbraun, nachdunkelnd S: gelblichgrau – grau G: groß – mittel, zerstreut oder paarweise H: schmal, unregelmäßig Reizungen; gut zu bearbeiten	Innenausbau, Treppen, Möbel, Furnier, Schiffbau
1 WENGE (WEN) MTLR 2 **M**ille**t**tia **l**au**r**entii De Wild 3 – 4 West- und Ostafrika 5 –	K: hell-, dunkel-, schwarzbraun, nachdunkelnd S: grau – gelblichweiß G: groß, zerstreut H: sehr fein, Reizungen gut zu bearbeiten, Splitterbildung	Innenausbau, Möbel, Furnier, Parkett

Beispiel für das System der Buchstaben: Wenge **MTLR**
1. + 2. Buchstabe: botanische Gattung **M**ille**t**tia
3. + 4. Buchstabe: botanischer Name **l**au**r**entii De Wild
3. + 4. Buchstabe XX für alle Arten der Gattungen

2.2 Holzarten

Laubholz Fensterholz (Auswahl)

1 Holzart Kurzzeichen 2 Botanischer Name 3 weitere Namen 4 Verbreitung 5 kultiviert	Merkmale und Eigenschaften K: Kernholz S: Splintholz G: Gefäße H: Holzstrahl	Kennwerte (Auswahl) DIN EN 350 Rohdichte[1)] g/cm^3	DIN 68364 Rohdichte ρ_n g/cm^3	E-Modul $E_{\parallel}$ (E_m) N/mm^2	DIN EN 350[2)] Dauerhaftigkeitsklassen
1 EUCALYPTUS (EUK) EUSL 2 **Eu**calyptus grandis Hill. ex Maid E. **sal**igna Sm. 3 Sidney blue gum 4 Australien 5 Südafrika, Südamerika	K: hell - dunkel rot S: blass rosa G: groß, zerstreut H: fein	0,72	*0,72*	*12500*	3 … 4
1 EUCALYPTUS (EUK) EUGL 2 **Eu**calyptus globulus 3 Blue gum 4 Australien 5 Südafrika, Südamerika	K: braun S: braun G: groß, zerstreut H: sehr fein	0,75	*0,84*	*14000*	1 … 2
1 FRAMIRE (FRA) TIMV 2 **Term**inalia **iv**oransis A. Chev 3 Black afra, Idigbo, Emeri 4 Tropisches Afrika 5 –	K: grünlichgelb – hellbraun, nachdunkelnd S: wie Kernholz G: groß, zerstreut H: sehr fein; Hautreizungen, gut zu bearbeiten	0,55	0,55	9600	2 … 3
1 MENGKULANG (MEN) HEXM 2 **He**ritiera spp. 3 Palapi, Teraling 4 Südostasien 5 –	K: rotbraun – violett, nachdunkelnd S: hellrotbraun G: mittel, zerstreut H: breit; schwer zu bearbeiten	0,71	0,66	13000	4
1 MERANTI, DR (MER) SHDR 2 **Sh**orea spp. 3 Dark red Meranti 4 Südostasien 5 –	K: rötlichbraun – rotbraun S: rötlichweiß - rötlichgrau G: groß, zerstreut H: schmal, unregelmäßig Reizungen gut zu bearbeiten	0,68	0,68	14500	2 … 4
1 MERBAU (MEB) INXX 2 **In**tsia bijuga (Colebr.) O.Ktze. u.a. 3 Ipil, Kwila 4 Südostasien, Neuguinea 5 –	K: hell – rötlichbraun, nachdunklend S: gelblichweiß G: groß, zerstreut H: sehr fein gut zu bearbeiten	0,80	0,80	16000	1 … 2
1 NIANGON (NIA) HEXN 2 **He**ritiera utilis (Sprague) Kosterm. 3 Ogoue, Wishmote 4 Westafrika 5 –	K: hell – dunkelrotbraun S: rötlichgrau G: groß, zerstreut H: mittel, regelmäßig Wechseldrehwuchs	0,68	0,68	11000	3
1 TASMANIAN OAK (EUK) EUXX 2 **Eu**kalyptus delegatensis R. T. Bak 3 Tasmanische Eiche (Oak) 4 Tasmanien, Südaustralien 5 Plantagen	K: hellbraun S: hellgelblich – rosabraun G: groß, zerstreut H: schmal	0,68	*0,68*	*15000*	*3 … 4*
1 WHITE SERAYA (SEW) PHWS 2 Parashorea spp. principally, P. malaanoan (Blanco) Merr. u.a. 3 Urat Mata, Light white Seraya 4 Borneo, Malaysia	K: hell – rosabraun – olivbraun S: hellgrau G: mittel, zerstreut H: mittel, reglmäßig gut zu bearbeiten	0,64	*0,46 … 0,70*	*10000*	*4 … 5*

1) Rohdichte bei $u = 12\%$ 2) Vergleiche Seite 74

kurviv = Angaben des Johann Heinrich von Thünen-Institut, Hamburg

2.2 Holzarten

2.2.3 Kennwerte

2

Kennwerte sind Rechenwerte für die einzelnen Holzarten bei einer bestimmten Qualität und Holzfeuchte, erweitert um Werte für die Berechnung und Ausführung von tragenden und aussteifenden Bauteilen nach DIN 1052.

Kennwerte für Holzarten gute Tischlerqualität (Auswahl)

Holzart	DIN EN 13556	DIN EN 350	DIN 68364	DIN 68100		DIN 68364			DIN EN 350
				differentielles Schwindmaß[5] V in % je % Holz Feuchteänderung		mittlere Bruchfestigkeit N/mm²		Elastizitätsmodul	
⟶ Begriffe Seite 71	Kurzzeichen	Rohdichte[1] g/cm³	mittlere Rohdichte[2] g/cm³	radial	tangential	Druck f_c	Biegung f_m	$E_{\parallel}$ (E_m) N/mm²	Dauerhaftigkeitsklasse[3]
Nadelholz	**NH**								
Douglasie Mitteleuropa	PSMN	0,51[k]	0,58	0,15	0,27	54	100	13000	3 3…4
Fichte	PCAB	0,46	0,46	0,19	0,39	45	80	11000	4
Hemlock	TSHT	0,49	0,49	*0,21*	*0,33*	47	85	10000	4
Kiefer	PNSY	0,52	0,52	0,19	0,36	45	80	9100	3…4
Kiefer, Weymouth (Strobe)	PNST	0,41	0,41	*0,08*	*0,20*	34	58	9000	4
Lärche	LADC	0,60	0,60	0,14	0,30	55	99	13800	3
Tanne	ABAL	0,46	0,46	0,14	0,28	40	68	10000	4
Redcedar, Western-	THPL	0,37	0,37	*0,08*	*0,20*	35	54	8000	2 k 3
Laubholz	**LH**								
Abachi	TRSC	0,39	0,39	*0,11*	*0,19*	35	65	6000	4
Afzelia	AFXX	0,80	0,80	0,11	0,22	70	115	13500	1
Ahorn	ACPS	0,64	0,63	*0,20*	*0,30*	50	95	10500	5
Azobe	LOAL	1,06	1,06	0,31	0,40	95	180	17000	2 v
Birke[4]	BTXX	0,66	0,66	0,29	0,41	60	120	14000	5
Birnbaum	PYCM	0,66[2]	*0,69*	*0,18*	*0,33*	*54*	*98*	*8000*	*4*
Buche	FASY	0,71	0,71	0,20	0,41	60	120	14000	5
Eiche	QCXE	0,71	0,71	0,16	0,36	52	95	13000	2
Erle	ALGL	0,53	0,53	*0,20*	*0,31*	51	*80*	9500	5
Esche	FXEX	0,70	0,70	0,21	0,38	50	105	13000	5
Khaja	KHXX	0,52	0,52	0,12	0,22	43	75	9500	3
Kirschbaum	PRAV	0,54[2]	*0,57*	*0,14*	*0,33*	50	98	10250	*3…4*
Koto	PQXX	0,56	0,56	*0,19*	*0,38*	49	86	9000	5
Limba	TMSP	0,56	0,55	*0,17*	*0,26*	45	85	10500	4
Meranti LR	SHLR	0,52	0,52	*0,15*	*0,28*	50	90	11000	3…4
Mutenye	GRAR	0,82	0,82	*0,22*	*0,39*	*77*	*160*	*15400*	3
Nussbaum	JGRG	0,67	0,67	0,18	0,29	65	133	11850	3
Pappel	POCN	0,44	0,44	0,13	0,31	32	60	8800	5
Pockholz	GCXX	1,23[2]	*1,22*	*0,35*	*0,46*	*105*	*130*	*12500*	*1*
Ramin	GYBN	0,63	0,63	*0,19*	*0,38*	71	*110*	15500	5
Robinie	ROPS	0,74	0,74	*0,26*	*0,38*	73	150	13500	1…2
Roteiche	QCXR	0,70	0,70	*0,20*	*0,36*	55	125	13000	4
Rüster	ULCR	0,65	0,65	0,20	0,23	51	81	11000	4
Sapelli	ENCY	0,65	0,65	0,24	0,32	58	105	10500	3
Sipo, Utile	ENUT	0,64	0,59	0,20	0,25	58	100	11000	2…3
Teak	TEGR	0,68	0,68	0,16	0,26	58	100	13000	1 k 1…3
Wenge	MTLR	0,83	0,85	0,22	0,34	80	145	16000	2

Begriffe ▶ Seite 71

1) Rohdichte bei u = 12% ± 1,5% 2) Rohdichte bei u = 0% (DIN 4076) 3) ▶ Seite 78

k = kultiviert v = sehr variabel *kursiv* = Angaben des Johann Heinrich von Thünen-Institut, Hamburg

Die Kurzzeichen (in Klammer, GRÜN) nach DIN 4076 auf den Seiten 65 … 69 sind zurückgezogen.

2.2 Holzarten

Begriffe zu den Kennwerten vor Holzarten

Rohdichte $\varrho = \frac{m}{V}$	Quotient aus der Masse m und dem Volumen V. Die Rohdichte für Holz liegt zwischen 0,1 g/cm³ (Balsa) und 1,3 g/cm³ (Pockholz) bei einem Trockenheitsgrad u_0 = Darrtrocken. Rohdichte bei leichten Hölzern $\varrho \leq 0{,}5$ g/cm³ Rohdichte bei mittelschweren Hölzern $\varrho \leq 0{,}8$ g/cm³ Rohdichte bei schweren Hölzern $\varrho > 0{,}8$ g/cm³ Die Reindichte ist die Dichte der reinen Holzsubstanz und beträgt für alle Hölzer 1,5 g/cm³
Feuchte u u_N u_0	Feuchtesatz des Holzes in %, im Verhältnis zum darrtrockenem Holz. Gleichgewichtsfeuchte, die sich im Holz bei einem Normklima z.B. 20/65 einstellt (20 °C bei 65% relativer Luftfeuchtigkeit) Darrtrocken, die Holzprobe wird bei 103 °C bis zur Gewichtskonstanz getrocknet
relative Luftfeuchte	in %, als Verhältnis der vorhandenen Dampfmasse zur maximalen Dampfmasse bei gesättigter Luft
Bruchspannung Druck β_D Bruchspannung Biegung β_B	die Druckfestigkeit β_D ist die auf den Anfangsquerschnitt A bezogene Höchstkraft F_{max} bei der Druckbeanspruchung die Biegefestigkeit β_B ist die bis zum Bruch auftretende größte rechnerische Biegespannung
Elastizitätsmodul E	die Widerstandsfähigkeit gegen eine Formveränderung bei gegebener Belastung, es ist die Kenngröße für die Verformsteifigkeit im elastischen Bereich

Terrassenholz – Gartenholz (Auswahl)

Holzart (Laubholz)	Rohdichte g/cm³ u = 12 %	Schwindmaß (max.) tangential %	Schwindmaß (max.) radial %	Biegefestigkeit N/mm²	Elastizitätsmodul N/mm²	Dauerhaftigkeitsklasse
Bangkirai	0,65 … 1,3	9,3 … 10,2	4,2 … 6,8	124	15000 … 20100	2
Bilinga	0,63 … 0,78	≅ 8	≅ 4,8	105	10200 … 13400	1
Bongossi	≅ 1,04	8,3 … 10,8	6,7 … 9,2	180	17000 … 19000	2
Cumaru	1,1 … 1,2	7,2 … 7,9	4,5 … 5,6	152 … 190	20000 … 22200	1
Garapa	0,79 … 1,01	≅ 7,5	≅ 4,2	116	15880	2 … 3
Ipe	0,95 … 1,15	7,3 … 8,0	4,9 … 6,6	160 … 205	18300 … 26300	1 … (2)
Itauba	0,75 … 0,95	6,6 … 8,3	2,4 … 4,3	80 … 130	12600 … 15000	1 … 2
Jatoba	0,94	7,15	3,89	160 … 198	20870	2 … 3
Kapur	0,6 … 0,94	≅ 9,1	≅ 4,45	62 … 114	10900 … 18600	1 … 2 (3)
Massaranduba	0,9 … 1,11	9,0 … 10,2	6,0 … 6,8	166 … 220	18600 … 28000	1 … (2)
Okan	0,77 … 1,1	7,3 … 9,6	4,0 … 6,3	103 … 187	15200 … 20600	1
Red Balau	0,80… 0,85	≅ 8,8	≅ 4,8	120	14800	3 … 4
Tali	0,91	≅ 8,4	≅ 5,1	128	19490	1
Tatajuba	0,80	≅ 5,2	≅ 3,7	109	21490	1 … (2)

Johann Heinrich von Thünen-Institut Hamburg, Institut für Holztechnologie und Holzbiologie, Hamburg
( ) Abweichungen möglich

Thermoholz

TMT: Thermaly Modified Timber, Thermisch Modifiziertes Holz

Thermoholz ist durch eine gezielte Hochtemperaturbehandlung (170 °C … 230 °C) in seinen Eigenschaften verändertes Holz. Durch die Hochtemperaturbehandlung verändern sich die Wasseraufnahme, seine mechanischen Eigenschaften und seine Dauerhaftigkeit. Es gibt verschiedene Verfahren zur Erzeugung von Thermoholz.

Eigenschaften positiv	Eigenschaften negativ
Erhöhte Dauerhaftigkeit Verringertes Quell- und Schwindverhalten Geringe Holzausgleichsfeuchte Erhöhte Dimensionsstabilität Neue Farbtöne	Erhöhte Sprödigkeit und Elastizität Gefahr von Splitter; Keine scharfen Kanten Vergrößert Spanwinkel am Werkzeug Erhöhte Schnittgeschwindigkeit fürs Werkzeug Keine Zahnteilung am Werkzeug

2

2.2 Holzarten

Kennwerte und Berechnungen für Bauholz (DIN 1052)

Die Werte gelten für die Berechnung und Ausführung von tragenden und aussteifenden Bauteilen.
Vollholz: entrindete Rundhölzer und Bauschnittholz aus Nadel- und Laubholz
Brettschichtholz: aus mindestens drei breitseitig faserparallel verleimten Nadelholzbrettern

Rechenwerte für Elastizitäts- und Schubmodul in N/mm² für Vollholz und Brettschichtholz

	Holzart Holzfeuchte $u \leq 20$ %	Sortierklassen nach DIN 4074-1 DIN 4074-5	Festigkeitsklasse nach DIN EN 338	Elastizitätsmodul E N/mm² parallel zur Faserrichtung $E_{\parallel}$	Elastizitätsmodul E N/mm² rechtwinklig zur Faserrichtung $E_{\perp}$	Schubmodul G N/mm²
Nadelholz	Fichte, Tanne	S7	C 16	8000	270	500
	Kiefer, Lärche	S10	C 24	11000	370	690
	Douglasie, Southern Pine	S13	C 30	12000	400	750
	Western Hemlock		C 35	13000	430	810
	Yello Cedar		C 40	14000	470	880
	Brettschichtholz		GL24h	11600	390	720
	h homogenes Brettschichtholz		GL28h	12600	420	780
	frühere Bezeichnung GL24 = BS11 GL 28 = BS14		GL32h	13700	460	850
	GL32 = BS16 GL36 = BS18		GL36h	14700	490	910
Laubholz	Eiche, Teak, Keruing	LS10	D30	10000	640	600
	Buche	LS10	D35	10000	690	650
	Buche	LS13	D40	11000	750	700
	Afzelia, Angelique (Basralocus)	LS10	D40	11000	750	700
	Azobe (Bongossi)	LS10	D60	17000	1130	1060
	Ipe (x) Rohdichte mind. 1000 gk/m³)	LS10	D60x)	17000	1130	1060

Die Sortierkriterien beziehen sich auf eine Holzfechte von 20 % (Messbezugsfeuchte).

Charakteristische Festigkeiten f_k werden für Nadelholz-Vollholz (C), Laubholz-Vollholz (D) und Brettschichtholz (GL) mit h homogen und c kombiniert ausgewiesen.

Charakteristische Festigkeitswerte in MN/mm² und charakteristische Rohdichten in kg/m³

Bezeichnung	Art der Beanspruchung	Vollholz-Nadelholz S7 C16	Vollholz-Nadelholz S10 C24	Vollholz-Nadelholz S13 C30	Vollholz-Laubholz LS D30	Vollholz-Laubholz LS D35	Brettschichtholz BS11 GL24c	Brettschichtholz BS14 GL28c
$f_{m,k}$	Biegerandspannung	16	24	30	30	35	24	28
$f_{t,0,k}$	Zugspannung $\parallel_{Fa}$	10	14	18	18	21	14	16,5
$f_{t,90,k}$	Zugspannung $\perp_{Fa}$	0,4	0,4	0,4	0,5	0,5	0,5	0,5
$f_{c,0,k}$	Druckspannung $\parallel_{Fa}$	17	21	23	23	25	21	24
$f_{mc,90,k}$	Druckspannung $\perp_{Fa}$	2,2	2,5	2,7	8	8,4	2,4	2,7
$f_{v,k}$	Schubspannung	2,0	2,0	2,0	3	3,4	2,5	2,5
ϱ_k	Rohdichte	310	350	380	530	560	350	380

Teilsicherheitsbeiwerte für Tragfähigkeitsnachweis		Modifizierungsfaktor k_{mod} für Vollholz VH, Brettschichtholz und Balkenschichtholz					
Holz und Holzwerkstoffe	1,3	Klasse der Lasteinwirkungsdauer	Ständig	Lang	Mittel	Kurz	Sehr kurz
Stahl für		1	0,6	0,7	0,8	0,9	1,1
Verbindungen	1,1	2	0,6	0,7	0,8	0,9	1,1
Nagelplatten	1,25	3	0,5	0,55	0,65	0,7	0,9

f_k chrakteristischer Wert
f_σ Bemessungswert

Beispiel: $f_{c,0,d} = \frac{f_{c,0,k} \cdot k_{mod}}{\gamma_M} = \frac{24 \text{ N/mm}^2 \cdot 0{,}8}{1{,}3} = 14{,}8 \text{ N/mm}^2$

2.2 Holzarten

Querschnittmaße und statische Werte von Nadelholz (DIN 4070)

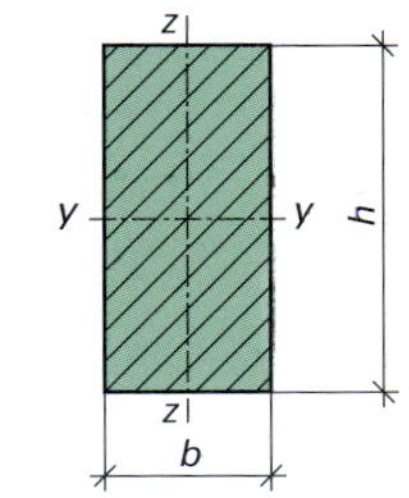

$$W_y = \frac{b \cdot h^2}{6} \qquad I_y = W_y \cdot \frac{h}{2} \qquad i_y = \sqrt{\frac{I_y}{A}}$$

$$W_z = \frac{h \cdot b^2}{6} \qquad I_z = W_z \cdot \frac{b}{2} \qquad i_z = \sqrt{\frac{I_z}{A}}$$

Zusammengesetzte Querschnitte

$$I_y = \sum_{i=1}^{n} (I_{y_i} + A_i\, z_{s_i}^2) \qquad I_z = \sum_{i=1}^{n} (I_{z_i} + A_i\, z_{s_i}^2)$$

$y - y$ *y*-Achse
$z - z$ *z*-Achse
b Breite in cm
h Höhe in cm
A $b \cdot h$ Fläche in cm^2

W Widerstandmoment in cm^3
I Flächenmoment 2. Grades in cm^4
Mit dem Fußzeiger i werden die Einzelquerschnitte benannt. Es sind y_{s_i} und z_{s_i} die Schwerpunktkoordinaten der Einzelquerschnitte.
i Trägheitshalbmesser in cm

Benennung	Breite/Höhe *b*/*h* cm/cm	Fläche *A* cm^2	W_y cm^3	I_y cm^4	W_z cm^3	I_z cm^4	i_y cm	i_z cm
Kantholz	8/8	64	85	341	85	341	2,31	2,31
	8/10	80	133	667	107	427	2,89	2,31
	8/12	96	192	1152	128	512	3,46	2,31
	8/16	128	341	2731	171	683	4,62	2,31
	10/10	100	167	833	167	833	2,89	2,89
	10/12	120	240	1440	200	1000	3,46	2,89
	12/16	192	512	4096	384	2304	4,62	3,46
	14/14	196	457	3201	457	3201	4,04	4,04
	16/18	288	864	7776	768	6144	5,20	4,62
Balken	10/20	200	667	6667	333	1667	5,78	2,89
	10/22	220	807	8873	367	1833	6,35	2,89
	12/20	240	800	8000	480	2880	5,78	3,46
	12/24	288	1152	13824	576	3456	6,93	3,46
	16/20	320	1067	10667	853	6827	5,78	4,62
	18/22	396	1452	15972	1188	10692	6,35	5,20
	20/20	400	1333	13333	1333	13333	5,78	5,77
	20/24	480	1920	23040	1600	16000	6,93	5,77

Zulässige Spannungen für Vollholz in N/mm^2 (DIN 1052)

Art der Klassifizierung und Beanspruchung	Vollholz (Nadelhölzer)					Vollholz (Laubhölzer)					
	Fichte Tanne	Kiefer Lärche	Douglasie Southern Pine	Western Hemlock	Yello Cedar	Eiche Teak Keruing	Buche	Buche	Afzelia Merbau Angélique	Azobe	Ipe
Sortierklasse nach DIN 4074-1	S7	S10	S13	–	–	LS10	LS10	LS13	LS10	LS10	LS10
Güteklassen nach DIN 4074-2	C16M	C24M	C30M	C35M	C40M	Zuordnung von Laubholzarten und Sortierklassen nach DIN 4074-5					
Festigkeitsklasse	C16	C24	C30	C35	C40	D30	D35	D40	D40	D60	D60
Biegung	16	24	30	35	40	30	35	40	40	60	60
Zug parallel	10	14	18	21	24	18	21	24	24	36	36
Zug rechtwinklig	0,4					0,5					
Druck parallel	17	21	23	25	26	23	25	26	26	32	32
Druck rechtwinklig	2,2	2,5	2,7	2,8	2,9	8,0	8,4	8,8	8,8	10,5	10,5
Schub u. Torsion	2,0					3,0	3,4	3,8	3,8	5,3	5,3
E-Modul parallel	8000	11000	12000	13000	14000	10000	10000	11000	11000	17000	17000
E-Modul rechtw.	270	370	400	430	470	640	690	750	750	1130	1130
Schubmodul	500	690	750	810	880	600	650	700	700	1060	1060
Rohdichte kg/m^3	310	350	380	400	420	530	560	590	590	700	1000

2.2 Holzarten

Biegeknicknachweis von Hölzern

„Biegeknicken“ ist der plötzliche Übergang der ursprünglich geraden Achse eines schlanken stabförmigen Körpers in eine gekrümmte Form unter dem Einfluss einer Druckkraft. Um einen knickgefährdeten Druckstab zu bemessen, ist die Schlankheit λ des Stabes für beide Richtungen (y und z) zu bestimmen. Mit der größeren Schlankheit kann der nachfolgenden Tabelle der Knickbeiwert k_c als Abminderungsfaktor $f_{c,0,d}$ entnommen werden. Die Klassifizierung von Bauholz für tragende Zwecke erfolgt nach den charakteristischen Werten der Hölzer für die Festigkeit, Steifheit und Rohdichte je Klasse. Die Werte der betreffenden Holzgrundgesamtheit werden durch die Holzart, Holzartgruppe, Herkunft und Sortierklasse (DIN EN 384) bestimmt.

Schlankheitsgrad in der y-Achse und der z-Achse	Schlankheitsgrad in der y-Achse	Schlankheitsgrad in der z-Achse	Nachweis Druck ohne Knicken II zur Faser
$\lambda = \max\{\lambda_y; \lambda_z\}$	$\lambda_y = \frac{l_{ef,y}}{i_y}$	$\lambda_z = \frac{l_{ef,z}}{i_z}$	$\frac{N_d/A}{k_c \cdot f_{c,0,d}} \leq 1$

Knickbeiwerte k_c

λ	C24	C30	D30	D35	D40	D60	GL24		GL28		GL32		GL36	
							h	c	h	c	h	c	h	c
50	0,794	0,793	0,803	0,781	0,796	0,849	0,898	0,918	0,895	0,911	0,894	0,909	0,895	0,906
60	0,673	0,671	0,687	0,655	0,677	0,756	0,806	0,848	0,800	0,833	0,798	0,828	0,799	0,822
70	0,550	0,548	0,565	0,531	0,554	0,645	0,675	0,736	0,667	0,713	0,664	0,706	0,666	0,697
80	0,446	0,445	0,460	0,429	0,450	0,538	0,548	0,311	0,541	0,587	0,538	0,580	0,539	0,570
90	0,365	0,364	0,377	0,351	0,368	0,447	0,446	0,502	0,440	0,480	0,437	0,474	0,439	0,466
100	0,303	0,302	0,313	0,290	0,305	0,374	0,368	0,416	0,362	0,397	0,360	0,391	0,361	0,384
110	0,254	0,253	0,263	0,244	0,257	0,316	0,307	0,349	0,303	0,332	0,301	0,328	0,302	0,322
120	0,216	0,216	0,224	0,207	0,218	0,270	0,260	0,296	0,256	0,282	0,255	0,278	0,256	0,273
130	0,186	0,185	0,193	0,178	0,188	0,232	0,223	0,254	0,220	0,242	0,218	0,238	0,219	0,234
140	0,162	0,161	0,167	0,155	0,163	0,202	0,193	0,220	0,190	0,210	0,189	0,207	0,190	0,203
150	0,142	0,141	0,147	0,136	0,143	0,178	0,169	0,193	0,167	0,183	0,165	0,181	0,166	0,177
160	0,125	0,125	0,130	0,120	0,126	0,157	0,149	0,170	0,147	0,162	0,146	0,159	0,146	0,156
170	0,111	0,111	0,116	0,107	0,113	0,140	0,133	0,151	0,130	0,144	0,130	0,142	0,130	0,139
180	0,100	0,099	0,103	0,095	0,101	0,125	0,118	0,135	0,117	0,128	0,116	0,127	0,116	0,124
190	0,090	0,090	0,093	0,086	0,091	0,113	0,107	0,121	0,105	0,116	0,104	0,114	0,105	0,120
200	0,081	0,081	0,084	0,078	0,082	0,102	0,096	0,110	0,095	0,104	0,094	0,103	0,095	0,101

Beispiel: Druckstütze

Eine Druckstütze aus Brettschichtholz GL 24h mit b/h = 160 mm/160 mm wird mit einer ständigen Einzellast G_k = 160 kN und einer veränderlichen Einzellast Q_k = 60 kN belastet. Die Ersatzstablänge beträgt l = 2,60 m. Es liegt der Regelfall (Euler 2) vor.

Tragfähigkeitsnachweis:

$E_d = N_d = \gamma_G \cdot G_k + \gamma_Q \cdot Q_k = 1{,}35 \cdot 160\ \text{kN} + 1{,}50 \cdot 60\ \text{kN} = 306\ \text{kN}$ (Bemessungseinwirkung)

$\sigma_{c,0,d} = \frac{N_d}{A} = \frac{306 \cdot 10^3}{160^2} = 12{,}0\ \text{N/mm}^2$ (Beanspruchung) (10^3 Umrechnung kN in N)

$l_{ef} = \beta \cdot h = 1 \cdot 2{,}60\ \text{m} = 2{,}60\ \text{m}$

$W = b \cdot h^2/6 = 16\ \text{cm} \cdot 16^2\ \text{cm}/6 = 16\ \text{cm} \cdot 256\ \text{cm}^2/6 = 4096/6 = 683\ \text{cm}^3$

$I = W \cdot h/2 = 683\ \text{cm}^3 \cdot 8\ \text{cm} = 5464\ \text{cm}^4$

$i = \sqrt{I/A} = \sqrt{54644\ \text{cm}^4 / 256\ \text{cm}^2} = \sqrt{21{,}344\ \text{cm}^2}$

$i = 4{,}62\ \text{cm}$

$\lambda = l_k/i = 260\ \text{cm}/4{,}62\ \text{cm}$

$\lambda = 56{,}3$ | $k_c = 0{,}840$ (interpoliert)

$k_c \cdot f_{c,0,d} = 0{,}84 \cdot 14{,}8 = 12{,}4\ \text{N/mm}^2$ (Beanspruchbarkeit)

Nachweis: $\frac{\sigma_{c,0,d}}{k_c \cdot f_{c,0,d}} = \frac{12\ \text{N/mm}^2}{0{,}84 \cdot 14{,}8\ \text{N/mm}^2} = \mathbf{0{,}965 \leq 1}$

γ_G ständige Einwirkung
γ_Q veränderliche Einwirkung
A Grundfläche der Stütze
l_{ef} erforderliche Länge
β Knicklängenbeiwert
I, W, i ▶ Seite 20
λ Schlankheitsgrad
f_d Bemessungswert der Druckspannung ▶ Seite 72

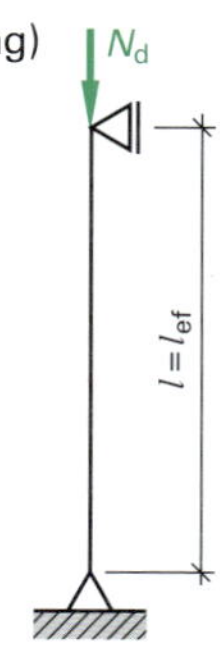

2.3 Holzfehler

Holzschädlinge und Holzfehler

Holzschädlinge sind tierische oder pflanzliche Schädlinge, die das Holz befallen. Die Beeinträchtigung der Holzeigenschaften durch Schädlinge ist unterschiedlich, sie reicht von unbedeutenden Fluglöchern bis zur Zerstörung des Holzes.

Holzfehler sind Abweichungen im Wuchs, in den Eigenschaften und in der Beschaffenheit vom normal gewachsenen Holz.

2

Tierische Holzschädlinge

Falter	Nonne, Foreule, Kiefernspinner u.a., die Raupen fressen die Blätter und Nadeln der Bäume.
Hautflügler	Holzwespe, sie legt ihre Eier vorzugsweise in saftfrisches Nadelholz. Ihre Entwicklungszeit beträgt 2 Jahre … 4 Jahre, daher schlüpft sie oft erst aus dem verbauten Holz. Der Durchmesser der Fluglöcher beträgt 4 mm … 10 mm.
Käfer	Borkenkäfer: Buchdrucker, Kiefernholzbohrer, Buchen-Nutzholz-Borkenkäfer u.a. Die Rindenbrüter legen zwischen dem Holz und der Rinde einen Muttergang an, die ausgeschlüpften Larven fressen dann eigene Gänge. Die Gänge liegen in der Kambiumschicht oder im Splintholz.
	Bockkäfer: Fichten-, Pappel- und Eichenbock u.a. Die Larven fressen sich durch die Rinde. Anfangs leben sie in der Kambium- und Bastschicht, später dringen sie ins Splintholz und z.T. auch ins Kernholz ein. Die Entwicklungszeit beträgt je nach Art zwischen 1 Jahr … 4 Jahre.
	Hausbock, er legt seine Eier in den Rissen von verbautem Nadelholz. Die Larve frisst ihre Gänge im Splint- oder Reifholz ohne die Holzoberfläche zu zerstören. Ihre Entwicklungszeit beträgt etwa 3 Jahre … 6 Jahre. Die ovalen Fluglöcher sind 5 mm … 10 mm groß. Die günstigsten Umgebungsbedingungen sind 28 °C … 30 °C bei 30% Holzfeuchte.
	Gewöhnlicher Nagekäfer (Anobium) auch Klopf- oder Pochkäfer genannt. Die Fraßgänge der Larven sind besonders im Frühholz des Splintes von Laub- und Nadelholz. Er kommt oft in Möbeln, Treppen, Verkleidungen u.a. vor. Die Entwicklungszeit beträgt 1 Jahr … 3 Jahre. Bei einer Temperatur um 22°C und einer Holzfeuchte um 23% hat er seine günstigsten Bedingungen. Das runde Flugloch hat einen Durchmesser von 1 mm … 2 mm.
	Brauner Splintholzkäfer auch Parkettkäfer genannt. Er befällt hauptsächlich Laubhölzer mit ausreichender Stärke und Eiweißanteilen im Frühholz. Die Entwicklungszeit beträgt 1 Jahr bei einer Holzfeuchte ab 7%. Das runde Flugloch hat einen Durchmesser von 1 mm … 1,5 mm.

Pflanzliche Holzschädlinge – Pilze

Echter Hausschwamm	Das weiße, watteartige Pilzgeflecht (Mycel) wächst auf der Oberfläche und im Holz. Er befällt fast alle Holzarten, vor allem Nadelholz und erzeugt durch den Abbau von Zellulose der Holzzellwände Destruktionsfäule. Das Holz verfärbt sich braun (Braunfäule) und zerfällt im trockenem Zustand würfelförmig. Die günstigsten Bedingungen sind bei einer Temperatur von 20 °C und 28% Holzfeuchte. Er ist anzeigepflichtig!
Keller-, Warzenschwamm	Das junge Oberflächenpilzgeflecht ist erst gelblichweiß und wird später schwarzbraun. Er erzeugt ebenfalls Destruktionsfäule. Die besten Lebensbedingungen sindbei einer Holzfeuchte von 50% …. 60% und bei 22 °C … 24 °C. Sein rasches Wachstum hat eine große Zerstörungskraft. Längere Trockenzeiten überlebt er nicht.
Tannen- und Zaunblättling	Sie befallen hauptsächlich im Freien verbautes Nadelholz aber auch ungeschütztes Rahmenholz. Der Abbau des Holzes beginnt mit der Innenfäule, die Holzoberfläche bleibt zunächst unversehrt, und endet dann mit der Destruktionsfäule. Die günstigsten Bedingungen sind bei 29 °C … 34 °C und bei 40% … 60% Holzfeuchte. Sie können eine 4-jährige Trockenzeit überstehen.
Bläuepilz	Er befällt das Splintholz von Kiefer und Fichte, selten Laubholz. Er ernährt sich von den Zellinhaltsstoffen, die Zellwände werden kaum zerstört. Eine Minderung der Festigkeit tritt nicht ein, es ist keine Holzfäule. Befallenes und behandeltes Holz kann deckend gestrichen werden. Die optimalen Bedingungen sind bei 15 °C und bei 28% … 30% Holzfeuchte. Trockenes Holz verhindert das Wachstum des Pilzes.

2.3 Holzfehler

Fehler in der Stammform

	**Abholzigkeit** Verringerung des Stammdurchmessers von mehr als 1 cm je m Länge.	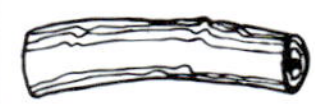	**Krummschäftigkeit** Gewachsene Krümmung des Stammes. Einschnürig, einseitig gekrümmter Stamm. Unschnürig, es kann kein ebener Schnitt durch den Stamm gesägt werden.
	**Zwieselbildung** Zweiteilung, es entstehen zwei Hauptsprossen. Bei allen Holzarten anzutreffen.		**Hohlkehligkeit** Unter den Astansatzstellen auftretende Aushöhlung oder Längsrinne, auch unter abgestorbenen Ästen. Besonders bei Rotbuchen.

Fehler im Querschnitt

	**Spannrückigkeit** Vertiefungen und wulstige Erhöhungen ergeben eine grobwellige Anordnung der Jahresringe.		**Exentrischer Wuchs** Aus der Mitte des Stammquerschnittes verlagerte Markröhre, meist verbunden mit starker Abweichung von der Kreisform.

Fehler im anatomischen Aufbau des Holzes

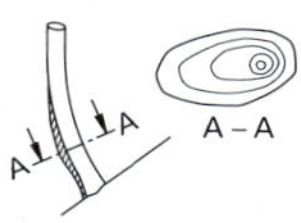	**Reaktionsholz-Druckholz, Buchs** An der Unterseite von schiefgestellten Nadelhölzern bildet sich rötliches Druckholz. Kein Unterschied zwischen Früh- und Spätholz.	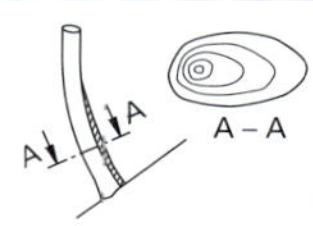	**Reaktionsholz-Zugholz** Auf der Oberseite von schiefgestellten Laubhölzern bildet sich das weiß oder silberfarbene (Weißholz) Zugholz.
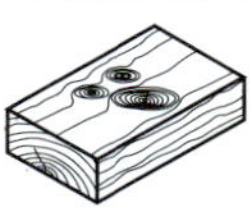	**Ästigkeit** Anzahl, Größe, Form und Lage von Ästen im Stamm oder Schnittholz. Rund-, Flügel-, Randäste		**Drehwuchs** Spiralförmiger Faserverlauf um die Stammachse. Sonniger D: – linksgedreht Widersonniger D: – rechtsgedreht
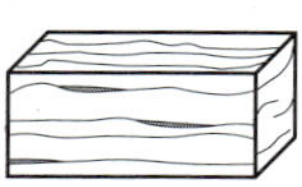	**Gallen** Mit Harz gefüllte Hohlräume im Holz. Harzgallen fast nur bei Nadelhölzern vorkommende Harzkanäle.	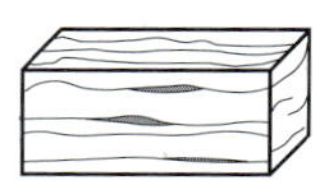	**Gallen** Mit mineralischen Bestandteilen gefüllte Hohlräume. Häufige Einschlüsse: Siliciumdioxid (SiO_2), Kalziumkarbonat ($CaCo_3$).
	**Maserwuchs** Durch Wundreiz nicht ausgetriebene Knospen, führen zu verschlungenem Verlauf von Holzfasern.		**Falschkern** Durch Thyllenbildung und Oxydation entstandener dunkler Kern bei farbkernlosen Bäumen. Rot-, Braun- oder Frostkern.
	Wilder Wuchs Sammelbezeichnung für einige Holzfehler, wie starker Wechseldrehwuchs, mit vielen Überwallungen, oder Verwachsungen.	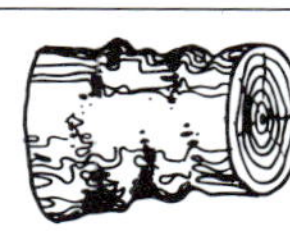	**Wimmerwuchs** Ungerichteter, wellenförmiger Verlauf der Fasern oder Jahresringe.

Fehler durch äußere Einwirkung

	**Frostleiste** Längsverdickung am Stamm durch Überwallung des ständig nachreißenden Frostrisses.		**Mondringe** Durch Frosteinwirkung für mehrere Jahre unterbliebene Kern-Holzbildung. Sichel- oder ringförmig mit geringem Gebrauchswert.
	**Risse** Trocken-, Kern- und Spannungsrisse verlaufen radial, Ringrisse verlaufen entlang der Jahresringe und trennen sie voneinander.		**Faserstauchung** Durch Wind- oder Schneedruck überbeanspruchte Holzfasern, es entstehen feine Querrisse. Der Bruch beeinflusst die Festigkeit.

2.4 Holzschutz

Holzschutz ist ein Oberbegriff und beinhaltet drei große Aufgabenbereiche für die Holzbearbeitung. Er hat für die Vorbeugung und Bekämpfung gleichfalls Gültigkeit. Ausführung zum „Brandverhalten von Holz" werden in Kapitel 6 Brandschutz beschrieben.

Holzschutz

Schutz vor Insekten
- DIN 68800
- DIN EN 335
- DIN EN 350
- DIN EN 351
- DIN EN 460
- DIN EN 599

Schutz vor Pilzen
- DIN 68800
- DIN EN 335
- DIN EN 350
- DIN EN 351
- DIN EN 460
- DIN EN 599

Brandschutz
- DIN 68800
- DIN 4102

Begriffe zum Holzschutz

Holzschutz	Es sind vorbeugende oder bekämpfende, konstruktive und/oder chemische Maßnahmen zur Erhaltung von verbautem Holz
natürlicher Holzschutz	Berücksichtigung der Inhaltsstoffe und Eigenschaften von Holzarten
baulicher Holzschutz	Fachliche Konstruktion und Werkstoffe besonders im Hinblick auf die Feuchtigkeitsbelastung
physikalischer Holzschutz	Hydrophobierende Imprägnierungen und Anstrichsstoffe verhindern das Eindringen von Wasser in das Holz. Als bekämpfenden Holzschutz: Heißluftverfahren
chemischer Holzschutz	Die Anwendung von fungiziden und bioziden (insektiziden) Wirkstoffen sowie Feuerschutzmittel

2.4.1 Schutz vor Insekten und Pilzen

Der beste Schutz vor Holzschädlingen ist, ihnen keine Möglichkeiten wie Feuchtigkeit, Sauerstoff, Temperatur und Nahrung zur Entwicklung zu geben. Die Gebrauchsbedingungen, unter denen Holz gegenüber Organismen anfällig ist, werden in fünf Gefährdungsklassen unterteilt.

Gefährdungsklassen

Zusammenfassung der Feuchtebedingungen und dem Auftreten von Organismen in Gefährdungsklassen bei Vollholz (DIN EN 335)

(Gefährdungsklasse) Gebrauchsklasse		allgemeine Gebrauchsbedingungen	Beschreibung der Exposition gegenüber Befeuchtung während des Gebrauches	Holzfeuchtegehalt *u* %	Auftreten von Organismen: Holzverfärbende Pilze und Fäulnispilze	Moderpilze	Insekten: Käfer[1]	Termiten
1		Innenbereich, abgedeckt	trocken	≤ 20 %	–	–	U	L
2		Innenbereich oder abgedeckt	gelegentlich feucht	> 20 %	U	–	U	L
3	3.1	Außenbereich, ohne Erdkontakt, geschützt	gelegentlich feucht	> 20 %	U	–	U	L
	3.2	Außenbereich, ohne Erdkontakt, ungeschützt	häufig feucht	> 20 %	U	–	U	L
4	4.1	Außenbereich in Kontakt mit Erde und/oder Süßwasser	vorwiegend oder ständig feucht	> 20 %	U	U	U	L
	4.1	Außenbereich in Kontakt mit Erde (hohe Beanspruchung) und/oder Süßwasser	ständig feucht	> 20 %	U	U	U	L
5		im Meerwasser	ständig feucht	> 20%	U	U	U	L

U: tritt universell in ganz Europa auf L: tritt lokal in Europa auf
1) das Befallrisiko kann in bestimmten Einsatzbedingungen unbedeutend sein

2

2.4 Holzschutz

Dauerhaftigkeitsklassen

Klassifikationssysteme für die natürliche Dauerhaftigkeit von Vollholz, basierend auf der Widerstandsfähigkeit gegenüber einem Befall durch verschiedene holzzerstörende Organismen. Das Splintholz aller Holzarten sollte als Dauerhaftigkeitsklasse 5 angesehen werden. Die Gebrauchsdauer eines Holzteiles hängt von vielen Faktoren ab, nicht nur von der Dauerhaftigkeitsklasse gegen holzzerstörende Organismen. Dauerhaftigkeitsklassen ► S. 69/70.

Einsatz von Holzschutz gegen Pilze bei den Gefährdungsklassen (DIN EN 460)

Gebrauchsklasse	Dauerhaftigkeitsklasse 1	2	3	4	5	Symbole	Beschreibung
1	0	0	0	0	0	0	natürliche Dauerhaftigkeit ausreichend
2	0	0	0	(0)	(0)	(0)	natürliche Dauerhaftigkeit üblicherweise ausreichend, bei einer bestimmten Gebrauchsbehandlung Holzschutz empfehlenswert
3	0	0	(0)	(0)–(X)	(0)–(X)	(0)–(X)	natürliche Dauerhaftigkeit kann ausreichend sein, eine Schutzbehandlung kann notwendig sein
4	0	(0)	(X)	X	X	(X)	eine Schutzbehandlung ist üblicherweise empfehlenswert
5	0	(X)	(X)	X	X	X	Schutzbehandlung notwendig

Beispiel:
In einem freistehendem Einfamilienhaus sollen Fenster aus Lärchenholz eingebaut werden. Unter welchen Bedingungen ist der Einbau möglich?
Zur Ermittlung der Gefährdung wird die Gefährdungsklasse bestimmt. Die Fenster sind der Witterung aber nicht immer dem Regen ausgesetzt (Wetterseite). Daraus ergibt sich die Gefährdungsklasse 2 und 3 (Wetterseite) mit der Schutzmaßnahme gegen Bläue und Schimmelpilz. Das Lärchenholz hat die Dauerhaftigkeitsklasse 3 und kann mit einer Schutzbehandlung eingebaut werden.

Holzschutzmittel (Auswahl)

Mittel	Beschreibung
Holzschutzmittel	Sind chemische Zubereitungen, die aufgrund ihrer abgestimmten Mischung dazu dienen, einen Befall von Pilzen oder Insekten vorzubeugen oder zu bekämpfen und das Holz vor weiterer Zerstörung zu schützen. Das Mittel besteht mindestens aus einem Wirkstoff und einem Lösungsmittel. Die Wirkstoffe sind anorganische Metallsalze oder organische Verbindungen.
Holzschutzgrundierung	Es sind Mittel auf der Basis öliger Holzschutzmittel mit Zusätzen, die die Haftung von Folgeanstrichen positiv beeinflussen.
Holzschutzlasuren	Durch die lichtechten Farbpigmente wird die Holzoberfläche vor UV-Strahlen geschützt und und gleichzeitig dekorativ gestaltet. Der durchtränkte Bereich ist durch die chemische Verbindung vor Schädlingen geschützt.
Wetterschutzmittel	Die wasserabweisenden und pigmentierten Mittel schützen die Oberfläche. Sie gibt es als lasierend oder deckend.
Salze	Es sind anorganische Wirkstoffe auf der Basis von wasserlöslichen Metallsalzen, sie werden als wässrige Lösung eingesetzt. Die Salze können durch Streichen, Spritzen, Tauchen, Kesseldruck- oder Vakuumtränkung eingebracht werden, sie sind z.T. auswaschbar nicht fixierend. Die Holzfeuchte darf bis 30% betragen. Die behandelten Holzteile dürfen nur bedingt der Witterung ausgesetz werden. Die Einbringmenge und das Einbringverfahren richtet sich nach den späteren Anforderungen. Die Metallsalze sind hoch toxisch. CF-Salz: Chrom und Fluorverbindung; CK-, CKA-, CKB-, CKF- oder CFB-Salz: Bichromate und Kupfersalze mit Arsen-, Bor- oder Fluorverbindungen; SF- und HF-Salze: Silicofluoride oder Hydrogenfluoride, sie sind korrosiv und dürfen nicht mit Lebensmitteln und Futtermitteln in Kontakt kommen. B-Salze: organische Borverbindungen, sie sind kaum giftig, Ersatz für Chrom-Verbindungen
ölige, lösungsmittelhaltige Schutzmittel	Teeröl- und steinkohlenteerölhaltige Mittel, nur für den Außenbau zugelassen. Organische Wirkstoffe (Insektizide und Fungizide) in organischen Lösungsmitteln. Für halbtrockene und trockene Hölzer im Innen- und Außenbau, meistens Lasuren mit Pigment-Anteilen. Nicht für den allgemeinen Oberflächenschutz geeignet.

2.4 Holzschutz

Eindringtiefeanforderungen (DIN EN 351)

Eindring-tiefe-klasse	Mindest-Eindringtiefe	Eindring-tiefe-klasse	Mindest-Eindringtiefe
NP 1	keine	NP 4	≥ 25 mm seitlich
NP 2	≥ 3 mm seitlich im Splintholz	NP 5	gesamtes Splintholz
NP 3	≥ 6 mm seitlich im Splintholz	NP 6	gesamtes Splintholz und ≥ 6 mm im freiliegenden Kernholz

Begriffe der Holzschutzmittelverteilung (DIN 52175, DIN 68 800)

Es wird unterschieden nach: Oberflächen-, Rand-, Tief- und Teilschutz.
Wenn Splint- und Kernholz nicht zu unterscheiden sind, gilt die für die jeweilige Eindringtiefenklasse festgelegte Splintholzbreite als Eindringtiefenanforderung.

Anforderungen an die Holzschutzmittel (DIN 68800)

Gefährdungsklasse	Anforderungen an das Holzschutzmittel	Prüfprädikat	Gefährdungsklasse	Anforderungen an das Holzschutzmittel	Prüfprädikat
0	nicht erforderlich	–	3	insektenvorbeugend pilzwidrig witterungsbeständig	Iv P W
1	insektenvorbeugend	Iv			
2	insektenvorbeugend pilzwidrig	Iv P	4	insektenvorbeugend pilzwidrig witterungsbeständig moderfäulewidrig	Iv P W E

Prüfzeichen	Beschreibung
Iv	insektenvorbeugend wirksam
P	gegen Pilze vorbeugend wirksam
W	gegen Witterung beständig
E	im Erdkontakt beständig

Bei der Anwendung der DIN EN Normen ist z.Z. im Einzelfall zu prüfen ob die baurechtliche Einführung schon erfolgt ist. Die DIN EN und die überarbeitete DIN 68 800 bilden eine Einheit.

2.4.2 Brandschutz für Holzbauteile

Der Brandschutz ist neben dem Schutz vor Insekten und Pilzen ein Teil des Holzschutzes. Er kann auf zweierlei erfolgen, durch Feuerschutzmittel oder durch Beplankung. Die Ausführung und Einstufung wird in der DIN 4102 „Brandverhalten von Baustoffen und Bauteilen“ (▶ vergleiche Kapitel 6) beschrieben.

Die Feuerschutzmittel werden in zwei Verarbeitungsverfahren unterschieden

Salzhaltige Feuerschutzmittel	Durch Druckimprägnierung werden das Holz und die Holzwerkstoffe behandelt. Dieses bewirkt eine rasche Verkohlung des Holzes und erreicht dadurch einen Schutz vor dem Verbrennen.
Dämmschichtbildende Feuerschutzmittel	Durch die Hitzeeinwirkung schäumt die Oberflächenbeschichtung auf und verhindert so den direkten Kontakt zwischen der Flamme und dem Holz. Die Schutzmittel müssen allseitig auf die Holzwerkstoffe aufgetragen werden, sofern diese nicht vollflächig auf einen massiven mineralischen Untergrund befestigt sind. Vor dem Auftrag des Schutzmittels ist die Haftfähigkeit auf den Untergrund zu prüfen.

Durch Feuerschutzmittel kann das Brandverhalten von Holz und Holzwerkstoffen derart beeinflusst werden, dass sie die Anforderungen der Baustoffklassen B1 bzw. B2 nach DIN 4102 erfüllen (vergleiche Kapitel 6). Die Holzarten haben ein unterschiedliches Brandverhalten. Nadelhölzer brennen aufgrund ihres Aufbaues leichter als Laubhölzer, **Hölzer mit einer geringeren Rohdichte brennen besser als Hölzer mit einer höheren Rohdichte.**

$\varrho \leq 300$ kg/m³ sehr gut brennbar

$\varrho > 300$ kg/m³ und $\varrho \leq 1000$ kg/m³ mittelmäßig brennbar

$\varrho > 1000$ kg/m³ schlecht brennbar

2.5 Holzfeuchte

Fasersättigungsbereich

Fasersättigungsbereich u_F ist der Bereich in dem die Zellwände vollständig mit Wasser gesättigt sind und in den Kapillarstrukturen kein freies Wasser ist. Beim Einschneiden von Hölzern ist der Fasersättigungsbereich zu beachten.

Holzart	u_F %	Holzart	u_F %	Holzart	u_F %
Ahorn	32 … 35	Kiefer[2, 3]	26 … 28	Rotbuche	32 … 35
Birke	32 … 35	Kirschbaum[1]	22 … 24	Roteiche[1]	22 … 24
Birnbaum[1]	32 … 35	Lärche[2, 3]	26 … 28	Rüster[1]	22 … 24
Douglasie[2, 3]	26 … 28	Lauan	32 … 35	Sapelli	32 … 35
Eiche[1]	22 … 24	Meranti DR	32 … 35	Sipo	32 … 35
Erle	32 … 35	Nussbaum[1]	22 … 24	Tanne	30 … 34
Esche	22 … 24	Pappel	32 … 35	Teak	22 … 24
Fichte	30 … 34	Redcedar	30 … 34	Weißbuche	32 … 35
Hemlock	30 … 34	Robinie[1]	25 … 25	Weymouthskiefer	22 … 24

[1] Splint u_F % 32 – 35 [2] Splint u_F % 30 – 34 [3] Kern mit hohem Harzgehalt u_F % 32 – 35

Nach dem Einschnitt hat das Holz noch eine Feuchtigkeit von 18% … 30% bezogen auf das Darrgewicht. Um es weiter verarbeiten zu können, muss es noch getrocknet werden. Die angestrebte Holzfeuchte *u* richtet sich nach dem zu erwartenden Klima während der Nutzung.
Zwischen dem Klima (relativer Luftfeuchtigkeit und Temperatur) und der Holzfeuchte *u* entsteht ein Gleichgewicht – das **Holzfeuchtegleichgewicht u_{gl}.**

Tabelle zur Bestimmung des Holzfeuchtegleichgewichtes (nach Egner)

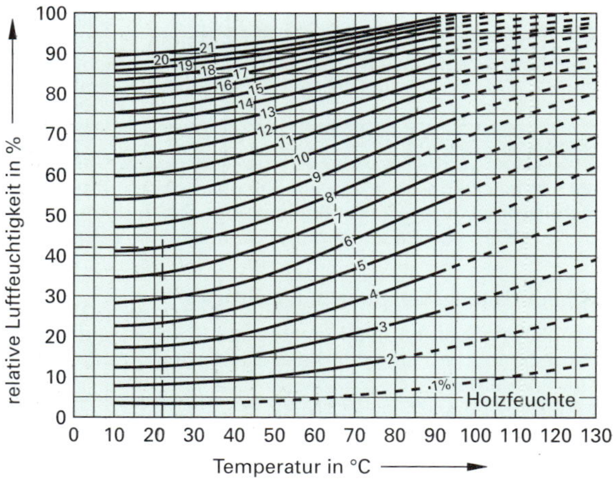

Beispiel:

In einem Raum wird eine Lufttemperatur von 22 °C und eine relative Luftfeuchtigkeit von 42% gemessen.

Wie hoch ist die Holzfeuchte u_{gl}?

Holzfeuchte u_{gl} = 8%

Normalklima oder Normklima

Bei diesen Bedingungen werden die Holzproben gelagert damit sich die entsprechende Holzfeuchte u_{gl} einstellt, während der Prüfung wird das Klima nicht verändert.

Normalklima (nach DIN 50 014) (zurückgezogen)

Kurzzeichen	Lufttemperatur	relative Luftfeuchte	Holzfeuchte u_{gl} %
23/50	23 °C	50%	9
20/65	20 °C	65%	12
27/65	27 °C	65%	11,6

Mittlere relative Luftfeuchtigkeit in verschiedenen Verwendungsbereichen (DIN 68 100)

Verwendungsbereich		mittlere rel. Luftfeuchte %	Verwendungsbereich	mittlere rel. Luftfeuchte %
geschlossene Räume	mit Zentralheizung	40	offene Räume überdacht	75
	mit Ofenheizung	50	im Freien, der Witterung ausgesetzt	80
	mit Heizung	65	grobe Mittelwerte für Mitteleuropa	

2.5 Holzfeuchte

Gleichgewichtsfeuchte

Gleichgewichtsfeuchte ist die auf Grund des hygroskopischen Gleichgewichts mit einem bestimmten Klima, ausschlaggebend ist die relative Luftfeuchtigkeit, entstehende Holzfeuchte u_{gl}.
Sie endet bei der Fasersättigung.

mittlere Holzfeuchte (DIN 1052)

Nutzungsklasse	1	2	3	Die meisten Nadelhölzer der jeweiligen Nutzungsklasse überschreiten die kursiven u_{gl}-Werte nicht.
Holzfeuchte u_{gl}	5% … ***12***% … 15%	10% … ***20***%	12% … ***24***%	

Nutzungsklasse 1: allseitig geschlossene und beheizte Bauwerke, im Regelfall bei 20 °C und ≤ 65% rel. Luftfeuchtigkeit
Nutzungsklasse 2: überdachte Bauten, bei einer Temperatur von 20 °C und einer relativen Luftfeuchtigkeit ≤ 85%
Nutzungsklasse 3: Konstruktionen, die der Witterung ausgesetzt sind

mittlere Holzfeuchte (DIN 18355 VOB/ATV)

Verwendung	Holzfeuchte u_{gl}	Verwendung	Holzfeuchte u_{gl}
Innenausbau[1], die nicht der Außenluft ausgesetzt sind	≤ 10%[4]	Bauteile[2], die ständig der Außenluft ausgesetzt sind	≤ 15%[4]

mittlere Holzfeuchte (DIN EN 942)

Einsatzbedingungen	Holzfeuchte u_{gl}	Einsatzbedingungen	Holzfeuchte u_{gl}
beheizte Gebäude, Innen[1] Raumtemperatur 12 °C … 21 °C	9% … 13%	unbeheizte Gebäude, Innen[1]	12% … 16%
beheizte Gebäude, Innen[1] Raumtemperatur > 21 °C	6% … 10%	Außenbereich[2), 3)]	12% … 19%

[1] Innenausbau: Zimmertüren, Einbauschränke, Wand- und Deckenbekleidungen, Möbel

[2] Bauteile mit Schutz: Fenster, Haustüren [3] Bauteile ohne Schutz: Pergola

[4] Holzfeuchte beim Verlassen des Herstellungsbetriebes; ist auf Verlangen nachzuweisen

Maßveränderung durch Schwinden und Quellen

Durch die Abgabe oder Aufnahme von Feuchtigkeit verändert das Holz seine Maße. Die Schwindmaße und Quellmaße sind in den drei holzanatomischen Richtungen sehr unterschiedlich und verhalten sich etwa wie:

Durchschnittswerte zur überschlägigen Ermittlung des Holzschwundes

Schwindrichtung	maximales Schwindmaß β in %		differentielles Schwindmaß q in % pro 1 % Feuchteänderung	
axial	β_l	0,3 %	q_l	0,01 %
radial	β_r	4 %	q_r	0,13 %
tangential	β_t	8 %	q_t	0,27 %
diagonal*	β_d	6 %	q_d	0,20 %

* Mittelwert zwischen radial und tangential

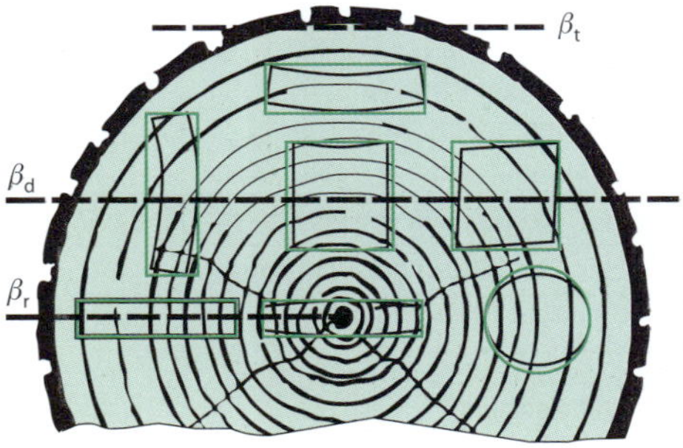

Berechnung der Holzfeuchte:

$$\text{Holzfeuchte } u = \frac{m_u - m_o}{m_o} \cdot 100 \text{ in } \%$$

m_u Masse der feuchten Holzprobe
m_o Masse der darrtrockenen Holzprobe

Beispiel:

Die feuchte Holzprobe wiegt 230 g.
Die darrtrockene Holzprobe wiegt 200 g.

$$u = \frac{230\text{ g} - 200\text{ g}}{200\text{ g}} \cdot 100\%$$

$$u = \frac{30\text{ g}}{200\text{ g}} \cdot 100\% \qquad \text{Holzfeuchte } u = 15\%$$

2.5 Holzfeuchte

Ausgewählte Werte für den Holzfeuchtegehalt und ihre Normen

Kennzeichen TG: Tegernseer Gebräuche (Holzfeuchte aufsteigend)	DIN	Holzfeuchte *u*%
darrtrocken, ofentrocken	–	0
Innenausbauteile	VOB/18355	≤ 10
Fußbodendielen geheizte Inneneräume	EN 13990	7 … 11
Profilholz (Seekiefer) Bereich $u \leq 11\%$	EN 14519	8 … 14
Profilholz (Nadelholz) Bereich $u \leq 12\%$	EN 14519 u. EN 15146	10 … 14
Laubschnittholz für den Treppenbau	68368	10 … 14
Profilbretter mit Schattennut, hobeltrocken	68126	12 … 16
Holz für Innenfenster, Türen, Zargen, beheizt	DIN EN 14221	≤ 13
Bauteile der Außenluft ausgesetzt	VOB/18355	≤ 15
Holz für Außenfenster, Türen, Zargen	EN 14220	≤ 16
Holz für Innenfenster, Türen, Zargen, unbeheizt	EN 14221	≤ 16
Bretter, Fußleisten, Bohlen, Messbezugsfeuchte, vorzugsweise	4071…/68122…	16 … 18
Profilholz (Nadelholz) Bereich $u \leq 17\%$	EN 14519	15 … 19
Laubschnittholz, Messbezugsfeuchte	TG	18
Lufttrockenes Holz	EN 844-4	< 20
Laub- und Nadelschnittholz, Messbezugsfechte	1052/EN 1313	20
Fußbodendielen, andere Verwendung	EN 13990	15 … 19
verladetrockenes Holz	EN 844-4	< 25
Grenzwert für die Bezeichnung „halbtrocken" für Bauholz, Dimensions- und Listenware bei nicht zu großen Querschnittsabmessungen ≤ 200 cm^2	TG	30
frisches Holz, Fasersättigung	EN 844-4	≈ 30

Abgrenzung zwischen Holzqualität und Holztrocknung

Holzqualität wird beeinflusst durch die natürlichen Eigenschaften des Rohstoffes Holz vor seiner Trocknung. Trocknungsqualität wird durch die Prozessführung der Trocknung beeinflusst.

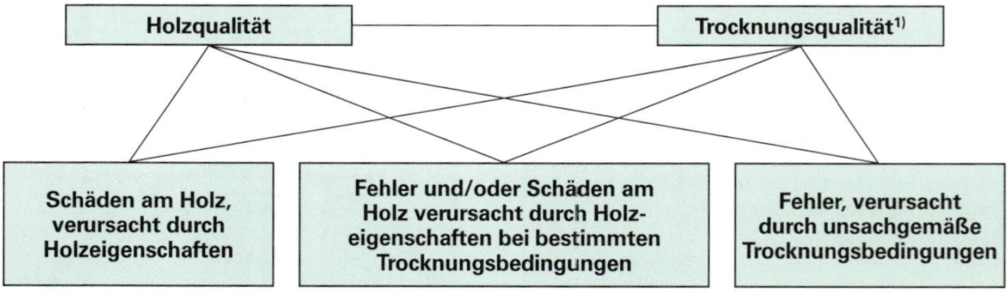

Übersicht über holzspezifische Merkmale und trocknungsbedingte Eigenschaften von Schnittholz

Holzeigenschaften oder Holzqualität	Eigenschaften beeinflusst durch Trocknung
Mechanische Eigenschaften Rohdichte Schwindung Faserabweichung Drehwuchs Wechseldrehwuchs Reaktionsholz Juvenile wood (Jugendholz) Äste Wachstumsspannungen Ringschäle Gallen Risse: Markrisse Wechseldrehwuchsrisse Wachstumsrisse	mittlere Holzfeuchte Streuung der Holzfeuchte: • über die Brettdicke • über die Brettlänge • innerhalb der Lieferung Verschalung Innenrisse Hirnrisse Kollaps bestimmte Verwerfungen Deformation durch falsches Stapeln bestimmte Verfärbungen oder Farbveränderungen: • Oberflächen-Innenverfärbungen • fleckige, streifige Verfärbungen • durch die Stapelleisten

1) Zur Zeit werden Richtlinien und/oder Normen zur Spezifikation und Bestimmung der Trocknungsqualität erarbeitet.

2.5 Holzfeuchte

Holztrocknung

wird die Feuchtigkeitsveränderung im Holz zwischen dem Fasersättigungsbereich, im Mittel bei $u \leq 30\%$, und der Verarbeitungsfeuchte, bis zu $u = 8\%$, bezeichnet. Die Trocknung kann durch zwei Verfahren erreicht werden: **Freilufttrocknung und Technische Trocknung**

Freilufttrocknung

Natürliche Freilufttrocknung	Das Holz wird auf Leisten gestapelt und mit einem Dach (Wetterschutz) versehen. Durch das umgebende Klima und den Wind wird das Holz je nach Holzart und Materialdicke in 60 Tagen … 300 Tagen auf ca. $u_{gl} = 5\% \ldots 20\%$ getrocknet.
Beschleunigte Freilufttrocknung	Das Holz wird in einer Halle auf Leisten gestapelt und während der Trocknung technisch belüftet (Ventilator). Hierdurch verkürzt sich die Trockenzeit gegenüber der natürlichen Freilufttrocknung auf die Hälfte bis zu einem Drittel. Diese Trocknung muss regelmäßig überwacht werden, damit es nicht zu Trockenschäden kommt.

Technische Trocknung

$TG = \frac{u_m}{u_{gl}}$ u_m augenblickliche, mittlere Holzfeuchte u_{gl} Gleichgewichtsfeuchte des jeweiligen Kammerklimas	Technische Trocknung *i* ist eine voll gesteuerte Trocknung durch zugeführte Wärmeenergie und gleichzeitige Zwangsbelüftung. Die Trockenzeit richtet sich nach der Holzart, der Holzfeuchte und der Materialdicke. Eine zu schnelle Trocknung führt zu Trocknungsschäden wie Verschalen, Verfärben, Hirnrisse usw. Zur Vermeidung von Schäden ist das Trocknungsgefälle (TG) zu beachten. Es darf den Wert 4 nicht überschreiten.

Diagramm zur Ermittlung des Gleichgewichtsfeuchtesatzes bei der Trocknung

Laubholz

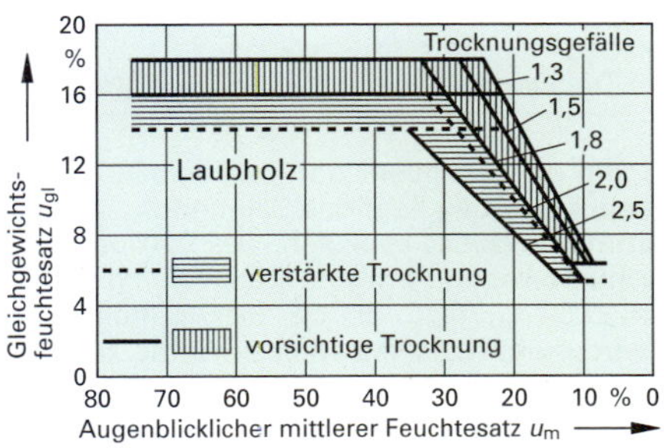

Nadelholz

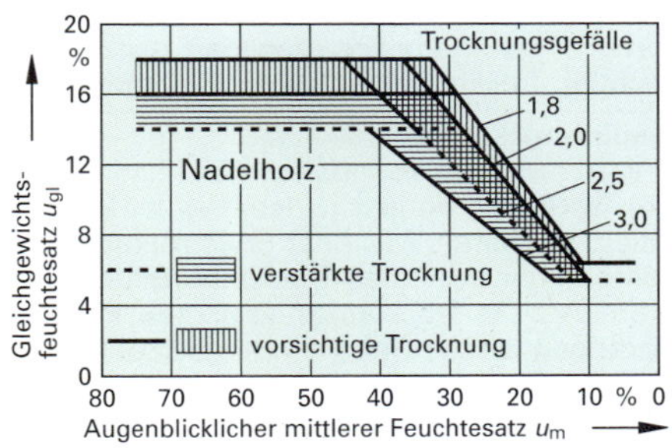

Richtwerte zum Trocknungsgefälle

Holzdicke in mm	< 30	> 30 … < 50	> 50	Holzart
schwer zu trocknen	3	2,5	2	Eiche
mittelmäßig zu trocknen	3,5	3	2,5	Buche
leicht zu trocknen	4	3,5	3	Fichte

Luftströmungsrichtungen bei der Holztrocknung

Querbelüftung

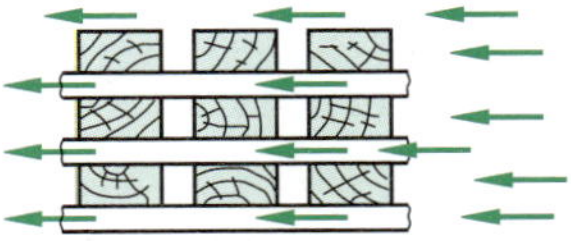

Längsbelüftung

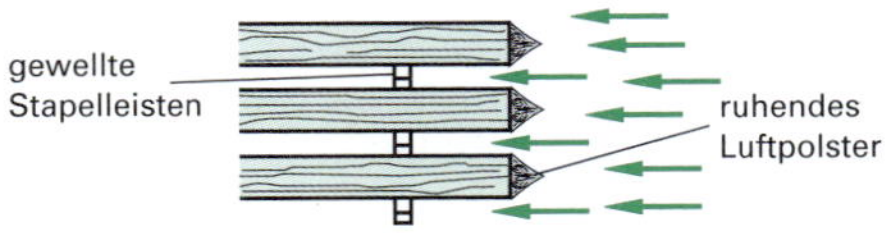

2.5 Holzfeuchte

2

Frischluft-Abluft-Trocknung,
nach diesem Verfahren arbeiten die meisten Trocknungsanlagen. Die feuchte Luft wird abgeführt und durch trockene Frischluft ersetzt. Die Feuchtigkeitsbewegung erfolgt durch Diffusion. Das Holz wird auf eine Temperatur von 30 °C... 100 °C, ideal ist 60 °C ... 80 °C, erwärmt. Das Holzfeuchtegleichgewicht u_{gl} wird um 4% über die Ausgangsholzfeuchte erhöht. Bei der Trocknung ist der augenblickliche u_{gl} niedriger als die Holzfeuchte. Zum Ende der Trocknung wird das Holzfeuchtegleichgewicht leicht erhöht, zum Ausgleich der Trockenspannung und um ein weiteres Abtrocknen zu verhindern.
Vorteil: für fast alle Holzarten und Holzdicken geeignete preiswerte Holztrocknung
Nachteil: helle Hölzer verfärben durch Oxidation

Schematische Darstellung des Trocknungsprozesses

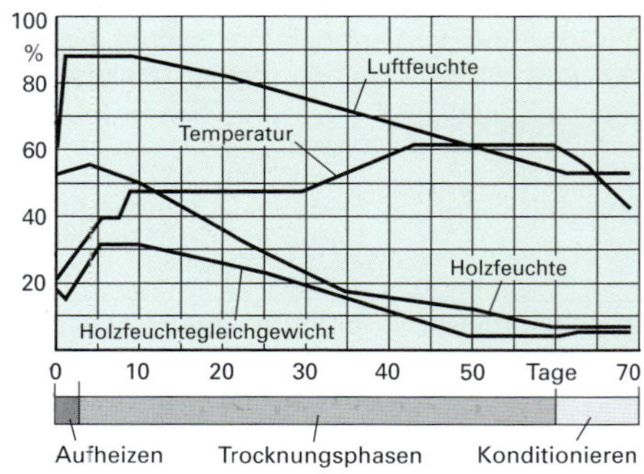

Hochtemperaturtrocknung,
arbeitet nach dem gleichen Prinzip wie die Frischluft-Abluft-Trocknung. Es wird hier zwischen Heißlufttrocknung (heißer, trockener Luft) und Heißdampftrocknung (überhitzter Wasserdampf) unterschieden. Das Holz wird auf zwischen 100 °C ... 130 °C erwärmt und die Luftströmungsgeschwindigkeit erhöht. Die Feuchtebewegung im Holz erfolgt durch Diffusion und Dampfströmung.
Vorteil: schnelle Trocknung von Nadelschnittholz
Nachteil: vorwiegend für Nadelhölzer geeignet, es führt leicht zu Holzverfärbungen, keine großen Qualitätsanprüche an die Trocknungsqualität.

Kondensationstrocknung,
arbeitet nach dem System einer Klimakammer, mit einem Wärmeteil und einem Kälteteil. Die Feuchtebewegung im Holz erfolgt durch Diffusion. Die Trocknungstemperatur liegt unter 55 °C. Die erwärmte feuchte Luft wird im Kältebereich abgekühlt, das Wasser kondensiert, die Luft wird wieder erwärmt und erneut dem Holz zugeführt. Es handelt sich um einen geregelten Kreislauf.
Vorteil: geringerer Energiebedarf, schonende Trocknung
Nachteil: Trocknung nur bis u = 12% möglich, längere Trocknungszeiten.

Vakuumtrocknung,
es wird zwischen kontinuierlicher (Plattenverfahren) und diskontinuierlicher (plattenloses Verfahren) Trocknung unterschieden. Bei der **kontinuierlichen Trocknung** liegt das Schnittholz zwischen beheizten Platten. Nach der Erwärmung wird die Kammer teilweise evakuiert. Das Vakuum bleibt während der gesamten Trocknung erhalten. Die Feuchtebewegung im Holz erfolgt durch Dampfströmung. Die Trocknungstemperatur liegt zwischen 30 °C ... 70 °C. Bei der **diskontinuierlichen Trocknung** ist das Holz normal gestapelt. Das Holz wird durch Luftzirkulation erwärmt, zum Entfeuchten wird ein Vakuum hergestellt. Die Trocknung erfolgt im Wechsel erwärmen/entfeuchten. Die Feuchtebewegung im Holz erfolgt durch Diffusion und Dampfströmung.
Die Trocknungstemperatur liegt zwischen 35 °C ... 75 °C.
Vorteil: kurze Trocknungszeiten, keine Holzverfärbungen, alle Holzarten und Querschnitte
Nachteil: hohe Investitionskosten

Heißdampf-Vakuumtrocknung,
das gestapelte Holz wird mit fast reiner Dampfatmosphäre erwärmt. Es werden sehr hohe Luftströmungsgeschwindigkeiten, mind. 10 m/s ... 15 m/s, benötigt. Die Feuchtebewegung im Holz erfolgt durch Dampfströmung. Die Trocknungstemperatur liegt bei 50 °C ... 90 °C, in der Regel bei 60 °C. Der Kammerinnendruck beträgt 80 mbar ... 180 mbar.
Vorteil: kürzere, schonendere Trocknung, keine Holzverfärbungen, fast alle Holzarten
Nachteil: höhere Investitionskosten, bedingt geeignet bei sehr permeablen (gasdurchlässigen) Hölzern mit geringen Dimensionen

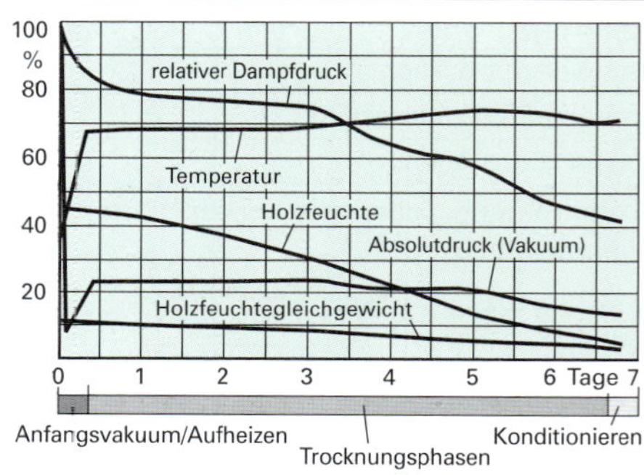

2.6 Holz als Handelsware

Damit Schnittholz gehandelt werden kann, wird der Stamm im Wald ausgehalten (nach Stärke- und/oder Güteklassen sortiert). Im Sägewerk wird dann das Holz gemäß der weiteren Verwendung eingeschnitten.

Rundholz ist unvergütetes Vollholz wie Stämme, Masten usw. Für die Vermessung, Stärke- und Güteklasseneinteilung sind mehrere Vorschriften von Bedeutung.

- Richtlinie 68/69 (EWG-Richtlinie) vom 28.01.1968
- Gesetz über gesetzliche Handelsklassen für Rohholz (HKIG) vom 25.02.1969
  Rohholz: gefälltes, entwipfeltes und entastetes Holz, es kann entrindet oder zugesägt sein
  Mindestmerkmale: Sortierung nach Verwendungszweck, Güte, Stärke und Länge
- Verordnung über gesetzliche Handelsklassen für Rohholz (HKIVO) vom 31.07.1969
  Handelsklassen: Sortierung der Holzarten nach Stärke, Güte und Verwendungszweck
  Kennzeichen: Langholz entsprechend den Güteklassen mit den Buchstaben A, B, C oder D
- Verordnung über gesetzliche Handelsklassen für Rohholz (Forst-HKS) vom 31.07.1969
- Ergänzende Bestimmungen der einzelnen Bundesländer

Handelsklassen für Rohholz (Forst-HKS)

Stärkesortierung

- **Langholz**
  - Mittenstärkensortierung (L0 … L6)
  - Stangensortierung (P1 … P3 Durchmesser mit Rinde u. bei Nadelhölzern auch die Länge)
- **Kurzholz**
  - Industrieschichtholz
  - Brennschichtholz

  (Schichtholz: geschichtetes, gestapeltes Holz)

Gütesortierung

- **Güteklassen**
  - A[1] einschließlich:
    - F (Furnierholz)
    - TF (Teilfurnierholz)
    - SS (Schneide[2]- und Schälholz)
    - TS (Teilschneide[2]- und Teilschälholz)
  - B[1] einschließlich:
    - M (Masten)
    - R (Rammpfähle)
  - C[1]
  - D

Verwendungszweck

- **Industrieholz**
- **Schwellen**

Industrieholz ist Rohholz, das mechanisch oder chemisch aufgeschlossen werden soll.

- IN: gesund, nicht grobastig, keine starken Krümmungen
- IF: leicht anbrüchig, grobastig, krumm
- IK: stark anbrüchig
- IGN / IGF / IGK: nach Gewicht
- ILN / ILF / ILK: lange Längen
- ISN / ISF / ISK: kurze Längen

ILX und ISX werden als Lang- oder Schichtholz angeboten.

1) Rohholz sowe Stärken- und Güteklassen A/EWG, B/EWG, C/EWG darf als „EWG-sortiert" bezeichnet werden.
2) Schneideholz: gutes Stammholz der Güteklasse A

Mittenstärkensortierung

Klasse	Mittendurchmesser ohne Rinde in cm	Klasse	Mittendurchmesser ohne Rinde in cm
L0	< 10	L3a	30 … 34
L1a	10 … 14	L3b	35 … 39
L1b	15 … 19	L4	40 … 49
L2a	20 … 24	L5	50 … 59
L2b	25 … 29	L6	≥ 60

Güteklassen (Forst-HKS)

Güteklassen	Anforderungen
A	gesundes Holz, fehlerfrei oder nur unbedeutende Fehler
B	Holz von normaler Qualität, mit kleinen Fehlern
C	fehlerhaftes Holz, über die Grenzwerte der Güteklasse B
D	es ist noch zu mindestens 40 % gewerblich verwertbar

Kennzeichnung und Messstellen für die Langholzsortierung

Beispiel für Stammkennzeichnung

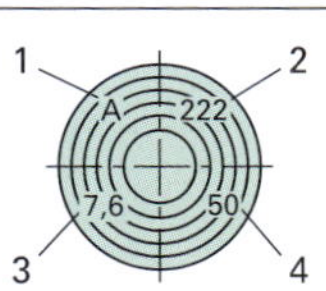

1 Güteklasse (von B abweichend)
2 Stammnummer
3 Stammlänge (m)
4 Mittendurchmesser (cm)

Messstellen bei Langholz

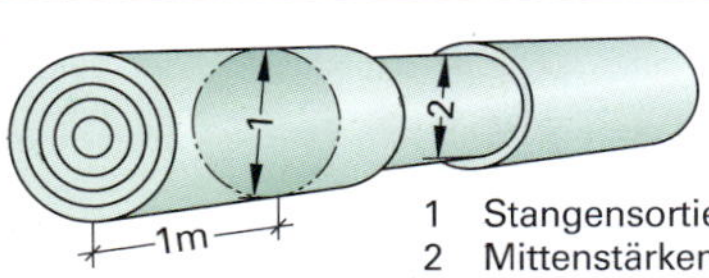

1 Stangensortierung
2 Mittenstärkensortierung

2.6 Holz als Handelsware

Abgrenzung der Güteklassen für Stammholz (Forst-HKS, Auswahl, vorzugsweise Nadelholz)

Merkmale	**Güteklassen** (gefordert bzw. zulässig)			
	A	B	C	D
astreine Schichten	$^{2}/_{3}$ bis $^{1}/_{2}$ des ∅ (d.h. außerhalb des inneren Drittels oder der inneren Hälfte, bezogen auf den ∅)	$^{1}/_{2}$ bis 0 des ∅	keine	Holz, das wegen seiner Fehler nicht in die Güteklassen A/EWG, B/EWG, C/EWG aufgenommen wird; es muss noch mindestens 40 % gewerblich verwendbar sein
Astdurchmesser oberhalb des Astanlaufes	Astlänge und Astlage ist im allgemeinen wichtiger als Astdurchmesser (maximale Astdurchmesser im Nadelholz bei 2 cm, im Laubholz bei ca. 3 cm)	gesunde Äste bis ca. 5 cm, 2 Äste lfd/m Fauläste 1 Ast 3 cm … 5 cm auf 1 lfd/m	dicke Äste von mindestens 8 cm … 12 cm Durchmesser Fauläste 1 Ast > 8 cm auf 4 lfd/m	
Astnarben	Restnarben und Narbenformen, bei denen Längs- zu Querdurchmesser 1 : 4 und mehr betragen; außerdem eine deutliche Narbe oder Klebast an geraden Abschnitten	jegliche (außer sehr großen Beulen etc. siehe C)	sehr große Beulen oder große Rindennarben über dicken Aststümpfen	
Krümmungen	≤ 2 cm/lfd m (LA ≤ 3 cm/lfd m)	≤ 4 cm/lfd m (bei ∅ unter 20 cm kann 2 cm schon als starke Krümmung gelten)	> 4 cm/lfd m	
Drehwuchs	≤ 6 cm/lfd m	≤ 15 cm/lfd m	> 15 cm/lfd m	
Abholzigkeit	NH ≤ 1 cm/lfd m LH ≤ 2 cm/lfd m	NH ≤ 2 cm/lfd m LH ≤ 3 cm/lfd m	NH ≤ 2 cm/lfd m LH ≤ 3 cm/lfd m	
Querschnittsform	≤ 1 : 1,2 zwischen großem und kleinem Durchmesser	1 : 1,2 … 1,5 zwischen großem und kleinem Durchmesser	keine Einschränkung	
Gesundheit	Stammtrockenheit ohne Sekundärschäden	Stammtrockenheit ohne weitere Folgeerscheinungen, leichte Verfärbungen, einzelne kleine Faulflecken, Faulstellen im Wurzelanlauf	Rot-Weißfäule, wesentliche Pilzzerstörungen, tiefgehende insektenschäden	
einzelne Wunden	im innersten Drittel und dicht unter der Stammoberfläche	keine Einschränkung	keine Einschränkung	
Risse und Ringschäle	im innersten Drittel größere nur in der nachweislichen Beschränkung auf die Abschnittsenden; gerader Frostriss als Einzelfehler an geraden Abschnitten	wie A, zusätzlich Mantelrisse > 3 cm im äußeren Stammdrittel, Markrisse > 3 cm im inneren Drittel	Ablösung der Ringschäle im innersten oder äußersten Radiusdrittel; große Markrisse über $^{1}/_{2}$ der inneren Radiuslänge; größere Kernrisse	
kleine Verfärbungen	im innersten Drittel und dicht unter der Stammoberfläche	keine Einschränkung	völlig verfärbt, stark fleckig oder streifig, Spritzkern bei Buche	
Jahrringbau	keine Reaktionsbildung; Jahrringbreiten holzartenweise von unterschiedlicher bedeutung	Reaktionsholzbildung innerhalb der zulässigen Querschnittsverformung, jedoch nicht mehr als $^{1}/_{3}$ des ∅	keine Einschränkung	
Sonstiges	Merkmale, die die Verwendung nicht beeinträchtigen, sind zulässig	die Zulässigkeitsgrenze eines der obigen Merkmale kann bei sonstiger guter Qualität überschritten werden	für Buche und Eiche gibt es ergänzende Beschreibungen	

Die einzelnen Bundesländer haben zusätzliche verwaltungs- und betriebsinterne Sortierungsbestimmungen erlassen. Die Aushaltung durch die Forstämter richtet sich nach der Forst-HKS und den Ergänzungen.

2.6 Holz als Handelsware

Sortierregeln Eiche (Quercus, DIN EN 1316)

Qualitätsmerkmale ↓ Klasse →	Q-A	Q-B	Q-C	Q-D
Mindestmaße[1)2)]: Länge Mittendurchmesser →	2,5 m 40 cm ohne Rinde	3 m 35 cm o. R.	2 m 30 cm o. R.	unbegrenzt
Splint	≤ 3 cm	≤ 4 cm	zulässig	zulässig, kann keiner anderen Klasse zugeordnet werden, ≥ 40 % des Volumens müssen verwendbar sein
Jahresringbreite	≤ 4 cm	zulässig	zulässig	
Farbe	homogen[2)]	zulässig[2)]	zulässig	
Ast: gesund, überwallt	≤ 15 cm / 2,5 m[3)]	[4)]	zulässig	
Ast: Faulast, unüberwallt	unzulässig		≤ 50 cm / 2 m	
Rindenmerkmale (Anzahl/m) (Wasserreisser, Rosen, u.ä.)	1 Wasserreisser/ 2,5 m[3)]	1 Wasserreisser = Ast mit 5 mm ∅	zulässig	
Drehwuchs	≤ 5 cm/m	≤ 9 cm/m	zulässig	
Exzentrizität	< 10 %	< 20 %	zulässig	
Ovalität	< 10 %	zulässig	zulässig	
Einfache Krümmung	≤ 2 cm/m	≤ 4 cm/m	≤ 10 cm/m	
Mondring, Weichfäule	unzulässig	unzulässig	unzulässig[2)]	
Einfacher Kernriss	im inneren 1/3 des ∅ zulässig	keine durch- gehenden Risse	zulässig	
Sternriss	unzulässig	im inneren 1/5 des ∅ zulässig	im inneren 2/3 des ∅ zulässig	
Frostriss	unzulässig	unzulässig	unzulässig[2)]	
Schwindrisse	unzulässig	zulässig	zulässig	
Ringschäle	unzulässig	im inneren 1/5 des ∅ am dick. Ende zulässig	am dickeren Ende zulässig	
Insektenfraßgänge	unzulässig	unzulässig	im Splint zulässig	
Faulflecken	unzulässig	im Kern 15 % des ∅ zulässig	zulässig	
Braunkern	unzulässig	unzulässig	im inneren 1/3 des ∅ zulässig	

Sortierregeln Buche (Fagus, DIN EN 1316)

Qualitätsmerkmale ↓ Klasse →	F-A	F-B	F-C	F-D
Mindestmaße[1)2)]: Länge Mittendurchmesser →	3 m 35 cm ohne Rinde	3 m 30 cm o. R.	2 m 25 cm o. R.	unbegrenzt[2)]
Jahresringbreite	≤ 4 cm	zulässig	zulässig	zulässig, kann keiner anderen Klasse zugeordnet werden, ≥ 40 % des Volumens müssen verwendbar sein
Farbe	homogen[2)]	zulässig[2)]	zulässig	
Ast: überwallt, unüberwallt	unzulässig	3 Äste / 3 m	gesunde Äste zulässig	
Ast: davon unüberwallt		[5)]	[6)]	
Drehwuchs	≤ 5 cm/m	≤ 9 cm/m	zulässig	
Exzentrizität (Kern)	< 10 %	< 20 %	zulässig	
Ovalität	< 15 %	zulässig	zulässig	
Krümmung	≤ 2 cm/m	≤ 4 cm/m	≤ 8 cm/m	
Spannrückigkeit	unzulässig	unzulässig[2)]	zulässig	
Einfacher Kernriss	unzulässig	zulässig	zulässig	
Sternriss	unzulässig	unzulässig	zulässig	
Insektenfraßgänge	unzulässig	unzulässig	unzulässig	
Weißfäule	≤ 10 % des Kern-∅	≤ 15 % des Kern-∅	≤ 25 % des Kern-∅	
Rotkern	≤ 20 % des ∅[7)]	≤ 10 % des ∅[7)]	zulässig	
Spritzkern	unzulässig	≤ 10 % des ∅	≤ 4 % des ∅	
Verfärbung / T-Flecken	unzulässig	unzulässig	zulässig	
Faulflecken	unzulässig	im Kern 15 %	zulässig	

1) Die Messungen für die Maße und Merkmale erfolgen nach DIN EN 1309, DIN EN 1310, DIN EN 1311.
2) Wenn nicht anders vertraglich vereinbart.
3) Sofern kein anderes abstufendes Merkmal vorhanden ist.
4) Höchstsumme: 100 mm / 3 m bei Ästen (alle Merkmale), gesunder überwallter Ast darf nicht > 60 mm ∅, und die Summe der Fauläste ≤ 20 mm ∅ sein.
5) Σ der Durchmesser ≤ 200 mm / 3 m (davon 40 mm max. kranker Ast / 3 m).
6) Σ der Durchmesser fauler und kranker Äste ≤ 200 mm / 3 m.
7) Eine Unterklasse „A Rot“ oder „B Rot“ erlaubt 100 % des gesunden und homogenen Rotkerns.

2.6 Holz als Handelsware

Rundholz-Einschnittarten

Kantholzschnitte | **Brett-, Dielen-, Rift- und Spiegelschnitte**

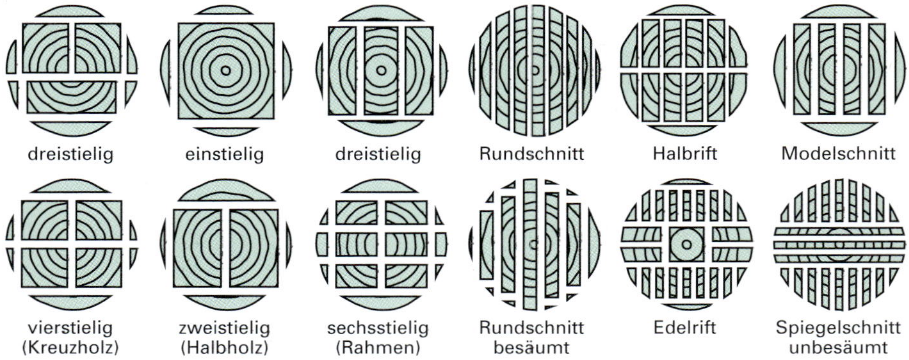

Schnittholz

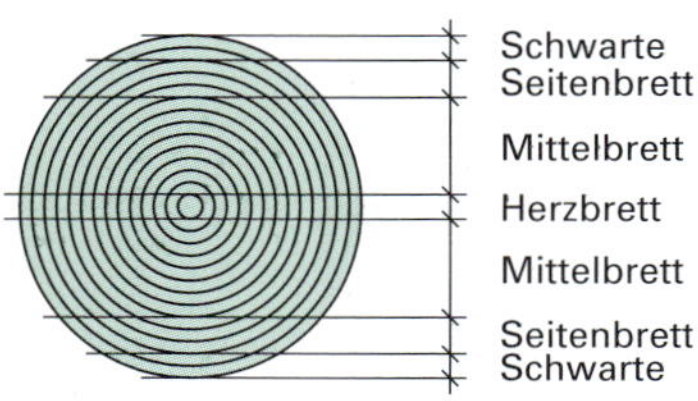

Schnittholz wird durch Sägen oder Zerspanen von Rundholz oder größeren Holzquerschnitten in Längsrichtung erzeugt und evtl. gekappt und/oder bearbeitet, um eine bestimmte Maßgenauigkeit zu erreichen.

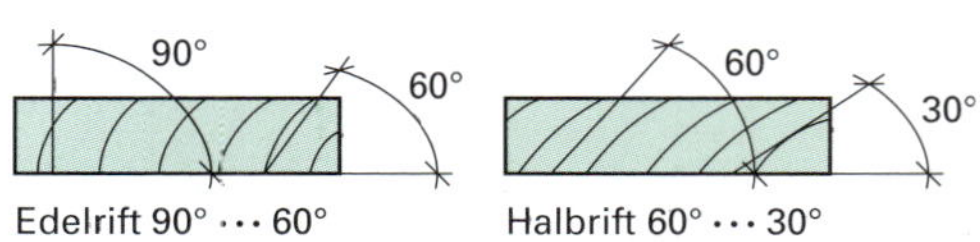

Güteklassen

DIN	Beschreibung	DIN	Beschreibung
(TG)	Tegernseer Gebräuche	EN 975	Sortierung für Eiche, Buche
4074	Sortierung von Nadelholz	EN 1310	Messung von Merkmalen
68126	Sortierung für Profilbretter	EN 1316	Qualitätssortierung – Laub-Rundholz
68365	Bauholz für Zimmerarbeiten	EN 1611	Sortierung für Nadelschnittholz
68368	Laubschnittholz für Treppenbau	EN 13990	Fußbodendielen, Nadelholz
EN 350	Natürliche Dauerhaftigkeit, Vollholz	EN 14081	Bauholz für tragende Zwecke
EN 338	Festigkeitsklassen	EN 14220	Holz für Außenfenster und Außentüren
EN 844	Rund- und Schnittholz	EN 14221	Holz für Innenfenster und Innentüren
EN 942	Holz für Tischlerarbeiten	EN 14519	Profilholz, Nadelholz

Form und Maße

DIN	Beschreibung	DIN	Beschreibung
(TG)	Tegernseer Gebräuche	EN 1309	Messung der Maße
EN 1315	Dimensions-Sortierung Laub-Rundholz	EN 1310	Messung der Merkmale
EN 336	Maße, zulässige Abweichungen	EN 1311	Messung von Schädlingsbefall
EN 844	Begriffe zu Maßen	EN 1312	Bestimmung des Losvolumens
		EN 1313	Laub-, Nadelschnittholz, Vorzugsmaße

(TG) Tegernseer Gebräuche[1)]

Die Gebräuche gelten für den inländischen Handel mit inländischem Rund-, Schnittholz, Holzwerkstoffen und anderen Holzhalbwaren. Sie sind *Handelsbrauch*[2)], uns sie sind als Verkehrssitte heranzuziehen und anzuwenden, es sei denn, sie werden vertraglich ausgeschlossen. Sie gelten nicht im Handel zwischen der Forstwirtschaft und ihren Abnehmern.

[1)] Mitherausgeber: Bundesverband Deutscher Holzhandel e.V., Wiesbaden
[2)] Die TG-Sortierung entspricht nicht der Sortierung nach DIN.

2.6 Holz als Handelsware – Nadelholz

Sortierklassen DIN 4074

(Kanthölzer und vorwiegend hochkant (K) biegebeanspruchte Bohlen und Bretter)

Sortiermerkmale (visuelle Sortierung)	**Sortierklassen (Nadelschnittholz)**		
	S 7, S7K	**S 10, S10K**	**S13, S13K**
Äste	≤ $^{3}/_{5}$ Ästigkeit	≤ $^{2}/_{5}$ Ästigkeit	≤ $^{1}/_{5}$ Ästigkeit
Faserneigung	≤ 16 %	≤ 12 %	≤ 7 %
Markröhre	zulässig	zulässig	nicht zulässig[1]
Jahrringbreite – allgemein – Douglasie	 ≤ 6 mm ≤ 8 mm	 ≤ 6 mm ≤ 8 mm	 ≤ 4 mm ≤ 6 mm
Risse – Schwindrisse[2] – Blitzrisse / Ringschäle	 ≤ $^{3}/_{5}$ der kurzen Kante nicht zulässig	 ≤ $^{1}/_{2}$ der kurzen Kante nicht zulässig	 ≤ $^{2}/_{5}$ der kurzen Kante nicht zulässig
Baumkante K[3]	≤ $^{1}/_{3}$ der Querschnittsseite	≤ $^{1}/_{3}$ der Querschnittsseite	≤ $^{1}/_{4}$ der Querschnittsseite
Krümmung[2] – Längskrümmung – Verdrehung	 ≤ 12 mm bei 2 m Länge ≤ 2 mm je 25 mm Breite / 2 m	 ≤ 8 mm bei 2 m Länge ≤ 1 mm je 25 mm Breite / 2 m	 ≤ 8 mm bei 2 m Länge ≤ 1 mm je 25 mm Breite / 2 m
Verfärbung – Bläue – nagelfeste braune und rote Streifen – Rotfäule / Weißfäule	 zulässig ≤ $^{3}/_{5}$ Umfang nicht zulässig	 zulässig ≤ $^{2}/_{5}$ Umfang nicht zulässig	 zulässig ≤ $^{1}/_{5}$ Umfang nicht zulässig
Druckholz	≤ $^{3}/_{5}$ Umfang	≤ $^{2}/_{5}$ Umfang	≤ $^{1}/_{5}$ Umfang
Insektenfraß	Fraßgänge bis 2 mm von Frischholzinsekten zulässig		
Sonstige Merkmale	sind in Anlehnung an die übrigen Sortiermerkmale sinngemäß zu berücksichtigen		

[1] Bei Kantholz mit einer Breite < 120 mm zulässig.
[2] Diese Sortiermerkmale bleiben bei nicht trocken sortierten Hölzern unberücksichtigt.
Zusätzliche visuelle Sortierkriterien für Schnittholz bei maschineller Sortierung siehe DIN 4074-1 Tab. 5

Sortierklassen DIN 4074 (Bohlen, Bretter)

Sortiermerkmale (visuelle Sortierung)	**Sortierklassen (Nadelschnittholz)**		
	S 7	**S 10**	**S13**
Äste – Einzelast – Astansammlung – Schmalseitenast	 ≤ $^{1}/_{2}$ der Breite ≤ $^{2}/_{3}$ der Breite –	 ≤ $^{1}/_{3}$ der Breite ≤ $^{1}/_{2}$ der Breite ≤ $^{2}/_{3}$ der Breite	 ≤ $^{1}/_{5}$ der Breite ≤ $^{1}/_{3}$ der Breite ≤ $^{1}/_{3}$ der Breite
Faserneigung	≤ 16 %	≤ 12 %	≤ 7 %
Markröhre	zulässig	zulässig	nicht zulässig[1]
Jahrringbreite – allgemein – Douglasie	 ≤ 6 mm ≤ 8 mm	 ≤ 6 mm ≤ 8 mm	 ≤ 4 mm ≤ 6 mm
Risse – Schwindrisse[2] – Blitzrisse / Ringschäle	 zulässig nicht zulässig	 zulässig nicht zulässig	 zulässig nicht zulässig
Baumkante K[3]	≤ $^{1}/_{3}$ der Querschnittsseite	≤ $^{1}/_{3}$ der Querschnittsseite	≤ $^{1}/_{4}$ der Querschnittsseite
Krümmung[2] – Längskrümmung – Verdrehung – Querkrümmung	 ≤ 12 mm bei 2 m Länge ≤ 2 mm je 25 mm Breite / 2 m ≤ $^{1}/_{20}$ der Breite	 ≤ 8 mm bei 2 m Länge ≤ 1 mm je 25 mm Breite / 2 m ≤ $^{1}/_{30}$ der Breite	 ≤ 8 mm bei 2 m Länge ≤ 1 mm je 25 mm Breite / 2 m ≤ $^{1}/_{50}$ der Breite
Verfärbung – Bläue – nagelfeste braune und rote Streifen – Rotfäule / Weißfäule	 zulässig ≤ $^{3}/_{5}$ Umfang nicht zulässig	 zulässig ≤ $^{2}/_{5}$ Umfang nicht zulässig	 zulässig ≤ $^{1}/_{5}$ Umfang nicht zulässig
Druckholz	≤ $^{3}/_{5}$ Umfang	≤ $^{2}/_{5}$ Umfang	≤ $^{1}/_{5}$ Umfang
Insektenfraß	Fraßgänge bis 2 mm von Frischholzinsekten zulässig		
Sonstige Merkmale	sind in Anlehnung an die übrigen Sortiermerkmale sinngemäß zu berücksichtigen		

[1] Dieses Sortiermerkmal gilt nicht für Bretter und für Brettschichtholz.
[2] Diese Sortiermerkmale bleiben bei nicht trocken sortierten Hölzern unberücksichtigt.
[3] siehe Seite 91

2.6 Holz als Handelsware – Laubholz

Sortierklassen DIN 4074

(Kanthölzer und vorwiegend hochkant (K) biegebeanspruchte Bohlen und Bretter)

Sortiermerkmale (visuelle Sortierung)	**Sortierklassen (Laubschnittholz)**		
	LS 7, LS7K	**LS 10, LS10K**	**LS13, LS13K**
Äste – allgemein – Eiche	 ≤ 3/5 Ästigkeit ≤ 3/5 Ästigkeit	 ≤ 2/5 Ästigkeit ≤ 2/5 Ästigkeit	 ≤ 1/5 Ästigkeit ≤ 1/6 Ästigkeit
Faserneigung[1]	≤ 16 %	≤ 12 %	≤ 7 %
Markröhre	nicht zulässig[2]	nicht zulässig[2]	nicht zulässig
Jahrringbreite	–	–	–
Risse – Schwindrisse[3] – Blitzrisse / Frostrisse / Ringschäle	 ≤ 3/5 der kurzen Kante nicht zulässig	 ≤ 1/2 der kurzen Kante nicht zulässig	 ≤ 2/5 der kurzen Kante nicht zulässig
Baumkante K[4]	≤ 1/3 der Querschnittsseite	≤ 1/3 der Querschnittsseite	≤ 1/4 der Querschnittsseite
Krümmung[3] – Längskrümmung – Verdrehung	 ≤ 12 mm bei 2 m Länge ≤ 2 mm je 25 mm Breite / 2 m	 bis 8 mm bei 2 m ≤ 1 mm je 25 mm Breite / 2 m	 bis 8 mm bei 2 m ≤ 1 mm je 25 mm Breite / 2 m
Verfärbung, Fäule – nagelfeste braune und rote Streifen – Fäule	 ≤ 3/5 Umfang nicht zulässig	 ≤ 2/5 Umfang nicht zulässig	 ≤ 1/5 Umfang nicht zulässig
Insektenfraß	Fraßgänge bis 2 mm von Frischholzinsekten zulässig		
Sonstige Merkmale	sind in Anlehnung an die übrigen Sortiermerkmale sinngemäß zu berücksichtigen		

[1] Dieses Sortiermerkmal bleibt bei Buche unberücksichtigt. [2] Bei Eichenkantholz zulässig.
[3] Bei Eichenkantholz mit einer Breite > 100 mm zulässig.
[4] Diese Sortiermerkmale bleiben bei nicht trocken sortierten Hölzern unberücksichtigt.
Zusätzliche visuelle Sortierkriterien für Schnittholz bei maschineller Sortierung siehe DIN 4074-5 Tab. 4.

Sortierklassen DIN 4074 (Bohlen, Bretter)

Sortiermerkmale (visuelle Sortierung)	**Sortierklassen (Laubschnittholz)**		
	S 7	**S 10**	**S13**
Äste – Einzelast – Astansammlung – Schmalseitenast[1]	 ≤ 1/2 der Breite ≤ 2/3 der Breite –	 ≤ 1/3 der Breite ≤ 1/2 der Breite ≤ 2/3 der Breite	 ≤ 1/5 der Breite ≤ 1/3 der Breite ≤ 1/3 der Breite
Faserneigung[2]	≤ 16 %	≤ 12 %	≤ 7 %
Markröhre	nicht zulässig[3]	nicht zulässig[3]	nicht zulässig
Jahrringbreite	–	–	–
Risse – Schwindrisse – Blitzrisse / Frostrisse / Ringschäle	 zulässig nicht zulässig	 zulässig nicht zulässig	 zulässig nicht zulässig
Baumkante K[4]	≤ 1/3 der Querschnittsseite	≤ 1/4 der Querschnittsseite	≤ 1/8 der Querschnittsseite
Krümmung[5] – Längskrümmung – Verdrehung – Querkrümmung	 ≤ 12 mm bei 2 m Länge ≤ 2 mm je 25 mm Breite / 2 m ≤ 1/20 der Breite	 ≤ 8 mm bei 2 m Länge ≤ 1 mm je 25 mm Breite / 2 m ≤ 1/30 der Breite	 ≤ 8 mm bei 2 m Länge ≤ 1 mm je 25 mm Breite / 2 m ≤ 1/50 der Breite
Verfärbung, Fäule – nagelfeste braune und rote Streifen – Fäule	 ≤ 3/5 Umfang nicht zulässig	 ≤ 2/5 Umfang nicht zulässig	 ≤ 1/5 Umfang nicht zulässig
Insektenfraß	Fraßgänge bis 2 mm von Frischholzinsekten zulässig		
Sonstige Merkmale	sind in Anlehnung an die übrigen Sortiermerkmale sinngemäß zu berücksichtigen		

[1] Dieses Sortiermerkmal gilt nicht für Bretter für Brettschichtholz.
[2] Dieses Sortiermerkmal bleibt bei Buche unberücksichtigt.
[3] Ist bei Eiche zulässig.
[4] Diese Sortiermerkmale bleiben bei nicht trocken sortierten Hölzern unberücksichtigt. [5] siehe Seite 91
Maßhaltigkeit nach DIN EN 336, Messbezugsfeuchte $\mu = 20\ \%$

2.6 Holz als Handelsware

Zuordnung der Sortier- und Festigkeitsklassen

Holzarten	Sortierklassen[1] DIN 4074	Festigkeitsklassen[2] DIN EN 338	Sortiermerkmale[3] DIN 4074 z.B. Baumkante
Fichte	S 7	C 18	
Tanne	S 7	C 16	
Kiefer	S 7	C 18	
Lärche	S 7	C 16	
Douglasie	S 7	C 16	
Fichte	S 10	C 24	
Tanne	S 10	C 24	
Kiefer	S 10	C 24	
Lärche	S 10	C 24	
Douglasie	S 10	C 24	
Fichte	S 13	C 30	
Tanne	S 13	C 30	
Kiefer	S 13	C 30	
Lärche	S 13	C 30	
Douglasie	S 13	C 35	

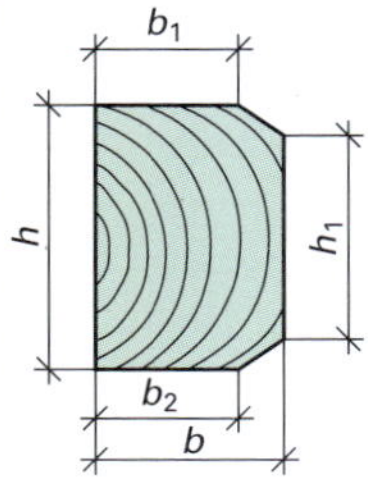

$K = \frac{h - h_1}{h}$

$K = \frac{b - b_1}{b}$

$K = \frac{b - b_2}{b}$

K: Bruchteil der zugehörigen Querschnittsseite

Beispiel:

$$K = \frac{20\ \text{cm} - 16\ \text{cm}}{20\ \text{cm}} = \frac{1}{5} \leq \frac{1}{3}$$

Die Zuordnung erfolgt nach DIN EN 1912. Vorwiegend hochkant biegebeanspruchte Bohlen und Bretter sind wie Kanthölzer zu sortieren. [1] vgl. Seite 73 [2] vgl. Seite 72 [3] vgl. Seite 87/89/90

Maßhaltigkeit DIN 4074 (nach DIN EN 336)

Maßtoleranzklasse 1	Breite ≤ 100 mm + 3 mm … – 1 mm	Breite ≤ 100 mm + 3 mm … – 2 mm
Maßtoleranzklasse 2	Breite ≤ 100 mm + 1 mm … – 1 mm	Breite ≤ 100 mm + 1,5 mm … – 1,5 mm

Negative Längenabweichungen sind nicht zulässig. Die Messbezugsfeuchte beträgt 20 %. TS: Trockensortiertes Schnittholz, das bei ≤ 20 % Holzfeuchte sortiert wurde. Der Rechenwert für das mittlere Schwind- und Quellmaß in radialer/tangentialer Richtung ist 0,24 % je 1 % Holzfeuchteveränderung bei europäischen Nadelhölzern.

Sortierklassenbeschreibung DIN 4074

S7, S7K, LS7, LS7K	Schnittholz mit geringer Tragfähigkeit
S10, S10K, LS10, LS10K	Schnittholz mit üblicher Tragfähigkeit
S13, S13K, LS13, LS13K	Schnittholz mit überdurchchnittlicher Tragfähigkeit
MS17	Schnittholz mit besonders hoher Tragfähigkeit

M: zusätzliche Kennzeichnung für maschinell sortiertes Holz
L: zusätzliche Kennzeichnung für Laubschnittholz
K: zusätzliche Kennzeichnung für Bretter und Bohlen die wie Kantholz sortiert sind

Bezeichnung des Schnittholzes (Beispiel)

Kantholz DIN 4074 – S 10TS PCAB	Kantholz sortierkalsse S 10, trockensortiert (TS), Fichte
Bohle DIN 4074 – S 13K PSNY	Bohle Sortierklasse S 13 als Kantholz sortiert (K), Kiefer
Brett DIN 4074 – C 40M LADC	Brett Festigkeitsklasse C 40 maschinell (M) sortiert, Lärche

Kennzeichnung des Schnittholzes

Bauprodukte nach dieser Norm müssen auf dem Produkt oder deren Lieferschein mit dem Übereinstimmungszeichen (Ü-Zeichen) gekennzeichnet sein.

Holzkanteln und Halbfertigprofile für nicht tragende Anwendungen (DIN EN 13307-1)

Merkmal	Schnittholz	gehobeltes Holz
Längskrümmung der Breitseite	$F = (L/1000)^2$ oder 2 mm	$F = (L/1000)^2/2$ oder 1 mm
Längskrümmung der Schmalseite	$F = (L/1000)^2 \times b/50$ oder 2 mm	$F = (L/1000)^2 \times b/100$ oder 1 mm
Querkrümmung	$b/100$ oder 1 mm	$b/200$ oder 1 mm
Grenzabweichung Querschnitt	+ 2 mm … – 1 mm	+ 0,5 mm … 0 mm
Grenzabweichung Länge	keine Minusabweichung	
Holzqualität der einzelnen Breitseite nach festgelegter Klasse DIN EN 942		
Holzfeuchte bei Lieferung 12 %	Keilverzinkung möglich nach DIN EN 942	
Nutzungsklasse 1, 2 und 3 vergl. Seite 107.		

<table>
<tr><td>Überwachungszeichen KVH Konstruktions voll holz</td><td colspan="4">Konstruktionsvollholz KVH®/ Massivholz MH®[1)]
aus Fichte, Tanne, Kiefer, Lärche, Douglasie</td><td>Bund Deutscher Zimmerer</td></tr>
<tr><td rowspan="3">Sortiermerkmal</td><td colspan="4">Anforderungen an KVH® und MH®</td><td rowspan="3">Anmerkungen</td></tr>
<tr><td colspan="2">Sichtbarer Bereich</td><td colspan="2">NichtSichtbarer Bereich</td></tr>
<tr><td>KVH - Si</td><td>MH-Plus - Si</td><td>KVH - NSi</td><td>MH-Fix - NSi</td></tr>
<tr><td>Sortierklasse</td><td colspan="2">DIN 4074-1
Sortierklasse
mind. S 10 TS</td><td colspan="2">DIN 4074-1
Sortierklasse
mind. S 10 TS</td><td>Materialeigenschaften ergeben sich aus der DIN 1052.</td></tr>
<tr><td>Holzeinbaufeuchte</td><td colspan="2">$u = 15\ \% \pm 3\ \%$</td><td colspan="2">$u = 15\ \% \pm 3\ \%$</td><td>$u \geq 20\ \%$ bei Bauschnittholz</td></tr>
<tr><td>Einschnittart / Markröhre auf Wunsch herzfrei</td><td colspan="2">herzgetrennt
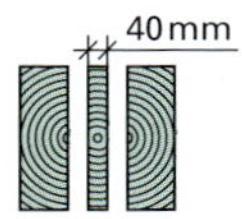</td><td colspan="2">herzgetrennt
</td><td>herzgetrennt: Bei einem ideal gewachsenen Stamm würde die Markröhre bei zweistieligem Einschnitt durchschnitten
herzfrei:
Herzbohle mit $d \geq 40$ mm</td></tr>
<tr><td>Baumkante</td><td colspan="2">nicht zulässig</td><td colspan="2">schräg gemessen ≤ 10 % der kleineren Querschnittseite</td><td>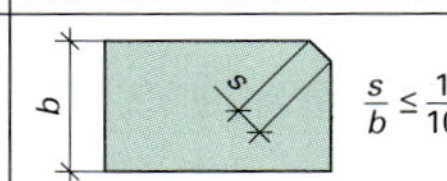</td></tr>
<tr><td>Maßhaltigkeit des Querschnitts</td><td colspan="4">DIN EN 336, Maßhaltigkeitsklasse 2
≤ 10 cm = ± 1 mm
> 10 cm = ± 1,5 mm</td><td>Die Maßhaltigkeit für die Längenabmessungen ist zu vereinbaren.</td></tr>
<tr><td>Äste
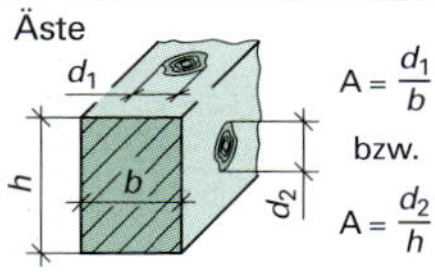</td><td colspan="2">S 10: $A \leq \frac{2}{5}$
S 13: $A \leq \frac{1}{5}$
nicht über 70 mm</td><td colspan="2">S 10: $A \leq \frac{2}{5}$
S 13: $A \leq \frac{1}{5}$
nicht über 70 mm</td><td>Astigkeit wird nach DIN 4074-1 ermittelt. Bei maschineller Sortierung gilt für KVH/MH - NSi bleiben die Astgrößen unberücksichtigt für KVH/MH - Si gilt A ≤ 2/5</td></tr>
<tr><td>Rindeneinschluss</td><td colspan="2">nicht zulässig</td><td colspan="2">DIN 4074-1</td><td rowspan="3">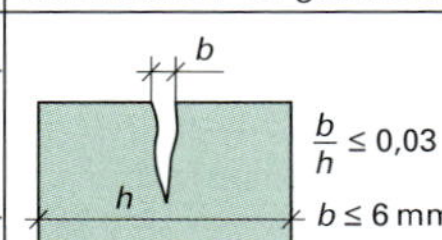</td></tr>
<tr><td>Risse
radiale Schwindrisse (Trockenrisse)</td><td colspan="2">Rissbreite $b \leq 3\ \%$ der jeweiligen Querschnittseite, nicht mehr als 6 mm</td><td colspan="2">DIN 4074-1</td></tr>
<tr><td>Harzgallen</td><td colspan="2">Breite $b \leq 5$ mm</td><td colspan="2">DIN 4074-1</td></tr>
<tr><td>Verfärbungen</td><td colspan="2">nicht zulässig</td><td colspan="2">DIN 4074-1</td><td rowspan="2"> Borkenkäfer</td></tr>
<tr><td>Insektenbefall</td><td colspan="2">nicht zulässig</td><td colspan="2">DIN 4074-1</td></tr>
<tr><td>Verdrehung</td><td colspan="5">Das zulässige Maß der Verdrehung wird nicht näher definiert, da bei Einhaltung aller anderen Kriterien keine untolerierbaren Verdrehungen zu erwarten sind.</td></tr>
<tr><td>Längskrümmung</td><td colspan="2">bei herzgetrenntem Einschnitt
≤ 8 mm / 2,000 m
bei herzfreiem Einschnitt
≤ 4 mm / 2,000 m</td><td colspan="2">bei herzgetrenntem Einschnitt
≤ 8 mm / 2,000 m</td><td>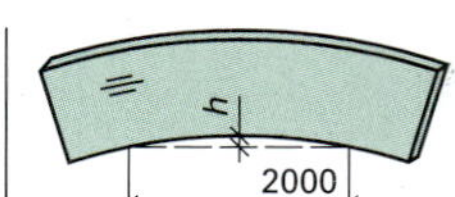</td></tr>
<tr><td>Oberflächenbeschaffenheit</td><td colspan="2">gehobelt und gefast</td><td colspan="2">egalisiert und gefast</td><td>egalisieren = Holzoberfläche gleichmäßig machen</td></tr>
<tr><td>Ausschreibungstext von KVH</td><td colspan="5">… m³ Konstruktionsvollholz NSi (Nicht Sichtbar), Festigkeitsklasse C 24 nach DIN 1052, $u = 15 + 3\ \%$, Einschnittart herzgetrennt, Oberfläche egalisiert und gefast, Maßhaltigkeitsklasse 2 nach DIN EN 336.</td></tr>
</table>

[1)] Entsprechend den BDZ-Vereinbarungen mit der Überwachungsgemeinschaft Konstruktionsvollholz e.V. (**KVH**®) und der Herstellergemeinschaft MH Massivholz e.V. (**MH**®) vom 11.2003.

2.6 Holz als Handelsware

Sortierung nach Tegernseer Gebräuchen[1] (Auswahl)

Merkmale	Bretter und Bohlen unbearbeitet						
	Fichte / Tanne			Kiefer / Lärche / Douglasie			(Laubschnittholz)
	0	I	II	III	IV	Rohhobler[2]	
Farbe	blank[3]	vereinzelt leicht farbig	leicht farbig	mittelfarbig	farbig, Kiefer	vereinzelt leicht farbig, Kiefer leicht angeblaut	angestockte Stellen Abschlagsmessung
Äste	pro m 1 kleiner Ast, ≤ 5 cm lang	kleine fest verwachsene ≥ 5 cm lang, pro m 1 kleiner Durchfallast	je m 2 kleine Durchfalläste, auf beiden Seiten fest verwachsene < 10 cm, bessere Seite keine gegenüberliegende vom Kern ausgehend	vereinzelt mittelgroß, aber gesunde Äste	nicht mehr der Klasse III entsprechend	mittelgroß, gesund, ≥ 7 cm, keine Durchfalläste	faule Äste, Abschlagsmessung
Harzgallen	statt eines keines Astes	vereinzelt klein	kleine	geringe mittelgroße	nicht mehr der Klasse III ensprechend	klein, ohne Beeinträchtigung	
Risse	vereinzelt kleine	vereinzelt kleine, kurze Endrisse bleiben unberücksichtigt	vereinzelt kleine, kurze Endrisse bleiben unberücksichtigt	mittelgroß	nicht mehr der Klasse III ensprechend	vereinzelt kleine, kurze Endrisse bleiben unberücksichtigt	Abschlagsmessung
Baumkante	vereinzelt klein	vereinzelt klein	klein	mittelgroß	groß	klein	Abschlagsmessung
Insektenfraßstellen			keine	gering	nicht mehr der Klasse III ensprechend		Abschlagsmessung
sonstige Merkmale	nicht Rothart[4)6)]	nicht Rothart[6)]			kann verschnitten sein	≤ 55 mm stark	Messbezugsfechte 18 %
Normallänge	3 m … 6 m	3 m … 6 m	3 m … 6 m	3 m … 6 m	2 m … 6 m	2 m … 6 m	3 m … 6 m 15 % kann auch 2,5 m … 2,9 m lang sein
Breite	8 cm aufwärts	8 cm aufwärts	8 cm aufwärts	8 cm aufwärts	8 cm aufwärts ohne DB[5)]	8 cm … 18 cm	halbe Baumkante vermessen
Kante besäumt			Krümmung < 2 cm je m		nicht mehr der Klasse III ensprechend		
Kante unbesäumt	Krümmung < 2 cm je m	Krümmung < 2 cm je m	Krümmung	Krümmung	nicht mehr der Klasse III ensprechend		
Vermessung	brettweise	brettweise	brettweise	brettweise oder Flächenmaß	brettweise oder Flächenmaß	brettweise	brettweise

1) Die Sortierregeln der Tegernseer Gebräuche finden im Baurecht keine Anwendung. Das Baurecht bezieht sich auf die DIN 1052 und die DIN 4074, beide sind bauaufsichtlich eingeführt.

2) Rohhobler ist nicht standardisiertes Schnittholz zur Herstellung von Hobelware.

3) Als blank wird Ware ohne Farbveränderung bezeichnet.

4) Dunkles Reaktionsholz, Druckholz, wird auch als Rotholz oder Buchs bezeichnet, schwer bearbeitbar.

5) DB: Durchschnittsbreite

6) Rotharte (buchsige) Bretter, Bohlen sind ausgeschlossen.

2.6 Holz als Handelsware

Schnittholzgrößen

Schnittholzart	Schnittholzeinteilung				
	DIN 4074 / DIN 68365		TG		Allgemeiner Sprachgebrauch
	Dicke / Höhe	Breite	Dicke / Höhe	Breite	
Balken	–	–	–	–	Schnittholz: Dicke ≥ 6 mm Leisten: Dicke: 2 mm … ≤ 40 mm, Breite: 2 mm … ≤ 75 mm Brett: Dicke: 8 mm … ≤ 36 mm, Breite: ≥ 80 mm
Kreuzholz (Rahmen)	–	–	Querschnittsfläche > 32 cm²		
Kantholz	$b \leq h \leq 3\,b$	$b > 40$ mm	–	–	
Bohle	$d \geq 40$ mm	$b > 3\,d$	Querschnittsfläche > 32 cm²	$b > 80$ mm	
Brett	$d \leq 40$ mm	$b \geq 80$ mm	Querschnittsfläche > 32 cm²	$b > 80$ mm	
Latte	$d \leq 40$ mm	$b < 80$ mm	Querschnittsfläche < 32 cm²	$b < 80$ mm	

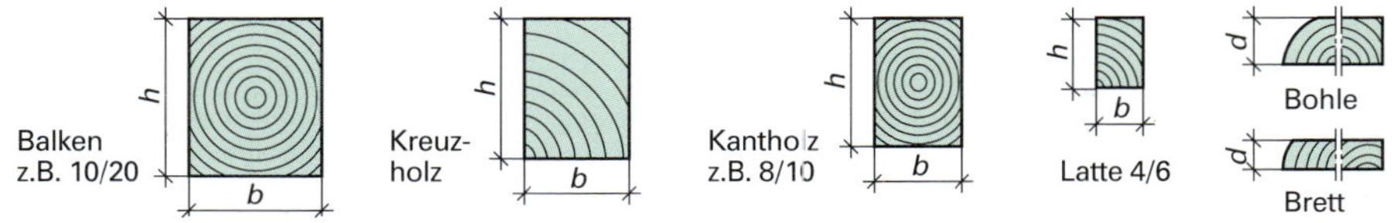

TG: Tergernseer Gebräuche *b*: Breite *d*: Dicke *h*: Höhe

Holz für Tischlerarbeiten

Bei der Auswahl einer Holzart bzw. eines Stammteiles müssen einige Punkte berücksichtigt werden: Ästhetik, Wirtschaftlichkeit, Dauerhaftigkeit (DIN EN 350), Beanspruchung, Brauchbarkeit, Bearbeitbarkeit. Ihre Gewichtung richtet sich nach den einzelnen Erfordernissen des Bauteiles.

Auswahl der Holzarten für Tischlerarbeiten

ästhetische Auswahl	Farbe, Maserung, Textur fein, mittel, grob für Oberflächenbehandlungen geeignet
wirtschaftliche Auswahl	Verfügbarkeit als Massivholz oder Furnier: ständig, schwankend, beschränkt handelsübliche Maße; Kosten: gering, durchschnittlich, hoch
mechanische Auswahl	Dichte: leicht, mittel, schwer; Festigkeit (DIN EN 338, DIN 1052) Wuchseigenschaften (DIN 4074, DIN EN 942, DIN EN 1611) Härte (Beständigkeit gegen Oberflächenabrieb)
Bearbeitung Auswahl	Trocknungsverhalten: leicht bis schwierig, schnell bis langsam; Härte (Bearbeitung): sehr gut bis schwierig; Verleimung: gut bis problematisch
Brauchbarkeit Auswahl	Maßänderung (Schwinden, Quellen) nach der Trocknung: gering, mittelmäßig, groß Gefährdungsbedingungen nach dem Einbau (DIN EN 335)
Dauerhaftigkeit Auswahl	natürliche Dauerhaftigkeit, siehe Seite 77/78; Tränkbarkeit mit Holzschutzmitteln (DIN EN 350-2); Reaktion mit anderen Materialien (Metall)

Erforderliche Bestellangaben (Beispiel) (DIN EN 942)

Bestellangaben	Merkmale		
	Sichtbare Flächen	Halb verdeckte Flächen	Verdeckte Flächen
1. Namen der geforderten Holzart	Eiche QXLE (Ei)		
2. geforderte Klasse nach der angegebenen Sortierung ▶ Seite 95	J5	J10	J30
3. geforderter Feuchtgehalt nach dem jeweiligen Verwendungszweck ▶ Seite 81	6 % … 10 %		
4. Verwendungszweck nach dem Einbau	Einbauschrank		
5. Beschichtung durchsichtig oder undurchsichtig	Hydro-Zweikomponenten-Lack, offenporig, DIN 68861-2 2 B	2 B	2 F

2.6 Holz als Handelsware

Holzmerkmale für Tischlerarbeiten (DIN EN 942)

Merkmale	Klasse						
	J2	J5	J10	J20	J30	J40	J50
	A	B	C	D	E	F	G
Drehwuchs	nicht zulässig	nicht zulässig	≤ 10 mm	≤ 10 mm	≤ 10 mm	≤ 20 mm	≤ 20 mm
Faserneigung	≤ 20 mm	≤ 20 mm	≤ 50 mm	≤ 50 mm	≤ 50 mm	≤ 100 mm	unbegrenzt
Äste	max. % der Oberfläche						
	10	20	30	30	30	40	50
	max. Durchmesser						
	2 mm	5 mm	10 mm	20 mm	30 mm	40 mm	50 mm
Harzgallen, Rinden-einwuchs	nicht zulässig	≤ 3 mm x 30 mm je 2 m Länge	≤ 3 mm x 75 mm je 2 m Länge	≤ 3 mm x 75 mm je 2 m Länge	≤ 3 mm Breite; keine Begrenzung der Länge	≤ 3 mm Breite; keine Begrenzung der Länge	≤ 3 mm Breite; keine Begrenzung der Länge
Wenn mehr als eine je Meter, darf die Gesamtlänge die für die Klasse angegebene Länge nicht überschreiten.							
Risse	max. Breite						
	nicht zulässig	nicht zulässig	0,5 mm	0,5 mm	1,5 mm	1,5 mm	1,5 mm
	max. Einzellänge der Risse						
	nicht zulässig	nicht zulässig	50 mm	100 mm	200 mm	300 mm	300 mm
	max. Gesamtlänge der Risse als Prozentsatz der Länge jeder Oberfläche						
	nicht zulässig	nicht zulässig	10 %	10 %	25 %	50 %	50 %
Sichtbare Markröhre	nicht zulässig	nicht zulässig	nicht zulässig	nicht zulässig	zulässig	zulässig	zulässig
Verfärbtes Splintholz (einschl. Bläue)[1]	nicht zulässig	nicht zulässig	nicht zulässig	nicht zulässig	zulässig, wenn ausgebessert	zulässig, wenn ausgebessert	zulässig, wenn ausgebessert
Schädigung durch Ambrosiakäfer	nicht zulässig	nicht zulässig	zulässig, wenn ausgebessert	zulässig, wenn ausgebessert	zulässig, wenn ausgebessert	zulässig, wenn ausgebessert	zulässig, wenn ausgebessert

1) In den Klassen J30 bis J50 darf Bläue durch die Anwendung einer speziellen Behandlung (z.B. leicht getönter Lack) überdeckt werden. Auf einer verdeckten Fläche ist jedes Merkmal zulässig, wenn die Gebrauchstauglichkeit nicht beeinträchtigt wird.

Beispiel der Lesart: J10 – D1 Drehwuchs ≤ 10 mm/m; D3 Ast-∅ < 10 mm; D5 Risse < 0,5 mm Breite < 50 mm Länge

Klassifizierung der sichtbaren Holzmerkmale (DIN EN 942, DIN 18355)

Bezeichnung	Beschreibung
J	joinery, Tischlerei, Holzklassen, Merkmale siehe Tabelle oben
10	10 mm Grenzmaß als maximaler Ast-∅ < 10 mm gemessen nach DIN EN 1310, Ast-∅ > 10 mm Größe müssen in Längsrichtung einen Abstand > 150 mm haben
30%	prozentualer Anteil der Äste an der gesamten Breite oder Dicke des Holzfertigproduktes, auf dem der Ast oder die Astansammlung auftritt
J10, J30, J40, J50	Breiten- und Schichtverleimung, Keilzinkung zulässig
Holzarten	müssen für den Verwendungszweck geeignet sein, Dauerhaftigkeit prüfen (DIN EN 350-2, DIN EN 351-1, DIN EN 460), Schwind- und Quelleigenschaften sind zu beachten
Ausbesserungen	mit Pfropfen oder Füllmittel zulässig, siehe Tabelle oben
Holzfeuchte	kein Einzelwert darf das Maximum des mittleren Feuchtegehaltes um mehr als 3 Holzfeuchteprozente überschreiten, Wert siehe Seite 81
Splint	zulässig, besondere Anforderungen an die Farbabstimmung sollten vereinbart werden
Baumkante	zulässig, wenn sie im bearbeiteten Einzelteil verdeckt wird
Maße	bei den Dicken der bearbeiteten Hölzer sind Abweichungen nur nach DIN EN 1313-1 zulässig, siehe Seite 98
Offene Fläche	Flächen, die nach dem Einbau nicht ständig verdeckt sind. Flächen beweglicher Teile (Fensterflügel, Türblätter), die im geöffneten Zustand sichtbar sind, werden als offene Flächen betrachtet
Verdeckte Fläche	Flächen, die nach dem Einbau ständig durch andere Bauteile oder Einzelteile (Metall, Kunststoff) verdeckt sind

2.6 Holz als Handelsware

Holz und Holzwerkstoffe für Außenfenster, Außentüren und Außentürzargen (DIN EN 14220)

2

Empfohlene Mindest-Sortierung für Rahmenflächen (ohne Nationale Klassen) (Klassen nach DIN EN 942)

Element	sichtbare Fläche		halbverdeckte Fläche		verdeckte Fläche
	nicht deckende Beschichtung	deckende Beschichtung	nicht deckende Beschichtung	deckende Beschichtung	
Rahmen und Zarge für Fenster und Türen	J10	J30	J30	J30	J50
Drehflügel, Schiebetür	J10	J10	J10	J10	J40
Aufrechte Flügel- und Rahmenteile und Teile des Türblattrahmens	J30	J30	J30	J30	J40
Falz	J2	J2	J2	J2	J2
Rundleisten und ähnliche kleine Profile	J10	J10	J10	J10	J10
Türschwellen, Unterstücke	J10	J30	J10	J30	J30
Bekleidung und Füllung	J10	J30	J30	J40	J50
	Empfehlung				
Keilzinkung	möglich, nur die Zinken sichtbar, bei nicht deckender Beschichtung vereinbaren.				
max. Feuchtigkeit	$u \leq 16\,\%$ bei allen Elementen				
Mindest-Rohdichte	Nadelholz ≥ 350 kg/m^3		Laubholz ≥ 450 kg/m^3		

Empfohlene Mindest-Sortierung für Rahmenflächen (Nationale Klassen Deutschland) (Klassen nach DIN EN 942)

Element	sichtbare Fläche		halbverdeckte Fläche		verdeckte Fläche
	nicht deckende Beschichtung	deckende Beschichtung	nicht deckende Beschichtung	deckende Beschichtung	
Rahmen und Zarge für Fenster und Türen	J10	J10 (J30)	J10 (J30)	J30	J30
Drehflügel, Schiebetür	J10	J10 (J30)	J10 (J30)	J30	J30
Aufrechte Flügel- und Rahmenteile und Teile des Türblattrahmens	J10	J10 (J30)	J10 (J30)	J30	J30
Falz	J10	J10 (J30)	J10 (J30)	J10	J10
Rundleisten und ähnliche kleine Profile	J2	J2	J2	J2	J2
Türschwellen, Unterstücke	J10	J10 (J30)	J10 (J30)	J30	J30
Bekleidung und Füllung	J10	J10 (J30)	J10 (J30)	J30	J30
	Empfehlung				
Keilzinkung	möglich, nur die Zinken sichtbar, bei nicht deckender Beschichtung vereinbaren.				
max. Feuchtigkeit	$u \leq 13\,\% \pm 2\,\%$ (11 % … 15 %) bei allen Elementen				
Mindest-Rohdichte	Nadelholz ≥ 350 kg/m^3		Laubholz ≥ 450 kg/m^3		

Die Klasse J 30 nur bei Nadelholz und deckender Beschichtung ohne Längsrisse.

Holz mit einer Rohdichte unter 500 kg/m^3 sind mit geeigneten Schutzmitteln zu bearbeiten.

2.6 Holz als Handelsware

Holz und Holzwerkstoffe für Innenfenster, Innentürblätter und Innentürzargen (DIN EN 14221)

Empfohlene Mindest-Sortierung für Rahmenflächen (ohne Nationale Klassen)
(Klassen nach DIN EN 942)

Element	sichtbare Fläche		halbverdeckte Fläche		verdeckte Fläche
	nicht deckende Beschichtung	deckende Beschichtung	nicht deckende Beschichtung	deckende Beschichtung	
Rahmen und Zarge für Fenster und Türen	J10	J30	J30	J30	J50
Drehflügel, Schiebetür	J10	J10	J10	J10	J40
Aufrechte Flügel- und Rahmenteile und Teile des Türblattrahmens	J30	J30	J30	J30	J40
Falz	J2	J2	J2	J2	J2
Rundleisten und ähnliche kleine Profile	J10	J10	J10	J10	J10
Türschwellen, Unterstücke	J10	J30	J10	J30	J30
Bekleidung und Füllung	J10	J30	J30	J40	J50
	Empfehlung				
Keilzinkung	möglich, nur die Zinken sichtbar, bei nicht deckender Beschichtung vereinbaren.				
max. Feuchtigkeit	$u \leq 16$ % bei allen Elementen				
Mindest-Rohdichte	Nadelholz ≥ 350 kg/m³		Laubholz ≥ 450 kg/m³		

Empfohlene Mindest-Sortierung für Rahmenflächen (Nationale Klassen Deutschland)
(Klassen nach DIN EN 942)

Element	sichtbare Fläche		halbverdeckte Fläche		verdeckte Fläche
	nicht deckende Beschichtung	deckende Beschichtung	nicht deckende Beschichtung	deckende Beschichtung	
Rahmen und Zarge für Fenster und Türen	J10	J10	J10	J30	J30
Drehflügel, Schiebetür	J10	J10	J10	J30	J30
Aufrechte Flügel- und Rahmenteile und Teile des Türblattrahmens	J10	J10	J10	J30	J30
Falz	J10	J10	J10	J10	J10
Rundleisten und ähnliche kleine Profile	J2	J2	J2	J2	J2
Türschwellen, Unterstücke	J10	J10	J10	J30	J30
Bekleidung und Füllung	J10	J10	J10	J30	J30
	Empfehlung				
Keilzinkung	möglich, nur die Zinken sichtbar, bei nicht deckender Beschichtung vereinbaren.				
max. Feuchtigkeit	$u \leq 13$ % ± 2 % (11 % … 15 %) bei allen Elementen				
Mindest-Rohdichte	Nadelholz ≥ 350 kg/m³		Laubholz ≥ 450 kg/m³		

2

2.6 Holz als Handelsware

Aufmaß von Schnittholz (DIN EN 1309, DIN EN 1312, Tegernseer Gebräuche (TG))

Aufmaß	Beschreibung	Darstellung	Aufmaß	Beschreibung	Darstellung
Dicke *t* auf 0,1 mm	an 3 Stellen, mindestens 150 mm vom Ende, die 3. Stelle nach dem Zufall; geringste, gemessene Dicke	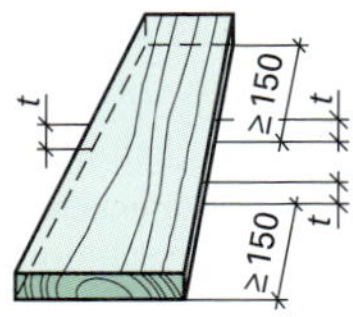	**Breite *b*** besäumtes Schnittholz auf 0,1 mm	an 3 Stellen, rechtwinklig, mindestens 150 mm vom Ende, die 3. Stelle nach dem Zufall, geringste Breite	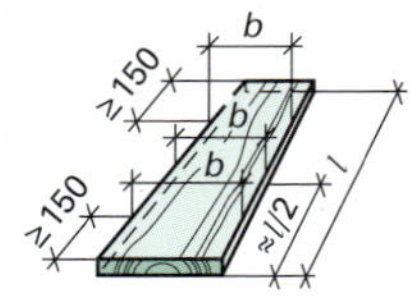
Breite *b* unbesäumtes Schnittholz Bretter auf 0,1 mm	gemessen an der schmalen Seite DIN Dicke < 40 mm TG Dicke< 35 mm auf volle cm abgerundet	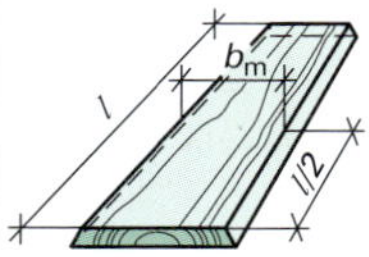	**Breite *b*** unbesäumtes Schnittholz; Bohlen auf 0,1 mm	Mittelwert aus den Breitenmaßen beider Seiten oder Blockliegend DIN Dicke < 40 mm TG Dicke < 35 mm	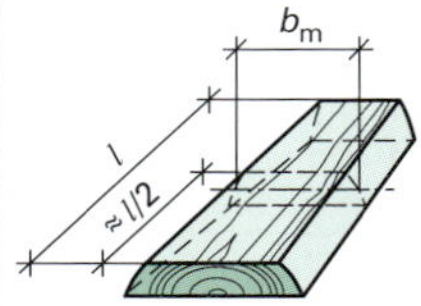
Länge *l* auf 0,01 m mindestens 0,05 m	kürzester Abstand zwischen den rechtwinkligen Enden TG Vermessung erfolgt nach Dezi- und Viertelmeter	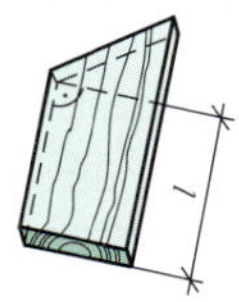	**Volumen** von 0,001 m³	errechnet aus der Dicke, Breite, Länge in m³ $V = t \cdot b \cdot l$	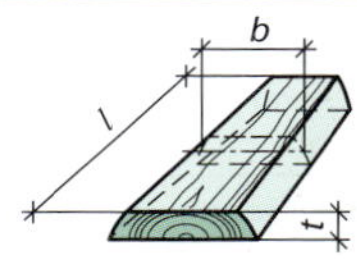
block-liegend	bei Stamm oder Blockware, die einzelnen Bretter oder Bohlen werden nur auf ihrer Oberseite (nach Lage im richtig gestapelten Block) gemessen. Die obere Hälfte des Blockes wird also schmalseitig und die untere Hälfte breitseitig gemessen		**Block-ware**	zu Brettern oder Bohlen aufgestapelte Stammteile, die blockweise in Stapeln gesetzt und zumeist auch blockweise, d.h. als ganze (zusammenbleibend) Blöcke gehandelt werden	

Anmerkung: Das Breitenaufmaß gilt nicht für Dimensionsware.
Dimensionsware: Schnittware, die auf Bestellung in bestimmten Dicken, Breiten und/oder Längen erzeugt wird.

Flächenberechnung

Unbesäumte Bretter	Unbesäumte Bohlen	Profilbretter (Halbfabrikate)
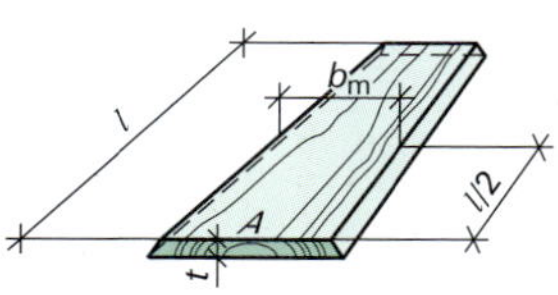	$t \geq 40$ mm 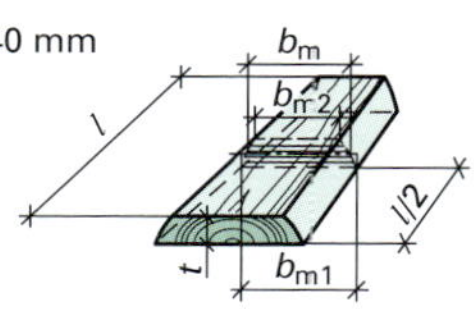	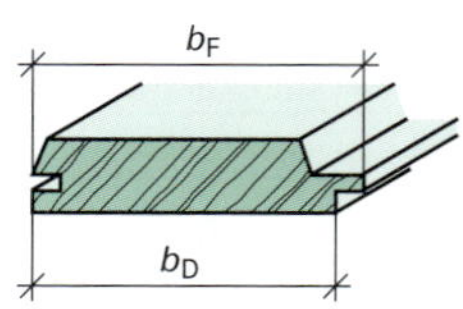
$A = b_m \cdot l$	$A = \frac{(b_{m1} + b_{m2}) \cdot l}{2}$	**Brettmaß** $A = b_F \cdot l$ **Deckmaß** $A = b_D \cdot l$

Volumenberechnung

Unbesäumte Bretter	Unbesäumte Bohlen	Stammvolumen (Blockmaß)
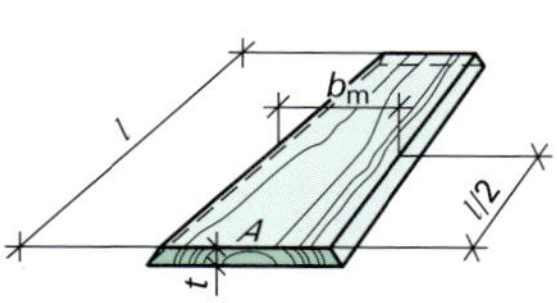	$t \geq 40$ mm 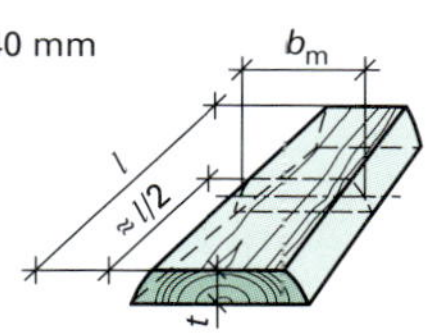	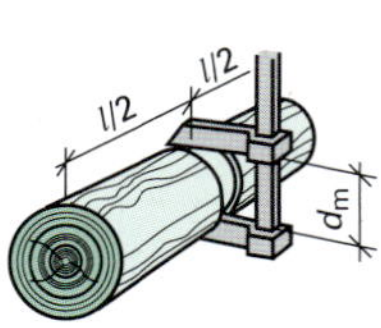
$V = b_m \cdot t \cdot l$	$V = t \cdot b_m \cdot l$	$V = d_m^2 \cdot \pi/4 \cdot l$

2.6 Holz als Handelsware

Verschnittberechnung

Rohmenge	***R***	ist die Menge des zu verarbeitenden Schnittholzes
Fertigmenge	***F***	ist die Schnittholzmenge des fertig verarbeiteten Werkstückes
Schnittverlust (Verschnitt)	***V***	ist die Menge des bei der Be- und Verarbeitung einer Rohmenge entstandenen Abfalls $V = R - F$
Verschnittabschlag	***VA***	ist der Schnittverlust (***V***) in %, wenn bei der Berechnung von der Rohmenge ausgegangen wird (Bruttorechnung)
Verschnittzuschlag	***VZ***	ist der Schnittverlust (***V***) in %, wenn bei der Berechnung von der Fertigmenge ausgegangen wird (Nettorechnung), Verschnittsätze ▶ S. 393

Es gibt zwei Verfahren zur Verschnittberechnung

Verschnittabschlag $VA\,(\%) = \dfrac{(R - F) \cdot 100\%}{R}$

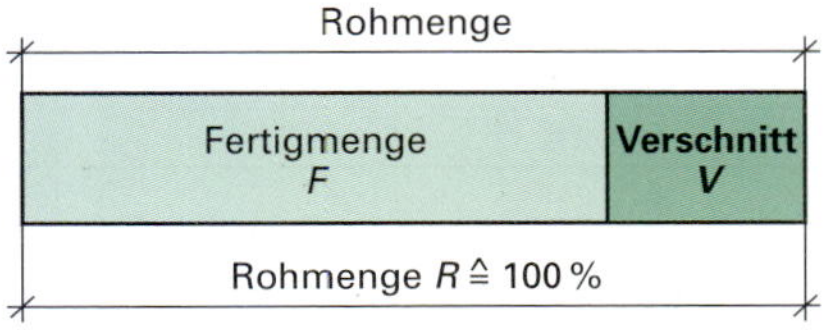

Verschnittzuschlag $VZ\,(\%) = \dfrac{V \cdot 100\%}{F}$

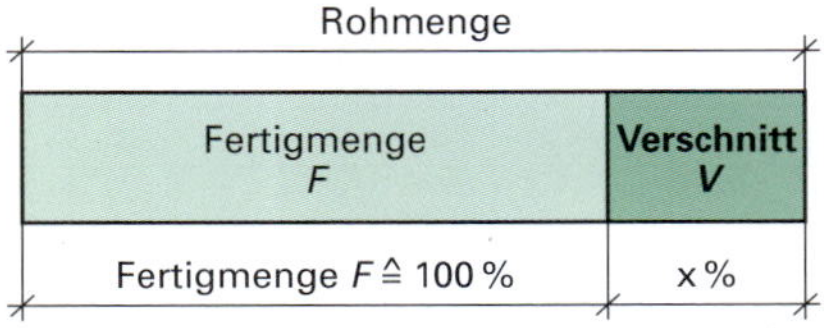

Beispiel

Die Fertigmenge ist nach der Holzliste für die Vorkalkulation mit 1,27 m^3 errechnet worden. Der Verschnittzuschlag beträgt 58%.

Rohmenge $R = F \cdot \dfrac{(100\% + V\%)}{100\%}$

$= 1{,}27\ m^3 \cdot \dfrac{100\% + 58\%}{100\%} = \mathbf{2{,}007\ m^3}$

Rohmenge $R = F + \dfrac{F \cdot VZ\%}{100\%}$

$= 1{,}27\ m^3 + \dfrac{1{,}27\ m^3 \cdot 58\%}{100\%} = \mathbf{2{,}007\ m^3}$

Bei den Berechnungen sollten die Abkürzungen *V* (Verschnittmenge), *R* (Rohmenge) und *F* (Fertigmenge) als Indizes dem Formelzeichen der jeweiligen Größe zugeordnet werden.
Beispiel: A_V = Verschnittmenge

Verhältniszahlen der Raummaße

Rundholz: Festmeter (fm)	**Schichtholz:** Raummeter (rm) (Ster)	**Hackschnitzel:** Schüttelraummeter (Srm)
1 fm ≈ 1,4 rm ≈ 2,5 Srm	**1 rm** ≈ 0,7 fm ≈ 1,8 Srm	**1 Srm** ≈ 0,4 fm ≈ 0,6 rm
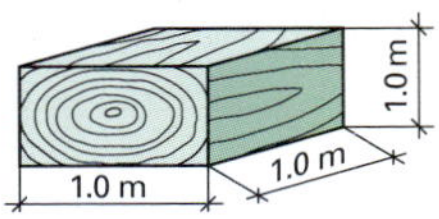	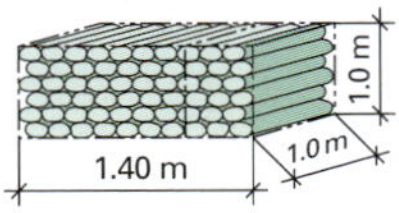	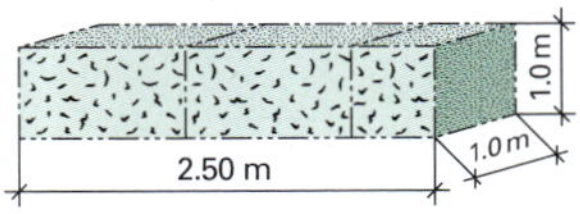

Ergänzende Begriffe

Nordische Hölzer sind Schnittholz aus Norwegen, Schweden, Finnland sowie Hölzer die unter dem Begriff „russische Seeware" gehandelt werden.

Messbezugsfeuchte ist der Feuchtegehalt des Holzes, bei der die genormten Maße vorhanden sein müssen. Sie brauchen also nicht dem Holzfeuchtegehalt bei Lieferung oder Einbau zu entsprechen. Der Feuchtegehalt ist ab Hobelwerk halbtrocken, überwiegend $u = 12\% \ldots u = 16\%$. Die angegebenen Maße gelten bei $u = 14\% \ldots u = 20\%$ für DIN 4072, DIN 68122, DIN 68123, DIN 68125, DIN 68126 und DIN 68127 – für DIN EN 1313-1 gilt $u = 20\%$.
DIN 1052-05/2000 bezieht die Nennmaße der Holzquerschnitte auf eine Holzfeuchte von 20%.

Gütebedingungen richten sich nach den Beschreibungen in DIN 68365, DIN EN 975 und DIN EN 942. Für die Profilbretter mit Schattennut sind in der DIN 68126 die Anforderungen für die A-Sortierung und B-Sortierung festgelegt. Gespundete Bretter, Rauhspund, Fasebretter, Stülpschalungsbretter und Profilbretter werden auch in anderen Dicken und Breiten angeboten.

2

2.6 Holz als Handelsware

Laubschnittholz Vorzugsmaße (DIN EN 1313-2) in mm

Dicke	zul. Abw.	Länge	Stufung	zul. Abw.	Breite	Stufung	zul. Abw.
18, 20, 22, 24, 25, 27, 30, 32	– 1 + 3	Schnittholz < 1 m	50	– 0, + 3% höchstens 90	50 … 90	10	*b* < 100 – 2 + 6 *b* > 100 – 3 + 9
35, 40, 45, 50, 52, 60,63, 65, 70, 80, 100	– 2 + 4	Schnittholz > 1 m	100		100 … 145	20	*b* < 200 – 3 + 9 *b* > 200 – 4 + 12
		unbesäumt, Blockware	100			0	

Nadelschnittholz Vorzugs-Querschnittmaße (DIN EN 1313-1) in mm

Dicke ↓ Breite →	60	80	100	120	125	140	150	160	175	180	200	225	240	260
38			×		×		×							
40	○													
50		×	×	×	×	×	×	×	×	×	×	×		
60		○	×	×		×		×		×	○		○	
63			×		×		×		×					
75				×			×		×		×	×		
80		×	×	○		×		×		×	×		○	
100		×	×	×		×		×			×			
120		×	×	×				×		×	×		○	
140		×	×			×				×				
160		×	×	×				×			×		○	○

Zulässige Abweichungen: Dicke und Breite ≤ 100 mm + 3 mm … – 1 mm, Länge ± 0; × Vorzugsmaße
Dicke und Breite > 100 mm + 4 mm … – 1 mm, Länge ± 0; ○ zusätzliche Vorzugsmaße in Deutschland

Akustikbretter (DIN 68 127) in mm

Glattkant-bretter	Europäische Hölzer	zul. Abw.	Nordische Hölzer	zul. Abw.	Überseeische Hölzer	zul. Abw.
Dicke *t*	17 19,5	±0,5	16 19,5	± 0,5	16 19,5	± 0,5
	21		22	± 1	22	± 1
Breite *b*	78	± 1	70	± 1	68	± 1
	94	± 1,5	95	± 1,5	94	± 1,5

Europäische Hölzer			Nordische Hölzer			Überseeische Hölzer		
Länge	Stufung	zul. Abw.	Länge	Stufung	zul. Abw.	Länge	Stufung	zul. Abw.
>1500 … >3000	500	+ 50 – 25	1800 … 6300	300	± 50	1520 … 6400	300 … 310	± 50
>3000 … >4500	250							
>4500 … >6000	500							

Einsteckfeder: *b* = 30 mm für 10 mm Fugenbreite zwischen den Brettern
b = 35 mm für 15 mm Fugenbreite zwischen den Brettern

Akustik-Glattkantbretter

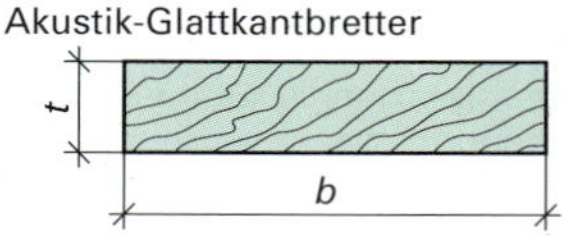

Akustik-Profilbretter

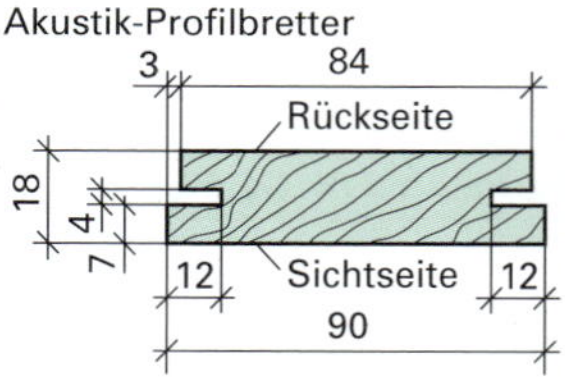

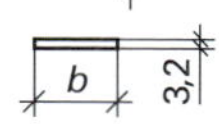

Einsteckfeder

Balkonbretter (DIN 68 128) in mm

	Europäische Hölzer	zul. Abw.	Nordische Hölzer	zul. Abw.	Überseeische Hölzer	zul. Abw.
Dicke *t*	26	± 1	27	± 1	26	± 1
Breite *b*	150	± 2	143	± 2	140	± 2
	190		193		190	

Länge	Stufung	zul. Abw.	Länge	Stufung	zul. Abw.	Länge	Stufung	zul. Abw.
≥ 1500 ≤ 4500	250	+ 50 – 25	1800 … 6300	300	± 50 – 25	1830 … 6100	300 … 310	+ 50 – 25
< 4500 ≤ 6000	500							

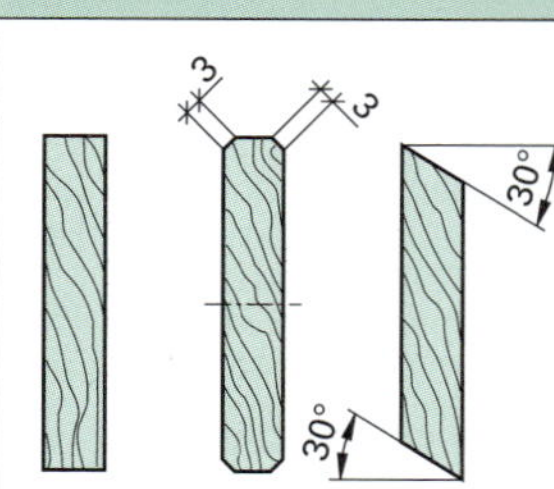

Form A Form B Form C

2.6 Holz als Handelsware

Fußleisten (DIN 68125) in mm

Europäische Hölzer				Nordische Hölzer			
Dicke *t*	Abw.	Breite *b*	Abw.	Dicke *t*	Abw.	Breite *b*	Abw.
15	± 0,5	73	± 1	12	± 0,5	58	± 1
19,5		42				70	
21		42					

Europäische Hölzer			Nordische Hölzer		
Länge	Stufung	Abw.	Länge	Stufung	Abw.
≥ 1500 … ≤ 3000	500	+ 50	1800 … 6000	300	+ 50
> 3000 … ≤ 4500	250				
> 4500 … ≤ 6500	500	– 25			– 25

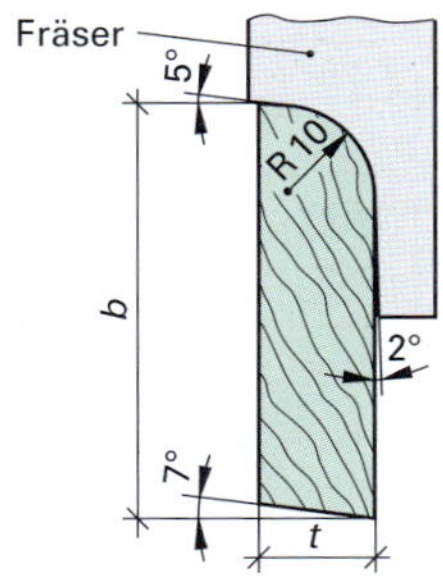

2

Gespundete Bretter aus Nadelholz (DIN 4072) in mm

Europäische Hölzer				Nordische Hölzer			
Dicke *t*	Abw.	Breite *b*	Abw.	Dicke *t*	Abw.	Breite *b*	Abw.
15,5	± 0,5	95	± 2,5	19,5	± 0,5	96	± 1,5
19,5		115		22,5	± 1	111	
25,5	± 1	135	± 2	25,5		121	± 2
35,5		155					

Europäische Hölzer			Nordische Hölzer		
Länge	Stufung	Abw.	Länge	Stufung	Abw.
≥ 1500 … ≤ 4500	250	+ 50	1800 … 6000	300	+ 50
> 4500 … ≤ 6000	500	– 25			– 25

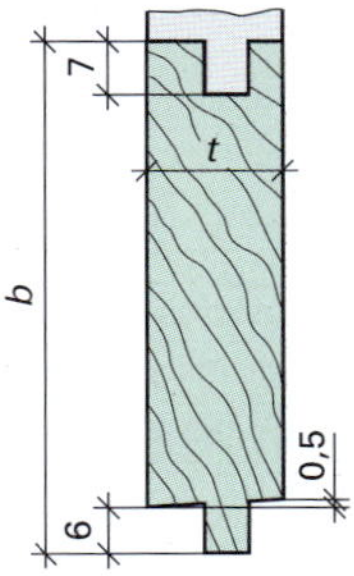

Profilholz aus Nadelholz mit Nut und Feder (DIN EN 14519) Maße in mm

Dicke Zielmaße $u \leq 12\%$		Dicke Zielmaße $u \leq 17\%$	
Dicke *t*	Dickenbereich	Dicke *t*	Dickenbereich
10	9,5 … 10		
12	11,5 … 12	12	11,5 … 12,5
13	12,5 … 13	14	13,5 … 14
15	14,5 … 15	16	15,5 … 16
18	17,5 … 18,5	19	18,5 … 19,5
20	19,5 … 20,5	21	20,5 … 21,5

Breite Zielmaße $u \leq 12\%$		Breite Zielmaße $u \leq 17\%$	
Breite *b*	Breitenbereich	Breite *b*	Breitenbereich
69	67 … 69	71	69 … 71
75	73 … 75		
94	92 … 94	96	94 … 96
114	112 … 114	116	114 … 116
119	117 … 119	121	119 … 121
144	142 … 144	146	144 … 146

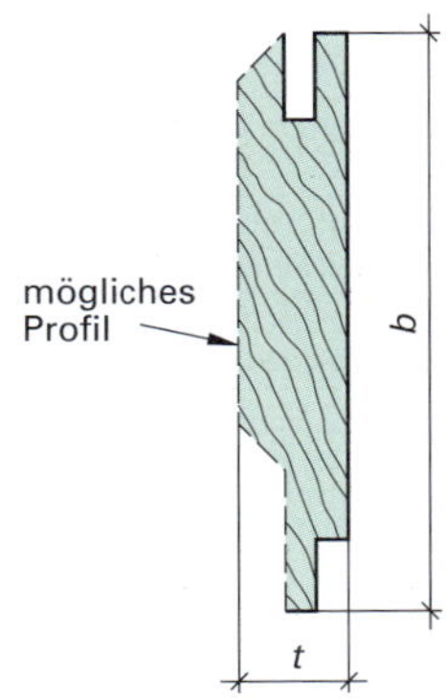

Die in der Norm aufgelisteten Dicken und Breiten sind Beispiele für Profile. Die in der Tabelle angegebenen Maße entsprechen einem Bezugsfeuchtegehalt von (12 ± 2)% bzw. (17 ± 2)%. Der Feuchtegehalt muss zum Zeitpunkt der Lieferung ab Fertigungswerk im Bereich von (12 + 2)% bzw. (17 + 2)% liegen, bei Seekiefer (11 + 3)%. Die Sortierklassen A oder B gelten für Fichte/Tanne, Kiefer, Lärche und europäische Douglasie. Für die Seekiefer gelten die Klassen O (SN) oder B (NO). (SN), (PN) und (NO) sind Handelsbezeichnungen für Seekiefer. Die Längenstufungen sind 300 mm oder 500 mm, die Grenzmaße sind (– 0 … + 50 mm).

2.6 Holz als Handelsware

2

Nadelholz-Fußbodendielen (DIN EN 13990) Maße in mm

Feuchtegehalt 9 %				Feuchtegehalt 17 %			
Dicke t		Profilbreite b_p	Deckbreite b_f	Dicke t		Profilbreite b_p	Deckbreite b_f
18	Grenzabmaße ± 1,0 mm	70	62	19	Grenzabmaße ± 1,0 mm	72	65
		94	87			96	89
21		109	102	22		111	104
		114	107			116	109
24		119	112	25		121	114
		134	127			136	129
27		144	137	28		146	159
		154	145			156	147
34		168	159	35		170	161
		172	163			175	166
		192	181			195	184

Längen: mindestens 1,5 m; mit oder ohne profilierte Enden
Stufungen: 0,1 m; 0,3 m; 0,5 m

Feuchtegehalt: geheizte Innenräumeu: 9 % ± 2 % (7 % … 11 %)
andere Verwendung u: 17 % ± 2 % (15 % … 19 %)

Sortierung: Sichtseite bei Fichte, Tane, Kiefer, Lärche, Douglasie

Sortierungsklassen: Sortierung A, Sortierung B, freie Sortierung

Eine Keilverzinkung ist möglich, sie muss aber gekennzeichnet sein.

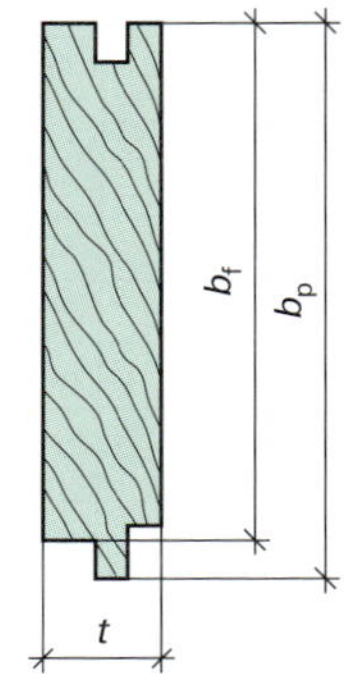

Profilholz ohne Nut und Feder (DIN EN 15146)

Maße		zul. Abw.
Dicke t	≥ 13 mm	± 0,5 mm
Profilbreite p	≥ 40 mm	± 1,0 mm
	≥ 100 mm	± 1,5 mm
	≥ 140 mm	± 2,0 mm
Längen Stufung	300 mm und 500 mm	+ 50 mm … – 20 mm passgenaue Profilhölzer ± 2,0 mm

Feuchtegehalt: Innen-Anwendung u: 12 % ± 2 % (10 % … 14 %)
Außen-Anwendung u: 17 % ± 2 % (15 % … 19 %)

Sortierung: Sichtseite bei Fichte, Tanne, Kiefer, Lärche, Douglasie
Sortierungsklassen: Sortierung A, Sortierung B, freie Sortierung

Sortierung: Sichtseite bei Seekiefer
Sortierungsklassen: Sortierung 0 (SN), Sortierung A (PN)
Sortierung B (NO) und freie Sortierung

Eine Keilverzinkung ist möglich, sie muss aber gekennzeichnet sein.

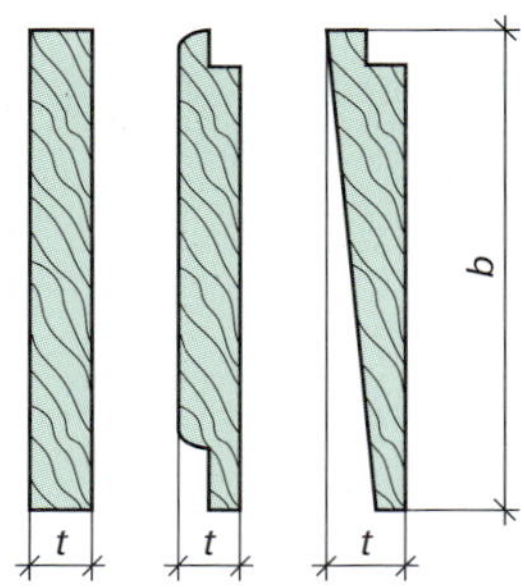

gebräuchliche Profile

Profilbretter mit Schattennut aus Laubholz (DIN 68126-1)

Europäische Hölzer				Überseeische Hölzer			
Dicke t in mm	zul. Abw.	Breite b in mm	zul. Abw.	Dicke t in mm	zul. Abw.	Breite b in mm	zul. Abw.
12,5	– 0,5	96	– 1	9,5	– 0,5	69	– 2
15,5				11		94	
19,5	– 1	115		12,5			

Europäische Hölzer			Überseeische Hölzer	
Länge in mm	Stufung	zul. Abw.	Länge in mm	zul. Abw.
≥ 1500 … ≤ 4500	250	+ 50	1830, 2130, 2440, 2740, 3050, 3350, 3660, 3960, 4270, 4570, 4880, 5180, 5790, 5790, 6100	+ 50 – 25
> 4500 … ≥ 6000	500	– 25		

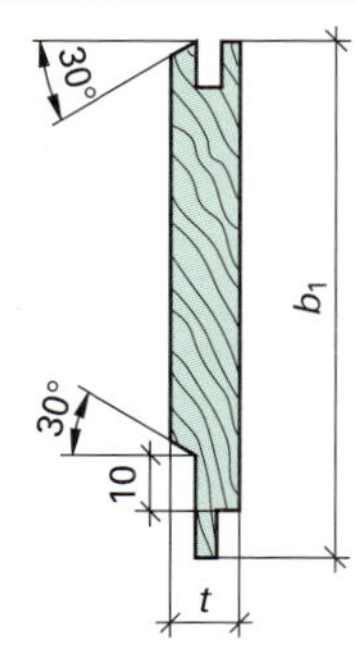

2.7 Furniere

Furniere nach der Herstellung

Furniere	Furniere sind bis 5 mm dünne Blätter aus Holz, die durch Sägen, Schälen oder Messern vom gedämpften oder gekochten Stamm oder Abschnitt hergestellt werden. Sie werden nach Herstellungsverfahren oder Verwendung unterschieden.
Rundschälfurnier	Furnier, das durch Schälen eines zentrisch eingespannten, rotierenden Stammes hergestellt wird. Die rechte bzw. offene Seite ist gerissen. Die Textur ist unregelmäßig, keine besondere dekorative Maserung.
Exenterschälfurnier	Furnier, das durch Schälen eines exzentrisch eingespannten Stammes oder Stammteiles hergestellt wird. Die rechte oder offene Seite ist gerissen. Die Textur ähnelt dem des Messerfurnieres.
Messerfurnier	Furnier, das durch Messern von Halbstämmen oder Stammteilen entsteht. Die offene untere Seite ist gerissen. Die Textur ist je nach Schnittrichtung schlicht (Spiegel- oder Quartierschnitt) oder mit Fladerung (Fladerschnitt).
Sägefurnier	Furnier, das durch Sägen mit Furniergatter oder Furnierkreissäge hergestellt wird. Es ist keine Seite gerissen. Die Textur ist die des Messerns. Das Furnier behält seine natürliche Färbung.

Furniere nach der Verwendung

Deckfurnier	die äußere dekorative Furnierlage	**rechte Seite**	der Stammmitte zugewandte Seite
Gegenfurnier	ohne dekorative Ansprüche, soll ein Verziehen verhindern	**linke Seite**	der Stammmitte abgewandte Seite
Außenfurnier **Innenfurnier**	Deckfurnier auf Innenflächen von Möbeln	**offene Seite**	beim Messern/Schälen dem Messer zugewandte Seite
Absperrfurnier	verläuft im Winkel von 90° zum Deckfurnier und Mittellage	**geschlossene Seite**	Gegenseite der offenen Seite, dem Messer abgewandt

Fehler beim Furnieren

Fehler	**Ursache**	**Beseitigung**
Kürschner	Leim bereits angetrocknet kein oder zu wenig Leim kein oder zu geringer Pressdruck	Furnier aufschneiden, Leim zwischenschieben und die Stelle großflächig nachpressen
Leimwülste	ungleichmäßiger Leimauftrag zu dickflüssiger Leim; zu viel Leim	bei KPVAc-Leim die Fläche anfeuchten und nachpressen, längere Presszeit
Leimdurchschlag	zu poriges Furnier zu sehr eingerissenes Furnier zu dünnflüssiger Leim	bei KPVAc-Leim sofort nach dem Pressen mit warmen Wasser und einer Messing- oder Wurzelbürste ausbürsten
Eindruckstellen	Unebenheiten auf den Zulagen Furnierstücke oder Späne zwischen Werkstück und Zulage	mit Feuchtigkeit und Wärme die Stelle hochquellen
Risse im Furnier	stark welliges Furnier Spannung im Furnier keine ausreichende Sicherung durch Fugenpapier zu lange Lagerung auf der beleimten Trägerpatte	große Risse mit passendem Furnier ausfüllen kleine Risse auskitten
Verfärbung des Furniers	zu hohe Presstemperatur/Presszeit Reaktion durch Leim (pH-Wert) Reaktion durch Zulagen oder Trennmittel	durch abschleifen durch bleichen
Durchscheinen durch das Furnier	zu dünne helle Furniere zu dicker Klebefaden; Span zwischen Trägerplatte und Furnier	nicht mehr möglich ggf. Oberfläche beizen

2

2.7 Furniere

Nenndicke der Furniere in mm (DIN 4079, Auswahl)

Langfurnier (Kurzzeichen L)

Holzart	Kurzzeichen	Nenndicke	Holzart	Kurzzeichen	Nenndicke
Abachi	TRSC	0,70	Mahagoni, Afrikanisch	KHXX	0,55; 0,50[1]
Afromosia (Asamela)	PKEL	0,55		ENCY	
Ahorn Bergahorn	ACPC	0,60		ENUT	
Ahorn Zuckerahorn	ACSC	0,60	Mahagoni, Echtes	SWMC	0,55
Aningeri	AQXX	0,55	Makore	TGHL	0,50
Antiaris	ATTX	0,60	Mansonia (Bete)	MAAL	0,55
Birke (Gemeine)	BTXX	0,55	Mutenye	GRAR	0,55
Birnbaum	PYCM	0,55	Nussbaum	JGRG	0,50
Bubinga	GUXX	0,55	Okoume (Gabunholz)	AUKL	0,60
Buche	FASY	0,55	Palisander Ostindisch	DLLT	0,55; 0,50[1]
Dibetou	LVRT	0,55	Palisander *Rio*	*DLNG*	0,50
Douglasie (Origon Pine)	PSMN	0,85	Pappel	POCN	0,60
Ebenholz	DSCL	0,60	Red Pine (Carolina P.)	PNRS	0,85
Edelkastanie	CTST	0,65	Rüster	ULCR	0,60
Eiche	QCXE	0,65; 0,60[1]	Satinholz, Ostindisch	–	0,55
Erle	ALGL	0,60	Sen	–	0,60; 0,55[1]
Esche (Gemeine)	FXEX	0,60	Sweetgum (Satin-Nussb.)	LQST	0,55
Fichte	PCAB	1,00	Tanne	ABAL	1,00
Kiefer	PNSY	0,9	Tchitola	OXOX	0,55
Kirschbaum	PRAV	0,55	Teak	TEGR	0,60; 0,55[1]
Koto	PQXX	0,60	Wenge	MTLR	0,75
Lärche	LADC	0,90	Whitewood, america	LITL	0,55
Limba	TMSP	0,60	Zingana (Zebrano)	MBXX	0,55
Linde	TIXX	0,65	[1] Spiegel (Rift) schnitt		

Maserfurnier (M)

Ahorn	ACPL	0,55	Nussbaum, america	JGNG	0,50
Esche	FXEX	0,60	Pappel	POCN	0,65
Madrona, Pacific Madr.	–	0,55	Rüster	ULCR	0,60
Nussbaum	JGRG	0,55	*kursiv:* geschützte Hölzer, z.T. Handelsverbot		

Leimmenge, Presszeit

Für die Verleimung von Furnieren auf Holzwerkstoffen werden in der Regel nur zwei Klebergruppen benötigt, der Polyvinylacetat-Leim (KPVAC) und der Harnstoff-Formaldehyd-Leim (KUF).
Die Auftragsmenge richtet sich nach der Oberfläche und der Saugfähigkeit der Trägerplatte.
Für die Verleimung auf eine Standard Spanplatte gelten folgende Durchschnittswerte.

Durchschnittswerte für Auftragsmenge, Offene Zeit, Pressdruck[1]

Leimart	Holzfeuchte *u* %	Auftragsmenge in g/m²	Offene Zeit in min	Pressdruck in N/mm²	Temperatur in °C	Mindest-Presszeit in min
PVAc Standard	6 … 10	100 … 160	6 … 8	0,2 … 0,4	20	20
	6 … 10	100 … 160	6 … 8	0,2 … 0,4	50	4
Furnier-Leim	6 … 10	80 … 150	5 … 7	0,2 … 0,4	20	2 … 5
	6 … 10	80 … 150	5 … 7	0,2 … 0,4	50	1 … 2
	6 … 10	80 … 150	5 … 7	0,2 … 0,4	90	1
KUF Standard	6 … 10	100 … 150	20 … 25	> 0,2	80	6
	6 … 10	100 … 150	20 … 25	> 0,2	100	3
	6 … 10	100 … 150	20 … 25	> 0,2	120	1
Kurztakt	6 … 10	100 … 150	10	> 0,2	100	1,5
	6 … 10	100 … 150	10	> 0,2	120	0,5
KMF	6 … 10	80 … 130	15 … 20	0,2	60	12

[1] Die technischen Datenblätter der Leimhersteller sind zu beachten

2.8 Parkett

Parkett	Parkett ist ein Holzfußboden, der aus Parkettstäben, Parkettriemen, Tafeln für Tafelparkett, Mosaikparkettlamellen, Parkettdielen, Tafelparkett und Fertigparkett-Elementen nach DIN EN-Normen gefertigt wird.		
Bezeichnung	Massivholz-Parkettstäbe mit Nut und/oder Feder	Massivholz-Lamparkett Produkte 1) Lamparkettelemente 2) Große Lamparkettelemente und Parkettdiele 3) Maxi-Lamparkettelemente	1) Massivholz-Overlay Parkettstäbe 2) Parkettblöcke mit einem Verbindungssystem
Norm	DIN EN 13226	DIN EN 13227	DIN EN 13288
Feuchtegehalt	7% bis 11% Kastanie und Seekiefer 7% bis 13%	7% bis 11% Kastanie 7% bis 13%	7% bis 11% Kastanie 7% bis 13%
Dicke t	≥ 14 mm übliche Dicke 22 mm	1) 9 mm bis 11 mm 2) 6 mm bis 10 mm 3) 13 mm bis 14 mm	1) 8 mm bis 14 mm 2) ≥ 13 mm
Länge *l*	≥ 250 mm	1) 120 mm bis 400 mm 2) ≥ 400 mm 3) 350 mm bis 600 mm	1) 200 mm bis 2000 mm 2) 200 mm bis 400 mm
Breite b	≥ 40 mm	1) 30 mm bis 75 mm 2) 60 mm bis 180 mm 3) 60 mm bis 80 mm	1) 40 mm bis 100 mm 2) 40 mm bis 80 mm

DIN EN — Profile

13226

Stab Typ 1

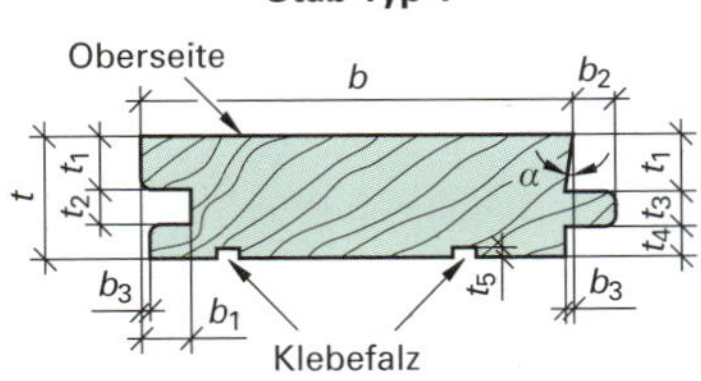

Stab Typ 2

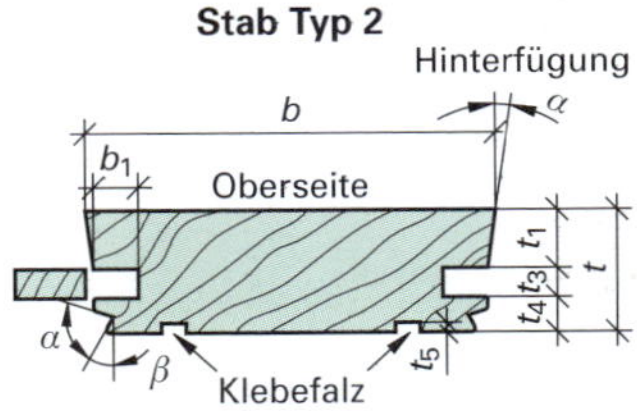

13228

Overlay-Parkettstab

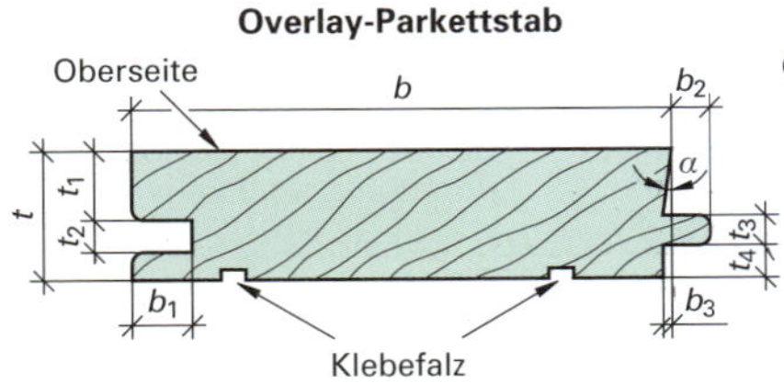

Parkettblock

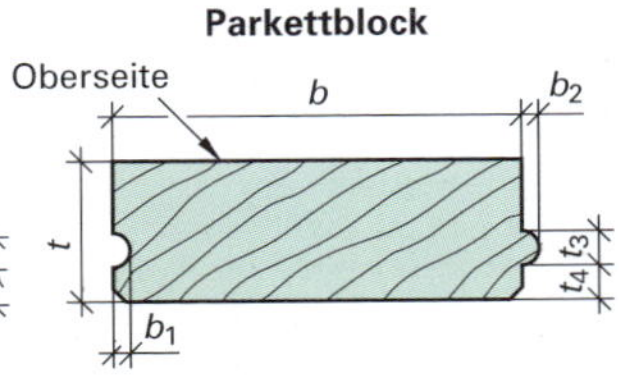

Mosaikparkettelemente nach DIN EN 13488

Mosaikparkettlamelle	**Mosaikwürfel**	**Mosaikparkett-Verlegeeinheit**	**Mosaikparketttafel**
Element aus Massivholz mit kleinen Abmessungen und rechteckiger Form Feuchtegehalt 7% bis 11% Dicke 8 mm Länge 115 mm … 165 mm Breite ≤ 35 mm	Kante an Kante zusammengefügte Parkettlamellen mit gleichen Abmessungen, die ein Quadrat bilden	Vorgefertigte Verlegeeinheit, die durch bestimmte Anordnung der Mosaikparkettlamellen ein wiederholbares Muster ergibt	Vorgefertigte Verlegeeinheit, die aus Mosaikwürfeln gleicher Abmessung Kante an Kante schachbrettartig zusammengefügt ist

2.8 Parkett

Mehrschichtparkettelemente nach DIN EN 13489

Element einer mehrschichtigen Konstruktion, das aus einer Nutzschicht aus Massivholz und einer oder mehreren zusätzlichen Holz- oder Holzwerkstoffschichten besteht, die miteinander verleimt sind. Nutzschicht: Feuchtegehalt 5% bis 9% Dicke ≥ 2,5 mm

Typ 1

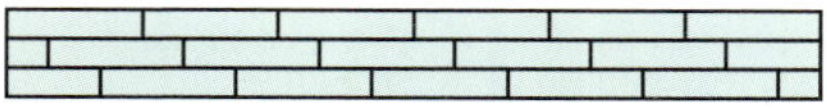

Typ 2

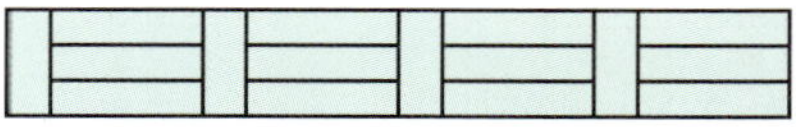

2

Massive Laubholzdielen nach DIN EN 13629

Ein breites und im Allgemeinen langes massives und aus mehreren Riemen zusammengesetztes (verleimtes) Laubholzelement: Feuchtegehalt 6% bis 12%

Dicke 10 mm
Breite 110 mm
Länge 900 mm

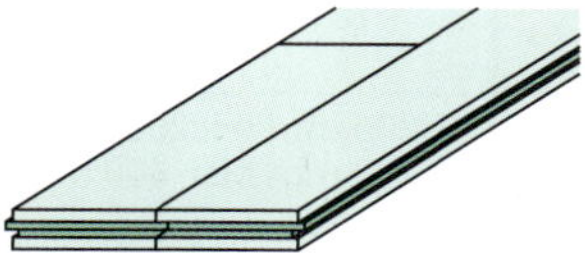

Das Element muss präzis bearbeitet, sachgerecht geschliffen und an allen Schmalseiten mit Feder und/oder Nut versehen sein, um ein Verlegen zu ermöglichen. Das Produkt kann mit einer Oberflächenbeschichtung geliefert werden, welche eine sofortige Inbetriebnahme nach der Verlegung gestattet.

Das **Erscheinungsbild** der Oberseite sowie der nicht sichtbaren Teile von Parketthölzer wird durch Sortierregeln festgelegt. Die Sortierung erfolgt in drei Erscheinungsklassen und einer Sortierung „Freie Klasse".

Tabelle – **Sortierregeln** (Auszug) am Beispiel DIN EN 13226

Oberseite des Stabes			
Merkmale	Klasse		
	○	△	□
Gesunder Splint	Unzulässig	Zulässig	Leichte Beeinträchtigung zulässig
Äste Schädlingsbefall		Tabelle unvollständig	
Nicht sichtbare Teile			
Alle Merkmale ohne Einschränkung hinsichtlich Größe und Menge zulässig, sofern sie die Festigkeit oder Haltbarkeit des Holzfußbodens nicht beeinträchtigen.			

Laminatboden (DIN EN 13329)

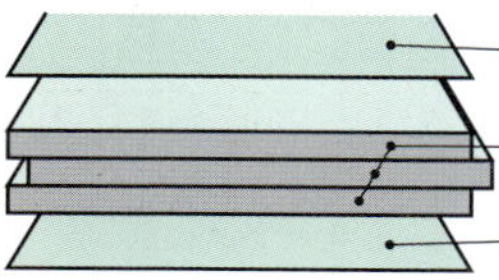

Deckschicht:	Dekorative harte, widerstandsfähige Lage aus imprägnierten Papieren (HPL, CPL oder DPL; ▶ Seite 153/154)
Trägermaterial:	Kernschicht, in der Regel Spanplatte (EN 309), Faserplatte MDF (EN 316) bzw. HDF
Gegenzug:	Schicht um das Produkt zu stabilisieren aus HPL, CPL, imprägnierten Papieren oder Furnieren

Neuer Stand: Deckschicht aus elektronenstrahl-gehärtetem Acrylatschichtstoff mit mineralischen Anteilen

Klassifizierung (Auszug) DIN EN 685

Beanspruchungsklasse	Wohnen			Gewerblich		
	Mäßig	Normal	Stark	Mäßig	Normal	Stark
Klasse	21	22	23	31	32	33
Beständigkeit gegen Abrieb	AC1	AC2	AC3		AC4	
Kennzeichnung und Klassifizierungssymbol (Beispiele)			Wohnen	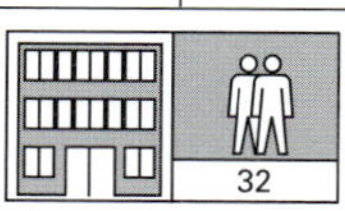		Gewerblich

2.9 Holzwerkstoffe

Holzwerkstoffe werden aus Holzschichten, Holzspänen oder Holzfasern mit Klebstoffen zu Platten oder Formteilen gepresst. Bestehende DIN-Normen sind teilweise durch EN-Normen ersetzt worden. Die vielfältigen Holzwerkstoffe lassen sich dem Aufbau nach in vier Gruppen einteilen.

Lagenwerkstoffe	**Verbundwerkstoffe**	**Holzspanwerkstoffe**	**Holzfaserwerkstoffe**
Unverdichtetes Lagenholz • Furniersperrholz • Schichtholz • Formlagenholz	Mittellagen-Sperrholz • Stabsperrholz • Stäbchensperrholz	Flachpressplatten Spanformteile	• Poröse Faserplatten • Mittelharte Faserplatten • Harte Faserplatten
Verdichtetes Lagenholz • Kunstharzpressholz	Verbundsperrholz Leichtbauverbund-werkstoffe	Strangpressplatten	Mitteldichte Faserplatten

2

DIN EN 13986 definiert **Holzwerkstoffe,** roh, beschichtet, furniert oder lackiert für die Verwendung im **Bauwesen** und legt deren wesentlichen Eigenschaften fest. Die Norm gilt für folgende Holzwerkstoffe:

- Massivholzplatten
- Furnierschichtholz
- Sperrholz
- Platten aus langen, schlanken, ausgerichteten Spänen
- Kunstharz- und zementgebundene Spanplatten
- Faserplatten nach dem Nass- und Trockenverfahren

Klassifizierung der Holzwerkstoffe nach **Verwendungszweck**

- Allgemeine Zwecke
- Inneneinrichtung einschließlich Möbelbau
- Spezielle Zwecke
- Tragende Zwecke (Bauteile)
- Nichttragende Zwecke (Bauteile)
- Hochbelastbar tragende Zwecke

Entsprechend des Einsatzbereiches werden Holzwerkstoffe in drei **Nutzungsklassen** eingeteilt:

Trockenbereich	**Feuchtbereich**	**Außenbereich**
Nur einige Wochen im Jahr höherer Feuchtgehalt im Material als sich bei 20 °C und 65 % rel. Luftfeuchte einstellt: Nur bei Innenverwendung im Trockenbereich	Nur einige Wochen im Jahr höherer Feuchtegehalt im Material als sich bei 20 °C und 85 % rel. Luftfeuchte einstellt: Bei Innenverwendung oder geschützter Außenverwendung im Feuchtbereich	Klimaverhältnisse, die zu höheren Materialfeuchten führen als in Nutzungsklasse 2: Bei konstruktiv geschützter Verwendung im Außenbereich
Nutzungsklasse **1**	Nutzungsklasse **2** nach pr EN 1995-1-1	Nutzungsklasse **3**
Gefährungsklasse 1	Gefährdungsklasse 1 und 2 nach EN 335-3	Gefährdungsklasse 1, 2, 3
vergleichbar HWK 20	vergleichbar HWK 100 nach DIN 68800-2	vergleichbar HWK 100G

Weiterhin gilt die Vorgabe gemäß **DIN 68800-2** (Holzschutz für tragende und aussteifende Bauteile aus Holz oder Holzwerkstoffen), dass Einbausituationen auf die Höchstwerte der Feuchte im Gebrauchszustand bezogen werden müssen.

Höchstwerte der Feuchte von Holzwerkstoffen max. *u* in %, bezogen auf das Darrgewicht, im Gebrauchszustand

Holzwerkstoffklasse	Feuchte max. *u* %	Verwendung
20	15[1)]	Räume mit niedriger Luftfeuchtigkeit
100	18	Räume mit zeitweise höherer Luftfeuchtigkeit
100 G	21	Räume mit langfristig hoher Luftfeuchtigkeit Außenbereich (Holzschutz gegen Pilzbefall)

1) Für Holzfaserplatten beträgt der Höchstwert max. u = 12 %.

2.9 Holzwerkstoffe

2.9.1 Sperrholz

Sperrholz (Terminologie und Klassifizierung nach EN 313) ist ein Holzwerkstoff aus miteinander verklebten Lagen, wobei die Faserrichtungen aufeinanderfolgender Lagen meist rechtwinklig zueinander verlaufen.

Klassifizierung

1. Nach dem **allgemeinen Aussehen**
   nach dem **Plattenaufbau**
   - Furniersperrholz
   - Mittellagensperrholz
     Stabsperrholz
     Stäbchensperrholz
   - Verbundsperrholz

   nach der **Form**
   - eben
   - geformt

2. Nach den **Haupteigenschaften**
   nach der **Dauerhaftigkeit**
   - Verwendung im Trockenbereich und Feuchtbereich
   - Verwendung im Außenbereich
     nach dem **Aussehen der Oberfläche**
     nach den **mechanischen Eigenschaften**
     nach dem **Oberflächenzustand**
   - nicht geschliffen, geschliffen
   - grundiert, beschichtet

3. Nach den **Anforderungen des Verbrauchers**

Einteilung von Sperrholz nach Aussehen der Oberfläche (DIN EN 635)

<table>
<tr><td rowspan="2">Kategorie der Fehler</td><td colspan="5">Erscheinungsklasse</td></tr>
<tr><td>E</td><td>I</td><td>II</td><td>III</td><td>IV</td></tr>
<tr><td>Natürliche, holzeigene Fehler:
Äste und Löcher, Risse
Befall durch Insekten, Pilzbefall und pflanzliche Parasiten
Harzgallen, Harzzonen, eingewachsene Rinde
Verfärbungen, unregelmäßige Holzstruktur

Fertigungsbedingte Fehler:
Offene Fugen, Überlappungen, Kürschner
Fehlstellen, Rauigkeit, Fremdpartikel, Durchschliff
Ausbesserungen, Fehler an Plattenkanten</td><td colspan="5">Die zulässigen Fehler und Merkmale sind bezüglich Anzahl, Größe oder Ausdehnung in
DIN EN 635-2 DIN EN 635-3
Laubholz Nadelholz
festgelegt.
Klasse E ist praktisch einwandfrei

Die Klasse beschreibt zuerst die Klasse der Vorderseite
Anmerkung: Holzeigene Merkmale sind zulässig,
wenn die Verwendbarkeit nicht beeinträchtigt wird.</td></tr>
</table>

Formaldehydabgabe-Klassen für Sperrholz (DIN EN 1084)

Abgabeklasse	Gasanalysewert in mg HCHO/m² h	Bemerkungen
A	≤ 3,5	Bestimmt nach der Gasanalyse-Methode DIN EN 717-2
B	< 8	Formaldehydabgabe-Klassen B
C	≥ 8	und C in Deutschland nicht zulässig

Sperrholz-Terminologie (DIN EN 313-2)

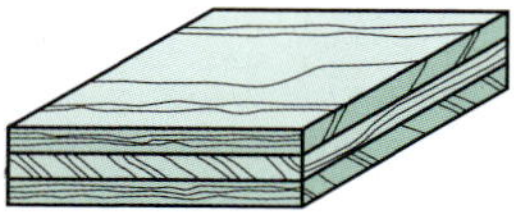

Furniersperrholz
besteht aus parallel zur Plattenebene liegenden Furnieren kreuzweise verleimte Schälfurniere

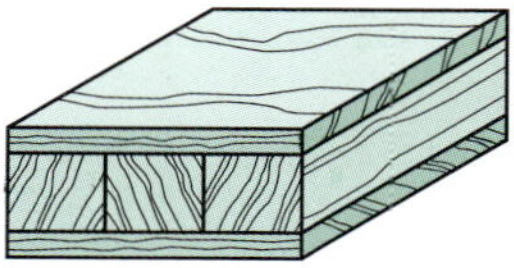

Stabsperrholz
Mittellage besteht aus verklebten oder nicht verklebten 7 mm bis 30 mm breiten Vollholzstäben

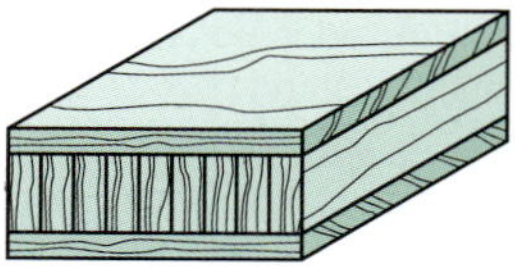

Stäbchensperrholz
Mittellage besteht aus maximal 7 mm breiten und hochkant angeordneten, verklebten Schälfurnieren

2.9 Holzwerkstoffe

Anforderungen an Sperrholz (DIN EN 636)

Allgemeine Zwecke „G"	Tragende Zwecke „S"

Verwendung im
Trockenbereich | Feuchtbereich | Außenbereich
Bedingungen gekennzeichnet durch einen Feuchtegehalt des Materials
Siehe Tabelle Seite 107

Nutzungsklasse 1 | Nutzungsklasse 2 | Nutzungsklasse 3

2

Verklebungklassen für Sperrholz (DIN EN 314-2, DIN EN 636)

Klasse	Definition
Klasse 1: **Trockenbereich**	Normales Klima, Anwendung ohne Gefahr der Durchnässung
Klasse 2: **Feuchtbereich**	Für Außenklima bei Schutz gegen direkte Bewitterung, auch bei kurzzeitiger Wettereinwirkung beständig. Innenverwendung, wenn Feuchtebeanspruchung das Niveau der Klasse 1 übersteigt.
Klasse 3: **Außenbereich**	Für Verwendung bei langfristiger Wettereinwirkung

Stab- und Stäbchensperrholz für allgemeine Zwecke (DIN 68705-2: 2003-10)

Festlegungen für Furniersperrholz sind nicht mehr enthalten.

Stabsperrholz ST Stäbchensperrholz STAE	Einsatz: Gehäuse- und Möbelbau, Behälter- und Fahrzeugbau Maschinen- und Anlagenbau, Vorrichtungsbau
Oberfläche: Verklebung:	Erscheinungklassen E, I und II IF beständig in Räumen mit niedriger Luftfeuchte (nicht wetterbeständig) AW beständig bei erhöhter Feuchtebeanspruchung (bedingt wetterbeständig)
Bezeichnungsbeispiel:	Sperrholz DIN 68705 – ST IF E-I – 19

Sperrholz (DIN 68705-4: 1981-12)

Bau-Stabsperrholz BST Bau-Stäbchensperrholz BSTAE	aufgrund definierter und überwachter elastomechanischer Eigenschaften für **aussteifende Zwecke** im Bauwesen
Plattentypen	
BST 20 bzw. **BSTAE 20**	nicht wetterbeständig, Holzwerkstoffklasse 20 Harnstoffharz zulässig
BST 100 bzw. **BSTAE 100**	wetterbeständig, Holzwerkstoffklasse 100 Phenolharz /Resorcinharz
BST 100 G bzw. BSTAE 100G	Holzarten hoher Resistenz, Holzschutzmittel
Bezeichnungsbeispiel:	Sperrholz DIN 68705 – BST 20 – 18 Bau Stabsperrholz des Plattentyps BST 20 mit 18 mm Dicke

Die Biegefestigkeiten längs und quer zur Deckfurnier-Faserrichtung müssen jeweils 20 N/mm² betragen.

Vorzugsmaße für Sperrholz (für Hersteller nicht bindend)

Maße in mm	Furniersperrholz	Stab- und Stäbchensperrholz
Dicke	4, 5, 6, 8, 10, 12, 15, 18, 20, 22, 25, 30, 35, 40, 50	13, 16, 19, 22, 25, 28, 30, 38
Länge[1]	1220, 1250, 1500, 1530, 1830, 2050, 2200, 2440, 2500, 3050	1220, 1530, 1830, 2050, 2500, 4100
Breite	1220, 1250, 1500, 1530, 1700, 1830, 2050, 2440, 2500, 3050	2440, 2500, 3500, 5100, 5200, 5400

[1] Die Länge wird längs zur Faserrichtung des Deckfurniers gemessen. Die Breite kann deshalb größer als die Länge sein. Reihenfolge der Maßangabe: Dicke, Länge, Breite

2

2.9 Holzwerkstoffe

Furnierschichtholz (DIN EN 14279) (Laminated Veneer Lumber)

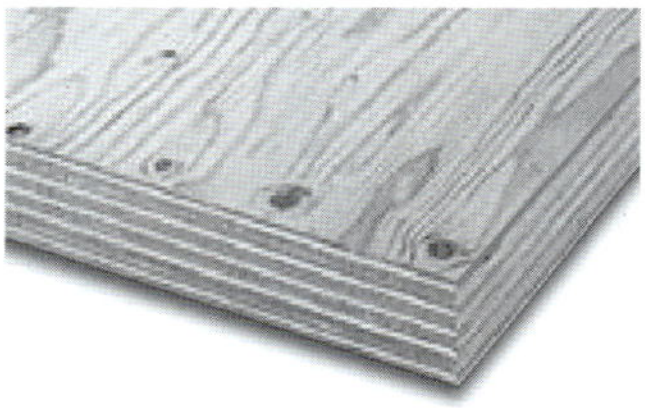

Verbund aus Furnieren, in dem die Furniere überwiegend in derselben Faserrichtung ausgerichtet sind (schließt Furnierschichtholz mit Querlagen nicht aus).
Furniergüte DIN EN 635-2 und 635-3 (Erscheinungsklassen Sperrholz)

Typ	Verwendung	Verklebung	Allgemeine Zwecke	Tragende Zwecke
LVL/1	Trockenbereich	Klasse 1	Symbol G	Symbol S
LVL/2	Feuchtbereich	Klasse 2		
LVL/3	Außenbereich	Klasse 3		

Massivholzplatten (DIN EN 12775, DIN EN 13353)

Platte, die aus Holzstücken besteht, die an ihren Schmalseiten und, falls mehrlagig, an den Breitseitenn miteinander verklebt sind.
(Holzstücke: Bretter, Lamellen, Kanteln usw.)

Einlagige Platten für allgemeine Zwecke
Mehrlagige Platten für tragende Zwecke

SWP	**Massivholzplatte**	
SWP/1	Trockenbereich	Innenverwendung ohne Gefahr einer Durchfeuchtung
SWP/2	Feuchtbereich	Außenklima bei Schutz gegen direkte Bewitterung
SWP/3	Außenbereich	Ungeschützte Außenverwendung

Einlagige Massivholzplatte mit Symbol „L1"

Mehrlagige Massivholzplatte mit Buchstben „L" und Zahl der Lagen

Für **tragende** oder **nicht tragende** Zwecke werden bestimmte mechanische Anforderungen an Rohdichte, Biegefestigkeit und Elsatizitätsmodul gestellt.

Feuchtegehalt: Für die Verwendung im Trockenbereich 8 ± 2 %
Für die Verwendung im Feuchtebereich 10 ± 3 %
Für die Verwendung im Außenbereich 12 ± 3 %

Multiplexplatten (nicht genormt)

Marktübliche Bezeichnung für Sperrholz in Standardqualität

Ausführung:	Furnierdicken:	Dicke:
AW bzw. BFU 100	2,5 mm bis 3 mm	bis zu 80 mm (viellagig)

Plattentypen (handelsüblich)

mit Innenlagen ohne besondere Ansprüche	mit ausgewählten Innenlagen, weitgehend dicht, sichtbarer Furnieraufbau	mit Deckfurnieren ausgesuchter Qualität, Innenlagen ohne besondere Ansprüche	mit Deckfurnieren und Innenlagen ausgesuchter Qualität
Modellholz	Buchenfurniere ca. 1,6 mm dick, Deckfurniere und Innenlagen ausgesuchter Qualität		
Feinholz	Furnierdicken ab 0,2 mm, sehr feinschichtig		
Ahornplatten	Furnierdicken ca. 1,6 mm, Furniere gefügt und von ausgesuchter Qualität		

2.9.2 Holzspanwerkstoffe

Holzspanwerkstoffe sind plattenförmige Holzwerkstoffe, die durch Verpressen von kleinen Teilen aus Holz und/oder anderen lignozellulosehaltigen Teilchen mit Klebstoff hergestellt werden.

Einteilung der Spanplatten nach DIN EN 312 – (2003) (Auszug)

Diese Norm legt Anforderungen an kunstharzgebundenen, unbeschichteten Spanplatten fest.

Plattentypen	P1	P2	P3	P4	P5	P6	P7
Verwendung	Allgemeine Zwecke	Inneneinrichtungen (Möbel)	Nicht tragende Zwecke	Tragende Zwecke		Hochbelastbar Tragende Zwecke	
	Trockenbereich		Feuchtbereich[1)]	Trockenbereich	Feuchtbereich[1)]	Trockenbereich	Feuchtbereich[1)]

[1)] Der Feuchtbereich ist durch die Nutzungsklasse 2 nach ENV 1995-1-1 definiert (Temperatur 20 °C und relative Luftfeuchtigkeit der umgebenden Luft, die nur einige Wochen pro Jahr einen Wert von 85 % übersteigt.

Allgemeine Anforderungen an alle Plattentypen bei Auslieferung (Auszug)

Grenzabmaße
- Dicke (geschliffene Platte) ± 0,3 mm
- Länge und Breite ± 5 mm

Plattenfeuchte 5 % bis 13 %

Formaldehydabgabe nach DIN EN 13986
- Klasse **E1** Perforatorwert: Gehalt ≤ 8 mg / 100 g absolut trockene Platte
- Klasse **E2** Perforatorwert: Gehalt > 8 mg / 100 g ≤ 30 mg/100g absolut trockene Platte

Anforderungen an die mechanischen Eigenschaften und an die Quellung

(DIN EN 312) – Ausgesuchte Werte für 2 Plattentypen (P2 und P5)

Plattentyp	Eigenschaft	Einheiten	Dickenbereich (mm, Nennmaß) > 3 bis 4	> 4 bis 6	> 6 bis 13	> 13 bis 20	> 20 bis 25	> 25 bis 32	> 32 bis 40	> 40
P2	Biegefestigkeit	N/mm²	13	14	13	13	11,5	10	8,5	7
P5			20	19	18	16	14	12	10	9
P2	Querzugfestigkeit	N/mm²	0,45	0,45	0,40	0,35	0,30	0,25	0,20	0,20
P5			0,50	0,50	0,45	0,45	0,40	0,35	0,30	0,25
P2	Dickenquellung	%	–	–	–	–	–	–	–	–
P5			13	12	11	10	10	10	9	9

Kennzeichnung:

- Hersteller, Handelsmarke oder Zeichen
- Nummer EN 312
- Plattentyp
- Nenndicke
- Formaldehyd-Klasse
- Chargennummer oder Herstellungswoche und -jahr

Farb-Kennzeichnung der Spanplatten (freiwillig):

Weiß, Weiß, Blau	P1
Weiß, Blau	P2
Weiß, Grün	P3
Gelb, Gelb, Blau	P4
Gelb, Gelb, Grün	P5
Gelb, Blau	P6
Gelb, Blau	P7

Allgemeine physikalische Eigenschaften von Spanplatten

Eigenschaften	Nenndickenbereich in mm bis 13	> 13 … 20	> 20 … 25	> 25 … 32	> 32 … 40
Rohdichte (kg/m³)	750 … 680	720 … 620	700 … 600	680 … 580	650 … 550
Feuchte (%)	5 … 10	6 … 11	6 … 11	7 … 12	7 … 12
Wärmeleitfähigkeit (W/mK)	0,13				
Wasserdampfdiffusionswiderstandsfaktor μ innen / außen	50 / 100				
Lineardehnung im Wechselklima (%)	0,3 … 0,4				
Temperaturbeständigkeit Langzeit (°C)	50 … 60				
Temperaturbeständigkeit Kurzzeit (°C)	100 … 120				
Brandverhalten	müssen mindestens der Baustoffklasse B 2 entsprechen				

2.9 Holzwerkstoffe

Spanplatten für Sonderzwecke im Bauwesen (DIN 68762)

LF	Leichte Flachpressplatte mit höherer Schallabsorption, mit oder ohne Beschichtung oder Beplankung	für akustisch wirksame und/ oder dekorative Wand- und Decken-verkleidungen
LRD	Strangpress-Röhrenplatte mit durchbrochener Oberfläche und höherer Schallabsorption, beidseitig beschichtet oder beplankt	
LMD	wie LRD, aber Strangpress-Vollplatte	
LR	Strangpress-Röhrenplatte mit geschlossener Oberfläche, beidseitig beschichtet oder beplankt	

Rohdichte und Schallabsorption von Spanplatten für Sonderzwecke

Plattentyp	Rohdichte kg/m^3	Schallabsorptionsgrad Hz	α_S
LF	250 … 500	125 … 250	0,2[1]
		250 … 4000	0,5
LRD	300 … 600		0,5[2]
LMD	550 … 850		0,2

[1] Mindestwerte der mittleren Schallabsorption im jeweiligen Frequenzbereich.

[2] Schrankenwerte für den Absorptionsgrad dürfen auch von vollflächig aufliegenden Platten in einem wenigstens zwei Oktaven breiten Frequenzbereich nicht unterschritten werden.

Spanplatten nach dem Strangpressverfahren (DIN 14755)

Strangpressplatten für nichttragende Zwecke im Trockenbereich
Plattenfeuchte bei Auslieferung 5 % bis 13 %

ES	Extruded Solid	Platte ohne Hohlräume (Röhren) mit einer Rohdichte von min. 550 kg/m^3
ET	Extrude Tubes	Platte mit durchgehenden Hohlräumen (Röhren) mit einer Rohdichte von min. 500 kg/m^3 und einer Wanddicke von min. 5 mm
ESL	Extruded Solid light	Platte ohne Hohlräume (Röhren) mit einer Rohdichte von weniger als 550 kg/m^3
ETL	Extruded Tubes light	Platte mit durchgehenden Hohlräumen (Röhren) mit einer Rohdichte von weniger als 550 kg/m^3 oder einer Wanddicke von weniger als 5 mm

Mechnische Eigenschaften (Mindestwerte)

Plattentyp	Dickenbereich	Biegefestigkeit ⊥ zur Herstellrichtung (N/mm^2)	Zugfestigkeit in Herstellrichtung (N/mm^2)
ES	≤ 16	4	0,17
	≥ 16 < 50	3	0,17
ET	< 30	2,5	0,17
	≥ 30 < 45	1,7	0,17
	≥ 45 < 70	1	0,17
ESL **ETL**	alle Dicken	1 1	0,1 0,1

Zementgebundene Spanplatten

Holzspanplatten nach DIN EN 633 und DIN EN 634
Platten aus Holz (63,5 %), Zement (25 %), Wasser (10 %) und Zusatzstoffen (1,5 %)

Anwendung:
- Ein- und zweischalige Wände
- Dachausbau, Deckenbekleidungen
- Ausbau von Nassräumen
- Brüstungselemente
- Fußbodenelemente
- Landwirtschaft

Oberflächenbeschaffenheit:
roh – eben oder strukturiert
geschliffen, beschichtet, beplankt (z. B. dekoratives Laminat, harzgetränktes Dekopapier usw.)

2.9 Holzwerkstoffe

Zementgebundene Holzspanplatten

Standardformate:	2600 mm × 1250 mm 3100 mm × 1250 mm
Dicken in mm:	8; 16; 24; 40 10; 18; 28 12; 20; 32

Fußboden-Verlegeplatten (mit Nut und Feder): 625 mm × 1250 mm
Dicken in mm: 18; 22; 25

Deckenplatten: 620 mm × 1250 mm
10 mm dick

Besondere Eigenschaften

Mindestbiegefestigkeit	9,0 N/mm² (rechtwinklig zur Plattenebene)
Zugfestigkeit	4,0 N/mm² (in Plattenebene)
Querzugsfestigkeit	0,4 N/mm²
Dickenquellung	1,0% … 2,0%
Rohdichte	1250 kg/m³
Wärmeleitfähigkeit λ_R	0,35 W/mK
Brandverhalten	B1/A2

witterungsbeständig und verrottungsfest
beständig gegen Pilz- und Termitenbefall

2

Platten aus langen, schlanken, ausgerichteten Spänen (DIN EN 300)

Flache, lange Späne, richtungsorientiert verleimt, 3-schichtiger Aufbau, Späne in Außenschichten parallel zur Plattenlänge oder Plattenbreite

OSB-Platten (Oriented Strand Board)		Kennzeichnung
OSB/1	für allgemeine Zwecke im Trockenbereich, Innenausbau und Möbel	(Streifen: weiß, blau)
OSB/2	für tragende Zwecke im Trockenbereich, Innenwände im Fertighausbau	(Streifen: gelb, gelb, blau)
OSB/3	für tragende Zwecke im Feuchtbereich	(Streifen: gelb, gelb, grün)
OSB/4	hochbelastbare Platten für tragende Zwecke im Feuchtbereich, Wände	(Streifen: gelb, grün)

Allgemeine Anforderungen an OSB-Platten

Grenzabmaße		Plattenfeuchte		Formaldehydgehalt (pr EN 300)
Dicke (geschliffen)	± 0,3 mm	OSB/1, OSB/2	2% … 12%	für unbeschichtete Platten
Dicke (ungeschliffen)	± 0,8 mm	OSB/3, OSB/4	5% … 12%	Formaldehyd Potentialklasse 1
Länge und Breite	± 3,0 mm			(≤ 8 mg/100g Perforatorwert)

Anforderungen an mechanische Eigenschaften und Quellung

Dickenbereich in mm	Biegefestigkeit (Hauptachse) in N/mm²				Querzugfestigkeit in N/mm²				Dickenquellung (24 h) in %			
	OSB/1	OSB/2	OSB/3	OSB/4	OSB/1	OSB/2	OSB/3	OSB/4	OSB/1	OSB/2	OSB/3	OSB/4
6 … 10	20	22	22	30	0,30	0,34	0,34	0,50	25	20	15	12
> 10 < 18	18	20	20	28	0,28	0,32	0,32	0,45				
18 … 25	16	18	18	26	0,26	0,30	0,30	0,40				

Handelsübliche Standardformate von OSB-Platten

Plattentyp	Stärke in mm	Format in mm
Standardplatte	6 bis 25	2440 × 1220, 4880 × 2440
Verlegeplatte (Nut und Feder)	15, 18, 22	2440 × 590

Handelsübliche Plattenmaße in mm

Nenndicken: 6, 8, 10, 13, 16, 19, 22, 25, 28, 32, 36, 40, 45, 50, 60, 70

	Plattentyp	Dicke	Länge	Breite
Spanplatten	Flachpressplatten	3, 4, 8 10, 13, 16, 19, 22, 25, 28 32, 36	2500 2800 5600	1250 2070 2070
	MFB	8, 10, 13, 16, 19, 20, 25	2670	2050
	Bodenverlegeplatten	10, 13, 16, 19, 22, 25, 28	2050	950
Faserplatten	Mittelharte Platten Harte Platten MFB	1,6; 2,0; 2,5 3,0; 3,2; 3,5 4, 5, 6, 8	1300, 1730, 2600, 5200 2550, 5100	2050 1830
	Poröse Platten	6, 8, 10, 12, 15 20, 25, 30, 35, 40, 50	1250, 2000, 2500, 2750 3000, 3500, 5000	1000, 1250 1500, 2000
	In der Tabelle erfolgt keine Zuordnung von Dicke zu Länge und Breite			

2.9 Holzwerkstoffe

2.9.3 Holzfaserwerkstoffe

Faserplatten, mit einer Dicke von 1,5 mm und größer, hergestellt aus Lignozellulosefasern unter Anwendung von Druck und/oder Hitze. Die Bindung der Fasern erfolgt durch Verfilzung sowie inhärenter Verklebungseigenschaft oder Zugabe von Klebstoffen.

2

Klassifizierung der Faserplatten nach dem Herstellungsverfahren (DIN EN 316)

nach dem **Naßverfahren**			nach dem **Trockenverfahren**		
Harte Platten **HB**	Mittelharte Platten **MB**	Poröse Platten **SB**	**MDF** HDF	Leicht-MDF	Ultraleicht-MDF
Dichte in kg/m³					
≥ 900	≥ 400 bis 900	≥ 230 bis 400	≥ 800	≤ 650	≤ 550

Weitere Klassifizierungkriterien für Faserplatten (DIN EN 316)

Anwendungsbedingungen	Kurzzeichen	**Verwendungszweck**	Kurzzeichen
Trockenbereich	–	Allgemeine Verwendung	–
Feuchtbereich	H	Tragende Verwendung	L
Außenbereich	E	– alle Kategorien der Lasteinwirkungsdauer – nur für Momentan- und Kurzzeitbelastung	A S

Faserplatten (Plattentypen, Kurzzeichen) (DIN EN 316)

Faserplattentyp	Kurzzeichen	Anmerkung, zusätzliche Eigenschaften durch spezielle Behandlung oder Zusätze	
Harte Platten	**HB**	Feuerschutz, Feuchtebeständigkeit, Resistenz gegen biologischen Befall, Bearbeitbarkeit, spezielle Behandlung (z.B. Härtung), Zusätze	
Mittelharte Platten geringer Dichte	**MBL**	400 kg/m³ bis 560 kg/m³	Feuerschutz
Mittelharte Platten hoher Dichte	**MBH**	560 kg/m³ bis 900 kg/m³	Feuchtebeständigkeit
Poröse Platten	**SB**	Thermische und akustische Dämmeigenschaften Feuerschutz, verbesserte Feuchtebeständigkeit	
Platten nach dem Trockenverfahren	**MDF**	Feuerschutz, Feuchtebeständigkeit, Resistenz gegen biologischen Befall, Bearbeitbarkeit	

Beispiel: Kurzzeichen

MDF.HLS MDF zur tragenden Verwendung im Feuchtbereich, nur für Momentan- und Kurzzeitbelastung, nach DIN EN 622-5

HB.HLA2 hochbelastbare Platte zur tragenden Verwendung im Feuchtbereich, für alle Kategorien der Lasteinwirkungsdauer

1 Platte für tragende Zwecke 2 hoch belastbare Platte für tagende Zwecke

Allgemeine Anforderungen an Faserplatten (DIN EN 622-1)

Diese Norm legt Anforderungen an einige Eigenschaften fest, die für alle unbeschichteten Faserplatten gleich sind.

Eigenschaft	Plattentyp HB	MB	SB	MDF
Grenzabmaße in mm: – Dicke (abhängig von Nenndicke) – Länge und Breite	± 0,3 bis 0,7 ± 2 mm/m, höchstens ± 5	± 0,7 bis 0,8	± 0,7 bis 1,8	± 0,2 bis 0,3
Plattenfeuchte	4 % bis 9 %			4 % bis 11 %

2.9 Holzwerkstoffe

Anforderungen an harte Platten (DIN EN 622-2) (für Typ **HB** und **HB.H**)

Typ	Eigenschaft	Einheit	Nenndickenbereich in mm		
			≤ 3,5	> 3,5 bis 5,5	> 5,5
HB	Dickenqellung	%	37	30	25
HB.H			25	20	20
HB	Biegefestigkeit	N/mm²	30	30	25
HB.H			35	32	30

Anforderungen an mittelharte Platten (DIN EN 622-3) (für Typ **MBH.LA1** und **MBH.HLS2**)

Eigenschaft	Einheit	Nenndickenbereich in mm			
		≤ 10		> 10	
	Plattentyp ⟶	**MBH.LA1**	**MBH.HLS2**	**MBH.LA1**	**MBH.HLS2**
Dicken-quellung	%	15	9	15	9
Biegefestigkeit	N/mm²	18	28	15	25

MBH.LA1 tragende Zwecke, Trockenbereich, für alle Klassen der Lasteinwirkungsdauer

MBH.HLS2 tragende Zwecke, hoch belastbar, Feuchtbereich

Eigenschaften: Schraubenausziehwiderstand 30 N/mm

DIN EN 13986 Angaben über Wärmeleitfähigkeit, Wasserdampfdurchlässigkeit und Brandverhalten

Poröse Faserplatte (DIN EN 622-4)

Plattentypen: **SB** **SB.H** **SB.E** **SB.LS** **SB.HLS**

Dickenquellung 10 % bis 6 % (Werte abhängig von Plattentyp und Nenndickenbereich)

Biegefestigkeit 0,8 bis 1,3 N/mm²

Faserplatten nach dem Trockenverfahren (MDF) (DIN EN 622-5)

Faserplatten mit homogenem Aufbau, guten Bearbeitungseigenschaften sowie Lackierungs- und Beschichtungsmöglichkeiten

Verwendung	Trockenbereich	Feuchtbereich	Ultraleicht-MDF	Unterdeckplatten
Allgemeine Zwecke (Möbel, Innenausbau)	**MDF**	**MDF.H**	**UL-MDF** Rohdichte 450 kg/m³ 500 kg/m³	(für Dachdeckungen und Wände) **MDF.RWH**
Tragende Zwecke	**MDF.LA**	**MDF.HLS**		
Leicht-MDF	**L-MDF**	**L-MDF.H**		

Anforderungen an Platten Typ MDF (DIN EN 622-5)

Eigenschaft	Einheit	Nenndickenbereiche in mm								
		1,8 bis 2,5	> 2,5 bis 4,0	> 4 bis 6	> 6 bis 9	> 9 bis 12	> 12 bis 19	> 19 bis 30	> 30 bis 45	> 45
Dickenquellung	%	45	35	30	17	15	12	10	8	6
Querzugfestigkeit	N/mm²	0,65	0,65	0,65	0,65	0,60	0,55	0,55	0,50	0,50
Biegefestigkeit	N/mm²	23	23	23	23	22	20	18	17	15
Biege-Elastizitätsmodul	N/mm²	–	–	2700	2700	2500	2200	2100	1900	1700

2.9 Holzwerkstoffe

2.9.4 Melaminbeschichtete Platten für den Innenbereich (DIN EN 14322)

Diese Norm gilt für dekorative melaminbeschichtete Spanplatten und Faserplatten (nicht für Laminatboden).

MFB	**Melaminbeschichtete Platte** die ein- oder beidseitig durch direktes Verpressen mit Papieren beschichtet wird, die mit härtbaren Aminoplastharzen imprägniert sind. Die Plattenoberfläche kann ein- oder beidseitig eben oder strukturiert sein und dekorative Farben oder Muster aufweisen.

Allgemeine Anforderungen (MFB)

Grenzabmaße für Länge und Breite: – handelsübliche Maße ± 5 mm – Zuschnitte ± 2,5 mm	Verzug ≤ 2 mm/m (Dickenbereich ≥ 15 mm)

Formaldehydabgabe Klasse **E1** oder **E2** (Prüfverfahren ENV 717-1 oder ENV 717-2)
Die melaminbeschichtete Platte gilt als E1, wenn die Trägerplatte als E1 klassifiziert ist.

In der Regel wird eine Spanplatte (P2) nach EN 312, eine Hartfaserplatte (HB) nach EN 622-2 oder eine Mitteldichte Faserplatte (MDF) nach EN 622-5 als Trägerplatte verwendet.

Deshalb werden mechanischen Eigenschaften und Maßtoleranzen in diesen Normen angegeben.

Klassifizierung nach der Abriebbeständigkeit

Klasse	1	2	3A	3B	4

Festlegung der Abriebbeständigkeit (WR) und für den Anfangsabriebpunkt (IP)

Informationen über weitere Eigenschaften, z.B. Verhalten gegen Zigarettenglut, Stoßbeanspruchung, Glanzgrad usw. liefern die Hersteller. Die Prüfverfahren sind in DIN EN 14323 festgelegt.

Bearbeitung von melaminbeschichteten Platten (MFB)

Geeignete Zahnformen

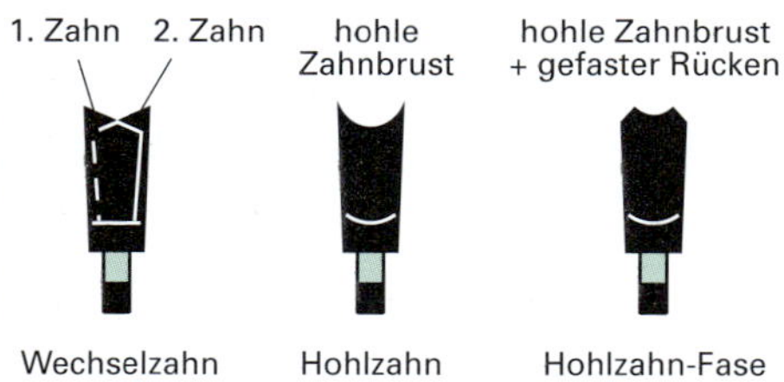

Eintritts- und Austrittswinkel der Sägezähne

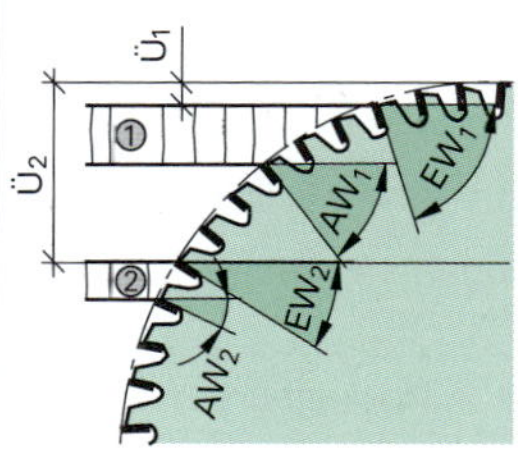

Ü Überstand
EW Eintrittswinkel
AW Austrittswinkel

Formaldehyd-Klassen (DIN EN 13986)

Werden bei der Herstellung formaldehyd-haltige Stoffe verwendet, ist das Produkt zu prüfen und nach den Klassen **E1** und **E2** zu klassifizieren.
Anforderungen an die Formaldehyd-Klasse E1 (in Deutschland zugelassen)

Holzwerkstoff		
unbeschichtet	unbeschichtet	lackiert, beschichtet o. furniert
Spanplatten OSB MDF	Sperrholz Massivholzplatten Furnierschichtholz	Spannplatten, OSB, MDF Sperrholz, Massivholzplatten Furnierschichtholz Faserplatten (Nassverfahren) Zementgebundene Spanplatten
Gehalt ≤ 8 mg/100 g atro (absolut trockene Platte)	**Abgabe ≤ 3,5 mg/m² h** oder ≤ 5 mg/m² h innerhalb von 3 Tagen nach Herstellung	

2.9 Holzwerkstoffe

2.9.5 Leichtbau-Verbundwerkstoffe (Auswahl)

Leichtbauverbundwerkstoffe sind innovative und funktionelle Verbundwerkstoffe aus Holzwerkstoffen und anderen Werkstoffen mit geringem Gewicht, hoher Festigkeit und modernem Design für Möbel- und Innenausbau sowie Fahrzeug- und Schiffskabinen. Es sind mehrschichtige Platten mit festen Decklagen und einem leichteren Kern.

Plattentyp	**Beschreibung**
Leichtbauplatte (Eurolight®) 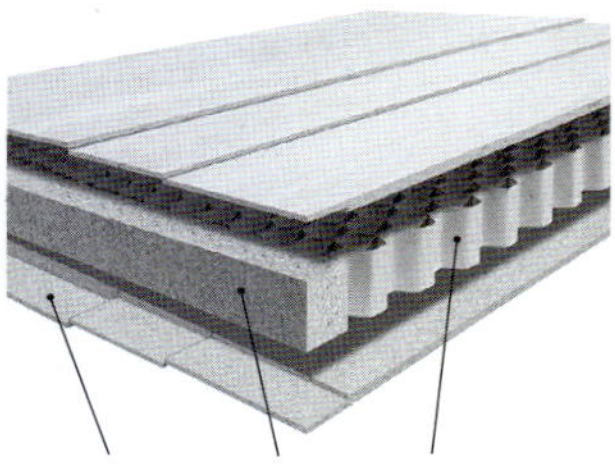 	Dünnspan-Decklagen 3,0 mm; 4,0 mm und 8,0 mm Wabenkern als Sechskantwabe mit 15 mm Zellweite Klebesystem PUR Rahmenlose Platte für Möbel- und Innenausbau Format: 5610 mm x 2070 mm Dickenbereich: 15 mm ... 100 mm Platten mit Riegel für Zuschnitt im Fixformat Mindestgröße 310 mm x 310 mm Weitere Eigenschaften: Formaldehydgehalt E1 Dickenquelleung 3,30% (nach 24h) Dichte[1)] 123 kg/m^3 ... 325 kg/m^3 Biegefestigkeit EN 310[1)] 5,0 N/mm^2 ... 9,0 N/mm^2 1) in Abhängigkeit der Plattendicke und Decklagendicke

	Dekorative Papierwabenplatte	**Dekorative Kunststoffwabenplatte**
	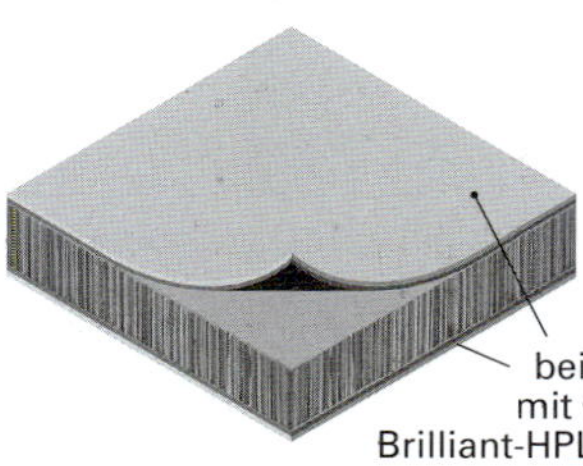 Papierwabenkern mit beidseitigem HDF-Deck, 3,3 mm	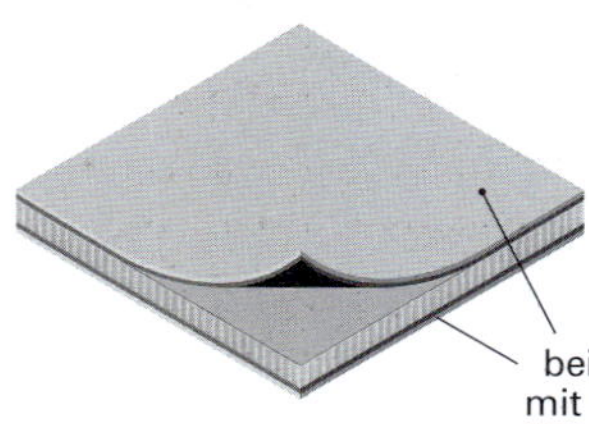 Mittellage als Kunststoffwabenplatte
Baustoffklasse	B2	B2, nicht tropfend
Verklebung	D3	PUR
Rohdichte	280 kg/m^3 ... 440 kg/m^3 (nach Plattendicke)	210 kg/m^3 ... 230 kg/m^3
Biegefestigkeit	8 N/mm^2 bei 26,6 mm Gesamtdicke	10 N/mm^2 bei 24,4 mm Gesamtdicke
Format in mm	2750 x 2020, Dicke 26,6 und 51,6 (Länge x Breite)	2750 x 2020, Dicke 24,4 und 29,4
Bearbeitung	auf allen herkömmlichen Bearbeitungsanlagen und Bearbeitungszentren möglich mit hartmetallbestückten Werkzeugen	
Anwendung	Dekorativer und allgemeiner Möbel- und Innenausbau, Schiffs-, Fahrzeug- und Caravanbau Tisch- und Arbeitsflächen, Trennwände und mobile Elemente	Trennwände in Nass- und Feuchträumen sowie Möbel in Feuchtbereichen

2.9 Holzwerkstoffe

2

Arbeitsplatten

1) gefräst 2) einseitig mit Kante 3) Postforming	1) 	2) 	3) 
Trägerplattendicke	38 mm, 50 mm und 60 mm		
Abmessungen (mm)	4100 × 600 und 920		4100 × 620 – einseitig 4100 × 920 – zweiseitig

Durchbiegung von Fachböden (Leichtbauverbund-Platten) – Dauerstandsmessung DIN 68874-1

Prüfgewicht 150 kg/m^2 Stützweite 975 mm Zulässige Biegung 9,75 mm

Plattendicke	Plattenaufbau	Durchbiegung in mm 5 min	14 Tagen	28 Tagen
38 mm	4 mm / 32 mm / 4 mm	2,37	5,66	6,59
40 mm	4 mm / 34 mm / 4 mm	2,74	3,26	4,36
50 mm	4 mm / 42 mm / 4 mm	1,00	1,58	2,36

Bearbeitung	
Sägen	wie Vollspanplatte, wenn möglich mit Vorritzer
Bohren	wie Vollspanplatte
Fräsen	im Gegenlauf
Beschichten	Pressdruck beachten
Bekanten	mit Stütz- und/oder Dekorkante

Verbindungsmittel für Leichtbau-Verbundplatten

Für unterschiedlichen Aufbau sind verschiedene Verbindungsmittel erforderlich.

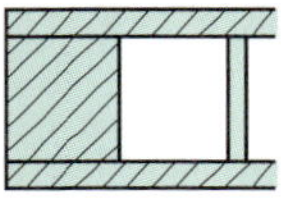

mit Riegel

Standarbeschläge einsetzbar

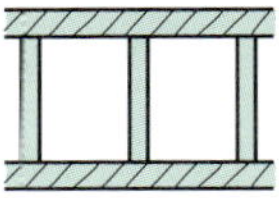

ohne Riegel

Spezielle Verbinder, Muffen usw. notwendig.

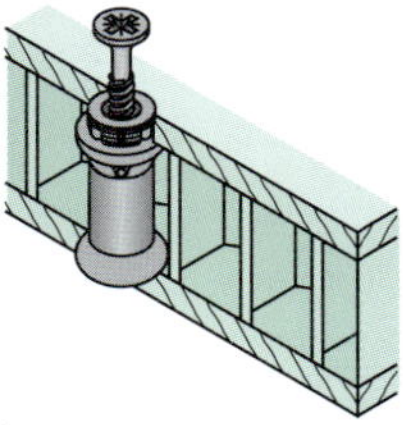

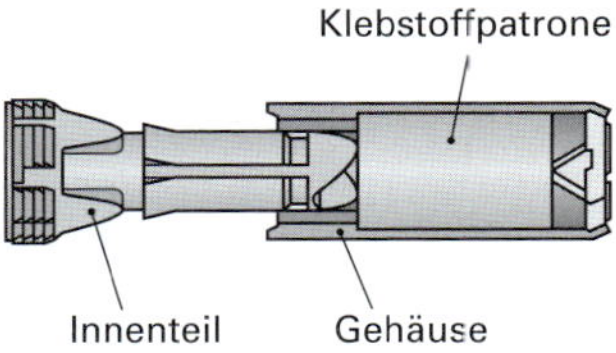

Klebermuffe
für die Leichtbauplatten ohne Riegel

In die Muffe können Schrauben, Verbindungsteile usw. eingeschraubt werden.

Axialer Auszugswert
700 N bis 950 N

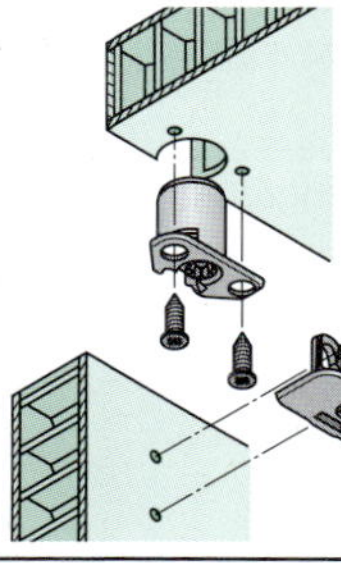

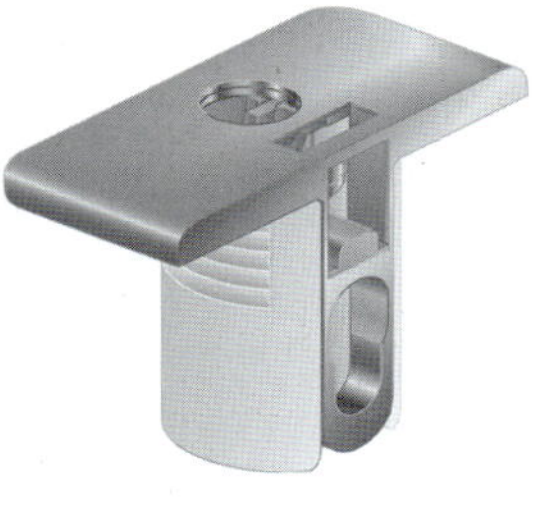

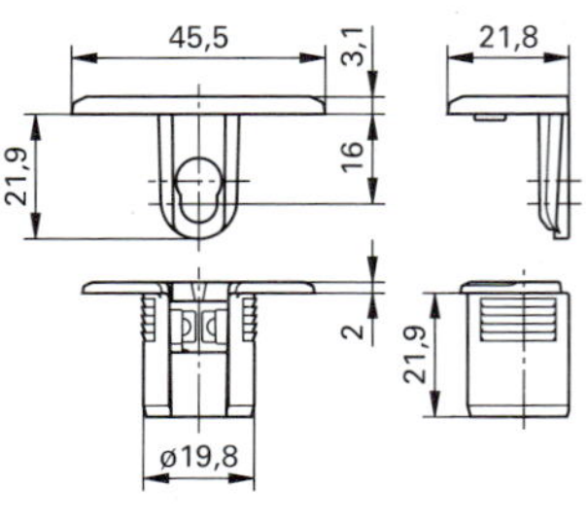

3 Werkstoffe

Inhaltsverzeichnis

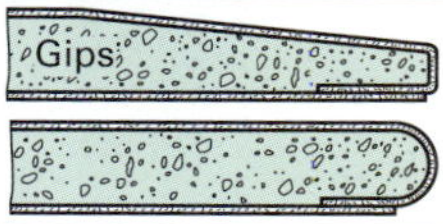

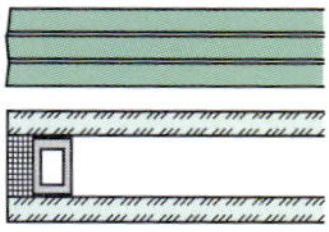

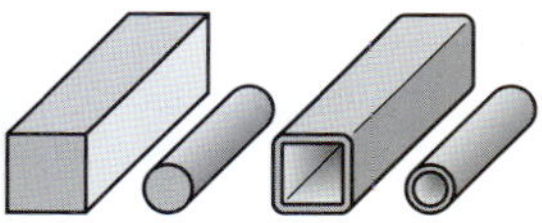

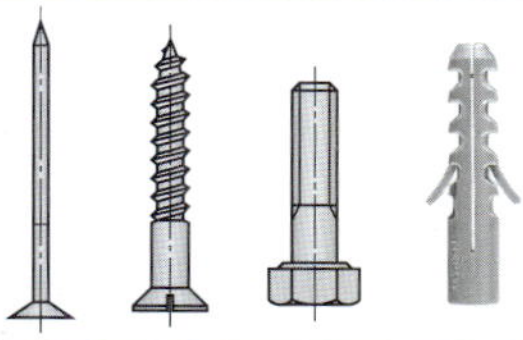

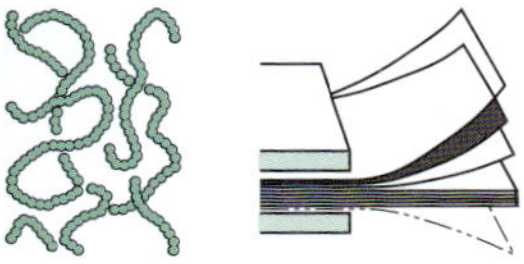

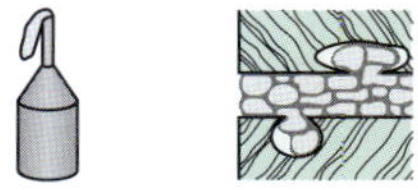

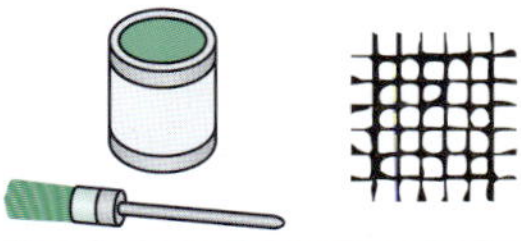

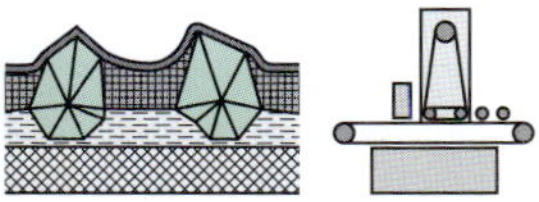

Sicherheitsdatenblatt gemäß 91/155/EWG

3 Werkstoffe

Firmenverzeichnis

Lignal GmbH
Warendorfer Straße 21
59075 Hamm
Telefon: 02381 963-0
email: info@hesse.lignal.de

Lamello AG
Hauptstraße 149
CH-4416 Bubendorf
Telefon: 0041 61 935-3636
email: info@lamello.com

Interpane Glas Industrie AG
Sohnreystaße 21
37697 Lauenförde
Telefon: 05273 809-0
email: info@ag.interpane.net

ihd Institut f. Holztechnologie Dresden gGmbH
Zellescherweg 24; 01217 Dresden
Telefon: 0351 4662-0
www.ihd-dresden.de

Jowat AG
Enst-Hilker-Straße 10 – 14; 32758 Detmold
Telefon: 05231 749-0
www.jowat.de

fischer Deutschland Vertriebs GmbH & CO. KG
Postfach 1152
72176 Waldachtal
Telefon: 07443 12-6000
www.fischerwerke.de

sia Abrasives Industrie AG
CH-8501 Frauenfeld –1
Telefon: 0041 52 724-4111
email: sia@sia-abrasives.com

Flachglas MarkenKreis GmbH
Auf der Reihe 2
45884 Gelsenkirchen
Telefon: 0209 91329-0
email: info@flachglas-markenkreis.de

Henkel KGaA
Henkelstraße 67
40589 Düsseldorf
Telefon: 0211 797-0

KLEIBERIT Klebstoffe Klebchemie
M. G. Becker GmbH + Co. KG
Max-Becker-Straße 4
76356 Weingarten

Verlag und Autoren danken den genannten Firmen und Institutionen für die Unterstützung der aktuellen und praxisnahen Gestaltung des Tabellenbuches.

3

Literatur und Normen

Fischer, Ulrich; u.a.; Tabellenbuch Metall, Europa-Lehrmittel, Auflage 2008
Peschel, Peter; u.a.; Tabellenbuch Bautechnik, Europa-Lehrmittel, Auflage 2010
Pilkington Deutschland; 2007; Berechnungen für Glasscheiben
DIN 571; 1986, Sechskant Holzschrauben
DIN 1102; 1989-1; Holzwolle-Leichtbauplatten und Mehrschicht-Leichtbauplatten
DIN 1259-2; 2001; Begriffe für Glaserzeugnisse
DIN 4108-7; 2001; Wärmeschutz und Energie-Einsparung in Gebäuden
DIN 10020; 2000; Begriffsbestimmungen für die Einteilung der Stähle
DIN 17007-4; 1963; Werkstoffnummern; der Hauptgruppen 2 und 3: Nichteisenmetalle
DIN 18180; 2007; Gipsplatten – Arten und Anforderungen
DIN 18182-2; 2008; Zubehör für die Verarbeitung von Gipskartonplatten
DIN 68861-2/4/6; 1981/2; Möbeloberflächen; Abrieb-, Kratzbeanspruchung, Zigarettenglut
DIN 68861-1/7/8; 2001; Möbeloberflächen; chemischer Beanspruchung, trockene, feuchte Hitze
DIN EN 204; 2001; Klassifizierung thermoplastischer Holzklebstoffen
DIN EN 336; 2003; Bauholz für tragende Zwecke
DIN EN 438-1; 2005; Dekorative Hochdruck-Schichtpressstoffplatten (HPL)
DIN EN 572; 2004; Glas im Bauwesen, Definitionen und Eigenschaften
DIN EN 10025; 2005; Warmgewalzte Erzeugnisse aus Baustählen
DIN EN 10027; 1992/2005; Bezeichnungssysteme für Stähle, Kurznamen; Nummernsysteme
DIN EN 10230; 2000; Nägel aus Stahldraht; lose Nägel für allgemeine Verwendungszwecke
DIN EN 12720; 1997; Möbel – Bewertung von Oberflächen gegen kalte Flüssigkeiten
DIN EN 12721; 1997; Möbel – Bewertung von Oberflächen gegen feuchter Hitze
DIN EN 12722; 1997; Möbel – Bewertung von Oberflächen gegen trockene Hitze
DIN EN 24032; 2004; Mechanische Verbindungselemente – Muttern
DIN EN ISO 2409; 1994; Lacke und Anstrichstoffe – Gitterschnittprüfung
DIN EN ISO 4014; 2001; Sechskantschrauben mit Schaft
DIN EN ISO 10077, 2006, Wärmetechnische Verhalten von Fenstern, Türen und Abschlüssen
DIN ISO 513; 2005; Klassifizierung und Anwendung von harten Schneidstoffen
DIN ISO 603; 2000; Schleifkörper aus gebundenem Schleifmittel

3 Werkstoffe

3.1 Mineralische Plattenwerkstoffe

Plattenwerkstoffe mit verschiedenen, überwiegend mineralischen Bestandteilen können wie folgt eingeteilt werden:

- Mineral-Kunststoff-Platten (vgl. Kapitel 3.5)
- Gipsfaserplatten
- Gipskartonplatten
- Faserzementplatten
- Holzwolleleichtbauplatten

3.1.1 Gipskartonplatten und Gipsplatten

Gipsplatten nach DIN EN 520

Typ **A**	Standard-Gipsplatte
Typ **D**	Gipsplatte mit definierter Dichte
Typ **F**	Gipsplatte mit verbessertem Gefügezusammenhalt bei hohen Temperaturen
Typ **H**	Gipsplatte mit reduzierter Wasseraufnahmefähigkeit (H1, H2 und H3)
Typ **I**	Gipsplatte mit erhöhter Oberflächenhärte
Typ **R**	Gipsplatte mit erhöhter Festigkeit
Typ **E**	Gipsplatte für die Beplankung von Außenwandelementen

Gegenüberstellung

DIN EN 520	**DIN 18180**
Typ A	GBK
Typ DF	GKF
Typ H2	GKBI
Typ DFH2	GKFI
Typ P	GKP

Mit DIN EN 520 wird das **Brandverhalten** nach DIN EN 13501-1 klassifiziert. In der Regel nicht brennbar: **A2-s1, d0**

A2 nicht brennbar, s1 kein Rauch
d0 kein brennendes Abfallen/Abtropfen

3

Kurzzeichen	**Bezeichnungen**	**Anwendung**
GKB	Gipskarton-Bauplatten B	Wand-Trockenputz für Wand- und Deckenverkleidungen
GKF	Gipskarton-Bauplatten F Feuerschutzplatten	Anforderungen an die Feuerwiderstandsdauer der Bauteile sowie für die Beplankung aussteifender Wände
GKBI	Gipskarton-Bauplatten B imprägniert	wie GKB-Platten, jedoch mit verzögerter Wasseraufnahme
GKFI	Gipskarton-Bauplatten F imprägniert	wie GKF-Platten, jedoch mit verzögerter Wasseraufnahme
GKP	Gipskarton-Putzträgerplatten	als Putzträger, meist auf Unterkonstruktion
	Gipskartonverbundplatten DIN 18184	Gipskarton-Bauplatten mit Schaumkunststoffplatten für erhöhten Wärmeschutz

Abmessungen (DIN 18180)

Dicke (mm)	Breite (mm)	Länge (mm)
9,5 **12,5**	1250	2000; 2250; 2500; 2750; 3000; 3500; 3750; 4000
15	1250	2000; 2250; 2500; 2750; 3000
18	1250	2000; 2250; 2500
25	600	2500; 2750; 3000; 3250; 3500
9,5	400	1500; 2000

Kantenausbildungen

abgeflachte Längskante

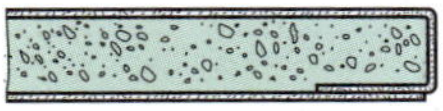
volle Längskante bei Bauplatten

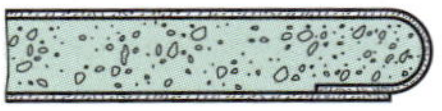
Längskante einer Putzträgerplatte

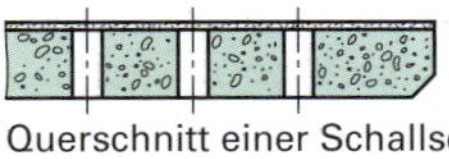
Querschnitt einer Schallschluckplatte

3.1 Mineralische Plattenwerkstoffe

3.1.2 Faserzementplatten

Platten aus mineralischen und synthetischen Fasern, Zement und Wasser

Anwendung und Verarbeitung:

- bearbeitbar mit HM-Werkzeugen
- Wand- und Deckenverkleidung in Feuchträumen
- Befestigungselemente nichtrostend ausgeführt

Rechteckschablonen	Bogenschnittschablonen
Abmessungen: 30 cm × 60 cm; 40 cm × 40 cm; 20 cm × 40 cm; 30 cm × 30 cm; 30 cm × 20 cm; 30 cm × 15 cm; Befestigung: 2 Nägel (Schieferstifte) und 1 Plattenhaken	Abmessungen: 30 cm × 30 cm 40 cm × 40 cm *ü* = 5 cm … 12 cm 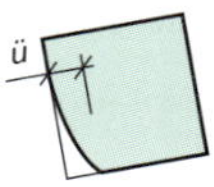

3.1.3 Gipsfaserplatten

Platten aus Gips und Zellulosefasern (Altpapier), ohne zusätzliche Bindemittel, durchgehend faserverstärkt.

Typ	Besondere Eigenschaften, Verwendung
Ausbau-Platte Estrich-Platte Verbund-Platte (10 mm + 15 mm … 50 mm Schaumkunststoff)	Baustoffklasse A2, F30 … F90, hohe Luft- und Trittschalldämmung, wärme- und schalldämmend, mit und ohne Dampfsperre (Al-Folie)
Formate	**Verarbeitung**
150 cm × 100 cm; 200 cm × 124,5 cm 250 cm × 124,5 cm; 254 cm × 124,5 cm 275 cm × 124,5 cm; 300 cm × 124,5 cm Dicke in mm: 10; 12,5; 15; 18	bis 10 mm Plattenrand schraub- und nagelbar leicht bearbeitbar Bei Verarbeitung DIN 18181 und DIN 18183 berücksichtigen!

3.1.4 Holzwolleplatten (DIN EN 13168)

Wärmedämmstoffe für Gebäude – werkmäßig hergestellte Produkte aus Holzwolle (HW) und mineralischen Bindemitteln (Magnesit, Zement).

Auswahl von 3 Plattentypen (magnesiumgebundene Holzwolleplatten)

Beschreibung	Universell einsetzbare Platte, wärme- und schalldämmend	Platte mit erhöhter Maßgenauigkeit, wärme- und schalldämmend, sicher gegen Nager- und Pilzbefall	Mehrschichtplatte Polystyrolkern-Zweischichtplatte, beidseitig 5 mm
	diffusionsoffen, schwerentflammbar		schwerentflammbar
Dicke in mm	15 ; 25; 35; 50	25; 35; 50	60; 75; 100
Masse in kg/m²	8,5; 11,5; 14,5; 19,5	11,0; 14,0; 15,5	4,5; 5,1; 5,7
Länge/Breite in mm	2000/600	1250/500	1000/600

Technische Daten

Eigenschaft	universell einsetzbare Platte				Mehrschichtplatte		
Brandverhalten	B1; Euroklasse B-s1, d0				B1		
Wärmeleitfähigkeit λ (W/mK)	0,090				Polystyrol 0,035 Deckschicht 0,11		
Dicke (mm)	15	25	35	50	60	75	10
Wärmedurchlasswiderstand R (m²K/W)	0,17	0,28	0,39	0,556	1,62	20,05	2,76
Druckspannung bei 10 % Stauchung (kPa)	≥ 200	≥ 200	≥ 200	≥ 150	≥ 50		
Wasserdampfdiffusionswiderstandszahl μ	2/5				Deckschicht 2/5 PS 20/50		

3.2 Glas

3.2.1 Glasarten und Glaserzeugnisse

Glas ist ein anorganisches nicht metallisches Schmelzprodukt und besteht hauptsächlich aus Quarzsand, Kalk und Soda.

Begriffe zu Glasarten und Glaserzeugnissen (DIN 1259)

Flachglas		Oberbegriff für alle ebenen und gebogenen Scheiben
Fensterglas		alte Bezeichnung Tafelglas, es ist plan und durchsichtig, gleichmäßig dick und beide feuerblanken Oberflächen sind fast eben
Spiegelglas		Flachglas mit einer planparallelen und polierten Oberflächen, rückseitig mit einer reflektierender Schicht versehen
Kristall-spiegelglas		eine aufwertende Bezeichnung für Spiegelglas
Floatglas		durch Fließen der geschmolzenen Glasmasse auf einem Zinnbad hergestelltes Spiegelglas mit parallelen und feuerpolierten Oberflächen
Mattglas		durch eine gleichmäßig aufgeraute Oberfläche streut das Licht diffus. Das Aufrauen erfolgt durch Ätzen (Säurematt) oder Sandstrahlen (Sandmatt)
Drahtglas		ein Erzeugnis mit einer Drahtnetzeinlage. Die Oberfläche gibt es planparallel (Drahtspiegelglas) mit Struktur (Drahtglas) oder reliefartig (Drahtornamentglas)
Ornamentglas		durch kontinuierliches Gießen und Walzen hergestellt. Es ist farblos oder farbig mit einer ein- oder beidseitig reliefartig geformten Oberfläche
Kathedralglas		ein Ornamentglas. Die Oberfläche ist unregelmäßig klein- oder grobgehämmert
Wärmeschutz-glas		Flachglas oder Flachglaskombination. Es bewirkt niedrige bis hohe Transmission im sichtbaren und hohe Reflexion im infraroten Bereich des Spektrums
Brandschutz-glas		Flachglas, es besteht aus Silikatglasscheiben mit zwischengelagerten Brandschutzschichten. Es ist geeignet zur Herstellung von Verglasungen der Feuerwiderstandsklassen G, F und muss den Anforderungen nach DIN 4102-13 erfüllen. Beim Einbau sind die Zulassungsvorschriften zu beachten.
Sicherheits-glas		ein Flachglas, das nach Aufbau und Sicherheitswirkung unterschieden wird in:
	Drahtglas	durch die Drahtnetzeinlage bleibt im Bruchfall das Scheibengefüge erhalten
	Einscheiben-Sicherheits-glas ESG	durch die Vorspannung verfügt es über eine stark erhöhte Schlag- und Biegefestigkeit sowie Temperaturwechselbeständigkeit. Beim Bruch zerfällt es in eine Vielzahl kleiner Krümel.
	Verbund-Sicherheits-glas VSG	die Glasscheiben werden durch organische Zwischenfolien, meistens aus Polyvinylbutyral, fest verbunden. Beim Bruch haften die Glasstücke fest an der Folie.
	Angriff-hemmende Verglasung	alte Bezeichnung Panzerglas, der ein- oder mehrschichtige Aufbau richtet sich nach den Widerstandsklassen der DIN EN 356, DIN EN 1063 und DIN EN 13541 durchwurfhemmende-, durchbruchhemmende-, durchschusshemmende- oder sprengwirkungshemmende Verglasung
Schallschutz-glas		in der Regel ein Mehrscheiben-Isolierglas mit abgestimmten Glasdicken und Zwischenräumen, als Verbundglas mit organischer Zwischenschicht. Die Anforderungen aller Schalldämmklassen sind in der DIN 4109 bzw. VDI-Richtlinie 2719 festgelegt. Bei Mehrscheiben-Isolierglas ist die DIN EN 1279 anzuwenden.

Zuschnitt

Eine rechteckig geforderte Scheibe muss von einem Rechteck eingeschlossen sein, dessen Seiten den zulässigen Höchstmaßen entsprechen und ein Rechteck einschließen, dessen Seiten den zulässigen Mindestmaßen entsprechen. Bei Mehrscheibenisolierglas ist die DIN EN 1276 anzuwenden.

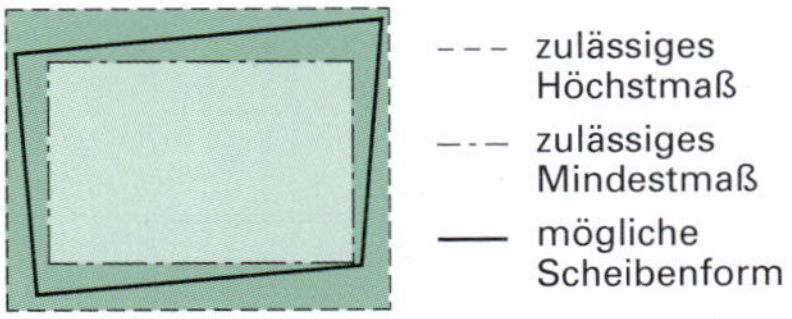

3.2 Glas

3.2.2 Flachglas

Eigenschaften	Richtwerte (DIN EN 572)
Dichte p	2,5 kg/m² je mm Glasdicke
Härte (Knoop) $HK_{0,1/20}$	6 GPA
Elastizitätsmodul E	$7 \cdot 10^{10}$ Pa
Poisson-Zahl μ	0,2
Biegezug-festigkeit $f_{g,h}$	$45 \cdot 10^6$ Pa[a]
Wärmekapazität spezifische c	$0{,}72 \cdot 10^3$ J (kgK)
Längenausdehnungs-koeffizient a	$9{,}0 \cdot 10^{-6}\ K^{-1}$
Wärmeleitfähigkeit λ	1 W/(m · K)
Mittlerer Brechungs-index N	1,5
Emissivität (korrigiert) ε	0,837
Lichtdurchlässigkeit	*89% … 93%*
Biegespannung (Floatglas)	*30 N/mm² Rechenwert für die Glasdicke*
Gesamtenergiedurch-lässigkeit „g-Wert"	*87% bis 3 mm Glasdicke*
Druckfestigkeit	*700 N/mm² … 900 N/mm²*
Mittlerer Durchlass-faktor („b-Faktor")	*b = g/0,87*
Schalldämm-Maß R_w	*22 dB … 34 dB (3 mm … 5 mm Dicke)*
DIN EN 572 09.2004	*DIN EN 572 01.1995*

Glasarten – Maße (DIN EN 572)

Glasart	Dicke in mm	Tafelgröße Länge H in mm	Tafelgröße Breite B in mm	zulässige Maßab-weichung in mm
gezogenes Flachglas	2, 3, 4, 5, 6, 8, 10, 12	1600 … 2160	2440 … 2880	± 5
Floatglas	2, 3, 4, 5, 6, 8, 10, 12, 15, 19, 25	4500 5100 6000	3120	± 5
Drahtglas (D)	6 10	1650 … 3820	1980 … 2540	± 4
Drahtornamentglas (DO)	6, 7, 8, 9	1380 … 4500	1500 … 2520	±4
Ornamentglas (O)	3, 4, 5, 6	2100 …	1260 …	± 3
	8, 10	4500	2520	±4
Einscheiben-Sicherheitsglas (ESG)	4, 5, 6	entsprechend den Basisprodukten		< 500 ± 1 … > 3500 ± 5
	8, 10, 12, 15			< 1500 ± 2 … > 3500 ± 5
Dünnglas (nicht genormt)	0,5; 0,7; 0,9; 1,1; 1,3; 1,6	firmen-spezifisch		

Glaskanten (DIN 1249)

Benennung	Kurz-zeichen	Beschreibung	Verbundsicherheitsglas
Geschnitten	**KG**	Die Schnittkante ist eine unbearbeitete, scharfkantige Glaskante. Quer zu ihren Rändern weist sie leichte Wellenlinien (Wallnerlinien) auf.	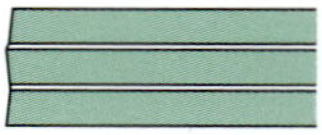
Gesäumt	**KGS**	Die gesäumte Kante entspricht der Schnittkante, deren Ränder mit dem Schleifwerkzeug mehr oder weniger gebrochen sind.	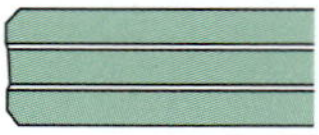
Maß-geschliffen	**KMG**	Die Scheibe wird durch Schleifen auf das erforderliche Maß gebracht. Blanke Stellen sind zulässig.	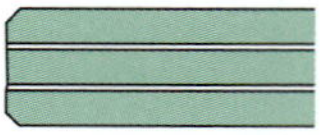
Geschliffe**n**	**KGN**	Die Kante ist durch Schleifen ganzflächig bearbeitet. Sie hat ein schleifmattes Aussehen und keine blanken Stellen.	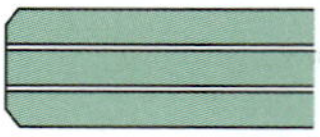
Poliert	**KPO**	Die polierte Kante ist eine verfeinerte geschliffene Kante.	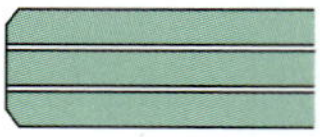
Gehrungs-**k**ante	**GK**	Die Gehrungskante hat einen Winkel von $\alpha = 45° \pm 3^0$. Aus fertigungstechnischen Gründen bleibt eine Restkante (Fase) stehen.	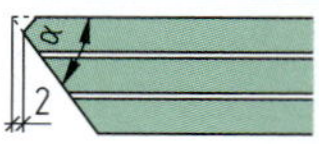
Facetten**k**ante	**FK**	Flachfacette – wie GK Winkel $\alpha < 45°$ Steilfacette – wie GK Winkel $\alpha > 45°$	

3.2 Glas

3.2.3 Mehrscheiben-Isolierglas (MIG)

Mehrscheiben-Islolierglas ist eine Verglasungseinheit, hergestellt aus zwei oder mehreren gleich- oder ungleichartigen Glasscheiben. Durch den unterschiedlichen Randverbund wird das Isolierglas in drei Systemgruppen eingeteilt:

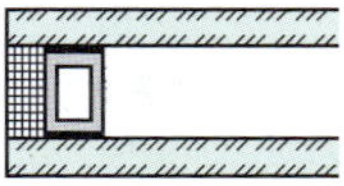

- Ganzglas: zwei Scheiben werden im Randbereich erhitzt, abgekröpft und miteinander verschweißt
- Gelötetes Glas: beide Scheiben sind im Randbereich verkupfert und werden dann mit einem Bleisteg verlötet
- Anorganisch geklebter Randverbund:
  Eine Dichtungsebene: der perforierte Abstandsrahmen ist mit hochaktiven Absorbern gefüllt, der Raum zwischen Rahmen und Scheibenkante wird mit dauerelastischem Dichtstoff gefüllt.
  Zwei Dichtungsebenen: zwischen den Scheiben und dem perforierten Abstandhalterrahmen kommt je eine dauerplastische Dichtstoffschicht, der verbleibende Raum wird Randversiegelt.

Aufbau von Mehrscheiben-Isolierglas nach ihrem Verwendungszweck

Wärmefunktionsglas	die innere Scheibe erhält auf der Innenseite eine Wärmefunktionsschicht meistens aus Silber mit einer Stärke von 0,010 µm ... 0,012 µm, der Scheibenzwischenraum wird mit Edelgas, in der Regel Argon, gefüllt	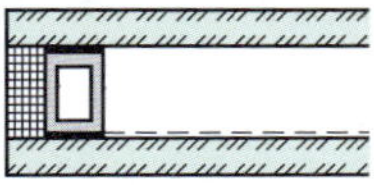
Sonnenschutzglas	die Außenscheibe erhält auf der Innenseite eine reflektierende oder reflektierende und absorbierende Edelmetalloxydschicht, der Scheibenzwischenraum wird mit Edelgas gefüllt	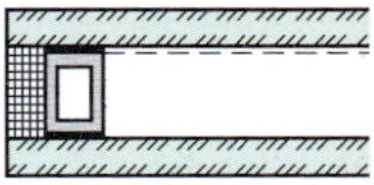
Schallschutzglas	die Dicke beider Scheiben ist unterschiedlich, die zur Schallquelle zeigende Scheibe ist eine dickere Fensterglasscheibe oder eine Gießharz-Verbundscheibe, der Scheibenzwischenraum ist mit Edelgas gefüllt	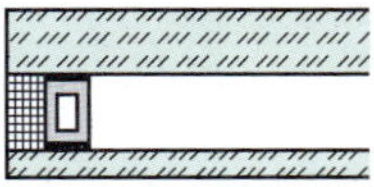
Verbund-Sicherheitsglas (VSG)	die Außenscheibe besteht aus zwei- oder mehrscheibigem Verbundsicherheitsglas mit Folien- oder Gießharzverbund, die Ausführung richtet sich nach denWiderstandsklassen	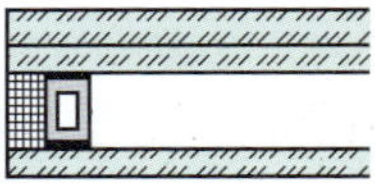
Brandschutzglas	die dem Feuer zugewandte Seite besteht aus mehreren Silikatglasscheiben mit zwischengelagerten Brandschutzschichten, im Brandfall springt die äußere Glasscheibe und die Brandschutzschicht schäumt auf	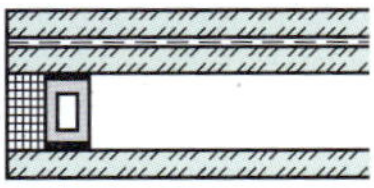

Mehrscheiben-Isolierglas Kennwerte (Auswahl)

System	Aufbau Glas/ SZR/[1] Glas in mm	Gewicht kg/m²	U_g-Wert W/m²K	Schalldämm-Maß R_w in dB	System	Aufbau Glas/ SZR/ Glas in mm	Gewicht kg/m²	U_g-Wert W/m²K	Schalldämm-Maß R_w in dB
Standard (ohne Funktion)	4/12/4 (L)[2]	20	2,9	32	Wärme-funktions-glas	4/16/4 B[3], A	20	1,4	32
	5/12/5 (L)	25	2,8	32		4/16/4 B, K	20	1,1	32
	6/12/6 (L)	30	2,8	32		4/12/4 B, A	20	1,2	32
	8/12/8 (L)	40	2,8	32		4/14/4/12/4 B, A	30	0,7	–
	10/12/10 (L)	50	2,8	32		4/12/4/12/4 B, K	30	0,5	–
Schall-schutz-glas	8/16/4 BA[2]	30	1,1	37	Verbund-sicher-heitsglas	P1A[4]-20	30	1,2	37
	10/16/4 BA	35	1,1	38		4/16/8			
	4/16/8,8L BA	30	1,1	39		P2A-20	30	1,2	37
	10/16/4 GH BA	35	1,1	40		4/16/9			
	10/12/4/12/9.1 BA	55	0,7	46		P3A-20	30	1,2	37
	13.1/12/6/12/9.1 GH BK	50	0,5	50		4/16/9			

[1] SZR Scheibenzwischenraum
[2] Zwischenraumfüllung L (Luft), Glas, A (Argon), K (Krypton)
[3] B. Beschichtung
[4] P 1 A Widerstandsklassen DIN EN 356

3.2 Glas

Rechenwerte der Wärmedurchgangskoeffizienten (DIN 4108 und DIN EN ISO 10077)

Beschreibung der Normalglas-Verglasung	Aktuelle Werte vergl. Seite 125	Verglasung U_g W/m²K	Beschreibung der Normalglas-Verglasung	Aktuelle Werte vergl. Seite 125	Verglasung U_g W/m²K
Einfachverglasung (DIN V 4108-4)		5,8	Isolierverglasung mit zwei LZR 4-6-4-6-4		2,3
Isolierverglasung 4-6-4		3,3			
Isolierverglasung 4-8-4		3,1	Isolierverglasung mit zwei LZR 4-8-4-8-4		2,1
Isolierverglasung 4-12-4		2,8			
Isolierverglasung 4-16-4		2,7	Isolierverglasung mit zwei LZR 4-12-4-12-4		1,9
Isolierverglasung 4-20-4		2,7			
LZR Luftzwischenraum	Beispiel: 4-6-4 Scheibendicke 4 mm – LZR 6 mm – Scheibendicke 4 mm				vgl. S. 125

3

Schallschutzklassen und die Zuordnung von Verglasung und Fenstern (VDI 2719)

Schallschutzklasse	Bewertetes Schalldämm-Maß R'_w des am Bau funktionsfähig eingebauten Fensters in dB	Erforderlicher R_w-Wert der Verglasung in dB	Bewertetes Schalldämm-Maß R'_w des am Bau funktionsfähig eingebauten Fensters in dB	Erforderlicher R_w-Wert der Verglasung in dB
1	25 … 29	> 27	25 27	27 29
2	30 … 34	> 32	30 34	32 36
3	35 … 39	> 37	35 39	37 42
4	40 … 44	> 45	43	46
5	45 … 49	–	46	49
6	> 50	–	–	–

VDI 2719 hat keine bauaufsichtliche Zulassung.

Eine Schallschutzklasse umfasst jeweils einen 5-dB-Bereich des bewerteten Schalldämm-Maßes R_w. Die Einstufung erfolgt nach der Tabelle.

R'_w: bewertetes Schalldämm-Maß in dB mit Schallübertragung über flankierende Bauteile

R_w: bewertetes Schalldämm-Maß in dB ohne Schallübertragung über flankierende Bauteile

R_{wR}: Rechenwert des bewerteten Schalldämm-Maßes in dB

Widerstandsklassen

Kann eine Verglasung nach ihrer angriffshemmenden Wirkung klassifiziert werden, wird sie den entsprechenden Widerstandsklassen zugeordnet.

- DIN EN 356: Durchwurfhemmende Verglasung; P1A geringe … P5A stärkere Wirkung
  Durchbruchhemmende Verglasung; P6B geringe … P8B stärkere Wirkung
- DIN 52290: Durchbruchhemmende Verglasung (zurückgezogene deutsche Norm)

Die Kennzahl zeigt die Art und den Umfang des Prüfverfahrens an. Mit steigender Widerstandsklasse erhöht sich die angriffshemmende Wirkung einer Verglasung. Drahtglas und sog. Sicherheitsglas (vorgespanntes Glas, Einscheibensicherheitsglas) gelten nicht als einbruchhemmendes Glas. Die Richtlinien des VdS enthalten Mindestanforderungen an eine angriffshemmende Verglasung mit durchbruchhemmenden Eigenschaften.

Zuordnung der Widerstandsklassen

Widerstandsklassen DIN EN 356	VdS	DIN (52290)[1]	Anwendungsbereiche
P1A	–	–	Keine direkte Zuordnung
P2A	–	A1	Mehrfamilienhäuser in dichter Bebauung
P3A	–	A2	Mehrfamilienhäuser
P4A	EH01	A3	Wohnhäuser
P5A	EH02	–	Wohnhäuser mit hochwertiger Einrichtung sowie entlegene Ferienwohnungen
P6B	EH1	B1	Teilbereiche von Kaufhäusern, Foto- und Videogschäfte, Apotheken,Rechenzentren
P7B	EH2	B2	Kaufhäuser, Museen, Galerien, Antiquitätengeschäfte
P8B	EH3	B3	Kürschner, Juweliere

VdS Schadenverhütung GmbH, Köln
Die DIN-Klassen und die Vds-Klassen sind nur annähernd deckungsgleich. Im Einzelfall sind die maßgebenden Richtlinien bindend. [1] zurückgezogen

3.3 Metalle

3.3.1 Bezeichnungssysteme für Stähle durch Werkstoffnummern

Metallische Werkstoffe können entweder mit Werkstoffnummern oder mit Kurznamen bezeichnet werden, z.B.

	Werkstoffnummer (Zusatzsymbol + N)		Kurznamen
Bezeichnung von Stahl	**1.7225+N**	oder	**42CrMo4+N**

Das Ordnungssystem nach **DIN EN 10027-2** ist für die Datenverarbeitung geeignet und besteht aus einer Zahlenkombination mit jeweils sechs Stellen.

Beispiel:

Werkstoffnummer

1 . 72 25 +N

- **1** → **Werkstoff-Hauptgruppe 1 → Stahl**
- **72** → **Stahlgruppen-Nummer**
- **25** → **Stahlsorten-Nummer**
- **+N** → **Zusatz-Symbol**

3.3.2 Bezeichnungssysteme für Stähle durch Kurznamen

Die Kurznamen nach **DIN EN 10027-1** geben Hinweise auf den Verwendungszweck und Eigenschaften oder auf die chemische Zusammensetzung.

Schema:

Hauptsymbole			Zusatzsymbole Gruppe 1	Zusatzsymbole Gruppe 2	Zusatzsymbole für Stahlerzeugnisse gemäß DIN V 17006-100
Kennbuchstabe **G** für Stahlguss (kann entfallen)	Kennbuchstabe für die Stahlgruppe	Zahlen/Buchstaben zur Bezeichnung von: • Mechanischen Eigenschaften • Kohlenstoffgehalt • Legierungsbestandteilen	Zahlen/Buchstaben, zur Bezeichnung von: • Kerbschlagarbeit • Wärmebehandlung • Verwendung	Zahlen/Buchstaben, nur in Verbindung mit Gruppe 1	

Beispiele:

S 235 JRG1
- S → **Stähle für den Stahlbau**
- 235 → Mindeststreckgrenze R_e in N/mm²
- JR → 27 J Kerbschlagarbeit bei 20 °C
- G1 → Merkmal mit Zählziffer: unberuhigter Stahl

E 295 G C
- E → **Maschinenbaustähle**
- 295 → Mindeststreckgrenze R_e in N/mm²
- G → anderes Merkmal
- C → mit besonderer Kaltumformbarkeit

C 35 E
- C → **Unlegierte Stähle**
- 35 → Kohlenstoffgehalt × 100, d.h. 0,35 %
- E → vorgeschriebener max. Schwefel-Gehalt

HS 6-5-2
- HS → **Schnellarbeitsstähle**
- 6-5-2 → Anteil der Legierungsbestandteile in %
Reihenfolge: Wolfram-Molybdän-Vanadium-Cobalt

3.3 Metalle

Beispiele (Fortsetzung):

100	Cr	6

- **Legierte Stähle < 5 % Legierungsbestandteile**
- 100: Kohlenstoffgehalt × 100, d.h. 1,00 %
- Cr: Symbole für Legierungsbestandteile
- 6: mittlerer Gehalt der Legierungsbestandteile × Multiplikator

X	36	CrMo	17

- X: **Legierte Stähle > 5 %** (hochlegiert)
- 36: Kohlenstoffgehalt × 100, d.h. 0,36 %
- CrMo: Legierungsbestandteile (Reihenfolge nach Anteil)
- 17: mittlerer Gehalt des Legierungselements (ohne Multiplikator)
- Mo (Molybdän) nicht angegeben

Legierungsbestandteile (nur bei niedriglegierten Stählen)

Multiplikator 4	Cr Chrom Si Silicium	Co Kobalt W Wolfram	Mn Mangan	Ni Nickel
Multiplikator 10	Al Aluminium Ta Tantal	Cu Kupfer Ti Titan	Mo Molybdän V Vanadium	Pb Blei
Multiplikator 100	C Kohlenstoff	S Schwefel	N Stickstoff	

Einfluss auf Eigenschaften (Auswahl)

Eigenschaft	Legierungsbestandteil				+ Verbesserung		– Verminderung	
	Cr	Ni	Al	W	V	Mo	Si	Mn
Zugfestigkeit	+	+		+	+	+	+	+
Verschleißfestikeit	+	–		+	+	+	–	–
Kaltumformbarkeit				–		–	–	–
Korrosionsbeständigkeit	+				+			
Schweißbarkeit	–	–	+		+	–		–

3.3.3 Einteilung der Stähle

Hauptgüteklassen nach DIN EN 10 020

- unlegierte Stähle
- legierte Stähle

Chemische Zusammensetzung

unlegierte Stähle	legierte Stähle
bestimmte Grenzgehalte von Legierungselementen dürfen nicht überschritten werden	Grenzgehalt ist mindestens von einem Legierungselement überschritten

Unlegierte Stähle:

Grundstähle	Qualitätsstähle	Edelstähle
nicht für eine Wärmebehandlung vorgesehen keine besonderen Gebrauchseigenschaften	keine sichere Wärmebehandlung besondere Gebrauchseigenschaften	für Wärmebehandlung vorgesehen für Randschichthärtung und Vergütung vorgesehen

Legierte Stähle:

Qualitätsstähle	Edelstähle
nicht für eine Wärmebehandlung vorgesehen ähnlich wie unlegierte Qualitätsstähle, aber mit bestimmten Eigenschaften	für eine Wärmebehandlung vorgesehen genaue chemische Zusammensetzung mit besonderen Eigenschaften

Stähle nach Verwendungszweck

Baustähle	Werkzeugstähle
allgemeiner Baustahl, Feinkornstahl, Automatenstahl, Einsatzstahl	Kaltarbeitsstahl, Warmarbeitsstahl, Schnellarbeitsstahl

3.3 Metalle

Unlegierte Baustähle (DIN EN 10025) (Auswahl)

Bezeichnung der Stahlsorte neu DIN EN 10027	alt DIN 17100	Zugfestigkeit R_m N/mm²	Streckgrenze R_e in N/mm² bei Erzeugnisdicken (mm) < 16	> 16 < 40	> 40 < 63	Bruchdehnung %	Anwendung
S185	St 33	290 bis 510	185	175	–	18	Untergeordnete Teile
S235JR	St 37-2	340 bis 470	235	225	–	26	gering bis mäßig beanspruchte Teile
S275JR	St 44-2	410 bis 560					
S355JO	St 52-3 U	490 bis 630	355	345	335	22	hohe Beanspruchung
E295	St 50-2	470 bis 610	295	285	275	20	mittlere und höher beanspruchte Teile
E335	St 60-2	570 bis 710	335	325	315	16	
E360	St 70-2	670 bis 830	360	355	345	11	

Werkzeugstähle (DIN EN ISO 4957) (Auswahl von unlegierten und legierten Edelststählen)

Kurzname	Werkstoff-Nummer	Härte (HB)	Bezeichnung in Holztechnik[1]	Zusammensetzung	Anwendung
Unlegierte Kaltarbeitsstähle					
C 45 U	1.1730	190	Werkzeugstahl WS	C-Gehalt zwischen 0,5 und 1,4%	Aufbauteile und Schäfte von HSS- und HM-Werkzeugen
C 80 U	1.1525	190			
Legierte Kaltarbeitsstähle					
21 MnCr 5	1.2162	215	Spezialstahl SP	Legierungsbestandteile weniger als 5%	Werkzeuge für Kunststoff-Bearbeitung
102 CV 6	1.2067	230			Holzbearbeitungswerkzeuge
115 CrV 3	1.2210	223			Stemmeisen, Fräsketten
105 WCr 6	1.2419	229			Holzbearbeitungwerkzeuge
X 153 CV Mo V 12	1.2379	250	Hochleistungs-stahl HL	Legierungsbestandteile mehr als 5%	Höher beanspruchte Holzbearbeitungswerkzeuge
X 210 CrW 12	1.2436	255		bevorzugt für die Holzbearbeitung: 2% C, 12% Cr	(einteilige Hobel- und Fräswerkzeuge)
Schnellarbeitsstähle					
HS 6-5-2 HS 6-5-2-5 HS 10-4-3-10	1.3343 1.3243 1.3207	240 bis 300	Hochleistungs-Schnellarbeits-Stahl HSS	Legierungsbestandteile mindestens 12%	Bohrer, Kreissägeblätter und andere hochbeanspruchte Werkzeuge

[1] Bezeichnungen können nicht direkt den aufgeführten Stahlsorten, sondern nur Gruppen zugeteilt werden.

Stahlbleche

Arten	DIN-Nr.	Kurzname Beispiele	Dicke in mm	Beschreibung
Feinstbleche Weißbleche	EN 10205 EN 10203	T50 … T65	bis 0,5	kaltgewalztes Halbzeug aus weichem, unlegiertem Stahl mit Zinnbeschichtung
Feinbleche	1623 EN 10130	FE 360 B FE P01	0,5 bis 3	aus unlegiertem Stahl für nachfolgende Oberflächenbehandlung bestimmt
Mittelbleche	–		3 bis 4,75	vorwiegend allgemeine Baustähle auch Einsatz- und Vergütungsstähle
Grobbleche			> 4,75	
Flacherzeugnisse aus Druckbehälterstählen	EN 10028	P235GH 13 Mo3	–	früher Kesselbleche unlegierte Qualitätsstähle oder legierte Edelstähle (hochbeansprucht, warmfest)

3.3.4 Eisen-Gusswerkstoffe (Auswahl)

Gusseisen mit Lamellengraphit (GG)	Temperguss (GT)	Stahlguss (GS)
Grauguss, C-Gehalt 2,6 bis 3,6%	nach dem Gießen warmbehandelt	in Formen gegossener Stahl

3.3 Metalle

Stahl-Fertigerzeugnisse

Querschnitt Form	DIN EN	Bezeichnung, Kurzzeichen, Nennmaßbereich	Querschnitt Form	DIN EN	Bezeichnung, Kurzzeichen Nennmaßbereich
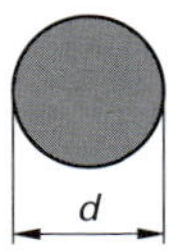	10060	**Rundstahl** *d* = 8 … 200 (Maße in mm)	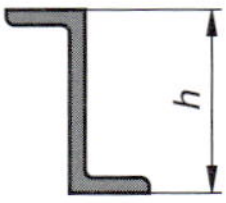	1027	**Z-Stahl** *h* = 30 … 200
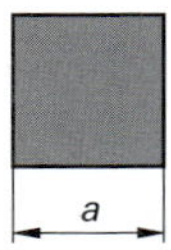	10059	**Vierkantstahl** *a* = 8 … 120	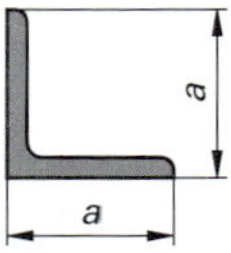	10056-1	**Gleichschenkliger Winkelstahl** *a* = 20 … 250
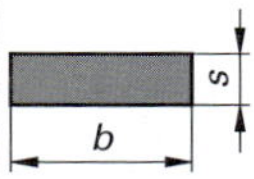	10058	**Flachstahl** *b* × *s* = 10 × 5 … 150 × 60	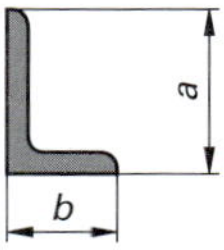	10056-1	**Ungleichschenkliger Winkelstahl** *a* × *b* = 30 × 20 … 200 × 150
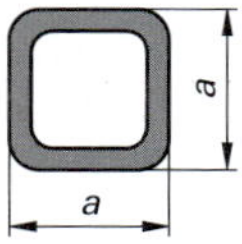	10210-2	**Quadratisches Hohlprofil** *a* = 40 … 400	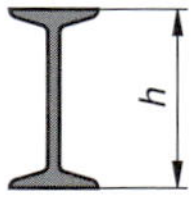	1025-1	**Schmaler I-Träger** I-Reihe *a* = 40 … 400
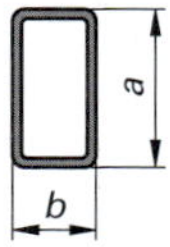	10210-2	**Rechteckiges Hohlprofil** *a* × *b* = 50 × 25 … 500 × 300	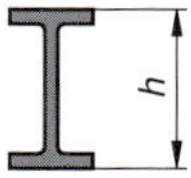	1025-5	**Mittelbreiter I-Träger** IPE-Reihe *h* = 80 … 600
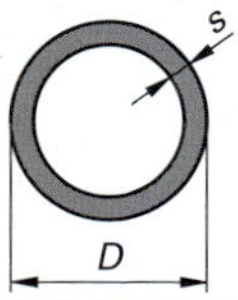	10210-1	**Rundes Hohlprofil** D × *s* = 21,3 × 2,3 … 1219 × 25	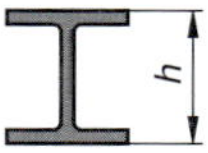	1025-2	**Breiter I-Träger** IPB-Reihe[1)] *h* = 100 … 1000
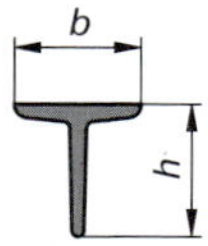	10055	**Gleichschenkliger T-Stahl** *b* = *h* = 30 … 140	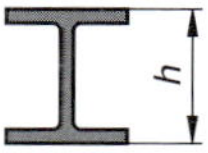	1025-3	**Breiter I-Träger** IPBI-Reihe[1)] *h* = 100 … 1000
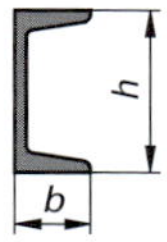	1026-1	**U-Stahl** *h* = 30 … 400	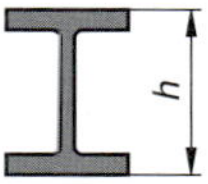	1025-4	**Breiter I-Träger** IPBv-Reihe[1)] *h* = 100 … 1000

[1)] Nach EURONORM 53-62: IPB = HE…B, IPBI = HE…A, IPBv = HE…M

3.3 Metalle

3.3.5 Nichteisenmetalle (NE-Metalle)

Schwermetalle und ihre Legierungen Dichte $\varrho > 5$ kg/dm³			**Leichtmetalle** und ihre Legierungen Dichte $\varrho < 5$ kg/dm³		
Buntmetalle	Cu, Ni, Zn	und ihre Legierungen	Aluminium	Al	Legierungen mit Mg, Cu, Si, Sn
Weißmetalle	Pb, Sn	und ihre Legierungen	Magnesium	Mg	Legierungen mit Al, Zn, Si
Legierungsmetalle	W, Mo, Ta				
(höchst-, hoch- und niedrigschmelzend)	Cr, Mn, V, Co		Titan	Ti	Legierungen mit Al, V, Mo usw.
	Cd, Bi				
Edelmetalle	Au, Ag, Pt				

Wichtige NE-Metalle

Name	Kurzzeichen	Dichte kg/dm³	Schmelzpunkt (°C)	Zugfestigkeit N/mm²	Dehnung %	Eigenschaften
Kupfer	**Cu**	8,93	1083	200 … 300	50 … 35	korrosionsbeständig, hohe Leitfähigkeit
Nickel	**Ni**	8,90	1455	400 … 500	50 … 40	silberweiß, korrosionsbeständig gegen viele Chemikalien
Zink	**Zn**	7,10	419	30	1	bläulich-silberglänzend, starke Wärmeausdehnung
Blei	**Pb**	11,30	327	15 … 20	50 … 30	mattgrau, beständig gegen viele Chemikalien
Zinn	**Sn**	7,30	232	40 … 50	40	silberweiß bis grau, gut gießbar
Aluminium	**Al**	2,70	658	90 … 120	25 … 3	silberweiß, guter Leiter für Wärme u. elektrischen Strom
Magnesium	**Mg**	1,75	650	100 … 130	10 … 5	silbergrau, brennt in Span- und Pulverform leicht
Titan	**Ti**	4,50	1650 … 1700	290 … 740	30 … 15	silberweiß, korrosionsbeständig, große Härte, zäh

NE-Metall-Legierungen

Durch Legieren werden die Werkstoffeigenschaften verändert. Reine Metalle haben meist eine geringere Festigkeit als ihre Legierungen und sind weich. Beim Legieren werden die Dehnung und die elektrische Leitfähigkeit verringert sowie der Schmelzpunkt erniedrigt.

NE-Metall-Legierungen

- **Gusslegierungen** – für Gussstücke
- **Knetlegierungen** – für Profile, Stangen, Rohre, Bleche usw.

Systematische Bezeichnung (Kurzname) von NE-Schwermetallen DIN 1700

[ ] - [ ] - [ ]

- Herstellung, Verwendung
- Chemische Zusammensetzung, Elemente/Anteile in %
- Besondere Eigenschaften, Festigkeitszahl F

3.3 Metalle

Kurznamen für Aluminium und Aluminiumlegierungen

Knetlegierungen

Beispiel: **EN AW – AlMg1SiCu – H111**

EN	Europäische Norm
AW	Aluminium-Halbzeug

AlMg1SiCu: Chemische Zusammensetzung, Reinheitsgrad

H111: Werkstoffzustand z. B. kaltverfestigt

Gusslegierungen

Beispiel: **EN AC – AlMg5KF**

EN	Europäische Norm
AC	Aluminium-Gussstück

AlMg5: Chemische Zusammensetzung, Reinheitsgrad

KF: Gießverfahren, Werkstoffzustand

Auswahl von NE-Metall-Legierungen

Beispiel (Kurzzeichen)	Zugfestigkeit N/mm²	Eigenschaften	Anwendung
Kupfer-Zink-Legierungen (Messing)			
CuZn37	310 … 440	gut umformbar und zerspanbar, korrosionsbeständig	Schrauben, Beschläge, Ziergegenstände
Kupfer-Zinn-Legierungen (Bronze)			
CuSn8	390 … 620	korrosionsbeständig, verschleißfest, polierbar	Zierbeschläge, Armaturen, Lager
Aluminium-Legierungen			
EN AW-AlMgSi	120 … 215	korrosionsbständig, polierbar, gut kaltumformbar, gut schweißbar	Tür- und Fensterprofile, Fassaden, Fensterbänke, Beschläge

Profile aus Aluminium und Al-Legierungen (Maße in mm)

L-Profile	*h* × *b* × *s*	U-Profile	*h* × *b* × *s* × *t*	T-Profile	*h* × *b* × *s*
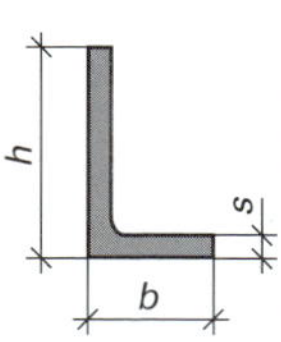	10 × 10 × 1,5	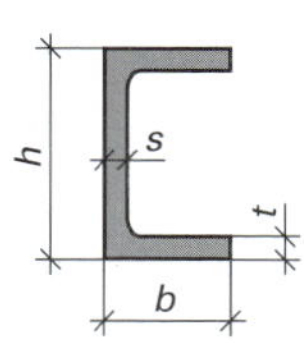	40 × 20 × 2 × 2	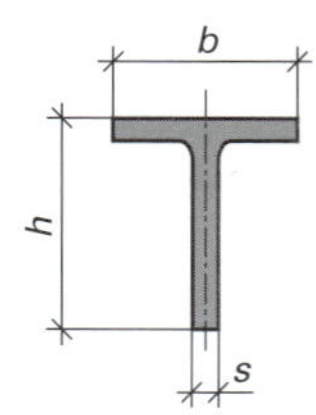	20 × 30 × 2
	20 × 10 × 2		40 × 20 × 3 × 3		25 × 40 × 3
	20 × 20 × 2,5		40 × 30 × 3 × 3		30 × 30 × 3
	30 × 20 × 3		40 × 40 × 4 × 4		30 × 45 × 4
	40 × 20 × 4		40 × 40 × 5 × 5		30 × 60 × 5
	40 × 40 × 5		50 × 30 × 3 × 3		40 × 40 × 4
	50 × 25 × 4		50 × 30 × 4 × 4		40 × 60 × 5
	50 × 30 × 5		50 × 40 × 5 × 5		40 × 80 × 7
	60 × 30 × 4		60 × 30 × 4 × 4		50 × 50 × 4
	60 × 60 × 5		60 × 40 × 5 × 5		50 × 70 × 6
	80 × 40 × 6		80 × 45 × 6 × 8		80 × 80 × 9
	80 × 80 × 8				

3.3.6 Hartmetalle

Hartmetalle sind Sinterwerkstoffe, bestehend aus

- Bindemittel: Kobalt und Nickel
- Karbiden: Wolframkarbid (WC), Titankarbid (TiC) und Tantalkarbid (TaC)

Eigenschaften: sehr hart, spröde, schlag- und stoßempfindlich

Herstellung: Pulverherstellung – Pulvermischung – Pressen – **Sintern**
Beim **Sintern** entsteht durch Glühen von gepresstem Metallpulver ein zusammenhängendes Kristallgefüge.

Hartmetall-Sorten für die Holzbearbeitung (DIN ISO 513)

Zerspanungshauptgruppe **K,** Kennfarbe **Rot**	(Zuordnung zu bestimmten Werkstoffgruppen)
Anwendungsgruppen 01 … 50	(höhere Anhängezahl = höhere Festigkeit)
Plattenwerkstoffe	Vollholz
K 01 … K 10	K 20 … K 40

3.3.7 Korrosion und Korrosionsschutz

Korrosion ist der Angriff und die Zerstörung von metallischen Werkstoffen durch chemische oder elektrochemische Vorgänge mit korrosiven Mitteln.
Korrosive Mittel: Wirkstoffe der Umgebung, z.B. Luft, Wasser, Erdboden, Chemikalien usw.

Elektrochemische Korrosion		Chemische Korrosion
Vorgänge laufen auf der Metalloberfläche in einer elektrisch leitenden Flüssigkeit, dem Elektrolyt, ab.		Werkstoff reagiert direkt mit angreifendem Wirkstoff, ohne Mitwirkung von Wasser
an Korrosions-elementen	Sauerstoffkorrosion auf feuchten Stahloberflächen	z.B. Oxidation von Stahl
Elektrochemische Korrosion an Korrosionselementen		Elektrochemische Sauerstoffkorrosion feuchter Stahloberflächen

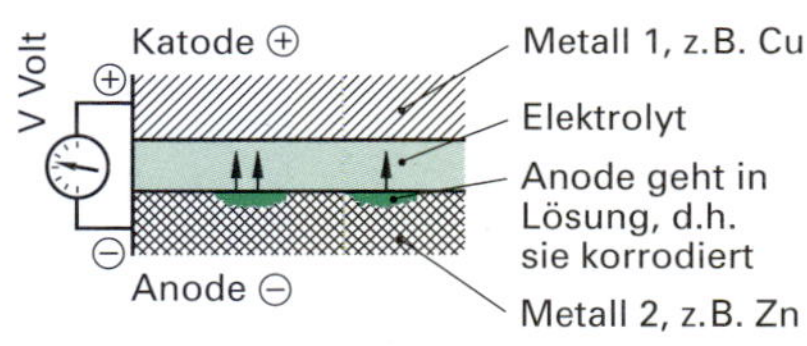

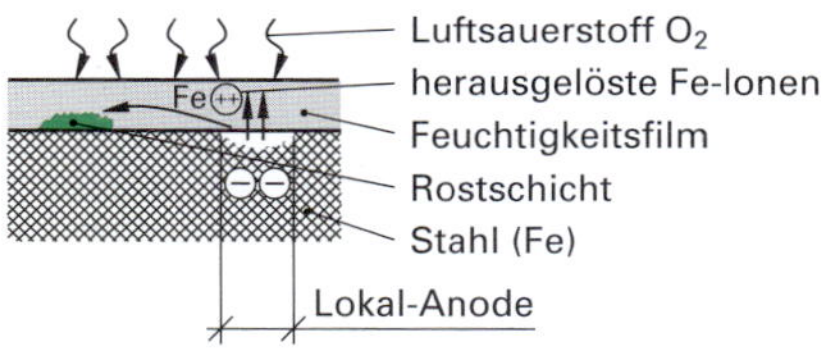

3

Elektrochemische Spannungsreihe

Normalpotenzial: Spannung zwischen einer mit Wasserstoff umspülten Platinelektrode und einem Elektrodenwerkstoff

Metall bzw. Element	Normalpotenzial in Volt
K^+	−2,92
Na^+	−2,84
Mg^{2+}	−2,34
Al^{3+}	−1,67
Mn^{2+}	−1,05
Zn^{2+}	−0,76
Cr^{3+}	−0,71
Fe^{2+}	−0,44
Cd^{2+}	−0,40
Co^{2+}	−0,27
Ni^{2+}	−0,25
Sn^{2+}	−0,14
Pb^{3+}	−0,12
H^+	0
Cu^{2+}	+0,34
C^{2+}	+0,74
Hg^{2+}	+0,79
Ag^+	+0,80
Pt^{2+}	+1,2
Au^{3+}	+1,42

Skala: −3 −2,5 −2 −1,5 −1 −0,5 0 +0,5 +1 +1,5

Korrosionsverhalten ← zunehmend unedel | 0 | zunehmend edel →

Beispiel: **Cu ⇒ Sn = + 0,34 V − (− 0,14 V) = 0,48 V ⇒ Zink wird zerstört**

Korrosionsschutzmaßnahmen

Maßnahme	Beschreibung
Auswahl geeigneter Werkstoffe	Werkstoffe, die bei zu erwartenden Umgebungseinflüssen beständig sind, Berücksichtigung der elektrochemischen Spannungsreihe
Schutzgerechte Konstruktionen	Kontaktkorrosionsstellen vermeiden; Spalte vermeiden, glatte Oberflächen
Schutzschichten	Einölen und Einfetten
	Anstriche
	Aufbringen von Kunststoffen
	Metallische Überzüge: Feuerverzinken, Galvanische Metallüberzüge (Nickel, Chrom)
Eloxieren	Bei Aluminium kann durch anodische Oxidation eine Eloxalschicht (Al2O3) aufgebracht werden, die hart und korrosionsbeständig ist
Katodischer Korrosionsschutz	Bauteil wird durch unedlere Opferanode geschützt

3.4 Verbindungsmittel

3.4.1 Drahtstifte und Klammern (Auswahl)

DIN EN 10230-1 Nagel 3,8 · 100 Senkkopf glatter Schaft Diamantspitze unbeschichtet

DIN EN 10230-1	Art	Nennmaß (charakteristisch) in mm	Länge in mm	Kopf Art / Oberfläche	Schaft Form	Spitze Art/Form	Oberflächen-überzug

Übersicht / Definition / Begriffe (Auswahl)

Kopfform (Auswahl)		Spitzen	
Flachkopf rund		Diamant	
Senkkopf		Diamant versetzt	
Senkkopf flach		Rundspitze	
Stauchkopf rund		Meisselspitze	
Stauchkopf oval		Glatter Abschnitt	

3

Bezeichnung am Nagel

1. Kopf
2. Schaft
3. Länge
4. Durchmesser
   Nennmaß (charakteristisch)

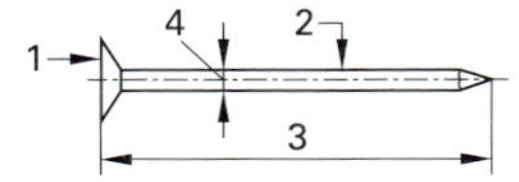

Ausführung	Darstellung	Länge in mm
Nagel Schaft glatt Flachkopf rund Senkkopf rund Senkkopf mit Einsenkung DIN EN 10230-1		10/15/20/25 30/40/45/50 60/70/80/90 100/110/120 140/150/160 180/200/280
Nagel Vierkantschaft Flachkopf rund Senkkopf rund DIN EN 10230-1		15/20/25/30/35/40 45/50/55/60/65/75 80/90/95/100/125 130/150/160/175 180/190/200/210 260
Nagel Schaft gerillt Stauchkopf rund DIN EN 10230-1		20/25/30/35/40 50/60/70/80/90 100/110/120 130/140/150
Nagel Flachkopf extra groß DIN EN 10230-1		20/25/30 35/40/50 60
Federkopf-Schraubnagel DIN EN 10230-1		50/60/70 75/80/80 100
Leichtbauplatten-Stifte Schaft glatt DIN EN 10230-1		20/25/30/35 40/45/50/65 75/100
Nagel (Gipskartonplatte) DIN 18182 glatt		37 … 70
Maschinenstift DIN 1143		35/40/45/50 55/60/65/70 80/90
Konvexringnagel DIN 68163 Form Kt		38/70 90
Schlaufe (Krampe) DIN 1159		16/20/25 31/34/38 42/46

Ausführung	Darstellung	Länge in mm
Nagel Schaft gerillt Flachkopf rund Senkkopf rund DIN EN 10230-1		20/25/30/40/50 60/70/80/90/100 110/120/130/140 150/160/170 180/200/220 250/280/200
Nagel Schaft glatt Stauchkopf rund DIN EN 10230-1		10/15/20/25/30 40/45/50/60/70 80/90/100/110 120/140
Nagel Vierkantschaft Stauchkopf rund DIN EN 10230-1		15/20/25/30/35 40/45/50/55/60 65/75/80/90 95/100/125
Nagel Schaft glatt Senkkopf 32° DIN EN 10230-1		15/20/25 30/40
Nagel Schaft glatt, oval Stauchkopf oval Flach, angeschrägt		20/25/30/40 45/50/60/65 75/90/100 125/150
Gipsplattennagel Schaft glatt DIN EN 10230-1		40/50/60 70/80 90/100
Nagel, (Gips-kartonplatte) DIN 18182 gerillt		28 … 70
Tapezierstifte DIN 1157		10/13/16 20/25
Antispalt-Schraubnagel DIN 68163		38/70 90 Form A
Hakenstift DIN 1158		30/35/50 65/80
Klammer (nicht genormt)		b = 1,8 … 25 l = 3 … 100

Nägel in den Ausführuhngen nach DIN EN 10230-1 werden in verschiedenen Durchmessern bei gleicher Länge hergestellt.

3.4 Verbindungsmittel

3.4.2 Holzschrauben

Holzschraube DIN 7996 – 4 × 40 – St – H

Benennung	DIN-Nummer	Gewinde-∅ *d* in mm	Nennlänge *l* in mm	Material Oberfläche	Kreuzschlitz-form
St Stahl; CuZn Kupfer-Zink-Legierung; Al-Leg Aluminium-Legierung; A Edelstahl-Rostfrei					

Antriebs-fläche

Schlitz | Kreuzschlitz Form H | Form Z | Sechskant | Innen-sechskant | Innen-stern

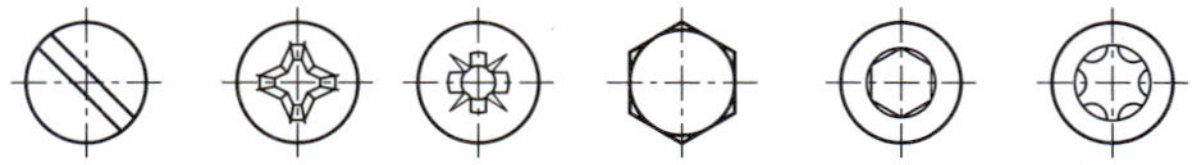

Oberfläche: blank, verzinkt, vernickelt, brüniert, galvanisiert

3

Gewinde, Schraubenspitze

Bezeichnung an der Schraube

1. Kopf-∅
2. Länge
3. Kern-∅
4. Gewinde-∅ Schaft-∅

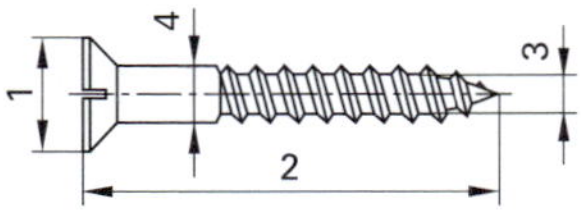

Holzsschrauben (Auszug)

Ausführung	Länge in mm	Gewinde-∅ *d* in mm 2,5	3,0	3,5	4,0	4,5	5,0	6,0
Kreuzschlitz DIN 7995 DIN 7996 DIN 7997	10	●	●	●				
	12	●	●	●	●			
	16	●	●	●	●	●	●	
	20	●	●	●	●	●	●	●[1]
	25	●	●	●	●	●	●	●[1]
	30	●	●	●	●	●	●	●[1]
	35		●	●	●	●	●	●[1]
	40		●	●	●	●	●	●
	45			●	●	●	●	●
	50			●	●	●	●	●
	60			●	●[1]	●	●	●
	70				●	●	●	●
	80						●	●

[1] nur Senkkopf, bei einer Länge über 80 mm ist die Stufung 10 mm

Kopfform	mit Schlitz	mit Kreuzschlitz
Linsensenkkopf	DIN 95	DIN 7995
Halbrundkopf	DIN 96	DIN 7996
Senkkopf	DIN 97	DIN 7997

Kopfdurchmesser ≈ 2 · *d*
Gewindekerndurchmesser ≈ 0,7 · *d*

Ausführung	Länge in mm	Gewinde-∅ *d* in mm 4,0	5,0	6,0	8,0	10	12	16	20
Sechskant-Holzschraube DIN 571 (Schlüsselschrauben)	16	●	●						
	20	●	●	●					
	25	●	●	●	●				
	30	●	●	●	●	●			
	35	●	●	●	●	●	●		
	40	●	●	●	●	●	●		
	45		●	●	●	●	●		
	50		●	●	●	●	●	●	
	55			●	●	●	●	●	
	60			●	●	●	●	●	●
	65				●	●	●	●	●
	70				●	●	●	●	●
	75				●	●	●	●	●
	80				●	●	●	●	●
	90				●	●	●	●	●
	100				●	●	●	●	●
	110						●	●	●
	120						●	●	●
	130							●	●
	140							●	●
	150							●	●
	160							●	●
	170								●
	180								●
	190								●
	200								●

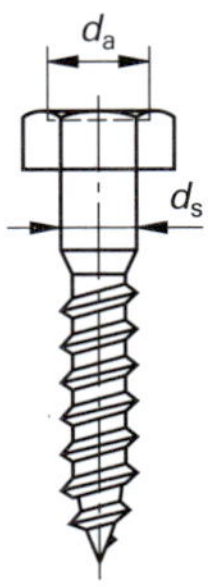

3.4 Verbindungsmittel

Spanplattenschrauben (nicht genormt, Auszug)

Senkkopf – Vollgewinde

Senkkopf – Teilgewinde

Linsensenkkopf

Rundkopf – Pan Head

Länge in mm	Senkkopf Vollgewinde: Durchmesser in mm 2,3	3,0	3,5	4,0	4,5	5,0	6,0	Senkkopf Teilgewinde 3,0	3,5	4,0	4,5	5,0	6,0	Linsensenkkopf 3,0	3,5	4,0	4,5	5,0	6,0	Rundkopf Pan Head 3,0	3,5	4,0	4,5	5,0	6,0
13	●		●	●										●						●	●	●	●	●	
15	●	●	●	●	●	●								●	●					●	●	●	●	●	
17		●	●	●	●	●								●	●	●				●	●	●	●	●	
20		●	●	●	●	●		●	●	●				●	●	●				●	●	●	●	●	●
25		●	●	●	●	●		●	●	●				●	●	●				●	●	●	●	●	
30		●	●	●	●	●		●	●	●	●	●		●	●	●				●	●	●	●	●	●
35		●	●	●	●	●		●	●	●	●	●		●	●	●				●	●	●	●	●	
40		●	●	●	●	●	●	●	●	●	●	●	●	●	●	●	●				●	●	●	●	●
45		●	●	●	●	●	●		●	●	●	●	●	●	●	●	●	●				●	●	●	●
50			●	●	●	●	●		●	●	●	●	●		●	●	●	●	●			●	●	●	●
55				●	●	●	●			●	●	●	●			●	●	●	●			●		●	●
60				●	●	●	●			●	●	●	●			●	●	●	●			●	●	●	●
65				●	●	●	●			●	●	●	●			●	●	●	●						
70				●	●	●	●			●	●	●	●			●	●	●	●				●	●	●
75				●	●	●	●				●	●	●			●	●	●	●						
80				●	●	●	●				●	●	●			●	●	●	●						●
90						●	●					●	●					●	●						
100						●	●					●	●					●	●						
110												●	●					●	●						
120												●	●					●	●						
130												●	●					●	●						
140												●	●					●	●						
150												●	●					●	●						
160												●	●					●	●						
180													●												
200													●												
220													●												
240													●												
260													●												

3

Tellerschrauben/ Rückwandschrauben

Länge in mm	Gewinde-∅ in mm 3,0	3,5	4,0
20	●		●
25	●	●	●
30	●	●	●
35	●	●	●
40			●
45			●

Klavierbandschrauben

mit kleinerem Kopf

Länge in mm	∅ in mm 3,0
10	●
12	●
16	●
20	●
25	●

Spanplattenschraube

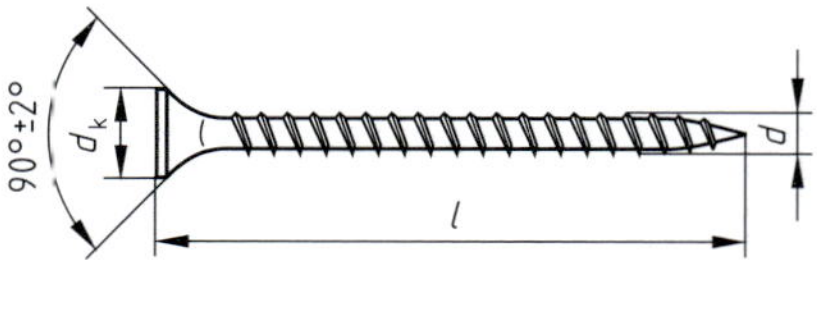

Kante gerundet
Kopfdurchmesser = 2 · *d*
Kerndurchmesser ≈ 0,65 · *d*

3.4 Verbindungsmittel

Schnellbauschrauben (DIN 18182 Auswahl)

Kopfform	Form	Darstellung	Gewindeart	∅ Größe in mm	*l*
Trompetenkopf	TN		doppelgängig	3,5; 4,0; 4,3	25, 35, 45, 55
			doppelgängig oder eingängig	5,1; 5,5	70, 80, 90, 100 110, 120, 130
Flachrundkopf	FN		doppelgängig oder eingängig	4,3; 5,1; 5,5	3,5
Trompetenkopf	TB		Blechschrauben-gewinde	3,5	25, 35, 45, 55
Senkkopf	SN	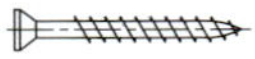	Blechschrauben-gewinde doppelgängig	3,5	30, 35
Linsenkopf (Form nach DIN ISO 7049)	LB	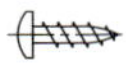	Blechschrauben-gewinde	3,5	9,5

Gewindeart:
eingängig 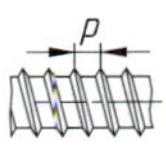

doppelgängig 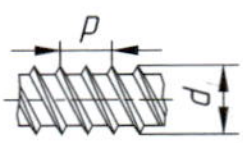

d Außendurchmesser, Nennmaß
p Steigung

Nägel (DIN 18182)

	Kurzzeichen	Darstellung	Durchmesser in mm	Länge in mm
Nagel glatt	G 22 G 25 G 28		2,2 2,5 2,8	37 mm ... 50 mm 40 mm ... 70 mm 52 mm ... 70 mm
Nagel gerillt	R 22 R 25 R 28		2,2 2,5 2,8	28 mm ... 50 mm 30 mm ... 70 mm 41 mm ... 70 mm

Schraubhaken (DIN 81408 Auswahl)

Hakenform	Form	Darstellung	Größe in mm	Ausführung
Geschirrhaken	A	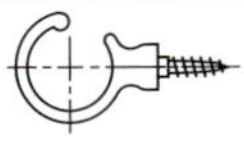	Innen-∅ 25, 35	Messing poliert, vernickelt, verchromt, matt oder hochglänzend
Schraubhaken ohne Bund mit Bund	B C	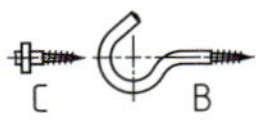	Innen-∅ 24	Aluminium poliert, eloxiert
Schlüsselhaken	D	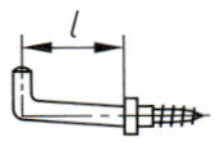	*l* = 22	nur Messing
Schraubhaken	nicht genormt	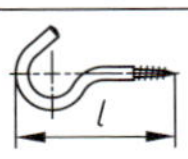	*l* = 15 ... 140	Stahl verzinkt, eloxiert
Schraubhaken mit und ohne Schlitz	nicht genormt	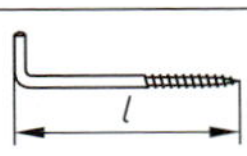	*l* = 15 ... 150	Stahl verzinkt, eloxiert

Stockschrauben

Schraube	Darstellung	Größe in mm	Ausführung
Stockschraube	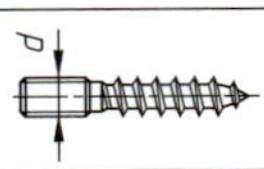	*d* = M4 ... M 12 *l* = 40 ... 120	Stahl verzinkt

3.4 Verbindungsmittel

3.4.3 Gewindeschrauben

Sechskantschraube DIN EN 4014 – M 10 × 60 – 8.8

Benennung	DIN-Nummer	Metrischer Gewinde-∅ *d* in mm Regelgewinde Feingewinde	Nennlänge *l* in mm	Festigkeitsklasse

Die Festigkeitsklasse der Schraube richtet sich nach der zu erwartenden Beanspruchung. Sie ist auf dem Schraubenkopf gekennzeichnet.

Schrauben (Auswahl)

Ausführung	Darstellung	Größe in mm	Ausführung	Darstellung	Größe in mm
Sechskantschraube Regelgewinde DIN EN ISO 4014	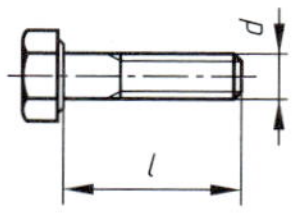	*d* = 5,0 … 64 *l* = 25 … 500	Sechskantschraube Feingewinde DIN EN ISO 8765	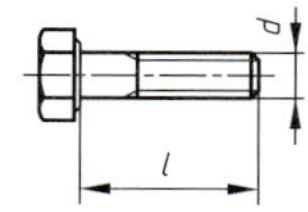	*d* = 8 … 64 8×1 … 64×4 *l* = 40 … 500
Sechskantschraube Regelgewinde DIN EN ISO 4017	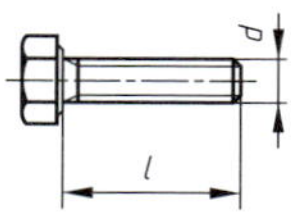	*d* = 1,6 … 64 *l* = 2 … 200	Sechskantschraube Feingewinde DIN EN ISO 8676	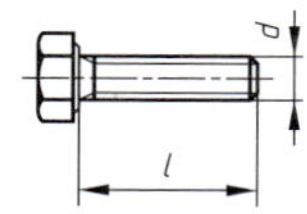	*d* = 8 … 64 8×1 … 64×4 *l* = 16 … 500
Zylinderschraube mit Schlitz DIN EN ISO 1207	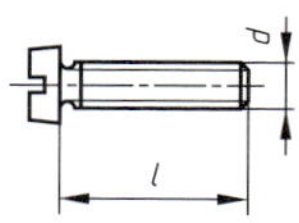	*d* = 1,6 … 10 *l* = 2 … 80	Zylinderschraube mit Innensechskant DIN EN ISO 4762	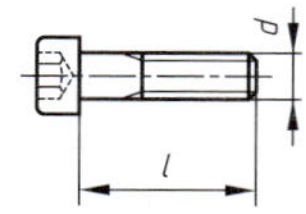	*d* = 1,6 … 64 *l* = 2,5 … 300
Senkschraube mit Schlitz DIN EN ISO 2009	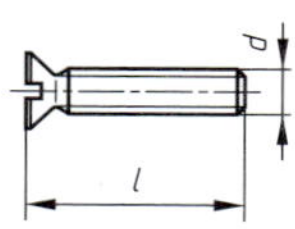	*d* = 1,6 … 10 *l* = 2,5 … 80	Senkschraube mit Kreuzschlitz DIN EN ISO 7046	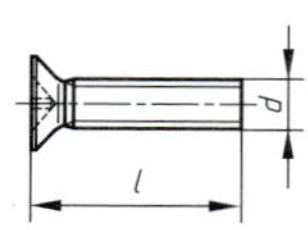	*d* = 2 … 10 *l* = 3 … 60
Senkschraube mit Innensechskant DIN EN ISO 10642	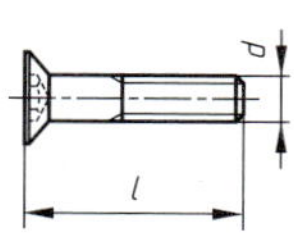	*d* = 1,6 … 64 *l* = 8 … 100	Linsensenkschraube mit Schlitz DIN EN ISO 2010	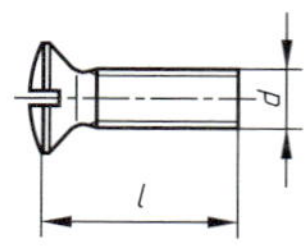	*d* = 1,6 … 10 *l* = 2,5 … 80
Linsensenkschraube mit Kreuzschlitz DIN EN ISO 7047	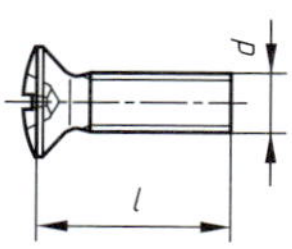	*d* = 1,6 … 10 *l* = 3 … 60	Schlossschraube Flachrundschraube mit Vierkantsatz DIN 603	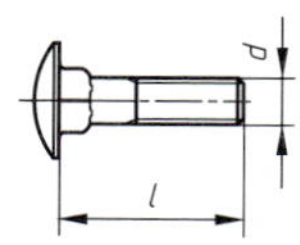	*d* = 5 … 20 *l* = 16 … 200
Gewindestange DIN 976-1	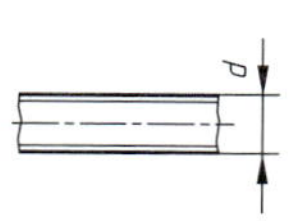	*d* = 2; 2,5; 3; 4; 5; 6; 8; 10; 12; 16; 20; 24; 30; 36; 42; 48; 56; 64 *l* = 1000	Halbrundschraube mit Nase DIN 607	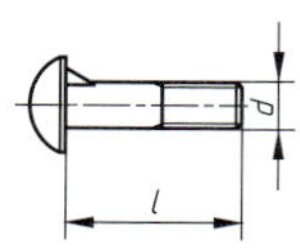	*d* = 8 … 16 *l* = 16 … 160

Beispiel der Festigkeitsklasse 8.8: erste Zahl x 100 (Zugfestigkeit) R_m = 8 x 100 = 800 N/mm²
erste Zahl x zweite Zahl x 10 (Streckgrenze) R_e = 8 x 8 x 10 = 640 N/mm²

3.4 Verbindungsmittel

3.4.4 Muttern und Unterlegscheiben

Sechskantmutter DIN EN ISO 4032 – M10 – 8.8

Benennung	DIN-Nummer	Metrischer Gewinde-∅ d in mm Regelgewinde Feingewinde	Festigkeits-klasse

Die Festigkeitsklasse der Mutter richtet sich nach der Festigkeitsklasse der zu verwendenden Schraube. Bei Muttern aus NE-Metallen wird der Werkstoff angegeben.

Muttern (Auswahl)

Ausführung	Darstellung	Größe	Ausführung	Darstellung	Größe
Sechskant-mutter $m \geq 0{,}8 \times d$ DIN EN ISO 4032	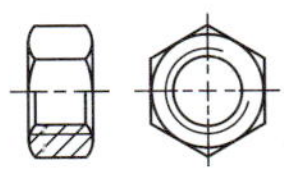	M 1,6 … M 64	Sechskant-mutter Fein-gewinde DIN EN ISO 8673	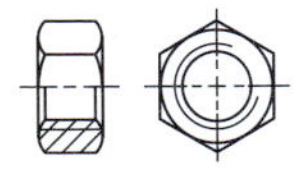	M 8 × 1 … M 64 × 4
Sechskant-mutter $m \geq 0{,}5 \times d$ DIN EN ISO 4035	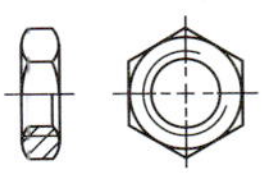	M 1,6 … M 64	Flügelmutter DIN 315	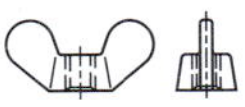	M 4 … M 24
Hutmutter DIN 917	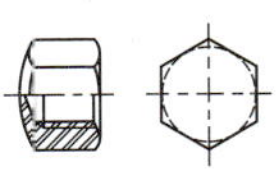	M 4 … M 48	Hutmutter DIN 1587	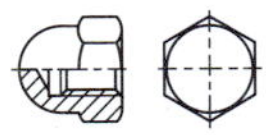	M 4 … M 24
Sicherungs-mutter DIN EN ISO 7040	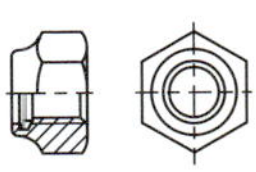	M 3 … M 36	Gewindedurchmesser d Mutternhöhe m	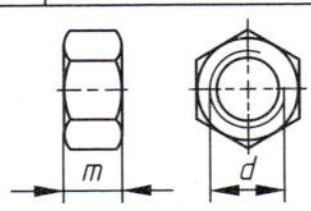	

Unterlegscheiben (Auswahl)

Ausführung	Darstellung	Größe	Ausführung	Darstellung	Größe
Scheibe für Holzkonstruk-tion Form R DIN EN ISO 7094	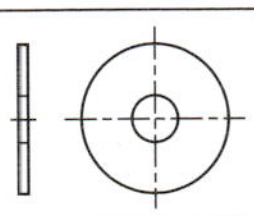	d_1 = 5,0 … 56 d_2 ≅ 18 … 125	Scheibe für Holzkonstruk-tion Form V DIN 440	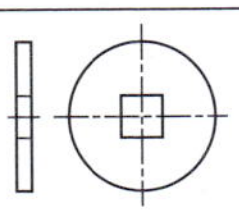	d_1 = 5,5 … 24 d_2 ≅ 18 … 80
Scheibe für Holz-konstruktion DIN 436	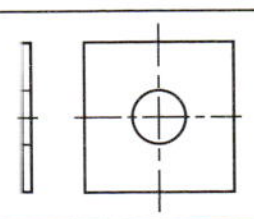	d_1 = 11 … 56 d_2 ≅ 30 … 160	Scheibe f. Zylin-der- und Halb-rundschraube DIN EN ISO 7092	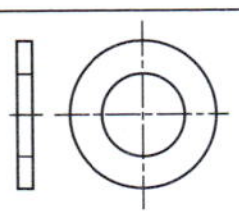	d_1 = 1,7 … 37 d_2 ≅ 3,5 … 60
Scheibe für Sechskant-schraube DIN EN ISO 7089	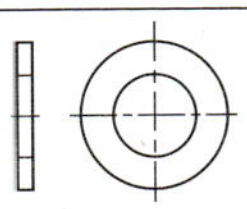	d_1 = 1,6 … 64 d_2 ≅ 4 … 115	Scheibe für Sechskant-schraube DIN EN ISO 7090	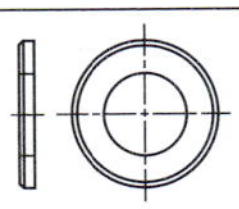	d_1 = 5,0 … 64 d_2 ≅ 10 … 115
Federring gewölbt	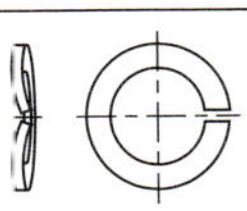	d_1 = 2,1 … 36,5	Zahnscheibe	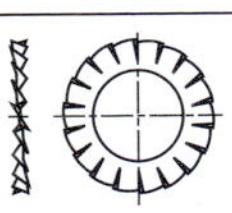	d_1 = 1,7 … 31
Zahnscheibe Form A	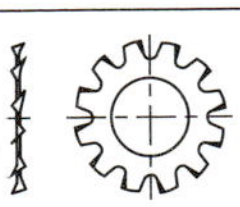	d_1 = 1,7 … 31	Innendurchmesser d_1 Außendurchmesser d_2 Scheibendicke h	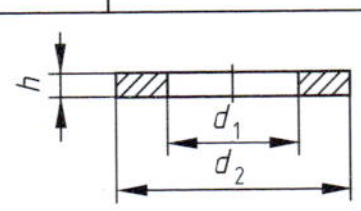	

3.4 Verbindungsmittel

3.4.5 Gewinde, Bohrung, Senkung

Metrisches ISO-Gewinde (DIN 13) (Auswahl)

Gewindebezeichnung	Steigung P	Kern-∅ Bolzen d_1	Kern-∅ Mutter D_1	Kernlochbohrer ∅	Durchsgangsloch-∅ für Schrauben fein	Durchsgangsloch-∅ für Schrauben mittel	Sechskantschlüsselweite
M 1	0,25	0,693	0,729	0,75	1,1	1,2	3
M 1,2	0,25	0,893	0,929	0,95	1,3	1,4	3,5
M 1,6	0,35	1,170	1,221	1,3	1,7	1,8	3,5
M 2	0,4	1,50	1,567	1,6	2,1	2,4	4
M 3	0,5	2,387	2,459	2,5	3,2	3,4	5,5
M 4	0,7	3,141	3,242	3,3	4,3	4,5	7
M 5	0,8	4,019	4,134	4,2	5,3	5,5	8
M 6	1	4,773	4,917	5,0	6,4	6,6	10
M 8	1,25	6,466	6,647	6,7	8,4	9	13
M 10	1,5	8,160	8,376	8,5	10,5	11	17
M 12	1,75	9,853	10,106	10,2	13	14	19
M 16	2	13,546	13,835	14	17	18	24

Nenndurchmesser $d = D$ Steigung P
Kern-∅ des Bolzengewindes $d_1 = d - 1{,}2269 \cdot P$
Kern-∅ des Muttergewindes $D_1 = d - 1{,}0825 \cdot P$
Kernlochbohrer-∅ $t = d - P$

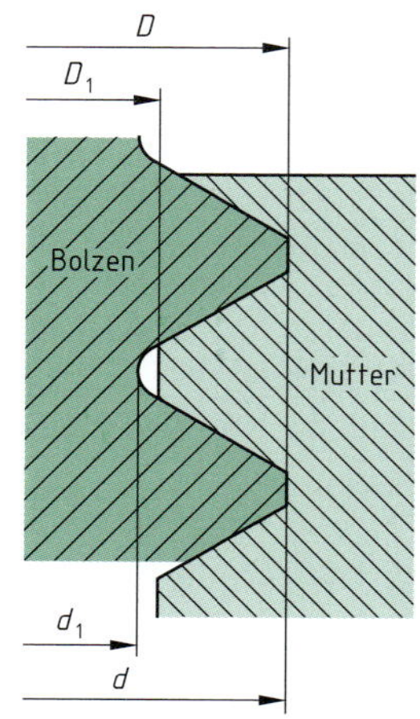

Rohrgewinde (DIN EN ISO 228, DIN 2999) (Auswahl)

Kurzzeichen DIN ISO 228 Außen- und Innengewinde zylindrisch (Angaben in Zoll)	Kurzzeichen DIN 2999 Außengewinde kegelig	Kurzzeichen DIN 2999 Innengewinde zylindrisch	Außendurchmesser $d = D$	Kerndurchmesser $d_1 = D_1$	Steigung P	Gangzahl auf 25,4 mm Z
1/16	R 1/16	Rp 1/16	7,72	6,56	0,91	28
1/8	R 1/8	Rp 1/8	9,73	8,57	0,91	28
1/4	R 1/4	Rp 1/4	13,16	11,45	1,34	19
3/8	R 3/8	Rp 3/8	16,66	14,95	1,34	19
1/2	R 1/2	Rp 1/2	20,96	18,63	1,81	14
3/4	R 3/4	Rp 3/4	26,44	24,12	1,81	14
1	R 1	Rp 1	33,25	30,29	2,31	11
1 1/4	R 1 1/4	Rp 1 1/4	41,91	38,95	2,31	11
1 1/2	R 1 1/2	Rp 1 1/2	47,80	44,85	2,31	11
2	R 2	Rp 2	59,61	56,66	2,31	11

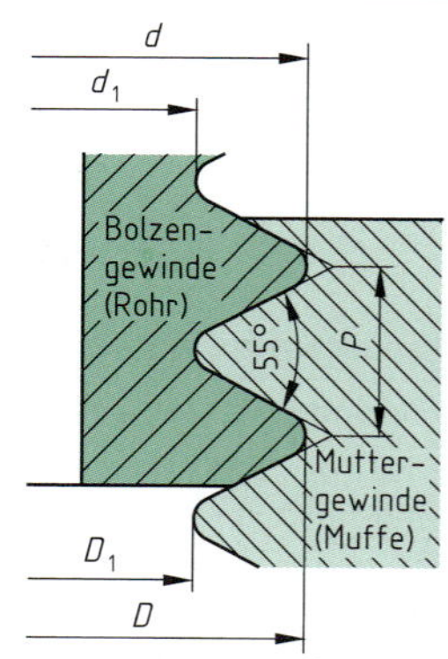

Bohrung und Senkung (DIN 74) (Auswahl)

		Für Gewinde-∅	2	3	4	5	6	8	10	12	16	20
Form A	mittel (m)	d_1	2,4	3,4	4,5	5,5	6,6	9	11	13,5	17,5	22
		d_2	4,6	6,5	8,6	10,4	12,4	16,4	20,4	23,9	31,9	40,4
		$t_1 \approx$	1,1	1,6	2,1	2,5	2,9	3,7	4,7	5,2	7,2	9,2
Form B	mittel (m)	d_1	–	3,4	4,5	5,5	6,6	9	11	13,5	17,5	22
		d_2	–	6,6	9	11	13	17,2	21,5	25,5	31,5	38
		$t_1 \approx$	–	1,6	2,3	2,8	3,2	4,1	5,3	6	7	8

	Für Nenn-∅	2,2	2,9	3,5	3,9	4,2	4,8	5,5	6,3
Form E	d_1	2,4	3,1	3,7	4,2	4,5	5,1	5,8	6,7
	d_2	4,6	5,9	7,2	8,1	8,7	10,1	11,4	13
	$t_1 \approx$	1,3	1,7	2,1	2,3	2,5	3	3,4	3,8

Bezeichnung einer Senkung Form B, Ausführung mittel für Gewinde-∅ 4 mm: Senkung DIN 74 – B m 4

Form A und B: Ausführung mittel (m)

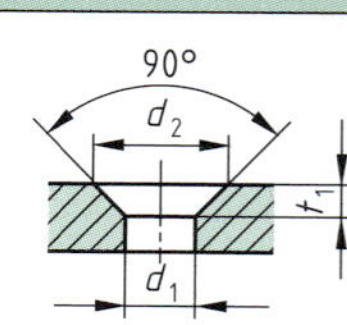

Form E

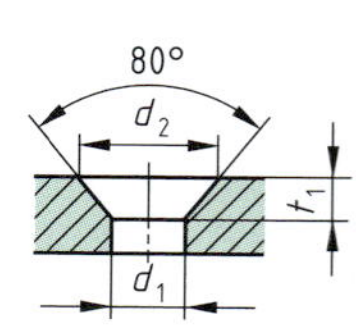

3.4 Verbindungsmittel

3.4.6 Blechschrauben, Bohrschrauben und Blindniete

Blechschrauben (Auswahl)

Ausführung	Darstellung	Gewinde-∅ in mm ST 2,2	ST 2,9	ST 3,5	ST 4,2	ST 4,8	ST 5,5	ST 6,3	ST 8,0	ST 9,5 (ST Bezeichnung für Blechschraubengewinde)
Sechskant-kopf DIN ISO 1479	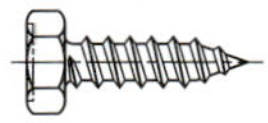	l = 4,5 … 16	l = 6,5 … 19	l = 6,5 … 22	l = 9,5 … 25	l = 9,5 … 32	l = 13 … 32	l = 13 … 38	l = 13 … 50	l = 16 … 50
Zylinderkopf Längsschlitz DIN ISO 1481	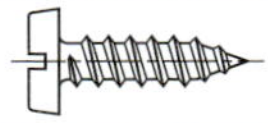	4,5 … 16	6,5 … 19	6,5 … 22	9,5 … 25	9,5 … 32	13 … 32	13 … 38	16 … 50	16 … 50
Senkkopf Längsschlitz DIN ISO 1482		4,5 … 16	6,5 … 19	9,5 … 25	9,5 … 32	9,5 … 32	13 … 38	13 … 38	16 … 50	19 … 50
Linsensenkkopf Längsschlitz DIN ISO 1483		4,5 … 16	6,5 … 19	9,5 … 22	9,5 … 25	9,5 … 32	13 … 32	13 … 38	16 … 50	19 … 50
Linsenkopf Kreuzschlitz DIN ISO 7049	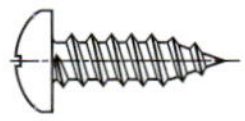	4,5 … 16	6,5 … 16	9,5 … 25	9,5 … 32	9,5 … 38	13 … 38	13 … 38	16 … 50	16 … 50
Senkkopf Kreuzschlitz DIN ISO 7050	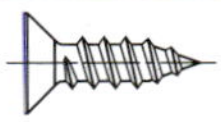	4,5 … 16	6,5 … 19	9,5 … 25	9,5 … 32	9,5 … 32	13 … 38	13 … 38	16 … 50	16 … 50
Linsensenkkopf Kreuzschlitz DIN ISO 7051		4,5 … 16	6,5 … 19	9,5 … 25	9,5 … 32	9,5 … 32	13 … 38	13 … 38	16 … 50	16 … 50

Stufung der Nennmaße l in mm: 4,5; 6,5; 9,5; 13; 16; 19; 22; 25; 32; 38; 45; 50

Schraubenform

Form C 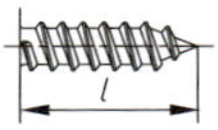

Form F 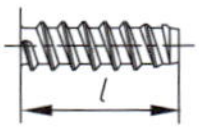

Kreuzschlitzform H oder Z

Bohrschraube mit Blechschraubengewinde, Maße in mm

Maße	Ausführung	Darstellung	Ausführung	Darstellung
d = 2,9; 3,5 4,2; 4,8; 5,5; 6,3	Sechskant-Bohrschraube DIN EN ISO 15480	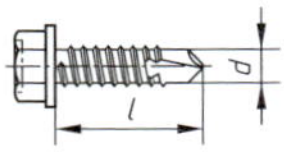	Senk-Bohrschraube mit Kreuzschlitz DIN EN ISO 15482	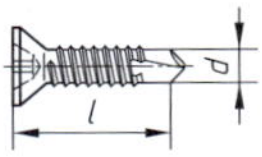
l = 9,5; 13; 16; 19; 22; 25; 32; 38; 45; 50	Flachkopf-Bohrschraube mit Kreuzschlitz DIN EN ISO 15481	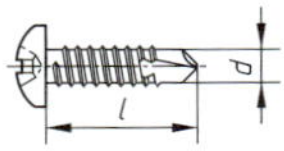	Linsensenk-Bohrschraube mit Kreuzschlitz DIN EN ISO 15483	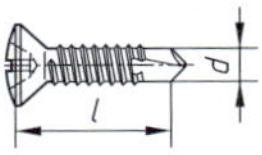
Kreuzschlitz Form H oder Z		Mechanische u. funktionelle Eigenschaften DIN EN ISO 10 666		

Blindniet (DIN EN ISO 15977, DIN EN ISO 15978, Auswahl) Maße in mm

	Nennmaß d_1 Form A	Nennmaß d_1 Form B	d_2 Form A	d_2 Form B	Nietloch ∅	Niethülse AlA l Form A	Niethülse AlA l Form B	Klemmlänge Form A	Klemmlänge Form B
Flachkopf Form A	2,4	2,4	5,0	5,0	2,5/2,6	4 … 12	4 … 12	0,5 … 9,5	–
DIN EN ISO	3	3	6,3	6,3	3,1/3,2	4 … 25	6 … 25	0,5 … 22,0	1,5 … 9,5
15977	3,2	3,2	6,7	6,7	3,3/3,4	4 … 25	6 … 25	0,5 … 22,0	2,0 … 22,0
	4	4	8,4	8,4	4,1/4,2	6 … 25	8 … 25	1,0 … 21,0	2,0 … 22,0
Senkkopf Form B	4,8	4,8	10,1	10,1	4,9/5,0	6 … 30	8 … 30	1,5 … 25,0	2,0 … 21,0
DIN EN ISO	5	5	10,5	10,5	5,1/5,2	6 … 30	6 … 30	1,5 … 25,0	2,5 … 25,0
15798	6	–	12,6	–	6,1/6,2	8 … 30	–	2,0 … 25,0	–
	6,4	–	13,4	–	6,5/6,6	12 … 30	–	3,0 … 23,0	–

Stufung der Nennlänge l über 30 mm in 5-mm-Schritten und nach Verfügbarkeit der Hersteller.
Niethülse: Aluminium Stift: Stahl

3

3.4 Verbindungsmittel

3.4.7 Holzdübel, Federn und Einschraubmuttern

Holzdübel (DIN 68 150)

Durchmesser in mm	Länge in mm 25	30	35	40	45	50	60	80	120	140	160
5	●	●	●								
6	●	●	●	●							
8	●	●	●	●	●	●					
10		●	●	●	●	●	●				
12			●	●	●	●	●	●			
14						●	●	●	●	●	●
16							●	●	●	●	●
18								●	●	●	●
20							●		●		●

Formen

Form A Riffeldübel | Form B Glattdübel | Form C Quelldübel

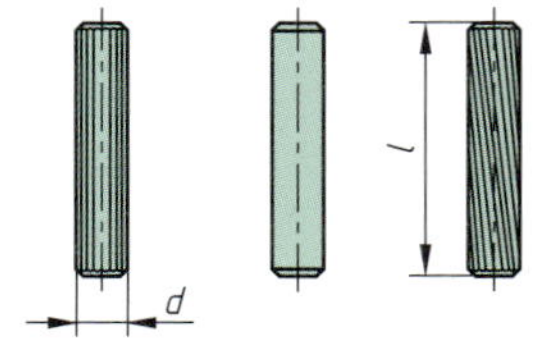

AM Form A maschinelle Verarbeitung
BU Buche

Dübel aus Kunststoff sind nicht genormt.

3

Rundstab (Buche)

Form	Durchmesser in mm	Länge in mm
glatt 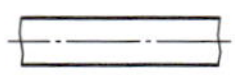	3, 4, 5, 6, 8, 10, 12, 14, 16, 18, 20, 22, 25, 30, 35	1 000

Dübelstange (Buche)

Form	Durchmesser in mm	Länge in mm
geriffelt 	6, 8, 10, 12, 14, 16, 18, 20	1 000

Winkelfedern

	Breite × Dicke in mm
Sperrholz 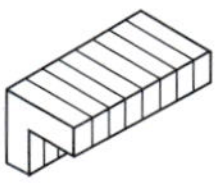	10 × 3, 12 × 4, 14 × 5, 16 × 6, 22 × 8, 53 × 10
Kunststoff 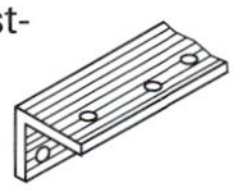	15 × 2

Formfedern (Buche, Auswahl)

Größe/ Material	Maße $l \times b \times d$ in mm	Werkzeug ∅ in mm	Nuttiefe in mm	Nutlänge in mm
0/BU	47 × 15 × 4	100	8,0	54
10/BU	53 × 19 × 4	100	10,0	60
20/BU	56 × 23 × 4	100	12,3	66
1/BU	43 × 18 × 4	75	9,5	50
2/BU	49 × 24 × 4	75	12,5	56
3/BU	55 × 30 × 4	75	15,5	61
H9/BU	38 × 12 × 3	78	6,5	44
C20/PP	61 × 23 × 4	100	12,3	66
S6/BU	85 × 30 × 4	100	20,0	90
K20/POM	60 × 24 × 4	100	12,3	66

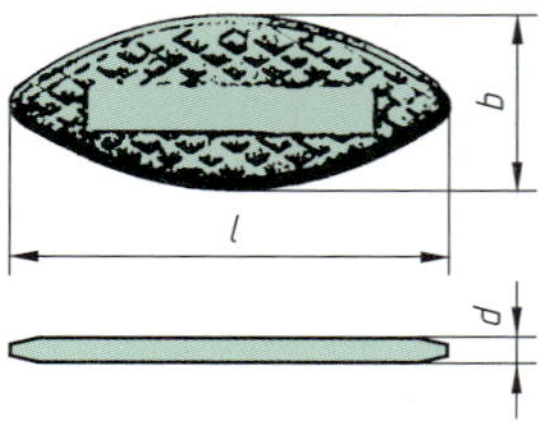

Schraubdübel (Einschraubmutter, DIN 7965)

Innengewinde	M3	M4	M5	M6	M8	M10	M12	M16	M20
Länge in mm	8	10	12	15	18	25	30	30	30
d_1 in mm	4,5	5,5	7,5	9,5	10,2	15	18	20,5	24
d_2 in mm	6	8	10	12	16	18,5	22	25	29

Die Einschraubdübel werden vorzugsweise zum Einschrauben in Holz oder holzähnlichen Werkstoffen eingesetzt.

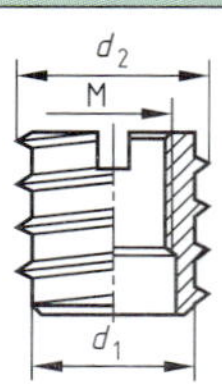

3.4.8 Befestigungsmittel Dübel

Baustoff (Ankergrund)

Die Art und Beschaffenheit des Baustoffs, in dem verankert werden soll, bestimmt ganz entscheidend die Auswahl des Dübelsystems.

Beton
Zu Beton gehören die beiden Untergruppen Leichtbeton und Normalbeton.

Mauerwerksbaustoffe
Mauerwerk ist ein Verbundwerkstoff aus Steinen und Mörtel. Dabei ist die Druckfestigkeit der Steine bei Altbaumauerwerk oft höher als die des Mörtels. Eine Verankerung sollte deshalb im Mauerwerksstein erfolgen.

Vollbausteine mit dichtem Gefüge
Diese Baustoffe sind sehr gut zur Verankerung von Dübeln geeignet, da sie überwiegend keine Hohlräume haben und sehr druckfest sind.

Lochbausteine mit dichtem Gefüge (Loch- und Hohlkammersteine)
Sie sind meist aus den gleichen druckfesten Materialien wie die Vollsteine hergestellt, jedoch mit Hohlräumen versehen. Werden höhere Lasten an diesen Baustoffen befestigt, sollten spezielle Dübel verwendet werden, die Hohlräume überbrücken oder ausfüllen können.

Vollbaustoffe aus porigem Gefüge
Diese Baustoffe haben meist eine geringe Druckfestigkeit und sehr viele Poren. Geeignet sind Dübel mit langer Spreizzone oder stoffschlüssige Dübel.

Vollstein aus Leichtbeton (i.A. als Schwemmstein bezeichnet, Vollstein aus Blähton, z.B. „Liapor", Leca")

Porenbeton („Ytong", „Hebel, „Siporex", „Durox", „Greisel")

Lochbaustoffe mit porigem Gefüge (Leicht-Lochsteine)
Sie haben meist eine geringe Druckfestigkeit, Hohlräume und Poren. Geeignet sind Dübel mit langer Spreizzone oder formschlüssig wirkende Injektionsanker.

Leichthochlochziegel (z.B. Unipor, Poroton)

Leichtbetonhohlblockstein, (z.B. aus Bims oder Blähton)

Platten und Tafeln (Plattenbauelemente)
Zu dieser Gruppe gehören dünnwandige Baustoffe, die häufig eine geringe Festigkeit aufweisen. Geeignet sind Dübel mit langer Spreizzone oder stoffschlüssige Dübel (Hohlraumdübel).

Bohrverfahren

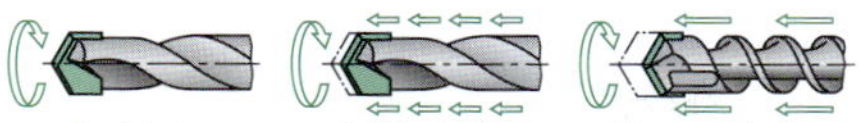

Drehbohren Schlagbohren Hammerbohren

Der Baustoff bestimmt das Bohrverfahren. Grundsätzlich gilt: Vollbaustoffe mit dichtem Gefüge → Schlag- und Hammerbohren.
Lochbausteine, Baustoffe mit geringer Festigkeit und Porenbeton nur im Drehgang bohren, damit das Bohrloch nicht zu groß wird und in Lochsteinen die Stege nicht ausbrechen.

Montage 3

Rand- und Achsabstand, Bauteildicke
Um ein Abplatzen des Baustoffs oder Rissebildung zu vermeiden und um die erforderliche Last mit Dübeln übertragen zu können, müssen Rand- und Achsabstände sowie die erforderliche Bauteilbreite und -dicke nach Vorschrift eingehalten werden. Bei Kunststoffdübeln kann üblicherweise von einem Randabstand $c_3 \geq 2 \times h_{ef}$ (h_{ef} Verankerungstiefe) und einem Achsabstand $s \geq 4 \times h_{ef}$ ausgegangen werden.

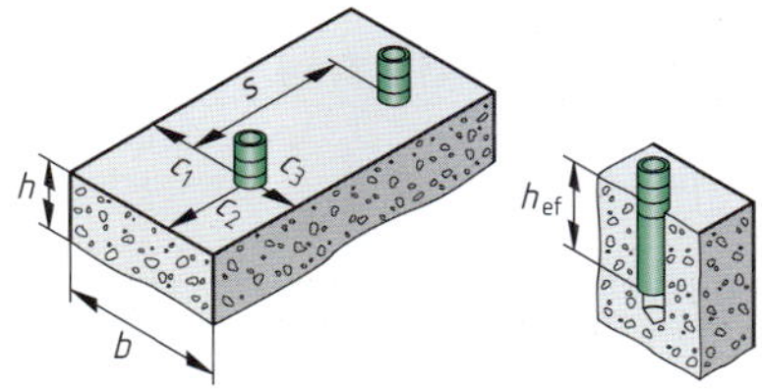

Bohrlochtiefe
Die Bohrlochtiefe muss größer sein als die Verankerungstiefe. Nach dem Bohren muss das Bohrmehl entfernt werden. Ein ungesäubertes Bohrloch reduziert die Haltewerte!

Nutzlänge
Die Nutzlänge d_a (auch üblich: t_{fix} Klemmdicke) entspricht meist der Dicke des befestigten Montagegegenstandes. Ist der Ankergrund mit Putz oder Isoliermaterial verkleidet, müssen Schrauben oder Dübel gewählt werden, deren Nutzlänge mindestens der Putzstärke und der Dicke des Montagegegenstandes entspricht.

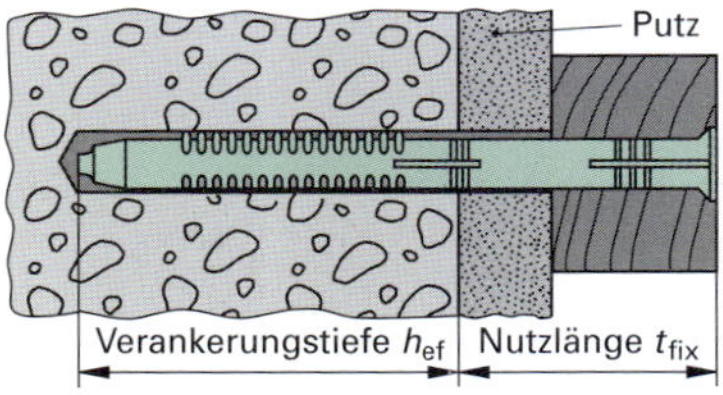

Verankerungstiefe
Die Verankerungstiefe h_{ef} entspricht bei Kunststoff und Stahldübeln der Distanz zwischen Oberkante des tragenden Bauteiles bis zur Unterkante des Spreizteiles.

3.4 Verbindungsmittel

Beanspruchungsart

Größe und Art der Belastung:

Ebenso wichtig wie die Abmessungen des Ankergrundes sind für die Dübelauswahl die Lasten bzw. Kräfte, welche bei der Befestigung eines Gegenstandes auftreten.
Dübel nehmen keine Druckkräfte auf. Druckübertragung erfolgt durch das Anbauteil direkt auf den Baustoff.

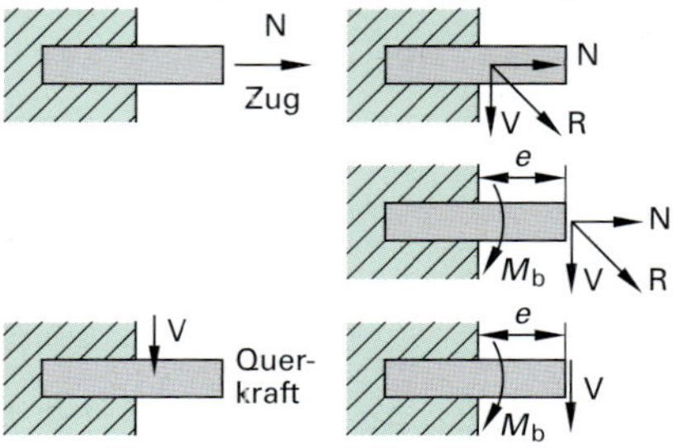

Schrägzug (Zentr. Zug + Querkraft)

Schrägzug im Abstand *e* (Biegung + Zug + Querkraft)

Biegung+ Querkraft (Querkraft im Abstand *e*)

Ankereinteilung und Wirkungsweise von Dübeln

Tragmechanismus	Wirkung	Beispiele
Reibschluss	Das Spreizteil des Dübels wird an die Bohrlochwandung gepresst und trägt durch Reibung die äußeren Zuglasten.	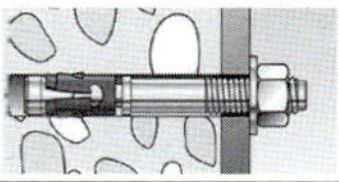 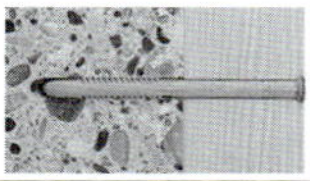
Formschluss	Dübelgeometrie passt sich der Form des Untergrundes bzw. Bohrlochs an.	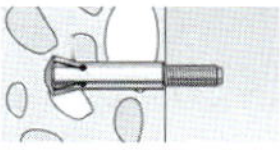 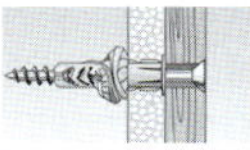 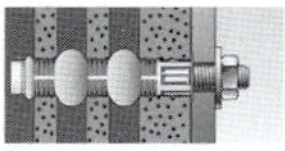
Stoffschluss	Mörtel oder Kunstharz verbindet sich mit Dübel- und Ankergrund.	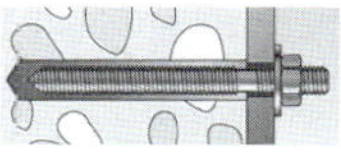 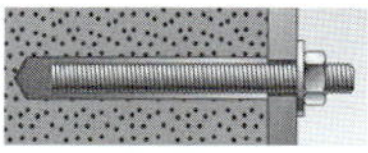

Vorschriften für die Anwendung von Dübeln (Auswahl)

Anwendungsbereich Verankerung von	Vorschriften für die Anwendung	Aussage zur Verankerung
Tragende Konstruktionen	Musterbauordnung in der Fassung vom November 2002. Paragraph 3 (1).	Anlagen sind so anzuordnen, zu errichten, zu ändern und instand zu halten, dass die Sicherheit und Ordnung insbesondere Leben, Gesundheit und die natürlichen Lebensgrundlagen nicht gefährdet werden.
Hinterbelüftete Außenwandverkleidungen	DIN 18516, Teil 1	Es dürfen nur Dübel verwendet werden, deren Brauchbarkeit für den Verwendungszweck nachgewiesen ist, z.B. durch eine bauaufsichtliche Zulassung.
Wärmeverbundsysteme mit Mineralfaserdämmstoffen sowie WDVS mit Hartschaumdämmung und Eigenlasten über 0,1 kN/m^2	IfBt-Mitteilung Heft 4/90	Bei Gebäudehöhen über 8 m sind für die Verankerung der Dämmung bauaufsichtlich zugelassene Dübel erforderlich, siehe IfBt-Mitteilung, geregelt durch Systemzulassung.
Feuerschutztüren in massiven Wänden aus Mauerwerk und Beton	DIN 18093	Es dürfen nur Dübel verwendet werden, deren Brauchbarkeit für den Verwendungszweck nachgewiesen ist, z.B. durch eine bauaufsichtliche Zulassung.
Leichte Deckenbekleidungen und Unterdecken	DIN 18168	Es dürfen nur Dübel verwendet werden, deren Brauchbarkeit für den Verwendungszweck nachgewiesen ist, z.B. durch eine bauaufsichtliche Zulassung.
Hängende Drahtputzdecken	DIN 4121	Für die zulässige Belastung der Dübel ist von den Angaben der Dübelhersteller auszugehen, die von einer amtlich anerkannten Prüfanstalt bestätigt sein müssen. Z.B. allgemeine bauaufsichtliche Zulassung.
Holzwolleleichtbauplatten an Decken	DIN 1102	Die Brauchbarkeit der Befestigungsdübel für diesen Zweck ist nachzuweisen.
Holzwolleleichtbauplatten an Wänden über 8 m Höhe	DIN 1102	Bei Fassaden dürfen nur Dübel verwendet werden, deren Brauchbarkeit für den Verwendungszweck nachgewiesen ist. Für Fassaden bis 8 m und an Innenwänden siehe DIN.

3.4 Verbindungsmittel

Schraubenlänge

Die Schraubenlänge richtet sich nach
- der Dübellänge A
- der Dicke des zu befestigenden Bauteils B
- der Unterkonstruktion und
- dem Schraubendurchmesser C.

Z.B. A + B + C = 50 mm + 20 mm + 6 mm = 76 mm
Standardlänge 80 mm

▲ = DIBt-Zulassung ■ = ETA-Zulassung ● gut geeignet
DIBt Deutsches Institut für Bautechnik
ETA European Technical Approval (europäische technische Zulassung)

			Zugelassen für					Werkstoff			Verankerungsgrund													
			gerissener Beton	ungerissener Beton	Fassadenbefestigungen	abgehängte Decken	Mauerwerk	Stahl galvanisch verzinkt	Edelstahl A4	Hochkorrosionsbeständ. Stahl 1.4529	Beton	Spannbeton-Hohldeckenplatten	Naturstein dichtes Gefüge	Vollziegel	Kalksand-Vollstein	Vollstein aus Leichtbeton	Porenbeton	Vollgips-Platten	Hochlochziegel	Kalksand-Lochstein	Hohlblockstein aus Leichtbeton	Hohldecken aus Ziegel, Beton o.ä.	Gips- und Gipsfaserplatten	Spanplatten
Allgemeine Befestigungen																								
Dübel SX	SX										•	•	•	•	•	•	•	•	•	•	•	•		
Dübel S	S	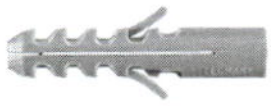									•	•	•	•	•	•	•	•	•	•	•	•		
Universaldübel	UX										•	•	•	•	•	•	•	•	•	•	•	•	•	•
Gasbetondübel	GB					▲	▲										•							
Dämmstoffdübel	FID	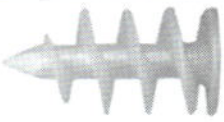																						
Turbo Porenbetonanker	FTP/FTPK																•							
Metallspreizdübel	FMD										•	•	•	•	•	•	•	•	•	•	•	•		
Injektionsmörtel	FiSV			□ △	□ △		■ ▲				•	•	•	•	•	•	•	•	•	•	•	•	•	•
Balkonbefestigung mit Abdeckklappe	BBF																							
Treppenbefestigung	TB/TBB										•		•	•	•	•								
Hohlraum-Befestigungen																								
Hohlraum-Metalldübel	HM							•															•	•
Kippdübel	KD							•				•											•	•
Plattendübel	PD																						•	•
Gipsplattendübel	GK																						•	
Gipsplattendübel	GKM																						•	

3

3.4 Verbindungsmittel

3

fischer Dübel S	Zugelassen für					Werkstoff			Verankerungsgrund													
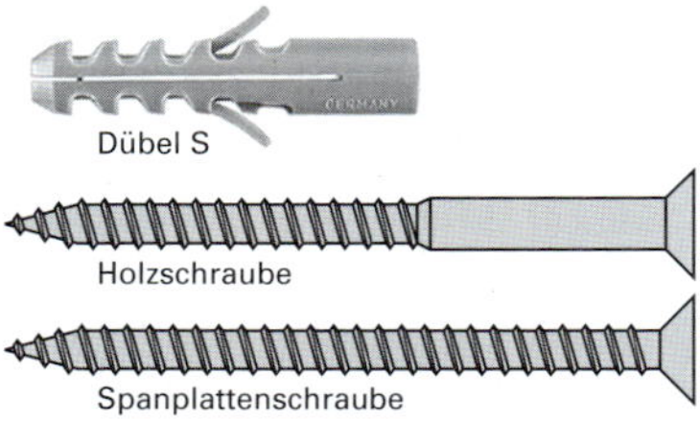	gerissener Beton	ungerissener Beton	Fassadenbefestigungen	abgehängte Decken	Mauerwerk	Stahl galvanisch verzinkt	Edelstahl A4	Hochkorrosionsbest. Stahl 1.4529	Beton	Spannbeton-Hohldeckenplatten	Naturstein dichtes Gefüge	Vollziegel	Kalksand-Vollstein	Vollstein aus Leichtbeton	Porenbeton	Vollgips-Platten	Hochlochziegel	Kalksand-Lochstein	Hohlblockstein aus Leichtbeton	Hohldecken aus Ziegel, Beton o.ä.	Gipskarton- und Gipsfaserplatten	Spanplatten
Langschaftdübel																						
Langschaftdübel SXS 	▲		▲			•	•		•		•	•	•	•		•			•			
Universal-Rahmendübel FUR 			▲			•	•		•		•	•	•	•		•	•	•	•			
Langschaftdübel SXR 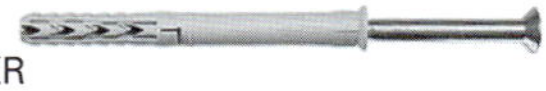			■ ▲			•	•		•		•	•	•	•	•	•	•	•	•			
Nageldübel N 						•	•		•		•	•	•	•	•	•	•	•	•			
Nagelhülse FNH 									•		•	•	•									
Fensterschraube FS 45 						•																
Fensterrahmendübel F-S 						•			•		•	•	•	•	•	•	•	•	•			
Metall-Rahmendübel F-M 						•			•		•	•	•	•	•	•	•	•	•			
Fensterrahmen-Schraube FFS/FFSZ 						•			•		•	•	•	•	•	•	•	•	•			
Justierdübel S 10 J 						•			•		•	•	•	•	•	•						
Justierschraube JUSS JS 						•																
Abstandschraube Universal ASL 						•																
Elektro-Befestigungen – E-fix																						
Steckfix plus Leitungsschlaufe SF plus LS; Einzelschelle ES; Zwillingsschelle ZS									•	•	•	•		•	•	•	•	flammwidrig nach: VCE 0471 DIN IEC 695-2				
Steckdübel SD; Kabelbügel KB; Rohrclip SF plus RC									•	•	•	•		•	•	•	•					
Kabelbügel KB; Sammelhalter SHA; Rohrclip RC									•	•	•											
Nagelschelle NS; Kabelbinder BN									•	•												
Einschlagnagel ED; Setzwerkzeug SZE														•	•	•	•					

3.4 Verbindungsmittel

▲ = DIBt-Zulassung ■ = ETA-Zulassung ● gut geeignet

			Zugelassen für					Werkstoff			Verankerungsgrund													
			gerissener Beton	ungerissener Beton	Fassadenbefestigungen	abgehängte Decken	Mauerwerk	Stahl galvanisch verzinkt	Edelstahl A4	Hochkorrosionsbest. Stahl 1.4529	Beton	Spannbeton-Hohldeckenplatten	Naturstein dichtes Gefüge	Vollziegel	Kalksand-Vollstein	Vollstein aus Leichtbeton	Porenbeton	Vollgips-Platten	Hochlochziegel	Kalksand-Lochstein	Hohlblockstein aus Leichtbeton	Hohldecken aus Ziegel, Beton o.ä.	Gipskarton- und Gipsfaserplatten	Spanplatten
Schwerlast-Befestigungen – Stahl																								
Ankerbolzen	FAZ II		■	■				●	●	●	●		●											
Bolzen	FBN II	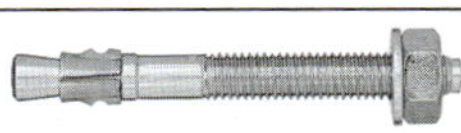		■				●	●		●		●											
Schwerlast-dübel	TAM	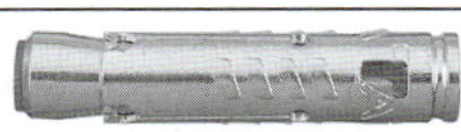		■				●			●		●											
Einschlag-anker	EA II	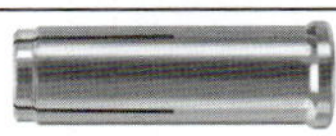		■		■		●	●		●		●											
Nagelanker	FNA II					■		●	●	●	●	●	●	●	●									
Deckennagel	FDN	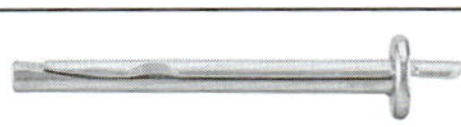				■		●			●	●	●	●	●									
Beton-schraube	FBS	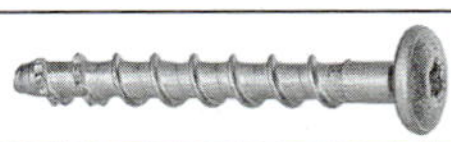	■ ▲	■ ▲		▲		●			●	●	●	●	●									
Hohldecken-anker	FHY	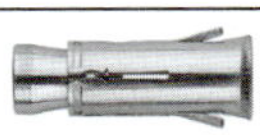						●			●	●	●											
Schwerlast-Befestigungen – Chemie																								
Highbond-Anker	FHB II FHB II-P FIS HB	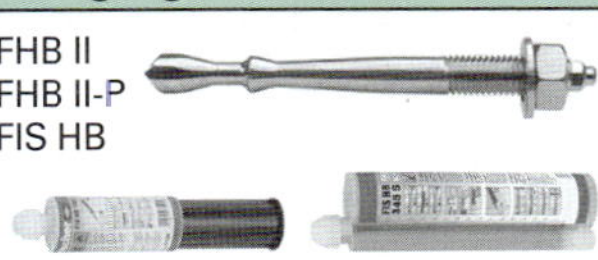	■	■				●	●	●	●													
Reaktions-anker R (Eurobond)	RM RG M	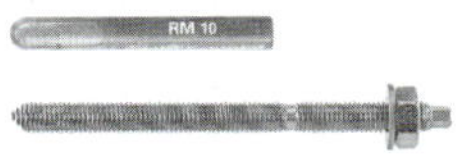		■				●	●	●	●		●											
Injektions-System FIS A für Beton	FIS V			■				●	●	●	●													
Injektions-System FIS V für Mauerwerk	FIS E FIS A FIS HK	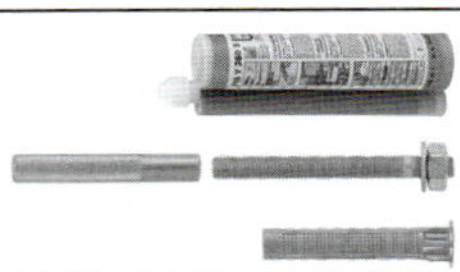					▲	●	●	●		●	●	●	●	●	●		●	●	●	●		
Injektions-System PBB für Porenbeton	FIS A	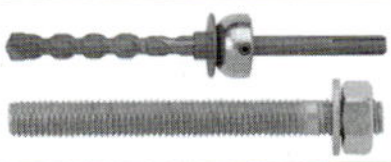					▲	●	●								●							

3.5 Kunststoffe

Kunststoffe sind makromolekulare Stoffe, die durch chemische Synthese (Polymerisation, Polykondensation und Polyaddition) oder durch Umwandlung von Naturstoffen hergestellt werden.

Übersicht und Kurzzeichen (DIN 7728)

Abgewandelte Naturstoffe	Synthetische Kunststoffe		
	Polymerisate	Polykondensate	Polyaddukte
	Thermoplaste		
CN Cellulosenitrat **CA** Celluloseacetat **CS** Casein-Kunststoff	**PAN** Polyacrylnitril **PE** Polyethylen **PIB** Polyisobutylen **PMMA** Polymethylmethacrylat **POM** Polyoxymethylen **PP** Polypropylen **PS** Polystyrol **PTFE** Polytetrafluorethylen **PVAC** Polyvinylacetat **PVC** Polyvinylchlorid Copolymere: **ABS** Acrylnitril/Butadien/Styrol	**PA** Polyamid **PC** Polycarbonat	**PETP** Polyethylenterephthalat (lineare Polyurethane)
	Duroplaste		
	UP Polyester, ungesättigt	**MF** Melamin-Formaldehydharz **PF** Phenol-Formaldehydharz **RF** Resorcin-Formaldehydharz **UF** Harnstoff-Formaldehydharz **SI** Silikon	**EP** Epoxidharz **PUR** Polyurethan hart

Elastomere

CR Polychloropren-Kautschuk **SI** Silicon-Kautschuk	**IIR** Butyl-Kautschuk **SR** Polysulfid-Kautschuk	**PUR** Polyurethan-Kautschuk

Einteilung nach dem Vernetzungsgrad

Thermoplaste
unvernetzte, fadenförmige Makromoleküle (amorph und teilkristallin)

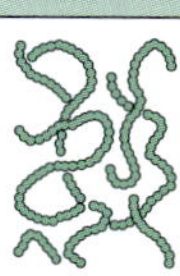

Duroplaste
engmaschig vernetzte Makromoleküle

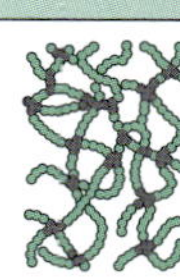

Elastomere
weitmaschig vernetzte Makromoleküle

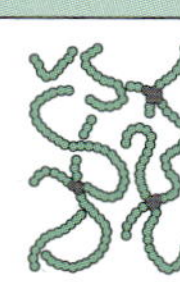

Besondere Eigenschaften

Kennbuchstabe	Eigenschaft	Kennbuchstabe	Eigenschaft	Kennbuchstabe	Eigenschaft
C	chloriert	I	schlagzäh	R	erhöht, Resol
D	Dichte	L	linear, niedrig	U	ultra, weichmacherfrei
E	verschäumt	M	Masse, mittel	V	sehr
F	flexibel, flüssig	N	normal, Novolak	W	Gewicht
H	hoch	P	weichmacherhaltig	X	vernetzt, vernetzbar

Beispiele: **PE-LLD** Polyehtylen, linear mit niedriger Dichte
PVC-P Polyvinylchlorid, weichmacherhaltig

3.5 Kunststoffe

Unterscheidungsmerkmale wichtiger Kunststoffe

Kunststoff Kurzzeichen	Dichte g/cm³	Brennverhalten	Klang beim Auffallen	Mechanisches Verhalten
ABS	1,06 bis 1,12	brennt nach Anzünden weiter, stark rußend, gelb leuchtende Flamme	klingt dumpf	zäh, mittlere Flexibilität
CA	1,20 bis 1,30	schwer entflammbar, tropft und sprüht, gelbe Flamme, riecht nach Essigsäure	dumpf	zäh, stark verformungsfähig, mittlere Flexibilität, angenehmer Griff
PA	1,02 bis 1,14	schwer anzündbar, brennt nach Anzünden knisternd weiter, tropft und zieht Fäden, blaue Flamme mit gelbem Rand, riecht nach Horn	dumpf	zähhart, stark verformungsfähig, unzerbrechlich
PC	1,20	brennt in Flamme rußend, erlischt außerhalb, leuchtend gelbe Flamme, riecht nach Phenol	klingt scheppernd	steif, schlagzäh, unzerbrechlich
PE	0,92 bis 0,96	brennt nach Anzünden tropfend ab, gelbe Flamme mit blauem Kern		unzerbrechlich
PMMA	1,18	leicht entflammbar, brennt knisternd weiter mit leuchtender Flamme, riecht fruchtig	dumpf	steif, fest, schwer zerbrechlich
POM	1,41	brennt mit schwach blauer Flamme, tropft, riecht nach Formaldehyd	klingt scheppernd	zähhart, steif, unzerbrechlich
PP	0,91	brennt nach Anzünden tropfend ab, gelbe Flamme mit blauem Kern	dumpf	zäh, flexibel bis steif, unzerbrechlich
PS	1,05	brennt stark rußend (Flocken), gelb leuchtende, flackernde Flamme, süßlicher Geruch	metallisch blechern	steif, spröde, zerbrechlich
PTFE	2,20	kaum anzündbar, verkohlt		flexibel, plastisch formbar
PVC-P (weich)	1,20 bis 1,25	brennt in der Flamme rußend, gelb leuchtende Flamme,		sehr flexibel
PVC-U (hart)	1,38 bis 1,40	hartes PVC schwer entflammbar, starker Geruch nach Salzsäure	scheppernd (PVC-U)	steif, zähhart
EP	1,20	brennt nach Anzünden rußend weiter, gelbe Flamme		steif, zähhart
PUR	1,14 bis 1,26	brennt leuchtend gelb, schäumend, stechender Geruch		von elastisch bis zähhart; Härte einstellbar (Schaum)
MF	1,50	kaum anzündbar, erlischt außerhalb der Flamme, verkohlt, weiße Kanten, riecht fischig	scheppernd	steif, spröde, unzerbrechlich (bezieht sich auf reines MF)
PF	1,40	schwer entflammbar, erlischt außerhalb der Flamme, rußt	scheppernd	steif, spröde, schwer zerbrechlich
UF	1,50	wie MF	scheppernd	wie MF
UP	1,20	brennt in Flamme rußend weiter	scheppernd	steif, spröde, schwer zerbrechlich

Angaben beziehen sich auf die reinen Kunststoffe (ohne Füllstoffe und Verstärkungen)

Schwimmprobe	Kunststoffe schwimmen nicht; außer PE und PP.

3.5 Kunststoffe

Kunststoffe für die Holztechnik (Auswahl)

Thermoplaste

Sie bestehen aus linearen oder verzweigten Makromolekülen, die bei Erwärmung wiederholbar erweichen und sich bei Abkühlung wieder verfestigen. Die fadenförmigen Polymere können amorph als auch teilkristallin vorliegen.

3

Name	Kurzzeichen	Eigenschaften mechanisch	Eigenschaften thermisch	Verwendung	Handelsname
Acrylnitril/ Butadien/ Styrol	**ABS**	steif, zäh, hohe Härte, hohe Schlag- und Kerbschlagzähigkeit	gute Wärmebeständigkeit, einsetzbar von – 40 °C bis + 85 °C	Stühle, Sitzschalen, Schrankelemente, Kunststoffkante	Novodur Terluran
Polyamid	**PA**	gute Festigkeit bei hoher Zähigkeit, gute Gleiteigenschaften und Verschleißwiderstand (je nach Typ)	Gebrauchstemperatur 80 °C bis 120 °C, kurzfristig wesentlich höher	Türbänder und Scharniere, Türschnäpper, Gleitbeschläge, Dübel, Rückenlehnen, beschichtete Gartenmöbel	Trogamid T Durethan Ultramid Vestamid
Polyethylen	**PE-LD** (hart)	je nach Typ von weich bis steif	Gebrauchstemperatur 80 °C bis 95 °c	Beschlagsteile, Gleitschienen, Schubkästen, Behälter, Folien	Hostalen Baylon
	PE-HD (weich)	Festigkeiten abhängig von Kristallinitätsgrad	bis 105 °C		Lupolen Vestolen
Polycarbonat	**PC**	hohe Festigkeit, hohe Schlagzähigkeit, große Härte bei guter Zähigkeit	Formbeständigkeit bis 130 °C	Möbelbeschlagsteile, durchsichtige Bauteile, Verglasungen (hochfest und schussfest)	Makrolon Orgalan
Polymethylmethacrylat (Acrylglas)	**PMMA**	Gute Festigkeit, geringe Verformungsfähigkeit, steif, hart	Gebrauchstemperatur 65 °C, bei bestimmten Typen bis 95 °C	Verglasungen, Sicherheitsabdeckungen, Zwischenschicht bei Verbundglas	Plexiglas Deglas Resartglas
Polypropylen	**PP**	etwas höhere Festigkeit und Härte als PE	obere Gebrauchstemperatur 110 °C	Werkzeugkästen Behälter	Novolen Vestolen P Hostalen PP
Polystyrol	**PS**	hart, spröde, steif, kerbempfindlich	bis 70 °C einsetzbar	Beschlagsteile, Schubkästen, Wärmedämmung (geschäumt)	Polystyrol Hostyren Vestyron
Polytetrafluorethylen	**PTFE**	Flexibel und zäh, niedrige Härte und Festigung (abhängig von Kristallinität)	Gebrauchstemperatur – 270 °C bis + 80 °C	Beschichtungen	Hostaflon Teflon
Polyvynilchlorid	**PVC-P** (weich)	gummielastisch, abriebfest	bis ca. 60 °C einsetzbar, Versprödung bei – 10 °C bis – 50 °C	Dichtungen für Fenster und Türen, Kantenumleimer, Folien zur Oberflächenbeschichtung, Kunstlederüberzüge, Zierprofile	Hostalit Vestolit Trosiplast
	PVC-U (hart)	hart, steif hohe Festigkeit	einsetzbar bis 60 °C (90 °C)	Profile für Fenster usw., Beschichtungen	

3.5 Kunststoffe

Duroplaste

Sie bestehen aus chemisch eng vernetzten Makromolekülen. Die Härte, der nicht umkehrbaren ausgehärteten Duroplaste, ist bis zum thermo-chemischen Abbau weitgehend temperaturunabhängig.

Name	Kurz-zeichen	Eigenschaften mechanisch	Eigenschaften thermisch	Verwendung	Handels-name
Epoxidharz	**EP**	steif bis elastisch, zäh, abriebfest, hohe Festigkeit	Gebrauchs-temperatur 80 °C (kaltgehärtet) und bis 180 °C (heißgehärtet)	Lacke Klebstoffe	Araldit Epoxin Hostapox
Harnstoffharz	**UF**	hart, spröde, steif	Einsatz bis 80 °C	Lacke, Klebstoffe Schichtpressstoff-platten, Schäume	
Melaminharz	**MF**		Einsatz bis 130 °C		
Phenolharz	**PF**	hart, spröde	Gebrauchs-temperatur 100 °C bis 150 °C	Klebstoffe, Press-schichtholz, Schichtpressstoff-platten, Schäume	Bakelite Trolitan Pertinax
Polyurethanharz	**PUR**	hart bis elastisch	Obere Gebrauchs-temperatur bis 110 °C (vernetzt)	Lacke, Klebstoffe, Schäume (hart) als Ortschaum und Wärmedämmung oder Schäume (weich) für Polster	
Ungesättigtes Polyesterharz	**UP**	elastisch bis steif, zäh bis spröde (je nach Aufbau)	Grenztemperatur je nach Typ 80 °C bis 160 °C	Lacke, Kleber, Laminate für Sitz- und Liegemöbel, GFK- Teile	Alpodit Leguval Palatal

Elastomere

Sie sind weitmaschig miteinander vernetzte Makromoleküle, die elastische, gummiartige Kunststoffe ergeben. Diese Elastizität ist weitgehend temperaturunabhängig.

Name	Kurz-zeichen	Eigenschaften	Verwendung
Butyl-Kautschuk	**IIR**	gute Chemikalien- und Alterungsbeständigkeit	Dichtungsmassen Fugendichtungsbänder
Polychloropren-Kautschuk	**CR**	lederzäh, wetterfest	Dichtungsmassen Klebstoff, Dichtungsprofile
Polysulfid-Kautschuk	**SR**	sehr lösungsmittel- und alterungsbeständig, ein- oder zweikomponentig	Bewegungs- und Abschlussfugen Fensterversiegelung
Polyurethan-Kautschuk	**PUR**	alterungsbeständig, gute Chemikalienbeständigkeit	Schäume
Silikon-Kautschuk	**SI**	wärmebeständig, alterungsbeständig, wasserabweisend	Fensterversiegelung wasserfeste Anschlussfugen

Erkennen von Kunststoffarten durch äußere Erscheinungen

Aussehen		Anfassen	Biegen und Zerbrechen von Hand				Verhalten beim Erwärmen
glasklar, farbig, durchsichtig	trüb	Wachsartiger Griff: PE; PP; POM; PTFE	flexibel	steif	zäh	spröde	Plastomere erweichen und schmelzen, Duroplaste und Elastomere zersetzen sich ohne zu erweichen
CA, EP, PC PS, PMMA, PVC, UP	ABS; PA, PE POM, PP, PTFE	Einritzen mit Fingernagel: PE, PP teilweise CA	Weich-PE Weich-PVC PA; ABS	Hart-PVC POM PC; PS PMMA	PE PP PA ABS POM	PS PMMA GFK	

3.5 Kunststoffe

Chemische Beständigkeit (gegen ausgewählte Medien)

Die Beständigkeit kann sich durch Verändern der Struktur oder durch Beimengungen verändern. So können Füllstoffe und Weichmacher die Beständigkeit gegen Chemikalien herabsetzen.

Medium / Kunststoff	Aceton	Alkohol	Alkoholische Getränke	Benzin	Essigsäure (10%)	Fluorkohlen-wasserstoff	Fruchtsäfte	Geschirr-spülmittel	Milch	Mineralöle, Fette	Salzsäure (25%)	Schwefelsäure (40%)	Speiseöl	Toluol	Wasser, kalt	Wasser, heiß
ABS	○	◗	●	●	●	○	●	●	●	●	◗	◗	●	○	●	●
PA	●	●	●	●	○	●	●	◗	●	●	○	○	●	●	●	◗
PE	◗	●	●	◗	●	○	●	●	●	●	●	●	●	◗	●	●
PC	○	●	●	●	●	○	●	◗	●	●	◗	●	●	○	●	◗
PMMA	○	●	●	●	●	○	●	●	●	●	○	○	●	○	●	●
PP	●	●	●	◗	●	◗	●	●	●	●	◗	◗	●	○	●	●
PS	○	●	●	○	●	○	●	●	●	◗	◗	◗	●	○	●	●
PTFE	●	●	●	●	●	●	●	●	●	●	●	●	●	●	●	●
PVC-P	○	○	◗	○	●	○	◗	◗	◗	◗	◗	◗	◗	○	●	◗
PVC-U	○	●	●	●	●	○	●	●	●	●	●	●	●	○	●	◗
EP	○	●	●	●	○	◗	◗	●	●	●	●	●	●	●	●	◗
UF	◗	●	◗	●	◗	◗	●	◗	●	●	○	○	●	●	●	◗
MF	◗	●	◗	●	◗	◗	●	●	●	●	○	○	●	●	●	●
PF	◗	●	◗	●	◗	◗	●	◗	●	●	○	○	●	●	●	◗
PUR	◗	◗	◗	●	◗	○	●	●	●	●	○	○	●	◗	●	○
UP	○	◗	◗	●	●	◗	●	◗	●	●	○	○	●	◗	●	○

● = beständig ◗ = bedingt beständig ○ = unbeständig

Weitere Kennwerte (Auswahl)

Kunststoff (Kurzzeichen)	Farbe	Gefüge	Zugfestigkeit (ungefüllt) N/mm²	Wärmeleitfähigkeit λ W/m K	Wärme-Form-Beständigkeit ISO/R75 °C	Füll- und Verstärkungsstoffe
PA	milchig opak, fast glasklar (amorph)	teilkristallin bis amorph, je nach Typ	50 bis 90	0,21 bis 0,35	50 bis 110	Glas- und Kohlenstofffasern, Mineralstoffmehle, Kreide
PE	milchig weiß	teilkristallin	8 bis 30	0,29 bis 0,51	35 bis 50	Glasfasern
PC	glasklar	amorph, unverzweigt	55 bis 70	0,21 bis 0,23	130 bis 140	Glasfasern Mineralien
PMMA	glasklar	amorph	50 bis 80	0,18 bis 0,19	80 bis 105	
PP	schwach transparent, opak	teilkristallin	25 bis 40	0,20 bis 0,22	48 bis 65	Glasfasern, Talkum, Ruß Holzmehl
PS	glasklar	amorph, geschäumt	40 bis 60	0,15 bis 0,17	70 bis 90	Glasfasern
PVC-P	meist transparent	amorph, Weichmacher eingelagert	15 bis 25	0,12 bis 0,15		Quarzmehl, Ruß, Kreide, Kaolin
PVC-U	glasklar oder transparent	amorph	40 bis 80	0,14 bis 0,16	60 bis 75	
EP	klar	vernetzt	30 bis 50	0,13 bis 0,24	60 bis 110	Glasfasern, mineralische Füllstoffe, Kohlenstoff

3.5 Kunststoffe

Weitere Kennwerte (Auswahl)

Kunststoff (Kurzzeichen)	Farbe	Gefüge	Zugfestigkeit (gefüllt) N/mm²	Wärmeleitfähigkeit λ W/m K	Wärme-Form-Beständigkeit ISO/R75 °C	Füll- und Verstärkungs-Stoffe
UF	farblos	vernetzt,		0,35	130	Zellstoff,
MF		meist gefüllt	15 bis 30	0,35 bis 0,70	180	Holzmehl, Glasfasern
PF	hellgelb bis braun	vernetzt, meist gefüllt	15 bis 100	0,30 bis 0,70	150	Zellstoff, Holzmehl, Gesteinsmehl Glimmer, Glasfasern
PUR	durchscheinend, bräunlich	thermoplastisch oder wenig bis stark vernetzt	25 bis 55 (ungefüllt)			
UP	fast glasklar bis gelblich	vernetzt, meist mit Verstärkungsstoffen	20 bis 1000	0,11 bis 0,20	55 bis 90	Glasfasern

3

Schichtpressstoffe (Auswahl)

Hartpapier (Hp), Hartgewebe (Hgw) DIN 7735

Typ	Harz	Biegefestigkeit (N/mm²)	Grenztemperatur (°C)
Hp 2061	Phenolharz	150	120
Hp 2063		80	120
Hgw 2072		200	130
Hgw 2082		130	110
Hgw 2272	Melaminharz	270	130
Hgw 2372	Epoxidharz	350	130
Hgw 2572	Silikonharz	125	180

Kunstharz-Pressholz DIN 7707

	Schichten		
KP 20211 KP 20217	parallel	120 180	90 120
KP 20221 KP 20226	kreuzweise	70 110	90 120
KP 20236 KP 20237	sternförmig	110 100	120 120

Rotbuche-Furniere sind mit härtbarem Kunstharz verklebt, mindestens 5 Schichten/cm Dicke

Mineral-Kunststoffplatten

Handelsname: Corian, Varicor
Aufbau: Aluminiumhydroxid (ca. 2/3) und Kunstharz (Bindemittel)

Eigenschaften:
- Dichte 1,78 g/cm³
- Zugfestigkeit 34,9 bis 39,5 N/mm²
- Biegefestigkeit 57 bis 66 N/mm²
- Längenausdehnungskoeffizient $30{,}5 \times 10^{-6}$/K
- Beständigkeit gegen kochendes Wasser
- Hochtemperaturbeständig
- Witterungsbeständig
- Hohe Abriebfestigkeit
- Weitgehend chemikalienbeständig
- Schwerentflammbar B1

Verarbeitung:
- Verarbeitungstemperatur mindestens + 17 °C
- spanend mit HM-Werkzeugen
- Schleifen mit K80 bis K2400
- Verformen bei 150 bis 160 °C
- Kleben mit Spezialkleber (Aushärtzeit ca. 45 min)

Handelsübliche Plattenmaße in mm:
Dicke: 6; 12; 13; 18; 19
Breite × Länge: 760 × 2490 und 760 × 3680

Dekorative Schichtstoffe

Dekorative Hochdruck-Schichtpressstoffplatten **HPL**	Kontinuierlich hergestellte Laminate **CPL**	Polyester-Schichtstoffe **DPL**
Zellulosebahnen mit härtbaren Kunstharzen imprägniert und unter Hitze und Druck (ca. 100 bar) verpresst, eine oder beide Plattenseiten zeigen dekorative Eigenschaften	Rollfähige dekorative Laminate, Handelsform: Rollen, Dicke 0,3 mm bis 1,3 mm Aufbau wie HPL	Dekor- und Kernpapiere mit Polyesterharz getränkt, gut nachformbar

3.5 Kunststoffe

Dekorative Hochdruck-Schichtpressstoffplatte HPL (DIN EN 438-1)

Typ S **B2**	Standard-Qualität Kompaktschichtpressstoff in Standard-Qualität
Typ P **B2**	bei bestimmter Temperatur nachformbar (postformig)
Typ F **B1**	mit bestimmtem Brandverhalten dto. als Kompaktschichtpressstoff
Anwendungsklassen (Zahlen 1 … 4)	
1. Kennzahl	Verhalten bei Abriebbeanspruchung
2. Kennzahl	Verhalten bei Stoßbeanspruchung
3. Kennzahl	Verhalten bei Kratzbeanspruchung

Aufbau:

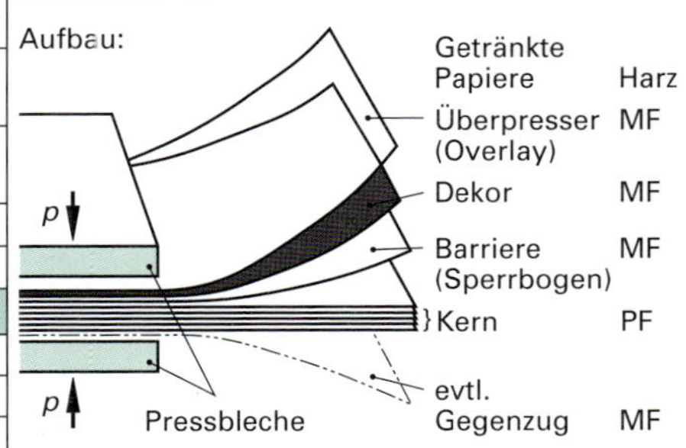

	Anforderungsprofil (Beispiele)		Bezeichnung
111	geringer Abriebwiderstand geringe Stoßfestigkeit geringe Kratzfestigkeit	Möbelkorpus	Materialien können sowohl nach dem Typ/Kennzahl oder nach dem alphabetischen Klassifizierungs-System bezeichnet werden. Beispiel: (Typ/Kennzahl) HPL-EN-438-P333
434	sehr hoher Abriebwiderstand hohe Stoßfestigkeit sehr hohe Kratzfestigkeit	Fußböden Zahltheken	

Sollwerte für die Anwendungsklassen				Vorzugsmaße
Klasse	Abrieb Anzahl der Umdrehungen	Stoß Federkraft (N)	Kratzen Gewichtskraft (N)	(Handelsübliche Maße in mm)
1	> 50	> 12	> 1,5	Dicke: 0,6; 0,8; 1,2 1,5 … 20 (Kompakt)
2	> 150	> 15	> 1,75	Formate: 3550 × 1300
3	> 350	> 20	> 2,0	2600 × 2040
4	> 1000	> 25	> 3,0	5200 × 1300

Dichtstoffe

Basis	Eigenschaften	Dauerbewegungsaufnahme	Anwendung
Silicon	säurehärtend oder neutralvernetzend, elastisch Klasse E nach DIN 18 545	15 bis 25%	Fensterversiegelung Abdichten von Dehnungsfugen (neutralvernetzend auch im Außenbereich)
Polysulfid	ein- und zweikomponentig, elastisch	15 bis 25%	Fensterversiegelung (Thiokol), Fugenabdichtung
Acrylat	elastisch-plastisch elastifiziertes Acrylpolymer	10 bis 20%	Fugenmasse für Fugen mit geringer Dehnung
Hybrid-Polymer	elastisch feuchtigkeitshärtend (Luftfeuchte), DIN 18 545 E	20 bis 25%	Fensterversiegelung, Abdichten von Fensteranschlussfugen, Verfugung im Hochbau
Butyl/ Polyisobutylen	plastisch	0 bis 5%	Fugendichtungsmassen
Polyurethan	ein- und zweikomponentig elastisch	20 bis 25%	Abdichtung und Verklebung verschiedener Werkstoffe

Dichtstoffgruppen (DIN 18 545)

Gruppe	A	B	C	D	E
Eigenschaften	Bestimmte Anforderungen in Bezug auf Rückstellvermögen, Haft- und Dehnverhalten, Kohäsion, Volumenänderung und Standvermögen				

Montageschäume:

PUR; ein- und zweikomponentig, mit und ohne Treibgas, zweikomponentige Schäume härten schneller aus, je nach Typ in ca. 15 min oder 120 min bei 20 °C

3.5 Kunststoffe

Möbelkanten

Möbelkanten bieten einen dekorativen Kantenschutz gegen verschiedene Beanspruchungen, wie beispielsweise mechanische Belastung oder Feuchtigkeit, die von außen auf eine Platte einwirken können.

Kantenarten			Varianten	Eigenschaften	Einsatz	Verarbeitung			
Kunststoff	Thermoplast	**PVC** Polyvinyl-chlorid	Unifarben Dekorbedruckt	lichtecht/robust/hart lackierbar Gesundheitsrisiko durch Weichmacher!	Möbel und Innenausbau **Auslaufmodell**	Kanten dürfen nicht in Kleinfeuerungsanlagen verbrannt werden!	**Herstellervorgaben beachten!** Maschinelle (Kantenanleimmaschine) und manuelle (Kantenpresse, Kantenzwingen, Verleimständer) Verarbeitung möglich.	statisch aufgeladene Werkstoffe → starke Absaugung erforderlich!	Entsorgung über Verbrennung (TA-Luft beachten)
Kunststoff	Thermoplast	**PP** Poly-propylen	Unifarben Dekorbedruckt weniger Auswahl als bei ABS	keine Weichmacher! schlecht lackierbar lichtecht; nicht geeignet für stark lösemittelhaltige Reinigungsmittel	Möbel und Innenausbau **Ökokante**	Schmelz- und Lösemittelkleber Schmierneigung → nur bedingt polierfähig			
Kunststoff	Thermoplast	**ABS** Acrylnitrill Butadien-Styrol	Dünnkanten (ca. 0,4 mm) Starkkanten (bis ca 12 mm) Unifarben Dekorbedruckt **durchgemasert**	hervorragende Anwendungs- u. Verarbeitungseigenschaften; schlagfest, abriebfest, biegbar lackierbar (nicht mit NC-Lack); lichtecht thermisch belastbar	Möbel und Innenausbau Messe- und Ladenbau, ... **robuster Alleskönner**	Schmelz- und Lösemittelkleber Weißbruchgefahr bei Außenradius < 25 mm			
Kunststoff	Thermoplast	**Acryl** Poly-methyl-metha-crylat	Unifarben 3D-Acryl mit rückseitig aufgebrachtem Dekor	Hochglanzoptik! schlagfest, hygienisch und resistent nicht lackierbar lichtecht	Möbel und Innenausbau Messe- und Ladenbau **robuste Hochglanzoptik**	Schmelzkleber keine Lösemittelkleber			
Kunststoff		**Polyester**	unterschiedliche Glanzgrade und Strukturen	sehr gut lackierbar lichtecht	Möbel und Innenausbau	einfache mechanische Bearbeitung			
Kunststoff	Duroplast	**Melamin** Melamin- und Phenol-harz	Unifarben/ Dekore Grundierkanten Blindkanten mit/ohne Schmelzkleberbeschichtung	Standardkante (ca. 0,3 – 0,9 mm) stoß- und kratzfest chemikalienresistent	Möbel und Innenausbau **vor allem günstige Massenware**	alle üblichen Kleber		antistatische Werkstoffe → normale Absaugung ausreichend!	
Kunststoff	Duroplast	**HPL**	höherwertig (dicker) als Melaminkanten		**sehr robust**				
Materialmix			Lack-Furnier-ABS-Kante Alu-Sandwichkanten	abhängig von den eingesetzten Materialien	Möbel und Innenausbau Arbeitsplatten	abhängig von den eingesetzten Materialien			
Holz			Dünnfurnier Starkfurnier Querfurnier Mehrschicht	abhängig von Stärke und Bauart	Möbel und Innenausbau **moderne Klassiker**	alle üblichen Kleber			
Aluminium			Stangenware Rollenware matt- glänzend edelstahlfarbig	sehr robust kühle, edle Optik	Möbel und Innenausbau Messe und Ladenbau **robust – kühl – edel**	alle üblichen Kleber Schmelzkleber Kante muss vor dem Verleimen erwärmt werden			

3.6 Klebstoffe

Klebstofftechnische Begriffe

Klebstoff	Nichtmetallischer Werkstoff, mit dem andere Werkstoffe durch Adhäsion und Kohäsion fest miteinander verbunden werden. Klebstoff ist der Oberbegriff für Leime und Kleber.
Füllmittel	Feingemahlene Stoffe ohne eigene Klebekraft (Kreide, Gesteins- und Holzmehl usw.)
Streckmittel	Quellfähige organische Stoffe mit eigener Klebekraft (Getreidemehl, Stärke usw.) Zweck: Leimkosten senken, Viskosität der Leimflotte regeln, Füllkraft erhöhen, Leimdurchschlag vermindern, Fugeneigenschaften verbessern.
Reifezeit	Zeit vom Ansetzen eines Klebstoffes bis zum verarbeitungsfähigen Zustand
Gebrauchsdauer (auch Topfzeit)	Zeit vom verarbeitungsfähigen Zustand bis zum Beginn des Abbindens im Gefäß
Wartezeit: offen	Zeit vom Auftragen des Klebstoffes bis zum Zusammenlegen der Teile
geschlossen	Zeit nach dem Zusammenlegen bis zum Erreichen des vollen Pressdruckes
Abbindezeit	Zeit bis Fugenfestigkeit erreicht wird und der Pressdruck aufgehoben werden kann
Abbindetemperatur	Temperatur während der Abbinde- bzw. Aushärtezeit – Kaltverleimung 5 bis 25 °C – Warmverleimung 40 bis 70 °C – Heißverleimung über 90 °C
Pressdruck	Druck auf die Klebefuge während der Abbindezeit
Presszeit	Zeit zwischen Beginn und Ende des vollen Pressdruckes
Adhäsion	Anhangskräfte zwischen den Molekülen verschiedener Stoffe; z.B. Kräfte zwischen Klebstoff und Holzwerkstoff bzw. Fügeteil
Kohäsion	Zusammenhangskräfte zwischen den Molekülen gleicher Art; z.B. Kräfte innerhalb einer Klebstoffschicht
Dispersion	Verteilungszustand eines nicht gelösten Stoffes in einer Flüssigkeit, in der dieser Stoff fein verteilt (dispers) ist.
Fugendicke	Dünne Leimfuge maximal 0,1 mm, Dicke Leimfuge über 0,1 mm
Härter	Säuren bzw. Salze, die die unterbrochene Kondensation einleiten
Untermischverfahren	Beim Leimansetzen wird Leim und Härter gemischt
Vorstrichverfahren	getrennter Auftrag von Leim und Härter auf je eine Fugenseite

Beanspruchungsgruppen (DIN EN 204)

Beanspruchungsgruppe	**Klimabedingungen und Anwendungsbereiche**
D1	Innenbereich, wobei die Temperatur nur gelegentlich und kurzzeitig mehr als 50 °C und die Holzfeuchte maximal 15% beträgt
D2	Innenbereich mit gelegentlicher kurzzeitiger Einwirkung von abfließendem Wasser oder Kondenswasser und/oder kurzzeitiger hoher Luftfeuchte mit einem Anstieg der Holzfeuchte bis maximal 18%
D3	Innenbereich mit häufiger kurzzeitiger Einwirkung von abfließendem Wasser oder Kondenswasser und/oder eine langzeitige Einwirkung hoher Luftfeuchte. Außenbereich, vor der Witterung geschützt
D4	Innenbereich mit häufig starker Einwirkung von abfließendem Wasser oder Kondenswasser; Außenbereich, der Witterung ausgesetzt, jedoch mit angemessenem Oberflächenschutz

Natürliche Klebstoffe (Leime)

Glutinleime KG	**Kaseinleime KC**
Montage- und Furnierleim nur für trockene Innenräume Kalt- und Heißbinder mit und ohne Härter	Montageleim für Innen- und Außenbereich (nicht frei bewittert)
elastisch, nicht feuchtigkeits- und wärmebeständig, schimmelanfällig	elastisch, feucht- und schimmelfest, gute Festigkeit

3.6 Klebstoffe

Abbinde- bzw. Härtevorgänge

Klebstoffart	physikalisch	chemisch
Dispersions-Klebstoffe	Abwandern von Wasser und Zusammenlagern der Klebstoffteilchen, Aufbau von Kohäsions- und Adhäsionskräften, zusätzliche mechanische Verankerung	
Kondensations-Klebstoffe	Wie oben	Chemische Reaktion durch Zugabe von Härter und/oder Hitze, Vernetzung
Kontakt-Klebstoffe lösemittelhaltig	Verdunsten der Lösemittel, Zusammenlagern der Klebstoffmoleküle, nach Ablüften pressen – Adhäsionskräfte zwischen den Oberflächenmolekülen	Mit Härter teilweise Vernetzung
Zweikomponenten-Klebstoffe lösemittelfrei		Chemische Reaktion zwischen den beiden Komponenten
Schmelz-Klebstoffe	Sofortige Verfestigung nach Unterschreiten der Schmelztemperatur	Bei reaktiven Schmelzklebern zusätzliche Vernetzung

Gebräuchliche Klebstoffe in der Holztechnik

Klebstoffe			Gruppe nach EN 204	Temperaturbeständigkeit (°C)	Anwendung
Dispersions-Klebstoffe	1	Polyvinylacetat PVAC	D2/D3	– 20 bis 100	Montage-, Flächen- und Lackleime
	2	Polyvinylacetat PVAC Zwei-Komp.	D4	– 20 bis 120	Wasserfeste und wetterbeständige Verleimungen
Kondensations-Klebstoffe	3	Harnstoffharz (gefüllt)	D2/D3	– 20 bis 150	Furnier- und Flächenverleimungen
	4	Harnstoff-Melaminharz	D3		Furnierleime
	5	Phenol-/Resorcinharz	D3/D4		Wasser- und wetterbeständige Verleimungen
Kontakt-Klebstoffe	6	ohne Härter	keine Klassifizierung	– 20 bis 70	Verklebungen von verschiedenen Werkstoffen
	7	mit Härter		– 20 bis 100	wie 6, aber bessere Wärme- und Feuchtigkeitsbeständigkeit
Reaktions-Klebstoffe	8	Epoxidharzkleber	D3/D4	– 20 bis 100	Sonderverklebungen
	9	Polyurethan-Kleber PUR-Kleber			Verleimungen mit hoher Wasser- und Temperaturbeständigkeit
Schmelz-Klebstoffe	10	Ethylenvinylacetat EVA	keine Klassifizierung	– 10 bis 60	Verkleben und Vorbeschichten verschiedener Kantenmaterialien
	11	Polyamid		– 20 bis 130	
	12	Polyolefin			
	13	PUR		< 150	

Synthetische Klebstoffe und ihre Kurzzeichen (DIN 4076)

Polyvinylacetat	KPVAC	Phenol-Formaldehydharz	KPF	Epoxidharz	KEP
Harnstoff-Formaldehydharz	KUF	Resorcin-Formaldehydharz	KRF	Polyacrylsäureester	KPMMA
Melamin-Formaldehydharz	KMF	Polychloropren	KPCP	Schmelzkleber	KSCH

3.6 Klebstoffe

Richtwerte der gebräuchlichsten **Klebstoffe der Holztechnik**

Klebstoff-Type		Anwendung	Härter-zugabe	Auftrags-menge (g/m²)	Offene Zeit (min)	Druck (N/cm²)	Press-Tempe-ratur (°C)	Zeit (min)
PVAC-Leim (Weißleim)	1	Montageleim		150 … 200 100 … 150	ca. 10		20	6 … 12
		Schnellbinder (Fugen, Korpus)		130 … 200 100 … 120	ca. 5		20	3 … 5
		Lackleim		150	6 … 8		20	ab 15
		Furnierleim		150 100 … 120	bis 20	20 … 50	20 … 70	ab 20 6
PVAC-Leim (wasserfest)	2	Mischleim	5%	120 … 200	6 … 10	70 … 100	20 … 80	ab 15 ab 2
Harnstoffharz-leim	3	Furnierleim	einge-baut	80 … 120	max. 10 … 15	20 … 60	70 … 120	10 3
Melaminharz-leim	4	Furnierleim	15 GT	140 … 180	ca. 10	20 … 70	90 … 110	7 3,5
Phenolharz-leim	5	Furnierleim	10%	160 … 200	bis 15	40	90 … 140	10 5
Kontaktkleber	6	ohne Härter		125 … 150	18 … 25	30 … 50	20	kurz
	7	mit Härter	3%	je Seite	8 … 15			
PUR-Leim	9	1-komponentig		100 … 200	ca. 90	60	20 … 60	360 … 420 60 … 120
Schmelzkleber	10	EVA-Copolymere	Arbeitstemperataur 200 °C … 240 °C, Raumtemperatur > 18 °C Vorschubgeschwindigkeit 8 m/min … 40 m/min					
Richtwerte sind Durchschnittswerte von handelsüblichen Klebstoffen								

Fugeneigenschaften obiger Klebstoffe

Klebstoff-Type		Beschreibung
PVAC-Leim	1	Hohe Bindefestigkeit nach DIN EN 205, gute Feuchtebeständigkeit, D2 zähelastisch, werkzeugschonend
PVAC-Leim (wasserfest)	2	einkomponentig D3, zähelastisch, farblos zweikomponentig D4, zähhart, leicht gelblich
Harnstoffharz-leim	3	Verleimqualität IF, formaldehydarm, hart, spröde, glasklar
Melaminharz-leim	4	Verleimqualität A100 und D4, hart, spröde, glasklar
Phenolharz-leim	5	Verleimqualität AW100 und D4 (wetter- und tropenbeständig) elastisch, dunkelbraun
Kontaktkleber	6 7	ohne Härter thermoelastisch, mit Härter elastisch, höhere Wärme- und Wasserbeständigkeit
PUR-Leim	9	duroplastische Fuge, hohe Temperaturbeständigkeit, wetterbeständig D4 hohe Festigkeitswerte, fugenfüllend
Schmelzkleber	10	Temperaturbeständigkeit von – 20 °C bis 80 °C, kurzzeitige Wasserbeständigkeit

Vergleich von Schmelzklebstoffen

Klebstoffsystem	EVA	Polyamid	Polyolefine (APAO)	Polyurethane
Arbeitstemperatur	180 °C bis 210 °C	190 °C bis 210 °C	120 °C bis 150 °C	120 °C bis 150 °C
Fugeneigen-schaften	feuchtfest, wärme-beständig bis ca. 70 °C (110 °C)	höhere Reiß- und Dehnfestigkeit, bessere Wärmestand-festigkeit, bis 130 °C	hohe Kohäsion und Wärmebeständig-keit	Höchste Festigkei-ten, Temperaturbe-ständigkeit – 40 bis 140 °C
Beschreibung	problemlos verar-beitbar, gutes Auf-schmelzverhalten, billig	empfindlicher ver-arbeitbar, höhere Kosten	gute Hitzeklebrig-keit und gute An-fangshaftung	reaktiver Schmelz-kleber, besondere Maschinentechno-logie, Schutzgas

3.7 Oberflächenmittel

3.7.1 Mittel zur Vorbehandlung

Die Oberflächenbehandlung hat die Aufgabe, das Holz vor Schmutz, Feuchtigkeit, mechanischen und chemischen Einwirkungen zu schützen, die Oberfläche zu beleben und ihr ein dekoratives Aussehen zu verleihen.

Schleifen	Massivholz	Körnung P80, P100, P120, P150, P180 abgestuft je nach weiterer Bearbeitung, Vor- bzw. Nachschliff
	Furnier	Körnung P100, P120, P150, P180 abgestuft Vor- bzw. Nachschliff
	Folie	Körnung P180 ... P220 anschleifen
	MDF	Körnung P150 ... P220 ebnen und anschleifen
	Lack	Körnung P220 ... P320 ... P400 abgestuft je nach weiterem Lackauftrag (matt oder hochglänzend)
Wässern	Massivholz Furnier	Türen und ähnliche Teile beidseitig wässern **Heißes Wasser,** überschüssiges Wasser sofort entfernen, 12 Stunden trocknen, schleifen P120 ... P180 **Warmes Wasser,** überschüssiges Wasser sofort entfernen, 12 Stunden trocknen, schleifen P150 ... P180
Entharzen	Massivholz Furnier	**Harzlösend:** Terpentin, Alkohol, Aceton usw. einwirken lassen, mit warmen Wasser und Wurzelbürste reinigen **Verseifend:** Kern-, Schmier-, neutrale Holzseife usw. 3% ... 4% Lösung in heißem Wasser, 10 min ... 15 min wirken lassen, mit einer Wurzelbürste und warmen Wasser reinigen, bei Bedarf mit einer verdünnten Essigsäure neutralisieren. Lösemittelhaltige Entharzer mit einer Bürste kräftig durchbürsten und die Fläche anschließend reinigen.
Entfetten	Massivholz Furnier	Zellulose-Verdünnung, Aceton, Leichtbenzin usw. zuerst den Fleck, dann die ganze Fläche behandeln, mit einer 3% Holzseifenlösung nachwaschen.
Leimdurchschlag	PVAC	Noch nicht ausgehärteter Leim mit warmen Wasser ausbürsten.
	KPF, KUF, KMF	Kondensationsharz-Kleber lassen sich nicht entfernen.
Bleichen	gerbstoffhaltige Hölzer	**Aufhellen.** Oxalsäure oder Kleesalz, 30 g ... 50 g Pulver auf 1 l heißem Wasser, Vorsicht Gift, feuchte Fläche mit warmen Wasser reinigen. Zitronensäure 30 g ... 50 g auf 1 l heißem Wasser, mit einer Kunststoffbürste durcharbeiten, die feuchte Fläche mit warmen Wasser reinigen. Eisenfreie Salzsäure (1:10) auftragen, trocknen (3 bis 4 Std.) mit warmen Wasser oder verdünnter Essigsäure (1:20) reinigen
	gerbstoffarme Hölzer	Wasserstoffperoxyd und 3% ... 5% Salmiakgeistzusatz, bei kleinen Flächen im Untermischverfahren, bei großen Flächen nacheinander Nass in Nass auftragen, getrennte Pinsel, Reaktionszeit ca. 12 Stunden, auf eine Beiz- und Lackverträglichkeit achten. Vorsicht „Ätzende Stoffe“
Strukturieren	Bürsten	Drahtbürste, von Hand oder maschinell erfolgt ein Abtrag des weicheren Frühholzes, je nach Dauer der Bearbeitung entsteht ein mehr oder weniger tiefes Strukturrelief.
	Sandeln	Sandstrahlgebläse, mit scharfkantigem Quarzsand, Körnung 0,5 ... 1,0 werden auf der linken Holzseite die weicheren Frühholzteile herausgearbeitet.
	Brennen	Lötlampe oder Gasbrenner, mit einer breiten Flamme wird die rechte Seite etwas ausgekohlt, mit einer Drahtbürste je nach gewünschtem Effekt ausgebürstet. Wasserstoffperoxyd oder Brennsalz verbessern die Brennwirkung, die noch feuchte Fläche wird mit dem Brenner bearbeitet.

3.7 Oberflächenmittel

3.7.2 Beizmittel und Färbemittel

Beizen	Chemische Reaktion durch Lösungen von Chemikalien mit holzeigenen oder zugeführten beizaktiven Stoffen, die in der Holzfaser eine gesteuerte Färbung bewirken. Heute wird der Begriff „Beizen" für beide Verfahren verwendet.
Färben	Farbstoff- oder Pigmentbeizen, durch Aufbringen von Farbstoffen auf die Holzfaser wird der Farbstoff nur an der äußeren Oberfläche der Zellsubstanz angelagert, bei Nadelhölzern entsteht ein „negatives Beizbild".

Beizen	Doppelbeize (chemische Beize)	Vorbeize	Gerbstoffe wie Tannin, Parmin, Pyrogallol, Brenzkatechin werden in kochendem Wasser gelöst, satt aufgetragen, nachtragen, nach dem Trocknen nicht mehr schleifen, die Lösung ist nur etwa 12 Stunden haltbar. Ergiebigkeit: 7 m²/Liter ... 10 m²/Liter
		Nachbeize	Metallsalze werden in kochendem Wasser gelöst, 5% Stammlösung; alle eisensalzfreien Beizen erhalten einen 10% Ammoniakzusatz, kalt und satt auftragen, nach dem Trocknen mit einer Beizglättebürste oder mit Rosshaar die Fläche abreiben, Reaktionszeit ca. 24 Stunden. Ergiebigkeit: 7 m²/Liter... 8 m²/Liter
	Farbstoffbeize	Wasserbeize	Edelholz-, Nadelholz-, Colorbeize, Positiv-Beize als Pulver oder gebrauchsfertig in Wasser gelöst, meist untereinander mischbar, satt auftragen, mit dem Pinsel oder der Spritzpistole, anziehen lassen und das überschüssige Material mit einem Schwamm oder Vertreiber entfernen. Ergiebigkeit: 6 m²/Liter ... 8 m²/Liter
		Lackbeize	Rustikal- oder Farbbeize gebrauchsfertig, untereinander mischbar, streichen oder spritzen, satt auftragen, anschließend abreiben und überschüssiges Material entfernen. Ergiebigkeit: 8 m²/Liter ... 10 m²/Liter
		Wachsbeize	Wachshaltige Beize, für Hart- und Nadelholz, für weniger stark beanspruchte Flächen geeignet, gebrauchsfertig, streichen oder spritzen, trocknen und anschließend auf den gewünschten Effekt bürsten. Ergiebigkeit: 6 m²/Liter ... 8 m²/Liter
		Räucherbeize	ammoniakhaltige Eichenholzbeize, Reaktion wie beim Räuchern, geringe Eindringtiefe, schnelle Weiterverarbeitung. Ergiebigkeit: 6 m²/Liter ... 8 m²/Liter
besondere Färbetechniken	Kalken		Als Pulver oder gebrauchsfertig in Wasser oder Grundierung gemischter Porenfüller, für offenporige Hölzer, die gebeizt und/oder grundiert sind, den dünnflüssigen Brei satt auftragen und quer zur Faser einreiben, trocknen lassen und überschüssiges Material abwischen oder abschleifen, der Decklack darf nicht gestrichen werden, die Poren werden sonst ausgewischt. Ergiebigkeit: 10 m²/Liter ... 12 m²/Liter
	Räuchern		Chemische Reaktion von Ammoniakgas und Gerbsäure, gerbstoffreiche oder mit Gerbstoff behandelte Hölzer werden Ammoniakdämpfen ausgesetzt, durch die Reaktion erhält das Holz eine braune Färbung, die Eindringtiefe beträgt bis zu 6 mm, die maximale Einwirkzeit beträgt 12 Stunden, das Räuchern geschieht in einer geschlossenen Kammer, alle Metallteile müssen wegen der Oxidation vorher entfernt werden. Ergiebigkeit: 100 cm³ Ammoniakgas pro 1 m³ Raum
	Laugen		Kalkmilch oder Natronlauge erzeugen einen natürlichen Alterungsfarbton durch die Reaktion mit beizaktiven Stoffen im Holz, 50 g Natronlauge in 1 Liter Wasser einmischen, kreisförmig auftragen, 30 min ... 40 min Einwirkzeit, danach mit einer sauren Wasserlösung (50 cm³ Salzsäure und 500 cm³ Wasser) gründlich abwaschen und trocknen lassen, Reaktionszeit eine halbe bis mehrere Stunden

3.7 Oberflächenmittel

3.7.3 Beschichtungsstoffe

Öle (Auswahl)

Öle, Standard	Außen- und Innenbereich für wenig beanspruchte Flächen, offenporig, Belebung der Holzfarbe und Textur Holzschliff P180, mit dem Ballen oder Pinsel auftragen oder einschleifen, Trockenzeit ca. 8 Stunden ... 12 Stunden, evtl. Zwischenschliff P320, 2. Auftrag, Trockenzeit 24 Stunden, Trocknung durch Oxydation Ergiebigkeit: 20 m²/Liter ... 30 m²/Liter pro Arbeitsgang
Hartöle	Innenbereich für beanspruchte Flächen, offenporig, Belebung der Holzfarbe Holzschliff P180, mit dem Pinsel oder durch Spritzen auftragen, anziehen lassen und den Überschuss entfernen, Trockenzeit ca. 8 Stunden ... 12 Stunden, evtl. Zwischenschliff P320, weitere Anstriche bei Bedarf, Trockenzeit je Anstrich ca. 24 Stunden, Parkett und Holzfußböden 2 ... 4 Anstriche, Kork 3 ... 5 Anstriche, Innenausbau 2 ... 4 Aufträge „Nass in Nass" Pinsel und Ballen gesondert in geschlossenen Behältern aufbewahren, Selbstentzündung! Ergiebigkeit: 12 m²/Liter ... 20 m²/Liter pro Arbeitsgang
Leinölfirnis	Außen- und Innenbereich für normal beanspruchte Flächen, offenporig, Belebung der Holzfarbe und Textur Holzschliff P180, mit dem Pinsel dünn auftragen, Trockenzeit ca. 24 Stunden, evtl. Zwischenschliff P240, letzter Auftrag bei Bedarf mit 5% ... 10% Sikkativ und 10% ... 20% Standöl, Pinsel und Ballen gesondert in geschlossenen Behältern aufbewahren, Selbstentzündung! Ergiebigkeit: 10 m²/Liter ... 12m²/Liter pro Arbeitsgang
Teaköl	zur Behandlung von Teakflächen im Innenbereich, offenporig, matt Belebung des Rohholzeffektes Holzschliff P220, mit dem Ballen oder Pinsel auftragen oder mit dem Schleifpapier einschleifen, Trockenzeit ca. 4 Stunden ... 6 Stunden, weitere Behandlung bis zum gewünschten Effekt Pinsel und Ballen gesondert in geschlossenen Behältern aufbewahren, Selbstentzündung!

Wachse (Auswahl)

Herkunft: tierisch Schmelzpunkt 62 °C ... 66 °C	Bienenwachs	Innenbereich für wenig bis gering beanspruchte Flächen, offenporig, Wachsmischung mit dem Hauptbestandteil Bienenwachs, nicht anfeuernd Holzschliff P180, mit dem Pinsel oder Ballen bei Zimmertemperatur oder leicht erwärmt auftragen, Trockenzeit 1 Stunde ... 2 Stunden, dann mit der Polierbürste oder dem Tuch auf den gewünschten Effekt reiben Ergiebigkeit: 25 m²/Liter
Herkunft: pflanzlich Schmelzpunkt 80 °C ... 90 °C	Karnaubawachs	Innenbereich mit normaler Beanspruchung, offenporig, Wachsmischung mit dem Hauptbestandteil Karnaubawachs, gering anfeuernd, Holzschliff P 180, mit dem Pinsel oder Ballen dünn auftragen, Trockenzeit ca. 24 Stunden, dann mit der Polierbürste oder Tuch auf den gewünschten Effekt in Faserrichtung polieren Ergiebigkeit: 12 m²/Liter ... 15 m²/Liter pro Arbeitsgang
Herkunft: synthetisch Montan-Paraffinwachs Schmelzpunkt 50°C ... 85 °C	Spritzwachs	Innenbereich für wenig beanspruchte Flächen, offenporig, Wachsmischung mit überwiegend synthetischen Wachsen, Belebung der Holzfarbe Holzschliff P180, durch Spritzen oder Heißspritzen (auch mit dem Pinsel oder Ballen möglich) auftragen, Trockenzeit ca. 2 Stunden, dann auf den gewünschten Effekt bürsten oder bei Bedarf Zwischenschliff P280 und einem zweiten Auftrag, nach dem Trocknen bürsten Ergiebigkeit: 10 m²/Liter ... 15 m²/Liter pro Arbeitsgang
	Hydro-Wachs	Innenbereich für wenig beanspruchte Flächen, offenporig, Wachsmischung mit überwiegend synthetischen Wachsen, der Lösemittelanteil ist verringert und durch Wasser ersetzt worden, sonst wie Spritzwachs.

3

3.7 Oberflächenmittel

Lasuren (Auswahl)		
Lasuren	transparente, schwach pigmentierte Beschichtungsstoffe, sie dringen ca. 2 mm ... 3 mm in das Holz ein, Innen und Außen geeignet, geringer UV-Schutz bei farbloser Beschichtung; lösemittelhaltige Systeme: Basis Naturharze, Alkydharze lösemittelarme, Systeme: Basis Alkydharze, wasserverdünnbare Acrylate	
	Dünn-schicht-Lasur	für die Außenanwendung z.T. mit Biozide, Holzschliff P150, mit dem Pinsel oder durch Spritzen auftragen, Schichtdicke 4 µm ... 6 µm pro Auftrag, Innen 1 ... 2, Außen 2 ... 3 Beschichtungen mit Zwischenschliff P220, Trockenzeit ca. 12 Stunden ... 24 Stunden pro Auftrag Ergiebigkeit: 12 m^2/Liter ... 15 m^2/Liter pro Arbeitsgang
	Dick-schicht-Lasur	Holzschliff P150, mit dem Pinsel auftragen, Schichtdicke ca. 20 µm pro Auftrag Innen 1 ... 2, Außen 2 ... 3 Beschichtungen mit Zwischenschliff P220, Trockenzeit ca. 24 Stunden ... 48 Stunden pro Auftrag Ergiebigkeit: 12 m^2/Liter ... 15 m^2/Liter pro Arbeitsgang
	High-Solid-Lasur	wie Dickschichtlasur nur mit einem höheren Festkörperanteil, zur Erzielung der notwendigen Gesamtschichtdicke werden 1 ... 2 Arbeitsgänge weniger benötigt Ergiebigkeit: 12 m^2/Liter ... 16 m^2/Liter pro Arbeitsgang
	Hydro-Lasur	in der Regel Dickschichtlasur, Holzschliff P150, mit dem Pinsel auftragen, Schichtdicke ca. 30 µm pro Auftrag, 3 Beschichtungen mit Zwischenschliff P220 Trockenzeit ca. 3 Stunden ... 4 Stunden pro Auftrag Ergiebigkeit: 10 m^2/Liter ... 12 m^2/Liter pro Arbeitsgang
Lacke (Auswahl)		
Lacke	transparente, schwach oder stark pigmentierte oder farbstoffhaltige Beschichtungsstoffe, sie bestehen aus den schichtbildenden Harzen, den Löse- und/oder Verdünnungsmitteln, einige Lacke benötigen noch einen Härter, Innen und/oder Außen geeignet lösemittelhaltige Systeme: Basis Alkydharze, Polyesterharze, Acrylharze, Nitrocellulose, Polyurethanharze lösemittelarme Systeme: Basis Alkydharze, wasserverdünnbare Acrylharze In der Regel bestehen die Lacke aus Harzgemischen	
	Alkyd-Lack (lang-ölig)	Innen- und Außenbereich, offen- oder geschlossenporig, normale bis höhere Beanspruchung, Holzschliff P180, Auftrag durch Streichen oder Spritzen, Viskosität 25 DIN/s ... 35 DIN/s, grundieren Auftragsmenge 110 g/m^2 ... 130g/m^2, Trockenzeit ca. 5 Stunden ... 10 Stunden, bei höherer Beanspruchung Zwischenbeschichtung, Zwischenschliff P220, entstauben, Deckschicht Auftragsmenge 110 g/m^2 ... 130 g/m^2, Gesamtschichtdicke 90 µm ... 120 µm, Endtrocken nach ca. 16 Stunden; Ergiebigkeit: 10 m^2/Liter ... 14 m^2/Liter pro Arbeitsgang
	Acryl-Lack	Innen- und Außenbereich, offen- oder geschlossenporig, normale bis höhere Beanspruchung, Holzschliff P150, Auftrag durch Spritzen oder Gießen, Viskosität 27 DIN/s, grundieren Auftragsmenge 100 g/m^2 ... 120g/m^2, Trockenzeit ca. 2 Stunden, bei geschlossenporiger Fläche Zwischenbeschichtung, Zwischenschliff P280, entstauben, Deckschicht Auftragsmenge 100 g/m^2 ... 120 g/m^2, Gesamtschichtdicke 20 µm ... 40 µm, Endtrocken nach ca. 12 Stunden Ergiebigkeit: 7 m^2/Liter ... 9 m^2/Liter pro Arbeitsgang
	Ein-schicht-Lack	Innenbereich, offen- oder geschlossenporig, höhere Beanspruchung, Zweikomponentenlack Stammlack und Härter Mischungsverhältnis 5:1, trocknet oxidativ, Holzschliff P280, Auftrag durch Spritzen, Viskosität 23 DIN/s, Auftragsmenge 150 g/m^2 ... 170 g/m^2, Schichtdicke 10 µm ... 20 µm, Endtrocken ca. 12 Stunden Ergiebigkeit: 4 m^2/Liter ... 7 m^2/Liter pro Arbeitsgang

3.7 Oberflächenmittel

Lacke (Fortsetzung)

Lacke	Poly-urethan-Lack PUR (DD)		Innenbereich, Grund- und Decklack, offen- oder geschlossenporig, höhere Beanspruchung, Zweikomponentenlack Stammlack und Härter im Mischungsverhältnis 10:1 ... 1:1, Holzschliff P180, Auftrag durch Spritzen oder Gießen, Viskosität 20 DIN/s ... 25 DIN/s, grundieren Auftragsmenge 140 g/m^2 ... 160 g/m^2, Trockenzeit ca. 2 Stunden, Zwischenschliff P220 ... P280, entstauben, bei geschlossenporigen Flächen erfolgen 2 ... 3 Zwischenbeschichtungen, Deckschicht Auftragsmenge 120 g/m^2 ... 160 g/m^2, Gesamtschichtdicke 60 µm ... 120 µm, Endtrocken nach ca. 12 Stunden ... 16 Stunden, Ergiebigkeit: 6 m^2/Liter ... 8m^2/Liter pro Arbeitsgang
	Poly-urethan-Alkyd/-Acryl-Lack		Innenbereich, Grund- und Decklack, offen- oder geschlossenporig, mittlere bis höhere Beanspruchung, Zweikomponentenlack Stammlack und Härter im Mischungsverhältnis 10:1 ... 2:1, Holzschliff P150, Auftrag durch Spritzen oder Gießen, Viskosität 20 DIN/s, grundieren Auftragsmenge 100 g/m^2 ... 130 g/m^2, Trockenzeit ca. 1 Stunde ... 2 Stunden, Zwischenschliff P280 ... P320, entstauben, bei geschlossenporig Zwischenbeschichtung wie grundieren, Deckschicht Auftragsmenge 100 g/m^2 ... 120 g/m^2, Gesamtschichtdicke 30 µm ... 120 µm, Endtrocken nach ca. 12 Stunden Ergiebigkeit: 5 m^2/Liter ... 7 m^2/Liter pro Arbeitsgang
	Poly-ester-Lack UP (unge-sättigt)		Innenbereich, Grund- und Decklack, geschlossenporig, mittlere bis höhere Beanspruchung, Zweikomponentenlack Stammlack und Härter im Mischungsverhältnis 10:1, Holzschliff P150, Auftrag durch Spritzen oder Gießen, Viskosität 20 DIN/s, grundieren Haft- und Isoliergrund MV 1:1, Auftragsmenge 80 g/m^2 ... 100 g/m^2, Trockenzeit ca. 3 Stunden, Zwischenschliff P220, entstauben, Deckschicht Auftragsmenge 300 g/m^2 ... 800 g/m^2, Gesamtschichtdicke 300 µm ... 500 µm, Endschliff (Paraffin) P180 ... P320, für Hochglanz Flächen bis P400 dann polieren, Endtrocken nach 24 Stunden ... 48 Stunden Ergiebigkeit: 1,5 m^2/Liter ... 3 m^2/Liter pro Arbeitsgang
	Cellu-lose-Lack (CN)	Grun-dierung	Innenbereich, offenporig, geringe bis normale Beanspruchung, Holzschliff P180, Auftrag durch Streichen, Spritzen oder Gießen, Viskosität 25 DIN/s ... 35 DIN/s, Auftragsmenge 150 g/m^2 ... 200 g/m^2, Schichtdicke 40 µm ... 50 µm, Endtrocken nach ca. 3 Stunden Ergiebigkeit: 5 m^2/Liter pro Arbeitsgang
		Schicht-lack	Innenbereich, offen- oder geschlossenporig, normale Beanspruchung, Grund- und Decklack, Holzschliff P150, Auftrag durch Spritzen oder Gießen, Viskosität 25 DIN/s ... 28 DIN/s, grundieren Auftragsmenge 120 g/m^2 ... 150 g/m^2, Trockenzeit 2 Stunden, Zwischenschliff P280 ... P320, entstauben, bei einer geschlossenporigen Fläche 1 ... 2 Zwischenbeschichtungen, Deckschicht Auftragsmenge 100 g/m^2 ... 150 g/m^2, Gesamtschichtdicke ca. 80 µm, Endtrocken nach ca. 12 Stunden; Ergiebigkeit: 6 m^2/Liter ... 8 m^2/Liter pro Arbeitsgang
	Hydro-2-Kom-ponen-ten-Lack		Innenbereich, offen- oder geschlossenporig, normale bis höhere Beanspruchung, Zweikomponentenlack Stammlack und Härter im Mischungsverhältnis 10:1 ... 20:1, Verdünnung durch Wasser, Holzschliff P150 ... P180, Auftrag durch Spritzen oder Gießen, Viskosität 35 DIN/s ... 40 DIN/s, grundieren MV 20 :1, Auftragsmenge 60 g/m^2 ... 100 g/m^2, Trockenzeit ca. 2 Stunden, Zwischenschliff P280, entstauben, bei einer geschlossenporigen Fläche 1 ... 2 Zwischenbeschichtungen, Deckschicht Auftragsmenge 90 g/m^2 ... 100 g/m^2, Gesamtschichtdicke 80 µm ... 120 µm, Endtrocken nach ca. 12 Stunden Ergiebigkeit: 7 m^2/Liter ... 10 m^2/Liter pro Auftrag

Die Viskosität bezieht sich auf die Viskositätsprüfung nach DIN EN ISO 2431 bei einer Temperatur von 20 °C ... 23 °C und einem Becherinhalt von 100 ml mit einer Düse von 4 mm Durchmesser.
Die Auftragsmenge g/m^2 bezieht sich auf den noch nassen Lack einschließlich Spritzverluste.
Die Gesamtschichtdicke bezieht sich auf den ausgehärteten und fertig bearbeiteten Lack, sie wird benötigt um die Anforderungen an seine Beanspruchung zu erfüllen. Die angegebenen Werte sind Durchschnittswerte, im Einzelfall sind die Verarbeitungsrichtlinien des Lackherstellers zu beachten.

3

3.7 Oberflächenmittel

VOC-Richtline (Auswahl)

VOC-Richtlinie hat den Zweck bei Farben und Lacken die Lösemittelemission zu reduzieren.
VOC: volatile organic compounds, flüchtige organische Verbindungen

Lfd. Nr.	Produktkategorie	Typ	Stufe 1 (g/l) (ab 01.01.2007)	Stufe 2 (g/l) (ab 01.01.2010)
d	Beschichtungsstoffe für Holz-, Metall- oder Kunststoffe, innen und außen	Wb Lb	150 400	130 300
e	Klarlacke und Lasuren einschließlich sogenannter deckender Lasuren, innen und außen	Wb Lb	150 500	130 400
f	Minimal filmbildende Lasuren (Lasuren mit einer Trockenschichtdicke < 5 µm)	Wb Lb	150 700	130 700
g	absperrende Grundbeschichtungsstoffe (Stoffe mit Versiegelungs- oder absperrenden Eigenschaften)	Wb Lb	50 450	30 350
h	verfestigende Grundbeschichtungsstoffe (z.B. zum Schutz des Holzes vor Bläuepilzbefall)	Wb Lb	50 750	30 750
i	Einkomponenten-Speziallack (Filmbildender Beschichtungsstoff)	Wb Lb	140 600	140 500
j	Zweikomponenten-Speziallack für bestimmte Verwendungszwecke, z.B. Bodenbehandlung (wie i)	Wb Lb	140 550	140 500

Wb: Wasserbasis (Viskosität mit Wasser eingestellt)
Lb: Lösemittelbasis (Viskosität mit Lösemittel eingestellt)

Die Lackmischungen geben flüchtige Lösemittel ab, diese werden in g/l gemessen. Die Grenzwerte in g VOC pro Liter Beschichtungsstoff gelten für die gebrauchsfertige Mischung. Der gesamte VOC-Gehalt eines Produktes darf den festgesetzten Grenzwert nicht überschreiten. Lacke mit einem höheren Gehalt an organischen Lösemitteln dürfen für fest eingebaute Bauteile (Fenster, Türen, Zargen, Treppen, Fußböden und fest eingebaute Vertäfelungen) in oder an Gebäuden nicht mehr verwendet werden.

Lagerung von Lacken und Lösemitteln

Die flüssigen Beschichtungsstoffe werden nach ihren Flammpunkten in unterschiedliche Gruppen eingeteilt:
- hochentzündlich (Flammpunkt unter 0 °C, Siedepunkt bis 35 °C)
- leichtentzündlich (Flammpunkt 0 °C … < 21 °C)
- entzündlich (Flammpunkt > 21 °C … < 55 °C)

Diese müssen in besonderen Räumen gelagert werrden. Die Räume müssen gegen Auslaufen und Brand mit Baustoffen der Baustoffklasse DIN 4102-A gesichert sein.

Eine Lagerung in Arbeitsräumen, Durchgängen, Durchfahrten, Treppenräumen, Fluren, Dächern oder Dachräumen ist nicht zulässig.
Lager mit mehr als 10000 l Beschichtungsstoffen sind erlaubnisbedürftig.
In Lackierräumen und gesonderten Bereichen (Vorraum) darf höchsten der Bedarf einer Arbeitsschicht gelagert werden.
Die Lager- und Arbeitsräume müssen den Brand- und Explosionsschutz-Bestimmungen entsprechen.
Die Lagerräume müssen ausreichend be- und entlüftet werden.

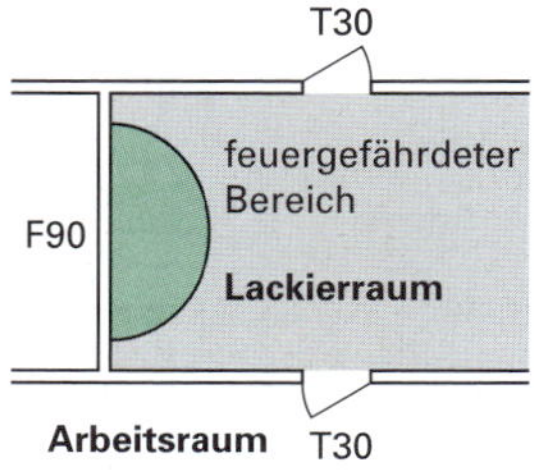

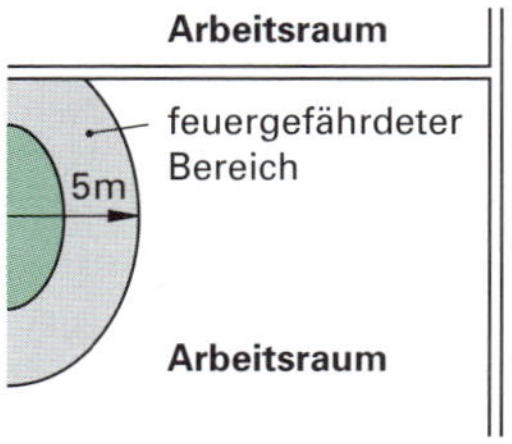

explosionsgefährdeter Bereich — feuergefährdeter Bereich

3.7.4 Auftragstechnik

Bei der Oberflächenbehandlung mit flüssigen Beschichtungsstoffen sind verschiedene Auftragstechniken (Applikationsmethoden) im Einsatz. Bei der Festlegung der optimalen Beschichtungsmethode sind folgende Punkte zu beachten: betriebliche Gegebenheiten, gewünschte Oberflächenqualität, Werkstückform, Werkstückdurchsatz und Umweltschutz.
Beim Umgang mit Chemikalien, Beizen und Lacken sind die Hinweise auf besondere Gefahren (R-Sätze) und die Sicherheitsratschläge (S-Sätze) der jeweiligen Hersteller und die UVV zu beachten.

Auftragstechniken (Auswahl)

Beschichtungsverfahren	Auftragswirkungsgrad in % abhängig von Größe und Form	Einschränkung		Bemerkung
		Größe	Form	
Streichen	98	–	–	keine gleichmäßige Schichtdicke
Rollen	98	–	keine kleinen Profile	–
Niederdruck-Spritzen	50 ... 65	–	–	Spritzdruck 0,2 bar ... 1,5 bar
Hochdruck-Spritzen	30 ... 65	–	–	Spritzdruck 2 bar ... 7 bar
Airless-Hochdruckspritzen	40 ... 80	–	–	Spritzdruck 60 bar ... 240 bar
Air-mix-Spritzen	40 ... 70	–	–	Spritzdruck 20 bar ... 60 bar
Heißspritzen	40 ... 70	–	–	Lacktemperatur < 80 °C
Gießen	95 ... 98	begrenzte Arbeitsbreite	nur ebene Flächen	–
Walzen	95 ... 98	begrenzte Arbeitsbreite	nur ebene Flächen	–
Tauchen	80 ... 98	begrenztes Arbeitsvolumen	keine schöpfenden Teile	–
Fluten	80 ... 90	begrenzte Arbeitsbreite	keine schöpfenden Teile	–
Trommelbeschichtung	80 ... 90	begrenztes Arbeitsvolumen	keine scharfkantigen Teile	–
Spritzen elektrostatisch	50 ... 70	–	keine Faradayschen Käfige	–
Pulverbeschichtung elektrostatisch	80 ... 95	–	–	für die Beschichtung von Metallen

Feststoffgehalt von Möbellacken (Auswahl)

Lack (farblos)	**Feststoffgehalt in %**	**Lack (farblos)**	**Feststoffgehalt in %**
Dickschichtlasur	35 ... 40	Polyurethanlack	30 ... 50
Celluloselack	20 ... 50	Säurehärtender Lack	25 ... 50
Hydro-Lack	30 ... 60	Polyesterlack	85 ... 95

Klassifikation der Festkörperanteile

Klasse	**Festkörperanteil in %**	**Klasse**	**Festkörperanteil in %**
Low-Solid	10 ... 30	Medium-Solid	60 ... 80
Standard-Solid	30 ... 60	High-Solid	80 ... 100

Lacktrocknung und Härtung

physikalische Trocknung	Verdunsten von Löse- , Verdünnungs-, oder Dispersionsmittel; ermöglicht die Verbindung der Lackteilchen zur zusammenhängenden Beschichtung
chemische Trocknung (Härtung)	der Übergang vom flüssigen in den festen Zustand durch eine chemische Reaktion kann durch Oxidation, Polykondensation, Polyaddition und Polymerisation erfolgen.

3.7 Oberflächenmittel

3.7.5 Haftungsprüfung und Beanspruchungsgruppen

Die Haftfestigkeit ist das Maß für den Widerstand den ein Anstrich einer mechanischen Trennung vom Untergrund entgegensetzt.
Die Haftfestigkeit alter und neuer Beschichtungen, z.B. auf Holz oder Kunststoff, kann durch eine Gitterschnittprüfung geprüft werden. Geprüft wird die Adhäsionskraft zwischen dem Untergrund und der Beschichtung sowie zwischen den einzelnen Beschichtungsschichten.
Bei der Gitterschnittprüfung (DIN EN ISO 2409) werden sechs je Richtung sich kreuzende Schnitte in die Beschichtung geritzt. Der Schnittabstand ist abhängig von der Schichtdicke.

Beurteilung der Gitterschnitt-Kennwerte

Schnittbildbeschreibung	Gitterschnittbild (Beispiel)	Gitterschnitt Kennwert	Beurteilung der Beschichtung
Schnittlinien glatt, keine Ausbrüche	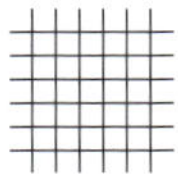	0	gute Haftung
Schnittpunkte mit Ausbrüchen, 5% der Teilflächen abgeplatzt		1	noch geeignete Haftung
an Schnittlinien und Schnittpunkten Ausbrüche, ca. 5% der Teilflächen abgeplatzt		2	bedingte Haftung
Schnittlinien ganz oder teilweise abgeplatzt, ca. 35% derTeilflächen abgeplatzt		3	ungeeignete Haftung
wie Kennwert 3 bis 65% der Fläche betroffen		4	kaum noch Haftung
wie Kennwert 3 mehr als 65% der Fläche betroffen		5	keine Haftung

Bestimmung des Schnittabstandes

Schichtdicke in µm	Schnittabstand in mm
harter Untergrund ≤ 60 µm	1
weicher Untergrund ≤ 60 µm	2
61 µm ... 120 µm	2
121 µm ... 250 µm	3

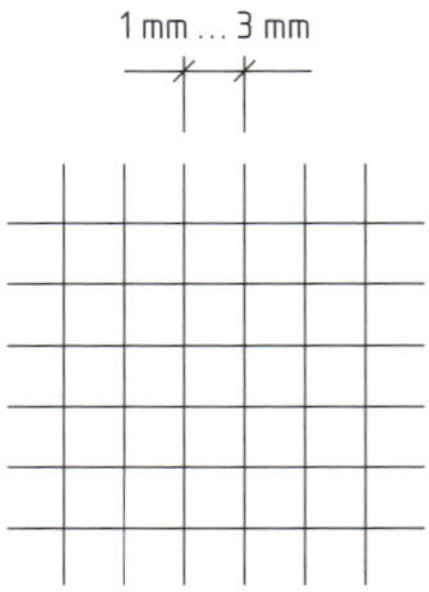

Klebebandtest

Die Haftfestigkeit einer Altbeschichtung lässt sich einfach mit einem aufgeklebten Stück Klebeband überprüfen. Das Klebeband wird ruckartig vom Lack abgerissen. Bleiben Lackteile am Klebeband hängen, so ist keine ausreichende Haftung vorhanden. Die Lackschicht muss ganz entfernt werden.

Beanspruchungsgruppen

Sie gelten für sichtbare Möbeloberflächen im gebrauchsfertigem Zustand, nicht für Gartenmöbel.
Nach folgenden Normen werden die Oberfächen geprüft:

DIN 68861	Abriebbeanspruchung, Kratzbeanspruchung, Zigarettenglut siehe Seite 167	
DIN EN 12720	kalte Flüssigkeit siehe Seite 167	
DIN EN 12721,	DIN EN 12722	feuchte, trockene Hitze siehe Seite 167
DIN 4102	Schwerentflammbarkeit	
DIN EN 71-3	Bestimmung des Schwermetallgehaltes	
DIN EN 120	EN 717-1	Formaldehydmessung
ISO 4211 T4	Bestimmung der Stoßfestigkeit	
DIN V53160	Prüfung der Speichel- und Schweißfestigkeit	
(DIN 53387)	Prüfung der Lichtbeständigkeit	

Lebensmittel- und Bedarfsgegenständegesetz (Migrationstest, sensorische Prüfung), gem. § 31, Abs. 1
VOC-Restemission Bestimmung der Migration flüchtiger organischer Verbindungen aus der Fläche

3.7 Oberflächenmittel

Beanspruchungsgruppen von Möbeloberflächen (Auswahl)

Anforderungen	Beanspruchungs-gruppen/ Bewertung DIN	DIN EN	Prüfbedingungen/ Prüfergebnis		Bemerkungen
Verhalten bei Abrieb-beanspruchung (DIN 68861-2)	2A 2B 2C 2D 2E 2F	– – – – – –	> 650 > 350 … < 650 > 150 … < 350 > 50 … < 150 > 25 … < 50 < 25	erreichte Umdrehungen bis der Untergrund sichtbar oder zu 50% angegriffen ist.	Prüfmittel: Schmirgelkorn: Edelkorund (Aluminiumoxid Al_2O_3) Korngröße: S-33 (ähnlich P280)
Verhalten bei Kratz-beanspruchung (DIN 68861-4)	4A 4B 4C 4D 4E 4F	– – – – – –	> 4,0 > 2,0 … < 4,0 > 1,5 … < 2,0 > 1,0 … < 1,5 > 0,5 … < 1,0 < 0,5	Gewichtkraft in N, die keine in sich geschlossene Markierung hervorruft	Prüfmittel: Diamant ritzt in die sich drehende Oberfläche, eine Umdrehung
Verhalten bei Zigarettenglut (DIN 68861-6)	6A 6B 6C 6D 6E	– – – – –	keine Veränderung der Oberfläche Glanzänderung erkennbar Glanzänderung, geringe Verfärbung deutliche Verfärbung zerstörte Oberfläche		Prüfmittel: 3 Zigaretten werden nacheinander 10 mm angeraucht und dann auf die Oberfläche gelegt und nach einem 40 mm Abbrand abgenommen.
Verhalten bei chemischer Beanspruchung, kalten Flüssigkeiten (DIN 68861-1) (DIN EN 12720)	Stufe 5 bei 24 Fl. 1A 22 Fl. 1B 10 Fl. 1C 10 Fl. 1D	5 4 3 2 1	keine Veränderungen leichte Veränderungen mäßige Veränderungen erhebliche Veränderungen starke Verändrungen		DIN EN 12720 28 Tage/7 Tage 24 h/16 h/6 h/1 h/10 min/2 min 10 s Einwirkzeit; DIN 68861 16 h/10 min/2 min 10 s Einwirkzeit bei 24 … 10 Prüfflüssigkeiten
Verhalten bei feuchter Hitze (DIN 68861-8) (DIN EN 12721)	Stufe 5 bei 100° – 8A 70° – 8B 55° – 8C	5 4 3 2 1	keine Veränderungen leichte Veränderungen mäßige Veränderungen erhebliche Veränderungen starke Verändrungen		Prüftemperatur: 55 °C, 70 °C, 85 °C, 100 °C Einwirkzeit: 20 min Prüfflüssigkeit: destiliertes Wasser Ruhezeit nach Einwirkzeit: 16 h … 24 h
Verhalten bei trockener Hitze (DIN 68861-7) (DIN EN 12722)	Stufe 5 180° – 7A 140° – 7B 100° – 7C 70° – 7D 55° – 7E	5 4 3 2 1	keine Veränderungen leichte Veränderungen mäßige Veränderungen erhebliche Veränderungen starke Verändrungen deutlich beschädigt		Prüftemperatur: 55 °C, 70 °C, 85 °C, 100 °C, 120 °C 140 °C, 160 °C, 180 °C, 200 °C Einwirkzeit: 20 min Ruhezeit nach Einwirkzeit: 16 h … 24 h

Profilierte MDF- Oberflächen

Bei Profilierungen in MDF werden unterschiedliche Dichtebereiche der Platte erfasst. Im Fall einer anschließenden Lackierung wird der Lack von den weniger dichten mittleren Plattenzonen stärker aufgenommen als von den dichteren Randzonen. Um zu verhindern, dass Oberflächen mit unterschiedlicher Farbintensität entstehen, werden Profiloberflächen mit einem Reaktionslack, z.B. auf PUR-Basis, isoliert.

Ein ähnlicher Effekt wird durch das Reibglättverfahren oder Rollglätten erzeugt. Hierbei wird das Profil nach dem Fräsen mit einem schneidenlosen Glättwerkzeug nachgearbeitet.

Das nicht spanende, rotierende Werkzeug glättet die Oberfläche und bewirkt eine Verdichtung der weniger dichten Plattenzonen. Zum Glätten von Profilen ist der Einsatz von Werkzeugen erforderlich, die gegenüber dem Fräswerkzeug eine Formkorrektur aufweisen. Das Verfahren erfordert die zeitabhängige Wirkung von Druck und Temperatur.

Es kann auf ausreichend stabilen CNC-Bearbeitungszentren unter folgenden Verfahrensparametern eingesetzt werden:

Temperatur des Glättwerkzeugs	140 °C … 180 °C
Druck an der Anlagefläche des Glättwerkzeugs	etwa 10 MPa
Vorschubgeschwindigkeit beim Glätten	< 3m/min
Zustellung des Glättwerkzeugs	0,1 mm … 0,3 mm

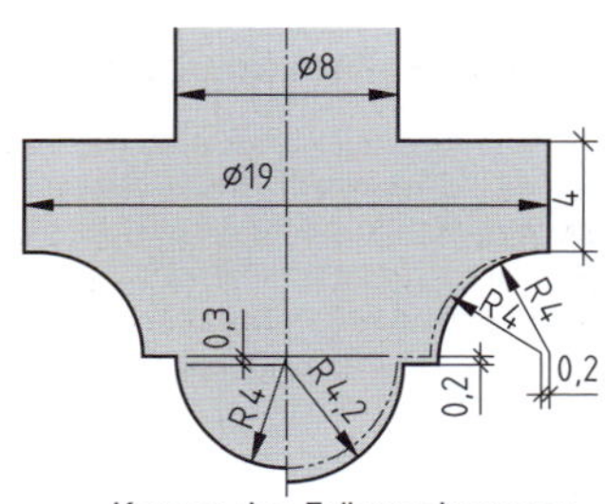

–·–·– Kontur des Fräswerkzeuges
—— Kontur des Glättwerkzeuges

Beispiel: formkorrigiertes Glättwerkzeug

3.8 Schleifmittel

Schleifpapiere und Schleifgewebe werden zum Schleifen von Holz, Holzwerkstoffen, Lacken, Kunststoffen und Metalloberflächen benutzt. Zum Schleifen von Werkzeugen dienen Schleifscheiben und Abziehsteine.

Aufbau von Schleifpapieren und Geweben

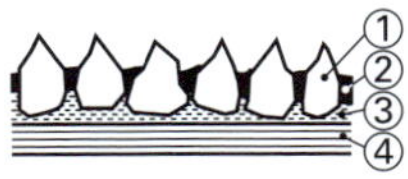

1	Schleifkorn
2	Deckbinder
3	Grundbinder
4	Unterlage

Schleifkornwerkstoffe

	Werkstoff	Härte nach Mohs	Typischer Einsatz
natürlich	Granat (Ruby)	7 … 7,5	Weiches Holz Handschliff
	Schmirgel	7,5 … 8	Feinschliff, Buntmetalle
synthetisch	Schwarzer Korund	ca. 7	Weichholzschliff grobe Körnung
	Braunkorund	8 … 9	Weiche Holzarten Metalle
	Halbedel-Korund (Rosa)	9,2	Maschinenschliff auch bei harten Hölzern, Metalle
	Elektrokorund (Weiß-)	9,3	Maschinenschliff bei harten Hölzern Kunststoffe, Metalle
	Silizium-karbid	9,6	Spanplatten, MDF Glas, Stein, Metalle, hochbeanspruchte Schleifbänder
	Bornitrid		Hochlegierte Stähle
	Diamant	10	Hartmetall

Unterlagen (Material/Einsatz)

A-Papiere ca. 70 g/m²	Fein- und Handschliff, trocken
B-Papiere ca. 100 g/m²	Hand- und Rutscherschliff, trocken Bandschleifmaschinen
C-Papiere ca. 120 g/m²	wie B, Feinschliff, Schleifscheiben (kleiner Durchmesser), Nassschliff
D-Papiere ca. 150 g/m²	wie C, Maschinenschliff mit flexiblen Bändern
E-Papiere ca. 220 g/m²	Maschinenschliff mit hoher Anforderung
J-Gewebe	Kanten- und Profilschliff, Leistungsschliff
J-Flex-Gewebe	Profilschliff, mehrfache Flexung
X-Gewebe	Fußbodenschleifmaschinen
XS-Gewebe	Maschinenschliff, hohe Leistung
Y-Gewebe	Hochleistungsschliff
I-Flex-Fiber	Profilschliff, hohe Standzeit
I-Fiber; X-Fiber	Schleifen von Spanplatten
Kombinationen	Breitband- und Zylinderschleifmaschinen

Bindungswerkstoffe

Grundbinder	Hautleim, Kunstharz
Deckbinder	Hautleime, Kunstharz, Füllstoffe

Eigenschaften und Anwendung der Binder

Art	Eigenschaft	Anwendung
Hautleim	trockenfest	weicher Schliff bei mäßiger Anwendung, niedrige Temperaturbeständigkeit
Hautleim + Kunstharz	feuchtfest	normale Temperaturbeständigkeit und Anforderung
Kunstharz	wasserfest	hohe Schleifleistung und Temperaturbeständigkeit, harter Schliff

Streuung

geschlossen cl	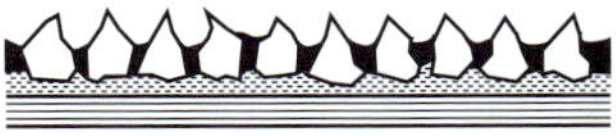 Schleifkörner ohne Abstand auf der Unterlage; höhere Abtragsleistung für harte und kurzspanende Werkstoffe
offen op	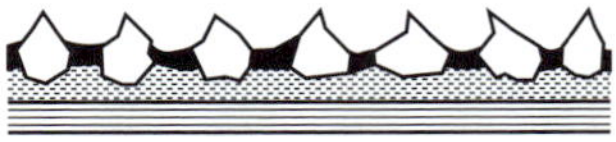 bis zu 60% der Unterlage sind bestreut, weiche Hölzer, Farben und Lacke; Aluminium grobe Schleifarbeiten
halboffen $^1/_2$ op	Erwärmung und Zusetzen geringer

Korngröße

Die Korngröße wird mit einer Nummer bezeichnet. Bei Körnungen aus Siliziumkarbid und Elektrokorund auf Unterlagen mit ganz bestimmter Korngrößenverteilung (FEPA-Standard) wird ein P vorgesetzt.

Die Kornnummer entspricht der Anzahl der Sieböffnungen pro Zoll (25,4 mm) Länge einer Siebseite.

Körnungen ab P240 werden durch Sedimentation (Absinken in Alkohol gefülltem Fallrohr) festgelegt.

Makrokörnung		Mikrokörnung	
Kornnummer	Korngröße (µm)	Kornnummer	Korngröße (µm)
12 bis 220	1760 bis 65	240 bis 2500	58,5 bis 8,5

3.8 Schleifmittel

Körnung und Einsatzgebiete

Körnung	sehr grob			mittel				fein			sehr fein			extra fein		
	16	24	36	40	50	60	80	100	120	150	180	220	240	280	320	360	400
Einsatz	Fußbodenschliff, Sonderarbeiten				Vorschleifen gehobelter und furnierter Flächen							Schleifen von Kunststoff, Lack und Spachtel					
			Entfernen alter Überzüge				Maschineller Vorschliff										
		Aufrauhen der Rückseite von HPL						Fertigschliff von Hand									
								Fertigschliff, maschinell									
															Lackfertigschliff von Hand und maschinell		

3

Schleifverfahren und Schleifmittelformen

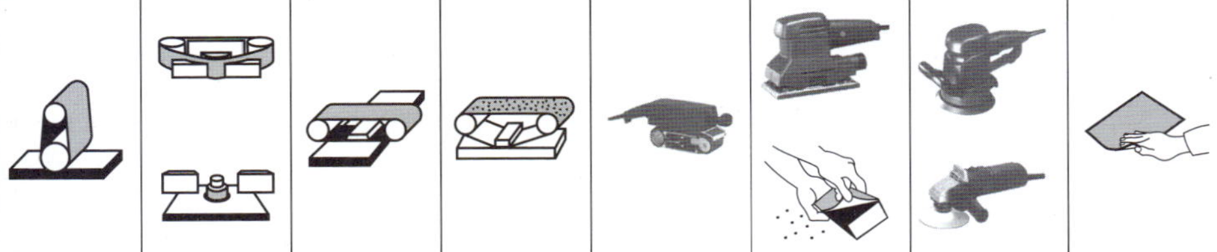

Kontakt-/Kissen-schliff	Kanten-/Konturen-schliff	Flächen schliff	Profilband-schliff	Handband-schleifer	Handschliff Schwing-schleifer	Exzenter-/Winkel-schleifer	Handschliff
					Umrüst-Sets Handschleif-blöcke	Schleifteller Teller-/Zirkular-bürsten	Schleifvlies
Breit-bänder	Kantenbän-der, Hülsen	Lang-bänder	Profil-bänder	Handschleif-bänder	Streifen	Scheiben	Blätter Rollen

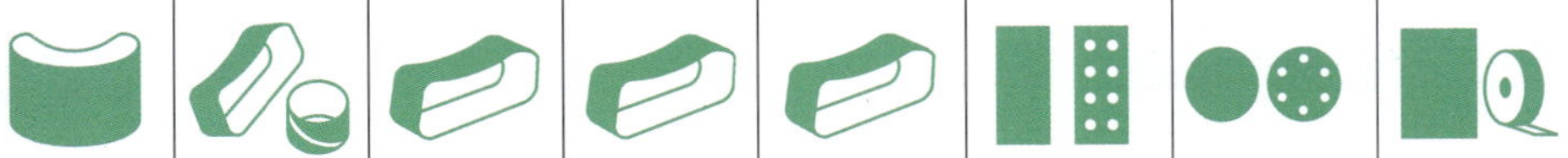

Abmessungen

DIN 69130 Breite von 15 mm bis 2500 mm Längen von 400 mm bis 12500 mm	–	DIN 69178 Form A Form B (mit Loch) Außen-durch-messer 80 mm bis 235 mm	DIN 69177 Ausgangs-Format 230 mm × 280 mm kleinere Blätter durch Teilung des Ausgangs-formates
			Rollen DIN 69179 Breite von 12,5 mm bis 600 mm

Schnittgeschwindigkeit (m/s)

Schleifverfahren-Werkstoff	Kontakt-schliff	Kissen-schliff	Flächen-schliff	Kanten-schliff	Profil-band-schliff	Hand-band-schliff
Massivholz Furnierte Flächen	22 … 30	15 … 22	16 … 22	12 … 18	12 … 24	7 … 11
Sperrhölzer	20 … 25	15 … 22	16 … 22	12 … 18		
Lack		7 … 15	7 … 15			
Kunststoffe	15 … 30	15 … 20	15 … 20	15 … 18	15 … 22	
Spanplatten, MDF Hartfaserplatten	25 … 38	20 … 30	16 … 22			

Faustregel: Je höher die Schnittgeschwindigkeit, desto größer die Schleifleistung und feiner die Oberfläche.

3.8 Schleifmittel

Anwendung, Schleifmittelform und Kornbereich

	Breitband	Kantenband Hülse	Langband	Profilband	Handschleifband	Streifen	Scheiben Bürsten	Bogen Rollen
Anwendung	Kornbereich							
Vorarbeiten								
Kalibrieren von Massivholz/MDF Spanplatten	P80							
Kalibrieren von Umleimern	P60 und P80							
Kanten bündig schleifen			P60 … P80		P60 … P100			
Kanten schleifen		P60 … P120	P80 … P120		P80 … P120	P80 … P150		P100 … P150
Profile und Konturen schleifen				P100 … P120				P80 … P120
Strukturieren Restaurieren							K46 … K120	
Feinschleifen								
Flächen Massivholz/Furnier	P120 … P220		P120 … P220		P100 … P150	P120 … P180		P120 … P180
MDF/ Spanplatten	P120 … P180		P120 … P180					
Harzhaltiges Holz	P120 … P180		P120 … P180					
Konturen und Profile		P120		P120 … P180				
Schleifen von Grundierungen/ nach Wässern						P120 … P180	P150 … P180	P120 … P180 K120 … K180
Lackfeinschliff								
Flächenzwischenschliff	P220 … P500		P220 … P500			P220 … P320	P220… P400	P220 … P400

3

Schleifscheiben

Schleifscheiben sind Schleifkörper aus gebundenem Schleifmittel.

Die Schleifkörper werden durch das **Schleifmittel,** die **Körnung,** die **Bindung,** den **Härtegrad** und das **Gefüge** bestimmt.

Schleifmittel

Art	Zeichen	Einsatz bei
Normalkorund Halbedelkorund Edelkorund	A	ungehärtete und gehärtete Stähle, SS- und HSS-Stähle
Siliciumkarbid	C	spröde und harte Werkstoffe, HSS, HW, Keramik, Glas, weiche Werkstoffe, Kunststoff
Bornitrid	B	HSS
Diamant	D	HW, Glas, Keramik, Abrichten von Schleifscheiben

Bindung

Art	Zeichen	Anwendung
Keramische Bindung	V	Vor- und Feinschleifen mit Korund und Siliciumcarbid
Kunstharz faserstoffverstärkt	B BF	Profilschleifen mit Bornitrid und Diamant Trennschleifen
Metallbindung	M	Werkzeugschleifen mit Diamant
Gummibindung faserstoffverstärkt	R RF	Trennschleifen
Magnesit	Mg	Messer- und Trockenschliff

3.8 Schleifmittel

Körnung

Größe des Schleifkorns

grob	4 5 6 7 8 10 12 14 16 20 22 24
mittel	30 36 46 54 60
fein	70 80 90 100 120 150 180 220
sehr fein	230 240 280 320 360 400 500
	800 1 000 1 200

Körnung bei Bornitrid und Diamant wird in µm angegeben, von fein (46) bis grob (1181)

Härtegrad

Widerstand des Schleifkorns gegen Ausbrechen

äußerst weich	A B C D		
sehr weich	E F G		harter
weich	H I Jot K	HW HSS	Werkstoff
mittel	L M N O	SS, WS	– weiche
hart	P Q R S		Scheiben
sehr hart	T U V W		
äußerst hart	X Y Z		

Gefüge

Verteilung der Schleifkörner, des Bindemittels und der Porenräume

Kennziffer	0	1	2	3	4	5	6	7	8	9	10	11	12	13	14	usw.
Gefüge	◄—— geschlossen										offen ——►					

Beispiel: Auswahl einer Schleifscheibe zum Werkzeugschleifen

	Hartmetall			Schnellarbeitsstahl			Werkzeugstahl		
	Schleif-mittel	Härte	Körn-nung	Schleif-mittel	Härte	Kör-nung	Schleif-mittel	Härte	Kör-nung
Schleifkörper nach DIN 69 149 bis ∅ 200 mm	C	J	70 ... 100	A	J ... K	46 ... 80	A	K ... L	46 ... 80

Randformen für Schleifscheiben (Auswahl) (DIN 69 105)

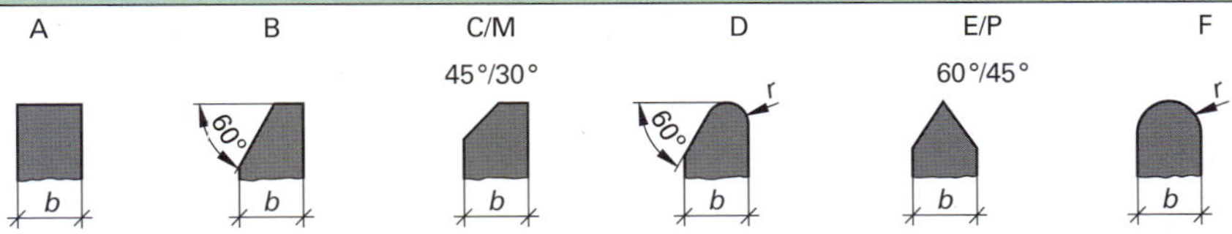

Beispiel: Bezeichnung von Schleifscheiben

Bezeichnung ——►

Form und Abmessungen	Werkstoff
1 – 180 × 20 × 127	A 120 K 8 V 35

- ISO-Grundform 1 (gerade Schleifscheibe)
- Außendurchmesser 180 mm
- Breite der Schleifscheibe 20 mm
- Bohrungsdurchmesser 127 mm

- Schleifmittel A: Korund
- Körnung (Sieb mit 120 Maschen/inch)
- Härtegrad K: weich
- Gefügekennziffer 8: mittel
- Bindung V: keramisch
- zulässige Umfangsgeschwindigkeit 35 m/s

Arbeitsschutz

Nur unbeschädigte Schleifscheiben verwenden! Klangprobe: Rissfreie Scheiben ergeben hellen Klang.
Schutzbrille tragen! Splittersicheren Schutz an Schleifmaschinen verwenden!
Fünfminütiger Probelauf mit neuen ausgewechselten Schleifscheiben.
Folgende Angaben müssen vorhanden sein: Zulässige Drehzahl, Art der Bindung, Körnung, Härte, Abmessung der Scheibe und Prüfvermerk des Herstellers.

3.9 Umwelt- und Arbeitsschutz

3.9.1 Vorschriften und Begriffe

Wichtige Gesetze, Verordnungen und Vorschriften

Bundesimmissionsschutzgesetz (BImSchG)

Schutz von Menschen, Tieren, Pflanzen und Sachgüter vor schädlichen Umwelteinwirkungen (Immissionen), wie Luftverunreinigungen, Lärm, Erschütterungen und Strahlungen.

Unfallverhütungsvorschriften (UVV)

Von den Berufsgenossenschaften erarbeitete Vorschriften zum Schutz des arbeitenden Menschen.

Gefahrstoffverordnung (GefStoffV)

Schutz der Menschen vor arbeitsbedingten Gesundheitsgefahren durch gefährliche Stoffe. Außerdem werden auch Gesichtspunkte des Verbraucher- und Umweltschutzes berücksichtigt.

Technische Regeln für Gefahrstoffe (TRGS)

Hinweise für einen gefahrenmindernden Umgang mit Gefahrstoffen (zur GefStoffV)

Technische Regeln für Gefahrstoffe – TRGS 900 und 905

Grenzwerte in der Luft am Arbeitsplatz, Luftgrenzwerte – MAK und TRK – und Verzeichnis krebserzeugender, erbgutverändender und fortpflanzungsgefährdender Stoffe

Technische Regeln für Gefahrstoffe – TRGS 553 – Holzstaub und **TRSG 560** (Luftrückführung)

Umgang mit Holzstäuben aus allen Holzarten, insbesonders für Be- und Verarbeitung von Holz- und Holzwerkstoffen, sowie Tätigkeiten im Gefahrbereich von Holzstäuben.

Technische Anleitung zur Reinhaltung der Luft (TA-Luft)

Anforderungen an Anlagen, die Luftverunreinigungen verursachen können.

3

Begriffe

MAK Maximale Arbeitsplatzkonzentration
ist die Konzentration eines Stoffes in der Luft am Arbeitsplatz, bei der im allgemeinen die Gesundheit der Arbeitnehmer nicht beeinträchtigt wird. [§ 3 (5) GefStoffV].
Werte der MAK-Liste sind arbeitsmedizinisch-toxikologisch begündete Grenzwerte und sind in der TRGS 900 veröffentlicht.

TRK Technische Richtkonzentration
ist die Konzentration eines Stoffes in der Luft am Arbeitsplatz, die nach dem Stand der Technik erreicht werden kann [§3 (7) GefStoffV]

Gilt für krebserzeugende oder erbgutverändernde Stoffe.

TRSG 900 und 905

BAT Biologischer Arbeitsplatztoleranzwert
ist die Konzentration eines Stoffes oder seines Umwandlungsproduktes im Körper, bei der im allgemeinen die Gesundheit der Arbeitnehmer nicht beeinträchtigt wird.

ALS Auslöseschwelle
ist diejenige Konzentration eines Gefahrstoffes, bei deren Überschreitung zusätzliche Maßnahmen zum Schutze der Gesundheit notwendig sind.

Pflichten nach GefStoffV

§ 16 Ermittlungspflicht	Der Arbeitgeber muss vor dem Einsatz eines Stoffes in seinem Betrieb ermitteln, ob es sich um einen Gefahrenstoff handelt.
§ 16 Abs. 3 Auskunftspflicht	Der Arbeitgeber hat ein Auskunftsrecht gegenüber dem Hersteller oder Importeur. Diese sind verpflichtet dem Verwender Auskunft über die Gefahren zu geben, die von einem Produkt ausgehen.
§ 19 Rangfolge	Werden beim Umgang mit Gefahrstoffen Schutzmaßnahmen erforderlich, so ist den sicherheitstechnischen Maßnahmen stets der Vorzug vor persönlicher Schutzausrüstung zu geben.
§ 20 Betriebsanweisung	Es muss für den betreffenden Arbeitsplatz eine schriftliche Betriebsanweisung erstellt werden, in der die beim Umgang mit dem Gefahrstoff auftretenden Gefahren und Schutzmaßnahmen festgelegt werden.
§ 23 Kennzeichnungspflicht	Gefährliche Stoffe, Zubereitungen und Erzeugnisse sind verpackungs- und kennzeichnungspflichtig, auch bei ihrer Verwendung.
§14 Sicherheitsdatenblatt	Hersteller, Einführer oder erneute Inverkehrbringer müssen den Abnehmern ein EG-Sicherheitsdatenblatt zur Verfügung stellen.
§ 19, § 26 Schutzausrüstung	Der Arbeitnehmer muss die vom Arbeitgeber zur Verfügung gestellte geeignete persönliche Schutzausrüstung benutzen.

3.9 Umwelt- und Arbeitsschutz

3.9.2 Gefahrstoffe in der Holztechnik

Gefährliche Stoffe können in verschiedenen Werk- und Arbeitsstoffen auftreten und werden hier jeweils nur einmal beschrieben. Löse- und Verdünnungsmittel sind auf Seite 154 zusammengefasst.

Gefährlicher Stoff	Enthalten in	Gesundheitsgefahren, Erklärungen
Holz und Holzwerkstoffe		
Holzstaub	Holz Holzwerkstoffe	besonders Eichen- und Buchenstaub, krebsauslösende Wirkung bei Menschen, insbesonders Erkrankungen der Schleimhäute im Nasenbereich, allergische Erscheinungen
Formaldehyd	Holzwerkstoffe	allergische Erscheinungen, krebsverdächtig, Augenreizungen
Mittel zur Oberflächenbehandlung		
Ammoniaklösung Salmiakgeist	Bleichmittel	Entzündungen an Haut und Schleimhäuten, kann zu Augenschäden führen
Kleesäure		giftig
Oxalsäure		sehr giftig, gesundheitsschädlich beim Berühren mit der Haut und beim Verschlucken
Salzsäure		starke Ätzwirkung, Erstickungsgefahr durch Dämpfe
Schwefelsäure		Reizungen der Atemwege, Entkalkung der Zähne, bei hoher Konzentration kann Atem- und Herzstillstand eintreten
Wasserstoffperoxid		an Haut und Schleimhäute krankhafte Aufblähungen, starker Juckreiz, Reizung der Atemwege und Augen
Alkalichromate	Beizmittel	Hautschäden; Reizungen, Verätzungen und Ekzembildung
Natriumhydroxid		Verätzung von Haut und Schleimhäuten, Schwellungen und Verflüssigung des Gewebes, Spritzer können im Auge zu Erblindung führen
Anilin	Anstrichmittel, Lacke	kann zu Krebs führen, kleine Mengen führen zu Vergiftungserscheinungen
Chlorepoxypropan		hautresorptiv, reizt Schleimhäute, kann zu Bewusstlosigkeit führen, Schädigung von Kreislauf und Herz, krebsverdächtig
Diphenylmethandiisocyanat		Kopfschmerzen und Atembeschwerden, kann Allergien auslösen, Haut- und Schleimhautreizungen
Kieselsäure		kann silikoseähnliche Lungenfibrose erzeugen (als Staub eingeatmet)
Naphtalin		giftig
Phenol	Kunstharze	hautresorptiv, Störungen von Kreislauf- und Nervensystem, Leber- und Nierenschäden, Hautätzungen
Styrol		Reizungen der Augen und Atemwege, Kopfschmerzen, Sehstörungen, Müdigkeit und Depressionen
Vinylacetat		evtl. Hautreizungen
Vinylchlorid		krebserregend, Reizung von Augen und Atemwege, narkotische Wirkung
Holzschutzmittel		
Endosulfan	Insektizide	sehr giftig, schädigende Einwirkung auf Haut, Schleimhäute, Atemwege und Augen, Erbrechen und Durchfall
Lindan		Kopfschmerzen und Übelkeit, Schleimhautreizungen, Schädigung des Nervensystems, Knochenmarkschwund, Blutarmut
Parathion (E 605)		äußerst giftig, hautresorptiv, akute Vergiftungserscheinungen: Übelkeit, Darmkrämpfe und Durchfall und allgemeine Schwäche, Krämpfe, Atemnot und -lähmung
Phomix		Schwitzen, Sodbrennen, Krämpfe, Kreislaufversagen, Durchfall, Speichel- und Tränenfluss, Muskelkrämpfe, Lähmung, Kopfschmerz, Depressionen

3

3.9 Umwelt- und Arbeitsschutz

Gefährlicher Stoff	Verwendung in	Gesundheitsgefahren, Erklärungen
Holzschutzmittel		
Dichlorfluanid	Fungizide	mindertoxisch, gesundheitsschädlich
Pentachlorphenol (PCP)		Kopfschmerzen und Übelkeit, Erbrechen, Akne, Nieren- und Leberschäden, Nervenschädigungen
Phenyl-quecksilber-Oleat		Schädigung des zentralen Nervensystems, Lähmungen, Seh- und Gehstörungen, Nervenschwäche und nervöse Erschöpfung, Schwindelgefühl, Hautentzündungen
Tributylzinn-Verbindungen		sehr giftig, Nasenbluten durch Einatmen der Dämpfe, Störungen der Muskelfunktionen, Krämpfe, Lähmungen, Bewusstlosigkeit und Kollapsneigung
Xyligen		reizt Haut und Schleimhäute
Chrom-verbindungen	CF-Salze CK-Salze	hautresorptiv, Hautschäden: Reizungen, Verätzungen und Ekzembildung, allgemeine Vergiftungserscheinungen, Kreislauf-, Leber- und Nierenerkrankungen
Fluor-verbindungen		starke Ätzwirkung auf Haut, Augen und Atemwege, Erbrechen, Krämpfe, Leber- und Nierenschäden, Bewusstlosigkeit, Knochenveränderungen und Zahnschäden
Arsen-verbindungen	CK-Salze	Veränderungen der Blutzusammensetzung, starke psychische und physische Störungen, Haarausfall, Bildung von Entzündungen und Krebsgeschwüren
Kupfersalze		allgemeine Schwäche, Erbrechen, Magen-Darm-Entzündung, Herzschwäche
Silcofluorid	SF-Salze	giftig, gesundheitsschädlich wie Fluorverbindungen
Hydrogenfluorid	HF-Salze	ätzend und gesundheitsschädlich
Carbolinum	Teerhaltige Mittel	Bauchschmerzen, Erbrechen und Durchfall, narkotische Zustände, Kollaps
Klebstoffe, Kunststoffe		
Acrylnitril	PUR-Kunststoffe, Kleb-, Dicht- und Dämmstoffe	krebserzeugend (Lungen- und Magenkrebs), hautresorptiv, Kopfschmerzen, Übelkeit
Butadien		krebserzeugend, wirkt in hohen Konzentrationen, reizend auf Augen sowie narkotisch
Isocyanat		Reizung der Schleimhäute und Atemwege, Asthma, Bronchiolitis, Kopfschmerzen, Allergien
Faserige Stoffe		
Asbest	Dach- und Fassadenplatten, Feuerschutzplatten	Asbestose, Bauchfell-, Rippenfell- und Bronchialkrebs, (asbesthaltige Gefahrstoffe dürfen nicht hergestellt und verwendet werden – GefStoffV, Anhang IV)
Mineralfasern	Dämmstoffe	Reizungen der Haut, Schleimhäute und Augen, krebserzeugend

3

Schutzmaßnahmen beim Einsatz von Gefahrstoffen (GefStoffV)

Rangfolge	Maßnahmen	Beispiele
1	Ersatzweiser Einsatz ungefährlicher Stoffe und Verfahren, Gefahrstoffaustritt durch konstruktionstechnische Maßnahmen vermeiden	Lösemittelhaltige Lacke durch Wasserlacke ersetzen
2	Austretende Gefahrstoffe anlagenintern durch technische Maßnahmen auffangen	Absaugung von Gefahrstoffen, Staubabsaugung
3	Raumlufttechnische Maßnahmen zur Verringerung von Gefahrstoffkonzentrationen in der Luft am Arbeitsplatz	Arbeitsräume ausreichend belüften
4	Ergänzende organisatorische Maßnahmen	Zeitbegrenzung und Begrenzung der Anzahl beschäftigter Personen
5	Einsatz wirksamer persönlicher Schutzausrüstung	Schutzkleidung, Augenschutz

3.9 Umwelt- und Arbeitsschutz

3.9.3 Lösemittel und Verdünnungsmittel

Lösemittel:	Leichtflüchtige Flüssigkeiten zum Auflösen von Harzen, Wachsen und Ölen (physikalischer Vorgang)
Verdünnungsmittel:	Leichtflüchige Flüssigkeiten, die mit dem Oberflächenmaterial mischbar sind, diese aber nicht lösen.

Arten

	Wichtige Mittel	Beschreibung	Gefahren
Anorganische			
	Wasser	langsamere Trocknung	umweltfreundlich und nicht gesundheitsschädlich
Organische			
Kohlenwasserstoffe	Benzol	entzündet und verflüchtigt sich leicht	Explosionsgefahr, gesundheitsschädlich, krebserzeugend
Kohlenwasserstoffe	Leicht flüchtige Benzine (Leicht- und Testbenzin)	leicht entzündabr	Dämpfe mit Luft explosionsfähig
Kohlenwasserstoffe	Terpentinöl	leicht flüchtig, brennbar, reizend	explosionsfähig, gesundheitsschädlich
Kohlenwasserstoffe	Aromate: Toluol, Xylol Styrol	reaktionsfreudig leicht entzündbar	Erhöhte Gesundheitsgefährdung, können zu Bewusstlosigkeit und Blutbildveränderungen führen
Kohlenwasserstoffe	Methylenchlorid	leicht flüchtig, schwer entzündbar	schädigen Nervensystem und Leber
Kohlenwasserstoffe	Trichlorethylen Perchlorethylen Dichlormethan	leicht flüchtig, nicht entflammbar hohes Lösevermögen	gesundheitsschädigend, krebserzeugendes Potential, Explosionsgefahr
Alkohole	Ethanol, Spiritus Methanol Ethylether	leicht flüchtig und entzündbar schwerer als Luft	explosionsfähig, gesundheitsschädigend Aufnahme über Haut, schädigen Nervensystem, Leber und Nieren
Ester	Butyl-, Ethyl-, Methyl- und Methylglykolacetat Glykolsäurebutylester	gutes Lösevermögen reizend	narkotische Wirkung verursachen Leber- und Nierenschäden, reizend
Ether	Methyl-, Ethyl- und Butylglykol Methyl- und Ethyldiglykol Tetrahydrofuran	gute Lösemittel leicht flüchtig	wirken reizend z.T. narkotisierend und krebserzeugend
Ketone	Aceton, Propanon, Butanon Methylethylenketon	lösen Öle, Fette, Lacke usw. reizend	dringen über Haut ein, narkotische Wirkung, Nieren- und Leberschäden

Gefahrenklassen

Klasse	Flammpunkt	Bezeichnung	Einteilung
A I	bis 21 °C	leicht entzündlich	Stoffe mit Flammpunkt < 100 °C und bei 15 °C nicht in jedem Verhältnis in Wasser löslich
A II	21 bis 55 °C	entzündlich	
A III	55 bis 100 °C	keine	
B	bis 21 °C	leicht entzündlich	Brennbare Stoffe mit Flammpunkt < 21 °C und bei 15 °C in jedem Verhältnis in Wasser löslich

Verdunstungszahl (VZ)

gibt an, um wieviel mal langsamer ein Mittel im Vergleich zu Ether verdunstet. Ether hat VZ = 1

Gruppe	VZ	Beispiel
leichtflüchtig	unter 10	Aceton, Toluol
mittelflüchtig	10 bis 35	Xylol, Butanol
schwerflüchtig	35 bis 50	Terpentinöl
sehr schwer flüchtig	über 50	Wasser (VZ = 80)

Zündgruppen

Gruppe	Zündtemperatur	Beispiele
G1	über 450 °C	Xylol, Aceton
G2	300 bis 450 °C	Ethanol, Butanol
G3	200 bis 300 °C	Terpentinöl, Testbenzin
G4	135 bis 200 °C	nicht bei Oberflächenmaterial für Holz
G5	100 bis 135 °C	

Bei der Zündtemperatur entzündet sich ein Gemisch aus Löse- oder Verdünnungsmittel mit Luft von selbst

3.9.4 Holzstaub

Holzstäube sind in der MAK-Werte-Liste als krebsverdächtig eingestuft. Buchen- und Eichenholzstäube sind als Stoffe eingestuft, die beim Menschen Krebs erzeugen können. Des weiteren können Holzstäube von z.B. Eiche, Abachi, Mahagoni, Meranti und Palisander durch Einatmen Überempfindlichkeitsreaktionen auslösen.

Gefahrstoffverordnung § 35 Abs. 4: Krebserzeugende Gefahrstoffe im Sinne des 6. Abschnittes sind auch Buchenholzstaub oder Eichenholzstaub

⇓ ⇓ ⇓ ⇓ ⇓ ⇓ ⇓ ⇓

TRGS 100	TRgA 101	TRGS 102	TRGS 560	TRGS 402	TRGS 900	TRGS 905	**TRGS 553**
Auslöseschwelle für gefährliche Stoffe	Umfang der Be- und Verarbeitung	Begründungen zu TRK-Werten	Luftrückführung	Messvorschrift	MAK- und TRK-Werte	Krebserzeugend, erbgutverändernde Stoffe	führt Vorschriften für Holzstaub zusammen

Holzstaub – TRGS 553 (08.2008)

Die TRGS 553 gilt für alle Tätigkeiten bei der Be- und Verarbeitung von Holz und Holzwerkstoffen, soweit dabei Holzstaub entsteht, sowie für Tätigkeiten im Gefahrenbereich von Holzstäuben.

Nach dem Stand der Technik kann bei der überwiegenden Anzahl von Arbeitsbereichen als Schichtmittelwert eine Konzentration für Holzstaub in der Luft von **2 mg/m³** eingehalten werden. Entsprechende Arbeitsbereiche gelten als **staubgemindert**.

Luftrückführung ist zulässig, wenn die Luft ausreichend gereinigt ist und auf Abluft umgeschaltet werden kann. Voraussetzung: Filtermaterial mit Durchlassgrad ≤ 0,5 %. Filterflächenbelastung ≤ 150 m³/m²h.

Bei Tätigkeiten, bei denen der Wert **2 mg/m³** nicht eingehalten und alle Möglichkeiten einer Minimierung ausgeschöpft sind, ist den Beschäftigten eine persönliche Schutzausrüstung (Atemschutz) zur Verfügung zu stellen. Kann an Maschinen und Anlagen nach Stand der Technik nur ein Wert von 5 mg/m³ eingehalten werden, ist immer ein Atemschutz zu tragen.

Absaugung ist grundsätzlich bei allen spanabhebenden Bearbeitungsverfahren notwendig. Dabei ist ein Schichtmittelwert von 2 mg/m³ einzuhalten.

Erforderliche Maßnahmen für Betriebe bzw. Arbeitsplätze nach der GefStoffV

nicht erheblicher Umfang von Eichen- und Buchenholzverarbeitung[1]	erheblicher Umfang von Eichen- und Buchenholzverarbeitung[1]
Generell	
• Ermittlung der Belastung • Überwachung der Belastung • Verminderung der Belastung • Information der Beschäftigten	• Ermittlung der Belastung • Überwachung der Belastung • Verminderung der Belastung • Information der Beschäftigten • Hygienische Maßnahmen • Beschäftigungsbeschränkung für Jugendliche • Expositionsverbot für werdende Mütter
bei nicht dauerhaft sicherer Einhaltung des TRK-Wertes zusätzlich	
• Beschäftigungsverbot für werdende und stillende Mütter • Beschäftigungsbeschränkung für Jugendliche	• Beschäftigungsverbot für werdende und stillende Mütter • Arbeitszeitregelung • Arbeitsmedizinische Vorsorgeuntersuchung

Wird der TRK-Wert nicht unterschritten

- muss wirksame, persönliche Schutzausrüstung zur Verfügung stehen, die Beschäftigungszeit so kurz wie möglich oder mit dem Gesundheitsschutz vereinbar sein

[1] Definition: Eichen- und Buchenholzbearbeitung in erheblichem Umfang liegt vor (nach TRgA 101 und TRGS 553), wenn der Anteil dieser Hölzer, bezogen auf die jährliche Fertigmenge, über 10% liegt. Holzwerkstoffe sind entsprechend ihren Volumenanteilen dieser Hözer zuzurechnen.

3.9.5 MAK- und TRK-Werte ausgewählter Stoffe/krebserzeugende, erbgutverändernde oder fortpflanzungsgefährdende Stoffe (TRGS 905)

Grenzwerte in der Luft am Arbeitsplatz lt. GefStoffV (TRGS 900)

3

Maximale Arbeitsplatzkonzentration (MAK)	Technische Richtkonzentration (TRK):
ist die Konzentration eines Stoffes in der Luft am Arbeitsplatz, bei der im allgemeinen die Gesundheit des Beschäftigten nicht beeinträchtigt wird.	ist die Konzentration eines Stoffes in der Luft am Arbeitsplatz, die nach dem Stand der Technik erreicht werden kann.

Stoff	Grenzwert		TRGS 900		TRGS 905	
	MAK (ml/m³)	TRK (mg/m³)	Kategorie	Bemerkung	Einstufung/ Kategorie	Kenn- buchstabe
Aceton	500	1200	II, 2			F
Acrylnitril	3	7	VI	H, TRK	K / 2	F, T
Ammoniak	50	35	I	Y		T
Anilin	2	8	II, 2	H	K / 3	T
Arsenverbindungen		0,1 G	VI	TRK	K / 1	T
Benzol	1	3,2			K / 1, M / 2	F, T
2-Butanol	100	300	II, 1			Xn
Butylacetat	200	950	I			
Chlorwasserstoff	5	7	I	Y		C
Chrom-Verbindungen		0,1 G	VI	TRK	K / 1, 2	
Cyanide		5 G	II, 1	H	R_E	
1,2-Dichlorethan	5	20	VI	TRK	K / 2	F; Xn
Dichlormethan	100	360	II, 2		K / 3	Xn
Ethanol	1000	1900	IV			F
Ethylacetat	400	1400	I			F
Fluoride		2,5 G	I			
Formaldehyd	0,5	0,6	I	Y, H	K / 3	T
Holzstaub (Ei, Bu)		2 G	VI	TRK	K / 1	
Kohlenmonoxid	30	33	II			F; T
Lindan		0,5 G	III	H		T
Methanol	200	260	II, 1	H		F; T
Methylacetat	200	610	I		K / 2, R_E / 2	
2-Nitrotoluol	5	30	II, 1	H	K / 2	T
Nicotin	0,07	0,5	II, 1	H		T
Oxalsäure			1 G		H	
Ozon	0,1	0,2	I			
Pentachlorphenol					K / 2	T
Phenol	5	19	I	H		T
Quecksilberverbindungen		0,01 G	III	H		
Styrol	20	85	II, 1	Y		Xi
Tributylzinn-Verbindung	0,002	0,05	II, 2	H, Y		
Trichloroethylen	50	270	II, 2		K / 3	
Vinylacetat	10	35	I		K / 3	F
Vinylchlorid	2	5	VI	TRK	K / 1	F; T
Wasserstoffperoxid	1	1,4	I			
Xylol	100	440	II, 1	H		

Abkürzungen:

Spalte Grenzwerte	G gemessen als Gesamtstaub
Spalte Kategorie	I ... VI Kategorie für Kurzzeitwerte
Spalte Bemerkung	H hautresorptiv; TRK Technische Richtkonzentration; Y kein Risiko der Fruchtschädigung bei Einhaltung der MAK und BAT
Spalte Einstufung/Kategorie	K krebserzeugend; M erbgutverändernd; R_E fruchtschädigend; 1 – 3 Kategorien nach GefStoffV
Spalte Kennbuchstabe	C ätzend; F entzündlich; T giftig; Xi reizend; Xn gesundheitsschädlich

3.9.6 Betriebsanweisungen

Arbeitnehmer, die mit Gefahrstoffen umgehen, müssen anhand der Betriebsanweisung über auftretende Gefahren und über Schutzmaßnahmen mündlich und arbeitsplatzbezogen unterwiesen werden. Eine Betriebsanweisung ist eine gezielte arbeitsplatzorientierte Information für jede Arbeitsstätte, an der mit Gefahrstoffen umgegangen wird. Nähere Hinweise zu Betriebsanweisungen sind in der TRGS 555 „Betriebsanweisungen und Unterweisung nach § 20 GefStoffV" gegeben.

Betriebsanweisung für eine Standmaschine vgl. Kap. 7.2.

Muster einer Betriebsanweisung (Auszug)

Dieser Entwurf muss noch durch entsprechende betriebliche Angaben und Pictogramme ergänzt werden.

Betriebsanweisung Nr.: Gem. § 20 GefStoffV	**Betrieb:**	**GeSi**

Bereich/Tätigkeit:

Holzstaub

Buchenholzstaub/Eichenholzstaub, Holzstaub anderer Holzarten. Diese Stäube entstehen bei der Be- und Verarbeitung von Holz und Holzwerkstoffen.

Gefahren für Mensch und Umwelt

Holzstäube können zusammen mit einer Zündquelle und dem vorhandenen Luftsauerstoff Brände und Explosionen auslösen.
Holzstäube, besonders solche von tropischen Hölzern, können nach Sensibilisierung allergische Erscheinungen, z.B. der Haut oder der Atemwege, hervorrufen. Buchenholz- und Eichenholzstaub sind als krebserzeugend eingestuft (Nasenschleimhautkrebs). Das krebserzeugende Prinzip ist noch unbekannt. Die Stäube anderer Hölzer stehen im Verdacht, krebserzeugende Wirkung zu besitzen.

Schutzmaßnahmen und Verhaltensregeln

Die staubemittierenden Bearbeitungsmaschinen müssen mit Absaugeinrichtungen betrieben werden; dies gilt auch für Handmaschinen. Handschleifarbeitsplätze müssen ebenfalls abgesaugt werden. Sind im Einzelfall Absauganlagen technisch nicht möglich, so muss Atemschutzgerät (z.B. Filtergeräte mit Partikelfiltern, Filterklasse P2) benutzt werden. Die optimale Einstellung der Stauberfassungselemente an der Staubentstehungsstelle ist vor Aufnahme der Arbeit zu kontrollieren. Mindestens vierteljährlich muss die Luftgeschwindigkeit an den Anschlussstellen gemessen und protokolliert werden (Messplan). Die Schieber in den Anschlussleitungen der nicht benutzen Maschinen müssen geschlossen sein. Arbeitsplätze und Maschinen müssen regelmäßig von Staubablagerungen und Spänen durch Aufsaugen gereinigt werden. Prüfen, ob es Reinigungsarbeiten gibt, bei denen Atemschutz erforderlich ist. Abblasen mit Druckluft und Kehren sind nicht zulässig.

Verhalten im Gefahrfall

Störungen an Filteranlagen sind unter Benutzung von Atemschutzgeräten zu beheben. Im Brandfall sind die Feuerlöscheinrichtungen zu benutzen und die Feuerwehr unter Notruf 112 zu verständigen. Glimmbrände in Staubablagerungen nicht durch scharfen Löschmittelstrahl aufwirbeln – Staubexplosionsgefahr! Bei Bränden von Silos und Filteranlagen nur mit stationärer Löschanlage löschen.

Fluchtweg: ____________ Unfalltelefon: ____________

Erste Hilfe

Ersthelfer:

Sachgerechte Entsorgung

Holzstaub und -späne in: ____________ sammeln.

Datum, Unterschrift: ____________

3.9 Umwelt- und Arbeitsschutz

3.9.7 Sicherheitsdatenblätter, R-Sätze und S-Sätze

Hersteller, Einführer oder Inverkehrbringer gefährlicher Stoffe oder Zubereitungen müssen den Abnehmern ein EG-Sicherheitsdatenblatt in deutscher Sprache zur Verfügung stellen (§ 14 GefStoffV). Hinweise zur Erstellung gibt die TRGS 220.

Muster eines Sicherheitsdatenblattes (Auszug)

Seite: 1/5

Sicherheitsdatenblatt

gemäß 91/155/EWG

Druckdatum: 29.08.96 überarbeitet am: 02.04.96

1 Stoff-/Zubereitungs- und Firmenbezeichnung

Angaben zum Produkt

Handelsname: **DD-Härter**

Artikelnummer: **21127001**

Hersteller/Lieferant:

Tel: Fax:

Auskunftgebender Bereich: **Abteilung Labor**

2 Zusammensetzung/Angaben zu den Bestandteilen

Chemische Charakterisierung

Beschreibung:

Gemisch aus nachfolgend angeführten Stoffen mit ungefährlichen Beimengungen.

Gefährliche Inhaltsstoffe:

CAS-Nr.	Bezeichnung	%	Kennb.	R-Sätze
108-10-1	Methylisobutylketon	50–100	F	11
123-86-4	n-Butylacetat	10–25		10
108-65-6	2-Methoxy-1-methylethylacetat	2,5–10	XL	10-36
26471-62-5	2.4-/2.6-Diisocyanat-Toluol	< 0,5	T	23-36/37/38-42

zusätzl. Hinweise: **siehe Pkt. 8**

3 Mögliche Gefahren

Gefahrenbezeichnung

F Leichtentzündlich

VbF-Klasse: **A I**

8 Expositionsbegrenzung und persönliche Schutzausrüstung

Zusätzliche Hinweise zur Gestaltung technischer Anlagen:

Keine weiteren Angaben, siehe Punkt 7

Bestandteile mit arbeitsplatzbezogenen, zu überwachenden Grenzwerten:

CAS-Nr.	Bezeichnung des Stoffes	Art	Wert	Einheit
108-10-1	Methylisobutylketon	MAK	400	mg/m³
			100	ml/m³
123-86-4	n-Butylacetat	MAK	950	mg/m³

3.9 Umwelt- und Arbeitsschutz

Das **GHS** (**G**lobal **H**armonisiertes **S**ystem) ist ein weltweit einheitliches System zur Einstufung und Kennzeichnung von Chemikalien auf Verpackungen und in Sicherheitsdatenblättern.
In der EU ist das GHS ab 2010 umzusetzen und damit werden die R- und S- Sätze durch die **H-** und **P-Sätze** sowie die bisher bei den Gefahrstoffen verwendeten Piktogramme ersetzt. Kennzeichnung durch Gefahrenpiktogramm, Signalwort, Gefahrenhinweis und Sicherheitshinweis.

Gefahrenhinweise **H-Sätze** *(Hazard Statements)* – Auswahl

Die erste Ziffer der dreistelligen Nummer (z.B. H200) bezieht sich auf die Gefahrengruppe:
2 Physikalisch-chemische Gefahren **3** Gesundheitsgefahren **4** Umweltgefahren
Die letzten beiden Stellen sind fortlaufende Nummern entsprechend der Gefahrenklasse.

3

2	**Physikalisch-chemische Gefahren**
H200	Instabil, explosiv.
H228	Entzündbarer Feststoff.
H220	Extrem entzündbares Gas.
H240	Erwärmung kann Explosion verursachen.
H251	Kann sich selbst erhitzen; kann in Brand geraten.
H272	Kann Brand verstärken; Oxidationsmittel.
H290	Kann Metalle korrodieren.
3	**Gesundheitsgefahren**
H300	Lebensgefahr bei Verschlucken.
H301	Giftig bei Verschlucken.
H312	Gesundheitsschädlich bei Hautkontakt.
H314	Verursacht schwere Verätzungen der Haut und Augenschäden.
H315	Verursacht Hautreizungen.
H317	Kann allergische Hautreaktionen verursachen.
H318	Verursacht schwere Augenschäden.
H331	Giftig bei Einatmen.
H335	Kann Atemwege reizen.
H350	Kann Krebs verursachen (Expositionsweg angeben)
4	**Umweltgefahren**
H400	Sehr giftig für Wasserorganismen.
H412	Schädlich für Wasserorganismen, Langzeitwirkung.

Ergänzende Gefahrenmerkmale der EU

EUH006	Mit und ohne Luft explosionsfähig.
EUH014	Reagiert heftig mit Wasser.
EUH019	Kann explosionsfähige Peroxide bilden.
EUH070	Giftig bei Kontakt mit den Augen.
EUH071	Ätzend für die Atemwege.
EUH059	Schädigt die Ozonschicht.

Ergänzende Kennzeichnungselemente der EU Informationen über bestimmte Stoffe und Gemische

EUH203	Enthält Chrom (VI). Kann allergische Reaktionen hervorrufen.
EUH204	Enthält Isocyanate. Hinweise des Herstellers beachten.
EUH205	Enthält epoxidhaltige Verbindungen. Hinweise des Herstellers beachten.
EUH220	Sicherheitsdatenblatt auf Anfrage erhältlich.

Gefahrenhinweise **P-Sätze** *(Precautionary Statements)* – Auswahl

Die erste Ziffer der dreistelligen Nummer (z.B. P380) bezieht sich auf die Gruppe:
1 Allgemeine Hinweise **2** Vorbeugung **3** Gegenmaßnahmen **4** Lagerung **5** Entsorgung
Die beiden letzten Stellen sind fortlaufende Nummern.

1	**Allgemeine Hinweise**
P102	Darf nicht in die Hände von Kindern gelangen.
P103	Vor Gebrauch Etikett lesen.
2	**Vorbeugung**
P201	Vor Gebrauch besondere Anweisungen einholen.
P211	Nicht in offene Flamme oder andere Zündquelle sprühen.
P222	Berührung mit Luft vermeiden.
P232	Vor Feuchtigkeit schützen.
P233	Behälter dicht verschlossen halten.
P235	Kühl halten.
P242	Nur funkenfreies Werkzeug verwenden.
P250	Nicht schleifen/stoßen/.../reiben.
3	**Gegenmaßnahmen**
P301	Bei Verschlucken:
P304	Bei Einatmen:
P310	Sofort GIFTINFORMATIONSZENTRUM oder Arzt anrufen
P321	Gezielte Behandlung
P332	Bei Hautreizung:
P334	In kaltes Wasser tauchen/nassen Verband anlegen
4	**Lagerung**
P403	An einem gut belüfteten Ort aufbewahren.
P405	Unter Verschluss aufbewahren
5	**Abfall**
P501	Inhalt/Behälter ... zuführen.

Signalwörter

Signalwörter sind Kennzeichnungselemente die Auskunft über den relativen Gefährdungsgrad der Stoffe und Gemische geben und auf potentielle Gefahren für die Menschen aufmerksam machen.

GEFAHR	Für die schwerwiegenden Gefahrenkategorien
ACHTUNG	Für die weniger schwerwiegenden Gefahrenkategorien

3.9.8 Werte von ausgewählten Stoffen

Gase

Stoffart	Kurzzeichen	Dichte ϱ kg/m³ (bei 0°C und 1,013 bar)	Schmelztemperatur °C (bei 1,013 bar)	Siede temperatur °C (bei 1,013 bar)	Wärmeleitfähigkeit λ W/m K (bei 20°C)	Spezifische Wärmekapazität c_p kJ/kg K (bei 20° und 1,013 bar)
Acetylen	C_2H_2	0,905	– 84	– 82	0,021	1,64
Ammoniak	NH_3	0,77	– 78	– 33	0,024	2,06
Kohlenoxid	CO	1,25	– 205	– 190	0,025	1,05
Kohlendioxid	CO_2	1,98	– 57	– 78	0,016	0,82
Luft		1,293	– 220	– 191	0,026	1,005
Methan	CH_4	0,72	– 183	– 162	0,033	2,19
Sauerstoff	O_2	1,43	– 219	– 183	0,026	0,91
Stickstoff	N_2	1,25	– 210	– 196	0,026	1,04
Wasserstoff	H_2	0,09	– 259	– 253	0,18	14,24

Flüssigkeiten

Stoffart	Kurzzeichen	Dichte ϱ kg/dm³ (bei 20°C)	Schmelztemperatur °C (bei 1,013 bar)	Siede temperatur °C (bei 1,013 bar)	Wärmeleitfähigkeit λ W/m K (bei 20°C)	Spezifische Wärmekapazität c kJ/kg K	Volumenausdehnungskoeffizient α_V 1/K
Benzin	–	0,72 … 0,75	– 30 … – 50	25 … 210	0,13	2,02	0,00110
Heizöl	–	0,83	– 10	> 175	0,14	2,07	0,00096
Petroleum	–	0,76 … 0,86	– 70	> 150	0,13	2,16	0,00100
Quecksilber	Hg	13,5	– 39	357	10	0,14	0,00018
Spiritus 95%	–	0,81	– 114	78	0,17	2,43	0,00110
Wasser, destilliert	–	1,00	0	100	0,060	4,18	0,00018

Feste Stoffe

Stoffart	Kurzzeichen	Dichte ϱ kg/dm³ (bei 20°C)	Schmelztemperatur °C (bei 1,013 bar)	Wärmeleitfähigkeit λ W/m K (bei 20°C)	Spezifische Wärme kapazität c kJ/kg K	Spezifischer Widerstand Ω mm²/m (bei 20°C)	Längenausdehnungskoeffizient α_L 1/K
Aluminium	Al	2,7	659	204	0,94	0,028	0,0000238
Beton	–	1,8 … 2,2	–	1	0,88	–	0,00001
Blei	Pb	11,3	327, 4	34,7	0,13	0,208	0,000029
Chrom	Cr	7,2	1903	69	0,46	0,13	0,0000084
Eis	–	0,92	0	2,3	2,0	–	0,000051
Eisen	Fe	7,87	1536	81	0,47	0,13	0,000012
Gips	–	2,3	1200	0,45	1,09	–	–
Glas	–	2,4..2,7	700	0,81	0,83	10^{18}	0,0000005
Gold	Au	19,3	1064	310	0,13	0,022	0,0000142
Gusseisen	–	7,25	1150 … 1200	58	0,50	0,6 … 1,6	0,0000105
Hartmetall	–	14,8	> 2000	81,4	0,80	–	0,000005
Holz (lufttrocken)	–	0,20 … 0,72	–	0,06 … 0,17	2,1 … 2,9	–	–
Kork	–	0,1 … 0,3	–	0,04 … 0,06	1,7 … 2,1	–	–
Kupfer	Cu	8,96	1083	384	0,39	0,0179	0,0000170
Porzellan	–	2,3 … 2,5	1600	1,6	1,2	10^{12}	0,0000040
Quarz	–	2,1 … 2,5	1480	9,9	0,8	–	0,0000080
Silber	Ag	10,5	961,5	407	0,23	0,015	0,0000197
Silicium	Si	2,33	1423	83	0,75	$2{,}3 \cdot 10^9$	0,0000042
Stahl (unlegiert)	–	7,85	1460	48 … 58	0,49	0,14 … 0,18	0,0000115
Steinkohle	–	1,35	–	0,24	1,02	–	–

3.9 Umwelt- und Arbeitsschutz

3.9.9 Kennzeichnung für Gefahrstoffe

Gefahrensymbole und Gefahrenbezeichnungen (GefStoffV)

Kennbuchstabe, Gefahrensymbol, Gefahrenbezeichnung	Bedeutung	Kennbuchstabe, Gefahrensymbol, Gefahrenbezeichnung	Bedeutung
E  Explosionsgefährlich	Stoffe, in festem oder flüssigem Zustand, die durch Erwärmung oder eine nicht außergewöhnliche Beanspruchung durch Schlag zur Expolsion gebracht werden.	T  Giftig	Stoffe, die durch Einatmen, Verschlucken oder Aufnahme durch die Haut erhebliche Gesundheitsschäden oder den Tod verursachen können.
O  Brandfördernd	Stoffe, die bei Berühren mit anderen, insbesondere entzündlichen Stoffen, so reagieren, dass Wärme in großer Menge frei wird.	C  Ätzend	Stoffe, die durch Berühren die Haut oder Material zerstören können.
F  Leichtentzündlich	Stoffe, die sich bei gewöhnlicher Temperatur erhitzen und entzünden können oder in festem Zustand durch kurzzeitige Einwirkung einer Zündquelle entzündet werden.	Xn  Gesundheitsschädlich	Stoffe, die durch Einatmen, Verschlucken oder Aufnahme durch die Haut Gesundheitsschäden geringeren Ausmaßes verursachen können.
F+  Hochentzündlich		Xi  Reizend	Stoffe, die ohne ätzend zu sein, nach ein- oder mehrmaliger Berührung mit der Haut Entzündungen verursachen können.

3

Warnzeichen für Gefahrstoffe

Warnung vor feuergefährlichen Stoffen

Warnung vor explosionsgefährlichen Stoffen

Warnung vor giftigen Stoffen

Warnung vor ätzenden Stoffen

Warnung vor radioaktiven Stoffen

Kennzeichen für Holzstaub (Auswahl)

Staubgeprüfte Maschinen (ab 1994)

Staubgeprüfte Industriestaubsauger

Geprüfte Filteranlagen

3.9.10 Sicherheitsfarben, Verbotszeichen, Warnzeichen

Sicherheitsfarben

vgl. DIN 4844-1 (2005-05) und BGV A8 (2002-04)

Farbe	rot	gelb	grün	blau
Bedeutung	Halt, Verbot	Vorsicht! Mögliche Gefahr	Gefahrlosigkeit erste Hilfe	Gebotszeichen Hinweise
Kontrastfarbe	weiß	schwarz	weiß	weiß
Farbe des Bildzeichens	schwarz	schwarz	weiß	weiß
Anwendungs-beispiele (vgl. auch Sicherheits-kennzeich-nung)	Haltezeichen, Not-Aus, Verbotszeichen, Material zur Feuerbekämpfung	Hinweis auf Gefahren (z. B: Feuer, Explosion, Strahlen); Hinweis auf Hinder-nisse (z. B. Schwellen, Gruben)	Kennzeichnung von Rettungswegen und Notausgängen; Erste-Hilfe- und Rettungsstationen	Verpflichtung zum Tragen einer persönlichen Schutz-ausrüstung. Standort eines Telefons

3

Verbotszeichen

vgl. DIN 4844-2 (2002-11) und BGV A8 (2002-04)

Rauchen verboten

Feuer, offenes Licht und Rauchen verboten

Für Fußgänger verboten

Mit Wasser löschen verboten

kein Trinkwasser

Für Flurförder-fahrzeuge verboten

Nichts abstellen oder lagern

Zutritt für Unbefugte verboten

Warnzeichen

vgl. DIN 4844-2 (2002-11) und BGV A8 (2002-04)

Warnung vor schwebender Last

Warnung vor Flurförder-fahrzeugen

Warnung vor gefährlicher, elektrischer Spannung

Warnung vor Stolpergefahr

Warnung vor Absturzgefahr

Warnung vor einer Gefahrenstelle

Warnung vor heißer Oberfläche

Warnung vor Hand-verletzungen

Warnung vor Rutschgefahr

Warnung vor brand-fördernden Stoffen

Warnung vor gesundheits-schädlichen oder reizenden Stoffen

Warnung vor explosions-fähiger Atmosphäre

3.9 Umwelt- und Arbeitsschutz

3.9.11 Gebotszeichen, Rettungszeichen, Brandschutzzeichen

Gebotszeichen

Allgemeines Gebotszeichen

Augenschutz benutzen

Kopfschutz benutzen

Gehörschutz benutzen

Atemschutz benutzen

Fußschutz benutzen

Handschutz benutzen

Schutzkleidung benutzen

Gesichtsschutz benutzen

Auffanggurt anlegen

Für Fußgänger

Sicherheitsgurt benutzen

3

Übergang benutzen

Vor Öffnen Netzstecker ziehen

Vor Arbeiten freischalten

Rettungsweste anlegen

Hupen

Gebrauchsanweisung beachten

Rettungszeichen

Richtungsangabe für Erste-Hilfe-Einrichtungen, Rettungswege und Notausgänge

Erste Hilfe

Krankentrage

Notdusche

Augenspüleinrichtung

Notruftelefon

Arzt

Defibrillator

Rettungsweg/Notausgang

Sammelstelle

Brandschutzzeichen

Richtungsangabe

Wandhydrant Löschschlauch

Leiter

Feuerlöscher

Brandmeldetelefon

Mittel und Geräte zur Brandbekämpfung

Brandmelder

Es wird gearbeitet! Ort: Datum: Entfernen des Schildes nur durch:

Zusatzzeichen, das zusammen mit einem Sicherheitszeichen weitere Informationen gibt

Hochspannung Lebensgefahr

Zusatzzeichen, das zusammen mit einem Sicherheitszeichen weitere Informationen gibt

4 Technisches Zeichnen

Inhaltsverzeichnis

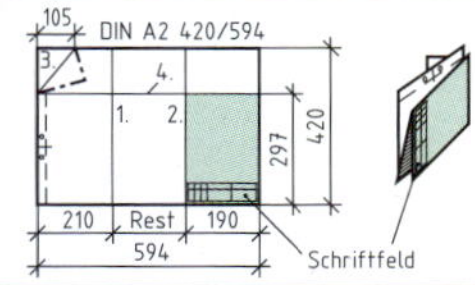

ABCDEFGHIJKLMNO
äbcdefghijklmnöpqr

1:20 2:1

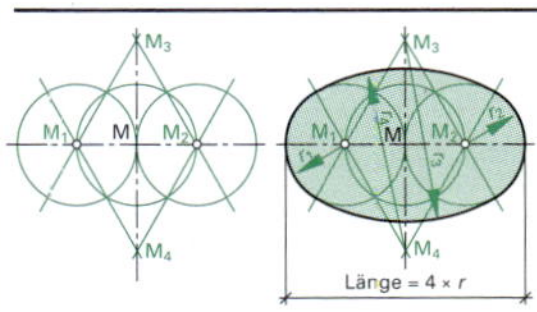

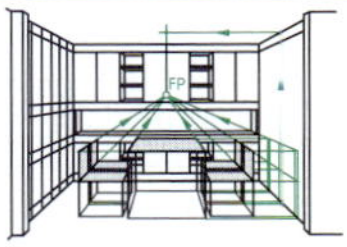

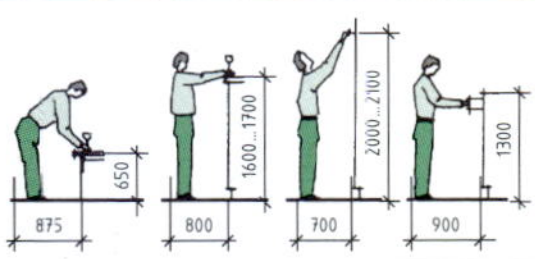

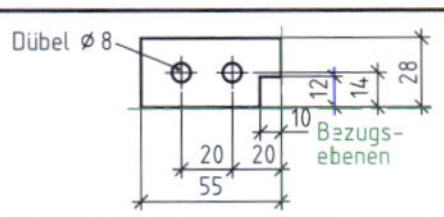

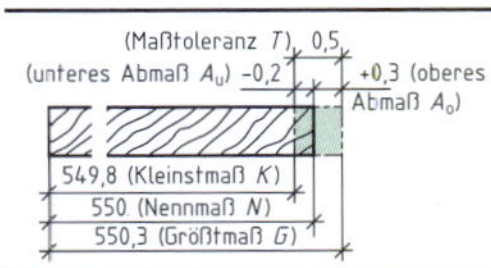

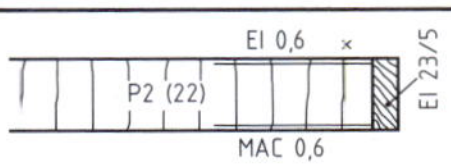

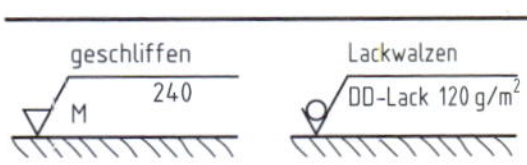

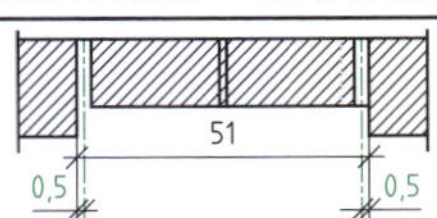

Innenmaße
X · am + 1 cm

4 Technisches Zeichnen

4.1 Zeichengeräte und Materialien

Technische Zeichnungen für die Holzverarbeitung sind in der DIN 919 Teil 1 genormt, Maßeintragungen in DIN 406 und Bauzeichnungen in DIN 1356. In DIN ISO 128-20 bis 24 sind die Linien, Arten und Anwendung, und in DIN ISO 128-30 die Projektionen genormt. Normen garantieren dafür, dass man sich in einer einheitlichen Zeichensprache verständigen kann. Technische Zeichungen müssen eindeutige Fertigungsanweisungen sein, aus denen Werkstücksform und Werkstoffart, Funktions-, Prüf- und Fertigungsmaße sowie die Konstruktion entnommen werden können.

Für die Qualität einer Zeichnung sind Beschaffenheit des Zeichnungsträgers, der Zeichengeräte und Zeichenhilfen mitentscheidend.

Papierformate nach DIN EN ISO 216

Format Reihe A DIN	unbeschnittenes Blatt Kleinstmaß mm	beschnittenes Blatt Fertigmaß mm	Rand vom Fertigmaß mm
2 A0	1230 × 1720	1189 × 1682	10
A0	880 × 1230	841 × 1189	10
A1	625 × 880	594 × 841	10
A2	450 × 625	420 × 594	10
A3	330 × 450	297 × 420	5
A4	240 × 330	210 × 297	5

Zeichenarbeit oder Zeichnungsträger	6H	5H	4H	3H	2H	H	F	HB	B	2B	3B	4B	5B	6B
Vorzeichnen auf Transparentpapier	▨	▨	■	■	▨									
Maßlinien ausziehen auf Transparentpapier			■	■										
Zeichnung ausziehen auf Transparentpapier				■	■									
Beschriftung auf Transparentpapier				■	■	▨								
Vorzeichnen auf Zeichenkarton				▨	■	■	▨							
Maßlinien auf Zeichenkarton					■	■								
Zeichnung ausziehen auf Zeichenkarton					▨	■	■	▨						
Beschriftung auf Zeichenkarton							■	■	▨					
Freihandzeichnen									▨	▨	■	■	■	■

Empfohlene Härtegrade bei Zeichenminen in Bezug auf die Zeichenaufgabe und den Zeichnungsträger.

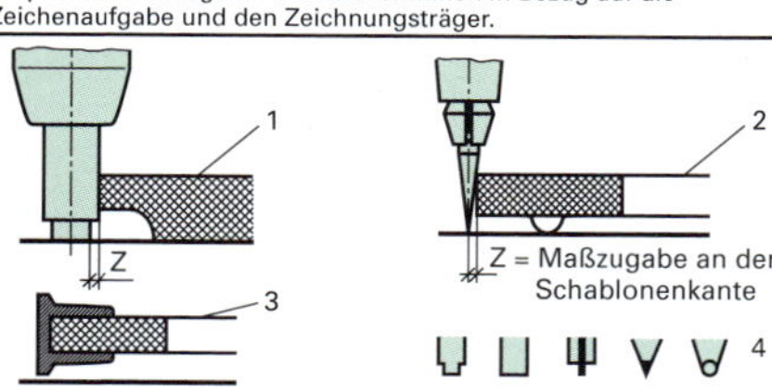

Zeichenschablonen: (1) mit abgefaster Kante, (2) mit Abstandsnocken, (3) mit aufsteckbaren Kantenprofilen, (4) Symbole für die zu verwendenden Zeichengeräte, von links: für Röhrchentuschezeichner mit abgefastem Zeichenröhrchen, mit zylindrischem Zeichenröhrchen, für Feinminenstifte, für Bleistifte, für Kugelschreiber.

Gruppe	Art und Bezeichnung	Ausführung und Verwendung
Zeichnungsträger	Zeichenkarton	nicht transparent, 150 g/m² bis 300 g/m², rauh (Bleistiftzeichnung), glatt (Tuschezeichnung)
	Transparentpapier	transparent, lichtpausfähig, 80/85 und 90/95 g/m², matt, (Bleistiftzeichnung), glatt (Tuschezeichnung)
	Folien	hochtransparent, nur für Spezialtusche
	Triplexpapier	mit Kunststofffolie verstärktes Transparentpapier, einreißfest, Dokumentzeichnungen
Minenzeichengeräte	Feinminenstifte Fallminenstifte	Druckbleistifte für bestimmte Linienbreiten in mm 0,3/0,5/0,7/0,9, Minenhärtegrad 2H bis 2B Minenhalter für lose Minen, Härtegrade 6H bis 6B
Minenspitzer	Minenspitzdose	für Fallminenstifte
Radiermittel	Bleiradierer Tuscheradierer Zeichenbesen	Kunststoff Zeichengummi für Transparentpapier zum Entfernen der Radierreste
Tuschezeichner	Tuschefüller Zeichentusche	für Linienbreiten in mm 0,13/0,18/0,25/0,35/0,5/0,7/1,0/1,4 und 2,0 nachfüllbar oder Patronen für Transparentpapier, für Folie
Zirkel	Schnellverstellzirkel Stechzirkel Nullenzirkel	mit Bleieinsatz mit Tuscheeinsatz mit Verlängerung Abtragen von Teilungen für kleine Kreise
Zeichenunterlage	Zeichenbrett Zeichenplatte	für Aufnahme des Zeichnungsträgers
Zeichenschiene	Reißschiene	mit oder ohne Maßteilung
Zeichendreieck	Zeichendreieck (mit Griff)	45°/45°/90°, 30°/90°/60° Techniker-Dreieck
Schablonen	Schriftschablonen Kreisschablonen Ellipsenschablone Kurvenschablone	für verschiedene Schriftarten und -größen für Tusche und Bleistift Burmestersatz
Maßstäbe	Präzisionsmaßstab	Flachlineal, Flach- und Dreikantreduktionsmaßstab

4.1 Zeichengeräte und Materialien

Faltung der Zeichnungen auf DIN-A4-Format

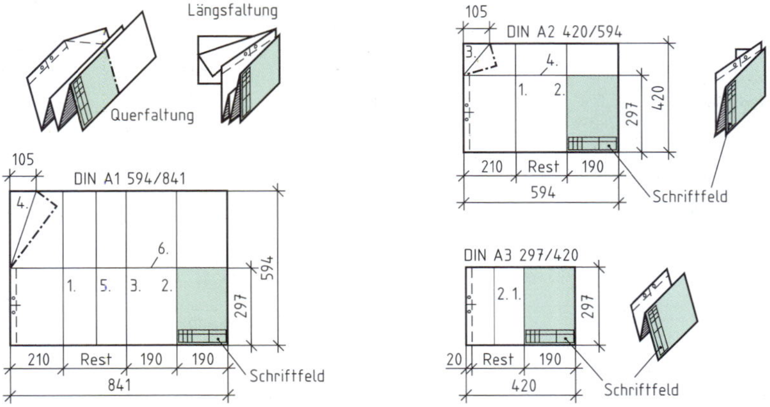

Schriftfeld

Technische Zeichnungen erhalten in der unteren rechten Ecke von Zeichnungen und auch Textdokumenten ein Schriftfeld. Dadurch gibt das Schriftfeld die Leselage des Dokuments an. Schriftfelder sind in DIN EN ISO 7200 genormt. Sie sind hier auf ein Mindestmaß begrenzt. Andere Datenfelder wie Maßstäbe und Toleranzen werden, wenn nötig, außerhalb des Schriftfeldes angegeben. Es werden Schriftfelder in Kompaktform und Schriftfelder mit zusätzlicher Zeile mit Personennamen unterschieden. Sie enthalten folgende Eintagungen:

Feld 1: Feld für Name oder Zeichen der Firma, der die Zeichnung gehört.

Feld 2: Kurzzeichen der Abteilung, die für den technischen Inhalt verantwortlich ist (max. 10 Zeichen).

Feld 3: Name oder Kurzzeichen der verantwortlichen Kontaktperson (max. 20 Zeichen).

Feld 4: Name oder Kurzzeichen des technischen Zeichners (max. 20 Zeichen).

Feld 5: Name oder Kurzzeichen der genehmigenden Person (max. 20 Zeichen).

Feld 6: Zeichnungsart (max. 25 (30) Zeichen)

Feld 7: Benennung des dargestellten Werkstücks, Bauteils o.ä. (max. 2 x 25 Zeichen).

Feld 8: Dokumentstatus, wie: freigegeben, noch Entwurf, usw. (max. 20 Zeichen).

Feld 9: Zeichnungsnummer, Sachnummer (max. 16 Zeichen).

Feld 10: Spalte für Änderungsvermerke

Feld 11: Ausgabedatum sowie Gültigkeitsdatum der Norm (max. 10 Zeichen).

Feld 12: Sprache (en – Englisch; de – Deutsch)

Feld 13: Blattnummer, bei mehreren Blättern ist die Anzahl darunter einzutragen (Beispiel 1/5, Blatt 1 von 5 Blättern, max. 4 Zeichen).

Feld 14: Feld für zusätzliche Klassifikationen oder Schlüsselwörter

Grün: Feldbezeichnung erforderlich

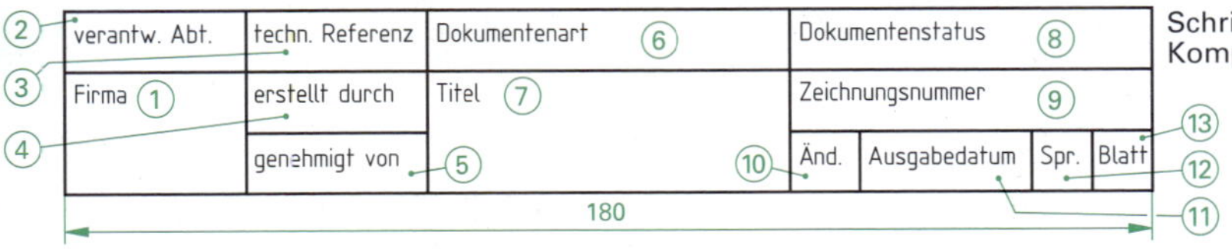

Schriftfeld in Kompaktform

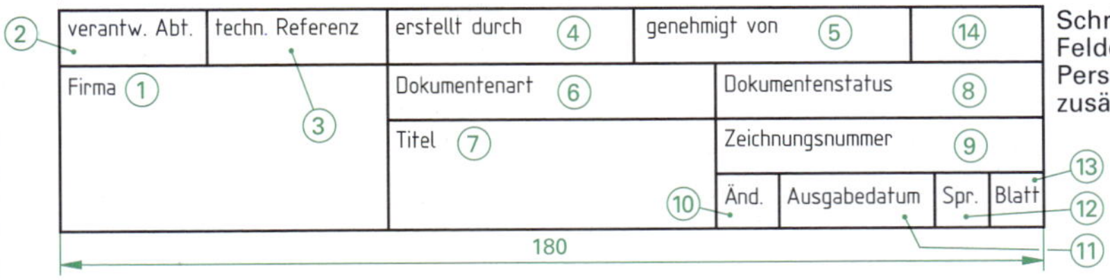

Schriftfeld mit Feldern für Personennamen in zusätzlicher Zeile

4.2 Normschrift

Technische Zeichnungen müssen eindeutig lesbar beschriftet werden. Gemäß DIN 919 wird die Normschrift DIN EN ISO 3098, senkrechte Mittelschrift (Schriftform B), empfohlen. Die Schrifthöhen sind nach dem Wert $\sqrt{2}$ untereinander abgestuft. Die Linienbreite entspricht $^1/_{10}$ der Schrifthöhe.

ÄBCDEFGHIJKLMNÖPQRSTÜVWXYZ
äbcdefghijklmnöpqrstüvwxyz
1234567890IVX [(!?:;"-=+×·:√%□&)]Ø

Schriftabmessungen im Verhältnis zu *h*							
Schriftmerkmale		Verhältnis	Maße in mm				
Schrifthöhe	h	$^{10}/_{10}\ h$	2,5	3,5	5	7	10
Höhe der Kleinbuchstaben	c_1	$^{7}/_{10}\ h$	1,8	2,5	3,5	5	7
Ober- und Unterlänge	c_2	$^{3}/_{10}\ h$	0,75	1,05	1,5	2,1	3
Linienbreite	d	$^{1}/_{10}\ h$	0,25	0,35	0,5	0,7	1
Abstände zwischen Schriftzeichen	a	$^{2}/_{10}\ h$	0,5	0,7	1	1,4	2
zwischen Grundlinien	b_2	$^{15}/_{10}\ h$	3,75	5,25	7,5	10,5	15
bei Großbuchstaben	b_3	$^{13}/_{10}\ h$	3,25	4,55	6,5	9,1	13
zwischen Wörtern	e	$^{6}/_{10}\ h$	1,5	2,1	3	4,2	6

Schriftgrößen (DIN EN ISO 3098) in mm: 2,5; 3,5; 5; 7; 10; 14 und 20

Schriftgrößen in technischen Zeichnungen bei Verwendung von Klein- und Großbuchstaben mind. 3,5 mm

Exponenten, Toleranzangaben, Indizes einen Schriftsprung kleiner, z.B.: bei 3,5 mm Schriftgröße ⇒ 2,5 mm

Schnittangaben einen Schriftsprung größer, z.B.: bei 3,5 mm Schrifthöhe ⇒ 5 mm

Positionsnummern doppelte Schrifthöhe, z.B.: bei 3,5 mm Schrifthöhe ⇒ 7 mm

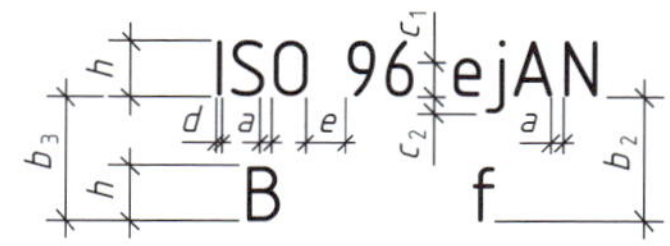

4

Beschriftung mit Bezugslinien

Bezugslinien sind stets schräg aus der Darstellung herauszuziehen. Zur Beschriftung können die Bezugslinien in der horizontalen oder vertikalen Schreibweise abgewinkelt werden.

Bezugslinien enden:		
mit einem **Pfeil,** wenn sie an die Körperkante oder sonstige Linien (mit Ausnahme von Maßlinien) stoßen 	**mit** einem **Punkt,** wenn sie in eine Fläche führen 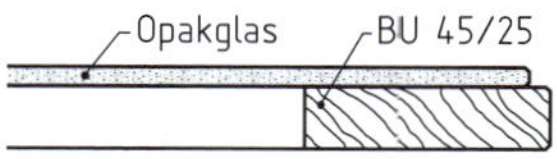	**ohne Pfeil** und **ohne Punkt,** wenn sie an eine Maßlinie anbinden (Maß 3 und 12) 

4.3 Maßstäbe

Der Maßstab 1 : n gibt das Verhältnis der Originalmaße zu den Zeichnungsmaßen an. Zum Beispiel entspricht Maßstab 1 : 1 der natürlichen Größe. Bei Maßstab 1 : 20 entspricht das Zeichnungsmaß $^1/_{20}$ dem Originalmaß (DIN ISO 5455).

Natürliche Größe

1 : 1 (Zeichungsmaß entspricht Originalmaß)

Verkleinerungen

1 : 5 für Ansichten kleiner Gegenstände
1 : 10 für Ansichten von Möbeln, Wänden und Decken
1 : 20 und **1 : 25** für Wandansichten, Deckenansichten und Grundrisse von Räumen
1 : 50 für Bauzeichungen, Ausführungszeichnungen
1 : 100 für Bauzeichungen, Entwurf

Vergrößerungen

1 : 0,5 (2 : 1) für Detailpunkte

Originalmaß (l) = Zeichnungsmaß (l_z) × Verhältniszahl (n)

4.4 Grundkonstruktionen

4.4.1 Geometrische Grundkonstruktionen

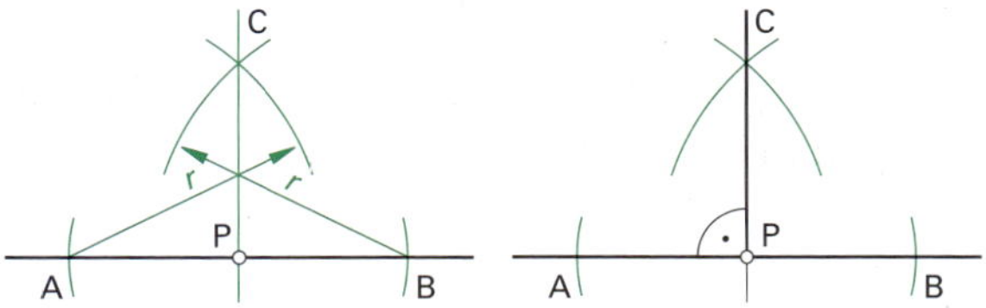

Errichten eines Lotes in Punkt P

Von Punkt P aus mit Kreisbogen die Punkte A und B auf der Geraden festlegen. Mit Radius *r* von Punkt A und Punkt B aus Kreisbögen geschlagen, ergibt Punkt C. Die Senkrechte kann von Punkt P aus durch den Punkt C errichtet werden.

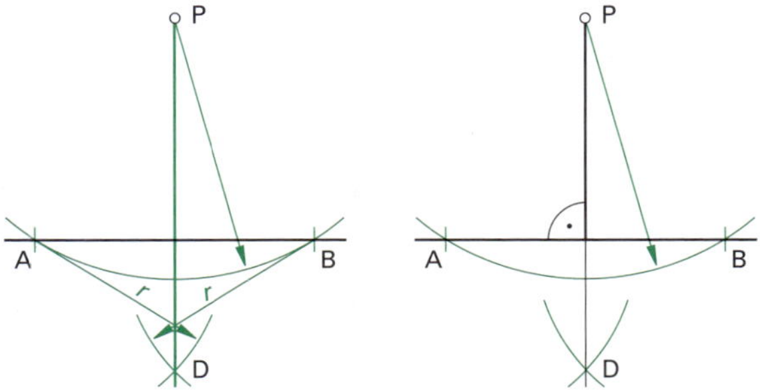

Fällen eines Lotes von Punkt P auf eine Gerade

Ein Kreisbogen, von Punkt P aus geschlagen, schneidet die Gerade an zwei Stellen. Kreisbögen mit *r* um Punkt A und Punkt B geschlagen ergeben Punkt D. Die Strecke $\overline{PD}$ steht senkrecht auf der Geraden.

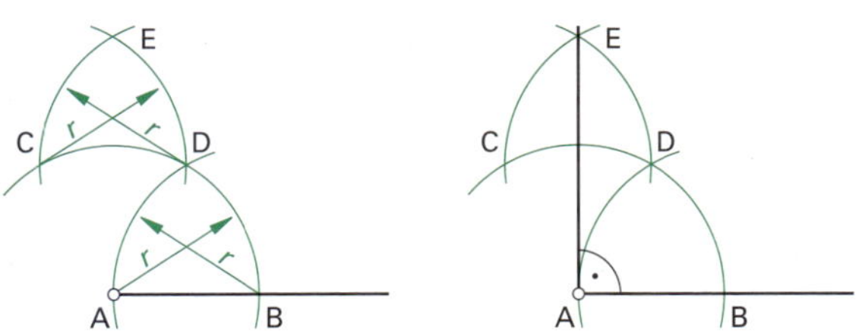

Senkrechte im Endpunkt einer Strecke errichten

Mit beliebigem Radius Kreisbogen um A schlagen. Zirkelöffnung nicht verändern und mit Kreisbögen die Punkte B, C, D und E markieren. Durch Verbinden der Punkte A und E erhält man die Senkrechte im Endpunkt A.

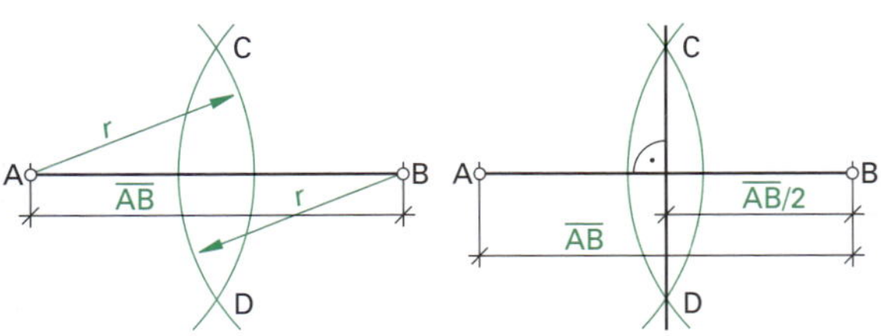

Halbieren der Strecke $\overline{AB}$

Um Punkt A und Punkt B Kreisbogen mit der Zirkelöffnung *r* so schlagen, dass sich diese in C und D schneiden. Die Verbindungslinie der Punkte C und D halbiert die Strecke $\overline{AB}$ und steht senkrecht auf dieser (Errichten der Mittelsenkrechten).

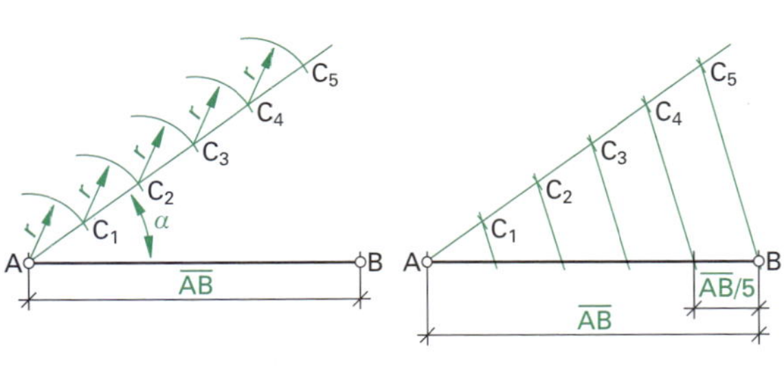

Strecke in mehrere gleiche Streckenabschnitte teilen

An Punkt A einen Winkel zwischen 30° bis 45° antragen. Durch Abtragen der Teilstücke *r* (hier fünf) mit dem Zirkel auf dem rechten Schenkel des Winkels *α* erhält man die Punkte C_1 bis C_5. Punkt C_5 mit Punkt B verbinden. Die Parallelen zu der Strecke $\overline{BC_5}$ durch die Punkte C_4, C_3, C_2, C_1 teilen die Strecke $\overline{AB}$ in die geforderten fünf gleichen Teile.

4.4 Grundkonstruktionen

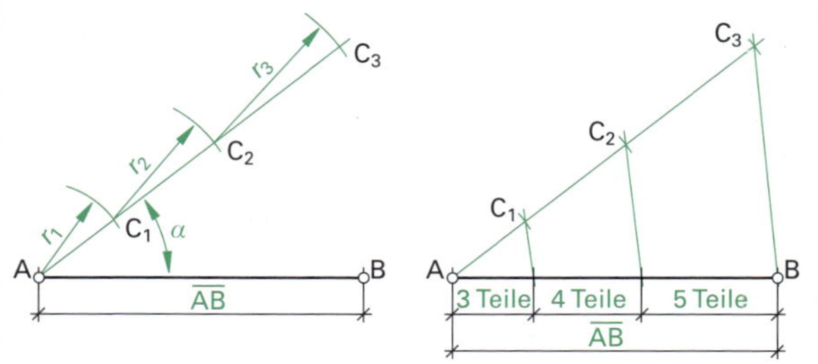

Strecke im Verhältnis 3:4:5 teilen

An Punkt A einen Winkel zwischen 30° und 45° antragen. Durch Abtragen der Teilstrecken r_1 = 3 Teile, r_2 = 4 Teile, r_3 = 5 Teile erhält man die Punkte C_1, C_2, C_3. Punkt C_3 mit Punkt B verbinden. Die Parallelen durch die Punkte C_1 und C_2 zu der Strecke $\overline{BC_3}$ teilen die Strecke $\overline{AB}$ in dem vorgegebenen Verhältnis

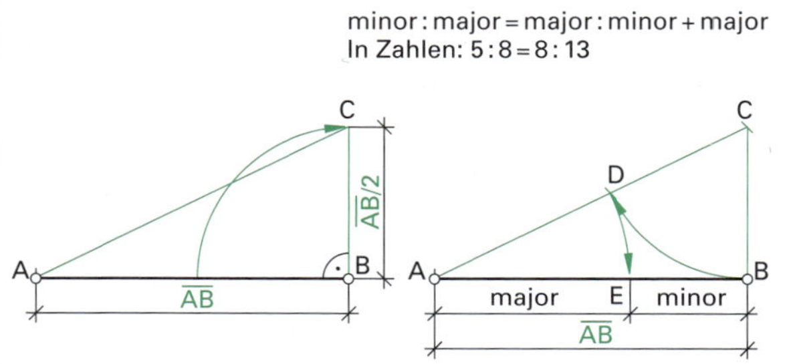

Strecke im Verhältnis des Goldenen Schnittes teilen

Strecke $\overline{AB}$ halbieren. Im Punkt B lotrecht die Strecke $\overline{AB}/2$ errichten, ergibt Punkt C. Um Punkt C mit der Strecke $\overline{BC}$ Kreisbogen geschlagen, ergibt Punkt D. Um Punkt A mit der Strecke $\overline{AD}$ Kreisbogen geschlagen, ergibt Punkt E. Die Streckenabschnitte $\overline{AE}$ und $\overline{EB}$ verhalten sich im Goldenen Schnitt.

4

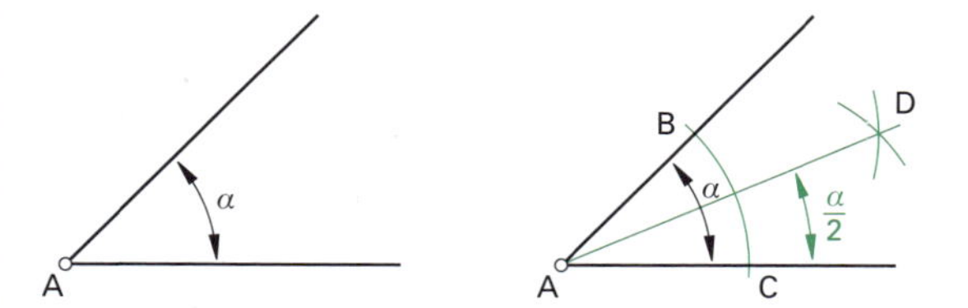

Winkel halbieren

Durch beliebig großen Kreisbogen um Scheitelpunkt A die Punkte B und C auf den Schenkeln markieren. Der Schnittpunkt der gleichgroßen Kreisbögen um B und C ergibt D. Die Verbindung $\overline{AD}$ halbiert den Winkel.

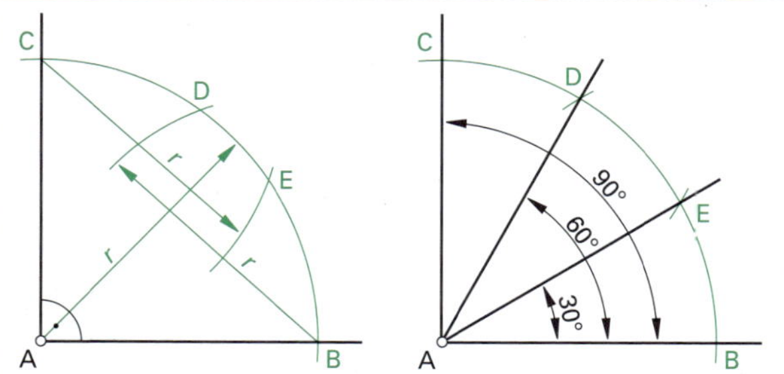

Rechten Winkel dritteln

Kreisbogen um den Scheitelpunkt A mit beliebig großen Radius geschlagen legt die Punkte B und C fest. Mit unveränderter Zirkelöffnung jeweils von Punkt B und C aus die Schnittpunkte D und E auf dem Kreisbogen markieren. Die Verbindung von A nach D und A nach E teilt den rechten Winkel in drei gleichgroße Teile.

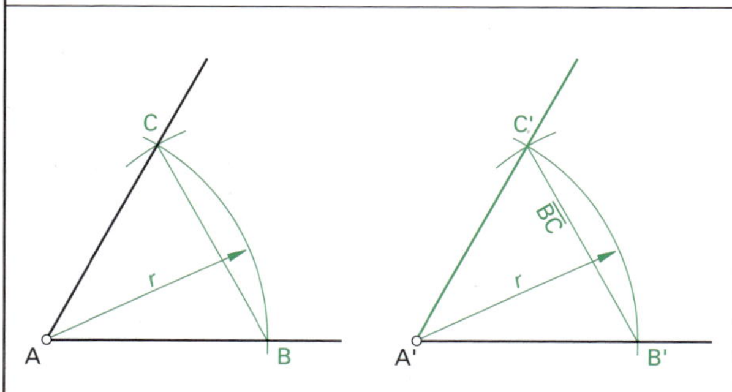

Winkel übertragen

Ein um Scheitelpunkt A des gegebenen Winkels geschlagener Kreisbogen mit beliebigem Radius schneidet die Schenkel in B und C. Mit unveränderter Zirkelöffnung um Punkt A′ den Kreisbogen des neu abzutragenden Winkels markieren. Dadurch entsteht Schnittpunkt B. Strecke $\overline{BC}$ in den Zirkel nehmen und von B′ so antragen, dass C′ entsteht. Den Schenkel A′C′ zeichnen.

4.4 Grundkonstruktionen

Regelmäßige Vielecke

Bei regelmäßigen Vielecken sind alle Seiten gleich lang und alle Peripheriewinkel gleich groß. Sie lassen sich in so viel gleichschenklige Dreiecke einteilen, wie das Vieleck Seiten hat. Alle Dreiecke sind kongurent (deckungsgleich). Regelmäßige Vielecke lassen sich durch einen Kreis umschreiben.

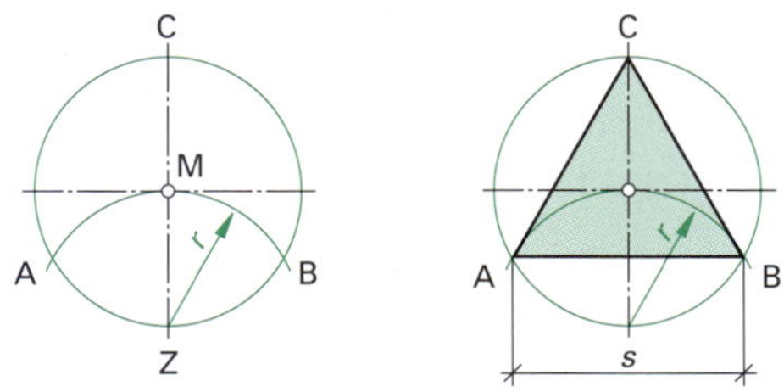

Gleichseitiges Dreieck

Um den Mittelpunkt M mit dem Halbmesser *r* einen Kreis geschlagen, ergibt durch Schneiden der Mittelachse die Punkte Z und C. Von Z mit gleichem Halbmesser *r* Kreisbogen geschlagen, ergeben die Punkte A und B. Die Verbindung der Punkte A, B und C ergibt das gleichseitige Dreieck.

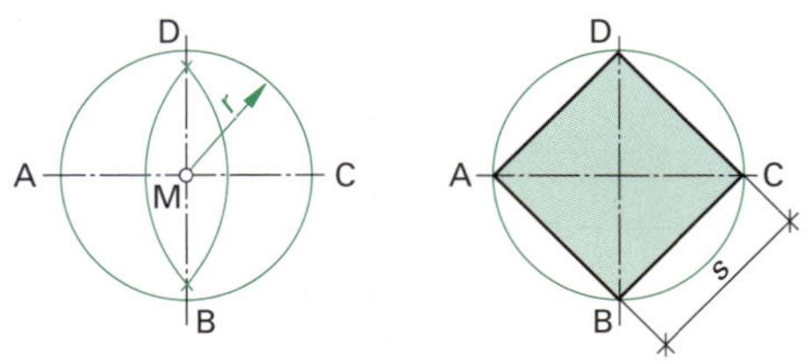

Regelmäßiges Viereck (Quadrat)

Achsenkreuz zeichnen. Um M mit Radius *r* den Umkreis geschlagen ergibt die Punkte A und C sowie B und D. Die Punkte miteinander verbunden, bilden ein Quadrat.

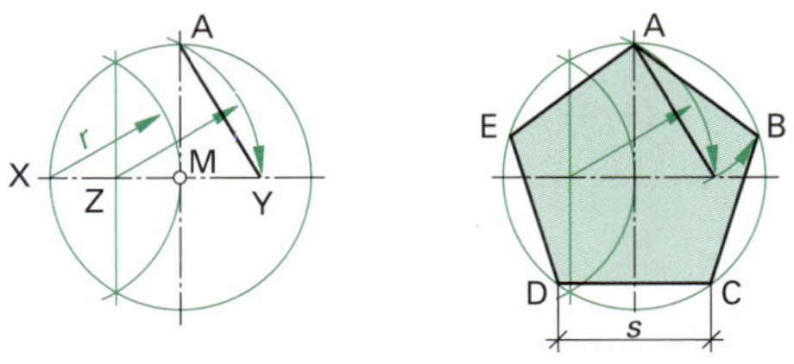

Regelmäßiges Fünfeck

Halbmesser $r = \overline{MX}$ halbiert, ergibt den Punkt Z. Um Punkt Z von Punkt A aus einen Kreisbogen geschlagen, ergibt Punkt Y. Die Strecke AY ist die Länge der Fünfeckseite, die auf dem Umkreis mit dem Zirkel abzutragen ist.

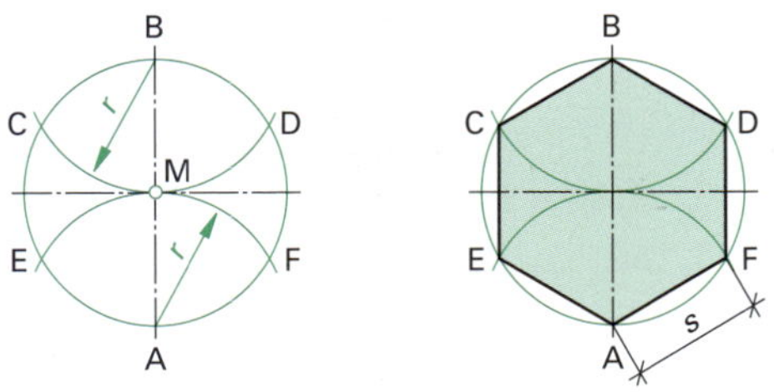

Regelmäßiges Sechseck

Kreisbögen mit dem Halbmesser *r* um A und B ergeben weitere Schnittpunkte C und D sowie E und F. Durch Verbinden der Punkte erhält man ein regelmäßiges Sechseck.

Sechseckseite s = Radius des Kreises *r*

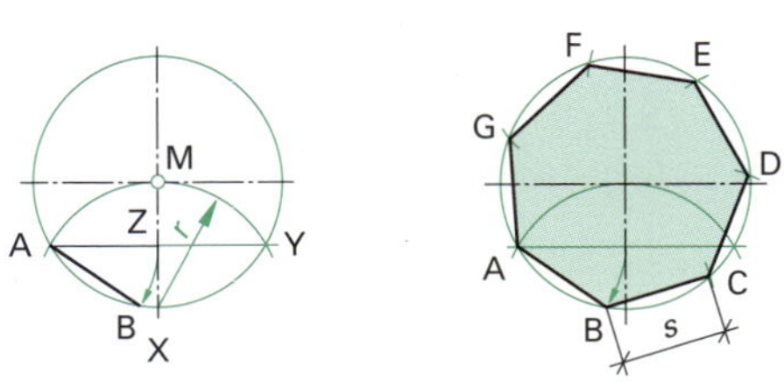

Regelmäßiges Siebeneck

Die Siebeneckseite AZ entspricht der halben Dreieckseite des gleichseitigen Dreiecks (siehe oben).

4.4 Grundkonstruktionen

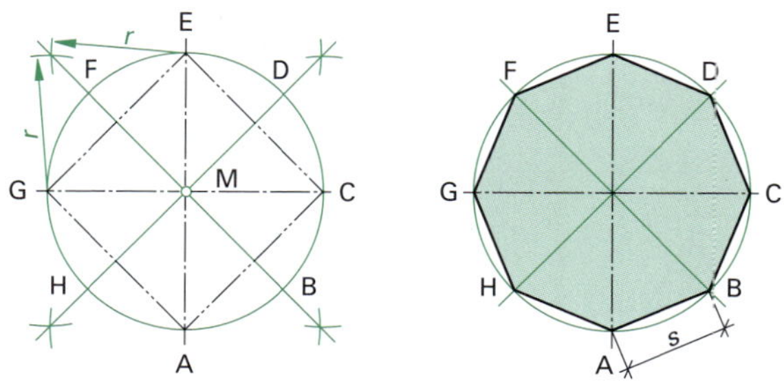

Regelmäßiges Achteck

Die Schnittpunkte der Mittelachsen mit dem Umkreis A, C, E und G sind die Eckpunkte eines Quadrats. Durch Errichten der Mittelsenkrechten auf den Quadratseiten erhält man auf dem Umkreis die zusätzlichen Eckpunkte des gleichmäßigen Achtecks B, D, F und H.

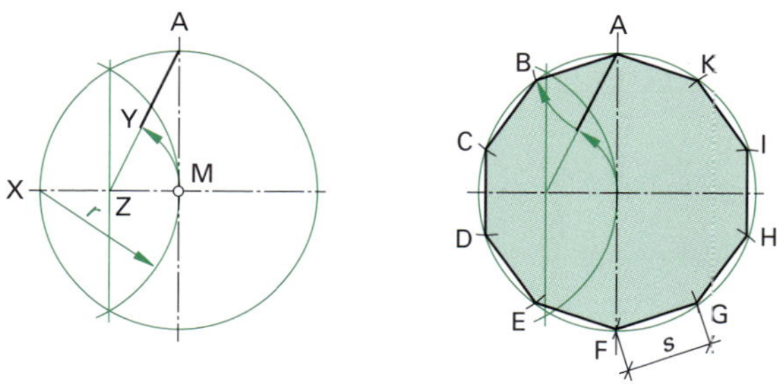

Regelmäßiges Zehneck

Halbmesser $r = \overline{MX}$ halbiert, ergibt Punkt Z. Punkt Z mit Punkt A verbinden. Um Punkt Z von Punkt M aus einen Kreisbogen geschlagen, teilt $\overline{AZ}$ so, dass sich von Punkt A aus die Zehneckseite ergibt. Diese ist auf dem Umkreis abzutragen.

Das regelmäßige Zehneck lässt sich auch aus dem regelmäßigen Fünfeck entwickeln, indem man auf den Fünfeckseiten die Mittelsenkrechten errichtet.

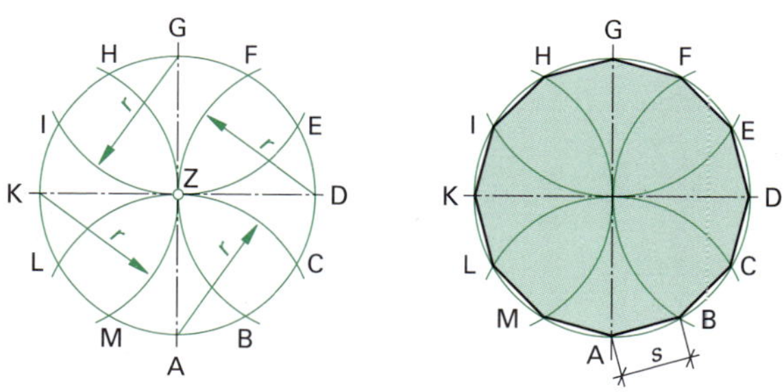

Regelmäßiges Zwölfeck

Um den Schnittpunkt der Mittelachsen mit dem Umkreis A, D, G und K Kreisbögen mit dem Halbmesser *r* geschlagen, ergeben sämtliche Eckpunkte des regelmäßigen Zwölfecks A, B … M.

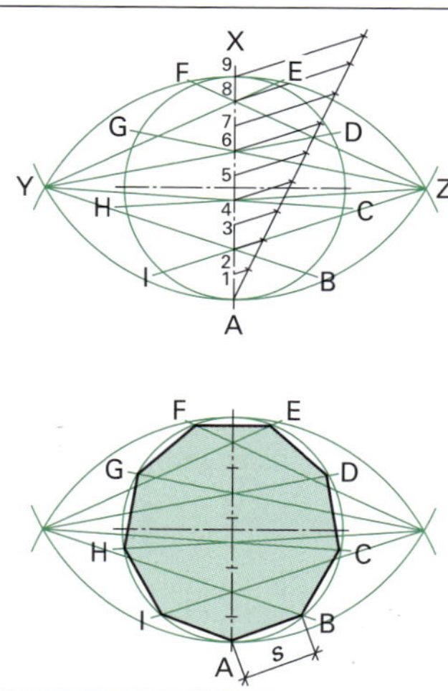

Allgemeine Vieleckkonstruktion

Durchmesser $d = \overline{AX}$ in so viele Teile teilen, wie das Vieleck Ecken haben soll (hier neun Teile). Um A und X Kreisbögen mit dem Durchmesser geschlagen, ergibt die Punkte Y und Z. Die von diesen Punkten über jeden zweiten Teilungspunkt hinausgezogenen Geraden schneiden den Umkreis und ergeben somit die Eckpunkte des gewünschten regelmäßigen Vielecks (hier Neuneck).

4.4 Grundkonstruktionen

Eirund, Oval, Ellipse

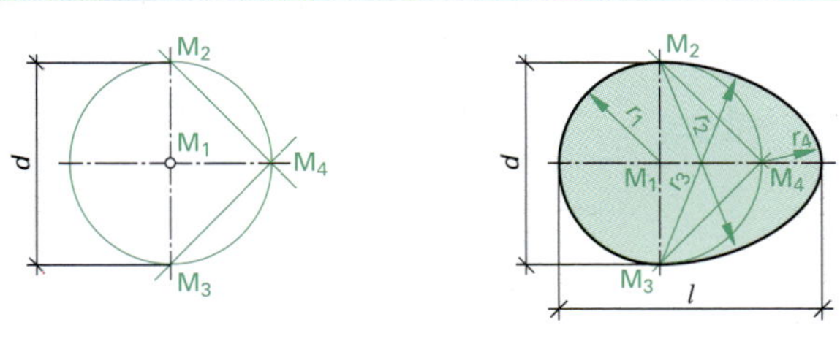

Eirund

Die Schnittpunkte der Mittelachsen mit dem Kreis ergeben die Einsatzpunkte M_2, M_3 und M_4 zum Zeichnen der Bogenstücke des Eirunds. Die Verbindungsgeraden der Punkte M_2 und M_4 bzw. M_3 und M_4 ergeben die Wechselpunkte der Bogenstücke.

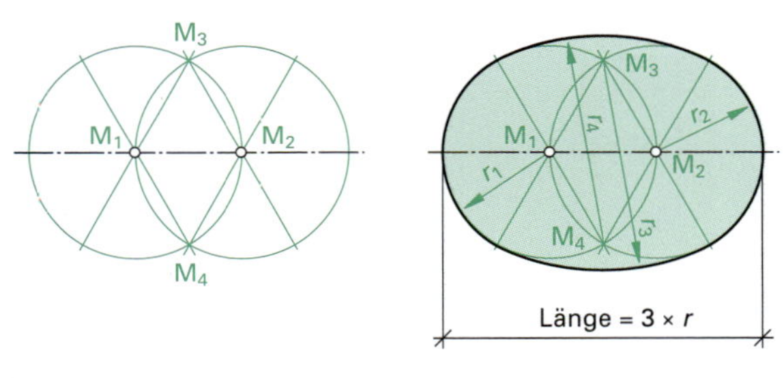

Oval mit zwei Kreisen

Zwei Kreise so zeichnen, dass sich jeweils Umfang des einen Kreises und Mittelpunkt des anderen Kreises schneiden. Die Schnittpunkte der Kreislinien sind die Mittelpunkte M_3 und M_4 der flachgebogenen Bogenstücke. Die Geraden durch die Mittelpunkte geben den Wechsel zwischen den Bogenstücken an. Die Länge des Ovals beträgt 3*r*, die Breite des Ovals ergibt sich.

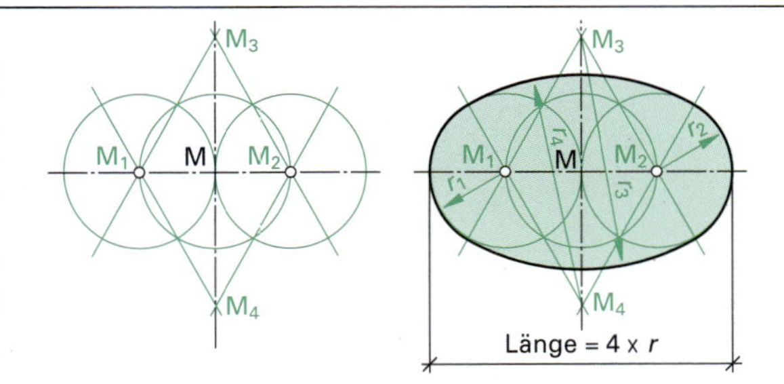

Oval mit drei Kreisen

Drei Kreise so zeichnen, dass sich jeweils Mittelpunkte und Kreislinien schneiden. Die Verbindungsgeraden der Schnittpunkte der Kreise mit den Mittelpunkten M_1 bzw. M_2 ergeben die Mittelpunkte M_3 und M_4 für die flachgebogenen Bogenstücke und die Wechselpunkte der Ovalbögen. Die Länge des Ovals beträgt 4 *r*, die Breite des Ovals ergibt sich.

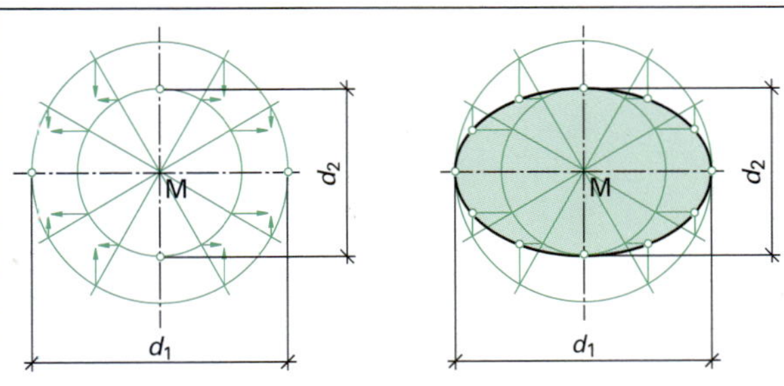

Ellipsenkonstruktion

Zwei Kreise mit den Durchmessern der kleinen und großen Achse zeichnen. Beliebig viele Durchmesser durch M ziehen. Durch die Schnittpunkte der Durchmesser mit dem großen Kreis senkrechte, durch die Schnittpunkte mit dem kleinen Kreis waagerechte Linien ziehen. Durch die Schnittpunkte der waagerechten und der senkrechten Linien geht der Umfang der Ellipse.

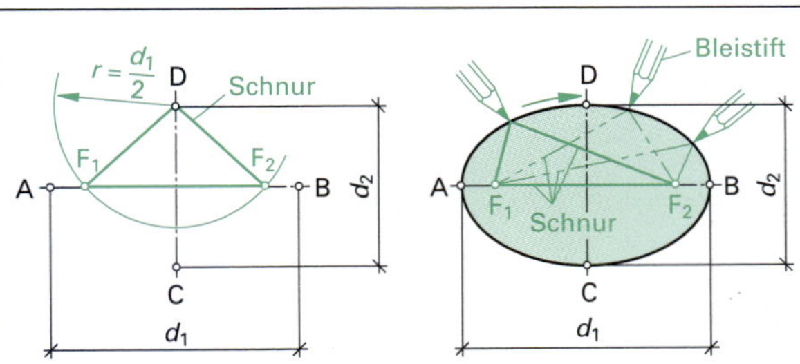

Ellipsenkonstruktion mit Schnur

Das Achsenkreuz mit d_1 und d_2 zeichnen, ergibt die Punkte A, B, C und D. Von C oder D einen Kreisbogen mit $d_1/2$ zur großen Achse geschlagen, markiert die Brennpunkte F_1 und F_2. Eine nicht dehnbare dünne Schnur über die Punkte F_1, D und F_2 spannen. Durch Führen eines Bleistifts an der Innenseite der Schnur entlang kann die Ellipse gezeichnet werden.

4.4 Grundkonstruktionen

Bogenanschlüsse

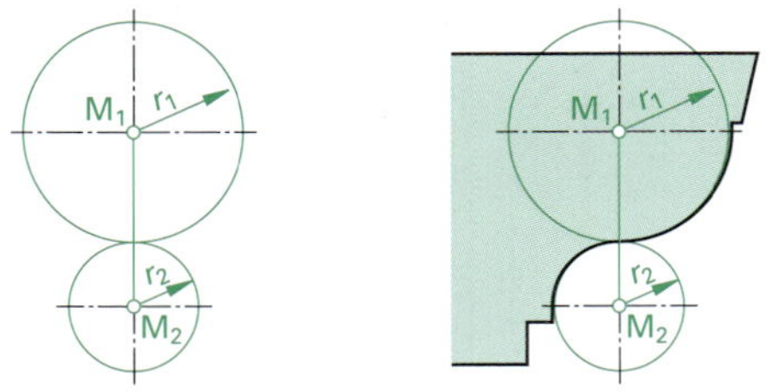

Karnies, liegend

Zwei Kreisbögen mit unterschiedlichen Radien werden so miteinander verbunden, dass sie eine Karnieslinie ergeben. Der Abstand der Mittelpunkte ist die Summe der Radien r_1 und r_2, die beim sogenannten Karnies eine gemeinsame Mittelachse haben.

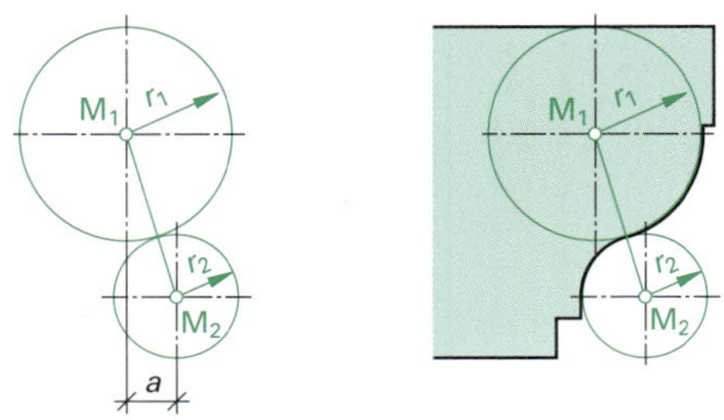

Karnies, stehend

Der Anschluss zweier Kreisbögen mit unterschiedlichen Radien bei versetzten Mittelpunkten ergibt einen stehenden Karnies. Die Länge der Verbindungslinie der beiden Mittelpunkte M_1 und M_2 ist die Summe der Radien, r_1 und r_2. Auf der Verbindungsgeraden der beiden Mittelpunkte liegt der Wechsel der Bogenanschlüsse.

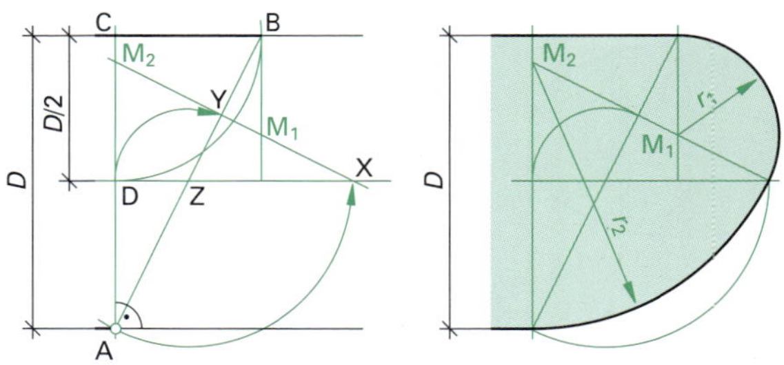

Einhüftiger Bogen

In Punkt A ein Lot errichtet, ergibt den Punkt C. Das Lot halbieren, ergibt Punkt D. Um Punkt C die Strecke D/2 auf die obere Kante abgetragen, ergibt den Punkt B. Die Strecke $\overline{AB}$ schneidet die Halbierungslinie in Punkt Z. Um Punkt Z Kreisbögen geschlagen mit $\overline{DZ}$ ergibt Punkt Y, mit $\overline{AZ}$ den Punkt X. Auf der Verbindungsgeraden $\overline{XY}$ liegen die Mittelpunkte M_1 und M_2.

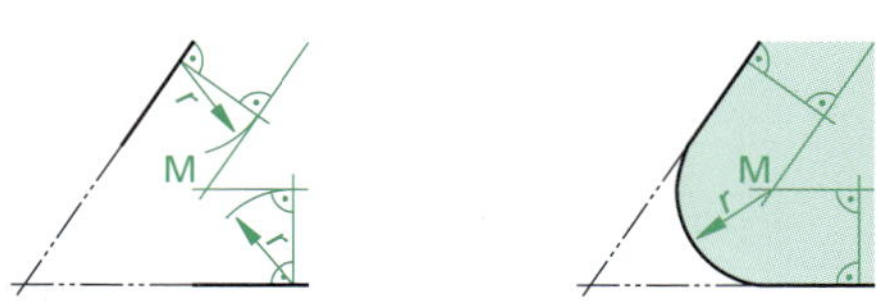

Ecken abrunden

Parallelen zu den Schenkeln des Winkels im Abstand von *r* ergeben den Schnittpunkt M, den Mittelpunkt für die Abrundung der Ecke mit dem Radius *r*.

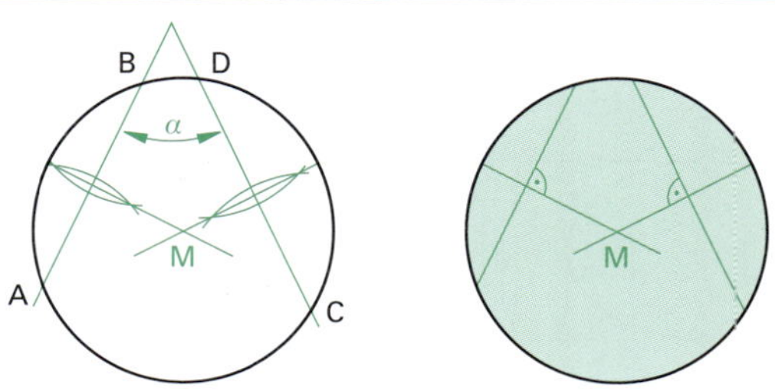

$45° < \alpha \leq 90°$

Bestimmung des Kreismittelpunktes

In einer vorhandenen kreisrunden Platte soll der Kreismittelpunkt bestimmt werden. In die Fläche zwei Sehnen einzeichnen, die zueinander einen Winkel α zwischen 45° und 90° bilden. Die Sehnen $\overline{AB}$ und $\overline{BC}$ halbieren und die Mittelsenkrechten errichten. Der Schnittpunkt der Mittelsenkrechten ist der Mittelpunkt der Kreisfläche.

4.4 Grundkonstruktionen

Bogenkonstruktionen

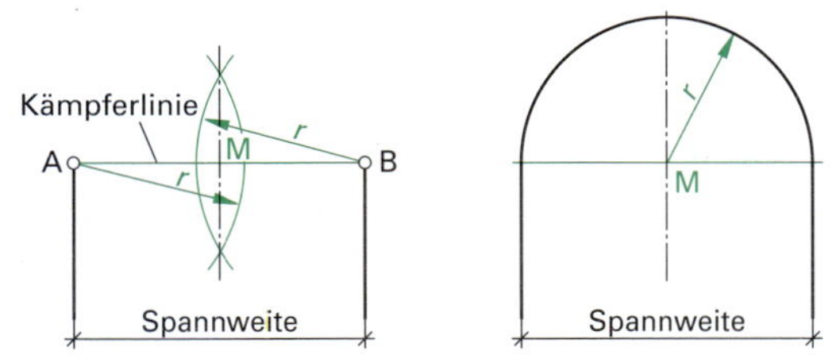

Rundbogen

Die Kämpferlinie $\overline{AB}$ halbiert, ergibt Punkt M, den Einsatzpunkt für das Zeichnen des Rundbogens mit r = Strecke $\overline{AM}$ und $\overline{BM}$.

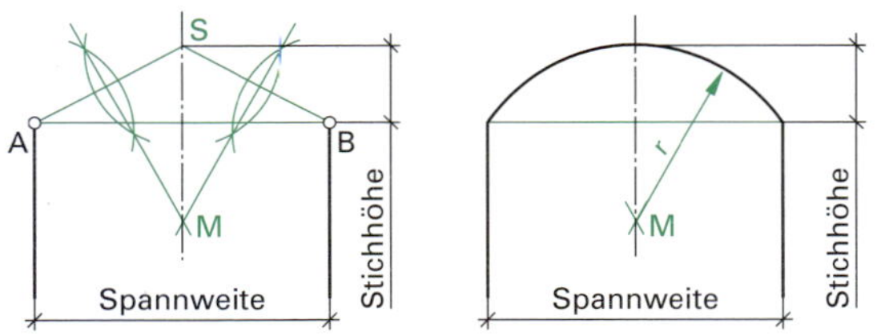

Stichbogen

Auf der Kämpferlinie $\overline{AB}$ die Mittelsenkrechte errichten. Hierauf die Stichhöhe abgetragen, ergibt den Scheitelpunkt S. Die Punkte A und B mit S verbinden. Die Mittelsenkrechten auf den Strecken $\overline{AS}$ und $\overline{BS}$ schneiden sich im Punkt M, dem Einsatzpunkt zum Zeichnen des Stichbogens mit $r = MS$.

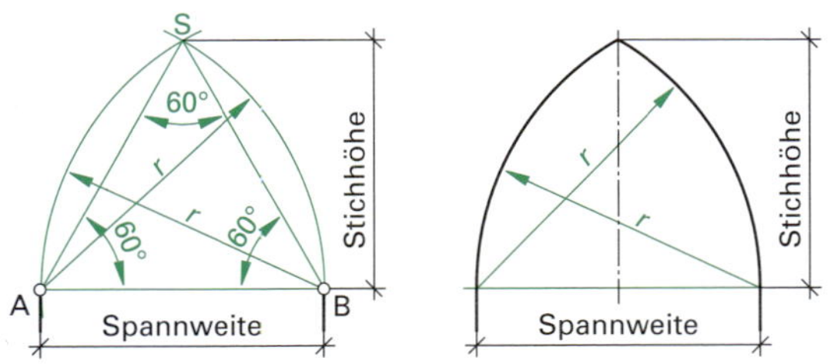

Gotischer Bogen

Mit der Spannweite um Punkt A und um Punkt B einen Kreisbogen mit $r = \overline{AB}$ geschlagen, ergibt den Scheitelpunkt S. Die Verbindung der Punkte A, B, S ergeben ein gleichseitiges Dreieck.

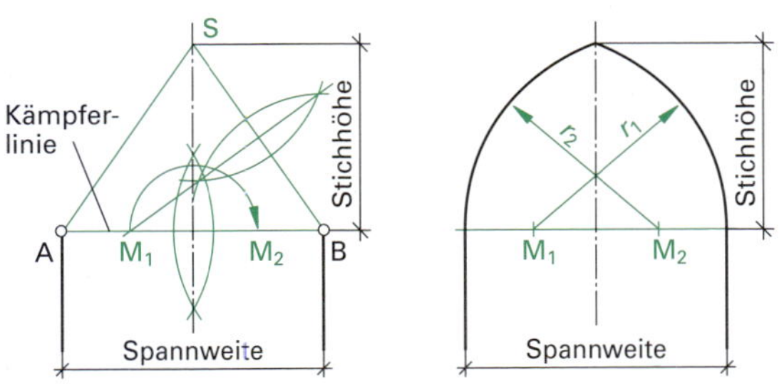

Gotischer Bogen, gedrückt

Auf der Kämpferlinie $\overline{AB}$ ein Mittellot errichten. Hierauf die Stichhöhe abgetragen, ergibt den Scheitelpunkt S. Die Stichhöhe muss kleiner als die Spannweite, aber größer als die halbe Spannweite sein. Die Mittelsenkrechte auf der Strecke $\overline{BS}$ schneidet die Kämpferlinie und ergibt den Einsatzpunkt M_1 zum Zeichnen des Bogens mit r_1.

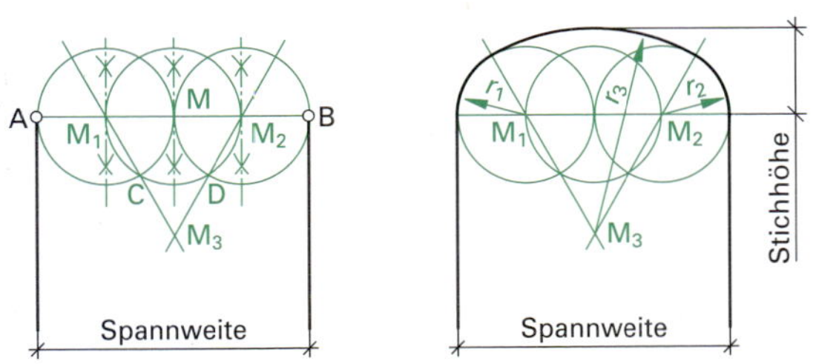

Korbbogen mit drei Grundkreisen

Kämpferlinie in vier Teile geteilt, ergibt die Mittelpunkte M_1, M und M_2 für die drei gleich großen Grundkreise. Die Gerade durch die Punkte M_1 und C, dem Schnittpunkt der Kreislinien, bzw. durch die Punkte M_2, und D ergibt den Punkt M_3 und die Wechselpunkte der Korbbogenlinie. Die Stichhöhe ergibt sich aus der Konstruktion.

4.4 Grundkonstruktionen

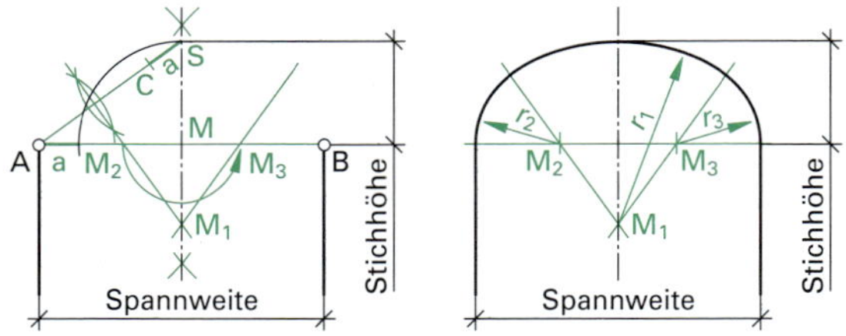

Korbbogen mit 3 Einsatzpunkten

Die Achsendifferenz *a* durch Kreisbogen um M mit der Höhe $\overline{MS}$ ermitteln und von S aus auf der Verbindungsgeraden $\overline{AS}$ abtragen, ergibt Punkt C. Auf $\overline{AC}$ die Mittelsenkrechte errichtet, ergibt die Punkte M_2 und M_1 sowie den Wechselpunkt der Bogenanschlüsse. M_2 um M nach rechts übertragen, ergibt M_3.

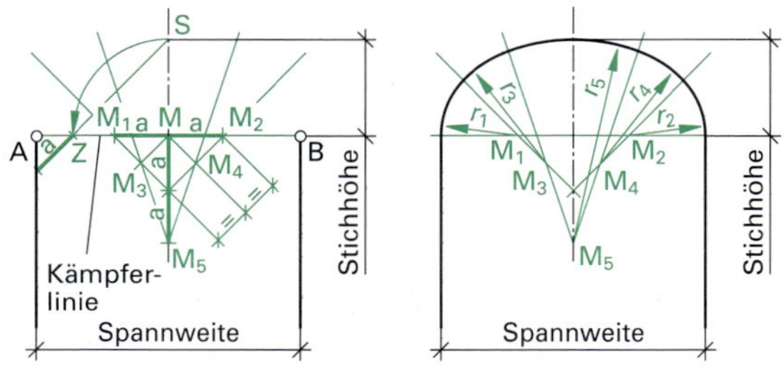

Korbbogen mit 5 Einsatzpunkten

Auf der Kämpferlinie $\overline{MS}$ abgetragen, ergibt Punkt Z. Durch Zeichnen der Verbindungsgeraden über den Punkt Z hinaus, erhält man die Strecke a. Strecke a von Punkt M aus auf der Kämpferlinie und zweimal auf dem Mittellot unter der Kämpferlinie abgetragen, ergibt die Einsatzpunkte M_1, M_2 und M_5. Die Einsatzpunkte M_3 und M_4 liegen in den Halbierungspunkten der Grundlinie des rechtwinkligen Dreiecks mit den Katheten a.

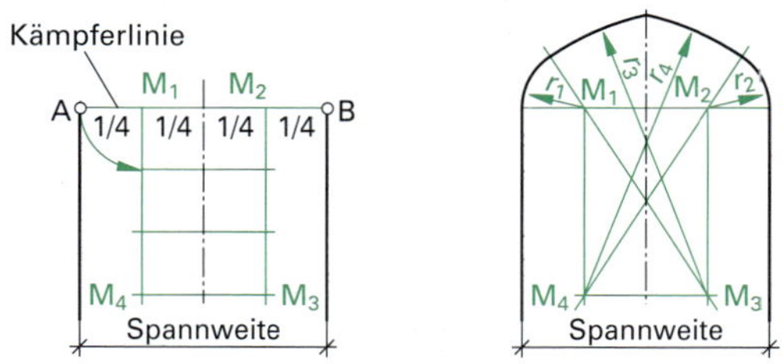

Kielbogen

Durch die Vierteilung der Spannweite erhält man die Einsatzpunkte M_1 und M_2, durch dreimaliges Abtragen der Viertelteilung unter die Kämpferlinie die Einsatzpunkte M_3 und M_4. Die Kreisbögen wechseln an den Verbindungsgeraden M_1 mit M_3 und M_2 mit M_4 sowie an der Symmetrieachse des Bogens.

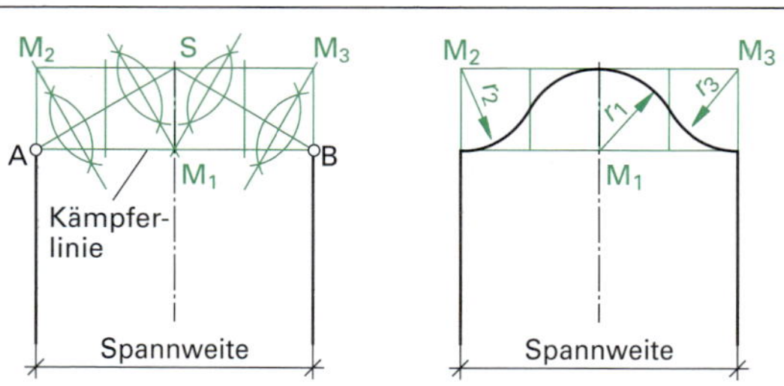

Karniesbogen

Scheitelpunkt S mit Widerlagerpunkt A und B verbinden. Durch Vierteilung der Kämpferlinie und Scheitellinie werden durch die Verbindungslinien auch die Strecken $\overline{AS}$ und $\overline{BS}$ geteilt. Durch Errichten der Mittellote auf den Teilstrecken $\overline{AS}$ und $\overline{BS}$ erhält man die Einsatzpunkte M_1, M_2 und M_3 zum Zeichnen des Karniesbogens.

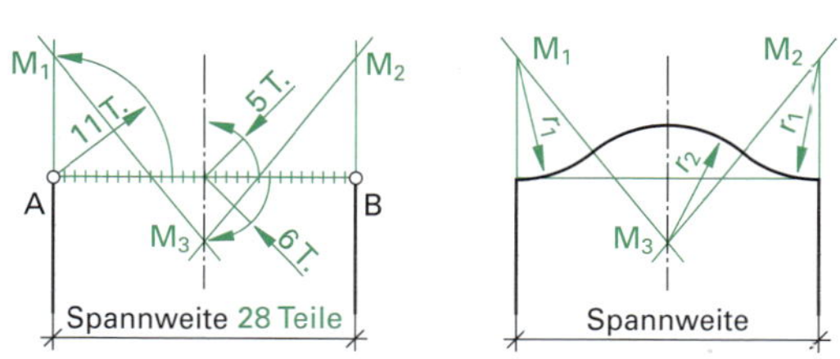

Flacher Karniesbogen

Die Kämpferlinie in 28 Teile teilen. Davon 11 Teile über Auflagerpunkt A bzw. B hinaus senkrecht abtragen, ergibt die Einsatzpunkte M_1 und M_2. Auf der Symmetrieachse 6 Teile nach unten abgetragen, ergibt den Einsatzpunkt M_3, nach oben abgetragen, den Scheitelpunkt des Karniesbogens.

4.4 Grundkonstruktionen

4.4.2 Rechtwinklige Parallelprojektion

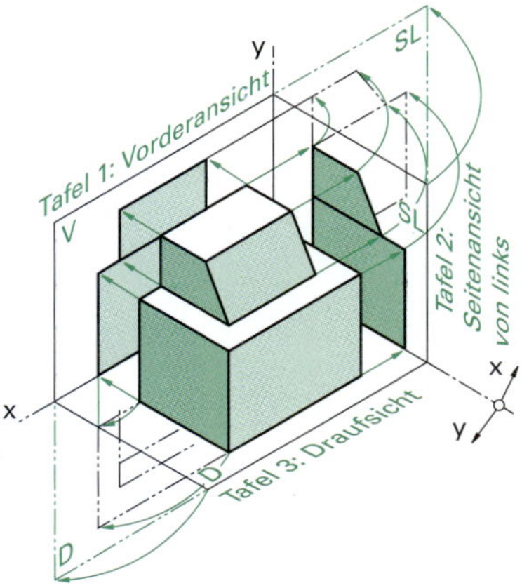

Die rechtwinklige Parallelprojektion stellt Körper in mehreren Ansichten dar, in der Vorderansicht, in der Seitenansicht und in der Draufsicht.

Projektionsmethode: Der Körper wird in der Regel parallel zu den Raumflächen in eine Raumecke gestellt, die aus drei Tafeln gebildet wird. Durch Sehstrahlen (Projektionslinien), die immer parallel zu den Raumkanten verlaufen, werden die Ansichten auf die Raumflächen projiziert. Schneidet man die Raumecke in Achse X/Y auseinander, erhält man durch Umklappung die drei Tafeln in einer Ebene. Die rechtwinklige Parallelprojektion wird auch Dreitafel-Projektion genannt. Nach dieser Vorstellung werden Körper in den Ansichten Vorderansicht, Seitenansicht und Draufsicht projiziert und wahre Größen und Flächen ermittelt.

Bei der **rechtwinkligen Parallelprojektion** (Dreitafelprojektion) nach DIN ISO 128-30 (auch DIN ISO 5456-2), liegt die Vorderansicht links von der Y-Achse und die Seitenansicht rechts von der Y-Achse. Die Draufsicht liegt unter der Vorderansicht.

Mit Hilfe der Projektionslinien, die immer rechtwinklig zu den Achsen verlaufen, können die Hauptansichten projiziert werden. In dem leeren Feld werden die Projektionslinien mit dem Zirkel oder unter 45° von Tafel 3 nach Tafel 2 (oder umgekehrt) herübergerissen. Die Strich-Doppelpunktlinie wird bei den rechtwinkligen Parallelprojektionen nicht gezeichnet.

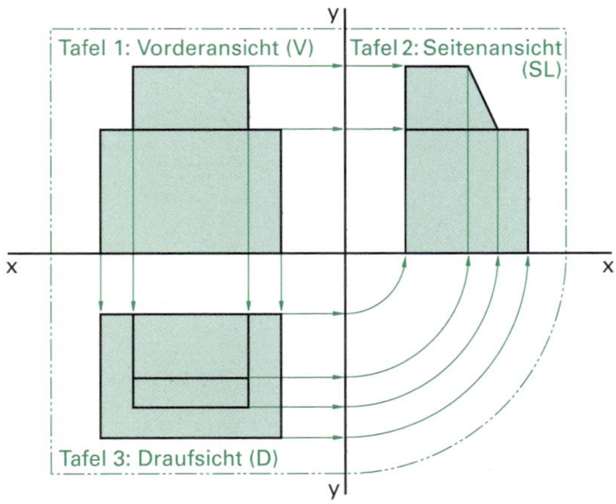

Bei der Darstellung von **Möbelansichten** werden die Projektionslinien und auch die Y-Achse nicht gezeichnet. Die X-Achse wird zur breiten Standlinie. Auf die Draufsicht kann man verzichten, wenn diese nicht zur Klärung der Form des Möbels benötigt wird.

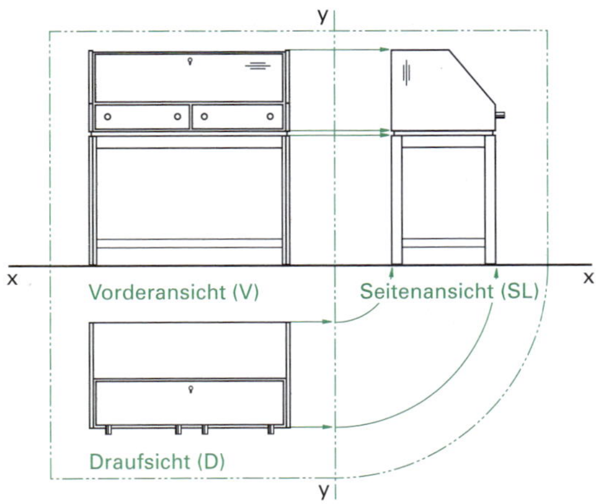

Bei der rechtwinkligen Parallelprojektion (orthogonalen Mehrtafelprojektion, Dreitafelprojektion) wird der abzubildende Gegenstand senkrecht auf mehrere (hier drei) gedachte Bildebenen abgebildet.

4.4 Grundkonstruktionen

Lage der Ansichten und Schnitte

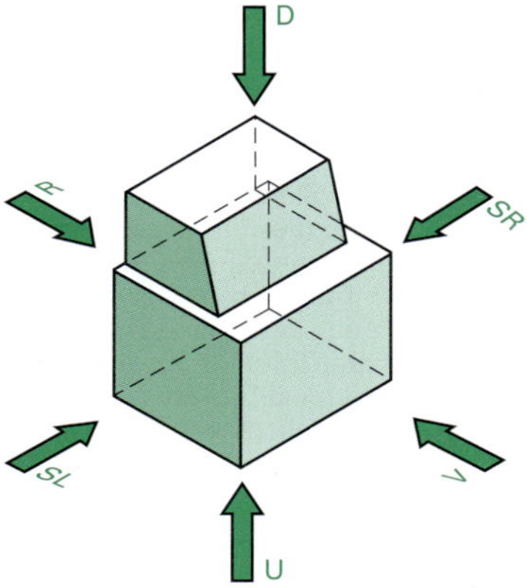

Bezeichnungen der Ansichten

- V Vorderansicht
- SL Seitenansicht von links
- D Draufsicht
- SR Seitenansicht von rechts
- R Rückansicht
- U Untersicht

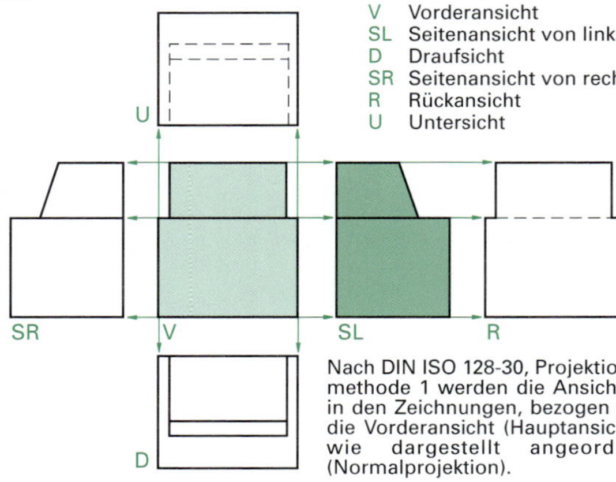

Nach DIN ISO 128-30, Projektionsmethode 1 werden die Ansichten in den Zeichnungen, bezogen auf die Vorderansicht (Hauptansicht), wie dargestellt angeordnet (Normalprojektion).

4

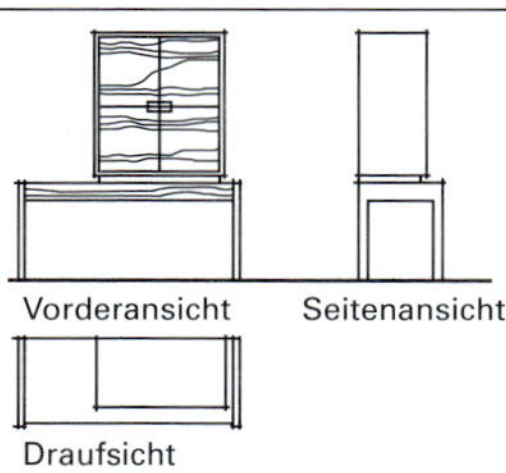

Bei Möbeln wird die Vorderansicht, die Seitenansicht von links und wenn nötig die Draufsicht gezeichnet.

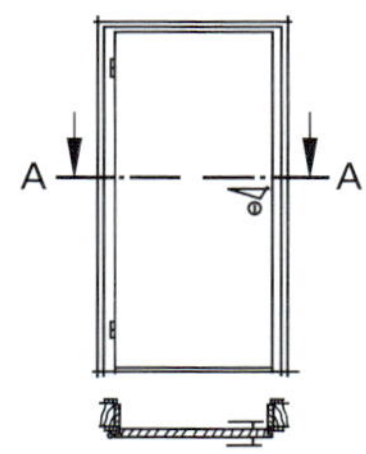

Bei Innentüren ist die Öffnungsfläche die Hauptansicht.

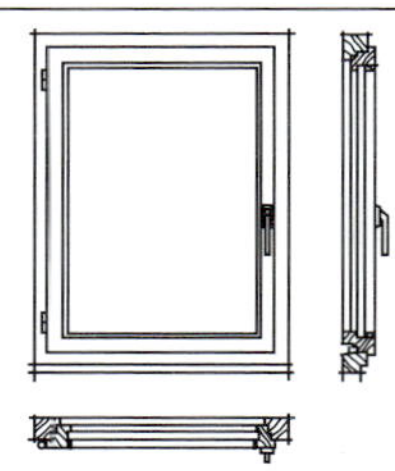

Bei Fenstern und Fenstertüren ist die Innenraumseite die Hauptansicht.

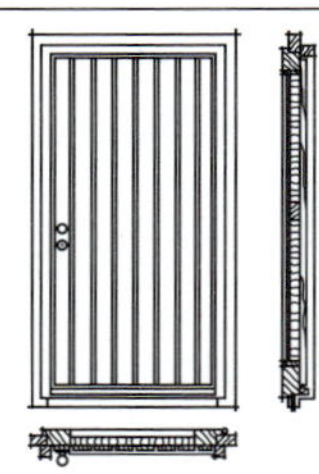

Bei Haustüren gilt die Außenseite als Hauptansicht.

Man unterscheidet die Hauptschnitte:

Horizontalschnitt, Schnitt A – A
Vertikalschnitt, Schnitt B – B,
Frontalschnitt, Schnitt C - C
und **Einzelheit Z**

Konstruktion und Material eines Werkstückes können in Schnitten eindeutig dargestellt werden. Schnitte werden sinngemäß wie die Ansichten angeordnet. Sie werden rechtwinklig durch das Material geführt.

Die Schnittführung wird durch eine dicke Strich-Punkt-Linie gekennzeichnet und erhält Pfeil und Großbuchstaben.

Besondere Einzelheiten werden durch eine Kreislinie eingerahmt und erhalten Großbuchstaben Z, Y oder X.

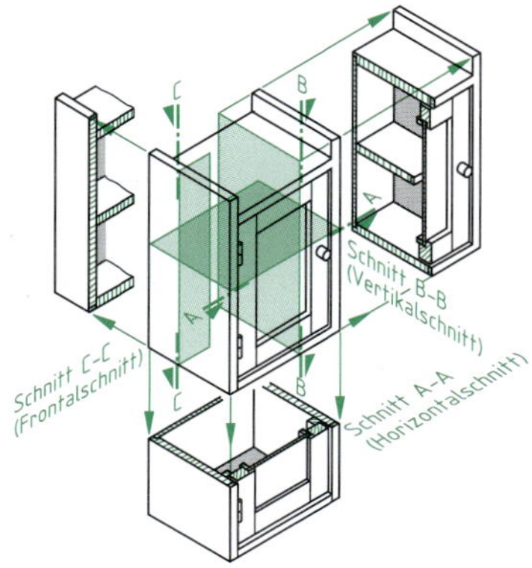

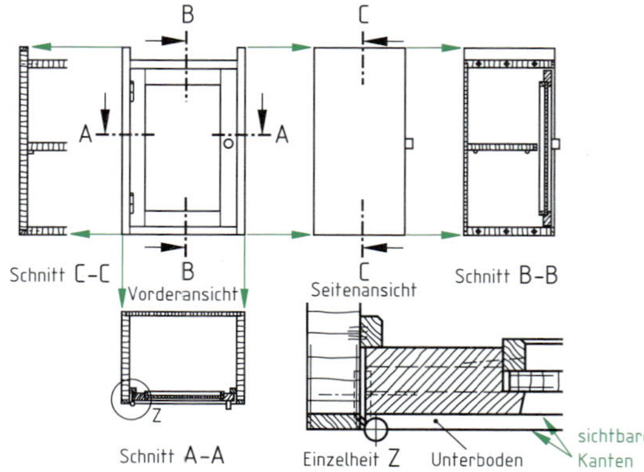

4.4 Grundkonstruktionen

4.4.3 Austragungen und wahre Größen

Sockel in der Form eines Pyramidenstumpfes

Bei einem Körper mit quadratischem Grundriss genügen die Vorderansicht und die Seitenansicht zur vollständigen Klärung der Form. Die Seitenfläche wird um die Kante 3/4 herumgeklappt, um mit der wahren Höhe und den Breiten aus der Draufsicht die wahre Größe der Fläche zu konstruieren.

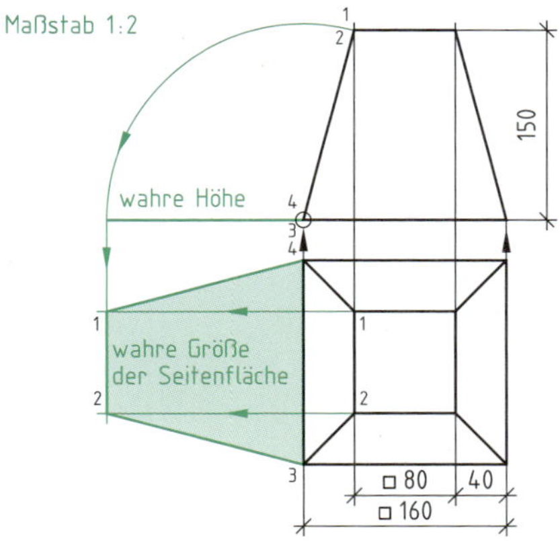

Ermittlung der wahren Größen der Seitenflächen

Ermittlung der Gehrung bei einem Trichter

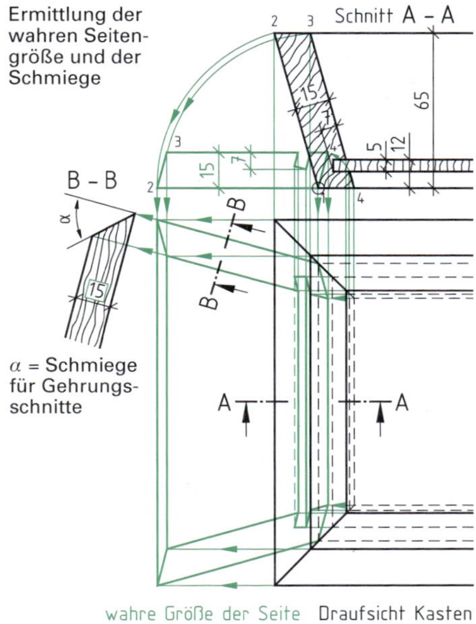

Ermittlung eines Profils bei falscher Gehrung

Bei der Projektion kreisrunder Körper werden die Kreise in Segmente eingeteilt um Punkte auf der Kreislinie zu erhalten. Diese werden dann in der Höhe über die echte Gehrung und in der Breite über die falsche Gehrung projiziert. Die Schnittpunkte ergeben den verzogenen Verlauf der Profillinie.

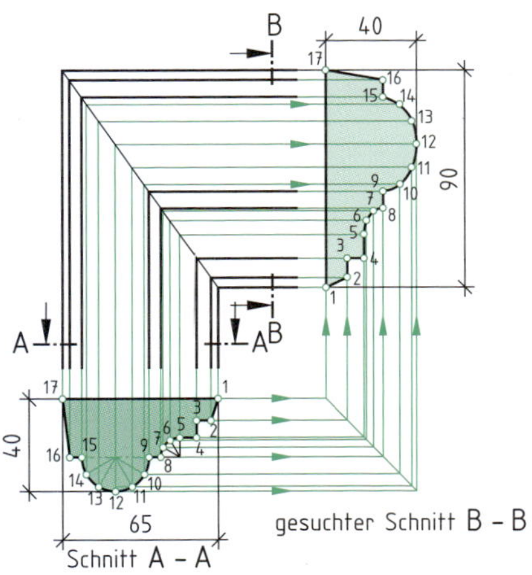

Projektion eines Handlaufkrümmlings

Der Handlauf ist durch seinen Querschnitt, durch die Steigungshöhe und den Krümmungsradius bestimmt. Die Ansichten ergeben sich durch Projektion der Segmentpunkte in der Draufsicht und den gleichmäßigen Teilen der Steigungshöhe in der Ansicht.

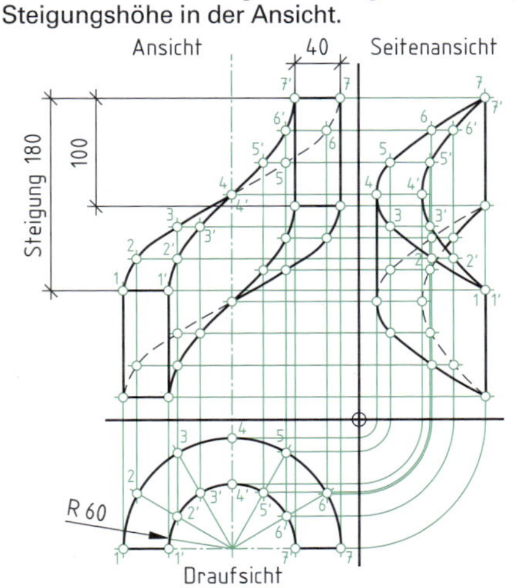

4.4 Grundkonstruktionen

Austragung eines schrägen Fußes

Bei der Austragung des schrägen Fußes bei einem Fußgestell, müssen die Querschnittsform der Zarge und die Querschnittsform des Fußes ermittelt werden. Beide haben bei dieser Fußgestellkonstruktion keine rechtwinkligen Querschnitte. Ferner ist die Schmiege zum Ablängen des Fußes und der Zarge zu ermitteln.

Zunächst ist Vorderansicht und Draufsicht des Fußgestells zu zeichnen. Durch das Einzeichnen der Zarge in die Vorderansicht, wird die Form der Zarge geklärt. Durch das Herumklappen der Zarge erhält man deren Draufsicht und damit die Schmiege S_3 zum Absetzen der Zarge. Der Fuß wird um Punkt X parallel zur Vorderansicht gedreht. Die Vorderansicht wird mit dem gedrehten Fuß ergänzt. Da die Breite B des Fußes in wahrer Größe bleibt, kann nun der wahre Querschnitt des Fußes mit der Schmiege S_1 eingezeichnet werden. An der Standfläche des gedrehten Fußes ergibt sich die Schmiege S_2 für das Ablängen des Fußes. (Die Schräge des Fußes wurde zur besseren Klärung der Aufgabe übertrieben).

Ansicht des Fußgestells

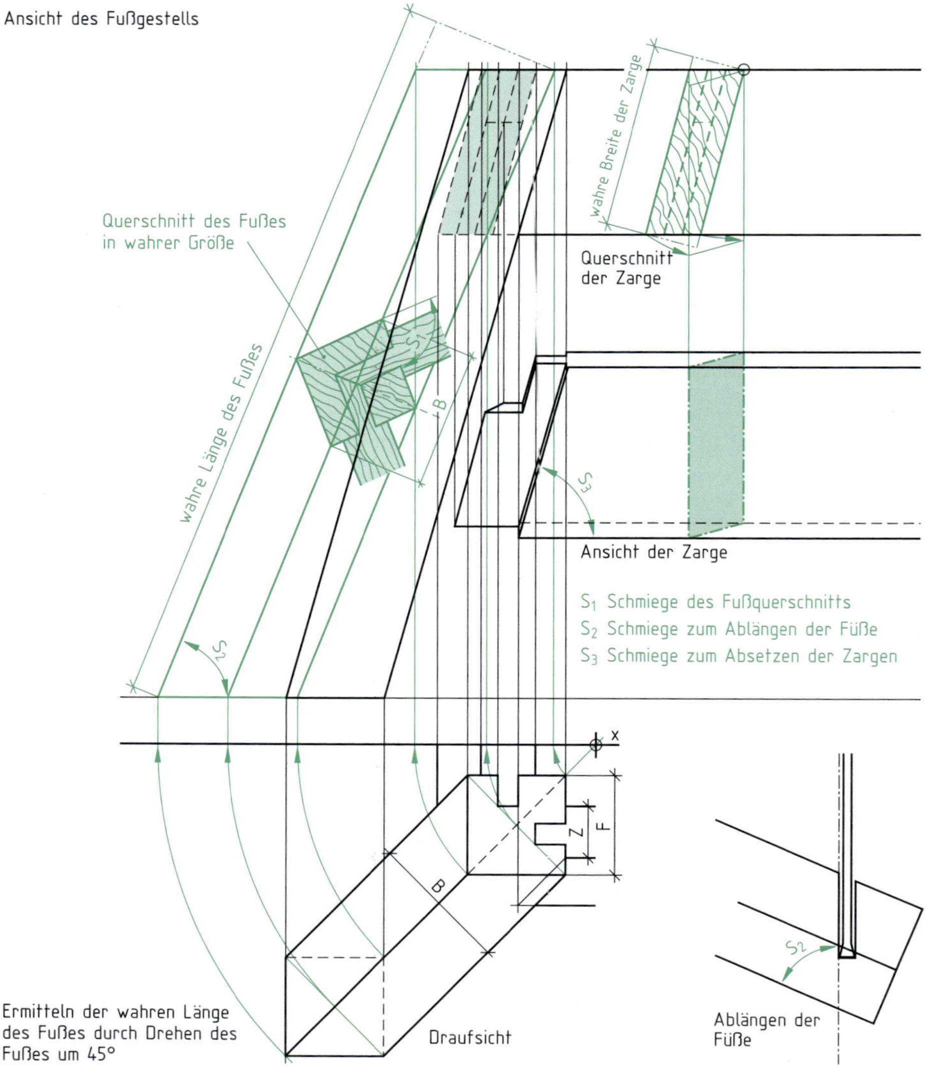

4

4.4 Grundkonstruktionen

Ausstellungspodest

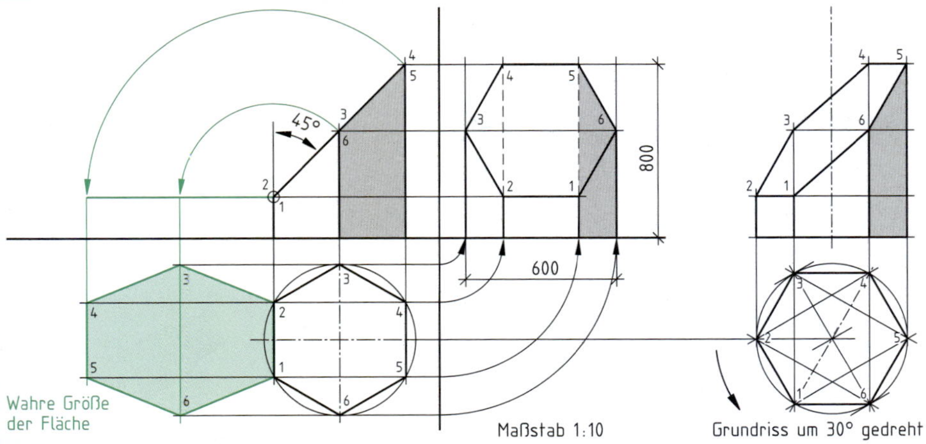

Ausstellungskästen

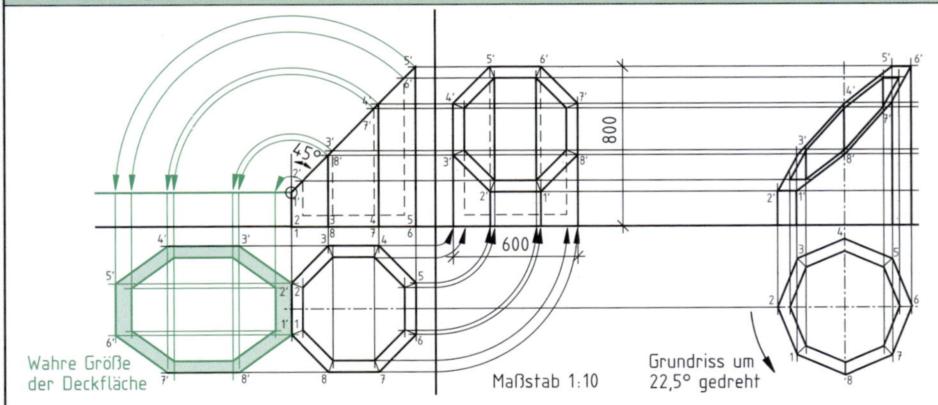

Schräg angeschnittene Sechseckpyramide

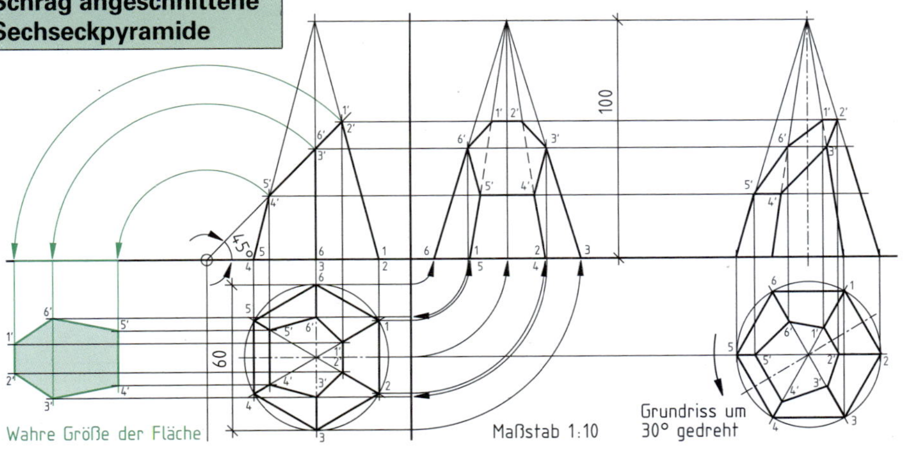

4.4 Grundkonstruktionen

4.4.4 Parallelprojektionen

Bei Parallelprojektionen verlaufen alle parallelen Kanten eines Körpers in gleicher Weise parallel zueinander. Mit ihrer Hilfe lassen sich Körper vereinfacht räumlich darstellen. Man unterscheidet Isometrie, Dimetrie und schräge Parallelprojektion (Axonometrische Darstellungen nach DIN ISO 5456-3; ersetzt DIN 5 Blatt 1 und Blatt 2).

Isometrie (DIN 5, Blatt 1)

Die Isometrie ist eine axonometrische Projektion, die auf die drei Hauptachsen aufbaut. Die X-Achse und die Y-Achse laufen unter 30° zur Waagerechten in die Tiefe, die Z-Achse ist die Senkrechte. Die parallel zu diesen Achsen verlaufenden Strecken werden unverkürzt dargestellt. Kreise werden zu Ellipsen.

Die Isometrie wird dann für körperliche Darstellungen angewendet, wenn man in Seitenansicht, Vorderansicht und Draufsicht Wesentliches klären will.

4

Seitenverhältnis: a : b : c = 1 : 1 : 1

Winkel zur Waagerechten:
X-Achse 30°, Y-Achse 30°

Achsenverhältnis Ellipsen: 1 : 1,7

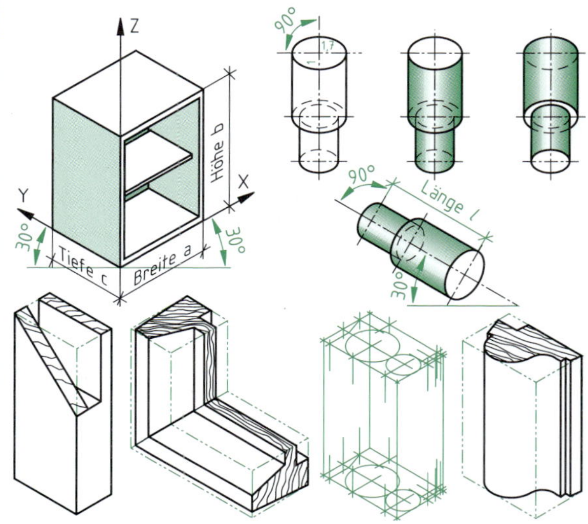

Dimetrie (DIN 5, Blatt 2)

Die Dimetrie ist eine axonometrische Darstellung, die sich besonders für körperliche Darstellungen eignet, wenn in der Vorderansicht Wesentliches klar gezeigt werden soll. Die in die Tiefe laufenden Linien werden um die Hälfte verkürzt

Seitenverhältnis: a : b : c = 1 : 1 : ½

Achsenverhältnis Ellipsen:
Vorderfront 9 : 10; Seitenansicht 1 : 3

Winkel zur Waagerechten:
X-Achse 42°; Y-Achse 7°

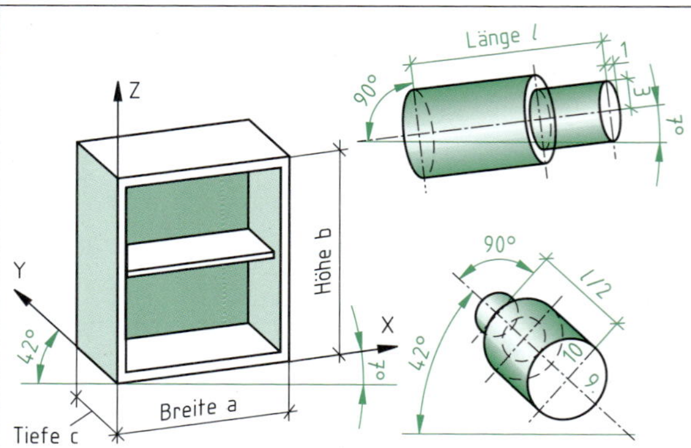

Schräge Parallelprojektion

Bei der schrägen Parallelprojektion wird die Vorderansicht des Körpers maßstabsgerecht gezeichnet. Die in die Tiefe laufenden Linien werden nicht verkürzt (bei einem Winkel von 30°) oder auf ⅔ verkürzt (bei einem Winkel von 45°) gezeichnet.

Seitenverhältnis:
a : b : c = 1 : 1 : ⅔ (bei 45°)
a : b : c = 1 : 1 : 1 (bei 30°)

Winkel zur Waagerechten:
X-Achse 0°, Y-Achse 45° oder 30°

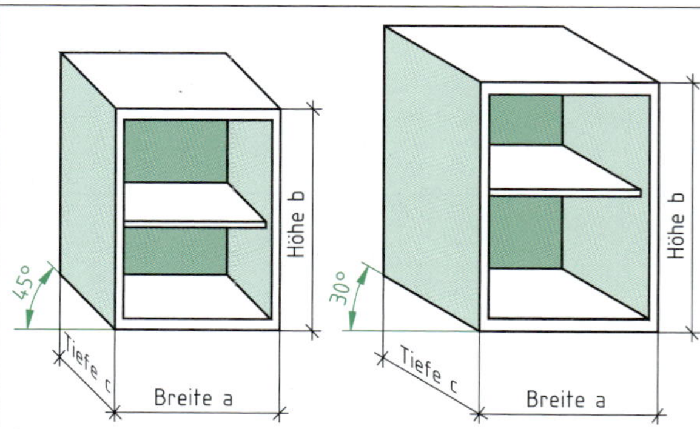

4.5 Perspektive

Perspektiven entsprechen der fotorealistischen Darstellung. Die Bilder werden durch die Strahlenbündel, die durch die Blendenöffnung oder Pupille dringen, auf dem Film und auf der Netzhaut im Auge auf dem Kopf stehend abgebildet.

- **Bildebene:** Bei der konstruierten Perspektive ist die Bildebene vor dem „Augpunkt" anzuordnen. Liegt sie zwischen Augpunkt und Objekt, wird das Objekt kleiner abgebildet, liegt sie hinter dem Objekt, erscheint das Objekt größer. Liegt die Bildebene am Gegenstand, so wird die an der Bildebene anliegende Kante in wahrer Größe abgebildet. Bei einer sogenannten Netzhaut-Perspektive kann die Bildebene auch als konvex gekrümmte Fläche gezeichnet werden.
- **Standpunkt:** Der Standpunkt liegt vom Objekt etwa die 1,5-fache größte Ausdehnung des Objekts oder der Horizonthöhe entfernt. Eine weitere Entfernung vom Objekt lässt das Objekt ausdruckslos erscheinen, ein zu naher Standpunkt verzerrt die Perspektive des Objekts.
- **Augpunkt:** Der Augpunkt liegt über dem Standpunkt. In ihm treffen sich alle Sehstrahlen.
- **Sehstrahlen:** Die Sehstrahlen bilden das Stahlenbündel, das vom Objekt in den Augpunkt gelangt. Sehstrahlen geben den Bildausschnitt an. Der Öffnungswinkel des Strahlenbündels darf nicht mehr als 50° betragen. In der Mitte des Strahlenbündels liegt der Hauptsehstrahl.
- **Horizont:** Er liegt auf der Augenhöhe des Betrachters. Sie sollte bei Möbeln 1,50 m und bei Räumen im allgemeinen 1,60 m betragen. Da in der Regel die Senkrechten in der Perspektive senkrecht gezeichnet werden, darf der Horizont nicht zu hoch liegen.
- **Fluchtpunkt:** Die Fluchtpunkte liegen auf dem Horizont. Die jeweils parallel im oder am Objekt in die Tiefe verlaufenden Linien treffen in einem Fluchtpunkt zusammen.
- **Messpunkt:** Messpunkte sind Hilfspunkte für die vereinfachte Konstruktion der perspektivischen Breitenteilung. Messpunkte liegen auch auf dem Horizont.

Prinzip der Perspektivkonstruktion

Die Sehstrahlen durchstoßen die Bildebene und bilden den Körper auf der Bildebene perspektivisch ab. Durch Verschieben der Bildebene wird das perspektivische Bild kleiner oder größer. Auf dem Horizont treffen die in die Tiefe laufenden parallelen Linien jeweils in einem Punkt, dem Fluchtpunkt, zusammen.

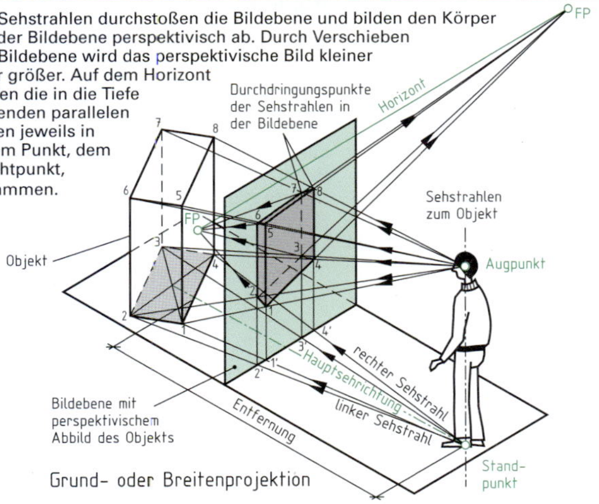

Entfernung: Standpunkt – Objekt

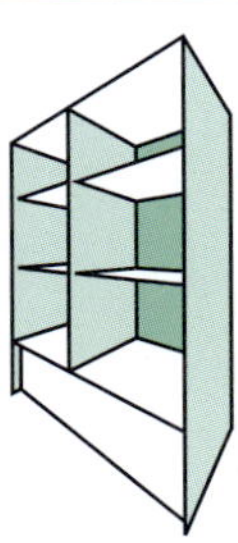

Standpunkt ist zu nah, Bild ist verzerrt.

Standpunkt ist zu weit, Bild ist zu ausdruckslos.

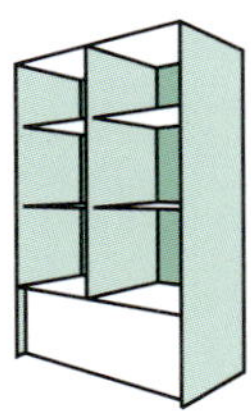

Standpunkt ist richtig gewählt, Entfernung ca. 1,5-fache größte Objektausdehnung oder Horizonthöhe.

Teilungshilfen

Höhenteilung durch die Propotionalitätsmethode

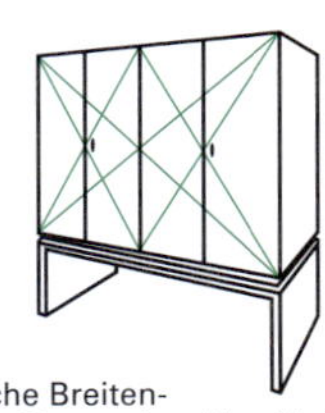

Perspektivische Breitenteilung durch Diagonalen. Nur für 2, 4, 8 usw. Teilungen möglich.

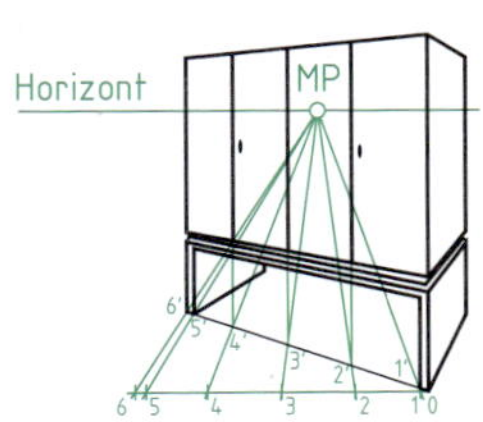

Perspektivische Breitenteilung durch die Messpunktmethode. Strecke 0 bis 6 maßstäblich einteilen. Punkt 6 über Punkt 6´ verbinden, ergibt Messpunkt MP auf dem Horizont zur Ermittlung der übrigen Teilungspunkte 1´ bis 5´.

4.5 Perspektive

4.5.1 Übereck-Perspektive

Bei einer Übereck-Perspektive ist die Hauptsehrichtung nicht rechtwinklig auf das Objekt gerichtet. Die Horizontalen eines rechtwinkligen Körpers (Quader) laufen auf zwei Fluchtpunkte zu, die auf dem Horizont liegen. In dieser Übereck-Perspektivkonstruktion bleiben die Senkrechten senkrecht.

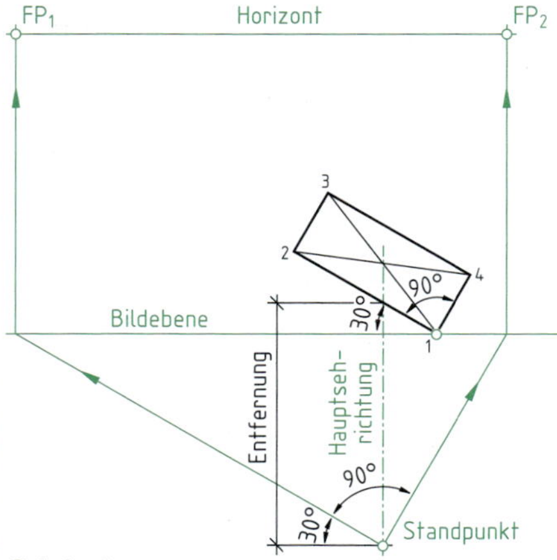

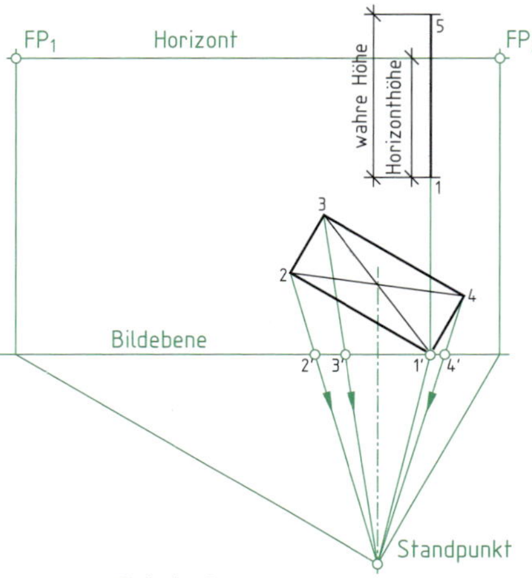

Schritt 1

Grundriss des Objekts im Winkel von 30°/60° zeichnen. Durch den Schnittpunkt der Diagonalen des Grundrisses geht der Hauptsehstrahl. Den Standpunkt festlegen. Seine Entfernung vom Objekt beträgt das 1,5-fache der größten Ausdehnung des Objekts oder der Horizonthöhe. Bildebene durch einen Punkt des Objekts zeichnen. Horizont festlegen, entweder über oder unter die Bildebene oder genau mit ihr deckungsgleich. Auf dem Horizont liegen die Fluchtpunkte. Sie werden durch Parallelen zu den Körperkanten des Objekts vom Standpunkt aus bis zu den Schnittpunkten mit der Bildebene und durch Übertragen dieser Schnittpunkte auf den Horizont gefunden.

Schritt 2

Einzeichnen der Sehstrahlen vom Standpunkt bis zu den Eckpunkten des Objekts. Auf der Bildebene ergeben sich durch die Schnittpunkte der Sehstrahlen mit der Bildebene die Lage der Breitenlinien. Die Bildebene geht durch den Punkt 1 des Objekts. Hier hat die Breitenlinie die wahre Höhe. Sie wird vom Horizont aus eingemessen.

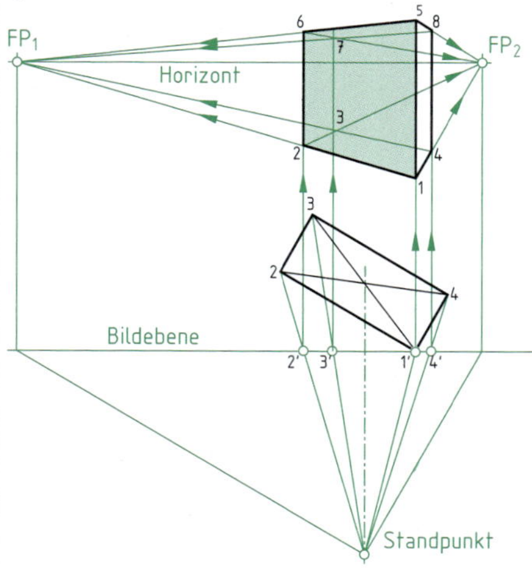

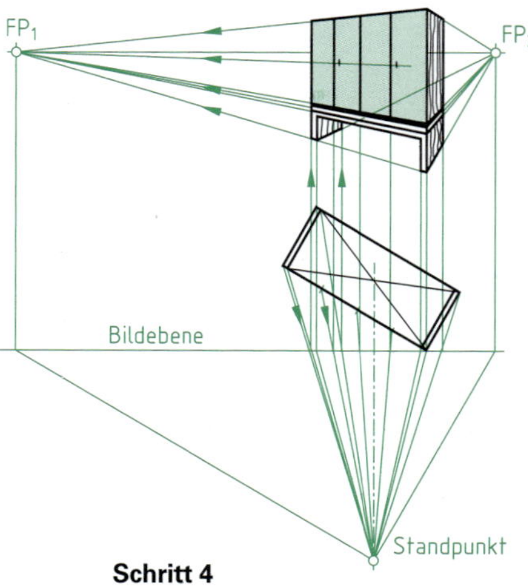

Schritt 3

Die festgelegten Höhenpunkte 1 und 5 können mit den Fluchtpunkten verbunden werden. Durch das Schneiden der Breitenlinien ergeben sich die anderen Eckpunkte.

Schritt 4

Einzeichnen der weiteren Teilungslinien in der Höhe und in der Breite, entweder aus der Grundprojektion oder über die wahre Höhe.

4.5 Perspektive

4.5.2 Zentralperspektive

In Zentralperspektiven trifft der Hauptsehstrahl senkrecht auf die Ansichtsfläche. Waagerechte bleiben in der Frontalansicht waagerecht und Senkrechte senkrecht. Dadurch ergibt sich eine einfache Konstruktion.

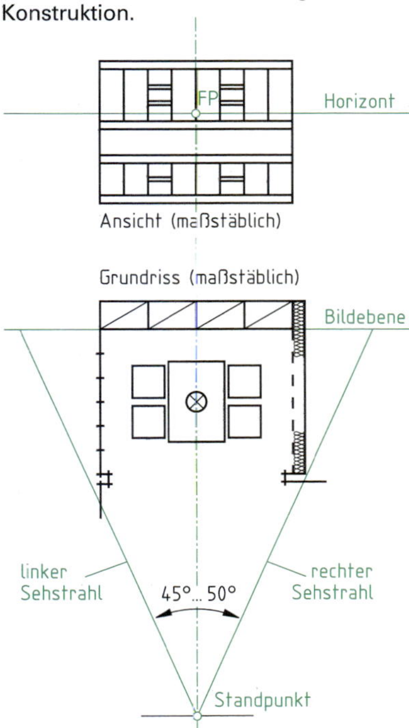

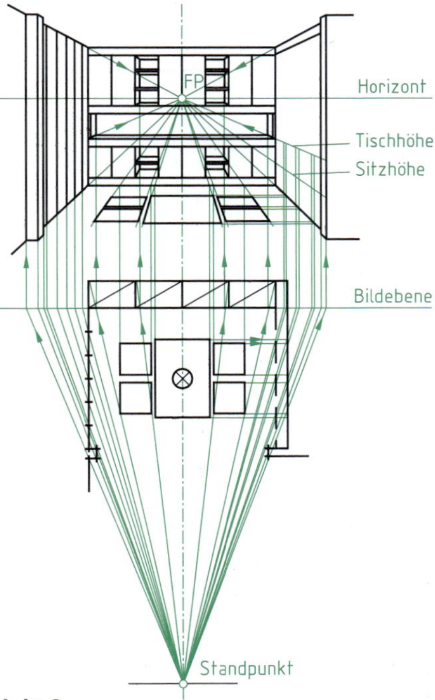

Schritt 1

Grundriss und Wandansicht maßstäblich übereinanderzeichnen. Die Bildebene im Grundriss in die Vorderfront der Schrankwand und den Horizont ca. 1,60 m hoch in die Ansicht legen. Der Fluchtpunkt liegt auf dem Horizont, bei der Zentralperspektive in der Mitte der Ansicht. Der Öffnungswinkel der äußeren Sehstrahlen darf max. 50° betragen.

Schritt 2

Vom Standpunkt aus sind die Teilungen aus dem Grundriss bis zur Bildebene hin zu übertragen und dann senkrecht hochzureißen. Für die Sitzgruppe sind Hilfslinien auf Boden und Wand zu projizieren. Die wahren Größen liegen auf der Vorderfront der Ansicht. Verbindungen mit dem Fluchtpunkt ergeben das perspektivische Bild.

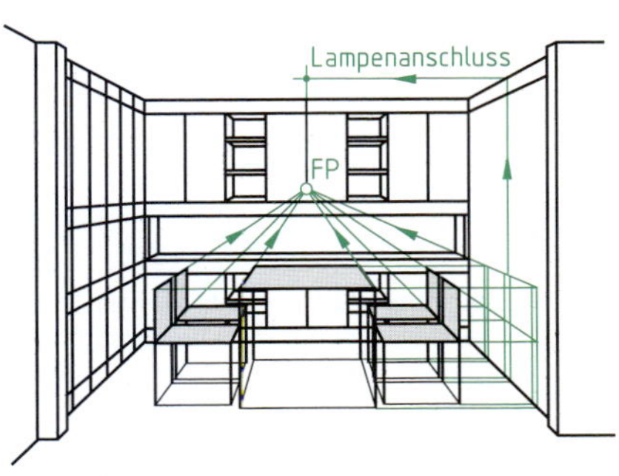

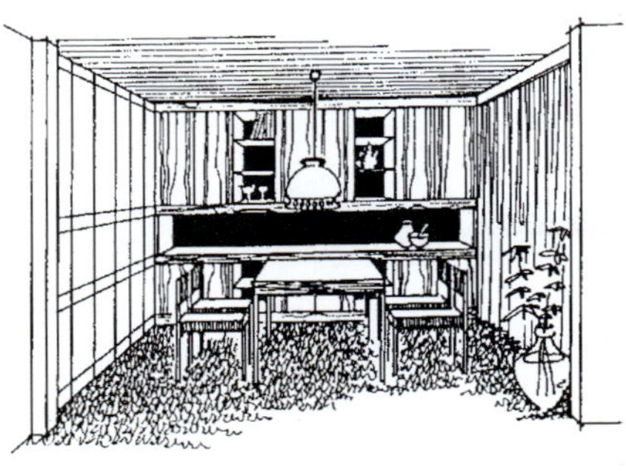

Schritt 3

Aus dem perspektivischen Grundriss der Sitzgruppe und den Hilfslinien an der Wand können Stühle und Tisch gezeichnet werden.

Schritt 4

Perspektive ausziehen und anlegen, um die räumliche Wirkung zu erhöhen.

4

4.6 Grundlagen der Gestaltung

Das Quadrat als Gestaltungsmodul (Beispiele)

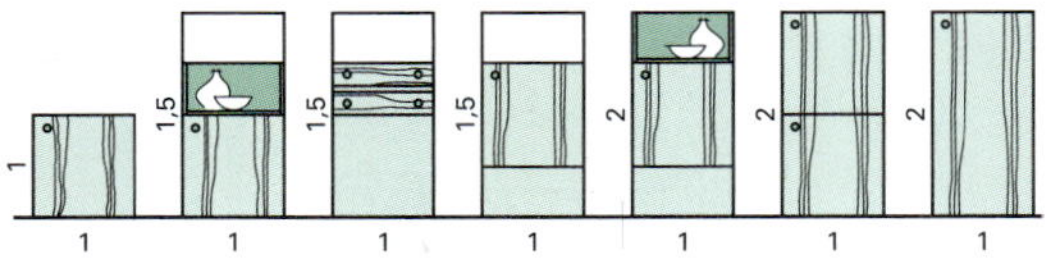

Das **Quadrat** ist bei der Gestaltung als Grundmodul beliebt. Die Flächen sind entweder ein Vielfaches eines Quadrats oder die Ausgangsfläche für die Konstruktion von Rechtecken. Das Quadrat wirkt auf der Basis liegend ruhig und ausgeglichen.

Die Goldenen Rechtecke

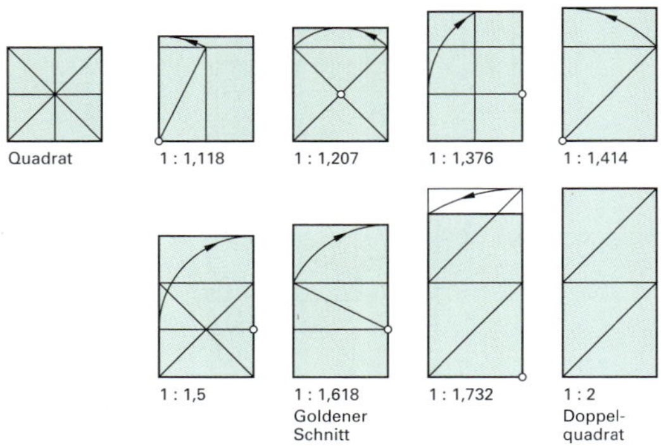

Rechteckformate können liegend oder stehend sein. Stehende Rechtecke weisen eine vertikale Ausdehnungstendenz, liegende eine horizontale Ausdehnungstendenz auf.

Die sogenannten **goldenen Rechtecke** werden aus einem Quadrat als Grundmodul konstruiert, indem sich harmonische Verhältnisse der beiden Rechteckseiten ergeben. Der Goldene Schnitt gehört zu ihnen.

Beim **Goldenen Schnitt** verhalten sich die Seiten im Verhältnis 3:5, 5:8, 8:13 usw.

Harmonisch klingende Proportionen

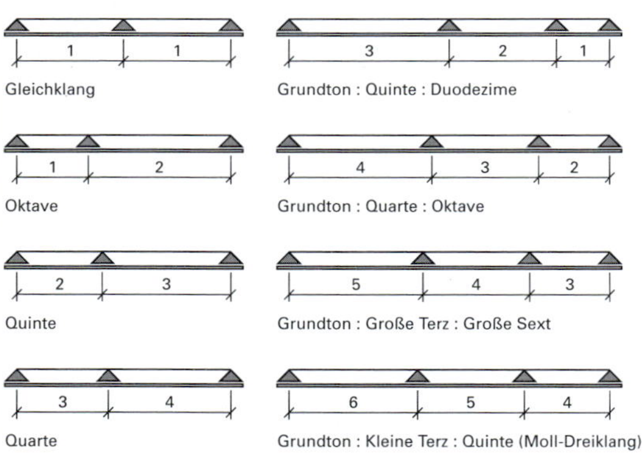

Harmonische Proportionen

Beim Versuch Harmonien zu beweisen, wurden Saiten über flexible Böcke gespannt. Durch verschieben der Böcke gab es bei den nebenstehenden Saitenabschnitten hörbare Harmonien. Das Verhältnis des Goldenen Schnittes ist ebenfalls darunter.

Die drei Grundregeln der Gestaltung:

- Wahrheit in Material, Funktion und Form
- Klarheit in der Form, Einfachheit in der Konstruktion und sinnvoll in der Funktion
- Sparsamkeit in der Verwendung gestalterischer Mittel und Zurückhaltung in Dekor und Farbe

Gliederung der Möbelfront

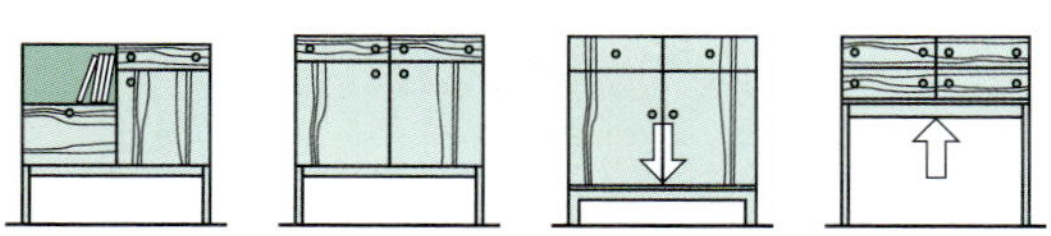

viele unterschiedliche Funktionen, unklar, unausgewogen

klare Gliederung, ausgewogen

niedriges Fußgestell. Möbel wirkt sehr schwer

hohes Fußgestell. Möbel wirkt leicht

Möbelfronten, besonders kleiner Möbelstücke, dürfen nicht zu viele verschiedene Funktionen enthalten. Kleine Möbelflächen benötigen eine klare Gliederung, Ruhe und Ausgewogenheit.

Fußgestelle mit geringer Höhe und dicken Füßen lassen ein Möbel schwer erscheinen, höhere Fußgestelle aus geringeren Querschnitten machen das Möbel leichter und grazil.

4.6 Grundlagen der Gestaltung

Maße der Menschen

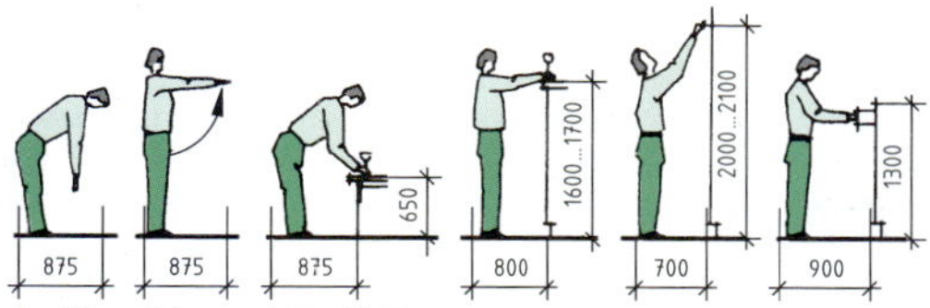

Greifbereiche und Greifhöhen

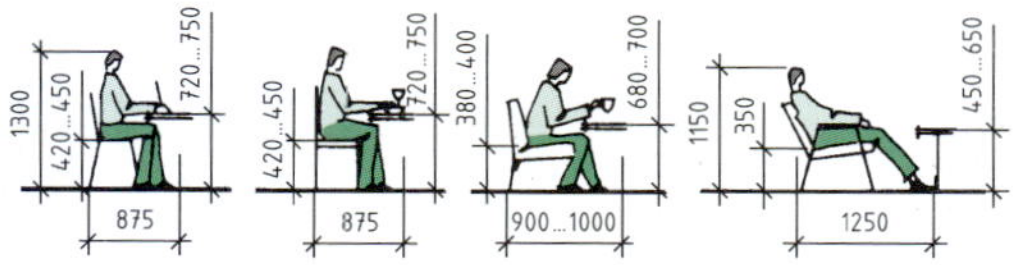

Sitz- und Tischhöhen beim Schreiben, Speisen und Plaudern

Büroarbeitsplätze – Computerarbeitsplätze

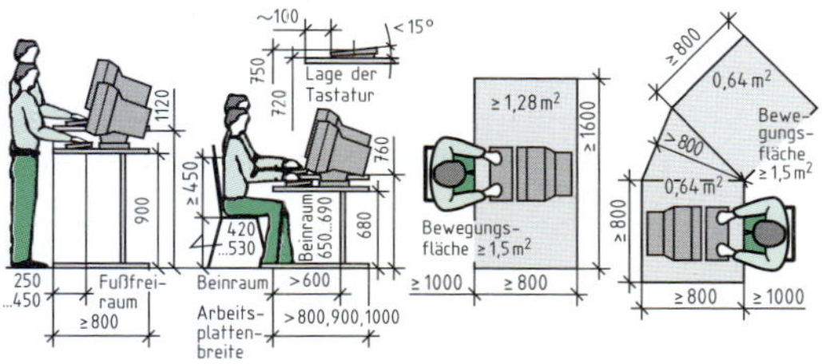

Arbeitsplatz im Stehen | Arbeitsplatz im Sitzen | Arbeitsplatz- und Arbeitsflächengröße

Maße verschiedener Gegenstände

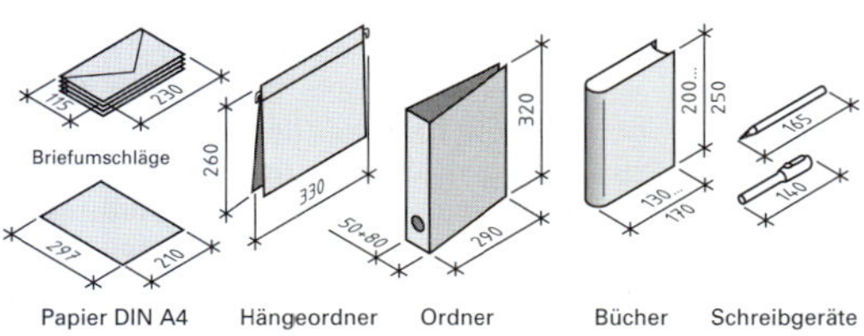

Papier DIN A4 | Hängeordner | Ordner | Bücher | Schreibgeräte

Gläser, Geschirr und Besteck

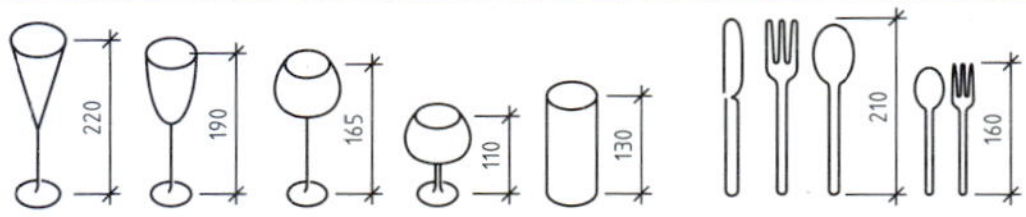

Sektglas | Weißweinglas | Rotweinglas | Cognacglas | Saftglas | Bestecke

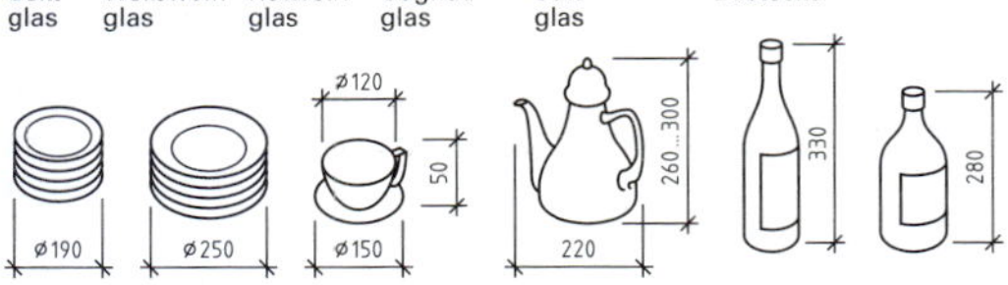

Frühstücksteller | Essteller | Kaffeetasse | Kaffeekanne | Weinflasche | Likörflasche

Für die Gestaltung der Möbel sind die **Maße der Menschen** im Stehen und Sitzen, die Greifbereiche und die Greifhöhen, die Arbeitshöhen, der Sitz und Tischhöhen, die Größe der Liegeflächen sowie die Maße der unterzubringenden Gegenstände zu beachten.

Vorschriften, Verordnungen und Bestimmungen (Auszug):

DIN 2137	Büro- und Datentechnik
DIN 4543	Büroarbeitsplätze, Flächenbedarf für Büroeinrichtungen
DIN 4545	Büromöbel, Registratur und Karteischränke
DIN 4549	Büromöbel, Schreibtische, Schreibmaschinentische
DIN 4551	Bürodrehstuhl
DIN 4556	Büromöbel, Fußstützen
DIN 33402	Körpermaße des Menschen
DIN 66234	Bildschirmarbeitsplätze
DIN 68970	Tisch und Stuhl für den allgemeinen Unterricht

4

Maße verschiedener Möbel
(Breite/Tiefe/ Höhe in mm)

Anrichten: 1200 … 2400/420 … 500/750 … 950
Geschirrschränke: 1350 … 1400/420 … 500/1280 … 1350
Hocker: 380 … 450/380 … 450/380 … 450
Kinderbetten: 1300/650/900 … 1000; 1400/700/900 … 1000; 1500/750/900 … 1000
Kleiderschränke:
1000 … 1250/580 … 650/1650 … 1900, Breite oft unbegrenzt, bei geschosshohen Schränken 2300 … 2400
Kommoden:
850 … 1100/460 … 500/720 … 1100
Küchenoberschränke:
400 … 1200/350 … 400/600 … 650
Küchenunterschränke:
400 … 1200/580 … 620/850 … 900
Küchenhochschränke:
400 … 600/580 … 620/2000 … 2100
Schreibmaschinentische:
900 … 1300/500 … 650/650 … 700
Schreibsekretäre:
800 … 1100/400 … 520/1100 … 1350
Schreibtische: 1400/700/720 … 750; 1600/800/720 … 750; 1800/900/720 … 750; 2000 … 2400/1000/720 … 750
Servierwagen: 750/450/580 … 650
Sessel: 700 … 800/700 … 850/360 … 420
Stühle: 380 … 500/400 … 600/400 … 450
Wäscheschränke:
1000 … 1800/460 … 520/1650 … 1900
Wohnzimmerschränke:
1000 … 2400/380 … 450/800 … 1300

4.6 Grundlagen der Gestaltung

Kleidung und Wäsche

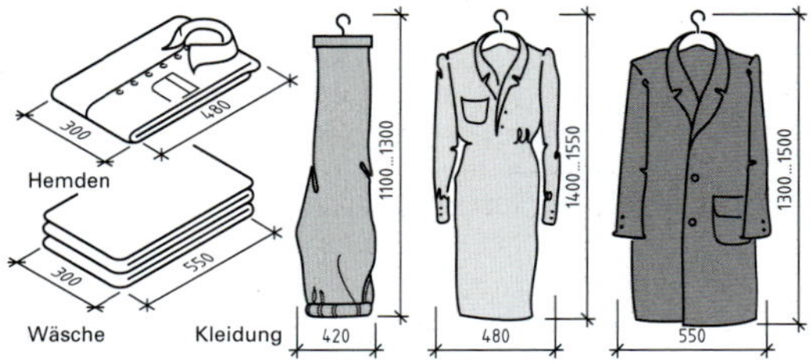

Die unterzubringenden Gegenstände bestimmen die Größe der Möbel und Einbauschränke; die Höhen der Gläser, die Durchmesser der Teller, die Länge der Bestecke die Maße der Geschirrschränke; die Größe der zusammengelegten Wäschestücke die Maße der Wäscheschränke und die Länge und Breite der Kleidungsstücke die Maße der Kleiderschränke.

Konstruktion

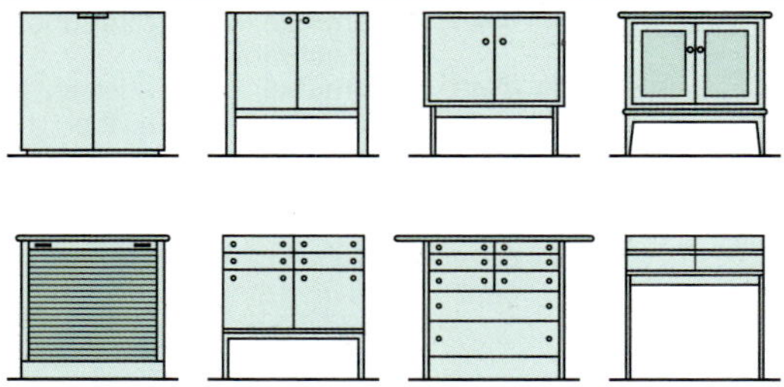

Die Konstruktion beeinflusst die Gestaltung. Stumpf aufschlagende Plattentüren ergeben zum Beispiel ein flächiges, schlichtes Möbel. Einschlagende, zurückspringende Türen werden durch die Korpusseiten eingerahmt. Die Gestalt des Möbels wird davon bestimmt, ob man Stollen, Wangen, Fußgestelle oder Sockel verwendet, oder ob in die Front glattflächige Türen, Rahmentüren, Rolläden oder Schubkästen eingebaut werden.

Beschläge

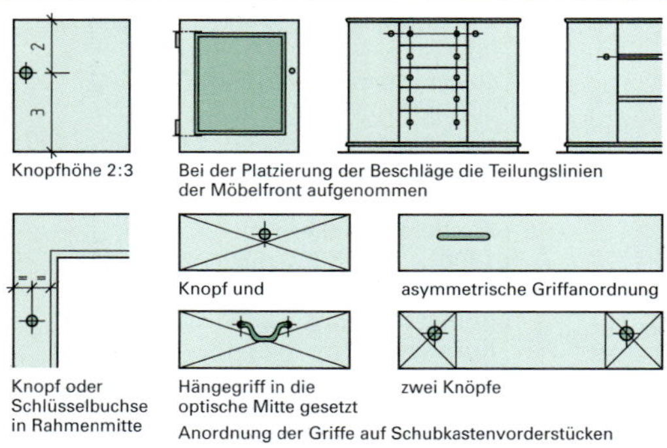

Beschläge beeinflussen die Gestaltung der Tischlerarbeiten. Deshalb sind sie überlegt und passend zum Erzeugnis auszusuchen und müssen auf dem Möbel richtig platziert werden. Knöpfe, Griffe oder Schlüsselbuchsen können zwar in die Mitte des Frontteils gesetzt werden, rutschen dann aber optisch durch die perspektivische Betrachtung des Möbels aus der Mitte heraus. Bei Rahmentüren gehören die Knöpfe oder Schlüsselbuchsen auf den Rahmen und nicht in die Füllung und hier in die Rahmenmitte. Bei Schlössern ist dann besonders das Dornmaß zu berücksichtigen.

Profile

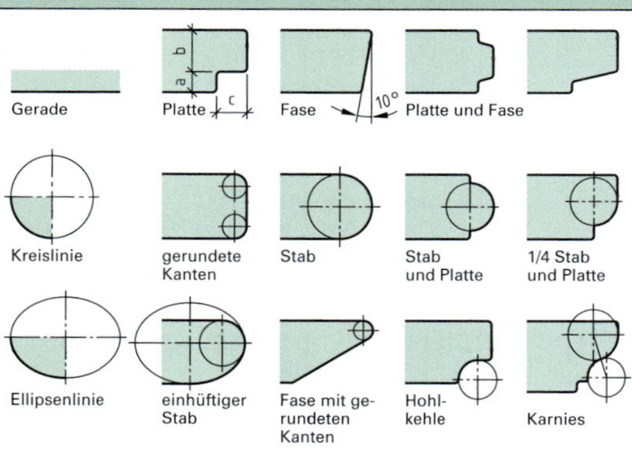

Profile werden aus den Elementen Gerade, Kreis- oder Ovallinien gebildet. Profile stellen ein Schmuckelement dar und können die Griffigkeit der Kanten verbessern oder durch Lichtbrechungen harte oder weiche Übergänge von der Kante zur Fläche schaffen. Ein Profil an hervortretender Stelle, wie das Kranzgesims oder die Plattenkante, bildet in der Regel die Dominante, der sich alle anderen Profile in gleichem Profilcharakter unterzuordnen haben. Bei jeder Profilierung ist auf einen spannungsreichen, harmonischen Profilablauf zu achten. Langweilige Abtreppungen und auch Häufungen verschiedener Profilelemente sind zu vermeiden.

4.7 Linienarten

Die Linie ist ein wichtiges Element der technischen Zeichnung. Es ist zwischen verschiedenen Linienbreiten und Liniendicken zu unterscheiden. Dadurch werden Kontraste geschaffen, die die Aussagekraft und die Lesbarkeit der Zeichnung wesentlich erhöhen.

Linienarten und ihre Anwendung (nach DIN 15, DIN ISO 128-20 und DIN 919)

Linienart		Liniengruppe 0,7	Liniengruppe 0,5 (Linienbreite in mm)	Anwendungen vorzugsweise nach DIN 15 Teil 2 und DIN ISO 128-24 und zusätzliche Anwendungen	
A	Volllinie, breit	0,7	0,5	1 sichtbare Kanten 2 sichtbare Umrisse	3 Fugen in Schnittflächen 4 Boden-, Wand- und Deckenlinien in Ansichten
B	Volllinie, schmal	0,35 (0,25)[1]	0,25 (0,18)[1]	1 Lichtkanten 2 Maßlinien 3 Maßhilfslinien 4 Hinweislinien 5 Schraffuren zur Werkstoff-Kennzeichnung 6 Umrisse am Ort eingeklappter Schnitte 7 Mittellinienkreuz 9 Maßlinienbegrenzung 11 Biegelinien	10 Diagonalkreuze zur Kennzeichnung ebener Flächen 12 Umrahmungen 14 Umrahmungen von Prüfmaßen 15 Faserrichtungen 17 Projektionslinien 18 Rasterlinien 19 konstruktionsbedingte bündige Fugen 21 Kennzeichnung von Leimfugen (bei CAD)
C	Freihandlinie, schmal	0,35 (0,25)[1]	0,25 (0,18)[1]	1 Begrenzung von abgebrochenen oder unterbrochen dargestellten Ansichten und Schnitten, wenn die Begrenzung keine Mittellinie ist. (Wird für Zeichnungen für die Holzverarbeitung nicht verwendet.) 2 Schraffuren der Schnittflächen von Holz und Holzwerkstoffen (bei manuellen Zeichnungen) 3 Kennzeichnung von Leimfugen (bei manuellen Zeichnungen)	
F	Strichlinie, schmal	0,35	0,25	1 verdeckte Kanten	2 verdeckte Umrisse
G	Strichpunktlinie, schmal	0,35	0,25	1 Mittellinien 2 Symmetrielinien	3 Bewegungsverlauf 4 Meterrissmarkierungen
J	Strichpunktlinie, breit	0,7	0,5	1 Kennzeichnung geforderter Behandlung 2 Kennzeichnung der Schnittebene	
K	Strich-Zweipunktlinie, schmal	0,35	0,25	1 Umrisse von angrenzenden Teilen 2 Grenzstellungen von beweglichen Teilen 4 ursprüngliche Umrisse 5 Teile, die vor oder über der Schnittebene liegen	6 Umrisse von geplanten Ausführungen 7 Fertigformen in Rohteilen 8 Umrahmung von besonderen Feldern wie Platz für Aufkleber 9 Verschnittzugaben 10 Bandbezugslinien
Z[2]	Volllinie, doppeltbreit	1,4	1,0	1 Umrisse von Gebäudeteilen (z.B.: Rohbauteile aus Mauerwerk)	

[1] zur besseren Lesbarkeit $\sqrt{2}$ Sprung schmaler nach DIN 919 zulässig, [2] Linie in DIN ISO 128-23 genormt

Linienart A, Volllinie breit

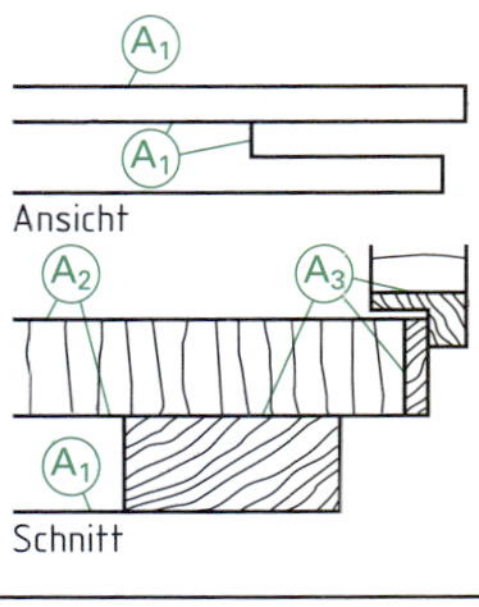

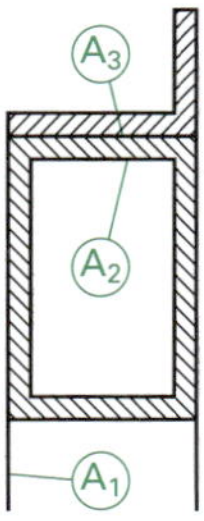

* Kanten von Ansichten im kleineren Maßstab werden einen Liniensprung dünner als die Kanten im Maßstab 1:1 gezeichnet

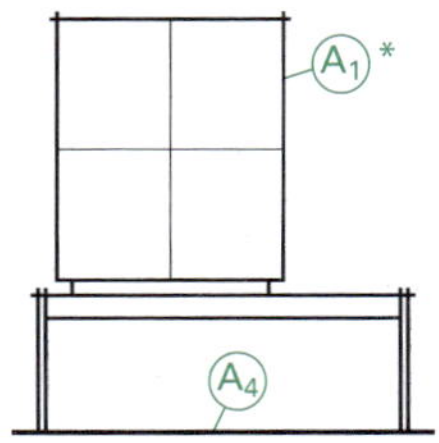

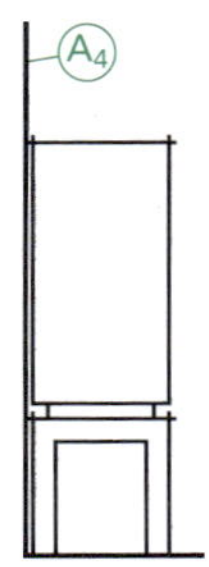

4.7 Linienarten

Linienart B, Volllinie schmal

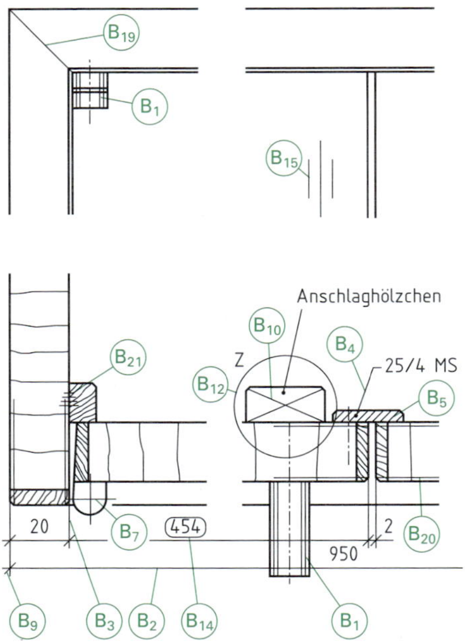

Linienart C, Freihandlinie schmal

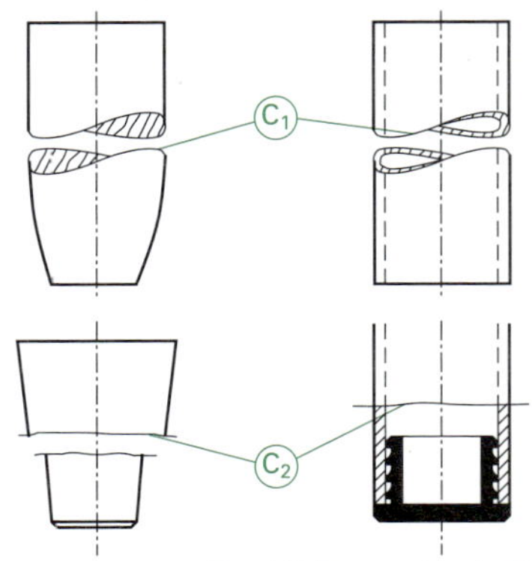

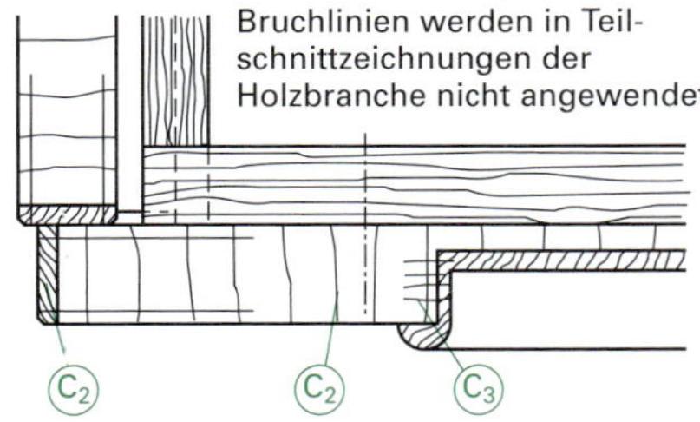

Bruchlinien werden in Teilschnittzeichnungen der Holzbranche nicht angewendet

Linienart F, Strichlinie schmal

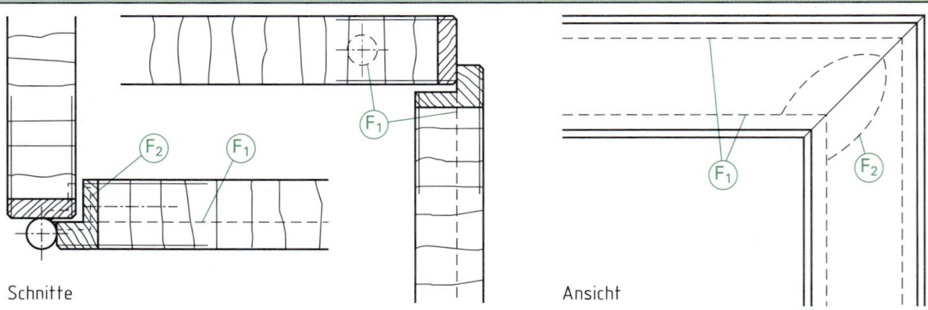

Linienart G, Strichpunktlinie schmal

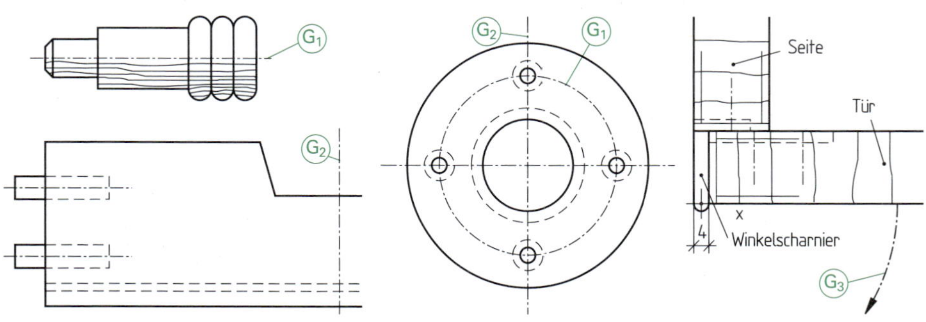

4.7 Linienarten

Linienart K, Strich-Zweipunktlinie schmal

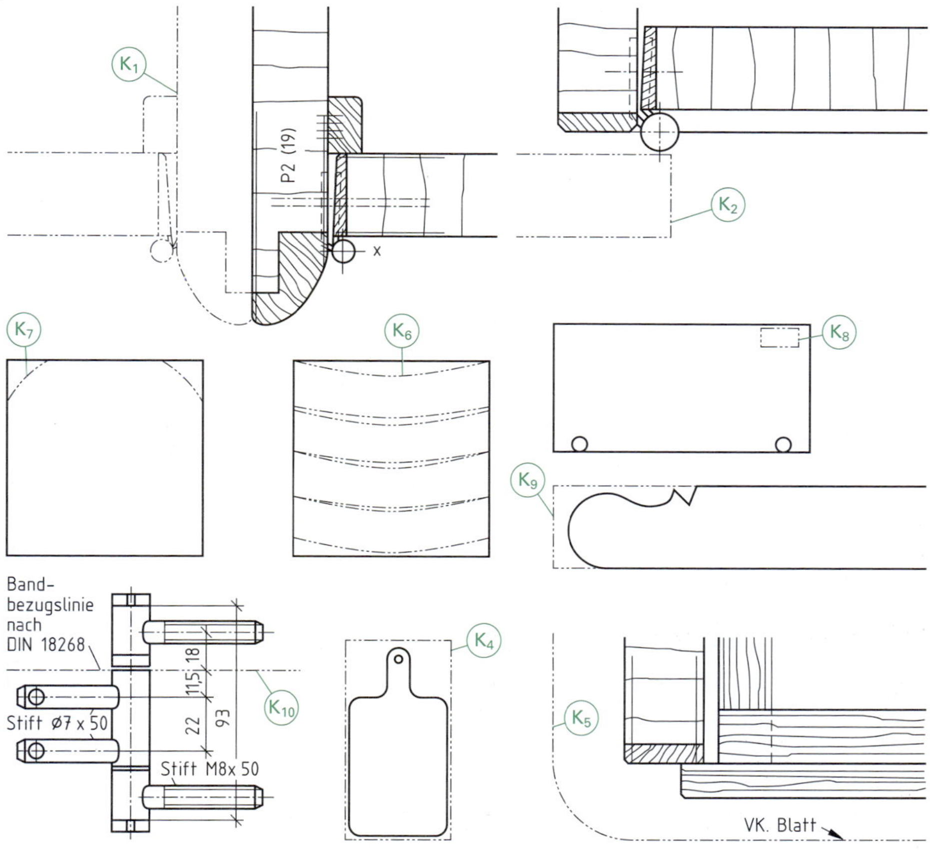

Linienart J, Strichpunktlinie breit

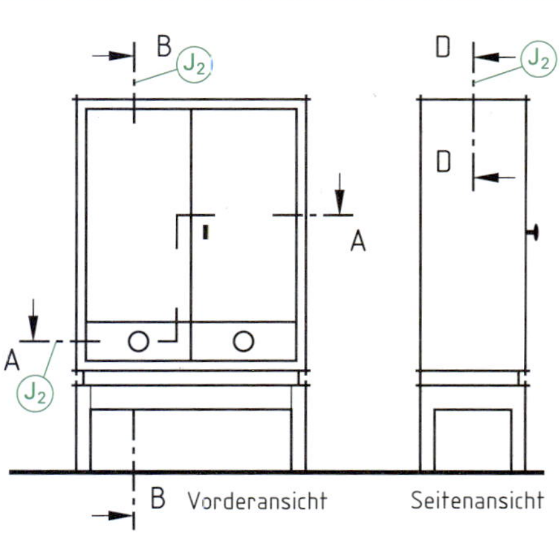

Linienart Z, Volllinie doppeltbreit

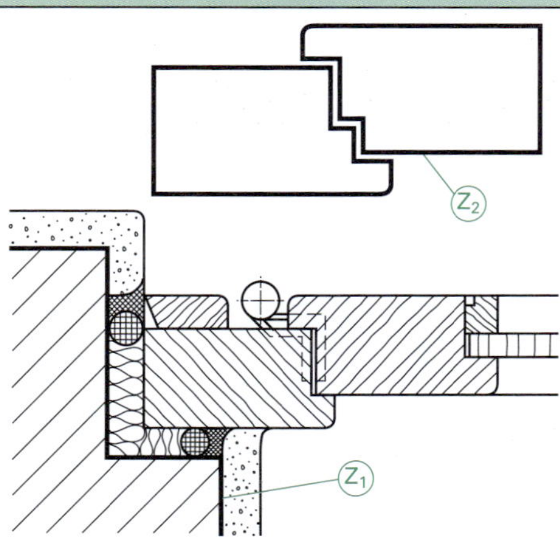

4.8 Bemaßung

Technische Zeichnungen müssen ausreichend, klar und eindeutig sowie logisch bemaßt werden. Die Bemaßung ist eine wichtige Teilinformation der technischen Zeichnung. Wegen ihrer Bedeutung ist ihr größte Sorgfalt beizumessen. Je nach Art und Zweck der Zeichnung sind funktionsbezogene, fertigungsbezogene und prüfbezogene Bemaßung zu unterscheiden. Die Maßeintragung erfolgt nach DIN 406, mit besonderen Festlegungen in der DIN 919.

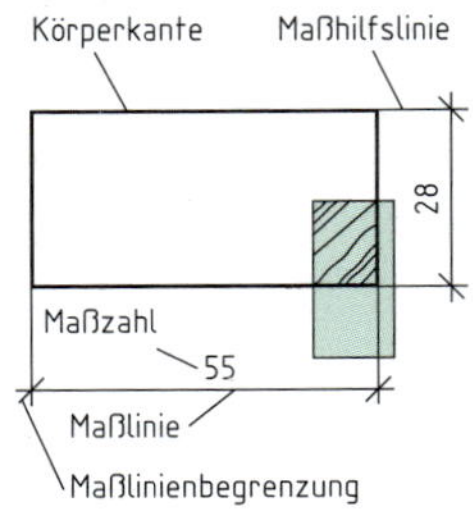

- **Elemente der Bemaßung**

Die Elemente der Bemaßung sind Maßhilfslinien, Maßlinien, Maßlinienbegrenzung, Maßzahlen und Hinweislinien.

- **Maßhilfslinien**

Die Maßhilfslinien beginnen unmittelbar an den Körperkanten und stehen im allgemeinen senkrecht zu diesen. Wenn es die Lesbarkeit der Zeichnung verbessert, dürfen sie von den Körperkanten abgesetzt werden und auch schräg aus dem Körper (ca. 60°) herausgezogen werden. Bei in Werkstücken eingeschriebenen Maßen können Körperkanten und Mittelachsen als Maßhilfslinie genutzt werden.

- **Maßlinien**

Maßlinien laufen parallel zu der zu bemaßenden Länge als Gerade und bei Winkel- und Bogenmaßen als Kreisbogen um den Scheitelpunkt. Sie enden an den Maßhilfslinien. Nach DIN 919 gehen sie 2 mm über die Maßhilfslinien hinaus. Mittellinien und Körperkanten dürfen nicht als Maßlinien benutzt werden.

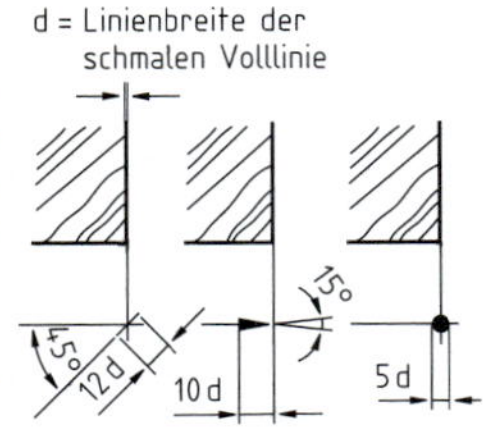

- **Maßlinienbegrenzung**

Die Maßlinienbegrenzung kann nach DIN 406 mit geschwärzten oder offenen Pfeilen, mit Schrägstrich, mit Punkt oder offenem Kreis erfolgen. Nach DIN 919 wird der Schrägstrich bevorzugt, der durch den Schnittpunkt von Maßhilfslinie und Maßlinie läuft. Er ist immer von rechts oben nach links unten bei Leserichtung der Maßzahlen zu zeichnen. Maßlinien für Radien und Durchmesser, die am Kreisbogen enden, und bogenförmige Maßlinien erhalten als Maßbegrenzung einen geschwärzten Pfeil.

- **Maßzahlen**

Maßzahlen stehen meist mittig mit einem Abstand von 1 mm bis 1,5 mm auf den Maßlinien. Sie dürfen durch keine Linien wie Schraffur oder Mittellinien getrennt werden. Sie müssen bei Leselage der Zeichnung von unten und von rechts lesbar eingeschrieben werden. **Schriftgröße:** Nicht kleiner 3,5 mm. Maße im Holzbau in Millimetern ohne Maßeinheit. Wenn andere Maßeinheiten verwendet werden, ist dies kenntlich zu machen.

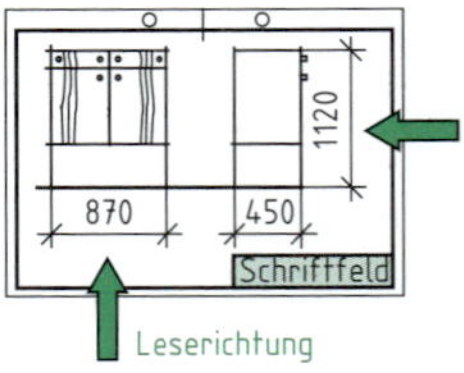

- **Hinweislinien**

Maße können bei Platzmangel weiter nach außen gerückt werden. Sie sind dann mit Hinweislinien an die Maßlinie anzubinden.

Schreibrichtung von Maßangaben	**Werkstücke mit geraden Kanten**	**Fertigungsbezogene Bemaßung**
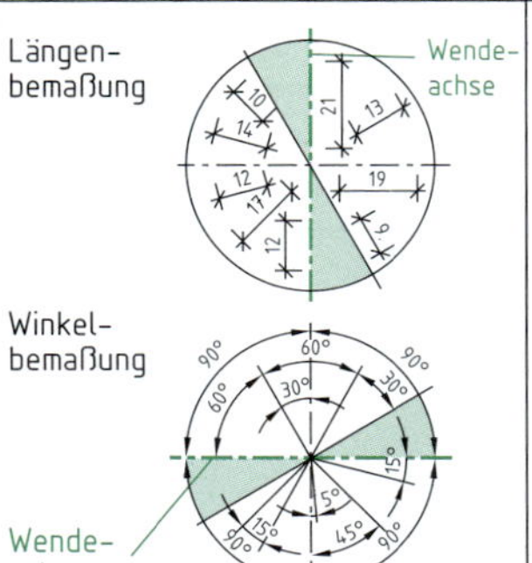	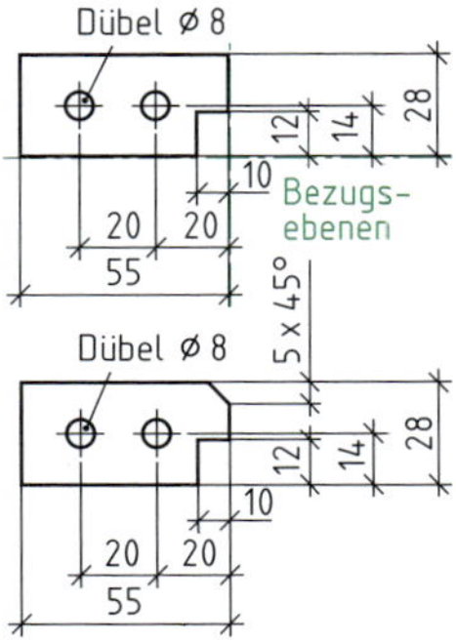	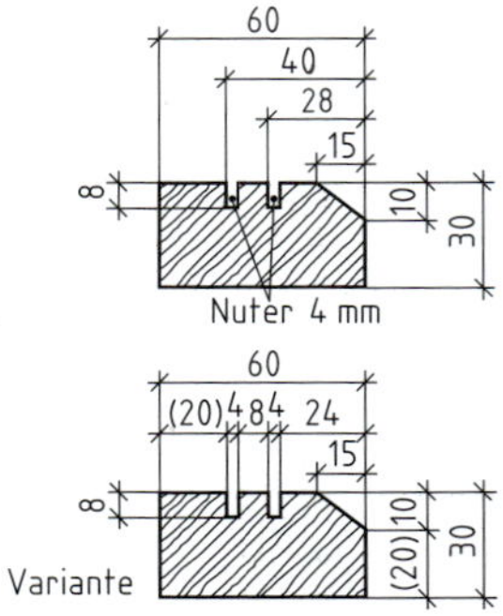

4.8 Bemaßung

Prüfbezogene Bemaßung

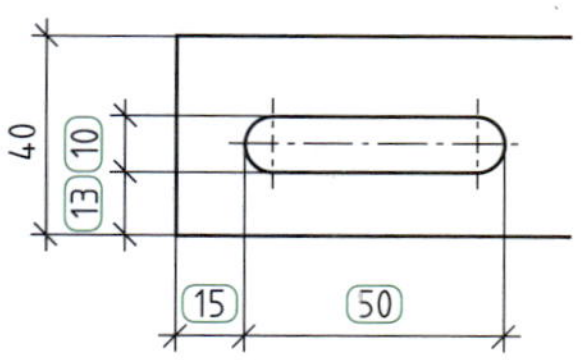

Bei der prüfbezogenen Bemaßung sind die Maße wichtig, die man mit der Prüflehre abgreifen kann. Für die Fertigung würde man die Mitten des Langlochs ausmaßen.

Querschnittsmaße

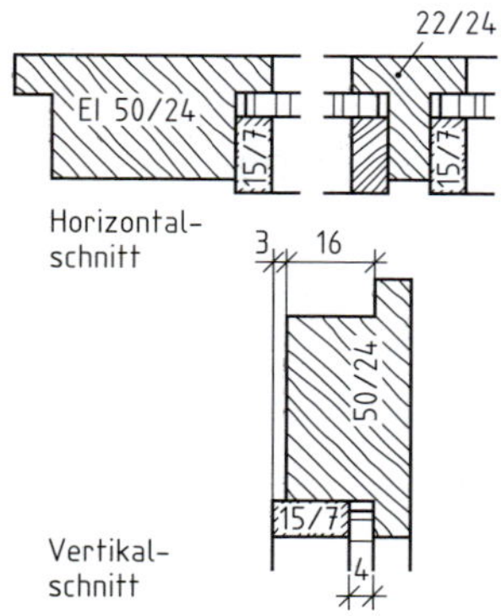

Regelfall: Breite zu Dicke, Schreibrichtung ist die Breite.

Maße in Ansichten

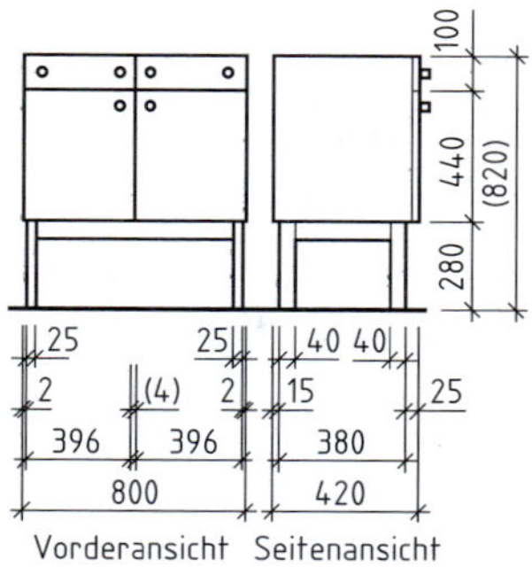

Bei Ansichten im Maßstab 1:10 oder 1:20 können zur besseren Lesbarkeit die Maßhilfslinien von der Zeichnung abgesetzt werden.

Bohrungen

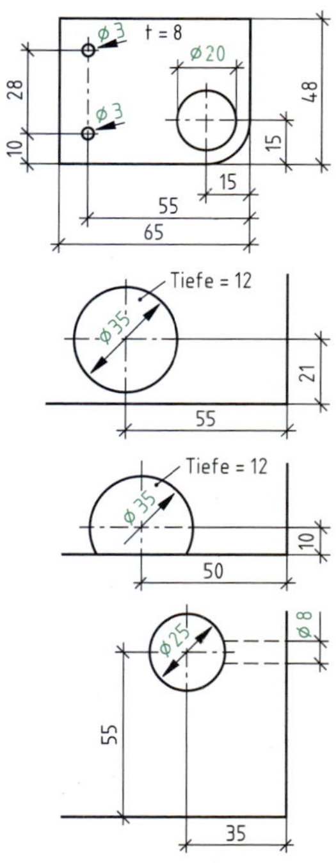

Bohrungen erhalten immer ein Durchmesserzeichen. Nicht vollständig gezeichnete Kreise erhalten nur eine Maßbegrenzung. Bei kleinen Kreisen werden die Durchmessermaße von außen an die Kreislinie herangeführt.

Rundungen

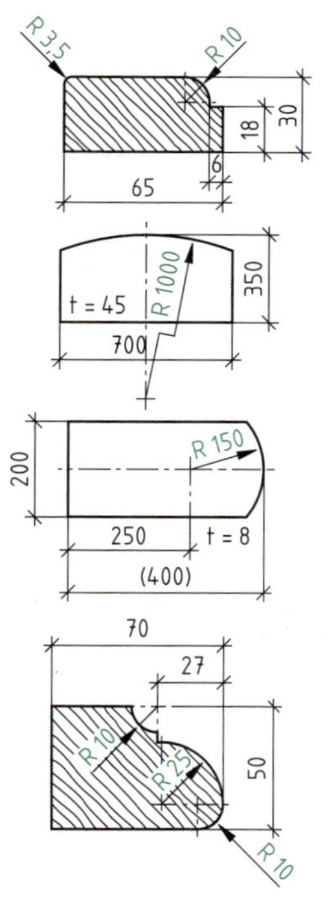

Radien gehen durch den Mittelpunkt und erhalten einen Pfeil. Sie können von außen oder von innen an die Kreislinie herangeführt werden. Bei großen Radien kann dieser abgeknickt werden.

Bögen

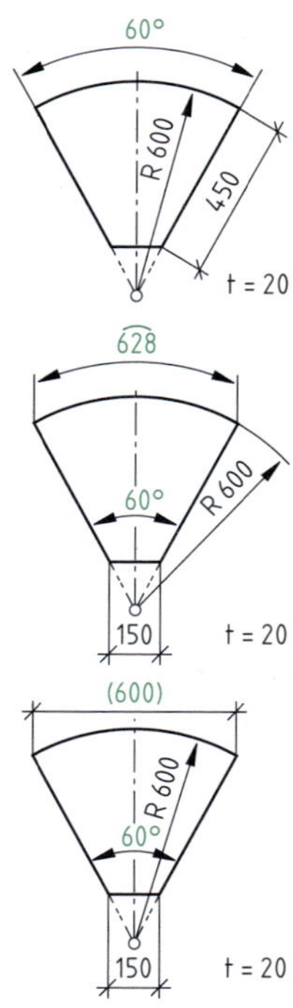

Bögen können in der Bogenlänge, mit der Gradzahl oder in der Geraden ausgemaßt werden. Überbestimmte Maße sind in Klammern zu setzen.

4.8 Bemaßung

Winkel

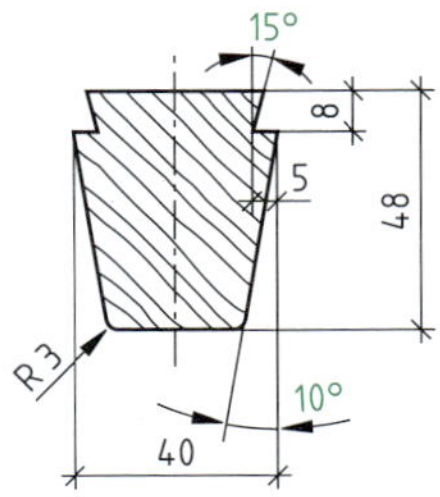

Winkel werden in Grad angegeben oder als Neigung ausgemaßt. Winkel erhalten als Maßbegrenzung Pfeile.

Symmetrische Werkstücke

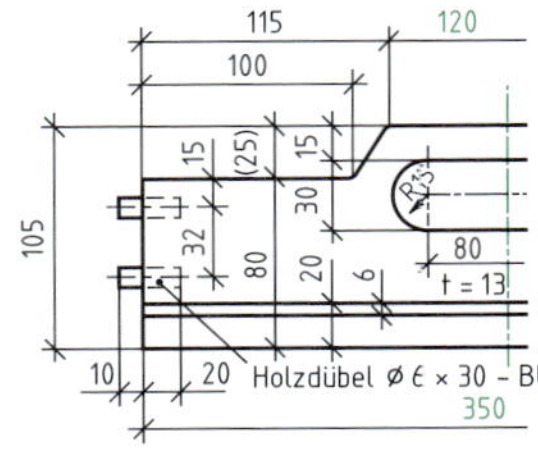

Symmetrische Werkstücke müssen nur zur Hälfte, etwas über die Mittelachse hinaus, gezeichnet werden. Die geschnittenen Maßlinien erhalten nur eine Begrenzung.

Drehteile

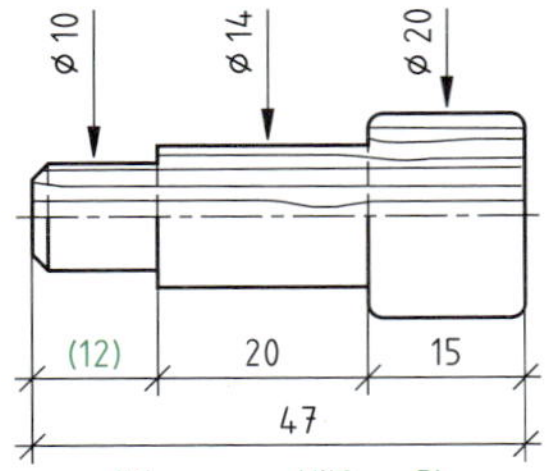

(Klammer: ...Hilfsmaß)

Bei Drehteilen können die verschiedenen Durchmessermaße von außen angegeben werden.

Teilungen

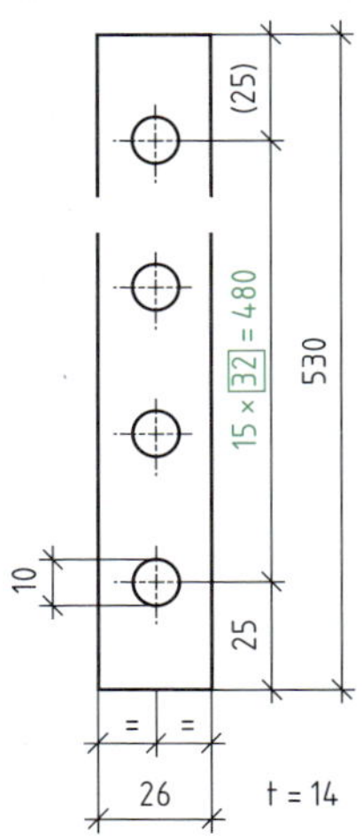

Die Bohrreihe liegt in der Mitte der 14 mm dicken Leiste. Die Abstände der Bohrungen betragen 32 mm.

Steigende Bemaßung

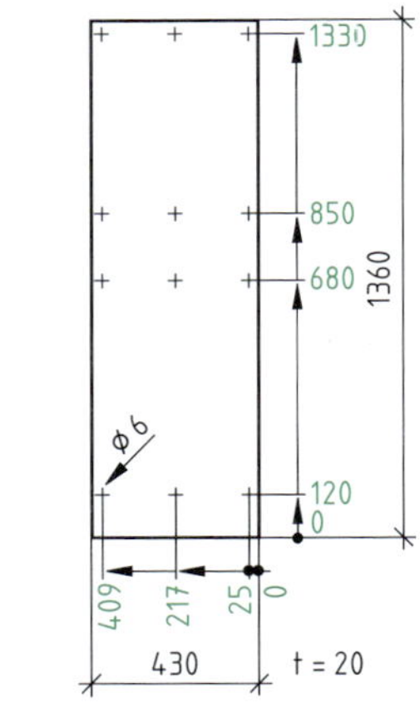

Die Bemaßung geht von einem Nullpunkt aus (in der Regel untere rechte oder linke Ecke des Werkstücks). Es genügt eine Maßlinie, auf der alle Maße von Null aus eingetragen sind.

Quadratische Querschnitte

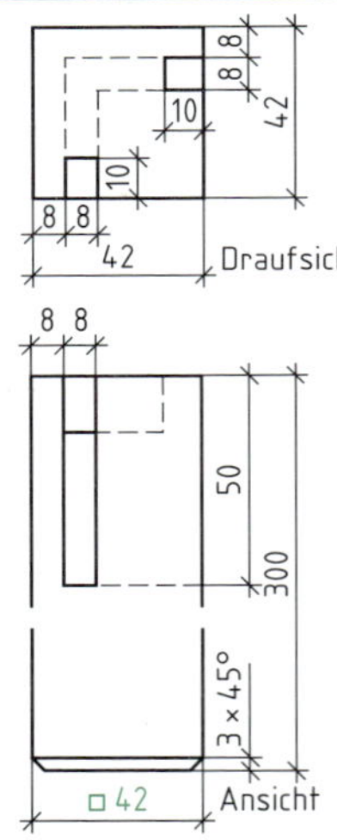

Quadratische Querschnitte erhalten vor der Maßzahl ein Quadratzeichen.

Fasen

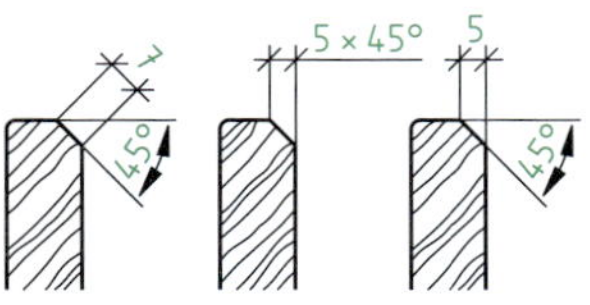

Fasen können mit der Gradzahl und dem horizontalen oder vertikalen Maß definiert werden.

Kugeln

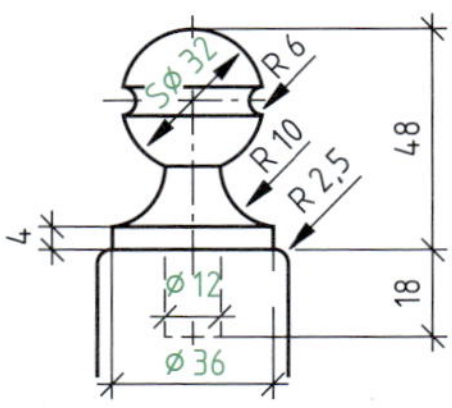

Kugeln können mit Kugeldurchmesser bemaßt werden und erhalten vor der Maßzahl das Kurzzeichen S⌀ (Spherical diameter).

Kugelradien

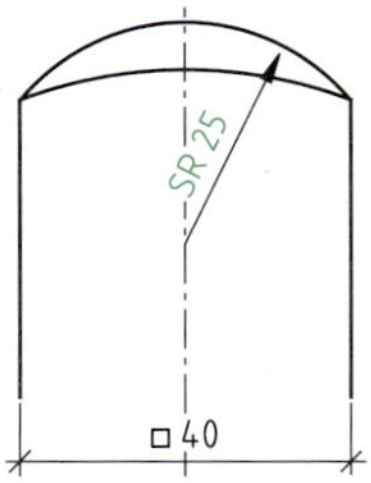

Kugelradien erhalten vor der Maßzahl das Kurzzeichen SR (Spherical radius).

4.8 Bemaßung

Senkungen

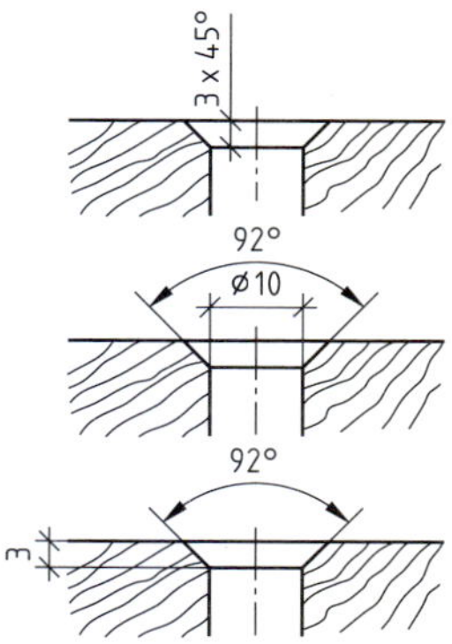

Senkungen können wie Fasen bemaßt werden, oder unter Angabe des gesamten Senkwinkels.

Teilschnitte, Platten nachträglich furniert

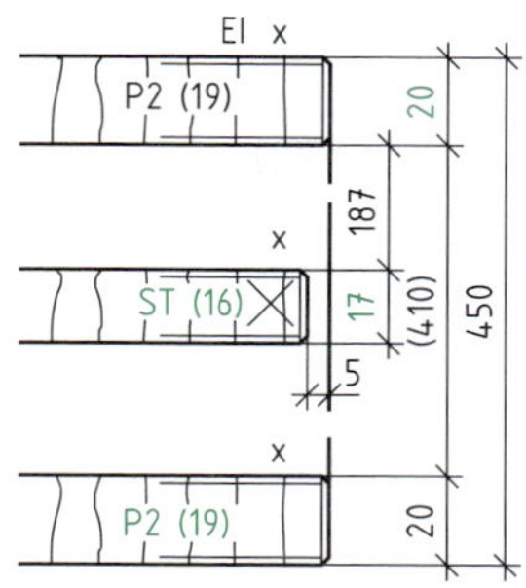

Das eingeschriebene Plattenmaß ist Rohmaß. Die Bemaßung berücksichtigt die nachträgliche Furnierung. Das Außenmaß ist einzuhalten, deshalb steht das Innenmaß in Klammern.

Teilschnitte, Platten fertig beschichtet

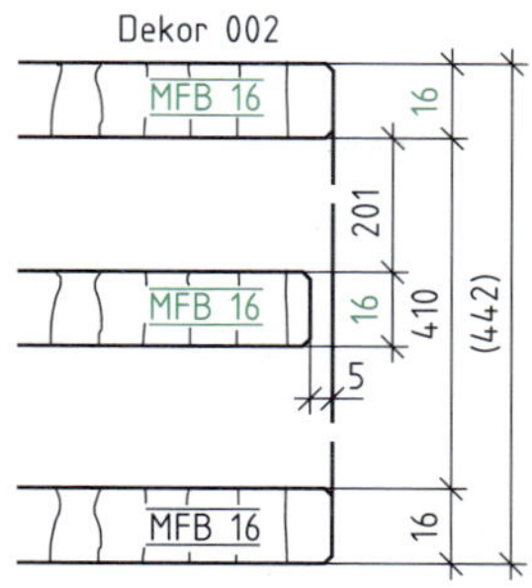

Zum Beispiel ändert sich das Dickenmaß bei kunststoffbeschichteten Platten nicht. Das Innenmaß ist einzuhalten, deshalb steht das Außenmaß in Klammern.

Maßkennzeichnungen

⌀35	Durchmesser, z.B. 35 mm
□48	Quadrat, z.B. 48 mm
R 25	Radius, z.B. 25 mm
S⌀50	Kugel-Durchmesser (Spherical diameter), z.B. 50 mm
SR 40	Kugel-Radius (Spherical radius), z.B. 40 mm
t = 18	Dicke (Thickness), z.B. 18 mm
h = 42	Tiefe oder Höhe, z.B. 42 mm
48 (eingerahmt)	Theoretisch genaues Maß
(210)	Hilfsmaß, z.B. 210 mm
(60±0,2)	Prüfmaß, z.B. 60 ± 0,2 mm
[60]	Rohmaß
72 (unterstrichen)	Nicht maßstäbliches Maß
⌒600	Bogenmaß, z.B. 600 mm
◺2%	Neigung, z.B. 2%
SW 15	Schlüsselweite, z.B. 15 mm
+2,75 ▽	Höhenkote Fertigbaumaß, z.B. +2,75 bezogen auf 00
+2,65 ▼	Höhenkote Rohbaumaß, z.B. +2,65

Maßeinheiten

Maßeinheit ist der mm.
Bei anderen Maßeinheiten, wie m oder cm, sind diese den Maßzahlen anzufügen.

Koordinatenbemaßung

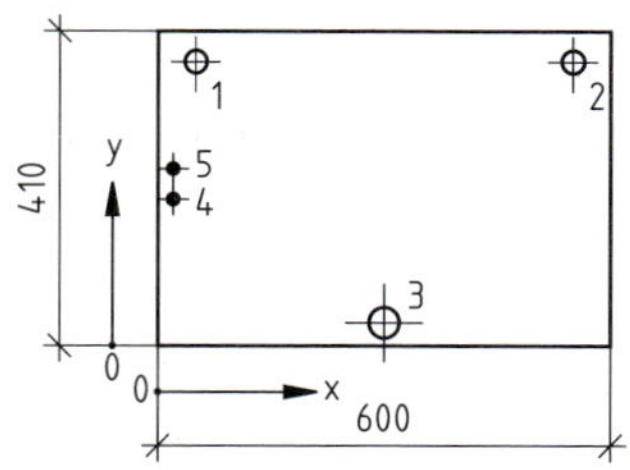

	1	2	3	4	5
x	60	540	300	15	15
y	370	370	25	200	232
z	11	11	12	10	10
⌀	30	30	40	3	3

Bei der Koordinatenbemaßung erhalten die Bohrungen z.B. Nummern und die Maße können in eine Maßtabelle eingetragen werden. Die Koordinatenmaße beziehen sich immer auf den Nullpunkt (für CNC-Bearbeitung).

Maßbuchstaben

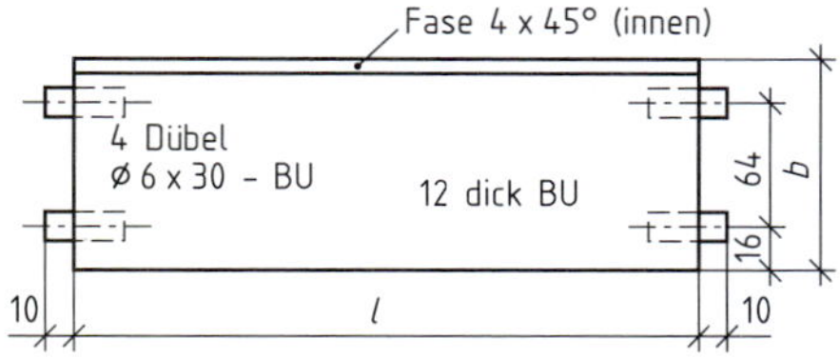

Nr.	l	b
1	420	95
2	420	105
3	480	95
4	480	105

500 Stück Schubkastenhinterstücke Nr.: 2

Bei unterschiedlichen Werkstückgrößen aber gleicher Bearbeitung können Maßbuchstaben verwendet werden, die in einer Tabelle zusammengefasst werden. Beispiel: Mit einer Zeichnung können vier verschiedene Werkstücke gefertigt werden.

4

4.9 Toleranzen und Passungen

Bei der Fertigung von Werkstücken in der Serien- und Massenfertigung kann es zu geringen Maßabweichungen kommen. Die vertretbaren Grenzen der Maßabweichungen werden in Toleranzen so festgelegt, dass die Passgenauigkeit nicht wesentlich beeinträchtigt wird. Das Toleranzsystem für die Holzbe- und -verarbeitung ist in der DIN 68100, die Grundmaße und Toleranzfelder für die Holzbe- und -verarbeitung in der DIN 68101 genormt. Alle Toleranzangaben für Holz und Holzwerkstoffe, auch die freien Toleranzangaben, gelten immer nur bei einem vereinbarten Feuchtegehalt. Maßänderungen durch Quellen und Schwinden sind besonders zu berücksichtigen.

Benennung	Kurzzeichen	Beispiele und Erklärungen
Nennmaß	N	Nennmaß ist das zur Größenangabe dienende Maß. Es ist das in der Zeichnung enthaltene Maß, auf das die Abmaße bezogen werden, im Beispiel 550 mm.
Istmaß	I	Das Istmaß ist das durch Messen am Werkstück ermittelte Maß, z.B. 550,2 mm.
Grenzmaß	--	Grenzmaße sind die noch zulässigen Maße, zwischen denen sich das Istmaß bewegen darf. Im Beispiel zwischen 550,3 mm und 549,8 mm.
Größtmaß	G	Das Größtmaß ist das obere Grenzmaß, das als Istmaß noch zulässig ist, im Beispiel 550,3 mm.
Kleinstmaß	K	Das Kleinstmaß ist das untere Grenzmaß, das als Istmaß noch zulässig ist, im Beispiel 549,8 mm.
Abmaß	A	Abmaß ist die Abweichung vom Nennmaß, es kann sowohl nach oben als auch nach unten vom Nennmaß abweichen.
oberes Abmaß	A_o	Das obere Abmaß gibt die erlaubte Maßabweichung vom Nennmaß nach oben an. Im Beispiel: 0,3 mm, geschrieben + 0,3, rechnerisch: Größtmaß minus Nennmaß = 550,3 mm – 550 mm = **0,3 mm**
unteres Abmaß	A_u	Das untere Abmaß gibt die erlaubte Maßabweichung vom Nennmaß nach unten an. Im Beispiel: 0,2 mm, geschrieben – 0,2, rechnerisch: Kleinstmaß minus Nennmaß = 549,8 mm – 550 mm = **– 0,2 mm**
Ist-Abmaß	A_I	Das Ist-Abmaß ist das tatsächlich vom Nennmaß abweichende Maß, z.B. Istmaß – Nennmaß = 550,2 mm – 550 mm = **0,2 mm**
Maßtoleranz	T	Die Maßtoleranz gibt den zulässigen Fertigungsspielraum an. Sie ist die algebraische Differenz zwischen dem oberen Abmaß und dem unteren Abmaß bzw. die Differenz zwischen Größtmaß und Kleinstmaß. z.B.: oberes Abmaß – unteres Abmaß = + 0,3 mm – (– 0,2 mm) = **0,5 mm** Größtmaß – Kleinstmaß = 550,3 mm – 549,8 mm = **0,5 mm**
Toleranzfeld	--	Das Toleranzfeld gibt das Feld zwischen der Linie des Größtmaßes und der Linie des Kleinstmaßes an.
Grundtoleranz	T_G	Die Grundtoleranz ist eine festgelegte Maßtoleranz, die in einem Maßsystem (DIN 68100) festgelegt ist. Die Grundtoleranzen sind einer Reihe von Nennmaßbreichen zugeordnet, z.B. Nennmaßbereich über 250 mm bis 500 mm oder über 500 mm bis 1000 mm usw.
Nulllinie	--	Die Nulllininie ist die Bezugslinie im Toleranzfeld, auf der die Abmaße Null sind. Vielfach entspricht die Lage der Nulllinien dem Nennmaß.
Holz-Toleranzreihe	HT	In der DIN 68100 sind für verschiedene Nennmaßbereiche und Genauigkeitsstufen, den Holz-Toleranzreihen (HT), Grundtoleranzen vorgegeben, die bei einem vereinbarten Holzfeuchtegehalt gelten.
Feuchtemaß	M	Das Feuchtemaß gibt das durch Feuchtigkeitsschwankungen entstandene Quell- oder Schwindmaß des Holzes oder des Holzwerkstoffes an.

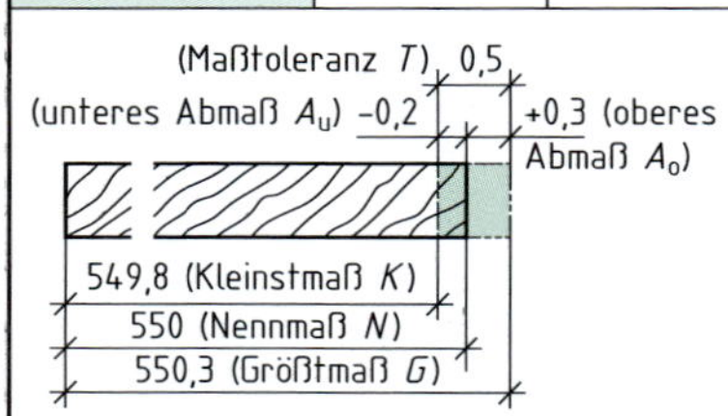

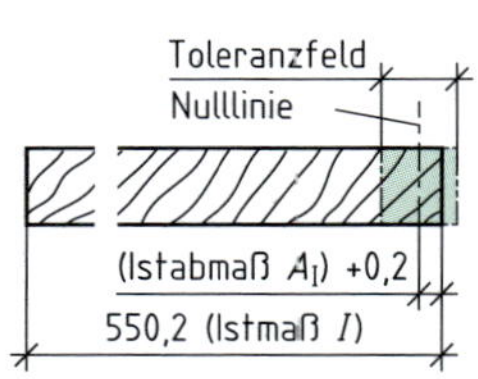

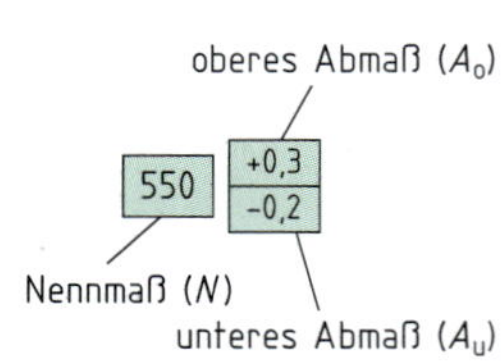

4.9 Toleranzen und Passungen

4.9.1 Holz-Toleranzreihen (HT)

Die Größe der Maßtoleranzen ist abhängig von der gewünschten Maßgenauigkeit sowie von der Größe der Werkstücke. Dies wird in der Tabelle Grundtoleranzen bei den Holz-Toleranzreihen HT berücksichtigt. In den Nennmaßbereichen sind die Werkstückgrößen stufenweise aufgeführt, die Genauigkeitsstufen in den HT (Holztoleranzreihen).

Grundtoleranzen (nach DIN 68100)

Nennmaßbereich in mm		Grundtoleranzen TG in mm bei Holz-Toleranzreihen							
über	bis	HT 6	HT 10	HT 15	HT 25	HT 40	HT 60	HT 100	HT 160
1	3	0,06	0,10	0,15	0,25	0,40	0,60	–	–
3	10	0,06	0,12	0,18	0,30	0,50	0,70	1,4	2,2
10	30	0,08	0,14	0,21	0,35	0,55	0,85	1,4	2,2
30	100	0,10	0,17	0,26	0,45	0,70	1,05	2,0	3,1
100	250	0,12	0,20	0,31	0,50	0,80	1,25	2,0	3,1
250	500	0,14	0,24	0,36	0,60	0,95	1,45	2,4	3,8
500	1000	–	0,28	0,42	0,70	1,15	1,70	2,8	4,5
1000	2500	–	0,36	0,54	0,90	1,45	2,15	3,6	5,7
2500	5000	–	0,46	0,70	1,15	1,85	2,80	4,6	7,4

Anwendung

HT 6 z.B.: für das Tolerieren von Messlehren, Vorrichtungen und Werkstücke die hohe Passgenauigkeit erfordern

HT 10 z.B.: für die Fertigung von Werkstücken mit hoher Passgenauigkeit 4

HT 15 z.B.: für Werkstücke, die austauschbar und kombinierbar sein müssen wie Passungsteile

HT 25 z.B.: für die Fertigung einfacher Möbel, wenn keine Ansprüche an die Austauschbarkeit der Teile gestellt werden

HT 40 z.B.: für die Fertigung von Werkstücken, deren Maße für das Zusammenfügen mit anderen Bauteilen ohne Belang sind wie die Breite und Länge von zurückspringenden Fußgestellen, die Breite von Fachböden oder die Größe von Platten auf Tischen und Einzelmöbeln.

HT 60 z.B.: für grob bearbeitete Werkstücke

HT 120 z.B.: für Rohteile oder Zuschnitte von Holzwerkstoffen mit geringer Genauigkeit

Grundsätzlich sollten keine kleineren Toleranzen, als dies für den Verwendungszweck der Teile unbedingt erforderlich ist, vorgeschrieben werden, denn kleinere Maßtoleranzen bedingen im allgemeinen höhere Fertigungskosten. Statt der angegebenen HT-Grundtoleranzen können die Werkstücke auch frei toleriert werden.

4.9.2 Eintragen von Toleranzen

Längentoleranzen werden hinter die Maßzahl geschrieben, in der Regel einen Schrift-Höhensprung kleiner als die Maßzahl. Das obere Abmaß erhält ein Plus, das untere Abmaß ein Minus. Ist das untere oder obere Abmaß Null, wird die Null geschrieben, erhält aber kein Rechenzeichen. Sind die Abmaße symmetrisch, ist die Toleranzangabe so groß wie die Maßzahl zu schreiben und sie erhält ein Plus-/Minus-Vorzeichen. Die Schreibweise der Toleranzangabe mit Schrägstrich ist möglich. Liegt das Toleranzfeld außerhalb der Nulllinie (Nennmaß) können beide Abmaße die gleichen Vo -zeichen erhalten.

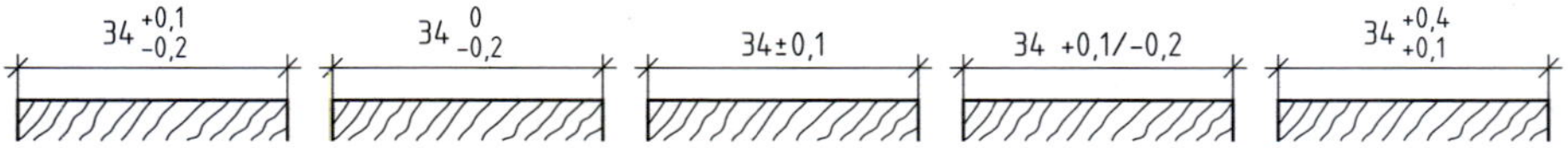

Winkeltoleranzen werden entweder in Grad, Minuten und Sekunden angegeben oder, besonders bei Werkstücken mit langen Schenkeln üblich, die Abmaße der Streckenverhältnisse. Hierbei gilt für diese Winkeltoleranz $t \wedge T/2$.

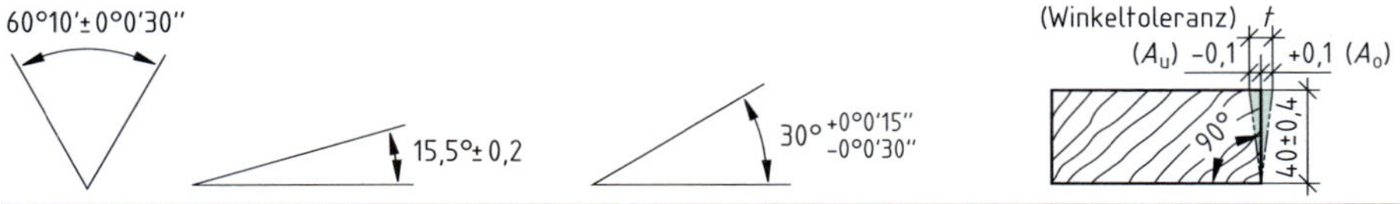

4.9 Toleranzen und Passungen

Beispiel: Freie Toleranzen

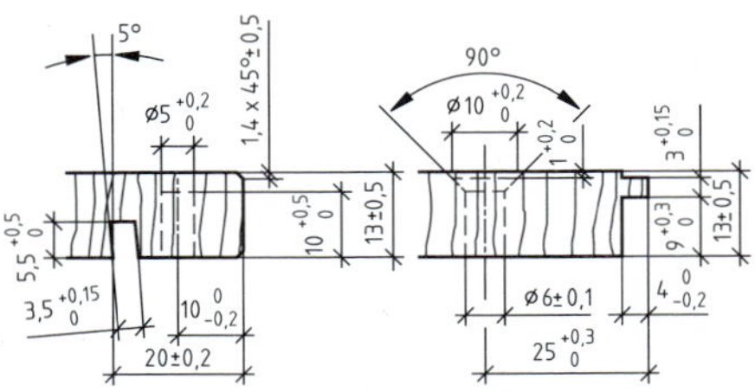

Beispiel: Toleranzen nach HT 25

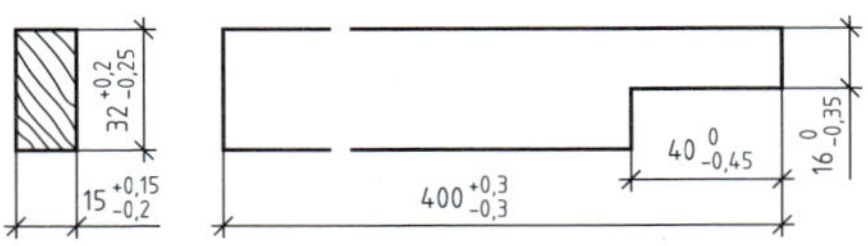

Kurzzeichen in den Gleichgewichts-Holzfeuchtetabellen

- u Holzfeuchte in % bezogen auf die Masse des darrtrockenen Holzes
- u_{gl} Gleichgewichts-Holzfeuchte in % (Im Bereich der relativen Luftfeuchte $\varphi = 30\,\%$ bis $\varphi = 85\,\%$ kann linear interpoliert werden)
- u_{fs} Holzfeuchte größer oder gleich Fasersättigung in % (auch frisch)
- φ relative Luftfeuchte in %
- V differentielles Schwindmaß bzw. Quellmaß in % je 1% Holzfeuchteänderung
- β Absolutschwindung in %

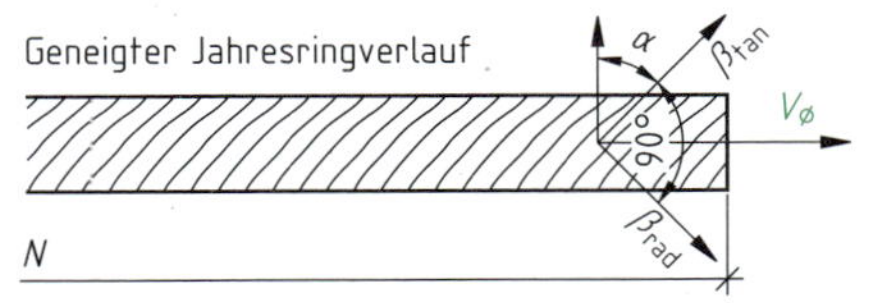

4.9.3 Maßänderungen durch Quellen und Schwinden

Maßtoleranzen können nur bei konstantem Feuchtegehalt des Holzes eingehalten werden. Bei Holzfeuchteänderung muss die Maßänderung des Holzes je Prozent Feuchtedifferenz ermittelt werden. Die Werte für verschiedene Holzarten und Jahresringverläufe sind in der Tabelle aufgeführt.

4

Gleichgewichts-Holzfeuchte, Schwind- und Quellmaße verschiedener Holzarten (DIN 68100)

Holzart	Kurzzeichen nach DIN EN 13556 (neu)	Kurzzeichen nach DIN 4076 (alt)	Gleichgewichts-Holzfeuchte u_{gl} in % bei relativer Luftfeuchte		differentielles Schwindmaß V in % je % Holzfeuchteänderung		absolutes Schwindmaß β_{abs} in %			
							$u_{fs} \rightarrow u = 12\%$		$u_{fs} \rightarrow u = 17\%$	
			φ = 37%	φ = 83%	radial	tangential	radial	tangential	radial	tangential
Nadelhölzer										
Fichte	PCAB	FI	7,0	16,4	0,19	0,39	2,0	4,0	1,0	2,0
Kiefer	PNSY	KI	7,0	15,3	0,19	0,36	3,0	4,5	2,0	2,7
Lärche	LADC	LA	8,4	17,1	0,14	0,30	3,0	4,5	2,3	3,0
Douglasie (Oregon pine)	PSMN	DGA	8,3	16,1	0,15	0,27	2,5	4,0	1,8	2,7
Tanne	ABAL	TA	7,1	16,9	0,14	0,28	2,0	5,0	1,3	3,6
Laubhölzer										
Afrormosia	DKEL	AFR	7,0	12,7	0,18	0,32	1,5	2,5	0,6	0,9
Afzelia	AFXX	AFZ	7,3	13,7	0,11	0,22	1,0	1,5	0,4	0,5
Birke	BTXX	BI	6,9	16,1	0,29	0,41	5,0	8,0	3,5	5,9
Buche	FASY	BU	7,3	15,7	0,20	0,41	4,5	9,5	3,5	7,4
Eiche	QCXE	EI	8,9	17,2	0,16	0,36	4,0	7,5	3,2	5,7
Esche	FXEX	ES	7,3	16,5	0,21	0,38	4,5	7,0	3,4	5,1
Iroko	MIXX	IRO	6,4	13,6	0,19	0,28	1,5	2,0	0,5	0,6
Mahagoni	SWMC	MAA	8,5	18,3	0,12	0,22	2,5	4,5	1,9	3,4
Makoré	TGHC	MAK	–	19,0	0,22	0,27	3,0	4,5	1,9	3,2
Meranti-rot	SHDR	MER	8,3	18,0	0,11	0,25	3,0	5,5	2,4	4,2
Nussbaum	JGRG	NB	6,7	14,8	0,18	0,29	3,0	5,5	2,1	4,0
Pappel	POTL	PA	7,1	16,7	0,13	0,31	2,0	5,5	1,3	3,9
Sapelli	ENCY	MAS	7,9	15,8	0,24	0,32	2,5	4,5	1,3	2,9
Sipo	ENUT	MAU	8,4	17,0	0,20	0,25	3,0	3,5	2,0	2,3
Teak	TEGR	TEK	7,2	13,4	0,16	0,26	1,5	2,5	0,7	1,2
Hinweis:	Im deutschsprachigen Raum werden weiterhin für Kunden und Beschäftigte auch die alten Kurzzeichen verwandt.									

4.9 Toleranzen und Passungen

Gleichgewichtsfeuchte, Schwind- und Quellmaße von Holzwerkstoffen

Holzwerkstoffbezeichnung		Norm-Nummer	Gleichgewichts-Holzfeuchte*) u_{gl} in % bei relativer Luftfeuchte			differentielles Schwindmaß*) V in % je % Holzfeuchte-änderung	
			$\varphi = 30\%$	$\varphi = 65\%$	$\varphi = 85\%$	in der Dicke	in Länge und Breite
Spanplatte	V 20		6 (4 bis 9)	10 (9 bis 11)	15 (11 bis 19)	0,70 (0,55 bis 0,85)	0,025 (0,205 bis 0,045)
			5 (4 bis 6)	11 (10 bis 12)	19 (15 bis 23)	0,45 (0,35 bis 0,55)	0,020 (0,013 bis 0,026)
Sperrholz	FU, ST, STAE BFU BST, BSTAE BFU-BU	DIN 68705 Teil 2 DIN 68705 Teil 3 DIN 68705 Teil 4 DIN 68705 Teil 5	5 (4 bis 6)	10 (8 bis 12)	15 (11 bis 18)	0,30 (0,25 bis 0,35)	0,015 (0,010 bis 0,020)
harte Holzfaserplatte			4 (3 bis 5)	7 (6 bis 8)	11 (10 bis 12)	0,80 (0,70 bis 0,90)	0,035 (0,025 bis 0,045)

*) Die in den Spalten angegebenen Mittelwerte können je nach Herstellverfahren der Holzwerkstoffe in relativ weiten Bereichen schwanken. Der Schwankungsbereich ist in Klammern mit angeführt.

Berechnung des Feuchtemaßes

Die Formel für die Maßänderung durch Feuchtigkeitsaufnahme lautet:

$$M = N \cdot \Delta \cdot \frac{V}{100}$$

Hierin bedeuten:

M Feuchtemaß, N Nennmaß

Δu Differenz zwischen u_1 (Feuchtigkeitsgehalt bei der Herstellung) und u_{gl} (Feuchtigkeitsgehalt bei der Verwendung) = $u_1 - u_{gl}$

V Verformung in %/%

Die Formel für das Ausgangsmaß (B Nennbreite) lautet:

$$B = N \pm M$$

M Feuchtemaß
A_u unteres Abmaß
A_o oberes Abmaß
K Kleinstmaß (unteres Grenzmaß)
N Nennmaß
G Größtmaß (oberes Grenzmaß)

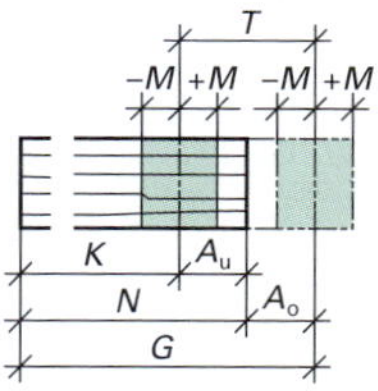

Beispiel 1

Eine 550 mm breit zugeschnittene Vollholzfüllung aus Lärchenholz mit vorwiegend stehendem Jahresringverlauf weist bei der Herstellung einen Holzfeuchtigkeitsgehalt von 13% auf. Bei der Verwendung des Erzeugnisses im zentral beheizten Raum ist mit einer relativen Luftfeuchte von 40% zu rechnen. Wie groß ist das Feuchtmaß M, und auf welche Nennbreite B wird sich die Füllung am Verwendungsort einstellen?

Lösung:

$N = 550$ mm; $u_1 = 13\%$; $u_{gl} = 8{,}9\%$;
(u_{gl} bei φ 37% = 8,4%; bei φ 40% ≙ 8,9%)
$\Delta u = 13\% - 8{,}9\% = 4{,}1\%$
$V = 0{,}14\%/\%$ (Spalte 5 der Tabelle, Seite 216)

$$M = N \cdot \Delta u \cdot \frac{V}{100}$$

$$M = 550 \text{ mm} \cdot 4{,}1\% \cdot \frac{0{,}14\%/\%}{100\%} = \mathbf{3{,}16\ mm}$$

$$B = N \pm M = 550 \text{ mm} - 3{,}16 \text{ mm} = \mathbf{546{,}84\ mm}$$

Beispiel 2

Damit die schöne Fladerung des Lärchenholzes zur Wirkung kommen kann, wird die Lärchenfüllung aus Vollholz mit vorwiegend liegenden Jahresringen hergestellt. Abmessungen und klimatische Bedingungen, wie im Beispiel 1. Mit welchen Maßveränderungen ist nun zu rechnen?

Lösung:

$N = 550$ mm; $\Delta u = 4{,}3\%$; $V = 0{,}30\%/\%$

$$M = N \cdot \Delta u \cdot \frac{V}{100}$$

$$M = 550 \text{ mm} \cdot 4{,}1\% \cdot \frac{0{,}14\%/\%}{100\%} = \mathbf{6{,}77\ mm}$$

$$B = N \pm M = 550 \text{ mm} - 7{,}1 \text{ mm} = \mathbf{543{,}24\ mm}$$

Beispiel 3

Eine Werkbankplatte von 600 mm Nennbreite aus Buchenholz zeigt einen geneigten Jahresringverlauf β_{rad} von ca. 60°. Der Holzfeuchtigkeitsgehalt am Herstellungsort beträgt 8%: Durch die hohe relative Luftfeuchte am Verwendungsort ist mit einer Holzfeuchte von ca. 15% zu rechnen. Auf welches Maß wird die Werkbankplatte am Verwendungsort quellen?

Lösung:

$V_\varnothing = \beta_{rad} \cdot \cos^2 \alpha + \beta_{tan} \cdot \sin^2 \alpha$
$V_\varnothing = 0{,}20\%/\% \cdot \cos^2 60° + 0{,}41\%/\% \cdot \sin^2 60°$
$V_\varnothing = 0{,}20\%/\% \cdot 0{,}25 + 0{,}41\%/\% \cdot 0{,}75$
$V_\varnothing = 0{,}05\%/\% + 0{,}31\%/\%$
$V_\varnothing = \mathbf{0{,}36\%/\%}$

$$M = N \cdot \Delta u \cdot \frac{V}{100}$$

$$M = 600 \text{ mm} \cdot (15\% - 8\%) \cdot \frac{0{,}36\%/\%}{100\%} = \mathbf{15{,}12\ mm}$$

$$B = N \pm M = 600 \text{ mm} - 15{,}12 \text{ mm} = \mathbf{615{,}12\ mm}$$

Beispiel 4

Eine Flachpress-Spanplatte V20, mit einer Anlieferungsfeuchte von 10% wird zu großflächigen 3,80 m langen Verkleidungsplatten verarbeitet. Der zu verkleidende Raum ist zentral beheizt, sodass mit einer Gleichgewichts-Holzfeuchte von 7% zu rechnen ist. Um wie viel Millimeter wird sich das Fertigmaß verändern?

Lösung:

$N = 3800$ mm; $u_1 = 10\%$; $u_{gl} = 7\%$

$\Delta u = 10\% - 7\% = 3\%$; $V = 0{,}035\%/\%$ (Spalte 7)

$$M = N \cdot \Delta u \cdot \frac{V}{100} = 3800 \text{ mm} \cdot 3\% \cdot \frac{0{,}035\%/\%}{100}$$

$M = \mathbf{3{,}99 \sim 4{,}00\ mm}$

4.9 Toleranzen und Passungen

4.9.4 Passungen

Unter Passungen versteht man die Maßbeziehungen verschiedener Werkstücke, die miteinander gepaart werden sollen. Die Passtoleranz der zu paarenden Teile kann mit Spiel oder mit einem Übermaß gefordert sein. So sind Spielpassungen, Presspassungen und Übergangspassungen zu unterscheiden. Passungssysteme sind systematisch aufgebaute Passungsreihen vom Spiel bis zum Übermaß. Hier sind das System des Einheitsaußenmaßes und des Einheitsinnenmaßes zu unterscheiden.

Benennung	Kurzzeichen	Beispiele und Erklärungen
Passtoleranz	T_p	Toleranz der Passung gepaarter Teile, die mögliche Schwankung des Spiels oder des Übermaßes, rechnerisch: $T_p = T_B + T_W$ oder $S_g - S_k$ oder $U_g - U_k$
Toleranz Bohrungen	T_B	Die Toleranzen der Bohrungen, Nuten, Schlitze usw.
Toleranz Welle	T_W	Die Toleranzen einer Welle, eines Zapfens, einer Feder, eines Dübels usw.
Größtmaß Bohrung	G_B	Größtmaß oder oberes Grenzmaß der Bohrung, der Nut, des Schlitzes usw.
Kleinstmaß Bohrung	K_B	Kleinstmaß oder unteres Grenzmaß der Bohrung, der Nut, des Schlitzes usw.
Größtmaß Welle	G_W	Größtmaß oder oberes Grenzmaß der Welle, des Zapfens, der Feder, des Dübels usw.
Kleinstmaß Welle	K_W	Kleinstmaß oder unteres Grenzmaß der Welle, des Zapfens, der Feder, des Dübels usw.
Spiel	S	Differenz zwischen dem Maß der Innenpassflächen und dem Maß der Außenpassflächen, dabei muss ein Spiel (Luft) garantiert sein
Größtspiel	S_g	Differenz zwischen dem Größt-Innenmaß und dem Kleinst-Außenmaß, rechnerisch: $S_g = G_B - K_W$
Kleinstspiel	S_k	Differenz zwischen dem Kleinst-Innenmaß und dem Größt-Außenmaß, rechnerisch: $S_k = K_B - G_W$
Istspiel	S_i	Differenz zwischen dem Ist-Innenmaß und dem Ist-Außenmaß, rechnerisch: $S_i = I_B - I_W$
Übermaß	U	Differenz zwischen dem Maß der Innenpassflächen und dem Maß der Außenpassflächen, dabei muss stets eine Presspassung durch Übermaß garantiert sein
Größtübermaß	U_g	Differenz zwischen dem Größt-Außenmaß (Welle) und dem Kleinst-Innenmaß (Bohrung), rechnerisch: $U_g = G_W - K_B$
Kleinstübermaß	U_k	Differenz zwischen dem Kleinst-Außenmaß (Welle) und dem Größt-Innenmaß (Bohrung), rechnerisch: $U_k = K_W - G_B$
Istübermaß	U_i	Differenz zwischen dem Ist-Innenmaß (Bohrung) und dem Ist-Außenmaß (Welle), rechnerisch: $U_i = I_B - I_W$
System Einheits-Außenmaß	–	Passsystem, bei dem die Toleranzfeder der Außenmaße (Welle, Feder, Zapfen, Dübel) einheitlich mit der oberen Grenze an der Nulllinie liegen – das **obere Abmaß = 0**
System Einheits-Innenmaß	–	Passsystem, bei dem die Toleranzfeder der Innenmaße (Bohrung, Schlitze, Nuten) einheitlich mit der unteren Grenze an der Nulllinie liegen – das **untere Abmaß = 0**

Spielpassung

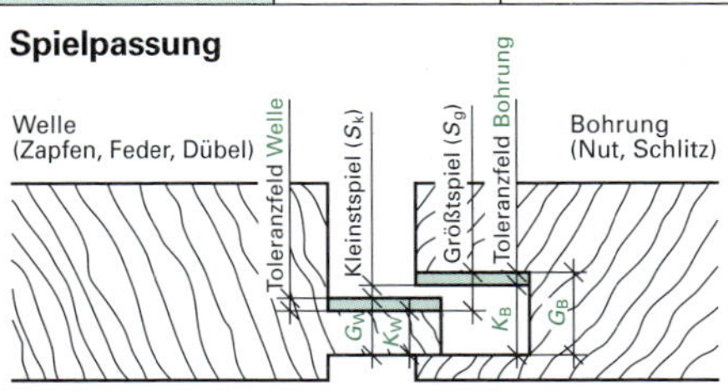

Presspassung

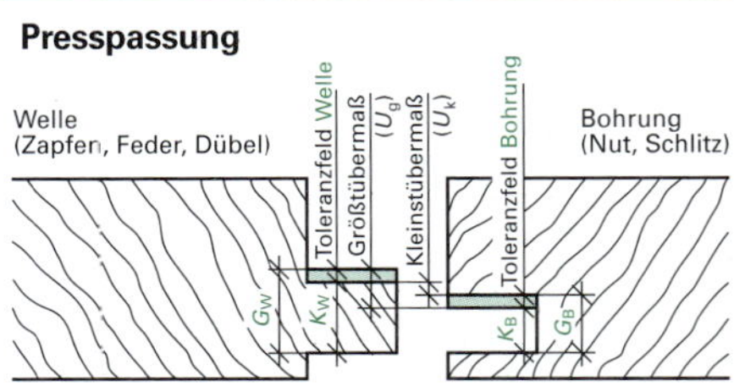

4.9 Toleranzen und Passungen

4.9.5 Passsysteme

System Einheitsaußenmaß
(System Einheitswellen)
Die obere Grenze der Wellen ist einheitlich und liegt der Nulllinie an. Das obere Abmaß der Wellen ist jeweils Null.

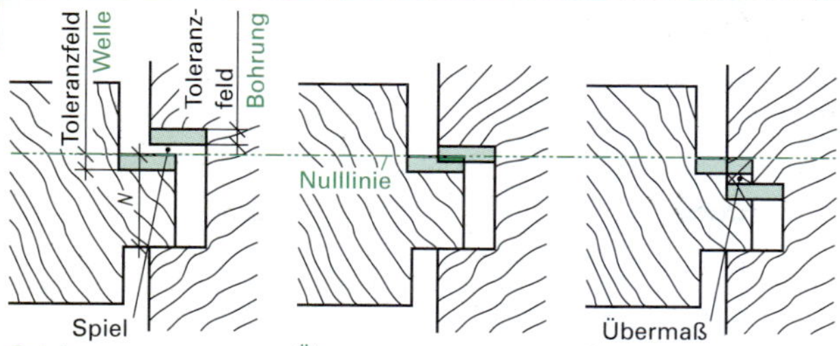

Spielpassung — Übergangspassung — Presspassung

System Einheitsinnenmaß
(System Einheitsbohrungen)
Die untere Grenze der Bohrungen ist einheitlich und liegt der Nulllinie an. Das untere Abmaß der Bohrungen ist jeweils Null.

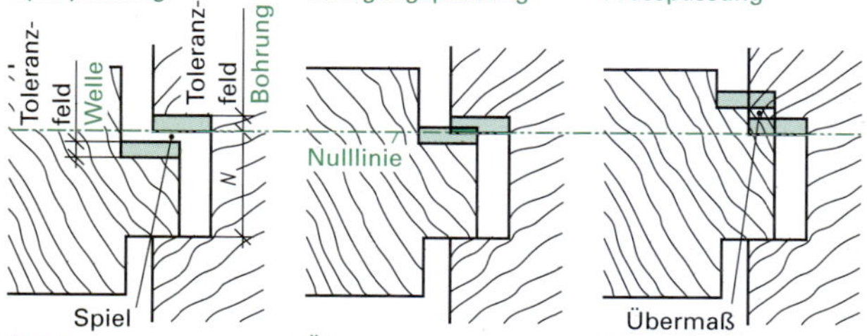

Spielpassung — Übergangspassung — Presspassung

Bemaßungsmöglichkeiten von Passungen

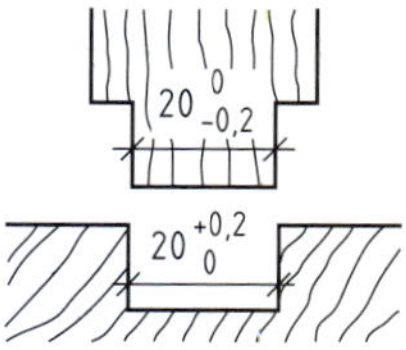

Paarungsteile getrennt bemaßt

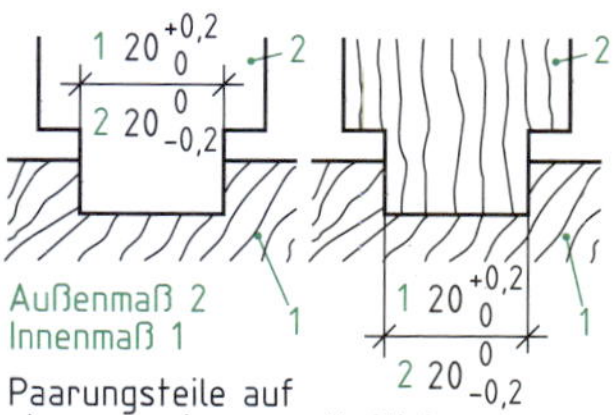

Paarungsteile auf einer gemeinsamen Maßlinie

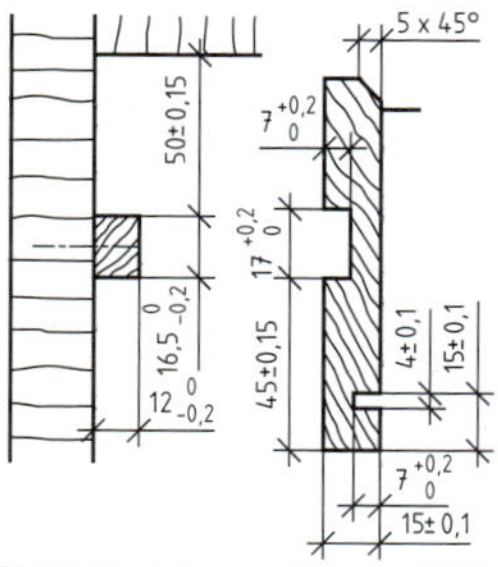

$G_{\text{Außenteil}}$ = 17 $^{+0,2}$	=	17,2 mm
$-K_{\text{Innenteil}}$ = 16,5 −0,2	=	16,3 mm
S_g (Größtspiel)	=	0,9 mm
$K_{\text{Außenteil}}$ = 17 0	=	17,0 mm
$-G_{\text{Innenteil}}$ = 16,5 ^{0}	=	16,5 mm
S_k (Kleinstspiel)	=	0,5 mm

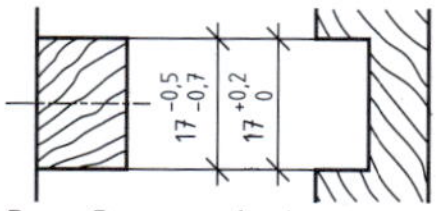

Bemaßungsvariante

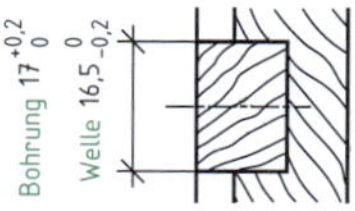

Bemaßung bei zusammengezeichneter Passung

$G_{\text{Außenteil}}$ = 17 $^{+0,2}$	=	17,2 mm
$-K_{\text{Innenteil}}$ = 17 −0,7	=	16,3 mm
S_g (Größtspiel)	=	0,9 mm
$K_{\text{Außenteil}}$ = 17 0	=	17,0 mm
$-G_{\text{Innenteil}}$ = 17 $^{-0,5}$	=	16,5 mm
S_k (Kleinstspiel)	=	0,5 mm

Toleranzfelder und Toleranzfeldlagen

Toleranzen können bei Passungen auch als Toleranzfelder angegeben werden, deren Größe und Lage zur Nulllinie in Tabellen angegeben ist. Dabei sind die Toleranzfeldlagen der Außenmaße durch Kleinbuchstaben und die der Innenmaße durch Großbuchstaben gekennzeichnet.

Lage der Toleranzfelder zur Nulllinie in Vielfachen von Grundtoleranzen T_G

Toleranzfeldlage	A/a Z/z	B/b Y/y	C/c W/w	D/d U/u	E/e T/t	F/f S/s	G/g R/r	I/i P/p	K/k N/n	M/m –
Abstand der Mitte des Toleranzfeldes zur Nulllinie	9,0 T_G	7,5 T_G	6,2 T_G	5,0 T_G	3,9 T_G	2,9 T_G	2,0 T_G	1,2 T_G	0,5 T_G	0
Abstand für oberes Abmaß	9,5 T_G	8,0 T_G	6,7 T_G	5,5 T_G	4,4 T_G	3,4 T_G	2,5 T_G	1,7 T_G	1,0 T_G	+0,5 T_G
Abstand für unteres Abmaß	8,5 T_G	7,0 T_G	5,7 T_G	4,5 T_G	3,4 T_G	2,4 T_G	1,5 T_G	0,7 T_G	0	−0,5 T_G

4.9 Toleranzen und Passungen

Grundabmaße in mm (Auszug aus DIN 68101)

Nennmaßbereich über 10 mm bis 30 mm für Innenmaße

	HT 6	HT 10	HT 15	HT 25	HT 40	HT 60
A	+0,76 +0,68	+1,33 +1,19	+1,99 +1,78	+3,35 +3,00	+5,25 +4,70	+8,10 +7,25
B	+0,64 +0,56	+1,12 +0,98	+1,68 +1,47	+2,80 +2,45	+4,40 +3,85	+6,80 +5,95
C	+0,54 +0,46	+0,94 +0,80	+1,41 +1,20	+2,35 +2,00	+3,70 +3,15	+5,70 +4,85
D	+0,44 +0,46	+0,77 +0,80	+1,15 +1,20	+1,95 +2,00	+3,05 +3,15	+4,70 +4,85
E	+0,35 +0,27	+0,62 +0,48	+0,92 +0,71	+1,55 +1,20	+2,40 +1,85	+3,75 +2,90
F	+0,27 +0,19	+0,48 +0,34	+0,71 +0,50	+1,20 +0,85	+1,85 +1,30	+2,90 +2,05
G	+0,20 +0,12	+0,35 +0,21	+0,52 +0,31	+0,90 +0,55	+1,40 +0,85	+2,15 +1,30
I	+0,14 +0,06	+0,24 +0,10	+0,36 +0,15	+0,60 +0,25	+0,95 +0,40	+1,45 +0,60
K	+0,08 0,00	+0,14 0,00	+0,21 0,00	+0,35 0,00	+0,55 0,00	+0,85 0,00
M	+0,04 −0,04	+0,07 −0,07	+0,105 −0,105	+0,175 −0,175	+0,275 −0,275	+0,425 −0,425
N	0,00 −0,08	0,00 −0,14	0,00 −0,21	0,00 −0,35	0,00 −0,55	0,00 −0,85
P	−0,06 −0,14	−0,10 −0,24	−0,15 −0,36	−0,25 −0,60	−0,40 −0,95	−0,60 −1,45
R	−0,12 −0,20	−0,21 −0,35	−0,31 −0,52	−0,55 −0,90	−0,85 −1,40	−1,30 −2,15
S	−0,19 −0,27	−0,34 −0,48	−0,50 −0,71	−0,85 −1,20	−1,30 −1,85	−2,05 −2,90
T	−0,27 −0,35	−0,48 −0,62	−0,71 −0,92	−1,20 −1,55	−1,85 −2,40	−2,90 −3,75
U	−0,36 −0,44	−0,63 −0,77	−0,94 −1,15	−1,60 −1,95	−2,50 −3,05	−3,85 −4,70
W	−0,46 −0,54	−0,80 −0,94	−1,20 −1,41	−2,00 −2,35	−3,15 −3,70	−4,85 −5,70
Y	−0,56 −0,64	−0,98 −1,12	−1,47 −1,68	−2,45 −2,80	−3,85 −4,40	−5,95 −6,80
Z	−0,68 −0,76	−1,19 −1,33	−1,78 −1,99	−3,00 −3,35	−4,70 −5,25	−7,25 −8,10

Nennmaßbereich über 10 mm bis 30 mm für Außenmaße

	HT 6	HT 10	HT 15	HT 25	HT 40	HT 60
a	−0,68 −0,76	−1,19 −1,33	−1,78 −1,99	−3,00 −3,35	−4,70 −5,25	−7,25 −8,10
b	−0,56 −0,64	−0,98 −1,12	−1,47 −1,68	−2,45 −2,80	−3,85 −4,40	−5,95 −6,80
c	−0,46 −0,54	−0,80 −0,94	−1,20 −1,41	−2,00 −2,35	−3,15 −3,70	−4,85 −5,70
d	−0,36 −0,44	−0,63 −0,77	−0,94 −1,15	−1,60 −1,95	−2,50 −3,05	−3,85 −4,70
e	−0,27 −0,35	−0,48 −0,62	−0,71 −0,92	−1,20 −1,55	−1,85 −2,40	−2,90 −3,75
f	−0,19 −0,27	−0,34 −0,48	−0,50 −0,71	−0,85 −1,20	−1,30 −1,85	−2,05 −2,90
g	−0,12 −0,20	−0,21 −0,35	−0,31 −0,52	−0,55 −0,90	−0,85 −1,40	−1,30 −2,15
i	−0,06 −0,14	−0,10 −0,24	−0,15 −0,36	−0,25 −0,60	−0,40 −0,95	−0,60 −1,45
k	0,00 −0,08	0,00 −0,14	0,00 −0,21	0,00 −0,35	0,00 −0,55	0,00 −0,85
m	+0,04 −0,04	+0,07 −0,07	+0,105 −0,105	+0,175 −0,175	+0,275 −0,275	+0,425 −0,425
n	+0,08 0,00	+0,14 0,00	+0,21 0,00	+0,35 0,00	+0,55 0,00	+0,85 0,00
p	+0,14 +0,06	+0,24 +0,10	+0,36 +0,15	+0,60 +0,25	+0,95 +0,40	+1,45 +0,60
r	+0,20 +0,12	+0,35 +0,21	+0,52 +0,31	+0,90 +0,55	+1,40 +0,85	+2,15 +1,30
s	+0,27 +0,19	+0,48 +0,34	+0,71 +0,50	+1,20 +0,85	+1,85 +1,30	+2,90 +2,05
t	+0,35 +0,27	+0,62 +0,48	+0,92 +0,71	+1,55 +1,20	+2,40 +1,85	+3,75 +2,90
u	+0,44 +0,36	+0,77 +0,63	+1,15 +0,94	+1,95 +1,60	+3,05 +2,50	+4,70 +3,85
w	+0,54 +0,46	+0,94 +0,80	+1,41 +1,20	+2,35 +2,00	+3,70 +3,15	+5,70 +4,85
y	+0,64 +0,56	+1,12 +0,98	+1,68 +1,47	+2,80 +2,45	+4,40 +3,85	+6,80 +5,95
z	+0,76 +0,68	+1,33 +1,19	+1,99 +1,78	+3,35 +3,00	+5,25 +4,70	+8,10 +7,25

Nennmaßbereich über 30 mm bis 100 mm für Innenmaße

	HT 6	HT 10	HT 15	HT 25	HT 40	HT 60
A	+0,95 +0,85	+1,62 +1,45	+2,47 +2,21	+4,25 +3,80	+6,65 +5,95	+9,95 +8,90
B	+0,80 +0,70	+1,36 +1,19	+2,08 +1,82	+3,60 +3,15	+5,60 +4,90	+8,40 +7,35
C	+0,67 +0,57	+1,14 +0,97	+1,74 +1,48	+3,00 +2,55	+4,70 +4,00	+7,05 +6,00
D	+0,55 +0,45	+0,94 +0,77	+1,43 +1,17	+2,50 +2,05	+3,85 +3,15	+5,80 +4,75
E	+0,44 +0,34	+0,75 +0,58	+1,14 +0,88	+2,00 +1,55	+3,10 +2,40	+4,60 +3,55
F	+0,34 +0,24	+0,58 +0,41	+0,88 +0,62	+1,55 +1,10	+2,40 +1,70	+3,55 +2,50
G	+0,25 +0,15	+0,43 +0,26	+0,65 +0,39	+1,15 +0,70	+1,75 +1,05	+2,65 +1,60
I	+0,17 +0,07	+0,29 +0,12	+0,44 +0,18	+0,75 +0,30	+1,20 +0,50	+1,80 +0,75
K	+0,10 0,00	+0,17 0,00	+0,26 0,00	+0,45 0,00	+0,70 0,00	+1,05 0,00
M	+0,05 −0,05	+0,085 −0,085	+0,13 −0,13	+0,225 −0,225	+0,35 −0,35	+0,525 −0,525
N	0,00 −0,10	0,00 −0,17	0,00 −0,26	0,00 −0,45	0,00 −0,70	0,00 −1,05
P	−0,07 −0,17	−0,12 −0,29	−0,18 −0,44	−0,30 −0,75	−0,50 −1,20	−0,75 −1,80
R	−0,15 −0,25	−0,26 −0,43	−0,39 −0,65	−0,70 −1,15	−1,05 −1,75	−1,60 −2,65
S	−0,24 −0,34	−0,41 −0,58	−0,62 −0,88	−1,10 −1,55	−1,70 −2,40	−2,50 −3,55
T	−0,34 −0,44	−0,58 −0,75	−0,88 −1,14	−1,55 −2,00	−2,40 −3,10	−3,55 −4,60
U	−0,45 −0,55	−0,77 −0,94	−1,17 −1,43	−2,05 −2,50	−3,15 −3,85	−4,75 −5,80
W	−0,57 −0,67	−0,97 −1,14	−1,48 −1,74	−2,55 −3,00	−4,00 −4,70	−6,00 −7,05
Y	−0,70 −0,80	−1,19 −1,36	−1,82 −2,08	−3,15 −3,60	−4,90 −5,60	−7,35 −8,40
Z	−0,85 −0,95	−1,45 −1,62	−2,21 −2,47	−3,80 −4,25	−5,95 −6,65	−8,90 −9,95

Nennmaßbereich über 30 mm bis 100 mm für Außenmaße

	HT 6	HT 10	HT 15	HT 25	HT 40	HT 60
a	−0,85 −0,95	−1,45 −1,62	−2,21 −2,47	−3,80 −4,25	−5,95 −6,65	−8,90 −9,95
b	−0,70 −0,80	−1,19 −1,36	−1,82 −2,08	−3,15 −3,60	−4,90 −5,60	−7,35 −8,40
c	−0,57 −0,67	−0,97 −1,14	−1,48 −1,74	−2,55 −3,00	−4,00 −4,70	−6,00 −7,05
d	−0,45 −0,55	−0,77 −0,94	−1,17 −1,43	−2,05 −2,50	−3,15 −3,85	−4,75 −5,80
e	−0,34 −0,44	−0,58 −0,75	−0,88 −1,14	−1,55 −2,00	−2,40 −3,10	−3,55 −4,60
f	−0,24 −0,34	−0,41 −0,58	−0,62 −0,88	−1,10 −1,55	−1,70 −2,40	−2,50 −3,55
g	−0,15 −0,25	−0,26 −0,43	−0,39 −0,65	−0,70 −1,15	−1,05 −1,75	−1,60 −2,65
i	−0,07 −0,17	−0,12 −0,29	−0,18 −0,44	−0,30 −0,75	−0,50 −1,20	−0,75 −1,80
k	0,00 −0,10	0,00 −0,17	0,00 −0,26	0,00 −0,45	0,00 −0,70	0,00 −1,05
m	+0,05 −0,05	+0,085 −0,085	+0,13 −0,13	+0,225 −0,225	+0,35 −0,35	+0,525 −0,525
n	+0,10 0,00	−0,17 0,00	+0,26 0,00	+0,45 0,00	+0,70 0,00	+1,05 0,00
p	+0,17 +0,07	+0,29 +0,12	+0,44 +0,18	+0,75 +0,30	+1,20 +0,50	+1,80 +0,75
r	+0,25 +0,15	+0,43 +0,26	+0,65 +0,39	+1,15 +0,70	+1,75 +1,05	+2,65 +1,60
s	+0,34 +0,24	+0,58 +0,41	+0,88 +0,62	+1,55 +1,10	+2,40 +1,70	+3,55 +2,50
t	+0,44 +0,34	+0,75 +0,58	+1,14 +0,88	+2,00 +1,55	+3,10 +2,40	+4,60 +3,55
u	+0,55 +0,45	+0,94 +0,77	+1,43 +1,17	+2,50 +2,05	+3,85 +3,15	+5,80 +4,75
w	+0,67 +0,57	+1,14 +0,97	+1,74 +1,48	+3,00 +2,55	+4,70 +4,00	+7,05 +6,00
y	+0,80 +0,70	+1,36 +1,19	+2,08 +1,82	+3,60 +3,15	+5,60 +4,90	+8,40 +7,35
z	+0,95 +0,85	+1,62 +1,45	+2,47 +2,21	+4,25 +3,80	+6,65 +5,95	+9,95 +8,90

4.9 Toleranzen und Passungen

Grundabmaße in mm (Auszug aus DIN 68101)

Nennmaßbereich über 100 mm bis 250 mm für Innenmaße

	HT 6	HT 10	HT 15	HT 25	HT 40	HT 60
A	+ 1,14 + 1,02	+ 1,90 + 1,70	+ 2,94 + 2,63	+ 4,75 + 4,25	+ 7,60 + 6,80	+11,90 +10,65
B	+ 0,96 + 0,84	+ 1,60 + 1,40	+ 2,48 + 2,17	+ 4,00 + 3,50	+ 6,40 + 5,60	+10,00 + 8,75
C	+ 0,80 + 0,68	+ 1,34 + 1,14	+ 2,08 + 1,77	+ 3,35 + 2,85	+ 5,35 + 4,55	+ 8,40 + 7,15
D	+ 0,66 + 0,54	+ 1,10 + 0,90	+ 1,71 + 1,40	+ 2,75 + 2,25	+ 4,40 + 3,60	+ 6,90 + 5,65
E	+ 0,53 + 0,41	+ 0,88 + 0,68	+ 1,36 + 1,05	+ 2,20 + 1,70	+ 2,70 + 2,70	+ 4,25 + 4,25
F	+ 0,41 + 0,29	+ 0,68 + 0,48	+ 1,05 + 0,74	+ 1,70 + 1,20	+ 2,70 + 1,90	+ 4,25 + 3,00
G	+ 0,30 + 0,18	+ 0,50 + 0,30	+ 0,78 + 0,47	+ 1,25 + 0,75	+ 2,00 + 1,20	+ 3,15 + 1,90
I	+ 0,20 + 0,08	+ 0,34 + 0,14	+ 0,53 + 0,22	+ 0,85 + 0,35	+ 1,35 + 0,55	+ 2,15 + 0,90
K	+ 0,12 0,00	+ 0,20 0,00	+ 0,31 0,00	+ 0,50 0,00	+ 0,80 0,00	+ 1,25 0,00
M	+ 0,06 − 0,06	+ 0,10 − 0,10	+ 0,155 − 0,155	+ 0,25 − 0,25	+ 0,40 − 0,40	+ 0,625 − 0,625
N	0,00 − 0,12	0,00 − 0,20	0,00 − 0,31	0,00 − 0,50	0,00 − 0,80	0,00 − 1,25
P	− 0,08 − 0,20	− 0,14 − 0,34	− 0,22 − 0,53	− 0,35 − 0,85	− 0,55 − 1,35	− 0,90 − 2,15
R	− 0,18 − 0,30	− 0,30 − 0,50	− 0,47 − 0,78	− 0,75 − 1,25	− 1,20 − 2,00	− 1,90 − 3,15
S	− 0,29 − 0,41	− 0,48 − 0,68	− 0,74 − 1,05	− 1,20 1,70	− 1,90 − 2,70	− 3,00 − 4,25
T	− 0,41 − 0,53	− 0,53 − 0,88	− 1,05 − 1,36	− 1,70 − 2,20	− 2,70 − 3,50	− 4,25 − 5,50
U	− 0,54 − 0,66	− 0,90 − 1,10	− 1,40 − 1,71	− 2,25 − 2,75	− 3,60 − 4,40	− 5,65 − 6,90
W	− 0,68 − 0,80	− 1,14 − 1,34	− 1,77 − 2,08	− 2,85 − 3,35	− 4,55 − 5,35	− 7,15 − 8,40
Y	− 0,84 − 0,96	− 1,40 − 1,60	− 2,17 − 2,48	− 3,50 − 4,00	− 5,60 − 6,40	− 8,75 −10,00
Z	− 1,02 − 1,14	− 1,70 − 1,90	− 2,63 − 2,94	− 4,25 − 4,75	− 6,80 − 7,60	−10,65 −11,90

Nennmaßbereich über 100 mm bis 250 mm für Außenmaße

	HT 6	HT 10	HT 15	HT 25	HT 40	HT 60
a	− 1,02 − 1,14	− 1,70 − 1,90	− 2,63 − 2,94	− 4,25 − 4,75	− 6,80 − 7,60	−10,65 −11,90
b	− 0,84 − 0,96	− 1,40 − 1,60	− 2,17 − 2,48	− 3,50 − 4,00	− 5,60 − 6,40	− 8,75 −10,00
c	− 0,68 − 0,80	− 1,14 − 1,34	− 1,77 − 2,08	− 2,85 − 3,35	− 4,55 − 5,35	− 7,15 − 8,40
d	− 0,54 − 0,66	− 0,90 − 1,10	− 1,40 − 1,71	− 2,25 − 2,75	− 3,60 − 4,40	− 5,65 − 6,90
e	− 0,41 − 0,53	− 0,68 − 0,88	− 1,05 − 1,36	− 1,70 − 2,20	− 2,70 − 3,50	− 4,25 − 5,50
f	− 0,29 − 0,41	− 0,48 − 0,68	− 0,74 − 1,05	− 1,20 − 1,70	− 1,90 − 2,70	− 3,00 − 4,25
g	− 0,18 − 0,30	− 0,30 − 0,50	− 0,47 − 0,78	− 0,75 − 1,25	− 1,20 − 2,00	− 1,90 − 3,15
i	− 0,08 − 0,20	− 0,14 − 0,34	− 0,22 − 0,53	− 0,35 − 0,85	− 0,55 − 1,35	− 0,90 − 2,15
k	0,00 − 0,12	0,00 − 0,20	0,00 − 0,31	0,00 − 0,50	0,00 − 0,80	0,00 − 1,25
m	+ 0,06 − 0,06	+ 0,10 − 0,10	+ 0,155 − 0,155	+ 0,25 − 0,25	+ 0,40 − 0,40	+ 0,625 − 0,625
n	+ 0,12 0,00	+ 0,20 0,00	+ 0,31 0,00	+ 0,50 0,00	+ 0,80 0,00	+ 1,25 0,00
p	+ 0,20 + 0,08	+ 0,34 + 0,14	+ 0,53 + 0,22	+ 0,85 + 0,35	+ 1,35 + 0,55	+ 2,15 + 0,90
r	+ 0,30 + 0,18	+ 0,50 + 0,30	+ 0,78 + 0,47	+ 1,25 + 1,20	+ 2,00 + 1,90	+ 3,15 + 3,00
s	+ 0,41 + 0,29	+ 0,68 + 0,48	+ 1,05 + 0,74	+ 1,70 + 1,20	+ 2,70 + 1,90	+ 4,25 + 3,00
t	+ 0,53 + 0,41	+ 0,88 + 0,68	+ 1,36 + 1,05	+ 2,20 + 1,70	+ 3,50 + 2,70	+ 5,50 + 4,25
u	+ 0,66 + 0,54	+ 1,10 + 0,90	+ 1,71 + 1,40	+ 2,75 + 2,25	+ 4,40 + 3,60	+ 6,90 + 5,65
w	+ 0,80 + 0,68	+ 1,34 + 1,14	+ 2,08 + 1,77	+ 3,35 + 2,85	+ 5,35 + 4,55	+ 8,40 + 7,15
y	+ 0,65 + 0,84	+ 1,60 + 1,40	+ 2,48 + 2,17	+ 4,00 + 3,50	+ 6,40 + 5,60	+10,00 + 8,75
z	+ 1,14 + 1,02	+ 1,90 + 1,70	+ 2,94 + 2,63	+ 4,75 + 4,25	+ 7,60 + 6,80	+11,90 +10,65

Nennmaßbereich über 250 mm bis 500 mm für Innenmaße

	HT 6	HT 10	HT 15	HT 25	HT 40	HT 60
A	+ 1,33 + 1,19	+ 2,28 + 2,04	+ 3,42 + 3,06	+ 5,70 + 5,10	+ 9,05 + 8,10	+13,80 +12,35
B	+ 1,12 + 0,98	+ 1,92 + 1,68	+ 2,88 + 2,52	+ 4,80 + 4,20	+ 7,60 + 6,65	+11,60 +10,15
C	+ 0,94 + 0,80	+ 1,61 + 1,37	+ 2,41 + 2,05	+ 4,00 + 3,40	+ 6,35 + 5,40	+ 9,70 + 8,25
D	+ 0,77 + 0,63	+ 1,32 + 1,08	+ 1,98 + 1,62	+ 3,30 + 2,70	+ 5,25 + 4,30	+ 8,00 + 6,55
E	+ 0,62 + 0,48	+ 1,06 + 0,82	+ 1,58 + 1,22	+ 2,65 + 2,05	+ 4,20 + 3,25	+ 6,40 + 4,95
F	+ 0,48 + 0,34	+ 0,82 + 0,58	+ 1,22 + 0,86	+ 2,05 + 1,45	+ 3,25 + 2,30	+ 4,95 + 3,50
G	+ 0,35 + 0,21	+ 0,60 + 0,36	+ 0,90 + 0,54	+ 1,50 + 0,90	+ 2,40 + 1,45	+ 3,65 + 2,20
I	+ 0,24 + 0,10	+ 0,41 + 0,17	+ 0,61 + 0,25	+ 1,00 + 0,40	+ 1,60 + 0,65	+ 2,45 + 1,00
K	+ 0,14 0,00	+ 0,24 0,00	+ 0,36 0,00	+ 0,60 0,00	+ 0,95 0,00	+ 1,45 0,00
M	+ 0,07 − 0,07	+ 0,12 − 0,12	+ 0,18 − 0,18	+ 0,30 − 0,30	+ 0,475 − 0,475	+ 0,725 − 0,725
N	0,00 − 0,14	0,00 − 0,24	0,00 − 0,36	0,00 − 0,60	0,00 − 0,95	0,00 − 1,45
P	− 0,10 − 0,24	− 0,17 − 0,41	− 0,25 − 0,61	− 0,40 − 1,00	− 0,65 − 1,60	− 1,00 − 2,45
R	− 0,21 − 0,35	− 0,36 − 0,60	− 0,54 − 0,90	− 0,90 − 1,50	− 1,45 − 2,40	− 2,20 − 3,65
S	− 0,34 − 0,48	− 0,58 − 0,82	− 0,86 − 1,22	− 1,45 − 2,05	− 2,30 − 3,25	− 3,50 − 4,95
T	− 0,48 − 0,62	− 0,82 − 1,06	− 1,22 − 1,58	− 2,05 − 2,65	− 3,25 − 4,20	− 4,95 − 6,40
U	− 0,63 − 0,77	− 1,08 − 1,32	− 1,62 − 1,98	− 2,70 − 3,30	− 4,30 − 5,25	− 6,55 − 8,00
W	− 0,80 − 0,94	− 1,37 − 1,61	− 2,05 − 2,41	− 3,40 − 4,00	− 5,40 − 6,35	− 8,25 − 9,70
Y	− 0,98 − 1,12	− 1,68 − 1,92	− 2,52 − 2,88	− 4,20 − 4,80	− 6,65 − 7,60	−10,15 −11,60
Z	− 1,19 − 1,33	− 2,04 − 2,28	− 3,06 − 3,42	− 5,10 − 5,70	− 8,10 − 9,05	−12,35 −13,80

Nennmaßbereich über 250 mm bis 500 mm für Außenmaße

	HT 6	HT 10	HT 15	HT 25	HT 40	HT 60
a	− 1,19 − 1,33	− 2,04 − 2,28	− 3,06 − 3,42	− 5,10 − 5,70	− 8,10 − 9,05	−12,35 −13,80
b	− 0,98 − 1,12	− 1,68 − 1,92	− 2,52 − 2,88	− 4,20 − 4,80	− 6,65 − 7,60	−10,15 −11,60
c	− 0,80 − 0,94	− 1,37 − 1,61	− 2,05 − 2,41	− 3,40 − 4,00	− 5,40 − 6,35	− 8,25 − 9,70
d	− 0,63 − 0,77	− 1,08 − 1,32	− 1,62 − 1,98	− 2,70 − 3,30	− 4,30 − 5,25	− 6,55 − 8,00
e	− 0,48 − 0,62	− 0,82 − 1,06	− 1,22 − 1,58	− 2,05 − 2,65	− 3,25 − 4,20	− 4,95 − 6,40
f	− 0,34 − 0,48	− 0,58 − 0,82	− 0,86 − 1,22	− 1,45 − 2,05	− 2,30 − 3,25	− 3,50 − 4,95
g	− 0,21 − 0,35	− 0,36 − 0,60	− 0,54 − 0,90	− 0,90 − 1,50	− 1,45 − 2,40	− 2,20 − 3,65
i	− 0,10 − 0,24	− 0,17 − 0,41	− 0,25 − 0,61	− 0,40 − 1,00	− 0,65 − 1,60	− 1,00 − 2,45
k	0,00 − 0,14	0,00 − 0,24	0,00 − 0,36	0,00 − 0,60	0,00 − 0,95	0,00 − 1,45
m	+ 0,70 − 0,07	+ 0,12 − 0,12	+ 0,18 − 0,18	+ 0,30 − 0,30	+ 0,475 − 0,475	+ 0,725 − 0,725
n	+ 0,14 0,00	+ 0,24 0,00	+ 0,36 0,00	+ 0,60 0,00	+ 0,95 0,00	+ 1,45 0,00
p	+ 0,24 + 0,10	+ 0,41 + 0,17	+ 0,61 + 0,25	+ 1,00 + 0,40	+ 1,60 + 0,65	+ 2,45 + 1,00
r	+ 0,35 + 0,21	+ 0,60 + 0,36	+ 0,90 + 0,54	+ 1,50 + 0,90	+ 2,40 + 1,45	+ 3,65 + 2,20
s	+ 0,48 + 0,34	+ 0,82 + 0,58	+ 1,22 + 0,86	+ 2,05 + 1,45	+ 3,25 + 2,30	+ 4,95 + 3,50
t	+ 0,62 + 0,48	+ 1,06 + 0,82	+ 1,58 + 1,22	+ 2,65 + 2,05	+ 4,20 + 3,25	+ 6,40 + 4,95
u	+ 0,77 + 0,63	+ 1,32 + 1,08	+ 1,98 + 1,62	+ 3,30 + 2,70	+ 5,25 + 4,30	+ 8,00 + 6,55
w	+ 0,94 + 0,80	+ 1,61 + 1,37	+ 2,41 + 2,05	+ 4,00 + 3,40	+ 6,35 + 5,40	+ 9,70 + 8,25
y	1,12 + 0,98	+ 1,92 + 1,68	+ 2,88 + 2,52	+ 4,80 + 4,20	+ 7,60 + 6,65	+ 11,60 + 10,15
z	+ 1,33 + 1,19	+ 2,28 + 2,04	+ 3,42 + 3,06	+ 5,70 + 5,10	+ 9,05 + 8,10	+ 13,80 + 12,35

4.9 Toleranzen und Passungen

Grundabmaße in mm (Auszug aus DIN 68101)

Nennmaßbereich über 500 mm bis 1000 mm für Innenmaße

	HT 6	HT 10	HT 15	HT 25	HT 40	HT 60
A	+2,66 +2,38	+3,99 +3,57	+6,65 +5,95	+10,90 +9,75	+16,15 +14,45	+26,6 +23,8
B	+2,24 +1,96	+3,36 +2,94	+5,60 +4,90	+9,20 +8,05	+13,60 +11,90	+22,4 +19,6
C	+1,88 +1,60	+2,81 +2,39	+4,70 +4,00	+7,70 +6,55	+11,40 +9,70	+18,8 +16,0
D	+1,54 +1,26	+2,31 +1,89	+3,85 +3,15	+6,35 +5,20	+9,35 +7,65	+15,4 +12,6
E	+1,23 +0,95	+1,85 +1,43	+3,10 +2,40	+5,05 +3,90	+7,50 +5,80	+12,3 +9,5
F	+0,95 +0,67	+1,43 +1,01	+2,40 +1,70	+3,90 +2,75	+5,80 +4,10	+9,5 +6,7
G	+0,70 +0,42	+1,05 +0,63	+1,75 +1,05	+2,90 +1,75	+4,25 +2,55	+7,0 +4,2
I	+0,48 +0,20	+0,71 +0,29	+1,20 +0,50	+1,95 +0,80	+2,90 +1,20	+4,8 +2,0
K	+0,28 0,00	+0,42 0,00	+0,70 0,00	+1,15 0,00	+1,70 0,00	+2,8 0,0
M	+0,14 −0,14	+0,21 −0,21	+0,35 −0,35	+0,575 −0,575	+0,85 −0,85	+1,4 −1,4
N	0,00 −0,28	0,00 −0,42	0,00 −0,70	0,00 −1,15	0,00 −1,70	0,0 −2,8
P	−0,20 −0,48	−0,29 −0,71	−0,50 −1,20	−0,80 −1,95	−1,20 −2,90	−2,0 −4,8
R	−0,42 −0,70	−0,63 −1,05	−1,05 −1,75	−1,75 −2,90	−2,55 −4,25	−4,2 −7,0
S	−0,67 −0,95	−1,01 −1,43	−1,70 −2,40	−2,75 −3,90	−4,10 −5,80	−6,7 −9,5
T	−0,95 −1,23	−1,43 −1,85	−2,40 −3,10	−3,90 −5,05	−5,80 −7,50	−9,5 −12,3
U	−1,26 −1,54	−1,89 −2,31	−3,15 −3,85	−5,20 −6,35	−7,65 −9,35	−12,6 −15,4
W	−1,60 −1,88	−2,39 −2,81	−4,00 −4,70	−6,55 −7,70	−9,70 −11,40	−16,0 −18,8
Y	−1,96 −2,24	−2,94 −3,36	−4,90 −5,60	−8,05 −9,20	−11,90 −13,60	−19,6 −22,4
Z	−2,38 −2,66	−3,57 −3,99	−5,95 −6,65	−9,75 −10,90	−14,45 −16,15	−23,8 −26,6

Nennmaßbereich über 500 mm bis 1000 mm für Außenmaße

	HT 6	HT 10	HT 15	HT 25	HT 40	HT 60
a	−2,38 −2,66	−3,57 −3,99	−5,95 −6,65	−9,75 −10,90	−14,45 −16,15	−23,8 −26,6
b	−1,96 −2,24	−2,94 −3,36	−4,90 −5,60	−8,05 −9,20	−11,90 −13,60	−19,6 −22,4
c	−1,60 −1,88	−2,39 −2,81	−4,00 −4,70	−6,55 −7,70	−9,70 −11,40	−16,0 −18,8
d	−1,26 −1,54	−1,89 −2,31	−3,15 −3,85	−5,20 −6,35	−7,65 −9,35	−12,6 −15,4
e	−0,95 −1,23	−0,43 −1,85	−2,40 −3,10	−3,90 −5,05	−5,80 −7,50	−9,5 −12,3
f	−0,67 −0,95	−1,01 −1,43	−1,70 −2,40	−2,75 −3,90	−4,10 −5,80	−6,7 −9,5
g	−0,42 −0,70	−0,63 −1,05	−1,05 −1,75	−1,75 −2,90	−2,55 −4,25	−4,2 −7,0
i	−0,20 −0,48	−0,29 −0,71	−0,50 −1,20	−0,80 −1,95	−1,20 −2,90	−2,0 −4,8
k	0,00 −0,28	0,00 −0,42	0,00 −0,70	0,00 −1,15	0,00 −1,70	0,0 −2,8
m	+0,14 −0,14	+0,21 −0,21	+0,35 −0,35	+0,575 −0,575	+0,85 −0,85	+1,4 −1,4
n	+0,28 0,00	+0,42 0,00	+0,70 0,00	+1,15 0,00	+1,70 0,00	+2,8 0,0
p	+0,48 +0,20	+0,71 +0,29	+1,20 +0,50	+1,95 +0,80	+2,90 +1,20	+4,8 +2,0
r	+0,70 +0,42	+1,05 +0,63	+1,75 +1,05	+2,90 +1,75	+4,25 +2,55	+7,0 +4,2
s	+0,95 +0,67	+1,43 +1,10	+2,40 +1,70	+3,90 +2,75	+5,80 +4,10	+9,5 +6,7
t	+1,23 +0,95	+1,85 +1,43	+3,10 +2,40	+5,05 +3,90	+7,50 +5,80	+12,3 +9,5
u	+1,54 +1,26	+2,31 +1,89	+3,85 +3,15	+6,35 +5,20	+9,35 +7,65	+15,4 +12,6
w	+1,88 +1,60	+2,81 +2,39	+4,70 +4,00	+7,70 +6,55	+11,40 +9,70	+18,8 +16,0
y	+2,24 +1,96	+3,36 +2,94	+5,60 +4,90	+9,20 +8,05	+13,60 +11,90	+22,4 +19,6
z	+2,66 +2,38	+3,99 +3,57	+6,65 +5,95	+10,90 +9,75	+16,15 +14,45	+26,6 +23,8

Darstellung der Toleranzfelder

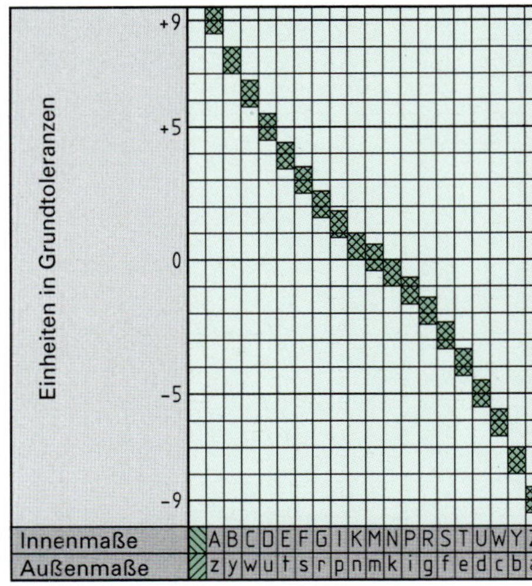

Beispiel
Schrank mit stumpf einschlagender Tür, die Schrankinnenbreite liegt auf der Nulllinie, Nennmaß 900 mm. Toleranz HT 25, Toleranzfelder N/r

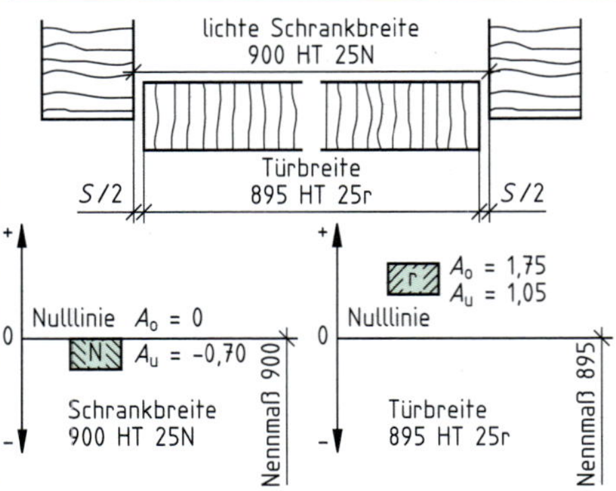

	Lichte Schrankbreite Innenmaß des Außenteils 900 HT 25 N	Türbreite Außenmaß des Innenteils 895 HT 25 r
N Nennmaß	900	895
A_o oberes Abmaß A_u unteres Abmaß T Maßtoleranz	0 −0,70 0,70	1,75 1,05 0,70
G Größtmaß K Kleinstmaß	900,00 899,30	896,75 896,05
S_g Größtspiel S_k Kleinstspiel T_p Passtoleranz	3,95 2,55 1,40	

4.10 Darstellung von Werkstoffen und Beschlägen

Werkstoffe werden durch verschiedene Schraffuren symbolisch gekennzeichnet. Schraffiert werden nur geschnittene Werkstücke. Maßzahlen und Beschriftungen in den Schnittflächen sind bei der Schraffur auszusparen. Der Abstand der Schraffurlinien ist der Größe der Querschnittsfläche anzupassen. Holz und Holzwerkstoffe werden freihändig schraffiert (Ausnahme Computerzeichnungen).

Vollholz

Vollholz wird als Hirnholz unter 45° und als Längsholz parallel zum Faserverlauf des Holzes schraffiert. Bei verleimten Werkstücken werden die Hirnholzflächen in gleicher Richtung aber mit unterschiedlichen Abständen schraffiert, bei nicht verleimten wird die Schraffurrichtung gewechselt.

Beispiele:

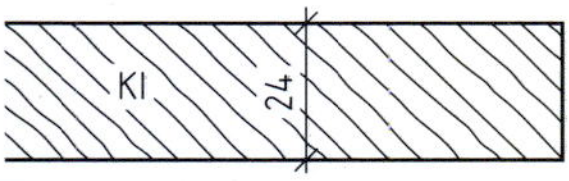

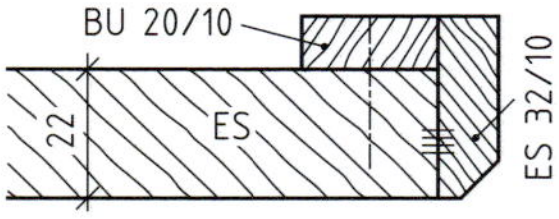

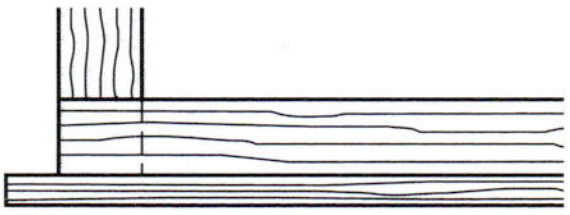

Holzwerkstoffe, roh und furniert

Zu dieser Gruppe gehören die Lagenwerkstoffe wie das Furniersperrholz und Furnierschichtholz, die Verbundwerkstoffe wie Stab- und Stäbchensperrholz, die Span- und Faserwerkstoffe usw. Symbolisch werden hier die Leistenteilungen des Stabsperrholzes im Schnitt dargestellt. Abstand der Schraffurlinien ca. halbe Plattendicke. Beschriftungen, Symbole und Begleitlinien geben das Material und die Modifizierung an.

Beispiele

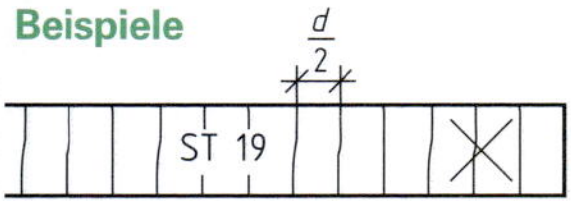

Stabsperrholz 19 mm dick, roh, Hirnholzkante (Kreuz-Symbol).

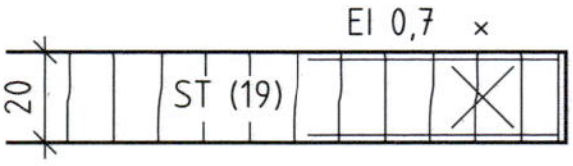

Stabsperrholz 19 mm dick, Eiche furniert, Furnierkante, Hirnholzkanten (Kreuze).

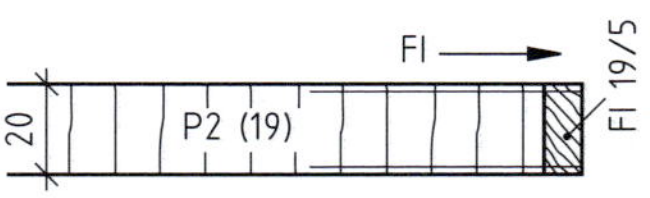

Spanplatte 19 mm dick, Fichte furniert, Anleimer überfurniert, Längsholz (Pfeil).

Stabsperrholz 19 mm dick, roh, Längsholzkante (Pfeil-Symbol).

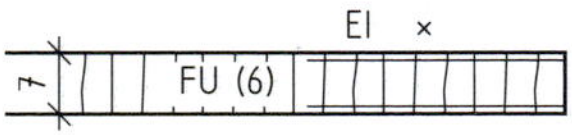

Furniersperrholz 6 mm dick, beidseitig in Eiche furniert.

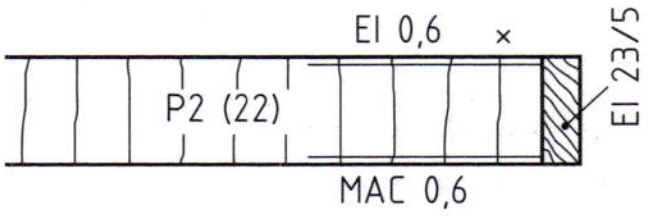

Spanplatte 22 mm dick, furniert, Hirnholz, Anleimer nachträglich angeleimt.

Holzwerkstoffe, mit Kunststoff beschichtet

Mit Kunststoff beschichtete Holzwerkstoffe kommen fertig in den Handel oder werden nachträglich beschichtet. Die Linien an der Materialbeschriftung geben an, ob einseitig, zweiseitig, dreiseitig oder vierseitig beschichtet.

Beispiele:

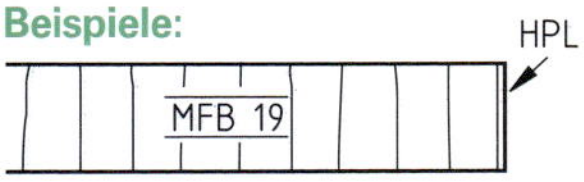

MFB-Platte (Kunststoffbeschichtete Spanplatte) mit HPL-Kante.

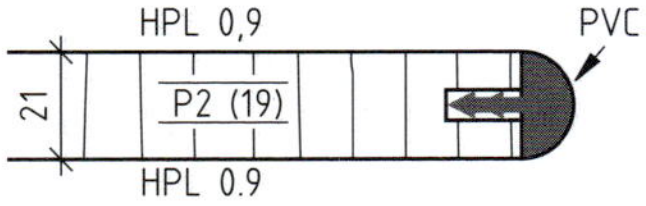

Nachträglich mit HPL-Platten beschichtete Spanplatte, 19 mm roh, ca. 21 mm Fertigdicke.

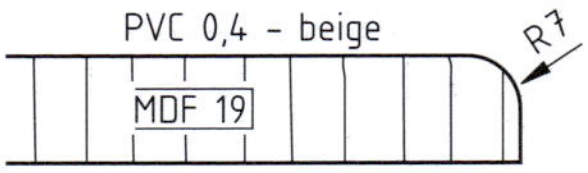

MDF-Platte, 19 mm, mit PVC dreiseitig ummantelt.

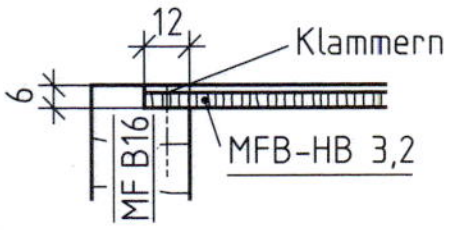

MFB-HB-Platte (Kunststoffbeschichtete Hartfaserplatte), einseitig beschichtet.

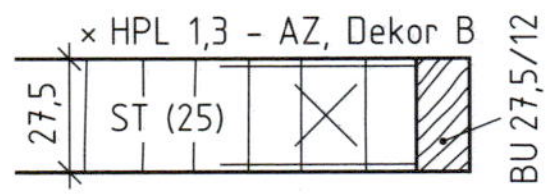

Mit HPL-Platten belegte Stabplatte, mit Begleitlinien wie Furnierung dargestellt. Anleimer nachträglich angeleimt.

MFB-Platte, 19 mm, allseitig mit Kunststoff beschichtet, Dekor weiß.

Anmerkung: Spanplatten werden gemäß DIN EN 312 in die Plattentypen P1 bis P7 eingeteilt. Früher und in der DIN 919 wurde noch der Begriff FPY und FPO verwandt.

4

4.10 Darstellung von Werkstoffen und Beschlägen

Belagstoffe und Nichtholzwerkstoffe

Nichtholzwerkstoffe, werden wie in einschlägigen DIN-Vorschriften geregelt, oder gepunktet, dickere Materialien auch mit doppelt dicker Umfassungslinie dargestellt. Belagstoffe wie Marmor, Glas, Kork, Linoleum, Leder usw. werden in der Regel gepunktet, und durch Wortangabe zusätzlich gekennzeichnet. Metalle und Kunststoffe werden je nach Dicke voll geschwärzt (dünne Materialien) oder unter 45° am Lineal eng schraffiert.

Beispiele:

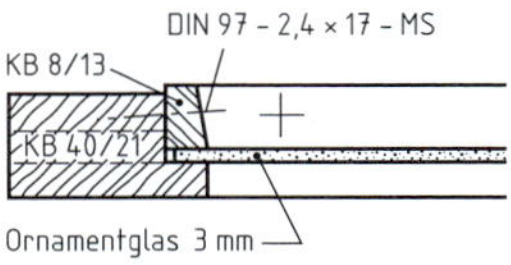

Dünne Glasfüllung (gepunktet dargestellt).

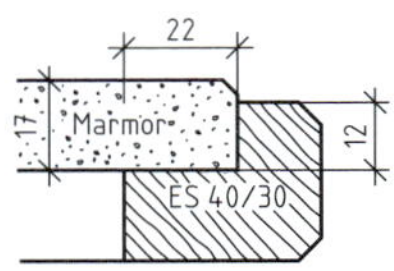

Marmor gepunktet, eine dicke Umrandung wäre hier auch möglich.

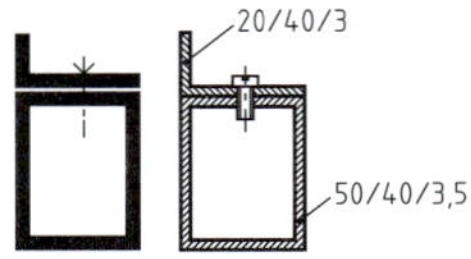

Metallprofile werden geschwärzt oder eng am Lineal schraffiert. Geschwärzte Profile sind durch Lichtkanten zu trennen.

Beschläge

Beschläge werden in der Regel nicht geschnitten gezeichnet. Die Schnittebene sollte über oder vor dem jeweiligen Beschlag liegen. Die Verdeckten Kanten sind einzustricheln. Durchlaufende Beschläge wie Stangenscharniere und Laufschienen müssen natürlich geschnitten dargestellt sein.

4

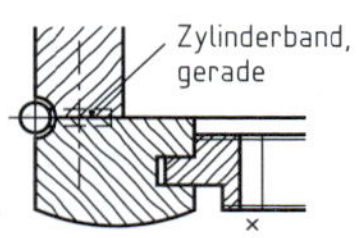

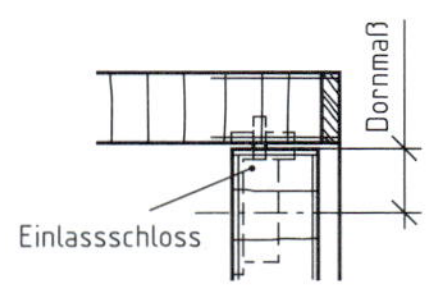

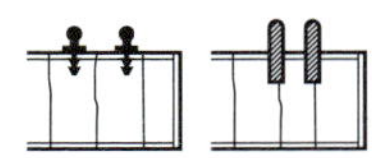

Laufschienen in Kunststoff und Metall

Verbindungsmittel

Nur durchlaufende Verbindungsmittel, wie zum Beispiel Federn, werden geschnitten dargestellt. Alle anderen werden verdeckt gezeichnet oder mit Symbolen angegeben.

Beispiele:

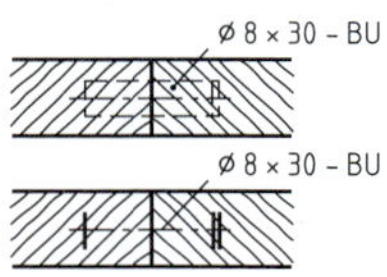

Dübel in verdeckter Form oder als Symbol (unten) eingezeichnet

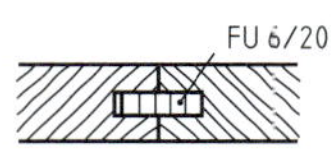

Durchlaufende Feder

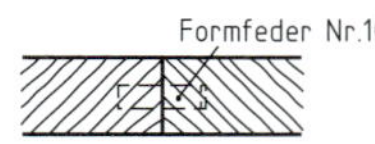

Nur stellenweise eingesetzte Formfeder

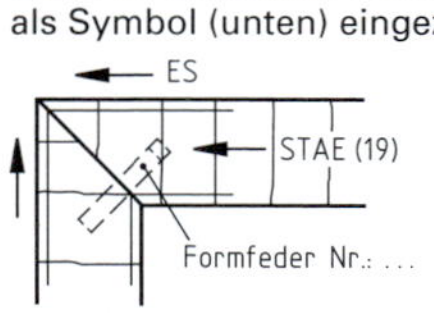

Formfeder, verdeckt eingezeichnet

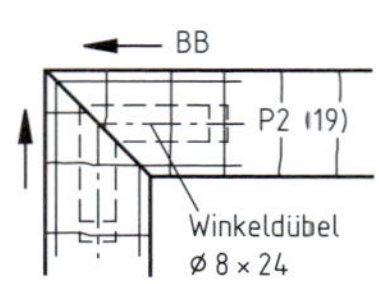

Winkeldübel, verdeckt eingezeichnet

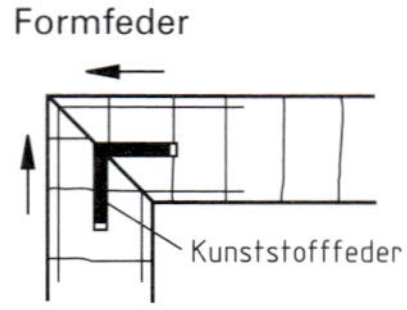

Durchlaufende Winkelfeder in Kunststoff

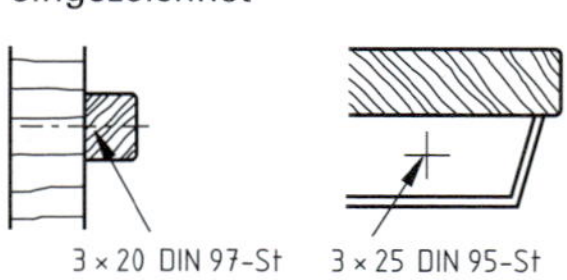

Bei Schrauben, Nägeln, Klammern wird im Schnitt nur die Mittelachse gezeichnet, mit Kennzeichnung durch Wortangabe. In der Ansicht genügt ein Achsenkreuz.

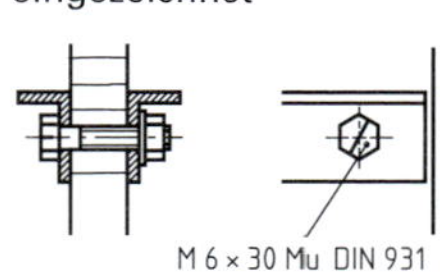

Gewindeschrauben können mit Mittelachsen oder wie dargestellt als Symbol gezeichnet werden.

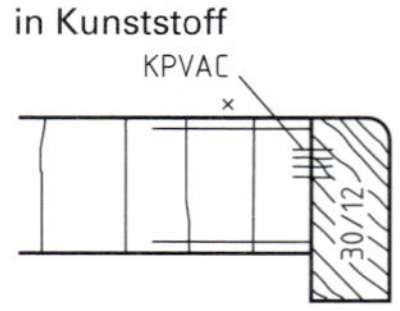

Verleimungen können durch Symbol besonders angegeben werden.

4.11 Oberflächenzeichen

Mit Oberflächenzeichen kann in technischen Zeichnungen der Endzustand der bearbeiteten Oberfläche angegeben werden. In DIN EN ISO 1302 sind das **Grundsymbol (1)** und die Symbole für **materialabtragende Bearbeitung (2)** und **materialauftragende Bearbeitung (3)** zu unterscheiden. Wortangaben für Fertigungsverfahren (auf der Hinweisline) und besondere Zeichen können die Oberflächenzeichen ergänzen.

Beispiele:

a Grundsymbol mit Wortangabe
b Symbol für materialabtragende Bearbeitung, parallel zur Faser mit Angabe des Fertigungsverfahrens
c Symbol für abtragende Bearbeitung, durch Schleifen rechtwinklig zur Faser (240er Schleifpapier)
d Symbol für abtragende Bearbeitung, durch Kreuzschliff (180er Schleifpapier)
e Symbol für abtragende Bearbeitung, durch Schleifen in mehrfacher Richtung (240er Schleifpapier)
f Symbol für auftragende Bearbeitung, z.B.: Lackauftrag

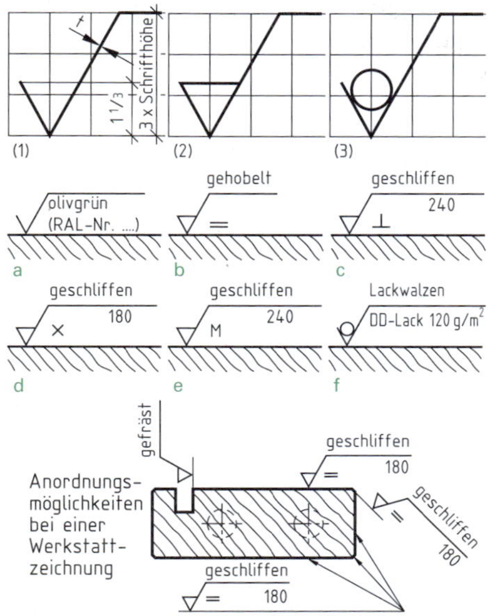

4

4.12 Schraffuren von Baustoffen und Bauteilen

Baustoffe bzw. Bauteile werden in Schnitten durch unterschiedliche Schraffuren gekennzeichnet. Sie sind teils in DIN 1356 und in DIN ISO 128-50 (früher DIN 201) festgelegt. In Zeichnungen im Maßstab 1 : 1 der Holzver- und Holzbearbeitung werden die massiven Bauteile wie Beton und Mauerwerk zusätzlich doppelt dick umrandet.

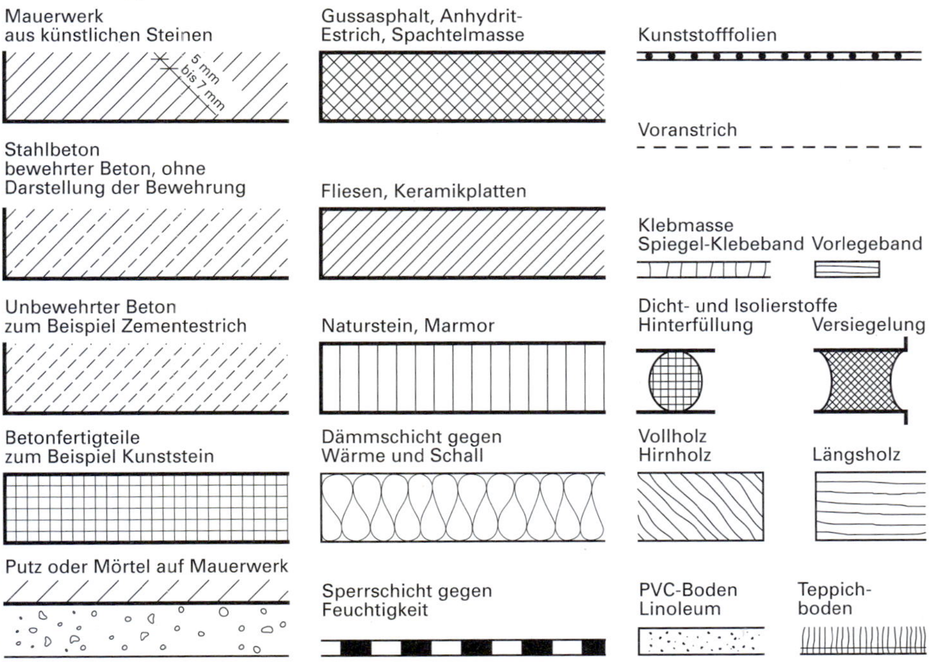

4.13 Maßordnung im Hochbau

Baurichtmaße sind in der DIN 4172 festgelegt und entsprechen ein Vielfaches von 12,5 cm = $^1/_8$ m = **1 am (Achtelmeter).** Die Steinmaße und viele Einbauteile wie Türen und Plattenmaße sind auf die Baurichtmaße abgestimmt.

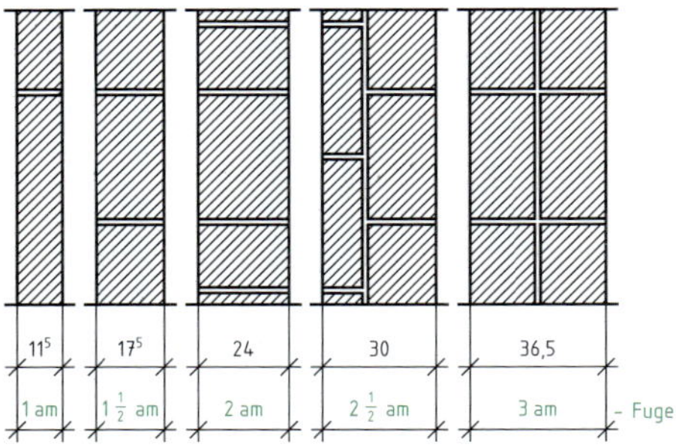

Wanddicken in cm und als **am**-Maß

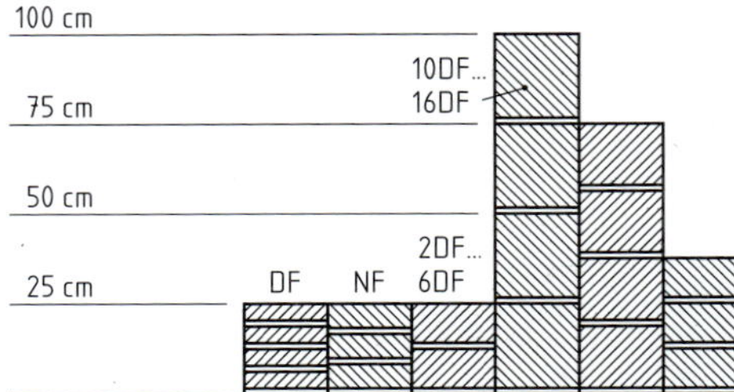

	DF	NF	2DF...6DF	10DF...16DF		
Steinhöhe cm	5,2	7,1	11,3	23,8	17,5	11,3
Schichthöhe cm	6,25	8,33	12,5	25,0	18,75	12,5
Schichten pro m	16	12	8	4	–	8

Gegenseitige Abhängigkeit der Steinhöhen

Durch das Vermauern der Steine kann durch die Mauerfugen von 1 cm das **Rohbaumaß = Nennmaß** (die realen Maße am Bau) vom **Baurichtmaß** abweichen. Es sind **Außenmaß, Innenmaß** und **Anbaumaß** zu unterscheiden. Bei Betonbauten entspricht das Rohbaumaß bzw. Nennmaß dem **Baurichtmaß.**

4

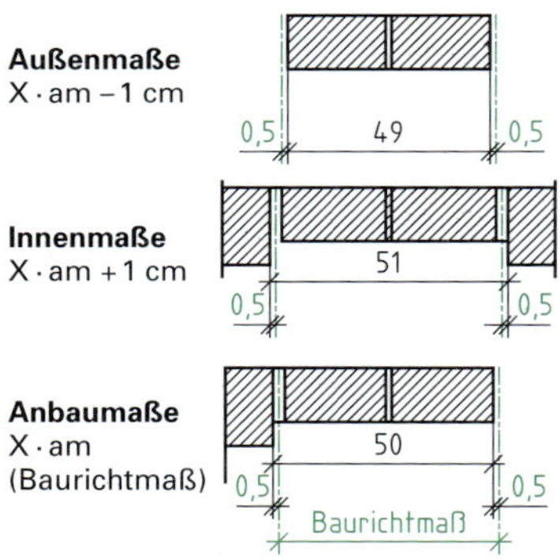

Errechnung der Nennmaße aus den Baurichtmaßen

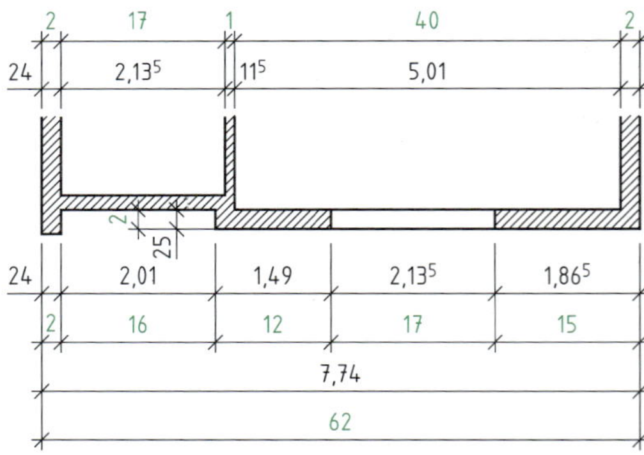

Abhängigkeit der Mauermaße (Rohbaumaße) vom **am** und Rohbaurichtmaß

Rohbaurichtmaße = Anbaumaße

100/16	6,25	12,5	18,75	25	31,25	37,5	43,75	50	56,25	62,5	68,75	75	81,25	87,5	93,75	100 cm
100/12	8,33		16,67	25	33,33		41,67	50	58,33			75			91,67	100 cm
100/8		12,5		25		37,5		50		62,5		75		87,5		100 cm
100/4				25				50				75				100 cm

Außenmaße

– 1 cm		11,5		24		36,5		49		61,5		74		86,5		99 cm

Innenmaße

+ 1 cm		13,5		26		38,5		51		63,5		76		88,5		101 cm

5 Konstruktionen

Inhaltsverzeichnis

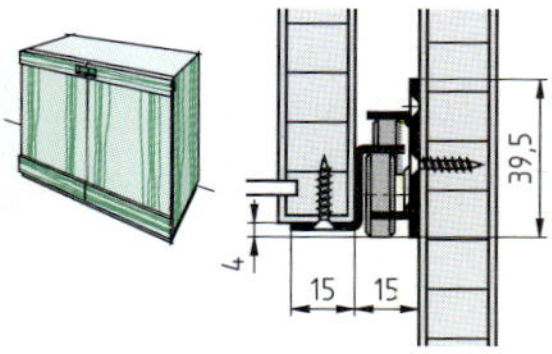

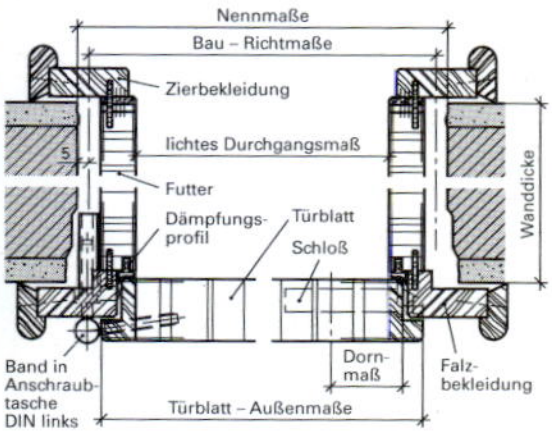

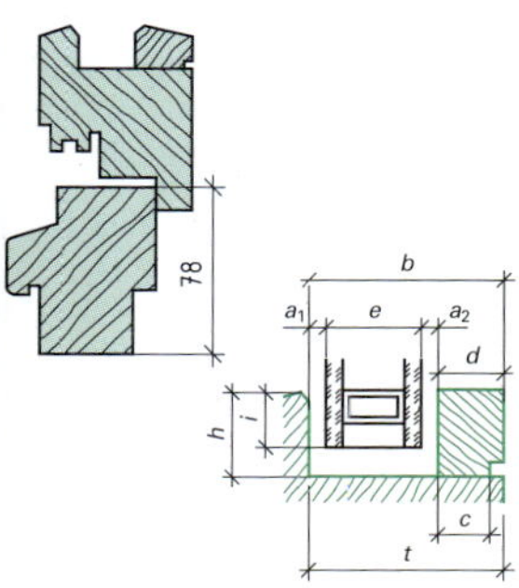

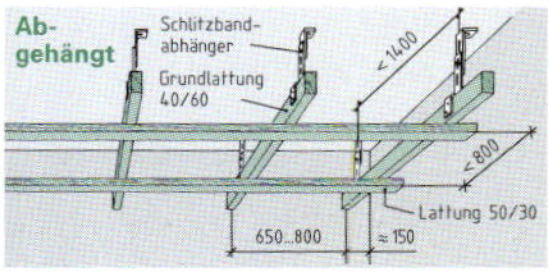

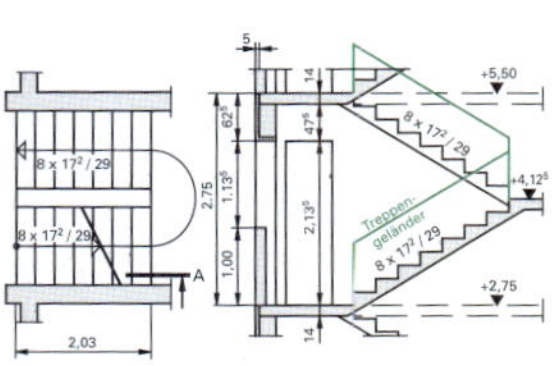

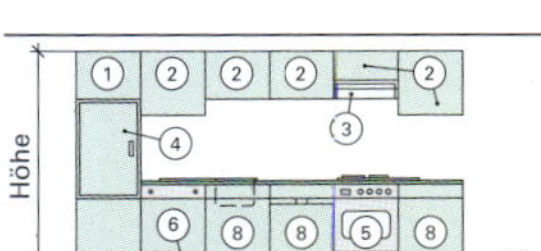

5

5 Konstruktionen

Firmenverzeichnis

Flachglas MarkenKreis GmbH
Auf der Reihe 2
45884 Gelsenkirchen
Telefon: 0209/91329-0; Fax: 0209/91329-29
email: info@flachglas-markenkreis.de

Interpane Glas Industrie AG
Sohnreystaße 21, 37697 Lauenförde
Telefon: 05273/809-0; Fax: 05273/809-63
email: info@ag.interpane.net

Simonswerk GmbH
Bosfelder Weg 5, 33378 Rheda-Wiedenbrück
Telefon: 05242/413-0; Fax: 05242/412-150
www.simonswerk.de

Häfele GmbH & Co KG
Adolf Häfele-Straße 1
72202 Nagold
Telefon: 07452/95-0; Fax: 07452/95-200
www.haefele.de

ALNO AG
88629 Pfullendorf
Telefon: 07552/210; www.alno.de

Hettich International
Vahrenkampstraße 12 – 16
32278 Kirchlengern
Telefon: 05223/77-0; Fax: 05223/77-1414
email: info@de.hettich.com

Verlag und Autoren danken den genannten Firmen und Institutionen für die Unterstützung der aktuellen und praxisnahen Gestaltung des Tabellenbuches.

Literatur und Normen

Peschel, Peter; u.a.; Tabellenbuch Bautechnik, Europa-Lehrmittel, Auflage 2010
GlasHandbuch 2006; Flachglas MarkenKreis GmbH
Nutsch, Wolfgang; u.a.; Holztechnik Fachkunde; Europa-Lehrmittel, 21. Auflage, 2007
Nutsch, Wolfgang; Haustüren – Haustüranlagen, Europa-Lehrmittel, Auflage 2007
Nutsch, Wolfgang; Handbuch der Konstruktion: Möbel und Einbauschränke, DVA-München, 3. Auflage 2003
Nutsch, Wolfgang; u.a.; Konstruktion und Arbeitsplanung, Europa-Lehrmittel, 5. Auflage 2007
Nutsch, Wolfgang; Handbuch der Konstruktion-Innenausbau, DVA-München, 2. Aufl. 2003
Verglasungs-Richtlinie Isolierglas; 2007, 2008, Technische Information, Bundesverband Flachglas
VFF 2009; Merkbläter (Verband der Fenster- und Fassadenhersteller e.V.)
DIN 1055-4; 2005, Einwirkungen auf Tragwerke; Windlasten
DIN 4108-4, 2004: Wärmeschutz und Energie-Einsparung in Gebäuden; Bemessungswerte
DIN 4108-7; 2001, Wärmeschutz und Energie-Einsparung in Gebäuden; Luftdichtheit von Gebäuden
DIN 4109; 2003, Schallschutz im Hochbau; Ausführungsbeispiele und Rechenverfahren
DIN 4172; 1955, Maßordnung im Hochbau
5 DIN 18056; 1966, Fensterwände; Bemessung und Ausführung
DIN 18065; 2000, Gebäudetreppen; Definition, Messregeln, Hauptmaße
DIN 18101; 1985, Türen für den Wohnungsbau; Türblattgrößen, Bandsitz und Schlosssitz
DIN 18202; 2005, Toleranzen im Hochbau; Bauwerke
DIN 18251; 2002, Einsteckschlösser
DIN 18252; 2006, Profilzylinder für Türschlösser, Begriffe, Maße, Anforderungen, Kennzeichnung
DIN 18255; 2002, Baubeschläge; Türdrücker, Türschilder und Türosetten-Begriffe, Maße, Anforderungen
DIN 18257; 2003, Baubeschläge; Schutzbeschläge-Begriffe, Maße, Anforderungen, Kennzeichnung
DIN 18268; 1985, Baubeschläge; Türbänder; Bandbezugslinie
DIN 18355; 2006, Allgemeine Technische Vertragsbedingungen für Bauleistungen (ATV); Tischlerarbeiten
DIN 18545-2; 2001, Abdichten von Verglasungen mit Dichtstoffen; Dichtstoffe, Bezeichnung, Prüfung
DIN 68120; 1968, Holzprofile; Grundformen
DIN 68121-1; 1993, Holzprofile für Fenster und Fenstertüren; Maße, Qualitätsanforderungen
DIN 68121-1; 1993, Holzprofile für Fenster und Fenstertüren; Allgemeine Grundsätze
DIN 68706; 2002, Innentüren aus Holz und Holzwerkstoffen
DIN 68852; 2004, Möbelschlösser und -beschläge; Möbelschlösser
DIN 68857; 2004, Möbelschlösser und -beschläge; Topfscharniere und deren Montageplatten
DIN 68871; 2001, Möbel-Bezeichnungen
DIN 68880, 1973 Möbel; Begriffe
DIN 81402, 1978 Hänge und Scharniere zum Anschrauben; für Möbeltüren
DIN EN 942; 1996, Holz in Tischlerarbeiten; Allgemeine Sortierung nach der Holzqualität
DIN EN 1303; 2005, Baubeschläge; Schließzylinder für Schlösser, Anforderungen und Prüfverfahren
DIN V ENV 1627; 1999-04; Fenster, Türen, Abschlüsse; Einbruchhemmung
DIN EN 1906; 2002, Schlösser und Baubeschläge; Türdrücker und Türknäufe
DIN EN 1935; 2002, Baubeschläge; Einachsige Tür- u. Fensterbänder; Anforderungen und Prüfverfahren
DIN EN 10077-2; 2003, Wärmetechnisches Verhalten von Fenstern, Türen und Abschlüssen
DIN EN 13307-1; 01/2007, Holzkanten und Holzfertigprodukte
DIN EN 14220: 01/2007; Holz und Holzwerkstoffe für Innenfenster, Innentüren und Innentürzargen
DIN EN 14221: 01/2007; Holz und Holzwerkstoffe für Außenfenster, Außentüren und Außentürzargen
DIN EN 14351-1; 07/2006; Fenster- und Türen-Produktnorm, Leistungseigenschaften

5 Konstruktionen

5.1 Möbel

5.1.1 Möbelarten und Gestaltung

Möbelbauarten

Brettbau
Möbelteile werden aus unverleimten und verleimten Brettern gefertigt. Dem Arbeiten des Holzes ist mit Gratleisten und Hirnleisten und entsprechenden Konstruktionen gerecht zu werden.

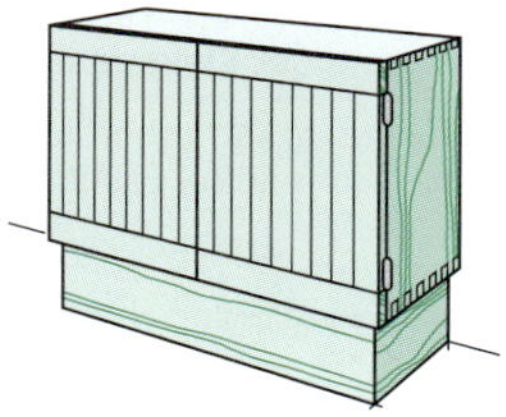

Rahmenbau
Möbelteile bestehen aus Rahmen und Füllung. Rahmenfriese werden aus Kern- oder Mittelbrettern hergestellt.
Füllungen können aus Vollholz, Holzwerkstoffen und Glas sein.

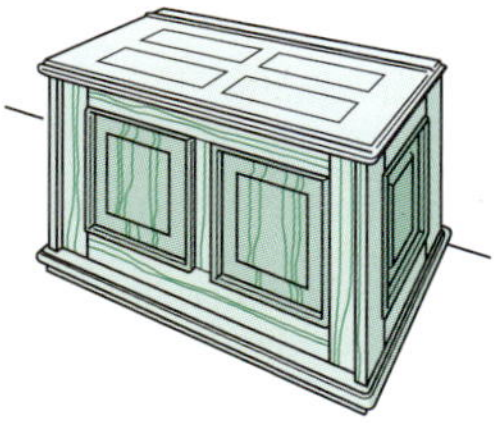

Plattenbau
Für die Möbelflächen werden Holzwerkstoffe verwendet. Sichtbare Kanten müssen mit Anleimern versehen werden. Die Eckverbindungen erfolgen vorzugsweise mit Dübeln und Formfedern.

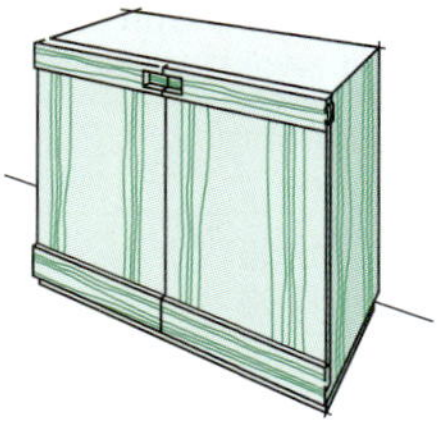

Stollenbau
Die Stollen, die Möbelfüße und zugleich Verbindungselemente sind, werden durch Zargen, Traversen oder Möbelseiten verbunden. Verbindungsmittel sind hierbei Zapfen, Dübel und Federn.

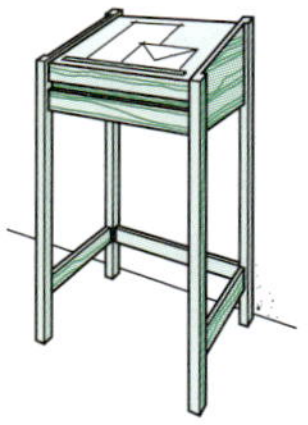

Einteilung und Benennung
(DIN 68 880, DIN 68871)

nach dem Werkstoff oder der Ausführung

- **Holzmöbel, Korbmöbel, Kunststoffmöbel, Metallmöbel, Polstermöbel, Stilmöbel**

nach der Funktion

- **Behältnismöbel,** die wie Kleiderschränke, Geschirrschränke, Anrichten zum Aufbewahren von Gütern dienen
- **Kleinmöbel,** wie z.B. Servierwagen, Blumentische
- **Liegemöbel,** wie z.B. Liegen und Betten
- **Sitzmöbel,** wie z.B. Bänke, Hocker, Sessel, Sofas, Stühle

nach der Verwendung im Raum

- **Einzelmöbel,** wie z.B. Anrichten, Kommoden, Tische
- **Systemmöbel,** wie z.B. An- und Aufbaumöbel, Einbaumöbel, Endlosschränke, Raumteiler

nach der Konstruktion

- **Korpusmöbel,** wie z.B. Kommoden, Schränke, Sekretäre, Tonmöbel, Truhen
- **Regale,** Möbel mit offenen Frontflächen
- **Tische,** Möbel mit waagerecht auf einem Gestell ruhenden Platten

nach den Verwendungsbereichen

- **Wohn-, Küchen-, Schul-, Krankenhaus-, Labor-, Garten- und Büromöbel**

Möbel in gemischter Bauweise

In der Praxis werden Möbelteile meist in gemischter Bauweise hergestellt.

Beispiel: Korpus aus Holzwerkstoffen und Türen in Rahmenbauweise

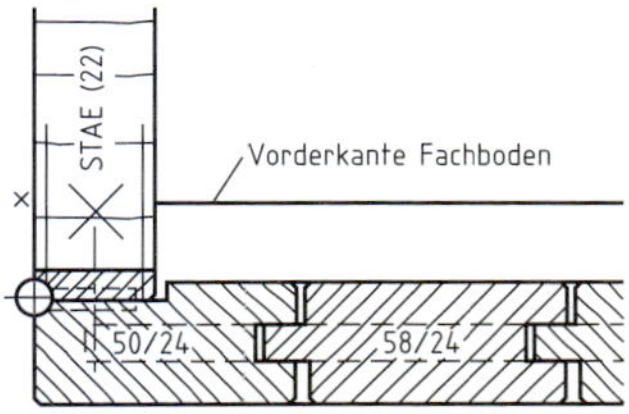

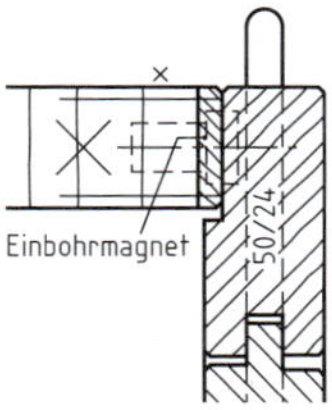

5.1 Möbel

Normung im Möbelbau (Auszug)

Möbelart	DIN-Nr.	Besonderheiten
Kleiderschränke	**68890**	lichte Tiefe ≥ 540 mm bei Drehtüren ≥ 560 mm bei Schiebetüren Höhe bis Oberkante Kleiderstange ≥ 1500 mm lange Kleider ≥ 900 mm kurze Kleider Durchbiegung der Kleiderstange maximal 1/100 Stützweite
Tische	**68885**	gilt für Tische im Wohnbereich Tischhöhe (Schreiben, Essen) 720 mm bis 750 mm sonstige Tische bis 600 mm freier Beinraum 650 mm Plattengröße je Person mindestens 20 dm² bei 600 mm Kantenlänge
Stühle	**68878**	Sitzhöhe 380 mm bis 480 mm Sitztiefe min. 360 mm Sitzbreite min. 360 mm Rückenlehnenhöhe min. 300 mm Lichter Armstützenabstand min. 460 mm
Betten • Kinderbetten • Klappbetten • Etagenbetten	 **66078** **68873** **68879**	Bei Benutzung der angegebenen Betten können bei Unfällen für Personen Schäden entstehen, z.B. Absturz aus Etagenbetten usw. Deshalb sind in den Norm-Texten sicherheitstechnische Vorschriften gegeben.
Büromöbel		Bürotische werden in folgenden Formen hergestellt: Form A: ohne Unterschrank Form B: mit einem Unterschrank Form C: mit zwei Unterschränken

	DIN-Nr.	Form in mm	Plattenbreite in mm	Plattentiefe	Höhe bis Plattenoberkante in mm
• Schreibtische (S)	**4549**	A,B,C A,B	1600 1200	800	720
• Büromaschinentische (M)	**4549**	A, B, C A,B	1600 1200	600	650
• Bildschirmarbeitstische (B)	**4549**	A,B A	1600 1200	800, 900, 1000	720

• Registratur- und Karteischränke	**4545**	Konstruktionsart und Kennbuchstabe

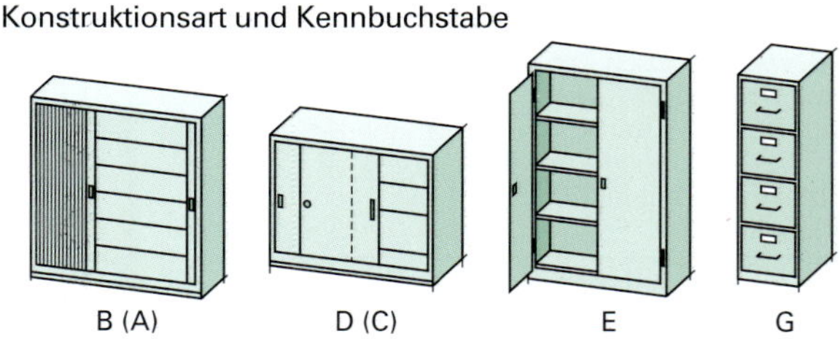

Ergonomische Maße für den Beinraum bei Schreibtischen und Bildschirmarbeitstischen (Bild für nicht höhenverstellbare Tische)

Höhenverstellbereiche:

680 mm ... 760 mm bei Schreibtischen und Bildschirmarbeitstischen

600 mm ... 680 mm bei Büromaschinentischen Beinraumbreite < 580 mm

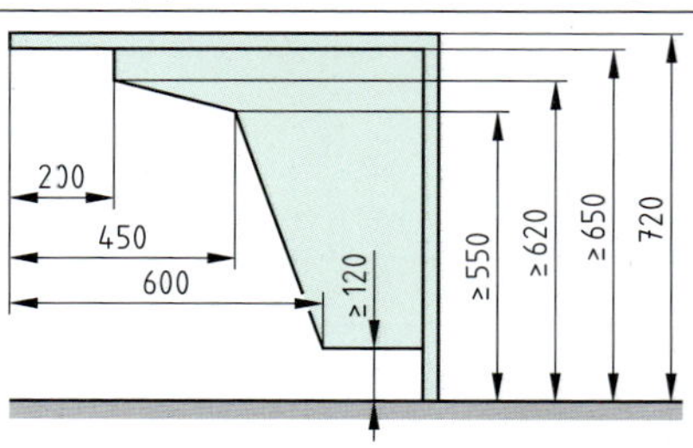

5.1 Möbel

5.1.2 Möbelteile und Möbelbeschläge

Drehtüren

Sie sind an einer Seitenkante angeschlagen und drehen sich um eine senkrechte Drehachse. Drehtüren schließen die Front eines Möbels ab.

Die Form einer Drehtüre sollte ein stehendes Rechteck sein, um die Beschläge nicht zu überlasten.

Man unterscheidet Linkstüren und Rechtstüren.

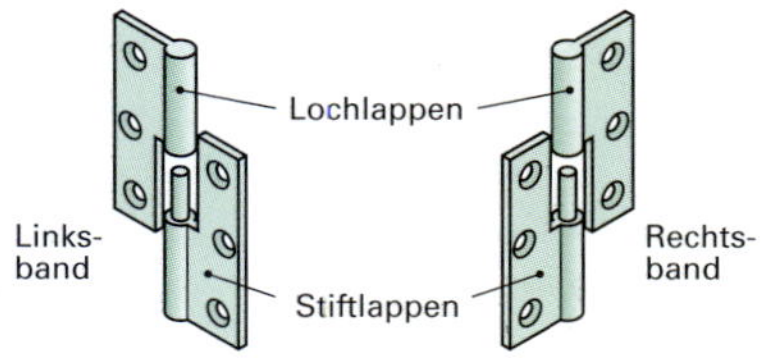

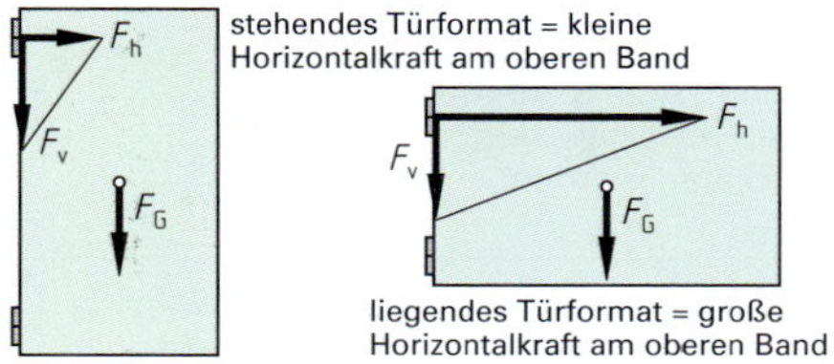

Anschlagsarten

Die Lage des Türblattes zur Korpusseite lässt viele Varianten zu. Die verschiedenen Türanschläge verlangen unterschiedliche Bandformen. Nachstehend werden Standardformen aufgezeigt.

Einschlagende Türen

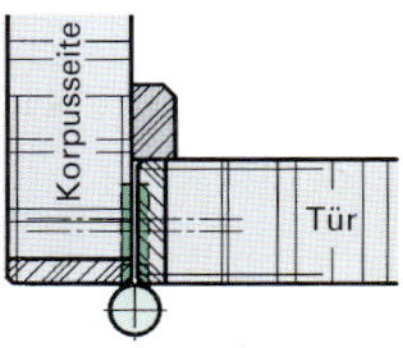

bündiger Türanschlag

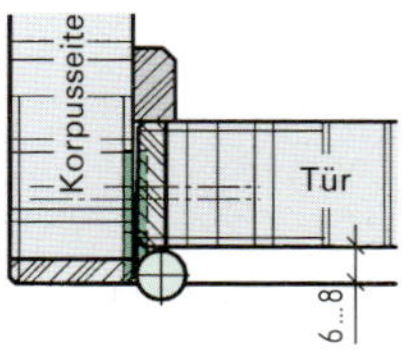

Tür zurückspringend

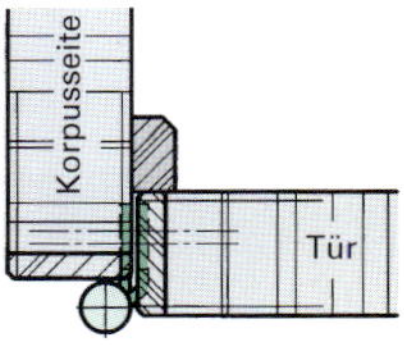

vorspringende Tür

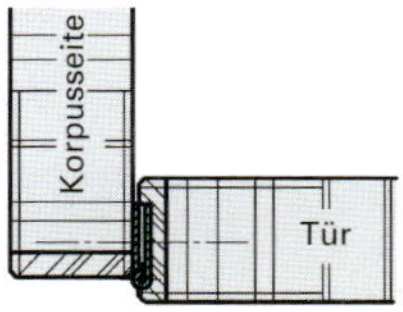

vorspringende Tür

Aufschlagende Türen

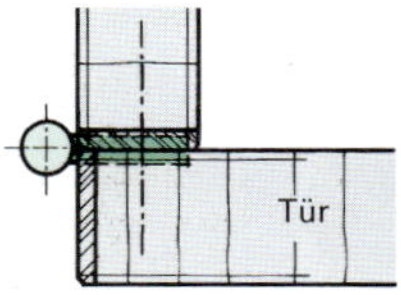

Zylinderband, gerade (A)

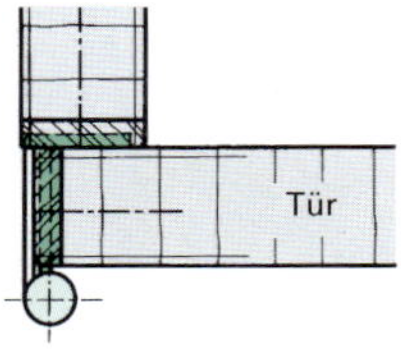

Winkelband, (Kröpfung L)

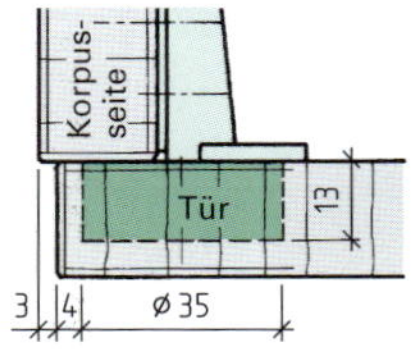

Topfscharnier

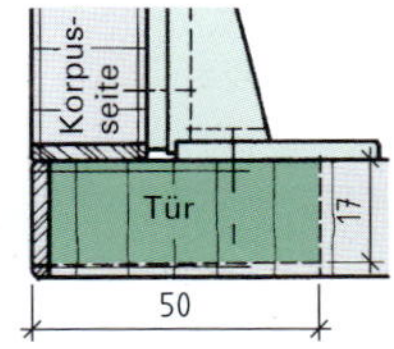

Schnellband

Überfälzte Türen

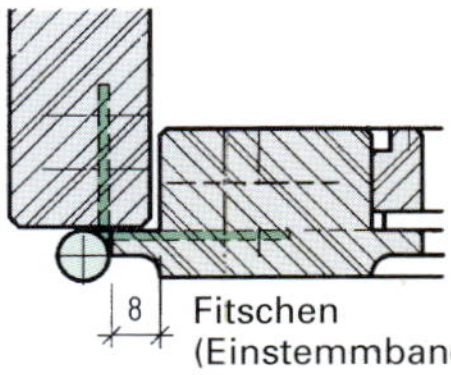

Fitschen (Einstemmband)

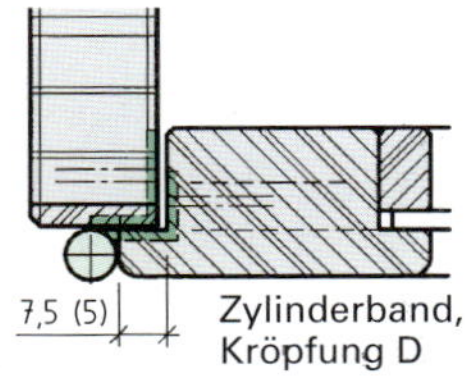

Zylinderband, Kröpfung D

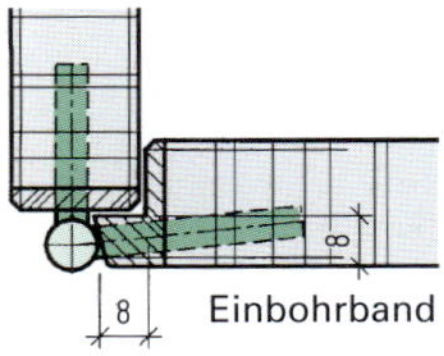

Einbohrband

Kröpfungen

gerades Band (A)	Kröpfung B	Kröpfung C	Kröpfung D	Winkelband (L)
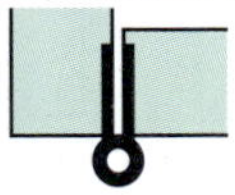	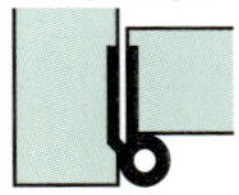	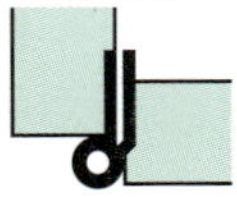	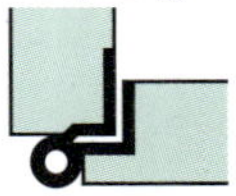	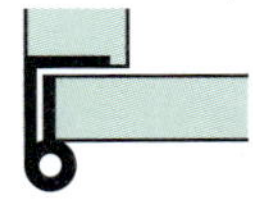

5.1 Möbel

Klappen

Klappen besitzen eine horizontale Drehachse. Man unterscheidet stehende, hängende und liegende Klappen.

Im geöffneten Zustand müssen sie durch Klappenhalter, Scheren oder Hochstellstützen gehalten werden. Aus Sicherheitsgründen sollten Klappen durch Schlösser zugehalten werden.

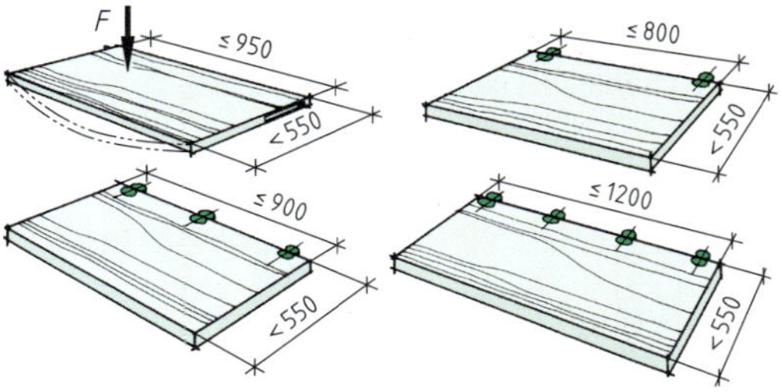

Stehende Klappen

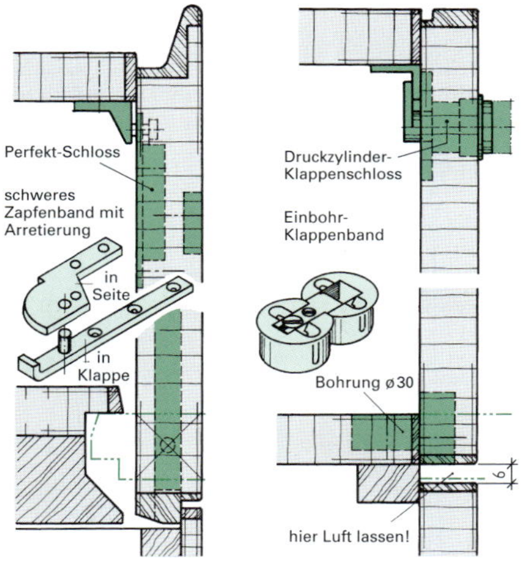

Hängende Klappe

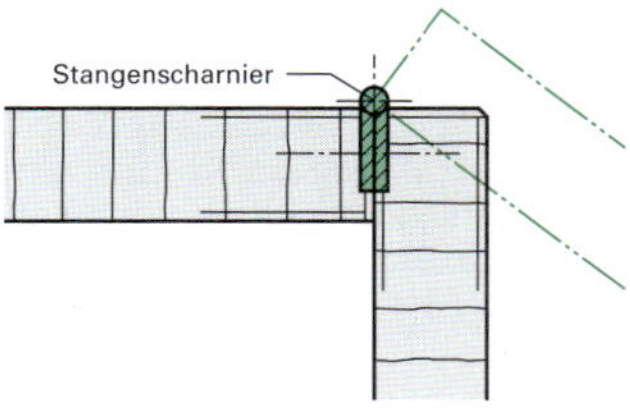

Liegende Klappen

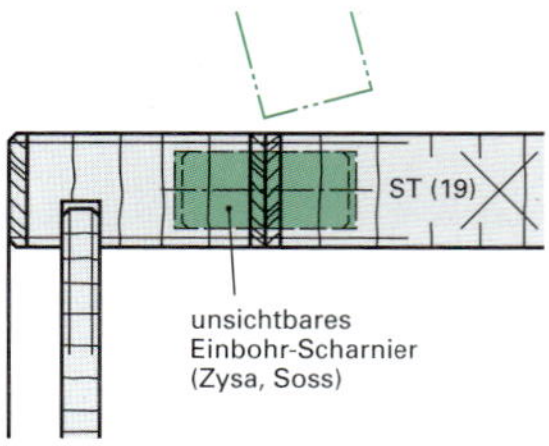

Schiebetüren

Stehende Schiebetüren

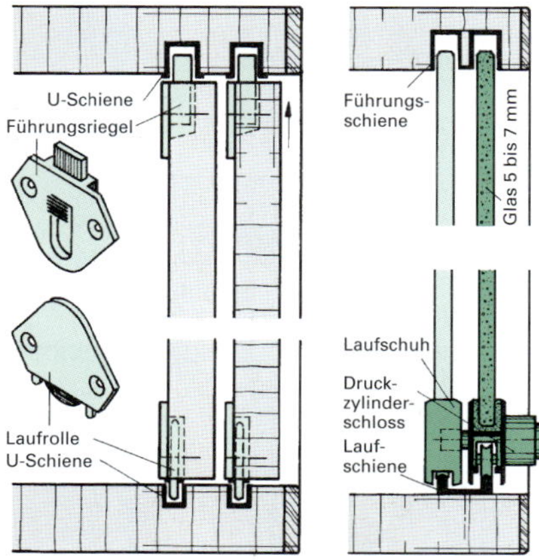

Hängende Schiebetüren

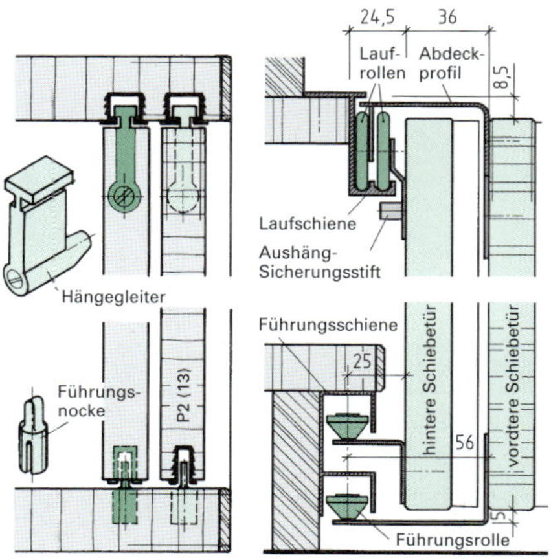

5.1 Möbel

Möbelbänder (DIN 81 402)

Auswahl, für eine umfangreichere Übersicht und genaue Maßangaben ist in Herstellerkatalogen nachzuschlagen.

Zylinderband (Lappenband)

Material: Gezogenes Messing-Profil
Rollenlänge: 50 mm und 60 mm

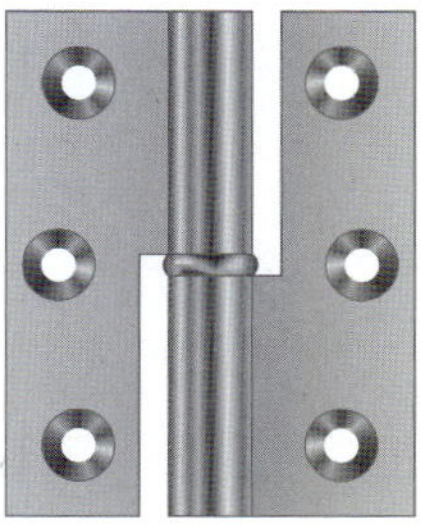

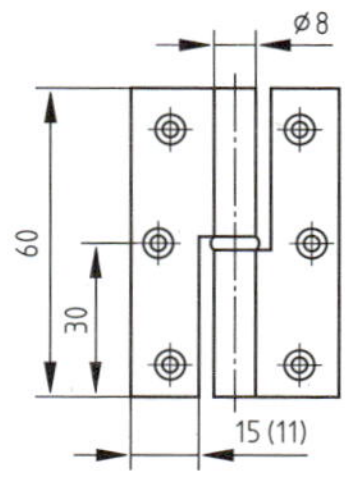

Klammermaße für die Bänder mit Kröpfung D 7,5

Gerade
(Kröpfung A)

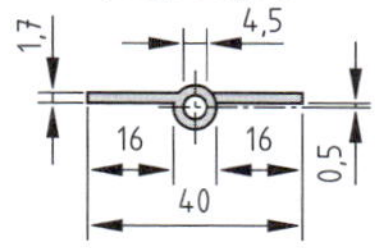

Fuge 1,0 mm

Kröpfung B

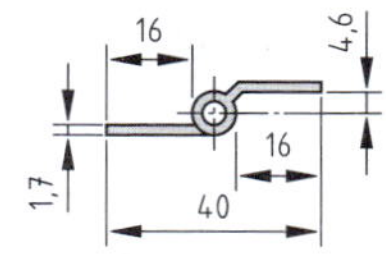

Fuge 0,6 mm

Kröpfung C als Sonderanfertigung lieferbar (entspricht Kröpfung B mit ungestrecktem Stift)

Kröpfung D 7,5

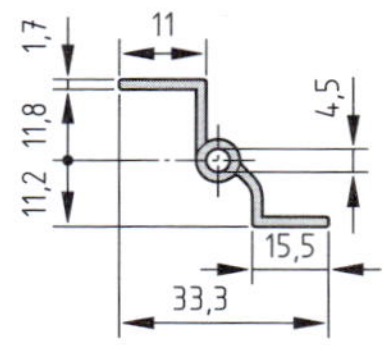

Fuge 0,6 mm
Falztiefe 7,5 mm

Lappenband, gerollt

Material: Stahl
Ausführung: Gerade und Kröpfung D

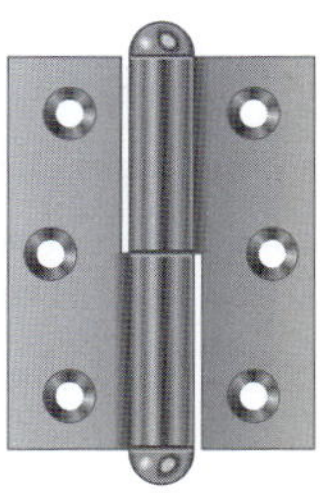

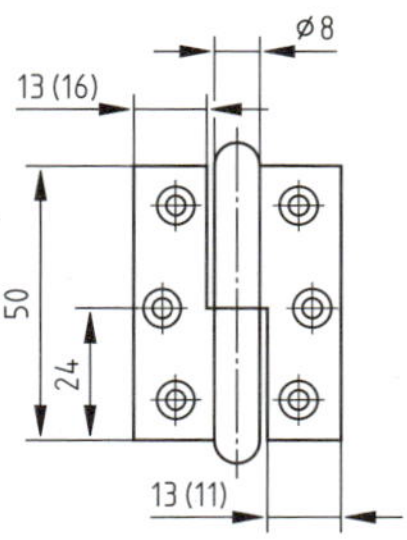

Klammermaße für die Bänder mit Kröpfung D 7,5

Stilband

Rollenlänge: 50 mm und 60 mm
Ausführungen: Gerade, Kröpfung B, C und D

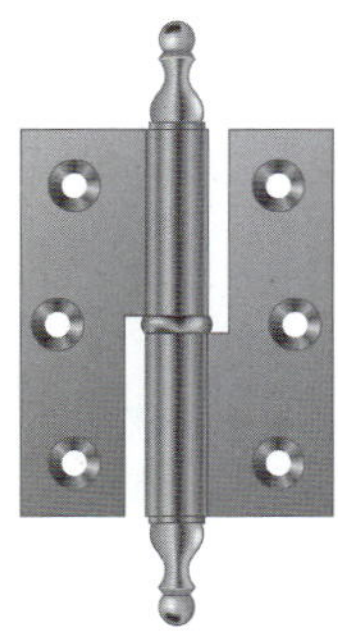

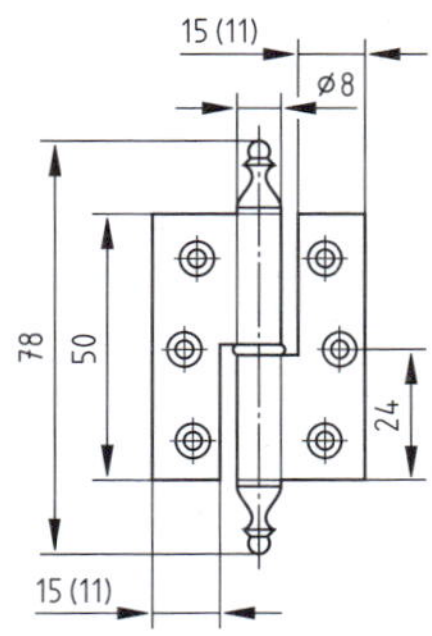

Winkelband

Türdicken: 20 mm ... 21 mm
Seitendicke: beliebig

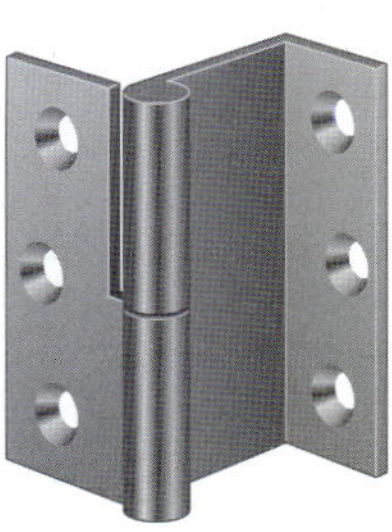

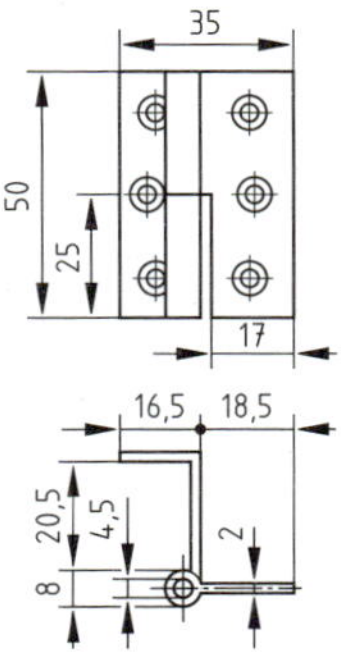

Winkelscharnier

Türdicken:	15 mm ...16 mm	19 mm ... 20 mm
Seitendicken:	ab 14 mm	ab 17 mm
Maß x :	14 mm	17 mm

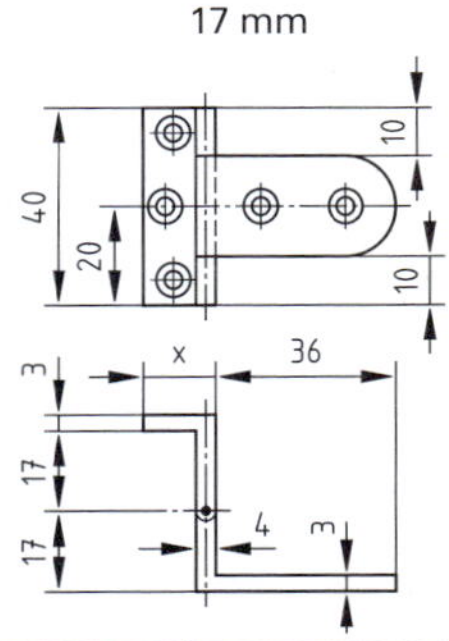

5.1 Möbel

Stangenscharniere

Material: Stahl, Messing, Edelstahl, Aluminium

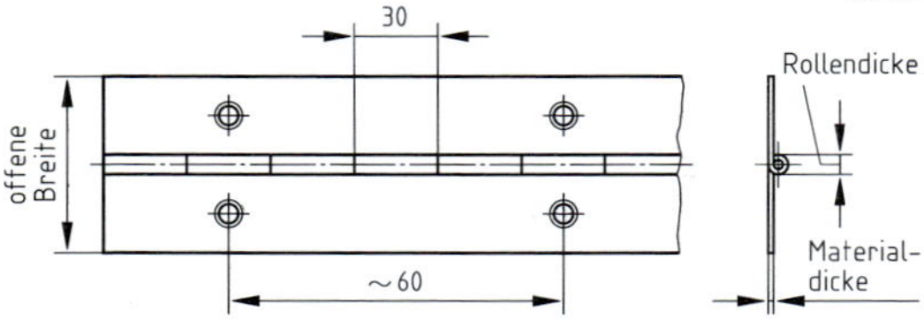

Offene Breite (in mm)	Material-dicke (in mm)	Rollen-dicke (in mm)
20	0,7	3,3
25	0,7	3,3
32	0,7	3,3
40	0,8	3,5

Scharniere

Material: Stahl (vernickelt, vermessingt), Messing
Ausführung: schmal, halbbreit, käntig – verschiedene Größen

Halbbreit

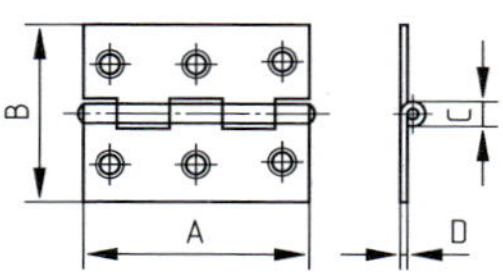

Käntig

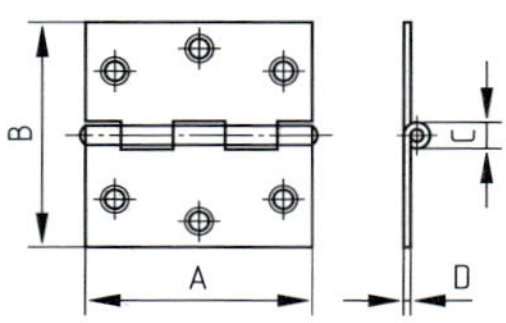

Käntig, mit losem Stift

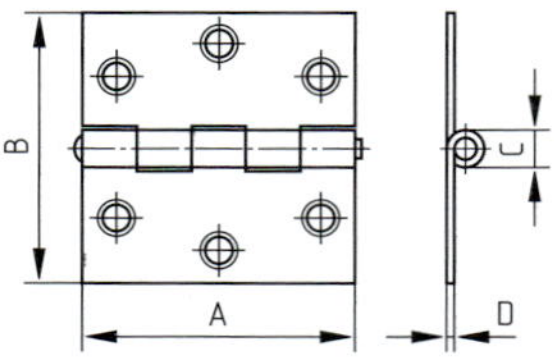

	Halbbreit (Maße in mm)	**Käntig** (Maße in mm)	**Käntig, mit losem Stift** (in mm)
A x B	25 x 22; 30 x 26...60 x 46	25x25; 30x30; 40x40...80x80	50x50; 60x60
C	3,5; 4,0...6,0	4,0; 4,0; 5,0; 5,5...7,0	8,0 9,0
D	0,8; 0,9...1,4	0,8; 0,9; 0,9; 1,2...1,5	1,6 1,8

Einbohrbänder

5

für Rahmentüren

Knopf-form	Rollen-Ø (mm)	Rollen-länge (mm)	Zapfen a (mm)	Zapfen b (mm)
	8,5	26,0	23 × Ø 5,0	30× Ø 5,0
	9,5	28,5	23 × Ø 5,5	30 × Ø 5,5
	11,0	29,5	25 × Ø 6,0	35 × Ø 6,0

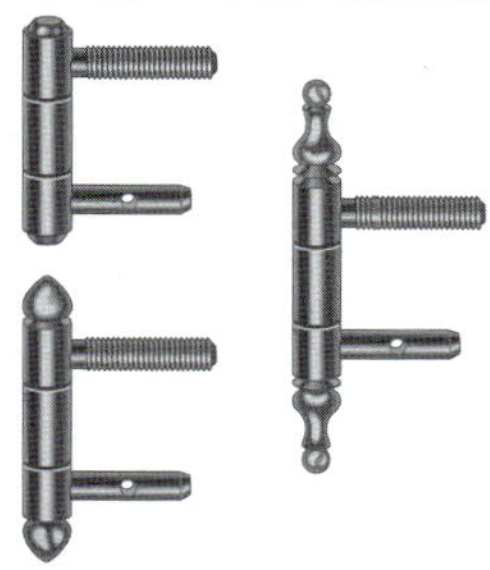

Knopf-form	Rollen-Ø (mm)	Rollen-länge (mm)	Zapfen a (mm)	Zapfen b (mm)
	8,5	38,0	20 × Ø 5,0	24 × Ø 5,0
	9,5	38,0	20 × Ø 5,5	24 × Ø 5,5
	11,0	41,0	20 × Ø 6,0	30 × Ø 6,0
	8,5	38,0	20 × Ø 5,0	24 × Ø 5,0
	9,5	38,0	20 × Ø 5,5	24 × Ø 5,5

Scharniere für unsichtbaren Anschlag

Zysa-Scharnier

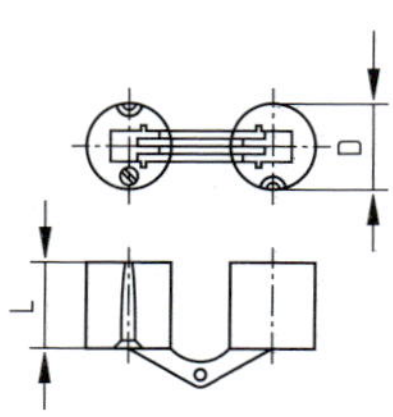

D (mm) : 10 12 14 16 18 24
L (mm) : 11 13,5 15,5 16,5 17,5 25

Soss-Scharnier

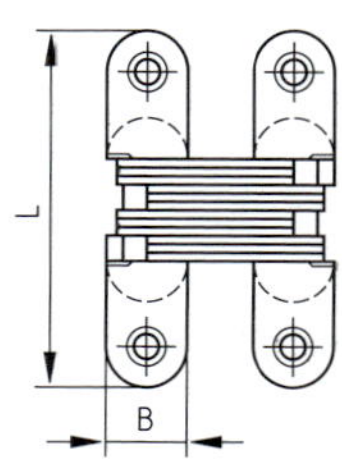

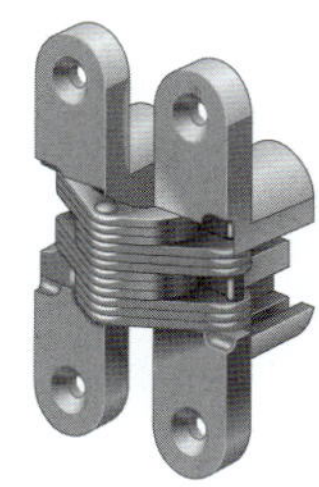

B (mm) : 10 13 13 16 19 25,5 28,5
L (mm) : 42 44,5 60 70 95,5 117,5 117,5

Möbelbänder (Fortsetzung)

Topfscharniere (DIN 68857)

Montagearm mit Topf

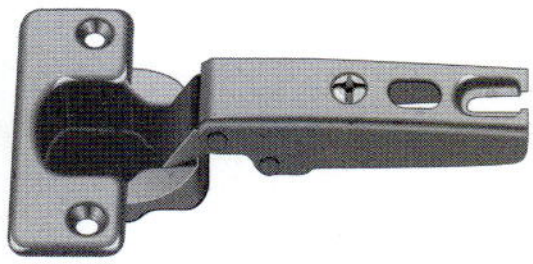

Montage-
platte

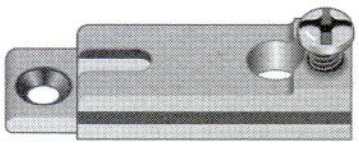

Bohrbild
(Türe)

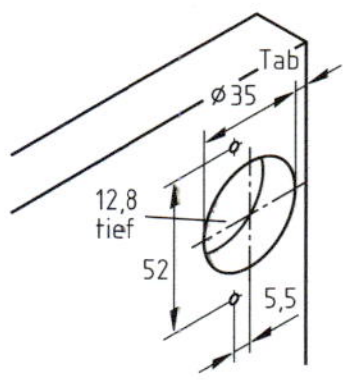

Anschlagsarten und Auswahl

A) Seitenwand-
anschlag

B) Mittelwand-/
Zwillingsanschlag

aufliegende Türen

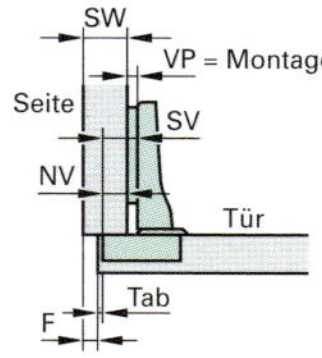

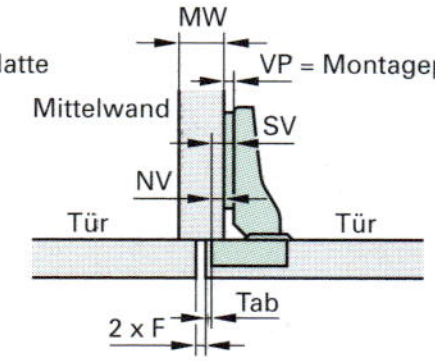

C) Seitenwand-
anschlag
einliegende Türen

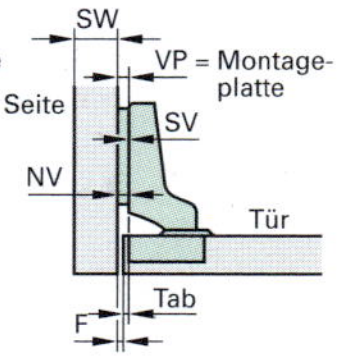

A)	B)	C)
SW – F – Tab = NV NV + VP = SV = **Modell**	MW : 2 – F – Tab = NV NV + VP = SV = **Modell**	Null – F – Tab = NV NV + VP = SV = **Modell**

Beispiele für Mindestfugenwerte F:

Türdicke (mm)		15	16	17	18	19	20	21	22	23	24
Tab (mm)	3,0	0,4	0,6	0,8	1,0	1,3	1,6	2,0	2,5	3,1	3,8
	4,0	0,4	0,6	0,8	1,0	1,3	1,6	2,0	2,4	2,9	
	5,0	0,4	0,6	0,8	1,0	1,3	1,6				

Zapfenbänder

Zapfenband, glattgezogen

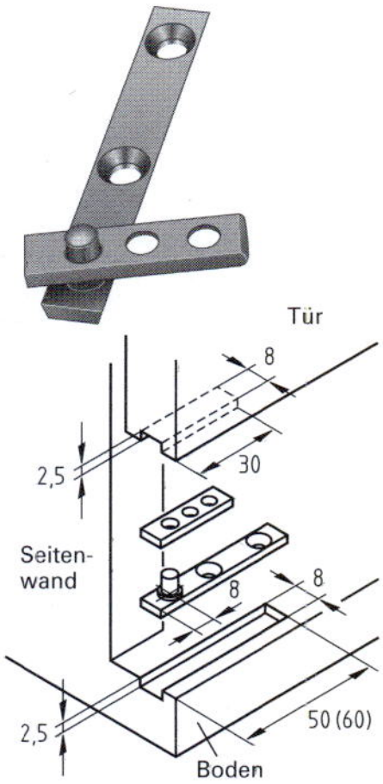

Eckzapfenband, gekröpft

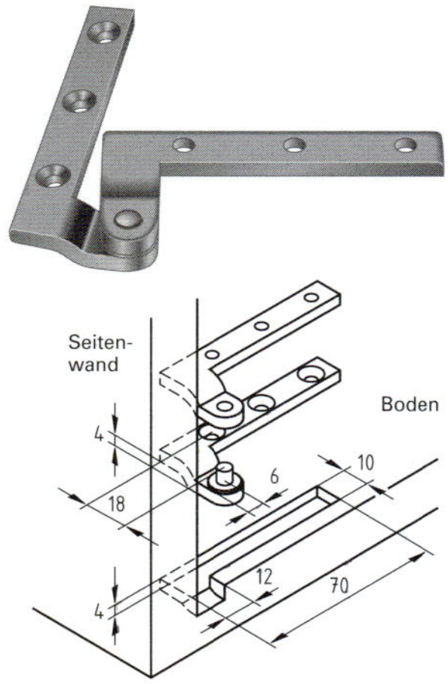

Sekretärband

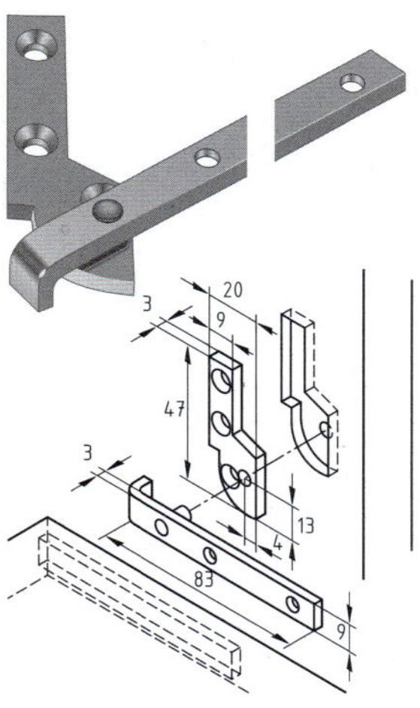

Klappenscharniere

Einbohrbares Klappenscharnier, aushängbar

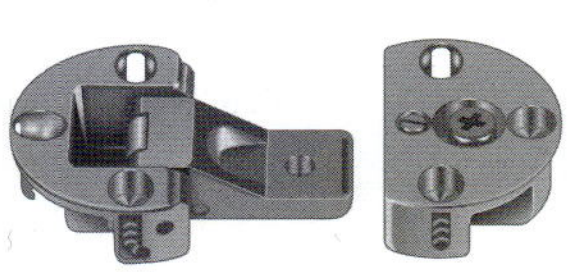

Bohrbild

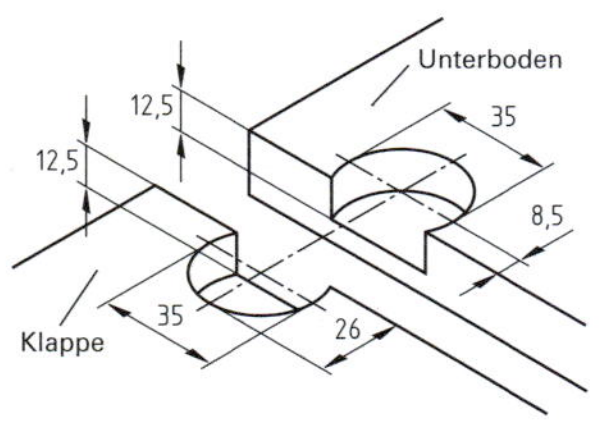

Anschlagsbeispiele

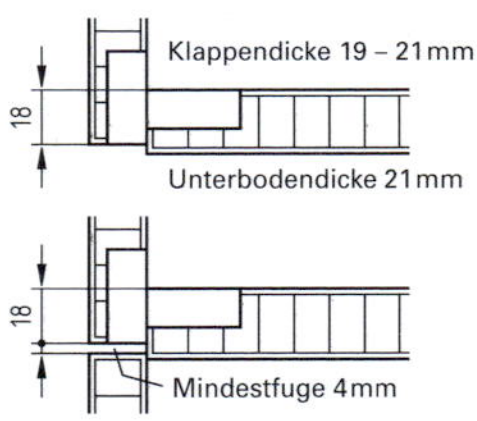

5.1 Möbel

Korpusverbinder

Der **Excenterverbinder** eignet sich für dauerhaft belastbare Verbindungen.

Durchmesser 35 mm | Bohrtiefe 15,5 mm | Holzdicke ab 19 mm

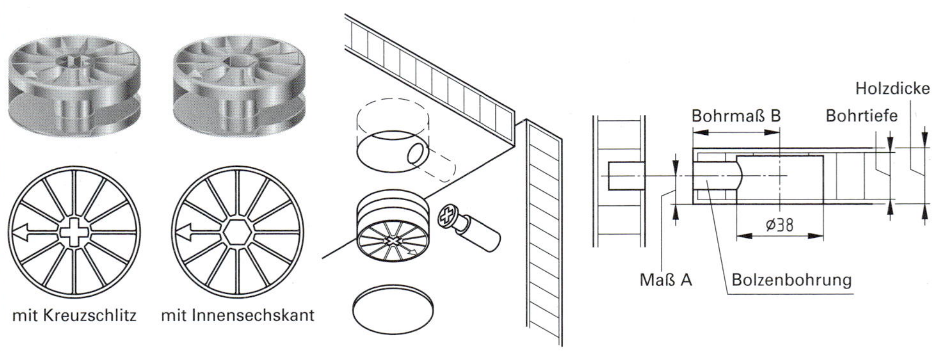

Korpus- und Tabalarverbinder ermöglichen das Einlegen von Böden von oben und ein lockerungssicheres Verspannen.

für Holzdicken 16 mm | Maß A 8 mm; Bohrtiefe 13 mm

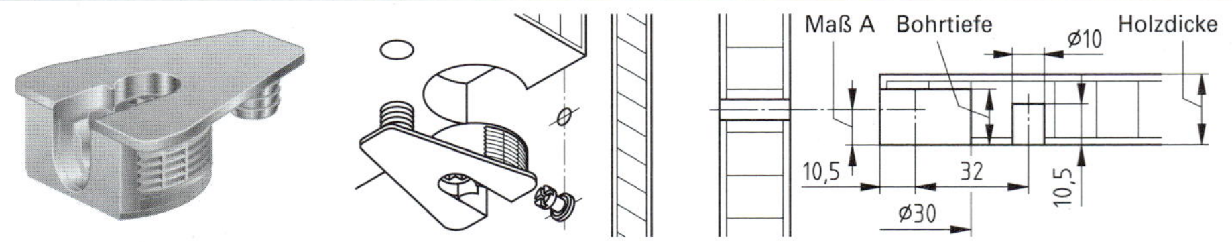

Trapezverbinder für einfache Montage und Demontage

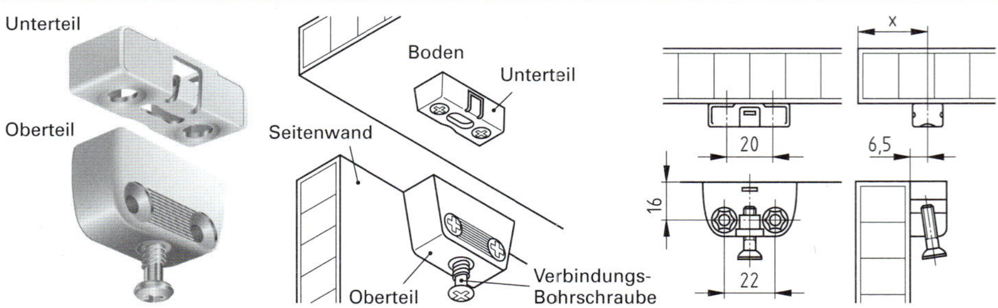

Einteilverbinder für rationelle Verbindungen, die wenig demontiert werden.

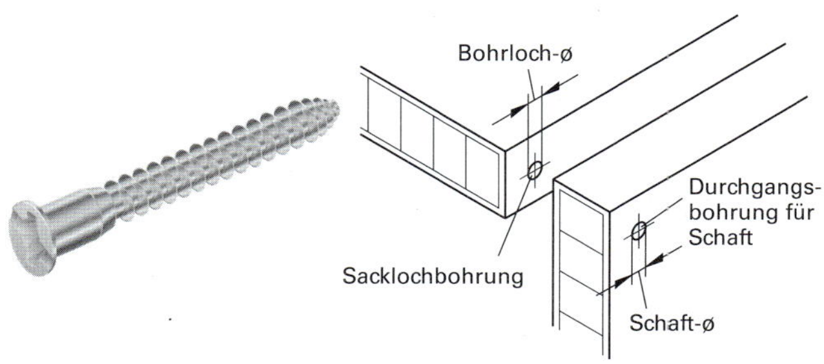

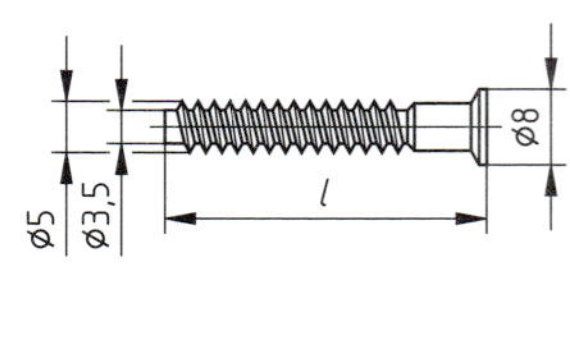

Bohrloch-ø 4 mm und 5 mm
Schaft-ø 5 mm; 6,3 mm; 7 mm
mit Stufenbohrer gebohrt

5.1 Möbel

Schubkästen und Auszüge

Bauarten der Schubkastenvorderstücke

zurückstehend | vorstehend | aufgedoppelt | stumpf aufschlagend

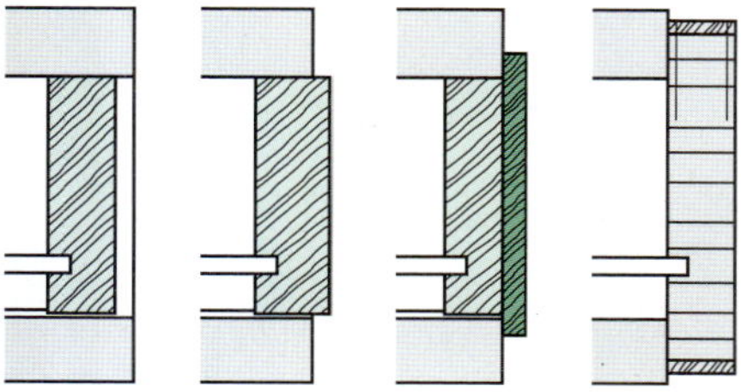

Schubkastenführungen:

klassisch

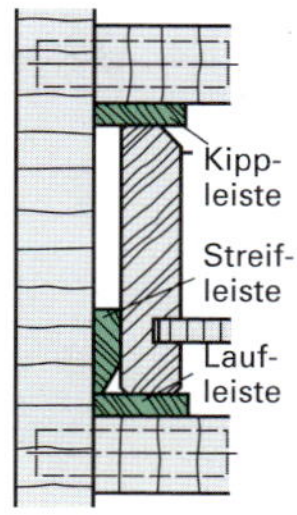

hängend

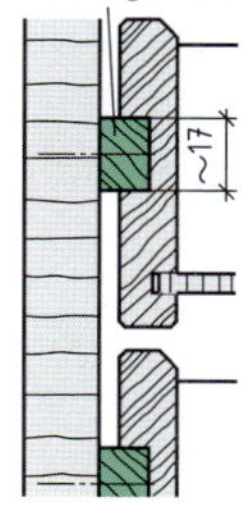

mechanisch

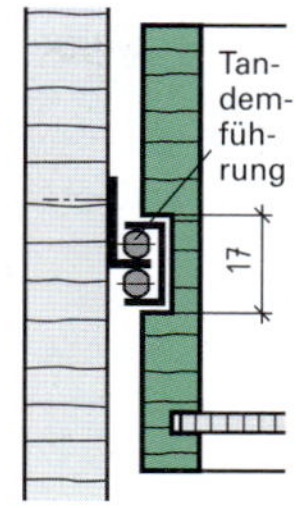

Gleitführung mit
Kunststoff-Führungsschiene
Länge: 285 mm und 450 mm

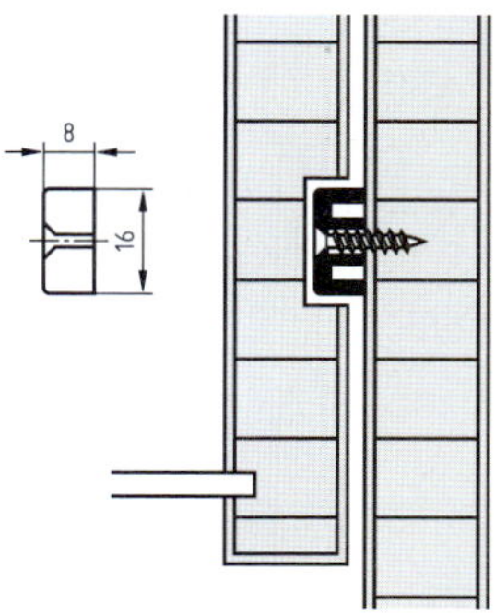

Teilauszug, rollengeführt
Tragkraft 15 kg/Paar
Montage in Nut
Einbaulänge L = 300 mm bis 550 mm (um 50 mm gestuft)
Auszugslänge = L – 100 mm

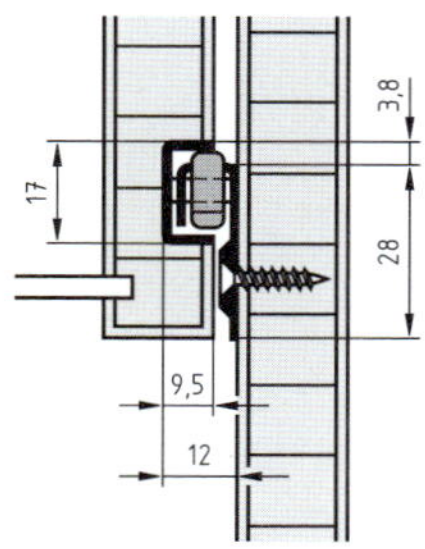

Teilauszug, rollengeführt
Tragkraft 40 kg/Paar
Aufliegende Montage
Einbaulänge L = 300 mm bis 800 mm (um 50 mm gestuft)
Auszugslänge
= L – (85 mm bis 120 mm)

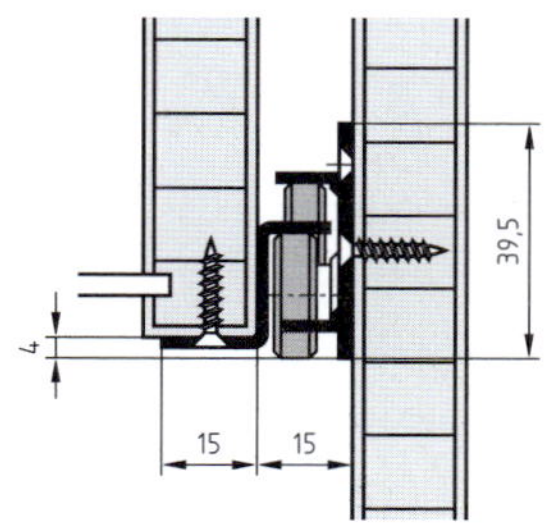

Vollauszug
Tragkraft 50 kg/Paar
Seitliche Montage
Einbaulänge L = 300 mm bis 800 mm (um 50 mm gestuft)
Auszugslänge = L + 30 mm

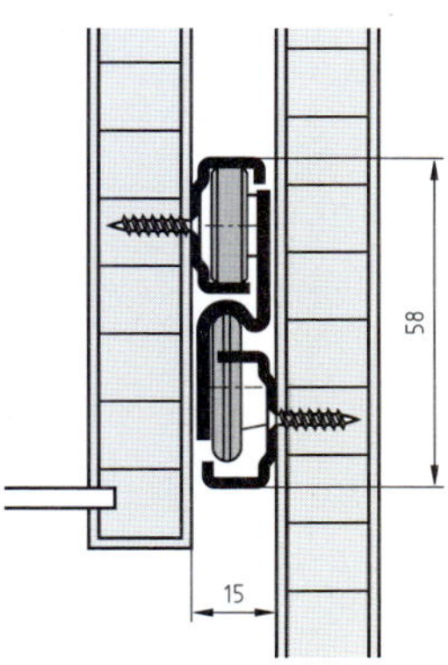

Einfachauszug, Wälzlager
Tragkraft 40 kg/Paar
Aufliegende Montage, verdeckt
für Schubladentiefe (T):
300 mm ... 400 mm
400 mm ... 520 mm
520 mm ... 700 mm
Mindesteinbautiefe
= T + 10 mm

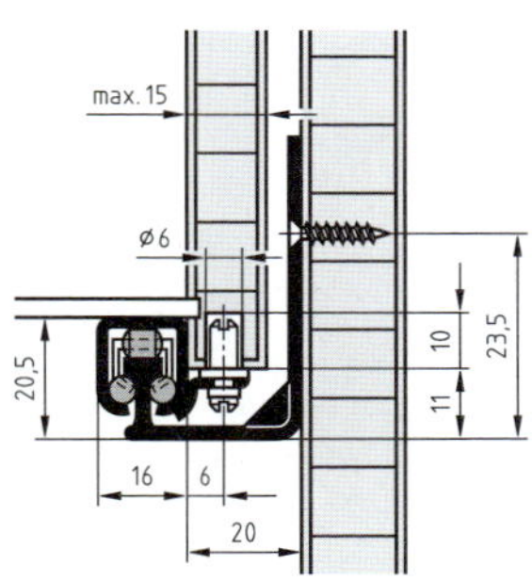

Zentralverschlüsse
für übereinander liegende Schubkästen

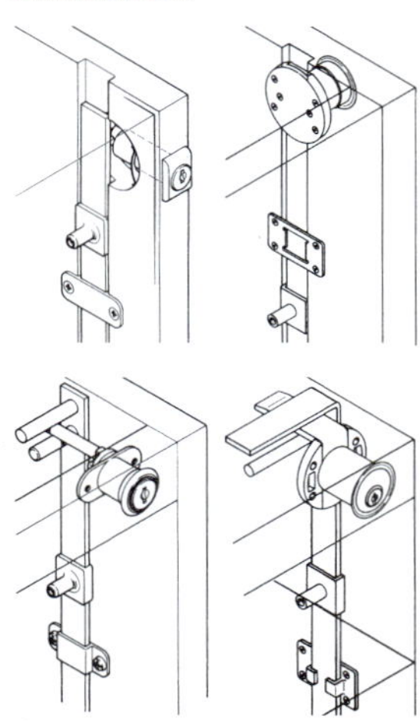

5.1 Möbel

Schlösser (DIN 68852)

1 Drehstangenschloss
2 Schubstangenschloss
3 Aufschraubschloss
4 Aufliegendes Schloss mit Einbohrzapfen
5 Einlassschloss
6 Einsteckschloss
7 Zylinder-Aufschraubschloss
8 Einlassschloss zum Einpressen
9 Einlassschloss zum Einbohren
10 Perfekt-Einlassschloss
11 Winkelschließblech
12 Schließblech

Schlüsselarten für Möbel-Schlösser

- Zylinderschlüssel

- Nutbartschlüssel

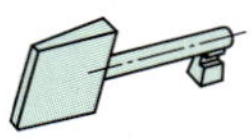

- Zuhaltungsschlüssel

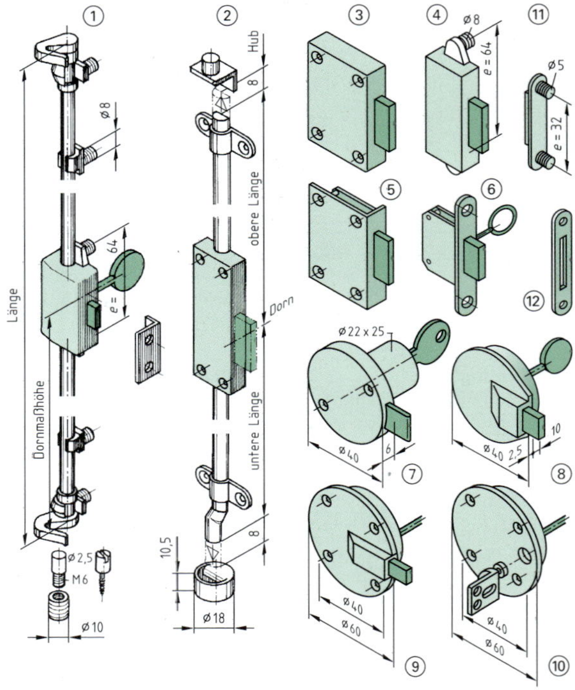

5

Nutenbärte

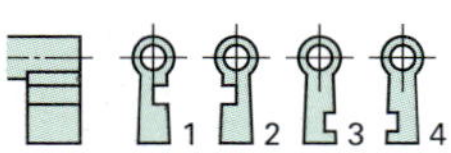

Zuhaltungsbärte (für 3 Zuhaltungen)

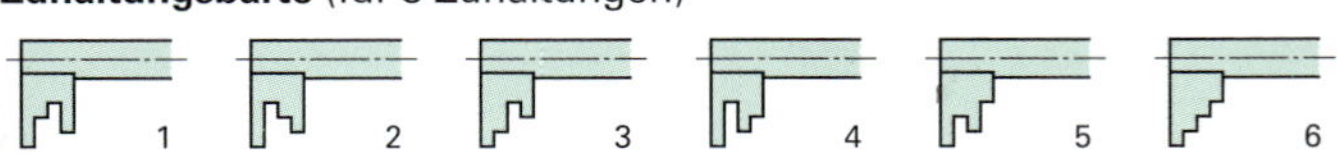

Verschlüsse

Magnetverschlüsse

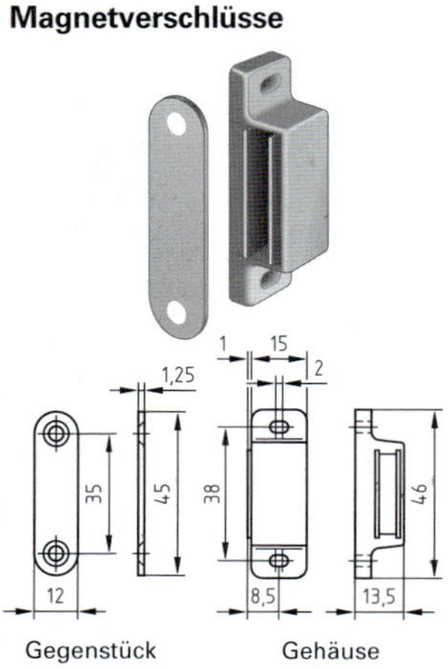

Rollenschnäpper

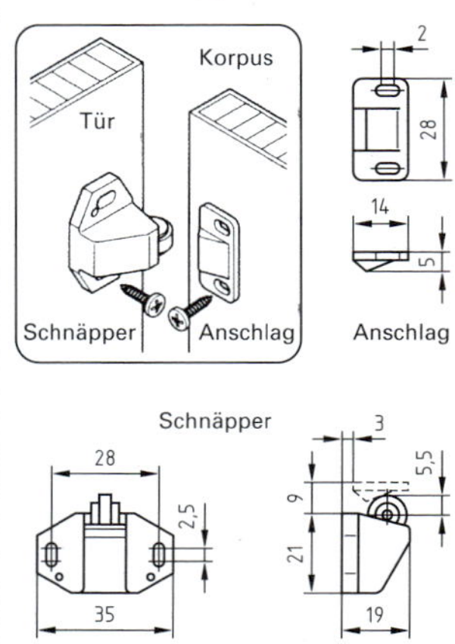

Möbelriegel

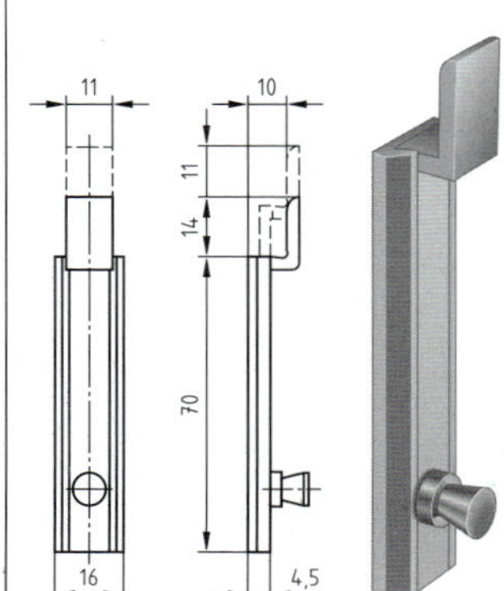

5.1 Möbel

Stilgeschichte (Überblick)

Zeittafel

Jahr	Epoche	Epoche	Stil
2000			
1950		Neuzeit	Post Moderne Moderne
1900			Art Deco Bauhaus / de Stijl Jugendstil
1850	Klassizismus		Historismus Biedermeier
1800			Empire Zopfstil
1750			Louis XVI Rokoko
1700		Barock	Louis XV
1650			Hochbarock Louis XIV
1600			Frühbarock
1550	Renaissance		
1500			
1450			Frührenaissance Spätgotik
1400			
1300		Gotik	Gotik
1200			Hochgotik
1100	Romanik		staufisch salisch
1000			ottonisch
550		Byzanz	karolingisch byzantinisch
n. Chr. 0	Rom		spätrömisch
v. Chr.		Griechenland	Perser
1000			
2000	Ägypten		Assyrer Mykene Kreta
3000			Babylon Akadezeit Sumerische Zeit

Wichtige Epochen

Neuzeit 1850 bis Heute

Verschiedene Richtungen siehe Zeittafel. Entwicklung zu einer konstruktions- und funktionsbetonten Sachlichkeit. Aufkommen von industrieller Möbelfertigung mit Plattenwerkstoffen und Kunststoffen, Stahl als auch Glas. In der „Modernen" und „Postmodernen" mehr bewegte Formensprache.

Klassizismus 1750 bis 1850

Rückkehr zu geraden Linien, ausgewogenen Proportionen nach klassischen Formen der Antike. Es entwickelten sich drei Richtungen, die sich in der Art ihres Dekors unterschieden:

- **Louis-seize-Stil** (Zopfstil) 1750 bis 1800
- **Empire** 1795 bis 1815
- **Biedermeier** 1815 bis 1850

Barock 1600 bis 1750

Neu im Möbelbau waren zweitürige Schränke, Kommoden und Konsoltische. Die klare Linienführung der Renaissance wurde von ungebunden Formen abgelöst. Ab etwa 1700 entwickelte sich der **Rokoko**-Stil mit leichten, schwungvolleren Formen. Konstruktionen waren nicht mehr erkennbar, Flächen zweidimensional gewölbt.

Renaissance 1500 bis 1600

Vorbilder waren die **Formen der Antike.** Im wesentlichen kamen keine neuen Möbelarten dazu. Die Gestaltungselemente wurden aus der Außenarchitektur entnommen. Möbel wurden vorwiegend im Rahmenbau hergestellt, furniert und mit Intarsien versehen.

Gotik 1250 bis 1500

Der Beruf des Tischlers entstand. **Schränke** wurden **zweigeschossig** ausgeführt, mit Sockel und Gesims. Weiterhin wurden auch Betten und Tische gebaut. Flächenornamente waren Laubwerkkerbschnitzereien, Maßwerksfüllungen und Faltwerksfüllungen.

Romanik 1000 bis 1250

Zur Aufbewahrung von Gegenständen wurden **Truhen** verwendet. Schränke waren unbekannt – Ausnahme: Sakristei-Schränke. Sitzmöbel waren Bänke, Faltstühle und thronartige Einzelsitze. Möbel wurden in derber Zimmermannskonstruktion, vorwiegend im Stollenbau, hergestellt.

5.2 Türen

Innentüren

Türen sollen Räume verbinden und trennen und sind je nach Verwendung, Funktion und Bauart sehr vielfältig.

Türart nach Öffnungsart (Symbole)

Drehtüren

einflüglig

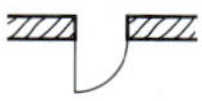

zweiflüglig

Schiebetüren

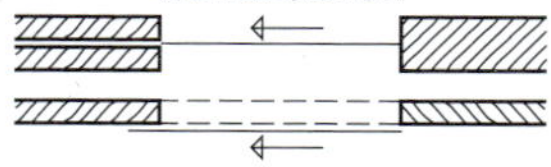

Pendeltüren

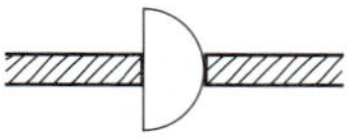

Faltschiebetüren

Harmonikatüren

Drehkreuze

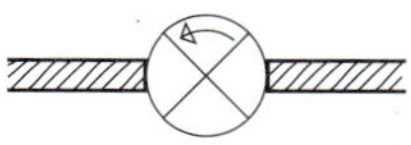

Türart nach Funktion	DIN
Wohnungsabschlusstüren	18105
Wohnraumtüren	18101
Einbruchhemmende Türen	18103
Schallschutztüren	4109
Feuerschutztüren	4102
Rauchschutztüren	18095
Strahlenschutztüren	6834

Drehtüren (DIN 107)

DIN-Links

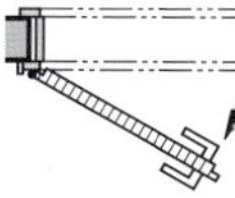

Linksbänder und -Schloss

DIN-Rechts

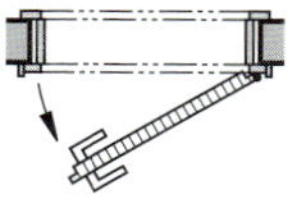

Rechtsbänder und -Schloss

(Betrachtung auf Bandseite, also von der Seite, nach der sie aufgeht)

Begriffe und Maße

Die Abmessungen der Türblätter richten sich nach den Baurichtmaßen (RR) der Wandöffnungen (DIN 18100, siehe Seite 228)

Die Baurichtmaße können in Kennnummern (Breite × Höhe) ausgedrückt werden, z.B. 7 × 16.

Für die Serienfertigung und den Austausch müssen die Türblattmaße genormt sein.

Gefälzte Tür:

Türblattaußenmaß = RR - 15 mm

Türblattfalz: Breite = 13 mm

Tiefe = 25 mm

Ungefälzte Türblätter sind in der Breite um 26 und in der Höhe um 13 mm kleiner.

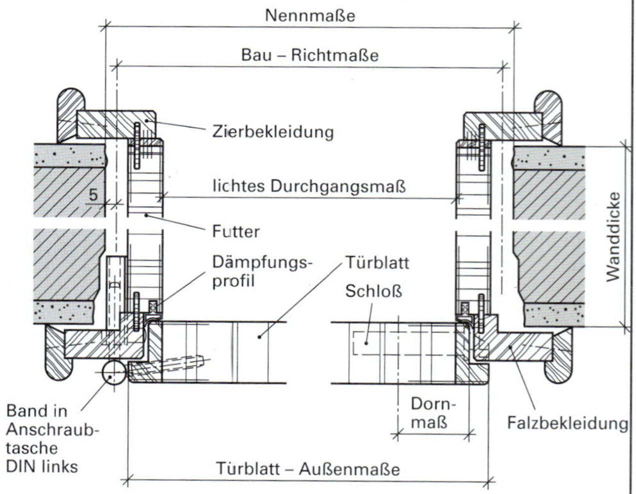

Maße (Vorzugsgrößen) für gefälzte Türblätter (DIN 18101)

Kennnummer	Baurichtmaße (mm) Breite	Baurichtmaße (mm) Höhe	Türblattaußenmaße (mm) Breite	Türblattaußenmaße (mm) Höhe	Falzmaße (mm) Breite	Falzmaße (mm) Höhe	Luftspalt
6 × 15	750	1875	735	1860	709	1847	seitlich und oben je 2 mm ... 4 mm, unten 7 mm
7 × 16	875	2000	860	1985	834	1972	
8 × 16	1000	2000	985	1985	959	1972	

5.2 Türen

Türumrahmungen

Sie stellen die Verbindung zum Bauwerk her und tragen das Türblatt beweglich.
In den Türrahmen kann unten eine Schwelle aus Holz oder eine Metallschiene eingebaut werden.

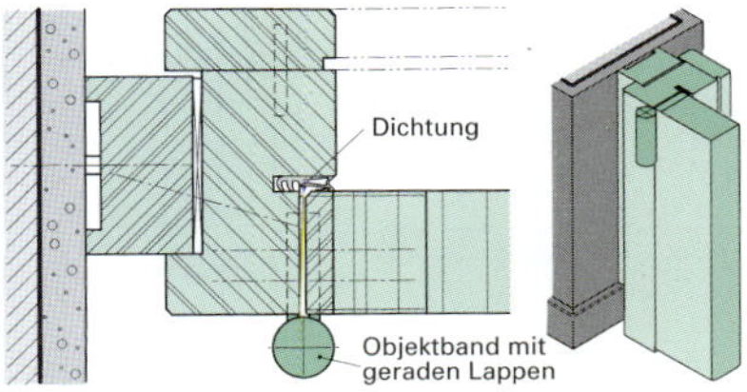

Blockrahmentüre

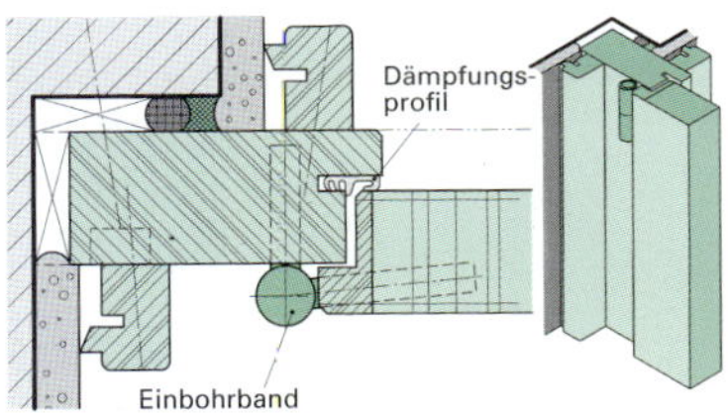

Blendrahmentüre

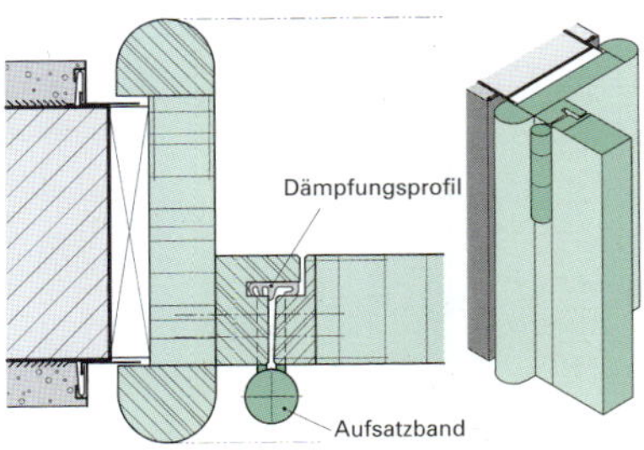

Zargenrahmentüre

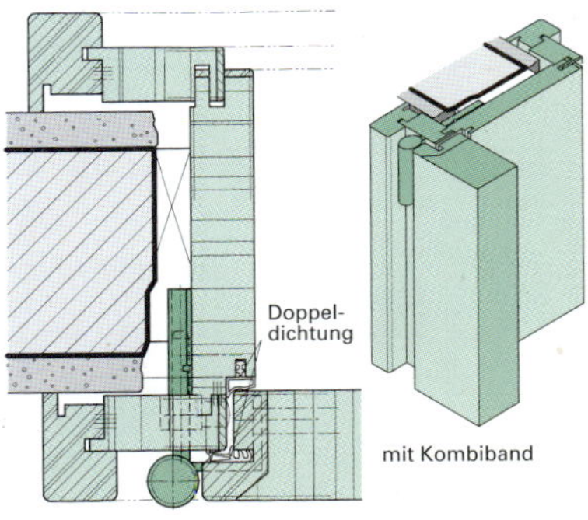

Futterrahmentüre mit Bekleidungen

Türblätter

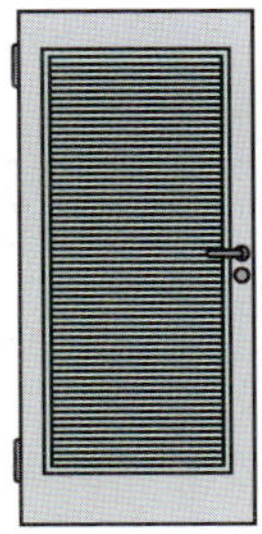

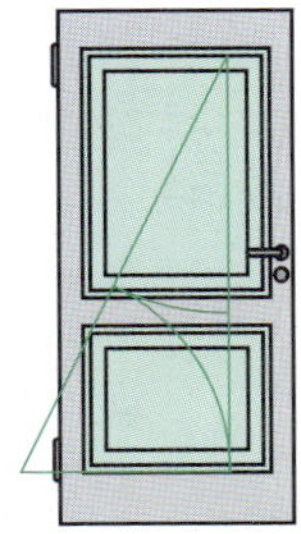

Rahmentüren Füllungsaufteilung nach dem Goldenen Schnitt

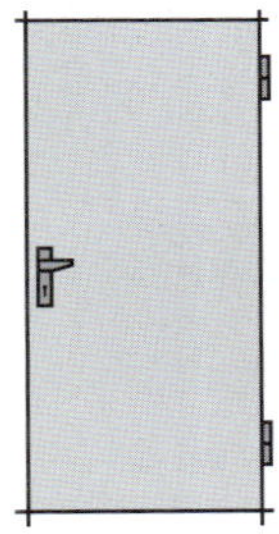

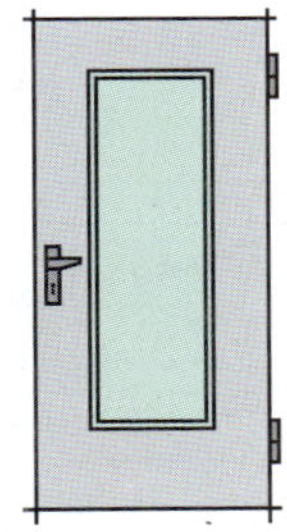

Sperrtüren ohne und mit Glasausschnitt

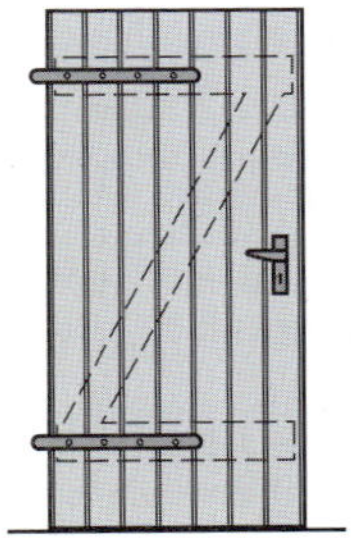

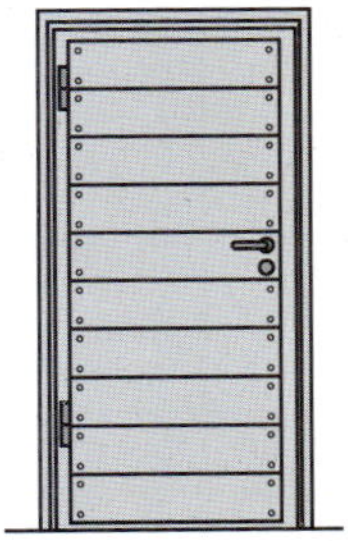

Brettertüren **Aufgedoppelte Türen**

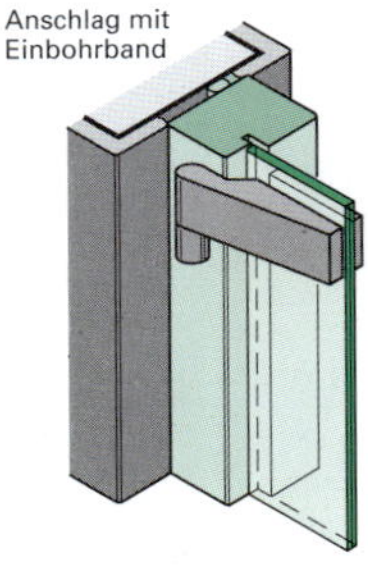

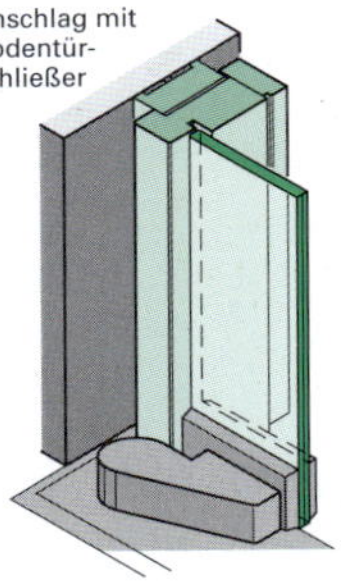

Ganzglastüren

5

5.2 Türen

Eckverbindungen bei Rahmentüren

Gedübelt

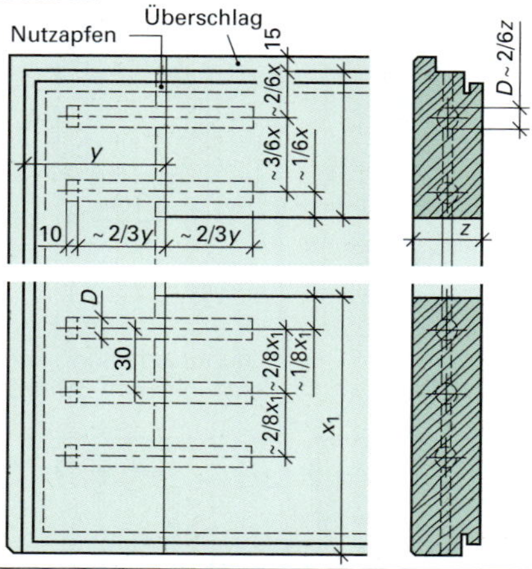

Gestemmt

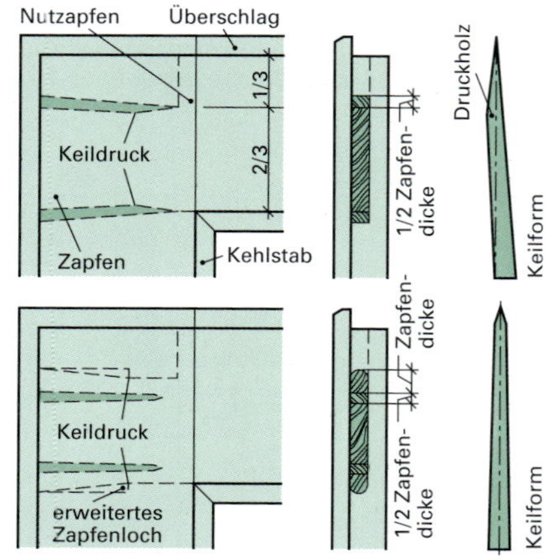

Sperrtüren sind glatte Türblätter. DIN 68706 gilt für gefälzte und ungefälzte Sperrtüren für allgemeine Zwecke im Innenausbau.

Aufbau	Beschreibung
Rahmen	Befestigung von Einsteckschloss und Türbändern muss gewährleistet sein.
Einlagen	aus Holz, Holzwerkstoffen oder anderen Werkstoffen mit evtl. Hohlräumen
Deck-platten	FU, zwei kreuzweise verleimte Furniere, FP, HB, MFB
Deck-lagen	Furniere, HPL-Platten, Kunststoff-folien mindesterns IF20 bzw. D1 verleimt
Anleimer Einleimer	bei transparenter Oberflächen-behandlung farblich abstimmen
Dicke	39 mm bis 42 mm

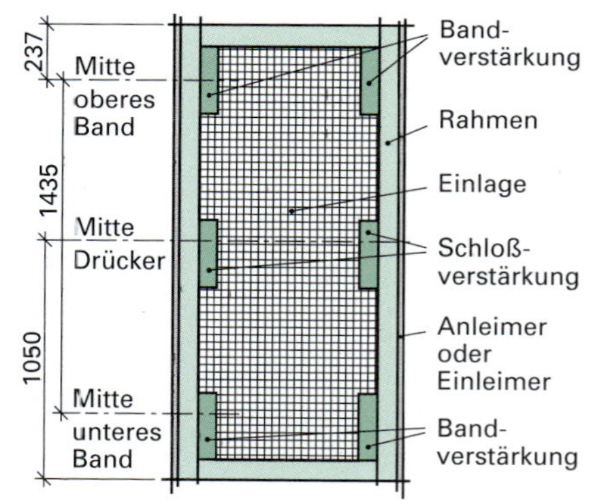

5

Sperrtür-Ausschnitte

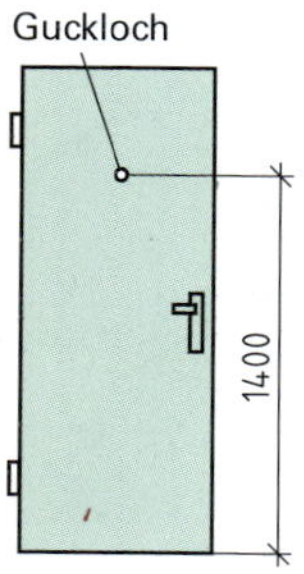

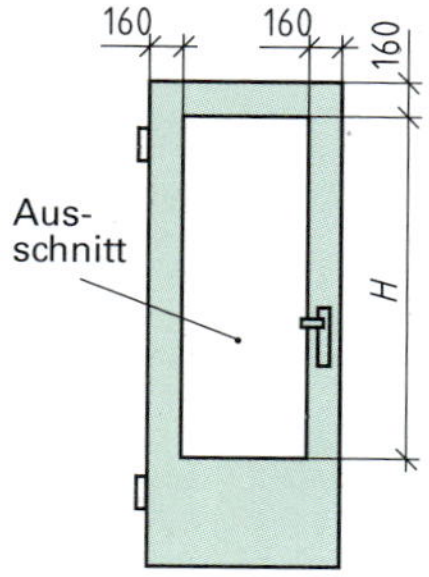

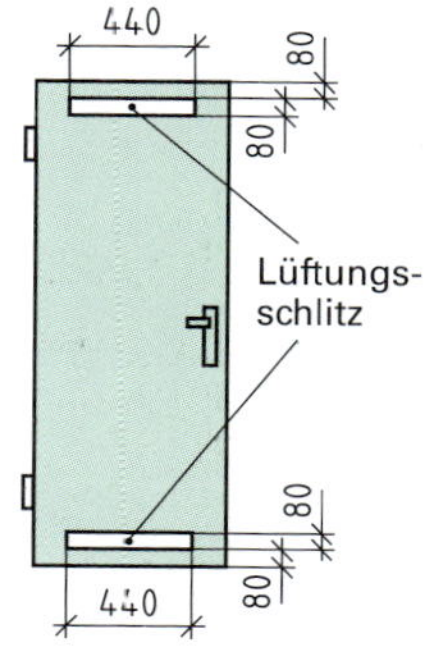

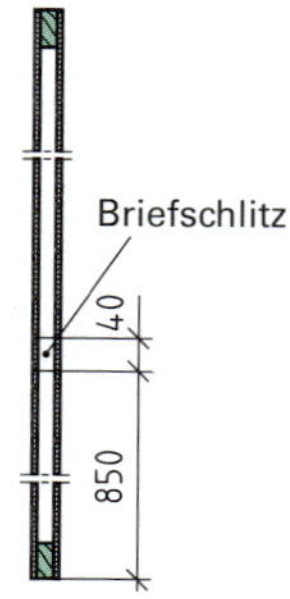

5.2 Türen

Auswahl von Türbändern (Maße in mm)

Lappenbänder
für stumpf eingeschlagene Türen mit Blockrahmen mit oder ohne Tragzapfen

Rollenlänge:	120	160
Breite:	88	92
Rollen-∅:	22	22
Materialdicke:	3	3

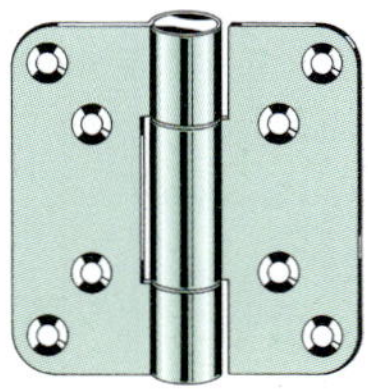

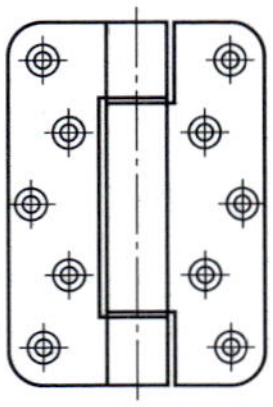

Winkelbänder
Kröpfung D13
für gefälzte Türen mit Futter oder Blockrahmen

Bandlänge:	100, 120, 140, 160, 180
Breite:	60 – 63
Rollen-∅:	15
Falzbreite:	13
Lappendicke:	3

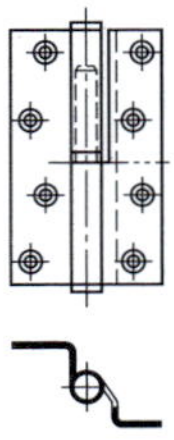

Einbohrbänder
zwei- oder dreiteilig für überfälzte Türen, zum Einschrauben oder mit Stiften gesichert

Rollenlänge:	48	50
Rollen-∅:	13	15
Bolzen-∅ × Länge:	7 × 50	

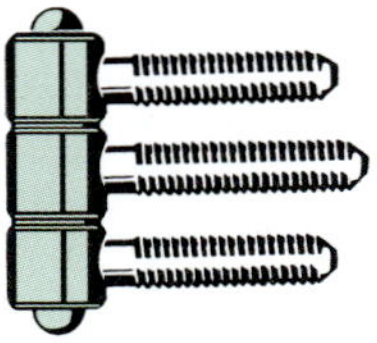

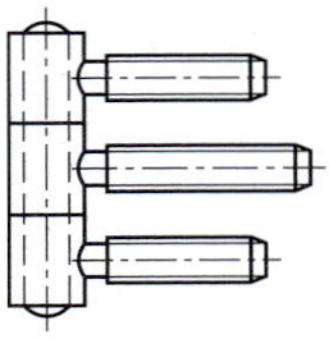

Kombibänder
für gefälzte schwere Türen mit Futter

Bandlänge:	97
Rollen-∅:	15
Bolzen-∅ × Länge:	7 × 50
Falzbreite:	15
Lappendicke:	3

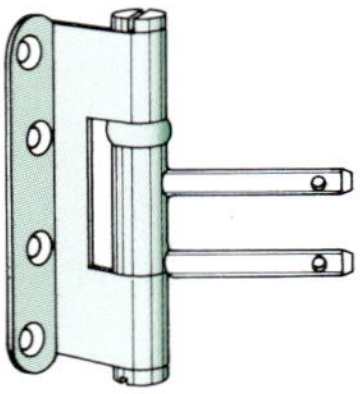

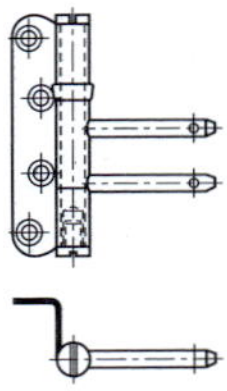

Material: Stahl, verzinkt, verchromt, vernickelt / Edelstahl / Messing / kunststoffbeschichtet

Bandbezugslinie (DIN 18 268)

Bandbezugslinie am Türband, die die Höhenlage des Bandes als Abstand vom oberen Zargenfalz (obere Bezugskante) festlegt. Herstellerangaben sind zu beachten!

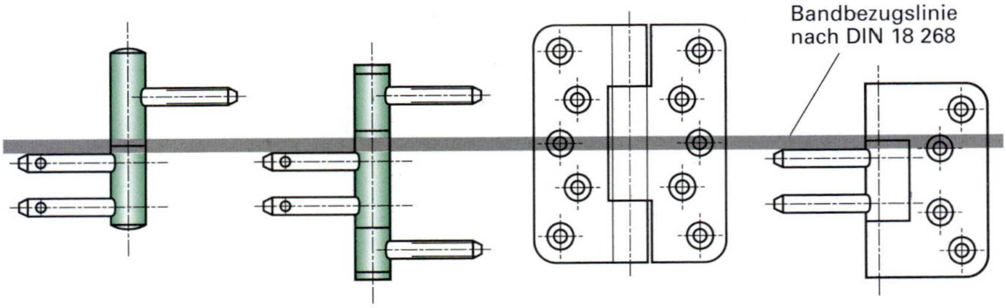

5

5.2 Türen

Bandsitz und Schlosssitz

handwerklich industriell

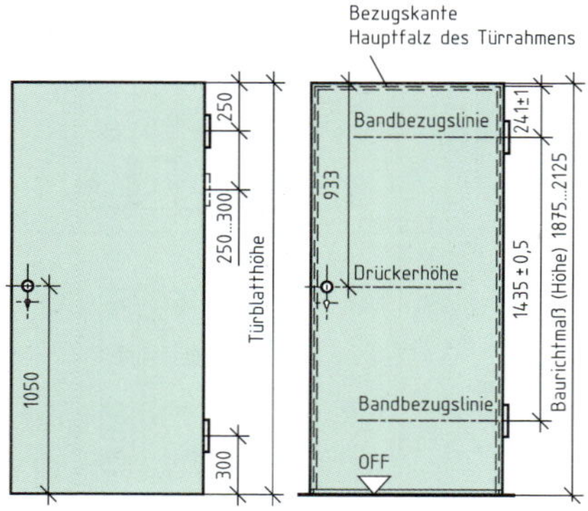

Türfalzdichtungen (Beispiele)

Damit sie bei geringem Anpressdruck gut abdichten, müssen die Einbaumaße berücksichtigt werden.

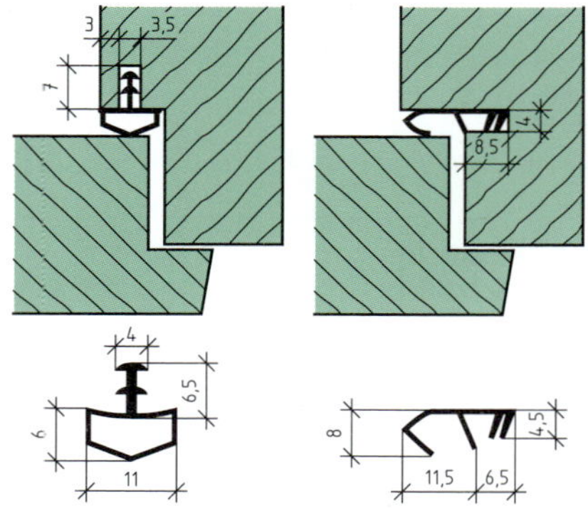

Türschlösser (DIN 18251)

Türschlösser sind im allgemeinen Einsteckschlösser. Sie werden mit verschiedenen Sicherungsarten hergestellt. Je nach Anforderung erfolgt eine Einteilung in Klassen: Klasse 1 (leichte Innentüren bis 15 kg/m²), Klasse 2 (Innentüren), Klasse 3 (Wohnungsabschlusstüren, hohe Verschlussqualität), Klasse 4 (sehr starke Beanspruchung, erhöhter Einbruchschutz)

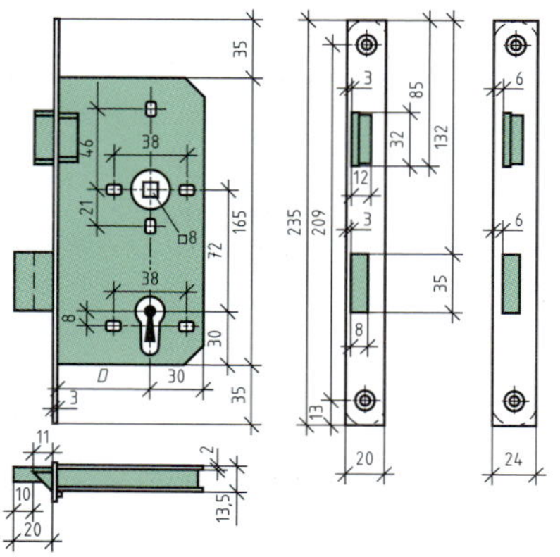

Einsteck-Zimmertürschloss
ein- oder zweitourig

Stulp:	kantig oder abgerundet
gefälzte Türen:	Stulp einseitig auf dem Schlosskasten, 235 mm × 20 mm oder 235 mm × 18 mm, gleichschenklige Winkelschließbleche, bei Schloss mit hochliegendem Riegel ungleichschenkliges Winkelschließblech
stumpfe Türen:	Stulp mittig auf dem Schlosskasten, 235 mm × 24 mm, Lappenschließbleche
Dornmaß:	D = 55 mm (60 mm, 65 mm)

Sicherungsarten (Schlüsselarten) bei Türschlössern

Schlüssel mit Buntbart (BB)

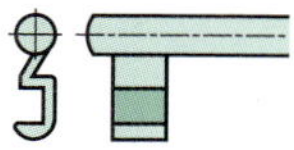

Schlüssel mit Zuhaltung (ZH)

Schlüssel mit Besatzungsbart

Schlüssel für Schließzylinder (PZ Profil-, RZ Rund-)

Profil-Doppel- oder Halbzylinder (bei einseitig verschließbaren Türen) nach DIN 18252

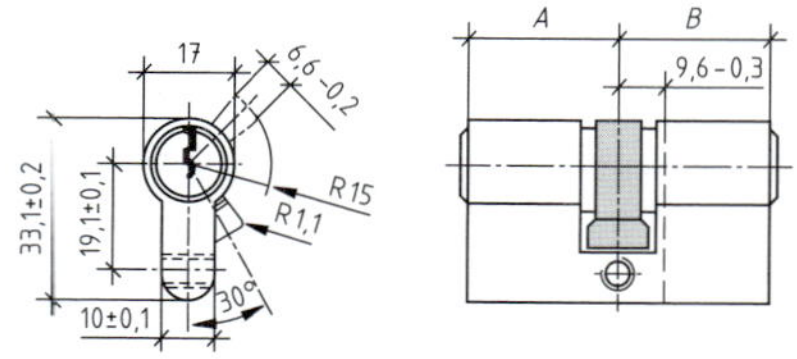

A oder B in mm: 27, 31, 35 ... + 5 mm steigend
Maß 9,6 mm gilt nur für Profil-Halbzylinder

5

5.2 Türen

Schlosszubehör

Schließbleche: 1) Winkelschließblech, gleichschenklig, 2) Winkelschließblech, ungleichschenklig, 3) Lappenschließblech

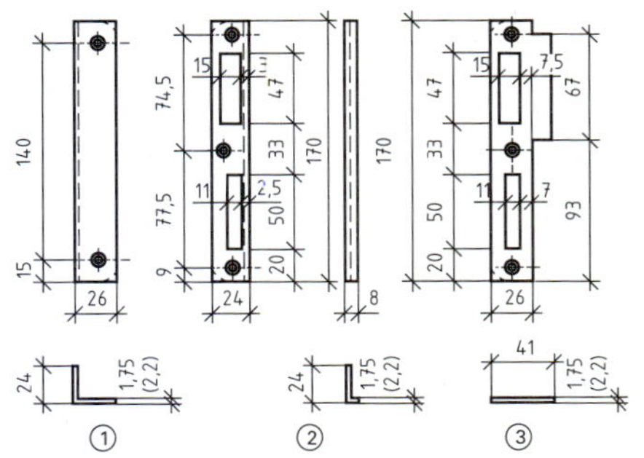

Drückergarnituren (DIN 18255): 1) Drücker mit Langschild 2) Drücker mit Kurzschild 3) Drücker- und Schlüsselrosette

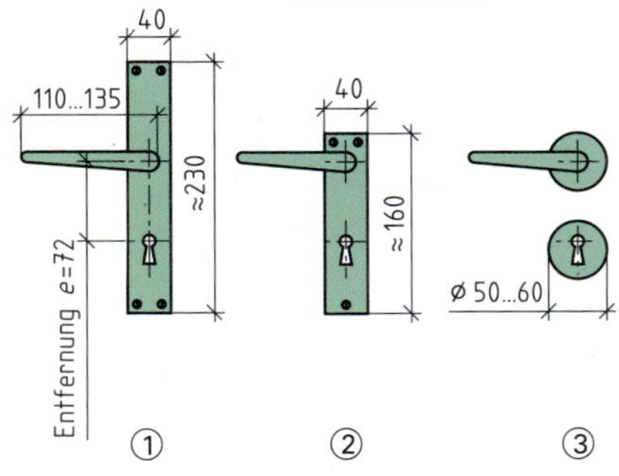

Schalldämmende Türen (DIN 4109)

Konstruktionsgrundsätze:

- Einschalige Türblätter sollen schwer sein (maximal 60 kg/m²)
- Zweischalige Türblätter sollen einen großen Schalenabstand aufweisen und sind somit dicker. Sollen beide Schalen biegeweich sein, muss deshalb mit anderen Möglichkeiten das Flächengewicht erhöht werden.
- Türfälze müssen dicht sein
- Schallnebenwege verhindern

Schiebetüren

Sie besitzen Laufwerke, an denen sie aufgehängt und seitlich parallel zur Wand verschoben werden. Sie benötigen besondere Schlösser.

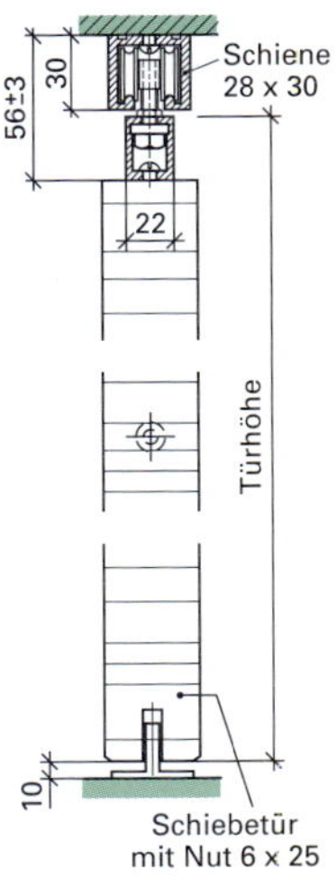

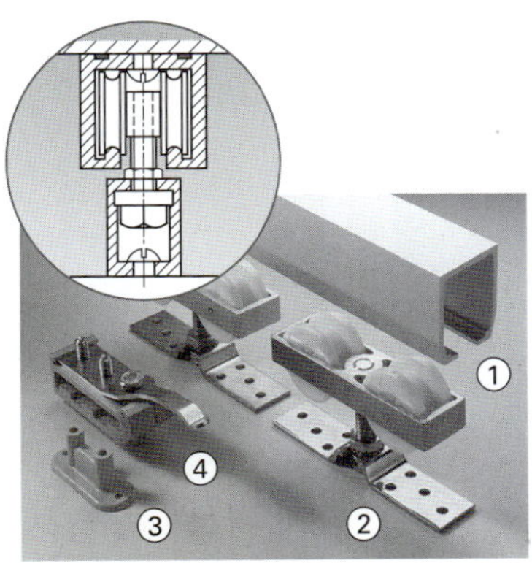

① Laufschiene (Alu)
② Laufwerke
③ Bodenführung
④ Schienenpuffer

Beispiele:

Türblätter von **schalldämmenden** Türen

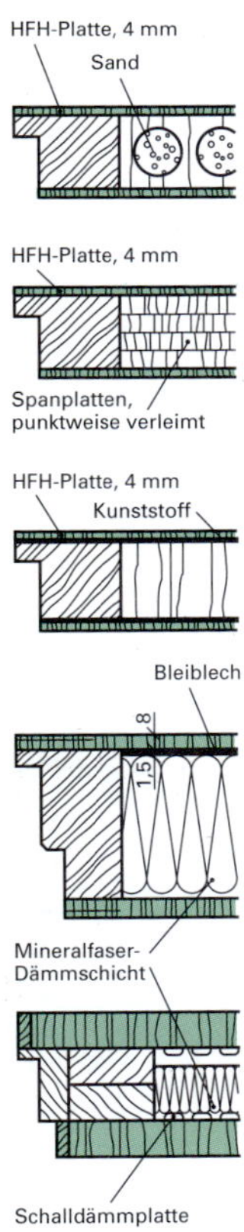

Dicke mm	Gewicht kg/m²	R_w dB
41...43	32...36	38
41	33	42
45	52	34
86	46	45
82	50	46

5

5.2 Türen

Außentüren

Außentüren (Haustüren) sollen neben ästhetischen Funktionen durch ihre Lage zwischen Innen- und Außenbereich auch technische Funktionen erfüllen.

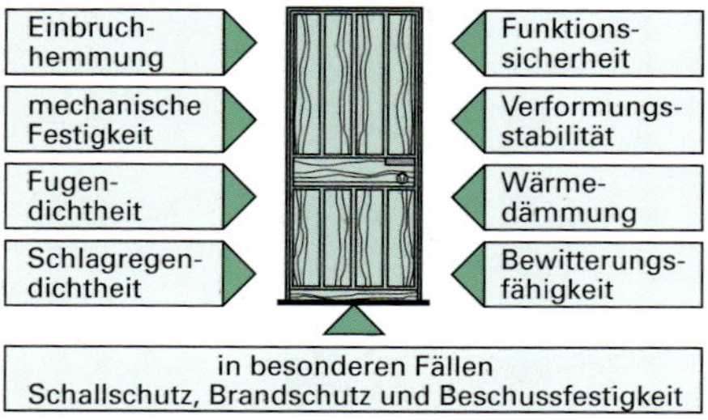

Produktnorm DIN EN 14351-1, CE-Zeichen
Luftdurchlässigkeit DIN EN 12207
Schlagregendichtigkeit DIN EN 12208
Widerstandsfähigkeit gegen Windlast DIN EN 12210
Einbruchschutz DIN V ENV 1627
Wärmeschutz DIN EN ISO 10077-1/2
Stoßfestigkeit DIN EN 13049
Einbruchschutz DIN V ENV 1627 ... 1630
Mechanische Festigkeit ISO 8269 bis 8271
Fugendichtigkeit ISO 8272, Klasse A1, A2, A3
Funktionssicherheit ISO 9379

Haustürbauteile bezüglich des Einbruchschutzes

Bauteil	Regelwerk	Klassifizierung, Mindestanforderung
Schutzbeschläge	DIN EN 1906	Klasse 3 bei Schutz gegen Abreißen und Abschlagen sowie Klasse 2 bei Schutz gegen Anbohren, entspricht Klasse ES 1 nach DIN 18257.
Mehrfachverriegelung	RAL RG 607/2	Günstig sind 3-fach Verriegelungen (ohne Rollzapfen).
Schließzylinder	DIN EN 1303	Klasse 4 bei allgemeinen Anforderungen, Schutz gegen Anbohren und Zylinder ziehen, entspricht Klasse P2 BS nach DIN 18252, Schließzylinder darf nicht mehr als 3 mm vorstehen.
Bänder	DIN EN 1935	Stabile Bänder verwenden, keine einfachen Einbohrbänder. Nach DIN EN 1935 mindestens Bandklasse 12 verwenden.

Haustüren sind im Bereich der Verriegelung bzw. Haltepunkte (Bänder) ausreichend zu befestigen, Befestigungspunkte druckfest zu hinterfüttern. Die Konstruktion ist so auszubilden, dass ein Eingreifen mit Werkzeugen in den Falzbereich erschwert wird. Türblatt und Türrahmen sind ausreichend stabil und verformungssteif auszubilden.

Die europäische Norm DIN V ENV 1627 beschreibt eine Klassifizierung von Gefährdungsbereichen und die damit einhergehenden technischen Anforderungen.

5

Widerstandsklasse	WK1	WK2	WK3	WK4	WK5	WK6
Schließzylinder DIN 18252	P2 BZ	P2 BZ	P2 BZ	P3 BZ	Einzelprüfung	Einzelprüfung
Schutzbeschläge DIN 18257	ES 1	ES 1	ES 2	ES 3	Einzelprüfung	Einzelprüfung
Verglasungen DIN EN 356	–	P4A	P5A	P6B	P7B	P8B

Ausbildung des Falzbereiches (Beispiele)

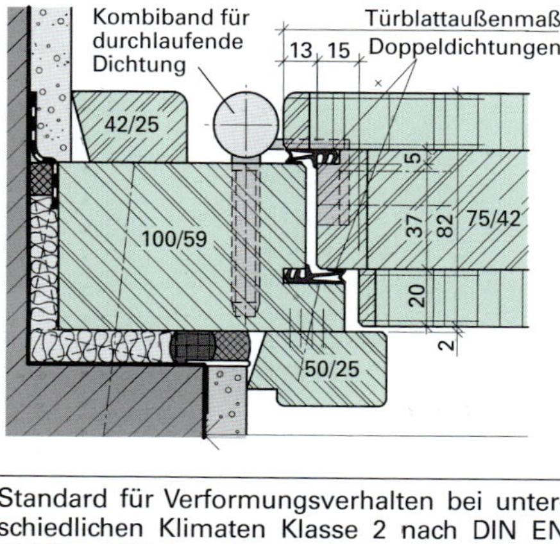

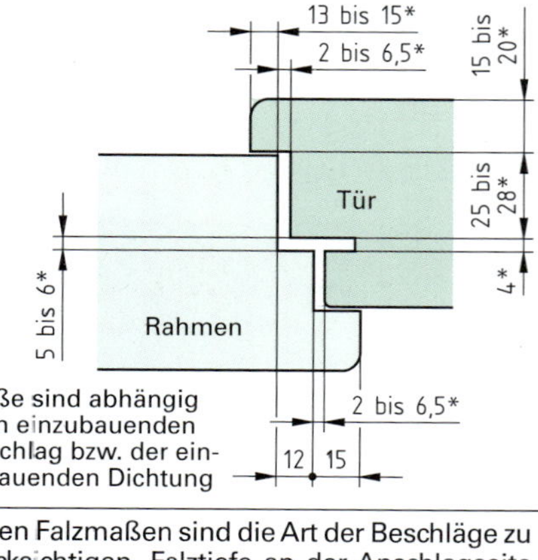

* Maße sind abhängig vom einzubauenden Beschlag bzw. der einzubauenden Dichtung

Standard für Verformungsverhalten bei unterschiedlichen Klimaten Klasse 2 nach DIN EN 12219 mit Längsverformungen = 4 mm

Bei den Falzmaßen sind die Art der Beschläge zu berücksichtigen. Falztiefe an der Anschlagseite 13 mm oder 15 mm

5.2 Türen

Ausbildung des Fußbodenanschlusses

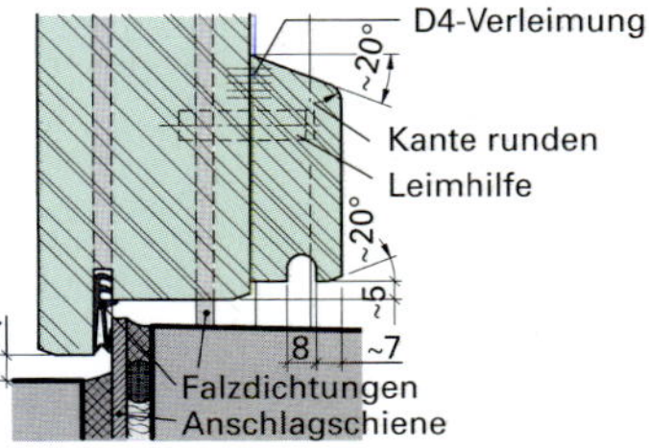

Schwellenhöhe maximal 25 mm über OFF nach DIN 18025-1, bei Erfüllung der DIN 4108-2 thermisch getrennt Schwellenprofile verwenden

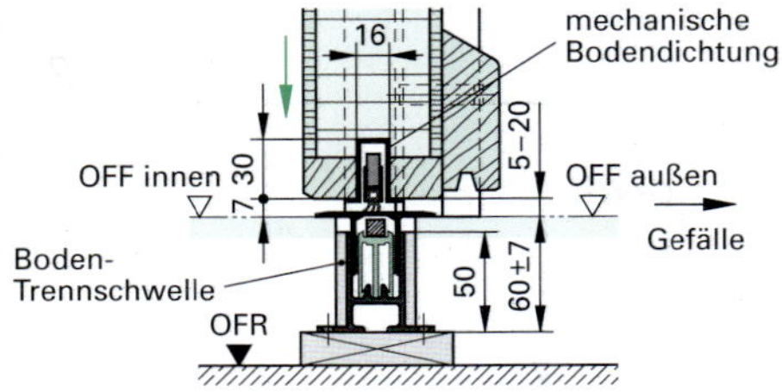

Fußbodenhöhen innen und außen gleiches Niveau bei Einbau einer Trennschwelle, Dichtung durch eine automatische Bodendichtung

Lichte **Durchgangsmaße** und **Rohbaumaße** der Wandöffnungen für Türen

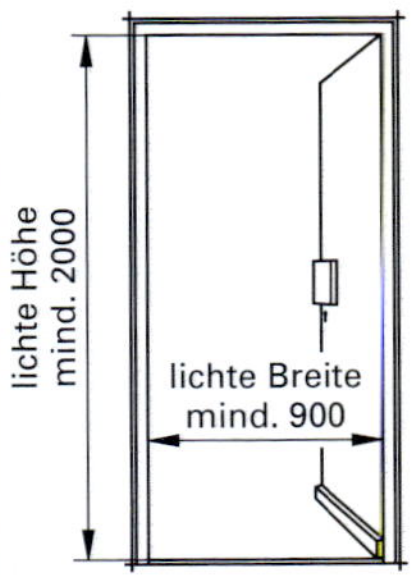

in Einfamilienhäusern

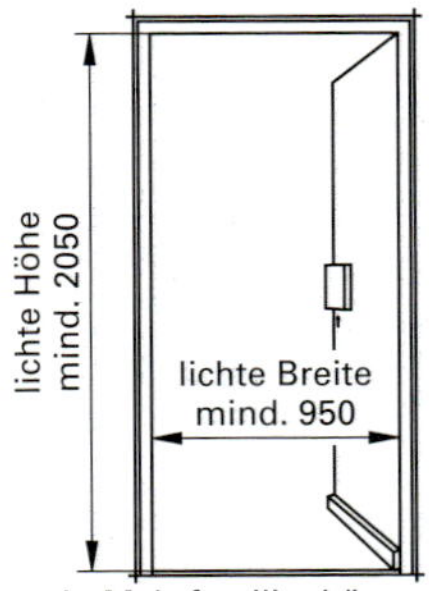

in Mehrfamilienhäusern

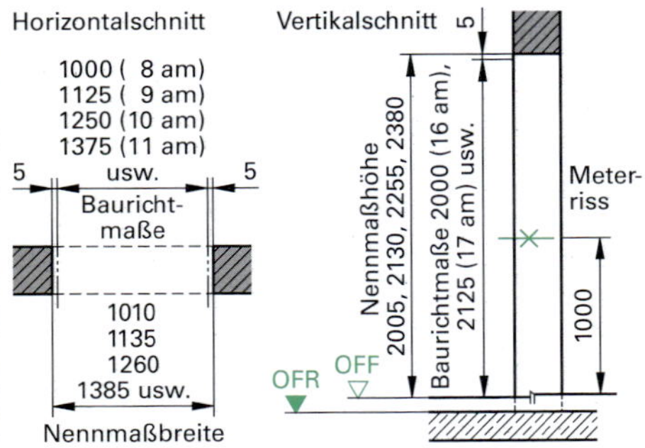

Lichte Durchgangs-Mindestmaße

Baurichtmaße	Vielfache oder Teile vom Achtelmeter (**am**)
Nennmaße	Reale Maße der Bauteile je nach Bauteileart, Maße in Zeichnung
Rohbaumaße	tatsächlich vorhandene Maße
Meterriss	1 m über OFF
OFF	**O**berfläche **F**ußboden **F**ertig
OFR	**O**berfläche **F**ußboden **R**oh

Grenzabmaße vergleiche Seite 262

Rohbaumaße (Maßordnung im Hochbau)

Vorzugsmaße für Außentüren

Maße in mm	Kennnummer
1000 x 2125	8 x 17
1125 x 2125	9 x 17
1250 x 2125	10 x 17
1250 x 2250	10 x 18
1500 x 2125	12 x 17

Beispiel:

Baurichtmaß	1000 x 2125 mm
Nennmaß Wandöffnung	1010 x 2130 mm
lichte Durchgangshöhe	≥ 2108 mm

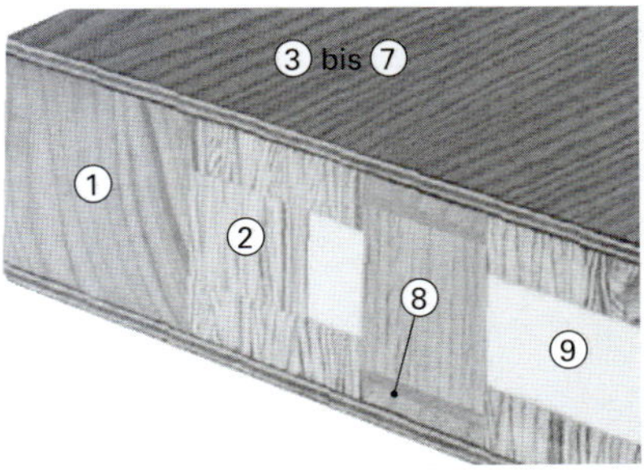

Türblattrohling

1	Massivholzrahmen
2	Einlage aus Stäbchen und Furnier
3 bis 7	Deckplatte aus Furnieren
8	Umlaufender Flacheisenstabilisator
9	PUR-Hartschaum

Länge 2110/2240 mm
Breite 900/950/1000/1050 mm
Dicke 68 mm

U-Wert 0,96 W/m²K
Schalldämmwert R_w 31 dB
Einbruchhemmung WK 3/ET 2

5

5.2 Türen

Beschläge für Haustüren

Bandsystem mit Exzenter-Verstellung für Holzhaustüren
Das Band hat verdeckt liegende Aufnahmeelemente für Türflügel und -rahmen. DIN rechts und DIN links verwendbar, dreidimensional verstellbar ohne Aushängen des Türblattes:
Höhe ± 3 mm, Seite ± 3 mm, Andruck 0/– 4 mm, Einbruchhemmung

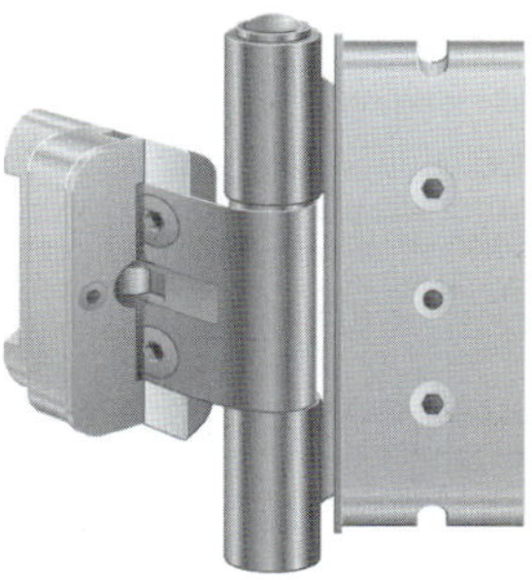

Vorderansicht

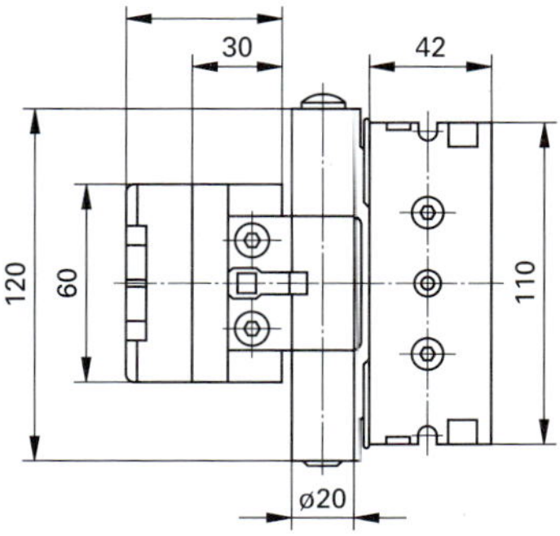

Horizontalschnitt (Einbau)

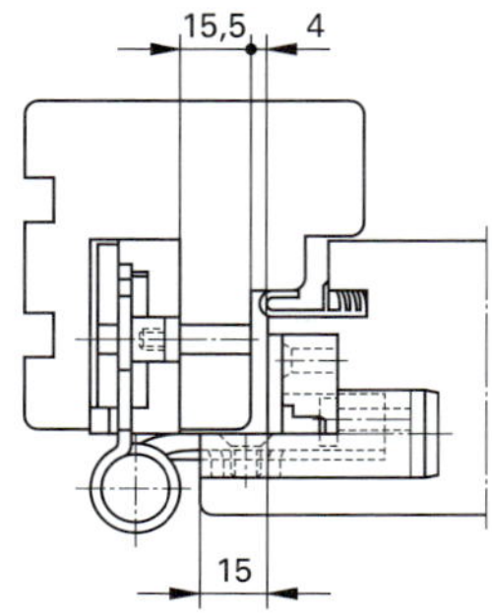

Mehrfachverriegelung

Erhöhter Einbruchschutz durch Verriegelung der Türe an mehreren Punkten gleichzeitig. Zusätzliche Riegel werden über das Hauptschloss betätigt. Zusätzliche Verbesserung des Schall- und Wärmeschutzes.

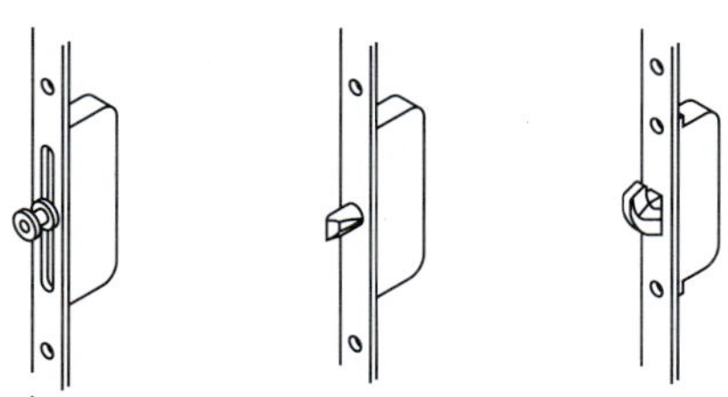

Schließbolzen   Schwenkriegel

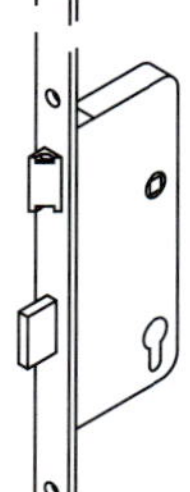

Ausführungsbeispiel:
für gefälzte Türen aus Holz
Stulp, Riegel, Schwenkriegel, Schließbolzen und Schlosskasten aus Stahl
mit Wechsel
Getriebe schlüsselbetätigt
Falle und Riegel 2-tourig
vorgerichtet für Profilzylinder
DIN recht und DIN links

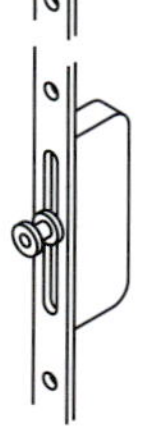

Roll- oder Pilzzapfen

Schließanlagen

Ein oder mehrere Schließzylinder werden nicht nur von einem Einzelschlüssel, sondern auch von übergeordneten Schlüsseln geschlossen.

Hauptschlüsselanlage HS

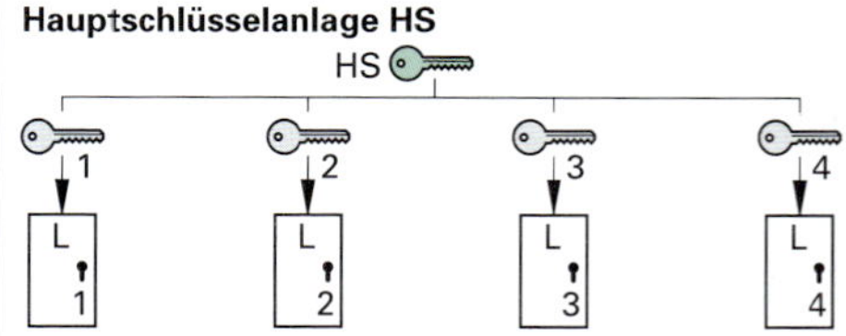

Generalhauptschlüsselanlage GHS

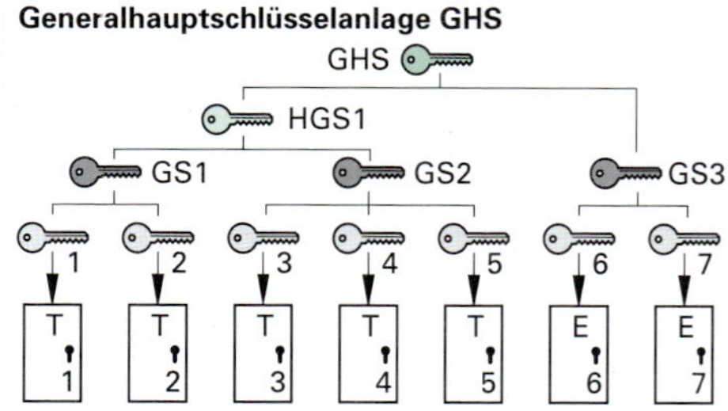

Zentralschlossanlage Z

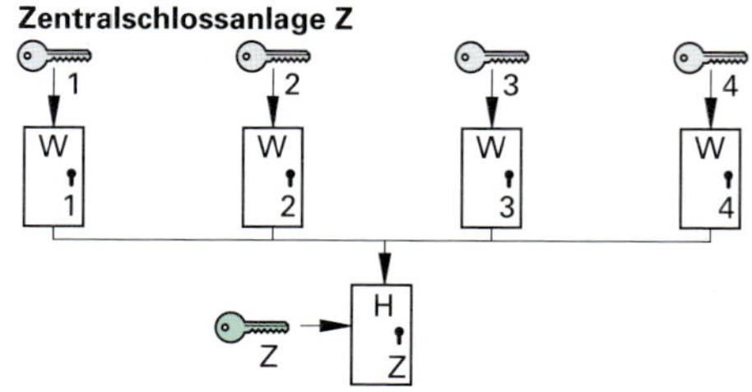

5

5.3 Fenster

Fenster, Fenstertüren und Fensterwände belichten und belüften Räume. Sie trennen den Innen- vom Außenbereich und haben dadurch technische Funktionen zu erfüllen.

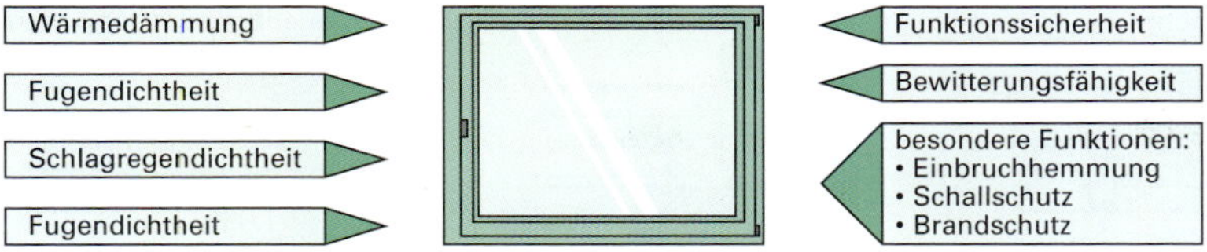

Normen und Richtinien im Fensterbau (Auswahl)

Bezeichung	Anwendung	Norm	Nummer	BRL
Holzprofile für Fenster und	Allgemeine Grundsätze	DIN	68121	
Fenstertüren	Fensterteile, Anforderungen	DIN	68121	
Fenster	Anforderungen	DIN	18055	
Bauzeichnungen	Öffnungsarten	DIN	1356	
	Maßtoleranzen	DIN	18202	
Holz in Tischlerarbeiten	Sortierung, Holzqualität	DIN EN	942	
VOB Tischlerarbeiten	Qualitätsanforderungen	DIN	18355	
Dauerhaftigkeit von Holz	Dauerhaftigkeitsklassen	DIN EN	350	
Dauerhaftigkeit von Holz	Gefährdungsklassen	DIN EN ISO	460	
Fenster und Außentüren	Produktnorm	DIN EN	14351-1	
Fenster- und Innentüren	Produktnorm	DIN EN	14351-2	
Fugenluftdurchlässigkeit	Klassifizierung	DIN EN	12207	X
Schlagregendichtigkeit	Klassifizierung	DIN EN	12208	
Wind-Widerstandsfähigkeit	Klassifizierung	DIN EN	12210	
Beanspruchung	Klassifizierung	DIN EN	12400	
mechanische Eigenschaften	Klassifizierung	DIN EN	13115	
Bedienungskräfte	Klassifizierung	DIN EN pr	12217	
Wärmeschutz	Bemessungswerte	DIN	4108	
Wärmedurchgangskoeffizient	Vereinfachtes Verfahren	DIN EN ISO	10077	
Baubeschläge	Begriffe, Anforderungen	DIN EN	1935	
Baubeschläge	Anforderungen	DIN EN	1935	
Einbruchhemmung	Widerstandsklassen	DIN V EN	1627	
Einbruchhemmung	Nachrüstprodukte	DIN	18104	
Schallschutz	Anforderungen, Nachweise	DIN	4109	X
CE Kennzeichnung	Produktnorm DIN EN, nach Übergangszeit		14351	
RAL	Fenster, Gütesicherung	DIN	695	

5

5.3.1 Öffnungsarten, Konstruktionen und Fensterprofile

Öffnungsarten (DIN 1356) (Beispiele)

Durch Dreiecke wird die Schwenkrichtung der Fensterflügel gekennzeichnet. Die offene Dreieckseite ist die Bandseite oder die Drehachse, die Dreieckspitze ist die Verschlussseite.

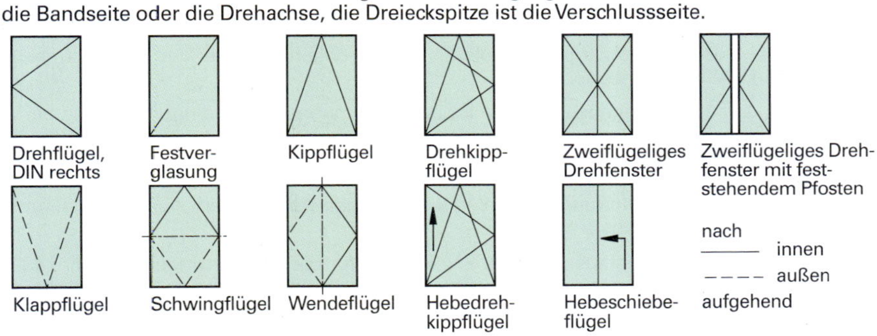

5.3 Fenster

Konstruktionen

Konstruktion ist der Begriff für den Aufbau eines Fensters. Es werden drei Arten unterschieden.

Einfachfenster

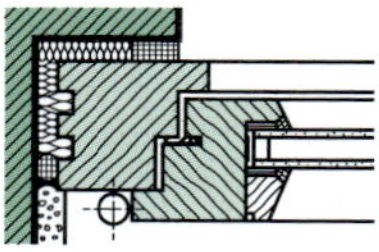

Ein Blendrahmen mit oder ohne Flügel

Verbundfenster

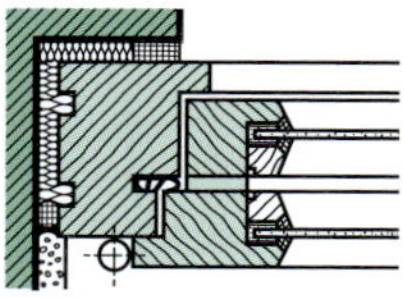

Ein Blendrahmen mit Innen- und Außenflügel und einer gemeinsamen Drehachse

Kastenfenster (Doppelfenster)

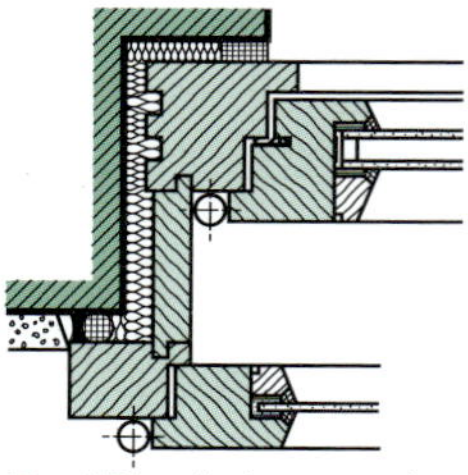

Zwei Blendrahmen verbunden durch ein Leibungsfutter und zwei Flügel mit eigenen Drehachsen

Teile des Fensters

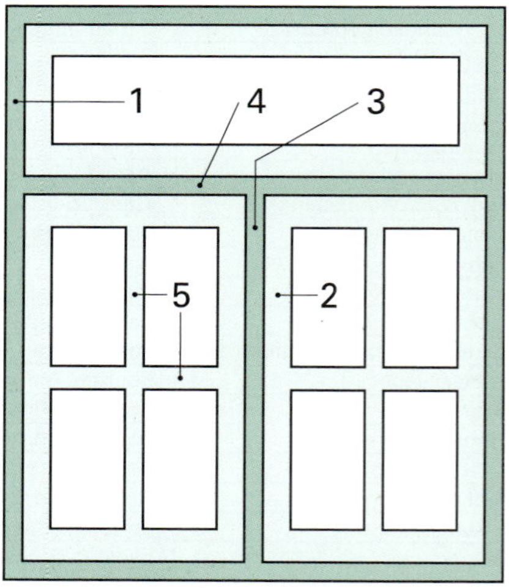

1. **Blendrahmen**
   Ein mit dem Bauwerk fest verbundener Rahmen, mit Falz/Fase und/oder Fälze für feste Verglasung und/oder beweglichen Flügelrahmen.
2. **Flügelrahmen**
   Ein mit dem Blendrahmen mittels Beschlägen verbundenes, bewegliches Teil mit Falz/Fase für die Verglasung.
3. **Pfosten (Setzholz)**
   Ein aufrechtes Teil zur Unterteilung des Blendrahmens in der Breite.
4. **Riegel (Kämpfer)**
   Querteil zur Unterteilung des Blendrahmens in der Höhe.
5. **Sprosse**
   Profilleiste zur Unterteilung von Blendrahmen oder Flügel in Höhe und Breite mit Falz/Fase.

5

Fensterholz

Die Anforderungen an die Gebäudebedingungen insbesondere der Decklagen und Verarbeitung für Fensterholz sind in DIN EN 942 – Holz in Tischlerarbeiten, DIN EN 13307-1 – Holzkanteln und Halbfertigprofile für nicht tragende Anwendungen, DIN EN 14220 – Holz und Holzwerkstoffe in Außenfenstern, Außentüren und Außentürzargen, DIN EN 14221 – Holz und Holzwerkstoffe in Innenfenstern, Innentüren und Außentürzargen, DIN 68121 – Holzprofile für Fenster und Fenstertüren, DIN 18355 – VOB und RAL beschrieben.

Die Holzfeuchte darf 13 % für innen und 16 % für außen (Verwendungsbedingungen) und bei VOB bis 15 % nicht überschreiten.

Die Resistenzklasse gegen Pilzbefall ist in der DIN EN 350-2 festgelegt (vgl. Seite 75).

Längsstöße:	Keilzinkenvebindung (DIN 68140) ist bei lasierten Fenstern nur mit Zustimmung des Auftraggebers möglich.
Lamellierung:	Für die Deckenlagen gilt DIN EN 942 und für die anforderungen DIN EN 13307-1. Der Aufbau muss symmetrisch aus gleicher Holzart, ähnlicher Rohstoffdichte und gleichem bzw. ähnlichem Faserverlauf sein, der Klebstoff ist entsprechend der DIN EN 204 D4 einzusetzen.

5.3 Fenster

Fenstersysteme

Kunststofffenster

Kunststofffenster (PVC)
Rahmen und Flügel versetzt
Material: Hart-PVC
DIN 7748
mindestens Typ
PVC-U-G-E 072-15-23
Beanspruchungsgruppe DIN 18055: C
a-Wert: < 0,1 m³/hm
Rahmenmaterialgruppe 1
DIN V 4108-4
$U_{f,\,BW}$ = 2,2 W/(m² K)
Stahlprofil passend zu den Hohlkammern ist sendzimierverzinkt

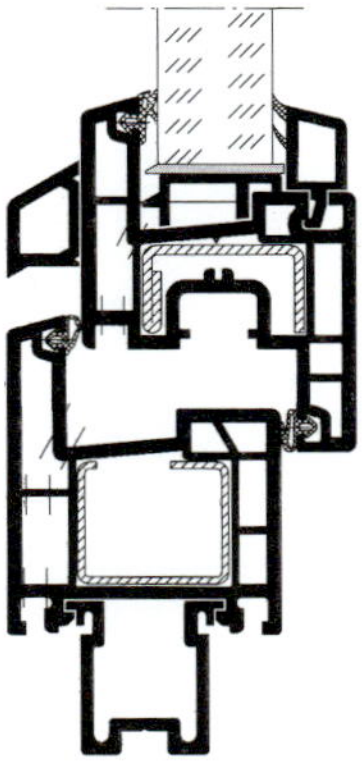

Kunststofffenster (PVC)
Rahmen und Flügel bündig
Material: Hart-PVC
DIN 7748
mindestens Typ
PVC-U-G-E 072-15-23
Beanspruchungsgruppe DIN 18055: C
a-Wert: < 0,1 m³/hm
Rahmenmaterialgruppe 1
DIN V 4108-4
$U_{f,\,BW}$ = 2,2 W/(m² K)
Stahlprofil passend zu den Hohlkammern ist sendzimierverzinkt

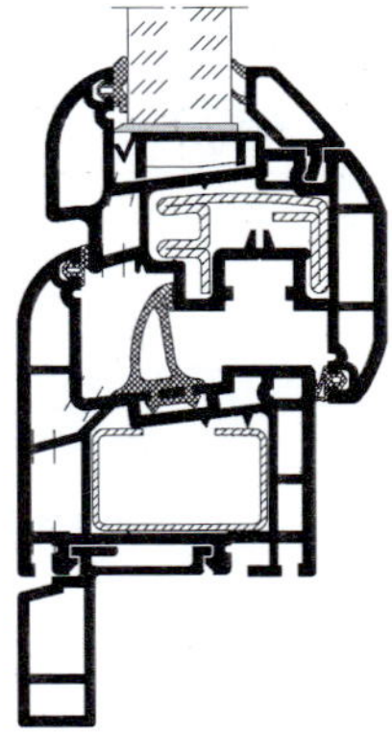

Aluminiumfenster

Aluminiumfenster
Rahmen und Flügel versetzt
Wärmedämmkonstruktion
Material: Aluminium
AlMgSi 0,5 F 22
Beanspruchungsgruppe DIN 18055: C
a-Wert: < 0,1 m³/hm
Rahmenmaterialgruppe 1
DIN V 4108-4
$U_{f,\,BW}$ = 2,2 W/(m² K)
bis 65 mm Rahmendicke

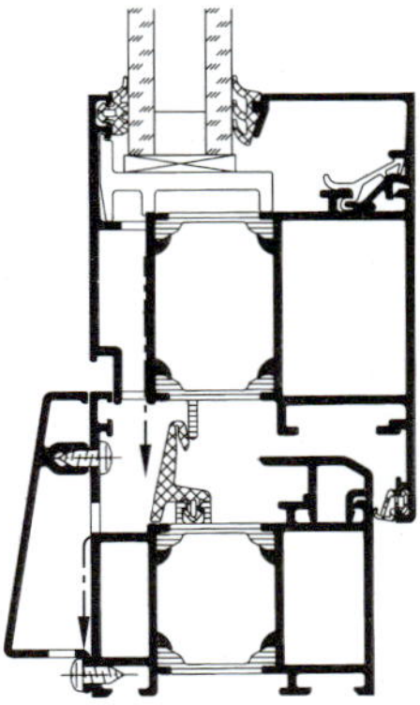

Aluminiumfenster
Rahmen und Flügel bündig
Wärmedämmkonstruktion
Material: Aluminium
AlMgSi 0,5 F 22
Beanspruchungsgruppe DIN 18055: C
a-Wert: < 0,1 m³/hm
Rahmenmaterialgruppe 1
DIN V 4108-4
$U_{f,\,BW}$ = 2,2 W/(m² K)
bis 65 mm Rahmendicke

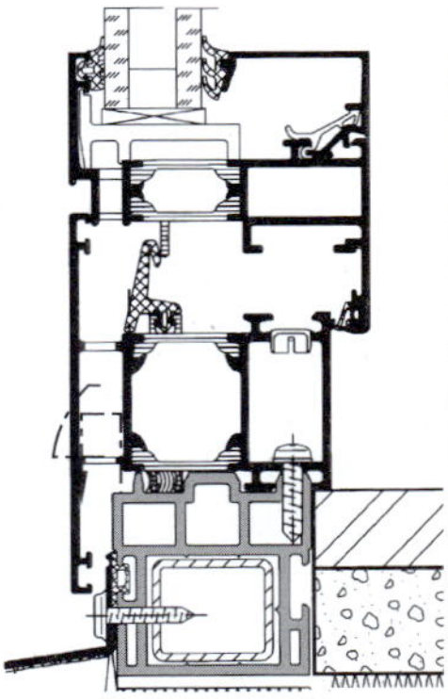

Verbundkonstruktion (Aluminium-Holzfenster)

Holzfensterprofil
DIN 68121
mit vorgesetzter Aluminium-Blende
Rahmen und Flügel versetzt

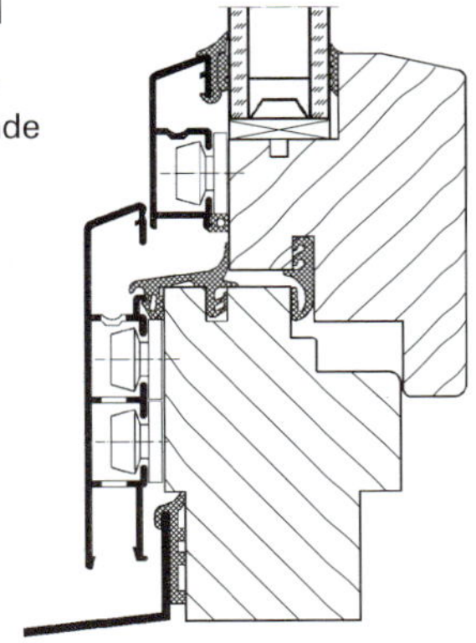

Holzfensterprofil
DIN 68121
mit vorgesetzter Aluminium-Blende
Rahmen und Flügel bündig

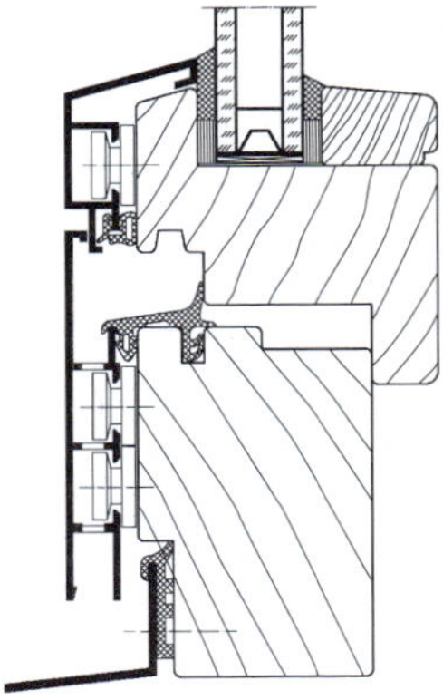

5.3 Fenster

Profilquerschnitte (Auswahl DIN 68121)

Kurzzeichen IV 68

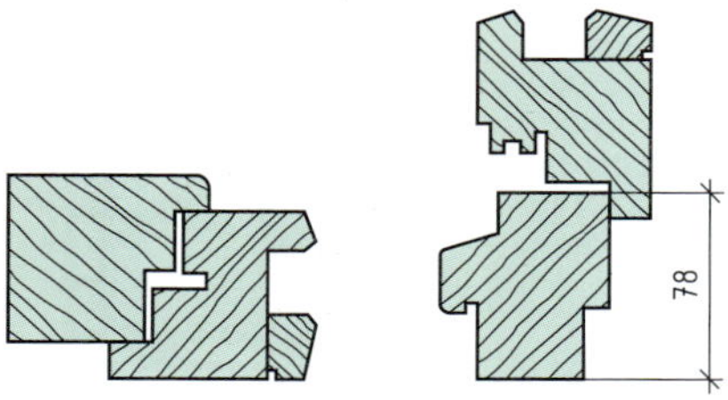

Fenster IV 68/78

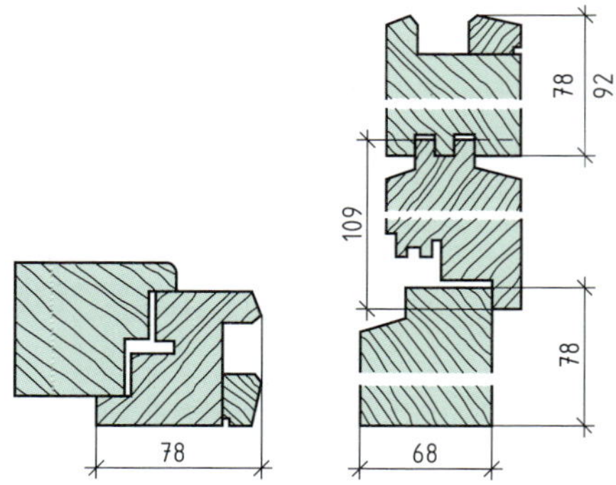

Fenstertür IV 68/78 und IV 68/92

Kurzzeichen IV 78

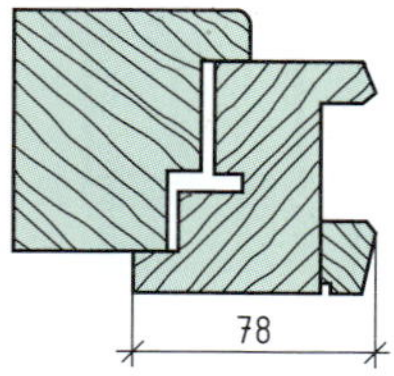

Fenster IV 78/78

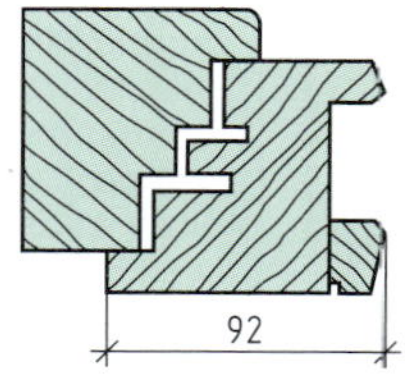

Fenster IV 78/92

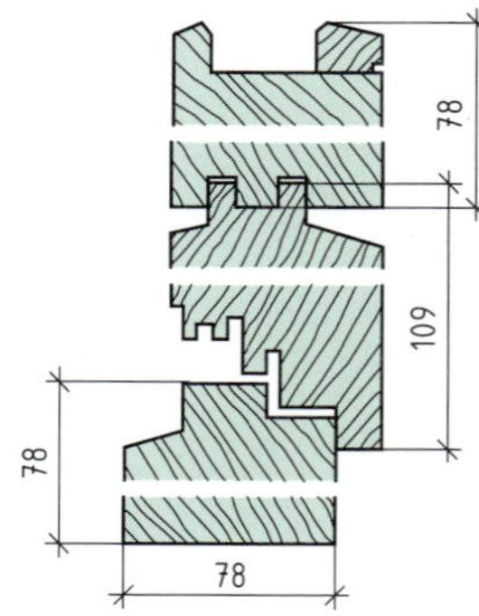

Fenstertür IV 78/78 und IV 78/92

Kurzzeichen IV 92

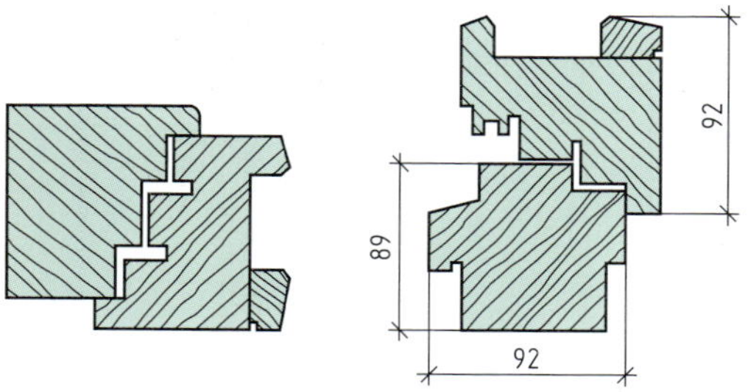

Fenster IV 92/92

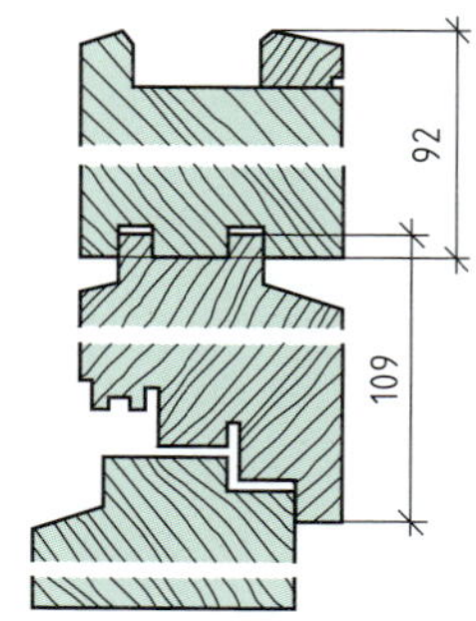

Fenstertür IV 92/92

5.3 Fenster

Kurzzeichen DV 44/78-32

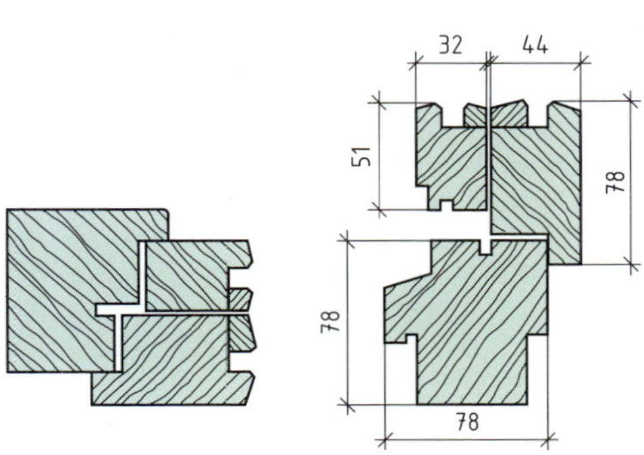

Fenster DV 44/78-32

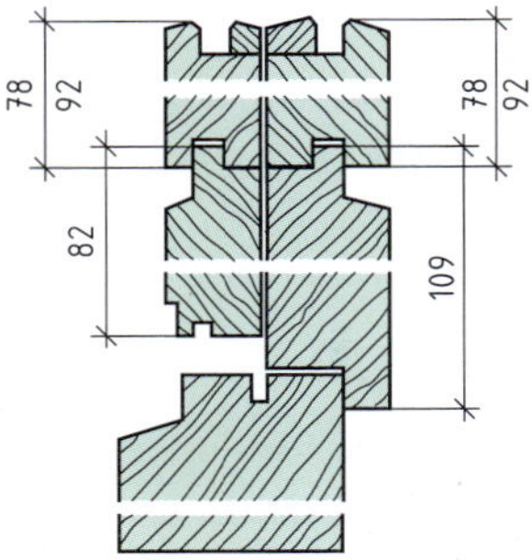

Fenstertür DV 44/78-32 und DV 44/92-32

Kurzzeichen DV 44/78-44

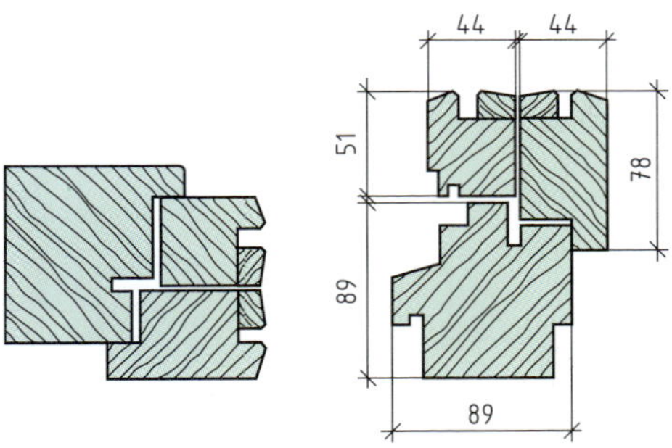

Fenster DV 44/78-44

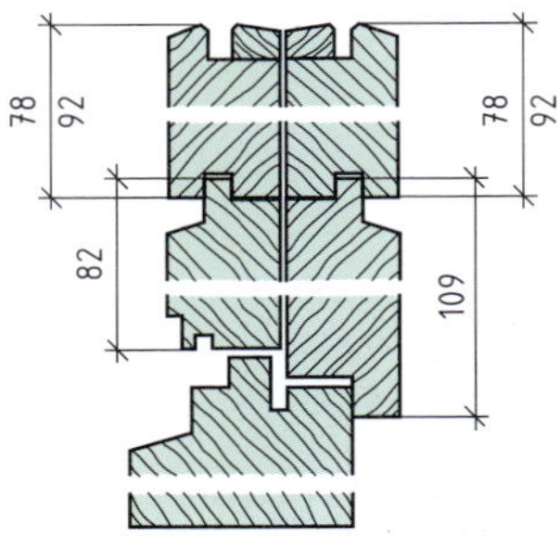

Fenstertür DV 44/78-44 und DV 44/92-44

Kurzzeichen DV 56/78-36

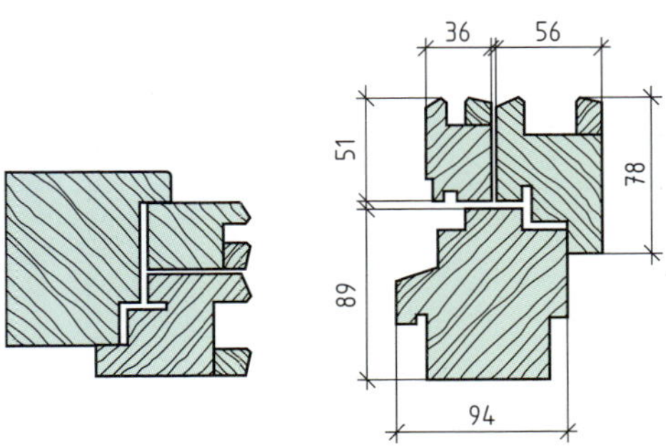

Fenster DV 56/78-36

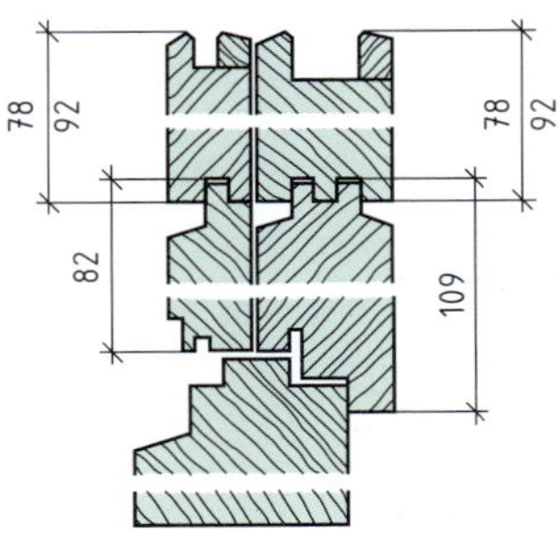

Fenstertür DV 56/78-36 und DV 56/92-36

5

5.3 Fenster

Fensterprofile

Normbezeichnung für Holzfenster (DIN 68121)

Beispiel für Einfachfenster

Holzfenster DIN 68121 IV 78 - 78 - 2

- Benennung
- Norm-Hauptzeichen
- Kennzeichen des Profils
- Profilbreite
- Anzahl der Falzdichtungen

Beispiel für Verbundfenster

Holzfenster DIN 68121 DV 44/78 - 32 - 1

- Benennung
- Norm-Hauptzeichen
- Kennzeichen des Profils
- Mindestdicke
- Anzahl der Falzdichtungen

Kurzzeichen für Fenster und Fenstertüren

EV	Einfachfenster und -fenstertüren mit Einscheibenglas
IV	Einfachfenster und -fenstertüren mit Mehrscheiben-Isolierglas
DV	Verbundfenster und -fenstertüren mit Einscheiben- und/oder Mehrscheiben-Isolierglas

Profilmaße

Einfachfenster

Kurzzeichen des Profils	Nenndicke in mm	Mindestdicke des Profils in mm
IV 63	63	62
IV 68	68	66
IV 78	78	76
IV 92	92	90

Verbundfenster

Kurzzeichen des Profils	Innenflügel		Außenflügel	
	Nenndicke in mm	Mindestdicke in mm	Nenndicke in mm	Mindestdicke in mm
DV 44/78-32	44	42	32	30
DV 44/78-44	44	42	44	42
DV 56/78-36	56	54	36	34

Mindestdicke ist gleich unteres Grenzmaß

Querschnittsmaße (Beispiel IV 78)

Das Kurzzeichen des Profils gibt immer die Dicke des Blendrahmens und des Flügels an.

Kurzzeichen	IV 78
Fenster	IV 78/78
Profildicke	78 mm
Profilbreite	78 mm

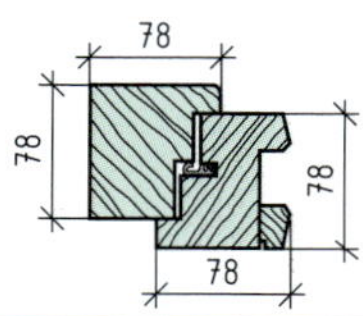

Eurofalz mit Nut

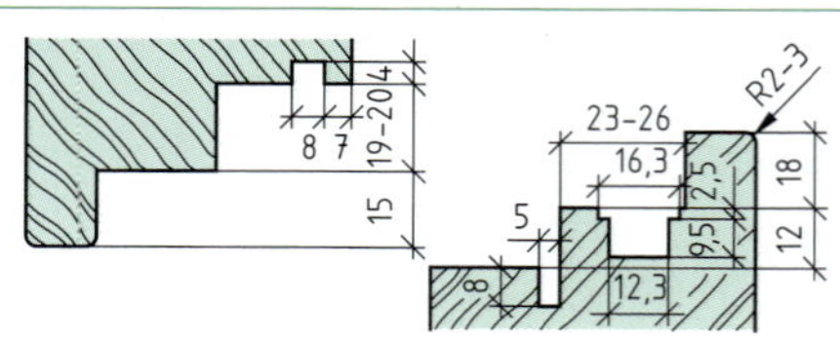

Blendrahmen Flügel

5

5.3.2 Beanspruchung

Beanspruchungsgruppen (DIN 18055)

Die Norm legt die Anforderung und Prüfung an den Fenstern für die Fugendurchlässigkeit, den *a*-Wert fest. Der Wert (Fugendurchlasskoeffizient) darf $a \leq 1{,}0\ m^3/(h \cdot m \cdot daPa^{2/3})$ nicht überschreiten. Die festgelegte Windbelastung richtet sich nach der Gebäudehöhe.

Beanspruchungsgruppe	**A**	**B**	**C**	**D**
Richtwerte: Gebäudehöhe Windstärke	bis 8 m bis 7	bis 20 m bis 9	bis 100 m bis 11	Sonder- regelung
Vergleichswert nach DIN EN 12210	entspricht B2 – 4A – 1	entspricht B3 – 7A – 2	entspricht B4 – 9A – 6	

Die Energiesparverordnung (EnEV) fordert ab einer Höhe von 2 Vollgeschossen die Klasse 3 bei der Luftdurchlässigkeit für Fenster (DIN EN 12207).

DIN 18055	Flügelbreite	> 1100 mm	1 Zusatzverriegelung	
	Flügelhöhe	> 1100 mm	1 Zusatzverriegelung	> 2000 mm 2 Zusatzverriegelungen

5.3 Fenster

Flügelaußenmaße

Die Flügelaußenmaße und die Anwendungsbereiche für Fenster und Fenstertüren werden anhand von Diagrammen (DIN 68121) in Abhängigkeit des Beschlages und der Gesamtglasdicke von 10 mm (25 kg/m²) ermittelt.

Größendiagramm für Fenster und Fenstertüren Kurzzeichen IV 68/78

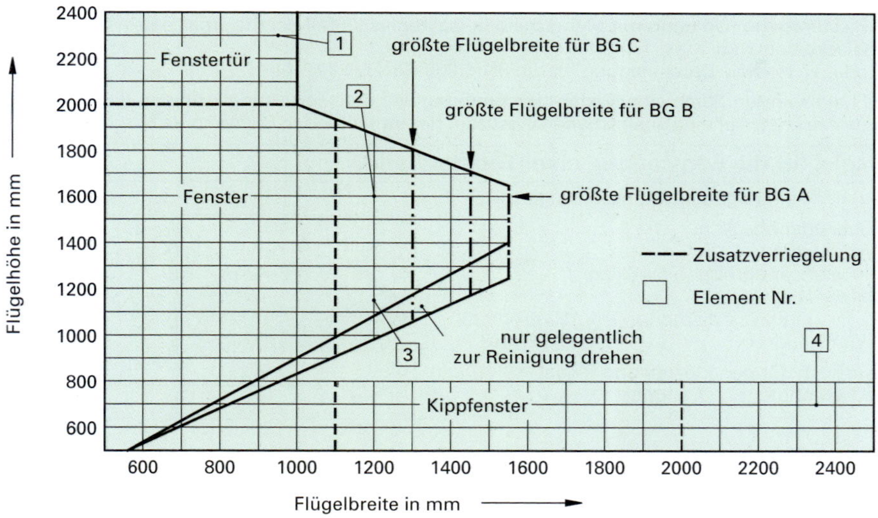

Diagrammauswertung für Fenstertür, Fenster und Kippfenster

Element Nr.	Bezeichnung	Flügelaußenmaße Breite/Höhe in mm	Beanspruchungs-gruppe (BG)	Zusatzverriegelung in der Höhe	Zusatzverriegelung in der Breite
1	Fenstertür	950/2300	C	2	–
2	Fenster	1200/1600	B	1	1
3	Fenster	1200/1150	B	1	1
4	Kippfenster	2350/700	–	–	< 2

Maximale Flügelaußenmaße entsprechend den Beanspruchungsgruppen

Kurzzeichen	BG	größte Flügelmaße in mm Breite	Höhe	Kurzzeichen	BG	größte Flügelmaße in mm Breite	Höhe
IV 68/78	A B C	1550 1450 1300	1650 1700 1800	DV 44/78-32	A B C	1300 1200 1050	1500 1650 1900
IV 78/78	A B C	1600 1500 1350	1750 1800 1850	DV 44/78-44 DV 56/78-36	A B C	1400 1300 1150	1500 1600 1800
IV 92/92	A B C	1600 1500 1350	1900 1925 1950	DV 44/92-44 DV 56/92-36	A B C	1400 1300 1150	1500 1700 2000

Bei Windlast darf die Durchbiegung der Rahmenteile 1/200 der Stützweite, bei Isolierglas 15 mm zwischen den Scheibenkanten, nicht überschreiten. Für Fensterwände mit einer Fläche von > 9 m² und einer Seitenlänge von > 2,00 m, die aus Traggerippe (Rahmen, Pfosten, Riegel) mit Füllungen (Verglasungen) bestehen, ist DIN EN 1991-1-1 maßgebend.

5

5.3.3 Bemessung von Rahmenquerschnitten

Der Nachweis der Gebrauchsfähigkeit erfolgt für feststehende Rahmenteile durch die Berechnung der Durchbiegungsbegrenzung für Pfosten und Riegel. Für Rahmenteile, die fest mit dem Baukörper verbunden sind, kann der Nachweis entfallen. Die auftretenden Kräfte werden vom Baukörper aufgenommen. Für die übrigen Rahmenteile muss folgendes nachgewiesen werden:

→ die zulässige Werkstoffspannung (E) darf nicht überschritten werden
→ die Grenzwerte der Durchbiegung von Riegel und Pfosten sind einzuhalten (DIN EN 1991-1-1)
→ bei Stützweiten bis 300 cm = 1/200 *l*, bei Stützweiten über 300 cm = 1/300 *l*, bei Flügeln = 1/300 *l*
→ Richtlinie zum Umgang mit Mehrscheiben-Isolierglas (2008) bei maximaler Belastung 1/200 der Glaskantenlänge max. 15 mm
→ relative frontale Durchbiegung Klasse B < 1/200 (DIN EN 12210)

Die Flügel werden durch eine Systembeschreibung wie Beanspruchungsgruppen und Profilgrößen gekennzeichnet. Auf eine ausreichende Elastizität der umlaufenden Dichtung ist zu achten.

Beispiel für die Berechnung einer Fensterwand

Gegeben sind folgende Voraussetzungen:

- Gebäudehöhe 20 m
- Windlastzone 4
- Fensterwandgröße siehe Skizze
- Material Kiefer
  Elastizitätsmodul $E = 11\,000\ \text{N/mm}^2$
- Windstaudruck $q = 1{,}55\ \text{kN/m}^2$

gesucht: Ix für den Pfosten und Riegel (Flächenmoment 2. Ordnung)

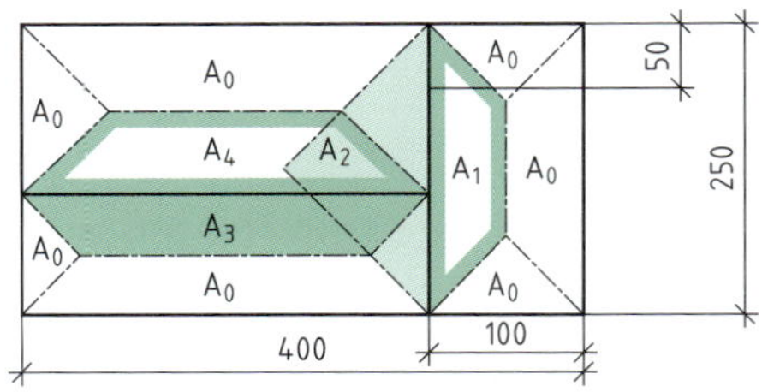

Windlast	*W*	Durchbiegung	*f*		Länge	*l*
Windangriffsfläche	*A*	Last-Beiwert vereinfacht	*a*	(Rechteck)		

Berechnung des Pfostens

Die Berechnung des Ix (Flächenmoment 2. Grades) erfolgt in mehreren Schritten.

5 Berechnung der Durchbiegung *f*

$f_{zul.} = 1/200\ l \Rightarrow$ max. 1,5 cm $\qquad f_{vorh.} = 250\ \text{cm}/200 = \mathbf{1{,}25\ cm}$

$f_{vorh.}$ ist kleiner als $f_{zul.}$, darum wird mit $\mathbf{f_{vorh.} = 1{,}25\ cm}$ weiter gerechnet.

- **Berechnung der Windlast *W*** (abgeleitet von der Trägheitsberechnung nach Steiner)

  Berechnung der Fläche *A* (Längen in m umgerechnet)

  Fläche A_1 (Trapez)

  $$A_1 = \frac{l_1 + l_2}{2} \cdot b_1 = \frac{2{,}50\ \text{m} + 1{,}50\ \text{m}}{2} \cdot 0{,}50\ \text{m} = 1{,}00\ \text{m}^2$$

  Fläche A_2 (Dreieck)

  $$A_2 = \frac{l_2 \cdot b_2}{2} = \frac{2{,}50\ \text{m} + 1{,}25\ \text{m}}{2} = 1{,}56\ \text{m}^2$$

  $A = A_1 + A_2 = 1{,}00\ \text{m}^2 + 1{,}56\ \text{m}^2 = \mathbf{2{,}56\ m^2}$ (Die Flächen A_0 werden zur Berechnung nicht benötigt.)

  Berechnung der Windlast $\quad q \cdot A = 1{,}55 \cdot 2{,}56 = 3{,}968\ \text{kN} = \mathbf{3968\ N}$

- **Berechnung des Flächenmoments 2. Grades Ix** (Einheiten in N und cm umgewandelt)

  $$Ix_{erf.} = a \cdot \frac{W \cdot l^3}{E \cdot f} \cdot 1{,}25\ \text{(Sicherheit)} \qquad E = 1100\ \text{N/mm}^2 = 1\,100\,000\ \text{N/cm}^2$$

  $$= \frac{5}{384} \cdot \frac{3968 \cdot 250^3}{1\,100\,000 \cdot 1{,}25} \cdot 1{,}25 = \frac{5}{384} \cdot \frac{3968 \cdot 15\,625\,000}{1\,100\,000 \cdot 1{,}25} \cdot 1{,}25 = \mathbf{734\ cm^4}$$

Staudruck *q* Windzone 4		**Staudruck *q*** Windzone 1	
Höhe über Gelände in m	Staudruck *q* kN/m²	Höhe über Gelände in m	Staudruck *q* kN/m²
0 … 10	1,25	0 … 10	0,50
10 … 18	1,40	10 … 18	0,65
18 … 25	1,55	18 … 25	0,75

5.3 Fenster

- **Bestimmung des Pfostenquerschnittes**

  Nach der Berechnung des Flächenmoments 2. Grades Ix wird in der Tabelle „Ermittlung von Flächenmomenten 2. Grades für Querschnitte des Pfostens" der passende Pfosten gesucht.

  Zur Auswahl stehen nun folgende Querschnitte (in mm × mm):

  92 × 120; 110 × 110; 130 × 100; 150 × 92; **gewählt wird das Profil 150 mm × 92 mm.**

Berechnung des Ix für den Riegel

- **Berechnung der Durchbiegung *f***

  $f_{zul.} = 1/200\, l \Rightarrow$ max. 1,5 cm $\qquad f_{vorh.} = 300$ cm/200 $\Rightarrow$ **1,5 cm**

  $f_{vorh.}$ entspricht $f_{zul.}$, es wird mit $f_{zul.} = 1{,}5$ cm weiter gerechnet.

- **Berechnung der Windlast *W***

$$A_3 = \frac{l_1 + l_2}{2} \cdot h_1 = \frac{3{,}00\text{ m} + 2{,}00\text{ m}}{2} \cdot 0{,}45\text{ m} = 1{,}15\text{ m}^2$$

$$A_4 = \frac{l_1 + l_2}{2} \cdot h_1 = \frac{3{,}00\text{ m} + 1{,}40\text{ m}}{2} \cdot 0{,}80\text{ m} = 1{,}76\text{ m}^2$$

$$A = A_3 + A_4 = 1{,}15\text{ m}^2 + 1{,}76\text{ m}^2 = \mathbf{2{,}91\text{ m}^2}$$

$$W = q \cdot A = 1{,}55\text{ kN/m}^2 \cdot 2{,}91\text{ m}^2 = 4{,}510\text{ kN} = \mathbf{4510\text{ N}}$$

- **Berechnung des Flächenmoments 2. Grades Ix** (Einheiten in N und cm umgewandelt)

$$Ix_{erf.} = a \cdot \frac{W \cdot P}{E \cdot f} \cdot 1{,}25\text{ (Sicherheit)} = \frac{5}{384} \cdot \frac{4510 \cdot 300^3}{1\,100\,000 \cdot 1{,}5} \cdot 1{,}25 = 961\text{ cm}^4 + 240\text{ cm}^4 = \mathbf{1201\text{ cm}^4}$$

  gewählt wird das Profil 140 mm × 110 mm

Berechnung von Ix für den gewählten Pfosten Profil 150 mm × 92 mm

- **Berechnung der Querschnittsfläche *A***

Fläche	Breite	Tiefe	cm²	y cm
A_1	9,1 cm	2,6 cm	23,66	1,3
A_2	10,3 cm	1,2 cm	12,36	3,2
A_3	11,5 cm	2,4 cm	27,60	5,0
A_4	15,0 cm	3,0 cm	45,00	7,7
A	–	–	**108,62**	

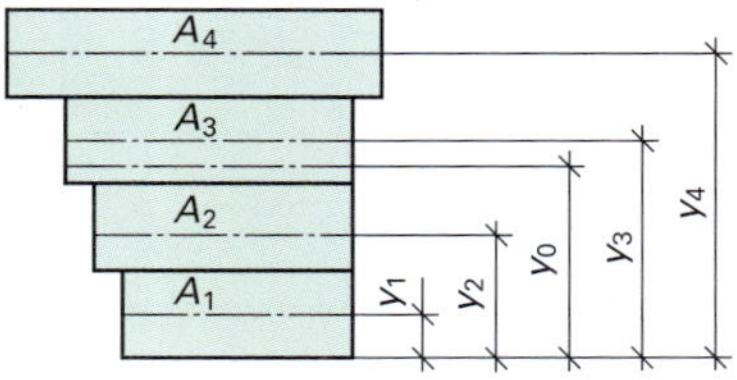

5

- **Berechnung der Systemschwerachse y_0**

$$y_0 = \frac{A_1 \cdot y_1 + A_2 \cdot y_2 + A_3 \cdot y_3 + A_4 \cdot y_4}{A_{ges.}}$$

$A_1 \cdot y_1 = 23{,}66\text{ cm}^2 \cdot 1{,}3\text{ cm} = 30{,}76\text{ cm}^3$

$A_2 \cdot y_2 = 12{,}36\text{ cm}^2 \cdot 3{,}2\text{ cm} = 39{,}55\text{ cm}^3$

$A_3 \cdot y_3 = 45{,}00\text{ cm}^2 \cdot 7{,}7\text{ cm} = 138{,}00\text{ cm}^3$

$A_4 \cdot y_4 = 45{,}00\text{ cm}^2 \cdot 7{,}7\text{ cm} = 346{,}50\text{ cm}^3$

$\Sigma A_n \cdot y_n = 554{,}81\text{ cm}^3$

$$y_0 = \frac{A_n \cdot y_n}{A} = \frac{554{,}81\text{ cm}^3}{108{,}62\text{ cm}^2} = 5{,}11\text{ cm}$$

- **Ermittlung von $(A \cdot e^2)$**

	cm	e in cm²	e² in cm⁴
$y_0 - y_1 = e_1$	5,11 – 1,3	3,81	14,52
$y_0 - y_2 = e_2$	5,11 – 3,2	1,91	3,65
$y_0 - y_3 = e_3$	5,11 – 5,0	0,11	0,01
$y_0 - y_4 = e_4$	5,11 – 7,7	– 2,59	6,71

$A_1 \cdot e_1^2$	= 23,66 · 14,52	=	343,54 cm⁴
$A_2 \cdot e_2^2$	= 12,36 · 3,65	=	45,11 cm⁴
$A_3 \cdot e_3^2$	= 27,60 · 0,01	=	0,28 cm⁴
$A_4 \cdot e_4^2$	= 45,00 · 6,71	=	301,95 cm⁴
$(A \cdot e^2)$	=	=	690,88 cm⁴

- **Ermittlung der Summe I** (vgl. Formel S. 73)

$$I = \frac{b \cdot h^3}{12} \qquad I_{x1} = 13{,}33\text{ cm}^4 \quad I_{x2} = 1{,}48\text{ cm}^4 \quad I_{x3} = 13{,}25\text{ cm}^4 \quad I_{x4} = 33{,}75\text{ cm}^4 \quad \Sigma I = 61{,}81\text{ cm}^4$$

$I_{xges.} \approx A \cdot e^2 + I$

$I_{xges.} \approx 690{,}88\text{ cm}^4 + 309{,}31\text{ cm}^4$

$I_{xges.} \approx 752{,}69\text{ cm}^4$

$I_{xges.} \approx \mathbf{753\text{ cm}^4}$

erf $I_x = 734\text{ cm}^4 <$ vorh $I_x = 753\text{ cm}^4$

Damit ist nachgewiesen, dass der gewählte Querschnitt von 150 mm × 92 mm ausreichend ist.

Ermittlung von Flächenmomenten 2. Ordnung für Querschnitte des Pfostens in cm^4

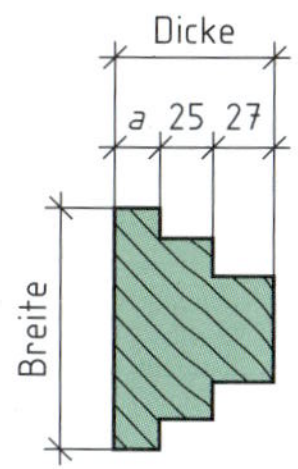

Darstellung	Dicke in mm	Breite in mm 92	100	110	120	130	140	150	160	170	180	190	200	210
	68	148	171	199	227	254	281	308	335	362	389	415	442	468
	78	229	264	306	348	389	431	471	512	552	593	633	673	713
	92	383	440	509	578	646	713	780	846	913	979	1045	1111	1177
	100	498	570	659	747	833	920	1096	1091	1176	1261	1346	1430	1515
	110	673	768	886	1002	1117	1232	1345	1459	1572	1685	1798	1910	2022
	120	887	1010	1162	1312	1461	1609	1757	1904	2050	2197	2343	2489	2634
	130	1145	1300	1492	1682	1871	2059	2247	2433	2620	2805	2991	3176	3361
	140	1452	1645	1883	2120	2335	2590	2823	3056	3288	3520	3751	3982	4213
	150	1812	2048	2340	2631	2919	3207	3493	3779	4064	4349	4634	4918	5201
	160	2230	2515	2869	3220	3570	3918	4265	4611	4957	5302	5647	5992	6336

Ermittlung von Flächenmomenten 2. Ordnung für Querschnitte des Riegels in cm^4

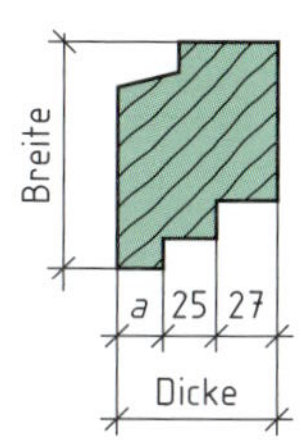

Darstellung	Dicke in mm	Breite in mm 92	100	110	120	130	140	150	160	170	180	190	200	210
	68	168	189	216	242	268	294	320	347	373	399	425	451	478
	78	252	284	323	363	402	442	482	521	561	600	640	679	719
	92	403	455	520	585	650	715	779	844	909	974	1039	1104	1169
	100	508	574	658	741	825	908	992	1075	1158	1242	1325	1408	1492
	110	659	748	859	970	1081	1192	1304	1415	1526	1637	1748	1859	1970
	120	832	948	1093	1238	1382	1526	1671	1815	1959	2104	2248	2392	2536
	130	1028	1176	1361	1545	1729	1913	2097	2280	2464	2647	2831	3014	3197
	140	1245	1431	1663	1893	2124	2354	2584	2813	3043	3272	2502	3731	3960
	150	1483	1713	1999	2284	2568	2851	3135	3418	3700	3983	4265	4547	4928
	160	1738	2019	2368	2716	3062	3407	3751	4095	4439	4783	5125	5468	5811

5.3 Fenster

Ermittlungen von Flächenmomenten 2. Ordnung

Querschnitte des Pfostens Profil IV 78 in cm^4

Breite in mm	Dicke in mm 78	92	100	110	120	130	140	150
92	206	349	451	616	806	1040	1361	1476
100	241	408	597	711	933	1186	1517	1889
110	284	479	619	835	1089	1397	1761	2185
120	326	542	709	950	1243	1591	2004	2492
130	367	617	797	1069	1394	1783	2242	2777
140	408	685	885	1183	1445	1974	2479	3068
150	450	753	971	1299	1693	2163	2716	3358

Darstellung

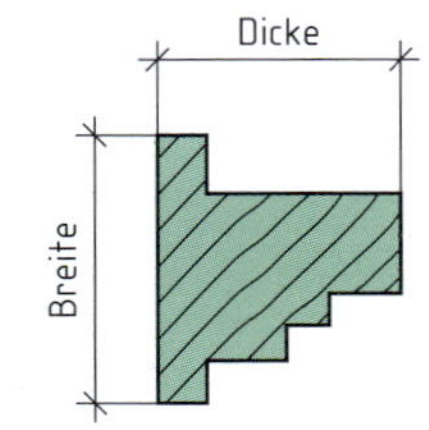

Querschnitte des Riegels Profil IV 78 in cm^4

Breite in mm	Dicke in mm 78	92	100	110	120	130	140	150
92	256	392	542	719	929	1167	1449	1771
100	289	472	609	803	1040	1314	1634	1984
110	314	539	692	913	1162	1510	1867	2280
120	367	604	775	1024	1390	1680	2089	2530
130	407	669	858	1148	1500	1866	2318	2826
140	446	734	943	1246	1613	2046	2546	3107
150	500	799	1022	1357	1747	2229	2775	3388

Darstellung

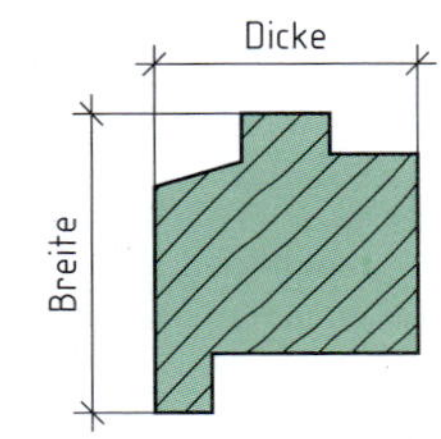

5.3.4 Befestigung

Ausrichtung und Verkeilung

Die Breite der Klötze sind auf die Rahmendicke abzustimmen, ohne die nachfolgende Abdichtung zu gefährden. Sie müssen dauerhaft formstabil sein und eine geringe Wärmeleitfähigkeit besitzen.

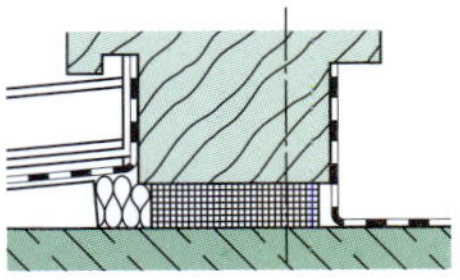

Lastabtrag in Fensterebene

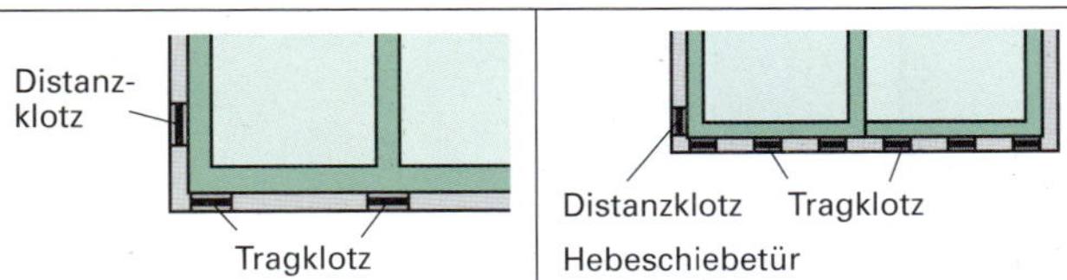

Anordnung der Trag- und Diastanzklötze

Befestigungsabstände

Die Fenster oder Fensterelemente dürfen weder direkt noch indirekt Kräfte (Druck, Aussteifung) aus dem Baukörper übernehmen.
Die Befestigungselemente sind entsprechend spannungsfrei zu wählen und müssen die zu erwartenden Lasten und Beanspruchungen auf den Baukörper übertragen.
Die Fenster sind umlaufend mechanisch zu befestigen (Rahmendübel, Schlaudern, Laschen, Steinschrauben, Ankerdübel und andere).
Formveränderungen durch Temperatur oder Schwinden sind zu berücksichtigen.

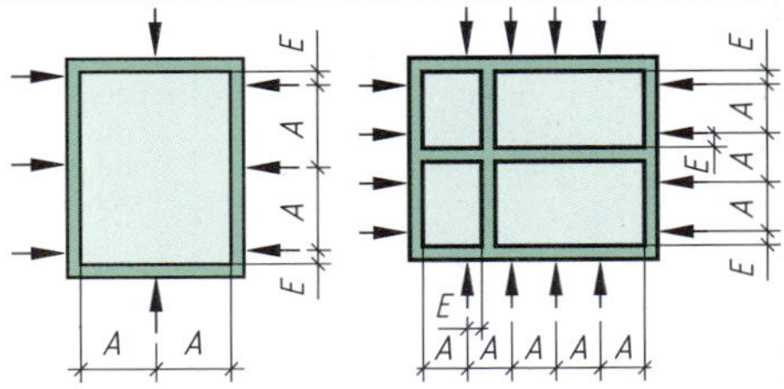

A: Ankerabstand Holzfenster max. 800 mm, Kunststofffenster max. 700 mm

B: Abstand von der Innendecke 100 mm bis 150 mm

Erforderliche Randabstände *R*

Die Angaben des Baustoffherstellers und des Dübelherstellers sind einzuhalten. Üblicher Anhaltswert sind 6 cm Mindestabstand.

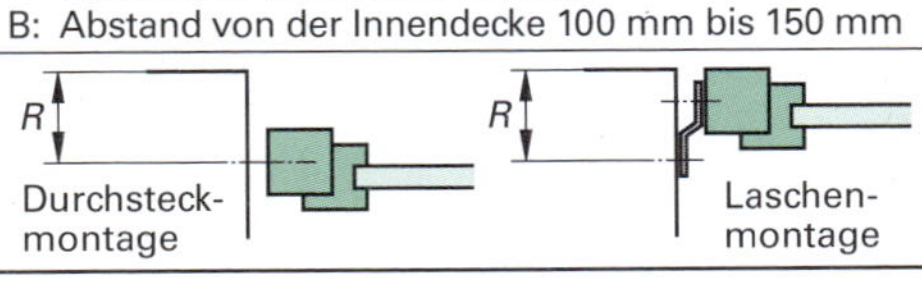

5

5.3 Fenster

5.3.5 Maße am Fenster

Fenstermaße rechnerisch Reißen. Ermittlung des Glasfalzmaßes nach dem Blendrahmenaußenmaß.

Beispiel: Einfachfenster IV 68/78 Rahmenaußenmaß: 1115 × 1485	
Berechnung der Breite in mm	
Rahmenaußenmaß	1230
2 × Rahmenbreite lichtes Blendrahmenmaß	– 156 = 1074
2 × Falzmaß Flügelaußenmaße	+ 76 = 1150
2 × Rahmenbreite lichtes Flügelmaß	– 156 = 994
2 × Falzmaß **Glasfalzmaß**	+ 36 **= 1030**
Berechnung der Höhe in mm	
Rahmenaußenmaß	1480
2 × Rahmenbreite lichtes Blendrahmenmaß	– 156 = 1324
unteres Falzmaß oberes Falzmaß Flügelaußenmaß	+ 11 + 38 = 1378
2 × Rahmenbreite lichtes Flügelmaß	– 156 = 1217
2 × Falzmaß **Glasfalzmaß**	+ 36 **= 1253**

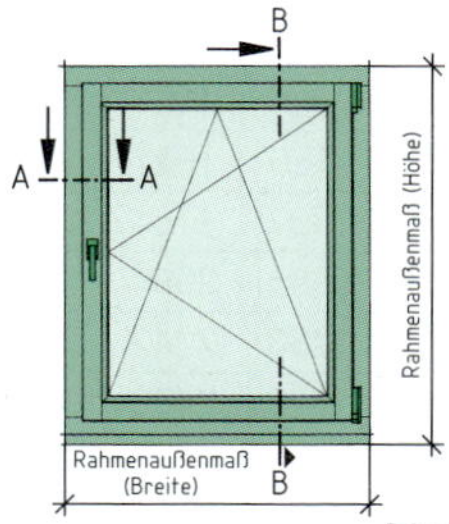

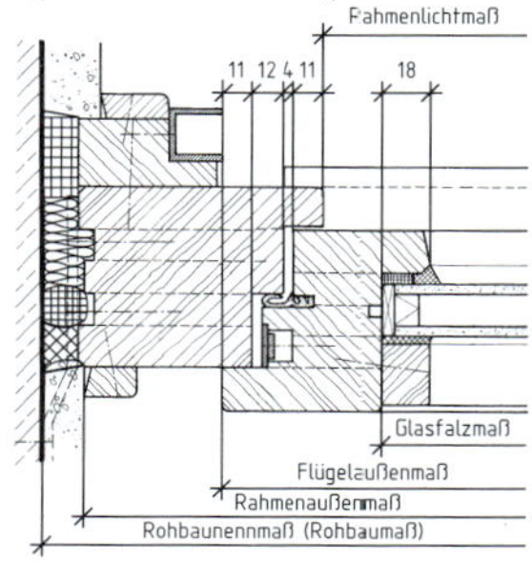

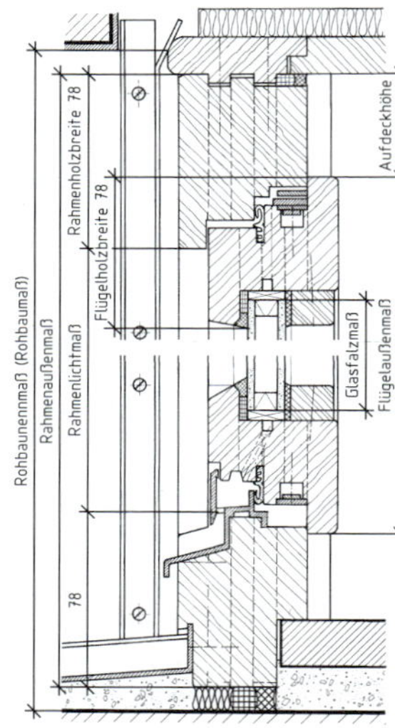

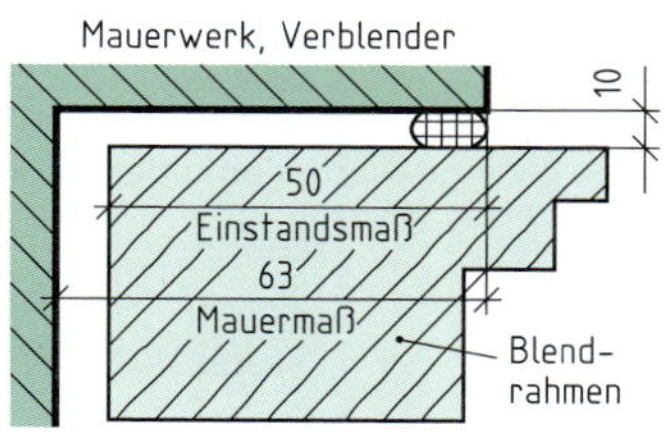

Maße am Wandanschluss

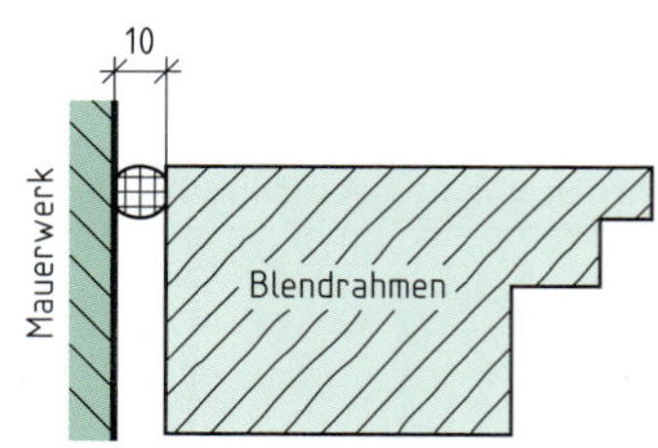

Maße am Wandanschluss

Toleranzmaße für Bauwerksöffnungen

Grenzabmaße, Winkeltoleranzmaß (DIN 18202, Auswahl)

Bauwerk Nennmaß	Öffnungen: Fenster, Türen, Einbauelemente	Öffnungen: Fenster, Türen, Einbauelemente jedoch mit oberflächenfertiger Leibung	Öffnungen vertikale horizontale und geneigte Flächen
	GA[1]	GA	WT[2]
≥ 1 m	–	–	6 mm
≥ 3 m	± 12 mm	± 10 mm	8 mm
≥ 6 m	± 16 mm	± 12 mm	12 mm
≥ 15 m	–	–	16 mm

Messpunkte bei Bauwerksöffnungen

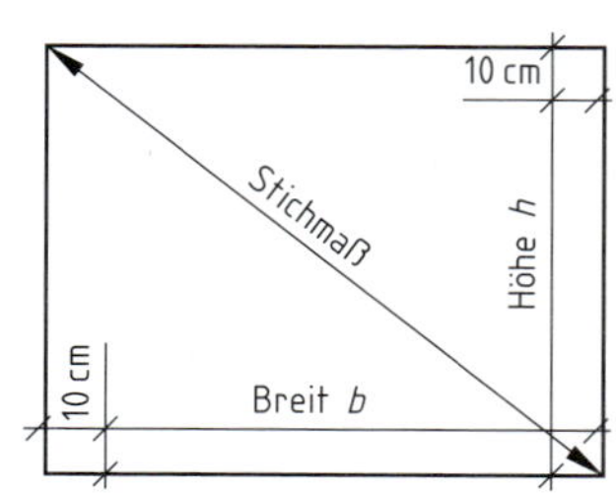

Die Messpunkte liegen je 10 cm aus der Ecke.

Die Grenzwerte der Abweichungen von Bauwerksmaßen dürfen nur in einem Messbereich ausgenutzt werden. Eine Kopplung beider Grenzwerte ist nicht zulässig.

[1] GA: Grenzabmaß [2] WT: Winkeltoleranzen, Stichmaß

5.3.6 Anschlussbildung Fenster – Baukörper

Die Anschlussfuge zwischen Blendrahmen und Baukörper weist drei Bereiche auf.

Bereich 1: Wetterschutz, Wind- und Schlagregensperre (diffusionsoffene, kontrollierte Wasserabführung)

Bereich 2: Funktionsbereich, trocken, Schall- und Wärmedämmung

Bereich 3: Luftdichtheitsschicht, raumseitig umlaufend luftdicht (dampfdiffusionsdicht)

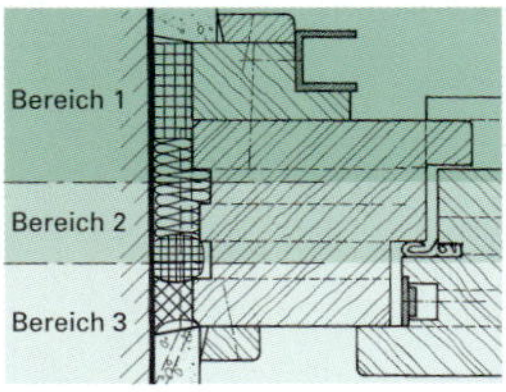

Darstellung der Ausbildung der Anschlussfuge (Auswahl)

1. Elastischer Dichtstoff (spritzbare Abdichtung)
2. Hinterfüllschnur geschlossenzellig Schaumkunststoffbänder (vorkompromiert)
3. Dämmung mit Mineralfaser oder ähnlich
4. Imprägniertes Schaumstoffband (vorkomprimiert)

b: Mindestabstand je nach Rahmenmaterial > 10 mm (bei Holzfenster 10 mm; bei PVC hart weiß 10 mm … 25 mm; bei PVC, PMMA farbig 15 mm … 30 mm)

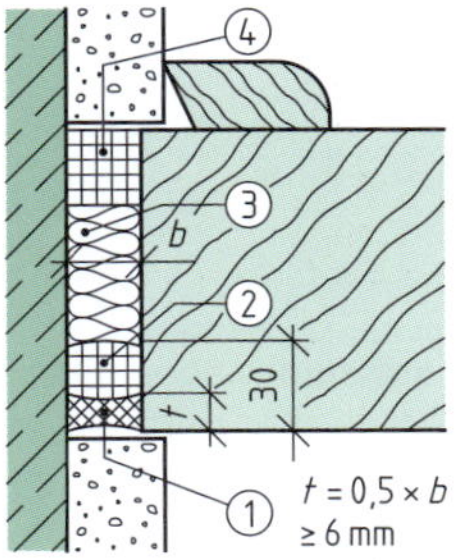

Der Baukörperanschluss des Fensters muss dauerhaft Schlagregen dicht sein. Die außenseitige Abdichtung nur mit dem vorkomprimierten Dichtungsband ohne Verleistung ist nur für wenig exponierte Lagen zu empfehlen.

Die günstigste Einbauebene von Fenstern zur Vermeidung von Tauwasserausfall, Schimmelbefall und zur Reduzierung der Wärmeverluste ist bei einer monolithischen Außenwand der mittige Einbau. Der Temperaturverlauf der maßgebenden 13 °C Isotherme liegt bei 20 °C Raumtemperatur noch im Rahmenholz, siehe Kapitel 6.

Anschlussausbildung	mit vorkomprimiertem Dichtungsband und mit Dichtstoffen	
Abdichtung außen stumpfer Anschlag	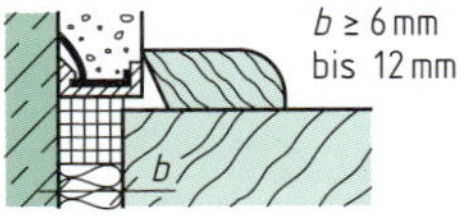	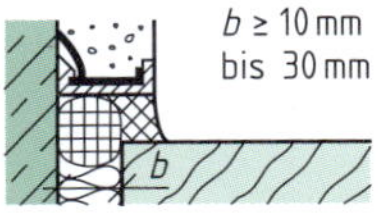
Innenanschlag	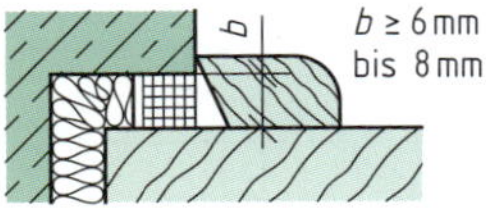	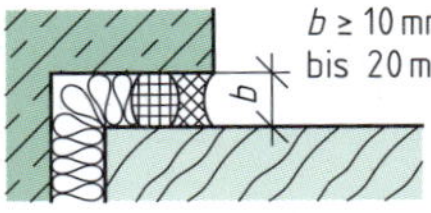
Abdichtung innen seitlich Fugendichtungband Ⓐ (dampf-diffusionsdicht)	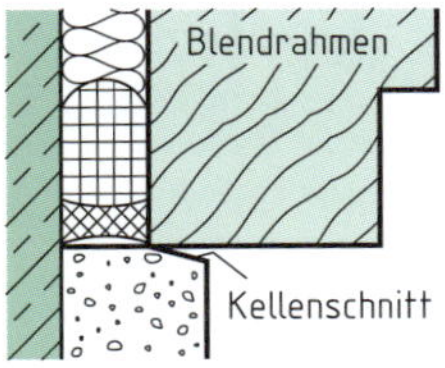	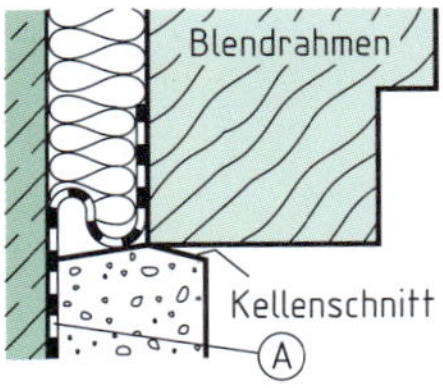
Abdichtung innen Rolladenkasten	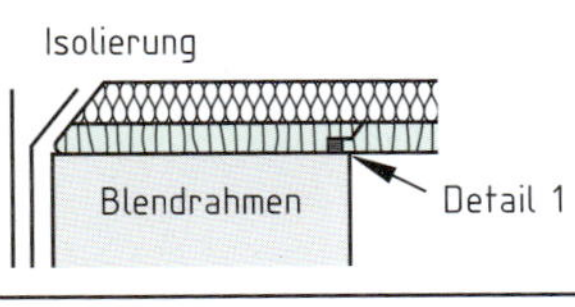	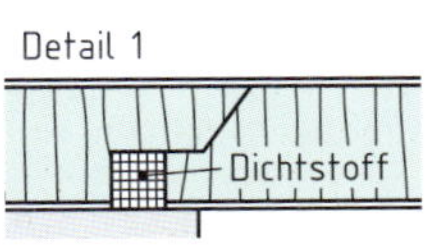

5.3 Fenster

Anschlussausbildung	mit vorkomprimiertem Dichtungsband und mit Dichtstoffen	
auf dem Mauerwerk	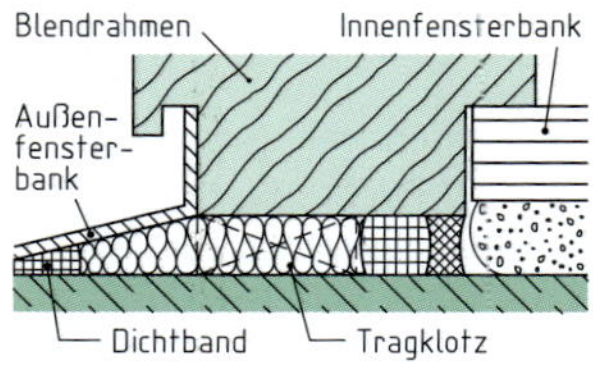 Anschluss Fensterbank innen - außen	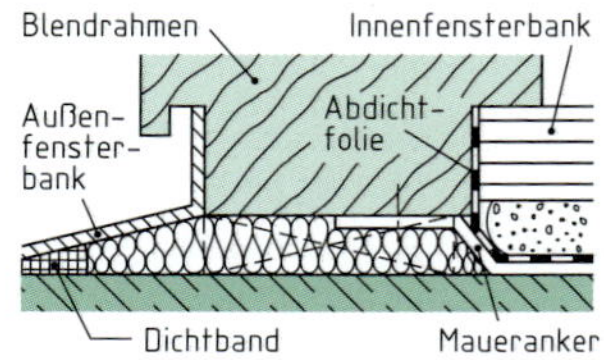 Anschluss Fensterbank innen - außen
z.T. auf dem Mauerwerk	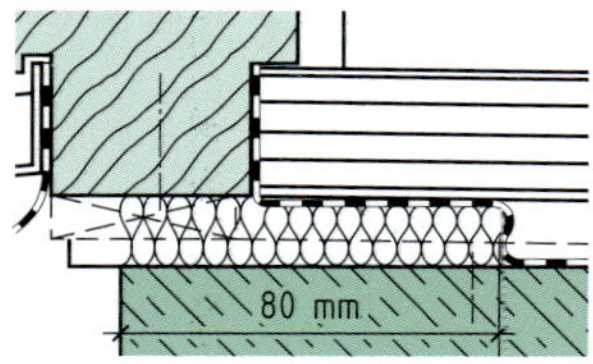 zweischalige Wand ohne Isolierung	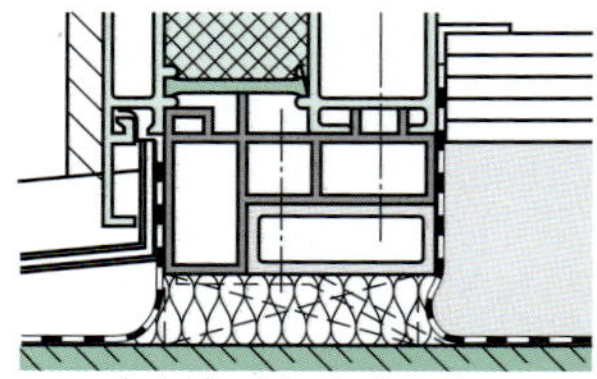 zweischalige Wand mit Isolierung
z.T. auf dem Mauerwerk	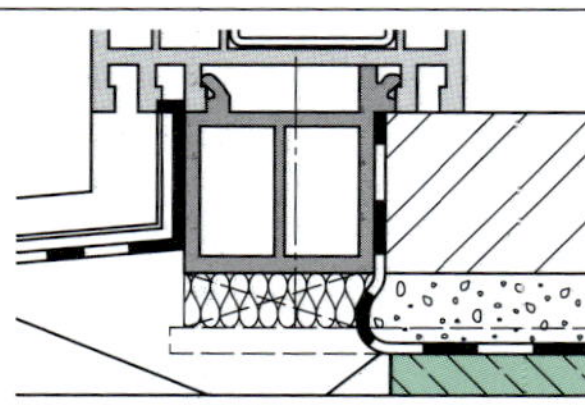 mit Stützkonsole	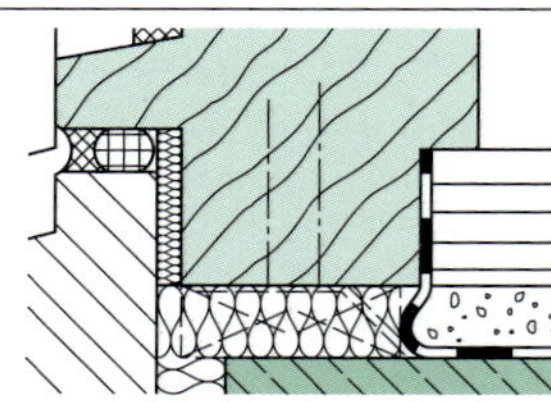 Kunst-Naturstein innen und außen
im Fachwerk	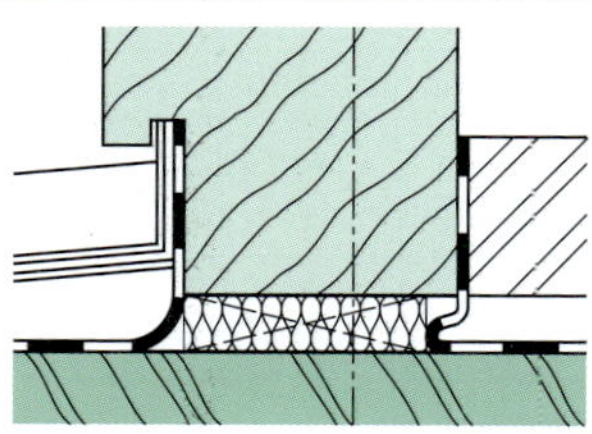	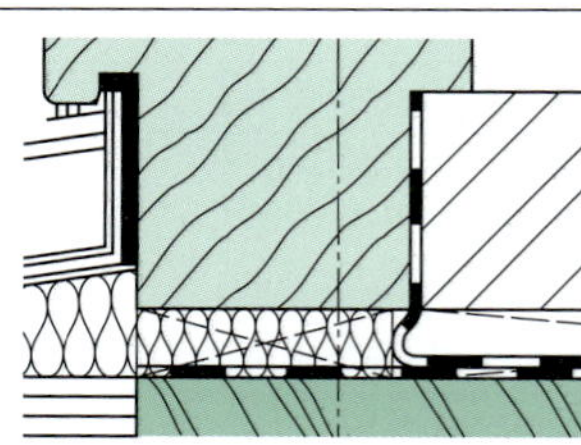
Holzfenstertür auf dem Mauerwerk	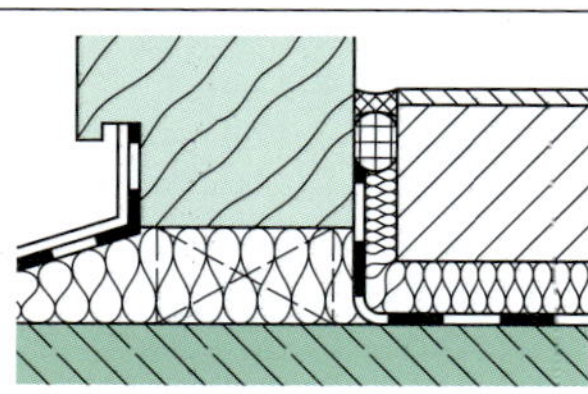 Anschluss Fußboden	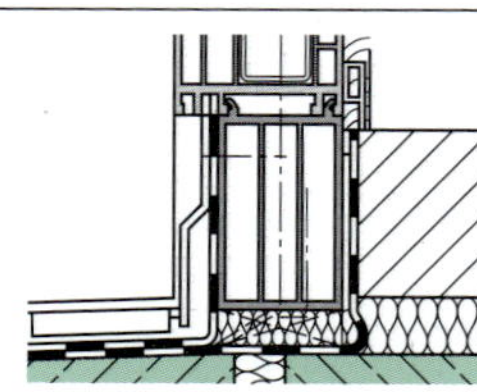 Anschluss Fußboden
Konstruktionsfuge Elementbauweise	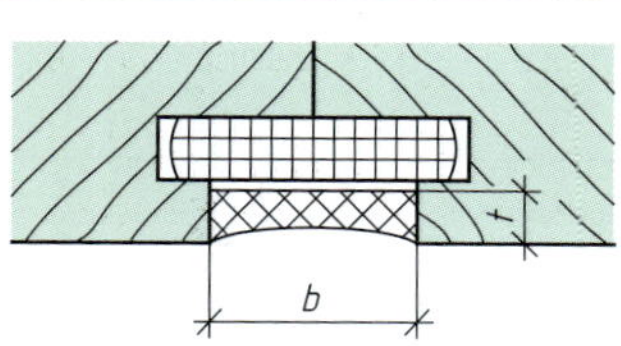 Dichtstoff	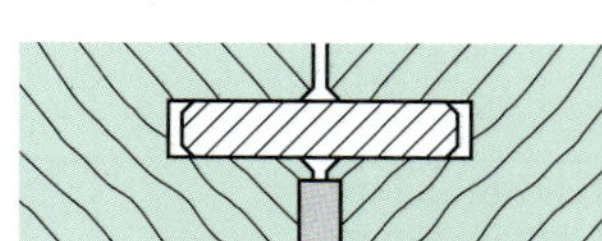 vorkomprimiertes Dichtungsband

5

5.3 Fenster

5.3.7 Windlast (DIN 1055-4 / DIN EN 1991-1-4)

Bei der Bestimmung der Rahmenquerschnitte von zu öffnenden Fenstern oder Fenstertüren müssen die Einbauhöhe (Oberkante Blendrahmen), die Windlastzone, die technische Richtlinie für linienförmig gelagerte Verglasung und die Durchbiegungsbegrenzungen der Isolierglashersteller berücksichtigt werden.

Windlastzonen, Geländekategorie, Regelprofil

Windlastzonen

Windlastzone 1 (I)
Windgeschwindigkeit v_{ref} 22,5 m/s (Windstärke 9), Geschwindigkeitsdruck q_{ref} 0,32 kN/m²

Windlastzone 2 (II)
Windgeschwindigkeit v_{ref} 25,0 m/s (Windstärke 10), Geschwindigkeitsdruck q_{ref} 0,39 kN/m²

Windlastzone 3 (III)
Windgeschwindigkeit v_{ref} 27,5 m/s (Windstärke 10), Geschwindigkeitsdruck q_{ref} 0,47 kN/m²

Windlastzone 4 (IV)
Windgeschwindigkeit v_{ref} 30,0 m/s (Windstärke 11), Geschwindigkeitsdruck q_{ref} 0,56 kN/m²

Geländekategorie

Geländekategorie I
offene See; glattes, flaches Land ohne Hindernisse

Geländekategorie II
Gelände mit Hecken, einzelnen Gehöften, Häusern

Geländekategorie III
Vorstädte, Industrie- und Gewerbegebiete; Wälder

Geländekategorie IV
Stadtgebiet, mindestens 15% bebaute Fläche, deren mittlere Höhe 15 m überschreitet

Regelprofil im Binnenland

Mischprofil des Böengeschwindigkeitsdruckes für die Übergangszone zwischen der Geländekategorie I und II.

Regelprofil in küstennahen Gebieten

Mischprofil des Böengeschwindigkeitsdruckes für die Übergangszone zwischen der Geländekategorie II und III.

Zur genauen Berechnung sind die Werte aus DIN 1055-4 Anhang B Tabelle B2 und B3 heranzuziehen.

Vereinfachte Böengeschwindigkeitsdrücke bei Bauwerke < 25 m Höhe

Windzone		Geschwindigkeitsdruck q kN/m² bei einer Gebäudehöhe h		
		≤ 10 m	≤ 18 m	≤ 25 m
1	Binnenland	0,50	0,65	0,75
2	Binnenland	0,65	0,80	0,90
	Küste und Inseln der Ostsee	0,85	1,00	1,10
3	Binnenland	0,80	0,95	1,10
	Küste und Inseln der Ostsee	1,05	1,20	1,30
4	Binnenland	0,95	1,15	1,30
	Küste Nord- und Ostsee Inseln der Ostsee	1,25	1,40	1,55
	Inseln der Nordsee	1,40	–	–

Stauddruck/Prüfdruck/Klasse		
	DIN EN 12210	
Staudruck q kN/m²	Prüfdruck P1 (Pa)	Klasse
≤ 0,40	400	1
0,50; 0,65 0,75; 0,80	800	2
0,85; 0,90 0,95; 1,00 1,05; 1,10 1,15; 1,20	1200	3
1,25; 1,30 1,40; 1,55	1600	4
≤ 2,00	2000	5

Binnenland: Mischprofil aus der Geländekategorie II und III und einer Gebäudehöhe bis 25 m.

Küste: Küstennahe Gebiete in Mischprofil aus der Geländekategorie I und II, bis 5 km landeinwärts und einer Gebäudehöhe bis 25 m. Inseln der Nordsee: einer Gebäudehöhe bis 10 m.

5.3 Fenster

Einsatzempfehlungen für Fenster bei einer vereinfachten Annahme der Windlasten

Kriterien			Windlastzonen 1	2	3	4
Einbauhöhe 0 m ... 10 m	Geländekategorie	Binnenland	B2-4A-2[1]	B2-4A-2	B2-4A-2	B2-4A-2
		Ostseeküste und Ostseeinseln	–	B2-4A-2	B3-7A-2	B3-7A-2
		Nordseeküste	–	–	–	B3-7A-2
		Nordseeinseln	–	–	–	B3-7A-3
Einbauhöhe > 10 m ... 18 m	Geländekategorie	Binnenland	B2-4A-3	B2-4A-3	B3-7A-3	B3-7A-3
		Ostseeküste und Ostseeinseln	–	B3-7A-3	B3-7A-3	B3-7A-3
		Nordseeküste	–	–	–	B3-7A-3
		Nordseeinseln	–	–	–	Berechnung erforderlich
Einbauhöhe > 18 m ... 25 m	Geländekategorie	Binnenland	B2-4A-3	B2-4A-3	B3-7A-3	B3-7A-3
		Ostseeküste und Ostseeinseln	–	B3-7A-3	B3-7A-3	B4-9A-3
		Nordseeküste	–	–	–	B4-9A-3
		Nordseeinseln	–	–	–	Berechnung erforderlich

[1] Die Klassifizierung der Schlagregendichtheit unterscheidet in der Windlast 1 und in der Binnenland-Kategorie bis 10 m Einbauhöhe Fenster der geschützten Lage „B" und Fenster der ungeschützten Lage „A".

Fenster für Bauwerke ohne rechteckigen Grundriss, die über eine Geländehöhe von 800 m über NN errichtet werden und eine Einbauhöhe von über 25 m haben, müssen gesondert berechnet werden. Die Energieeinsparverordnung (EnEV) fordert ab einer Höhe von 2 Vollgeschossen die Luftdurchlässigkeitsklasse 3.

Widerstandsklassen ▶ Seite 268

5

Beispiel

Fenster an der Küste: *B4-9A-3*

B4: Widerstandsfähigkeit bei Windlast, Rahmenduchbiegung ≤ 1/200, Prüfdruck 1600 Pa

9A: Schlagregendichtheit ungedschützte Lage, max. Prüfdruckdifferenz 600 Pa

3: Luftdurchlässigkeit, max. Prüfdruckdifferenz 600 Pa

Lage der Fenster

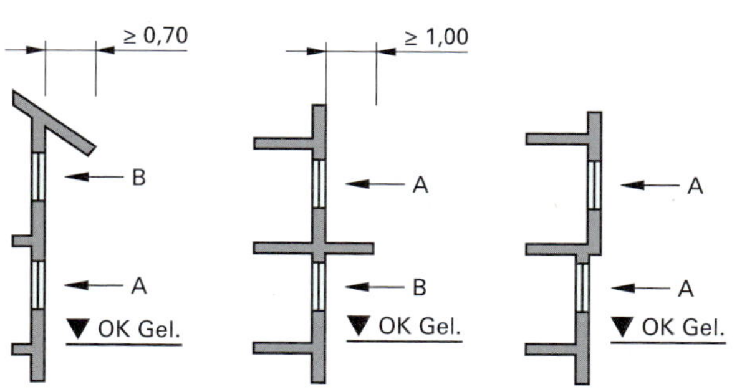

Beispiele zur Klassifizierung in A oder B

A ungeschützte Lage
B geschützte Lage
OK Gel. Oberkante Gelände

Verankerung

Die Verankerung muss den zu erwartenden Beanspruchungen und äußeren Einwirkungen entsprechend ausgelegt werden. Für die Festlegung der äußeren Einwirkung ist die DIN EN 1991-1 „Lastannahmen am Bau" maßgebend (vergl. Seite 261 und Seite 43 bis 46).

5.3 Fenster

5.3.8 Wärmedämmung, Schallschutz, Einbruchschutz

Wärmedämmung

Der Wärmeschutz ist in der „Verordnung über einen energiesparenden Wärmeschutz" geregelt. Bei der Anwendung der DIN EN 10077 ist zu beachten, dass sie den Bemessungswärmedurchgangskoeffizienten von Verglasung, Fenster und Fenstertüren DIN V 4108-4 entsprechen müssen.

Bei der Änderung von Bauteilen oder Erneuerung von Fenstern und Fenstertüren darf der U_{max} = 1,7 W/(m² · K) nicht überschritten werden. Außenliegende Fenster von beheizten Räumen sind mindestens mit Isolier- und Doppelverglasung auszuführen.

Wärmedurchgangskoeffizient für Fenster

Flächenanteil des Rahmens in % der Gesamtfensterfläche (Auswahl, DIN EN 10077-1)

Art der Verglasung	U_g W/(m² · K)	20 % der Gesamtfläche U_f in W/(m² · K)									30 % der Gesamtfläche U_f in W/(m² · K)								
		1,0	1,4	1,8	2,2	2,6	3,0	3,4	5,0	7,0	1,0	1,4	1,8	2,2	2,6	3,0	3,4	5,0	7,0
Einscheiben Verglasung	5,7	4,8	4,8	4,9	5,0	5,1	5,2	5,2	5,3	6,0	4,3	4,4	4,5	4,6	4,8	4,9	5,0	5,1	6,1
Zweischeiben-isolierverglasung	3,3	3,0	3,1	3,2	3,3	3,4	3,5	3,5	3,6	4,1	2,7	2,9	3,0	3,2	3,3	3,4	3,5	3,6	4,5
	3,1	2,8	2,9	3,0	3,1	3,2	3,3	3,4	3,5	3,9	2,6	2,7	2,9	3,0	3,1	3,3	3,4	3,5	4,3
	2,9	2,7	2,8	2,8	3,0	3,1	3,1	3,2	3,3	3,8	2,5	2,6	2,7	2,9	3,0	3,1	3,2	3,4	4,2
	2,7	2,5	2,6	2,7	2,8	2,9	3,0	3,1	3,1	3,6	2,3	2,5	2,6	2,7	2,9	3,0	3,1	3,2	4,0
	2,5	2,4	2,4	2,5	2,7	2,5	2,8	2,9	3,0	3,5	2,2	2,3	2,4	2,6	2,5	2,8	3,0	3,1	3,9
	2,3	2,2	2,3	2,4	2,5	2,4	2,7	2,7	2,8	3,3	2,1	2,2	2,3	2,5	2,4	2,7	2,8	3,0	3,8
	2,1	2,0	2,1	2,2	2,3	2,2	2,5	2,6	2,7	3,1	1,9	2,0	2,2	2,3	2,3	2,6	2,7	2,8	3,6
	1,9	1,9	2,0	2,1	2,3	2,3	2,4	2,5	2,6	3,1	1,8	1,9	2,1	2,3	2,4	2,5	2,5	2,7	3,6
	1,7	1,8	1,9	1,9	2,1	2,2	2,3	2,3	2,4	2,9	1,7	1,8	1,9	2,1	2,2	2,4	2,5	2,6	3,4
	1,5	1,6	1,7	1,8	1,9	2,0	2,1	2,2	2,3	2,7	1,5	1,7	1,8	2,0	2,1	2,2	2,3	2,5	3,3
	1,3	1,5	1,5	1,6	1,8	1,9	1,9	2,0	2,1	2,6	1,4	1,5	1,6	1,8	2,0	2,1	2,2	2,3	3,1
	1,1	1,3	1,4	1,5	1,6	1,7	1,8	1,9	1,9	2,4	1,3	1,4	1,5	1,7	1,8	1,9	2,1	2,2	3,0

Wärmedurchgangskoeffizient für Holzrahmen (DIN EN 10077-1)

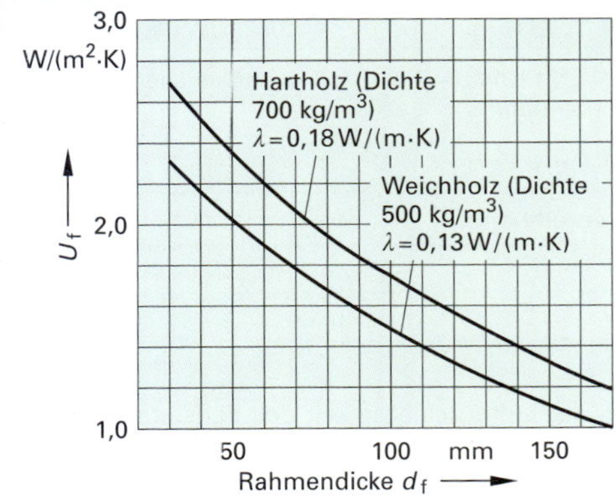

Zuordnung der U_f-Werte von Einzelprofilen zu einem $U_{f, BW}$-Bemessungswert für Rahmen

U_f-Wert für Einzelprofil W/(m² · K)		$U_{f, BW}$-Bemessungswert W/(m² · K)
	< 0,90	0,8
≥ 0,90	< 1,1	1,0
≥ 1,1	< 1,3	1,2
≥ 1,3	< 1,6	1,4
≥ 1,6	< 2,0	1,8
≥ 2,0	< 2,4	2,2
≥ 2,4	< 2,8	2,6
≥ 2,8	< 3,2	3,0
≥ 3,2	< 3,6	3,4
≥ 3,6	< 4,0	3,8
	< 4,0	7,0

Korrekturwerte ΔU_g zur Berechnung der Bemessungswerte $U_{g, BW}$

Grundlage	Korrekturwerte ΔU_g W/(m² · K)
Sprossen im Scheibenzwischenraum (einfaches Sprossenkreuz)	+ 0,1
Sprossen im Scheibenzwischenraum (mehrfaches Sprossenkreuz)	+ 0,2

Längenbezogener Wärmedurchgangskoeffizient ψ für Abstandshalter aus Aluminium oder Stahl

Rahmenwerkstoff	Zweischeiben- oder Dreischeiben-Isolierverglasung, unbeschichtetes Glas, Luft- oder Gaszwischenraum
Holz- oder Kunststoffrahmen	ψ = 0,06 W/(m · K)

5

5.3 Fenster

Wärmetechnisch verbesserter Randverbund bei Isolierglas

Als wärmetechnisch verbesserter Randverbund wird der Abstandhalter bezeichnet, der die Anforderungen der Gleichung erfüllt.

$\Sigma\,(d \cdot \lambda) \leq 0{,}007$ W/K

d Materialdicke

λ Wärmeleitfähigkeit in W/(m · K)

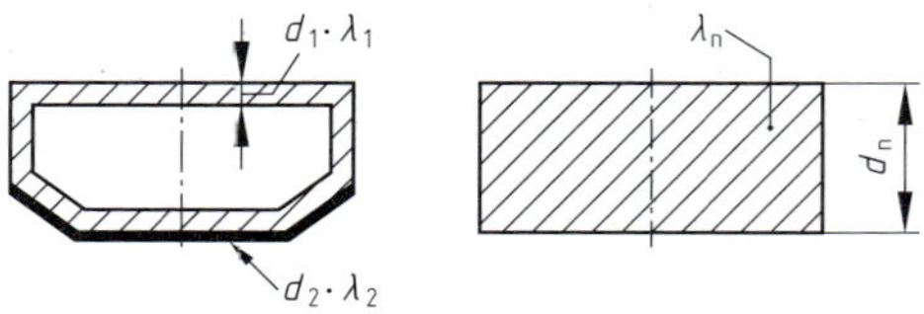

Widerstandsklassen zur Klassifizierung von Fenstern

Widerstandsklassen (Auswahl, Übersicht)

Beanspruchungsgruppe (DIN 18055) (a-Wert)	Luftdurchlässigkeit DIN EN 12207		Schlagregendichtigkeit DIN EN 12208		Windbelastung DIN EN 12210		
			A	B	A	B	C
A (bis 8 m)	bis 2 Vollgeschosse	0	0	0	0	0	0
		1	1A	1B	A1	B1	C1
			2A	2B	A2	B2	C2
			3A	3B			
			4A	4B			
B (bis 20 m)		2	5A	5B	A3	B3	C3
			6A	6B			
			7A	7B			
C (bis 100 m)	über 2 Vollgeschosse	3	8A	–	A4	B4	C4
			9A	–	A5	B5	C5
D		4	*E*	–	A, B, C *E*xxxx		

Die Ableitung der DIN EN 12207, DIN EN 12208 und DIN EN 12210 zur DIN 18055 ist nur annähernd.
Die Anforderungen 0 sind nicht geprüft. *E*: Einzelprüfung

5

Anforderungskriterien an ein Fenster

Einfachste Anforderungen (vermeiden bzw. extra vereinbaren)	
Standardanforderungen	
Erhöhte Anforderungen	

Luftdurchlässigkeit (DIN EN 12207)

Die Luftdurchlässigkeit basiert auf dem Vergleich der Luftdurchlässigkeit des Fensters, bezogen auf die Gesamtfläche und bezogen auf die Fugenlänge.

Schlagregendichtigkeit (DIN EN 12208)

Die Schlagregendichtigkeit nach dem Prüfverfahren A ist für Fenster mit einer normalen Anforderung vorgesehen, nach dem Verfahren B geprüfte Fenster dürfen nur bei einem geschützten Einbau (z.B. Vordach) eingesetzt werden.

Windbelastung (DIN EN 12210) (die relative frontale Durchbiegung der Rahmenhölzer)

Klasse	relative frontale Durchbiegung	Klasse	relative frontal Durchbiegung
A	< 1/150 (Glaskantenlänge ≤ 120 cm)	C	< 1/300 (Glaskantenlänge ≤ 240 cm)
B	< 1/200 (Glaskantenlänge ≤ 160 cm)	Die zulässige Durchbiegung bei Belastung für Isolierglas beträgt max. 15 mm. (Verglasungs-Richtlinien Isolierglas)	

5.3 Fenster

Schallschutz

Wichtig ist die Vermeidung von Schallbrücken innerhalb der Konstruktion und zwischen der Außen- und der Innenseite der Anschlussfuge zwischen Gebäude – Fenster (vergleiche Seite 264).

Schallschutzfensterkonstruktionen für Dreh-, Dreh-Kipp-Fenster und Fensterverglasungen (Auswahl) (DIN 4109)

erforderliches bewertetes Schalldämm-Maß $R_{W,R}$ des funktionsfähigen Fensters dB	Konstruktionsmerkmale	Einfachfenster	Verbundfenster	Kastenfenster
		mit Isolier-Verglasung 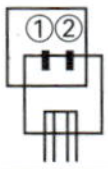	mit 1 Isolierglasscheibe + 1 Einfachscheibe 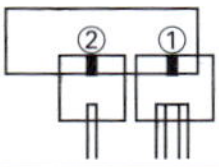	mit 1 Isolierglasscheibe + 1 Einfachscheibe 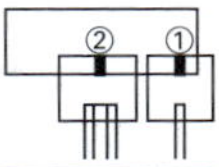
25	Gesamtglasdicke LZR $R_{W,P,\,Glas}$ Falzdichtung	> 6 mm ≥ 8 mm ≥ 27 dB nicht erforderlich	> 6 mm keine Anforderung – nicht erforderlich	– – – –
32	Gesamtglasdicke LZR $R_{W,P,\,Glas}$ Falzdichtung	> 8 mm (≥ 4 + 4) ≥ 16 mm ≥ 30 dB (1) erforderlich	> 8 mm bzw. (≥ 4 + 4/12/4) ≥ 30 mm – (1) erforderlich	– – – (1) erforderlich
37	Gesamtglasdicke LZR $R_{W,P,\,Glas}$ Falzdichtung	> 14 mm (≥ 10 + 4) ≥ 20 mm ≥ 39 dB (1) + (2) erforderlich	≥ 10 mm bzw. (≥ 6 + 6/12/4) ≥ 40 mm – (1) erforderlich	– ≥ 100 mm – (1) erforderlich
40	Gesamtglasdicke LZR $R_{W,F,\,Glas}$ Falzdichtung	– – ≥ 44 dB (1) + (2) erforderlich	≥ 14 mm bzw. (≥ 8 + 6/12/4) ≥ 50 mm – (1) + (2) erforderlich	≥ 8 mm bzw. (≥ 8 + 4/12/4) ≥ 100 mm – (1) + (2) erforderlich
≥ 44	allgemein gültige Angaben sind nicht möglich, Nachweis nur über die Einzelprüfung (DIN EN ISO 140-1, DIN EN ISO 717, DIN EN 20140-3)			

Neben der Wand und dem Fenster hat die Anschlussfuge großen Einfluss auf die Schalldämmung. Eine ausreichende Schalldämmung ist nur bei einer umlaufenden, vollflächigen und dauerhaften Ausführung der Anschlussfuge zu erreichen. Eine Erhöhung der Schalldämmung ist hierbei nicht zu erzielen. Die verschiedenen Füllmaterialien haben ein unterschiedliches Dämmmaß.

Orientierungswerte für Fugenschalldämmmaße $R_{ST,\,w}$ (ift)

Zustand / Füllung der Fuge	Fugenschalldämmmaß $R_{ST,W}$ in dB	
	Fugenbreite b = 10 mm	Fugenbreite b = 20 mm
Leer	15 … 20	10 … 15
Mineralfaser	40 … 45	20 … 30
Montageschaum	> 50	> 50
Versiegelung, Mineralfaserfüllung, Versiegelung	> 50	> 50
imprägniertes Dichtungsband, Mineralfaserfüllung, imprägniertes Dichtungsband, Kompression 1 : 4 … 1 : 5	> 50	

Grafische Ermittlung der Schalldämmung von Fenstern (ift)

Ablesebeispiel:

Fenster R_W	40 dB
Fugenschall-dämmmaß $R_{ST,W}$	48 dB
resultierendes Schalldämmmaß $R_{W,\,res}$	38 dB

ift: Institut für Fenstertechnik, Rosenheim

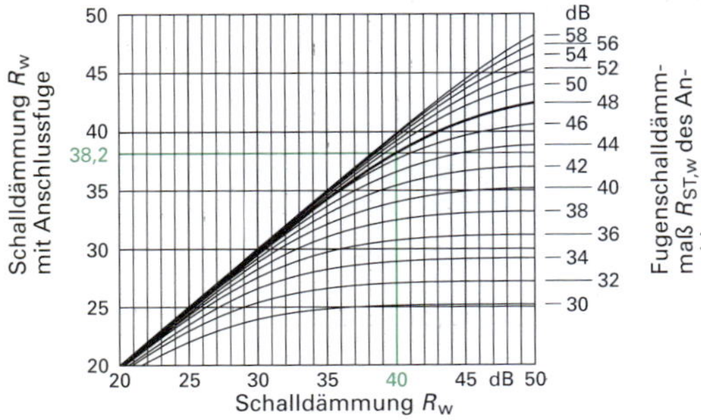

5.3 Fenster

Einbruchhemmende Fenster

Ein einbruchhemmendes Fenster ist ein Element, das im geschlossenen, verriegelten und abgeschlossenen Zustand Einbruchsversuche mit körperlicher oder mechanischer Gewalt für eine bestimmte Widerstandszeit erschwert. Der Getriebebereich und die Befestigungsteile des Fenstergriffes müssen einen wirksamen Aufbohrschutz haben. Eine kräftige und verschraubte Regenschutzschiene soll ein Ansetzen von Werkzeug erschweren. Die stabilen Schließbleche haben eine hintergreifende Verriegelung. Hinzu kommt noch eine fachgerechte Montage. Die Holzart der Fenster muss für Holzschrauben einen hohen Auszugswiderstand haben. Entsprechend ihrer einbruchhemmenden Wirkung werden die Fenster in Widerstandsklassen eingeteilt.

Größte Auslenkung in mm (DIN ENV 1627)

Belastungspunkt	Widerstandsklassen 1/2	3	4	5/6
F1 Füllungsecken	8	8	8	8
F2 Zwischen den Verriegelungspunkten	30	20	10	10
F3 Verriegelungspunkten	10	10	10	10

Bei dynamischer Belastung darf sich das Element nicht so weit öffnen, dass die Schließvorrichtung erreicht werden kann oder eine durchgangsfähige Öffnung entsteht.

Bauteilwiderstandsklassen (Auswahl)

Fenster VdS[1] 2534	Verglasung DIN EN 356	Fenster DIN EN V 1627	Risikogruppen A Wohnobjekte	B Gewerbeobjekte, öffentliche Objekte	C Gewerbeobjekte, öffentliche Objekte, (hohe Gefährdung)
–	–	WK 1[2]	–	–	–
N	PA 4	WK 2	geringes Risiko	geringes Risiko	–
A	PA 5	WK 3	durchschnittliches Risiko	durchschnittliches Risiko	–
B	PB 6	WK 4	–	hohes Risiko	geringes Risiko
C	PB 7	WK 5	–	–	durchschnittliches Risiko
–	PB 8	WK 6	–	–	hohes Risiko

[1] VdS: Schadenverhütung GmbH, Köln [2] WK: Widerstandsklasse

5

5.3.9 Beschlag

Beispiel

① Scherenlager
② Schere
③ Eckumlenkung oben
④ Getriebe
⑤ Schließstück
⑥ Olive
⑦ Kippriegel
⑧ Kippschließstück
⑨ Eckumlenkung unten
⑩ Falzeckband
⑪ Füllstück
⑫ Ecklager

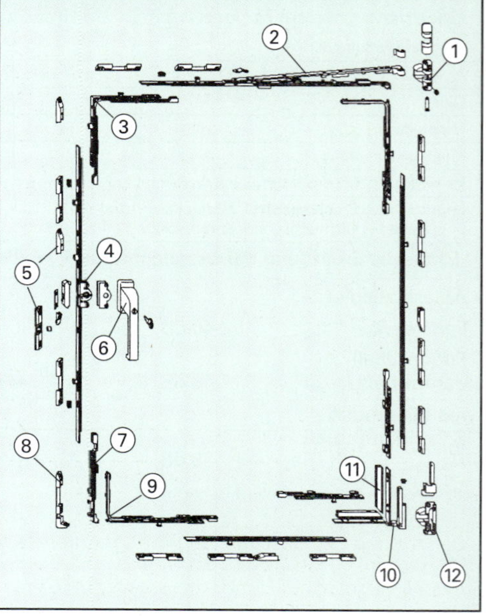

Für eine dauerhafte Nutzung ist es unerlässlich die Fenster und damit auch den Beschlag zu warten. Eine jährliche Inspektion und Funktionsprüfung ist insbesondere in der Gewährleistungszeit notwendig. Besonders nachgesehen werden das Ecklager und die Schere. Alle beweglichen Teile müssen gefettet sein. Verschleißteile sind auszuwechseln.

5.3 Fenster

5.3.10 Oberflächenbeschichtung

Oberflächenbeschichtung hat neben der Konstruktion die wichtige Aufgabe, Fenster auf Dauer maßhaltig und funktionsfähig zu erhalten. Außenfenster und Türen gehören der Gefährdungsklasse 3 (DIN 68800) an. Wenn durch sachgemäße Instandhaltung ein wirksamer Schutz gewährleistet ist, kann auch in die Gefährdungsklasse 2 eingestuft werden. Erforderlich ist ein chemischer Schutz gegen Bläue bei Nadelhölzern. Soll bei Holzarten der Dauerhaftigkeitsklasse 3 ... 5 auf chemischen Holzschutz verzichtet werden, so ist dies schriftlich zu vereinbaren.

Gefährdungsklassen (DIN EN 335, DIN 68800)

Gefährdungsklasse	Allgemeine Gebrauchsbedingungen	Beschreibung der Befeuchtung während des Gebrauchs	Holzfeuchtegehalt	Holzzerstörende Pilze		Holzverfärbende Pilze	Käfer	Anforderungen an das Holzschutzmittel
				Basidiomyceten	Moderfäule	Bläue		
2	Innenbereich oder abgedeckt	gelegentlich	> 20%	U	–	U	U	Iv, P
3.1	Außenbereich, ohne Erdkontakt geschützt	gelegentlich	häufig > 20%	U	–	U	U	Iv, P, W

U tritt universell in ganz Europa auf
P Pilze vorbeugend
Iv Insekten vorbeugend
W Witterung ausgesetzt, nicht Erde oder Wasser

Anforderungen an die vorbeugende Wirksamkeit der Schutzmittel

Bereich des Holzeinsatzes und Beanspruchung	Gefährdungsklasse	Eingrenzende Merkmale mit Auswirkungen auf die erforderlichen Mindestanforderungen	erforderl. biologische Wirksamkeit gegen Bläuepilze	holzzerstörende Pilze
Hölzer in Innenbereich mit zeitweiligem Holzfeuchtigkeitsanstieg > 20% Hölzer im Außenbereich unter Dach, ohne Erdkontakt	2	Holzverblauung von Bedeutung	+	+
		Holzverblauung ohne Bedeutung	–	+
Hölzer im Außenbereich mit direkter Sonnen- und Regenbelastung ohne Erdkontakt	3	Holzverblauung von Bedeutung	+	+2)
		Holzverblauung ohne Bedeutung1)	–	+

\+ biologische Wirksamkeit erforderlich
– biologische Wirksamkeit nicht erforderlich
1) Schindel, Unterkonstruktion usw.
2) bei Fenstern kann auf Insektenschutz verzichtet werden

Anstrichgruppen für Fenster und Außentüren (ift)

Die Anstrichgruppen richten sich nach der Holzart, dem Einsatzort und der zu erwartenden Witterung. Empfohlen wird ein dreischichtiger Aufbau.

Schicht 0: Imprägnierung mit Holzschutzmitteln – Schicht 1: Grundierung ⇒ Zwischenschliff
Schicht 2: Zwischenbehandlung ⇒ Zwischenschliff
Schicht 3: Endbeschichtung (oft porenfüllende Eigenschaften)

Das Splintholz im Bereich der Gebrauchsklasse 3, insbesonderen Kiefern-Splintholz ist zu vermeiden. Bei einigen Anstrichsystemen werden mit Tauchen/Fluten die Schichten 1 und 2 in einem Arbeitsgang aufgebracht.

Mindestschichtdicken

Rahmenflächen	Schichtdicke lasierende Beschichtung	Schichtdicke deckende Beschichtung
außen, Wetterseite	80 μ	100 μ
innen, Raumseite	80 μ	100 μ
vom Mauerwerk verdeckter Blendrahmen	50 μ	50 μ
nicht zugängliche Rahmenteile (Glasfalz)	30 μ	30 μ

Der Auftrag der Beschichtung erfolgt durch Tauchen, Fluten, Spritzen oder Streichen. Durch den Pinselauftrag lässt sich in der Regel nicht die gewünschte Schichtdicke erreichen. Bei Fenstern mit einer V-Fuge ist der Hirnholzteil zusätzlich gegen eindringendes Wasser zu schützen.

5.3 Fenster

Anstrichgruppen für Fenster und Außentüren

Oberflächenschutz			Lasuranstrich			Deckender Anstrich		
Holzartengruppe			I	II	III	I	II	III
Beanspruchung	Farbton							
Außenraumklima (indirekte Bewitterung)	ohne Einschränkung	1	A	A	A	C	C	C
Freiluftklima bei normaler direkter Bewitterung	hell	2	/	/	/	C	C	C
	mittel	3	B	B	B	C	C	C
	dunkel	4	B	B	B	C	C	C
Freiluftklima bei extremer direkter Bewitterung	hell	5	/	/	/	C	C	C
	mittel	5	/	B	B	C	C	C
	dunkel	5	/	B	B	/	C	C

E Erstanstrich R Renovierungsanstrich RÜ Überholungsanstrich RE Erneuerungsanstrich

Ergibt sich eines Anstrichgruppe in einem weißen Feld, so gelten die Empfehlungen mit der Einschränkung, dass durch Harzfluss und/oder Rissbildungen im Holz und in den Rahmenverbindungen eine Beeinträchtigung der Oberfläche und des Anstriches auftreten kann (siehe hierzu auch DIN 68360 Teil 1).

Holzartgruppen:
- Gruppe I: Harzreiche Nadelhölzer; Kiefer, Pitche, Oine usw.
- Gruppe II: Harzarme Hölzer: Redwood, Fichte usw.
- Gruppe III: Laubhölzer: Eiche, Sipo usw.

Die Tabelle „Anstrichgruppen" wird vom ift (Institut für Fenstertechnik, Rosenheim) nicht mehr veröffentlicht. Viele Farben- und Lackhersteller beziehen sich jedoch bei der Beschreibung ihrer Produkte auf diese Tabelle.

A, B, C Anstrichsysteme: Die Zuordnung der Anstrichsysteme zu den Anstrichgruppen wird vom Hersteller in eigener Verantwortung übernommen.

Ablesebeispiel: B 3-4 II-III E
- B Anstrichgruppe
- 3-4 Farbton mittel bis dunkel für normale Bewitterung
- II-III Holzartgruppen, geeignet für harzarme Hölzer und Laubhölzer
- E Erstanstrich

Klassifizierung der Beschichtungssysteme in Hinsicht auf zu erwartende Renovierungsintervalle

Oberflächenschutz		Lasierender Anstrich		Deckender Anstrich	
Holzarten		Nadelhölzer[1]	Laubhölzer	Nadelhölzer[1]	Laubhölzer
Beanspruchung	Farbton				
indirekte Bewitterung	ohne Einschränkung	6 Jahre	6 Jahre und mehr	6 Jahre und mehr	6 Jahre und mehr
normale direkte Bewitterung	hell	nicht geeignet	nicht geeignet	5 Jahre	6 Jahre
	mittel	3 Jahre	4 Jahre	5 Jahre	6 Jahre
	dunkel	3 Jahre	4 Jahre	5 Jahre	6 Jahre
extreme direkte Bewitterung	hell	nicht geeignet	nicht geeignet	5 Jahre	6 Jahre
	mittel	2 Jahre	3 Jahre	4 Jahre	5 Jahre
	dunkel	2 Jahre	3 Jahre	4 Jahre	5 Jahre

[1] Die in der Tabelle angegebenen Intervalle sind Anhaltswerte bei einer normalen Belastung in der jeweiligen Beanspruchungskategorie.

5.3 Fenster

5.3.11 Verglasung

Verglasung ist der zusammenfassende Begriff für die Verglasungseinheiten, den aufnehmenden Rahmen mit den Glasfalzen, den Beanspruchungsgruppen, den Dichtstoffen und den Verglasungssystemen.

Glasfalze nach DIN 18545

Glasfalze richten sich in ihrer Größe nach der Art und der Größe der Verglasungseinheit. Es wird unterschieden in Einfachglas und Mehrscheiben-Isolierglas.

Verglasung
ohne Glashalteleiste — mit Glashalteleiste

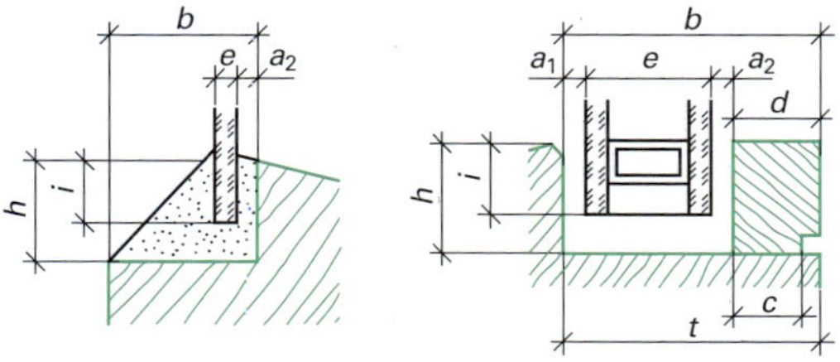

- a_1 Dicke der äußeren Dichtstoffvorlage
- a_2 Dicke der inneren Dichtstoffvorlage
- *b* Glasfalzbreite
- *c* Auflagebreite der Glashalteleiste
- *d* Breite der Glashalteleiste
- *e* Dicke der Verglasungseinheit
- *i* Glaseinstand
- *h* Glasfalzhöhe
- *t* Gesamtfalzbreite

Glasfalzhöhe *h*

Verglasungseinheit lange Seite in mm	Glasfalzhöhe h mind. Einfachglas mm	Glasfalzhöhe h mind. Mehrscheiben-Isolierglas mm
< 1000	10	18
< 3500	12	18
> 3500	15	20

Glaseinstand *i*

	Tiefe
Standart	2/3 *h*
höchstens	20 mm
Sprosse (MIG)	11 mm

Auflagenbreite *c*

Befestigungsart	Auflagenbreite mind. in mm
genagelt	14
geschraubt (vorgebohrt)	12

Befestigung der Glashalteleiste

	Abstand in mm
von der Ecke	> 50 … < 100
von einander	< 350

Mindestdicken der Dichtstoffvorlagen bei ebenen Verglasungseinheiten in mm

Längere Seite der Verglasungseinheit	Werkstoff des Rahmens Holz	Werkstoff des Rahmens Kunststoff hell/dunkel
< 1500	3	4
< 2000	3	5
< 2500	4	5/6
< 2750	4	–
< 3000	4	–
< 4000	5	–

Nicht angegebene Werte sind im Einzelfall mit dem Dichtstoffhersteller zu vereinbaren.

5

Beanspruchungsgruppe

Beanspruchungsgruppen zur Verglasung von Fenstern richten sich nach der höchsten einzelnen Eingangsgröße und sind Mindestforderungen.
Die Eingangsgrößen ergeben sich aus den zu erwartenden Beanspruchungen.

Zuordnung der Eingangsgrößen (Erläuterung)

Beanspruchung Art	Gruppe	Beschreibung
Bedienung	1 3	Festverglasung, Drehfenster, Drehkippfenster Schwingfenster, Hebefenster u.a.
Umgebungseinwirkung raumseitig	4 5	mechanische Beschädigung, Feuchträume (nicht Bad oder Küchen in Wohnungen), Blumenfenster, Räume mit Klimaanlagen wie vor, jedoch mit ausgefülltem Falzraum
Scheibengröße	1 3 4 5	Einfachverglasung, Kantenlänge bis 0,80 m Verglasung mit Glashaltleiste, Rahmenmaterial, Kantenlänge, Dichtstoffvorlage (Wetterseite) und Farbton siehe Tabelle wie vor wie vor

Belastung der Glasauflage

Eine Zuordnung der Belastung der Glasauflage durch Scheibengröße und Gebäudehöhe zu einer Beanspruchungsgruppe erfolgt nicht. Die Belastungsgrößen dienen zur Wahl des Vorlegebandes und zur Information für das Herstellen von Verglasungssystemen und den Gläsern.

Beanspruchungsgruppen zur Verglasung von Fenstern

Beanspruchungsgruppen		1	2	3	4	5
Verglasungssysteme nach DIN 18545 Teil 3 Schematische Darstellung			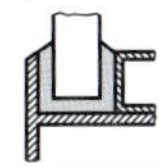	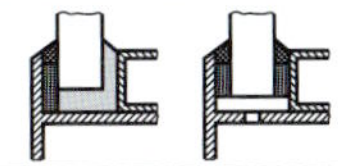	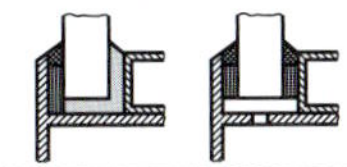	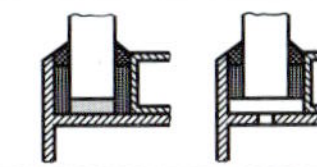
Kurzzeichen		Va 1	Va 2	Va 3 Vf 3	Va 4 Vf 4	Va 5 Vf 5
Beanspruchung aus						
Bedienung		Zuordnung über die Öffnungsart				
		Festverglasung, Drehfenster, Drehkippfenster				
				Schwingfenster, Hebefenster und Fenster mit vergleichbarer Beanspruchung		
Umgebungseinwirkung		Zuordnung über Einwirkung von der Raumseite				
						Feuchtigkeit
						Mechanische Beschädigung
Scheibengröße		Zuordnung über Rahmenmaterial, Kantenlänge und Dichtstoffvorlage				
Rahmenmaterial	Dichtstoffvorlage					
Aluminium Aluminium-Holz Stahl	3 mm		Farbton hell	Kantenlänge bis 0,80 m	bis 1,00 m	bis 1,50 m
			dunkel	bis 0,80 m	bis 1,00 m	bis 1,50 m
	4 mm		hell	bis 1,50 m	bis 2,00 m	bis 2,50 m
			dunkel	bis 1,25 m	bis 1,50 m	bis 2,00 m
	5 mm		hell	bis 1,75 m	bis 2,25 m	bis 3,00 m
			dunkel	bis 1,50 m	bis 2,00 m	bis 2,75 m
Holz	3 mm	Kantenlänge bis 0,80 m	bis 1,00 m	bis 1,50 m	bis 1,75 m	bis 2,00 m
	4 mm			bis 1,75 m	bis 2,50 m	bis 3,00 m
	5 mm			bis 2,00 m	bis 3,00 m	bis 4,00 m
Kunststoff	4 mm		Farbton hell	Kantenlänge bis 0,80 m	bis 1,00 m	bis 1,50 m
			dunkel	bis 0,80 m	bis 1,00 m	bis 1,50 m
	5 mm		hell	bis 1,50 m	bis 2,00 m	bis 2,50 m
			dunkel	bis 1,25 m	bis 1,50 m	bis 2,00 m
	6 mm		dunkel	bis 1,50 m	bis 2,00 m	bis 2,50 m
Scheibengröße		Belastung der Glasauflage in Abhängigkeit der Gebäudehöhe				
Gebäudehöhe	Lastannahme	Scheibengröße bis 0,5 m^2	bis 0,8 m^2	bis 1,8 m^2	bis 6,0 m^2	bis 9,0 m^2
8 m	0,60 kN/m^2	Belastung bis 0,16 N/mm	bis 0,22 N/mm	bis 0,35 N/mm	bis 0,70 N/mm	bis 0,90 N/mm
20 m	0,96 kN/m^2	bis 0,25 N/mm	bis 0,35 N/mm	bis 0,55 N/mm	bis 1,10 N/mm	bis 1,40 N/mm
100 m	1,32 kN/m^2	bis 0,35 N/mm	bis 0,50 N/mm	bis 0,75 N/mm	bis 1,50 N/mm	bis 1,90 N/mm

ift = Institut für Fenstertechnik e.V., Rosenheim, 04.83

5.3 Fenster

Dichtstoffe

Dichtstoffe sind für die Verglasung Fugendichtungsmassen, die im plastischen Zustand verarbeitet werden. Als Rohstoffe werden Acryl/Acrylat, Polyurethan, Polysulfid/Thiokol oder Silicon verwendet. Gemäß ihren Eigenschaften (DIN 18545) werden sie den Dichtstoffgruppen zugeordnet und mit dem entsprechenden Kennbuchstaben A, B, C, D oder E versehen, z.B. Dichtstoff DIN 18545-D.

Verglasungssysteme

Verglasungssystem ist der Oberbegriff für die Glasfalze, die Vorlegebänder, die Klötze, dem Einbau der Verglasungseinheiten und der Abdichtung zwischen der Verglasung und dem Rahmen. Sie werden nach den Beanspruchungsgruppen mit Hilfe der Tabelle ermittelt.

Es werden unterschieden :

- Verglasung mit freier Dichtstoffmasse (Va1)
- Verglasung mit Glashalteleiste und ausgefülltem Falzraum (Va2 – Va5)
- Verglasung mit Glashalteleiste und dichtstofffreiem Falzraum (Vf3 – Vf5)

V	Verglasungssystem	1 2 3 4 5	Beanspruchungsgruppen für die Verglasung
a	ausgefüllter Falzraum		
f	dichtstofffreier Falzraum		

Verglasungssysteme (DIN 18545)

Beanspruchungsgruppe		1	2	3	4	5
Verglasungssysteme mit ausgefülltem Falzraum (Va)						
Kurzzeichen		Va1	Va2	Va3	Va4	Va5
Werkstoffunabhängige, schematische Darstellung		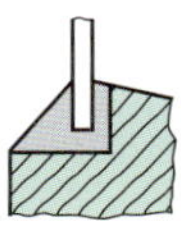	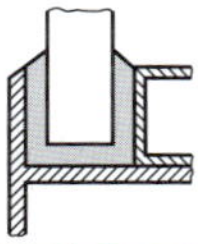	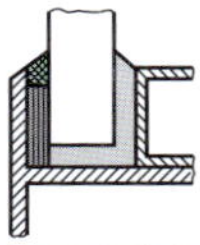	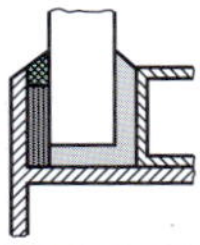	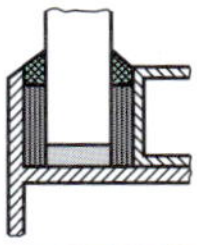
Dichtstoffgruppe nach DIN 18545	für Falzraum	A[1]	B	B	B	B
	für Versiegelung	–	–	C	D	E
Verglasungssysteme mit dichtstofffreiem Falzraum (Vf)						
Kurzzeichen				Vf3	Vf4	Vf5
Werkstoffunabhängige, schematische Darstellung		nicht möglich	nicht möglich	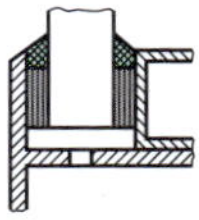	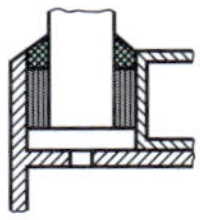	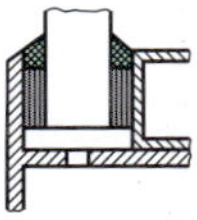
Dichtstoffgruppe nach DIN 18545	für Versiegelung			C	D	E

Dichtstoff des Falzraumes — Dichtstoff der Versiegelung — Vorlegeband

Verglasungssystem DIN 18545 Vf4: Verglasungssystem mit dichtstofffreiem Falzraum für die Beanspruchungsgruppe 4, längste Kantenlänge < 3000 mm bei Holzfenstern

1) Für das Verglasungssystem Va1 dürfen auch Dichtstoffe der Gruppe B eingesetzt werden, wenn sie von dem Hersteller dafür empfohlen werden.

Dampfdruckausgleich und Entwässerung

Bei den Verglasungssystemen Vf3 bis Vf5 muss der Falzraum einen Dampfdruckausgleich und eine Entwässerung haben. Die Mindestabmessungen für die entsprechenden gratfreien Öffnungen sind Rundlöcher ∅ 8 mm oder Schlitze 5 × 20 mm. Sie müssen die Feuchtigkeit zuverlässig nach außen abführen.

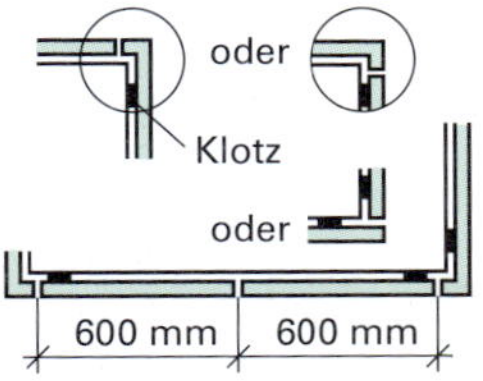

5

5.3 Fenster

Verglasung von Holzfenstern

Die neuen Fertigungstechniken und Materialien ermöglichen eine fachgerechte Verglasung ohne Vorlegeband. Es sind hierbei einige Grundsätze zu beachten um Schäden zu vermeiden.

Verglasung mit einseitig angebrachtem Vorlegeband

Vorlegeband an der Außenseite

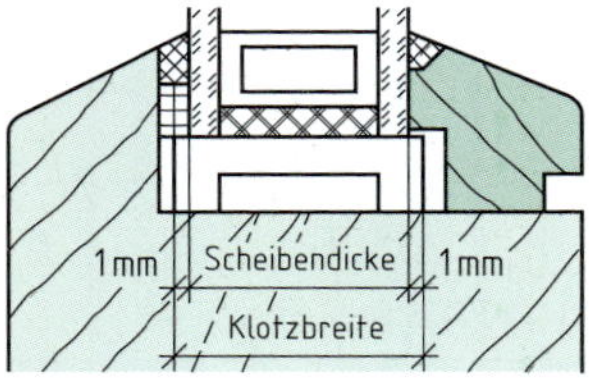

Dieses System kann wie die Systeme in der Tabelle ausgeführt werden.

Vorlegeband oder Dichtprofil an der Raumseite

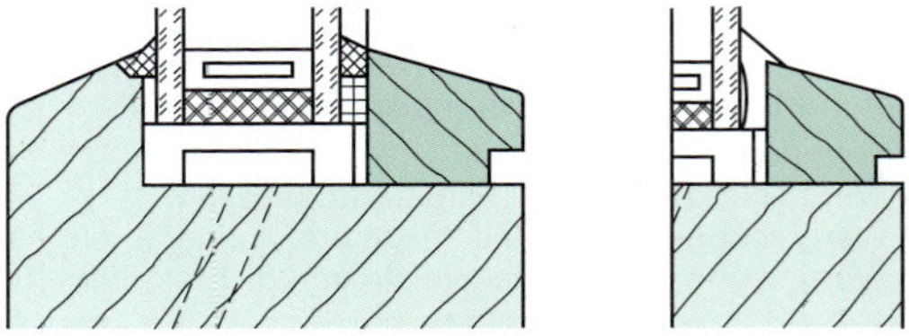

Diese Systeme sind wie die Systeme ohne Vorlegeband zu bewerten.

Verglasung ohne Vorlegeband

Verglasung ohne Vorlegeband kann nach dem System Vf mit geöffnetem Falzraum ausgeführt werden. Bei der Verwendung von Dichtprofilen muss gewährleistet sein, dass die mechanische Druckbelastung aufgenommen wird und die Scheibe gegen eine Lagenveränderung gesichert ist.
Die Auswahl der Dichtstoffe muss in Abstimmung mit dem Dichtstoffhersteller erfolgen. Eine Zuordnung der Dichtstoffe zu den Beanspruchungsgruppen (DIN 18545) ist nicht möglich.
Maßgebend ist die jeweils zur Zeit gültige Fassung.

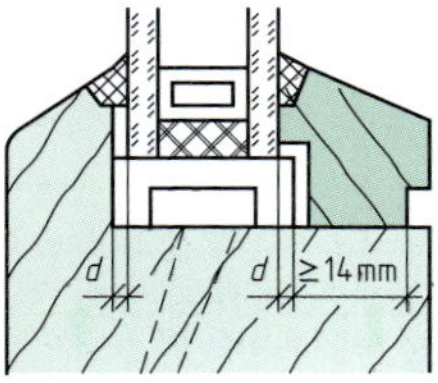

Ausführung A

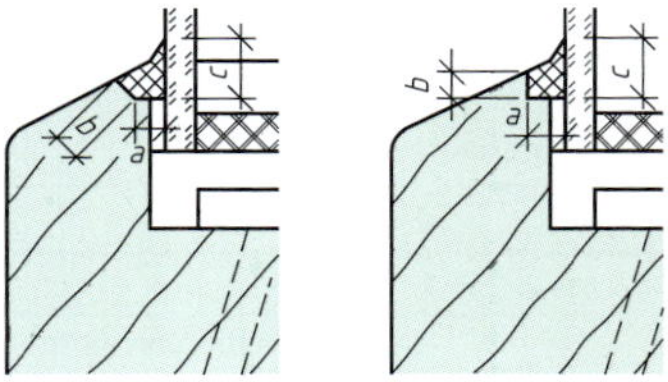

$a = 4$ mm
$b > 5$ mm
$c > 5$ mm
$2d = 2$ mm ... 2,5 mm

Alternative zu Ausführung A

Verklotzung bei verschiedenen Fensteröffnungsarten

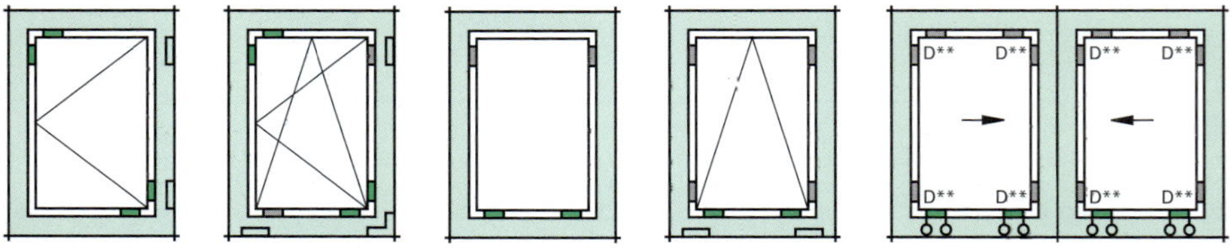

Drehflügel | Drehkippflügel | Festfeld | Kippflügel | Horizontal-Schiebefenster

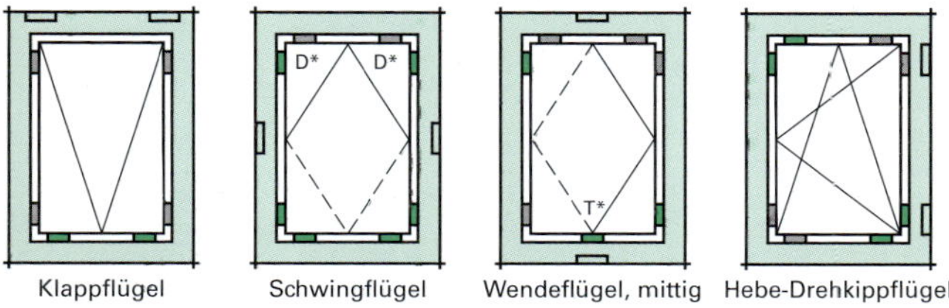

Klappflügel | Schwingflügel | Wendeflügel, mittig | Hebe-Drehkippflügel

T (Tragklotz) D (Distanzklotz)

D* werden bei umgeschwungenem Flügel zu Tragklötzen

D** Distanzklotz aus stoßdämpfendem Kunststoff

T* bei über 1 m breiten Scheiben sollen 2 Tragklötze von mindestens 6 cm Länge so über dem Drehlager liegen, dass die Ränder gleichmäßig belastet werden.

5

5.3 Fenster

Glasdickenempfehlung (vereinfacht)

Die benötigte Glasdicke kann aus den folgenden Diagrammen ermittelt werden.

Grundlage für die Berechnung ist die zulässige Biegespannung (Floatglas) 30N/mm², die Windlast nach DIN 1055 T4 (03.2005). Wird die Glasscheibe höher als 10 m über dem Boden eingebaut, muss die ermittelte Glasdicke mit den entsprechenden Faktoren der Tabelle, z.B. Binnenland, multipliziert werden.

Ermittlung der Faktoren
(Binnenland Auswahl)

Windzone (s. Seite 251)	Höhe über dem Boden 10 m ... 18 m Faktor
1	1,3
2	1,6
3	1,9
4	2,3

Beispiel (vereinfacht)

Benötigt wird für eine Einfachverglasung in einem Gebäude in der Windzone 1 bis zu 15 m Höhe eine Glasscheibe mit einer Größe von 150 cm × 200 cm. Aus dem Schnittpunkt der Kurve 150 und der Geraden 200 ergibt sich eine Glasdicke von 2,5 mm. Dieser Wert muss mit dem Faktor 1,3 multipliziert werden. Die Scheibendicke beträgt 3,25 mm. Gewählt wird eine 4 mm dicke Scheibe.

Diagramm zur Ermittlung von Glasdicken bei einer Einscheiben Verglasung

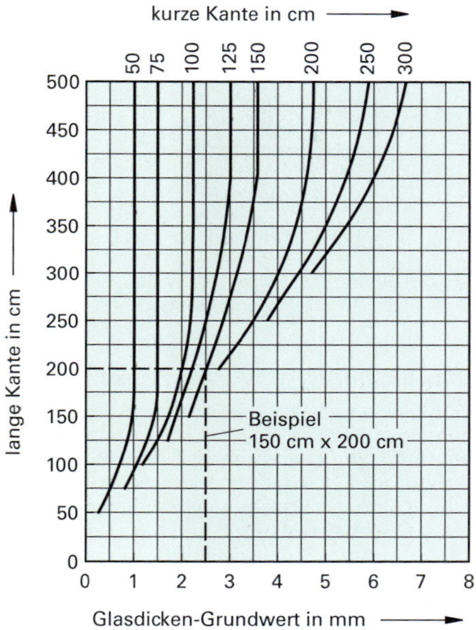

Diagramm zur Ermittlung der Glasdicken von Isolierglas unter Berücksichtigung des Kopplungseffektes bei vertikalem Einbau für die äußere und innere Glasscheibe. Die beiden unteren Tabellen gelten für eine normale Bauweise. Für einen anderen Einbau müssen die Faktoren der oberen Tabelle berücksichtigt werden.

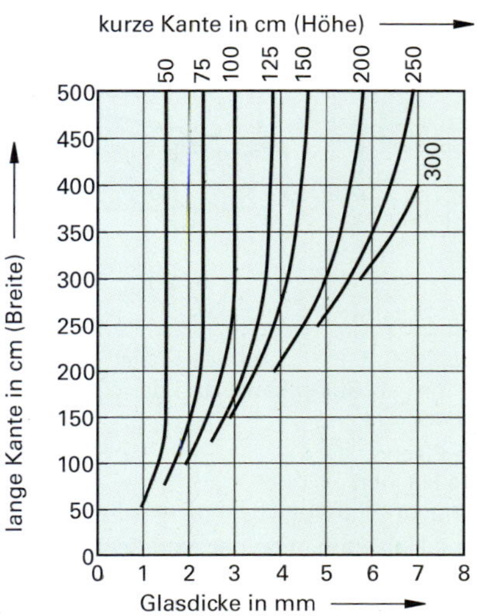

bis 8 m Einbauhöhe

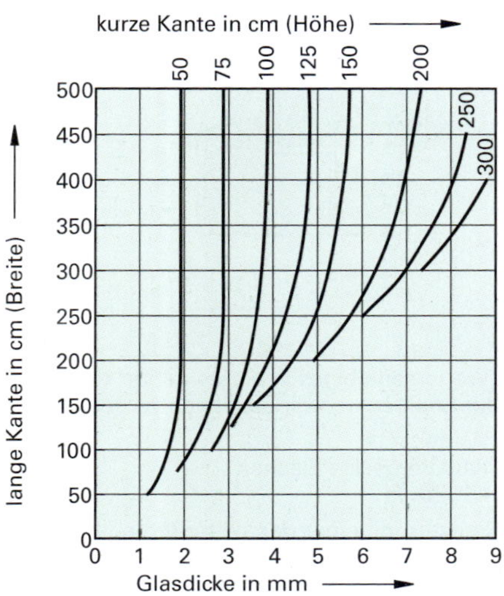

bis 20 m Einbauhöhe

5

5.3.12 Gebrauchsklassen für Holzfenster (DIN EN 335-1)

Die Fenster sind unterschiedlicher Witterung ausgesetzt. Darum müssen die einzelnen Bauteile unterschiedlich gegen Feuchtigkeit geschützt werden. Die Außenseite und besonders die waagerechten Flächen sind entsprechend zu behandeln.

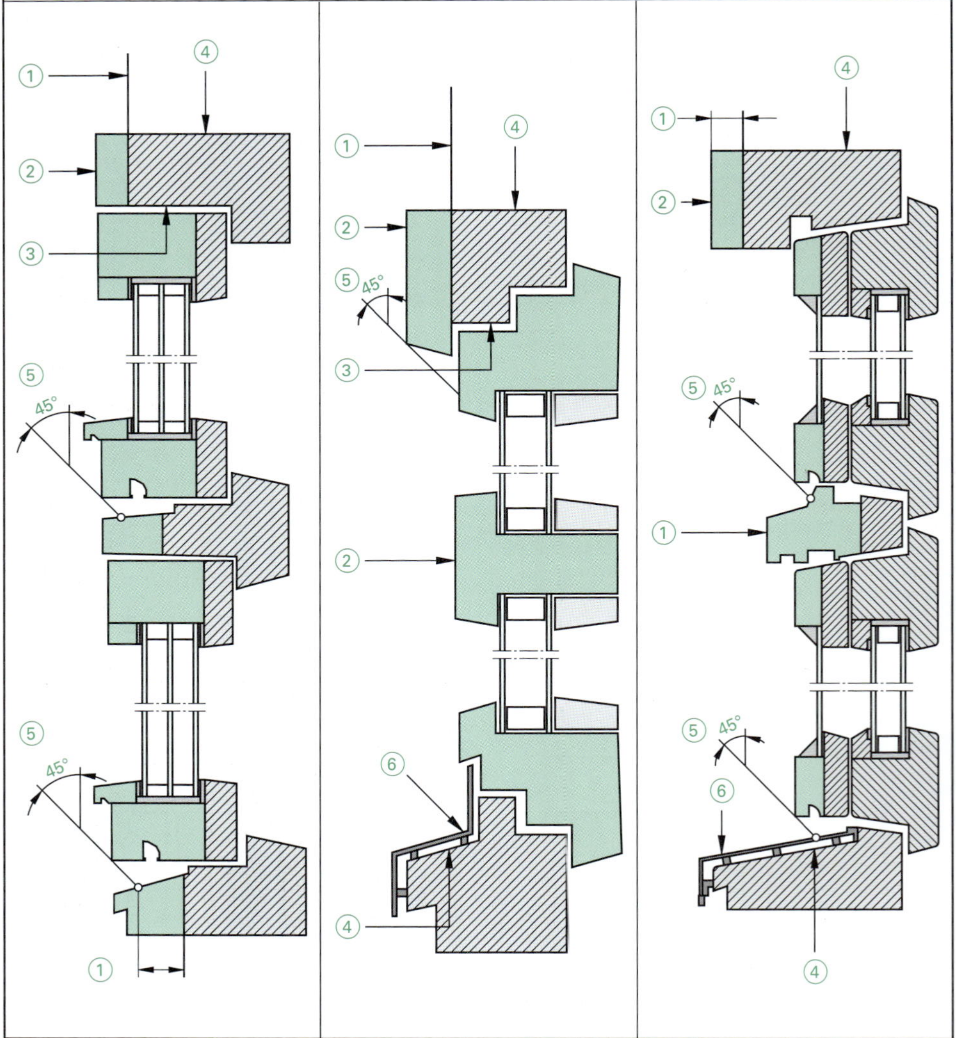

Zur Wetterseite eines Fensters gehört der Bereich von 15 mm ab Außenkante und der 45°-Punkt ab der Senkrechten für die etwas verdeckt liegenden Flächen.

1	Wetterseite	2	sichtbare Fläche
3	halb verdeckte Flächen	4	verdeckte Flächen
5	45°-Punkt	6	Bekleidungsprofil (Regenschiene usw.)

Für Fenster mit einer der Witterung ausgesetzten Seite sind Holzarten mit einer natürlichen Dauerhaftigkeit der Klasse 3 in der Regel ausreichend. Ebenso Holzarten mit einer natürlichen Dauerhaftigkeit der Klassen 1 oder 2. Bei Holzarten mit einer geringeren Dauerhaftigkeit muss ein entsprechender vorbeugender Holzschutz vorgenommen werden.

5

5.4 Innenausbau

5.4.1 Einbauschränke

Einbauschränke sind Bestandteile des Bauwerks. Details, mit denen sie sich von mobilen Schränken unterscheiden, sind Anschlüsse an das Bauwerk, Aufhängemöglichkeiten und Montagemöglichkeiten. Es werden Wandschränke und Schrankwände unterschieden.

Wandschränke bedecken eine den Raum begrenzende Wand nur zum Teil.

Schrankwände füllen eine den Raum begrenzende Wand ganz aus und können eine nichttragende Trennwand ersetzen.

Technische Regeln

Türen und **Schubkästen** müssen leicht gangbar sein und dicht schließen.

Rückwände, Füllungen und eingeschobene **Böden** müssen folgende Mindestdicken aufweisen:
- aus Sperrholz 6 mm
- aus Holzspanplatten 8 mm

Schubkästenböden mit einer Fläche über 0,25 m² aus Sperrholz müssen eine Mindestdicke von 6 mm haben.

Fachböden dürfen sich unter Belastung maximal 1/250, liegen bewegliche Konstruktionsteile unter ihnen 1/300 ihrer Länge durchbiegen.

Luftzwischenraum von Schrankteilen und Raumwand mindestens 25 mm, Lüftungsöffnungen mindestens 25 cm²/m² Schrankfront

Einbaugeräte und **Beleuchtungen** mit Wärmeentwicklung mit mindestens 25 mm Luftzwischenraum montieren. Luftzirkulation muss gewährleistet sein.

Abstand von **Holzteilen zu Schornsteinen** mindestens 70 mm bzw. von Innenkante Rauchrohr 200 mm.

System 32

Für die rationelle Fertigung von Einbauschränken wird das 32-mm-Lochreihensystem oft angewandt.
X und Y = Mehrfaches von 32 mm

Höhe = $X + 2 \cdot B$ (mm) Tiefe = $Y + 2 \cdot 37$ (mm)

B entspricht der halben Bodenstärke

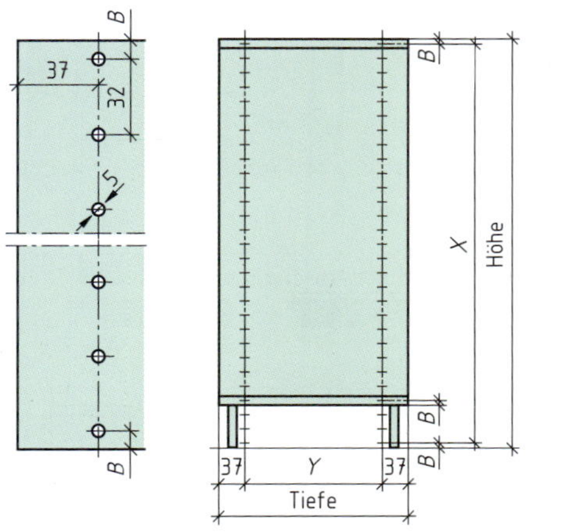

Aufbausysteme

① gesonderter Schrankkörper mit Frontrahmen, ② raumhohe Schrankelemente, ③ einzelne Kastenelemente, ④ Kastenelemente mit Tablaren in Tragseiten, ⑤ Einzelteile

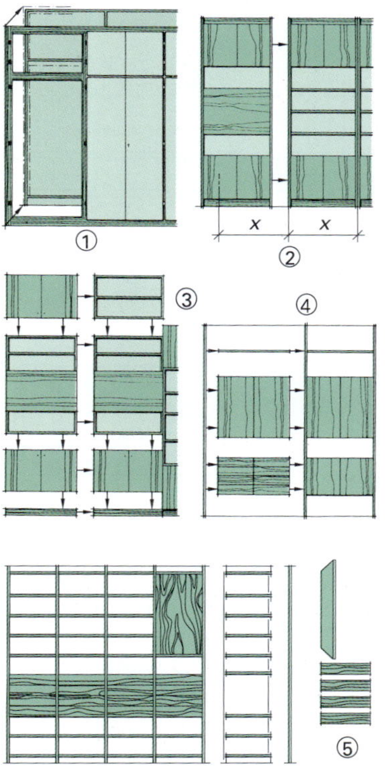

Wandanschlüsse (Beispiel)

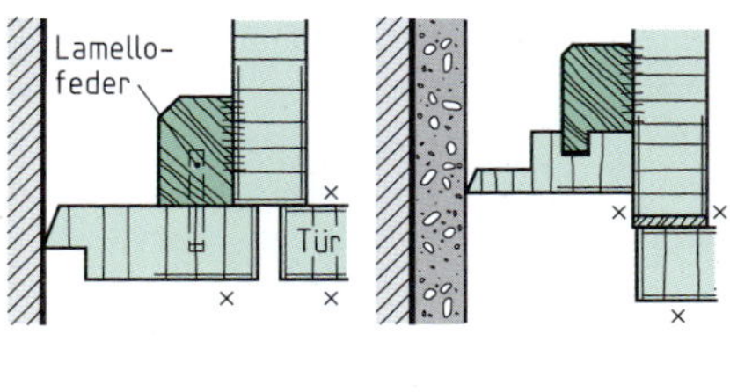

5

5.4 Innenausbau

5.4.2 Wände – Nichttragende Trennwände

Nach DIN 4103 sind dies Wände, die überwiegend durch ihr Eigengewicht beansprucht werden, aber auch Konsollasten und senkrecht auf ihre Fläche wirkende stoßartige und statische Belastungen aufnehmen können.

Arten:

nach Konstruktion	nach Flexibilität	nach technischer Anforderung
• Gerippewände • Elementwände • Raumtrenner	• fest eingebaut • demontierbar • versetzbar • beweglich	• schalldämmend • wärmedämmend • feuerhemmend

Rastersysteme bei Elementwänden

Achsrastersystem

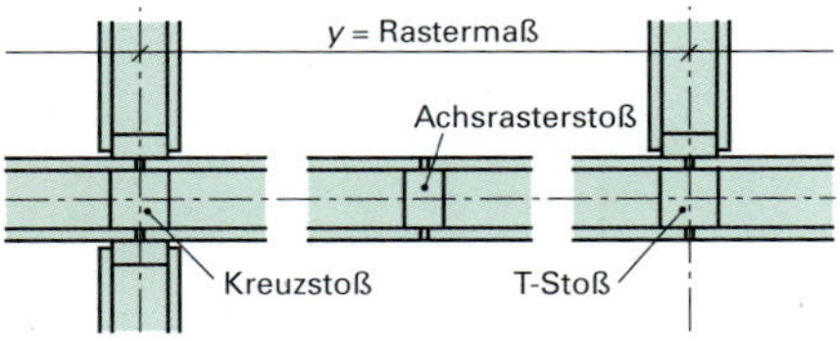

5

Bandrastersystem

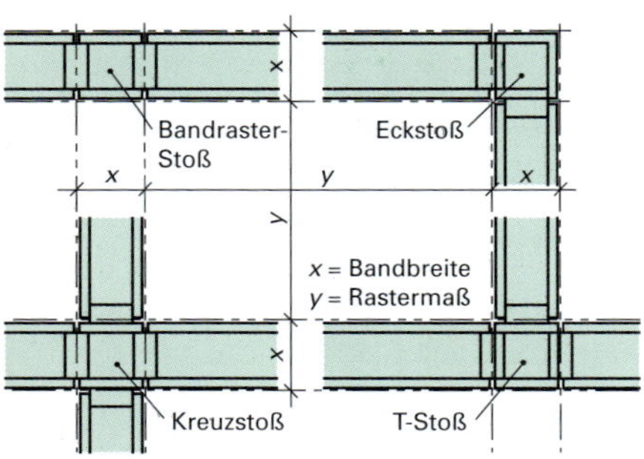

Anwendungsbereiche:

I) geringe Menschenansammlungen (Wohnungen)

II) große Menschenansammlungen (Versammlungsräume usw.)

Standsicherheit bei statischer und dynamischer Belastung

Streifenlast in 0,9 m Höhe		Konsollast in 1,65 m Höhe	Stoßbelastung weich	Stoßbelastung hart
bei I	0,5 kN/m	0,4 kN/m bei Wandabstand < 0,30 m	50 kg bei v = 2,0 m/s	1,0 kg bei v = 4,47 m/s
bei II	1,0 kN/m			
bei Unterkonstruktion in Holzbauart entfallen Nachweise				

Mindestquerschnitte *b*/*h* in mm für Holzstiele bei Achsabstand a = 625 mm

Anwendungsbereich	Wandhöhe H in mm	Beliebige Beplankung	Beidseitig Beplankung, verbunden
I	2600	60/60	40/40
	3100		40/60
	4100	60/80	40/80
II	2600		40/60
	3100	60/80	
	4100		40/80

Mindestdicken der Beplankung

a (mm)		1250/3	1250/2
Holzwerkstoffe			
• ohne Bekleidung	d (mm)	10	13
• mit Bekleidung	d (mm)	8	10
Gipskartonplatten	d (mm)	12,5	12,5

Nichttragende Trennwand

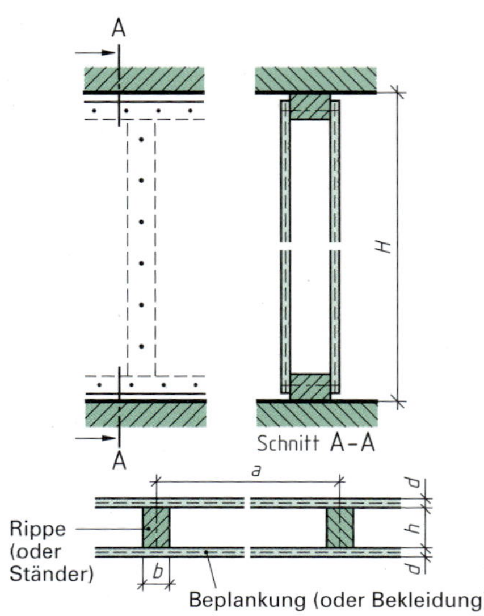

5.4 Innenausbau

5.4.3 Wandverkleidungen

Für das Bekleiden von Innenwänden liegen optische und technische Gründe vor.

Optische Gründe		**Technische Gründe**			
Raumeindrücke verändern	Raum erscheint wertvoller	Wärmedämmung verbessern	Verbesserung der Schalldämmung und der Raumakustik	Ausgleich von Unebenheiten Überdecken von Rissen, Fugen	Abdecken von Installationen

Arten

Verstäbung	Verbretterung	Rahmentäfelung	Plattentäfelung
Stabartig gegliederte Täfelung, meist Vollholzleisten	Schmale Bretter Profilbretter DIN 68126 Horizontaler oder vertikaler Fugenverlauf	Rahmen mit Füllungen aus beschichteten Holzwerkstoffen oder Vollholz eingefälzt oder eingenutet	(Paneelen DIN 68740) Beschichtete Holzwerkstoffe großflächige Gliederung
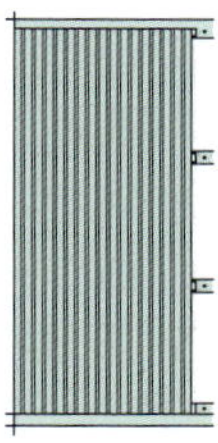	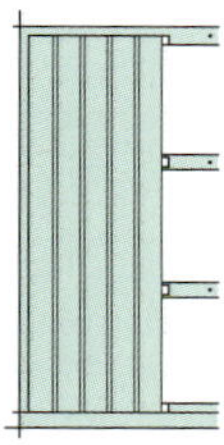		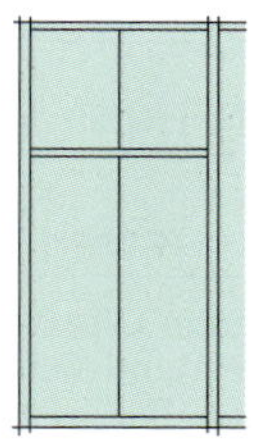

Verwendete Werkstoffe: Vollholz und Holzwerkstoffe, furniert und beschichtet
Platten aus Kunststoffen, Metallen, Gips

Wände können raumhoch, bis zur Türhöhe oder brüstungshoch verkleidet sein

Unterkonstruktion

Latten, gehobelt	Querschnitt in mm 24/48 oder 30/50
Lattenabstand e_1 = 600 mm bis 800 mm Richtwert e_1 = 50 × Plattendicke	
Befestigungsabstand e_2 = 500 mm bis 600 mm	
Luftzwischenraum mindestens 20 mm bis 25 mm Luftzirkulation muss bei Feuchtigkeitsanfall gewährleistet sein, Lüftungsschlitze 20 cm²/m² Wandfläche	

Befestigungsmittel

sichtbar	Nägel, Ziernägel, Schrauben ohne oder mit Zierkappen
unsichtbar	• in Nut nageln oder klammern • kleben • Einhängebeschläge, Nuthölze

Klammern

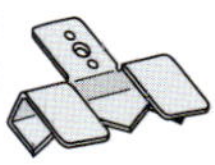

Haken

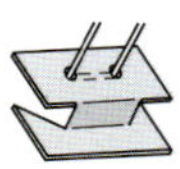

Krallen

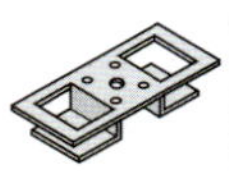

Beispiel: Unterkonstruktion

für senkrechte Wandverkleidung

① Latten
② Schrauben
③ Befestigungsmittel
④ Verkleidung

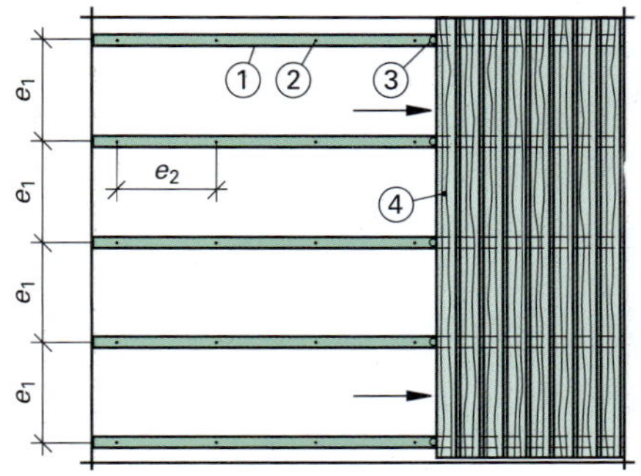

Wandverkleidung mit Wärmedämmung

① Verkleidung
② Dampfsperre
③ Dämmstoff
④ Feder
⑤ Fugenkralle
⑥ Lattung 24 mm/48 mm

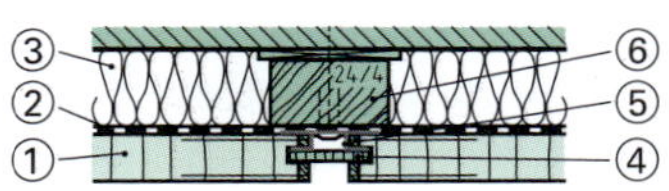

5.4.4 Deckenverkleidungen

Deckenverkleidungen werden aus gleichen Gründen wie Wandverkleidungen angebracht. Besonderheiten sind in DIN 18168 festgelegt. Ihr Geltungsbereich bezieht sich auf „Leichte Deckenbekleidungen und Unterdecken" mit einer Eigenlast bis 50 kg/m².

Arten

nach Unterkonstruktion

direkt am tragenden Bauteil befestigt
Deckenbekleidungen

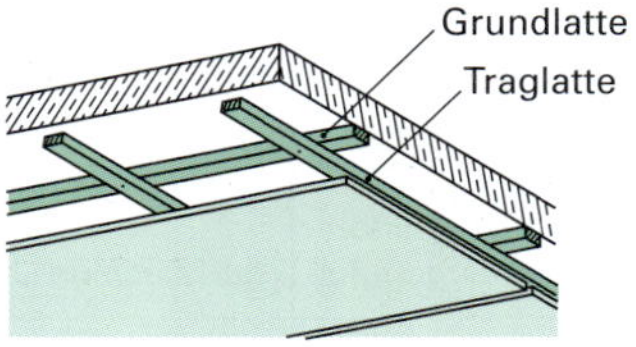

vom tragenden Bauteil abgehängt
Unterdecken

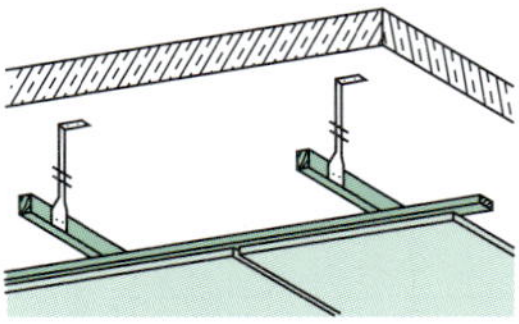

nach Konstruktion der Decklage

Balkendecke | Bretterdecken | Plattendecken | Kassettendecken | Sonderdecken

nach technischen Anforderungen (zusätzlich zu Wandverkleidungen)

Akustikdecken | Lichtdecken | Lüftungsdecken

Tragende Teile (Verankerungselemente, Abhänger, Unterkonstruktion, Verbindungselemente) müssen fest und sicher sein. Zulässige Verformung und Tragkraft dieser Teile darf nicht überschritten werden. Bei Ausfall von einem tragenden Teil darf kein fortlaufender Einsturz der Decke erfolgen.

Holz-Unterkonstruktion
(Teile, die die Decklage tragen)

Holz entsprechend der Güteklasse II, DIN 4074 vollkantig, Feuchtigkeitsgehalt nach Baubedingungen maximal 20 %

Latten müssen an jedem Kreuzungspunkt mit zugelassenen Verbindungselementen verbunden werden, es darf je Punkt eine Schraube verwendet werden, Einschraubtiefe > 5 × Schraubenschaftdurchmesser, jedoch mindestens 24 mm

Holz-Abhänger müssen mindestens einen Querschnitt von 10 cm² und eine Dicke von 20 mm haben

Mindestquerschnitte und Stützweiten

		Breite mm	Dicke mm	Stützweite mm
Traglattung		48 50	24 30	650 800
Grundlattung:	direkt	60	40	1100
(abgehängt)	indirekt	40	60	1400

Beispiel: Unterkonstruktion

Direkt

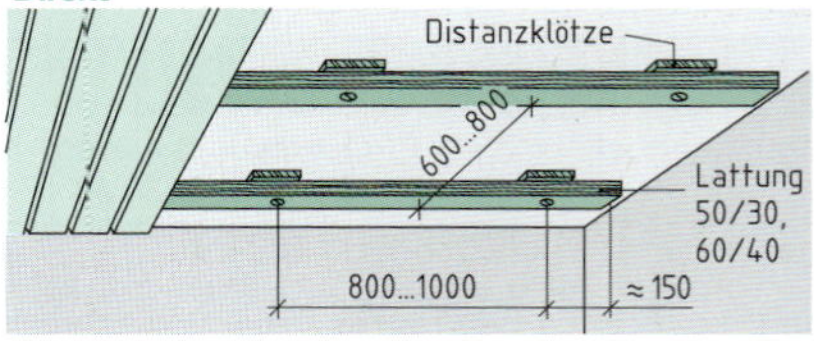

Abgehängt

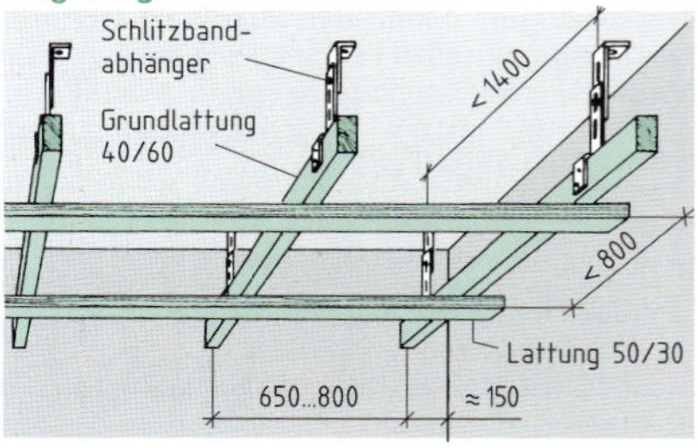

Akustikdecken sind schallschluckend. Gute Schallabsorption wird erreicht, wenn die Verkleidung mindestens 20 cm abgehängt wird.

Beispiel: Decke mit Profilbrettern
Akustikbretter DIN 68112

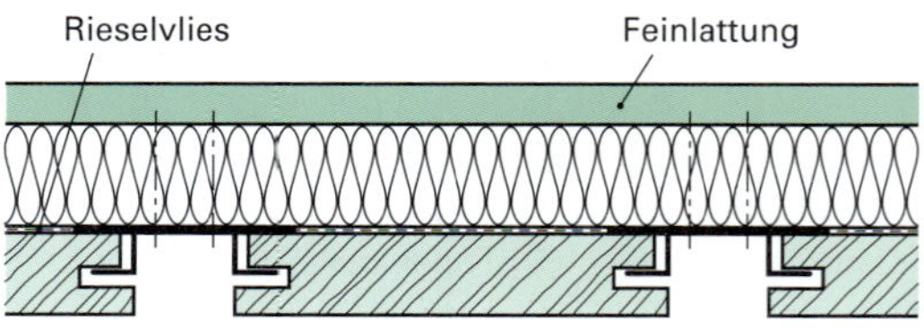

5

5.4 Innenausbau

5.4.5 Holzfußböden

Holzfußböden werden bei Betondecken auf Lagerhölzer, auf Holzbalkendecken oder auf alte Fußbodenbeläge verlegt. Sie können direkt befestigt oder schwimmend aufgebracht werden. Gegen aufsteigende Bodenfeuchtigkeit ist zu sperren.

Fußbodenarten

Art	Beschreibung	Verlegebeispiele, Technische Daten
Dielen-Fußboden	Gespundete Bretter, einseitig gehobelt meist aus Fichten- oder Kiefernholz auf Deckenbalken und Kanthölzer genagelt oder geschraubt 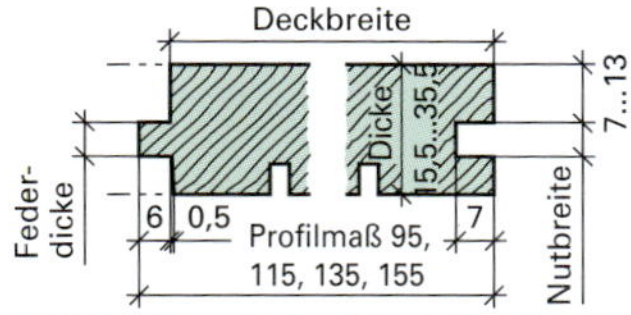	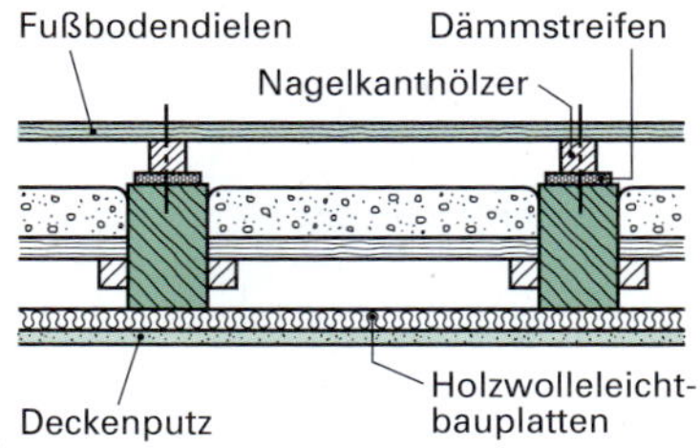
Riemen-Fußboden	Gehobelte Bretter, etwa 100 mm breit Langriemen (Raumlänge), gespundet Kurzriemen, meist ringsum genutet, werden im Schiffsverband verlegt, verdeckt an Feder genagelt	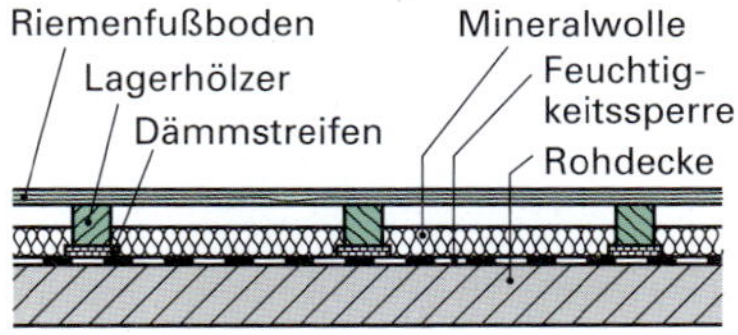 Holzfußboden auf Lagerhölzern
Trocken-Unterböden	Verlegeplatten, P5 (evtl. mit Pilzschutz) gespundet oder genutet 1. Verlegen auf Lagerhölzer oder Deckenplatten, Plattendicken 13 bis 25 mm, geschraubt, zulässige Stützweiten festgelegt nach DIN 68771, Tabelle 1 2. Vollflächig schwimmende Verlegung auf einer Zwischenschicht (elastische Dämmschicht) 3. Abdecken und Ausgleichen von vorhandenen Holzfußböden, Plattendicke in der Regel 10 mm ausreichend	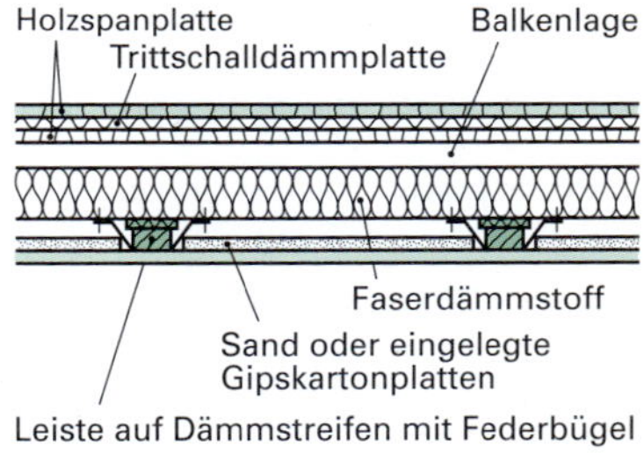
Parkett (Arten siehe Kapitel 2.8)	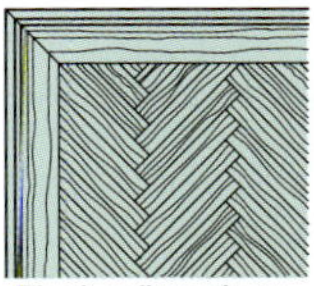 Fischgrätparkett	 Würfelparkett | 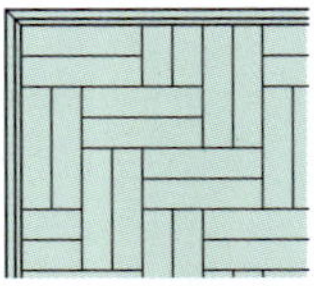 Flechtmuster (Kurzstäbe) | 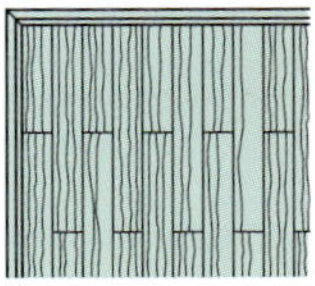 Schiffsverband
Holzpflaster	Holzklötze, Hirnholz ist Lauffläche RE-V für Wohnbereich, öffentliche Räume RE-W für Werkräume GE für gewerbliche Zwecke	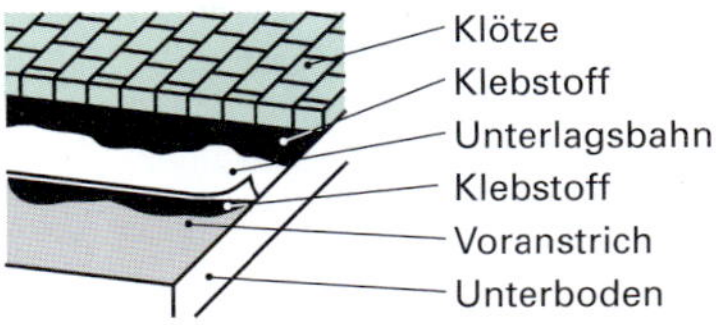
Dielen mit Kunststoff-oberfläche	Dielen mit MDF-Kern und Kunststoff-Laminat-Oberfläche, verschleißfest und unempfindlich, verschiedene Dekore	Handelsmaße: Länge 128,0 cm Breite 19,5 cm Stärke 6,4 mm

5

5.5 Treppen

Treppen dienen der Überwindung von Höhenunterschieden. Die Treppe muss beim Begehen sicher und bequem sein. Die DIN 18065-01/2000 gilt für Treppen in und an Gebäuden, ausgenommen sind Treppen für die besondere Verordnungen oder Richtlinien bestehen; wie z.B. für Krankenhäuser, Geschäftshäuser, Gaststätten, Schulbauten, Hochhäuser, usw. Treppen werden nach Arten und Konstruktion unterschieden.

5.5.1 Treppenarten

Treppenarten nach Form der Läufe (Lauflinie)

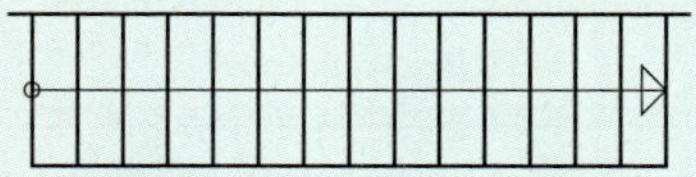

einläufige gerade Treppe

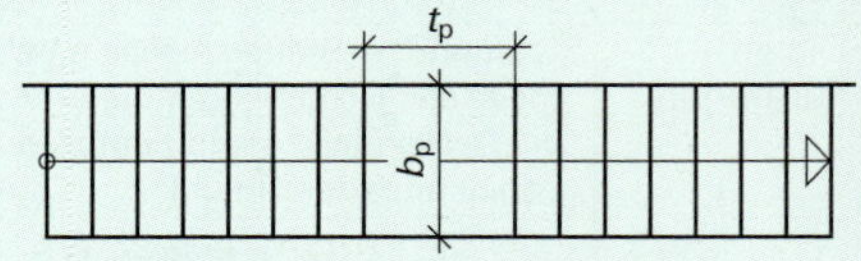

zweiläufige gerade Treppe mit Podest

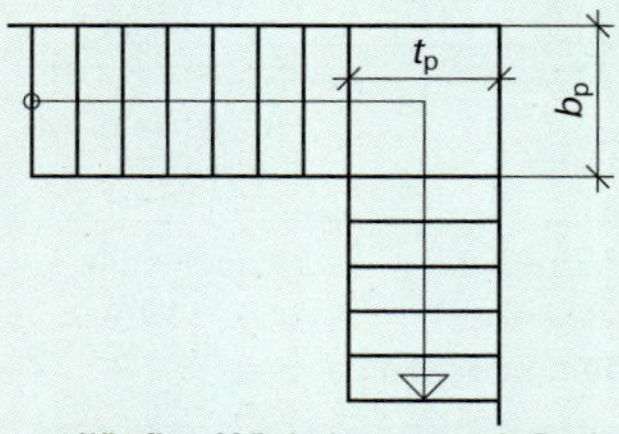

zweiläufige Winkeltreppe mit Podest

Lauflinie
Antritt
Austritt
t_p Podesttiefe
b_p Podestbreite

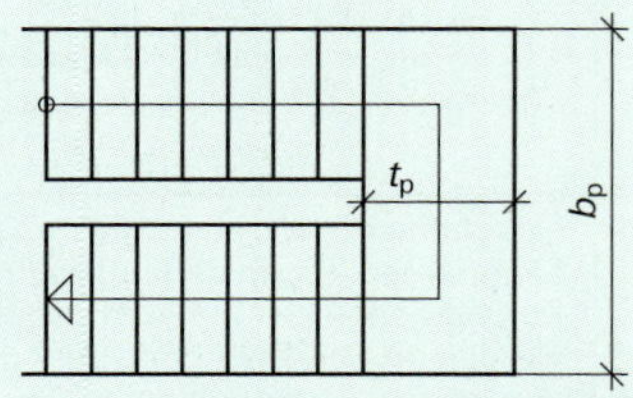

zweiläufige Treppe mit Zwischenpodest

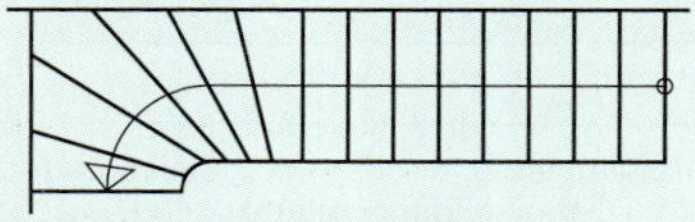

einläufige Treppe viertelgewendelt

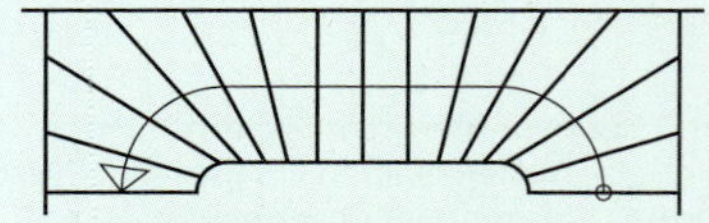

einläufige Treppe, An- und Austritt einviertelgewendelt

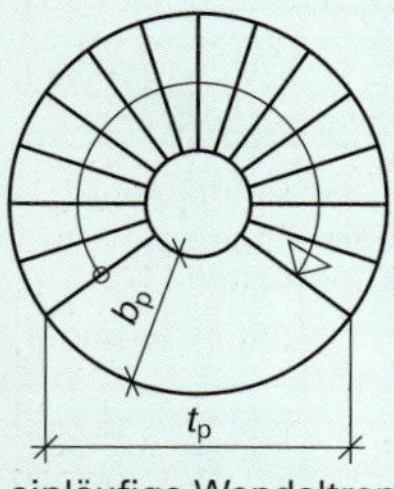

einläufige Wendeltreppe mit Treppenauge

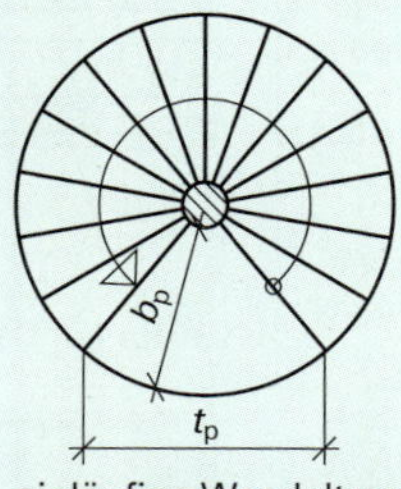

einläufige Wendeltreppe (Spindeltreppe)

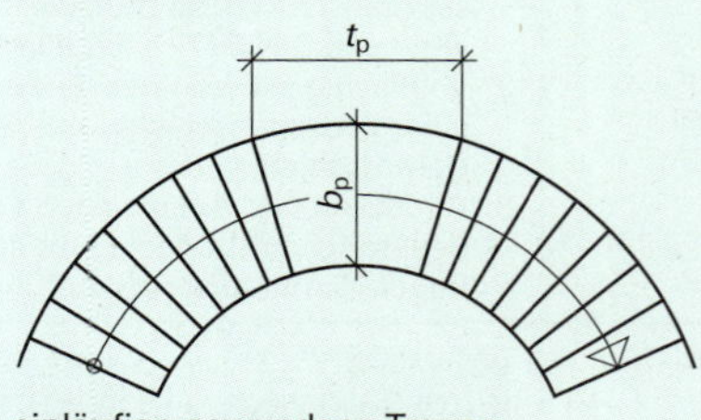

einläufige gewundene Treppe

Konstruktion der Treppen

Hauptsächlichste Unterscheidungsmerkmale bezüglich der Art und der Ausbildung von Stufenauflage bzw. Einbau.

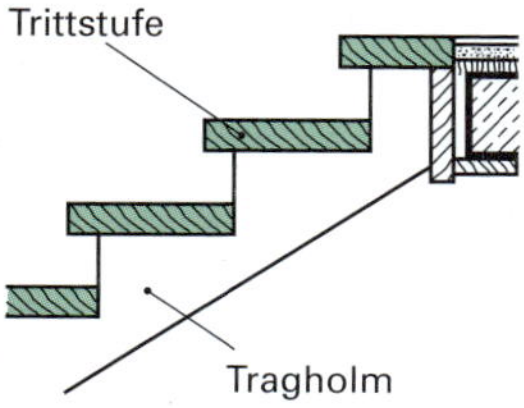

aufgesattelte Treppe

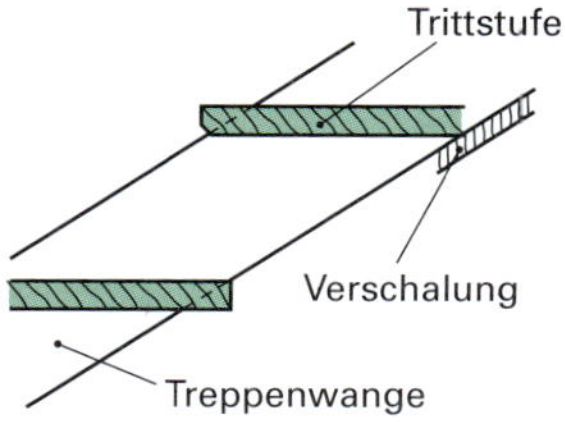

eingeschnittene Treppe

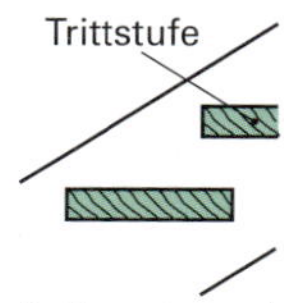

halbgestemmte Treppe

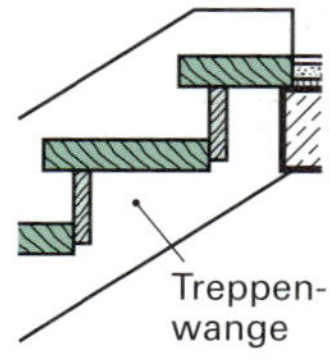

gestemmte Treppe

5

5.5 Treppen

5.5.2 Maßbegriffe und Bezeichnungen

Treppenlauf	mindestens drei Treppenstufen hintereinander
Lauflinie	gedachte Linie, die den üblichen Laufweg angibt
Lauflänge	Grundrissmaß der Lauflinie von der Vorderkante Antrittstufe bis Vorderkante Austrittstufe
Laufbreite	Grundrißmaß der Konstruktionsbreite
Nutzbare Laufbreite	lichtes Fertigmaß zwischen Wand und gebrauchsfertiger Innenkante Handlauf bzw. beidseitigen Handläufen

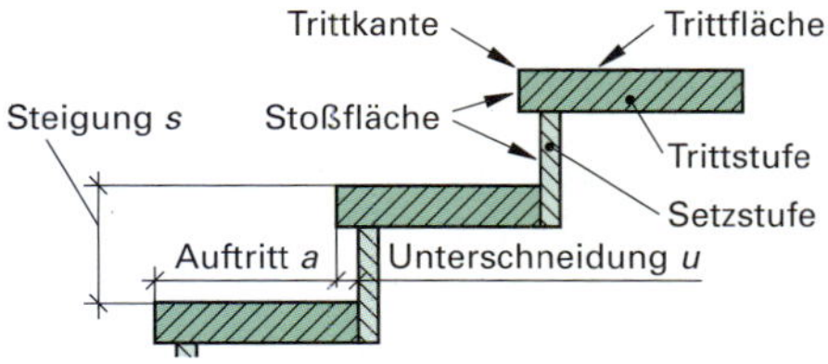

Bezeichnung an Stufen

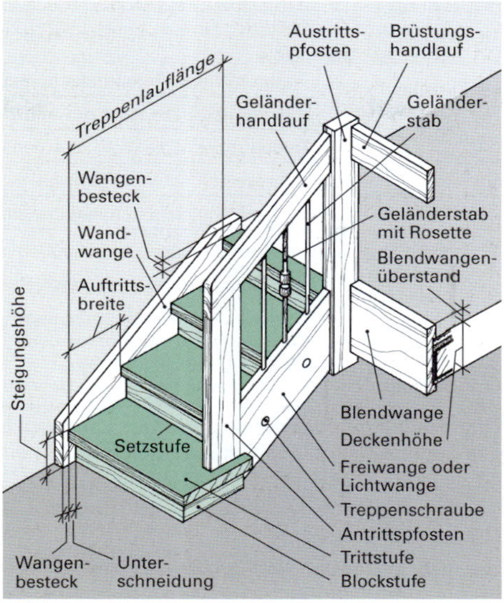

Bezeichnung von Treppenteilen

Toleranzen für Stufen und Steigungen

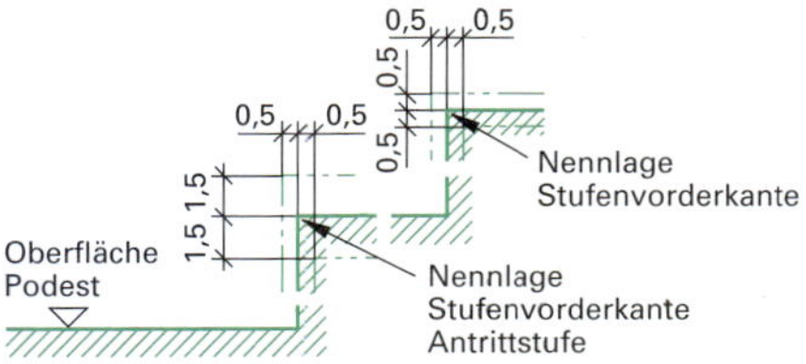

Das Istmaß von Steigung *s* und Auftritt *a* innerhalb eines fertigen Treppenlaufes darf gegenüber dem Nennmaß um nicht mehr als 0,5 cm abweichen. Für vorgefertigte Treppen in Gebäuden mit nicht mehr als zwei Wohnungen darf das Istmaß der Steigung der Antrittstufe höchstens 1,5 cm vom Nennmaß abweichen.

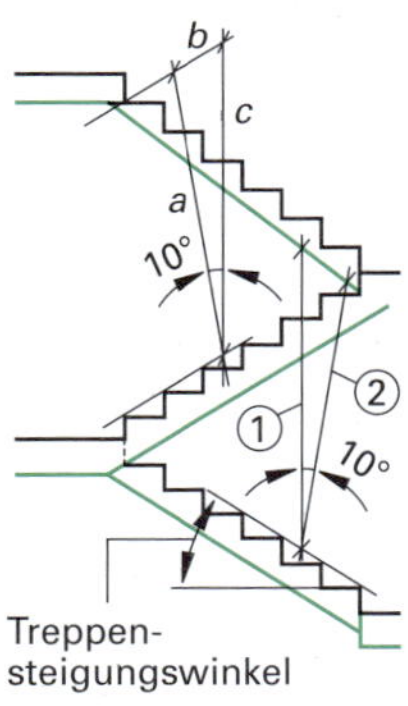

① lichte Treppendurchgangshöhe
② tatsächliche Treppendurchgangshöhe (abwärtsgehend)

Treppendurchgangshöhen (abwärtsgehend) in cm			
Treppen-steigungs-winkel	lichte Treppen-durchgangshöhe		
	200	210	220
30°	184	194	203
35°	181	190	199
40°	177	186	195
45°	173	181	190
50°	168	176	185

Durchgangshöhen Berechnung: $a = c \cdot \frac{\sin \alpha}{\sin \gamma}$

Stufengröße

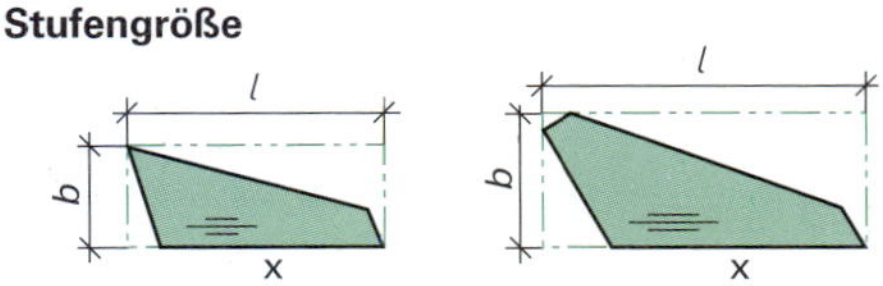

x Stufenvorderkante
═ Faserverlauf

l Stufenlänge
b Stufenbreite

Stufenlänge und Stufenbreite ist das Maß des kleinstumschriebenen Rechteckes, das der Stufenvorderkante bezogen auf die Einbaulage anliegt.

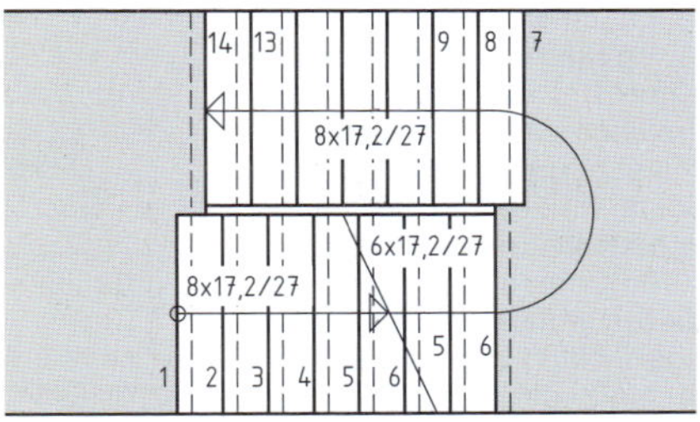

Grundriss und Lauflinie bei 2 Etagen

5.5.3 Maßliche Anforderungen

Maßlich Anforderungen (DIN 18 065) Maße in cm

Gebäudeart	Treppenart	Treppenlaufbreite	Steigung s[2]	Auftritt a[3]
Wohngebäude mit mehr als zwei Wohnungen[1]	Treppen, die zu Aufenthaltsräumen führen	≥ 80	≤ 20	≥ 23[4]
	Kellertreppen, die nicht zu Aufenthaltsräumen führen	≥ 80	≤ 21	≥ 21[5]
	Bodentreppen, die nicht zu Aufenthaltsräumen führen	≥ 50	≤ 21	≥ 21[5]
Sonstige Gebäude	Baurechtlich notwendige Treppen	≥ 100	≤ 19	≥ 26
Alle Gebäude	Baurechtlich nicht notwendige (zusätzliche) Treppen	≥ 50	≤ 21	≥ 21

1) schließt auch Maisonette-Wohnungen in Gebäuden mit mehr als zwei Wohnungen ein.
2) aber nicht < 14 cm } Festlegung des Steigungsverhältnisses *s/a*
3) aber nicht > 37 cm }
4) Bei Stufen, deren Treppenauftritt *a* unter 26 cm liegt, muss die Unterschneidung *u* mindestens so groß sein dass insgesamt 26 cm Trittfläche ($a + u$) erreicht werden
5) Bei Stufen, deren Treppenauftritt *a* unter 24 cm liegt, muss die Unterschneidung *u* mindestens so groß sein, dass insgesamt 24 cm Trittfläche ($a + u$) erreicht werden.

Die Treppengeländerhöhe ist in der Landesbauordnung und im Arbeitsschutzrecht festgelegt. Der lichte Abstand von Geländerteilen darf in einer Richtung 12 cm nicht überschreiten ▶ S. 289.

Treppen-Lichtraumprofil, Maße und Benennung (DIN 18065)

Gehbereiche, Lauflinie

Die lichte Treppendurchgangshöhe richtet sich nach der Landesbauordnung bzw. der DIN. Bei nutzbaren Laufbreiten bis 100 cm hat der Gehbereich eine Breite von 2/10 der Laufbreite und liegt im Mittelbereich der Treppen, Krümmungsradien der Begrenzungslinien des Gehbereiches müssen mindestens 30 cm betragen. Bei Laufbreiten über 100 cm (außer Spindeltreppen) beträgt die Breite des Gehbereiches 20 cm. Der Abstand des Gehbereiches von der inneren Begrenzung der Laufbreite beträgt 40 cm. Der Auftritt ist in der Lauflinie zu messen. Im Krümmungsbereich der Lauflinie ist der Auftritt gleich der Sehne, die sich durch die Schnittpunkte der gekrümmten Lauflinie mit den Stufenvorderkanten ergibt. Die Lauflinie kann vom Planer bei Treppen mit gewendelten Läufen frei innerhalb des Gehbereiches gewählt werden. Sie ist stetig und hat keine Knickpunkte. Ihre Richtung entspricht der Laufrichtung der Treppe. Krümmungsradien der Lauflinie müssen mindestens 30 cm betragen. Nach höchstens 18 Stufen soll ein Zwischenpodest angeplant werden.

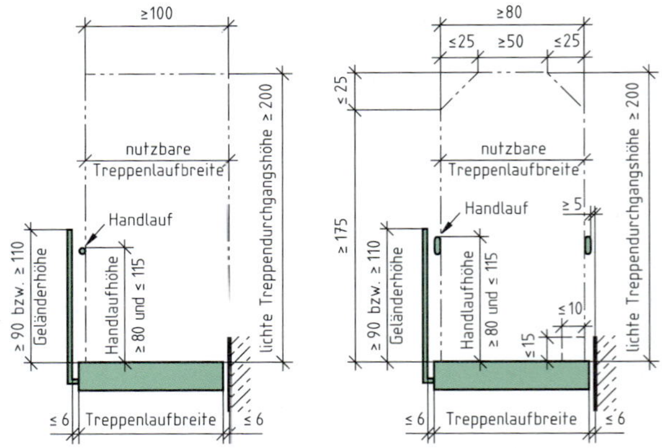

Treppen-Lichtraumprofil

Nutzbare Treppenlaufbreite

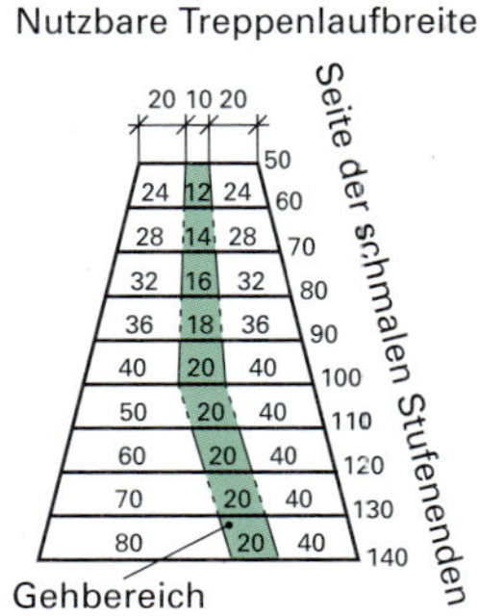

Diagramm des Gehbereichs für gewendelte Treppen, sowie für Treppen, die aus gewendelten und geraden Treppenteilen bestehen.

Nutzbare Treppenlaufbreite

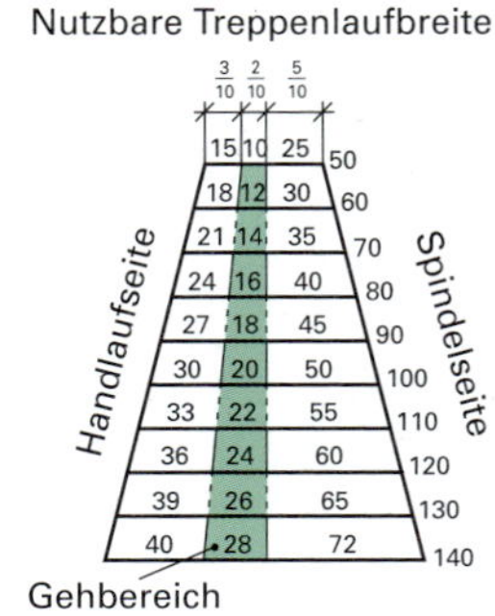

Diagramm des Gehbereichs für Spindeltreppen

5.5 Treppen

Steigungsverhältnisse

Steigungsverhälnisse bestimmen das Verhältnis zwischen Steigung ***s*** (Tritthöhe) und Auftritt ***a*** (Trittlänge). Das Steigungsverhältnis ***s*/*a*** wird von der Schrittlänge in der Horizontalen und von der Steigungsmöglichkeit in der Vertikalen abgeleitet. Die Schrittlänge beträgt im Mittel 63 cm, die Steigungshöhe 31 cm. Daraus leitet sich die sogenannte Schrittmaßregel ab.

Schrittmaßregel:	**2 Steigungen + 1 Auftritt**	**= 59 cm … 65 cm üblich 63 cm**
Sicherheitsregel:	**1 Steigung + 1 Auftritt**	**= 46 cm**
Bequemlichkeitsregel:	**1 Auftritt – 1 Steigung**	**= 12 cm**

Das günstigste Steigungsverhältnis entspricht einer Neigung von ca. 30° bis 37° mit einem Verhältnis *s*/*a* = 17/29 cm. Sie berücksichtigt alle drei Regeln.

Beispiel: Geschosshöhe 273 cm; Grundmaß 428 cm

Steigung	Höhe : Steigung	= 273 cm : 17 cm = 16,05 gewählt 16 Steigungen
Steigungshöhe	Höhe : Steigungen	= 273 cm : 16 = 17,25 cm

Bei 16 Steigungen ergeben sich 15 Auftritte.

Auftrittbreite Grundmaß : Auftritte = 428 cm : 15 = 28,53 cm

Kontrolle: 2 × 17,25 cm + 28,53 cm = 63,03 cm
17,25 cm + 28,53 cm = 45,78 cm   28,53 cm – 17,25 cm = 11,28 cm

Die Treppe erfüllt alle in sie gestellten Erwartungen.

Geometrische Verfahren zur Bestimmung von Steigungs- und Schrittlängenverhältnissen

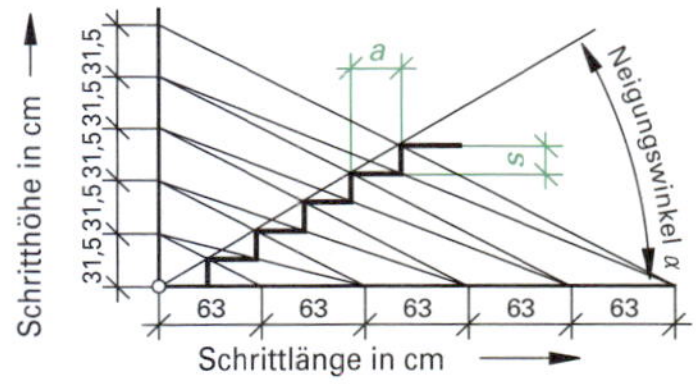

Zeichnerische Ermittlung des Steigungsverhältnisses mit Hilfe des Neigungswinkels

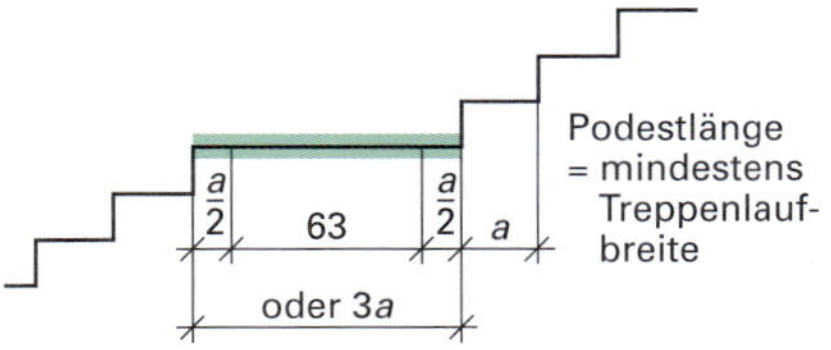

Ermittlung der Podestlänge

Bemessungstabellen

Trittstufen für Wangen- und aufgesattelte Treppen

Treppenstufen ohne Setzstufen sind nach DIN EN 1991-1-1 für eine Einzellast Q_k = 2,0 kN zu bemessen. Die rechnerische Durchbiegung darf 1/300 · l_s nicht überschreiten. Der Dimensionierung liegen die zulässigen Materialkennwerte DIN 1052 zugrunde.

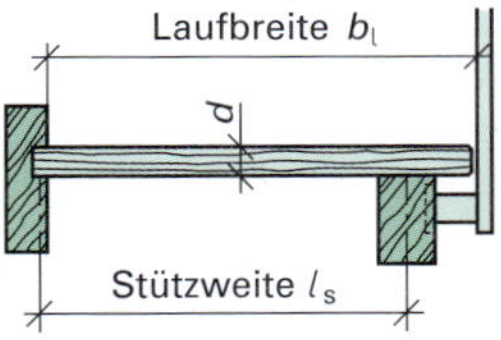

Stützweiten bei Treppenstufen

Dicke von Trittstufen für Wangentreppen und aufgesattelten Treppen (*F* = 1,5 kN nach DIN 1055)

Werkstoffart	Stufendicke *d* in mm										
Vollholz und Holzwerkstoffe mit Decklagen	Stützweite l_s in mm	800		900		1000		1100		1200	
	Stufenbreite *a* in mm	240	300	240	300	240	300	240	300	240	300
Nadelholz Gütekl. DIN 4074 z.B. Fichte, Kiefer, Lärche, Tanne	Mindestdicke empfohlene Dicke	32 40	30 40	35 45	32 45	37 45	35 45	40 50	37 50	42 55	39 55
Eiche, Buche mittlere Güte (Hartholz)	Mindestdicke empfohlene Dicke	30 40	28 40	32 45	30 45	35 45	32 45	37 50	34 50	39 55	37 55
Bau-Furnierplatten (DIN 68705)	Mindestdicke empfohlene Dicke	36 40	34 40	39 45	36 45	42 45	39 45	45 50	42 50	48 55	44 55
Verbundstufen BFU/BST/BFU	Decklage je Gesamtdicke	4 46	4 46	4 46	4 46	5 48	5 48	6 50	6 50	8 54	8 54
Verbundstufen FU/BST/FU (FU=Hartholzfurnier)	Decklage je Gesamtdicke	2 48	– 44	3 50	2 48	4 52	3 50	5 54	4 52	6 56	5 54
Verbundstufen BFU/P2/BFU	Decklage je Gesamtdicke	4 46	4 46	5 48	4 46	6 50	5 48	8 54	6 50	10 58	8 54
Verbundstufen P2	Decklage je Gesamtdicke	10 58	8 54	13 64	10 58	16 70	13 64	16 70	16 70	19 76	16 70

5.5 Treppen

Treppenwangen für gestemmte und halbgestemmte Treppen

Die nebenstehende Tabelle enthält Wangenmindestquerschnitte für Treppenlaufbreiten bis 1,20 m und für Geschosshöhen bis 3,00 m. Die Dimensionierung erfolgt für Nadelholz S 10 nach DIN 4074, die Durchbiegung der Wangen wurde mit $l_s \cdot 1/300$ begrenzt. Bei der Verwendung brettschichtverleimter Wangen oder Wangen aus Hartholz sind die Tabellenwerte höher als erforderlich.

Wangenhöhe h_w in cm
für gerade Treppen bis 1,20 m Laufbreite

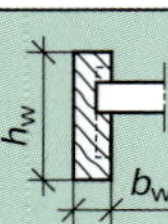

Stützweite l in m	Wangenbreite b_w in cm 4,2	5,2	6,2
< 3,25	28	28	28
< 3,50	30	28	28
< 3,75	–	28	28
< 4,00	–	30	28
< 4,25	–	32	30
< 4,50	–	34	32

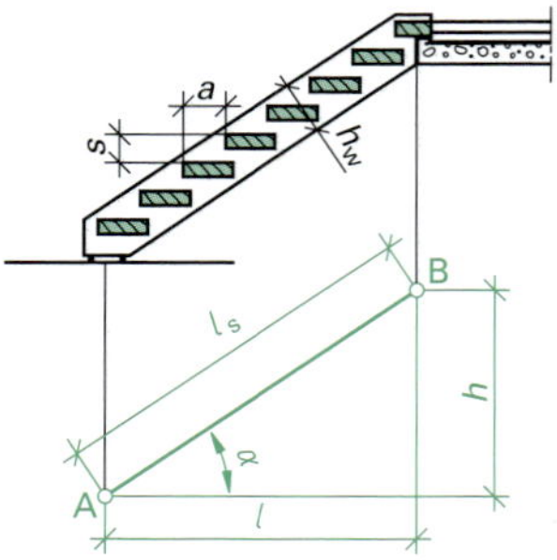

Tragholme für aufgesattelte Treppen

Die Tragholme sind gerade Einfeldträger mit unterem und oberem Deckenanschluss. Die statischen Nachweise werden mit dem Nettoquerschnitt b_w/h_w durchgeführt, d.h. die gezahnte Holmform bleibt unberücksichtigt. Die ungünstigsten Werte nach DIN 18065 zugrunde gelegt: Steigungsverhältnisse = Neigung bis 1:1, entsprechend = 45°, Geschosshöhe = Treppenhöhe bis 3,00 m (bei längeren Treppen). Die Tragholme sind nach DIN EN 1991-1-1 für Verkehrslasten q_k = 2,0 kN/m² bemessen. In Geländerhöhe wurde die Horizontalkraft $H = \pm 0{,}5$ kN/m berücksichtigt. Die rechnerische Durchbiegung der Holme unter Vertikalbelastung wurde mit $l_s \cdot 1/300$ begrenzt.

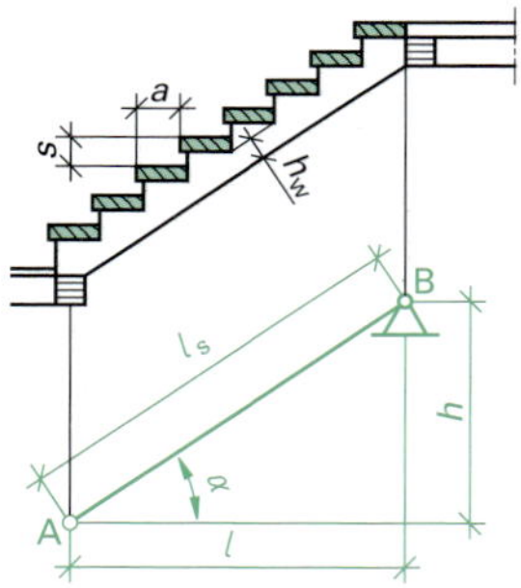

5

Tragholmhöhen h_w in cm für Tragholme aus Bauschnittholz[1)]

Stützweite	Treppenhöhe	Treppenlaufbreite in m: b = 0,80				b = 1,00				b = 1,20			
		Breite b_w in cm				Breite b_w in cm				Breite b_w in cm			
l in m	h in m	5,5	8,5	10,5	12,5	5,5	8,5	10,5	12,5	5,5	8,5	10,5	12,5
1,50	≦ 1,50	10,5	9,5	8,5	–	10,5	9,5	8,5	–	11	10	9	–
2,00	≦ 2,00	13,5	11,5	10,5	–	14	12	11	–	14,5	12,5	12	–
2,50	≦ 2,50	17	14	13	12,5	17,5	15	14	13	18,5	16	14,5	14
3,00	≦ 3,00	–	16,5	15,5	15	–	18	16,5	15,5	–	19	17,5	16,5
3,50	≦ 3,00	–	19	18	17	–	20	19	18	–	21,5	20	19
4,00	≦ 3,00	–	21,5	20	19	–	22,5	21	20	–	24	22,5	21
4,50	≦ 3,00	–	24	22	21	–	25	23,5	22	–	26,5	25	23,5

Tragholmhöhen h_w in cm für Tragholme aus Brettschnittholz[1)]

Stützweite	Treppenhöhe	Treppenlaufbreite in m: b = 0,80				b = 1,00				b = 1,20			
		Breite b_w in cm				Breite b_w in cm				Breite b_w in cm			
l in m	h in m	5,5	8,5	10,5	12,5	5,5	8,5	10,5	12,5	5,5	8,5	10,5	12,5
1,50	≦ 1,50	10,5	9,5	8,5	–	10,5	9,5	8,5	–	10,5	9,5	8,5	–
2,00	≦ 2,00	13	11	10,5	–	13,5	11,5	11	–	14	12	11,5	–
2,50	≦ 2,50	16	13,5	12,5	12	16,5	14,5	13,5	12,5	17,5	16	14	13,5
3,00	≦ 3,00	–	16	15	14,5	–	17	16	15	–	18	17	16
3,50	≦ 3,00	–	18,5	17,5	16,5	–	19,5	18,5	17,5	–	20,5	19,5	18,5
4,00	≦ 3,00	–	21	19,5	18,5	–	22	20,5	19,7	–	23	21,5	20,5
4,50	≦ 3,00	–	23	21,5	20,5	–	24,5	22,5	21,5	–	25,5	24	22,5

1) Berechnung nach DIN 1055, p = 3,5 kN/m²

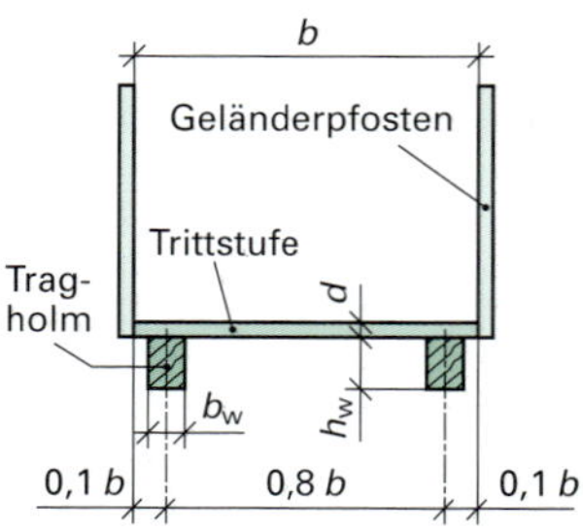

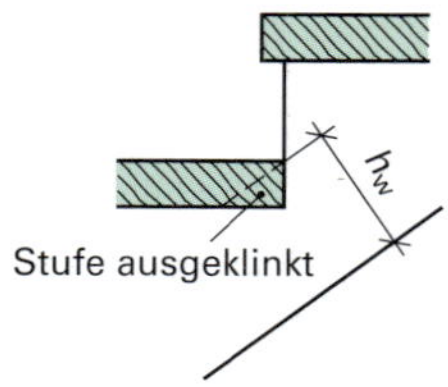

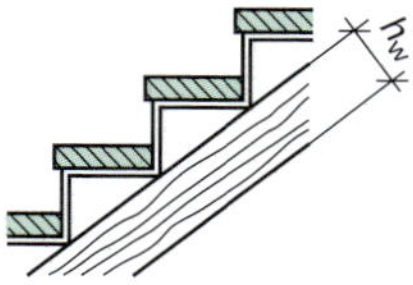

5.5 Treppen

Beispiel Treppenhaus

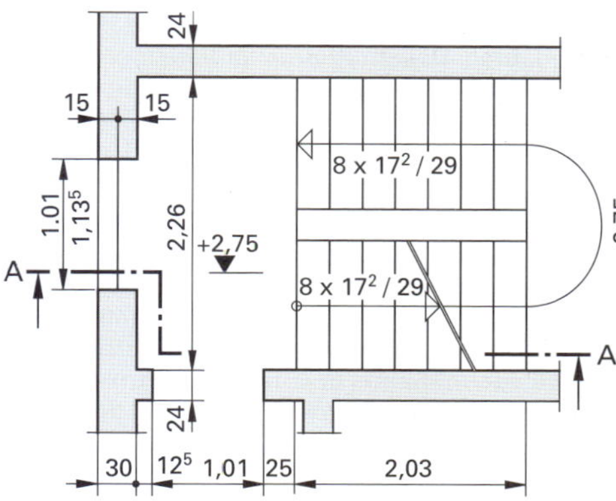

Grundriss (Ausschnitt) M 1:50 - m, cm

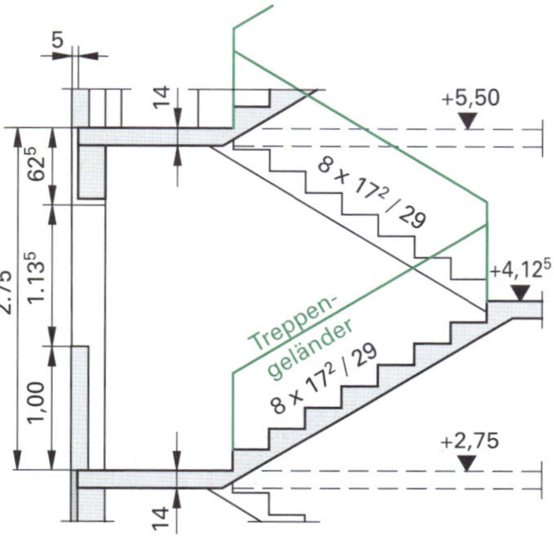

Schnitt A – A M 1:50 - m, cm

Treppengeländer und Treppenhandläufe

Treppengeländer sind als Abschluss freier Treppen vorgeschrieben und bestehen aus **Handlauf** und **Geländerfüllung.** Die lotrechte Höhe des Handlaufes muss mindestens 90 cm betragen, gemessen von der vorderen Kante der Trittstufe. Senkrechte Geländerfüllungen dürfen einen lichten Abstand von 12 cm nicht überschreiten. In Treppenneigung verlaufende Geländerfüllungen dürfen untereinander einen maximalen Abstand von 12 cm nicht überschreiten.

Absturz-höhen	Gebäudearten	Treppen-geländer-höhe
bis 12 m[1)]	Wohngebäude und andere Gebäude, die nicht der Arbeitsstätten-verordnung unterliegen	≥ 90 cm[2)]
bis 12 m[1)]	Arbeitsstätten	≥ 100 cm[3)]
über 12 m	für alle Gebäudearten	≥ 110 cm

[1)] außerdem bei größeren Absturzhöhen, wenn das Treppenauge bis 20 cm breit ist.

[2)] nach Bauordnungsrecht

[3)] nach Arbeitsschutzrecht

Liegt das Treppengländer neben dem Treppenlauf oder dem Treppenpodest, so muss seine Unterkante so weit herunter gezogen werden, dass sie mit einer gedachten Verbindungslinie von *a*/2 jeder Stufe zusammen fällt.

Treppenhandläufe sind in der Höhe so anzubringen, dass sie bequem genutzt werden können. Sie sollen dabei nicht tiefer als 80 cm und nicht höher als 115 cm angebracht sein, gemessen lotrecht über Stufenvorderkante bis Oberkante Handlauf.

Es ist üblich die Oberkante des Treppengeländers als Treppenhandlauf auszubilden. Dabei müssen jedoch die vorgenannten Bedingungen eingehalten werden. Ein Treppengeländer höher als 115 cm benötigt daher einen gesonderten tiefer liegenden Handlauf.

Der Seitenabstand des Handlaufes von benachbarten Bauteilen muss mindestens 5 cm betragen.

Gestaltung von Schutzkonstruktionen

Die einzelnen Stäbe werden direkt mit den Stufen verbunden oder es werden Rahmenkonstruktionen mit dem Treppenlauf verbunden. Als Gestaltungselemente bieten sich Füllstäbe, Bänder, Seile, Drähte oder Gitter, Lochbleche, Gasfüllungen an.

Geländerfelder können aus Holz- oder Metallstäben, geschlossenen, gegliederten oder transparenten Tafeln aus Sperrholz, Metallblechen, Verbundsicherheitsglas, Gitterrosten oder Acrylglas bestehen.

5.5.4 Verziehen von gewendelten Treppen

Der Treppengrundriss stellt die Draufsicht der Treppe mit der Treppenbreite und der Mittellinie in der Regel die Lauflinie dar. Auf der Lauflinie wird die Auftrittsbreite *a* (Stufenvorderkante) aufgetragen. Durch die symmetrische Lage des Spickeltrittes zur Teppenachse liegen die verzogenen Stufen ebenfalls symmetrisch zur Treppenachse. Jede Verziehung muss dazu führen, dass die Veränderungen bis zu den nächsten Stufen gleichmäßig verlaufen. Die Ermittlung der Veränderung kann durch die rechnerische Lösung bzw. die Winkel-, Verhältnis-, Kreis- oder Leistenmethode erfolgen. Die Winkel- und Leistenmehode werden exemplarisch dargestellt.

Winkelmethode

Bei der Winkelmethode werden durch Rechnung die Lauflängen l_1 und l_2 der zu verziehenden Stufen ermittelt. In einem zusätzlichen Aufriss wird ein rechter Winkel gezeichnet. Auf dessen horizontaler Achse wird die aufzuteilende Lauflänge l_2 abgetragen und darüber im Winkel von etwa 20° eine schräge Linie in der Länge l_1 gezogen. Auf dieser Linie werden die Auftrittsbreiten *a* und $a/2$ entsprechend der Anzahl der zu verziehenden Stufen abgetragen. Die Verlängerung der Verbindungspunkte *C* – *D* über *C* bis zur senkrechten Linie ergibt den Schnittpunkt *E*. Von diesem Punkt werden Linien zu den auf l_1 abgetragenen Stufenteilungen gezogen. Die Kreuzungspunkte auf der Linie l_2 ergeben die Stufenbreite der verzogenen Stufen auf der Freiwange.

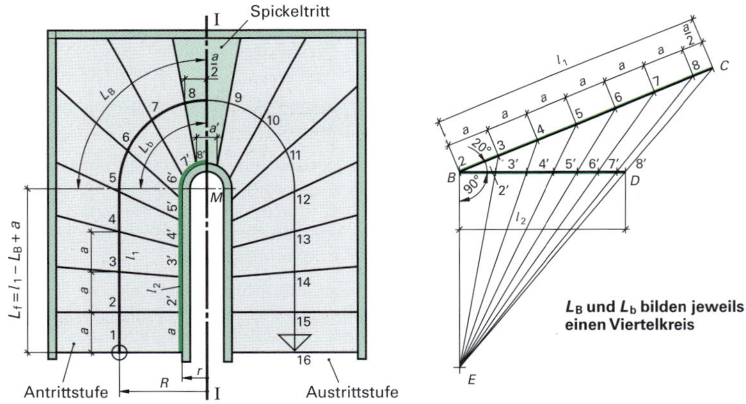

Aufriss einer halbgewendelten Treppe nach der Winkelmethode

5

Leistenmethode

Bei der Leistenmethode wird der Treppengrundriss mit An- und Austritt, Spickeltritt, Lauflinie und den Auftrittsbreiten *a* aufgerissen. Leisten werden so an den Teilungspunkten der Lauflinie angelegt, dass die Schmalseiten der zu verziehenden Stufen vom Spickeltritt ausgehend allmählich breiter werden. Wenn alle Leisten in der gewünschten Lage ausgerichtet sind, werden auf den Wangen die entsprechenden Punkte aufgezeichnet und mit einander verbunden.

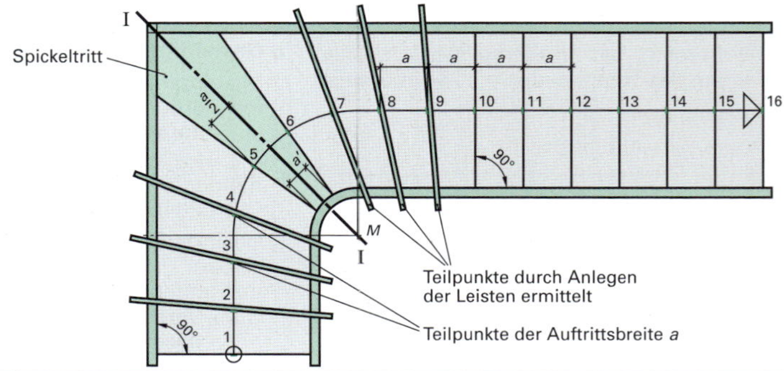

Aufriss einer viertelgewendelten Treppe nach der Leistenmethode

5.6 Küchen

Sanitär- und Elektroinstallation

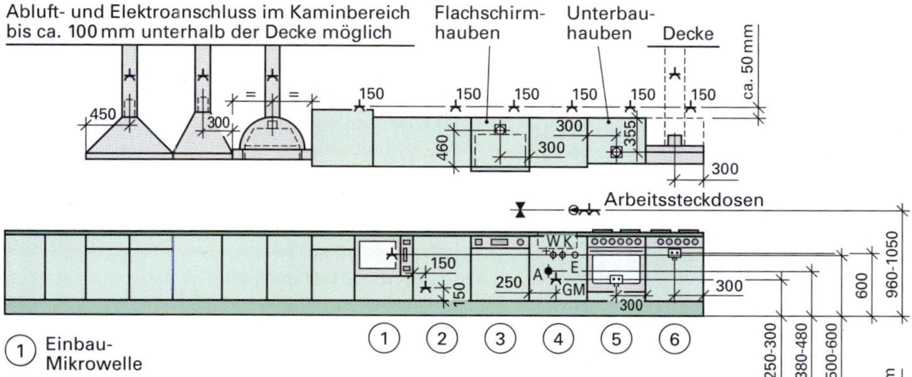

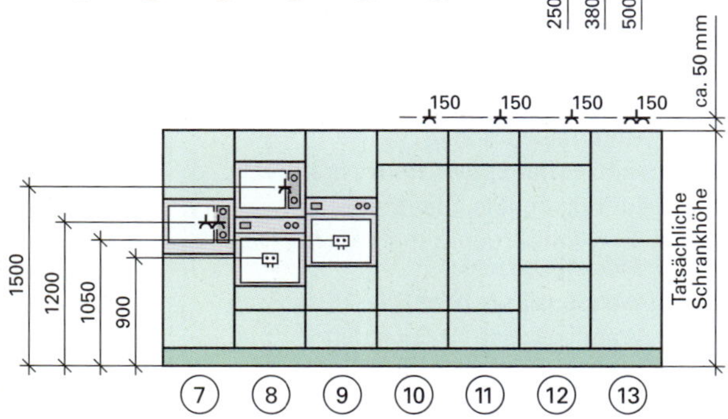

1. Einbau-Mikrowelle
2. Unterbau-Kühl- und Gefrier-Geräte
3. Unterbau-Geschirrspüler
4. Installationen Spüle
5. Einbauherd mit Kochmulde
6. Schaltkasten mit Kochmulde
7. Einbaumikrowellengerät und Einbaukühlautomat 160 – 180 Liter
8. Einbaumikrowellengerät und Einbaubackofen
9. Einbaubackofen
10. Einbaukühlautomaten 160 – 180 Liter
11. Einbaukühlautomat 225 Liter
12. Kühl-Gefrier-Kombination 227 Liter
13. Kühl-Gefrier-Kombination

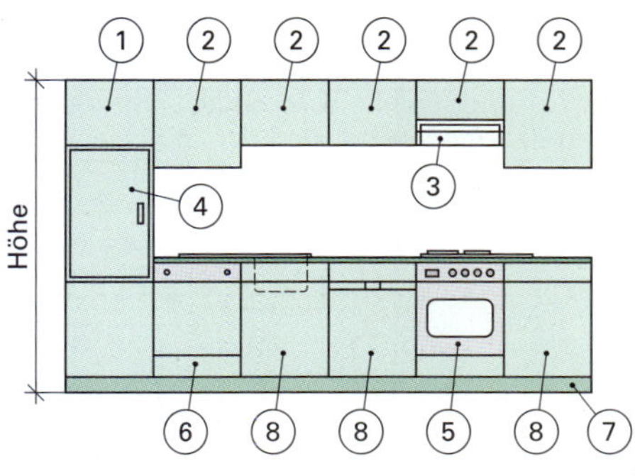

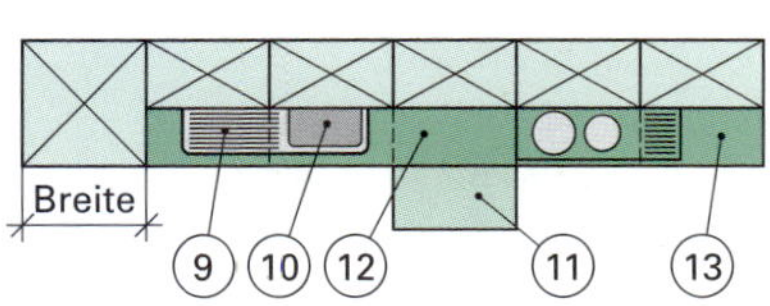

Möbel-, Küchen- und Umzugsservice

Der Ausbildungsrahmenplan für die Fachkraft für Möbel-, Küchen- und Umzugsservice vom 30.01.2006 enthält u.a. auch folgende Arbeiten:

- Installieren und Deinstallieren von elektrischen Einrichtungen und Geräten
- Durchführen von Anschlussarbeiten an Wasserleitungen, Abwasserleitungen und Lüftungsanlagen

Kombination von Küchenmöbeln und Küchengeräten nach DIN EN 1116

1. Hochschrank
2. Oberschrank
3. Dunstabzugshaube
4. Einbaugerät
5. Einbauherd
6. Unterbaugeschirrspülmaschine
7. Sockel
8. Unterschrank
9. Abtropffläche
10. Einbauspüle
11. Ausziehplatte
12. Arbeitsfläche
13. Abstellfläche

5

5.6 Küchen

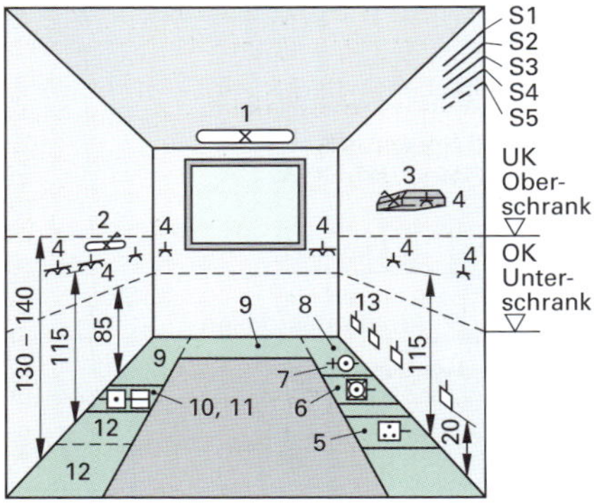

Elektrische Installation einer Küche (HEA)

S1 Stromkreis für Beleuchtung u. Steckdosen
S2 Stromkreis 2 für Elektroherd
S3 Stromkreis 3 für Geschirrspüler
S4 Stromkreis 4 für Heißwasserbereiter
S5 Stromkreis 5 Reserve

1 Deckenleuchte	10 Kühlschrank
2 Arbeitsleuchte	11 Gefrierschrank
3 Dunstabzugshaube	12 Hochschrank
4 Steckdosen	13 Auslass zu S5
5 Elektroherd	
6 Geschirrspüler	
7 Heißwasserbereiter	
8 Spüle	
9 Arbeitsfläche	

Montagehöhen in cm über OFF

Elektroanschlüsse

20 cm für Unterbauherd oder Unterbaubackofen
30 cm für Geschirrspüler, Kühlschrank usw.
60 cm für Kochmulde oder Kochfeld
115 cm für Kühl-Gefrier-Kombination, Steckdosen usw.
135 cm Wandauslässe oder Steckdosen
165 cm Wandauslässe für Leuchten
215 cm bis 225 cm Steckdosen

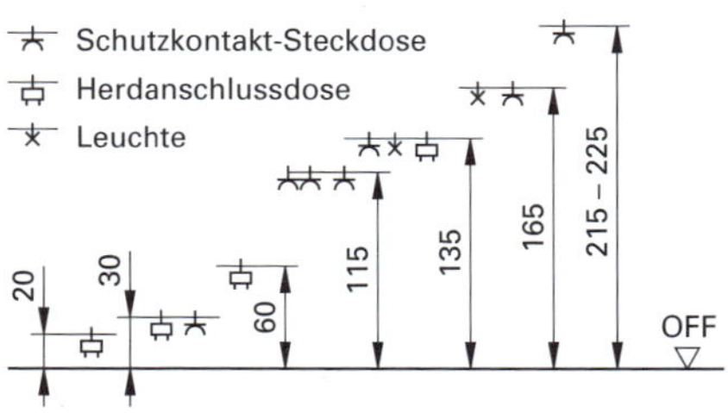

Wasser- und Abwasseranschlüsse

1 Heißwasserbereiter
2 Wandarmatur Spülbecken
3 Standarmatur Spülbecken oder Untertischspeicher
4 Geschirrspülmaschine
5 Einbeckenspüle
6 Doppelbeckenspüle
7 Geschirrspülmaschine

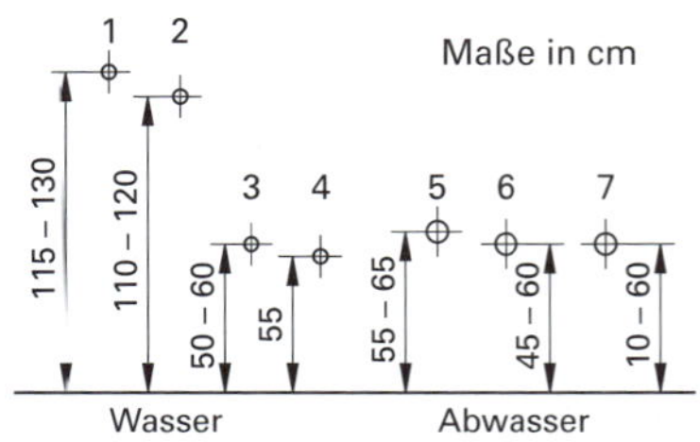

5

Ablaufgarnituren für Spülbecken

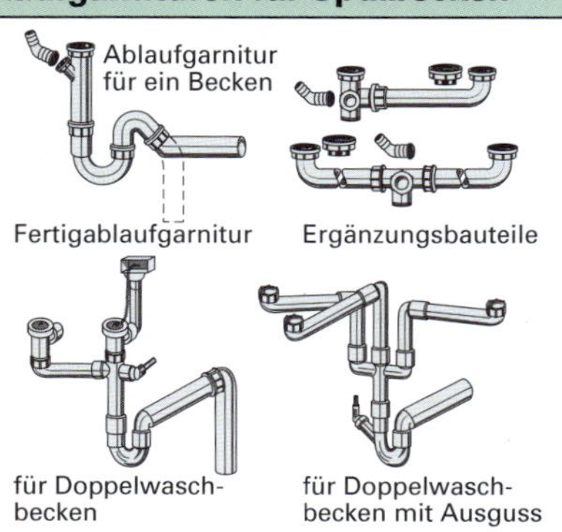

Spülbeckenanlage

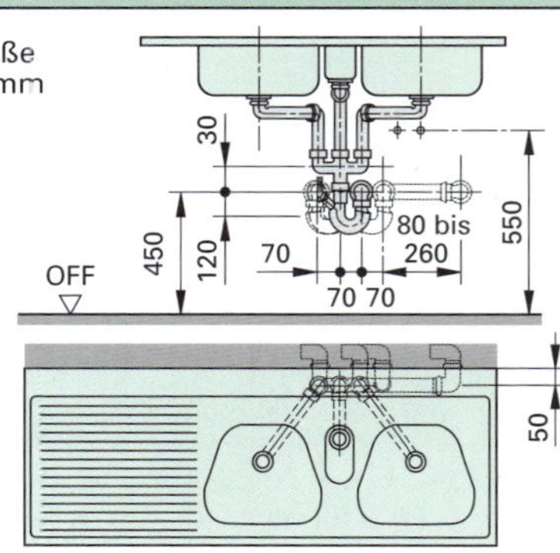

6 Bauphysik

Inhaltsverzeichnis

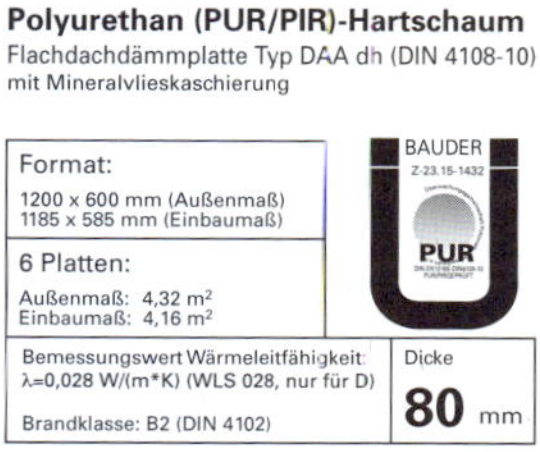

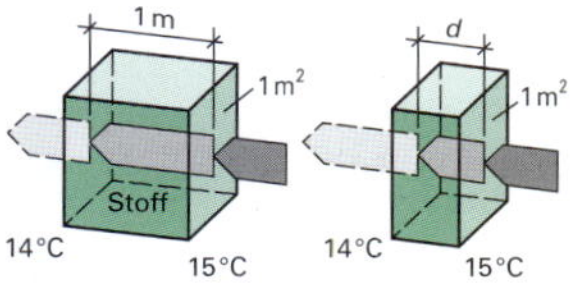

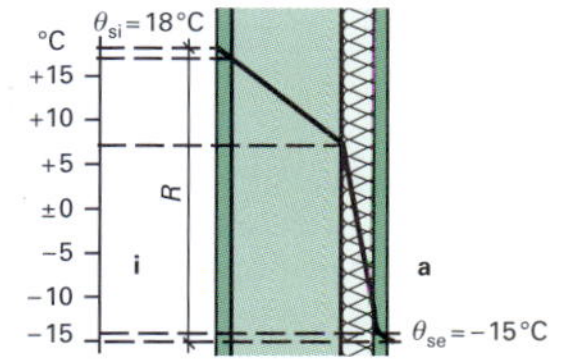

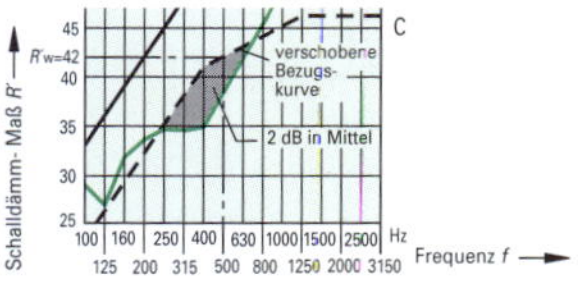

Dachkonstruktion mit unterer Beplankung aus Gipsplatten

6

Literatur

- Bläsi, Walter; Bauphysik, Europa-Lehrmittel, 7. Aufl., 2008
- Lohmeyer, G.; Praktische Bauphysik, Teubner, 5. Aufl., 2005
- Bau-Handbuch; RWE; Energieverlag; 13. Aufl., 2004
- Herr, Horst; Wärmelehre, Europa-Lehrmittel, 2. Aufl., 1994
- Energie-Einsparverordnung, 2009
- Peschel, Peter; u.a., Tabellenbuch Bautechnik, Europa-Lehrmittel, 10. Aufl., 2010
- Willems, W. M., u.a.; Formeln und Tabellen Bauphysik, Vieweg, 1. Aufl. 2007
- Peters, H. P.; Richtig bauen mit Ziegel, Fraunhofer IRB, 1. Aufl. 2005
- Wetzell, O. W.; Wendehorst, Bautechnische Zahlentafeln, Teubner, Beuth, 33. Aufl., 2009

6 Bauphysik

Wärmeschutz dämmen Wärmedämmstoffe EnEV	DIN 4108-2 (07.03):	Wärmeschutz (Energie-Einsparungen) in Gebäuden
	DIN 4108-Bbl. (07.01):	Wärmeschutz, Wärmebrücken
	DIN EN ISO 10211 (06.01):	Wärmebrücken
	DIN EN ISO 12567 (02.01)	Wärmetechnisches Verhalten von Fenstern und Türen
	DIN EN ISO 13788 (11.01):	Wärme- und feuchtetechnisches Verhalten, Berechnungsverfahren
	DIN EN ISO 6946 (06.05):	Berechnungsverfahren, Wärmeduchlasswiderstand
Feuchtigkeitsschutz sperren, abdichten Abdichtungsmittel Abdichtungsstoffe	DIN V 4108-4 (07.04):	Wärme- und feuchtetechnische Werte
	DIN EN 12524 (07.00):	Baustoffe, wärme- und feuchtetechnische Bemessungswerte
	DIN EN 13162 (10.01)	Wärmedämmstoffe für Gebäude, Mineralwolle
	DIN EN 13163 (10.01)	Wärmedämmstoffe für Gebäude, expandiertem Polystyrol (EPS)
Schallschutz **Akkustik** dämmen, absorbieren Schallschluckung Schalldämmung	DIN 4109 (11.89):	Schallschutz im Hochbau
	DIN ISO 9613-1 (10.99):	Akustik, Dämpfung des Schalls
	DIN 18005-1 (07.02):	Schallschutz im Städtebau
	Bundesimmissionsschutzgesetz, 16. BImSchV	
	DIN EN ISO 140-1,4,6 (94):	Akustik
	DIN 4109-Bbl. (02.06):	Ausführungsbeispiele
	DIN 18041 (05.04):	Hörsamkeit in kleinen und mittleren Räumen
Brandschutz Landesbau- ordnungen Ausführungs- beispiele	Bauregelliste A und B (12.02):	Deutsches Institut für Bautechnik
	Sonderheft 31 (06.05):	Deutsches Institut für Bautechnik
	DIN 4102-1 (05.98):	Brandverhalten von Baustoffen und Bauteilen, Begriffe, Anforderungen
	DIN EN 13501-2 (12.03):	Klassifizierung von Brandverhalten
	Musterbauordnung MBO (11.02)	Ergänzende Anforderungen Durchführungsanforderungen spezifische Anforderungen veröffentlicht unter: www.is-argebau.de

Wirkung der bauphysikalischen Einflüsse auf den Menschen

Schallschutz	Brandschutz	Wärme-schutz im Sommer
Wärme-schutz im Winter	Mensch	Feuchte-schutz
Unfall-verhütungs-vorschriften	Bauchemie	Gefahrstoffe im Bauwesen

Raumklimakomponenten

Temperatur der Umschlie-ßungsflächen	Luft-bewegung	Kleidung, Tätigkeits-grad
Luft-feuchtigkeit	Behag-lichkeit	Licht, Beleuchtung
Heizungs-flächen	Luftqualität CO_2-Gehalt	Lärm. Schallschutz Akustik

Die **Behaglichkeit** ist eine wesentliche Größe bei der Optimierung des Raumklimas an Arbeitsplätzen in Büros, Praxen, öffentlichen Gebäuden und Produktionswerkstätten. Dabei sind gesetzliche Vorschriften einzuhalten, u.a. um eine möglichst hohe Zufriedenheit bei den Mitarbeitern zu erreichen. Die Behaglichkeit in Wohnungen ist nicht geregelt. Es gibt keinen thermischen Raumzustand, mit dem zeitgleich alle anwesenden Personen zufrieden sind, da die Empfindungsmechanismen für Wärme und Kälte verschieden sind.
Behaglichkeit kann mithilfe folgender Begriffe thematisiert werden:
Raumtemperatur, Luftfeuchte, Oberflächentemperatur, Fußwärme, ungleichseitige Wärmebelastung, Speicherfähigkeit des Gebäudes/der raumumschließenden Bauteile, Zugluft, Wasseraufnahmefähigkeit des Gebäudes/der raumumschließenden Bauteile.

6.1 Dämm-, Dichtungs- und Sperrstoffe

Dämmstoffe

- anorganisch
  - synthetische Rohstoffe
    - Kalziumsilikat
    - Mineralfaser
    - Schaumglas
  - natürliche Rohstoffe
    - Blähton
    - Perlite
    - Vermikulit
- organisch
  - synthetische Rohstoffe
    - Polystyrol, expandiert (EPS)
    - Polystyrol, extrudiert (XPS)
    - Polyurethan (PUR)
  - natürliche Rohstoffe
    - Baumwolle
    - Flachs
    - Holzweichfaser
    - Holzwolle
    - Kork
    - Schafwolle
    - Zellulosefaser

In der Bautechnik und in der Holztechnik dürfen nur genormte oder bauaufsichtlich zugelassene Dämm-, Dichtungs- und Sperrstoffe verwendet werden. Die Baustoffe sind auszuzeichnen:

- Herstellungsnorm
- Baustoffklasse hinsichtlich Brandverhalten
- Güteüberwachung

Baustoff	**Verwendung**	**Eigenschaften Brandverhalten**	**Bestandteile Herstellungsnorm**
Anorganische Dämmstoffe	**A nicht brennbar**	**B brennbar**	
Blähperlit $\mu = 3 \ldots 5$	Leichtzuschlag für Feuer dämmende Ummantelung	hitze-, alterungs-, säurebeständig, **porig,** A1	Abfallglimmer
Schaumglas dampfdicht	Wärmedämmung, Feuchtigkeitsschutz, Dachdämmung	unbrennbar, korrosionsbeständig, **porig** A1 (ohne Kaschierung)	aufgeschäumtes Glas DIN 18 174
Mineralische und pflanzliche Faserdämmstoffe (Mineralfaser) $\mu = 1 \ldots 2$	als loser Füllstoff zum Ausstopfen von Hohlräumen zur Wärmedämmung, als trittfeste Platten zur Wärme- und Trittschalldämmung unter schwimmendem Estrich, Wanddämmung	schallschluckend, wärmedämmend, nicht brennbar, fäulnisfest, **faserig** A1 oder A2 oder B1 Dickenabweichung bis 15 mm beachten	dünne Fasern aus geschmolzenem Glas, Mergel, Hochofenschlacke DIN 18 165 DIN 18 165-2 neu
Organische Dämmstoffe			
Polystyrol-Hartschaum (PS) (einschl. Extruder- und Partikelschaum) (Schaumkunststoffe)	Wärmedämmung, Trittschalldämmung, Dachdämmung	maßhaltig, verrottungsfest, entflammbar oder schwer entflammbar, Wasser abweisend, **porig** B1	aus Rohöl und Treibmitteln zu Platten geformt DIN 18 164 DIN 18 164-2 neu
Polyurethan-Hartschaum (PUR)	Flachdachwärmedämmung	elastisch bei Temperaturschwankungen, alterungsbeständig, **porig** B1 oder B2	mit oder ohne beidseitig gasdiffusionsdichte Deckschichten DIN 18 164
Korkdämmstoffe $\mu = 5 \ldots 10$	Dachdämmung, Körperschalldämmung, Wanddämmung	fäulnisfest, elastisch, oft imprägniert, **faserig** B2	zu Granulat gemahlene Korkrinde, mit Harzen gebunden und zu Platten geschnitten DIN 18 161
Holzwolle-Leichtbauplatten (Holzfaser)	Wärmedämmung, verlorene Schalung, Putzträger	saugend, schwer entflammbar, schallschluckend, nicht wetterfest, biegefest B1 (ab 25 mm Dicke)	Nadelholzwolle und mineralisches Bindemittel DIN 1101
Mehrschichtige Leichtbauplatten (Verbundbauplatten)	Vorsatzschale, leichte Trennwände, Putzträger	saugend, schwer entflammbar, nicht wetterbeständig B1	Kern aus Schaumkunststoff mit ein oder zwei Holzwolle-Leichtbauplatten DIN 1104, DIN 18 184

6.1 Dämm-, Dichtungs- und Sperrstoffe

Baustoff	Verwendung und Eigenschaften	Bestandteile Herstellungsnorm
Bitumenhaltige Abdichtungsstoffe		
reines Bitumen Bitumen mit Kunststoff Bitumen mit Füllstoff Der Ausdruck „bituminöse Stoffe" soll zukünftig nicht mehr verwendet werden. Neuer Begriff: bitumige Stoffe.	senkrechte Abdichtungen nach DIN 18 195 und bei Decken und Dächern	durch Destillation von Erdöl
	als **Lösung oder Emulsion** entweder als Voranstrich einmal kalt und zweimal heißflüssiger Deckanstrich oder als Voranstrich einmal kalt und dreimal kaltflüssiger Deckanstrich als **Spachtelmasse** einmal Voranstrich und zweimal Spachtelmasse	
nackte Bitumenbahnen **Bitumendachbahnen** (einschließlich Dichtungsbahnen)	als **fabrikfertige Bitumenbahnen** einmal Voranstrich und eine Lage Bahn mit heißer Klebemasse aufbringen, bei nackten Bitumenbahnen ein zusätzlicher Bitumenanstrich	Rohfilzpappe bezeichnet nach dem Quadratmetergewicht 333 g/m² oder 500 g/m² DIN 52 128, DIN 52 129, DIN 52 130 und DIN 18 190
Bitumenschweißbahnen	mit Kaschierung wasserdicht, können im Schweißverfahren aufgebracht werden	Jutegewebe oder Glasgewebe mit Bitumen getränkt DIN 52 131
Abdichtungen mit Kunststoffdichtungsbahnen		
Ethylencopolymerisat-Bitumen (ECB)	senkrechte Abdichtungen nach DIN 18 195 und bei Dächern	DIN 16 729
PVC-Weichbahnen	bitumenverklebte oder mechanisch eingebrachte Bahnen	DIN 16 735
Polyisobutylen-Bahnen (PIB)	Wandfläche heiß vorstreichen und mit heiß zu verarbeitender Klebemasse im Flämmverfahren aufzubringen, Warm- oder Quellschweißen, geschlossene Außenhaut	DIN 16 934 und DIN 16 735
Abdichtungsmaterialien		
bauaufsichtlich zugelassene mineralische **Dichtungsschlämme**	senkrechte Abdichtung nach DIN 18 195 streich- oder spachtelfähige Masse wird auf geeignete Grundierung oder Voranstrich aufgetragen	bauaufsichtliche Zulassung lieferfirmenabhängig
Sperrmörtel	als Sperrputz Wasser abweisend und dicht	DIN 18 550
Sperrbeton	wasserundurchlässig, nur bei Sonderkonstruktionen	DIN 1045, DIN 1047
Mauerwerk	als Ersatz für eine o.g. Abdichtung im Bereich der sichtbaren Außenwand (Sockel)	DIN 1053, DIN 105 Klinkermauerziegel in Mörtelgruppe III
Bitumendachbahnen **Dichtungsbahnen** für Bauwerksabdichtungen	waagerechte Abdichtungen nach DIN 18 195 die Auflageflächen sind mit Mörtel der Mörtelgruppe II oder III abzugleichen	Trägerbahn aus Rohfilzpappe, Jutegewebe oder Kunststofffaser, auch Aluminium- oder Kupferfolien
Dampfsperren		
Vaporex normal, bituminiert, besandet, $\mu = 31.200$	bei innenseitiger Wärmedämmschicht in Feuchträumen aufzukleben mit Kunstharzkleber	Fertigung in Bahnen oder Planen. Durch Schmelzprozesse von Glas, Kunststoff, Bitumen oder Metall entstandene dichte Stoffe. Dampfsperren sind Schichten mit $s_d \geq 100$ m. PE-Folien mit $d = 1{,}2$ mm und $\mu \geq 100000$. Al-Folien mit $d = 1{,}0$ mm sind praktisch dampfdicht.
Vaporex super	Sperrschicht aus Aluminiumfolie und zwei Kunststofffolien, bituminiert und besandet, bei Räumen, die hohe Raumluftfeuchte erwarten lassen und für die gleichzeitig Dampfdichtheit zu fordern ist	
Nepa-Dampfbremse **PVC-Folie** **Polyäthylen-Folie**	im Fertighausbau und bei Leichtbaukonstruktionen, kleben, einspannen oder nageln	**Hilfsstoffe** aus Ölpapier, Rohglasvlies, Vliese aus Chemiefasern, PE-Folie und Lochglasvlies-Bitumenbahnen werden für Trennschichten und Trennlagen verwandt.
Aluminiumfolie	bei Dächern und Außenwänden, praktisch dampfdicht, einlagig aufkleben, oft als Kaschierung auf Wärmedämmmatten	

6

6.1 Dämm-, Dichtungs- und Sperrstoffe

Wärmeschutztechnische Rechenwerte

Angegeben sind Rechenwerte der Wärmeleitfähigkeit von Baustoffen, Bauteilen und Luftschichten nach DIN V 4108-4 (04.2007). Darüber hinaus sind Bemessungswerte den technischen Produktspezifikationen, den Landesbauordnungen oder der Bauregelliste A Teil 1 zu entnehmen.

Nr.	Baustoff, Bauteil	Rohdichte ϱ kg/m³	Wärmeleitfähigkeit λ W/(mK)	μ
1	**Stapelgüter, Metalle, Lagerstoffe**			
1.1	Aluminium	2800	160	pdd[1]
1.2	Blei	11300	35	pdd[1]
1.3	Kupfer	8900	380	pdd[1]
1.4	Messing	8400	120	pdd[1]
1.5	Nickel	8900	59	pdd[1]
1.6	Stahl	7800	50	pdd[1]
1.7	Zink	7200	110	pdd[1]
1.8	Zinn	7400	66	pdd[1]
1.9	Boden, feucht	≤1800	1,50	50
1.10	Lehmbaustoff	500 600 700 1000 1600	0,14 0,17 0,21 0,35 0,73	5/10
1.11	Naturglas, Floatglas	2500	2,00	pdd[1]
1.12	Naturbims	400	0,12	6/8
1.13	Kunststein	1750	1,30	40/50
1.14	Blähperlite	≤100	0,06	9
1.15	Blähglimmer	≤100	0,07	3
1.16	Blähton, Blähschiefer	≤400	0,16	3
1.17	Hüttenbims	≤600	0,13	3
1.18	Schaumlava	≤ 1200	0,22	3
2	**Mauermörtel und Estrich**			
2.1	Zementmörtel	2000	1,60	15/35
2.2	Mauer-Normalmörtel NM	1800	1,20	15/35
2.3	Dünnbettmauermörtel DM	1600	1,00	15/35
2.4	Leichtmörtel LM 36	≤ 1000	0,36	15/35
2.5	Leichtmörtel LM 21	≤ 700	0,21	15/35
2.6	Leichtmauermörtel	400 700 1000	0,14 0,25 0,38	5/20
2.7	Zementestrich	2000	1,40	15/35
2.8	Asphalt	2100	0,70	50000
2.9	Magnesia-Estrich	1400 2300	0,47 0,70	15/35
2.10	Anhydrit-Estrich	2100	1,2	15/35
3	**Fußbodenbeläge**			
3.1	Korkfußboden	> 400	0,065	20/40
3.2	Kunststofffußboden	1700	0,25	10000
3.3	Filzunterlage	120	0,05	10000
3.4	Teppichboden	200	0,06	5
3.5	Linoleum	1200	0,17	800/1000

Zusätzliche Werte – aber nicht nach DIN 4108 festgelegt

Spanplatten als

Flachpressplatte DIN 68763
Strangpressplatte DIN 68764
Plattentypen V 20, V 100, V 100 G
λ_R = 0,13 W/mK μ = 50 oder 100
$\lambda_{R\parallel}$ = 0,29 W/mK (in Plattenebene)

Bau-Furniersperrholz

nach DIN 68705
Plattentypen BFU 20, 100, 100 G
λ_R = 0,15 W/mK μ = 50 oder 400

Holzfaserplatten

harte Platten λ_R = 0,17 W/mK
ϱ = 900 kg/m³ … 1100 kg/m³
poröse Platten nach DIN 4108
λ_R = 0,06 W/mK ϱ = 300 kg/m³
λ_R = 0,07 W/mK ϱ = 400 kg/m³
nach DIN 68755
λ_R in WLG 040 bis 070

Formelzeichen

Wasserdampfdiffusionswiderstand	μ
Rohdichte	ϱ
Wärmeleitfähigkeit	λ_R
Temperaturdehnzahl	α
Elastizitätsmodul	E

Erläuterungen

Temperaturdehnzahl mm/mK

- wird auch Längenausdehnungskoeffizient genannt,
- hier in mm pro Meter Länge und einer Temperaturdifferenz von 1 K ≙ 1 °C angegeben,

Elastizitätsmodul N/mm²

- nur in den DIN-Vorschriften der jeweiligen Baustoffe angegeben,
- bei Holz (DIN 1052) ist parallel II und quer ⊥ zur Faser zu unterscheiden,
- bei Mauerwerk ist die Steinart, Steinfestigkeit und die Mörtelgruppe zu berücksichtigen,

Rohdichte kg/m³

- dient zur Ermittlung der flächenbezogenen Masse,

Wärmeleitfähigkeitsgruppe

- WLG 025, entspricht 0,025 W/mK

[1] pdd praktisch dampfdicht

6

6.1 Dämm-, Dichtungs- und Sperrstoffe

Nr.	Baustoff, Bauteil	Rohdichte ϱ kg/m³	Wärmeleitfähigkeit λ W/(mK)	μ
4	**Beton, Betonbauteile**			
4.1	Beton	1800 2000 2400	1,50 1,35 2,00	60/100 60/100 80/130
4.2	Stahlbeton	2400	2,00	80/130
4.3	Leichtbeton mit geschl. Gefüge (Zwischenwerte können interpoliert werden)	800 1000 1200 1400 1600 2000	0,39 0,49 0,62 0,79 1,00 1,60	70/150
4.4	Porenbeton, dampfgehärtet	400 500 600 700 1000	0,13 0,16 0,19 0,22 0,31	5/10
5	**Leichtbeton** mit haufwerksporigem Gefüge			
5.1	Leichtbeton, nicht porige Zuschläge	1600 1800 2000	0,81 1,10 1,40	3/10 3/10 5/10
5.2	Leichtbeton, porige Zuschläge ohne Quarzsand	600 800 1000 1200 1400 1600	0,22 0,28 0,36 0,46 0,57 0,75	5/15
5.3	Leichtbeton aus Blähton	500 700 900 1000 1400 1600	0,16 0,23 0,30 0,35 0,55 0,68	5/15
6	**Mauerwerk** einschließlich Mörtelfugen			
6.1	Vollklinker, Hochlochklinker	1800 2000 2200	0,81 0,96 1,20	50/100
6.2	Vollziegel, Hochlochziegel, Füllziegel	1200 1400 1600 1800	0,50 0,58 0,68 0,81	5/10
6.3	Hochlochziegel mit Lochung A, B λ bei Leichtbaumörtel verringern um 0,05 W/mK	550 600 650 700 800 900 1000	0,32 0,33 0,35 0,36 0,39 0,42 0,45	5/10
6.4	Wärmedämmziegel WDz oder LD-Ziegel	550 650 750 850	0,19 0,20 0,22 0,23	
6.5	Kalksandsteine	1000 1200 1400 1600	0,50 0,56 0,70 0,79	5/10
		1800 2000 2200	0,99 1,10 1,30	15/25

Nr.	Baustoff, Bauteil		Rohdichte ϱ kg/m³	Wärmeleitfähigkeit λ W/(mK)	μ
6	**Mauerwerk** (Fortsetzung)				
6.6	Hüttensteine		1000 1200 1400 1600	0,47 0,52 0,58 0,64	70/100
6.7	Porenbeton, Plansteine		350 450 550 650	0,11 0,15 0,18 0,21	5/10
6.6	Betonsteine, Hohlblöcke λ bei Leichtbaumörtel LM 36 verringern um 0,03 W/mK		450 500 550 650 1400 1600	0,28 0,30 0,31 0,34 0,72 0,76	5/10
6.7	Betonsteine, Vollblöcke λ bei Leichtbaumörtel LM 36 verringern um 0,03 W/mK		450 500 600 700 800 1000	0,18 0,20 0,25 0,25 0,27 0,32	5/10
7	**Dichtungsbahnen, Abdichtungsstoffe**				
7.1	Bitumendachbahn	Dachbahnen	1200	0,17	10000
7.2	Nackte Bitumenbahn	Dachbahnen	1200	0,17	2000/ 20000
7.3	Kunststoffdachbahn	Dachbahnen			50000
7.4	Glasvlies-Bitumendachbahn	Dachbahnen		0,17	20000/ 60000
7.5	Kunststoff-Dachbahn ECB	Dachbahnen			70000/ 90000
7.6	Kunststoff-Dachbahn PVC-P	Dachbahnen			10000/ 30000
7.7	PTFE-Folie $d \geq 0{,}05$ mm	Folien			10000
7.8	PA-Folie $d \geq 0{,}05$ mm	Folien			50000
7.9	PP-Folie $d \geq 0{,}05$ mm	Folien			1000
8	**Holz und Holzwerkstoffe**				
8.1	Konstruktionsholz		500 700	0,13 0,18	20/50 50/200
8.2	Sperrholz		300 500 700	0,09 0,13 0,17	50/150 70/200 90/220
8.3	Zement-gebundene Spanplatte		1200	0,23	30/50
8.4	Spanplatte		300 600 900	0,10 0,14 0,18	10/50 15/50 20/50
8.5	OSB-Platte		650	0,13	30/50
8.6	Holzfaserplatten einschl. MDF		250 400 600	0,07 0,10 0,14	2/5 5/10 12/50

6.1 Dämm-, Dichtungs- und Sperrstoffe

Wärme- und feuchteschutztechnische Bemessungswerte (Wärmedämmstoffe)

Die Wärmedämmstoffe sind nach DIN EN 13162 bis DIN EN 13171 aufgelistet. Der λ-Nennwert wird in Stufen von 0,01 W/mK angegeben und mit einem Sicherheitswert von 1,2 multiplziert (Nennwert $\lambda \times$ Sicherheitswert 1,2 = Bemessungswert λ_D). Für die noch vorhandenen (wenigen) deutschen Produktnormen gilt weiterhin WLG = Bemessungswert.

Nr.	Dämmstoff	Nennwert λ W/mK	Bemessungswert λ_D	μ
D1	Mineralwolle **(MW)** nach DIN EN 13162	0,030 0,031 … 0,050	0,036 0,037 … 0,060	1
D2	Expandierter Polystyrolschaum **(EPS)** nach DIN EN 13163	0,030 0,031 … 0,050	0,036 0,037 … 0,060	20/100
D3	Extrudierter Polystyrolschaum **(XPS)** nach DIN EN 13164	0,026 0,027 … 0,040	0,031 0,032 … 0,048	80/250
D4	Polyurethan-Hartschaum **(PU)** nach DIN EN 13165	0,020 0,021 … 0,040	0,024 0,025 … 0,048	40/200
D5	Phenolharz-Hartschaum **(PF)** nach DIN EN 13166	0,020 0,021 … 0,035	0,024 0,025 … 0,042	10/60
D6	Schaumglas **(CG)** nach DIN EN 13167	0,038 0,039 … 0,055	0,046 0,047 … 0,066	dampfdicht
D7	Holzwolle-Platten **(WW)** nach DIN EN 13168	0,060 0,061 … 0,100	0,072 0,073 … 0,120	2/5
D8	Holzwolle-Mehrschichtplatten mit expandiertem Polystyrolschaum **(EPS)** nach DIN EN 13163	0,030 0,031 0,032 0,033 0,034 … 0,050	0,036 0,037 0,038 0,040 0,041 … 0,060	20/50
D9	Holzwolle-Mehrschichtplatten mit Mineralwolle **(MW)** nach DIN EN 13162	0,030 0,031 0,032 … 0,050	0,036 0,037 0,038 … 0,060	1
D10	Blähperlit **(EPB)** nach DIN EN 13169	0,045 0,046 … 0,065	0,054 0,055 … 0,078	5
D11	Expandierter Kork **(ICB)** nach DIN EN 13170	0,040 0,041 … 0,055	0,049 0,050 … 0,067	5/10
D12	Holzfaserdämmstoff **(WF)** nach DIN EN 13171	0,032 0,033 … 0,060	0,043 0,044 … 0,072	5

Produkteigenschaften

Produkteigenschaft	Kurzzeichen	Beschreibung
Druckbelastbarkeit	**dk** **dg** **dm** **dh** **ds** **dx**	keine Belastbarkeit geringe Belastbarkeit mittlere Belastbarkeit hohe Belastbarkeit sehr hohe Belastbarkeit extrem hohe Belastbarkeit
Wasseraufnahme	**wk** **wf** **wd**	keine Anforderung durch flüssiges Wasser durch flüssiges Wasser und/oder Diffusion
Zugfestigkeit	**zk** **zg** **zh**	keine Anforderung geringe Anforderung hohe Anforderung
schalltechnische Eigenschaften	**sk** **sh** **sm** **sg**	keine Anforderung Trittschalldämmung: Zusammendrückbarkeit erhöht mittel gering
Verformung	**tk** **tf** **tl**	keine Anforderung Stabilität unter Feuchte und Temperatur Last und Temperatur

Anwendungsgebiete

Decke und Wand	**DAD**	Außendämmung von Dach oder Decke, vor Bewitterung geschützt, Dämmung unter Deckung
	DAA	Außendämmung unter Abdichtungen
	DUK	Außendämmung, der Bewitterung ausgesetzt (Umkehrdach)
	DZ	Zwischensparrendämmung, zweischaliges Dach, nicht begehbare, oberste Geschossdecken
	DI	Innendämmung der Decke (unterseitig) oder des Daches, Dämmung unter den Sparren/Tragkonstruktion, abgehängte Decke usw.
	DEO	Innendämmung der Decke oder Bodenplatte (oberseitig) unter Estrich ohne Schallschutzanforderungen
	DES	Innendämmung mit Schallschutzanforderungen
Wand	**WAB**	Außendämmung der Wand hinter Bekleidung
	WAA	Außendämmung der Wand hinter Abdichtung
	WAP	Außendämmung der Wand unter Putz
	WZ	Dämmung von zweischaligen Wänden
	WH	Dämmung von Holzrahmen- und Holztafelbauweise
	WI	Innendämmung der Wand
	WTH	Dämmung zwischen Haustrennwänden mit Schallschutzanforderungen
	WTR	Dämmung von Raumtrennwänden

6.2 Wärmeschutz

Der **Wärmeschutz im Hochbau** soll unter Berücksichtigung wechselnder klimatischer Einflüsse

- für das Wohlbefinden der Menschen in den Wohngebäuden sorgen
- die Bewirtschaftungskosten (Heizkosten) der Bauten mindern und
- Feuchtigkeitsschäden (z.B. Schimmel) infolge von Tauwasser (Kondenswasser-Niederschlag) an den Innenseiten der Außenwände verhindern.

Für unsere Gesundheit ist das physische Wohlbefinden (Behaglichkeit) eine wichtige Voraussetzung. Primäre Faktoren sind dabei die Lufttemperatur, relative Feuchte, Luftbewegung und Oberflächentemperatur der anschließenden Raumteile. Die Behaglichkeitsfaktoren eines Menschen sind abhängig vom individuellen Wärmehaushalt und von der Art der Tätigkeit. Wohl fühlt sich der Mensch bei einer

- **Raumtemperatur von 20 °C bis 22 °C**
- **Oberflächentemperatur der Raumbegrenzung von 16 °C bis 20 °C**
- **geringen Luftbewegung von 0 cm/s bis 20 cm/s**
- **relativen Luftfeuchtigkeit von 30% bis 70%**

6.2.1 Physikalische Grundlagen (DIN 4108 / DIN EN ISO 7345 / DIN ISO 6946)

Temperatur ϑ

Temperaturen werden in Kelvin (K) oder Grad Celsius (°C) gemessen.

ϑ_i Temperatur der Rauminnenteile in °C

ϑ_a Temperatur der Raumaußenteile in °C

$\Delta\vartheta$ Temperaturdifferenz 1 K ≙ 1 °C

0	+273	+373	Kelvin
–273°	0°	100°	Celsius

Wärmemenge Q

Wärme entsteht mechanisch, chemisch, elektrisch oder durch Atomspaltung. Die Einheit für die Wärmemenge ist Joule (J), wobei im Bauwesen Wattsekunde (Ws) und Kilowattstunde (kWs) verwendet werden.

$Q = c \cdot m$ — c spezifische Wärmekapazität

1 J ≙ 1 Ws — m Masse des Bauteils

Der Wärmestrom fließt stets von der höheren zur niedrigeren Temperatur. Wärme will immer zur kalten Seite.

Wärmeleitfähigkeit λ in $\frac{W}{m\,K}$

Dies ist die Wärmemenge Q, die in einer Sekunde durch einen Quadratmeter einer einen Meter dicken Stoffschicht beim Dauerzustand der Beheizung hindurchgeht, wenn die Temperaturdifferenz der beiden Oberflächen 1 °C beträgt.

Die Wärmeleitfähigkeit λ (Lambda) ist entscheidend von der Stoffdichte abhängig. Die Rechenwerte λ_R sind in den Stoffwerttabellen angegeben.

Je kleiner die Wärmeleitfähigkeit (Wärmeleitzahl), desto besser der Wärmeschutz.

Wärmedurchlasskoeffizient Λ in $\frac{W}{m^2K}$

Unter Berücksichtigung der Stoffdicke d gilt

$$\Lambda = \frac{\lambda_R}{d}$$

Hinweis: Der Wärmedurchlasskoeffizient ist in der DIN 4108 nicht mehr definiert.

Wärmedurchlasswiderstand R in $\frac{m^2\,K}{W}$

Eine Baukonstruktion wird in der Regel beurteilt nach dem Wärmedurchlasswiderstand. Dabei ist die Wärmedämmung eines Bauteils bestimmt durch die Baustoffdicke d und den Wert λ_R.

$R = \frac{d}{\lambda_R}$ wobei d in m einzusetzen ist

$$R = \frac{d_1}{\lambda_1} + \frac{d_2}{\lambda_2} + \ldots + \frac{d_n}{\lambda_n} \quad \text{oder} \quad R = \Sigma \frac{d_i}{\lambda_i}$$

für mehrere Baustoffschichten mit $i = 1, 2, 3, \ldots, n$

Wärmeübergangswiderstände R_{si}, R_{se} in $\frac{m^2\,K}{W}$

Unter Berücksichtigung der Luftbewegung am Bauteil werden die Wärmeübergangswiderstände auf der inneren Bauteiloberfläche und der äußeren Bauteiloberfläche beschrieben. Die Rechenwerte sind nach DIN 4108 vorgegeben.

Wärmedurchgangswiderstand R_T in $\frac{m^2\,K}{W}$

$$R_T = R_{si} + R + R_{se}$$

Wärmedurchgangskoeffizient U in $\frac{W}{m^2\,K}$

Der U-Wert ergibt sich aus dem Wärmedurchlasswiderstand und den Wärmeübergangswiderständen.

$$U = \frac{1}{R_{si} + R + R_{se}} = \frac{1}{R_T}$$

Der mittlere Wärmedurchgangskoeffizient U_m für ein Bauteil ergibt sich entsprechend den nebeneinander liegenden Bauteilbereichen zu

$$U_m = \frac{U_1 \cdot A_1 + U_2 \cdot A_2 + \ldots U_n \cdot A_n}{\Sigma A}$$

ΣA ist die Summe aller Teilflächen

$$U_{m,W+F} = \frac{U_W \cdot A_W + U_F \cdot A_F}{A_W + A_F}$$

U_W Außenwandbereich

U_F Fensterbereich

Je kleiner der U-Wert, desto besser die Wärmedämmung.

6.2 Wärmeschutz

6.2.2 Wärmetechnische Mindestanforderungen

Bei Temperaturunterschieden zwischen dem beheizten Gebäudeinneren und dem unbeheizten Gebäudeinneren bzw. dem winterlichen Außen kommt es zur Wärmeübertragung durch die Umfassungsbauteile. Diese Wärmeübertragung ist durch ausreichend große Widerstände bzw. kleine Wärmeleitfähigkeiten zu begrenzen. Die inneren Bauteiloberflächen sollen behaglich warm sein und frei von gesundheitsschädlichem Tauwasser. Für den winterlichen Wärmeschutz werden an die Außenbauteile eines Bauwerks Mindestanforderungen definiert. Danach dürfen die Anforderungen der Tabelle für den **Wärmedurchlasswiderstand *R*** nicht überschritten werden.

Alle nationalen Regelwerke benutzen die internationalen Symbole.

Der Heizenergieverbrauch eines Gebäudes wird durch eine Vielzahl von Einflüssen bei der baulichen Gestaltung und der Gebäudenutzung bestimmt. Der bauliche Wärmeschutz ist die sicherste und nachhaltigste Maßnahme des energiesparenden Bauens.

Mindestwerte der Wärmedurchlasswiderstände *R* für wärmeübertragende Bauteile
(mit einer flächenbezogenen Gesamtmasse vom ≥ 100 kg/m²) nach DIN 4108-2

Bauteile	Wärmedurchlasswiderstand *R*	$m^2 \cdot K/W$
Außenwände einschl. Nischen und Brüstungen unter Fenstern, Fensterstürzen und Wärmebrücken		1,20
Wände von Aufenthaltsräumen gegen Bodenräume, Durchfahrten, offene Hausflure, Garagen		1,20
Wohnungstrennwände, Wände zu fremdgenutzten Räumen		0,07
Treppenraumwände zum Treppenraum	mit Innentemperaturen $\vartheta \leq 10$ °C, aber Treppenraum frostfrei	0,25
	mit Innentemperaturen $\vartheta \geq 10$ °C, z.B. in Verwaltungsgebäuden, Geschäftshäusern, Unterrichtsgebäuden, Hotels, Gaststätten und Wohngebäuden	0,07
Wände von Aufenthaltsräumen, die an das Erdreich grenzen		1,20
Wohnungstrenndecken, Decken zwischen fremden Arbeitsräumen, Decken unter ausgebauten Dachräumen mit gedämmten Dachschrägen und Abseitenwänden	allgemein	0,35
	in zentralbeheizten Bürogebäuden	0,17
Decken unter nicht ausgebauten Dachräumen, Decken unter belüfteten Räumen zwischen Dachschrägen und Abseitenwänden bei ausgebauten Dachräumen, wärmegedämmten Dachschrägen		0,90
Decken und Dächer, die Aufenthaltsräume nach oben gegen die Außenluft abgrenzen, Decken und Dächer unter Terrassen, Umkehrdächer		1,20
Kellerdecken, Decken gegen abgeschlossene, unbeheizte Hausflure		0,90
Decken, die Aufenthaltsräume nach unten gegen die Außenluft abgrenzen, z.B. über Garagen, Durchfahrten und belüfteten Kriechkellern		1,75
Unterer Abschluss nicht unterkellerter Aufenthaltsräume, wenn unmittelbar an das Erdreich grenzend (bis zu einer Raumtiefe von 5 m) oder über einem nicht belüfteten Hohlraum an das Erdreich grenzend		0,90

Mindestwerte der Wärmedurchlasswiderstände *R* für leichte Bauteile (mit einer flächenbezogenen Gesamtmasse vom < 100 kg/m², sowie für Rahmen und Skelettbauarten) nach DIN 4108-2

Bauteile	Wärmedurchlasswiderstand *R*	$m^2 \cdot K/W$
Außenwände, Decken unter nicht ausgebauten Dachräumen und Dächer (< 100 kg/m²)		1,75
Rahmen und Skelettbauarten	im Gefachbereich	1,75
	für das gesamte Bauteil im Mittel (R_m)	1,00
Rollladenkästen		1,00
Deckel von Rollladenkästen		0,55
Nichttransparenter Teil der Ausfachung von Fensterwänden und Fenstertüren	bei > 50 % der Gesamtausfachungsfläche	1,20
	bei < 50 % der Gesamtausfachungsfläche	1,00

Grundsatz: Der Mindestwärmeschutz muss an jeder Stelle des Bauteils vorhanden sein. Dies gilt insbesonders für Nischen, Brüstungen, Fensterstürze und Rohrkanäle. Werden die Anforderungen der Tabellen bereits von einer oder mehreren Schichten erfüllt, erübrigt sich ein weiterer Nachweis.

Wärmeübertragende Bauteile

Wärmeübergangswiderstände DIN 4108-4/DIN EN ISO 6946 in $\frac{m^2 K}{W}$		innen R_{si}	außen R_{se}
Außenwand (ausgenommen nach Zeile 2)	1	0,125	0,043
Außenwand (hinterlüftetet) Abseitenwand zum nicht wärmegedämmten Dachraum	2		0,083
Wohnungstrennwand, Trennraumwand, Wand zwischen fremden Arbeitsräumen, Trennwand zu dauernd unbeheizten Raum, Abseitenwand zum wärmegedämmten Dachraum	3		0,125
An das Erdreich grenzende Wand	4		0
Decke oder Dachschräge, die Aufenthaltsraum nach oben gegen die Außenluft abgrenzt (nicht belüftet)	5		0,043
Decke unter nicht ausgebautem Dachraum, unter Spitzboden oder unter belüftetem Raum	6		0,083
Wohnungstrenndecke und Decke zwischen fremden Arbeitsräumen, Wärmestrom von unten nach oben	7	0,10	0,10
Wärmestrom von oben nach unten		0,167	0,167
Kellerdecke	8		0,167
Decke, die einen Aufenthaltsraum nach unten gegen die Außenluft abgrenzt	9		0,043
Unterer Abschluss eines nicht unterkellerten Aufenthaltsraumes (an das Erdreich grenzend)	10		0

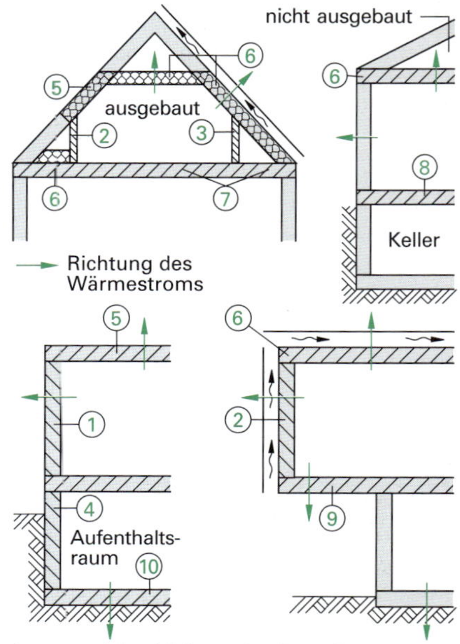

- Lage und Ausbildung der Bauteile (Die Positionen ① bis ⑩ entsprechen der Nummerierung in der Tabelle)
- Bei innen liegenden Bauteilen ist zu beiden Seiten mit dem selben Wärmeübergangswiderstand zu rechnen.
- Nach DIN EN ISO 6946 darf vereinfacht mit R_{si} = 0,13 m²K/W und R_{se} = 0,04 m²K/W außer Position ④ und ⑩ gerechnet werden.

Luftschichten

Wärmedurchlasswiderstand R_g in m²K/W ruhender Luftschichten (nach DIN EN ISO 6946)			
Dicke der Luftschicht in mm	Richtung des Wärmestromes		
	Aufwärts	Horizontal	Abwärts
0	0,00	0,00	0,00
5	0,11	0,11	0,11
7	0,13	0,13	0,13
10	0,15	0,15	0,15
15	0,16	0,17	0,17
25	0,16	0,18	0,19
50	0,16	0,18	0,21
100	0,16	0,18	0,22
300	0,16	0,18	0,23
Zwischenwerte können interpoliert werden. Geneigte Flächen bis ± 30° gelten als horizontal.			

6

Luftschichten

- Bei Außenbauteilen mit stark belüftetem Gefachebereich erbringen die Bauteile zwischen der Luftschicht und der Außenluft keinen wesentlichen Anteil zum Wärmeschutz. Sie werden beim rechnerischen Ansatz nicht berücksichtigt. Hier darf $R_{se} = R_{si}$ gesetzt werden.
- Schwach belüftet ist eine Luftschicht wenn die Verbindungsöffnungen 1500 mm²/m² nicht übersteigt. Für solche Luftschichten darf für den Wärmedurchgangswiderstand R_g die Hälfte des entsprechenden Tabellenwertes angesetzt werden, allerdings nur bis zum maximal regulären Tabellenwert 0,15 m²K/W.
- Ruhende Luftschichten bezeichnen Luftschichten, die nicht mit der das Bauteil umgebenden Luft in Verbindung stehen.
- Bei Außenmauern nach DIN 1053 dürfen Luftschicht und Vorsatzschale in die Berechnung mit einbezogen werden. Die Luftschicht wird als ruhend eingestuft, wenn die Verbindungsöffnung 500 mm²/m nicht überschreitet.

6.2 Wärmeschutz

Einzelbauteile

- Bei Fußbodenheizungen gehen nur die Schichten unterhalb der Estrichplatte in die Berechnung ein.
- Bei ausgebauten Dachräumen ist die Wärmedämmung in den Abseiten bis zum Dachfußpunkt zu führen.
- Genügt beim ausgebauten Dachgeschoss die obere Geschossdecke den Mindestanforderungen mit $R = 0{,}90\ \mathrm{m^2K/W}$ bzw. $R = 1{,}75\ \mathrm{m^2K/W}$, ist ein weiterer Wärmeschutznachweis des Daches nicht gefordert.

Temperaturverlauf

Durch ein Bauteil mit der Fläche $A = 1{,}00\ \mathrm{m^2}$ fließt bei einer beidseitig angrenzenden Luftschicht mit ϑ_{Le} (Temperatur der Luftschicht außen) bzw. ϑ_{Li} (Temperatur der Luftschicht innen) ein Wärmestrom der Dichte q (in $\mathrm{W/m^2}$).

$$q = U \cdot (\vartheta_{Li} - \vartheta_{Le}) \qquad \Delta\vartheta = q \cdot d/\lambda$$

Daraus ergeben sich die Oberflächentemperaturen auf der Innenseite ϑ_{oi}, auf der ersten, zweiten bis n-ten Schicht ϑ_1, ϑ_2 ... ϑ_n und auf der Außenseite ϑ_{oe}.

$\vartheta_{oi} = \vartheta_{Li} - R_{si} \cdot q$ $\qquad \vartheta_1 = \vartheta_{oi} - (d/\lambda_1) \cdot q$

$\vartheta_2 = \vartheta_1 - (d/\lambda_2) \cdot q$ $\qquad \vartheta_3 = \vartheta_2 - (d/\lambda_3) \cdot q$

$\vartheta_{oe} = \vartheta_n - R_{se} \cdot q$

Hinweis: Als Formelzeichen für die Celsius-Außentemperatur wird auch Θ verwandt.

Indizes: L Luftchicht i innen (interior)
e außen (exterior) s Oberfläche (surface)

Rippen und Gefache

- Die Rippenhöhe ist in Abhängigkeit von der Anordnung der Dämmschicht (Dämmhöhe) zu berücksichtigen.

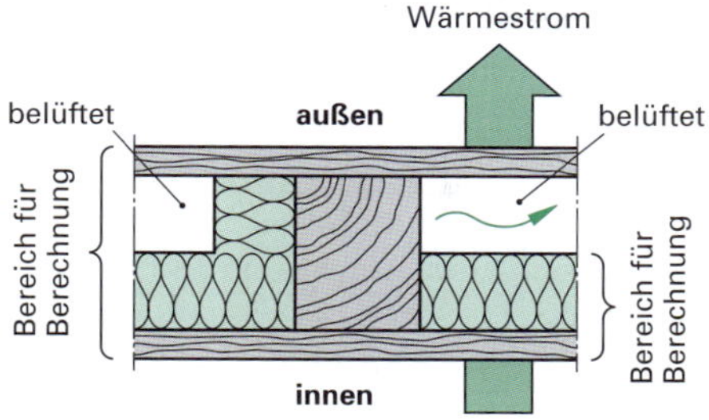

Abdichtungen

- Bei der Berechnung des Wärmedurchlasswiderstandes werden nur die Schichten von innen nach außen bis zur Bauwerksabdichtung berücksichtigt (z.B. beim Flachdach). Davon ausgenommen sind Dämmschichten, die beim Umkehrdach auf der Dachhaut liegen, sowie Perimeterdämmungen.
- Dämmplatten dürfen nicht im Grundwasser liegen. Die maximale Wasseraufnahme darf 3 % nicht überschreiten.
  Schaumglas muss dicht gestoßen, im Verbund gelegt und mit Bitumenkleber angeklebt werden.
- Holzwolleschichten mit $d < 15$ mm dürfen zur Berechnung von R nicht berücksichtigt werden.

Beispiel: Einschalige Massivwand

Der Wärmedurchgang durch eine einschalige massive Außenwand ist zu berechnen. Der vorhandene Wärmedurchlasswiderstand ist mit dem geforderten Mindestwert zu vergleichen, der vorhandene Wärmedurchgangskoeffizient mit dem zulässigen Maximalwert. Die Außentemperatur beträgt – 12 °C, die Innentemperatur + 23 °C. Der Temperaturverlauf ist grafisch darzustellen. Die Wanddicke beträgt 24 cm, als Baustoff wurden Leichtlochziegel mit einer Rohdichte von 1000 kg/m³ ausgewählt.

Masse des Bauteils $m = 0{,}24\ \mathrm{m} \cdot \dfrac{1000\ \mathrm{kg}}{\mathrm{m^3}} \Rightarrow \boldsymbol{m = 240\ \mathrm{kg/m^2} > 100\ \mathrm{kg/m^2}}$

Wärmedurchlasswiderstand (Wärmedämmwert) $R = \dfrac{0{,}24\ \mathrm{m}}{0{,}45\ \dfrac{\mathrm{W}}{\mathrm{m\,K}}} \Rightarrow$ **vorh.** $\boldsymbol{R = 0{,}53\ \dfrac{\mathrm{m^2\,K}}{\mathrm{W}} < 1{,}20\ \dfrac{\mathrm{m^2\,K}}{\mathrm{W}}}$

der erforderliche Mindestwert ist unterschritten; Konstruktion nicht zulässig!

Wärmedurchgangskoeffizient

$R_{si} = 0{,}13\ \dfrac{\mathrm{m^2\,K}}{\mathrm{W}}$ und $R_{se} = 0{,}04\ \dfrac{\mathrm{m^2\,K}}{\mathrm{W}}$ (gerundete Werte)

vorh $R_T = 0{,}13\ \dfrac{\mathrm{m^2\,K}}{\mathrm{W}} + 0{,}53\ \dfrac{\mathrm{m^2\,K}}{\mathrm{W}} + 0{,}04\ \dfrac{\mathrm{m^2\,K}}{\mathrm{W}}$

vorh $R_T = 0{,}70\ \dfrac{\mathrm{m^2\,K}}{\mathrm{W}} \Rightarrow \boldsymbol{U = 1{,}43\ \dfrac{\mathrm{W}}{\mathrm{m^2\,K}} > 0{,}45\ \dfrac{\mathrm{W}}{\mathrm{m^2\,K}}}$ **nach EnEV**

der zulässige Maximalwert ist überschritten, Konstruktion nicht zulässig!

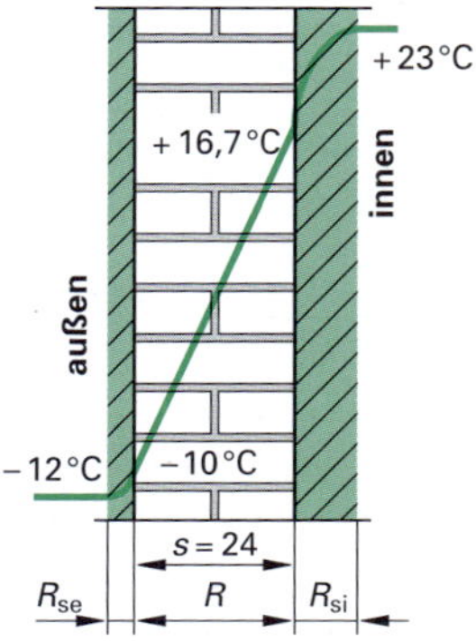

6

6.2 Wärmeschutz

Fenster

Fenster bzw. Fenstertüren bestehen aus Rahmen und Verglasung. Für Fenster- und Türrahmen werden Holz, Aluminium und Kunststoff verwendet. Die Verglasung besteht meist aus einer Doppelverglasung, auch Isolierverglasung oder Warmglas genannt. Einfachverglasungen dürfen nicht mehr eingebaut werden. Bei der Anwendung der DIN EN 10077 ist zu beachten, dass sie den Bemessungswärmedurchgangskoeffizienten von Verglasung, Fenster, Fenstertüren DIN V 4108-4 entsprechen müssen. Bei der Änderung von Bauteilen oder Erneuerung von Fenstern und Fenstertüren darf der U_{max} = 1,7 W/(m² · K) nicht überschritten werden. Beim Ersatz der Verglasung darf deren *U*-Wert 1,5 W/m²K nicht überschreiten.

Wärmedurchgangskoeffizient U_w für Fenster (DIN V 4108-4 07.2004)

Flächenanteil des Rahmens in % der Gesamtfensterfläche (Auswahl)

Art der Verglasung	U_g W/(m² · K) ↓ / U_f →	20 % der Gesamtfläche U_w in W/(m² · K)									30 % der Gesamtfläche U_w in W/(m² · K)								
		1,0	1,4	1,8	2,2	2,6	3,0	3,4	5,0	7,0	1,0	1,4	1,8	2,2	2,6	3,0	3,4	5,0	7,0
Einscheiben Verglasung	5,7	4,8	4,8	4,9	5,0	5,1	5,2	5,2	5,3	5,9	4,3	4,4	4,5	4,6	4,8	4,9	5,0	5,1	6,1
Zwei-scheiben-Isolier-verglasung	2,9	2,7	2,8	2,8	3,0	3,1	3,1	3,2	3,3	3,8	2,5	2,6	2,7	2,9	3,0	3,1	3,2	3,4	4,2
	2,7	2,5	2,6	2,7	2,8	2,9	3,0	3,1	3,1	3,6	2,3	2,5	2,6	2,7	2,9	3,0	3,1	3,2	4,0
	2,5	2,4	2,4	2,5	2,7	2,5	2,8	2,9	3,0	3,5	2,2	2,3	2,4	2,6	2,5	2,8	3,0	3,1	3,9
	2,3	2,2	2,3	2,4	2,5	2,4	2,7	2,7	2,8	3,3	2,1	2,2	2,3	2,5	2,4	2,7	2,8	3,0	3,8
	2,1	2,0	2,1	2,2	2,3	2,2	2,5	2,6	2,7	3,1	1,9	2,0	2,2	2,3	2,3	2,6	2,7	2,8	3,6
	1,9	1,9	2,0	2,1	2,3	2,3	2,4	2,5	2,6	3,1	1,8	1,9	2,1	2,3	2,4	2,5	2,5	2,7	3,6
	1,7	1,8	1,9	1,9	2,1	2,2	2,3	2,3	2,4	2,9	1,7	1,8	1,9	2,1	2,2	2,4	2,5	2,6	3,4
	1,5	1,6	1,7	1,8	1,9	2,0	2,1	2,2	2,3	2,7	1,5	1,7	1,8	2,0	2,1	2,2	2,3	2,5	3,3
	1,3	1,5	1,5	1,6	1,8	1,9	1,9	2,0	2,1	2,6	1,4	1,5	1,6	1,8	2,0	2,1	2,2	2,3	3,1
	1,1	1,3	1,4	1,5	1,6	1,7	1,8	1,9	1,9	2,4	1,3	1,4	1,5	1,7	1,8	1,9	2,1	2,2	3,0
Dreischeiben-Isolier-verglasung	1,2	1,3	1,4	1,5	1,7	1,8	1,9	2,1											
	1,1	1,2	1,3	1,5	1,6	1,7	1,9	2,0											
	1,0	1,1	1,3	1,4	1,5	1,7	1,8	1,9											
	0,9	1,1	1,2	1,3	1,4	1,6	1,7	1,8											
	0,8	1,0	1,1	1,3	1,4	1,5	1,7	1,8											
	0,7	0,9	1,1	1,2	1,3	1,5	1,6	1,7											
	0,6	0,9	1,0	1,1	1,2	1,4	1,5	1,6											
	0,5	0,8	0,9	1,0	1,2	1,3	1,4	1,6											

Index f engl. frame, früher R
Indes g engl. glazing, früher V
Index W engl. window, früher F

Material des Abstandhalters Ψ in W/mK

Aluminium Ψ = 0,08 W/mK
Edelstahl Ψ = 0,053 W/mK
Kunststoff Ψ = 0,045 W/mK

Berechnung Fenster

$$U_W = \frac{A_f \cdot U_f + A_g \cdot U_g + l_G \cdot \psi_G}{A_f + A_g}$$

A_f Fläche Fensterrahmen
U_f Wärmedurchgangskoeffizient Fensterrahmen
A_g Fläche Glas
U_g Wärmedurchgangskoeffizient Glas
l_G Länge Verglasungsdichtung
ψ_G Wärmedurchgangskoeffizient Abstandshalter (MIG)
ψ_{BW} Wärmedurchgangskoeffizient Einbaudämmung

Berücksichtigung der Wärmebrücken ψ_{BW}

- Erhöhung für die gesamte wärmeübertragende Umfassungsfläche pauschal: ΔU_{BW} = 0,10 W/(m² · K)
- Erhöhung für die gesamte wärmeübertragende Umfassungsfläche im Detail bei Anwendung DIN 4108 Bbl 2: ΔU_{BW} = 0,05 W/(m² · K)

Bei Planung und Einbau ist darauf zu achten, dass die 13 °C Isotherme in den Bauteilen verläuft, um so die Kondenswasserbildung und Schimmelbildung zu vermeiden.

Wärmebrücken an einem Fenster

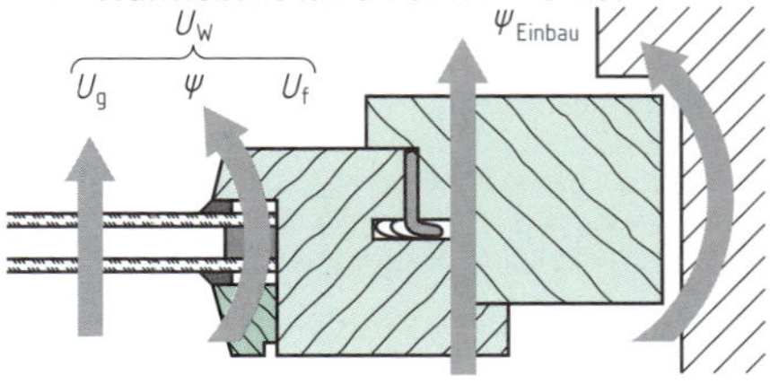

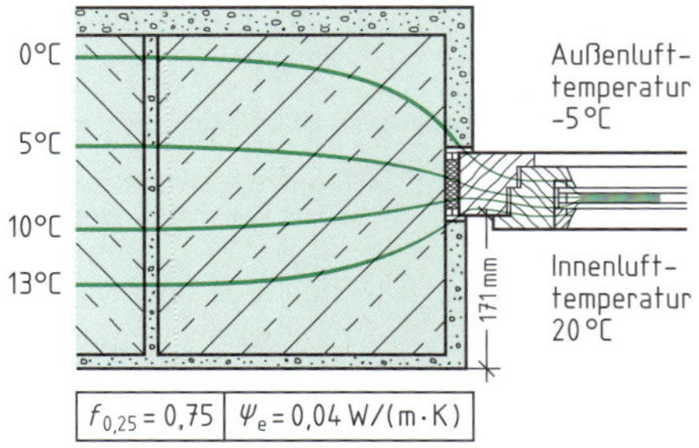

6.2 Wärmeschutz

Beispiel: Dachaufbau

Der Wärmedurchlasswiderstand für das in der unten stehenden Skizze dargestellte Dachgeschoss ist an der ungünstigsten Stelle und im Mittel zu berechnen und mit den Mindestanforderungen zu vergleichen.

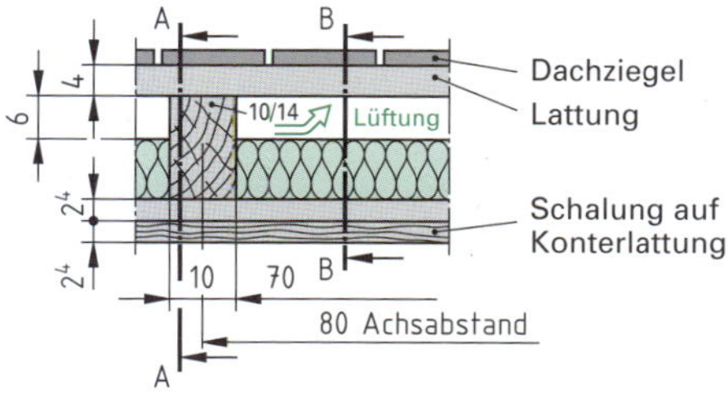

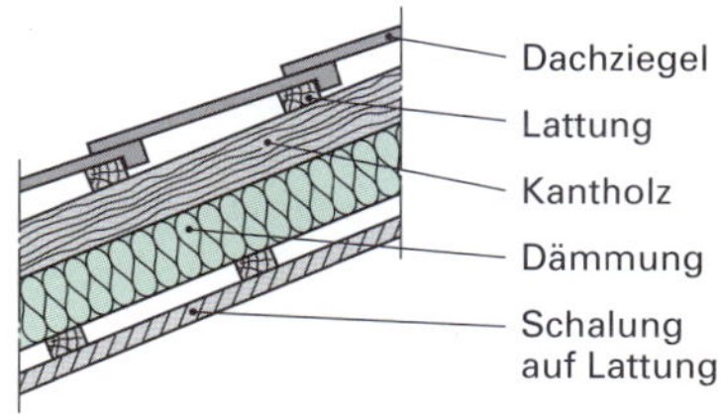

Rippenbereich A vorh $R = 0{,}80 \frac{m^2\,K}{W} < \text{erf } R = 1{,}20 \frac{m^2\,K}{W}$

Gefachebereich B vorh $R = 2{,}47 \frac{m^2\,K}{W} > \min R = 1{,}75 \frac{m^2\,K}{W}$

Mittelwert (im Mittel) $R_M = 2{,}47 \frac{m^2\,K}{W} \cdot \frac{0{,}70\ m}{0{,}80\ m} + 0{,}80 \frac{m^2\,K}{W} \cdot \frac{0{,}10\ m}{0{,}80\ m} = \mathbf{2{,}26 \frac{m^2\,K}{W}}$

Der Mittelwert ist eingehalten. Der Rippenanteil beträgt 12,5 %, der Gefacheanteil 87,5 %.

Bauteil	**Dicke** m	**Rohdichte** $\frac{kg}{m^3}$	**Masse** $\frac{kg}{m^2}$	**Wärmeleitzahl** $\frac{W}{m\,K}$	**Wärmedurchlasswiderstand** $R\left[\frac{m^2\,K}{W}\right]$	
Dachziegel, Lattung und Konterlattung sowie Dampfsperren	werden nicht in Ansatz gebracht, belüftet				A	B
Mineralfaserdämmstoffe 035	0,08	100	8	0,035	–	2,29
Kantholz (nur wärmetechn. Höhe)	0,08	600	48	0,13	0,62	–
Schalung	0,024	600	14,4	0,13	0,18	0,18
Nach DIN EN ISO 6946 ist hier $R_{se} = R_{si} = 0{,}13$ m²k/W.				Σ	0,80	2,47

Beispiel: Einfamilienhaus mit Flachdach

Bauteil und Gebäudegeometrie	Konstruktionshinweise	Berechnungen
Außenwände West 40,6 m² Nord 29,4 m² Ost 40,0 m² Süd 35,0 m²	1,5 cm Kalkputz 24,0 cm KSV (ϱ = 1,4 t/m³) 6,0 cm Faserplatten 035 4,0 cm Luftschicht ruhende Luftschicht 11,5 cm Vollklinker	vorh $R_T = 0{,}13 + \frac{0{,}015}{0{,}87} + \frac{0{,}24}{0{,}70} + \frac{0{,}06}{0{,}035} + 0{,}18 + \frac{0{,}115}{0{,}96} + 0{,}04 = 2{,}534$ m² K/W $\mathbf{U_W = 0{,}395\ W/m^2K < 0{,}45\ W/m^2\,K}$
Kellergeschossdecke 200,0 m²	4,5 cm Zementestrich 3,0 cm Dämmplatte 045 16,0 cm Stahlbeton C30/37 6,0 cm Dämmplatte 030	vorh $R_T = 0{,}17 + \frac{0{,}045}{1{,}4} + \frac{0{,}03}{0{,}045} + \frac{0{,}16}{2{,}10} + \frac{0{,}06}{0{,}030} + 0{,}17 = 3{,}115$ m² K/W $\mathbf{U_G = 0{,}321\ W/m^2\,K < 0{,}50\ W/m^2\,K}$
Dachgeschossdecke 200,0 m²	1,5 cm Gipsputz 16,0 cm Stahlbeton C30/37 – Dampfsperre 12,0 cm Dämmplatte 035 – Dichtungsbahn	vorh $R_T = 0{,}13 + \frac{0{,}015}{0{,}70} + \frac{0{,}16}{2{,}10} + \frac{0{,}12}{0{,}035} + 0{,}04 = 3{,}696$ m² K/W $\mathbf{U_D = 0{,}271\ W/m^2\,K < 0{,}30\ W/m^2\,K}$
Volumen 590,0 m³	– Kiesschüttung	Nachbesserung: z. B. 15,0 cm statt 12,0 cm Dämmplatte 035.
Hauseingangstür und Fenster Nord 12,0 m² + 4,0 m² Süd 16,0 m²		Vollholztür mit $U = 1{,}8$ W/m²K lt. Ausschreibung Fenster mit $U = 1{,}44$ W/m²K lt. Ausschreibung

6

6.2.3 Wärmebrücken

Fehlender oder falsch ausgeführter Wärmeschutz kann zu Bauschäden führen. Die sichtbaren Bauschäden oder auch die indirekten Schäden können dann besonders groß sein, wenn der Feuchteschutz am Bauwerk nicht beachtet wurde. Wärmeschutz und Feuchteschutz sind daher eng verbunden. Da sich Wärmeschutzmaßnahmen nachträglich nur mit wirtschaftlich hohem Aufwand verwirklichen lassen, ist es wichtig, bei der Grundrissgestaltung und Bauplanung einen optimalen Wärmeschutz zu berücksichtigen.

Als **Stufen des Wärmeschutzes** werden unterschieden:

- Mindestwärmeschutz im Winter, Wärmeschutz im Sommer, Mindestmaßnahme nach DIN 4108
- erhöhter Wärmeschutz, verbesserter Mindestwärmeschutz entsprechend der Energieeinsparverordnung
- optimaler Wärmeschutz, Wärmeschutzstufe mit einem hohen Maß an Behaglichkeit, der auch unter wirtschaftlichen Aspekten rentabel ist
- Höchstwärmeschutz, Maßnahmen, die voll einer Energieverknappung vorbeugen und den Anforderungen eines sinnvollen Umweltschutzes entsprechen

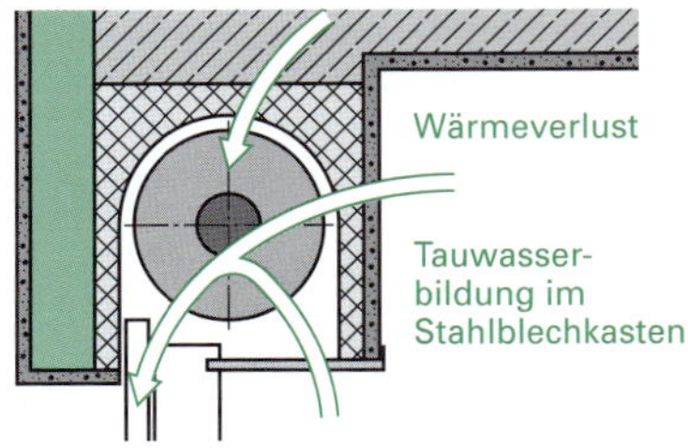

Rolladenkasten mit Wärmebrücke
Konstruktions- bzw. materialbedingte Wärmebrücke (WB) (weitere Beispiele: Fensterbank, Stürze, Mischmauerwerk, Anker als Vorsatzschalen, u.a.m.)

Wärmebrücken

- werden oft fälschlicherweise Kältebrücken genannt
- sind einzelne, lokal begrenzte Schwachstellen in den Außenwänden (z.B. Drahtanker)
- haben eine wesentlich geringere Wärmedämmung als die benachbarten Flächenteile
- sind häufig Ursache von Bauschäden, da die Wärmeverluste die Möglichkeiten zur Tauwasserbildung vergrößern
- sind zu vermeiden, wenn das gesamte Bauwerk umhüllend gedämmt wird
- werden in der EnEV im vereinfachten Verfahren mit $\Delta U_{WB} = 0{,}10\ W/m^2K$ (pauschal) berücksichtigt.

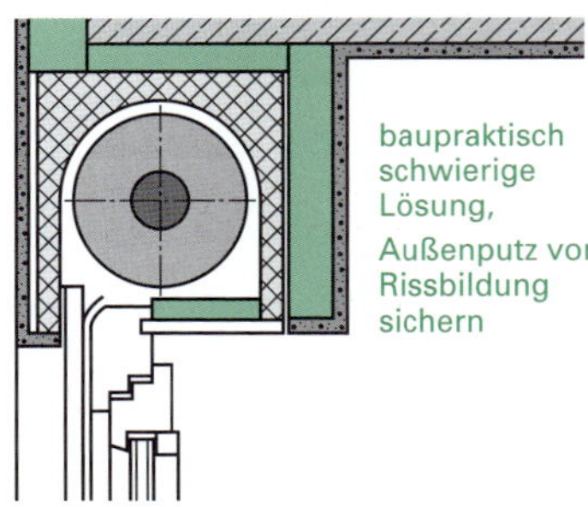

Rolladenkasten ohne Wärmebrücke

Definition: Eine Wärmebrücke ist ein Teil einer Gebäudehülle, an der der ansonsten normal zum Bauteil auftretende Wärmestrom deutlich verändert wird. Unter den Klimabedingungen der DIN 4108-2 ▶ S. 321 muss zur Vermeidung von Schimmelbildung an Wärmebrücken stets eine Temperatur an der Bauteilinnenoberfläche von mindestens ϑ_i = **12,6 °C** eingehalten werden.

$$f_{Rsi} \geq 0{,}7 \text{ (dimensionslos)}$$
$$f_{Rsi} = (\vartheta_{si} - \vartheta_e)/(\vartheta_i - \vartheta_e)$$

DIN 4108, Beiblatt 2 zeigt Lösungsbeispiele die dieses Kriterium erfüllen. Der Nachteil von Wärmebrücken besteht darin, dass einerseits über relativ kleine Flächen viel Wärmemenge zur kalten Außenluft geführt wird und andererseits, dass sich bereits an der Bauteiloberfläche Tauwasser bildet.

Diese Tauwasserbildung führt zu Bauschäden.

Geometrische Wärmebrücke	**Konstruktionsbedingte Wärmebrücke**	**Materialbedingte Wärmebrücke**
■ an den Außenecken	■ bei Heizkörpernischen	■ im Holztafelbau im Rippenbereich (Konstruktionsholz)
■ an den Fensteranschlüssen → Fensteranschlüsse sind nicht geeignet, Tauwasser entlang der Profile und Glasfalze sicher zu verhindern.	■ an Rolladenkästen ■ an Kellerdecken	■ bei vorgehängten Fassadenplatten im Verankerungsbereich (Schrauben)
	Umgebungsbedinge Wärmebrücke	Stoffbedingte Wärmebrücke

6.2.4 Anforderungen an den Wärmeschutz im Sommer

DIN 4108-2 und die EnEV 2007 fordern gleicherweise bei Gebäuden den Nachweis für die Begrenzung des Sonneneintragskennwertes ***S***. Dieser Wert ***S*** ist abhängig vom Gesamtenergiedurchlassgrad ***g*** aller Fenster A_{wj} des Raumes und von den Abminderungsfaktoren F_c für Sonnenschutzvorrichtungen und der Raumgröße A_G.

Die Klimazonen, sommerkühl (Region A, max ϑ_i = 25 °), gemäßigt (B, 26°) und sommerheiß (C, 27°) sind der DIN 4108-2, Bild 3 zu entnehmen.

$S > S_{zul}$ mit $S = \Sigma(A_{Wj} \cdot g_{totalj})/A_g$

mit $S_{zul} = \Sigma S_x$

mit $g_{total} = g \cdot F_c$

Gesamtenergiedurchlassgrad	***g***
Doppelverglasung ohne Beschichtung	0,85
mit einer Infrarot reflektierenden Schicht	0,62
mit zwei Infrarot reflektierenden Schichten	0,62
Dreifachverglasung ohne Beschichtung	0,62
mit zwei Infrarot reflektierenden Schichten	0,52

Sonnenschutzvorrichtung

Nr.	fest installierte Vorrichtung	Abminderungsfaktor F_c
1	**ohne** Sonnenschutzvorrichtung	**1,0**
2	**innenliegende** und zwischen den Scheiben weiße Oberfläche helle Oberfläche dunkle Oberfläche	 **0,75** **0,80** **0,90**
3	**außenliegende** Jalousien und Stoffe Stoffe mit hoher Transparenz[1)] Markisen, Vordächer Rollläden, Fensterläden	 **0,25** **0,40** **0,50**[2)] **0,30**

[1)] Eine Transparenz der Sonnenschutzvorrichtung unter 10 % gilt als gering, unter 30 % als erhöht.

[2)] Dabei muss sichergestellt sein, dass keine direkte Besonnung des Fensters erfolgt.

Einflussgrößen

Nr.	Gebäudelage Fensterneigung Orientierung	Sonneneintragskennwert S_x
I	**Sommer-Klimaregion** Gebäude in Region A Gebäude in Region B Gebäude in Region C	 **0,04** **0,03** **0,015**
II	**Wärmespeicherfähigkeit** leichte Bauart o.Nachweis mittlere Bauart schwere Bauart	 $0,06 \cdot f_{gew}$ $0,10 \cdot f_{gew}$ $0,115 \cdot f_{gew}$
III	**Erhöhte Nachtlüftung** bei mittlerer und leichter Bauart bei schwerer Bauart alternative Sonnenschutzverglasung $g \leq 0,4$	 **+0,02** **+0,03** **+0,03**
IV	**Fensterorientierung** 0° ≤ Neigung ≤ 60° gegenüber der Horizontalen, Nord-, Nordost- und Nordwest orientierte Fenster, Neigung > 60°	$-0,115 \cdot f_{neig}$ $+0,10 \cdot f_{nord}$

Beispiel: Sommerlicher Wärmeschutznachweis

Gebäude: **Klimazone B,** Arbeitszimmer nach Westen A_{W1} **= 10,00 m²** und Süden A_{W2} **= 3,80 m²** auf der Außenwandfläche von A_{AW} **= 40,00 m²**. Schwere Bauart, erhöhte Nachtlüftung möglich, senkrecht stehende Fenster, Rahmenanteil der Fenster etwa 30 % mit Verglasung ***g* = 0,6**.

$S_{zul} = 0,03 + 0,115 \cdot f_{gew} + 0,03$ — $S_{zul} = 0,03 + 0,086 + 0,03 = 0,146$

$f_{gew} = (A_W + 0,3 \cdot A_{AW} + 0,1\ A_D)/A_G$ — $f_{gew} = (13,80 + 0,3 \cdot 40,00 + 0,1 \cdot 40,00)/40,00 = 0,745$

$S = \Sigma\ (A_{Wj} \cdot g_{totalj})/A_G$ — $S = 13,80 \cdot 0,6/40,00 = 0,207$ **Forderung nicht erfüllt.** Fenster benötigen zusätzliche Schutzvorrichtungen

Grundsätzlich ist der sommerliche Wärmeeingang abhängig von folgenden Faktoren:

- Stand des Gebäudes
- Orientierung des Gebäudes und der Fenster nach der Himmelsrichtung
- Gesamtenergiedurchlass der Fenster
- Lüftung in den Räumen
- Neigung der Dachschrägen und der Dachflächenfenster
- Bauart der Innenbauteile
- Wärmeleiteigenschaften der Wände
- Wärmespeichfähigkeit der umschließenden Bauteile

6

6.2 Wärmeschutz

6.2.5 Energieeinsparverordnung

Höchstwerte nach EnEV 2007

Zu errichtende Wohngebäude sind so auszuführen, dass der Jahres-Primärenergiebedarf für Heizung, Lüftung und Warmwasseraufbereitung sowie die spezifische auf die wärmeübertragende Umfassungsfläche bezogenen Transmissionswärmeverluste die **Höchstwerte** nach der untenstehenden Tabelle nicht überschreiten. Das Berechnungsverfahren nach dem vereinfachten Jahresbilanzverfahren ist auf den ▶ Seiten 309 bis 312 dargestellt.

Höchstwerte nach EnEV 2009

Der Höchstwert des Jahres-Primärenergiebedarfs eines zu errichtenden Wohngebäudes ist der auf die Gebäudenutzfläche bezogene Jahres-Primärenergiebedarf eines Referenzgebäudes. Der zulässige Transmissionswärmeverlust H'_T ist grundsätzlich von den Referenzgebäuden nach untenstehender Tabelle abhängig. Berechnungsverfahren wie auf den ▶ Seiten 309 bis 312.

Gleiche Ausrichtung	**Gleiche Nutzfläche**	**Gleiche Geometrie**	**Gleiche Nutzung**
RMH/Baulücke Erweiterungen 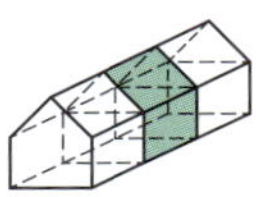	Gebäude freistehend $A_N > 350$ m² 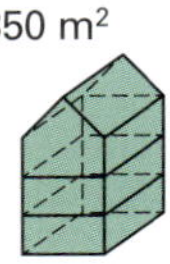	DHH/REH einseitig angebaut 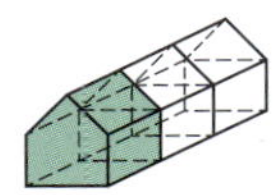	Gebäude freistehend $A_N \leq 350$ m² 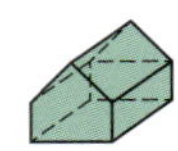
$H'_T = 0{,}65$ **W/(m² · K)**	$H'_T = 0{,}50$ **W/(m² · K)**	$H'_T = 0{,}45$ **W/(m² · K)**	$H'_T = 0{,}40$ **W/(m² · K)**

Ausführung des Referenzgebäudes

Bauteil/System	Referenzausführung/Wert (Maßeinheit)	
Außenwand, Geschossdecke gegen Außenluft	Wärmedurchgangskoeffizient	$U = 0{,}28$ **W/(m² · K)**
Außenwand gegen Erdreich, Bodenplatte, Wände u. Decken zu unbeheizten Räumen	Wärmedurchgangskoeffizient	$U = 0{,}35$ **W/(m² · K)**
Dach, oberste Geschossdecke, Wände zu Abseiten	Wärmedurchgangskoeffizient	$U = 0{,}20$ **W/(m² · K)**
Fenster, Fenstertüren	Wärmedurchgangskoeffizient	$U_W = 1{,}30$ **W/(m² · K)**
	Gesamtenergiedurchlassgrad der Verglasung	$g_\perp = 0{,}60$
Dachflächenfenster	Wärmedurchgangskoeffizient	$U_W = 1{,}40$ **W/(m² · K)**
	Gesamtenergiedurchlassgrad der Verglasung	$g_\perp = 0{,}60$
Lichtkuppeln	Wärmedurchgangskoeffizient	$U_W = 2{,}70$ **W/(m² · K)**
	Gesamtenergiedurchlassgrad der Verglasung	$g_\perp = 0{,}64$
Außentüren	Wärmedurchgangskoeffizient	$U = 1{,}80$ **W/(m² · K)**
	Wärmebrückenzuschlag der Verglasung	$\Delta U_{WB} = 0{,}5$ **(m² · K)**

Heizungsanlage

- Wärmeerzeugung durch Brennwertkessel (verbessert), Heizöl EL,
  Aufstellung: – für Gebäude bis zu 2 Wohneinheiten innerhalb der thermischen Hülle
  – für Gebäude mit mehr als 2 Wohneinheiten außerhalb der thermischen Hülle
- Auslegungstemperatur 55 °C/45 °C, zentrales Verteilsystem innerhalb der wärmeübertragenden Umfassungsfläche, innen liegende Stränge und Anbindeleitungen, Pumpe auf Bedarf ausgelegt, Rohrnetz hydraulisch abgeglichen, Wärmedämmung der Rohrleitungen
- Wärmeübergabe mit freien statischen Heizflächen, Anordnung an normaler Außenwand

Anlage zur Warmwasserbereitung

- zentrale Warmwasserbereitung
- gemeinsame Wärmebereitung mit Heizungsanlage
- Solaranlage (Kombisystem mit Flachkollektor)
- Speicher, indirekt beheizt (stehend), gleiche Aufstellung wie Wärmeerzeuger
  – kleine Solaranlage bei A_N kleiner 500 m²
  – große Solaranlage bei A_N größer gleich 500 m²
- Verteilsystem innerhalb der wärmeübertragenden Umfassungsfläche, innen liegende Stränge, gemeinsame Installationswand, Wärmedämmung der Rohrleitungen

Nachweis für Gebäude mit normalen Innentemperaturen (Neubauten)

Im Sinne der Energieeinsparverordnung sind

- **Gebäude mit normalen Innentemperaturen** solche Gebäude, die auf eine Innentemperatur von mindestens 19 °C und jährlich mehr als 4 Monate beheizt werden,
- Wohngebäude solche Gebäude, die ganz bzw. überwiegend zum Wohnen genutzt werden,
- Wohngebäude solche Gebäude, deren Fensterflächenanteil 30 % der Umfassungsfläche nicht überschreiten,
- **Gebäude mit niedrigen Innentemperaturen** solche Gebäude, die auf eine Innentemperatur von mind. 12 °C und weniger als 19 °C und jährlich mehr als 4 Monate beheizt werden.

Das zu errichtende Wohngebäude mit normalen Innentemperaturen ist so auszuführen, dass

- der auf die Gebäudenutzung bezogene Jahres-Primärenergiebedarf und
- der spezifische, auf die wärmeübertragene Fläche bezogene Transmissionswärmeverlust die Höchstwerte nicht überschreiten.

Beispiel: Lage der Systemgrenzen

Die beheizte Umfassungsfläche wird nach DIN EN ISO 13789 ermittelt und umschließt alle Räume, die beheizt werden sollen.

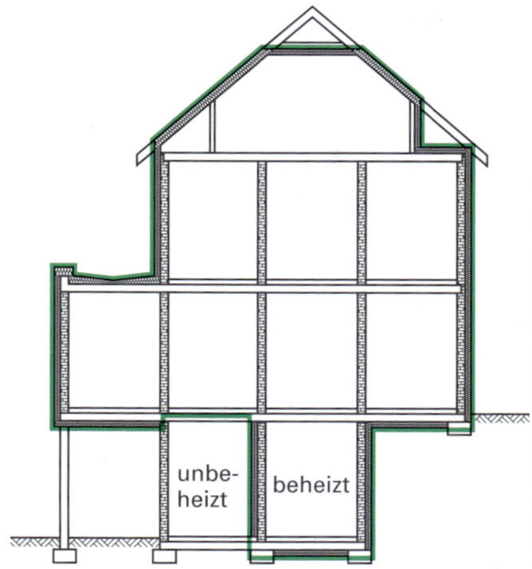

Höchstwerte des Jahres-Primärenergiebedarfs

Verhältnis A/V_e	Q_P'' in kWh/(m² · a) bezogen auf die Gebäudenutzfläche		Transmissionswärmeverlust H_T' in W/(m² · K)
	Wohngebäude mit fossiler Warmwasserbereitung[1)]	Wohngebäude mit Warmwasserbereitung aus elektrischem Strom	Nichtwohngebäude mit einem Fensterflächenanteil ≤ 30 % und Wohngebäude
≤ 0,2	66,00 + 2600/(100 + A_N)	83,00[2)]	1,05[3)]
0,3	73,53 + 2600/(100 + A_N)	91,33	0,80
0,4	81,06 + 2600/(100 + A_N)	98,86	0,68
0,5	88,58 + 2600/(100 + A_N)	106,39	0,60
0,6	96,11 + 2600/(100 + A_N)	113,91	0,55
0,7	103,64 + 2600/(100 + A_N)	121,44	0,51
0,8	111,17 + 2600/(100 + A_N)	128,97	0,49
0,9	118,70 + 2600/(100 + A_N)	136,50	0,47
1	126,23 + 2600/(100 + A_N)	144,03	0,45
≥ 1,05	130,00 + 2600/(100 + A_N)	147,79	0,44
Zwischenwerte	1) $Q_P'' = 50{,}94 + 75{,}29 \cdot A/V_e + 2600/(100 + A_N)$ in kWh/(m² · a) 2) $Q_P'' = 68{,}74 + 75{,}29 \cdot A/V_e$ in kWh/(m² · a) 3) $H_T' = 0{,}3 + 0{,}15 / (A/V_e)$ in W/(m² · K) und bei einem Fensteranteil > 30 % $H_T' = 0{,}35 + 0{,}24 / (A/V_e)$ in W/(m² · K)		

Definition der Bezugsgrößen A, A_N und V_e

Die wärmeübertragende Umfassungsfläche A des Gebäudes ist mit den Abmessungen der äußeren Begrenzungsflächen des beheizten Gebäudeteils zu berechnen.

Das Gebäudevolumen V_e wird mit den Außenmaßen der fertigen, wärmeübertragenden Umfassungsfläche ermittelt.

Die **Gebäudenutzfläche A_N** wird in m² bei Wohngebäuden wie folgt ermittelt:

$$A_N = 0{,}32\ V_e$$

Fensterflächenanteil

$$f = A_W/(A_N + A_{AW})$$

Planungshinweise zur Gebäudeform

- Kompakter Baukörper
- Vermeidung von Vor- und Rücksprüngen von mehr als 0,50 m
- Einfache Dachformen, Verzicht auf Erker und Gauben
- Süd-/Westorientierung

6

6.2 Wärmeschutz

Jahres-Primärenergiebedarf Q_p

Der Jahres-Primärenergiebedarf ist vereinfacht wie folgt zu ermitteln:

$$Q_P = (Q_H + Q_W) \cdot e_p$$

e_p Anlagenaufwandzahl

Q_H Jahres-Heizwertbedarf in kWh/a

Q_W Zuschlag für Warmwasser in kWh/a

Warmwasserbereitung Q_W

Als Nutz-Wärmebedarf für die Warmwasserbereitung Q_W sind vereinfacht 12,5 kWh/(m² a) mit A_N in m² in Ansatz zu bringen.

Transmissionswärmeverlust H_T

Die Berechnung des Transmissionswärmeverlustes erfolgt gemäß DIN 4108 aus den Wärmedurchlasskoeffizienten U_i, der Bezugsfläche A_i und dem Temperaturkorrekturfaktor F_{xi}.

$$H_T = \Sigma (F_{xi} \cdot U_i \cdot A_i) + 0{,}05 \text{ A}$$

Beheiztes Volumen

Bei Gebäuden bis 3 Vollgeschossen gilt:

$$V = 0{,}76\ V_e$$

In allen übrigen Fällen:

$$V = 0{,}80\ V_e$$

Wärmebrücken

Die Wärmebrücken sind besonders zu berücksichtigen und nachzuweisen. Im vereinfachten Fall gilt für die gesamte Wärme übertragende Umfassungsfläche:

$$\Delta U_{WB} = 0{,}05 \text{ W/m}^2 \text{ K}$$

Lüftungswärmeverlust H_V

Der Lüftungswärmeverlust ermittelt sich nach folgender Formel:

mit Dichtheitsprüfung

$$H_V = 0{,}163\ V_e$$

ohne Dichtheitsprüfung

$$H_V = 0{,}19\ V_e$$

Solare Wärmegewinne Q_S

Die solaren Wärmegewinne werden nach der Orientierung der Fensterflächen, der solaren Einstrahlung und dem Gesamtenergiedurchlassgrad berechnet.

Dachflächen mit einer Neigung 30° sind hinsichtlich der Orientierung wie senkrechte Fenster zu berechnen.

$$Q_S = \Sigma (I_j \cdot 0{,}567 \cdot A_{Fi} \cdot g_i)$$

Temperaturkorrekturfaktoren F_{xi}		
Wärmestrom nach außen über Bauteil	Temperatur-Korrekturfaktor F_{xi}	
Außenwand	A_W	1,0
Dach (als Systemgrenze)	A_D	1,0
Oberste Geschossdecke (Dachraum nicht ausgebaut)	A_{DG}	0,8
Abseitenwand (Drempelwand)	A_{AW}	0,8
Wände und Decken zu unbeheizten Räumen	A_{WB}	0,5
Unterer Gebäudeabschluss Kellerdecke/-wände zu unbeheiztem Keller; Fußboden auf Erdreich; Keller gegen Erdreich	A_G	0,6
Fenster	A_F	1,0

Solare Einstrahlung I_j nach Orientierung	
Südost bis Südwest	270 kWh/(m² · a)
Nordwest bis Nordost	100 kWh/(m² · a)
übrige Richtungen	155 kWh/(m² · a)
Dachflächenfenster mit Neigung < 30 °3)	225 kWh/(m² · a)
Die Fläche der Fenster A_i mit der Orientierung j (Süd, West, Ost, Nord und horizontel) ist nach den lichten Fassadenöffnungmaßen zu ermitteln.	

Interne Wärmegewinne Q_i

Die internen Wärmegewinne in kWh/a werden pauschal angerechnet mit:

$$Q_i = 22\ A_N$$

Jahres-Heizwärmebedarf Q_h

Unter Berücksichtigung der Heizgradtage gilt der Faktor $f_{Gt} = 66$ für die Berechnung des Heizwärmebedarfes in kWh/a (► S. 312).

$$Q_H = 66\ (H_T + H_V) - 0{,}95\ (Q_S + Q_i)$$

Gesamtenergiedurchlassgrad g

Die Energiedurchlässigkeit von Verglasungen wird duch den Energiedurchlassgrad g ausgedrückt; z.B. 0,58 bedeutet, dass 58 % der auf die Verglasung auftretenden Wärmeenergie hindurchgeht. Niedrige Energiedurchlassgrade sind anzustreben und i.d.R. den Produkt-Spezifikationen oder der Bauregelliste zu entnehmen. Fenster mit einer Neigung ≥ 30 ° sind wie senkrechte Fenster zu behandeln.

g-Werte üblicher Fenstergläser (Richtwerte)	
Einfachverglasung	$g = 0{,}87$
Doppelverglasung	$g = 0{,}80$
Wärmeschutzverglasung	$g = 0{,}58$
Dreifachverglasung	$g = 0{,}55$
Sonnenschutzverglasung	$g = 0{,}55$

6

6.2 Wärmeschutz

Anlagenaufwandszahl e_p

In der DIN 4701-10 (Energetische Bewertung heiztechnischer Anlagen) werden Heizanlagen im Diagrammverfahren, im Tabellenverfahren und im detaillierten Verfahren erfasst. Abhängig von der beheizten Nutzfläche A_N und dem Jahres-Heizwärmebedarf ist die Anlagenaufwandszahl zu ermitteln. Wichtig ist daher eine Verwendung produktspezifischer Kennwerte.
Die Grafik zeigt Vergleichswerte von Anlagen bei 150 m² bis 500 m² Gebäudenutzfläche bei einem mittleren Jahresheizwärmebedarf von $q = 60$ kWh/(m² · a).

Indize: L Lüftungsanlage, H Heizungsanlage,
NT Niedrigtemperatur (-kessel)
TW Trinkwasser (-erwärmung)
BW Brennwert (-kessel)

① NT-Kessel + TW-Speicher, HK 70/55 °C außerhalb thermischer Hülle, Zirkulation
② wie 1) jedoch BW statt NT-Kessel
③ wie 2) innerhalb thermischer Hülle
④ wie 3 ohne Zirkulation
⑤ wie 3) mit Lüftungsanlage
⑥ wie 2) mit solarer Wasseraufbereitung
⑦ Wärmepumpe + TW-Speicher Fußbodenheizung 35/28 °C

Anhaltswerte für die Anlagenaufwandszahl	
Niedertemperatur-Kessel 70/55 °C mit Horizontal-Verteilung und Kesselaufstellung im Keller	1,4 ... 2,0
Niedertemperatur-Kessel 70/55 °C komplett im beheizten Bereich aufgestellt (NT-Kessel)	1,3 ... 1,8
Brennwert-Kessel 55/45 °C komplett im beheizten Bereich aufgestellt	1,2 ... 1,6
Brennwert-Kessel 55/45 °C komplett im beheizten Bereich aufgestellt und solare Trinkwassererwärmung	1,1 ... 1,15
Brennwert-Kessel 55/45 °C komplett im beheizten Bereich aufgestellt und Lüftungsanlage mit Wärmerückgewinnung (BW-Kessel)	1,15 ... 1,5

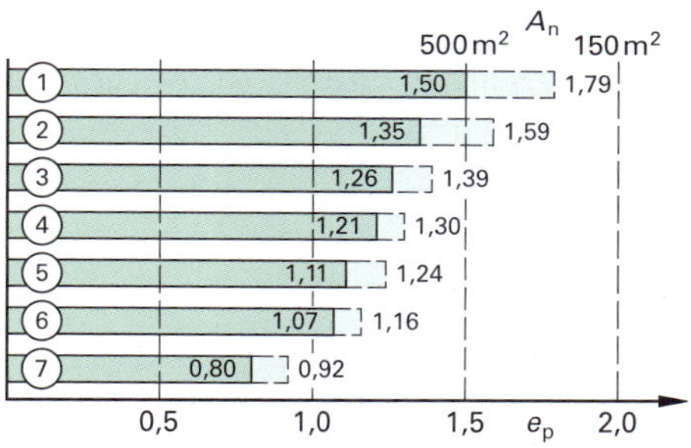

Beispiel: Energiebilanzverfahren

Aus den Architektenunterlagen für ein eingeschossiges Einfamilienhaus mit Flachdach ergeben sich folgende Angaben und Berechnungen. Für die Außenwand nach DIN 1053 wurde eine noch ruhende Luftschicht angenommen. Bei schwach belüfteter Luftschicht verringert sich der R_T-Wert auf 2,454 m²K/W. V_e = 590,00 m³ $A_N = 0{,}32 \cdot V_e$ = 188,8 m³ ⇒ max H_T' = 0,843 W/m² K

Bauteil	Kurzbezeichnung	Fläche A in m²	Wärmedurchgangskoeffizient U in W/(m² K)	$U \cdot A$ in W/K	Faktor	Wärmeverlust $F_{xi} \cdot A_i \cdot U_i$ in W/K
Wand	W1 (Nord)	29,4	0,393 aus U-Wert	11,61	1,0	11,61
	W2 (West)	40,6	0,393 Berechnung	16,04		16,04
	W3 (Ost)	40,0	0,393	15,80		15,80
	W4 (Süd)	35,0	0,393	13,83		13,83
Fenster einschließlich	F1 (Nord)	16,0	1,4	22,40		22,40
solare Wärmegewinne	F4 (Süd)	16,0	1,4	22,40		22,40
Haustür	T1	3,5	1,8	6,30	1,0	6,30
Dach, Decke zum nicht aus-	D1	200,0	0,27 aus U-Wert	–	0,8¹⁾	43,20
gebauten Dachgeschoss	D2	–	Berechnung			
Grundfläche, **Kellerdecke**,	G1	200,0	0,32 aus U-Wert-	64,00	0,6	38,40
Wände gegen Erdreich	G2	–	Berechnung			
ΣV = 590,00 m³	ΣA =	580,50		$\Sigma F_{xi} \cdot U_i \cdot A_i$ =		189,98
Wärmebrückenzuschlag			580 · 0,05			29,03
¹⁾ Nach Seite 310 Tafel F_{xi} ist zwischen F_{xi} = 0,8 bzw. F_{xi} = 1,0 zu entscheiden. Hinweis: Systemgrenzen von Fenstern, Dach und Decken beachten.						219,04

6.2 Wärmeschutz

Zusammenstellung der Berechnungsgrößen

1. Transmissionswärmeverlust

$H_T = \Sigma(U_i \cdot A_i \cdot F_{xi}) + \Delta U_{WB} \cdot A$

Wärmedurchgangskoeffizient bei Wärmebrücken: Gemäß DIN 4108 Bbl. 2 gilt $\Delta U_{WB} = 0{,}05\ W/(m^2K)$, ansonsten der erhöhte Wert von $0{,}10\ W/(m^2K)$.

Bei aneinander gereihten Gebäuden (z.B. Reihenhäuser) werden die Trennwände zwischen Gebäuden bei normalen Innentemperaturen bei der Ermittlung von A und A/V_e nicht berücksichtigt.

2. Wärmegewinne

Solare Wärmegewinne Q_S [kWh/a]

Orientierung	Solare Einstrahlung I_j [kWh/(m² · a)]	Fenster-Teilfläche $A_{w,i}$ [m²]	Gesamtenergiedurchlassgrad g_i [–]	$I_j \cdot 0{,}567 \cdot A_{w,i} \cdot g_i$ [kWh/a]
Südost bis Südwest	270			
Nordwest bis Nordost	100			
übrige Richtungen	155			
Dachflächenfenster mit Neigung < 30°	255			
Solare Wärmegewinne			Q_S =	

Interne Wärmegewinne Q_i [kWh/a]

Interne Wärmegewinne	$Q_i = 22 \cdot A_N$		Q_i =	

3. Jahres-Heizwärmebedarf

Jahres-Heizwärmebedarf [kWh/a] $Q_H = 66 \cdot (H_T + H_V) - 0{,}95 \cdot (Q_S + Q_i)$
66 Heizgradtagszahlfaktor (2900 Kd · 0,95 / 24 h/d / 1000 W/kW)
0,95 Nutzungsgrad der Wärmegewinnung Q_H =

Flächenbezogener Jahres-Heizwärmebedarf [kWh/(m² a)] $Q''_H = Q_h/A_N$ Q''_H =

Spezifischer flächenbezogener Transmissionswärmeverlust [W/(m² K)]

vorhandener flächenbezogener Transmissionswärmeverlust $H'_{T,vorh} = H_T/A$ $H'_{T,vorh}$ =

zulässiger spezifischer flächenbezogener Transmissionswärmeverlust

6

$H'_{T,max} = 1{,}05$ bei $A/V_e \le 0{,}2$
$H'_{T,max} = 0{,}3 + 0{,}15/(A/V_e)$ bei $0{,}2 < A/V_e < 1{,}05$
$H'_{T,max} = 0{,}44$ bei $A/V_e \ge 1{,}05$ $H'_{T,max}$ =

4. Jahres-Primärenergiebedarf

vorhandener Jahres-Primärenergiebedarf [kWh/(m² a)] $Q''_{P,vorh} = e_p \cdot (Q''_h + Q''_w)$
$Q''_w = 12{,}5\ kWh/(m^2a)$ $Q''_{P,vorh}$ =

zulässiger Jahres-Primärenergiebedarf

Wohngebäude
$Q''_{P,max} = 66 + 2600/(100 + A_N)$ bei $A/V_e \le 0{,}2$
$Q''_{P,max} = 50{,}94 + 75{,}29 \cdot A/V_e + 2600/(100 + A_N)$ bei $0{,}2 < A/V_e < 1{,}05$
$Q''_{P,max} = 130 + 2600/(100 + A_N)$ bei $A/V_e \ge 1{,}05$ $Q''_{P,max}$ =

Wohngebäude mit überwiegender Warmwasserbereitung aus elektrischem Strom
$Q''_{P,max} = 83$ bei $A/V_e \le 0{,}2$
$Q''_{P,max} = 68{,}74 + 75{,}29 \cdot A/V_e$ bei $0{,}2 < A/V_e < 1{,}05$
$Q''_{P,max} = 147{,}79$ bei $A/V_e \ge 1{,}05$ $Q''_{P,max}$ =

6.2 Wärmeschutz

Die Berechtigung zur Ausstellung von Energieausweisen für neue Gebäude ist im Landesrecht, für bestehende Gebäude in § 21 EnEV geregelt. Benötigt wird i.d.R. eine einschlägige Ausbildung oder einschlägige Zusatzqualifikationen.

Einschlägige Ausbildung
Diplom, Bachlor, Master in den Fachrichtungen: Architektur, Bauingenieurwesen, Technische Gebäudeausrüstung, Physik, Bauphysik, Verfahrenstechnik, Maschinenbau, Gebäudemanagement

Einschlägige Zusatzqualifikation
Energie sparendes Bauen
Energieberater (mit Fortbildungszertifikat)
öffentlich bestellter Sachverständiger
(Schornsteinfegermeister, Zimmerermeister)

ENERGIEAUSWEIS für Wohngebäude

gemäß den §§ 16 ff. Energieeinsparverordnung (EnEV)

Gültig bis:

1

Gebäude

Gebäudetyp		Gebäudefoto (freiwillig)
Adresse		
Gebäudeteil		
Baujahr Gebäude		
Baujahr Anlagentechnik		
Anzahl Wohnungen		
Gebäudenutzfläche (A_N)		
Anlass der Ausstellung des Energieausweises	□ Neubau □ Vermietung / Verkauf □ Modernisierung (Änderung / Erweiterung)	□ Sonstiges (freiwillig)

Hinweise zu den Angaben über die energetische Qualität des Gebäudes

Die energetische Qualität eines Gebäudes kann durch die Berechnung des **Energiebedarfs** unter standardisierten Randbedingungen oder durch die Auswertung des **Energieverbrauchs** ermittelt werden. Als Bezugsfläche dient die energetische Gebäudenutzfläche nach der EnEV, die sich in der Regel von den allgemeinen Wohnflächenangaben unterscheidet. Die angegebenen Vergleichswerte sollen überschlägige Vergleiche ermöglichen (**Erläuterungen – siehe Seite 4**).

□ Der Energieausweis wurde auf der Grundlage von Berechnungen des **Energiebedarfs** erstellt. Die Ergebnisse sind auf **Seite 2** dargestellt. Zusätzliche Informationen zum Verbrauch sind freiwillig.

□ Der Energieausweis wurde auf der Grundlage von Auswertungen des **Energieverbrauchs** erstellt. Die Ergebnisse sind auf **Seite 3** dargestellt.

Datenerhebung Bedarf/Verbrauch durch □ Eigentümer □ Aussteller

□ Dem Energieausweis sind zusätzliche Informationen zur energetischen Qualität beigefügt (freiwillige Angabe).

Hinweise zur Verwendung des Energieausweises

Der Energieausweis dient lediglich der Information. Die Angaben im Energieausweis beziehen sich auf das gesamte Wohngebäude oder den oben bezeichneten Gebäudeteil. Der Energieausweis ist lediglich dafür gedacht, einen überschlägigen Vergleich von Gebäuden zu ermöglichen.

Aussteller

....
Datum Unterschrift des Ausstellers

6

ENERGIEAUSWEIS für Wohngebäude

gemäß den §§ 16 ff. Energieeinsparverordnung (EnEV)

Berechneter Energiebedarf des Gebäudes

2

Energiebedarf

Endenergiebedarf

kWh/(m²·a)

CO_2-Emissionen [1]   kg/(m²·a)

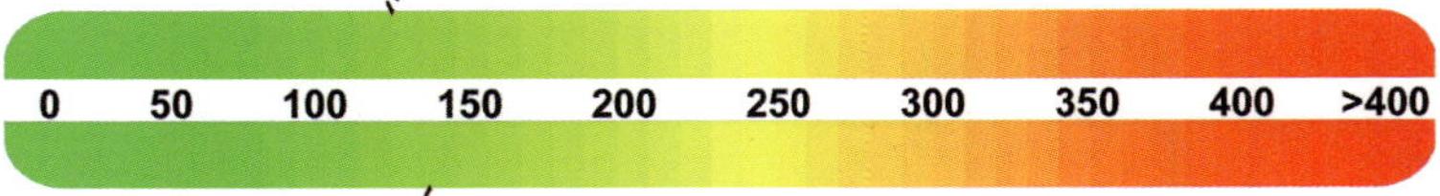

kWh/(m²·a)

Primärenergiebedarf („Gesamtenergieeffizienz“)

Nachweis der Einhaltung des § 3 oder § 9 Abs. 1 EnEV [2])

Primärenergiebedarf			**Energetische Qualität der Gebäudehülle**		
Gebäude Ist-Wert		kWh/(m²·a)	Gebäude Ist-Wert H_T'		W/(m²·K)
EnEV-Anforderungswert		kWh/(m²·a)	EnEV-Anforderungswert H_T'		W/(m²·K)

Endenergiebedarf

Energieträger	Jährlicher Endenergiebedarf in kWh/(m²·a) für			Gesamt in kWh/(m²·a)
	Heizung	Warmwasser	Hilfsgeräte [3])	

Sonstige Angaben

Einsetzbarkeit alternativer Energieversorgungs-systeme

☐ nach § 5 EnEV vor Baubeginn geprüft

Alternative Energieversorgungssysteme werden genutzt für:

☐ Heizung ☐ Warmwasser

☐ Lüftung ☐ Kühlung

Lüftungskonzept

Die Lüftung erfolgt durch:

☐ Fensterlüftung ☐ Schachtlüftung

☐ Lüftungsanlage ohne Wärmerückgewinnung

☐ Lüftungsanlage mit Wärmerückgewinnung

Vergleichswerte Endenergiebedarf

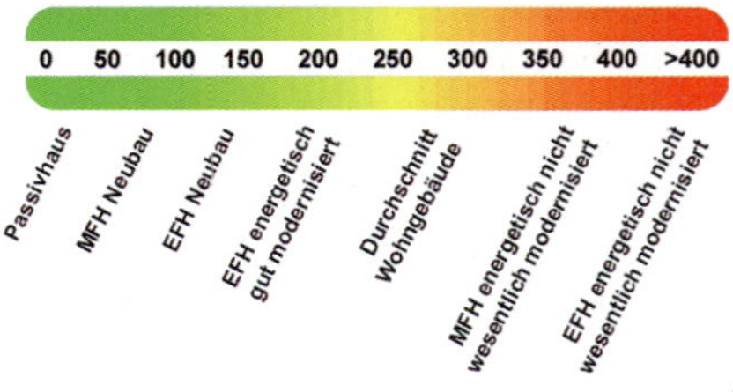

4)

Erläuterungen zum Berechnungsverfahren

Das verwendete Berechnungsverfahren ist durch die Energieeinsparverordnung vorgegeben. Insbesondere wegen standardisierter Randbedingungen erlauben die angegebenen Werte keine Rückschlüsse auf den tatsächlichen Energieverbrauch. Die ausgewiesenen Bedarfswerte sind spezifische Werte nach der EnEV pro Quadratmeter Gebäudenutzfläche (A_N).

1) freiwillige Angabe
2) nur in den Fällen des Neubaus und der Modernisierung auszufüllen
3) ggf. einschließlich Kühlung
4) EFH – Einfamilienhäuser, MFH – Mehrfamilienhäuser

6

ENERGIEAUSWEIS für Wohngebäude

gemäß den §§ 16 ff. Energieeinsparverordnung (EnEV)

Erfasster Energieverbrauch des Gebäudes 3

Energieverbrauchskennwert

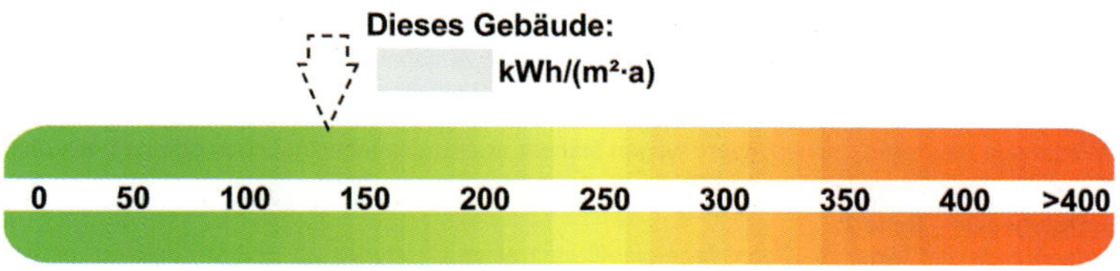

Energieverbrauch für Warmwasser: ☐ enthalten ☐ nicht enthalten

☐ Das Gebäude wird auch gekühlt; der typische Energieverbrauch für Kühlung beträgt bei zeitgemäßen Geräten etwa 6 kWh je m² Gebäudenutzfläche und Jahr und ist im Energieverbrauchskennwert nicht enthalten.

Verbrauchserfassung – Heizung und Warmwasser

Energieträger	Zeitraum		Energie-verbrauch [kWh]	Anteil Warm-wasser [kWh]	Klima-faktor	Energieverbrauchskennwert in kWh/(m²·a) (zeitlich bereinigt, klimabereinigt)		
	von	bis				Heizung	Warmwasser	Kennwert
							Durchschnitt	

Vergleichswerte Endenergiebedarf

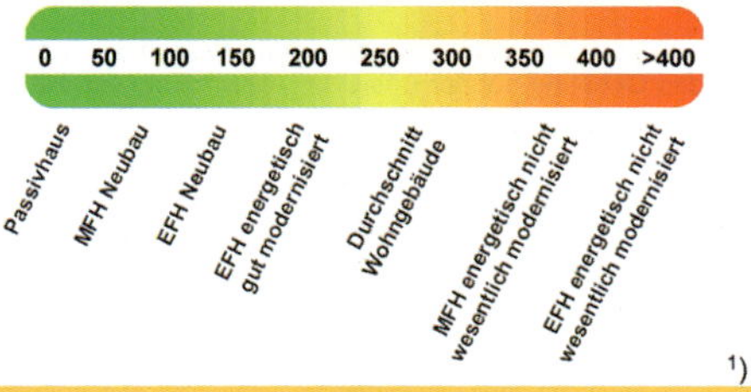

Die modellhaft ermittelten Vergleichswerte beziehen sich auf Gebäude, in denen die Wärme für Heizung und Warmwasser durch Heizkessel im Gebäude bereitgestellt wird.

Soll ein Energieverbrauchskennwert verglichen werden, der keinen Warmwasseranteil enthält, ist zu beachten, dass auf die Warmwasserbereitung je nach Gebäudegröße 20 – 40 kWh/(m²·a) entfallen können.

Soll ein Energieverbrauchskennwert eines mit Fern- oder Nahwärme beheizten Gebäudes verglichen werden, ist zu beachten, dass hier normalerweise ein um 15 – 30 % geringerer Energieverbrauch als bei vergleichbaren Gebäuden mit Kesselheizung zu erwarten ist.

Erläuterungen zum Verfahren

Das Verfahren zur Ermittlung von Energieverbrauchskennwerten ist durch die Energieeinsparverordnung vorgegeben. Die Werte sind spezifische Werte pro Quadratmeter Gebäudenutzfläche (A_N) nach Energieeinsparverordnung. Der tatsächliche Verbrauch einer Wohnung oder eines Gebäudes weicht insbesondere wegen des Witterungseinflusses und sich ändernden Nutzerverhaltens vom angegebenen Energieverbrauchskennwert ab.

[1] EFH – Einfamilienhäuser, MFH – Mehrfamilienhäuser

ENERGIEAUSWEIS für Wohngebäude

gemäß den §§ 16 ff. Energieeinsparverordnung (EnEV)

Erläuterungen

4

Energiebedarf – Seite 2
Der Energiebedarf wird in diesem Energieausweis durch den Jahres-Primärenergiebedarf und den Endenergiebedarf dargestellt. Diese Angaben werden rechnerisch ermittelt. Die angegebenen Werte werden auf der Grundlage der Bauunterlagen bzw. gebäudebezogener Daten und unter Annahme von standardisierten Randbedingungen (z. B. standardisierte Klimadaten, definiertes Nutzerverhalten, standardisierte Innentemperatur und innere Wärmegewinne usw.) berechnet. So lässt sich die energetische Qualität des Gebäudes unabhängig vom Nutzerverhalten und der Wetterlage beurteilen. Insbesondere wegen standardisierter Randbedingungen erlauben die angegebenen Werte keine Rückschlüsse auf den tatsächlichen Energieverbrauch.

Primärenergiebedarf – Seite 2
Der Primärenergiebedarf bildet die Gesamtenergieeffizienz eines Gebäudes ab. Er berücksichtigt neben der Endenergie auch die so genannte „Vorkette“ (Erkundung, Gewinnung, Verteilung, Umwandlung) der jeweils eingesetzten Energieträger (z. B. Heizöl, Gas, Strom, erneuerbare Energien etc.). Kleine Werte signalisieren einen geringen Bedarf und damit eine hohe Energieeffizienz und eine die Ressourcen und die Umwelt schonende Energienutzung. Zusätzlich können die mit dem Energiebedarf verbundenen CO_2-Emissionen des Gebäudes freiwillig angegeben werden.

Endenergiebedarf – Seite 2
Der Endenergiebedarf gibt die nach technischen Regeln berechnete, jährlich benötigte Energiemenge für Heizung, Lüftung und Warmwasserbereitung an. Er wird unter Standardklima- und Standardnutzungsbedingungen errechnet und ist ein Maß für die Energieeffizienz eines Gebäudes und seiner Anlagentechnik. Der Endenergiebedarf ist die Energiemenge, die dem Gebäude bei standardisierten Bedingungen unter Berücksichtigung der Energieverluste zugeführt werden muss, damit die standardisierte Innentemperatur, der Warmwasserbedarf und die notwendige Lüftung sichergestellt werden können. Kleine Werte signalisieren einen geringen Bedarf und damit eine hohe Energieeffizienz.
Die Vergleichswerte für den Energiebedarf sind modellhaft ermittelte Werte und sollen Anhaltspunkte für grobe Vergleiche der Werte dieses Gebäudes mit den Vergleichswerten ermöglichen. Es sind ungefähre Bereiche angegeben, in denen die Werte für die einzelnen Vergleichskategorien liegen. Im Einzelfall können diese Werte auch außerhalb der angegebenen Bereiche liegen.

Energetische Qualität der Gebäudehülle – Seite 2
Angegeben ist der spezifische, auf die wärmeübertragende Umfassungsfläche bezogene Transmissionswärmeverlust (Formelzeichen in der EnEV: H_T'). Er ist ein Maß für die durchschnittliche energetische Qualität aller wärmeübertragenden Umfassungsflächen (Außenwände, Decken, Fenster etc.) eines Gebäudes. Kleine Werte signalisieren einen guten baulichen Wärmeschutz.

Energieverbrauchskennwert – Seite 3
Der ausgewiesene Energieverbrauchskennwert wird für das Gebäude auf der Basis der Abrechnung von Heiz- und ggf. Warmwasserkosten nach der Heizkostenverordnung und/oder auf Grund anderer geeigneter Verbrauchsdaten ermittelt. Dabei werden die Energieverbrauchsdaten des gesamten Gebäudes und nicht der einzelnen Wohn- oder Nutzeinheiten zugrunde gelegt. Über Klimafaktoren wird der erfasste Energieverbrauch für die Heizung hinsichtlich der konkreten örtlichen Wetterdaten auf einen deutschlandweiten Mittelwert umgerechnet. So führen beispielsweise hohe Verbräuche in einem einzelnen harten Winter nicht zu einer schlechteren Beurteilung des Gebäudes. Der Energieverbrauchskennwert gibt Hinweise auf die energetische Qualität des Gebäudes und seiner Heizungsanlage. Kleine Werte signalisieren einen geringen Verbrauch. Ein Rückschluss auf den künftig zu erwartenden Verbrauch ist jedoch nicht möglich; insbesondere können die Verbrauchsdaten einzelner Wohneinheiten stark differieren, weil sie von deren Lage im Gebäude, von der jeweiligen Nutzung und vom individuellen Verhalten abhängen.

Gemischt genutzte Gebäude
Für Energieausweise bei gemischt genutzten Gebäuden enthält die Energieeinsparverordnung besondere Vorgaben. Danach sind - je nach Fallgestaltung - entweder ein gemeinsamer Energieausweis für alle Nutzungen oder zwei getrennte Energieausweise für Wohnungen und die übrigen Nutzungen auszustellen; dies ist auf Seite 1 der Ausweise erkennbar (ggf. Angabe „Gebäudeteil“).

6.3 Feuchteschutz und Tauwasserschutz

Jedes Bauwerk muss durch bauliche Maßnahmen vor dem Eindringen von Wasser und Feuchtigkeit geschützt werden. Ständig feuchte Baustoffe verlieren ihre Festigkeit und Wärmedämmfähigkeit (Wasser leitet die Wärme 25-mal besser als die Luft). Wasser und Feuchtigkeit sammeln sich im Erdreich und fallen im Bauwerksinneren an. Man unterscheidet Außenwasser und Innenwasser.

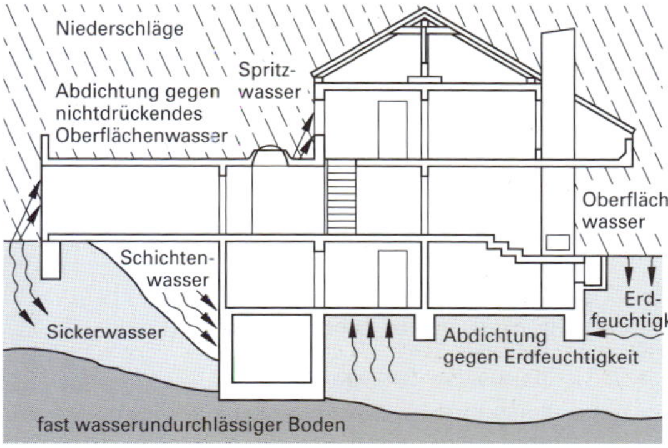

Außenwasser

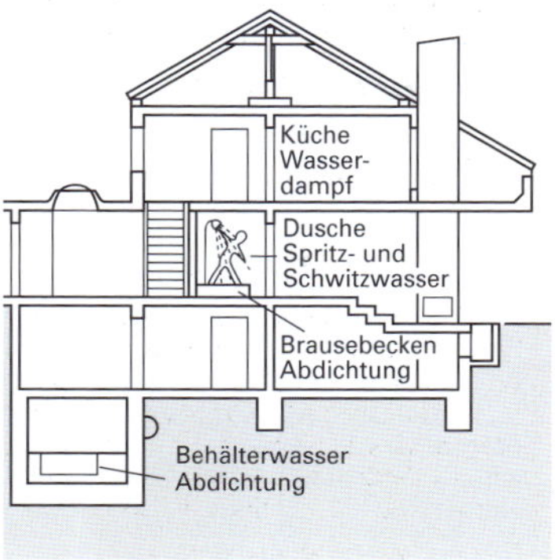

Innenwasser

6.3.1 Klimabedinter Feuchtigkeitsschutz

Aufgrund klimatischer Bedingungen finden Umwandlungen zwischen Wasserdampf und Wasser statt. Aus Wasserdampf entsteht Tauwasser und kapillar aufgenommenenes (Regen-)Wasser trocknet unter Dampfbildung ab. Tauwasserbildung kann nur verhindert werden, wenn die Raumtemperatur/Oberflächentemperatur eines Bauteils größer als die Taupunkttemperatur ist. Die Taupunktemperatur wird von der relativen Luftfeuchtigkeit durch das Wohnverhalten, die Raumtemperatur bzw. Bauteiltemperatur und durch den Wärmeschutz beeinflusst. Bei saugfähigen Baustoffoberflächen setzt Kapillarkondensation früh ein. Schimmelbildung kann auch entstehen, wenn noch kein sichtbares Tauwasser entstanden ist. Die Lufttemperatur im Raum sollte daher mit 1,25-facher Sicherheit angesetzt werden. Feuchte kann auf unterschiedliche Weise ins Bauwerk und Bauteil gelangen:

- **Durchfeuchtung von außen aufgrund von Niederschlag (Schlagregen)**
- **aufsteigende Erdfeuchte**
- **Feuchte von Baumaterialien**
- **Diffusion von Wasserdampf in der Luft ins Innere von Bauteilen**
- **Kondenswasserbildung auf den Oberflächen von Bauteilen im Innenbereich**

Tauwasserbildung

- **ist nur dann unschädlich, wenn die Standsicherheit des Bauwerks und der Wärmeschutz nicht beeinträchtigt wird**
- **ist besonders in Raumecken und hinter Schränken ungünstig, da dort die Durchströmung mit Raumluft gestört ist**
- **ist besonders in Räumen mit niedrigen Temperaturen kritisch, da die warme Luft anderer Räume sich hier niederschlägt**
- **kann durch gezielte Lüftung, bei der die verbrauchte feuchte Raumluft durch frische trockene Luft ausgetauscht wird, teilweise verhindert werden.**

Feuchteschutztechnische Größen

Größe	Kurzzeichen	Zusammenhang	Einheit
Sättigungsdruck Teildruck im Raum Teildruck im Freien	p_s p_i p_e	$p = \frac{F}{A}$	1 N/m² = 1 Pa
Feuchte: Luft, absolut Luft, relativ	φ	$\varphi = \frac{W}{W_s} = \frac{p}{p_s}$	1%
Wasserdampf-Diffusionsstromdichte	g_i	$g_i = \frac{p_i - p_e}{Z}$	kg/(m² · h)
Wasserdampf-Diffusions-widerstandszahl	μ	Stoffkennwert	1
diffusionsäquivalante Luftschichtdicke	s_d	$s_d = \mu \cdot d$	m
flächenbezogene Wassermasse Tauwassermasse verdunstende Wassermasse	m $m_{W,T}$ $m_{W,V}$	 $m_{W,t} = t_T \cdot (g_i - g_e)$ $m_{W,t} = t_V \cdot (g_i + g_e)$	kg/m²
Dauer der Tauperiode	t_T	1440 Std.	h
Dauer der Verdunstungsperiode	t_V	2160 Std.	h
Wasserdampf-Diffusionsdurchlasswiderstand	Z Z_i Z_e	gebunden in m² hPa/kg	

6

6.3 Feuchteschutz und Tauwasserschutz

Luftfeuchtigkeit

Luft enthält Wasser in gasförmigem Zustand in Form von Wasserdampf. Je höher die Temperatur ist, um so mehr können von der Luft Feuchtigkeitsmengen aufgenommen werden.

Absolute Luftfeuchte φ

Die Höchstmasse an Wasserdampf (Sättigungsmenge wird ausgedrückt in g Wasserdampf je kg trockener Luft oder g Wasserdampf je m^3 feuchter Luft. Die tatsächlich vorhandene Wasserdampfmasse in der Luft wird als absolute Luftfeuchte (g/m^3) bezeichnet.

Lufttemperatur ϑ_L in °C	−20	−10	0	+10	+20	+30
Sättigungsdichte c_s in g/m^3	0,88	2,14	4,84	9,39	17,29	30,36

Relative Luftfeuchte φ

Die relative Luftfeuchte φ ist das Verhältnis von tatsächlich vorhandener Dampfmasse W zu der bei der Lufttemperatur maximal möglichen Dampfsättigungsmasse W_s.

$$\varphi = \frac{W_{vorh.}}{W_s} \cdot 100\% = \frac{p_{vorh.}}{p_s} \cdot 100\%$$

Wasserdampf

Wasserdampf ist Wasser in gasförmigem Zustand und hat das Bestreben sich gleichmäßig zu verteilen und durch Bauteile zu diffundieren.

Wasserdampfdiffusion

Durch Wasserdampfdruckgefälle bedingte Wanderung von Wasserdampf durch Bauteile.

Diffusionswiderstand

Rechenwert aus der Dicke der Sperrschicht (Dampfsperre, Dampfbremse) mal Diffusionswiderstand μ in Meter.

Wasserdampfdiffusionsäquivalente Luftschichtdicke s_d in m, d in m, μ ohne Einheit

$$s_d = \mu \cdot d$$

Tauwasser W_T ($m_{W,T}$)

Feuchtigkeit, die sich an oder in Bauteilen niederschlägt, wenn sich die Luft unter ihren Taupunkt abkühlt.

Taupunkttemperatur

Temperatur, bei der die Luftfeuchte durch Abkühlung ihren Sättigungsgehalt erreicht (100%). Wird diese Taupunkttemperatur noch unterschritten, dann scheidet sich aus der Luft Feuchtigkeit aus (Tauwasser, Kondenswasser).

6.3.2 Feuchteschutztechnische Rechenwerte

Wasserdampf-Diffusionswiderstandszahlen μ nach DIN 4108-4 und DIN EN 12524

Putz, Estrich, Mörtel	
Kalkmörtel, Kalkzementmörtel, Zementmörtel, Leichtmörtel/-Estrich	15/35
Kalkgipsmörtel, Gipsmörtel, Anhydritmörtel/-Estrich	10
Wärmedämmputzsysteme	5/20
Großformatige Bauplatten	
Stahlbeton	80/130
Normalbeton	60/100
Leichtbeton	70/150
Mauerwerk (VZ, HLZ, KSV, PP)	5/10
Vollklinker, Hochlochklinker	50/100
Mauerwerk mit KSV (ab 1600 kg/m³)	15/25
Leichtbeton (haufwerksporiges Gefüge)	3/10
Holz	
Fichte, Kiefer, Tanne, Buche, Eiche	50
Sperrholz, Flachpressplatten	50/100
Holzfaserplatten, MDF	12/50

Bauplatten	
Porenbeton-Bauplatten, Wandbauplatten aus Leichtbeton/aus Gips	5/10
Sperrholz 300	50/150
Sperrholz 700	90/220
OSB-Platte	30/50
Wärmedämmstoffe	
Holzwolle-Leichtbauplatten	3/5
Korkdämmstoffe	5/10
Mineralische und pflanzliche Faserdämmstoffe	1
Schaumkunststoffe PUR	40 … 200
Schaumglas CG	dampfdicht
Abdichtungsbahnen	
Bitumendachbahnen	10000/80000
PVC-Folien d ≥ 0,1 mm	20000/50000
PE-C $d \geq 0{,}1$ mm	100000
Alu-Folie $d \geq 0{,}05$ mm	dampfdicht

Beispiel: Wasserdampfdiffusionsäquivalente Luftschicht

Welches der Materialien Vollholz Kiefer $d = 24$ mm, Bitumendachbahn $d = 1{,}2$ mm, Außenwand aus Stahlbeton $d = 18$ cm, Gipskartonplatte $d = 25$ mm hat den größten Wasserdampf-Diffusionswiderstand?

Kiefer	$s_d = 50 \cdot 0{,}024$ m	⇒	$s_d =$ **1,20 m**
Stahlbeton	$s_d = 80 \cdot 0{,}180$ m	⇒	$s_d =$ **1,44 m**
Gipsplatte	$s_d = 4 \cdot 0{,}025$ m	⇒	$s_d =$ **0,10 m**
Bitumendachbahn	$s_d = 10000 \cdot 0{,}0012$ m	⇒	$s_d =$ **12,00 m**

Die Bitumendachbahn erzielt den größten Wert und setzt dem diffundierenden Wasserdampf den größten Widerstand entgegen.

6

6.3 Feuchteschutz und Tauwasserschutz

Sättigungsmenge c_s der Luft in Abhängigkeit von der Temperatur ϑ_L

ϑ_L in °C	c_s g/m³	ϑ_L in °C	c_s g/m³	ϑ_L in °C	c_s g/m³	ϑ_L in °C	c_s g/m³	ϑ_L in °C	c_s g/m³
– 20	0,88	– 10	2,14	0	4,84	10	9,4	20	17,3
– 19	0,96	– 9	2,33	1	5,2	11	10,0	21	18,3
– 18	1,05	– 8	2,54	2	5,6	12	10,7	22	19,4
– 17	1,15	– 7	2,76	3	6,0	13	11,4	23	20,8
– 16	1,27	– 6	2,99	4	6,4	14	12,1	24	21,8
– 15	1,38	– 5	3,24	5	6,8	15	12,8	25	23,0
– 14	1,51	– 4	3,51	6	7,3	16	13,6	26	24,4
– 13	1,65	– 3	3,81	7	7,8	17	14,5	27	26,8
– 12	1,80	– 2	4,13	8	8,3	18	15,4	28	27,2
– 11	1,98	– 1	4,47	9	8,8	19	16,3	29	28,7
– 10	2,14	0	4,84	10	9,4	20	17,3	30	30,0

Taupunkttemperatur ϑ_s der Luft in Abhängigkeit von der Lufttemperatur ϑ_L in °C und der relativen Luftfeuchte φ

Luft-temperatur ϑ_L	Taupunkttemperatur ϑ_s in °C bei einer relativen Luftfeuchte von 30%	35%	40%	45%	50%	55%	60%	65%	70%	75%	80%	85%	90%	95%
30 °C	10,5	12,9	14,9	16,8	18,4	20,0	21,4	22,7	23,9	25,1	26,2	27,2	28,2	29,1
29 °C	9,7	12,0	14,0	15,9	17,5	19,0	20,4	21,7	23,0	24,1	25,2	26,2	27,2	28,1
28 °C	8,8	11,1	13,1	15,0	16,6	18,1	19,5	20,8	22,0	23,2	24,2	25,2	26,2	27,1
27 °C	8,0	10,2	12,2	14,1	15,7	17,2	18,6	19,9	21,1	22,2	23,3	24,3	25,2	26,1
26 °C	7,1	9,4	11,4	13,2	14,8	16,3	17,6	18,9	20,1	21,2	22,3	23,3	24,2	25,1
25 °C	6,2	8,5	10,5	12,2	13,9	15,3	16,7	18,0	19,1	20,3	21,2	22,3	23,2	24,1
24 °C	5,4	7,6	9,6	11,3	12,9	14,4	15,8	17,0	18,2	19,3	20,3	21,3	22,3	23,1
23 °C	4,5	6,7	8,7	10,4	12,0	13,5	14,8	16,1	17,2	18,3	19,4	20,3	21,3	22,2
22 °C	3,6	5,9	7,8	9,5	11,1	12,5	13,9	15,1	16,3	17,4	18,4	19,4	20,3	21,2
21 °C	2,8	5,0	6,9	8,6	10,2	11,6	12,9	14,2	15,3	16,4	17,4	18,4	19,3	20,2
20 °C	1,9	4,1	6,0	7,7	9,3	10,7	12,0	13,2	14,4	15,4	16,4	17,4	18,3	19,2
19 °C	1,0	3,2	5,1	6,8	8,3	9,8	11,1	12,3	13,4	14,5	15,5	16,4	17,3	18,2
18 °C	0,2	2,3	4,2	5,9	7,4	8,8	10,1	11,3	12,5	13,5	14,5	15,4	16,3	17,2
17 °C	– 0,6	1,4	3,3	5,0	6,5	7,9	9,2	10,4	11,5	12,5	13,5	14,5	15,3	16,2
16 °C	– 1,4	0,5	2,4	4,1	5,6	7,0	8,2	9,4	10,5	11,6	12,6	13,5	14,4	15,2
15 °C	– 2,2	– 0,3	1,5	3,2	4,7	6,1	7,3	8,5	9,6	10,6	11,6	12,5	13,4	14,2
14 °C	– 2,9	– 1,0	0,6	2,3	3,7	5,1	6,4	7,5	8,6	9,6	10,6	11,5	12,4	13,2
13 °C	– 3,7	– 1,9	– 0,1	1,3	2,8	4,2	5,5	6,6	7,7	8,7	9,6	10,5	11,4	12,2
12 °C	– 4,5	– 2,6	– 1,0	0,4	1,9	3,2	4,5	5,7	6,7	7,7	8,7	9,6	10,4	11,2
11 °C	– 5,2	– 3,4	– 1,8	– 0,4	1,0	2,3	3,5	4,7	5,8	6,7	7,7	8,6	9,4	10,2
10 °C	– 6,0	– 4,2	– 2,6	– 1,2	0,1	1,4	2,6	3,7	4,8	5,8	6,7	7,6	8,4	9,2

Zusätzliche Forderungen

An den Berührflächen nicht wasseraufnahmefähiger Schichten dürfen höchstens 0,5 kg Tauwasser je m² auftreten, z. B. zwischen Luftschicht und Klinkervorsatzschale.

Die während der Wintermonate (Tauperiode) anfallende Kondensatmenge darf nur ein bestimmtes Maß erreichen:

- für Wände und Dächer maximal 1 kg/m²
- für Holz, maximale Zunahme um 5 Masse-% nach DIN 68800
- für Holzwerkstoffe (Stabsperrholz-, Furniersperrholz-, Spanplatten) maximale Zunahme um 3 Masse-%.
- Holzwolle-Leichtbauplatten und Mehrschicht-Leichtbauplatte nach DIN 1101 sind von der %-Regelung ausgenommen. Die anrechenbare Wärmeleitfähigkeit wird i.d.R. mit $\lambda = 0{,}15$ W/mK angesetzt, wenn die Gesamtdicke zwischen 10 mm und 25 mm beträgt.
- bezüglich der Schimmelbildung ist bei $\varphi \geq 80\%$ Vorsicht geboten; auch ohne Tauwasserbildung.

6.3.3 Schutzmaßnahmen gegen Tauwasserbildung

Bei unzureichender Ausführung der Wärmedämmung kann es an den Innenseiten der Außenwände oder in der Wandkonstruktion zu Tau- oder Schwitzwasserbildung (Kondenswasser) kommen.

Tauwasserbildung auf Bauteiloberflächen hängt von dem Wasserdampfgehalt der Luft und von der Temperatur der angrenzenden Flächen ab. Je höher die Lufttemperatur, desto mehr Feuchtigkeit kann die Luft aufnehmen. Die Luft kann jedoch bei einer bestimmten Temperatur ϑ_L nur eine bestimmte Wasserdampfmenge *f* aufnehmen: **100% Wasserdampf ≙ der Sättigungsmenge** c_S. Die **relative Luftfeuchte** φ errechnet sich aus dem Verhältnis der tatsächlich vorhandenen **(absoluten) Luftfeuchte** zur Sättigungsmenge.

$$\text{Relative Luftfeuchte in \%} = \frac{\text{absol. Luftfeuchte}}{\text{Sättigungsmenge}} \cdot 100\%$$

Kühlt sich die Luft nun so weit ab, dass die relative Luftfeuchte 100% beträgt, dann wird bei weiterer Abkühlung Wasserdampf kondensiert. Er schlägt sich an den kalten Umgebungsflächen als Tauwasser nieder. Die Temperatur, bei der dies geschieht, heißt Taupunkttemperatur ϑ_s, kurz **Taupunkt.**

Entsprechende Wärmedämmung der Außenbauteile verhindert, dass die Oberflächentemperatur der Bauteilinnenseiten unter der Taupunkttemperatur der angrenzenden Luft liegt.

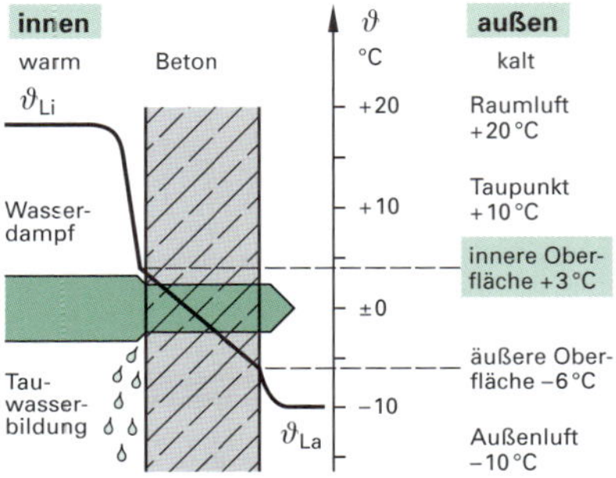

Tauwasserbildung bei 53% relativer Luftfeuchte

Feuchteschutztechnische Berechnungen

Die DIN 4108 unterscheidet zwischen den Normalfällen und den Sonderfällen. Bei den in der Tabelle aufgeführten Normalfällen ist kein Nachweis der Tauwasserbildung erforderlich, da bei üblicher Nutzung der Räume und Einhaltung der Wärmeschutzvorgaben Schäden vermieden werden können.

Bauteile, für die kein Nachweis des Tauwasserausfalles erforderlich ist

Außenbauteile, Außenwände	Dächer (Auszug)
Mauerwerk • einschalig, beidseitig verputzt oder verblendet • zweischalig nach DIN 1053 mit oder ohne Wärmedämmung • einschalig mit raumseitiger Wärmedämmung $s_d \geq 0{,}50$ m • einschalig mit außenseitiger Wärmedämmung und Außenputz $s_d \geq 4{,}0$ m • einschalig mit außenseitiger Wärmedämmung und hinterlüfteter Bekleidung **Großformatige Platten** • Porenbeton, Kunstharzputz außen $s_d \geq 4{,}0$ m • Normalbeton, gefügedichter Leichtbeton • Beton oder Leichtbeton mit außenseitiger Wärmedämmschicht mit Außenputz oder hinterlüfteter Bekleidung **Holztafelbauart** • mit Innendämmung (über Fachwerk und Gefache aus Holzwolleleichtbauplatten nach DIN 1101) • mit Außendämmung (über Fachwerk und Gefache) mit $s_d > 2$ m oder hinterlüftete Außenwandverkleidung	**Nichtbelüftete Dächer** • einschalige Dächer aus Porenbeton ohne Dampfsperre • Dächer mit Dampfsperre $s_d \geq 100$ m unter oder in der Wärmedämmschicht • Umkehrdächer mit dampfdurchlässiger Auflast, z.B. aus Kies **Belüftete Dächer** • mit einer Dachneigung < 5° und unterhalb der Dämmung eine diffusionshemmende Schicht mit $s_d \geq 100$ m • mit einer Dachneigung ≥ 5° a) Höhe des freien Zwischenraums über der Wärmedämmung mindestens 2 cm b) Lüftungsquerschnitt bezogen auf die Dachfläche Traufe 2 ‰ mindestens 200 cm²/m First 0,5 ‰ mindestens 50 cm²/m c) Bauteilschichten unterhalb der Belüftungsschicht mit $s_d \geq 2$ m • **Hinweis** Bauteilschicht: $s_d \leq 0{,}5$ m diffusionsoffen; $0{,}5\text{ m} < s_d$ diffusionshemmend; $s_d \geq 150$ m diffusionsdicht

6

6.3 Feuchteschutz und Tauwasserschutz

Feuchteschutztechnische Bestimmungen

Wasserdampfsättigungsdruck p_s in Abhängigkeit von der Temperatur ϑ

Wasserdampfsättigungsdruck Pa			
Temperatur °C	,0	,5	,9
25	3169	3266	3343
24	2985	3077	3151
23	2810	2897	2968
22	2645	2727	2794
21	2487	2566	2629
20	2340	2413	2473
19	2197	2268	2324
18	2065	2132	2185
17	1937	2001	2052
16	1818	1878	1926
15	1706	1762	1806
14	1599	1653	1695
13	1498	1548	1588
12	1403	1451	1458
11	1312	1 358	1394
10	1228	1270	1304
9	1148	1187	1218
8	1073	11 10	1140
7	1002	1038	1066
6	935	968	995
5	872	902	925
4	813	843	866
3	759	787	808
2	705	732	753
1	657	682	700
0	611	635	653
– 0	611	587	567
– 1	562	538	522
– 2	517	496	480
– 3	476	456	440
– 4	437	419	405
– 5	401	385	372
– 6	368	353	340
– 7	337	324	312
– 8	310	296	286
– 9	284	272	262
– 10	260	249	239
– 11	237	228	219
– 12	217	208	200
– 13	198	190	182
– 14	181	173	167
– 15	165	158	152
– 16	150	144	138
– 17	137	131	126
– 18	125	120	115
– 19	114	109	104
– 20	103	98	94

Berechnung des Tauwasserausfalls (Glaser-Diagramm, Diffusionsdiagramm)

4 Fälle sind zu unterscheiden (vgl. ► S. 322)

Wasserdampf kann wegen der Leitfähigkeit der Baustoffe bei einem Wasserdampfdruckgefälle durch Bauteilschichten durchdringen.

- Wasserdampfdiffusion ohne Tauwasserausfall
- Tauwasserausfall in einer Ebene (vgl. Beispiel)
- Tauwasserausfall in zwei Ebenen
- Tauwasserausfall in einem Bereich

Klimabedingungen nach DIN 4108

- Tauperiode t_T = 1440 Stunden (h)
  $\vartheta_{Li} = 20$ °C $\varphi_i = 50\,\%$ $p_{si} = 2340$ Pa $p_i = 1170$ Pa
  $\vartheta_{La} = -10$ °C $\varphi_i = 80\,\%$ $p_{se} = 260$ Pa $p_e = 208$ Pa
- Verdunstungsperiode t_V = 2160 Stunden (h)
  $\vartheta_{Li} = 12$ °C $\varphi_i = 70\,\%$ $p_{si} = 1403$ Pa $p_i = 982$ Pa
  $\vartheta_{La} = 12$ °C $\varphi_i = 70\,\%$ $p_{se} = 1403$ Pa $p_e = 982$ Pa

Berechnungsgang

- Temperaturverlauf für das Bauwerk bestimmen
- dazu gehörende Wasserdampfsättigungsdrücke p_s in Pa gemäß Tabelle ermitteln
- Diffusionswiderstände (► S. 318) berechnen
- äquivalente Luftschichten s_d maßstabsgerecht darstellen (vgl. Beispiel ► S. 318) berechnen
- Wasserdampfsättigungsdrücke p_s pro Schicht und die außen und innen vorhandenen Wasserdampfteildrücke p_a und p_i antragen

Hauptforderung nach DIN 4108

$$m_{W,V} > m_{W,T}$$

Die zusätzlichen Forderungen (vgl. ► S. 319) sind ebenfalls einzuhalten.

Formeln

$$m_{W,T} = t_T\,(g_i - g_e)$$

$$m_{W,V} = t_V\,(g_i + g_e)$$

$$g_i = \frac{p_i - p_{sw}}{Z_i}$$

$$g_e = \frac{p_{sw} - p_e}{Z_e}$$

Für die obenstehenden Formeln g_i und g_e ist bei der Verdunstungsperiode die gegenläufige Diffusionsstromrichtung zu beachten (also zum Raum $p_{sw} - p_i$ bzw. $p_{sw} - p_e$).

$$Z = 1{,}5 \cdot 10^6\,(\mu_1 \cdot d_1 + \mu_2 \cdot d_2 + \ldots + \mu_n \cdot d_n)$$

bei mehrteiligen Bauteilen aus der Dicke der Bauteile und der Wasserdampfdiffusionswiderstandszahl

6

6.3 Feuchteschutz und Tauwasserschutz

Diffusionsberechnung nach DIN 4108-3 (Glaser-Verfahren)
Das dargestellte Berechnungsverfahren und die graphische Auswertung gilt als rechnerische Modellierung der Tauwasserbildung trotz grundsätzlicher Mängel. Einerseits kann bei hinreichendem Nachweis Tauwasser und Schimmelbildung entstehen, andererseits muss bei misslungenem Nachweis nicht automatisch Schaden durch Tauwasser entstehen. Die für das Berechnungsverfahren angenommenen Klimabedingungen gelten bundesweit.

<table>
<tr><th></th><th>Tauperiode</th><th>Verdunstungsperiode</th></tr>
<tr><td>Bauteil ohne Tauwasser (die Sättigungslinie p_s wird nicht berührt)</td><td>
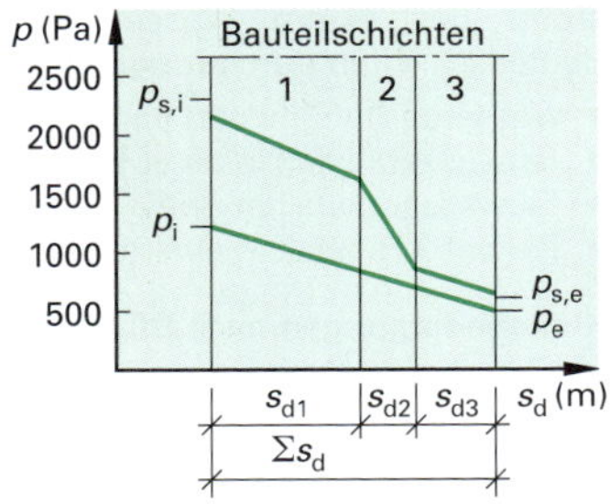

</td><td>
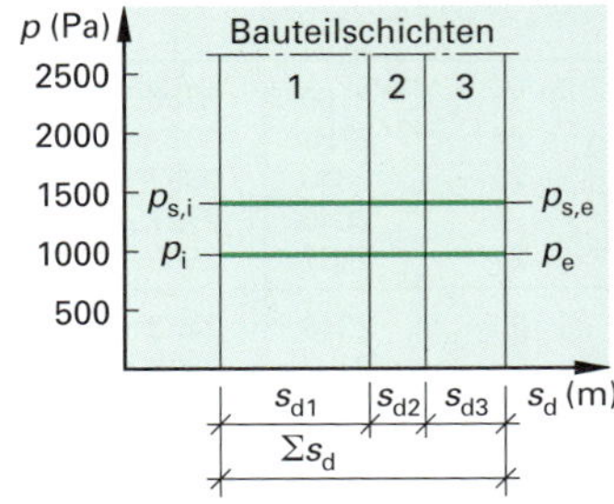

</td></tr>
<tr><td>Bauteil mit Tauwasser</td><td colspan="2">Die p-Linie berührt die Sättigungslinie p_s in einem Punkt. Tauwasser fällt in der Ebene an, die durch den Berührungspunkt gekennzeichnet ist. (► Beispiel S. 323)</td></tr>
<tr><td>Bauteil mit Tauwasser in zwei Ebenen (die p-Linie berührt die Sättigungslinie in der Ebene 1 + 2 und der Ebene 3 + 4)</td><td>
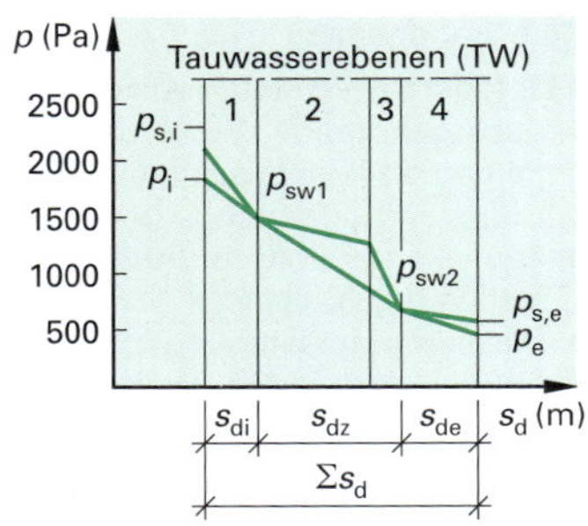

</td><td>
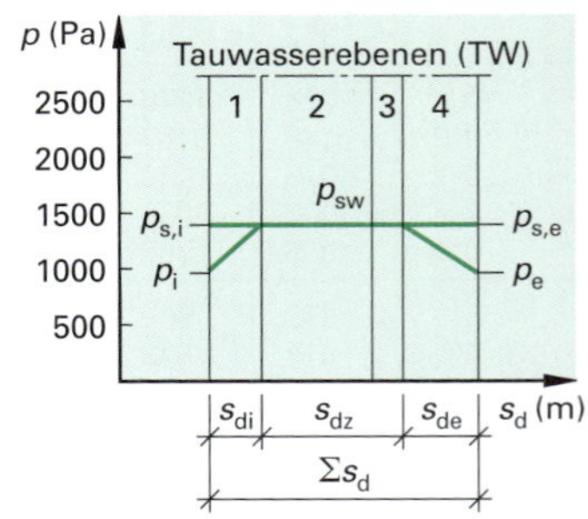

</td></tr>
<tr><td></td><td colspan="2">Für den Tauwasseranfall in zwei Ebenen gelten die Formeln:

$$g_Z = \frac{p_{sw1} - p_{sw2}}{Z_Z} \quad \text{und} \quad m_{W,T1} = t_T \cdot (g_i - g_z), \quad m_{W,T2} = t_T \cdot (g_z - g_e)$$</td></tr>
<tr><td>Bauteil mit Tauwasser in einem Bereich (die p-Linie berührt die Sättigungslinie in der Ebene 1 + 2 und der Ebene 3 + 4 und ist zwischen diesen Punkten mit der p_s-Linie identisch)</td><td>
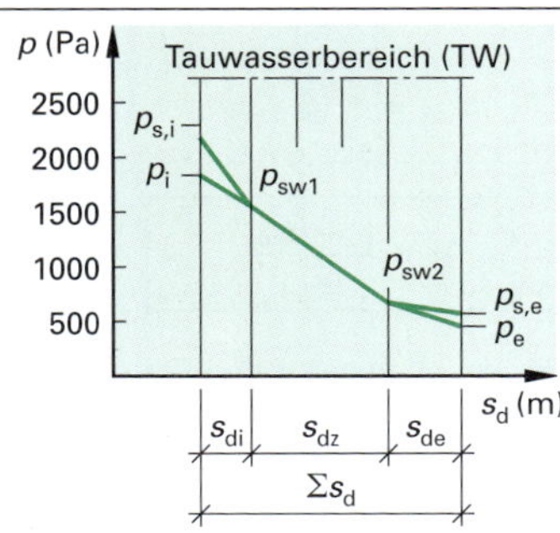

</td><td>
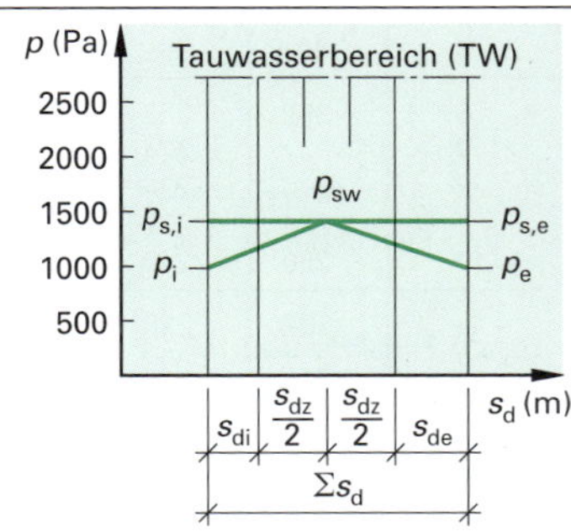

</td></tr>
<tr><td></td><td colspan="2">Für den Tauwasserbereich in einem Bereich gelten die Formeln:

$$g_i = \frac{p_i - p_{sw1}}{Z_i} \quad \text{und} \quad g_e = \frac{p_{sw2} - p_e}{Z_e}$$</td></tr>
</table>

6

6.3 Feuchteschutz und Tauwasserschutz

Beispiel: Feuchteschutztechnische Berechnung für ein zweischaliges Mauerwerk aus Kalksandsteinen mit Dämmung und hinterlüfteter Vorsatzschale

- **Wandaufbau und Temperaturverlauf**

  vgl. Zeichnung; $U \approx 0{,}35\ \mathrm{W/m^2\,K}$

  Nach DIN 4108 darf bei zweischaligen Außenwänden nach DIN 1053-1 die Luftschicht (noch ruhende Luftschicht) und die Vorsatzschale wärmetechnisch berücksichtigt werden.

- **Diffusionswiderstände/äquivalente Luftschicht**

Innenputz	10 · 0,015 m	= 0,15 m
KSL	5 · 0,240 m	= 1,20 m
Dämmschicht	1 · 0,080 m	= 0,08 m
Luftschicht	1 · 0,040 m	= 0,04 m
KSV	25 · 0,115 m	= 2,885 m

Von der Innenfläche bis zur Tauwasserebene ist der kleinere μ-Wert einzusetzen, da der trockene Baustoff dem einströmenden Wasserdampf einen geringeren Widerstand entgegensetzt.

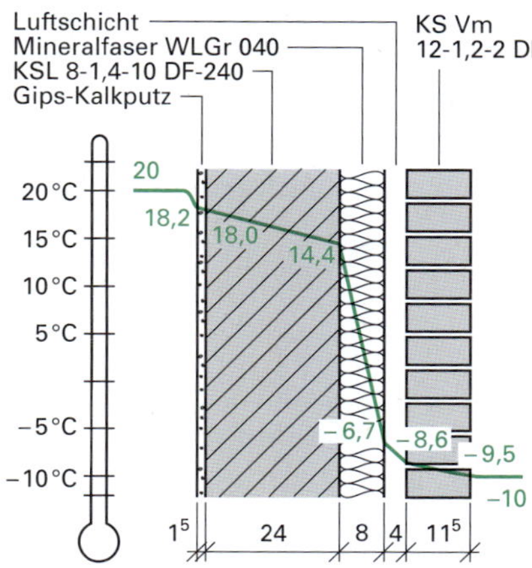

- **Diffusionsberechnung nach DIN 4108-3 (Glaser-Verfahren)**

  Im Glaser-Diagramm für die Tauperiode ist eine direkte Verbindung von p_i = 1170 Pa mit p_e = 208 Pa ohne Durchkreuzen der Dampfsättigungskurve nicht möglich. Es wird daher eine Tangente von p_i und p_e an die Dampfsättigungskurve gelegt. Der Tangentenpunkt wird mit p_{sw} benannt.

Glaser-Diagramm: Verdunstungsperiode

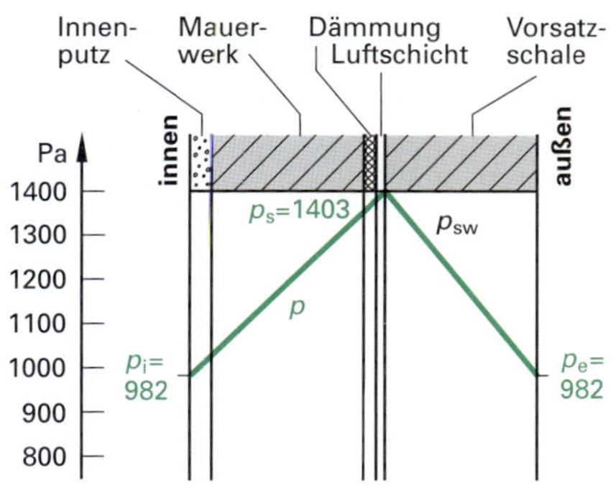

Glaser-Diagramm: Tauperiode

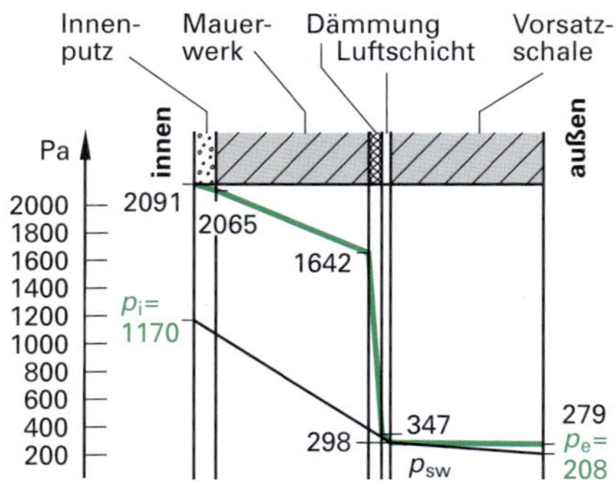

- **Rechenwerte**

Z_i = 2 205 000 m²h Pa/kg	**Tauperiode** } ⊕	**Verdunstungsperiode** } ⊖
Z_e = 4 312 000 m²h Pa/kg	g_i = 0,40 g/m²h	g_i = 0,19 g/m²h
	g_e = 0,02 g/m²h	g_e = 0,08 g/m²h
	$m_{W,T}$ = 0,55 kg/m² <	$m_{W,V}$ = 0,62 kg/m²

- **Bautechnische Beurteilung**

  Eine Tauwasseranreicherung ist nicht zu erwarten, da Tauwasser an der Innenseite der kalten Vorsatzschale und nach unten und durch die Belüftungsschlitze ablaufen bzw. in Dampfform durch die Entlüftungsschlitze entweichen kann. Damit das Abtropfen begrenzt bleibt, darf (eigentlich) der Tauwasserwert je m² nicht größer 0,5 kg sein, wenn das Tauwasser an nicht wasseraufnahmefähigen Schichten auftritt. Die Konstruktion ist nach DIN 4108 als Normalform feuchteschutztechnisch ohne Nachweis $m_{W,T} < m_{W,V}$ zulässig.

Hauptforderung nach DIN 4108
Tauwassermenge < austrocknende Wassermenge $m_{W,T} < m_{W,V}$

6

6.4 Schallschutz

Unter Schallschutz versteht man nach **DIN 4109** Maßnahmen gegen die Schallentstehung (Primärmaßnahmen) und gegen die Schallübertragung (Sekundärmaßnahmen). Bei den Sekundärmaßnahmen wird in Schalldämmung und Schallschluckung unterschieden.

Schalltechnische Grundbegriffe

Schall

Unter Schall versteht man mechanische Schwingungen und Wellen, die sich in festen Körpern, Flüssigkeiten oder Gasen ausbreiten.

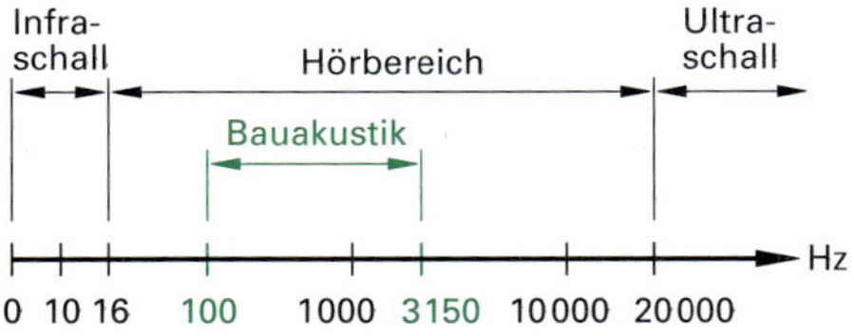

Es werden Längswellen (Longitudinalwellen), Dehnwellen (treten nur in festen Körpern auf, z.B. Platten, Stäben) und Querwellen (Transversalwellen) unterschieden.

Schallausbreitung

Zur Ausbreitung von Schwingungen ist Materie erforderlich.

Aggregatzustände	Materie	Geschwindigkeit
gasförmig	z.B. Luft	340 m/s
flüssig	z.B. Wasser	1400 m/s
fest	z.B. Eisen z.B. Holz z.B. Beton	4800 m/s 4100 m/s 3800 m/s

Frequenz

Anzahl der Schwingungen in einer Sekunde in Hz (Hertz)

1 Hz = 1 Schwingung/s

Luftschalldämmung

Schwere Wände, große flächenbezogene Massen (biegesteife Schalen) dämmen den Luftschall am besten (Bergersches Massengesetz).

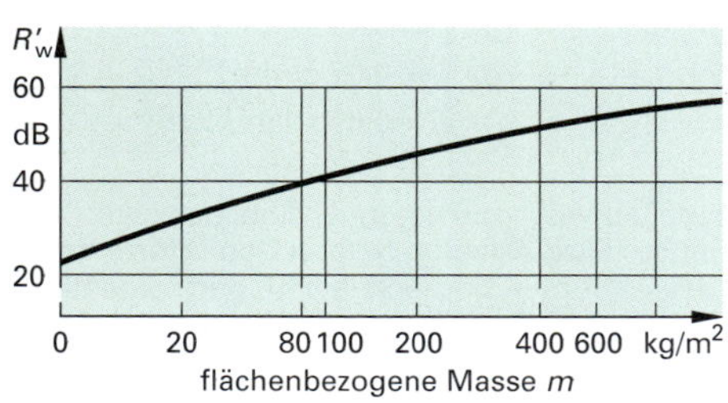

Das bewertete Schalldämm-Maß R'_W kennzeichnet die Luftschalldämmung von Bauteilen.

Schallpegel

Der Schallpegel ist ein logarithmisches Maß des gemessenen Schalldrucks p in **Dezibel dB,** bezogen auf einen Ton mit der Frequenz von 1000 Hz.

Schallabsorption

oder Schallschluckung tritt beim Reflexionsvorgang einer Schallwelle an einer Wand- oder Deckenoberfläche auf. Dabei wird je nach Oberflächenbeschaffenheit ein Teil der Schallenergie in Wärme umgewandelt. Der Schall wird teilweise in den Raum zurückgeworfen.

Schalldämmung

Beim Auftreffen von Schallwellen auf ein Bauteil, wird das Bauteil in Schwingungen versetzt. Der Schall gelangt gedämmt in den Nebenraum.

Schallarten

Luftschall

ist der in Luft sich ausbreitende Schall.

Luftschall

Körperschall

ist der in festen Stoffen sich ausbreitende Schall.

Trittschall

ist der Schall, der beim Begehen oder ähnlicher Anregung als Körperschall entsteht und teilweise als Luftschall abgestrahlt wird.

Körperschall / Trittschall

6.4 Schallschutz

Schalldämmung bei Fenstern, Fenstertüren und Verglasungen

- Außenfenster haben die wichtige Aufgabe sowohl die Übertragung des Außenlärms wie Verkehrslärm, Fluglärm oder Gewerbelärm von der Straße in die Wohnung zu verhindern, als auch den in Gewerbebetrieben auftretenden Lärm nicht nach außen dringen zu lassen.
- Die Luftschalldämmung eines Fensters ist abhängig von der Glasscheibendicke, vom Glasscheibenabstand, von der Randeinspannung, von der Randausbildung, vom Wandanschluss und von der Fugendichtigkeit.
- Alle schallschutztechnisch wirksamen Konstruktionen sind möglichst dicht auszuführen, da selbst bei geringfügigen Undichtigkeiten sich das Schalldämm-Maß eines Bauteils merklich verringert. Bei schalldämmenden Fenstern sind deshalb sämtliche Fälze mit Gummi- oder Kunststoffprofilen abzudichten und in den Gehrungen zu verkleben oder zu verschweißen.
- Starre Verbindungen zwischen verschiedenen Bauteilen oder zwischen Schalen mehrschichtiger Konstruktionen bewirken eine erhöhte Körperschallübertragung.
- Wandanschlüsse zwischen Blendrahmen und Mauerwerk ermöglichen einen direkten Schalldurchgang und setzen so den Schalldämmwert des Fensters herab. Deshalb sind diese hohlräume mit Mineralwolle gut auszustopfen und zusätzlich mit elastischer Versiegelungsmasse zu schließen. Bei Kastenfenstern kann eine Schalldämmung verbessert werden, wenn das Futter zwischen den Fenstern schallschluckend ausgebildet wird.

► Schalldämmende Türen vgl. Seite 247
► Schallschutzfensterkonstruktionen vgl. Seite 269
► Verglasung vgl. Seite 272

Schalldämm-Maße von Einfachscheiben

Glasdicke in mm	3,0	4,0	6,0	> 8,0	10,0	12,0	15,0
Schalldämm-Maß R_w in dB	28	27	33	≥ 32	35	36	37

Schallschutzglas

Die Schallübertragung wird durch ein hohes Scheibengewicht reduziert. Ungleich dicke Einzelscheiben, ein großer Scheibenzwischenraum und/oder eine Füllung mit Schwergas wirken schalldämmend.

Schalldämm-Maße R_w für Doppelscheibenverglasungen

Konstruktionsart	Scheibendicke in mm d_1	Scheibendicke in mm d_2	Scheiben-abstand in mm	Schalldämm-Maß R_w in dB Luftfüllung	Schalldämm-Maß R_w in dB Gasfüllung	Konstruktionsart mit umlaufender Dichtung
Doppelscheiben-Isolierglas (luftdicht abgeschlossener Hohlraum)	4	4	≥ 12	30	35	Einfachfenster 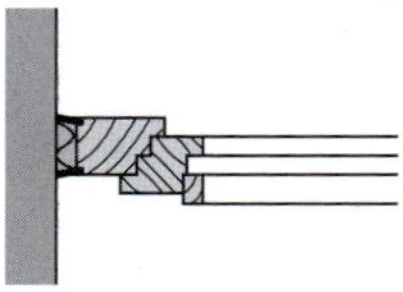
	8	4	≥ 16	36	38	
	10	4	≥ 20	39	39	
	6	4	≥ 16	35	39	
	8	4	≥ 16	36	40	
Verbundfenster (mit Falzdichtung)	4	4	≥ 30	32	–	Verbundfenster 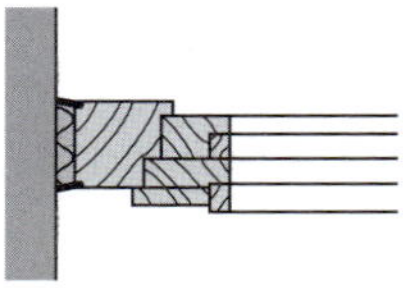
	4	6	≥ 40	37	–	
	4	8	≥ 50	40	–	
	6	4 (12) 4	≥ 40	35	–	
Kastenfenster mit Falzdichtung und Randdämpfung	4	4	≥ 100	37	–	Kastenfenster 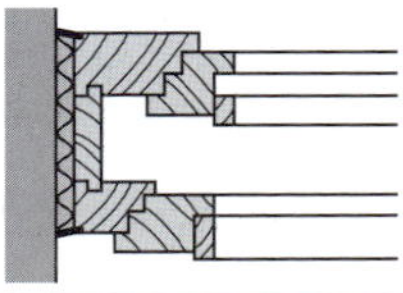
	4	6	≥ 100	42	–	
	6	10	≥ 100	45	Über 48 dB Nachweis nach EN DIN ISO 140-1 und EN DIN 20 140-3 erforderlich.	
	4 (12) 4	4	≥ 100	37		
	6 (12) 6	6	≥ 100	40		

6.4 Schallschutz

Kennzeichnende Größen für die Luft- und Trittschalldämmung

	Wände	Decken	Treppen	Türen	Fenster
Berücksichtigte Schallübertragung	über die trennenden und die flankierenden Bauteile sowie gegf. über Nebenwege			nur über die Türen bzw. über die Fenster	
Luftschalldämmung	erf. R'_w	erf. R'_w	–	erf. R'_w	erf. R'_w
Trittschalldämmung	– –	erf. $L'_{n,w}$ (erf. TSM)	erf. $L'_{n,w}$ (erf. TSM)	– –	– –

R'_w Dämm-Maß **mit** flankierenden Bauteilen

R_w Dämm-Maß **ohne** flankierende Bauteile

$L'_{n,w}$ Norm-Trittschall-Pegel

TSM Trittschall-schutzmaß

TSM = 63 dB – $L'_{n,w}$

Grenzwerte für die Luftschalldämmung R'_w und die Trittschalldämmung $L'_{n,w}$ zum Schutz, gegen Schallübertragung aus einem **fremden** Wohn- oder Arbeitsbereich (nach DIN 4109)

Wohn- und Arbeitsbereich	Decken		Treppen		Wände		Türen	
Mindestanforderung in dB	R'_w	$L'_{n,w}$	R'_w	$L'_{n,w}$	R'_w	$L'_{n,w}$	R'_w	$L'_{n,w}$
Geschosshäuser mit Wohnungen und Arbeitsräumen (mehrere Spezifikationen in der DIN)	52 … 55	46 … 53	–	58	52 … 55	–	27 … 37	–
Einfamilien-Doppelhäuser Einfamilien-Reihenhäuser	–	48 … 53	–	53	57	–	–	–
Beherbergungsstätten	54 … 55	46 … 53	–	58	47	–	32	–
Krankenanstalten, Sanatorien	54 … 55	46 … 53	–	58	37 … 47	–	32 … 37	–
Schulen und vergleichbare Bereiche	55	46 … 53	–	–	47 … 55	–	32	–

Bewertetes Schalldämm-Maß $R'_{w,R}$ von flachen Dächern

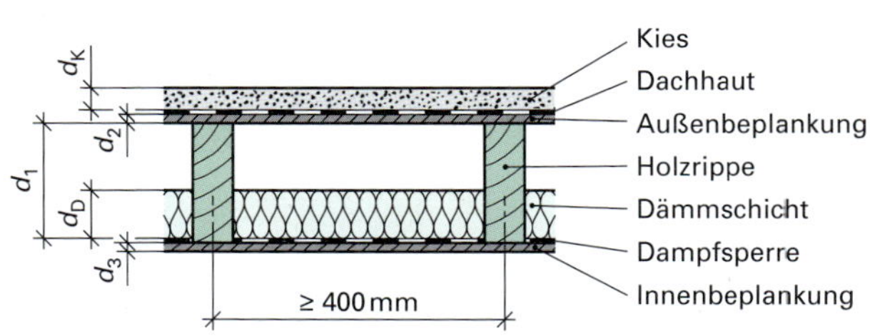

30	d_1 > 160 mm, $d_{2,3}$ ≥ 12 mm; d_D ≥ 40 mm ohne/mit Zwischenlattung an der Unterseite
35	zusätzlich mit mineralischer Faserdämm-Matte oder -Platte; d_D ≥ 60 mm
40	wie vor, mit Kiesauflage d_K ≥ 30 mm
45	wie vor, jedoch Achsabstand der Rippen ≥ 600 mm und mechanische Verbindungsmittel zwischen Rippen und Beplankung
50	wie vor, zusätzlich zweite Innenbeplankung aus Spanplatten, Gipskartonplatten, Bretterschalung, m' ≥ 8 kg/m²

von geneigten Dächern

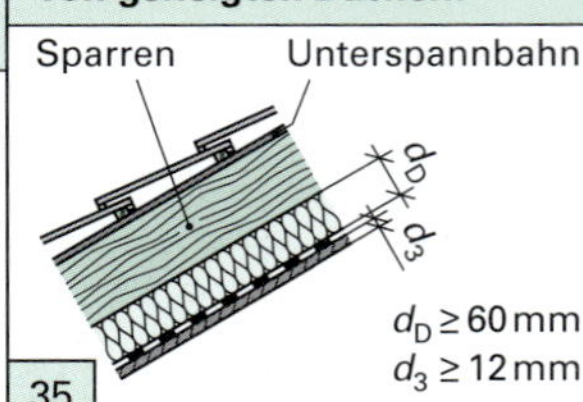

35

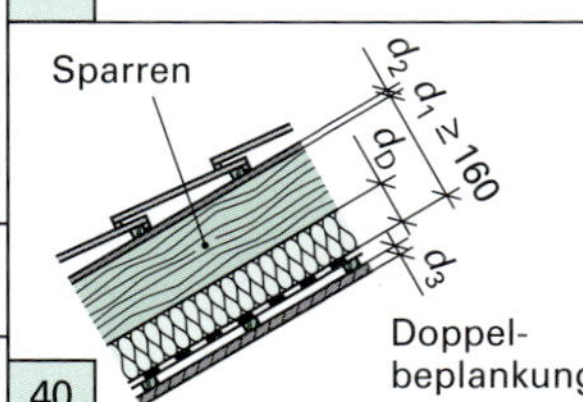

40

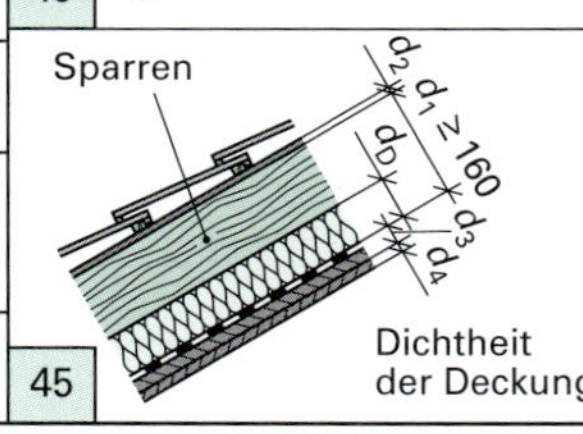

45

6

6.4 Schallschutz

Schalldämmung bei einschaligen und zweischaligen Bauteilen

Einschalige Wände und Decken sind schalltechnisch **biegesteife Schalen,** wenn ihre Grenzfrequenz $f_g \leq 2000$ Hz beträgt (das entspricht ungefähr einer flächenbezogenen Masse $m' \geq 85$ kg/m²), Bauteile mit $f_g > 2000$ Hz sind **biegeweiche Schalen** ($m' < 85$ kg/m²).

Bewertetes Schalldämm-Maß R'_w von einschaligen, biegesteifen Decken und Wänden

Masse kg/m²	85	150	175	210	250	295	350	410	490	580	680
R'_w in dB	34	41	43	45	47	49	51	53	55	57	59

Vergleich zwischen einer einschlaligen und einer zweischaligen Wand

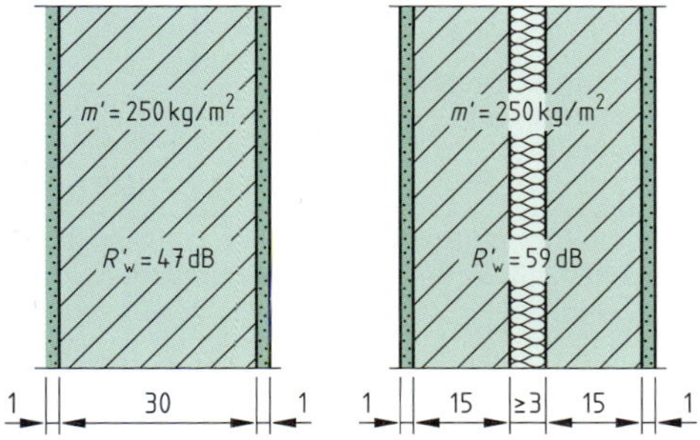

Vergleich zwischen leichten Trennwänden mit und ohne Hohlraumdämpfung

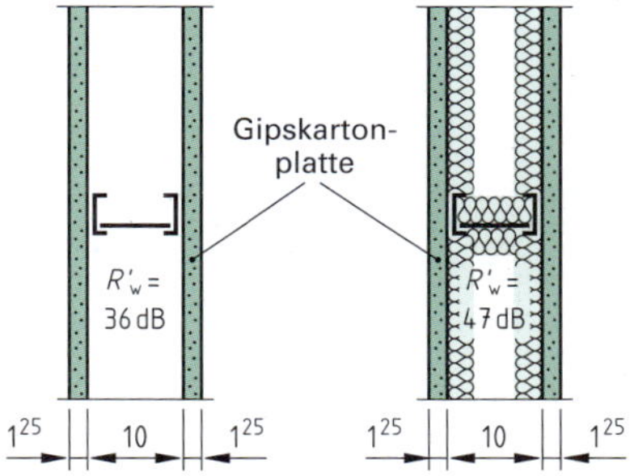

Vergleich verschiedener Deckenaufbauten (nach Gösele)

ⓐ einschalige Trenndecken

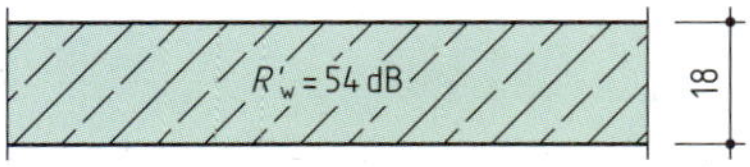

$m'_D = 0{,}18 \text{ m} \cdot 2500 \text{kg/m}^3 \cong 450 \text{ kg/m}^2$

ⓑ Trenndecken mit schwimmendem Estrich

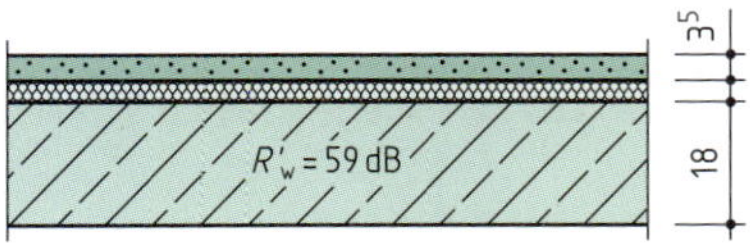

$m'_D = 0{,}18 \text{ m} \cdot 2500 \text{kg/m}^3 \cong 450 \text{ kg/m}^2$
$m'_E = 0{,}035 \text{ m} \cdot 2200 \text{kg/m}^3 \cong 75 \text{ kg/m}^2$
525 kg/m^2

ⓒ Trenndecke mit schwimmendem Estrich und biegeweicher Vorsatzschale

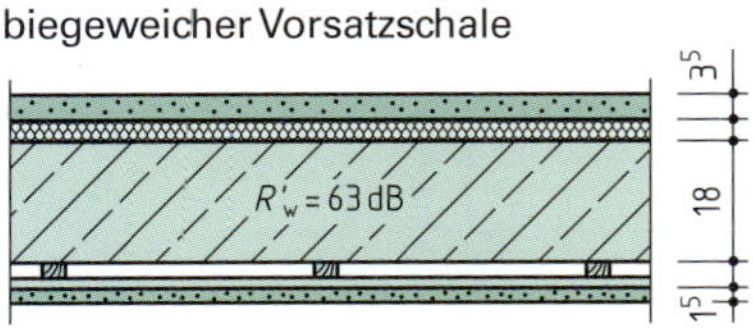

$m'_D = 0{,}18 \text{ m} \cdot 2500 \text{kg/m}^3 \cong 450 \text{ kg/m}^2$
$m'_E = 0{,}035 \text{ m} \cdot 2200 \text{kg/m}^3 \cong 75 \text{ kg/m}^2$
$m_G = 0{,}015 \text{ m} \cdot 900 \text{kg/m}^3 \cong 15 \text{ kg/m}^2$
540 kg/m^2

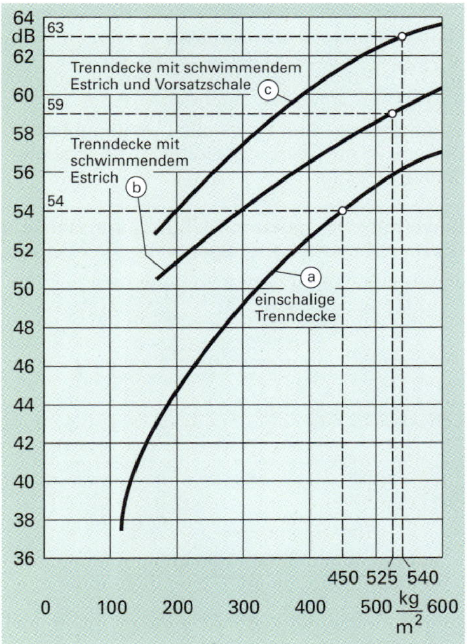

Bewertetes Schalldämm-Maß R'_w in Abhängigkeit von der flächenbezogenen Masse m'

6

6.4 Schallschutz

Vergleich verschiedener Wandaufbauten (nach DIN 4109)

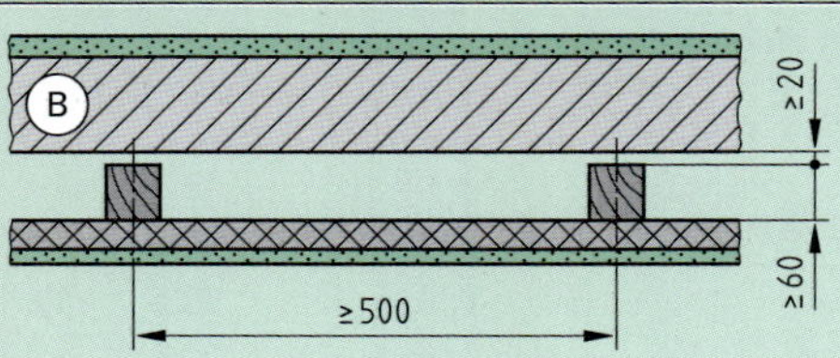

Vorsatzschale aus Holzwolle-Leichtbauplatten, Dicke ≥ 25 mm, verputzt, Holzstiele mit Abstand ≥ 20 mm vor schwerer Schale freistehend

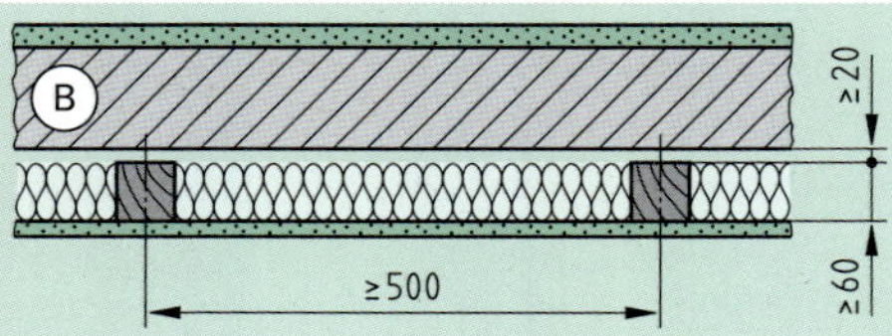

Vorsatzschale aus Gipsplatten, Dicke 12,5 mm oder 15 mm, oder aus Spanplatten, Dicke 10 mm bis 16 mm, Holzstiele mit Abstand ≥ 20 mm vor schwerer Schale freistehend mit Hohlraumfüllung zwischen den Holzstielen

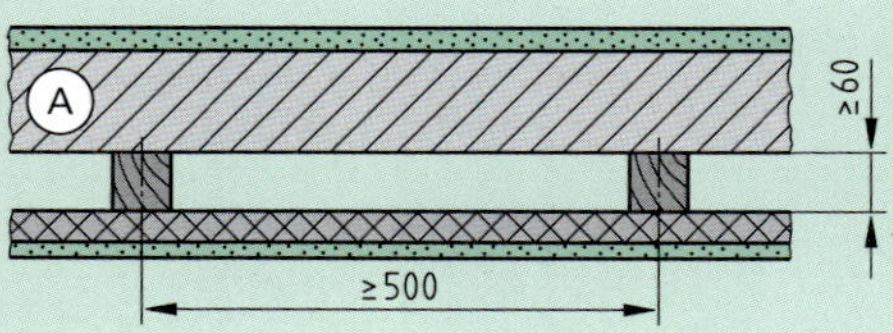

Vorsatzschale aus Holzwolle-Leichtbauplatten, Dicke ≥ 25 mm, verputzt, Holzstiele an schwerer Schale befestigt

Bewertetes Schalldämm-Maß $R'_{w,R}$ von einschaligen, biegesteifen Wänden mit einer biegeweichen Vorsatzschale

Flächenbezogene Masse der Massivwand in kg/m²	$R'_{w,R}$ in dB
100	(36) 49
150	(41) 49
200	(44) 50
250	(47) 52
275	(48) 53
300	(49) 54
350	(51) 55
400	(52) 56
450	(54) 57
500	(55) 58

Tabelle gilt für flankierende Bauteile mit einer Masse von etwa 300 kg/m². Der Korrekturwert ΔK beträgt ± 1dB je 50 kg Masse

() ohne flankierendes Bauteil/ohne Vorsatzschale

Für die Wandaufbauten nach Bild Ⓑ gilt die Tabelle bezogen auf die flächenbezogene Masse der Massivwand.

Für die Wandaufbauten nach Bild Ⓐ (bei fester Bindung) sind die Werte um 1 dB abzumindern.

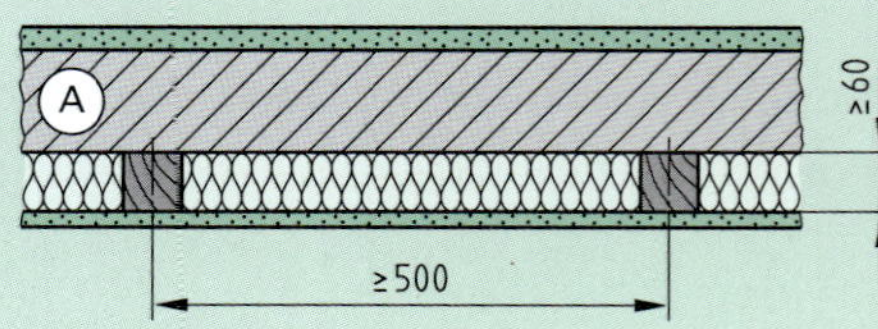

Vorsatzschale aus Gipsplatten, Dicke 12,5 mm oder 15 mm, oder aus Spanplatten, Dicke 10 mm bis 16 mm, mit Hohlraumausfüllung, Holzstiele an schwerer Schale befestigt

Bewertetes Schalldämm-Maß $R'_{w,R}$ von zweischaligen Wänden aus zwei biegeweichen Schalen aus Gipskartonplatten oder Spanplatten (Maße in mm)

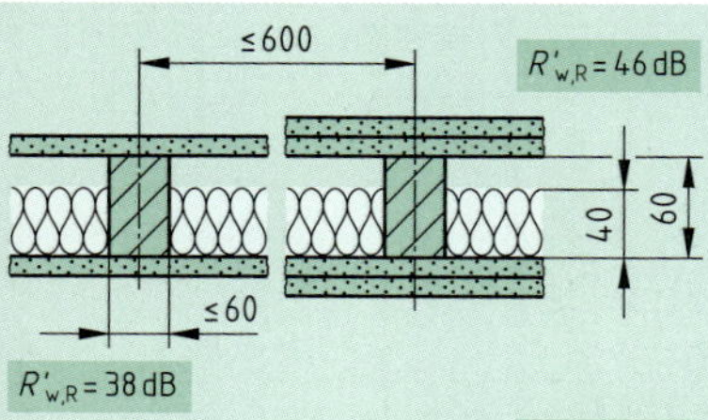

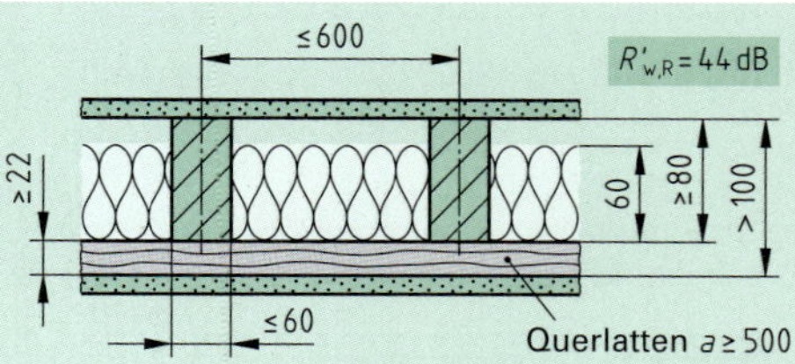

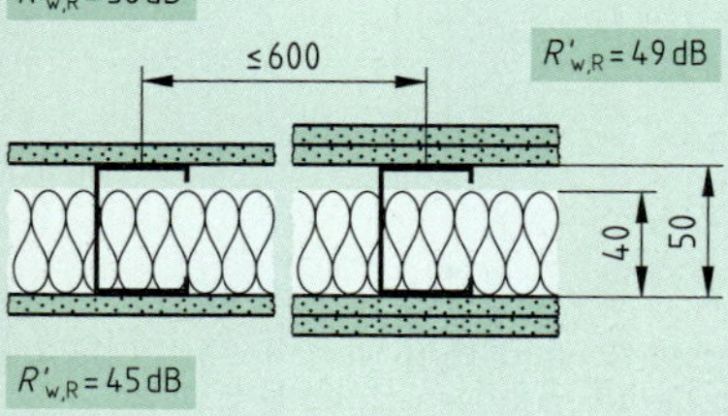

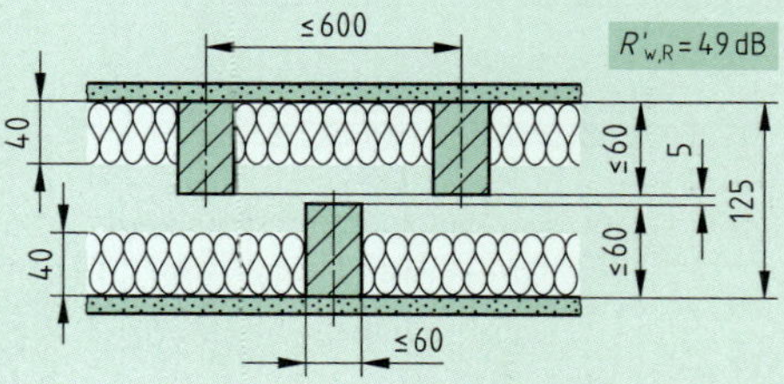

6

6.5 Brandschutz

- Die Hauptnorm für den Brandschutz ist die DIN 4102 über Brandverhalten von Baustoffen und Bauteilen, Begriffe, Anordnungen und Prüfungen.
- Baustoffe werden nach ihrem Brandverhalten in Baustoffklassen eingeteilt.
- Baustoffe, die nicht in der DIN 4102 aufgeführt sind, sind nur zugelassen, wenn sie je nach Brennbarkeit und Einstufung durch ein Prüfungszeugnis oder einen Prüfbescheid mit Prüfzeichen als geeignet ausgewiesen sind.
- Feuerwiderstandsklassen enthalten die Zeitdauer in Minuten, die ein Bauteil beim Brandversuch dem Feuer Widerstand bietet.
- Nach DIN EN 13501 gibt es Hauptklassen und Unterklassen. Die DIN EN 13501 bezieht sich auf die Brennbarkeit eines Baustoffes und klassifiziert die Rauchentwicklung.

Baustoffklassen und Benennungen

Klasse	bauaufsichtliche Benennung
A	nichtbrennbare Baustoffe
A1	
A2	
B	brennbare Baustoffe
B1	schwerentflammbar
B2	normalentflammbar
B3	leichtentflammbar

Nachweisverfahren

Klasse	Zusatzkriterium	Nachweis durch
A1	genormt	DIN 4102
	nicht genormt	Prüfzeugnis
A2	mit brennbaren Bestandteilen < 1%	Prüfbescheid mit Prüfzeichen
B1	genormt	DIN 4102
B2	nicht genormt	Prüfbescheid mit Prüfzeichen
	normal entflammbar	Prüfzeugnis
B3	leicht entflammbar	(nicht zugelassen)

Feuerwiderstandsklassen

Klasse	Zusatz	Bauteil
Feuerwiderstandsdauer in min: 30, 60, 90, 120, 180	F	Wände, Decken, Stützen, Balken, Treppen
	W	nichttragende Außenwände, Brüstungen, Schürzen
	T	Türen, Tore
	G	Verglasungen
	L	Lüftungsleitungen
	K	Klappen für Lüftungsleitungen
	R	Rohrleitungen
	I	Installationsschächte und -kanäle

Beispiel

F30-AB

Bauteil in wesentlichen Teilen aus nichtbrennbaren Stoffen, das mindestens 30 Minuten dem Feuer Widerstand bieten kann. Wesentliche Teile sind alle tragenden Teile.

F180, W30, G90 usw.

Mindestanforderungen des baulichen Brandschutzes[1)]

Bauteil \ Bauwerk	Frei stehende Wohngebäude mit nicht mehr als einer Wohnung	Wohngebäude geringer Höhe mit nicht mehr als zwei Wohnungen	Gebäude geringerer Höhe (kein Fußboden eines Aufenthaltsraumes über 7 m)	Sonstige Gebäude außer Hochhäuser (alle Fußböden unter 22 m)
Tragende und aussteifende Wände, Pfeiler, Stützen	keine	F30-B	F30-AB	F90-AB
wie vor, jedoch in Kellergeschossen	keine	F30-AB	F90-AB	F90-AB
Nichttragende Außenwände	keine	keine	keine	F30 oder A
Dämmstoffe und Verkleidungen in und an Außenwänden	B2	B2	B2	B1
Wohnungstrennwände	–	F30-B	F30-B	F90-AB
Gebäudetrenn- und -abschlusswände	–	F90-AB	Brandwand	Brandwand
Decken über Dachräumen	keine	keine	keine	keine
Decken über Kellergeschossen	keine	F30-B	F90-AB	F90-AB
sonstige Decken	keine	F30-B	F30-AB	F90-AB

1) Auszug aus der BauO NW ohne Ergänzungen und Hinweise

- **Brandwände** müssen mindestens der Klasse F90-A angehören. Ihre Standsicherheit muss bei einem Brand gewährleistet sein.
- **Brandwände** sind bei Gebäuden geringer Höhe durchgehend bis unmittelbar unter die Dachhaut zu führen. Bei sonstigen Gebäuden sind sie entweder durchgehend 0,30 m über die Dachhaut zu führen oder in Höhe der Dachhaut mit einer beidseitig je 0,50 m auskragenden Stahlbetonplatte zu versehen. Brennbare Bauteile dürfen Brandwände weder überbrücken noch durchdringen. Durchgehende Leitungen dürfen weder Feuer noch Rauch übertragen können.

6.5 Brandschutz

Hauptklassen A bis F und Unterklassen (Auszug DIN EN 13501)

EURO-Klassen für Baustoffe nach DIN EN 13501-1

EURO-Hauptklassen	EURO-Unterklassen[1]		
A1	A1		
A2	A2 – s1, d0		
	A2 – s2, d0 A2 – s3, d0	A2 – s1, d1 A2 – s2, d1 A2 – s3, d1	A2 – s1, d2 A2 – s2, d2 A2 – s3, d2
B	B – s1, d0 B – s2, d0 B – s3, d0	B – s1, d1 B – s2, d1 B – s3, d1	B – s1, d2 B – s2, d2 B – s3, d2
C	C – s1, d0 C – s2, d0 C – s3, d0	C – s1, d1 C – s2, d1 C – s3, d1	C – s1, d2 C – s2, d2 C – s3, d2
D	D – s1, d0 D – s2, d0 D – s3, d0	D – s1, d1 D – s2, d1 D – s3, d1	D – s1, d2 D – s2, d2 D – s3, d2
E	E – d2		
F	(F), keine Leistung festgestellt		

Baustoffklassen nach DIN 4102

	Baustoffklasse	Bauaufsichtliche Benennung	Beispiele
A = Nicht brennbare Baustoffe	A1	ohne brennbare Bestandteile	Gips, Kalk, Zement, Steine Beton, Glas, Faserbetonplatten
		mit brennbaren Bestandteilen (< 1 %)	bestimmte Mineralfaser-Feuerschutzplatten, Fiber-Silikat-Platten
	A2	mit brennbaren Bestandteilen	Gipsplatten, Mineralfasererzeugnisse
B = Brennbare Baustoffe	B1	schwer entflammbare Baustoffe	Gipsplatten mit gelochter Oberfläche, Holzwolle-Leichtbauplatten, schwer entflammbare Spanplatten, bestimmte Kunststoff-Hartschaumplatten, bestimmte PVC-Erzeugnisse, Eichenparkett, Gussasphaltestriche
	B2	normal entflammbare Baustoffe	Holz und Holzwerkstoffe, ϱ > 400 kg/m³ und über 2 mm Dicke, genormte Dachpappen und PVC-Bodenbeläge
	B3	leicht entflammbare Baustoffe	Papier, Holzwolle, Holz bis 2 mm Dicke

[1] **Unterklassen** für die Rauchentwicklung s1 (gering), s2 (mittel) und s3 (hoch) sowie für das brennende Abtropfen oder Abfallen d0 (nicht zutreffend), d1 (gering) und d2 (stark)

Feuerwiderstandsklassen von Bauteile nach DIN 4102 (Auszug)

Feuerwiderstandsklassen für Wände, Decken, Stützen, Unterzüge, Treppen	Nicht tragende Außenwände, Brüstungen	Feuerschutzabschlüsse, Türen, Tore, Klappen	Bauaufsichtliche Benennungen nach der Landesbauordnung
F 30	W 30	T 30	feuerhemmend
F 60	W 60	T 60	hochfeuerhemmend
F 90	W 90	T 90	feuerbeständig
F 120	W 120	T 120	–
F 180	W 180	T 180	–

Bauteile nach DIN EN 13501-2

Bauteile nach DIN EN 13501-2
Feuerwiderstandsdauer in Minuten:
≥ 15; ≥ 20; ≥ 30, ≥ 45, ≥ 60, ≥ 90, ≥ 120, ≥ 240, ≥ 360
Kriterien für Euro-Feuerwiderstandsklassen:
R, I, S, M, E, W, K und C[2]

[2] R Erhalt der Tragfähigkeit, I Oberflächen-Grenztemperatur, S Rauchdurchtritt, M Erhöhte mechanische Festigkeit, E Raumabschluss, W Wärmestrahlungsdurchtritt, C Selbstschließend, K Brandschutzfunktion

Die deutsche Brandschutznorm DIN 4102 mit dem bisherigen deutschen Klassifizierungssystem ist dem europäischen Klassifizierungssystem DIN EN 13 501-1 (Brandverhalten) bzw. DIN EN 13501-2 (Feuerwiderstand) noch anzupassen. Die Anpassung erfolgt mit einer entsprechenden Ergänzung in der nächsten Bauregelliste. In der Übergangszeit kann wahlweise mit der deutschen Norm oder der europäischen Norm gearbeitet werden.

In den Anlage 0.1 und 0.2 zur Bauregelliste A Teil 1 ist die Zuordnung der bauaufsichtlichen Benennungen zu den jeweiligen Klassen und Leistungsstufen aufgeführt. Die Zuordnung ist so gewählt, dass bei Anwendung des europäischen Klassifizierungssystems die deutschen Sicherheitsniveaus mindestens erfüllt werden.

6.5 Brandschutz

Brandverhalten klassifizierter Betonbauteile (Auszug DIN 4102-4)

Konstruktionsmerkmale	Feuerwiderstandsklasse-Benennung[3)]				
	F 30-A	F 60-A	F 90-A	F 120-A	F 180-A
Mindestdicke *d* in mm unbekleideter Platten unabhängig von der Anordnung eines Estrichs bei statisch bestimmter Lagerung statisch unbestimmter Lagerung	 60[1)2)] 80[1)2)]	 80[2)] 80[1)2)]	 100 100	 120 120	 150 150
Mindestdicke *d* in mm punktförmig gestützter Platten unabhängig von der Anordnung eines Estrichs bei Decken mit Stützenkopfverstärkung Decken ohne Stützenkopfverstärkung	 150 150	 150 200	 150 200	 150 200	 150 200
Mindestdicke *d* in mm unbekleideter Platten mit nichtbrennbarem Estrich oder Asphaltestrich	50	50	50	60	75
Mindestdicke *D* in mm = *d* + *Estrichdicke* bei statisch bestimmter Lagerung statisch unbestimmter Lagerung	 60[1)2)] 80[1)2)]	 80[2)] 80[1)2)]	 100 100	 120 120	 150 150
Mindestdicke *d* in mm unbekleideter Platten mit schwimmendem Estrich bei einer Dämmschicht bei statisch bestimmter Lagerung statisch unbestimmter Lagerung	 60[1)2)] 80[1)2)]	 60[1)2)] 80[1)2)]	 60[1)2)] 80[1)2)]	 60[1)2)] 80[1)2)]	 80[2)] 80[1)2)]
Mindestestrichdicke d_1 in mm bei Estrichen aus nichtbrennbaren Baustoffen oder Asphalt[3)]	25	25	25	30	40
Holzwolle-Leichtbauplatten auch ohne Putz bei einer Dicke der Holzwolle-Leichtbauplatten ≥ 25 mm einer Dicke der Holzwolle-Leichtbauplatten ≥ 50 mm	 50 50	 50 50	 – 50	 – 50	 – 50
Mindestdicke in mm bei Unterdecken	*d* ≥ 50				

1) Bei Betonfeuchtigkeitsgehalten > 4 Gew.-% sowie bei sehr dichter Bewehrungsanordnung (Stababstände < 100 mm) sind die Mindestdicken *d* sowie die Mindestdicken *D* um 20 mm zu vergrößern.
2) Bei Platten mit mehrseitiger Brandbeanspruchung – z.B. bei auskragenden Platten – müssen die Mindestdicken *d* sowie die Mindestdicken *D* jeweils ≥ 100 mm sein.
3) Bei Anordnung von Asphaltestrich, bei Verwendung von schwimmendem Estrich mit einer Dämmschicht der Baustoffklasse B und bei Verwendung von Holzwolle-Leichtbauplatten muss bei Beanspruchung jeweils F 30-AB, F 60-AB, F 90-AB, F 120-AB und F 180-AB lauten.

Brandverhalten klassifizierter Wände aus Mauerwerk (Auszug DIN 4102-4)

Die ( )-Werte gelten für gemauerte Wände mit beidseitigem Putz, der bei Verwendung der Mörtelgruppe P IV eine Dicke d_1 ≥15 mm besitzen muss.

Konstruktionsmerkmale	Feuerwiderstandsklasse-Benennung[3)]				
	F 30-A	F 60-A	F 90-A	F 120-A	F 180-A
Mindestdicke *d* in mm **tragender[1)] Wände** aus Kalksandsteinen nach DIN 106 Ausnutzungsgrad α_2 = 0,2	115 (115)	115 (115)	115 (115)	115 (115)	175 (140)
Ausnutzungsgrad α_2 = 0,6	115 (115)	115 (115)	140 (115)	175 (140)	200 (175)
Ausnutzungsgrad α_2 = 1,0	115 (115)	115 (115)	140 (115)	190 (175)	240 (190)

1) Die Angaben gelten für tragende raumabschließende Wände.

Ähnliche Werte gelten für Porenbeton-Steine, Hohlblöcke aus Leichtbeton, Mauerziegel und Leichthochlochziegel (vgl. DIN 4102-4). Klammerwerte gelten für Wände mit beidseitigem Putz PII oder PIVc ≥ 15 mm bzw. PIVa oder PIVb ≥ 10 mm (ohne Fortschreibung auf die neue Putz-Norm).

6

6.5 Brandschutz

Brandverhalten klassifizierter Stahlbauteile
(Auszug DIN 4102-4)

Konstruktionsmerkmale Abmessungen in mm	Profilverhältnis U/A in m^{-1}	Feuerwiderstandsklasse F 30-A	F 60-A	F 90-A	F 30-A	F 60-A	F 90-A
		Mörtelgruppe P II oder P IVc			Mörtelgruppe P IVa oder P IVb		
Putzdicke *d* über Putzträger aus Rippenstreckmetall, Streckmetall oder Drahtgewebe bei Stahlträgern.		Stahlträger			Stahlstützen		
	< 90	5	15	–	5	5	15
	90 bis 119	5	15	–	5	5	15
	120 bis 179	5	15	–	5	15	15
	180 bis 300	5	15	–	5	15	25
Putzdicke *d* über Putzträgern aus Rippenstreckmetall, Streckmetall oder Drahtgewebe bei Stahlstützen.		Stahlträger			Stahlstützen		
	< 90	15	25	45	10	20	35
	90 bis 119	15	25	45	10	20	35
	120 bis 179	15	25	45	10	20	45
	180 bis 300	15	25	55	10	20	45
Wandbauplatten Dicke *d* aus Gips nach DIN 18163	–	60	60	60			
Gipskarton-Bauplatten (GKF) Dicke *d* als Bekleidung von Stahlträgern		Stahlträger					
	≤ 300	12,5	12,5 + 9,5	2 x 15,0	für F 30-A einschalig		
Gipskarton-Bauplatten (GKF) als Bekleidung von Stahlstützen		Stahlstützen					
	≤ 300	12,5	12,5 + 9,5	3 x 15,0	für F 60-A und F 90-A mehrschalig		

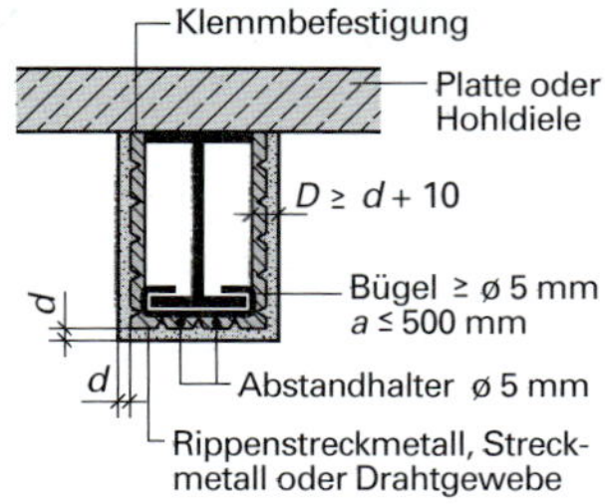

geputzter Stahlträger

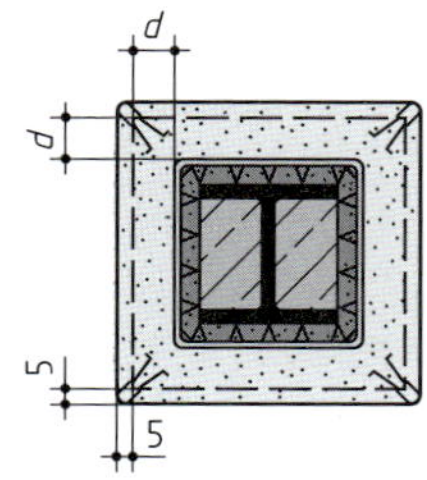

geputzte Stahlstütze

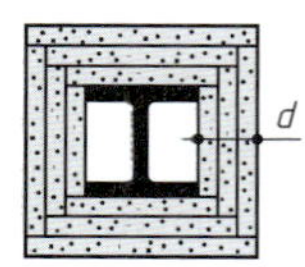

bekleidete Stahlstütze

Brandverhalten von unbekleideten Holzbalken und Holzstützen für F 30-B (Auszug DIN 4102-4)

	Biegung σ_B / zul σ^*_B Druck $\sigma_{D\|\|}$ / zul σ_k	Mindestbreite b in mm bei einem Seitenverhältnis h/b 1,0 und einem **Abstützungsabstand** s bzw. einer **Knicklänge** s_k in m: 2,0	3,0	4,0	5,0	6,0	h/b 2,0: 2,0	3,0	4,0	5,0	6,0
Vollholzbalken											
3seitig	0,2	80	80	80	80	80	80	80	80	80	83
	1,0	114	114	114	114	114	96	103	109	114	120
4seitig	0,2	86	86	86	86	87	80	80	80	82	84
	1,0	160	160	160	160	160	113	113	118	123	128
Brettschichtholzbalken											
3seitig	0,2	80	80	80	80	83	80	80	80	80	83
	1,0	100	100	100	100	100	84	90	95	100	105
4seitig	0,2	80	80	80	80	83	80	80	80	80	83
	1,0	140	140	140	140	140	99	99	103	108	112
Vollholzstützen											
4seitig	1,0	187	204	219	229	237	161	179	193	202	204
	0,2	102	105	105	105	105	91	92	92	92	92
Brettschichtholzstützen											
4seitig	1,0	169	188	202	202	202	147	167	168	168	168
	0,2	90	90	90	90	90	80	80	80	80	83

1) zul $\sigma^*_B = 1{,}1 \cdot k_B \cdot$ zul σ_B mit $1{,}1 \cdot k_B \leq 1{,}0$; zul $\sigma_k = \sigma_{D\|\|}/\omega$

3-seitig 4-seitig

Holzbalken unter Brandbeanspruchung

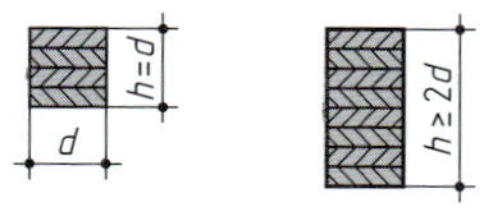

Stütze aus BSH (Brettschichtholz)

Hinweis: Anforderungen an die Bauausführung ergeben sich ausschließlich aus den LBauO. Die Ausführungsbeispiele nach DIN 4102, Teil 4, dürfen ohne zusätzlichen Nachweis verwendet werden. Ansonsten ist ein Prüfzeugnis erforderlich.

6

6.5 Brandschutz

Mindestabmessungen für Decken mit Dämmschicht für F 30-B (Auszug DIN 4102-4)

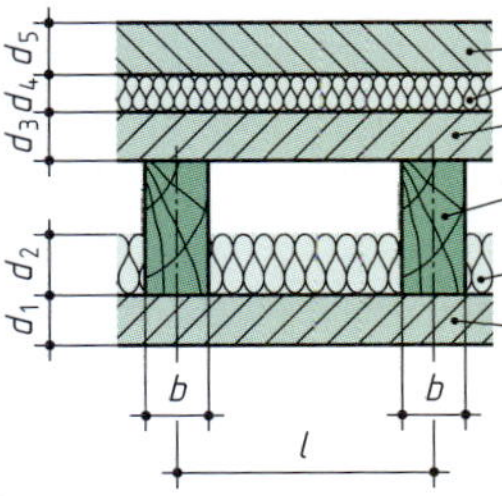

Holzrippen	untere Beplankung oder Bekleidung		notwendige Dämmschicht	obere Beplankung	Schwimmender Estrich oder schwimmender Fußboden			
Mindestbreite in mm	Spanplatten mit $\varrho \geq$ 600 kg/m³ Mindestdicke in mm	max. zul. Spannweite in mm	aus Mineralfaser-Platten oder -Matten Mindestdicke in mm	aus Holzwerkstoffplatten mit $\varrho \geq$ 600 kg/m³ Mindestdicke in mm	Dämmschicht mit $\varrho \geq$ 30 kg/m³ in mm	Mörtel, Gips oder Asphalt Mindestdicke in mm	Holzwerkstoffplatten, Brettern oder Parkett in mm	Gipskartonplatten in mm
b	d_1	l	d_2	d_3	d_4	d_5	d_5	d_5
40	16	625	60	13	15	20		
	16	625	60	13	15		16	
	16	625	60	13	15			9,5

Die Tabelle gilt für Decken mit notwendiger Dämmschicht. Die Dämmschichten müssen aus mineralischen Fasern nach DIN 18165 bestehen, der Baustoffklasse A nach DIN 4102 angehören und einen Schmelzpunkt von $T \geq 1000$ °C besitzen.

Entfällt die Dämmung oder genügt sie nur der Baustoffklasse B2 ohne weitere Bedingungen, so müsste gelten:

Spanplatten $d_1 \geq 19$ mm und obere Beplankung $d_3 \geq 16$ mm

Mindestabmessungen Holzbalkendecken mit vollständig freiliegenden Holzbalken für F 30-B (Auszug DIN 4102-4)

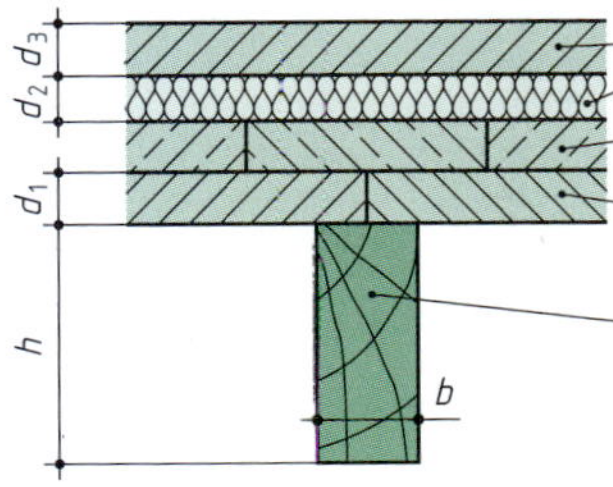

Holzbalken			Beplankung		Schwimmender Estrich	
Biegespannung	bei Verwendung von Vollholz	Brettschichtholz	Spanplatten mit $\varrho \geq$ 600 kg/m³	Brettern oder Bohlen	Dämmschicht mit $\varrho \geq$ 30 kg/m³	Spanplatten mit $\varrho \geq$ 600 kg/m³
N/mm²	b/h in mm	b/h in mm	$d_1 \geq 25$ mm	$d_1 \geq 28$ mm	$d_2 \geq 15$ mm	$d_3 \geq 16$ mm
≥ 14	–	140/260	Es wird zwischen Decken mit • verdeckten • teilweise freiliegenden • vollständig freiliegenden Holzbalken unterschieden.		Bei den ausgewiesenen Decken ist die Anordnung an der Deckenunterseite ohne weitere Nachweise erlaubt (Ausnahme: Stahlblech).	
≥ 14	–	130/240				
11	130/200	110/200				
10	120/100	85/190				
7	100/160	80/150				

6

6.5 Brandschutz

Mindestdicken nichttragender zweischaliger Wände aus Holzwolle-Leichtbauplatten

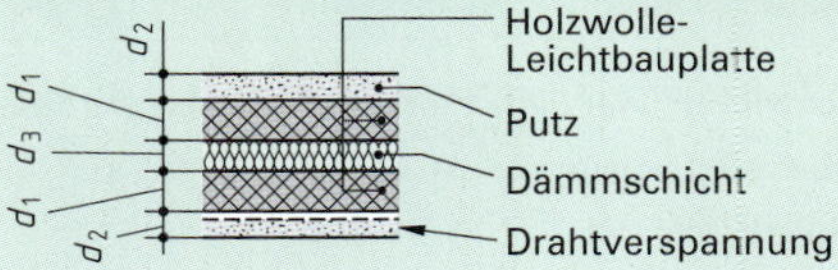

Konstruktionsmerkmale	Feuerwiderstandsklasse F 30-B bis F 120-B	Feuerwiderstandsklasse F 180-B
Mindestdicke d_1 in mm der Holzwolle-Leichtbauplatten nach DIN 1101	50 mm	50 mm
Mindestdicke d_2 in mm des Putzes, gemessen ab Oberkante Holzwolle-Leichtbauplatten	15 mm	20 mm
Mindestdicke d_3 in mm der Dämmschicht (Rohdichte > 30 kg/m³)	40 mm	40 mm

Mindestdicken ein- oder zweischaliger nichttragender Wände aus Gips-Bauplatten F mit Ständern und/oder Riegeln aus Stahlblechprofilen oder Gipsstreifenbündeln und/oder Riegeln aus Holz sowie Mindestrohdichte der Dämmschicht

Mindestbekleidungsdicke d_2 in mm	12,5[1)]	2 × 12,5[2)]	15 + 12,5		2 × 18[3)]		–	
Mindestdämmschichtdicke d_3 in mm	40	40	40		40		–	
Mindestrohdichte ϱ in kg/m³ der Dämmschicht	40	40	40		40		–	
	Holzriegel möglich							
Mindestbekleidungsdicke d_2 in mm			2 × 12,5[2)]		2 × 15		3 × 12,5[4)]	
Mindestdämmschichtdicke d_3 in mm			80	60	80	60	80	60
Mindestrohdichte ϱ in kg/m³ der Dämmschicht			30	50	50	100	50	100
[1)] Alternativ auch 18 mm GKB oder ≥ 2 × 9,5 mm GKB [2)] Alternativ auch 25 mm [3)] Alternativ auch 3 × 12,5 mm oder 25 + 12,5 mm [4)] Alternativ auch 25 + 12,5 mm	F 30-A	F 60-A	F 90-A		F 120-A		F 180-A	

Mindestdicken tragender, nicht raumabschließender Wände aus Holztafeln

Konstruktionsmerkmale	Holzrippen: Mindestabmessungen in mm $b_1 \times d_1$	Holzrippen: zulässige Spannung in N/mm² σ_D	Beplankung(en) und Bekleidung(en): Holzwerkstoffplatten (Mindestrohdichte ϱ = 600 kg/m³) d_2 in mm	Gipskarton-Bauplatten F (GKF) d_2 in mm	Gipskarton-Bauplatten F (GKF) d_3	Feuerwiderstandsklasse
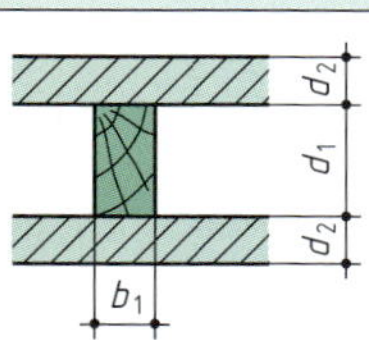	50 × 80	2,5	25 oder 2 × 16			F 30-B
	100 × 100	1,25	16			
	40 × 80	2,5		18		
	50 × 80	2,5		15		
	100 × 100	2,5		12,5		
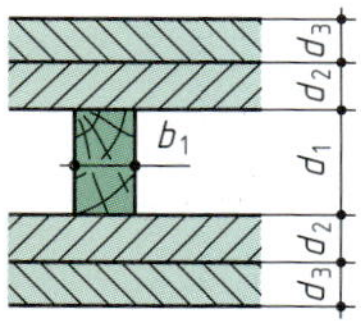	40 × 80	2,5	8		12,5	F 60-B
	40 × 80	2,5	13		9,5	
	40 × 80	2,5		12,5	9,5	
	40 × 80	2,5	22		15	
	50 × 80	2,5		15	12,5	

6.5 Brandschutz

Außenwände in Holztafelbauart F 30-B und F 60-B

Konstruktionsmerkmale (MF Mineralfaserplatten) (HWL Holzwolleleichtbauplatten)	Innen-Beplankung(en) oder Bekleidung(en): Holzwerkstoffplatten (Mindestrohdichte ϱ = 600 kg/m³) – Mindestdicke	Gipskarton-Feuerschutzplatten (GKF) – Mindestdicke		Dämmschicht: Mineralfaser-Platten oder -Matten – dicke	Mindestrohdichte	Holzwolle-Leichtbauplatten – dicke	Außen-Beplankung oder -Bekleidung: Bretter oder Holzwerkstoffplatten – Mindestdicke	Faserzementplatten – Mindestdicke	Putz auf Holzwolle-Leichtbauplatten $d \geq 25$ mm – Mindestdicke
	d_2 mm	d_2 mm	d_3 mm	D mm	ϱ kg/m³	D mm	d_4 mm	d_4 mm	d_4 mm
F 30-B	13			80	30		13		
	13			40	50		13		
innen 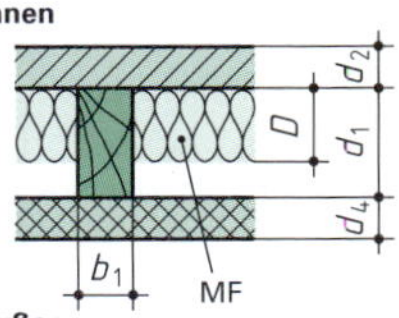 außen	13					25	13		
		12,5		80	30		13		
		12,5		40	50		13		
		12,5				25	13		
	16			80	100			6	
	16					50		6	
		15		80	100			6	
innen 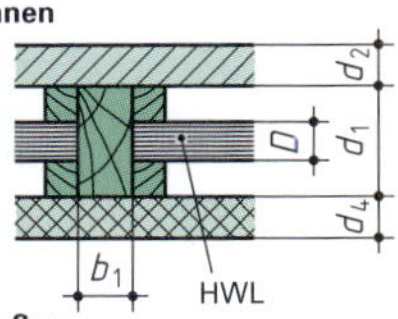 außen		15				50		6	
	13			80	30				15
	13			40	50				15
	13					25			15
		12,5		80	30				15
		12,5		40	50				15
		12,5				25			15
F 60-B	22		12,5	80	100		13		
innen 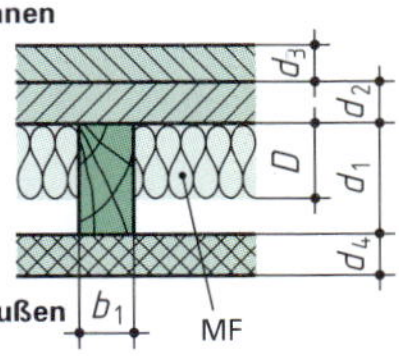 außen	22		12,5			50	13		
		12,5	12,5	80	100		13		
		12,5	12,5			50	13		
	22		12,5	80	100			6	
	22		12,5			50		6	
		12,5	12,5	80	100			6	
		12,5	12,5			50		6	
innen 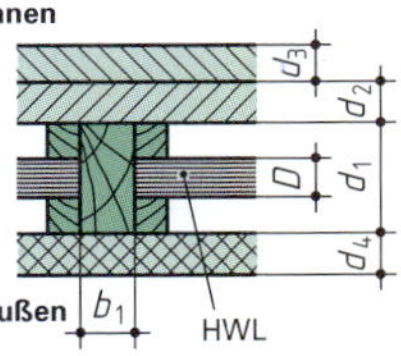 außen	22		12,5	80	30				15
	22		12,5	40	50				15
	22		12,5			25			15
		12,5	12,5	80	30				15
		12,5	12,5	40	50				15
		12,5	12,5			25			15
Holzrippen $b_1 \times d1 \geq$ 40 mm × 80 mm $\zeta_D \leq 2{,}5$ N/mm²	19		12,5	80	100				15
	19		12,5			50			15
		15	9,5	80	100				15
		15	9,5			50			15

6

6.6 Bauen im Bestand

Im Zuge einer Umnutzung oder einer Modernisierung sowie bei Veränderungen der Eigentumsverhältnisse werden Daten zum Wärmeschutz, zum Brandschutz und zum Schallschutz benötigt, um evtl. den Bestand zu überprüfen bzw. zu verbessern. Dabei ist stets vorab zu klären, ob die vorhandene Bausubstanz Bestandsschutz (Denkmalschutz) genießt. Mit den aktuell vorhandenen Normen lassen sich diese einerseits notwenigen Überprüfungen nicht hinreichend nachweisen, andererseits sind bei baulichen Veränderungen die gültigen Baunormen und Vorschriften anzuwenden.

Gebäude	Baujahr	Energieausweis
Wohngebäude	Neubau	ab 01.10.2007
sonstiges Geb.	Änderung	
Wohngebäude	bis 1965	ab 01.07.2008
Wohngebäude	ab 1965	ab 01.01.2009
öffentliche Geb.		ab 01.07.2009

Beispiel: Alte Holzbalkendecke (geschätzt)

- Holzbalkendecke mit Lattung/Rohrgewebe, Holzwolleleichtbauplatte — $R = 0{,}45\ m^2K/W$, $L_{n,w,eq,H} = 66$
- Holzbalkendecke mit (3) 10 cm Bimsbetonplatten, (5) 2,4 cm Leichtbauplatte, (4) Papplage, (6) Unterdecke, (1) 10 mm Bodenfliesen, (2) Mörtelbett > 15 mm

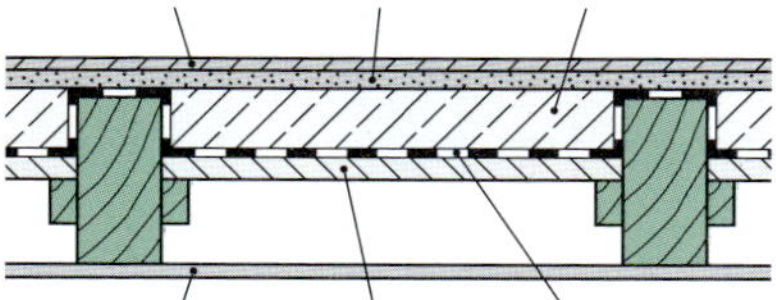

Bei **Holzbalkendecke** ist i.d.R. ein Ersatz durch einen zeitgemäßen Aufbau notwendig. Die Trittschalldämmung kann nur geschätzt werden als Addition der Einzelemente Holzbalkendecke/ Rohdecke + Fußbodenaufbau + fester/ weicher Belag.

Wärmeschutz

Die baulich zu verändernden Bauteile sind nach EnEV nachzuweisen. Tauwassernachweise sind bei nachträglichem Einbau von Wärmedämmstoffen vorzulegen.
Tauwasserbildung ist zu vermeiden oder gemäß der gültigen Norm zu begrenzen.

Brandschutz und Schallschutz

Aufbauten zu bestehenden Schichten verändern, auch bei Verwendung brennbarer Stoffe, die Feuerwiderstandsklasse nicht negativ, können aber die bestehende Feuerwiderstandsklasse auch nicht in eine höhere überführen.

Im **Dachbereich** ist unter dem Aspekt des winterlichen wie sommerlichen Wärmeschutzes die Aufsparrendämmung die bauphysikalisch beste Lösung, kann aber im Bestand zu einem unschönen und statisch bedenklichen Versatz in der Dachfläche (z.B. bei Reihenhäusern) führen.

Risse im Tragwerk sind i.d.R. sowohl Schadensursache wie Schadensbild; Ursache sind Verformungsbehinderungen oder Überschreitung der Gebrauchsfähigkeit des Baustoffes.

Wichtige Merkmale sind:

Rissbewegung (Gipsmarken, die quer über den Riss angebracht werden, lassen erkennen, ob der Riss zur Ruhe gekommen ist),

Tiefe des Risses (Riss an der Oberfläche oder Riss durch das ganze Bauteil),

Verlauf des Risses (Rissränder, geben Hinweis auf die Richtung der wirkenden Kraft).

6

Bei **Außenfassaden** zeichnen sich vorgehängte hinterlüftete Fassaden durch große Variabilität aus. Neben den Klassikern wie Holzschindeln, Schiefer oder Tonziegeln, können auch Faserzementplatten, Metalltafeln und Holzwerkstoffe verbaut werden. Mit der Unterkonstruktion wird eine Hinterlüftung ausgebildet, die den Feuchtsschutz des Gesamtsystems sowie seine Schlagregensicherheit bewirkt. Feuchtigkeit kann sicher aus dem Wandsystem abgeführt werden. Feuchtebestimmungen für anoraganische und poröse Baustoffe erfolgen mit dem CM-Gerät.

Moderne neue Dämmstoffe (Einblasdämmstoffe,, Silikatleichtschaum SLS20, Calciumsilikat-Platten, Vakuumisolotionspaneele Va-Q-tec, Natur-Zellulose 2BGRATEC) helfen bei der Sanierung.

Baustoff	Wärmeleitfähigkeit in W/(m · K)	Baustoff	Wärmeleitfähigkeit in W/(m · K)
Strohlehm	0,60, feucht 0,80	Ziegelsplitt	0,40, feucht 0,75
Leichtlehm	0,40, feucht 0,65	Rohrputz	0,45 ... 0,48
Lehm mit Stroh	0,40	Rablitz auf Drahtgewebe	0,58
Sand, lose	0,58	Schlackenbeton 1200	0,47, feucht 0,70
Steinkohlenschlacke	0,20	Schlackenbeton 1800	0,93, feucht 1,2

7 Fertigungsmittel

Inhaltsverzeichnis

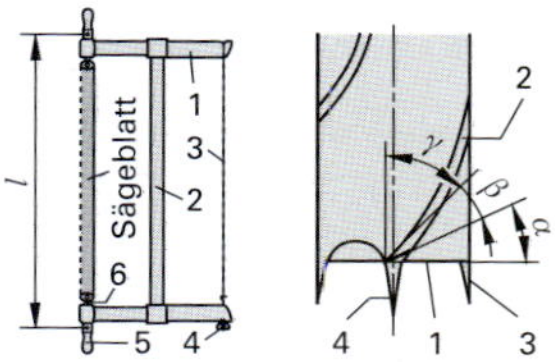

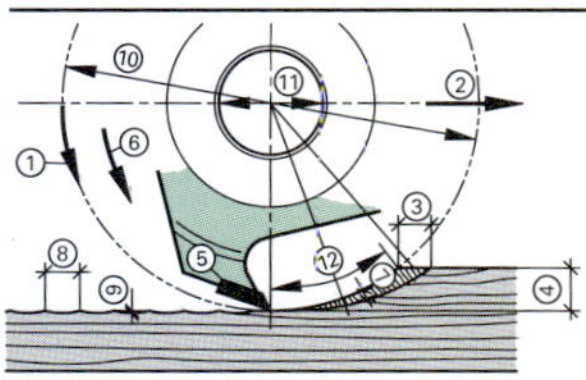

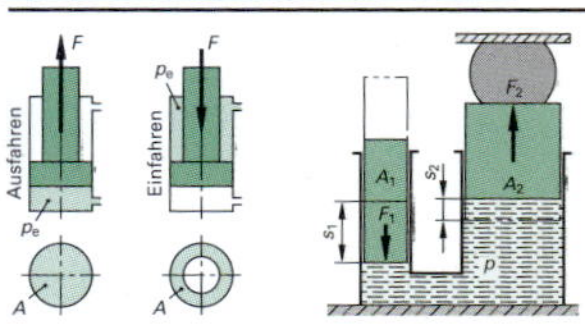

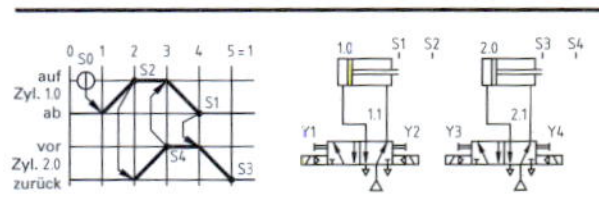

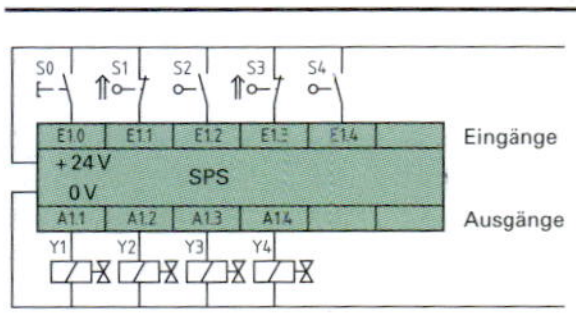

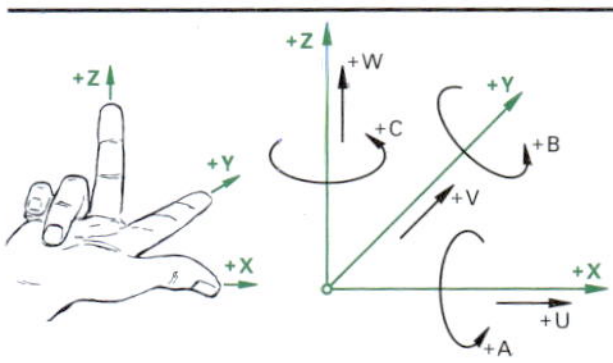

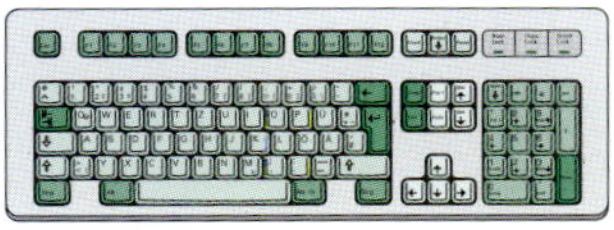

7

7 Fertigungsmittel

Firmenverzeichnis

Altenloh, Brink & Co GmbH & Co. KG
Kölner Straße 71 – 77 · 58256 Ennepetal
Telefon: 02333 799-0
Fax: 02333 799-304
email: abc@altenloh.com

HOMAG
Holzbearbeitungssysteme AG
Homag Str. 1 – 5 · 72296 Schopfloch
Telefon: 07448 13-0

LEUCO Ledermann GmbH & Co. KG
Ledermannstraße 1 · 72120 Horb
Telefon: 07451 93-0
Fax: 07451 93-270
email: info@leuco.com

Lamello AG
Hauptstraße 149
CH-4416 Bubendorf
Telefon: 0041 61 9353-636
Fax: 0041 61 9353-606
email: info@lamello.com

Robert Bosch GmbH
Geschäftsbereich Elektrowerkzeuge
Max-Lang-Str. 40 – 46
70771 Leinfelden Echterdingen
Telefon: 0711 811-0

Lehrstuhl und Institut
für Werkzeugmaschinen
– Holzbearbeitung
Universität Stuttgart
Holzgartenstraße 17 · 70174 Stuttgart
Telefon: 0711 685-84192
Fax: 0711 685-84193
www.ifw.uni-stuttgart.de

Lehrstuhl und Institut
für Werkzeugmaschinen
und Fertigungstechnik
TU Braunschweig
Langer Kamp 19B · 38106 Braunschweig
Telefon: 0531 391-7601
Fax: 0531 391-5842
www.ifw.ing.tu-bs.de

Verlag und Autoren danken den genannten Firmen und Institutionen für die Unterstützung der aktuellen und praxisnahen Gestaltung des Tabellenbuches.

Literatur und Normen

Häberle, Tabellenbuch Elektrotechnik, Europa-Lehrmittel, Auflage 2005
BGI 578; Betriebsanweisung, Berufsgenossenschaftliche Informationen
DIN 334; 1979-09, Kegelsenker
DIN 338; 2000-09, Kurze Spiralbohrer mit Zylinderschaft
DIN 5109, 2000-09, Schreinerhämmer
DIN 5264; 2006-01, Schraubendreher für Schrauben mit Schlitz
DIN 7235; 1974-08, Handsägen für Holz; Heftsägen, Feinsägen
DIN 7243; 1974-09, Handsägen für Holz; Heftsägen, Rückensägen
DIN 7244; 1974-09, Handsägen für Holz; Heftsägen, Fuchsschwänze
DIN 7261; 1988-12, Werkstattfeilen; Formen, Längen, Querschnitte
DIN 7263; 1988-12, Raspeln und Kabinettfeilen; Formen, Längen, Querschnitte
DIN 7264; 1974-05, Gefräste Feilen; Formen, Längen, Querschnitte
DIN 7487; 1966-11, Holzbohrer; Spiralbohrer mit zwei Spannuten
DIN 8806; 1975-11, Schmale Bandsägeblätter für Holz; Maße
DIN 42961; 1980-06, Leistungsschilder für elektrische Maschinen
DIN 55003; 1981-08, Werkzeugmaschinen; Bildzeichen; Numerisch gesteuerte Werkzeugmaschinen
DIN 66025-2; 1988-09, Programmaufbau für nummerisch gesteuerte Arbeitsmaschinen
DIN EN 847-1; 2005-07, Maschinen-Werkzeuge für Holzbearbeitung
DIN EN 848-1; 1988-11, Sicherheit von Holzbearbeitungsmaschinen – Fräsmaschinen
DIN EN 848-2; 1998-11, Sicherheit von Holzbearbeitungsmaschinen – Oberfräsmaschinen
DIN EN 848-3; 1999-11, Sicherheit von Holzbearbeitungsmaschinen – NC-Bohr- und Fräsmaschinen
DIN EN 859; 1997-10, Sicherheit von Holzbearbeitungsmaschinen – Abrichthobelmaschinen
DIN EN 860; 1997-08, Sicherheit von Holzbearbeitungsmaschinen – Dickenhobelmaschinen
DIN EN 1807; 1999-10, Sicherheit von Holzbearbeitungsmaschinen – Bandsägemaschinen
DIN EN 1870-1; 1999-07, Sicherheit von Holzbearbeitungsmaschinen – Kreissägemaschinen
DIN EN 1870-2; 1999-07, Sicherheit von Holzbearbeitungsmaschinen – Plattenkreissägemaschinen
DIN EN 61131-5; 2011-11, Speicherprogrammierbare Steuerungen – Teil 5: Kommunikation
DIN ISO 1219-1; 1996-03, Fluidtechnik – Graphische Symbole und Schaltpläne
DIN ISO 5745; 2006-09, Greif- und Schneidzangen – Greifzangen
DIN ISO 5746; 2006-09, Greif- und Schneidzangen – Kombinationszangen
DIN ISO 5748; 2006-09, Greif- und Schneidzangen – Vornschneider
DIN ISO 5749; 2006-09, Greif- und Schneidzangen – Seitenschneider
DIN ISO 8764; 2006-01, Schraubendreher für Schrauben mit Kreuzschlitz
DIN ISO 9243; 1994-09, Greif- und Schneidzangen – Kneifzangen
DIN ISO 2351-1; 2006, Bits

7 Fertigungsmittel

7.1 Hobelbank und Bankwerkzeuge

Hobelbank mit Parallel-Vorderzange (DIN 7328)

1. Bankplatte
2. Beilade
3. Hinterzange
4. Schubkasten
5. Zangenspindel
6. Zangenschlüssel
7. Bankhaken
8. Bankhakenloch
9. Vordere Anfassleiste
10. Hintere Anfassleiste
11. Parallel-Vorderzangen-backen
12. Vorderer Gestellfuß
13. Hinterer Gestellfuß
14. Schwinge
15. Gestell-Zugschraube

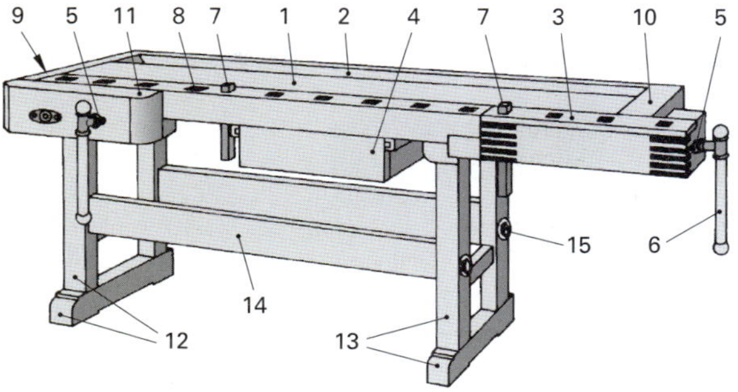

Sägen

Sägen ist eine spangebende Trennung von Holz oder anderen Werkstoffen mittels Hand oder Maschine.

Bezeichnungen am Sägezahn

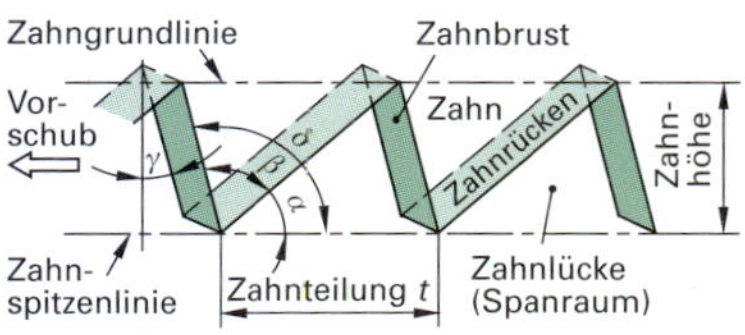

Winkel am Sägezahn

α Freiwinkel
β Keilwinkel
γ Spanwinkel
δ Schnittwinkel

Schnittwinkel an Handsägen

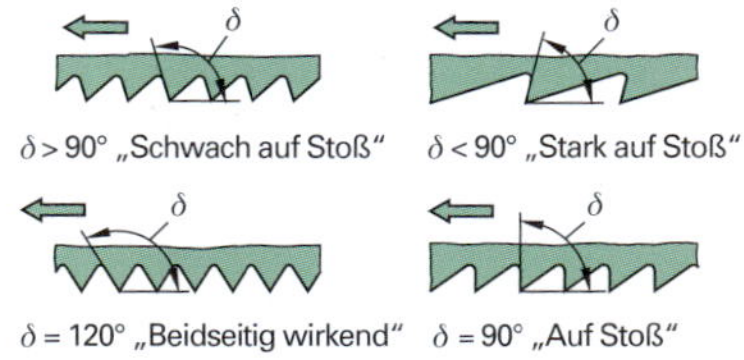

Gestellsägen

Bezeichnung
1. Sägearm
2. Steg
3. Spanndraht
4. Spannschraube mit Mutter
5. Griffe oder Hörnchen
6. Angel

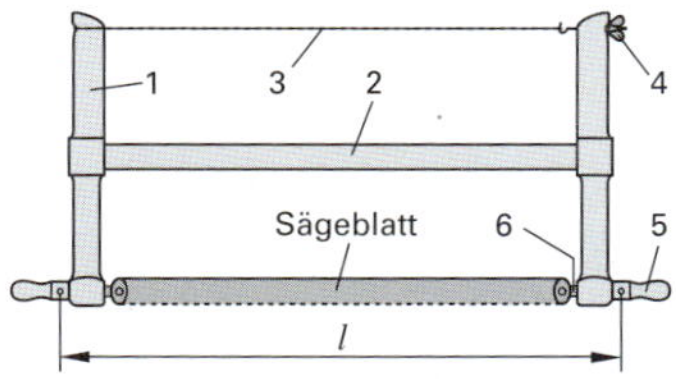

Gestellsägen mit Sägeblatt (DIN 7245)

Säge	Sägeblatt Type	Länge l in mm	Breite b in mm	Zahnteilung t in mm
Spannsäge (Schlitzsäge)	C	700	50	7
Absatzsäge	D	600/700	50	3
Schweifsäge	E	600	6	3

Handsägen (Auswahl)

Säge	Darstellung	Blattlänge l in mm	Säge	Darstellung	Blattlänge l in mm
Fuchs-schwanz	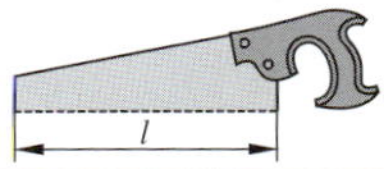	300 350 400 500[1]	Rückensäge	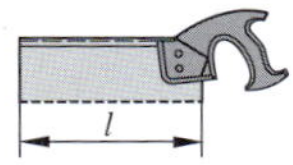	250[1] 300 350
Feinsäge Form A gerade DIN 7235	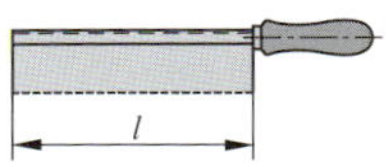	250 300[1]	Feinsäge Form B/C gekröpft Form E umlegbar	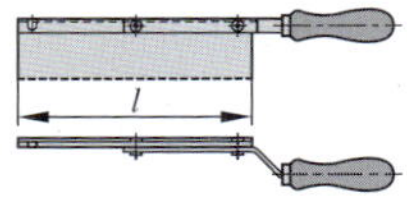	250 300[1]
Gratsäge	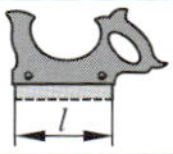	150	Furniersäge	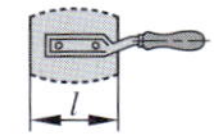	75

1) nicht genormt

7

7.1 Hobelbank und Bankwerkzeuge

Hobel

Hobeln ist ein spanendes Bearbeitungsverfahren mit gerader Schnittbewegung zur Herstellung von glatten, ebenen, profilierten oder geschweiften Flächen mit Handwerkszeugen oder Maschinen.

Bezeichnungen am Hobel (DIN 7223)

1. Hobelkasten
2. Hobelsohle
3. Nase (Hörnchen)
4. Hobelmaul
5. Schlagknopf
6. Handschutz
7. Hobeleisen
8. Keil
9. Keilwiderlager

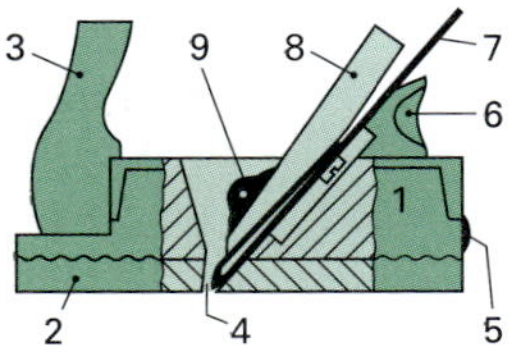

Teile und Winkel am Hobeleisen

1. Hobeleisen
2. Schneide
3. Spiegelseite
4. Rücken
5. Fase

α Freiwinkel
β Keilwinkel
γ Spanwinkel
δ Schnittwinkel

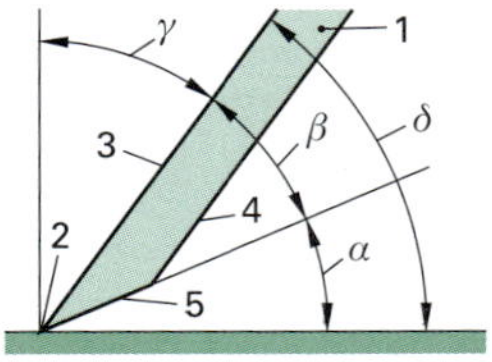

Hobel und Hobeleisen

Benennung der Hobeleisen DIN 5153

Hobelarten		Schnittwinkel	Hobeleisen DIN	Breite in mm	Hobelarten		Schnittwinkel	Hobeleisen DIN	Breite in mm
Schrupphobel	DIN 7310	45°	5146 A	33	Putzhobel	DIN 7220	49°	5145 B/C	45, 48, 51
Schlichthobel	DIN 7311	45°	5145 A	45, 48, 51	Reform-Putzhobel	DIN 7305	50°	5149 A/B	48
Doppelhobel	DIN 7219	45°	5145 B/C	45, 48, 51	Simshobel	DIN 7306	47°	7372	10…30
Raubank	DIN 7218	45°	5145 B/C	57, 60	Doppel-Simshobel	DIN 7307	50°	7372	25; 27,5; 30; 33

Beitel (Stecheisen)

Beitel (Stecheisen)

Benennung DIN 5154, DIN 5155

Beitelart	Schneidenbreite b in mm	Stufung	Bemerkung	Darstellung
Stechbeitel DIN 5139	4…32 35…50	2 mm 5 mm	Kanten abgeschrägt	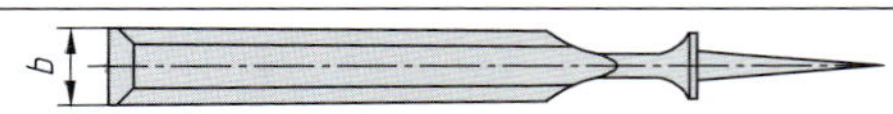
Hohlbeitel DIN 5142 A/B	4…26, 30, 32	2 mm	Innen- oder Außenschneide	
Lochbeitel DIN 5143	4, 5, 6 …12, 13, 16	2 mm	Blattdicke ca. 13 mm	
Drechselbeitel DIN 5144	6 … 30	2 mm	Form A flach Form B hohl	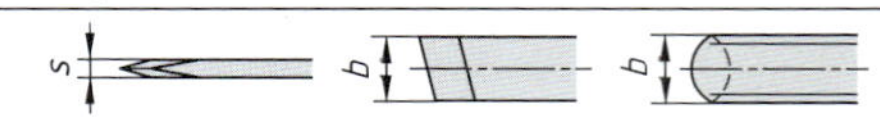

Beitelgriffe (DIN 5138)

Form A	Weißbuche, an den Enden mit Zwingen	Form B	Kunststoff, schlagzäh

Raspel und Feilen

Raspeln und Feilen sind spanende Bearbeitungsverfahren, die Raspel arbeitet grob vor und die Feile arbeitet fein nach. Sie werden verwendet zur Formgebung und zum Glätten.

Raspeln und Kabinetfeilen (DIN 7263)

Bezeichnung	Formkennzahl	Formbezeichnung	Darstellung	Hiebnummer	Länge in mm
Holzraspel, flachstumpf	1512	A		1, 2	150, 200, 250, 300
Holzraspel, halbrund	1552	C		1, 2, 3	150, 200, 250, 300
Kabinettraspel	1558	D		2, 3	150, 200, 250, 300
Holzraspel, rund	1562	E		2	150, 200, 250, 300
Kabinettfeile	1558	F		1	150, 200, 250, 300

Feilenhefte mit Zwinge (DIN 395) (Maße in mm)

Heftlänge	Feilenlänge bis	Heftlänge	Feilenlänge bis	Heftlänge	Feilenlänge bis
60	Schlüsselfeile	100	175	130	300
80	113	110	200	140	350
90	125	120	250	160	450

7

7.1 Hobelbank und Bankwerkzeuge

Gefräste Feilen (Handfräserfeilen) (DIN 7264) — Begriffe DIN 7285

Bezeichnung	Form-kennzahl	Form-Nr.	Darstellung	Länge und Zahnung 250 mm	300 mm	350 mm	400 mm
Feile, flachstumpf	290	A	▬	1, 2, 3	1, 2, 3	1, 2	1
Feile, Vierkant	292	B	■	1	1	–	–
Feile, rund	293	C	●	1	1	–	–
Feile, halbrund, hohl	295	D	◠	1, 2	1, 2	–	–
Fräserfeilblatt, flachstumpf	296	E	▬	1, 2	1, 2, 3	1, 2, 3	–
Fräserfeilblatt, halbrund, hohl	297	F	◠	–	1, 2	1, 2	–

Fräsblattfeilen mit 2 Bohrungen, ohne Angel — Zahnung: 1 = grob, 2 = mittel, 3 = fein
Anwendung: weiche Metalle und Kunststoffe

Werkstattfeilen (DIN 7261) Auszug

Bezeichnung	Form-kennzahl	Form-Nr.	Darstellung	Hiebnummern	Länge (ohne Angel) in mm
Werkstattfeilen, flachstumpf	1112	A	▬	1, 2, 3	100 … 350
Werkstattfeilen, Dreikant	1132	C	▲	1, 2, 3	100 … 350
Werkstattfeilen, Vierkant	1142	D	■	1, 2, 3	100 … 350
Werkstattfeilen, rund	1162	F	●	1, 2, 3	100 … 350
Messerfeile	1172	G	◄	1, 2, 3	100 … 250

Hiebnummer: 1 = Bastard, grob — 2 = Halbschlicht, mittel — 3 = Schlicht, fein

Bohrer

Bohren ist ein spanendes Bearbeitungsverfahren zum Herstellen von runden Löchern. Das Bohrwerkzeug, von Hand oder Maschine angetrieben, führt dabei in der Regel eine kreisförmige Hauptschnittbewegung und axiale Vorschubbewegung aus, die Vorschubbewegung ist auch vom Werkstück ausführbar.

Bezeichnungen und Winkel an Bohrern

Schlangenbohrer

1. Schlange
2. Einzugsgewinde
3. Hauptschneide
4. Vorschneider
5. Spannut

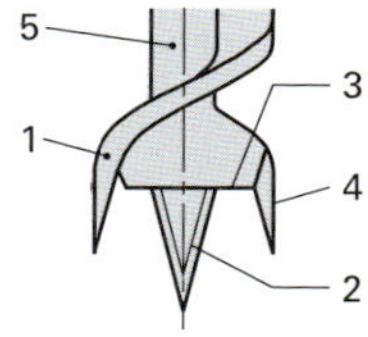

Spiralbohrer

1. Hauptschneide
2. Nebenschneide
3. Vorschneider
4. Zentrierspitze
5. Spitzenwinkel

α Freiwinkel

β Keilwinkel

γ Spanwinkel

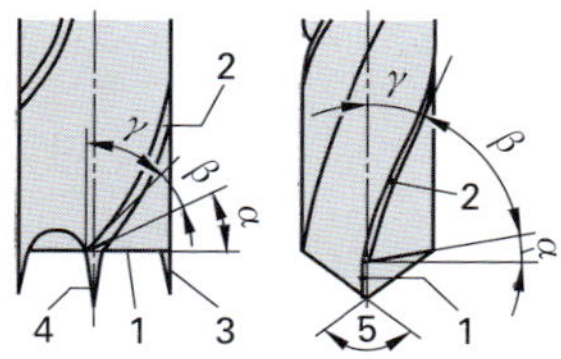

Bohrer für Holz und Holzwerkstoffe

Bohrerart	Form	Durchmesser in mm	Stufung in mm	Darstellung
Zentrumbohrer DIN 6447	C	15 … 25; 25 … 40/45 45 … 75	verstellbare Messer	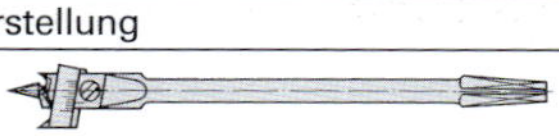
Schlangenbohrer DIN 6444	C G	6 … 15 16 … 32	1 2	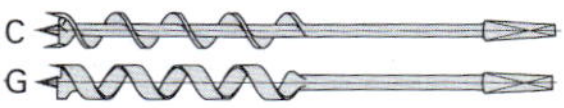
Schlangenbohrer DIN 7423		10 … 50	2	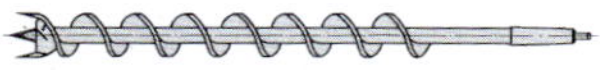
Spiralbohrer DIN 7487	A C D E	10 … 40 4 … 12 10 … 50 4 … 12	1 … 2 1 … 2 1 … 2 … 5 1 … 5	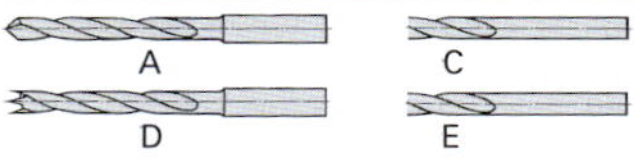
Schalungs- und Installationsbohrer DIN 7490	A B	8 … 39	2 … 3 … 4	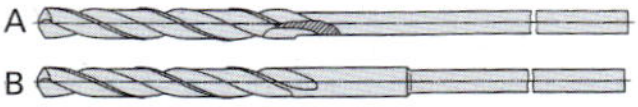
Langlochfräsbohrer DIN 6442 DIN 6461 kurze Form	A B C	8 … 16 18 … 30 5 … 12 8 … 12	1 2 1 1	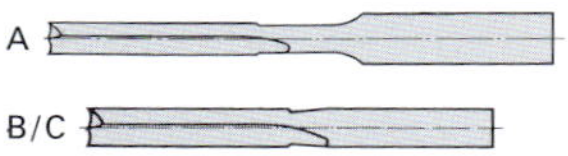

7

7.1 Hobelbank und Bankwerkzeuge

Bohrer für Holz und Holzwerkstoffe (Fortsetzung)

Bohrerart	Form	Durchmesser in mm	Stufung in mm	Darstellung
Forstnerbohrer	A	10 … 40	2	
(Ausführung der		10 … 50	5	
Bohrerarten in	C	10 … 40	2	
WS, HSS und		10 … 50	5	
HW bestückt)	G	10 … 40	2	
		10 … 40	5	
Kunstbohrer	E	10 … 40	2	
		10 … 80	5	
	F	10 … 40	2	
DIN 7483		10 … 50	5	
Durchgangs-bohrer (ähnlich DIN 7487)	A/B 60°	5 … 12	1 … 2	
Versenker DIN 6446	A/B	10, 13, 16, 20, 25, 30		Form A Form B 
Kegel-Entgrat-senker DIN 334, DIN 335	C 60°	6,3 … 25	2 … 5	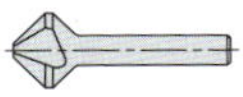
	C 90°	4,3 … 31	0,5 … 2	
Kegelsenker (Senkerbits)	90°	6,3 … 20,5	2 … 4	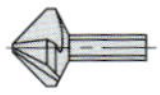
Querlochsenker	90°	10 … 64	4 … 11	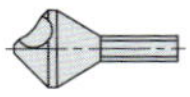
Scheiben-schneider DIN 7489	–	10 … 60 (innen)	5	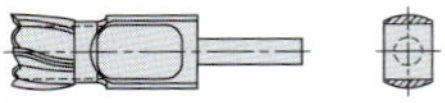
Aufstecksenker	90°	D 15,5 D 20	Bohrer ∅ 3 … 12	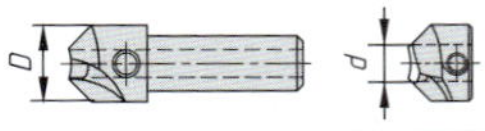

Bohrer für Metall und Kunststoff

Bohrerart	Typ	Durchmesser in mm	Stufung in mm	Darstellung	Bemerkung
kurze Spiralbohrer DIN 338	N ∢ 118°	0,2 … 20	0,1 … 0,5		Stahl < 800 N/mm² Festigkeit
kurze Spiralbohrer DIN 338	N ∢ 130°	0,2 … 20	0,1 … 0,1		Stahl < 1000 N/mm² Festigkeit Cr-Ni-Stähle
kurze Spiralbohrer DIN 338	W ∢ 130°	0,2 … 20	0,1 … 1,0	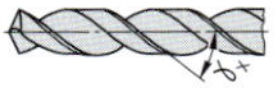	Aluminium Kunststoffe
kurze Spiralbohrer DIN 338	H ∢ 80° …100 °	0,2 … 20	0,1 … 0,5		Messing Kunststoffe
lange Spiralbohrer DIN 340	N ∢ 130°	1,0 … 20	0,1 … 0,5		wie DIN 338 Typ N 130°
Blechschäl-bohrer	Größe 1 … 7	3 … 60	3 … 10		dünne Bleche NE-Metalle Kunststoffe

Bohrertyp	Bearbeitung	Spitzenwinkel	Drall-Spanwinkel
N	normal: normalspanend	118°	20° … 30°
H	hart, spröde: kurzspanend	118°	10° … 13°
W	weich: langspanend	130°	30° … 40°

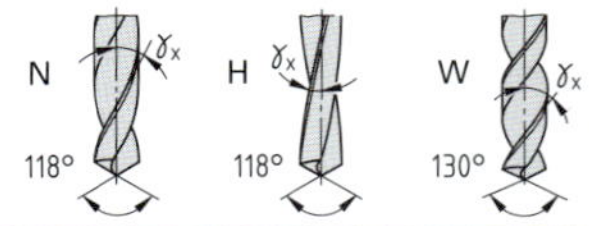

7

7.1 Hobelbank und Bankwerkzeuge

Hämmer

Bezeichnung	Nenngröße	Darstellung	Bezeichnung	Nenngröße	Darstellung
Schreiner- hammer DIN 5109	Bahn *a* in mm 22, 25, 28	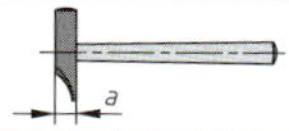	Schlosser- hammer DIN 1041	Gewicht in g: 50, 100, 200, 300 500 … 2000	
Latthammer DIN 7239	570 g	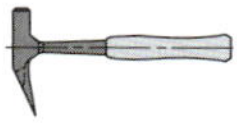	Handfäustel DIN 6475	Gewicht in kg: 1; 1,25; 1,5; 2; 3; 4; 5; 6; 8; 10	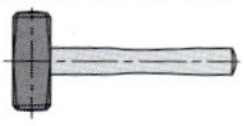
Schreiner- klüpfel DIN 7461	Schlagkopf- länge *a* in mm 140, 160, 180	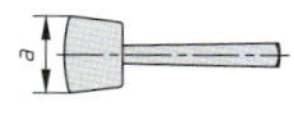	Holzhammer DIN 7462	*d* in mm: 50, 60, 70, 80, 90, 100	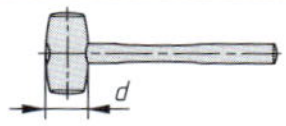

Stiele für Hämmer DIN 5111, DIN 5112, DIN 5135

Zangen

Bezeichnung	Nenngröße *l* in mm	Darstellung	Bezeichnung	Nenngröße *l* in mm	Darstellung
Kneifzange DIN ISO 9243	160, 180, 200, 224, 250, 280	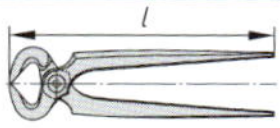	Kombinations- zange DIN ISO 5746	160, 180, 200	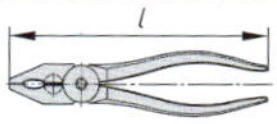
Flachzange DIN ISO 5745	kurzer Kopf 124, 140, 160 langer Kopf 140, 160, 180	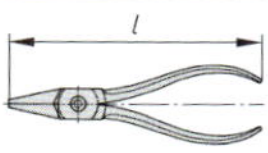	Flachrund- zange DIN ISO 5745	140, 160, 200	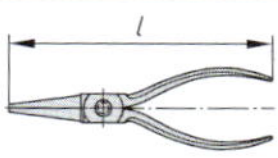
Vornschneider DIN ISO 5748	140, 160, 180, 200	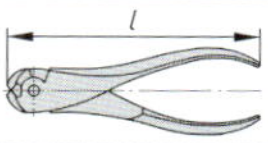	Seiten- schneider DIN ISO 5749	125, 140, 160, 180, 200	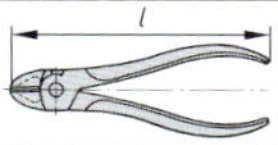

Schraubendreher

Bezeichnung	Form	Nenngröße in mm DIN 5264 Dicke × Breite	Schraubengröße B in mm Holz-schrauben	Metall-schrauben	Darstellung
Handschrauben- dreher Schlitz DIN 5264 Schlitzdreher mit Sechskant Klinge Form B	A B	0,4 × 2 0,4 × 2,5 0,5 × 3 0,6 × 3,5 0,8 × 4 1 × 5,5 1,2 × 6,5 1,2 × 8 1,6 × 8 1,6 × 10 2 × 12 2,5 × 14	1,6 2 2 2,5 3 … 3,5 4 … 4,5 5 … 5,5 5,5 6 7 … 8 7 … 8 10	1,6 1,6 2 … 2,2 2,5 2,9 … 3,5 3,5 … 4 4 … 5 4 … 5,5 5,5 … 6,3 5,5 … 6,3 8 9,5 … 10	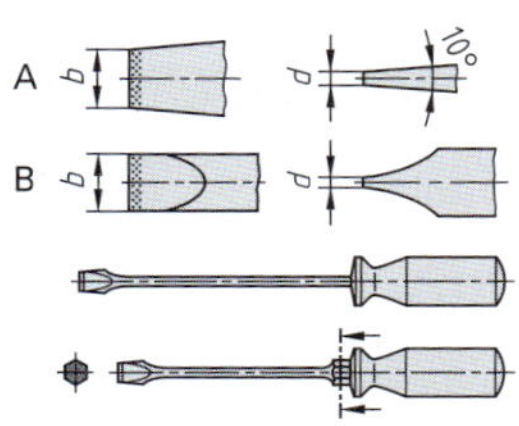
Maschinen- schraubendreher DIN 5264	C	0,4 × 2 0,4 × 2,5 0,5 × 3 0,5 × 4 0,6 × 3,5 0,6 × 4,5 0,8 × 4 0,8 × 5,5 1 × 5,5 1,2 × 6,5 1,2 × 8 1,6 × 8 1,6 × 10 2 × 12 2,5 × 14	1,6 2 2 2 2,5 2,5 3 … 3,5 3 … 3,5 4 … 4,5 5 … 5,5 5,5 6 7 … 8 7 … 8 10	1,6 1,6 2 … 2,2 2 … 2,2 2,5 2,2 … 2,5 2,9 … 3,5 2,9 … 3,5 3,5 … 4 4 … 5 4 … 5,5 5,5 … 6,3 5,5 … 6,3 8 9,5 … 10	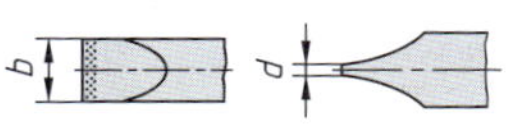
Kreuzschlitz- Schraubendreher DIN ISO 8764-1 Bits DIN ISO 2351-1	PH PZ	0 1 2 3 4	< 2 2,5 … 3 3,5 … 5 5,5 … 7 > 8	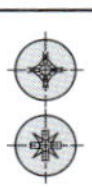	 Formen B (lang) und D (kurz)

Griffe nach DIN 5268 oder freie ergonomische Form

7

7.2 Maschinen

Die Holzbearbeitungsmaschinen sind Arbeitsmaschinen und haben eine kraftübertragende, ortsändernde und formändernde Aufgabe. Die Maschinen werden nach der Wirkungsweise ihrer Werkzeuge in drei Gruppen eingeteilt: Oszillierende Werkzeuge: Gattersäge, Stichsäge ...
Umlaufende Werkzeuge: Bandsäge, Bandschleifmaschine ...
Rotierende Werkzeuge: Kreissäge, Fräse, Bohrmaschine ...

Für jede Maschine muss eine Betriebsanweisung erstellt und ausgehändigt werden.

7.2.1 Standmaschinen

Bei den angegebenen Werten handelt es sich um Anhalts- bzw. Richtwerte. Im Einzelfall sind die Daten der Maschine maßgebend. Betriebsanweisung vgl. auch Seite 346.

Standmaschinen (Übersicht)

Maschine Kurzzeichen	Darstellung	Größe maximal in cm Länge/Breite	Platzbedarf in m²	Nennleistung P_N in kW	Beschreibung
Tischkreissäge SK DIN EN 1870-1 BGR 500 K.2.23	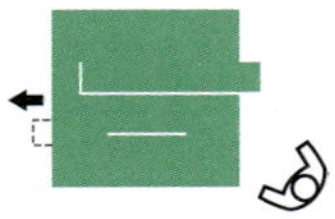	190/180	13 ... 25	2 ... 7	Standardmaschine, Massivholz, Plattenmaterial, Längs- und Querschnitte
Formatkreissäge SKF DIN EN 1870-1 BGR 500 K. 2.23	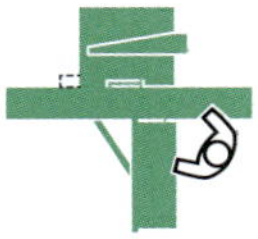	320/150	24 ... 30	4 ... 11	Besäum- und Formatschnitte
Plattenaufteilsäge; vertikal SPLv DIN EN 1870-14 BGR 500 K. 2.23	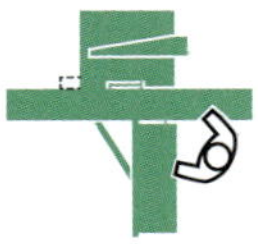	530/250	3,5 ... 12	2 ... 7	Schnitttiefe bis 80 mm waagerechte und senkrechte Schnitte
Plattenaufteilsäge horizontal SPLh DIN EN 1870-13 BGR 500 K. 2.23		1000/800	30 ... 80	10 ... 20	Schnitttiefe bis 180 mm Untertisch- oder Portalsäge z. T. mit Schnittoptimierungsprogramm
Bandsäge SB DIN EN 1807	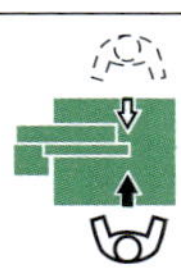	100/150	5 ... 15	2 ... 4	Trenn- und Schweifschnitte, der Rollendurchmesser bestimmt die Maschinengröße
Langlochbohrmaschine BL DIN EN 940	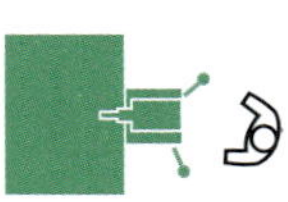	100/100	7 ... 16	1,5 ... 5	Dübel- und Langlochbohrungen mit Spezialbohrern DIN 6442 und DIN 6461
Dübelbohrmaschine BD DIN EN 848-3	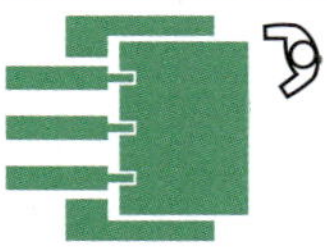	150/200	9 ... 20	1 ... 4	Einzel- und Reihenbohrungen Tiefen- oder Durchgangsbohrungen

BGR: Berufsgenossenschaftliche Regeln

7

7.2 Maschinen

Standmaschinen (Fortsetzung)

Maschine Kurzzeichen	Darstellung	Größe maximal in cm Länge/Breite	Platzbedarf in m²	Nennleistung P_N in kW	Beschreibung
Abrichthobelmaschine HA DIN EN 859 BGR 500 K. 2.23	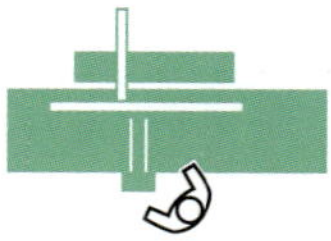	300/100	12,5 … 20	2 … 4	2 oder 4 Messerwelle Spanabnahme durch Verstellen des Aufnahmetisches regulierbar
Dickenhobelmaschine HD DIN EN 860 BGR 500 K. 2.23	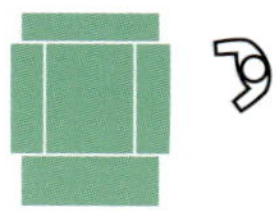	100/120	12,5 … 25	5 … 10	4 Messerwelle parallel oder spiralförmig angeordnet Vorschubgeschwindigkeit in Stufen oder stufenlos einstellbar
Mehrseitenhobelmaschine Kehlmaschine HV HV/F DIN EN 12750	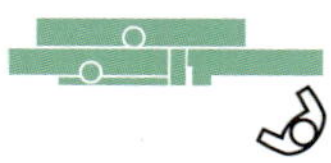	550/100	12,5 … 30	14 … 35	2 … 10 Spindeln rechts oder links laufend
Tischfräse FT DIN EN 848-1 BGR 500 K. 2.23	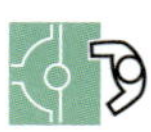	120/120	3 … 7	15 … 30	Standardmaschine Drehzahl in Stufen oder stufenlos regulierbar; Frässdorne z.T. mit Werkzeug; Codiersystem
Oberfräse FO DIN EN 848-2	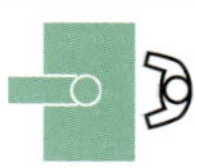	120/120	2 … 4	8 … 15	Standardmaschine zur Erhöhung der Drehzahl mit Frequenzumformer
Bandschleifmaschine SchB VDI 3414 BGR 500 K. 2.23	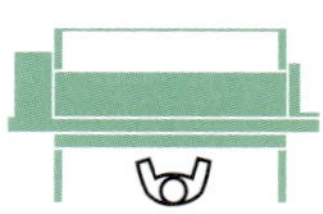	360/200	3 … 5	8 … 25	Standardmaschine Tisch fest oder beweglich
Breitbandschleifmaschine SchBB DIN EN[1] 848 BGR 500 K. 2.23		220/205	10 … 30	18 … 30	Ein- oder Mehrbandschleifmaschine mit einem oder mehreren Bandantriebsmotoren, z.T. mit automatischer Werkstückstückdickenmessung
Etagenfurnierpresse PF		410/160	6 … 10	15 … 30	Ein- oder Mehretagenpresse Elektro, Wasser, Öl oder Dampf beheizt
CNC Stationär Bearbeitungszentrum CNC-SB DIN EN 848-3 BGR 500 K. 2.23	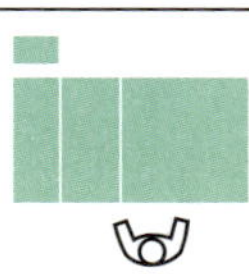	500/200	4 … 20	15 … 25	Ein- oder Mehrspindelbearbeitung mechanisch, pneumatisch oder Vakuumspannung 2 … 5 NC-Achsen

Für Maschinen und Einrichtungen bis Baujahr 1994 gelten die UVV VBG 7i in Verbindung mit der BGV A1.

7.2 Maschinen

Betriebsanweisung für Maschinen

Arbeitnehmer, die mit Maschinen umgehen, müssen anhand der Betriebsanweisung mündlich und arbeitsplatzbezogen unterwiesen werden. Eine Betriebsanweisung (siehe Muster für eine Tisch- und Formatkreissäge) ist eine gezielte arbeitsplatzorientierte Information.

Nummer 3/02/000-001-98
Datum
Bearbeiter
Verantwortliche
Arbeitsbereich
Arbeitsplatz/Tätigkeit

BETRIEBSANWEISUNG
für Maschinen

▶ Originalfarben vgl. Seite 184 und 178

Schulleitung / Unterschrift

ANWENDUNGSBEREICH

Tisch- und Formatkreissägemaschinen

GEFAHREN FÜR MENSCH UND UMWELT

Gefahren bestehen allgemein
* durch das schnell rotierende Sägeblatt (Schnittverletzungen an Fingern und Händen)
* durch den von der Säge ausgehenden Lärm,
* durch nicht enganliegende Kleidung, Handschuhe, Uhr (Einzugsgefahr!)
* durch die Entstehung von Stäuben

SCHUTZMAẞNAHMEN UND VERHALTENSREGELN

Beim Umgang mit Tisch und Formatkreissägemaschinen muss Gehörschutz und enganliegende Arbeitskleidung getragen werden.
Der Gefahrenbereich ist abzusichern.
Auf einen sicheren Stand beim Arbeiten achten.
An der Maschine darf erst nach erfolgter Unterweisung gearbeitet werden.
Nur mit Spaltkeil arbeiten. Abstand Spaltkeil zum Sägeblatt max. 10 mm.
Bei jeder Arbeit sind die entsprechenden Schutzvorrichtungen zu verwenden.
Bei Sägearbeiten sind die Einrichtungen, die das Sägeblatt verdecken zu benützen.
Beim Schneiden von Massivholz, Anschlag auf Sägeblattmitte zurückziehen.
Zum Zuführen von Werkstücken, bei einem Abstand zwischen Parallelanschlag und Sägeblatt von weniger als 120 mm Schiebestock bzw. beim Schneiden von Leisten Schiebeholz benützen.
Vor Einschalten der Maschine sicherstellen, dass niemand durch die laufende Maschine gefährdet werden kann.
Nur mit eingeschalteter Absaugung arbeiten.
Bedienungsanleitung des Maschinenherstellers beachten

VERHALTEN BEI STÖRUNG

* Bei Störung die Tisch und Formatkreissägemaschine sofort stillsetzen.
* Maschinenbeauftragten oder nächsten Technischen Lehrer benachrichtigen.

VERHALTEN BEI UNFÄLLEN; ERSTE HILFE

* Melden Sie jeden Unfall unverzüglich Ihrem Technischen Lehrer.
* der nächste Verbandskasten ist im Lehrerzimmer Raum ...
* das nächste stationäre Telefon ist im Lehrerzimmer Raum ...
* **Notruf:** **Arzt:** **Erst-Helfer:**

INSTANDHALTUNG UND ENTSORGUNG

Reparaturen dürfen nur von autorisierten Personen durchgeführt werden.

Datum: **Unterschrift Verantwortlicher:**

7.2 Maschinen

7.2.2 CNC-Bearbeitungszentren

Diese CNC-Maschinen ermöglichen eine Komplettbearbeitung der Werkstücke und werden deshalb vermehrt in der Holztechnik eingesetzt.

Aggregatausstattung: (Auswahl, weitere Ausstattung möglich)

- Fräsaggregat bzw. Hauptspindel (4 kW ... 12 kW, 1200 min^{-1} ... 24000 min^{-1})
- Vertikale und horizontale Bohrspindeln oder -Getriebe (X- und Y-Richtung)
- Sägeaggregat, meist schwenkbar

Fräsaggregat, 4 Spindeln horizontal	Bohrkopf, vertikal	Säge- und Kappaggregat
	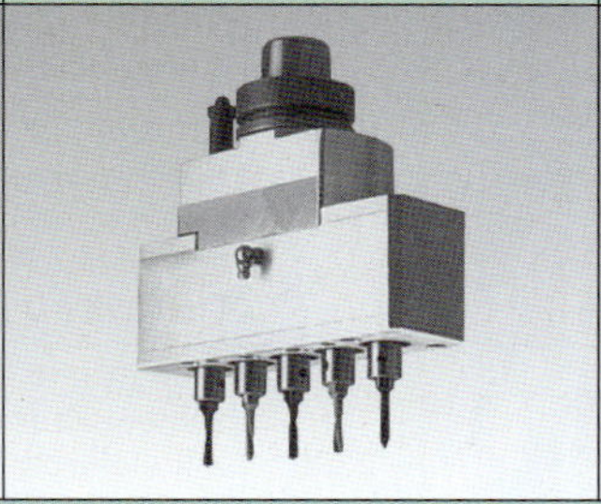	

Werkzeugaufnahme (-Schnittstelle)

Hohlschaftkegel DIN 69893: Form F
Größe 50 bzw. 63

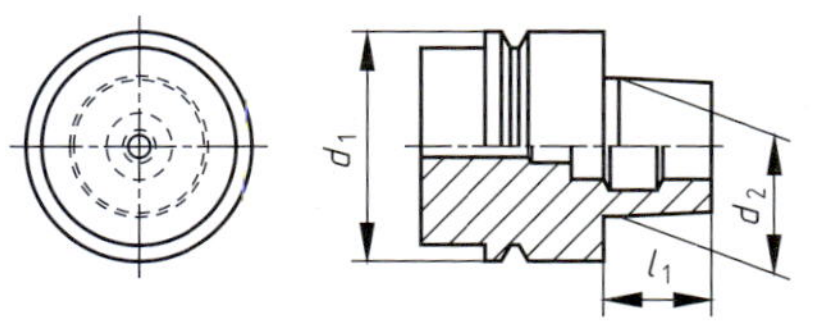

Steilkegel DIN 69891: Nr. 30 bzw. 40

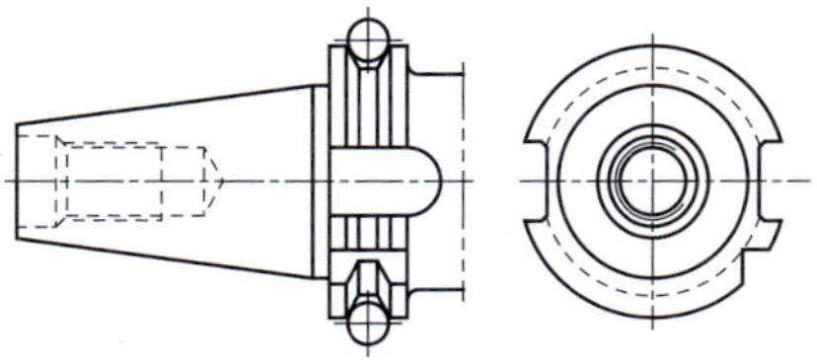

Werkzeugwechsler (gebräuchlich, meist mitfahrend)

Tellerwechsler (12 Werkzeugplätze)

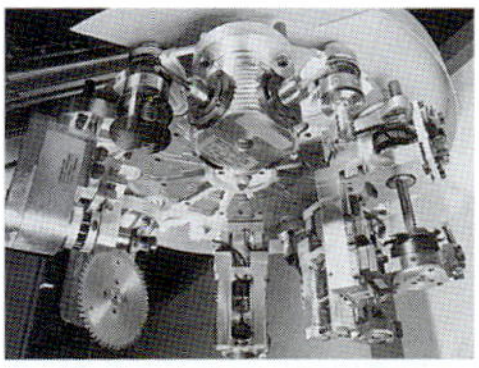

Kettenwechsler (bis zu 70 Werkzeugplätze), auch vertikal möglich

Werkstück-Spannsysteme

Werkstücke werden mit Vakuum oder mit pneumatischen Kraftspannern (Vollholzteile) gespannt. Häufig vorkommende Systeme sind:

- Geschlossener Aufspanntisch
- Konsolentisch mit schlauchlosen Vakuumsaugern
- Nutenrastertisch
- Werkstückkonturangepasste Vakuumschablonen

Konsolentisch mit schlauchlosen Vakuumsaugern

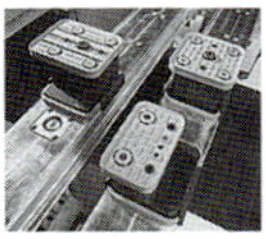

Vakuumspanner

Positionierung mit Hilfe von Laserstrahl möglich

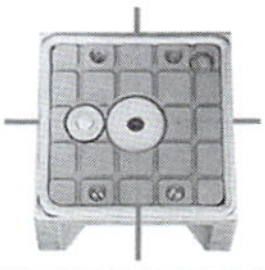

7.2 Maschinen

7.2.3 Handmaschinen

Handmaschinen sind kleine, tragbare elektrisch oder pneumatisch betriebene Maschinen für viele Arten von Bearbeitungsverfahren. Sie sind in der Regel nicht für den Dauerbetrieb vorgesehen.

Handmaschinen (Übersicht)

Maschine	Darstellung	Nenn-leistung P_N in W	Beschreibung
Handbohr-maschine DIN EN 60745-2-1		230 … 1150	Drehzahl n 1 … 4000 min^{-1}, Spannweite für 0,5 mm … 13 mm Bohrer, z.T. elektronische Regelung, Zahnkranz- oder Schnellspann-futter, Gewicht 0,9 kg … 2,3 kg
Schrauber DIN EN 60745-2-2	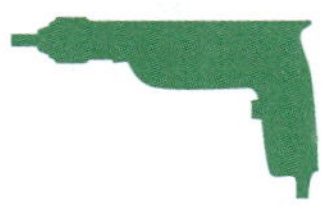	230 … 540	Drehzahl n 1 … 4000 min^{-1}, Schrauben-durchmesser bis 8 mm, Tiefenanschlag mit Raste oder stufenlos, Einzel- oder Magazin-schrauber, Rechts- und Linkslauf, Gewicht 1,2 kg … 2,7 kg
Handkreissäge DIN EN 60745-2-5	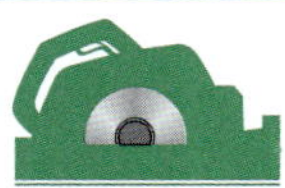	800 … 2300	Schnitttiefe 0 mm … 85 mm, schwenkbar bis 45°, z.T. elektronische Regelung, Gewicht 2,5 kg … 11,5 kg
Stichsäge DIN EN 60745-2-11	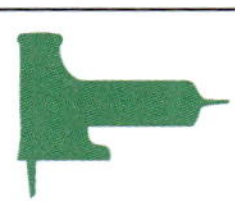	240 … 700	Schnitttiefe in Holz bis 100 mm, in Metall 20 mm, z.T. mit Pendelhub, z.T. schwenkbar bis 45°, Gewicht 2,5 kg … 2,7 kg
Oberfräse DIN EN 60745-2-17	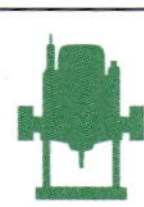	900 … 1800	Drehzahl n 8000 … 24000 min^{-1} Fräskorbhub bis 75 mm, stufenweise oder stufenlose Regelung, Gewicht 2,7 kg … 5,1 kg
Handhobel DIN EN 60745-2-14		800 … 1200	Hobelbreite 80/82 mm, 102 mm, 110 mm, 170 mm, Spanabnahme stufenlos 0 mm … 4,0 mm, Falztiefe stufenlos 0 mm … 25 mm, Gewicht 2,9 kg … 8,8 kg
Bandschleif-maschine DIN EN 60745-2-4		600 … 1400	Schleifbandbreite 65 mm, 75 mm, 100 mm, 105 mm, Bandgeschwindigkeit/Leerlauf v_c 200 m/min … 440 m/min, Gewicht 2,2 kg … 8,0 kg
Schwing-schleifer DIN EN 60745-2-3		150 … 300	Schwingzahl/Leerlauf n 8000 … 27000 min^{-1} Schleifplatte 80 × 130 mm … 115 × 280 mm, Schleifhub 2,4 mm, 2,6 mm, Gewicht 1,3 kg … 3,1 kg
AKKU-Bohrschrauber DIN EN 60745-2-1		Betriebs-spannung 7,2/9,6/ 12/14,4 V 18 V	Drehzahl n 0 … 2300 min^{-1}, Spannweite für 1 mm … 13 mm Bohrer, Bohrleistung in Holz bis 38 mm, Drehmomentbegrenzung 5 … 21 Stufen, Gewicht mit Akku 1,1 kg … 2,45 kg
Klammergerät Nagler/Tacker DIN EN 792-13		Druckluft 3 bar … 8 bar	Klammern und/oder Nägel, Impulsfolge 1 … 60 Schlag/min, Luftverbrauch pro Schlag bei 6 bar 0,23 L … 1,6 L; Gewicht 0,62 kg … 3,4 kg

7.2 Maschinen

7.2.4 Elektromotoren

Wechselstrom-Motore (Übersicht) — Spannung von 230 V … 380 V

Motorart	Arbeitsweise	Kennzeichen	Wirkungsgrad Drehzahlbereich	Anwendung
Universal- motor	Reihenschlussmotor Gleich- und Wechselstrom	Drehzahlbereich ist steuerbar	50% 7000 min^{-1} … 28000 min^{-1}	Kleinwerkzeuge
Drehstrom- motor	Motor mit Drehstrom- ständerwicklung und Gleichstromanker	Drehzahlbereich ist steuerbar	50% … 80% … 2800 min^{-1}	Holzbearbei- tungs- Maschinen usw.

Leistungsschild für elektrische Maschinen (DIN 42961)

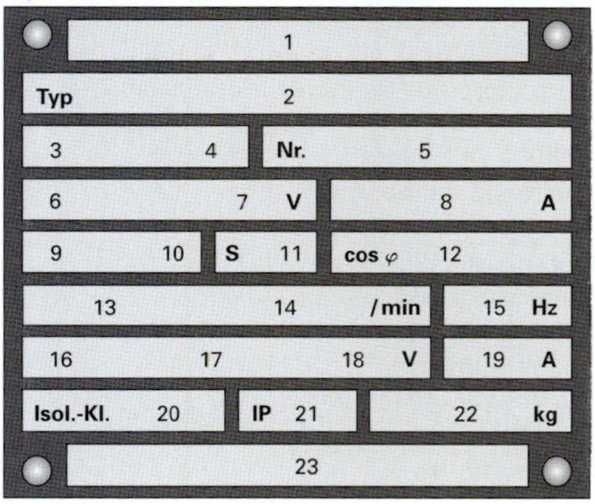

1	Hersteller
2	Typ ergänzt durch Baugröße, -form
3	Stromart
4	Art der Maschine: z.B. Gen.; Mot.; usw.
5	Fertigungsnummer
6	Kennzeichnung der Schaltart der Wicklung
7	Nennspannung
8	Nennstrom
9	Nennleistung
10	Einheit der Leistung, z.B. kW
11	Nennbetriebsart nach VDE 0530
12	Leistungsfaktor
13	Drehrichtung nach VDE 0530
14	Nenndrehzahl in min^{-1}
15	Nennfrequenz
16	Err (Erregung) bei Gleichstom-maschinen und Synchron-maschinen Lfr (Läufer) bei Asynchronmaschinen
17	Schaltart der Läuferwicklung (siehe Feld 6)
18	Nennerregerspannung Gleichstrom- und Synchronmaschinen
19	Nennerregerstrom Gleichstrom- und Synchronmaschinen
20	Isolierstoffklasse
21	Schutzart nach DIN 40050
22	Gewicht in kg bzw. t
23	zusätzliche Vermerke

Symbole auf Leistungsschildern für elektrische Handmachinen

	Schutzisoliert (Schutzklasse II)		Staubgeschützt
	Schutzkleinspannung Schutzklasse III)		Staubdicht
	Tropfwassergeschützt		Für rauen Betrieb
	Sprühwassergeschützt (Regenwassergeschützt)		Schutzleiter
	Spritzwassergeschützt		Wechselstrom
CE	Das Gerät entspricht allen europäischen Vorschriften, es wurde den vorgeschriebenen Konformitätsverfahren unterzogen.	GS (BG-PRÜFZERT, geprüfte Sicherheit)	Freiwillige Baumuster-Prüfung nach dem Geräte- und Produktsicherheitsgesetz durch die Berufsgenossenschaft.

Kriterien zur Klassifizierung von ortsveränderlichen elektrischen Betriebsmitteln

Kennzeichnung K 1	Nutzung in Innenräumen und mit Einschränkung im Freien	Kennzeichnung K 2	Nutzung in Innenräumen und im Freien, z.B. Baustellen

7.3 Maschinenwerkzeuge

Maschinenwerkzeuge arbeiten nach den gleichen oder ähnlichen Verfahren wie Handwerkzeuge. Unterschieden wird in „spanen mit geometrisch bestimmten Schneiden“ wie sägen, hobeln, fräsen und bohren sowie „spanen mit geometrisch unbestimmten Schneiden“ wie schleifen.
Für die Auswahl der erforderlichen Werkzeuge mit dem entsprechenden Schneidstoff sind die Werkstoffe und die Schnittrichtung maßgebend.

7.3.1 Schneidstoffe

Schneidstoff ist der Werkstoff aus dem die Schneide eines Werkzeugs besteht. Sie richtet sich nach der Härte der zu bearbeitenden Materialien.

Schneidstoffe

Kurz-zeichen	Werkstoff	Verwendung	Eigenschaften
WS	Werkzeugstahl, unlegiert	ohne Bedeutung	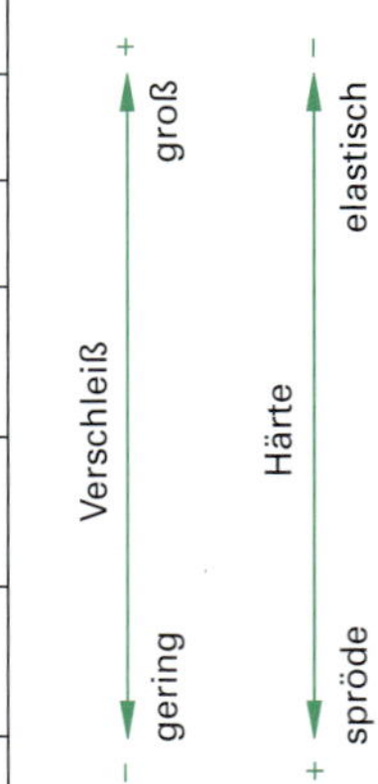
SP	Werkzeugstahl, < 5% Legierungsanteil	Stecheisen, Hobeleisen, Bandsägen, Holzbohrer	
HL SS	Schnellarbeitsstahl, < 12% Legierungsanteil	Holzbohrer, Metallbohrer	
HS HSS	hochlegierter Schnellarbeitsstahl, > 12% Legierungsanteil	Holzbohrer, Metallbohrer, Schneiden für Fräser, Streifenhobelmesser	
ST	Stellit, geschmolzene Legierung ohne Stahlanteile	Streifenhobelmesser, Bestückung für Fräser und Bandsägen	
HW	Hartmetall, Sintermetall ohne Stahlanteile, Zerspanungsgruppe K 05 … K 20	Bestückung für Kreissägen, Fräser, Bandsägen, Bohrer	
DP	Polykristalliner Diamant mittlere Korngröße 2 µm … 25 µm	Bestückung für Kreissägen, Fräser, Bohrer	

7.3.2 Schnittrichtungen

Schnittrichtung ist die momentane Richtung der Schnittbewegung. Sie kann parallel, rechtwinklig oder in jedem Winkel zum Faserverlauf erfolgen.

Massivholz (nach Kvimaa) **Lagenholz** **Plattenwerkstoff**

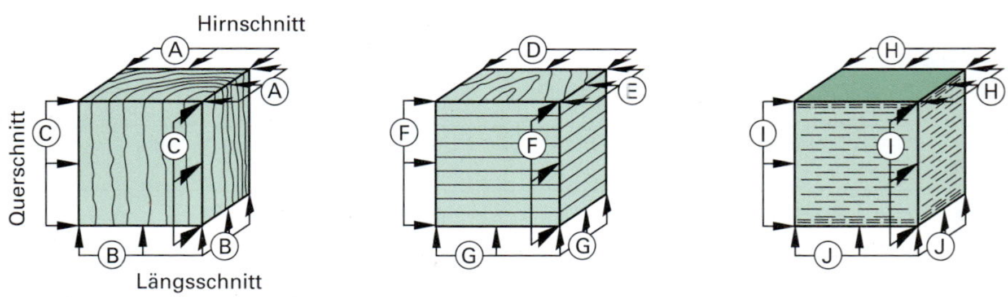

A Schnittrichtung ⊥ zur Faser, Schnittfläche ⊥ zur Faser
B Schnittrichtung = zur Faser, Schnittfläche = zur Faser
C Schnittrichtung ⊥ zur Faser, Schnittfläche = zur Faser
D Schnittrichtung = zur Faser, Schnittfläche = zur Plattenoberfläche
E Schnittrichtung ⊥ zur Faser, Schnittfläche = zur Plattenoberfläche
F Schnittrichtung = zur Plattenkante (ähnlich A + B)
G Schnittrichtung ⊥ zur Plattenkante
H Schnittrichtung = zur Plattenoberfläche
I Schnittrichtung = zur Plattenkante
J Schnittrichtung ⊥ zur Plattenkante

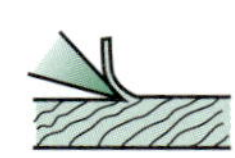

Schneiden mit der Faser

Schneiden gegen die Faser

7.3 Maschinenwerkzeuge

7.3.3 Werkzeugbegriffe, Schneidengeometrie, Berechnungen

Werkzeugbegriffe

① Stammblatt
② Schneidzahn, Bestückung
③ Spanraum
④ Zahnbrust, Spanfläche
⑤ Freifläche, Zahnrücken, Fase
⑥ Schnittbreite
⑦ Hauptschneide
⑧ Nebenschneide
⑨ Schneidendurchmesser
Schneidenflugkreis

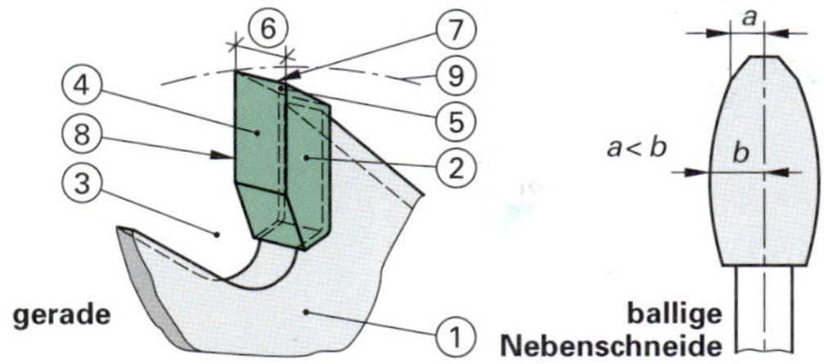

Schneidengeometrie

① α Freiwinkel
② β Keilwinkel
③ γ Spanwinkel
④ δ Schnittwinkel
⑤ λ Achswinkel
⑥ κ Einstellwinkel
⑦ κ_F Faseneinstellwinkel
⑧ α_n Nebenschneidenfreiwinkel
⑨ κ_r Nebenschneideneinstellwinkel

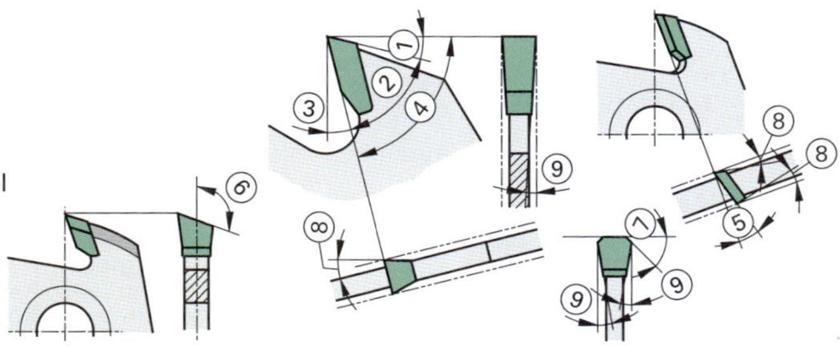

Zerspanung

① v_c Schnittgeschwindigkeit m/s
② v_f Vorschubgeschwindigkeit m/min
③ f_z Zahnvorschub mm
④ a_e Eingriffsgröße, Frästiefe mm
⑤ z Schneidenzahl
⑥ n Drehfrequenz min^{-1}
⑦ h_m mittlere Spandicke mm
⑧ f_z Messerschlaglänge mm
⑨ t Messerschlagtiefe mm
⑩ D Schneidendurchmesser mm (Werkzeugdurchmesser, Schneidenflugkreisdurchmesser)
⑪ d Bohrungsdurchmesser mm
⑫ s_B Spanbogenlänge mm

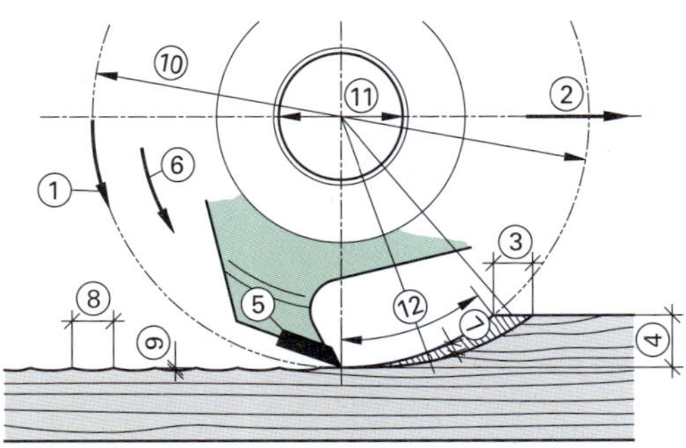

Kennzeichnung für Maschinenwerkzeuge (DIN EN 847-1)

Kennzeichnung	Werkzeuge				
	Kreissäge	Fräswerkzeuge Vorschub Hand	Fräswerkzeuge Vorschub Mechanisch	Schaftfräser	Fräswerkzeuge für Abricht- und komb. Maschine
Name, Zeichen des Herstellers	ja	ja	ja	ja	ja
Drehzahl	n_{max}	$n_{min/max}$	n_{max}	n_{max}	–
Abmessung des Werkzeuges	$D \cdot b \cdot d$	$D \cdot b \cdot d$	$D \cdot b \cdot d$	–	–
Kurzzeichen des Schneidstoffes	ja[1]	ja[1]	ja[1]	ja[1]	–
Vorschubart	–	MAN	MEC	MAN/MEC	MAN/MEC
mindest. Einspannlänge	–	–	–	–	ja l min a

D Schneidendurchmesser; b Schneidenbreite, Zahnbreite; d Bohrungsdurchmesser
MAN Handvorschub; MEC mechanischer Vorschub; a (entsprechende) Messerdicke
[1] bei einteiligen und Verbundwerkzeugen

7

7.3 Maschinenwerkzeuge

Berechnungen (Auswahl)

Formel	**Beispiel**
Schnittgeschwindigkeit $v_c = \frac{r\,(\text{cm}) \cdot n}{1000}\,(\text{m/s})$ $\quad v_c = \frac{d \cdot \pi \cdot n}{1000 \cdot 60}\,(\text{m/s})$ (vereinfacht)	d = 120 mm $\quad n$ = 9000 min^{-1} $v_c = \frac{120\text{ mm} \cdot \pi \cdot 9000\text{ n/min}}{1000\text{ mm/m} \cdot 60\text{ s/min}} = 56{,}55\text{ m/s}$
Vorschubgeschwindigkeit Allgemein $\quad v_f = \frac{s}{t}\,(\text{m/min})$	s = 120 m $\quad t$ = 60 min $v_f = \frac{120\text{ m}}{60\text{ min}} = 20\text{ m/min}$
Sägen, Hobeln, Fräsen $v_f = \frac{z \cdot n \cdot f_z}{1000}\,(\text{m/min})$	z = 2 $\quad n$ = 9000 min^{-1} f_z = 0,8 mm $v_f = \frac{2 \cdot 9000\text{ n/min} \cdot 0{,}8\text{ mm}}{1000\text{ mm/m}} = 14{,}4\text{ m/min}$
Bohren $v_f = n \cdot f\,(\text{mm/min})$ f = Vorschub je Umdrehung in mm	f = 0,08 mm $\quad n$ = 16000 min^{-1} v_f = 1600 n/min · 0,08 m = 128 mm/min
Zahnvorschub $f_z = \frac{v_f \cdot 1000}{z \cdot n}\,(\text{mm})$	v_f = 14,4 m/min $\quad z$ = 2 n = 9000 min^{-1} $f_z = \frac{14{,}4\text{ mm} \cdot 1000\text{ mm/m}}{2 \cdot 9000\text{ n/min}} = 0{,}8\text{ mm}$
Mittlere Spandicke $h_m = f_z \cdot \sqrt{\frac{a_e}{D}}\,(\text{mm}) \quad (D : a_e < 10 : 1)$	f_z = 0,8 mm $\quad a_e$ = 10 mm n = 9000 min^{-1} $h_m = 0{,}8 \cdot \sqrt{\frac{10\text{ mm}}{120\text{ mm}}} = 0{,}23\text{ mm}$
Messerschlagtiefe $t = \frac{f_z^2}{4\,d}\,(\text{mm})$ $\quad$ (vereinfacht) $t = \frac{f_z}{2} \cdot \tan\frac{\alpha}{4}\,(\text{mm}) \quad \alpha$ = Zentriwinkel	f_z = 0,8 mm $\quad d$ = 120 mm $t = \frac{0{,}64\text{ mm}}{480\text{ mm}} \approx 0{,}001\text{ mm}$
Talquotienten (Verhältnis von Messerschlagtiefe t und Zahnvorschub f_z) $T = \frac{f_z}{4\,d}$	f_z = 0,8 mm $\quad d$ = 120 mm $T = \frac{0{,}8\text{ mm}}{480\text{ mm}} \approx 0{,}0017\text{ mm}$
Spezifische Schnittkraft (vereinfacht) $k_c = 13{,}8 \cdot \frac{1{,}45}{h_m}\,(\text{N/mm}^2)$ h_m = 0,23 mm $k_c = 13{,}8 \cdot \frac{1{,}45}{0{,}23} = 87{,}00\text{ N/mm}^2$ Der k_c Wert gilt nur für scharfe Werkzeuge. Für arbeitsscharfe bis stumpfe Werkzeuge erhöht sich der Wert bis + 50 %.	**Verschleiß am Schneidkeil** 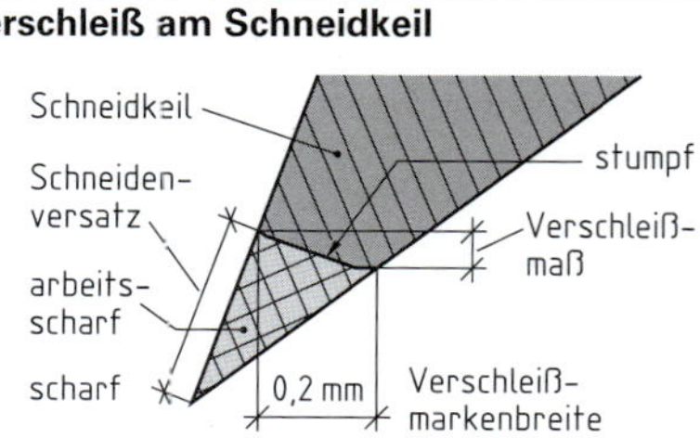

7.3 Maschinenwerkzeuge

Berechnungen

Ermittlung Zahnvorschub f_z (Richtwerte für den Werkzeugeinsatz)

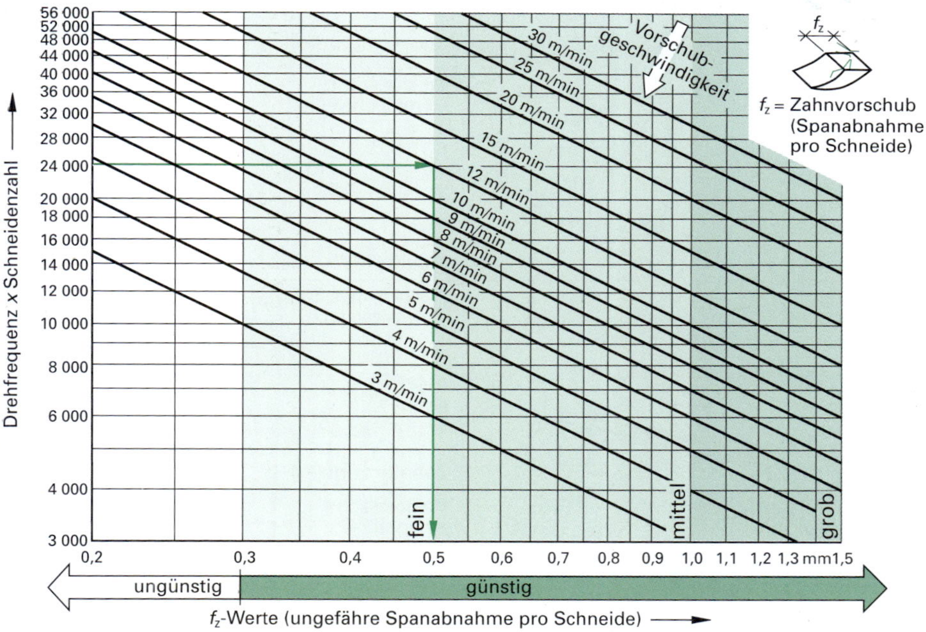

Schnittgeschwindigkeit für Fräswerkzeuge

Werkzeugdurchmesser (mm)	2500	2800	3000	3500	4000	4500	5000	5500	6000	6500	7000	7500	8000	9000	10000	12000
450	59	66	71	82												
420	55	62	66	77												
400	52	59	63	73	84											
380	50	56	60	70	80											
350	46	51	55	64	73	82										
320	42	47	50	59	67	75	84									
300	39	44	47	55	63	71	79									
280	37	41	44	51	59	66	73	82								
250		37	39	46	52	59	65	73	79	85						
220			35	40	46	52	58	65	70	75	81					
200				37	42	47	52	59	63	68	73	79	84			
180					37	42	47	53	57	61	66	71	75	85		
160						38	42	47	50	54	59	63	67	75	84	
140							37	41	44	48	51	55	59	66	73	88
120								35	38	41	44	47	50	57	63	75
100										34	37	39	42	47	52	63
80													33	38	42	50
60															31	38

Fräserdorndrehzahl (min^{-1})

Bruchgefahr, erhöhte Lärmbelästigung

Erhöhte Rückschlaggefahr

7

7.3 Maschinenwerkzeuge

7.3.4 Kreissägeblätter

Kreissägeblätter sind kreisförmige, am Umfang gezahnte und mit einer Bohrung versehene Maschinensägeblätter. Schneidwerkstoff und Zahnform bestimmen den Einsatz der Werkzeuge.

Zahnformen und Schneidengeometrie

Flachzahn
λ = 0°
κ = 90°
γ = 15° ... 20°

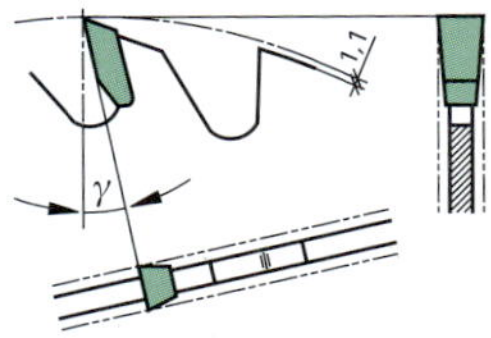

Zahnform Nr. – 1 –

Wechselzahn
– Freifläche –
λ = 0°
κ ≠ 90°
= 95° ... 110°
γ = 8° ... 20°

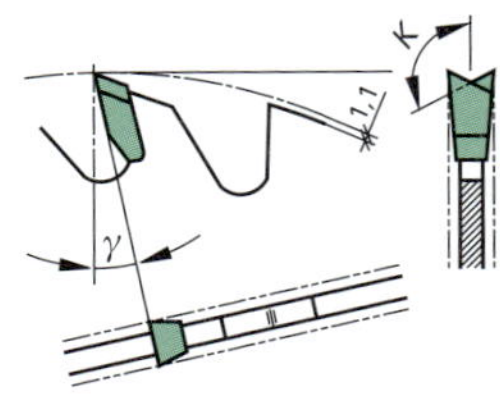

Zahnform Nr. – 2 –

Wechselzahn
– Zahnbrust –
– Freifläche –
λ ≠ 0°
= 15° ... 20°
κ ≠ 90°
= 95° ... 110°
γ = 8° ... 15°

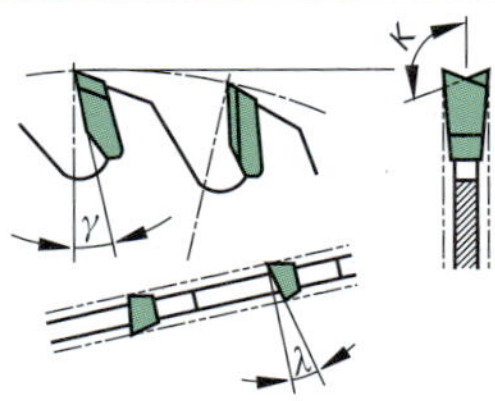

Zahnform Nr. – 3 –

Flach-Trapez-Zahn
– im Wechsel –
λ ≠ 0°
κ = 90°
ε ≠ 0°
κ_F = 45°
γ = 8° ... 15°

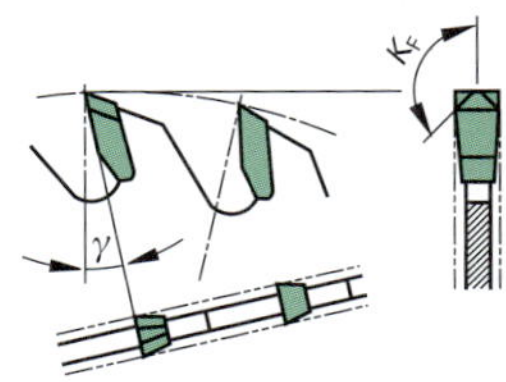

Zahnform Nr. – 4 –

Flach-Dach-Zahn
– im Wechsel –
λ = 0°
κ = 90°
ε ≠ 0°
κ_F = 45°
γ = 8° ... 20°

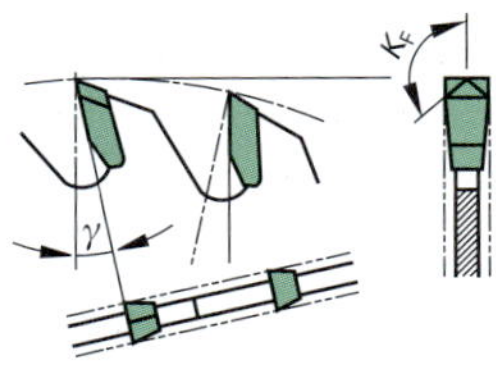

Zahnform Nr. – 5 –

Wechselzahn
– negativ –
λ ≠ 0°
= 15° ... 20°
κ ≠ 90°
κ = 100°
γ = 5° ... 10°

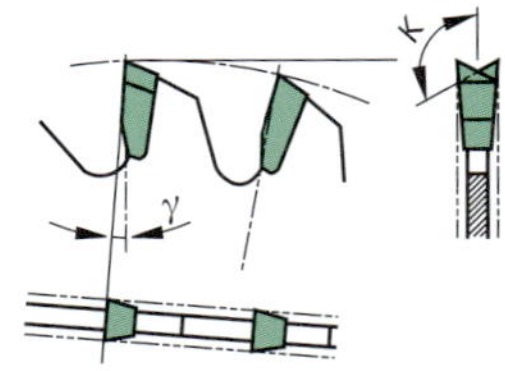

Zahnform Nr. – 6 –

Hohlzahn
– Zahnbrust
hohl geschliffen –
λ = 0°
κ = 90°
γ = 10° ... 15°

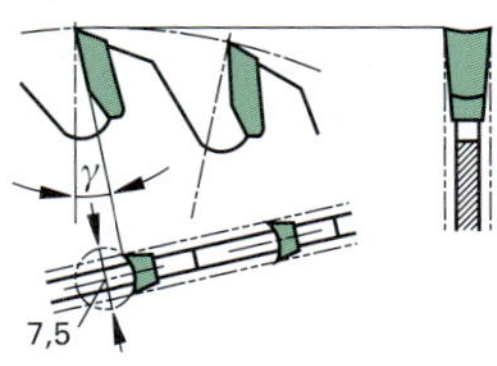

Zahnform Nr. – 7 –

Hohl-Fase-Zahn
– im Wechsel –
λ = 0°
κ = 90°
ε ≠ 0°
κ_F = 45°
γ = 8° ... 12°

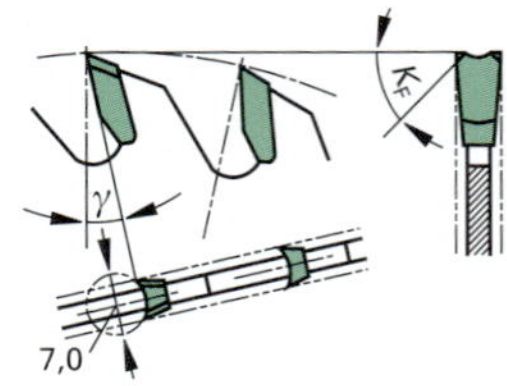

Zahnform Nr. – 8 –

Ballige Nebenschneide

Diese Schneidenform ist für die Bearbeitung von harten oder leicht schmierenden Werkstoffen entwickelt. Diese Schneide hat keine Zahnspitze, die sich schnell abarbeitet.

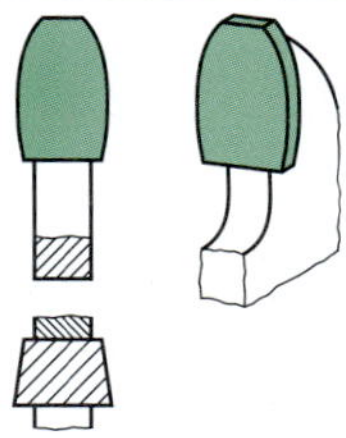

Schnittgüte, Frässgüte f_z

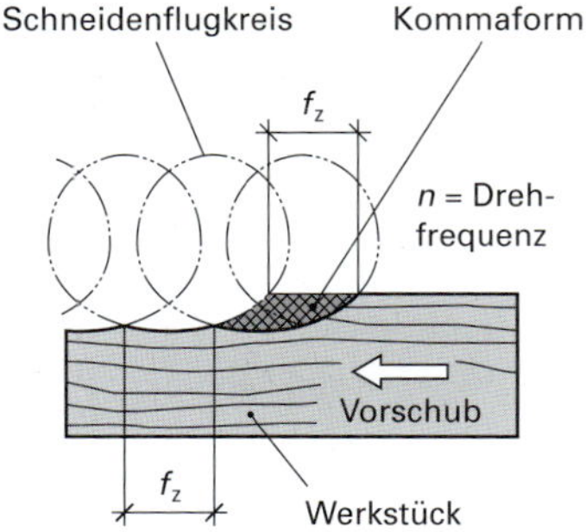

Anmerkung zu Seite 355

1) Alternativ die Bearbeitung mit balligen Nebenschneiden
Für die Einteilung in Schnittgüteklassen gibt es zur Zeit keine eindeutige Klassifizierung. ZT – Zahnteilung t
G groß: 70 mm ... 40 mm, M mittel: 35 mm ... 20 mm,
K klein: 15 mm ... 7 mm, .../...: von ... bis
SP – Spanwinkel γ, .../...: von ... bis

7

7.3 Maschinenwerkzeuge

Schnittwerte (Richtwerte für HW-bestückte Kreissägeblätter)

Werkstoff		Schnittgeschwindigkeit v_c m/s	HW Zerspanungsgruppe K	Schnittgüte											
				Grob				Mittel				Fein			
				f_z ≤	ZT t	ZF	SP $\gamma°$	f_z	ZT t	ZF	SP $\gamma°$	f_z ≥	ZT t	ZF	SP $\gamma°$
Weichholz	längs	60 …	30	0,80	G	1	20	0,50	G/M	1	20	0,20	G/M	1/2	20
	quer	100	30	0,20	G	1	15	0,10	M	2	20	0,05	K	2/3/7	15/10
Hartholz/	längs	60 … 90	10	0,60	G	1	20	0,25	G/M	1	20	0,15	G/M	1/2	20/15
Exoten	quer		15	0,20	G/M	1/2	20	0,10	M	1/2	20/15	0,02	K	2/3	12/8
Furniere		70 … 100	05	0,08	M	2	10	0,06	M	2/3	15	0,03	K	2/3	12/8
Vegütete Hölzer		40 … 65	05	0,08	M	2/3	15	0,06	M	2/3/4	15	0,03	M/K	2/3/4	15/10
Stabsperrholz		50 … 90	05	0,60	M	2	15	0,30	M	2/3	15/10	0,05	K	2/3	12/8
Furnierte Platten		55 … 85	05	0,10	M	2	15	0,07	M/K	2/3	15/10	0,05	K	2/3	12/8
Flachpressplatte		50 … 80	01	0,25	G/M	2	15	0,15	M	2/3	15	0,05	M/K	2/3	15/10
MDF roh		60 … 90	05	0,20	M	2	15	0,15	M	2/3	15	0,10	K	2/3	10/8
Beschichtete Platten[1)]		60 … 80	05	0,06	M	2	20/15	0,05	M/K	3/4/5	15/10	0,03	M/K	4/5/8	12/8
Mittelharte Faserplatten		50 … 80	05	0,10	M	1/2	20/15	0,07	M/K	2/3	15/10	0,04	M/K	2/3	12/8
Poröse Faserplatten		60 … 100	05	0,15	G/M	1/2	20	0,10	M/K	2	15	0,05	M/K	2/3	15/10
Thermoplaste-Platten[1)]		30 … 70	05	0,40	G/M	2	20/15	0,20	M	4/5	15	0,08	M/K	4/8	12/8
Duroplaste-Platten[1)]		15 … 50	05	0,20	G/M	2	20/15	0,10	M	4/5	15	0,04	M/K	4/7	15/10
Hartpapier, Hartgewebe[1)]		40 … 60	05	0,15	M	2	20/15	0,12	M	5	15	0,10	K	5	15/10
Kunststoff-Profile[1)]		30 … 70	05	0,15	M	4	10/8	0,10	M	5	8	0,05	K	5/6	5/–10
Gipsplatten, Kartonplatten		30 … 60	05 …20	0,10	G	1/2	20	0,10	M	2	15	0,10	M	2	15
Steinwolleplatten		20 … 40	05	0,15	M	1/2	20	0,13	M/K	2	15/10	0,10	K	2	15/10
Zementgebundene Platte		40 … 70	05	0,20	M	2	20/15	0,15	M/K	2	15/10	0,10	K	2	15/10

Schnittgeschwindigkeit Richtwerte für DP-bestückte Kreissägeblätter

Werkstoff	Schnittgeschwindigkeit v_c in m/s	Werkstoff	Schnittgeschwindigkeit v_c in m/s
Flachpressplatte, MDF roh	65 … 100	Stabsperrholz	60 … 90
Flachpressplatte	65 … 100	Mittelharte Faserplatte	60 … 90
MDF, furniert	65 … 100	Thermoplaste	60 … 80
Verdichtete Hölzer	50 … 80	Duroplaste	50 … 80

Ermittlung der Einsatzbedingungen für Kreissägeblätter HW-bestückt

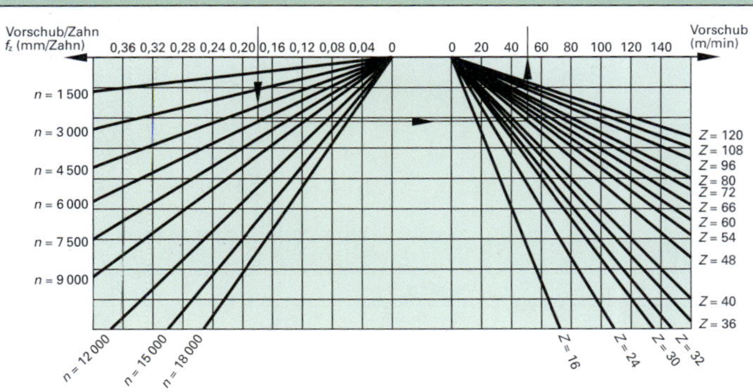

Ablesebeispiel:
f_z gewählt 0,18
$n = 6000\ \text{min}^{-1}$
$Z = 48$
Vorschub = 51,5 m/min

7

7.3.5 Fräswerkzeuge

Ermittlung der Einsatzbedingungen für Fräswerkzeuge HSS- und HW-bestückt

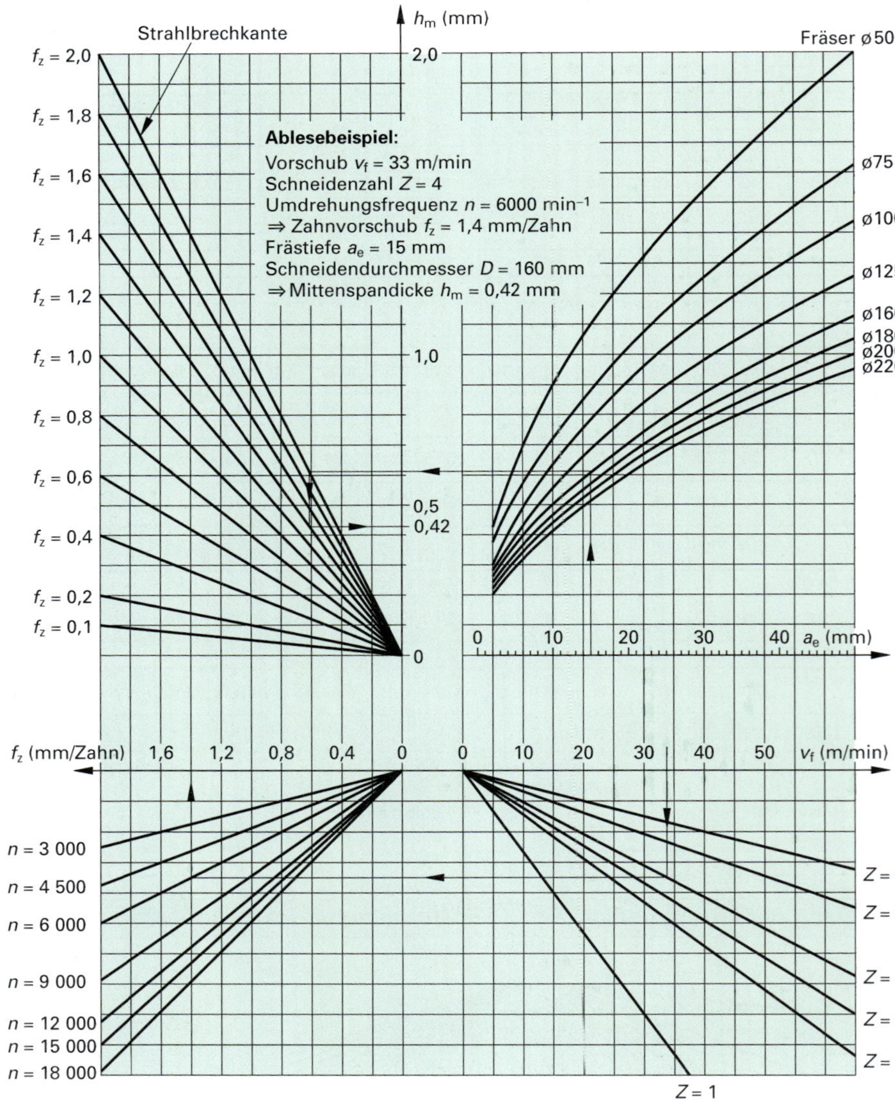

Richtwerte für Fräsarbeiten

Werkstoff	h_m in mm	Werkstoff	h_m in mm
Massivholz	0,20 … 0,80	Mittelharte Faserplatte	0,20 … 0,60
Flachpressplatte	0,35 … 0,80	Thermoplaste	0,10 … 0,40
Furniersperrholz	0,30 … 0,60	Duroplaste	0,05 … 0,20

7

7.3 Maschinenwerkzeuge

7.3.6 Maschinenbohrer

Kreisförmige Schneidwerkzeuge, die bei axialer Vorschubbewegung Bohrungen bei gleichzeitiger Querschubbewegung Langlöcher herstellen.

Richtwerte für Bohren mit HS-Bohrer und HW-bestückte Bohrer

Werkstoff	Bohrer Typ	Schnittgeschwindigkeit v_c in m/s HS	HW	Kühlmittel
Vollholz parallel zur Faser	Zentrierspitze	1 … 3	2 … 5	L
Vollholz quer zur Faser	Zentrierspitze	3,5 … 8	5 … 10	L
Flachpressplatte	Zentrierspitze, Durchgangsb.	3 … 4	6 … 8,5	L
MDF	Zentrierspitze, Durchgangsb.	6 … 8	8 … 12	L
HPL	N	1,5 … 2,5	2,5 … 4	L
PMMA	H	0,3 … 1	0,6 … 2	L/F
Duroplaste	H	0,5 … 1	1,5 … 2	L/F
Thermoplaste	W	0,5 … 1,2	1,5 … 2,5	L/F
Stahl < 800 N/mm²	N	0,5	1	F
Nicht rostender Stahl	N (Sonderschliff)	0,1 … 0,15	0,3 … 0,5	F

L Luft F Flüssigkeit (Wasser, Emulsion)

7.3.7 Bandsägen, Streifenhobelmesser, Fräsketten

Bandsägeblätter DIN 8806, Auszug (Maße in mm)

Blattbreite *b*	6,3	10	10	16	16	20	20	25	32	40	50	63
Blattdicke *s*	0,5	0,5	0,6	0,5	0,6	0,5	0,7	0,7	0,7	0,8	0,9	0,9
Zahnteilung *t* NV	4	6,3	6,3	6,3	6,3	6,3	8	8	10	10	12,5	12,5
Zahnteilung *t* NU	–	–	–	–	–	–	–	–	–	–	15	15

Zahnform NV

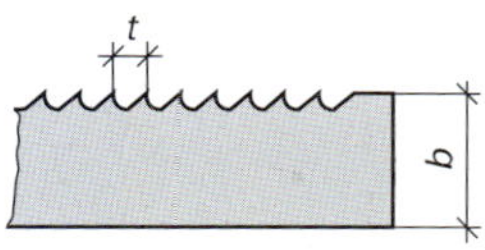

Zahnform NU

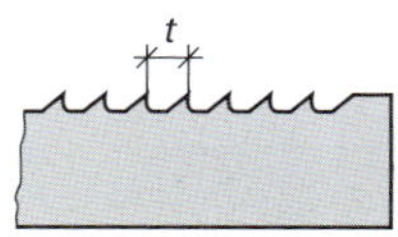

für Trenn- und grobe Querschneidearbeiten

Streifenhobelmesser DIN 8828

Breite *b*	Stärke *s*	Arbeitslänge
30 mm, 35 mm, 40 mm	3 mm	250 mm … 1000 mm

Material: HS (HSS), Stellite bestückt, HW bestückt
Kennzeichnung: Hersteller, Größe, Schneidenmaterial

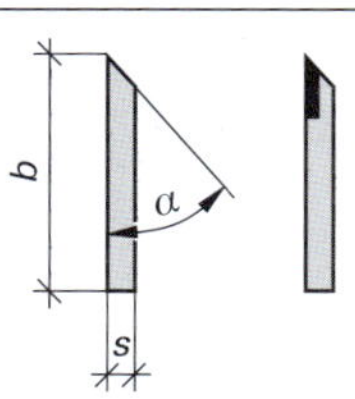

Fräsketten

Kettenbreite	Schlitzlänge	Schlitztiefe	Teilungsgrößen
6 mm … 40 mm	20 mm … 60 mm	0 mm … 175 mm	klein, mittel, groß

Teilung klein

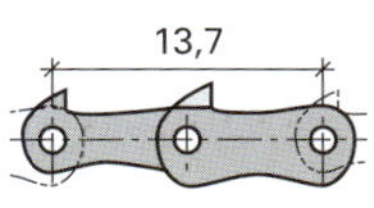

Teilung mittel

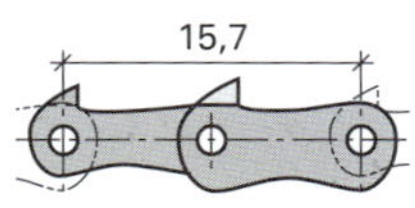

Teilung groß

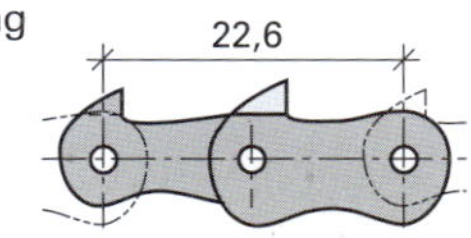

7

7.4 Pneumatik und Hydraulik

Schaltzeichen DIN ISO 1219 (Auswahl)

Funktionszeichen, Energieübertragung

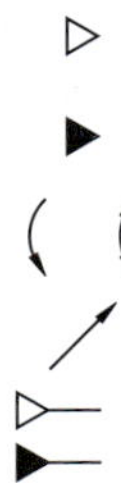

Druckluftstrom
Hydrostrom
Drehrichtung
Verstellbarkeit
Druckquelle

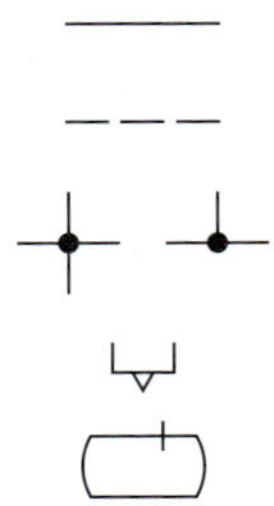

Arbeitsleitung
Steuerleitung
Leitungsverbindung
Entlüftung
Druckbehälter

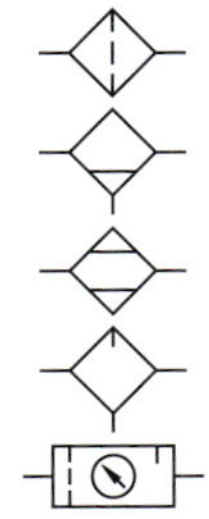

Filter oder Sieb
Wasserabscheider
Lufttrockner
Öler
Aufbereitungseinheit

Pumpen, Verdichter, Motoren, Zylinder

Konstantpumpe eine Drehrichtung
Verstellpumpe zwei Drehrichtungen
Verdichter eine Drehrichtung

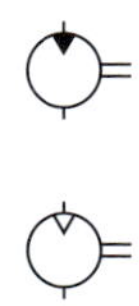

Hydraulikmotor
Pneumatikmotor

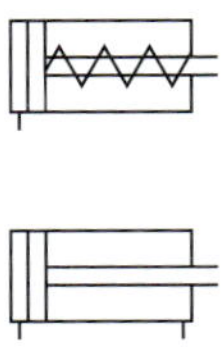

einfachwirkender Zylinder
doppeltwirkender Zylinder

Sperrventile, Stromventile, Druckventile

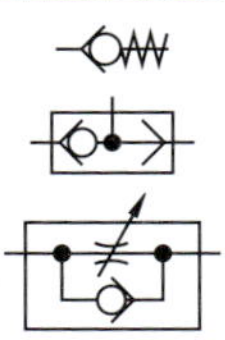

Rückschlagventil
Wechselventil
Drosselrückschlagventil

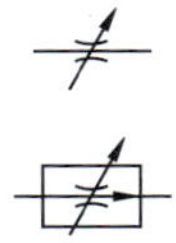

Drosselventil
Stromregelventil

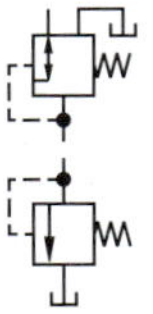

Druckregelventil
Druckbegrenzungsventil

Wegeventile

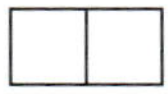

Anzahl der Quadrate ≙ Anzahl der Schaltstellungen, z.B. Sinnbild für 2 Stellungen

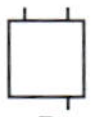

	Anschlüsse: kurze Striche
1 oder P	Druckanschluss
2, 4, 6 / A, B, C	Arbeitsanschlüsse
3, 5, 7 / R, S, T	Abfluss
12,14,16 / Z,Y,X	Steueranschlüsse

Durchflusswege:

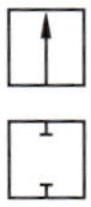

Durchfluss
gesperrt

Beispiel

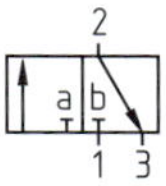

3 / 2 - Wegeventil
2 Schaltstellungen
3 Anschlüsse

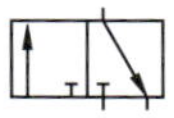

3/2-Wegeventil Sperr-Ruhestellung

3/2-Wegeventil Durchfluss-Ruhestellung

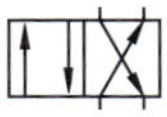

4/2-Wegeventil

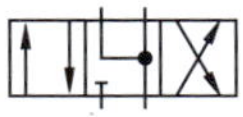

4/3-Wegeventil Schwimm-Mittelstellung

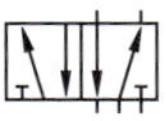

5/2-Wegeventil

7

7.4 Pneumatik und Hydraulik

Betätigung von Ventilen

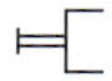	allgemein mit Muskelkraft		durch Feder		durch Druck
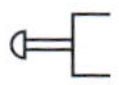	durch Druckknopf		durch Taster	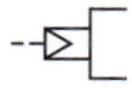	über Vorsteuerventil
	durch Hebel	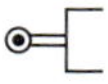	durch Rolle		durch Elektromagnet

Schaltpläne

Beispiel: Pneumatikschaltung mit zwei Zylindern

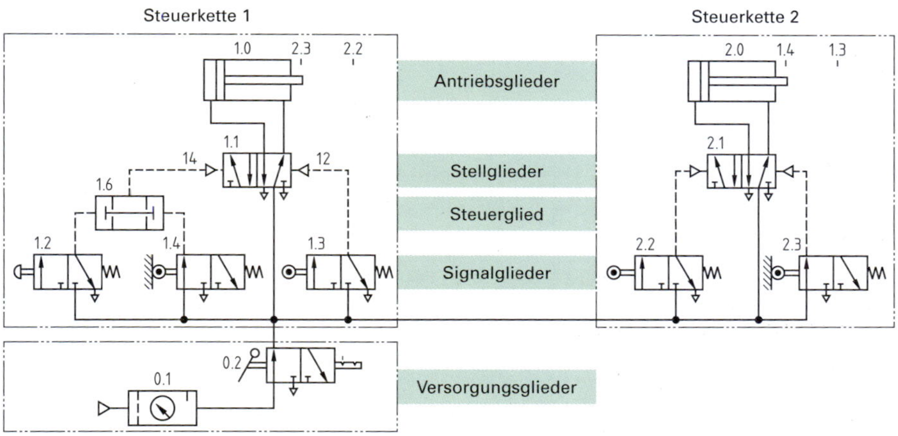

Grundsätze beim Erstellen eines Schaltplanes:

- Die Steuerung wird in nebeneinander liegende Steuerketten gegliedert.
- In einer Steuerkette werden ihre Bauglieder in Richtung des Energieflusses angeordnet. Sie werden mit Ordnungsnummern gekennzeichnet.
- Bauglieder sind: Versorgungsglieder – Signalglieder – Steuerglieder – Stellglieder – Antriebsglieder
- Einbaustellen von Signal- und Stellgliedern werden durch einen Markierungstrich und der Gerätenummer gekennzeichnet.

Lageplan	Funktionsdiagramm	Schaltplan

Wirkungsweise und Aufbau von Schaltungen werden durch Schaltpläne, Funktionsdiagramme und eventuell Lagepläne dargestellt.

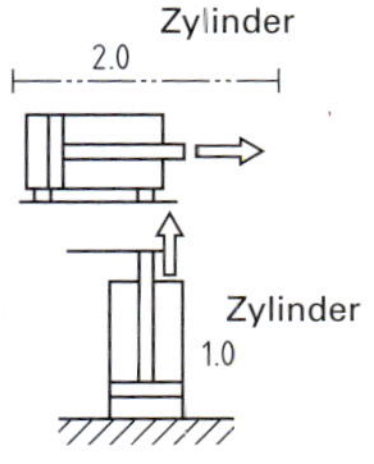

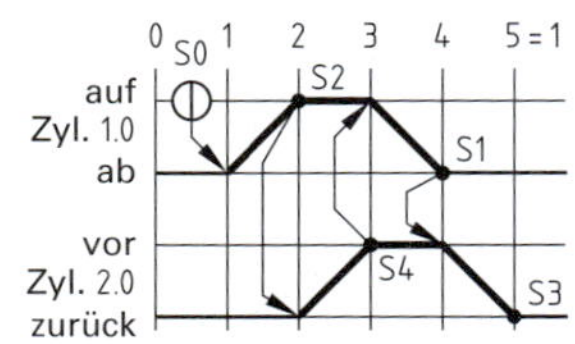

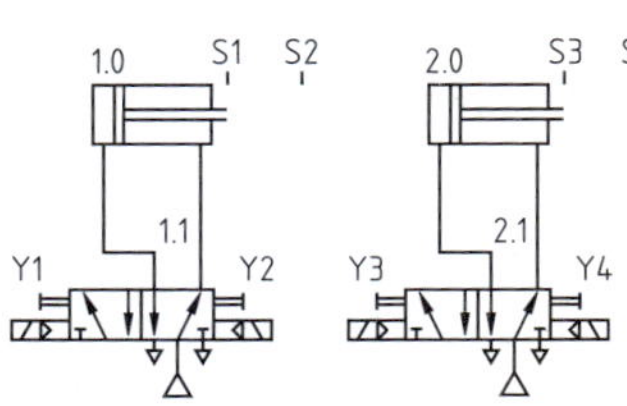

7

7.4 Pneumatik und Hydraulik

Berechnung der Kolbenkräfte

Einfachwirkender Zylinder

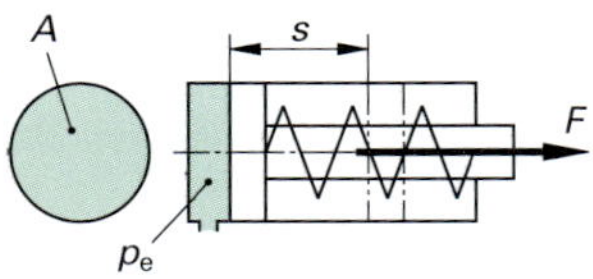

$$F = p_e \cdot A - (F_F + F_R)$$
$$F = p_e \cdot A \cdot \eta$$

Verluste durch Feder- und Reibkräfte 10% ... 15%

F	Kolbenkraft
p_e	Überdruck
A	Kolbenfläche
F_F	Rückzugskraft der Feder
F_R	Reibkräfte
η	Wirkungsgrad

Doppeltwirkender Zylinder

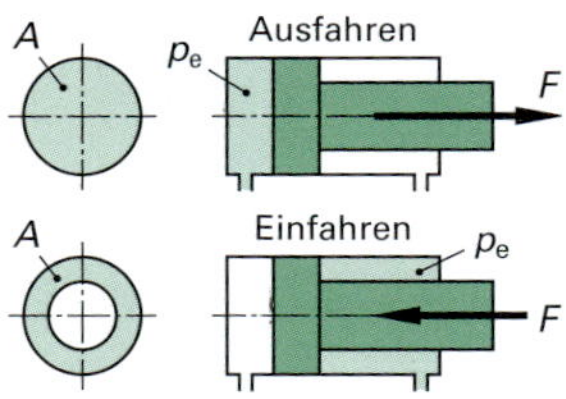

$$F = p_e \cdot A - F_R$$
$$F = p_e \cdot A \cdot \eta$$

Verluste durch Reibkräfte 3% ... 7%

Beispiel: Zylinder, $d = 80$ mm
$p_e = 6$ bar, $\eta = 0{,}88$

$$F = p_e \cdot A \cdot \eta$$

$$F = 60\,\frac{\text{N}}{\text{cm}^2} \cdot \frac{\pi\,(8\,\text{cm})^2}{4} \cdot 0{,}88$$

$$F = 2654\ \text{N}$$

Kolbenkräfte bei $p_e = 6$ bar

Zylinderdurchmesser	(mm)	20	25	32	40	50	63	80	100	125	160	200
Kolbenstangendurchmesser	(mm)	8	10	12	16	20	20	25	25	32	40	40
Druckkraft (N)	einfach wirkend[1)]	151	241	375	644	968	1560	2530	4010	–	–	–
	doppelt wirkend	164	259	422	665	1040	1650	2660	4150	6480	10600	16600
Zugkraft (N)	doppelt wirkend	137	216	364	560	870	1480	2400	3890	6060	9960	15900

1) Rückzugskraft der Feder wurde berücksichtigt; Wirkungsgrad $\eta = 0{,}88$

Luftverbrauch bei Pneumatikzylindern

$$Q = A \cdot s \cdot n \cdot \frac{p_e + p_{amb}}{p_{amb}}$$

gilt für einfach wirkende Zylinder
für doppelt wirkende Zylinder ≈ 2 Q

Q	Luftverbrauch
A	Kolbenfläche
s	Kolbenhub
n	Anzahl der Hübe
p_e	Überdruck
p_{amb}	Luftdruck

Beispiel: $s = 120$ mm, $d = 60$ mm
$n = 80$/min, $p_e = 6$ bar

$$Q = A \cdot s \cdot n\,\frac{p_e + p_{amb}}{p_{amb}}$$

Q = 28,3 cm² · 12 cm · 80/min · 7
Q = 190 176 cm³/min = 190 l/min

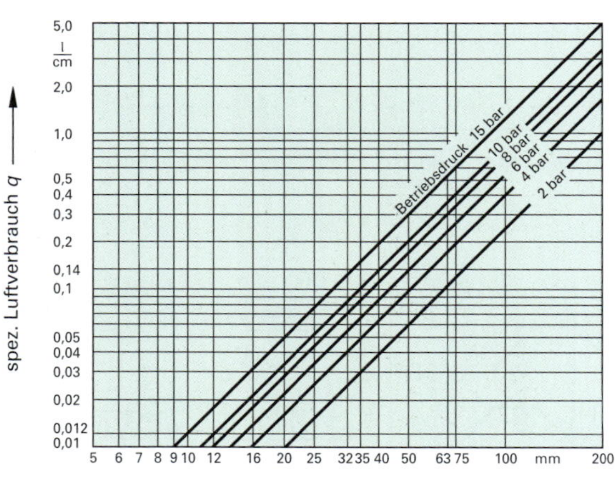

Einfach wirkender Zylinder:

$$Q_1 = q \cdot s \cdot n$$

Doppelt wirkender Zylinder:

$$Q_2 = 2 \cdot Q_1$$

q spezifischer Luftverbrauch aus Diagramm in l/min

7.4 Pneumatik und Hydraulik

Hydraulische Presse

Prinzip

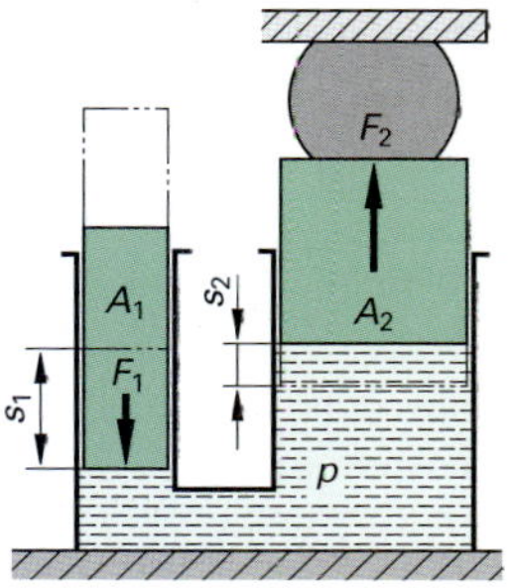

Der Druck p ist innerhalb eingeschlossener Flüssigkeiten oder Gase überall gleich.

$$p = \frac{F_1}{A_1} = \frac{F_2}{A_2}$$

$$\frac{F_1}{F_2} = \frac{A_1}{A_2} = \frac{s_2}{s_1}$$

F_1, F_2 Kolbenkräfte
A_1, A_2 Kolbenflächen
s_1, s_2 Wege

Indize 1 = Druckkolben
Indize 2 = Arbeitskolben

Beispiel: $F_1 = 120\ \text{N}$
$A_1 = 8\ \text{cm}^2$
$A_2 = 400\ \text{cm}^2$

$$F_2 = \frac{F_1 \cdot A_2}{A_1} = \frac{120\ \text{N} \cdot 400\ \text{cm}^2}{8\ \text{cm}^2}$$

$F_2 = 6000\ \text{N} = 6\ \text{kN}$

Furnierpresse

Schema

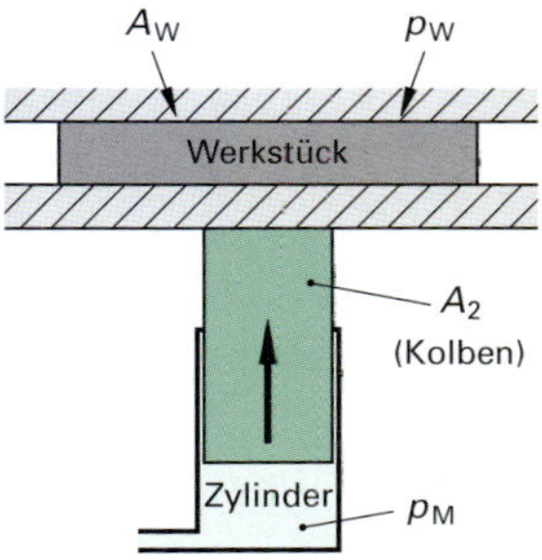

$$\frac{p_M}{p_W} = \frac{A_W}{A_2}$$

p_M Betriebsdruck
p_W Werkstückdruck
A_W Werkstückfläche
A_2 Gesamte Kolbenfläche

Beispiel:
Werkstück 800 mm/450 mm
$p_W = 3\ \text{bar}$, $A_2 = 200\ \text{cm}^2$

$$p_M = \frac{p_W \cdot A_W}{A_2}$$

$$p_M = \frac{30\ \text{N/cm}^3 \cdot 3600\ \text{cm}^2}{200\ \text{cm}^2}$$

$p_M = 54\ \text{bar}$

Drucktabelle einer hydraulischen Furnierpresse

Tabelle gilt für eine 70-t-Presse mit 4 Zylindern, Kolbendurchmesser 90 mm, Presstischfläche 2550 mm/1100mm

Tabellenwerte in **bar**

Breite in cm	Länge in cm 20	40	60	80	100	120	140	160	180	200	220	240	250
20	5	10	15	15	20	25	30	30	35	40	40	45	50
	5	10	15	20	30	35	40	45	50	55	60	65	70
40	10	15	25	30	40	50	55	65	75	80	85	95	100
	10	20	35	45	55	65	75	85	100	110	120	135	140
60	15	25	35	45	60	75	80	95	105	115	130	140	155
	15	35	50	65	80	100	110	135	145	170	185	200	210
80	15	30	45	65	80	95	110	125	140	160	170	190	200
	20	40	65	85	110	135	150	180	200	220	240	270	280
100	20	40	60	80	100	115	140	160	175	200	220	230	250
	30	55	80	110	140	170	190	220	250	280	–	–	–
110	20	45	70	85	105	130	155	170	200	220	235	260	280
	30	60	90	120	150	185	210	240	280	–	–	–	–

1 = Werkstückdruck 2,5 bar = 25 N/cm^2
2 = Werkstückdruck 3,5 bar = 35 N/cm^2

7

7.5 Funktionspläne und Funktionsdiagramme

Funktionspläne (DIN 40719)

Prozessorientierte Steuerungsabläufe können in Funktionsplänen dargestellt werden und enthalten die einzelnen Schritte, die Verknüpfungen der Signale und die Bedingungen zum Weiterschalten.

Sinnbilder

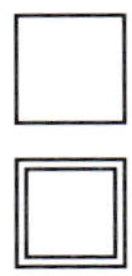	Schritt (Schrittnummer kann zugeordnet sein) Anfangsschritt
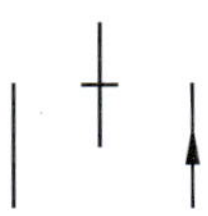	Übergangssymbol (mit Bedingung) Wirkverbindungen
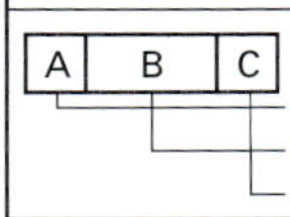	Grundsymbol für Befehle Feld A: Befehl/Aktion Feld B: Beschreibung Feld C: Rückmeldung

Beispiele für Feld A:
- S gespeichert
- D verzögert
- L zeitbegrenzt
- C bedingt
- F freigabebedingt

Beispiele für Feld C:
- A Befehl ausgegeben
- R Befehlswirkung erreicht
- X Störmeldung

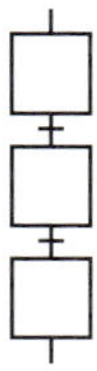	Ablaufkette bestehend aus einer Reihe von Schritten Schritt und Übergang folgen abwechselnd
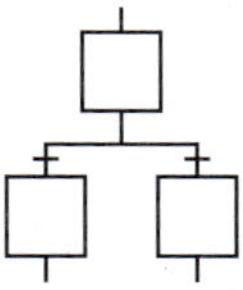	Ablaufauswahl Schrittkette verzweigt in mehrere Abläufe

Beispiel:

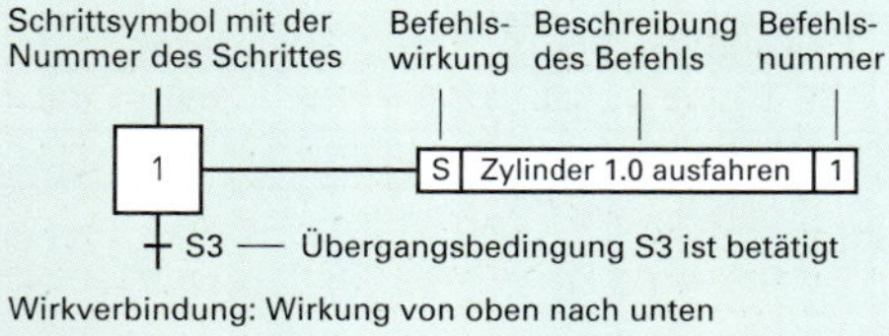

Funktionsdiagramme

Das Zusammenwirken der Bauglieder einer Steuerung und der zeitliche Bewegungsablauf werden im Funktionsdiagramm dargestellt.

Sinnbilder

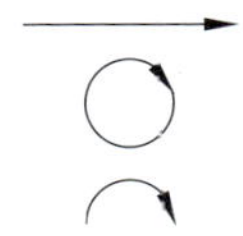	Bewegungen: geradlinig Drehbewegung EIN Schwenkbewegung
	Funktionslinien: Ruhe- oder Ausgangsstellung für von oben abweichende Zustände

Signalglieder

	EIN	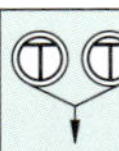	ZWEIHAND-EINRÜCKUNG
	AUS		WAHL-SCHALTER
	EIN/AUS		
	AUTOMATIK		GEFAHREN-ABSCHALTUNG

Signallinien mit Signalverknüpfungen

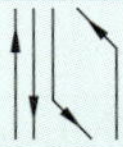	Signallinien		UND-Bedingung
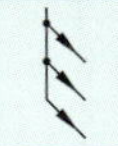	Signal-verzweigung		ODER-Bedingung

Beispiele: Funktionslinien

- **Bewegung eines Zylinders**

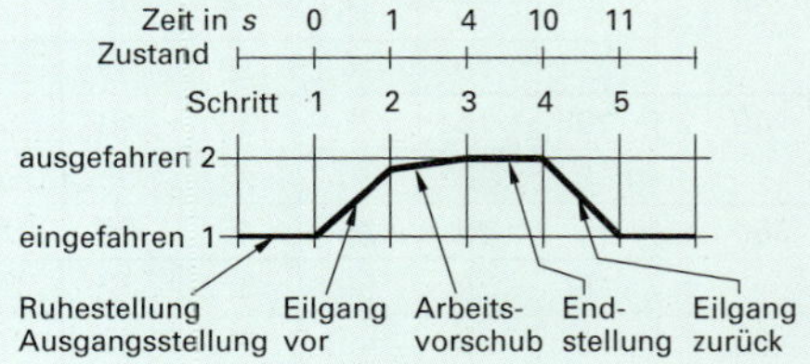

- **Ventil mit 2 Schaltstellungen**

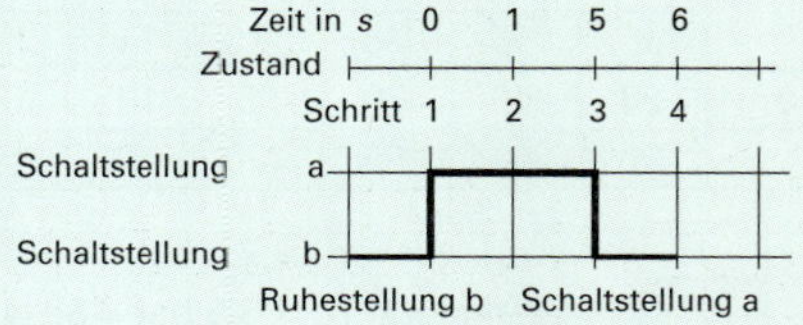

7

7.5 Funktionspläne und Funktionsdiagramme

Beispiel: Pneumatiksteuerung mit zwei Zylindern

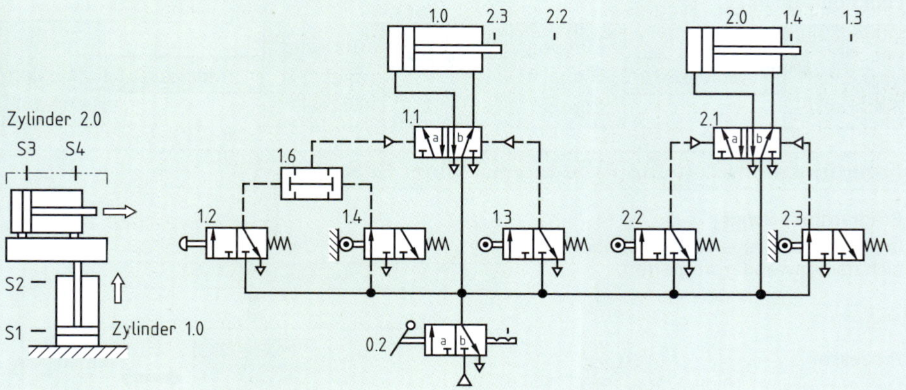

Beispiel: Zuführeinrichtung
Schubkastenteile sollen durch einen Hubzylinder 1.0 angehoben und danach durch den Verschiebezylinder 2.0 in eine Bearbeitungsmaschine geschoben werden.

Funktionsplan und Beschreibung

Durch Betätigen des Hauptventils und des Starttasters fährt Zylinder 1.0 aus.
Zylinder 1.0 betätigt in seiner Endstellung den Grenztaster S2.
Zylinder 2.0 fährt aus und betätigt Taster S4.
Zylinder 1.0 fährt in Ausgangsstellung zurück und betätigt Taster S1.
Zylinder 2.0 wird zurückgestellt.

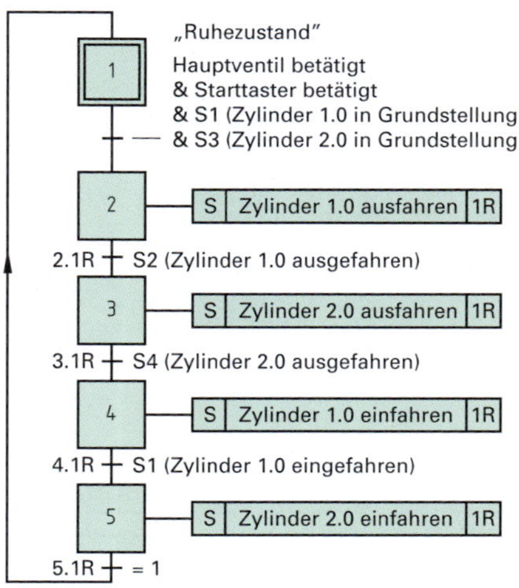

Funktionsdiagramm

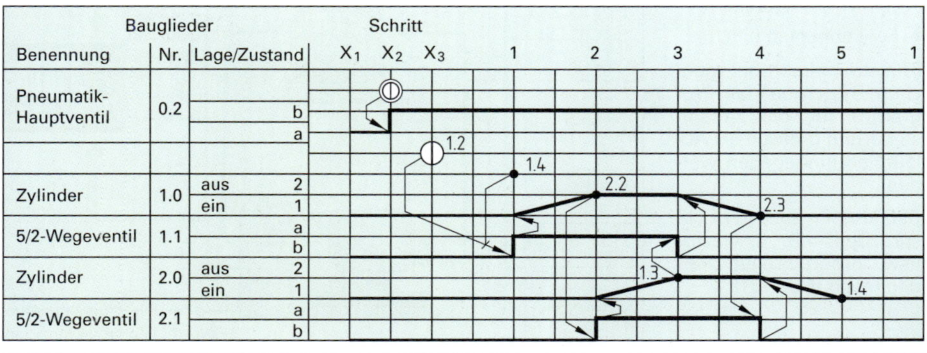

7

7.6 Speicherprogrammierte Steuerungen (SPS)

Eine speicherprogrammierte Steuerung verarbeitet binäre Eingangssignale zu Ausgangsisignalen, mit denen technische Abläufe und Prozesse beeinflusst werden.

Funktionsablauf:

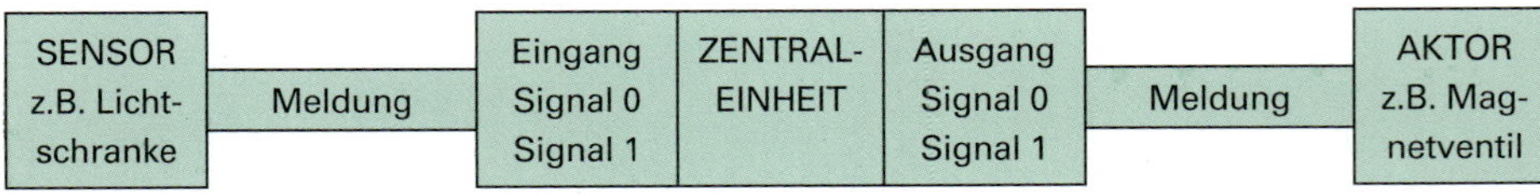

Funktionseinheiten und Arbeitsweise einer SPS

Programmspeicher

Im Programmspeicher befindet sich das Anwenderprogramm.

Prozessor

Der Prozessor arbeitet das Programm zyklisch ab.

Die Signalzustände werden an den Eingängen abgelesen und ein Prozessabbild (PAE) gebildet. Danach wird das Programm schrittweise abgearbeitet.

Die ermittelten Signalzustände hinterlegt der Prozessor im Prozessabbild (PAA).

Das Prozessabbild wird am Zyklusende in die Ausgänge geschrieben.

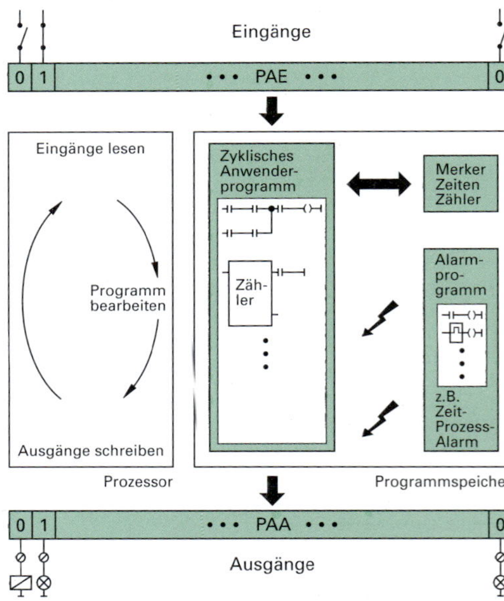

Programmierung und Programmiersprachen

Programmiersprachen

- Anweisungsliste (AWL)
- Kontaktplan (KOP)
- Funktionsplan (FPU)

(Zusätzlich kann bei manchen Systemen das Programm für die Ablaufsteuerung grafisch als Ablaufplan eingegeben werden).

SPS können auch in Hochsprachen, z.B. C, Pascal usw. programmiert werden (nach IEC 1131).

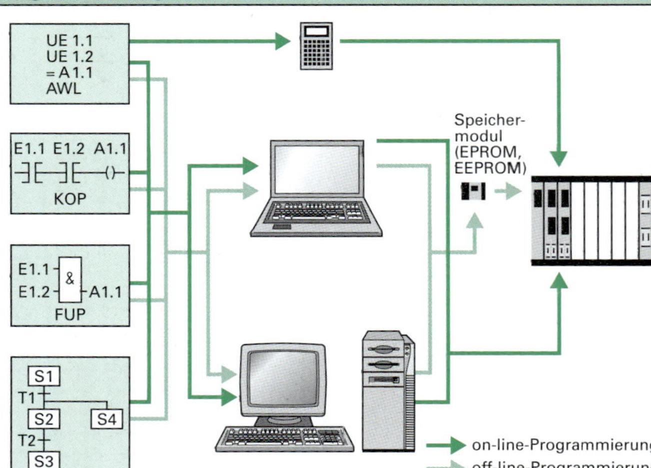

7

7.6 Speicherprogrammierte Steuerungen (SPS)

SPS – Programmiersprachen (DIN 19239)

Kontaktplan (KOP)		Anweisungsliste (AWL)
Symbole für Kontakte		Steueranweisung
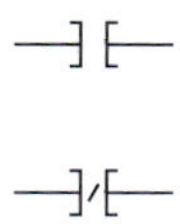	Eingang, der das Eingangssignal nicht umkehrt (Kontakt, Schließer) Eingang, der das Eingangssignal umkehrt (negierter Kontakt, Öffner)	**Beispiel:** 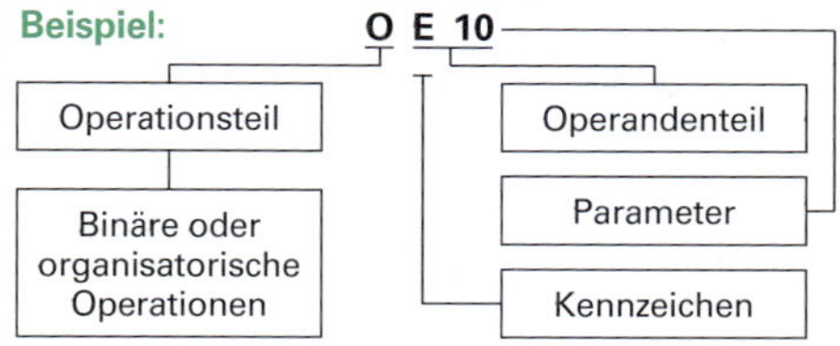
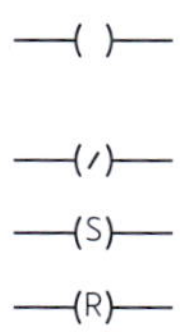	Ausgang, der bei Ansteuerung mit einem 1-Signal ein 1-Signal ausgibt Negierter Ausgang „Ausgang setzen" „Ausgang rücksetzten"	U UND O ODER N NICHT ON ODER-NICHT UN UND-NICHT XO EXKLUSIV ODER S Setzen R Rücksetzen ZV Vorwärtszählen ZR Rückwärtszählen = Zuweisung () Klammern L Laden SPA Sprung absolut SPU Sprung bedingt PE Progammende
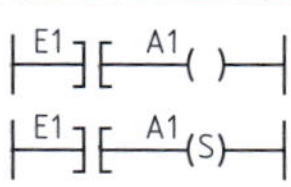	Ausgang zuweisen Ausgang speichernd setzen	E Eingang A Ausgang M Merker T Zeitgeber Z Zähler
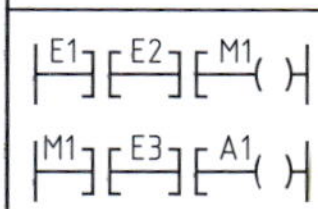	Merker werden wie Ein- und Ausgänge behandelt	

Funktionsplan – Darstellung

Beispiel:

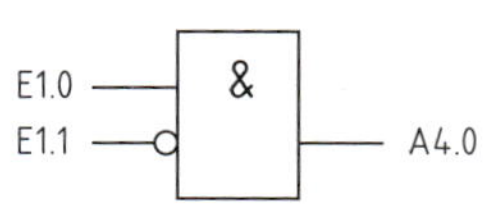

Die programmierten Funktionen werden als Kästchen dargestellt. An den links liegenden Eingängen stehen die Operanden (Eingänge, Merker), deren Signalzustände verknüpft werden.

Signalzustand „1" durchgezogene Linie; Signalzustand „0" mit Kreis

Ergebnis wird an rechts stehenden Operanden gegeben.

Kontaktplan – Darstellung

Beispiel:

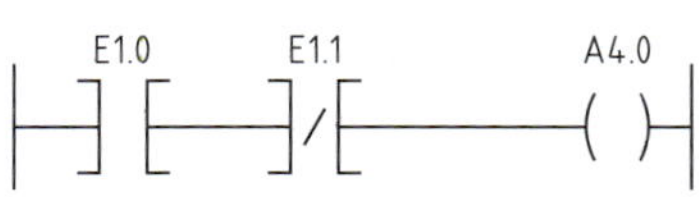

Die Verknüpfungen werden durch die Anordnung der Kontaktsymbole realisiert. UND-Verknüpfung: Reihenschaltung; ODER-Verknüpfung: Parallelschaltung. Abfrage der Operanden erfolgt über eckige Klammer, eine runde Klammer schließt „Pfad" ab.

Signalzustand „1" – eckige Klammer; Signalzustand „0" – eckige Klammer mit Schrägstrich

Anweisungsliste

Beispiel:

```
0000 U  E 1.0 Abfrage aus „1"
0002 UN E 1.1 Abfrage aus „0" und
0004 =  A 4.0 Verknüpfung nach UND
```

Auszuführende Funktionen werden als Befehlsfolge dargestellt, die in der Reihenfolge vom Prozessor abgearbeitet werden. Nach der links stehenden Operation wird der zu verknüpfende Operand dargestellt.

Das Ergebnis wird einem Operanden zugewiesen. Jede Anweisungszeile kann einen Kommentar erhalten.

7.6 Speicherprogrammierte Steuerungen (SPS)

Operationen in SPS-Schaltungen (Auswahl)

Operation	Funktionsplan (FUP)	Kontaktplan (KOP)	Anweisungsliste (AWL)
UND **U**	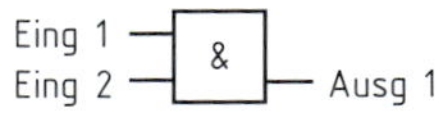	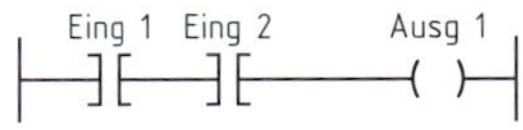	U Eing1 U Eing2 = Ausg1
ODER **O**	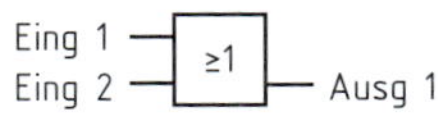	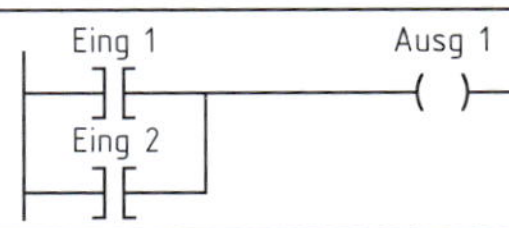	O Eing1 O Eing2 = Ausg1
NICHT **N**	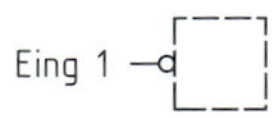	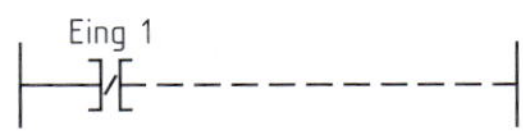	UN Eing1 = Ausg1
UND vor **ODER**	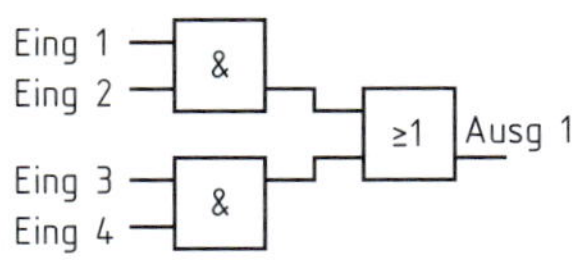	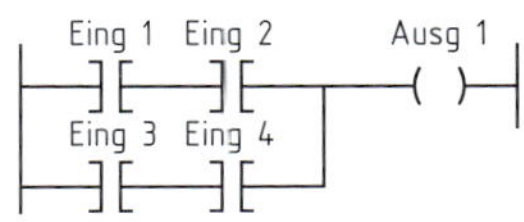	U Eing1 U Eing2 O U Eing3 U Eing4 = Ausg1
EXKLUSIV ODER **XO**	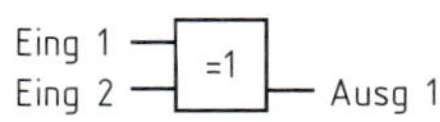	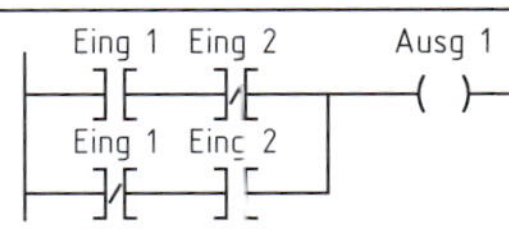	XO Eing1 XO Eing2 = Ausg1
Zuweisung **=**			= Ausg1
Setzen **S**	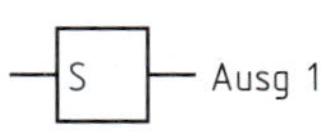		S Ausg1
Rücksetzen **R**	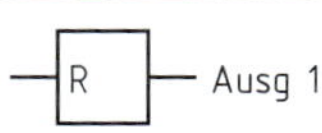		R Ausg1
RS-SPEICHER dominierend rücksetzend	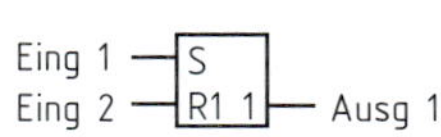	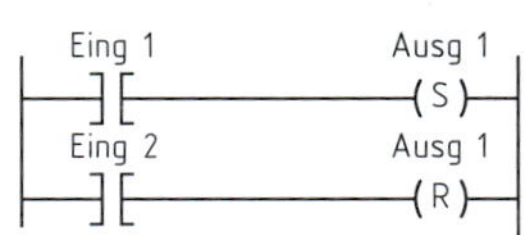	U Eing1 S Ausg1 U Eing2 R Ausg1
Einschalt-verzö-gerung	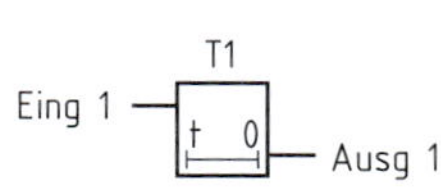	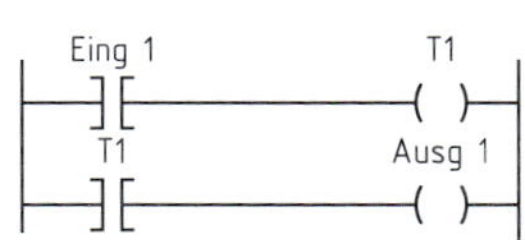	U Eing1 = T1 U T1 = Ausg1
Ausschalt-verzö-gerung	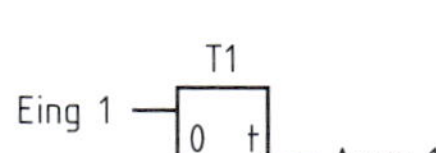	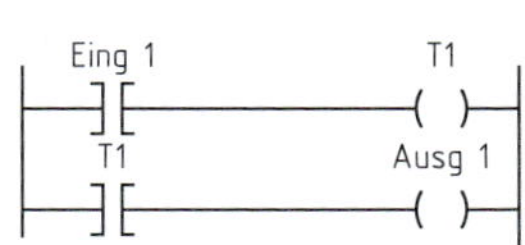	U Eing1 = T1 U T1 = Ausg1

7

7.6 Speicherprogrammierte Steuerungen (SPS)

Beispiel: Steuerung von zwei Pneumatikzylindern mit SPS

Schaltplan mit Belegungsliste

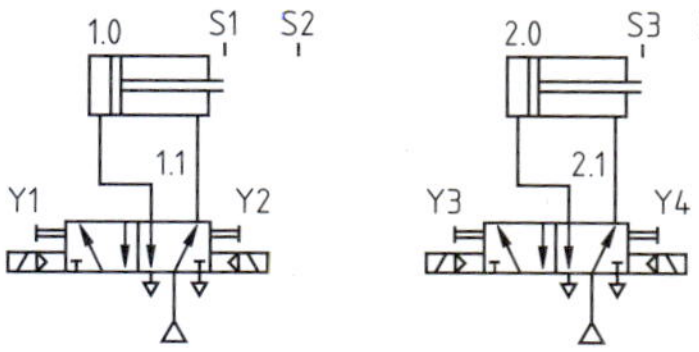

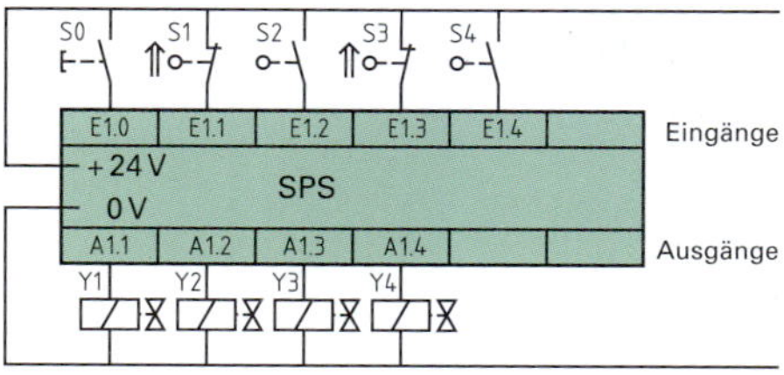

Bauteil	Signal-glied	Eingang	Bauteil	Magnet-ventil	Ausgang
Starttaster Vorgang wird ausgelöst	S0	E1.0	Magnetventil Zylinder 1 vor	Y1	A1.1
Grenztaster Zylinder 1 Ausgangsstellung	S1	E 1.1	Magnetventil Zylinder 1 zurück	Y2	A1.2
Grenztaster Zylinder 1 Endstellung	S2	E1.2	Magnetventil Zylinder 2 vor	Y3	A1.3
Grenztaster Zylinder 2 Ausgangsstellung	S3	E 1.3	Magnetventil Zylinder 2 zurück	Y4	A1.4
Grenztaster Zylinder 2 Endstellung	S4	E1.4			

Anweisungsliste (AWL)

U	E1.0	Starttaster S0 betätigt
U	E1.1	Grenztaster S1 betätigt
U	E1.3	Grenztaster S3 betätigt
S	A1.1	Setze Elektromagnet Y1
U	A1.3	Elektromagnet Y3 betätigt
R	A1.1	Setze Elektromagnet Y1 zurück
U	E1.2	Grenztaster S2 betätigt
U	A1.1	Elektromagnet Y1 betätigt
S	A1.3	Setze Elektromagnet Y3
U	A1.2	Elektromagnet Y2 betätigt
R	A1.3	Setze Elektromagnet Y3 zurück
U	E1.4	Grenztaster S4 betätigt
U	A1.3	Elektromagnet Y3 betätigt
S	A1.2	Setze Elektromagnet Y2
U	A1.4	Elektromagnet Y4 betätigt
R	A1.2	Setze Elektromagnet Y2 zurück
U	E1.1	Grenztaster S1 betätigt
U	A1.2	Elektromagnet Y2 betätigt
S	A1.4	Setze Elektromagnet Y4
U	A1.1	Elektromagnet Y1 betätigt
R	A1.4	Setze Elektromagnet Y4 zurück
PE		Programmende

Kontaktplan (KOP)

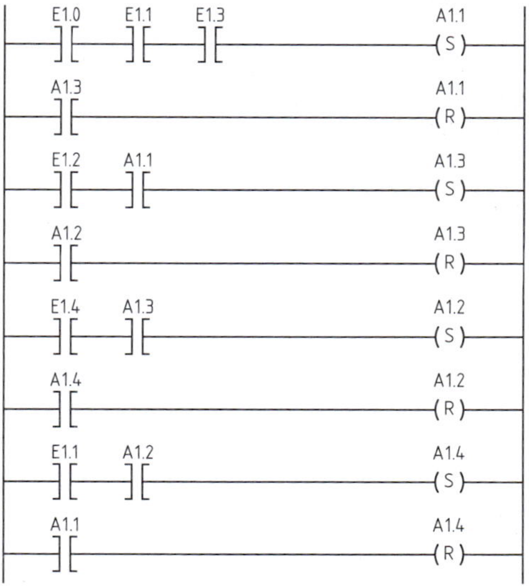

7

7.7 CNC-Technik

NC:	„**N**umerical **C**ontrol"	numerische Steuerung
CNC:	„**C**omputerized **N**umerical **C**ontrol"	rechnerunterstützte numerische Steuerung
DNC:	„**D**irect **N**umerical **C**ontrol"	direkt an einen Fertigungsleitrechner angeschlossene numerische Steuerung
CAD:	„**C**omputer **A**ided **D**esign"	rechnerunterstütztes Konstruieren

Koordinaten

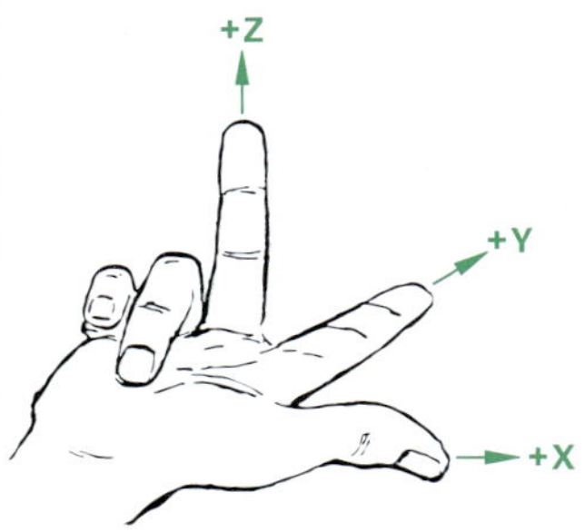

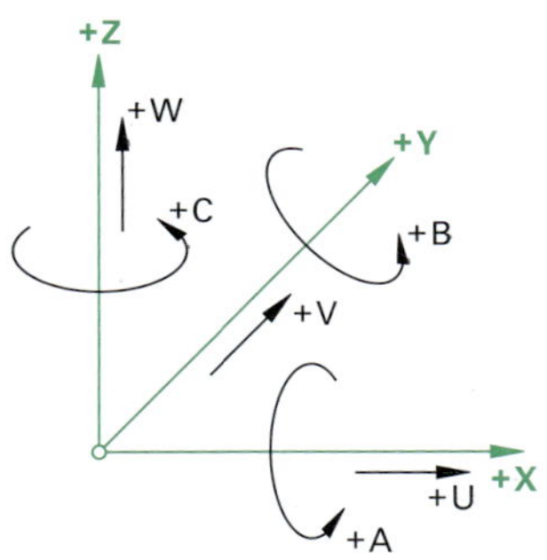

Den Bewegungen der Maschinen liegt ein Koordinatensystem zugrunde, das den Bewegungsachsen zugeordnet ist:
Rechtwinkliges, dreiachsiges Koordinatensystem DIN 66217

Die drei Hauptachsen X,Y und Z stehen senkrecht aufeinander und können mit der rechten Hand untereinander zugeordnet werden.

Z-Achse: verläuft parallel zur Werkzeugachse oder liegt senkrecht zur Aufspannfläche des Werkstücks, positive Richtung verläuft vom Werkstück zum Werkzeug

X-Achse: verläuft meist horizontal und liegt parallel zur Aufspannfläche des Werkstücks, positive Richtung ist beim Blick von der Maschinenvorderkante nach rechts

Y-Achse: ergibt sich durch das rechtshändige Koordinatensystem

Zusatzachsen: Zusätzliche Linearachsen, die parallel zu den Hauptachsen liegen, werden sinngemaß mit **U, V** und **W** bezeichnet.

Drehungen um die Koordinatenachsen:
Die Drehungen **A, B** und **C** werden sinngemäß den Hauptachsen X, Y und Z oder einer dazu parallelen Achse zugeordnet.

Programmier-Grundsatz: Das Werkzeug bewegt sich, während das Werkstück stillsteht.

Bezugspunkte

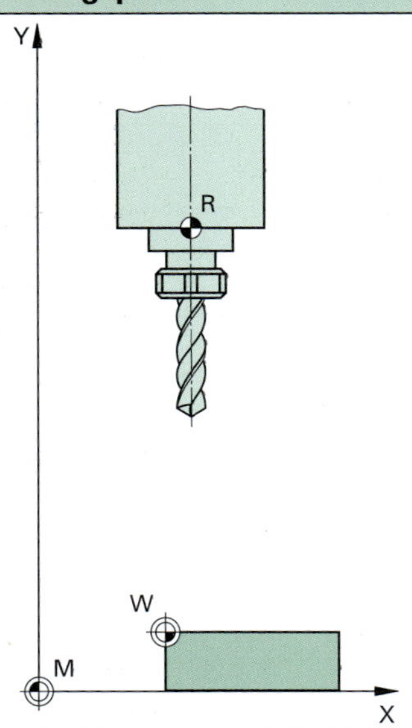

Maschinennullpunkt M

vom Maschinenhersteller festgelegter Nullpunkt des Maschinen-Koordinatensystems.

Er ist der Ausgangspunkt für alle Bezugspunkte in der Maschine.

Referenzpunkt R

vom Maschinenhersteller festgelegter Punkt im Koordinatensystem. Dieser Punkt wird nach dem Einschalten oder Stromausfall angefahren um die Messsysteme zu normieren.

Er ist im Normalfall für die X- und Y-Achse mit dem Maschinennullpunkt identisch und liegt beim positiven Ende der Z-Achse.

Werkstücknullpunkt W

vom Programmierer frei gewählt.
Er wird allgemein so gewählt, dass möglichst viele Maßangaben aus der Zeichnung als Koordinatenwerte ohne Umrechnung übernommen werden können. Bei symmetrischen Werkstücken liegt er z.B. in den Symmetrieachsen.

7

7.7 CNC-Technik

Programmaufbau (DIN 66025)

Ein Teileprogramm (Programm für ein Werkstück) besteht aus

- Programmanfang
- einer Anzahl von Sätzen
- Programmende

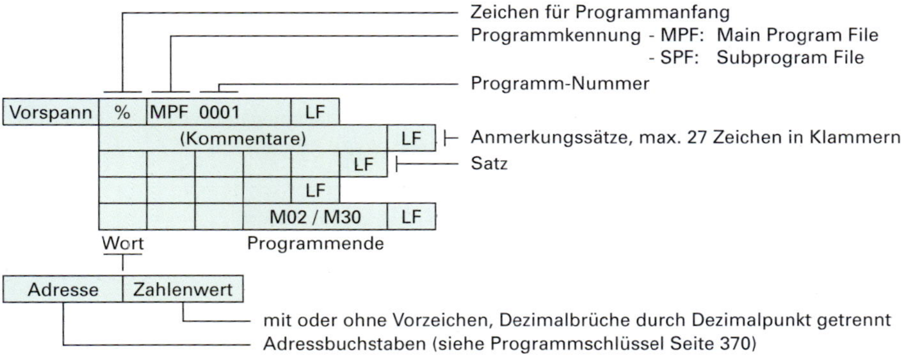

Satzaufbau:

Satz-Nummer	Weginformationen			Schaltinformationen			
	Weg-bedingung	Koordinaten-achsen	Interpolations-parameter	Vorschub	Drehzahl	Werkzeug	Hilfs-funktionen
N	**G**	**X; Y; Z**	**I; J; K**	**F**	**S**	**T**	**M**

Grundschema der CNC-Programmierung	
% MPF ...	Programmanfang
(........................)	Kommentar
N10 G40 G64 G54 M51 N20 G0 G90 D0 Z...	Löschstellungen
N30 G59 X...	Fräsaggregate in oberster Stellung/Motorabstand
N40 X... Y...	Startposition
N50 T...	Vorwahl Motor/Werkzeug
N60 G91 D... Z...	Aufbau Längenkorrektur
N70 G1 G41 X... Y... F3000	Aufbau Radiuskorrektur
N80 X... Y...	Fahren zur Kontur
N90 N...	Geometrie
N... G1 X... Y... F3000	Wegfahren von Kontur
N... G9 G40 X... Y...	Abbau Radiuskorrektur
N... G0 G90 D0 Z...	Abbau Längenkorrektur
N... M30	Programmende

7.7 CNC-Technik

Programmschlüssel (DIN 66025, Auswahl)

Anweisung/ Adresse	Funktion und Bedeutung
%	Programmanfang
N	Satznummer
/N	Ausblendbarer Satz
G00	Positionieren im Eilgang
G01	Geraden-Interpolation
G02	Kreis-Interpolation, Uhrzeigersinn
G03	Kreis-Interpolation, Gegenuhrzeigersinn
G04	Verweilzeit, satzweise
G09	Genauhalt, satzweise
G17	Ebenen-Anwahl XY
G18	Ebenen-Anwahl XZ
G19	Ebenen-Anwahl YZ
G40	Aufheben der Fräserradiuskorrektur
G41	Fräserradiuskorrektur, links
G42	Fräserradiuskorrektur, rechts
G53	Aufhebung der Nullpunktverschiebung
G54	Einstellbare Nullpunktverschiebung 1
G55	Einstellbare Nullpunktverschiebung 2
G56	Einstellbare Nullpunktverschiebung 3
G57	Einstellbare Nullpunktverschiebung 4
G58	Programmierbare Nullpunktverschiebung
G59	Programmierbare Nullpunktverschiebung
G60	Genauhalt, Grundstellung
G62	Bahnsteuerbetrieb mit Reduzierung des Vorschubs zum Satzende
G64	Bahnsteuerbetrieb ohne Geschwindigkeitsreduzierung
G70	Eingabesystem Zoll
G71	Eingabesystem metrisch
G74	Referenz-Fahrt
G90	Absolute Maßangaben
G91	Inkrementale Maßangaben
G94	Vorschub in mm/min
G95	Vorschub in mm
G96	Konstante Schnittgeschwindigkeit
G96	Spindeldrehzahl in 1/min

Anweisung/ Adresse	Funktion und Bedeutung
M00	Programmierbarer Halt
M01	Wahlweiser Halt
M02	Programmende ohne Rücksprung
M03	Spindel, Uhrzeigersinn
M04	Spindel, Gegenuhrzeigersinn
M05	Spindel-Halt
M06	Werkzeugwechsel
M17	Unterprogrammende
M30	Programmende mit Rücksprung
R	Parameter
F	Vorschub in mm/min (1 ... 20 000)
S	Spindeldrehzahl (1 ... 9999)
T	Werkzeug-Auswahl (1 ... 9999)
X	Weginformation
Y	Weginformation
Z	Weginformation
I	Kreisinterpolationsparameter für X-Achse
J	Kreisinterpolationsparameter für Y-Achse
K	Kreisinterpolationsparameter für Z-Achse (Werte in mm von 0 bis ± 99999.999)
D0	Abwahl der Werkzeugkorrektur
D1 ... 64	Werkzeugkorrektur-Nummer
L	Unterprogramm-Nummer (1. bis 3.Dekade) Anzahl der Durchläufe (4. bis 5. Dekade)
@00	Unbedingter Sprung
@01	Bedingter Sprung gleich
@02	Bedingter Sprung größer
@03	Bedingter Sprung größer oder gleich
@10	Quadratwurzel
@15	Sinus
@31	Zwischenspeicher leeren

7.7 CNC-Technik

Bemaßungsarten G90/91

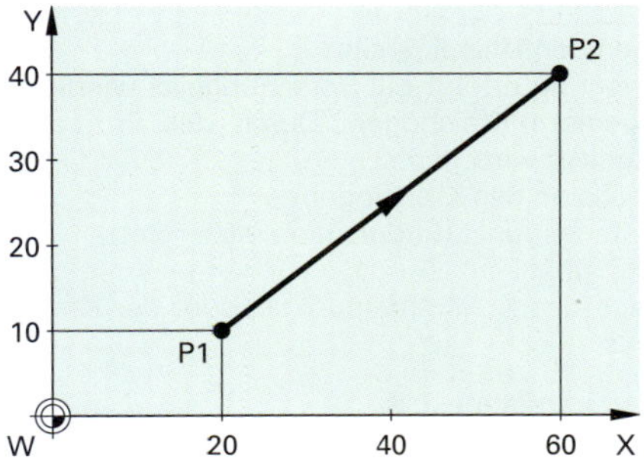

G90 Bezugsmaßeingabe (Absolutmaßeingabe)
Maßangaben beziehen sich auf einen festgelegten Nullpunkt, meist Werkstücknullpunkt. Zahlenwert der zugehörigen Weginformation gibt Zielposition an.

G91 Relative Bemaßung (Inkrementalmaßeingabe oder Kettenmaßeingabe).
Der Zahlenwert der Weginformation bezieht sich auf den Endpunkt des letzten Satzes.

Beispiele: N... G00 G90 X60 Y40
oder
N... G00 G91 X40 Y30

Nullpunktverschiebung

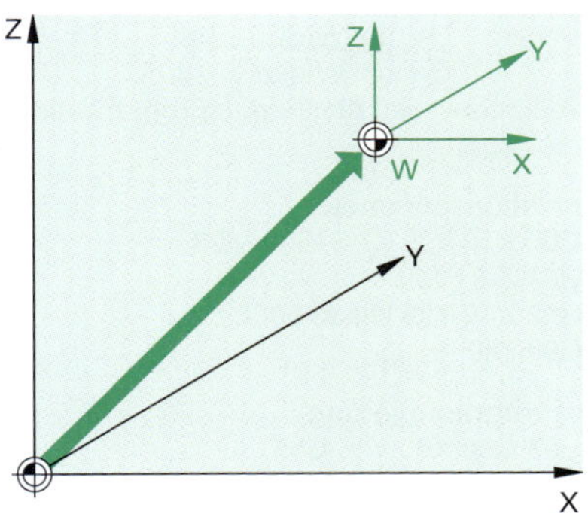

Die Nullpunktverschiebung ist der Abstand vom Maschinennullpunkt zum Werkstücknullpunkt.

G54 ... G57 Einstellbare Nullpunktverschiebung.
Diese Nullpunktverschiebungen sind Speicherplätze in der Steuerung und werden beim Einrichten eingegeben. Sie sind unabhängig von der Bemaßungsart.

G58/G59 Programmierbare Nullpunktverschiebung.
Zusätzliche (additive) Verschiebung, die ins Programm geschrieben wird.

G53 Satzweise Unterdrückung der Nullpunktverschiebung

Achsbewegung ohne Bearbeitung

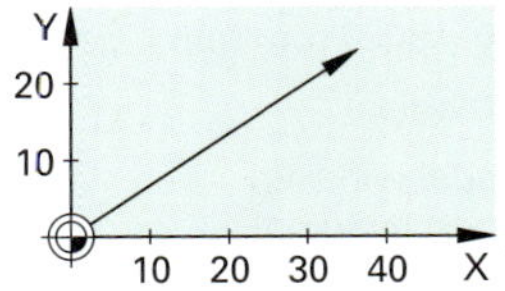

G00 Eilgangbewegung
Der programmierte Weg wird mit der größtmöglichen Geschwindigkeit (maschinenabhängig) ohne Bearbeitung auf einer Geraden verfahren.

Beispiel: N... G00 G90 X30 Y20

Geradeninterpolation

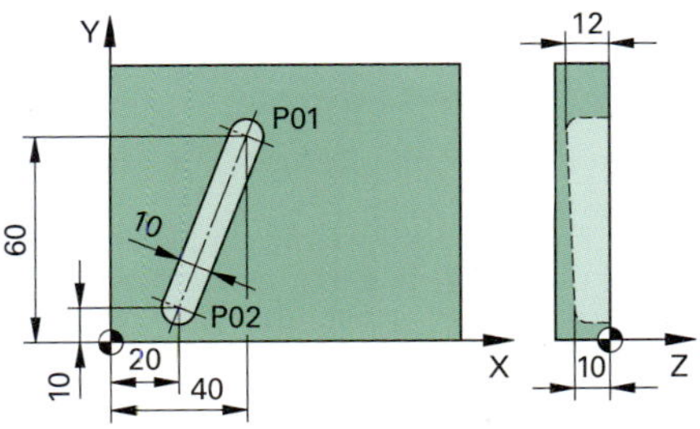

G01 Mit der zuletzt programmierten Vorschubgeschwindigkeit wird zu dem im Bezugs- oder Kettenmaß programmierten Zielpunkt auf einer Geraden gefahren. Die Gerade kann beliebig in der Ebene oder im Raum liegen.

Beispiel: Geradeninterpolation im Raum
N... G00 G90 X40 Y 60 Z3 S800 M3
N... G01 Z-12 F400
N... X20 Y10 Z-10
N... G00 Z80

7.7 CNC-Technik

Kreisinterpolation

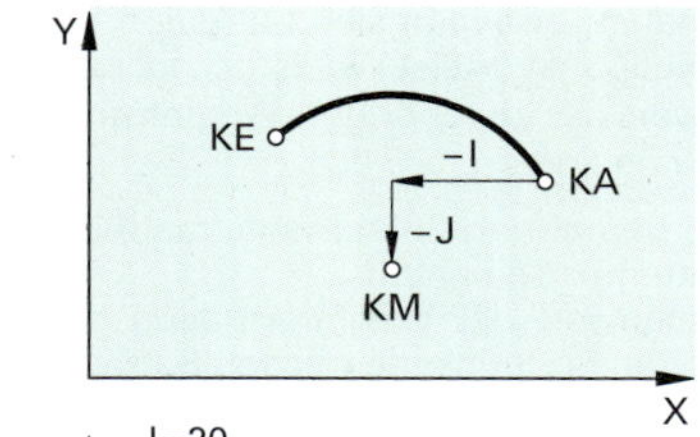

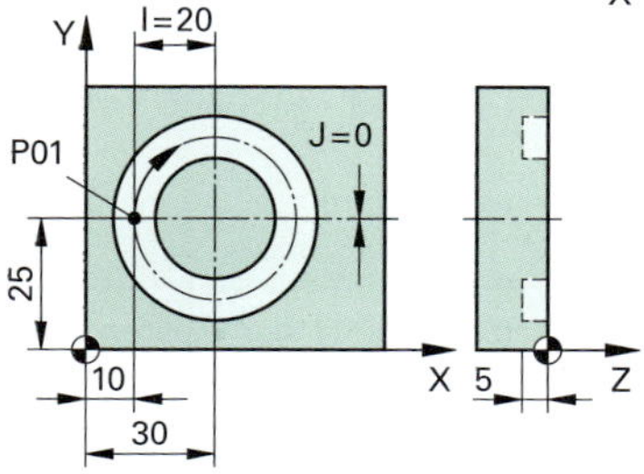

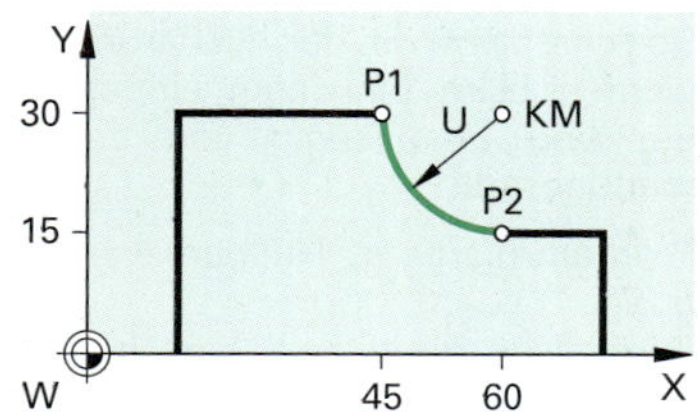

G02 im Uhrzeigersinn

G03 gegen den Uhrzeigersinn
Bewegung erfolgt mit Vorschubgeschwindigkeit auf einem Kreisbogen. Durch das Programm festgelegt wird:
- Drehsinn des Kreisbogens
- Anfangspunkt (Endposition letzter Satz)
- Zielpunkt
- Lage des Kreismittelpunktes oder der Kreisradius

Interpolationsparameter **I, J, K**
Die Interpolationsparameter werden relativ vom Anfangspunkt zum Mittelpunkt des Kreisbogens angegeben. Die Vorzeichen ergeben sich aus der Koordinatenrichtung.

Radiusangabe **U, P** oder **R**
Vorzeichen: U+ bei Winkel ≤ 180°
U– bei Winkel > 180°
Bei Vollkreisen ist die Radiusprogrammierung nicht zulässig!

Beispiel: Interpolationsparameter
N ... G00 X10 Y25 Z1 S1500 M03
N ... G01 Z-5 F400
N ... G02 X10 Y25 I20 J0 F600
N ... G00 Z80

Beispiel: Radiusprogrammierung
N ... G03 G90 X60 Y15 U15

Bahngeschwindigkeit, Satzübergangsgeschwindigkeit

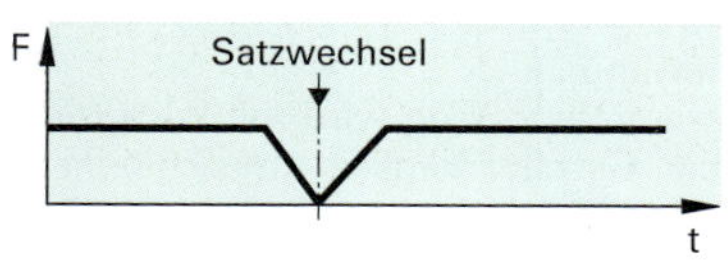

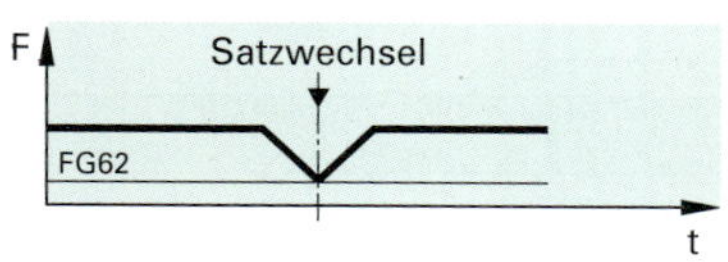

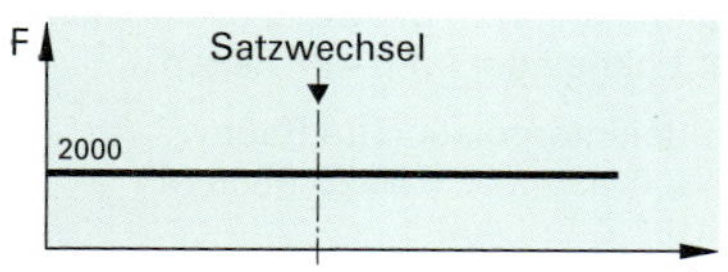

F-Wort Bei der Geraden- und Kreisinterpolation muss eine Vorschubgeschwindigkeit unter der Adresse **F** programmiert werden.
Beispiel: **F8000** = 8000 mm/min = 8 m/min

G09 Genauhalt, satzweise

G60 Genauhalt, modal wirksam
Die Vorschubgeschwindigkeit wird bis zum Stillstand abgebremst und bei folgendem Satz wieder auf den programmierten Wert beschleunigt.

G62 Bahnsteuerbetrieb mit Reduziergeschwindigkeit, speziell für Holzbearbeitung.
Bei Satzende wird auf eine im Maschinendatum festgelegte Geschwindigkeit abgebremst und nachher wieder beschleunigt.

G64 Bahnsteuerbetrieb mit stetigem Geschwindigkeitsübergang
- gleiche Vorschubgeschwindigkeit bis Satzende, wenn gleiche oder höhere Geschwindigkeit folgt
- abbremsen auf Vorschubgeschwindigkeit des folgenden Satzes, wenn eine niedrige Geschwindigkeit folgt.

7.7 CNC-Technik

Werkzeugkorrekturen

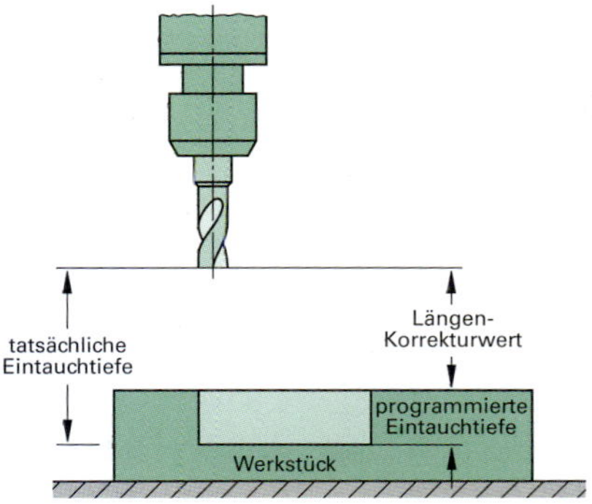

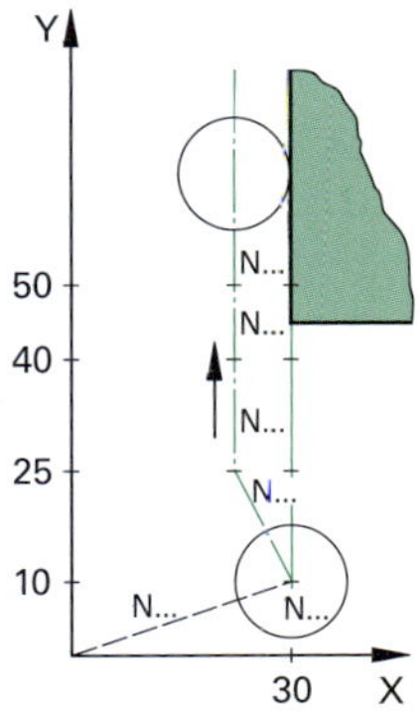

Anwahl der Korrektur

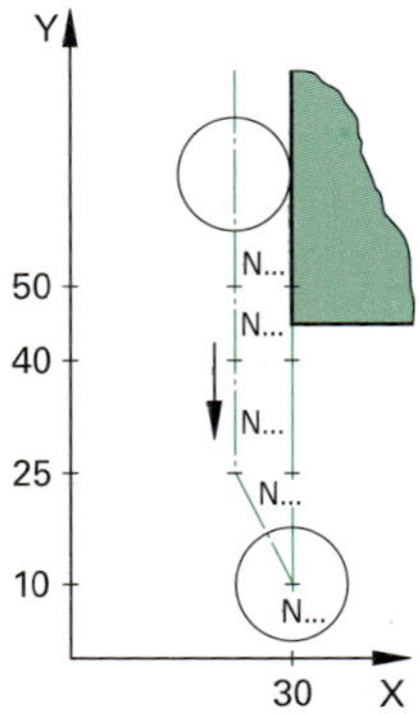

Abwahl der Korrektur

Unter einer Werkzeugkorrekturnummer **D** sind die geometrischen Werkzeugdaten abgelegt:

Länge ± 999.999 mm
Radius ± 999.999 mm

Anwahl und Abwahl nur wenn G00 oder G01 wirksam

Längenkorrektur

Anwahl: Angabe des Korrekturspeichers
D1 … D..
Weginformation **Z...**
Beispiel: N.. G00 D1 Z120

Abwahl: Löschen mit **D0**
Weginformation **Z...**
Beispiel: N.. G00 D0 Z120

Werkzeugradiuskorrektur

G40 keine Radiuskorrektur
G41 Radiuskorrektur links vom Werkstück
G42 Radiuskorrektur rechts vom Werkstück

Der Korrekturaufbau sowohl der Korrekturabbau erfolgt auf zwei Geraden.

Beispiel: Korrekturaufbau:
N.. G91D1Z2
N.. G01 G41 Y15 F3000
N.. Y15 Z-15
N.. Y10 F5000

Beispiel: Korrekturabbau
N.. G90 G01 F5000
N.. Y40 F3000
N.. Y25 Z120
N.. G40 Y10

Unterprogramme

Unterprogramm-Schachtelung

1-fache Schachtelung

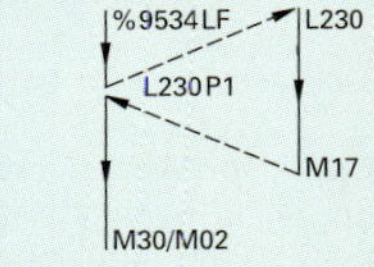

2-fache Schachtelung

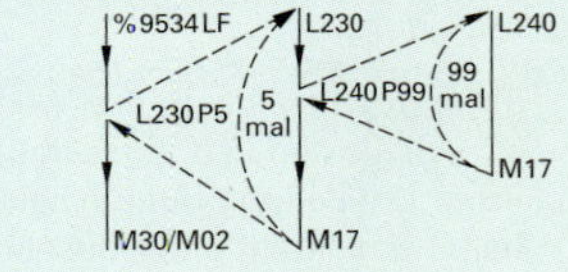

3-fache Schachtelung

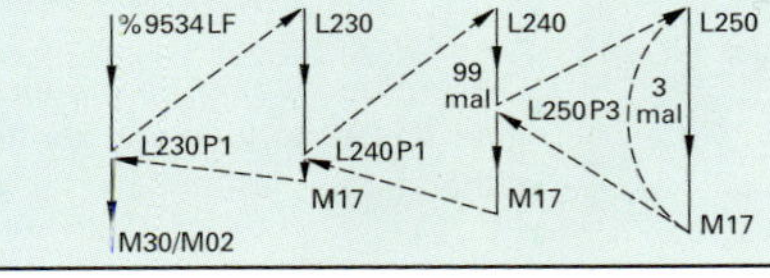

Sich wiederholende Arbeitsgänge beim Bearbeiten eines Werkstückes können als Unterprogramme geschrieben werden. Sie werden vorzugsweise im Kettenmaß programmiert.

Aufbau:

- Unterprogrammanfang
  %SP (subprogram = Unterprogramm)
  Adresse **L...**
- Sätze des Unterprogramms
- Unterprogrammende
  Schlusszeichen **M17**

7

7.7 CNC-Technik

Werkstattorientierte Programmierung (WOP)

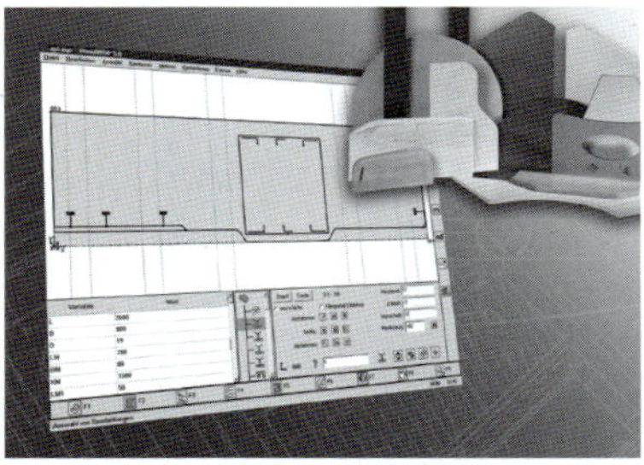

Beschreibung:

- CNC-Programm mit grafischer Oberfläche (Windows)
- Erstellen der Werkstückgeometrie mit Zeichenfunktion
- Makros erleichtern die Eingabe der Bearbeitungsschritte
- CNC-Bearbeitungen werden als Liste oder Struktur verwaltet und können geändert oder gelöscht werden
- CAD-Daten werden über Schnittstelle eingelesen
- Postprozessor erzeugt ein lauffähiges CNC-Programm im G-Code

Programmierumgebung (Beispiel WoodWOP, Fa. Homag)

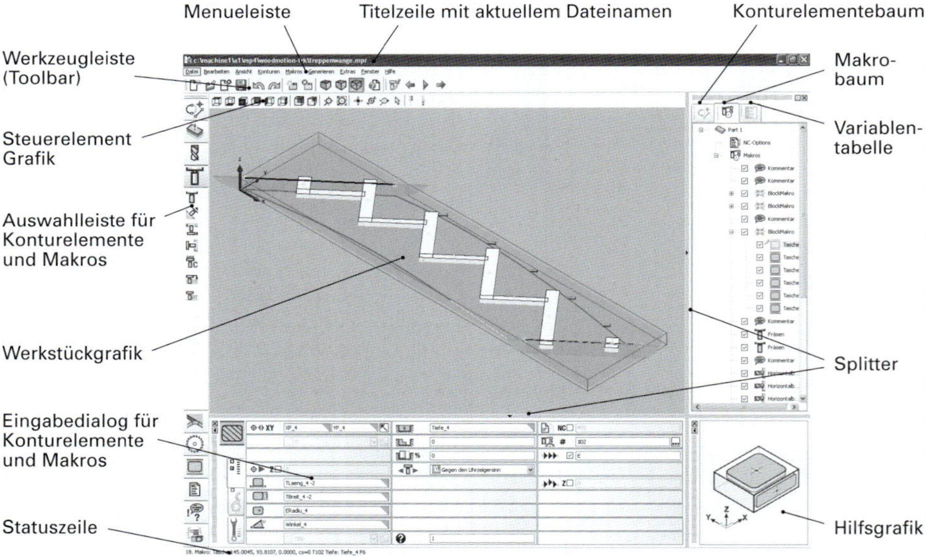

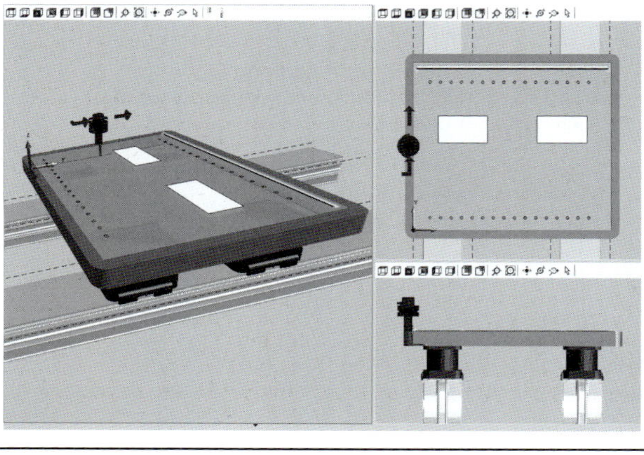

Eine 3D-Grafik von Werkstücken, Bearbeitungen, Konsolen und Spannmitteln ergibt mehr Programmiersicherheit.

Es ist möglich, bis zu drei Werkstückansichten in unterschiedlicher Darstellung (undurchsichtig, halb transparent und transparent) anzuzeigen.

Die Werkzeugansicht ermöglicht eine 3D-Darstellung von konturabhängigen Fräsbahnen.

7.7 CNC-Technik

Nach dem **Programmstart** kann eine neue Datei angelegt oder eine bestehende Datei bearbeitet werden.

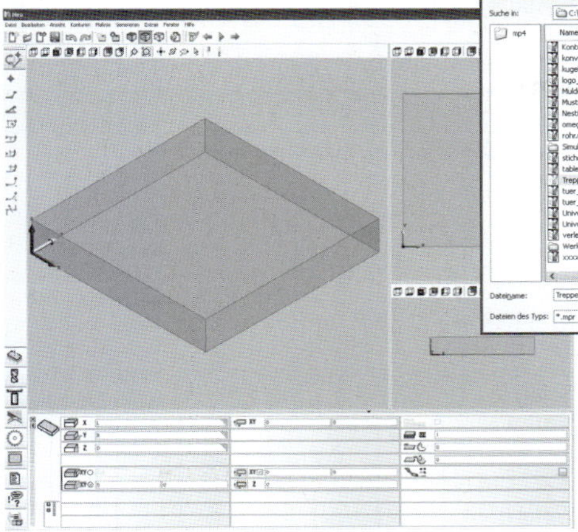

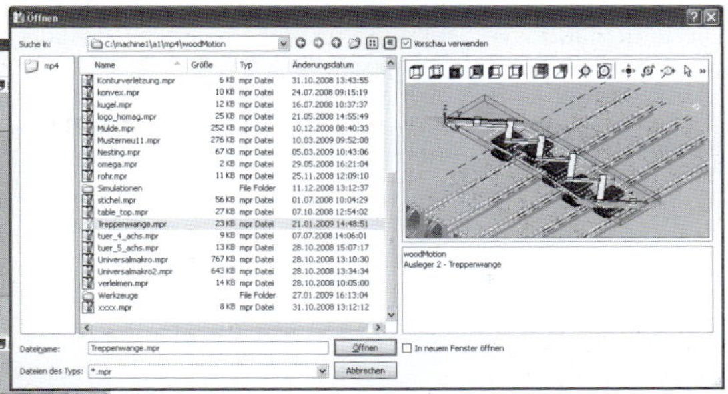

Datei öffnen – Dialog mit 3D-Vorschau

Die Eingabe der Parameter in den einheitlichen Bearbeitungsdialogen wird durch selbsterklärende Symbole in den Eingabemasken und durch zusätzliche Hilfsgrafiken wesentlich vereinfacht.

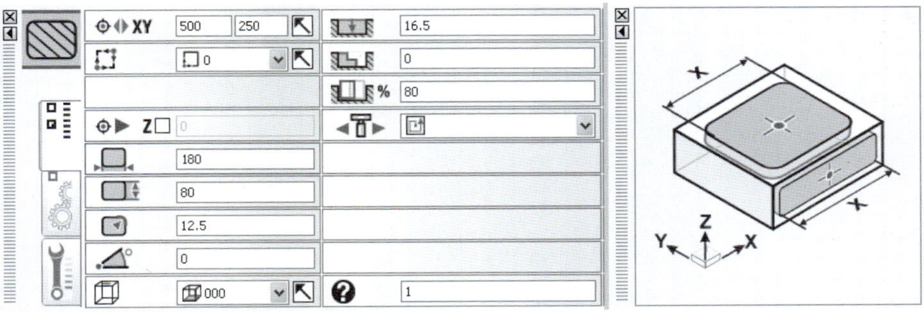

Schnittstelle für CAD-Datenimport

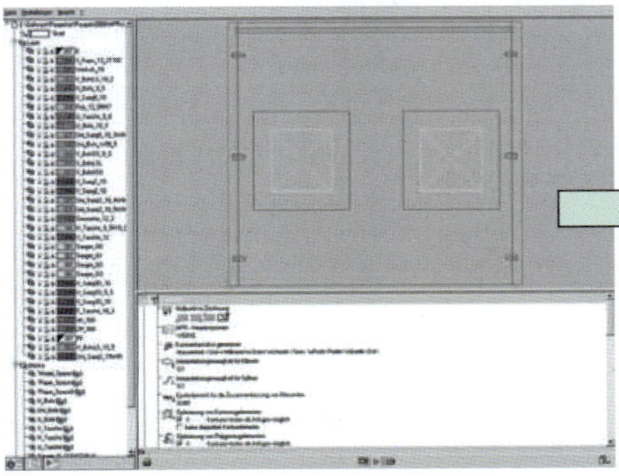

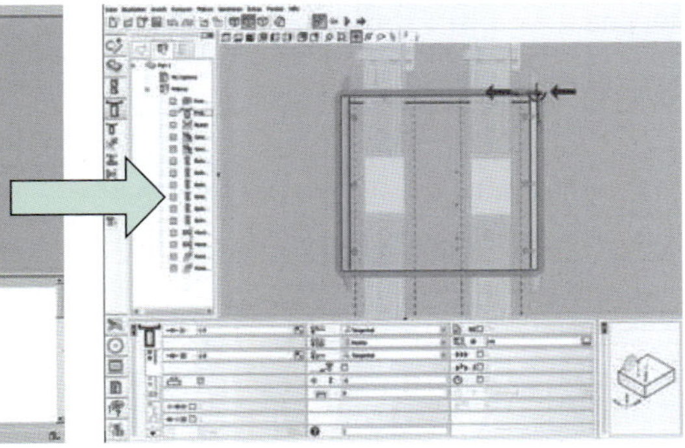

CAD-Zeichnung **WOP-Zeichnung**

Das systemneutrale **DXF**-Format für den Austausch von CAD-Zeichnungen dient als Grundlage für die Erzeugung von WOP-Programmen. Einmal gezeichnete Werkstücke können direkt in WOP importiert und an die Maschine übertragen werden. Bei der Datenübernahme werden die Bearbeitungen dann automatisch generiert.

7

7.8 Informationstechnik

IT-Systeme sind Kombinationen von informationstechnischen Komponenten, z. B. Computer, Ein- und Ausgabegeräte, Programme usw. Im Verbund bilden sie ein Computersystem, das z. B. zur Steuerung von Maschinen oder Verwaltungsaufgaben dient.
Die Informationsverarbeitung erfolgt in einem Computersystem durch die Eingabe, Verarbeitung und Ausgabe von Informationen.
Ein Computer kann Informationen nur in **binärer** Form verarbeiten.

Codierung

Informationseinheit
1 Bit

 Strom fließt nicht = 0

oder

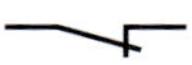 Strom fließt = 1

Ein Bit besteht aus der Ziffer **0** und **1** (Dualsystem Seite 9)

1 Byte = 8 Bit
1 kB = 2^{10} Byte = 1024 Byte
1 MB = 2^{10} kB = 1048576 Byte
1 GB = 2^{10} MB = 1073741824 Byte

Mit einem Byte können 256 Zeichen codiert werden (siehe ASCII-Code)

ASCII-Code[1] (Genormter 7-Bit-Code) DIN 66003

Dez	Hex	Zch	Dez	Hex	Zch	Dez	Hex	Zch	Dez	Hex	Zch	Dez	Hex	Zch	Dez	Hex	Zch
0	0		22	16	■	44	2C	,	65	41	A	86	56	V	107	6B	k
1	1	☺	23	17	↕	45	2D	–	66	42	B	87	57	W	108	6C	l
2	2	☹	24	18	↑	46	2E	.	67	43	C	88	58	X	109	6D	m
3	3	♥	25	19	↓	47	2F	/	68	44	D	89	59	Y	110	6E	n
4	4	♦	26	1A	→	48	30	0	69	45	E	90	5A	Z	111	6F	o
5	5	♣	27	1B	←	49	31	1	70	46	F	91	5B	[	112	70	p
6	6	♠	28	1C	∟	50	32	2	71	47	G	92	5C	\	113	71	q
7	7	●	29	1D	↔	51	33	3	72	48	H	93	5D	]	114	72	r
8	8	☎	30	1E	▲	52	34	4	73	49	I	94	5E	^	115	73	s
9	9	○	31	1F	▼	53	35	5	74	4A	J	95	5F	_	116	74	t
10	A	▪	32	20		54	36	6	75	4B	K	96	60	`	117	75	u
11	B	♂	33	21	!	55	37	7	76	4C	L	97	61	a	118	76	v
12	C	♀	34	22	"	56	38	8	77	4D	M	98	62	b	119	77	w
13	D	⊗	35	23	#	57	39	9	78	4E	N	99	63	c	120	78	x
14	E	⊕	36	24	$	58	3A	:	79	4F	O	100	64	d	121	78	y
15	F	□	37	25	%	59	3B	;	80	50	P	101	65	e	122	7A	z
16	10	▶	38	26	&	60	3C	<	81	51	Q	102	66	f	123	7B	{
17	11	◀	39	27	'	61	3D	=	82	52	R	103	67	g	124	7C	|
18	12	∅	40	28	(	62	3E	>	83	53	S	104	68	h	125	7D	}
19	13	±	41	29	)	63	3F	?	84	54	T	105	69	i	126	7E	~
20	14	¶	42	2A	*	64	40	@	85	55	U	106	6A	j	127	7F	∆
21	15	§	43	2B	+												

[1] **A**merican **S**tandard **C**ode for **I**nformation **I**nterchange (Amerikanischer Standardcode für Informationsaustausch)

Die Zeichen 128 ... 256 (dezimal) sind mit Sonderzeichen oder grafischen Symbolen belegt.
0 ... 32 und 127 (dezimal) sind Steuerzeichen und nicht darstellbar.

EVA – Prinzip der Datenverarbeitung

Eingabe →	Verarbeitung →	Ausgabe
Eingabegeräte	Zentraleinheit	Ausgabegeräte

Hardware (Datenverarbeitungsanlage)		**Software**	
Zentraleinheit	**Peripherie**	**Systemsoftware**	**Anwendersoftware**
Mikroprozessor **CPU** Arbeitsspeicher **RAM** Festwertspeicher **ROM** Systembus Schnittstellen (Interface)	**Eingabegeräte:** Tastatur, Maus usw. **Ausgabegeräte:** Monitor, Drucker usw. **Datenspeicherung:** Festplatten-, CD- und DVD- Laufwerk usw.	**Betriebs**systeme z.B. MS-Windows-XP, MS-Vista, Linux **Dienst-** und **Hilfs**programme z.B. Treiber, Editor	**Standard**anwendungen z.B. MS-Word, Excel **Branchen**anwendungen z.B. Kalkulation für Schreiner **Individual**anwendungen z.B. E-Shop im Internet

7.8 Informationstechnik

Struktur eines Mikrocomputers

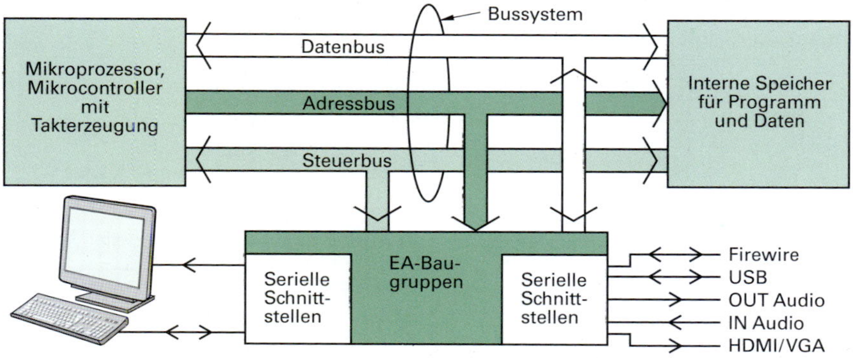

Begriffe

Mikroprozessor (CPU)	Hochintegrierte Schaltung mit Rechenwerk (ALU) und Steuerwerk (CU), das für Holen, Dekodieren und Ausführen von Befehle eines Programms zuständig ist
Takterzeugung	Erzeugt für den Prozessor die Taktfrequenz und damit die Arbeitsgeschwindigkeit
Bus, Bussystem	Datensammelleitung zwischen Funktionseinheiten Ein Bussystem ist die Kombination aus Adress-, Daten- und Steuerbus
RAM Interner Speicher	Schreib-Lese-Speicher, im stromlosen Zustand gelöscht (flüchtig) **R**andom **A**ccess **M**emory
ROM Interner Speicher	Speicher nur zum Lesen für nicht veränderbare Daten (nichtflüchtig) **R**ead **O**nly **M**emory
Schnittstelle (Interface)	Ein-/Ausgabe-Einheit (E/A) zur Anpassung von Peripheriegeräten
Hard Disc Drive	Festplattenlaufwerk (HDD) ist ein Massenspeicher mit magnetischen Datenträger, kurze Zugriffszeit (ms) und große Speicherkapazität (GB)
Peripherie	Sammelbegriff für externe Geräte

Rückseitige Anschlüsse am PC

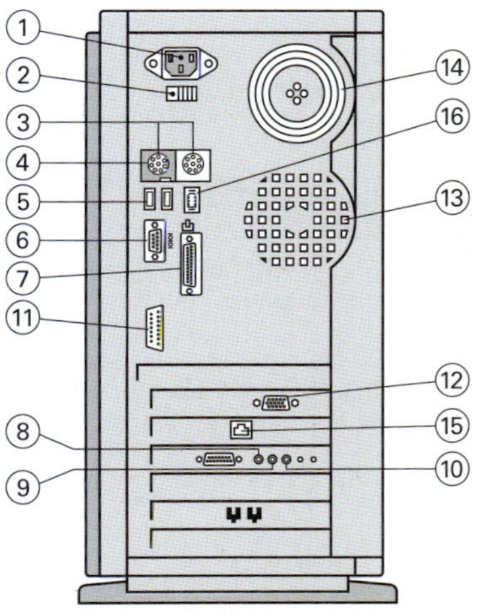

① Netzanschluss, dreipolig
② Netzschalter
③ Maus (grün)
④ Tastatur (lila)
⑤ USB (schwarz)
⑥ COM 1 (türkis)
⑦ LPT (burgunderrot)
⑧ Lautsprecher (grün)
⑨ Audio in (hellblau)
⑩ Mikrofon (rosa)
⑪ Gameport (orange)
⑫ Monitor
⑬ Lufteintritt
⑭ Luftaustritt
⑮ Netzwerk
⑯ Anschluss IEEE 1394 (Firewire, i-Link)

Netzanschluss mit dreipoliger Leitung, Netzschalter, oft nur einpolig.

Mausanschluss und Tastaturanschluss sind oft gleich.

Meist zusätzliche USB-Anschlüsse auf der Vorderseite des PC.

COM 1, Gerätename der ersten seriellen Schnittstelle (COM von Communication).

LPT Gerätename für parallele Schnittstelle, meist für Druckeranschluss (LPT von Line Printer)

Kennzeichen für USB

Kennzeichen für IEEE 1394

7

7.8 Informationstechnik

Die Ein- / Ausgabe-Einheit, auch als Schnittstelle oder Interface bezeichnet, dient zur Anpassung der Peripheriegeräte an den Computer.

Schnittstellen und Steckverbinder

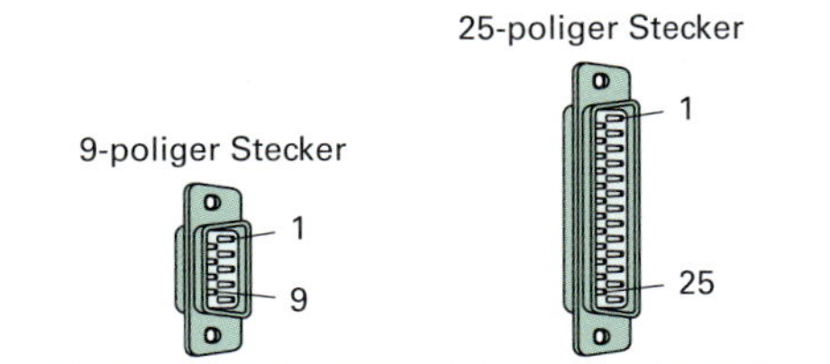

Schnittstelle V.24 COM
Serielle Schnittstelle RS 232

Oft verwendete Verbindung zwischen Computer und Peripherie.
Bitserielle Datenübertragung 300 bit/s bis 19200 bit/s bei einer Reichweite von 30 m.
Konverter zu anderen Schnittstellen im Handel

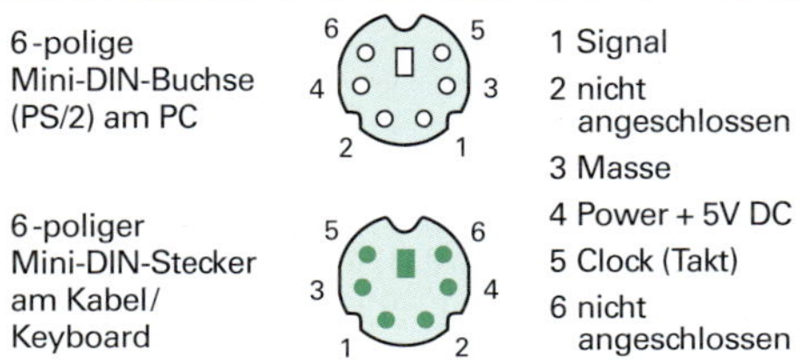

PS/2-Schnittstelle

ist eine weit verbreitete serielle Schnittstelle für Eingabegeräte, meist werden Tastatur und Maus angeschlossen.
Sie werden bei PC eingesetzt, dort jedoch zunehmend durch den USB verdrängt (Tastatur hat violette und die Maus grüne Stecker).

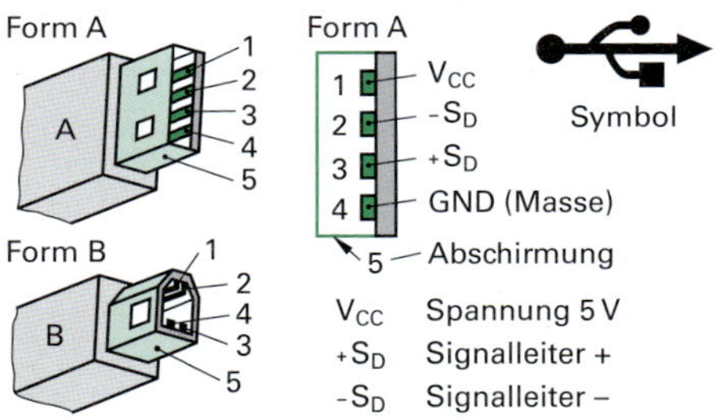

USB-Schnittstelle
Universeller serieller Bus

Ist ein Bussystem zum vereinfachten Anschluss von Peripherie an den PC.
Windows XP und Vista erkennen die Geräte nach Einstecken und machen die Hardware betriebsbereit. Stecker und Buchse sind für alle USB-Geräte gleich.
Übertragungsraten 480 Mbit/s bzw. 9 Gbit/s

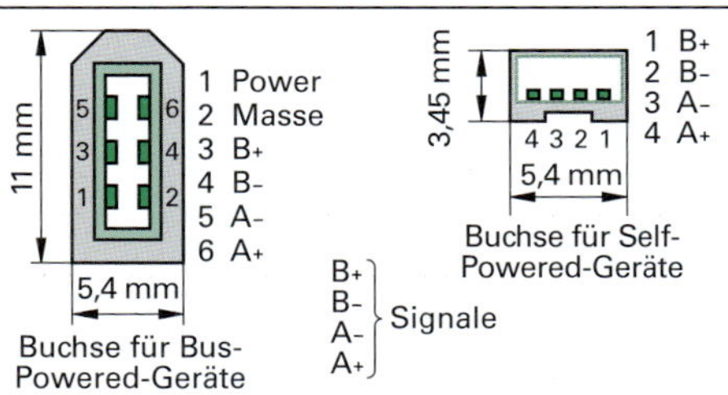

IEEE 1394 (Firewire, i.Link)
Serielle Schnittstelle

für Computer- und Videogeräte zur Übertragung von digitalen Bildern oder Videos, aber auch zum Anschluss externer Massenspeicher.
Bitrate bis zu 400 Mbit/s
Paketorientierte Datenübermittlung
Geräte-Adressierung über Software

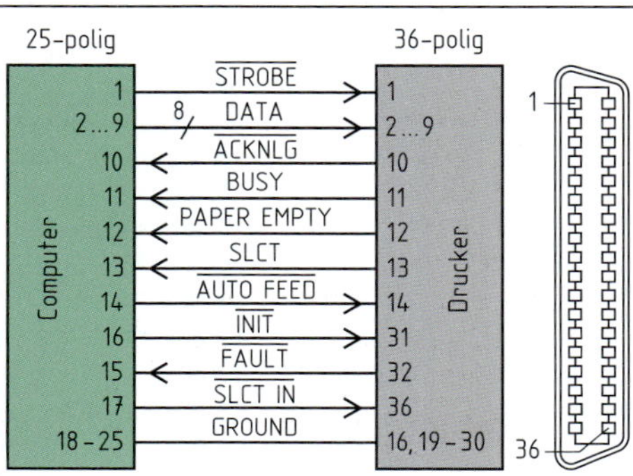

Centronics-Schnittstelle LPT
Parallele Schnittstelle

wird bei Verbindungen von Computer mit Drucker und Scanner sowie in der Messtechnik verwendet.
Für eine gesicherte Datenübertragung bei einer Übertragungsrate von100 kbit/s beträgt die Reichweite bis 90 m, bei 1Mbit/s 1m.

7.8 Informationstechnik

Vernetzung von Computern

Computer können zu einem lokalen Netzwerk **LAN** oder über das Internet zu einem weltweitem Netzwerk **GAN** verbunden sein.

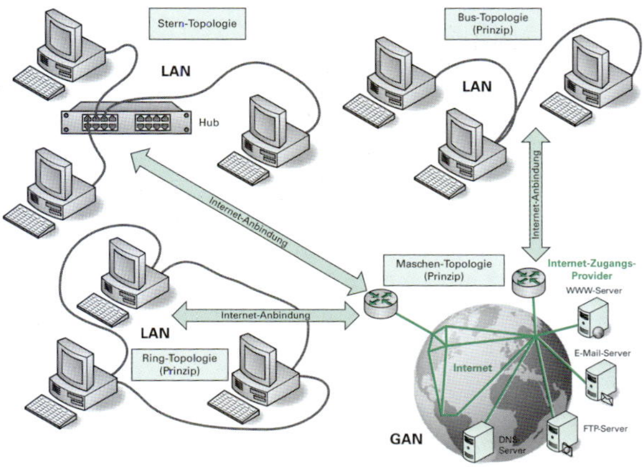

LAN	Lokal Area Network
GAN	Global Area Network
Topologie	Räumliche Art der Anordnung der Netzwerkknoten
Hub	Mittelpunkt einer Verteilung
Switch	Kopplungselement, das Netzwerksegmente miteinander verbindet
Server	als Hardware: Rechner, auf dem eine Server-Software läuft, die grundlegende Dienste bereitstellt

Netzwerkprotokoll

Zur Datenübertragung in einem Netzwerk ist ein Protokoll, also ein festgelegtes Format, notwendig. Es müssen verschiedene Bedingungen, z.B. die Adressierung der Rechner, Sicherheit der Übertragung usw., erfüllt sein. Es wird fast ausschließlich das TCP/IP-Protokoll verwendet.

IP-Adresse:
Besteht aus einer Netzwerk- und Rechneradresse, wird durch 4 Dezimalzahlen (32 Bit) dargestellt, darf in einem Netzwerk nur einmal vorkommen

Subnetzmaske:
Trennt die IP-Adresse in einen Netzwerkteil und einen Geräteteil

Eingabemaske für IP-Einstellung

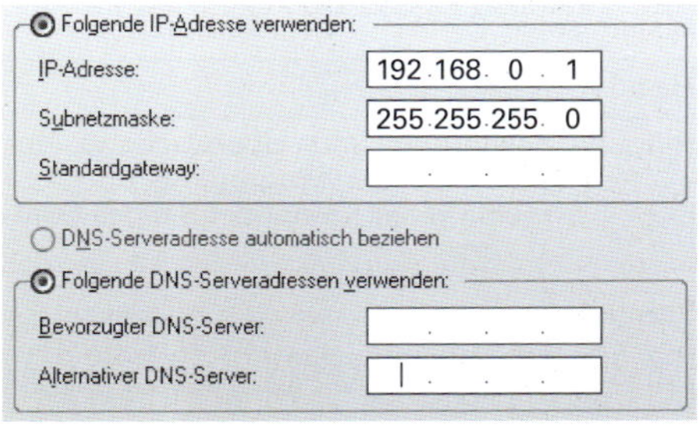

Internet (GAN)

Das Internet ermöglicht eine weltweite Kommunikation und stellt verschiedene Dienste bereit:
WWW, E-Mail, FTP oder DNS.

Internet- Adresse **ULR,** z.B.

http://www.europa-lehrmittel.de/content-12-12/programm

Struktur: Dienst://Adresse/Verzeichnis/Datei

WWW	**W**orld **W**ide **W**eb Bereitstellen von Webseiten
FTP	**F**ile **T**ransfer **P**rotocol Upload und Download von Dateien
DNS	**D**omain **N**ame **S**ystem Wandlung von ULR in die IP-Adresse
http:	**H**yper **T**ext **T**ransfer **P**rotocol

Drahtlose Netzwerke

WLAN (**W**ireless **LAN**) sind lokale Netzwerke, die auf Funkbasis arbeiten.

Ein **Ad-hoc-Netz** ist ein Funknetz, das zwei oder mehr Endgeräte zu einem vermaschten Netzwerk verbindet.

7.8 Informationstechnik

Software

Programme, die Anweisungen für den Computer in Form von Dateien enthalten, werden als Software bezeichnet.
Dateiformate: **Dateiname.Dateiformat** z.B Brief.doc

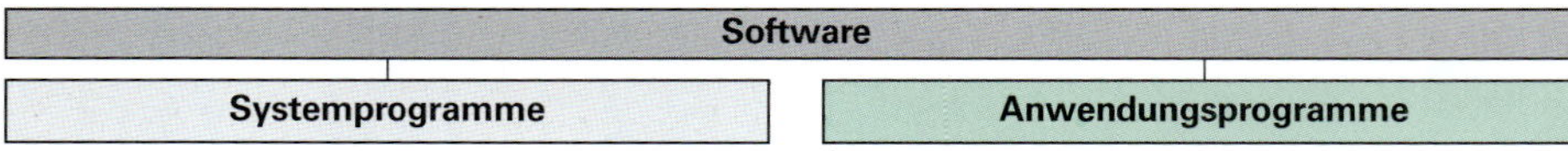

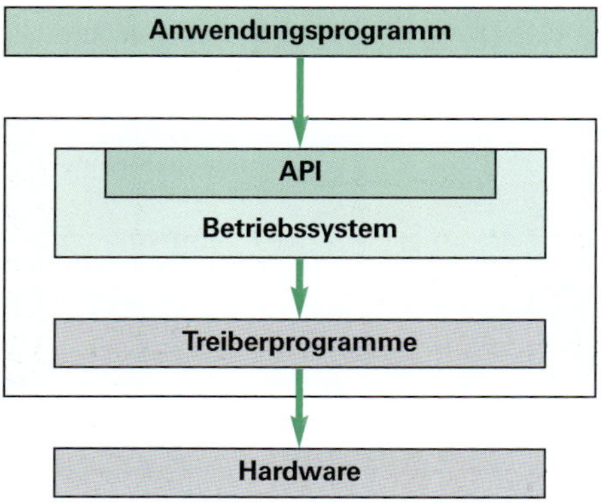

Systemprogramme bestehen aus Betriebssystem sowie Dienst- und Hilfsprogrammen.

Standardanwendungen

Textverarbeitungsprogramme
z.B. Word zum Erstellen und Bearbeiten von Dokumenten (xxx.doc)

Kalkulationsprogramme
z.B. Excel zum Rechnen in einem elektronischen Arbeitsblatt (xxx.xls)

Präsentationsprogramme
z.B. PowerPoint zum Erstellen von Bildschirm- und Folienpräsentationen (xxx.ppt)

Organisationsprogramme
z.B. Outlook beinhaltet Terminplaner, Adressverwaltung, Aufgabenlisten, E-Mail usw.

Datenbankprogramme
z.B. Access kann Informationen in Form von Dateien speichern und miteinander verknüpfen (xxx.mdb, xxx.adp)

Betriebssysteme

Aufgabe: Steuerung und Überwachung des Einsatzes der Programme und Verwaltung der Komponenten des Computers

Beispiele

DOS (Disk Operating System)
MS-DOS ist Grundlage für Windows Betriebssysteme

Windows XP
Zusammenführung von Windows Me mit Windows 2000

Windows Vista
Weiterentwicklung von Windows XP

UNIX
mehrere Benutzer können gleichzeitig bedient werden
mehrere Prozesse können gleichzeitig ausgeführt werden
einsetzbar für alle Rechnerklassen

LINUX
Herstellerunabhängiges Betriebssystem
frei im Internet verfügbar

Grafiksoftware

Software zum Erstellen und Bearbeiten von Zeichnungen, Bildern und Fotos

Pixel-Grafiken
werden als Bitmaps bezeichnet
jeder Bildpunkt (Pixel) wird mit Informationen über Farbe und Lage gespeichert
verlieren beim Skalieren stark an Qualität

Auswahl:

.BMP	Bitmap
.GIF	Graphics Interchange Format
.JPEG	Joint Photographic Experts Group
.PDF	Portable Document Format
.TIF	Tagged Image File Format

Vektor-Grafiken
es werden geometrische Formen gespeichert
können ohne Qualitätsverluste frei gedreht und skaliert werden
für den Konstruktionsbereich **(CAD)** geeignet

Auswahl:

.CDR	Corel Draw
.DXF	Drawing Exchange Format Datenaustausch zwischen CAD und CAM

Software zur Steuerung von Maschinen und Anlagen

CNC ► s. Seite 368

8 Betriebsorganisation

Inhaltsverzeichnis

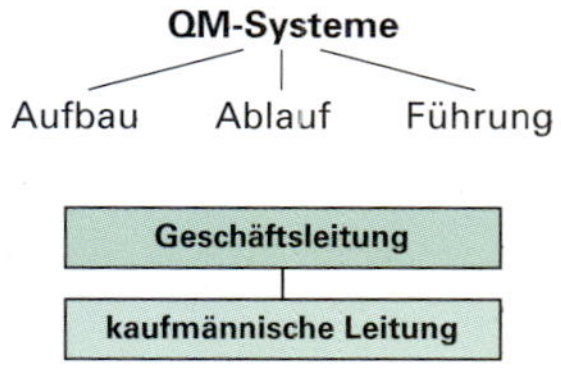

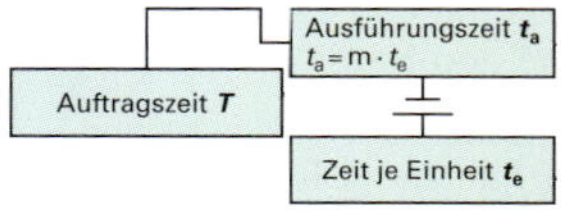

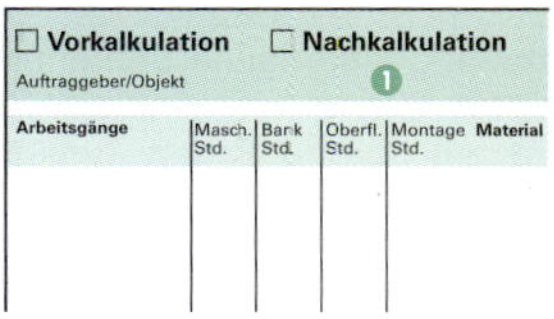

Literatur und Normen

REFA Datenermittlung; REFA Bundesverband e.V.
Bau-Regelliste, 2005, DIBT, Deutsches Institut für Bautechnik
DIN 1960; 2006, VOB Vergabe- und Vertragsordnung für Bauleistungen, Vergabe
DIN 1961; 2006, VOB Vergabe- und Vertragsordnung für Bauleistungen, Ausführung
DIN 4108-4; 2004, Wärmeschutz und Energie-Einsparung in Gebäuden
DIN 4109; 1989, Schallschutz im Hochbau
DIN 18299; 2006, VOB Allgemeine Regelungen für Bauarbeiten jeder Art
DIN 18355; 2006, VOB Tischlerarbeiten
DIN 18340; 2006, VOB Trockenbauarbeiten
DIN 69900; 1987, Projektwirtschaft, Netzplantechnik, Begriffe, Darstellungstechnik
DIN EN 9000; 2005, Qualitätsmanagementsysteme – Grundlagen und Begriffe
DIN EN 9001; 2000, Qualitätsmanagementsysteme – Anforderungen
DIN EN 9004; 2000, Qualitätsmanagementsysteme – Leitfaden zur Leistungsverbesserung
DIN ISO 10002; 2005, Qualitätsmanagement – Kundenzufriedenheit
DIN EN ISO 10077; 1996, Wärmetechnisches Verhalten von Fenstern, Türen und Abschlüssen
DIN EN ISO 19011; 2002, Leitfaden für Audits von Qualitäts- u./o. Umweltmanagementsystemen

Verlag und Autoren danken den genannten Firmen und Institutionen für die Unterstützung der aktuellen und praxisnahen Gestaltung des Tabellenbuches.

8 Betriebsorganisation

8.1 Tischlerei-Betrieb als Dienstleister

Aufgabe und Ausführung

Die Arbeiten in der Tischlerei haben sich im Laufe der Zeit stark verändert. Nicht nur im technischen Bereich sondern auch in der Art der Aufträge und in ihrem Umfang. Es werden heute auch Arbeiten aus angrenzenden Gewerken wie Leichtbau-Wände, Laminatboden usw. angeboten und ausgeführt.

Aufgabe		Ausführung
Außen-Darstellung des Betriebes		Firmenschild mit Logo ausreichend groß am Eingang, Beschriftung und Zustand der Firmenfahrzeuge, einheitliche Arbeitskleidung mit Firmenname und Name des Mitarbeiters, freundlicher Empfang und Umgang
Produktionsschwerpunkte		Hinweise auf dem Firmenschild, Fahrzeug, Telefonbuch, Briefkopf usw. deutlich darstellen, auch farbig
■ Innenausbau		Beratung in Form und Farbe, Entwurf, Materialien präsentieren, auf bereits ausgeführte Arbeiten hinweisen; Hinweis auf befreundete Firmen zu einer direkten und zeitlichen Zusammenarbeit (alles aus einer Hand)
■ Treppenbau		Beratung in Form und Farbe, Entwurf, statische Berechnungen, falls erforderlich
■ Baubereich		Beratung in Form, Farbe und Funktion, Entwurf; Funktionsmuster für Fenster, Beschläge zeigen, Sicherheitsaspekt; auf bereits ausgeführte Arbeiten hinweisen; Hinweis auf befreundete Firmen zu einer direkten und zeitlichen Zusammenarbeit (alles aus einer Hand)
Angebotspalette		Darstellung des betrieblichen Schwerpunktes und der ergänzenden Produktionsbereiche; Muster, Bilder, Hinweis auf „alles aus einer Hand"
Randbereiche		Hinweise auf Messebau, Modellbau, Übernahme von Auftragsteilen, Auftragsteilung bei Großprojekten
Kundenorientierung: ■ Was will der Kunde vom Betrieb? ■ Was ist dem Kunden wichtig? ■ Welches Produkt wünscht der Kunde? ■ Wie überzeugen wir den Kunden? ■ Welchen Rundumservice wünscht der Kunde?	Marketing	Planung neuer Produkte, Preisgestaltung, Zielgruppe
	Werbung	Hinweis auf die guten Produkte, Leistungsfähigkeit, Kompetenz, welche Zielgruppe will ich ansprechen; welchen Einzugsbereich möchte ich haben (Fahrtzeiten)
	Kundenwünsche	Wünsche und Probleme kennen lernen und verstehen; was meint der Kunde „verstehe ich, was der Kunde meint, was war der Anstoß für den Wunsch; Beratung im Betrieb oder zu Hause in Form und Farbe; evtl. auch Statik; Muster zeigen, farbige Zeichnungen; alternative Lösungen preislich und gestalterisch anbieten; zeitliche Möglichkeiten oder Vorstellungen
	Kundenverhalten	Unklare Wünsche; Vorstellungen; gezielte Nachfrage; warum dieser Betrieb; auf Empfehlung; Gegenangebot zu Angeboten anderer Firmen; Liefermöglichkeiten
Angebot		Persönliche Anrede; Bezug zum Beratungsgespräch; Kundennummer; Angebotsnummer; übersichtliche Aufstellung; was ist für den Kunden wichtig; für den Leistungsumfang; Liefermöglichkeit bei Bestellung bis; Gewährleistungsfristen; zusätzliches Angebot für einen Wartungsvertrag; hoffen, dass das Angebot seine Zustimmung findet; nachfragen, ob noch Interesse an dem Angebot besteht

Aufgabe (Fortsetzung)		Ausführung
Betriebsorganisation ► Seite 385		**Aufbauorganisation;** die Zuständigkeiten, die Zusammenarbeit und Kompetenzen sind klar geregelt; zweckmäßig, wirtschaftlich, gleichgewichtig und koordinieren; Mitarbeiterführung; Informationsaustausch; Wertschöpfung **Ablauforganisation;** Planen, Gestaltung, Steuern; Humanisierung, Wirtschaftlichkeit, Entwicklung, Beschaffung, Fertigung, Qualitätswesen; Arbeitssysteme; Steuerung der Durchführung; Mitarbeiterführung; Informationsaustausch; Wertschöpfung
Auftrag		Bestätigung; bedanken für den Auftrag; Kundennummer; Angebotsnummer; übersichtliche Aufstellung; den Leistungsumfang beschreiben; Liefertermin; Absprache zur Lieferung; Gütevorschriften; Gewährleistungsfristen
Auftragsbearbeitung		Auftragserfassung, Materialmenge, Arbeitszeit; Bedarfsplanung, wann wird was wo benötigt an Mitarbeitern, Material und Betriebsmittel; Ablaufplanung für den Einkauf und den Durchlauf; Werkstattzeichnungen
Arbeitsvorbereitung ► Seite 385 ... 389	**Modell der vollständigen Handlung:** Auftragsanalyse ■ Auftragsplanung ■ Auftragsdurchführung ■ Auftragsauswertung	Detailzeichnungen; Ablaufplan für den Auftrag in der Fertigung; Terminplan oder Fristenplan für den Auftrag; Arbeitszettel; Arbeitsplan wer (Lohngruppe) macht welche Arbeit in welcher Zeit; Zusammenstellung von Auftragsteilen; Prüflisten; Listen zur Qualitätskontrolle; Mitarbeiterschulung
Ausführung		Durchführung der Arbeiten; laufende Qualitätskontrollen; Nutzungs- und Rüstzeiten; optimale Werkzeuge; Vermeidung von Nacharbeiten; Arbeitsplatzgestaltung
Qualitätssicherung ► Seite 384		Qualitätsmanagement; Dokumentation des Betriebssystems; Lenkung der Daten; des Wareneinganges; der weiteren Bearbeitung von Werkstoffen und Beschlägen; der Mitarbeiterschulung; laufende Verbesserungen; Ausgangskontrolle; Endabnahme bei dem Kunden; Abnahmeprotokoll; hohe Kundenzufriedenheit
Rechnungsstellung		Persönliches Anschreiben; Kundennummer; Rechnungsnummer; übersichtliche Aufstellung über den Leistungsumfang; Gewährleistungsfristen; ein zusätzliches Angebot für einen Wartungsvertrag; Zahlungsfristen für die Rechnung; Wünsche, das der Auftrag zufrieden ausgeführt wurde; Bitte um Weiterempfehlung
Zertifizierung		**DIN 9001** und andere; durch Zertifizierungsstellen; Qualitätsmanagement im Ganzen oder für Teilbereiche (Leistungsverbesserung, Kundenzufriedenheit) **RAL;** für bestimmte Produkte (Fenster, Haustüren, Wintergärten usw.); Mitgliedschaft in der Gütegemeinschaft; Aufbau der Güte- und Prüfbestimmumgen, Systembeschreibung und -prüfung, Baumusterprüfung; Leistungsüberwachung **CE;** durch Zertifizierungsstellen; Konformität mit nationalen Normen, die den harmonisierten EN-Normen entsprechen; Leistungsnachweis für ganz Europa; für Fenster und Haustüren Pflicht (DIN EN 14351-1); Erstprüfung zur Bestimmung der Leistungsmerkmale; Konformitätserklärung und Begleitdokumente

8.1 Tischlerei-Betrieb als Dienstleister

Qualitätssicherung

Der Betrieb hat mehrere Möglichkeiten sich zu organisieren. Eine einheitliche Betriebsorganisation kann es daher nicht geben; die betrieblichen Gegebenheiten sind zu unterschiedlich. Um eine gleichbleibende und nachvollziehbare Leistung zu erreichen, wurde das QM-System eingeführt. In dem neuen Prozessmodell wird der Kunde bzw. Interessenpartner mit eingeschlossen.

Qualitätsmangement; derjenige Aspekt der Gesamtführungsaufgabe, welcher die Qualitätspolitik festlegt und verwirklicht.

Qualitätspolitik; die umfassenden Absichten und Zielsetzungen einer Organisation betreffend der Qualität, wie sie durch die oberste Leitung formell ausgedrückt wird.

Qualitätssicherungssystem (Qualitätssystem); die Aufbauorganisation, Verantwortlichkeiten, Abläufe, Verfahren und Mittel zur Verwirklichung des Qualitätsmanagements.

Qualitätslenkung; die operationellen Techniken und Tätigkeiten, welche angewendet werden, um die Qualitätsanforderungen zu erfüllen.

Qualitätssicherung; alle geplanten und systematischen Tätigkeiten, die notwendig sind, um ein angemessenes Verfahren zu schaffen, sodass ein Produkt oder eine Dienstleistung die gegebene Qualitätsanforderung erfüllen kann.

Inhalte der DIN EN ISO	
9000	– Qualitätsmanagement – Grundlagen und Begriffe. Es werden Grundlagen erläutert und Begriffe für ein betriebliches QM-System definiert.
9001	– QM-Systeme – Anforderungen. Das Management legt fest, welcher Kundenkreis mit den Unternehmungsleistungen bedient werden soll.
9004	– QM-System – Leitfaden zur Leistungsverbesserung
10002	– QM – Kundenzufriedenheit – Leitfaden zur Behandlung von Reklamationen
19011	– Leitfaden für Audits von Qualitätsmanagement- und/oder Umweltmanagementsystemen

DIN EN ISO 9000 (Inhalt)

- 2.1 Begründung für QM-Systeme
- 2.2 Anforderungen an QM-Systeme und Produkte
- 2.3 Ansatz für QM-Systeme
- 2.4 Prozessorientierter Ansatz
- 2.5 Qualitätspolitik und Qualitätsziele
- 2.6 Rolle der obersten Leitung im QM-System
- 2.7 Dokumentation
- 2.8 Beurteilen von QM-Systemen
- 2.9 Ständige Verbesserungen
- 2.10 Rolle statistischer Methoden
- 2.11 QM-System und andere Schwerpunkte im Management-System
- 2.12 Beziehung zwischen QM-System – Exzellenzmodellen

- 3.1 Qualitätsbezogene Begriffe
- 3.2 Managementbezogene Begriffe
- 3.3 Organisationsbezogene Begriffe
- 3.4 Prozess- und produktbezogene Begriffe
- 3.5 Merkmalsbezogene Begriffe
- 3.6 Konformitätsbezogene Begriffe
- 3.7 Dokumentationsbezogene Begriffe
- 3.8 Untersuchungsbezogene Begriffe
- 3.9 Auditbezogene Begriffe
- 3.10 Auf QM bei Messprozessen bezogene Begriffe

DIN EN ISO 9001 (Inhalt)

- 4.1 Allgemeine Anforderungen
- 4.2 Dokumentationsanforderungen

- 5.1 Verpflichtung der Leitung
- 5.2 Kundenorientierung
- 5.3 Qualitätspolitik
- 5.4 Planung
- 5.5 Verantwortung, Befugnisse und Kommunikation
- 5.6 Managementbewertung

- 6.1 Bereitstellen von Ressourcen
- 6.2 Personelle Ressourcen
- 6.3 Infrastruktur
- 6.4 Arbeitsumgebung

- 7.1 Planung der Produktrealisierung
- 7.2 Kundenbezogene Prozesse
- 7.3 Entwicklung
- 7.4 Beschaffung
- 7.5 Produktion und Dienstleistungserbringung
- 7.6 Lenkung von Überwachungs- und Messmittel

- 8.1 Allgemeines zur Messung, Analyse und Verbesserung
- 8.2 Überwachung und Messung
- 8.3 Lenkung fehlerhafter Produkte
- 8.4 Datenanalyse
- 8.5 Verbesserung

8.1 Tischlerei-Betrieb als Dienstleister

Aufbauorganisation

Die Aufbauorganisation regelt die Aufteilung der Aufgaben eines Unternehmens (Betriebes) auf verschiedene Stellen (Abteilungen) und ihre störungsfreie Zusammenarbeit untereinander. Durch die Aufgabenanalyse und Aufgabensynthese gelangt man zur Stellenbildung, Stellenbeschreibung und Festlegung der Weisungslinien mit ihren Kompetenzen.

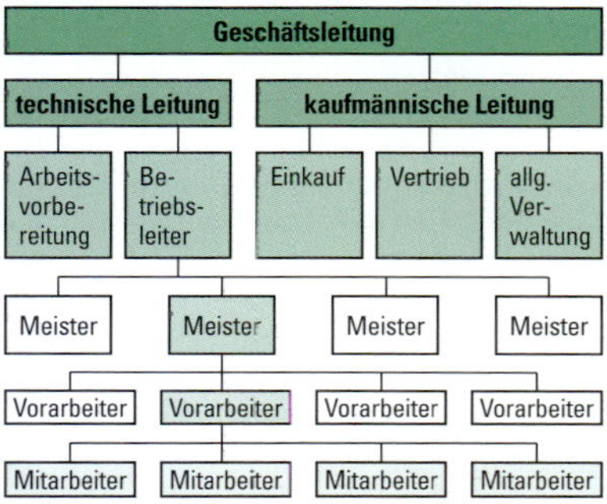

Einliniensystem (Hierarchiesystem)

Die untergeordnete Instanz ist hier nur mit einer übergeodneten weisungsberechtigten Stelle verbunden.

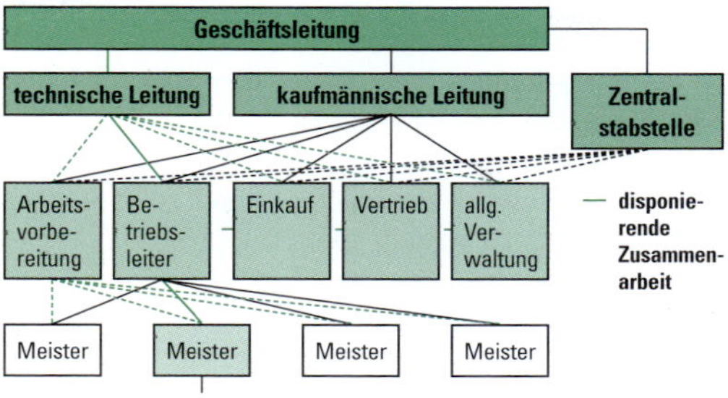

Mehrliniensystem mit Zentralstabstelle

Die untergeordnete Instanz ist mit mehreren übergeordneten Stellen verbunden. Es wird hierbei zwischen der persönlichen (disziplinären) und der fachlichen Unterstellung unterschieden. Die Grundidee ist hier „Der kürzeste Weg". Die Zuständigkeiten sind sehr genau festgelegt. Die Zentralstabstelle nimmt nicht nur Aufgaben für die Geschäftsleitung war.

Eine Ergänzung zu der Aufbauorganisation ist das Konzept von Projektgruppen. Sie dienen dem schnellen Austausch von Informationen zu bestimmten Aufgaben/Projekten. Die Zusammensetzung richtet sich nach den Aufgaben. Es gibt hierbei drei Gruppen bzw. drei Ebenen.

Ablauforganisation

Die Ablauforganisation umfasst die Bereiche Planen, Gestalten, Steuern und Datenerfassung. Ihre Aufgabe ist das Betriebsgeschehen human und wirtschaftlich zu gestalten. Sie wird im wesentlichen von der Arbeitsvorbereitung bestimmt. Um den Aufwand der Arbeitsvorbereitung zu reduzieren, werden im Handwerk auch Formen der „Fraktalen Fabrik" angewandt.

Die Produktorganisation umfasst die Bereiche Entwicklung, Beschaffung, Fertigung und das Qualitätswesen und für die Durchführung die erforderlichen Datenermittlung. Die Fertigungsorganisation umfasst die Teilefertigung und die Montage mit dem Ziel der Wirtschaftlichkeit und der Termintreue. Die Fertigungsorganisation wird meistens als *AV* Arbeitsvorbereitung bezeichnet.

Bei der Auftragsbearbeitung werden auftragsunabhängige und auftragsabhängige Arbeitspläne mit ihren Formularen und Listen erstellt.

auftragsunabhängige Arbeitspläne (Auswahl)		auftragsabhängige Arbeitspläne (Auswahl)	
Fertigungsprogramm	Grundkonstruktion	Ablaufplan, Auftrag	Ablaufplan, Material
Betriebsnormung	Standardmaterialien	Zeichnungen	Stücklisten
Betriebsmittel	Hilfsmittel	Terminplan	Auslastung
Eingangskontrolle	Mitarbeiterqualifikation	Beschaffung	Bereitstellung
Schlussprüfung		Abnahme	

Ablaufplanung

Ablauf- und Terminplanung ist für die Planung, Überwachung und Steuerung von Projekten wichtig. In ihr sind alle Daten erfasst. Für die Darstellung von Projektabläufen wurden verschiedene Methoden entwickelt. Die **Netzplantechnik (NPT)** (DIN 69900-T1) besteht im wesentlichsten aus den beiden Darstellungselementen, dem **Pfeil** (je nach Verfahren symbolisiert er einen Vorgang und/oder eine Anordnungsbeziehung, die Beschreibung des Sachverhaltes zwischen zwei Knoten) und dem **Knoten** (je nach Verfahren stellt er ein Ereignis oder einen Vorgang dar, die Beschreibung eines Verknüpfungspunktes).

8.1 Tischlerei-Betrieb als Dienstleister

Ablaufplanung ist die Darstellung von Vorgängen/Ereignissen und ihre Abhängigkeit – Anordnungsbeziehung (AOB) – voneinander in einem Projekt. Die Grundelemente der Beschreibung sind:

Vorgang	Ablaufelement, das ein bestimmtes Geschehen beschreibt, mit einem definierten Anfang und Ende, z.B. Einbau der Fenster
Ereignis	Ablaufelement, das das Eintreten eines bestimmten Zustandes beschreibt, z.B. Beginn des Einbaues der Fenster

Bei der Darstellung kann zwischen drei verschiedenen Verfahren gewählt werden.

• Ereignis-Knoten-Netzplan (EKN)

Beginnend mit dem Startereignis werden dann alle folgenden Projektereignisse beschrieben und durch einen Knoten dargestellt. Der Pfeil zeigt den Zeitabstand zwischen den einzelnen Knoten an.

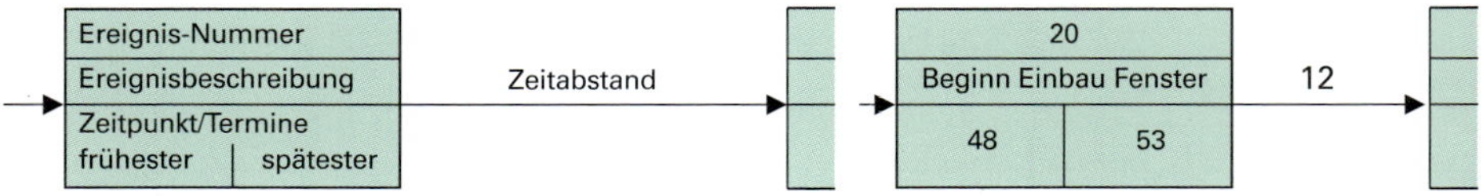

• Vorgangs-Pfeil-Netzplan (VPN)

Dem Startvorgang folgen dann die einzelnen Vorgänge und es endet mit dem Zielvorgang. Die Vorgänge werden durch Pfeile dargestellt.

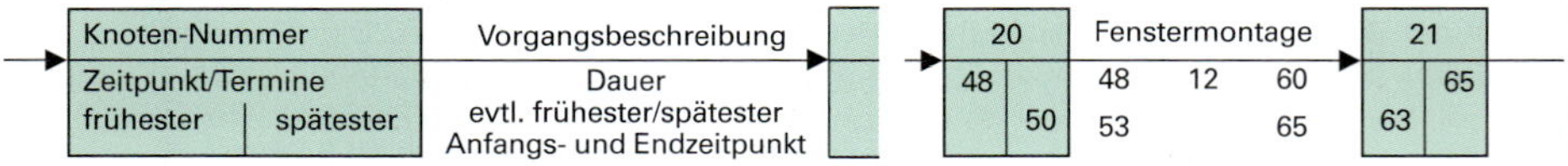

• Vorgangs-Knoten-Netzplan (VKN)

Die Wirklichkeitsnähe wird durch die größere Anzahl der Zeit-Daten erreicht.
NF – Normalfolge: wird nicht gekennzeichnet; AF – Anfangsfolge; SF – Sprungfolge
EF – Endfolge: die Vorgänge werden durch ihre Anfangs- oder Endereignisse zugeordnet

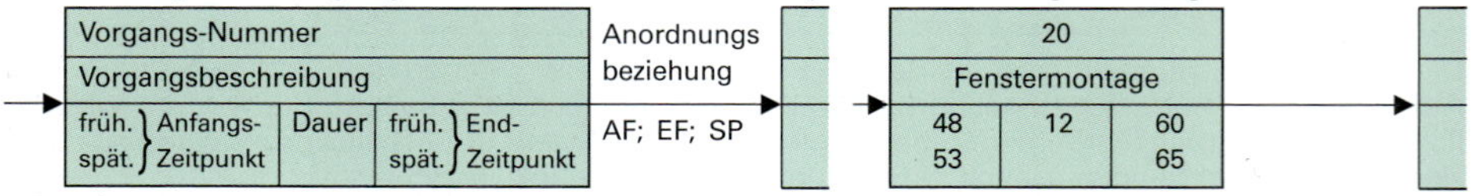

Ablaufschema für das Einholen und Ausführen eines Auftrages (Auswahl)

lfd. Nr.	Kostenstelle Vorgang	Verwaltung	Arbeitsvorbereitung Planen	Arbeitsvorbereitung Steuern	Arbeitsvorbereitung Kontrolle	Lager	Werkstatt	Montage
1	Kundenanfrage	x						
	Vorkalkulation		x					
	Material bereitstellen			x		x		
	Auftrag fertigen						x	
	Lieferung/Montage							x
	Abnahme				x			x
	Zahlungseingang	x						

Fertigungsablauf – Plattenbearbeitung

Arbeitsgang	Fertigungsstelle Platten lager	Plattensäge	Kantenautomat	Dickenschleifmaschine	Furnierpresse	Datum: 10.10 Doppelabkürzsäge	Weiterbearbeitung
1 Entnahme	●						
2 Zuschnitt		●					
3 Kante anleimen			●				
4 Schleifen				●			

8

8.1 Tischlerei-Betrieb als Dienstleister

Ablaufplan der Fertigung

Der Ablaufplan beschreibt die einzelnen Arbeitsgänge bzw. den Materialfluss und ihre zeitliche und räumliche Folge. Beispiel: Plattenbearbeitung (▶ Seite 386 unten).

Materialflussbogen

Untersuchungsbereich: Platten							Bearbeiter-Nr.:		Datum: 10.10		
Nr.	Ablaufart des Ablaufabschnitt	Arbeitsgegenstandes					Fördermenge		Förderweg in mm		Förder-zeit in min
							Zahl	Einh.	↔	↕	
1	Entnahme	○	➡	□	D	▽	1	St.	5		
2	Zuschnitt	○	⇨	□	◗	▽	1	St.			
3	Platten, ablegen	○	➡	□	D	▽	1	St.	1,5	0,5	
4	Platten, transportieren	○	➡	□	D	▽	1	St.	4		

Terminplanung

Als Grundlage dienen alle ermittelten Daten von Vorgängen und ihre zeitlichen Abstände zueinander. Bei der gemischt- und vorgangsorientierten Planung werden zuerst die frühest möglichen und dann die spätest zulässigen Anfangs- und Endzeitpunkte für Vorgänge errechnet. Genauso werden bei ereignisorientierten Plänen die zulässigen Eintrittszeitpunkte ermittelt und dargestellt.

Die Arbeitsvorbereitung erstellt anhand von Listen die möglichen Kapazitäten für den Monat, die Woche, den Arbeitstag. Aus der Auftragsbestätigung/Vorkalkulation erhält sie den Umfang an Arbeitsstunden. Aus diesen Daten werden nun die Arbeitspläne, Maschinenbelegungspläne und Fristenpläne erstellt.

Betriebskalender

Monat	Juni							
Tag	Mo	Di	Mi	Do	Fr	Sa	So	Mo
	1	2	3	4	5	6	7	8
Arbeitstag	112	113	114	115	116			117
Std/ges.	96	96	88	88	66			88

Arbeitstag: laufende Zählung ab 01. Januar

Betriebskalender

Monat / Mitarbeiter	Juni							
	Mo	Di	Mi	Do	Fr	Sa	So	Mo
	1	2	3	4	5	6	7	8
Arbeitstag	8	8	8	8	6			8
Std/ges.	8	8	U	U	U			K

U: Urlaub K: Krank

Maschinenbelegungsplan

Tischfräse		Kostenstelle:			Mitarbeiter:			Woche; 01.10. … 05.10		
		Stunden								
Datum		7 – 8	8 – 9	9 – 9,45	10 – 11	11 – 12	12 – 12,5	13 – 14	15 – 15	15 – 15,45	16
Mo	1	8/05/225			8/03/201						—
Di	2	8/05/214				8/04/220			8/02/187		—
Fr	5	8/04/218			Wartung		—	—	—	—	—

Fristenplan als Balkendiagramm (als Gantt-Diagramm)

Vorgangs-Nummer	Vorgangs-Beschreibung	Dauer T/W
19	Anliefern, Verteilen	1
20	Fenstermontage	12
21	Fenster verleisten	4

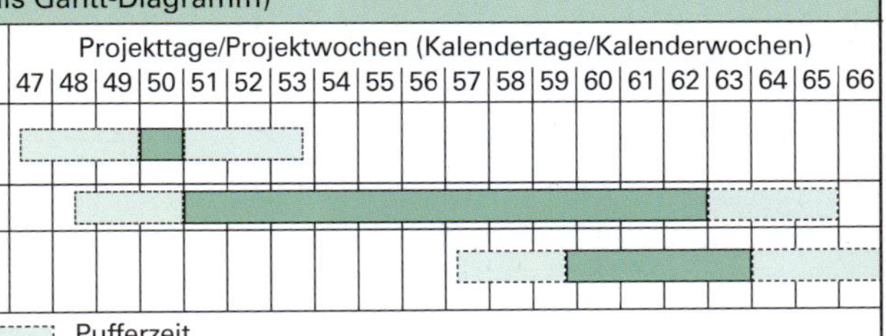

8.2 Begriffe der Auftrags- und Belegungszeit

Auftragszeit [1]

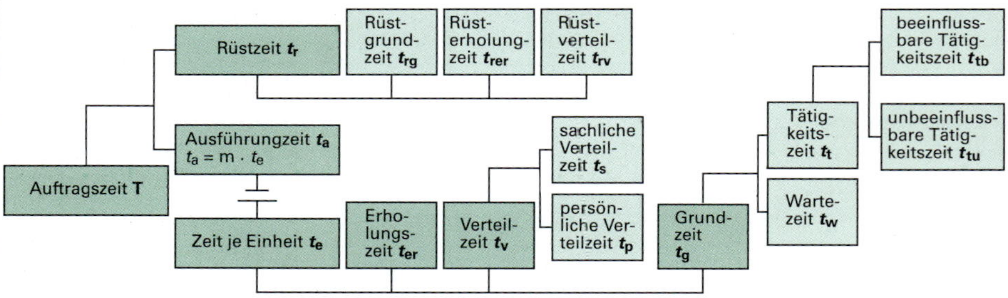

Zeiten	Zeichen	Erläuterung
Auftragszeit	T	Ist die Vorgabezeit bestehend aus Rüsten und Ausführen für das Ausführen des Auftrages mit einer Menge m (Anzahl der Einheiten).
Rüstzeit	t	Es ist die Vorgabezeit für das Rüsten (Auf- und Abrüsten von Werkzeugen und Maschinen), sie besteht aus t_{rg}, t_{rer}, t_{rw}.
	t_{rg}	Die eigentliche Rüstzeit wie Zeichnung und Auftrag lesen, Maschinen um- und einstellen usw. Sie richtet sich nach Werkstoff, Werkzeug und Auftragsmenge (Werkzeugwechsel).
	t_{rer}	Die Erholungszeit nach anstrengender Umrüstung, anteilig in % von t_{rg}.
	t_{rw}	Die anteilige Zeit für Betriebsstörungen in % von t_{rg} .
Ausführungszeit	t_a	Es ist die berechnete Zeit für die Ausführung für die Menge m. Sie besteht aus der Zeit $m \times t_e$.
Grundzeit	t_g	Sie ist die planmäßige Ausführungszeit für die Mengeneinheit 1. Sie errechnet sich aus t_t ($t_{tb} + t_{tu}$) + t_w.
	t_t	Die tatsächliche Ausführungszeit für einen Auftrag.
	t_{tb}	Die unmittelbare Arbeitszeit, wie Montage von Beschlägen usw. – ebenso Arbeiten die direkt damit zusammen hängen, wie auspacken, spannen usw.
	t_{tu}	Die nicht beeinflussbare Arbeitszeit wie Vorschubgeschwindigkeit oder Programmablauf.
Wartezeit	t_w	Es ist die Zeit, die durch ablaufbedingte Unterbrechungen entstehen.
Erholungszeit	t_{er}	In ihr sind die Zeiten erfasst, in denen die Arbeit planmäßig unterbrochen wird, zur Erholung nach Spritz- oder Überkopfarbeit usw., anteilig in % von t_g.
Verteilzeit	t_v	Es sind unregelmäßig anfallende Zeiten (z.B. Ausfallzeiten), die bei einer Arbeitsausführung anfallen können, anteilig in % von t_g, sie setzt sich aus t_s und t_p zusammen
	t_s	Es sind die Zeiten für unvorhergesehene Unterbrechungen wie Betriebsstörungen usw.
	t_p	Hier werden die Zeiten erfasst (z.B. Unterbrechungszeiten), die im persönlichen Bereich liegen.

Beispiel: Fräsen von 2 Tischplatten

Rüstzeit:		**min**
Auftrag rüsten		2,5
Maschine rüsten		10,5
Werkzeug rüsten		2,5
Rüstgrundzeit	t_{rg}	15,0
Rüsterholungszeit	t_{rer} = 4% von t_{rg}	0,6
Rüstverteilzeit	t_{rv} = 14% von t_{rer}	2,1
Rüstzeit	$t_r = t_{rg} + t_{rer} + t_{rv}$	**17,7**

Ausführungszeit:		**min**
Tätigkeitszeit	t_t	4,5
Wartezeit	t_w	0,5
Grundzeit	$t_g = t_t + t_w$	5,0
Erholungszeit	t_{er} = 4% von t_g	0,2
Verteilzeit	t_v = 8% von t_g	0,4
Zeit je Einheit	$t_e = t_g + t_{er} + t_v$	5,6
Ausführungszeit	$t_a = m \times t_e$	**11,2**

Auftragszeit $T = t_r + t_a$ **= 17,7 min + 11,2 min = 28,9 min ≈ 29 min**

[1] REFA, Verband für Arbeitsstudien und Betriebsorganisation e.V. München

8

8.2 Begriffe der Auftrags- und Belegungszeit

Belegungszeit[1]

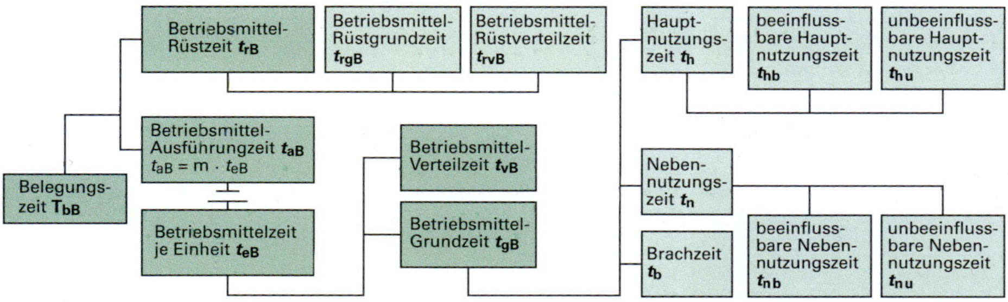

Zeiten	Zeichen	Erläuterung
Belegungszeit-Betriebsmittel	T_{bB}	Es ist die Vorgabezeit für die Betriebsmittel durch einen Auftrag. Sie besteht aus der Rüst- und Ausführungszeit.
Rüstzeit-Betriebsmittel	t_{rB}	Sie ist die geplante Zeit für das Auf- und Abrüsten der Maschine. Sie besteht aus $t_{rgB} + t_{rvB}$.
	t_{rgB}	Die tatsächliche Rüstzeit an der Maschine.
	t_{rvB}	Die anteilige Zeit für Unterbrechungen in % von t_{rgB}.
Ausführungszeit-Betriebsmittel	t_{aB}	Die Vorgabezeit für das Ausführen der Menge m an der Maschine. Sie berechnet sich aus $t_{eB} \times m$.
Betriebsmittel-zeit	t_{eB}	Es ist die geplante Belegungszeit für ein Stück, und setzt sich aus den Zeiten $t_{eB} + t_{vB}$ zusammen.
Grundzeit-Betriebsmittel	t_{gB}	In dieser Zeit ist das Betriebsmittel für die Ausführung der Menge 1 belegt. Sie besteht aus $t_h + t_n + t_b$.
Verteilzeit-Betriebsmittel	t_{vB}	Die Zeiten treten während der Belegung mit unterschiedliche Dauer und Häufigkeit auf und liegen im persönlichen oder sachlichem Bereich. Sie wird anteilig in % von t_{gB} gerechnet.
Hauptnutzungs-zeit	t_{eB}	Es ist die planmäßige Nutzung des Betriebsmittels und teilt sich in $t_{hb} + t_{hu}$ auf.
	t_{hb}	Bearbeiten des Werkstoffes mit Handvorschub und ähnlich.
	t_{hu}	Bearbeiten des Werkstoffes mit maschinellem Vorschub usw.
Nebennutzungs-zeit	t_n	Es sind allgemeine, planmäßige Verrichtungen, die zur Hauptnutzung erforderlich sind. Sie gliedern sich in $t_{nb} + t_{nu}$ auf.
	t_{nb}	Während dieser Zeit wird das Betriebsmittel manuell beschickt, entleert usw.
	t_{nu}	Die Beschickung, die Entleerung und der Werkzeugwechsel erfolgt automatisch.
Brachzeit	t_b	Sie unterbrechen die Nutzung und sind ablauf- oder erholungsbedingt, wie persönliche Erholungszeit oder Material heranholen oder wegbringen.

Beispiel: Sägen von 20 Schrankseiten

Rüstzeit:		**min**
Auftrag und Zeichnung lesen		1,5
Bereitstellen und ablegen vom Sägeblatt		1,0
Sägeblatt ein- und ausspannen		2,5
Maschine einstellen		0,5
Betriebsmittel-Rüstgrundzeit	t_{rgb}	5,5
Betriebsmittel-Rüstverteilzeit	t_{rvB} = 10 % von t_{rgB}	0,6
Betriebsmittel-Rüstzeit	$\mathbf{t_{rB} = t_{rgB} + t_{rvB}}$	**6,1**

Ausführungszeit:		**min**
Sägen = Hauptnutzungszeit	t_h	0,5
Seiten auflegen/ ablegen = Nebennutzungszeit	t_n	0,1
Seiten abtransportieren = Brachzeit	t_g	0,4
Betriebsmittel-Grundzeit	$t_{gB} = t_h + t_n + t_b$	1,0
Betriebsmittel-Verteilzeit	t_{vB} = 10 % von t_{gB}	0,1
Betriebsmittelzeit je Einheit	$t_{eB} = t_{gB} + t_{vB}$	1,1
Betriebsmittel-Ausführungszeit	$\mathbf{t_{aB} = m \times t_{eB}}$	**22,0**

Belegungszeitzeit $\mathbf{T_{bB} = t_{rB} + t_{aB}}$ **= 6 min + 22 min = 28 min**

[1] REFA, Verband für Arbeitsstudien und Betriebsorganisation e.V. München

8

8.3 Kalkulation

Die Kalkulation, auch Kostenträgerrechnung genannt, hat die Aufgabe alle direkt und indirekt entstehenden Kosten für ein Produkt oder eine Leistung zu erfassen um damit den Preis zu ermitteln. Es wird zwischen drei Kalkulationen unterschieden:

- Vorkalkulation (Angebotskalkulation)
- Zwischenkalkulation (Ermittlung eines Zwischenergebnisses)
- Nachkalkulation (interne Endabrechnung, Erfolgsrechnung)

Kalkulationsverfahren

Es kommen je nach Art der Fertigung verschiedene Verfahren zur Anwendung.

Divisionskalkulation	für die Serien- und Massenfertigung (einförmiger oder gleichartiger Erzeugnisse) $\frac{\text{Gesamtkosten/Jahr}}{\text{Einheiten/Jahr}} = \text{Kosten/Einheit}$
Zuschlagskalkulation	für die Einzel- oder Kleinserienfertigung, den Einzelkosten werden die Gemeinkosten prozentual zugeschlagen.

Kalkulationsschema

Summarische Zuschlagskalkulation

Differenzierte Zuschlagskalkulation

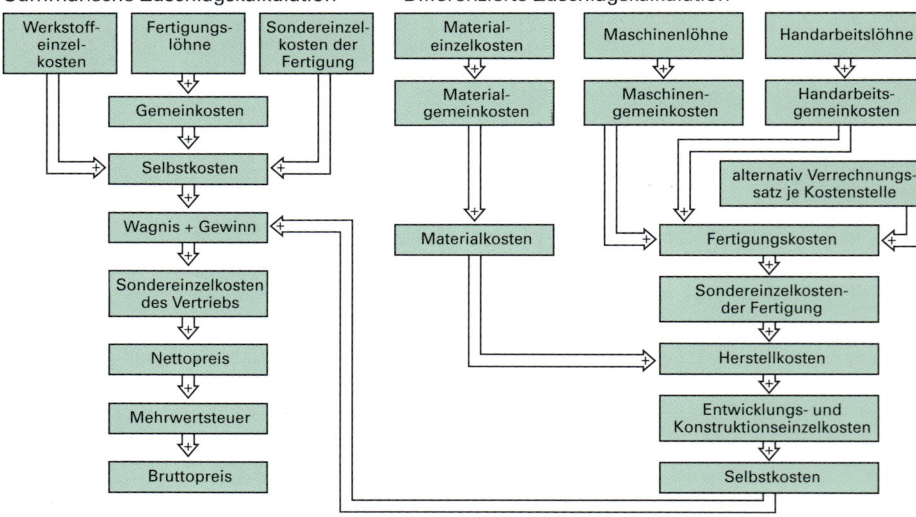

Erläuterungen zum Kalkulationsblatt von Seite 391

Nummer	Beschreibung
1	Die obere Spalte vollständig ausfüllen
2	Fertigungszeiten den Arbeitsgängen zuordnen
3	Summe der Gesamtstunden in die Spalte Stunden übertragen
4	Sonderkosten der Fertigung wie Überstunden- und Feiertagszuschläge
5	Werte für Fertigungslohn, Gemeinkostenzuschlag in % oder den Verrechnungssatz dem Betriebsabrechnungsbogen oder dem Gemeinkostenbogen entnehmen
6	Fertigungskosten ermitteln
7	Menge oder den Gesamtpreis von der Holzliste übernehmen
8	Auflisten der benötigten Beschläge mit Einzelpreis oder Übernahme des Gesamtpreises aus der Materialliste.
9	Materialmenge nach Verbrauch je m² ermitteln und den Gesamtpreis ermitteln
10	Leim nach m² oder je Verbindung in kg errechnen, Verbindungsmittel (Dübel, Formfeder, Nägel, Schrauben, Klammern usw.) erfassen, Schleifmittelverbrauch, Dichtstoffe und Dichtungen soweit sie nicht schon unter Punkt 7 erfasst sind
11	Die Kosten für Marmor, Gläser, Einbaulampen, Einbauteile und den Fremdleistungen von bezogenen Fertig- oder Halbfertigteilen anderer Firmen
12	Den Materialgemeinkostenzuschlag in % dem Gemeinkostenbogen entnehmen und die Materialkosten errechnen.
13	Aus den Fertigungskosten und den Materialkosten die Selbstkosten ermitteln
14	Zuschlag für Wagnis und Gewinn
15	Kosten für Baustelleneinrichtung, Gerüste, Spezialwerkzeuge, Leihgaben usw.
16	Hierzu zählt auch Fracht, Verpackung und deren Entsorgung
17	Aus der Addition ergibt sich der Nettopreis (Selbstkosten, Wagnis und Gewinn, Sondereinzelkosten, Transportkosten und Provision).
18	Die Mehrwertsteuer nach dem aktuellen Steuersatz ermitteln.
19	Die Kalkulation ist mit Datum und Unterschrift zu versehen

8

8.3 Kalkulation

☐ **Vorkalkulation** ☐ **Nachkalkulation**

Auftraggeber/Objekt (1)	Pos.-Nr.	Angebots-Nr. Auftrags-Nr.
	Zeichnungs-Nr.	Termin

Arbeitsgänge	Masch. Std.	Bank Std.	Oberfl. Std.	Montage Std.	**Material**	Menge Einheit	Einzelpreis €	Gesamtpreis €
Material bereitstellen					Holz/PLatten			
Zuschneiden								
Besäumen/Formatsägen								
Hobeln								
Vierseiten-Hobel-Fräsen						(7)		
Fälzen/Nuten/Profilieren								
Schlitzen/Stemmen					Furniere/sonst. Beschichtung			
Kanten anleimen								
Dübeln/Beschläge bohren								
					Beschläge			
Furnier richten								
Furnier/Folien pressen	(2)					(8)		
Verleimen								
Zusammenbau								
Veputzen/Fertigmachen					Lacke/Oberfläche	(9)		
Anschlagen								
Schubladen/Züge					Kleinmaterial	(10)		
Schleifen					Halbfabrikate/Fremdleistungen	(11)		
Lackieren/Beizen								
Abladen								
Montage					Materialeinzelkosten			
					% Materialgemeinkosten			
Gesamtstunden					**Materialkosten**		%	(12)

	Stunden	Grundlohn €	Fertigungslohn €	+ Gemeinkost. %	Verrechnungssatz €	Gesamtbetrag €
Arbeitsvorbereitung						
Maschinen-Stunden						
Bankraum-Stunden	(3)			(5)		
Oberfläche-Stunden						
Montage-Stunden						

(4)

Bemerkungen/Ausführung/Skizze

Fertigungskosten	(6)	%	(13)
Selbstkosten		100 %	
Wagnis u. Gewinn		%	(14)
Sondereinzelkosten		(15)	
Verladen/Verpacken u. Transportkosten			(16)
Provision			
Nettoangebotspreis			(17)

Datum

(19) Unterschrift

(18) Mehrwertsteuer bei der Angebotsabgabe bzw. bei der Rechnungsstellung nicht vergessen!

8

8.3 Kalkulation

Lohnarten

- **Lohnarten**
  - **Zeitlohn**
  - **Leistungslohn**
    - Zeitakkordlohn
    - Geldakkordlohn
    - Prämienlohn

€ Euro	1 €
ct Cent	1 € hat 100 ct

Zeitlohn

Zeitlohn (€) =

Stundenzahl (h) × Stundenlohn (€/h)

Lohnzuschläge

Lohnzuschlag (€/h) =

$$\frac{\text{Stundenlohn (€/h)} \times \text{Zuschlagsatz (\%)}}{100\ \%}$$

Zeitgrad

Zeitgrad (%) =

$$\frac{\text{Vorgabezeit je Einheit (min/Stück)} \times 100\ \%}{\text{gebrauchte Zeit je Einheit (min/Stück)}}$$

Zeitakkord

Zeitakkord (€) =

$$\frac{\underset{\text{(min/Stück)}}{\text{Einzelvorgabezeit}} \times \underset{\text{(ct/min)}}{\text{Geldfaktor}} \times \underset{\text{(Stück, m, m}^2\text{)}}{\text{Produktionsmenge}}}{\text{(100 ct/€)}}$$

Geldfaktor (ct/min) =

$$\frac{\text{Tariflohn (€/h)} + 15\ \%\ \text{Zuschlag}}{60\ \text{(min/h)}} \times 100\ \text{ct/€}$$

Geldakkordlohn

Geldakkordlohn (€) =

Mengenleistung (Einheit) × Geldakkordsatz (€/Einheit)

$$\text{Geldakkordsatz (€/Einheit)} = \frac{\text{Tariflohn (€/h)} + 15\ \%\ \text{Zuschlag}}{\text{Einheit/h}}$$

Prämienlohn

Prämienlohn (€/h) = Zeit- oder Akkordlohn (€/h) + Prämie (€/h)

Gemeinkosten

Allgemeiner Gemeinkostensatz

$$\text{Gemeinkostensatz \%} = \frac{\text{Jahresgemeinkosten (€)} \times 100\ \%}{\text{Jahresfertigungslöhne (€)}}$$

Fertigungslohn-Gemeinkosten

$$\text{Fertigungslohn-Gemeinkosten (€/h)} = \frac{\text{Fertigungslohn(einzel)kosten (€/h)} \times \text{Gemeinkostensatz \%}}{100\ \%}$$

Fertigungskosten (€/h) = Fertigungslohneinzelkosten (€/h) + Gemeinkosten (€/h)

Gemeinkostensätze gestrennt nach Kostenstellen

$$\text{Gemeinkostensatz Bankraum (\%)} = \frac{\text{Jahresgemeinkosten Bankraum (€)} \times 100\ \%}{\text{Jahresfertigungslöhne Bankraum (€)}}$$

$$\text{Gemeinkostensatz Maschinenraum (\%)} = \frac{\text{Jahresgemeinkosten Maschinenraum (€)} \times 100\ \%}{\text{Jahresfertigungslöhne Maschinenraum (€)}}$$

$$\text{Gemeinkostensatz Montagearbeiten (\%)} = \frac{\text{Jahresgemeinkosten Montagearbeiten (€)} \times 100\ \%}{\text{Jahresfertigungslöhne Montagearbeiten (€)}}$$

Stundenverrechnungssatz zur Vollkostendeckung

$$\text{Verrechnungssatz (€)} = \frac{\text{Jahresfertigungkosten (€)}}{\text{Jahresfertigungszeiten (h)}}$$

Bei den Betriebsmitteln ergibt sich die Jahresfertigungszeit aus der möglichen Belegungszeit/Jahr und der durchschnittlichen Belegung.

$$\text{Jahresbelegungszeit (h)} = \frac{\text{mögliche Jahresbelegung} \times \text{Auslastung \%}}{100\ \%}$$

8.3 Kalkulation

Verschnittsätze (Zuschlag in Prozent)

Holzart	Vollholz	Furnier	Holzart	Vollholz	Furnier
Abachi Wawa	35	–	Limba	25	40
Afzelia	30	–	Makore	35	30
Ahorn	50	50	Meranti (Dark Red)	35	–
Azobe	40	–	Nussbaum	55	80
Birke	60	55	Pappel	35	45
Birnbaum	50	55	Palisander, ostindisch	–	80
Buche	35 ... 50	30 ... 40	Palisander, Rio	–	100
Carolina-Pine	35	40	Pockholz	40	–
Douglasie (Origon Pine)	35	40	Ramin	30	–
Eiche	45	60	Robinie	40	–
Roteiche	40	50	Rüster	40	80
Erle	35	45	Sapelli	30	40
Esche	45	60	Sipo-Utile	30	40
Fichte	30	40	Tanne	30	40
Gabun	30	25	Teak	40	55
Hainbuche	45	50	Red Cedar, Western	35	–
Khaja	40	–	Wenge	40	55
Hemlock	30	–	Whitewood	40	50
Kiefer	30 ... 40	40 ... 50	Zirbelkiefer	75	80
Kirschbaum	50	70	Absperrfurnier	–	25 ... 20
Koto	50	40	Blind-Gegenfurnier	–	20
Lärche	35 ... 50	50	Innenfurnier	–	35

Die Verschnittsätze sind nur allgemeingültig, im Einzellfall sind sie durch Anfragen beim Holzhändler zu überprüfen.

Verschnittsätze für Holzwerkstoffe in % (Lagermaße)

Furniersperrholz		20	Faserplatte, mittelhart	HB	15
Stabsperrholz	ST	15	Faserplatte, mitteldicht	MDF	15
Stäbchensperrholz	STAE	15	Faserplatte, porös	SB	10
Flachpressplatte	P (1 ... 7)	10 ... 15	OSB-Platten		10 ... 15

Verschnittsätze für Beschichtete Platte in % (Lagermaße)

Dekorative Hochdruck-Schichtpressstoffplatten, uni	20	Dekorative Hochdruck-Schichtpressstoffplatten, Dekor	20
Beschichtete Platten, uni	30	Beschichtete Platten, Dekor	30

Verschnittsätze für Massivholzleisten, Anleimer in %

Breite < 5 mm	175	Breite < 15 mm	125
< 15 mm	150	< 20 mm	90

Umrechnung von m³, m², Bretterzahl und lfd. m

Umrechnung von m³ in m²

$$\frac{\text{Volumen (in m}^3)}{\text{Dicke (in m)}} \Rightarrow \text{m}^2$$

Umrechnung von m² in m³

$$\text{Fläche (in m}^2) \times \text{Dicke (in m)} \Rightarrow \text{m}^3$$

Umrechnung m² auf Bretterzahl

$$\frac{\text{m}^2}{\text{Brettdeckfläche (in m}^2)} = \Rightarrow \text{Brettanzahl}$$

Umrechnung von m² in lfd. m (bei gleicher Breite)

$$\frac{\text{m}^2}{\text{Breite (in m)}} = \text{lfd. m}$$

Wagnis- und Gewinnzuschlag in %

Werkstoffanteil an den Selbstkosten	Zuschlag für Wagnis und Gewinn
≤ 10%	20%
11% ... 30%	16%
31% ... 50%	12%
≥ 51 %	10%

8

8.3 Kalkulation

Zeitgliederung für die Vorkalkulation (Auswahl)

Arbeitsgänge Maschinenarbeit	**Arbeitsgänge Bankarbeit**	**Arbeitsgänge Montage**
Arbeit vorbereiten	Arbeit vorbereiten	Arbeit vorbereiten
Massivholz zuschneiden	Verleimen, Umleimen	Liefern
Platten zuschneiden	Furnier zurichten	Aufstellen von Einzelmöbeln
Abrichten	Furnieren	Verladen
Dickehobeln	Beläge aufbringen	Transportzeit
Formatsägen	Rahmen, Korpus verleimen	Abladen
Kanten anleimen, bündig fräsen	Zusammenbauen	Verteilen
Furnier fügen, pressen	Beschläge einlassen	Montagestelle vorbereiten
Schlitzen, Stemmen	Anschlagen	Montieren
Dübeln, Zinken	Schubkästen, Züge einbauen	Beschläge anbringen
Profilieren, Fälzen, Nuten	Innenausstattung	Nacharbeiten
Oberfräsen	Putzen, schleifen	Fahrzeiten des Monteuers
Kehlen	Leisten einsetzen	Aufmaß nehmen
Maschinell verleimen	Oberfläche innen, außen	
Schleifen	Fertigmachen	

Materialliste Massivholz

Auftraggeber		Datum	Auftrags-Nr.	
Gegenstand/Bezeichnung/Ausführung	Pos. Nr.	Zeichnungs-Nr.	Blatt-Nr.	von

Lfd Nr.	Bezeichnung	Holzart	Stück	Fertigmaß Länge mm	Fertigmaß Breite mm	Fertigmaß Dicke mm	Roh-Dicke mm	Zuschnittmaß Länge mm	Zuschnittmaß Breite mm	Bemerkungen erhalten Stückzahl
1	Sockel v	PCAB	1	980	100	20	24	1000	110	
2	Sockel h	PCAB	1	940	100	20	24	950	110	
3	Sockel gu	PCAB	2	480	100	20	24	500	110	

Materialliste (Standard)

Lfd. Nr.	Bezeichnung	Holzart/Platte	Länge mm	Breite mm	Dicke mm	Bemerkung

Materialliste Platten

Auftraggeber		Datum	Auftrags-Nr.	
Gegenstand/Bezeichnung/Ausführung	Pos. Nr.	Zeichnungs-Nr.	Blatt-Nr.	von

Lfd Nr.	Verwendung	Holzart Trägermaterial Flächenmat.	Fertigmaß Stück	Fertigmaß Länge mm	Fertigmaß Breite mm	Fertigmaß Dicke mm	Stück	Zuschnittmaß Länge mm	Zuschnittmaß Breite mm	Dicke mm	Kante Mat.-Art. wo	Kante Nr.
1	Seite	QCXE/P2/QLXE	2	1980	500	20	Fertigungsschnitt				QCXE 1 x L	
2	Boden o	P2	2	960	500	20	2	970	510	19	QCXE 1 x L	
	Boden u	QCXe/TRSC					je 2	1000	540			

Materialliste Beschläge

Auftraggeber		Datum	Auftrags-Nr.	
Gegenstand/Bezeichnung/Ausführung	Pos. Nr.	Zeichnungs-Nr.	Blatt-Nr.	von

Lfd Nr.	Artikel/Bezeichnung Maße/Lieferant	am Lager	bereitgestellt	bestellt	Bestell-Nr.	Menge	ME	Einzelpreis €	Gesamtpreis €
1	Topfscharnier	x			3 2 6 0 2 6 6 6	8	St		
	Montageplatte	x			3 2 6 3 6 5 5 5	8	"		
2	Schubriegel 40 mm	x			1 0 3 3 3	2	St		

8

8.4 Vergabe- und Vertragsordnung für Bauleistungen (VOB)

Das Vertragsrecht zwischen einem Unternehmer und einem Auftraggeber (privat oder öffentlich) unterliegt der gesetzlichen und vertraglichen Regelung. Sind keine Abmachungen getroffen, gelten das Werkvertragsrecht des Bürgerlichen Gesetzbuches (BGB). Als Ergänzung zu der gesetzlichen Regelung wird die Vergabe- und Vertragsordnung für Bauleistungen (VOB) herangezogen. Sie sind gesondert zu vereinbaren, um gültig zu werden. Die Vergabe öffentlicher Aufträge werden durch EU-Richtlinien und EU-Verordnungen geregelt. Sie sind in der DIN 1960 im Abschnitt 2 und 3 beschrieben.

Gliederung der Vergabe- und Vertragsordnung für Bauleistungen

VOB Teil A DIN 1960: Allgemeine Bestimmungen für die Vergabe von Bauleistungen

Arten der Ausschreibungen und Vergabe (Auszug)

Öffentliche Ausschreibung	Öffentliche Ankündigung der Ausschreibung, Anforderung der Unterlagen durch den Unternehmer, Übersendung der Unterlagen, Abgabe des Angebotes, Öffnung der Angebote (Submissionstermin), Prüfung und Wertung der Angebote, Auftragserteilung innerhalb der Zuschlagsfrist
Beschränkte Ausschreibung	Aufforderung einer beschränkten Anzahl (3 – 8) von fachkundigen, leistungsfähigen und zuverlässigen Unternehmen durch Zusendung (gleichen Termin) der Ausschreibungsunterlagen, Abgabe des Angebotes, Öffnung der Angebote (Submissionstermin), Prüfung und Wertung der Angebote, Auftragserteilung innerhalb der Zuschlagsfrist
Freihändige Vergabe	Aufforderung eines Unternehmers zur Abgabe eines Angebotes, Erteilung des Auftrags

Vertragsarten (Auszug)

Leistungsvertrag (Regelvertrag)	Pauschalvertrag Einheitspreisvertrag	Pauschalsumme für die gesamte Leistung Preis pro Einheit (Stück, m^2 usw.) × ausgeführter Menge
Stundenlohnvertrag	für Leistungen mit geringem Umfang und überwiegedem Lohnkostenanteil	
Selbstkosten-erstattungsvertrag	für Leistungen, für die vorher keine eindeutige Mengenbestimmung erfolgen kann, so dass keine eindeutige Preisermittlung möglich ist	

VOB Teil B DIN 1961: Allgemeine Vertragsbedingungen für die Ausführung von Bauleistungen

Vergütung

Mengenabweichung bis ± 10 %	es gilt der vertragliche Einheitspreis
Mengenabweichung über ± 10%	auf Verlangen ist ein Mehr- oder Minderpreis zu vereinbaren

Mängelansprüche

Bei vorsätzlich oder grob fahrlässig verursachten Mängeln haftet der Auftragnehmer für alle Schäden.

VOB Teil C: Allgemeine technische Vertragsbedingungen (ATV)

Die Ausführungen von Bauleistungen haben nach den **„anerkannten Regeln der Technik"** zu erfolgen.

DIN 18299	Allgemeine Regelungen für Bauarbeiten jeder Art	
DIN 18334	Zimmer- und Holzbauarbeiten (Auszug)	Fußböden; Fußleisten; Trockenbau; Treppen nicht tragende Wände
DIN 18340	Trockenbauarbeiten (Auszug)	Verspachtelung; Deckenbekleidung, Unterdecken; Trenn- und Montagewände, Fertigteilestriche, Systemböden; Trockenunterböden; Doppelböden; Dämmung; Zargen und Einbauteile
DIN 18355	Tischlerarbeiten (Auszug) (Holz- oder Kunststoff Holz-Metallkonstuktion)	Türen; Tore; Fenster; Fensterwände; Klappläden Trennwände; Schrankwände; Innenausbau Einbaumöbel; Wand- und Deckenbekleidung
DIN 18356	Parkettarbeiten (Auszug)	Fuß- und Deckleisten
DIN 18357	Beschlagarbeiten (Auszug)	Anbringen von Beschlägen für Fenster; Türen; Tore; Einbaumöbel
DIN 18358	Rolladenarbeiten (Auszug)	Rolläden; Rolltore; Rollgitter
DIN 18361	Verglasungsarbeiten (Auszug)	Verglasung von Fenstern und Türen Dichtstoffe; Vorlageband Glashalteleisten; Scheibendicke
DIN 18363	Maler- und Lackiererarbeiten (Auszug)	Oberflächenbehandlung von Bauten und Bauteilen Fenster/Türen: Imprägnierung, Grundbeschichtung, Zwischenbeschichtung, Endbeschichtung; Anzahl der Beschichtungen je nach Beschichtungssystem
DIN 18451	Gerüstarbeiten	Ausführung und Gebrauchsüberlassung

8.4 Vergabe- und Vertragsordnung für Bauleistungen (VOB)

ATV DIN 18355 Tischlerarbeiten	
0. Hinweise für die Leistungsbeschreibung	kein Vertragsbestandteil
1. Geltungsbereich	Herstellung und Einbau von Bauteilen aus Holz und Kunststoff oder Holz-Metallkonstruktionen; z.B.: Türen, Tore, Fenster, Fensterelemente, Klappläden, Trennwände, Wand- und Deckenbekleidung, Schrankwände, Innenausbauten, Einbaumöbel; nicht gültig für: Außenwandbekleidungen mit Unterkonstruktion; Beschläge; Verglasungsarbeiten
2. Stoffe und Bauteile	Ergänzung zu ATV DIN 18299 die gebräuchlisten genormten Stoffe und Bauteile mit ihren entsprechenden Normen; Vollholz einschließlich Profilholz, Anforderungen und Holzqualität- und -feuchte; Holzwerkstoffe, Sperrholz, Spanplatten, Holzfaserplatten, Paneele, Furniere, Dämmstoffe, Beschichtungsplatten und Beschichtungsfolien aus Kunststoff, Klebstoffe und Leime, Dichtstoffe, Verbindungs- und Befestigungsmittel, Holzbeizen, Holzschutzmittel und Grundanstriche, Fenster und Türen, Möbelbeschläge
3. Ausführung	Ergänzung zu ATV DIN 18299 Ausführungsbeschreibungen mit den bestehenden Normen; Allgemeines; Bauteile aus Vollhölzer; Absperren, Furnieren, Beschichten; Verleimen; Einbau; Fenster; Fensterbänke und Zwischenfutter; Fenster- und Türläden; Türen und Tore; Futter und Zargen; Bekleidungen, Unterdecken, Vorsatzschalen, nichttragende Trennwände; Einbauschränke; Oberflächenbehandlung; konstruktiver und chemischer Holzschutz
4. Nebenleistungen (Leistungen, die ohne Erwähnung zu den Vertragsleistungen gehören)	Ergänzung zu ATV DIN 18299 Nebenleistungen: Unterlagskeile und Ausfütterungen; Auf- und Abbau und Vorhalten von Gerüsten bis 2 m Höhe bis Belag; Einbau der erforderlichen Verankerungs-, Verbindungs- und Befestigungselemente; Berücksichtigung von Abweichungen der Fertigmaße gegenüber der Leistungsbeschreibung oder Zeichnung bis 5 % höchsten 50 mm; Vorkehrungen für das Arbeiten mit Ortschaum
Besondere Leistungen (Leistungen, die in der Leistungsbeschreibung besonders erwähnt werden, keine Nebenleistungen)	Ergänzung zu ATV DIN 18299 besondere Leistungen: Vorhalten von Aufenthalts- und Lagerräumen; Auf- und Abbauen und Vorhalten von Gerüsten von über 2 m Höhe bis Belag; Reinigen des Untergrundes von grober Verschmutzung soweit diese nicht durch den Auftragnehmer verursacht wurden; Einbauen von statisch oder konstruktiv nachzuweisenden Verankerungs-, Verbindungs- und Befestigungs- und Verbindungselementen sowie Befestigung auf Stahl; nachträgliches Abdichten von Anschlussfugen; Einbau von Deckleisten; Herstellen von Musterstücken, die nicht am Bau verwendet werden; Entfernen und Wiedereinsetzen von Falzdichtungen; Liefern bauphysikalischer Nachweise; Maßnahmen für den Brand-, Schall-, Wärme-, Feuchte- und Strahlenschutz
5. Abrechnung	Ergänzung zu ATV DIN 18299, Ermittlung der anzurechnenden Flächen und Längenmaße der herzustellenden Bauteile
Beispiel für eine Abrechnung	Es ist ein Einbauschrank geliefert worden. Die Schrankbreite wird von den seitlichen Wandflächen begrenzt, die Schrankhöhe ist zwischen dem Fußboden und der Decke. Die Leistung wird grundsätzlich nach der Zeichnung abgerechnet. Als Abrechnungsmaß gilt für die Breite das Konstruktionsmaß des Gebäudes (Rohbaumaß), für die Höhe gilt das lichte Konstruktionsmaß von der Oberkante Rohdecke bis zur Unterkante Rohdecke (Rohbaumaß). Die Putz- und Estrichmaße bleiben unberücksichtigt. Die einzelnen Gewerke sind dadurch in der Abrechnung identisch. Die Maßdifferenz ist im Angebot zu berücksichtigen. Die Deckleisten sind gesondert zu vergüten, wenn sie nicht mit der Hauptleistung ausgeschrieben sind.

8.4 Vergabe- und Vertragsordnung für Bauleistungen (VOB)

ATV DIN 18340 Trockenbauarbeiten

0. Hinweise für die Leistungsbeschreibung	kein Vertragsbestandteil
1. Geltungsbereich	Herstellung von raumbildenden Bauteilen des Ausbaus, die in trockener Bauweise hergestellt werden; offene und geschlossene Deckenbekleidungen, Unterdecken, Trockenputz und Vorsatzschalen, Trenn-, und Montage- und Systemwände, Fertigteileestrich, Trockenunter- und Systemböden, Montage von Zargen, Türen und andere Einbauteile; nicht gültig für: Konstruktionen des Holzbaues, Putz und Stuckarbeiten, Estrich-, Tischler-, Metallbau-, Bodenbelagarbeiten, Maler- und Lackierarbeiten
2. Stoffe und Bauteile	Ergänzung zu ATV DIN 18299 die gebräuchlisten genormten Stoffe und Bauteile mit ihren entsprechenden Normen: Decken- und Wandbauplatten, Fertigteilestrich, Trockenunterböden, Systemböden, Unterkonstruktionen, Dämmstoffe, Zargen und Türen, Verbindungs- und Befestigungselemente, Korrosions- und Holzschutz, Wärme-, Schall- und Feuchteschutz
3. Ausführung	Ergänzung zu ATV DIN 18299 Ausführungsbeschreibung mit den bestehenden Normen; Allgemeines; seine Bedenken geltend zu machen bei ungeeignetem Untergrund, klimatischen Bedingungen, Abweichungen von Toleranzen; Ausführung; Verspachtelung, Deckenbekleidungen und Unterdecken, Trenn-, Montagewände, Fertigteilestrich, Trockenunterböden und Systemböden, Doppelböden, Dämmung, Zargen und Einbauteile
4. Nebenleistungen (Leistungen, die ohne Erwähnung zu den Vertragsleistungen gehören)	Ergänzung zu ATV DIN 18299 Nebenleistungen: Auf- und Abbau sowie Vorhalten von Gerüsten bis 2 m Höhe bis Belag; Reinigen des Untergrundes, Vorlegen vorgefertigter Oberflächen- und Farbmuster, Fertigstellen von Trenn- und Montageschalen und Vorsatzschalen in zwei Arbeitsgängen zur Montage von Installationen andere Unternehmer
Besondere Leistungen (Leistungen, die in der Leistungsbeschreibung besonders erwähnt werden, keine Nebenleistungen)	Ergänzung zu ATV DIN 18299 besondere Leistungen: Vorhalten von Aufenthalts- und Lagerräumen; Auf- und Abbauen und Vorhalten von Gerüsten höher als 2 m Höhe bis Belag; Umbau von Gerüsten für anderer Unternehmer; Schutz durch Beheizen und Abkleben; Reinigen des Untergrundes von grober Verschmutzung soweit diese nicht durch den Auftragnehmer verursacht wurden; Erfüllung erhöhter Anforderungen und Qualitäten; Herstellen vollflächiger Bewehrungen; Versuche zum Nachweis der Standsicherheit; Verlege- und Montagepläne; Herstellen, Anarbeiten und Anpassen sowie Schließen von Aussparungen; Einbau von Elementen, Schienen, Bändern, Leisten und Dichtungsprofilen; Nachträgliches Anarbeiten; Fertigstellen nach Unterbrechungen; Nachträgliches Schließen von Konstruktionen; Arbeiten für Leistungen anderer Unternehmer; Herstellen von besonderen Unterkonstruktionen; Nachbehandeln angeschnittener Elemente; Einbau von An- und Abschlussprofilen; Herstellen von Bewegungs- und Scheinfugen; Grundieren und Imprägnieren von Oberflächen; Maßnahmen für den Brand-, Schall-, Wärme-, Feuchte- und Strahlenschutz; Einmessen fehlender Bezugspunkte
5. Abrechnung	Ergänzung zu ATV DIN 18299, Ermittlung der anzurechnenden Flächen und Längenmaße der herzustellenden Bauteile
Beispiel für eine Abrechnung	Es soll eine Trennwand geliefert werden. Für die Ermittlung der Leistung sind für alle Teile wie Unterkonstruktion, Dampfbremsen, Dämmung, Trenn- und Schutzschichten, Oberflächenbehandlung, Schutzfolien und Haftbrücken und dergleichen die Maße der Bekleidung zugrunde zu legen. Bei Flächen mit begrenzenden Bauteilen werden die Maße bis zu den sie begrenzenden, ungedämmten, unbekleideten Bauteilen zugrunde gelegt.

8.5 Bauregelliste

Die Bauregelliste enthält geregelte und bauaufsichtlich zugelassene Bauprodukte. Sie wird vom Deutschen Institut für Bautechnik (DIBt) erstellt und mit den obersten Bauaufsichtsbehörden herausgegeben. Grundlage sind die Landesbauordnungen. Die Verwendbarkeit von Produkten ergibt sich aus der Übereinstimmung mit den bekannt gemachten technischen Regeln, der bauaufsichtlichen Zulassung, den bauaufsichtlichen Prüfzeugnissen und der Prüfung im Einzelfall. Die Verwendbarkeit wird durch den Übereinstimmungsnachweis (Übereinstimmungszeichen – Ü-Zeichen) bestätigt. Die Bauregelliste besteht aus drei Teilen.

Bauregelliste

Bauregelliste A Bauprodukte / Bauarbeiten (Begriff im Sinne der Landesbauordnungen)			**Bauregelliste B** Bauprodukte	**Bauregelliste C** Bauprodukte
Teil 1 Geregelte Bauprodukte Produkte, deren Anforderungen von Bedeutung sind und für die es zur Erfüllung ihres Verwendungszwecks technische Regeln gibt, bzw. sie weichen nicht wesentlich davon ab. Sie tragen das Ü-Zeichen.	**Teil 2 Nicht geregelte Bauprodukte** Bauprodukte, für die es keine allgemeinen anerkannten Regeln der Technik gibt, und deren Verwendung nach allgemeinen anerkannten Prüfverfahren beurteilt werden können. Sie tragen das Ü-Zeichen.	**Teil 3 Nicht geregelte Bauprodukte** Bauprodukte, deren Anwendung nicht der Erfüllung erheblicher Anforderungen an die Sicherheit baulicher Anlagen dient und für die es keine allgemeinen anerkannten Regeln gibt.	**Teil 1, Teil 2** Bauprodukte, die nach dem BauPG[1)] und Richtlinen der EU bestimmte Spezifikation erfüllen. Sie müssen das CE-Kennzeichen tragen. 1) Bauprodukten Gesetz	Bauprodukte, für die es weder Technische Baubestimmungen noch anerkannte Regeln der Technik gibt. Sie haben eine untergeordnete Bedeutung. Sie tragen kein Übereinstimmungszeichen.

Geregelte Bauprodukte (Auswahl)

Fenster Kapitel 8.5.1/2	Fenster –	Fenster –	Fenster –	Fenster Kapitel 2.3 (Fenster ohne Anforderungen)
Rahmen Kapitel 8.6.1/2	Rahmen –	Rahmen –	Rahmen –	Rahmen –
Glas Kapitel 11.1/2/4...8	Glas –	Glas –	Glas, Teil 2 Kapitel 1.11.1...9	Glas –

Geregelt wird in der Bauregelliste A Teil 1 für die Fenster, Fensterrahmen und Glas der Mindestwärme- und Schallschutz durch die „Richtlinie über Fenster und Fenstertüren", durch die „Richtlinie über Rahmen für Fenster und Türen" und durch die „Richtlinie über Mehrscheiben-Isolierglas". Grundlage der Richtlinien sind die entsprechenden DIN-Normen mit ergänzenden Hinweisen.

Beispiel einer CE-Kennzeichnung für ein Fenster

Die Kennzeichnung kann auf dem Fenster, dem Lieferschein oder den Wartungs- und Gebrauchsanweisungen erfolgen.

Musterbau GmbH
Fensterstraße 12
D-98765 Neudorf
3456– BPR – 00089
Deutschland

CE

EN 14351-1: 2010
Dreh-Kipp-Fenster Typ Holz Super Plus
Geeignet für den Einsatz bei
Wohn- und Geschäftsgebäuden

Eigenschaften	Klasse
Widerstand gegen Windlast	5 B
Schlagregendichtigkeit	9A
Gefährliche Substanzen	keine
Tragfähigkeit von Sicherheitsvorrichtungen	erfüllt
Schallschutz R_W (C, C_{tr})	npd
Wärmedurchgang U_W	1,4 W/(m²K)
Luftdurchlässigkeit	4

Das CE-Zeichen bedeutet die Übereinstimmung (Konformität) mit den wesentlichen Anforderungen der Bauproduktrichtlinie oder dem Baurecht.

8.6 Präsentationstechniken

Ziele einer Präsentation

- Weitergabe von Informationen und erarbeiteten Ergebnissen
- Motivation und Überzeugung der Teilnehmer
- Dokumentation der Arbeitsergebnisse

Regeln zum Erfolg:

- ✓ Gute Vorbereitung
- ✓ Ausgearbeiteter Aufbau
- ✓ Gelungene Visualisierung
- ✓ Gekonntes Präsentationsverhalten

Vorbereitung einer Präsentation

Präsentationsdauer

↓

Inhalte auswählen und den Vortragenden zuordnen

↓

Präsentationsformen wählen

↓

Präsentation gliedern

- Vorstellung der Gruppe und der Projektaufgabe
- Präsentation der ausgewählten Ergebnisse
- Hinweise auf weitere Ergebnisse
- Zeit für Fragen

↓

Unterlagen und Medien vorbereiten

↓

Präsentation proben, Zeit messen, korrigieren

Kernpunkte einer Präsentation

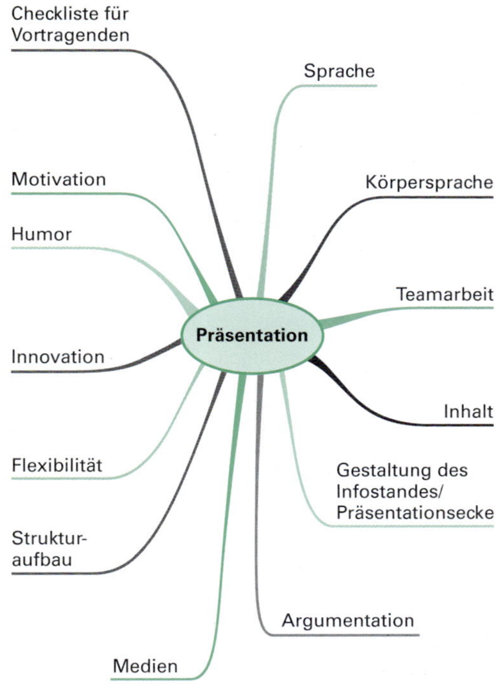

Eine Präsentation dauert so lange wie nötig aber ist so kurz wie möglich. Längere Präsentationen sollten in kürzere Einheiten mit entsprechenden Pausen – spätestens nach 45 Minuten- eingeteilt werden.

Die inhaltliche Vorbereitung erfolgt in Abhängigkeit von Thema, Zielen und Teilnehmer:

1. Stoff sammeln und auswählen
2. Reduzieren der Inhalte auf das Wesentliche
3. Darstellen der Inhalte (Visualisieren)

Kriterien für die Wahl der Präsentationsformen sind:

- Erwünschte Wirkung auf Teilnehmer und deren Erwartungen
- Umfang und Dauer der Präsentation
- Vorbereitungszeit
- Verfügbare Medien

Gliederung der Präsentation:
Eröffnung – Hauptteil – Schluss

Die Organisation einer Präsentation beinhaltet die sorgfältige Auswahl und Planung der Medien und Unterlagen.

Für Ungeübte ist ein Probelauf der Präsentation sinnvoll.

8.6 Präsentationstechniken

Durchführung einer Präsentation

Eröffnung
- Begrüßung
- Persönliche Vorstellung
- Anlass, Ziel, Thema
- Fahrplan, Spielregeln

Hauptteil
→ **Roter Faden!**
- Situationsbeschreibung
- Perspektive, Argumente
- Folgerungen, Wertungen

Schluss
- Zusammenfassung
- Ausblick
- Dank für Aufmerksamkeit
- Offene Fragen?

Hauptteil:

- **Systematisch vorgehen:**
  Gliederung in Haupt- und Unterpunkte, nachvollziehbar argumentieren
- **Beispiele** und anschauliche **Bilder:**
  Verknüpfungen mit bereits bekannten Fakten herstellen
- **Erholungspausen** planen
- **Spannung** und Abwechslung bieten:
  Fragen stellen, Medienwechsel, wirkungsvoller Medieneinsatz, Thema entwickeln, Dramatik aufbauen

Präsentationsformen und Medieneinsatz

Präsentation	Bemerkungen	Einsatz
Mündlicher Vortrag	Geringer Aufwand für die Vorbereitung Kurze und längere Vorträge möglich Bei ungeübten Rednern langweilig	Wirkungsvoll bei geübten Rednern Zwischenberichte; Ergänzung zu anderen Präsentationsformen
Overhead-projektor	Visualisierung mit Folien (DIN A 4) Folien können gut vorbereitet und am Projektor ergänzt werden Erstellung der Folien am PC	Effektive Ergänzung zu mündlichen Vorträgen Umfangreiche Informationen Gemeinsames Ausfüllen von Vorlagen
Tafel-anschrieb	Flexibel und leicht veränderbar Teilnehmer können miteinbezogen werden Wenig Übung erforderlich	Darstellung von Zusammenhängen und Vorgängen Für Schwerpunkte und Überblicke Skizzen
Pinn-wand	Sehr gutes Visualisierungsmedium Plakate und Karten mit verschiedenen Formen und Farben möglich Einfache Beschaffung der Medien	Geeignet für Arbeit in kleinen Gruppen Präsentation von vorbereiteten Darstellungen und Entwicklung von Inhalten
Flip-Chart	Papier (ca. 100 cm x 70 cm) mit Filzstiften beschriften Darstellungen können vorbereitet oder situativ entwickelt werden	Eignet sich besonders zur Arbeit in Kleingruppen Visualisierungen während der Arbeit sichtbar halten
PC-Präsentation	Perfekte Technik wirkt professionell Einfache Vorbereitung für erfahrene PC-Nutzer Ausdruck zur Dokumentation möglich	Dynamische Visualisierung mit Grafiken, Texten, Filmsequenzen usw. Mit Präsentationssoftware, Beamer und digitaler Tafel
Modelle, Materialien	Sehr gute Veranschaulichung Wirklichkeitsnah und leicht nachvollziehbar, betastbar	Zur Präsentation von Konstruktionen Materialien und Baustoffeigenschaften geeignet
Versuche	Räumlichkeiten und Vorbereitung notwendig; Risiko des Gelingens Oft zeitaufwändige Durchführung	Ergebnisse, die Eigenschaften oder Reaktionen beweisen sollen

Präsentationssoftware (Auswahl)

PowerPoint	schnell und leicht zu erlernen, vorgefertigte Foliendesigns und Layouts
Impress	Freeware von Open Office, ähnlich wie PowerPoint
Folien Director Pro	Erstellung digitaler Foliensätze, beschränkt sich auf Grundfunktionen

Sachwortverzeichnis

F

S